U0194960

南海北部近海渔业资源增殖技术与实践

李纯厚 刘 永 王学锋 柯志新 肖雅元 等著

中国农业出版社

北 京

内容简介

　　本书是公益性行业（农业）科研专项《南海渔业资源增殖养护及渔场判别关键技术研究与示范》（2014—2018）项目团队共同自主创新研究成果的集成。全书共分4篇21章。第一篇阐述了渔业资源增殖区划关键技术，包括渔业资源调查评估、增殖栖息地适宜性评价和增殖物种适宜性评价三大技术；第二篇详细论述了渔业资源增殖放流操控技术、方法与模式，包括放流苗种遗传质量检测、增殖容量评估、放流标记以及放流苗种成活率提高等四大技术；第三篇简要分析了渔业资源增殖放流效果评价关键技术，包括分子鉴定评价、放流鱼类遥测跟踪和生态与经济效益评价三大技术；第四篇重点总结了集成技术的应用与示范典型案例，包括南澳-东山、大亚湾、珠江口、江门海域、海陵湾、雷州湾、流沙湾、陵水湾、三亚湾等区域示范区和大型海藻生态修复示范区。本书相关研究成果为渔业资源增殖养护实践、可持续利用和渔业现代化建设提供了科学参考依据。

　　本书可供从事渔业、海洋生物、海洋生态、海洋环境研究的工作者和海洋渔业生产、管理人员以及大专院校师生参阅。

本书编写人员

（按姓氏笔画排序）

第一章　李开枝　柯志新　谭烨辉

第二章　孔啸兰　许友伟

第三章　王　腾　孙　涛　李纯厚

第四章　王学锋　吕少梁

第五章　马海涛　牛素芳　孔啸兰　付亚男　朱克诚　刘　璐
　　　　李纯厚　杨　兵　吴仁协　张为民　张殿昌　陈昭澎
　　　　林　琳　郭　梁　喻子牛　谢志超　蒙子宁　虞顺年
　　　　魏小岚

第六章　王　腾　刘　永　李纯厚　肖雅元　徐姗楠　黄梦仪

第七章　王学锋　吕少梁

第八章　李纯厚　肖雅元　范　雯　黄秋怡　虞顺年　魏小岚

第九章　王志超　陈国宝　曾　雷

第十章　牛素芳　孔啸兰　付亚男　朱克诚　刘　璐　李纯厚
　　　　杨　兵　吴仁协　张为民　张殿昌　陈昭澎　林　琳
　　　　郭　梁　谢志超　蒙子宁　虞顺年　魏小岚

第十一章　王九江　刘　永　李纯厚　孙典荣

第十二章　刘甲星　李开枝　陈国宝　柯志新　曾　雷　谭烨辉

第十三章　王亮根　刘华雪　孙典荣　李亚芳　肖雅元　陈国宝
　　　　　徐姗楠　曾　雷

第十四章　刘甲星　李开枝　陈国宝　柯志新　曾　雷　谭烨辉

<table>
<tr><td>第十五章</td><td>王　腾</td><td>付亚男</td><td>巩慧敏</td><td>刘　永</td><td>孙　涛</td><td>孙典荣</td></tr>
<tr><td></td><td>李纯厚</td><td>肖雅元</td><td>龚玉艳</td><td>符芳菲</td><td>舒黎明</td><td>谢志超</td></tr>
<tr><td></td><td>虞顺年</td><td></td><td></td><td></td><td></td><td></td></tr>
<tr><td>第十六章</td><td>刘　永</td><td>李纯厚</td><td>肖雅元</td><td>陈国宝</td><td>林华剑</td><td>周子明</td></tr>
<tr><td></td><td>郭　禹</td><td>龚玉艳</td><td>舒黎明</td><td>曾　雷</td><td></td><td></td></tr>
<tr><td>第十七章</td><td>王学锋</td><td>曾嘉维</td><td></td><td></td><td></td><td></td></tr>
<tr><td>第十八章</td><td>朱长波</td><td>苏家齐</td><td>李　婷</td><td>李俊伟</td><td>张　博</td><td>陈素文</td></tr>
<tr><td></td><td>郭永坚</td><td></td><td></td><td></td><td></td><td></td></tr>
<tr><td>第十九章</td><td>王　信</td><td>刘　永</td><td>李纯厚</td><td>肖雅元</td><td>陈国宝</td><td>林　强</td></tr>
<tr><td></td><td>林华剑</td><td>周子明</td><td>秦　耿</td><td>龚玉艳</td><td>舒黎明</td><td>曾　雷</td></tr>
<tr><td></td><td>虞顺年</td><td></td><td></td><td></td><td></td><td></td></tr>
<tr><td>第二十章</td><td>刘　维</td><td>陈石泉</td><td>蔡泽富</td><td></td><td></td><td></td></tr>
<tr><td>第二十一章</td><td>王　庆</td><td>刘之威</td><td>杨宇峰</td><td>罗洪添</td><td></td><td></td></tr>
</table>

序

  渔业资源增殖历史悠久，早在 10 世纪，我国就有将鱼苗放流至湖泊的文字记载。1860—1880 年，大规模的溯河性鲑科鱼类（Salmonidae，以太平洋大麻哈鱼类和大西洋鲑为主）增殖计划（Enhancement Programs）在美国、加拿大、俄国及日本等国家实施，随后在世界其他区域展开，如南半球的澳大利亚、新西兰等。1900 年前后，海洋经济种类增殖计划开始在美国、英国、挪威等国家实施，增殖放流种类包括鳕、黑线鳕、狭鳕、鲽、鲆、龙虾、扇贝等。1963 年后，日本大力推行近海增殖计划，称之为栽培渔业（或海洋牧场），增殖放流种类迅速增加，特别是在近岸短时间容易产生商业效果的种类，如甲壳类、贝类、海胆等无脊椎种类。中国现代增殖活动始于 20 世纪 30 年代，规模化活动活跃于近 20 余年。据初步统计，2006—2017 年，我国渔业资源增殖放流数量和投入资金逐年递增，放流数量累计达到 3 536.1 亿尾，投入资金 90.6 亿元，尤其是"十二五"以来（2011—2017 年），全国增殖放流数量累计 2 446.3 亿尾，年均 350 亿尾；投入资金总量 69.6 亿元。

  国际上 150 多年和中国 40 多年的增殖实践表明，实现资源恢复意义的增殖比较难。产生这样结果的原因，除增殖技术和策略本身的问题外，主要是生态系统的复杂性和多重压力影响下的不确定性。世界海洋渔业资源数量波动历史表明，渔业资源恢复是一个复杂而缓慢的过程，而目前我们的科学认识还很肤浅，控制力也很弱。因此，开展深入持续的基础及其相应的技术研究对未来的发展十分必要。

为了健康持续地发展我国渔业资源增殖事业，应该实事求是，准确、适当地选择发展定位、增殖策略或适应性增殖模式，使增殖渔业作为一种新业态在推动现代渔业发展中发挥更大、更实际的作用，为促进生态文明建设、推进乡村振兴、满足人民美好生活、助力健康中国建设的战略实施做出新贡献。

本书是李纯厚研究员领衔的团队在公益性行业（农业）科研专项"南海渔业资源增殖养护及渔场判别关键技术研究与示范"（2014—2018 年）支持下，针对南海北部近海渔业资源衰退亟待养护的现状，经过 5 年协同攻关，形成的具有自主创新和集成创新的渔业资源增殖最新研究成果。该书创新性地总结提出了渔业资源增殖技术体系，由渔业资源增殖区划、增殖放流操控和增殖效果评价等 3 个技术子系统构成，并进行了广泛的推广应用，示范面积超过 10 万 hm²，实践验证了研究成果的学术价值和产业指导意义。本书填补了南海北部近海渔业资源增殖系统研究基础数据资料的空白，丰富了科学知识，将为科技工作者提供重要参考资料，并为政府部门提供决策依据、为生产企业提供技术支撑，具有重要的学术和实用价值。

中国工程院院士　唐启升

2021 年 8 月

前　言

　　世界上多数国家水域渔业资源出现严重衰退现象，近海、河流、湖泊生态系统的服务和产出功能日益退化，是人类必须面对的现实。随着世界人口的增长和社会发展，水产品作为食物蛋白质和其他必需营养物质来源的重要性日益增加。然而，水域生产力、渔业资源正承受着前所未有的压力：水体污染、过度捕捞及工业化进程中对水域生态系统产生复杂而深远的影响。据联合国粮食及农业组织评估分析（FAO，2016），世界海洋渔业种群资源状况整体未有好转，处于生物学可持续状态的渔业种群所占比例已从 1974 年的 90％降至 2013 年的68.6％。在 2013 年受评估的种群中，58.1％为已完全开发，10.5％为低度开发。处于生物学不可持续水平的种群所占比例出现上升，尤其是在 20 世纪 70 年代末和 80 年代，从 1974 年的 10％升至 1989 年的26％。1990 年后，处于生物学不可持续水平的种群数量继续呈增加趋势，只不过速度有所放缓。

　　针对海洋渔业资源衰退现状，沿海各国政府先后实施了一系列渔业管理措施，主要包括控制捕捞强度、划设保护区与禁渔区、实行禁渔期与伏季休渔制度以及实施增殖放流等 4 种类型。国内外同行基本达成共识，即渔业资源增殖放流是一种使天然水域渔业资源再生的有效的农业生产方式，是渔业发展史上的一项重大变革；同时，也被认为是一项最直接、最根本的渔业资源恢复措施。渔业资源增殖放流的最终目标是增殖资源、增加产量、保护生态，但至今世界沿海 80 多个国家已开展的针对近 200 个物种的增殖放流实践尝试证明，绝大多数海洋生物增殖放流并没有达到预期效果。

为了切实加强国家生态建设，依法保护和合理利用水生生物资源，实施可持续发展战略，2006 年 2 月 14 日，国务院印发了《中国水生生物资源养护行动纲要》，提出"渔业资源保护与增殖、生物多样性与濒危物种保护和水域生态保护与修复"三大行动，其中，"渔业资源增殖和海洋牧场建设"是"渔业资源保护与增殖行动"的重要措施之一。2008 年 10 月 12 日，中国共产党十七届三中全会通过的《中共中央关于推进农村改革发展若干重大问题的决定》，明确要求"加强水生生物资源养护，加大增殖放流力度"；2013 年 3 月 8 日，国务院颁布的《国务院关于促进海洋渔业持续健康发展的若干意见》，提出"加大渔业资源增殖放流力度，科学评估资源增殖保护效果"；2015 年 4 月 25 日，中共中央、国务院印发的《中共中央、国务院关于加快推进生态文明建设的意见》，提出"加强水生生物保护，开展重要水域增殖放流活动"。渔业资源增殖放流已成为海洋生物资源养护国家战略的重要举措和具体抓手。

中国海洋渔业资源增殖放流起始于 20 世纪 30 年代的浙江沿海鱼类标志放流试验，实质性、规模化增殖放流始于 80 年代后期。90 年代以来，我国东南沿海各省份进行了一系列的增殖放流活动。1999 年，广东在阳江投放 2 艘渔船作为人工鱼礁试验成功的基础上，从 2002 年起，用 10 年的时间投资 10 亿元，在广东沿海建设了 10 个以人工鱼礁为基础的海洋牧场，以恢复和改善海洋生态。

尽管中央和地方政府投入了大量资金用于渔业资源的增殖放流，以期恢复近海渔业资源，但是，增殖放流效果缺乏有效监测评估，增殖放流缺乏科学理论支撑和系统规划，目标也不明确（增加渔业资源量还是恢复渔业资源结构与功能），这些问题困扰着政府管理部门、科研机构和沿海渔民。因此，为了科学地解决上述问题，2014 年中国水产科学研究院南海水产研究所牵头，联合广东海洋大学、中国科学院南海海洋研究所、暨南大学、中山大学和海南省海洋与渔业科学院，共同承担了公益性行业（农业）科研专项"南海渔业资源增殖养护及渔场判别关键技术研究与示范"（2014—2018 年）。项目针对南海近海渔业资源衰退亟待养护的现状，拟重点突破渔业资源增殖养护技术与模式，并通过技术集成和配套技术模式构建、规模化示范等途径，为提高南海北部近海渔业资源养护水平提供可操作的技术体系和科学依据。

　　项目团队历经 5 年协同攻关，构建了由增殖区划、放流操控和效果评价 3 大关键技术板块组成的渔业资源增殖养护技术体系，其中，增殖区划子系统创新集成了资源评估、栖息地适宜性评价和增殖种类适宜性评价等 3 大关键技术；放流操控子系统重点研发了遗传质量检测、资源增殖容量评估、放流苗种成活率提高和放流标记等 4 大关键技术；效果评价子系统包括了渔业资源增殖群体分子判别、迁移规律无线追踪监测、生态-经济效益综合评价等 3 大关键技术。通过技术创新与集成，建立了生态修复型、鱼类资源增殖型、珍稀物种保护型等 3 种不同类型渔业资源增殖养护示范区 10 个，渔业资源增殖养护基地 11 个，示范区总面积超过 10 万 hm²，示范区生物量提高 20% 以上，取得了良好的生态、社会和经济效益，为南海北部近海渔业资源增殖养护和持续利用提供了重要科技支撑。

　　本书是"南海渔业资源增殖养护及渔场判别关键技术研究与示范"项目团队共同研究成果的集成，书稿凝聚了团队众多研究人员的心血。需要特别提及的是，中国水产科学研究院南海水产研究所、广东海洋大学、中国科学院南海海洋研究所、暨南大学、中山大学和海南省海洋与渔业科学院诸多同志参加了大量的野外调查、效果验证、室内分析和资料整理工作，没有他们的无私奉献、辛勤劳动和密切配合，本书很难完成，在此向他们致以衷心的感谢。

　　由于笔者水平有限，书中难免存在错漏和不完善之处，敬请专家、读者批评指正。

2021 年 8 月

目 录

第一篇
渔业资源
增殖区划

第一篇

畜禽遗传资源

普查区划

第一章 渔场环境特征及变化趋势

南海北部沿海主要涉及广东、广西和海南3个省（自治区），海岸线绵长曲折，大陆架宽阔，海湾与岛屿众多，海洋生境复杂多样，海洋生物种类繁多，渔业资源十分丰富。南海北部大陆沿海比较重要的海湾从北到南依次有柘林湾、碣石湾、红海湾、大亚湾、大鹏湾、广海湾、海陵湾、水东湾、流沙湾、雷州湾、钦州湾和安铺港等。南海北部沿海拥有许多重要的渔场，均分布在这些海湾和海岛周边。由于20世纪以来长期的过度捕捞，海洋环境污染加剧，围填海以及兴建海岸工程造成生境破坏，南海北部近海的渔业资源面临严重衰退。因此，了解南海北部近海渔场生态环境现状，评估南海北部近海渔场环境特征及变化趋势，制订切实可行的管理对策和措施，保护和恢复南海北部近海海洋渔业资源及其生态环境是当前一项紧迫任务。

南海北部近海渔场环境特征分析根据广东908水体环境调查、公益性行业（农业）科研专项"南海渔业资源增殖养护及渔场判别关键技术研究与示范"（201403008）的珠江口水环境调查、南澳-东山周边海区水环境调查、雷州湾水环境调查、大亚湾水生态环境调查、海陵湾及陵水湾水生态环境调查、海洋专项南海东北部生态综合调查（XDA11020502）等航次的调查资料整理而成，以期为后期的渔业资源增殖区划提供一定的科学依据。除了广东908水体调查是在2006—2007年完成的外，其他航次的调查时间集中在2014—2016年。本章主要关注30 m以浅的近海渔业水体，汇总分析了不同季节近2 000个站位次的现场调查数据，站位分布见彩图1。水生态环境的变化趋势分析主要参考了"全国海洋普查""全国海岸带和海涂资源综合调查""我国专属经济区和大陆架海洋勘探专项（126专项）"等大型国家级海洋调查项目的研究成果。

第一节 水文特征

近海海域的水文要素，包括水温、盐度、透明度以及潮汐、海流与波浪。南海北部近海海区水温的分布变化，主要受到大陆气候、径流、潮流和太阳辐射等因素的影响，具有一定的规律性，也有明显的地区差异。

一、水温分布特征

南海北部近海水域通常春、夏季为升温期，夏季水温最高；秋、冬季为降温期，冬季水温最低。春、夏季水温分布趋势由近岸向外海逐渐增高，秋、冬季水温分布比较均匀。在调查区内，全年水温的分布基本呈东低西高的趋势，但南北水温差异随季节变化较大（彩图 2）。表层水温周年变化范围为 14.6～32.5℃。夏季水温最高，平均为28.9℃，水平梯度变化较大，变化范围为 22.4～32.5℃。低温区位于汕头的外海水域。冬季，在东北季风及闽浙沿岸流的影响下，水温降至全年最低，各层水温分布均匀。冬季表层水温平均为 19.1℃，变化范围为 14.6～25.5℃。

水温的垂线变化特征，总体上表现为随深度的增加而递减。春、夏两季表、底层温差较大，水温垂向变化梯度较大；秋、冬季节海水混合充分，水温垂向梯度小，表、底层温差小。季节性温跃层在春季与夏季出现，秋、冬季消失。受核电站温排水的影响，最大垂直温度梯度出现在大亚湾内。

二、盐度分布特征

南海北部近海盐度的分布变化，主要受大陆径流和外海高盐水团的制约，它们的消长决定了盐度的区域分布和年变化。夏季，大陆径流强，沿岸海域表层盐度降至全年最低，河口区的低盐水浮在表层呈舌状向外扩展，外海高盐水则潜在其下方向沿岸逼近，水平梯度和垂直梯度都较大。冬季，大陆径流逐渐减弱，沿岸低盐水向岸边收缩，与此同时，外海高盐水团向岸边推进，呈强混合状态，表层盐度升至全年最高值。

珠江口及其毗邻海域的盐度季节差异最大。由于珠江口北部有虎门，西部有蕉门、洪奇沥和横门等入海口门，径流从这些口门流入伶仃洋，并往东南方向冲溢，形成下泄流自西北向东南倾斜的水面比降。当珠江口外的高盐水随南海潮波向西传递进入伶仃洋后，与往东南方向冲溢的大陆径流逐渐混合稀释，使盐度逐渐往西北区域降低，从而形成盐度自西北往东南递增的变化趋势。夏季，河口区附近盐度最低，表层盐度在虎门附近接近 1，递增到担杆岛附近约 31。冬季，珠江口冲淡水的影响范围明显缩小，虎门附近的盐度也接近 15，担杆岛附近的盐度则高达 33（彩图 3）。

总的看来，汕头外海在春、夏两季层结稳定，表层盐度较低，底层较高；秋、冬季节在东北季风的作用下，湍流混合加强，破坏了稳定的层结，表层与底层盐度趋于均匀。受榕江、韩江等径流的影响，近岸海域一般盐度较低，雨季更为明显。盐度的平面分布总体上表现为南澳岛向北至柘林湾近岸逐渐降低；汕头港由港池顶部经口门，直至外海逐渐增加。汕头到惠州沿海，除春季红海湾海域盐度略高于西部海域外，在其他 3 个季节，盐度的水平分布均表现为由红海湾海域向西递增的趋势。夏季盐度最低，水平梯度变化最大；秋、冬季节盐度高，但分布均匀，盐度的水平与垂直梯度均较小。

从盐度的垂直分布来看，基本随深度的增加而增加。汕头区块表现为冲淡水与外海高盐水的混合水特征。近岸浅水及冲淡水与外海水交汇处的盐度梯度较大。夏季盐度梯度最大，最大垂直梯度出现在汕头港口门处。春、夏两季分层明显，有明显盐跃层。秋、冬季陆地径流变弱，外海高盐水入侵势力加强，海水对流混合充分，除受较弱径流影响的个别站点外，多数海域垂向分布均匀，垂直梯度每米一般不超过 0.2。盐跃层在秋、冬季消失。汕惠区块同样为夏季梯度最大，垂直最大梯度每米为 2.42，出现在大亚湾内。其他季节表、底层海水混合均匀，盐度差较小。各季节盐度垂直梯度最大值一般出现在离岸较近的地方。夏季存在明显盐跃层，秋季消失。

三、透明度分布特征

南海北部近海水透明度的分布变化，主要受河流以及风、浪、流等因素的影响，具有明显的季节变化和地理差异。沿岸或伶仃洋顶部透明度小，远岸或水深较大的海域透明度较大。

粤东海区海水透明度基本表现为越靠近岸边越低。汕头区块夏季海水透明度总体较高，最大值可达到 3 m；春、秋季次之；冬季最低，绝大多数站点低于 1.5 m。汕惠区块季节分布特征与汕头区块相同，不同之处表现为透明度较汕头区块要高，夏季最大可达 8 m，冬季基本不超过 4 m。

珠江口海区透明度分布空间差异较大。夏季，透明度分布趋势与盐度相似，自西北往东南逐渐增大。沿岸 10 m 以浅海区透明度小于 2.0 m，最小透明度仅为 0.3 m，出现在淇澳岛上游海区。20 m 以浅海域透明度一般在 6.0 m 以上，最大透明度出现在担杆岛附近的 30 m 水深的海域，透明度超过 12.0 m。冬季，珠江口西侧沿岸及淇澳岛、内伶仃岛以北海区透明度小于 1.0 m。最大透明度出现在万山群岛南部海区，为 5.0 m。其余海区透明度一般在 2.0～4.0 m。

海陵湾的海水透明度分布趋势随季节变化而有所差异，春季透明度总体较高，水平分布趋势为由东向西逐渐增大，最大达到 8 m；而夏季透明度略低于春季，水平分布为由北向南逐渐增大，最大约 5 m；秋季透明度较低，水平分布为由西向东逐渐增大，至湾内最大约 1.6 m；冬季透明度最低，水平分布由西向东逐渐增大，至湾内最大约 1.5 m。水东港海域夏、春季的海水透明度总体较高，夏季最大值可达到 5 m，而秋、冬季透明度较低，基本小于 1.6 m。湛江港海域的海水透明度总体较高，夏季最大值达到 6m，其他季节均较低，基本处于 2 m 以下。流沙湾的海水透明度也同样表现为夏季最高，最大值约 2 m，而冬季最低，不超过 1 m。

四、潮汐、海流与波浪

汕头海区、大亚湾海区、珠江口海区、川山海区、阳江海区、茂名-湛江海区，潮汐性质数分布在 0.5～2.0 范围内，属不正规半日潮；红海湾-碣石湾海区潮汐性质数在 2.0～4.0 的范围内，属不正规日潮。从平均潮差来看，茂名-湛江海区潮差变化较大，其次为珠江口海区、阳江海区、川山海区、汕头海区南澳岛附近区域，平均潮差变化最小的是大亚湾海区和红海湾海区。从最大潮差的变化来看，广东近海以珠江口为界，以东最大潮差由东向西呈逐渐变小的分布趋势，以西最大潮差呈高-低-高的马鞍形变化特征。

南海北部近海的海流，主要受太平洋潮波、河口径流、地转流以及地形等因素的控制。海流分为潮流和余流，潮流是指海水周期性的水平流动，其原动力归结到月球和太阳等天体的引潮力以及地球自转的离心力合成结果。太平洋潮波自巴士海峡传入南海后分为 2 支，一较小分支向北进入台湾海峡；另一较大分支向西南推进，形成南海的潮波系统。余流是指扣除潮流所剩下的海水流动，主要包括风海流、地转流、密度流和径流等。

南海北部近海的波浪主要由季风和台风引起。外海传来的涌浪到达近岸时，由于受地形的影响，很快就减弱或消失。除粤东沿岸的云澳和遮浪涌浪较多外，其余海域基本上以风浪为主，出现频率占 80%～90%。南海北部近海的浪向，从粤东至粤西海域，常浪向大体上从东北向逐渐转变为东南向。虽然地形的影响造成不同海区的波高存在明显的差异，但波高分布的总趋势是由东往西逐渐变小，即粤东沿岸海区和珠江口海区的年平均波高大于粤西沿岸海区。

上升流是海洋环境动力过程中一个非常重要的现象，它能将下层营养盐带入上层，为上层海洋生物提供丰富的营养物质。上升流区具有高的初级生产力、丰富的渔业资源。因此上升流对海洋生物渔业资源分布、生态环境保护、局地气候变化等均有着非常重要的作用，正日益得到科学家的关注。南海北部陆架海域上升流是我国近海主要的季节性上升流系之一，同时，也是制约南海北部生态系统的主要因素之一。根据已有的文献报道（吴日升等，2003；经志友等，2008），南海北部陆架海域主要的上升流区分别为闽南沿岸上升流、台湾浅滩上升流、粤东上升流、粤西上升流和琼东沿岸上升流（尹健强等，2011）。

第二节 海水水质

一、营养盐的时空分布特征

营养盐，又称生源要素，通常是指海水中一些含量较微的磷酸盐、硝酸盐、亚硝酸盐、铵盐和硅酸盐。严格地说，海水中的很多主要成分和微量金属也是营养成分，但在传统的化学海洋学中，仅仅将氮（N）、磷（P）、硅（Si）元素的这些盐类归为海水营养盐。海水营养盐的含量，是调控浮游植物生长的主要限制因子之一。当含量低于一定值时，会限制浮游植物的生长和繁殖；而含量太高时，则会造成富营养化，导致浮游植物暴发性增殖，引发赤潮，造成海水中氧含量降低，进而引起浮游动物和鱼类的死亡。

（一）无机氮（DIN）的时空分布特征

南海北部近海表层水体无机氮的浓度变动范围为 0.01～1.88 mg/L，周年平均为 0.29 mg/L。DIN 的高值区位于珠江口近岸水域，另外，在汕头的柘林湾也有较高的 DIN 值。营养盐主要来自陆源径流的输入，所以其分布趋势与盐度的分布趋势极为相近。夏季受雨季降水量增加的影响，珠江冲淡水的影响面积广，珠江口附近的高 DIN 区域面积显著高于冬季（彩图 4）。总体来看，DIN 的浓度在夏季最高，春、夏、秋、冬季南海北部近海 DIN 的平均值分别为 0.27 mg/L、0.35 mg/L、0.26 mg/L 和 0.30 mg/L。冬季受浙闽沿岸流南下带来的高营养盐水团的影响，汕头周边海域的 DIN 浓度显著高于夏季，在南澳-东山海域的调查发现，夏季该海域的 DIN 浓度为 0.1 mg/L，而冬季则达到 0.28 mg/L。

（二）活性磷酸盐（SRP）的时空分布特征

南海北部近海表层活性磷酸盐的浓度变动范围为 0.000 6～0.11 mg/L，表层四季平均浓度为 0.013 mg/L。由于南海北部近海水域基本呈现磷相对限制的状态，在浮游植物生长吸收的作用下，许多站位的磷酸盐浓度非常低，甚至超出检测限。活性磷酸盐冬季最高，其他 3 个季节差异不大，春、夏、秋、冬季表层平均值分别为 0.011 mg/L、0.010 mg/L、0.010 mg/L 和 0.017 mg/L。夏季磷酸盐的高值区位于珠江口、湛江港和雷州湾附近水域；冬季华南近岸的活性磷酸盐都很高，高值区在珠江口、汕头外海和雷州湾等海域（彩图 5）。汕头外海的高磷酸盐，可能受冬季南下的浙闽沿岸流带来的高营养盐水团的影响。

（三）活性硅酸盐（SiO_3^{2-}）的时空分布特征

南海北部近海表层水体活性硅酸盐浓度的变动范围为 0.02～5.88 mg/L，周年平均浓度为 0.57 mg/L。春、夏、秋、冬季表层浓度平均值分别为 0.69 mg/L、0.35 mg/L、0.25 mg/L 和 0.99 mg/L。活性硅酸盐的水平分布与 DIN 的趋势非常相近，夏季和冬季硅酸盐的高值区位于珠江口和柘林湾这些有大量淡水径流输入的河口水域（彩图 6）。

二、石油类的时空分布特征

石油类污染是水体污染的重要类型之一，随着石油工业的发展，石油类对海洋的污染越来越严重。海面浮油可萃取分散于海水中的氯烃，如 DDT、狄氏剂、毒杀芬等农药和聚氯联苯等，并把这些毒物浓集到海水表层，对浮游生物、甲壳类动物和夜晚浮上海面活动的仔、稚鱼会产生有害影响，变现为直接触杀或影响其生理、繁殖与行为。

珠江口海区的石油类污染相对严重。春季，整个珠江口海域属于第三类海水水质。夏季，珠江口最北端的虎门海域、香港大屿山北边和高栏岛附近的海区，属于第三类海水水质，其他海域则符合一、二类海水水质标准。秋季，荷包岛以南、上川岛以东的海域和上、下川岛之间的部分海域属于第三类海水水质，其他海域则属于第一、二类海水水质。冬季，珠江口内的虎门至珠海河口段和高栏岛附近的海区属于第三类海水水质，其他海域则符合第一、二类海水水质标准。粤西海域，春季，琼东海区大部分区域未检测到石油类，基本符合国家一类海水水质标准，海域没有受到石油的污染。海区浓度平均值冬季最高，为 0.037 mg/L，夏季最低，为 0.008 7 mg/L。春、秋季相当，分别为 0.011 3 mg/L 和 0.012 7 mg/L。夏季，粤西南部和海南岛北部之间的海域在一定程度上已受到油类污染，但总体来说，表层海水中油类含量仍未超国家一类海水水质标准。秋季，表层海水油类的浓度明显低于冬季和夏季，该海域油类含量明显低于国家一类海水水质标准，未受到油类的污染。冬季，除个别区域污染较大外，大部分调查海域未受油类污染，但粤西的南部沿海和琼东的外海区域调查数据表明已受到油类污染。北部湾海区，春季油类污染最少，秋季最大。夏季只有三亚近海有油类污染，其他站位均属于一类水质；冬季除流沙湾外海出现油类污染外，其他站位均属于一类水质；春季没有出现油类污染现象，均属于一类水质；秋季除海南岛南部个别区域和海南岛西部个别区域出现油类污染外，其他站位均属于一类水质，未受到油类污染。

三、重金属的时空分布特征

海洋中的重金属既有天然的来源，又有人为的来源。天然来源包括地壳岩石风化、海底火山喷发和陆地水土流失，将大量的重金属通过河流和大气直接注入海中，构成海洋重金属的本底值。人为来源主要是工业污水、矿山废水的排放及重金属农药的流失，煤和石油在燃烧中释放出的重金属经大气的搬运而进入海洋。由于人类活动将重金属导入海洋而造成的污染称为海洋重金属污染，目前污染海洋的重金属主要有铜（Cu）、铅（Pb）、锌（Zn）、镉（Cd）、铬（Cr）、汞（Hg）、砷（As）等（黄良民等，2017）。

粤东海区，4 个季节中的 Cu、Pb、Zn、Cr、Cd、Hg、As 均符合国家一类海水水质标准。珠江口海区，春季和秋季基础区表层海水中，Hg、As、Cu、Cd、Zn 和 Cr 的含量均较低，符合第一类海水水质标准。夏季除 Pb 的标准指数在珠江口南部外海稍高。冬季基础区表层海水中，Hg、As、Cu、Cd、Zn 和 Cr 的含量均较低，符合第一类海水水质标准。冬季 Pb 的标准指数在下川岛至海陵岛近岸海域和珠江口万山群岛附近部分海区稍高。粤西近海，春季 As 符合一类海水水质标准。调查海域 Hg 含量偏高，雷州半岛东部海域污染严重，超过三类海水水质标准。Cu 除琼东个别区域符合二类海水标准之外，其余站位均未超过一类海水水质标准，该海域基本未受到 Cu 的污染。Pb 在受到珠江冲淡水影响的东部海域，含量偏高，超过一类海水水质标准，其他海域符合一类海水水质标准。Cd、Zn 和 Cr 均未超国家一类海水水质标准。夏季，除调查海域的最东端外，Cu 污染指数基本表现为从近岸向远海不断降低。根据调查海域 Cu 污染指数的分布，该海域 Cu 含量符合国家一类海水水质标准。夏季，除海南岛南部的部分海域含量可达到国家一类海水水质标准外，其余大部分调查海域的 Pb 含量在夏季已超国家一类海水水质标准，但整个调查海域没有超过国家二类海水水质标准的现象。Zn 和 Cd 含量属国家一类海水水质标准范围。Hg 冬季污染指数和夏季相似，也是北部高于南部，未超过国家一类海水水质标准。As 和 Cr 均未超国家一类海水水质标准。北部湾海区，Cu、Cd、Cr、As 和 Hg 在整个海域四季中基本均符合国家一类海水水质标准。Pb 和 Zn 存在一定的超标，且其季节变化特点较为一致：冬、夏两季亦均满足国家一类海水水质标准；但在春、秋两季则存在一定超标现象，其中，Pb 超标率分别为 7.5% 和 20%，Zn 则为 37.5% 和 5%。

四、溶解氧的时空分布特征

溶解在海水中的氧气（简称溶解氧，DO）是海洋生命活动不可缺少的物质。它的含量在海洋中的分布，既受化学过程和生物过程的影响，也受物理过程的影响。其来源主要有两个：一是大气的溶解；二是植物的光合作用。溶解氧在海水中的溶解度，随温度的升高而降低，随海水盐度的增加而减少。表层海水的溶解氧含量不但白天和黑夜不同，而且随季节而异。海水分层和海流等因素均对水体溶解氧产生影响，使溶解氧含量在不同的海洋环境中形成了独具特色的垂直分布和空间分布特征。

粤东外海区溶解氧平均浓度夏季最低，为 6.20 mg/L，绝大部分海区溶解氧处于一类海水水质标准，其他季节平均值均高于 7.0 mg/L。珠江口外海区：表层和次表层均符合一类海水水质标准；底层外海水溶解氧较低。而在珠江口中上游海域：夏季，珠江口海域底层海水溶解氧的含量基本属于第三、第四类海水水质，荷包岛和高栏岛以北海域属于第四类海水水质；冬季，水体混合强烈，整个重点调查区各层海水溶解氧的含量丰富，全部大于 6 mg/L，就溶解氧来说，符合第一类海水水质标准。粤西外海区春季溶解氧基本处于国家二类海水水质标准，其余海区溶解氧均为国家一类海水水质标准。夏季表层以及 10 m 层基本达到一类国家海水水质标准，底层溶解氧含量偏低，符合三类国家海水水质标准。秋季溶解氧达到一级水质标准。冬季琼东外海部分海区溶解氧介于 $3\sim4$ mg/L，符合国家三、四类海水水质标准，其他区域溶解氧污染指数大于 1，符合国家一类海水水质标准。北部湾海区春季和冬季，整个海区的溶解氧都符合国家一类水质标准。所有站位的溶解氧都符合国家一类水质标准。

第三节　初级生产力

在海洋生态系统中，浮游植物叶绿素和初级生产力代表着主要初级生产者的生物量和光合作用固碳能力，是海洋生态系食物网结构与功能的基础环节，它们不仅表示海洋有机物的最初来源，同时也表征着海洋浮游植物将大气中 CO_2 向海洋中转化的能力，对海洋食物的产出和全球气候变化的调节也起着重大作用。此外，叶绿素和初级生产力也是描述海洋生态系统中不同生境特征的重要指标。作为联系海洋生态系统中无机和有机环境的基础环节，浮游植物群落的生物量和生产力对水团运动、生源要素变化存在直接的响应，其分布不仅反映着海域的营养水平，同时也控制着生境内高营养级的生物资源潜力，因而可以对不同理化性质的生境及其生态动力学特征变化起到指示作用。

一、叶绿素 a 的空间分布

南海北部近海表层叶绿素 a（Chl a）浓度的变动范围为 $0.09\sim72.46$ mg/m³，周年平均浓度为 3.7 mg/m³。春、夏、秋、冬季表层叶绿素 a 的平均值分别为 3.22 mg/m³、5.80 mg/m³、3.23 mg/m³ 和 2.71 mg/m³。夏季表层水体的叶绿素 a 浓度显著高于其他季节，夏季高值区出现在珠江口外担杆岛和汕头柘林湾的近海水域，这些海域的表层叶绿素 a 含量均在 5.0 mg/m³ 以上，最低值出现在粤西海域站位。受西南季风和南海环流的影响，可以明显观察到珠江口的高叶绿素 a 水团向东北部偏转。冬季表层水的叶绿素 a 浓度全年最低，冬季粤东的叶绿素 a 浓度均保持较低的水平，高值区位于海陵湾附近，这可能是东北季风驱使珠江口高营养盐水团向西南方向偏转所致（彩图 7）。

二、初级生产力的空间分布

初级生产力是指初级生产者（自养生物）通过光合作用或化学合成的方法，来制造有机物的速率。这些初级生产者包括大型藻类、单细胞浮游植物以及自养细菌等。其中，浮游植物一直被认为在海洋初级生产中占据十分重要的地位，是海洋生态系统物质循环与食物链的关键环节。初级生产力对海洋渔业资源评估、海洋生物资源的可持续利用、生物地球化学循环、海洋物质通量和海洋生态动力学等研究有重要意义。目前，主要使用^{14}C示踪技术来测量水体的初级生产力。

根据广东省 908 调查和农业行业专项的调查结果，南海北部近海水体的初级生产力（以 C 计，下同）变动范围为 0.013～83.0 mg/（m^3·h），平均为 14.0 mg/（m^3·h）。夏季高于冬季，夏季平均初级生产力水平为 16.5 mg/（m^3·h），冬季平均初级生产力水平为 11.3 mg/（m^3·h）。初级生产力的高值区与叶绿素的分布一致，珠江口外围和柘林湾近海海域均为高生产力海域。

第四节　浮游植物

浮游植物（phytoplankton）是一类具有色素或色素体，能进行光合作用，并制造有机物的自养型浮游生物，主要包括细菌和单细胞藻类，如硅藻、甲藻、绿藻、蓝藻、金藻、黄藻等，与底栖藻类一起构成海洋中有机物的初级产量（郑重等，1984）。浮游植物由于需要吸收光能，所以主要分布在海洋的上层（或称真光层）。浮游植物的个体微小，数量极多，代谢活动强烈，其种类和数量变动直接影响着海洋生态系统的生产力。作为海洋动物，特别是动物幼体的直接或间接饵料，海洋浮游植物是海洋食物链的基础环节，在海洋渔业上具有重要意义。浮游植物缺乏运动器官，其分布由海水的运动决定，因此有些种类可以作为海流、水团的指示生物；有些浮游植物具有富集污染物质的能力，也可作为污染的指示生物，在海洋环境保护方面具有一定意义。海洋浮游植物同时也是赤潮等自然灾害的元凶。赤潮是全球性的海洋环境问题之一，严重威胁到海洋渔业、水产资源以及人类的身体健康。浮游植物对生态环境的变化十分敏感，环境因子的改变直接或间接影响着浮游植物的种类组成、群落结构、现存生物量等指标。因此，国内外许多学者将浮游植物群落结构作为生态环境变化（如富营养化等）的重要生物学参数。

南海北部沿海海岸线曲折漫长，江河众多，携带大量无机营养物质入海，沿岸水质肥沃，促进了浮游植物的生长，并有利于多种经济鱼类的产卵、索饵和繁殖。对华南沿岸海域浮游植物已经进行过大量的调查，包括 1959—1960 年的全国海洋综合调查、1980—1981 年的中国海岸带和海涂资源调查、1990—1991 年的广东海岛资源调查、1997—1999 年的中国大陆架及其邻近海域调查（126 调查）、2006—2007 年的中国近海海洋综合调查与评价专项调查（908 专项）等。在沿岸的海湾河口，如柘林湾、大亚湾、珠江口、雷州湾等区域也进行了浮游植物群落结构、密度分布及其季节和周年变化，以及优势种演替、赤潮浮游植物等方面的研究。

一、种类组成及季节变化

根据2006—2007年国家908和广东908的调查数据统计，南海北部沿海共出现浮游植物8门652种（含变种和变型）（尹健强等，2011）。其中，硅藻门种类数最多，为386种；其次为甲藻门，为238种；其他门类种类数由多至少分别为蓝藻门（13种）、绿藻门（5种）、金藻门（4种）、裸藻门（2种）、定鞭藻门（2种）和黄藻门（2种）。

南海北部沿海海域浮游植物的种类组成具有季节变化的特点，春、夏季较高，秋、冬季较低（表1-1）。

表1-1　广东省海域浮游植物种类组成（种）

类群	春季	夏季	秋季	冬季	总种类数
硅藻门	258	257	222	238	386
甲藻门	154	155	98	116	238
蓝藻门	8	8	7	5	13
绿藻门	0	4	1	1	5
金藻门	3	4	2	3	4
裸藻门	1	1	0	1	2
定鞭藻门	1	0	1	1	2
黄藻门	0	1	1	0	2
合计	425	429	332	365	652

二、密度分布及季节变化

南海北部近海海域浮游植物密度的季节变化较大，夏季最高，冬季最低。春、夏、秋和冬季的平均值（mean ± SD）分别为（4 117.72±15 271.89）×10^4个/m^3、（20 727.90±71 967.97）×10^4个/m^3、（2 833.82±10 321.16）×10^4个/m^3和（527.80±2 549.05）×10^4个/m^3（尹健强等，2011）。

春季浮游植物密度高值区主要分布在粤东、珠江口和雷州半岛东部近岸海域，呈明显的斑块状分布，珠江口以外大部分海区密度在1×10^4个/m^3以下。夏季浮游植物密度分布高值区（≥10 000×10^4个/m^3）在珠江口海域向外海有所推移，主要出现在万山群岛海域、上川岛和下川岛周边海域；粤东海域密度在1 000×10^4个/m^3以上的高值区范围较春季有所减小。秋季，珠江口海区浮游植物均在1 000×10^4个/m^3以上，并由内向外逐渐递减；在粤东和粤西近岸海域的密度高值区呈斑块状分布。冬季浮游植物密度明显降低，高值区主要分布在粤东海域和雷州半岛东部少数站位，珠江口海域浮游植物丰度大部分在 $10\times10^4\sim250\times10^4$ 个/m³，高值（$\geqslant100\times10^4$ 个/m³）出现在珠江口东部的大鹏湾和大亚湾。

三、综合评价及与渔业资源的关系

南海北部沿海河流径流量大，陆源物质输入丰富，有利于浮游植物的生长繁殖。该区域受季风、冲淡水、广东沿岸流、沿岸上升流等水团的影响，具有复杂多变的水文条件，使浮游植物的种类组成和数量分布存在明显的季节变化和区域变化。综合历史研究资料（周凯等，2002；戴明等，2004；王云龙等，2005；孙翠慈等，2006；李涛等，2007），广东沿岸海域浮游植物以硅藻类、甲藻类、蓝藻类出现频率最高，在各个海域均有出现，其他门类则相对较少。种类组成以硅藻类为主。根据 2006—2007 年国家 908 和广东 908 的调查资料分析，广东海域浮游植物密度季节变化明显，呈现春、夏季高，秋、冬季低的特点，总体上高于以往在广东海域和南海北部海区的调查结果，但在季节变化上差异较大。不同海域浮游植物密度总体上呈近岸向外海递减的趋势。

粤东海域受韩江、榕江径流和东北沿岸流的影响较大，每年夏、秋季为汛期，大量淡水注入可使汕头港和柘林湾附近海水盐度降至 10 以下，使浮游植物的种类组成和数量产生较大的变化。与珠江口、粤西海域相比，粤东海域浮游植物平均密度处于较低水平，但在近岸的柘林湾，浮游植物在春季出现了大量的增长，这可能与气候变化以及调查海区营养盐含量变化有关。

珠江口及其毗邻海域是典型的河口型水域，冲淡水在丰水期影响范围可达内伶仃岛南部水域，枯水期可退至虎门附近。由于径流带来丰富的有机物及营养盐，使珠江口海域浮游植物密度在南海北部沿海中为最高，尤其在夏季，珠江口河口咸淡水交汇海域出现了大片的高值区。

粤西海域东临珠江口，由于广东沿岸流偏西流时间较长，使该区也受到珠江径流的影响。雷州半岛东侧岛屿众多，水流复杂，受季风影响该海区出现底层水涌升现象，有机物和营养盐较丰富，从而使浮游植物出现种类较多但优势种不明显的特点。与整个海域相比，粤西浮游植物密度低于珠江口，但略高于粤东海域，主要的高值区分布于雷州半岛东部近岸区域，其季节变化不如珠江口海域剧烈。

近十几年来，南海北部沿海的海水养殖业发展迅猛，珠江口、汕头近岸海域、大亚湾、湛江近岸海域等均为重要的养殖水域。大规模增养殖渔业和严重的陆源排污，加剧了水体富营养化，在很大程度上改变了广东沿岸的浮游植物群落结构和时空分布，在近海港湾如柘林湾等区域尤其明显。浮游植物的种类和生物多样性、均匀度呈下降趋势，少数种类如中肋骨条藻等大量增殖，使群落结构趋于小型化，对海湾生态系统产生了一定影响（齐雨藻，2008）。这些水域同时也是主要的赤潮多发区（刘晓南等，2004；庞勇，2010）。在1980—2002年，广东沿海共发生113次赤潮事件；在1987—1992年和1998—2002年出现高峰期。粤西赤潮发生次数最少，其次是粤东、珠江口出现赤潮事件最多。近10年来，广东海域赤潮发生的频率有逐年增加的趋势，平均每年发生10次左右赤潮，大面积赤潮相对较少，内湾和养殖区为赤潮发生主要区域（刘晓南等，2004；齐雨藻，2008；广东省海洋与渔业局，2011）。赤潮生物是赤潮发生的内在因素，据不完全统计，广东沿海赤潮生物达139种，是赤潮频繁发生的重要原因（李涛等，2007）。赤潮不仅危害水体生态环境，也给渔业资源和生产造成严重的经济损失。从近几年赤潮发生情况看，珠江口海域赤潮大多为有毒有害赤潮，已经严重影响到珠江口的渔业和旅游业。资料显示，翼根管藻纤细变型、尖刺拟菱形藻、丹麦细柱藻、中肋骨条藻、夜光藻、细弱海链藻、锥状斯氏藻、红海束毛藻、铁氏束毛藻等都曾在广东沿岸海域暴发过赤潮（李永振，2001）。根据最近的调查数据，这些赤潮藻类都在调查中检出。一旦水域环境条件适宜，这些藻类就可能呈暴发性增殖，引发相应的赤潮。应积极开展赤潮形成机理和生态过程的调查研究工作，加强海洋环境监测，达到有效防治赤潮的目的。

第五节　浮游动物

浮游动物（zooplankton）是一类自己不能制造有机物的异养型浮游生物，漂浮于各个水层，从表层到深海均有分布。在种类组成上，包括无脊椎动物的大部分门类，从最低等的原生动物到较高等的尾索动物，主要门类有原生动物、腔肠动物、甲壳动物、腹足动物、毛颚动物和被囊动物等。这些类别几乎均为永久性浮游生物，其中，甲壳动物的桡足类种类最多，数量最大，分布最广。此外，还有一些阶段性的浮游动物，如各种底栖动物的浮游幼虫及鱼卵和仔、稚鱼。浮游动物在海洋生态系统能量流动和物质循环中起着承上启下的作用，其动态变化对初级生产力具有一定的控制力，是经济海产动物（包括须鲸类、鱼类、虾类等）的基础饵料，特别是经济鱼类的幼鱼和中、上层鱼类（如鲱、鲐、蓝圆鲹、沙丁鱼等）的主要摄食对象，对海洋渔业资源的稳定、种群补充及可持续发展有重要意义。

关于广东省近海浮游动物已经进行了大量相关调查，1959—1960年的全国海洋综合调查、1980—1981年的中国海岸带和海涂资源调查、1990—1991年的广东海岛资源调查、1997—1999年的中国大陆架及其邻近海域调查（126调查）、2006—2007年的中国近海海洋综合调查与评价专项（908专项）等多项大型海洋调查项目，均进行过广东省近海海洋浮游动物的研究。

一、种类组成及季节变化

根据 2006—2007 年国家 908 和广东 908 的调查数据统计，南海北部沿海海域出现浮游动物共 784 种（含浮游幼虫），共 18 类（表 1-2）。其中，桡足类种类数最多，为 229 种；其次是水螅水母类，为 121 种；其他类群种类数由多至少依次为端足类、管水母类、被囊类、介形类、浮游幼虫类、磷虾类、软体动物翼足类、毛颚类、糠虾类、软体动物异足类、多毛类、十足类、钵水母类、栉水母类、枝角类和涟虫类。

南海北部沿海海域浮游动物种类组成有季节变化（表 1-2），夏季最多，为 521 种；冬季最少，为 409 种；其次是春季和秋季。

表 1-2 南海北部沿海海域浮游动物种类组成（种）

类群	春季	夏季	秋季	冬季	总种类数
水螅水母类	66	72	63	60	121
管水母类	33	40	27	27	54
钵水母类	4	2	1	1	6
栉水母类	3	2	3	2	5
多毛类	12	12	7	4	18
软体动物翼足类	19	24	15	24	32
软体动物异足类	11	15	1	12	19
枝角类	3	3	1	0	3
介形类	36	29	25	23	46
涟虫类	1	1	0	1	1
桡足类	163	150	162	114	229
端足类	55	52	26	47	77
糠虾类	19	7	2	7	23
磷虾类	22	22	17	21	32
十足类	3	6	7	6	8
毛颚类	16	19	25	16	28
被囊类	23	40	11	26	48
浮游幼虫类	23	25	22	18	34
总计	509	521	415	409	784

二、数量分布及季节变化

浮游动物总生物量指的是浮游动物湿重生物量，包括水母和海樽类等胶质类浮游动物。春、夏、秋和冬季浮游动物生物量平均值（mean ± SD）分别为（420 ± 630）mg/m³、

（418±421）mg/m³、（180±238）mg/m³ 和（185±215）mg/m³，变化范围为 15～4 213 mg/m³、6～2 070 mg/m³、0.3～1 919 mg/m³ 和 2～2 092 mg/m³（尹健强等，2011）。春季浮游动物生物量高值区，主要分布在粤东、珠江口和雷州半岛东部近岸海域，夏季浮游动物高生物量值范围向外海有所推移，秋季高生物量出现在珠江河口外海域，冬季浮游动物生物量分布相对较均匀。

春季、夏季、秋季和冬季浮游动物密度平均值（mean±SD）分别为（419±1 127）个/m³、（470±1 228）个/m³、（156±181）个/m³ 和（141±121）个/m³，变化范围为 5～14 475 个/m³、3～17 458 个/m³、5～1 963 个/m³ 和 3～655 个/m³。浮游动物密度的水平分布与生物量分布趋势较为相似。春季浮游动物密度高值区，主要分布在珠江口和雷州半岛东部、西部近岸海域，夏季浮游动物密度高值范围向外海有所推移（如浮游动物密度等值线 100 个/m³ 向外推移，与春季相比较）。粤东海域浮游动物密度与春季相比有所提高，秋季浮游动物高密度出现在珠江河口和粤东海域，冬季浮游动物密度分布呈现明显的梯度变化，从外海向近岸增加。

三、变化趋势及与渔业资源的关系

1959—1960 年，全国海洋综合调查南海北部浮游动物的种类仅鉴定了 510 种（不含浮游幼虫）（王云龙等，2005）。鉴定出来的种类数偏少，主要原因是当时我国的海洋生物研究起步较晚，有许多门类的浮游动物分类研究还没有深入开展，存在空白，如浮游动物的重要门类介形类、端足类等。国家 908 和广东 908 专项的浮游动物种类数略多于国家海洋勘探专项调查的调查结果（王云龙等，2005），表明广东省海域的浮游动物种类是相当丰富的，与历史资料比较，浮游动物种类总体来说没有减少。

908 海洋专项调查的浮游动物总生物量和总密度明显高于国家海洋勘探专项调查（李纯厚等，2004；王云龙等，2005；贾小平等，2005）以及全国海洋综合调查（中华人民共和国科学技术委员会海洋组海洋综合调查办公室编，1964），季节变化特征也不同，前者季节变化显著，后者波幅不大；并且也有明显的区域变化，在粤东和粤西夏季由于季风和地形的相互作用，会出现明显的季节性上升流，因此，浮游动物总生物量和总密度通常会出现高值。与历史调查资料比较，浮游动物数量呈增加的趋势。

根据南海北部历史上几次重要的渔业资源调查，南海北部近海渔业资源呈现明显的衰退趋势，衰退期主要发生在 20 世纪 80 年代和 90 年代，20 年间渔业资源密度下降约 80%，1999 年资源密度达到最低点。在此期间，南海北部渔业发展十分迅速，南海三省渔船数量和总功率呈直线上升，1990 年渔船数量和总功率分别比 1980 年增长了 6.3 倍和 3.4 倍。渔船数量的急剧增长使海洋捕捞能力大大超过资源的再生能力，因此，渔业资源在 20 世纪 80 年代呈迅速衰退的趋势。1990—2000 年，渔船数量仍有增长，但速度较慢，渔业资源继续衰退。1999 年以后，政府意识到资源衰退的严重性，开始控制渔船数量，并采取一系列渔业资源保护措施，包括休渔制度、渔民转产转业、人工鱼礁建设等。因此，2000 年以后，渔业资源密度呈现上升的趋势，2007 年的资源密度为 1999 年的 2.5 倍。由此可见，过度捕捞是影响渔业资源衰退的主要因素，而浮游动物数量变化并不是影响广东省渔业资源减少的主要原因。当然，浮游动物群落在海洋生态系统中的稳定性是影响渔业资源可持续利用的重要因素。

第六节　底栖动物

海洋底栖生物是海洋生物的重要组成部分，也是海洋生物食物链结构中的重要环节，对海洋生态系统物质循环、能量流动有着重要作用。研究表明，多数大型底栖生物的活动范围相对稳定，受环境影响更为剧烈，底栖生物群落的多样性会随着富营养化程度的升高而相应降低。长期以来，底栖生物群落也一直被看作是监测生态系统变化的主要研究对象。

一、种类组成和季节变化

根据 2006—2007 年 908 专项调查（表 1-3），南海北部沿海大型底栖生物种类数季节变化以春、夏季最高，分别为 673 种和 662 种；秋季最低，为 427 种；冬季高于秋季，为 522 种。多毛类种类数以夏季最高，为 241 种；软体动物和棘皮动物均以春季最高，分别为 137 种和 59 种；甲壳类则春、夏季均为最高，分别为 184 种和 183 种。

南海北部沿海海域大型底栖生物优势种有一定的季节变化，但不是太明显。在 1997—1999 年 126 专项调查中，南海北部大型底栖生物种类数季节变化为春季（388 种）＞夏季（293 种）＞秋季（279 种）＞冬季（253 种），春季最大，冬季最小。多毛类种类数为春季最大（143 种），冬季最小（108 种）。软体动物种类数为春季最大（122 种），夏季最小（50 种）。甲壳动物种类数为夏季最大（76 种），冬季最小（50 种）。季节变化趋势与 2006—2007 年大致相同。

表 1-3　广东省海域大型底栖生物种类数季节变化（种）

季节	多毛类	软体动物	甲壳动物	棘皮动物	其他动物	总种类数
春季	209	137	184	59	84	673
夏季	241	123	183	39	76	662
秋季	137	71	125	23	71	427
冬季	185	71	162	37	67	522

历次调查取得的大型底栖生物种类数有所差别，以 2006—2007 年 908 海洋专项调查的种类数最多，一次调查取得的种类数主要与采样的范围、采样站位数、采样频度等有关。但是，种类组成均以多毛类最多，其次是软体动物和甲壳动物，棘皮动物较少。根据 1980—1985 年广东省海岸带和海涂资源综合调查，广东省沿岸大型底栖生物采样取得 607 种，其中，软体动物 242 种，甲壳动物 212 种，棘皮动物 105 种，其他动物 48 种。1979—1982 年，南海东北部大陆架海区 180 m 以浅海区大型底栖生物，夏季 239 种，冬季 155 种。其中，多毛类占 20.40%，软体动物占 28.70%，甲壳动物占 32.40%，棘皮动物占 9.90%。1997—1999 年，南海北部大型底栖生物 690 种。其中，多毛类 238 种，软体动物 217 种，甲壳动物 138 种，棘皮动物 48 种和其他动物 49 种。2006—2007 年 908 专项水体调查，广东省海域大型底栖生物 822 种。其中，多毛类 268 种，软体动物 169 种，甲壳动物 214 种，棘皮动物 64 种，其他动物 107 种。

二、数量组成和分布

2006—2007 年，广东省海域大型底栖生物四季平均生物量为 12.32 g/m^2，平均栖息密度为 238 个/m^2。生物量组成以软体动物居第一位，占 38.3%；棘皮动物居第二位，占 24.5%；多毛类居第三位，占 14.1%。栖息密度以多毛类占第一位，软体动物居第二位，甲壳动物居第三位。1997—1999 年，南海北部大型底栖生物四季平均生物量为 10.83 g/m^2，平均栖息密度为 122 个/m^2。数量组成，生物量以棘皮动物居首位，占 24.7%；多毛类居第二位，占 20.7%；软体动物居第三位，占 18.3%。栖息密度以多毛类占第一位，甲壳动物占第二位，其他动物占第三位。

2006—2007 年，底栖生物的生物量和栖息密度均比 1997—1999 年高，尤其是栖息密度高了近 1 倍。两次调查底栖生物的数量组成也有所不同，小型底栖生物的比例增加。将广东省海域划分为台湾浅滩、粤东海域、珠江口和粤西海域，生物量以台湾浅滩最大，粤东次之，珠江口最低；栖息密度以粤东最高，台湾浅滩次之，粤西海域最低。与历史数据比较，南海北部沿海大型底栖生物数量呈现衰减的趋势，数量分布以浅水区大于深水区，近岸水域大于远岸水域。

三、底栖生物的饵料水平评价

南海海域底栖生物饵料水平的评价结果见表 1-4。春季南海北部海域底栖生物饵料总体上处于 3 级水平，属"中等"水平级。其中，台湾浅滩东部、海南岛东南侧海域饵料水平最高，达到 5 级，为"很丰富"水平级；其次为北部湾东北部和珠江口外海及其邻近海域，饵料水平为 3～4 级。夏季底栖生物饵料水平与春季相当，为 3 级水平，其中，台湾浅滩、北部湾口外、粤西近海和粤西外海等局部海域的饵料水平相对较高。秋季底栖生物饵料水平总体降至 2 级，为"较低"水平级。其饵料生物水平 5 级的区域出现在北部湾东北部小范围海域内，此外，粤东中部、粤西西部和琼南外海等局部海域饵料水平相对较高。冬季底栖生物饵料水平仍处于 2 级水平，饵料水平 3 级以上区域主要分布在水深 60 m 以内的近海海域。综上所述，南海北部海域底栖生物饵料水平范围为 1～5 级水平，年平均为 3 级水平，属"中等"水平级。其中，台湾浅滩和粤西海域饵料水平较高，年平均为 3 级水平，其余为 2 级水平。

表 1-4　南海海域底栖生物饵料水平评价

海区	春季	夏季	秋季	冬季	平均
南海北部海域	3	3	2	2	3
台湾浅滩	4	3	2	3	3
粤东	1	3	3	2	2
珠江口	2	2	2	1	2
粤西海域	3	3	2	3	3

第七节　生境质量综合评价

南海北部近海大部分海域水质总体达清洁和较清洁标准，远海海域水质保持良好。各水质环境因子总体上呈现近岸浓度高、远海浓度低的分布趋势，且近岸海域变化梯度较大、外海较均匀。受污染较严重的海域，主要分布在珠江口及近岸中经济比较发达的大中城市和养殖功能区的局部海域，如柘林湾、汕头港、汕尾港、水东港、湛江港等海区。海水中的主要污染物为无机氮（DIN）和活性磷酸盐 PO_4^{3-}，部分海域也受有机物污染。从广东 908 生物生态调查结果显示，汕头港、柘林湾海区和水东湾、海陵湾的阳江海是各海区中硝酸盐浓度较高的 2 个区域，但汕头、汕尾海区在除了夏季之外的季节均保持高值，水东湾、海陵湾的阳江海区则在夏季发生高值；通过海水化学评价，根据《海水水质标准》，采用单因子标准指数法进行评价，从无机氮浓度来看，汕头海域表层海水超标率为 64%～100%，秋季最高，其中，柘林湾和莱芜岛达到四类海水水质标准。汕惠海域从碣石湾到大亚湾超标率平均为 0～10%，夏季大亚湾外面较高，达到第二或第三类水质标准，其余季节符合第一类水质标准。水东湾、海陵湾阳茂海区区域超标率为 73%，达到第二或第三类水质标准，其中，沙扒港最高。湛江海域较汕惠海区稍高，超标率为 13%～38%，汕头、汕尾海区较其余 3 个海区浓度值稳定，4 个季度之间波动不强烈，其余各区则均于夏季出现全年最高值；磷酸盐浓度全年的波动比较强烈，各海区大部分季节均符合第一类水质标准，汕头港、柘林湾海区和湛江港、雷州湾、流沙湾的雷州半岛海区分别在冬季、秋季和春季产生磷酸盐高值，最高可达 0.025 mg/L 以上（汕头、汕尾海区冬季），超标率为 91%～100%，达到第三或第二类水质标准，大亚湾、大鹏湾海区和水东湾、海陵湾阳江海区常年保持 0.08 mg/L 以下低值，符合第一类水质标准；除汕头、汕尾海区之外，硅酸盐浓度在各区的浓度值都较接近，4 个季度的浓度平均值都保持在 1.0 mg/L 以下，且波动不大，而汕头、汕尾海区由于受榕江径流影响，硅酸盐浓度明显高于其余 3 个海区，季节变化明显，于夏季达到全年最高值，而在春季降至最低。

溶解氧（DO）是评价水质的重要指标之一，其含量变化反映了海域水环境的质量状况。整体来说，各海区秋季溶解氧最高，基本达到第一类海水水质标准。汕头海区表层海水平均溶解氧的标准指数平均为 0.26，超标率 0～9%，符合国家第一类水质标准，但是汕头港中层和底层水中超标率较高，达到第四或第三类水质标准。而大亚湾夏季表层海水已经达到第三类水质标准，其他季节都是第二类水质标准。阳茂海区除夏季海陵湾和沙扒港超标 18% 左右，达到第三类水质标准外，其他都是第一类水质标准。流沙湾海区常年都是第一类水质标准。

汕头港-柘林湾沉积物中，重金属 Cu、Pb 和 Zn 也表现出较为明显的波动变化，均在 1989—1992 年出现峰值，含量分别为 33.0 mg/kg、74.7 mg/kg 和 144.0 mg/kg。其中，Cu 和 Zn 符合第一类沉积物标准，而 Pb 则超过了第一类沉积物标准；到 2007 年，汕头港-柘林湾海域沉积物中 Cu、Pb 和 Zn 含量均符合第一类沉积物标准。大亚湾海域沉积物中 Cu 含量总体保持稳定，无明显变化，但 Pb 和 Zn 含量则呈明显降低的趋势，大亚湾海域沉积物中重金属含量有降低趋势。大鹏湾沉积物中的 Zn 含量表现出增加的趋势，污染物含量增加的一个重要原因，在于生产生活污水等越来越大量的排放，这也是发展工农业生产对环境带来的负面影响之一；Pb 在 2001 年出现低值，含量为 9.4 mg/kg，但 2007 年和 1991 年相比，Pb 则无明显变化，处于相对稳定状态。海陵湾海域 2007 年沉积物中重金属 Cu 和 Pb 均较低，与以往年份相比表现出降低的变化趋势；而 Zn 含量呈现波动变化；海陵湾海域沉积物重金属呈现出不同的历史变化趋势，可能主要与海陵湾海域重金属的来源有关；丘耀文等（2004）研究表明，海陵湾海域陆源污染不是该海域重金属污染的最主要途径，外海海水可影响海陵湾海水的清洁度。正因为此，海陵湾海域沉积物中重金属的历史变化趋势呈现复杂的波动变化。水东港海域沉积物中 Zn 无明显变化趋势，基本保持稳定；相比 1990 年，2007 年海域沉积物中 Cu、Pb 均表现出较大幅度的降低，很多因素能够导致这种变化，如污染排放管理措施的实施，再加上沉积物本身的地球化学循环等共同作用，可能导致沉积物中污染物降低或迁移至更深层次的沉积物中，但具体原因还需进一步研究分析。与 20 世纪 80 年代相比，2000 年后湛江港海域沉积物中 Cu、Pb 和 Zn 的含量均有较大的升高，湛江港海域沉积物重金属污染有增大的趋势；21 世纪后，在西部大开发的带动下，湛江经济发展迅速，而且湛江港是一个封闭性很强的海域（郭笑宇等，2006），因此，人为活动的加大可能造成湛江港海域污染的加重。雷州湾沉积物中油类在 1990 年出现峰值，含量为 39.7 mg/kg，仍符合第一类沉积物标准；近年来，雷州湾 Cu 有较小幅度的减小，但变化趋势较小，而 Pb 含量有较大幅度的增加，可能反映污染有加重的趋势。

南海北部近海海域表层叶绿素 a 含量总体呈现近岸高、向外海逐步减少的分布格局，受人类活动影响巨大的海湾，如柘林湾、大亚湾、珠江口等重要海湾叶绿素 a 含量远远高于其他海域，这说明人类活动对叶绿素 a 空间分布产生了巨大影响。南海北部近海沿岸初级生产力在空间上同样呈现从近岸到外海逐步降低的趋势，叶绿素 a 和初级生产力高值分布区总体一致，但也有差异，如在珠江口叶绿素 a 含量很高，初级生产却很低，这主要和珠江口特殊的水体环境有关。从叶绿素 a 的结果也可以看出，叶绿素 a 高的海区富营养化比较严重，叶绿素 a 高值主要分布于柘林湾、汕头港和大亚湾海区。大亚湾湾内叶绿素 a 含量表现为西部高、东部低，与文献报道的研究结果一致，高值位于养殖区及污染较为严重的大鹏湾和澳头湾。大鹏湾叶绿素 a 含量表现为湾内高、湾外低。粤西海域分布较为规律，等值线几乎与岸线平行，海陵湾、水东港附近海域叶绿素 a 浓度相对较高。海陵湾海区呈现明显的近岸高、外海低的趋势，水东港西部海区高于东部海区，湛江港则呈现港内高、口门和外部海区逐渐下降的趋势。雷州湾在硇洲岛西南部海区出现一个低值区。流沙湾在湾口附近叶绿素 a 浓度较高。

南海北部近海浮游植物种类相当丰富，多达 8 门 652 种（含变种和变型）。其中，硅藻门种类数最多，为 386 种，占总种类数的 59.2%；其次为甲藻门，为 238 种，占 36.5%。密度分布趋势为近岸高、外海低。密度季节变化明显，呈现春、夏季高，秋、冬季低的特点。南海北部近海海域浮游动物种类相当丰富，多达 784 种（含浮游幼虫）。其中，桡足类种类数最多，为 229 种，占总种类数的 29.2%；其次是水螅水母类，为 121 种，占 15.4%。浮游动物生物量和密度的分布趋势为近岸高、外海低。在粤东和粤西夏季由于季风和地形的相互作用，会出现明显的季节性上升流，因此，浮游动物总生物量和总密度通常会出现高值。与历史调查资料比较，浮游动物数量呈增加的趋势。华南各海湾春季浮游生物的优势种有明显的差别，柘林湾、汕头和汕尾以及大鹏湾浮游动物都以肥胖箭虫为第一优势种，中华哲水蚤在柘林湾和大亚湾是优势种，而夜光虫在粤西海湾为优势种。中肋骨条藻在汕头、柘林、大鹏和流沙湾都是优势种，海陵湾、水东湾和雷州湾的优势种都是根管藻属的种类。固氮的铁氏束毛藻仅在大亚湾和大鹏湾成为过优势种，可能与当时这两个海湾的营养盐结构有关。甲藻类的三角棘原甲藻，仅在流沙湾为优势种。其余海湾的优势种大部分为硅藻。有研究表明，由于营养盐的不断增加，浮游动物的种类组成发生了很大变化，增加的营养盐促使浮游植物大量繁殖。同时，浮游动物由于有充足的食物，丰度和生物量也同时增加。杜飞雁等（2006）对大亚湾浮游动物生物量做了调查，指出浮游动物湿重生物量从 1992 年开始有大幅度的上升，这是因为 1988—1989 年水体营养盐 N/P 值为 17.7，最接近 Redfield 比值，所以在 1987 年和 1990—1991 年，浮游植物种类和数量都增加。由于受浮游植物的影响，浮游动物生物量从那时起有大幅度的上升。2004 年，浮游动物生物量达到历史最高，年平均为 424.3 mg/m³。本次调查浮游动物生物量（湿重）年平均值为 477.75 mg/m³，与 2004 年的调查相比略有所增加。

南海北部底栖生物种类繁多，2006—2007 年调查广东省海域大型底栖生物有 822 种，种类数以多毛类最多，其次是软体动物、甲壳动物和棘皮动物。生物量组成以软体动物居第一位，棘皮动物居第二位，多毛类居第三位；栖息密度以多毛类占第一位，软体动物居第二位，甲壳动物居第三位。生物量季节变化为春季＞冬季＞夏季＞秋季；栖息密度为春季＞夏季＞冬季＞秋季。南海北部大型底栖生物共有 11 个群落，群落结构相对稳定。南海北部海域底栖生物饵料水平范围为 1～5 级水平，年平均为 3 级水平，属"中等"水平级。其中，台湾浅滩和粤西海域饵料水平较高，年平均为 3 级水平，其余为 2 级水平。

综上所述，南海北部近海的叶绿素 a、浮游植物和浮游动物的数量总体呈增加趋势。根据南海北部历史上几次重要的渔业资源调查，南海北部近海渔业资源呈现明显的衰退趋势。衰退期主要发生在 20 世纪 80 年代和 90 年代，20 年间渔业资源密度下降约 80%，1999 年资源密度达到最低点。在此期间，南海北部渔业捕捞发展十分迅速，南海 3 省渔船数量和总功率呈直线上升，1990 年渔船数量和总功率分别比 1980 年增长了 6.3 倍和 3.4 倍。渔船数量的急剧增长，使海洋捕捞能力大大超过资源的再生能力，因此，渔业资源在 80 年代呈迅速衰退的趋势。1990—2000 年，渔船数量仍有增长，但速度较慢，渔业资源继续衰退。1999 年以后，我国意识到资源衰退的严重性，开始控制渔船数量，并采取一系列渔业资源保护措施，包括休渔制度、渔民转产转业、人工鱼礁建设等。因此，2000 年以后，渔业资源密度呈现上升的趋势，2007 年的资源密度为 1999 年的 2.5 倍。由此可见，过度捕捞是影响渔业资源衰退的主要因素，其次是海洋污染加剧和生境破坏，而浮游植物、浮游动物的数量变化并不是影响广东省渔业资源衰退的主要原因。但是，浮游生物群落的变化，也反映了近几十年来南海北部近海海洋生态系统的结构已经发生了变化。

第二章　渔业资源特征及变化趋势

自 20 世纪 70 年代后期开始,南海北部渔业资源就已处于利用过度状态。随后一直呈现持续衰退,尽管通过渔业养护管理,渔业资源状况呈现波动,但总体衰退趋势仍未得到根本遏制。调查显示,1976—2000 年,南海北部年均资源密度下降到原来的 1/4,2000 年开始实施伏季休渔、渔民转产转业等渔业资源保护政策,2006—2007 年年均资源密度有所提高,达到 1.11 t/km²,比 1997—1999 年提高了 1 倍;但 2014—2015 年资源密度又有所下降,为 0.8 t/km²。除资源密度明显下降外,渔业资源的群落结构也发生了明显变化,渔获物趋向小型化和低值化,优质鱼类资源枯竭和优势种类渔获率明显下降。如分布在沿岸水域、经济价值较高的鲥、鲻、四指马鲅、大黄鱼、鮸、尖吻鲈、海鲇和鲷类等,在 20 世纪 70 年代就已过度利用,目前已很少在渔获物中出现;而 20 世纪 70 年代在陆架区常见优质鱼类,如红笛鲷、灰裸顶鲷、断斑石鲈和黄鲷等,目前的数量已经很少。本章以近年来对南海北部渔业资源调查结果为基础,比较分析了南海北部渔业资源种类组成、资源量及主要渔业种类的变化情况,以期为渔业资源增殖养护提供基础数据。

第一节　种类组成

一、渔获种类和类群

2006—2007 年,对南海北部海区(南海海南岛以东至汕头海域)进行了 4 个季度的渔业资源调查,共获得 625 种渔业生物,隶属 154 科、29 目。其中,鱼类 496 种,隶属 128 科、24 目,占渔获物种类总数的 79.4%;头足类 30 种,隶属 5 科、3 目,占渔获物种类总数的 4.8%(其中,柔鱼类 7 种、乌贼类 13 种、蛸类 10 种);甲壳类 99 种,隶属 22 科、2 目,占渔获物种类总数的 15.8%(其中,虾类 32 种、蟹类 51 种、虾蛄类 16 种)(表 2-1)。鱼类、头足类和甲壳类三大类群的重量组成比例大约为 80:12:8。

表 2-1　渔获类群组成

渔获类群	种类数（种）	百分比（%）
总渔获	625	—
鱼类	496	79.40
头足类	30	4.80
柔鱼类	7	1.12
乌贼类	13	2.08
蛸类	10	1.60
甲壳类	99	15.80
虾类	32	5.12
蟹类	51	8.16
虾蛄类	16	2.56

与 1964—1965 年的调查结果相比（彩图 8），本次调查头足类和甲壳类所占比例较高。近 20 年来的调查结果显示，头足类的渔获率呈上升的趋势，这可能与鱼类资源衰退引起种类更替有关，生命周期较长的鱼类资源明显衰退，而某些生命周期短的种类数量上升，头足类也属于生命周期短的种类，可能成为更替的品种之一。甲壳类比例上升的原因，可能与本次采用的拖网渔具网口较为贴底有关。

二、鱼类经济种类组成

把渔获鱼类分为优质种、底层经济种、底层低值种、中上层经济种和小杂鱼 5 类。其中，具有较高经济价值的优质种所占比例很小，仅为 6.3%，经济价值一般的底层经济种占 36.3%，两者合计占 42.6%。底层低值种和中上层经济种的经济价值较低，两者所占比重较大，为 46.9%，小杂鱼是指不可食用的小型鱼类，所占比例为 10.5%，高于优质种类（彩图 9）。由此可见，南海北部近海渔业资源在经历了 20 世纪 80～90 年代的衰退之后，近年来渔获率已有明显的提高，但渔获质量并未好转。渔获率的提高主要来自小杂鱼类（如发光鲷、鲬科鱼类）和中上层鱼类（如竹筴鱼）的增加，这些鱼类的生命周期较短，容易成为优质种类资源衰退后的更替种类。

优质种类中以石斑鱼最多，占 29.4%；其次是单角革鲀（12.9%）、金线鱼（12.1%）、鲳科（中国鲳、银鲳、灰鲳）（9.3%）、鲥（7.8%）、乌鲳（5.6%）、五眼斑鲆（3.9%）、马鲛（3.4%）、勒氏笛鲷（3.3%）、鲈（1.5%）、鲷科（1.3%）和军曹鱼（1.1%）等。

底层经济种类中以金线鱼科（深水金线鱼和日本金线鱼）最多，占 13.6%；其次是鳗类（10.9%）、马面鲀（10.9%）、单棘豹鲂鳈（9.5%）、六指马鲅（8.4%）、石首鱼科（5.7%）、鲷科（二长棘鲷和黄鲷）（4.9%）、龙头鱼（4.4%）、鲳类（刺鲳、印度无齿鲳）（4.3%）、带鱼（4.2%）、大眼鲷（3.1%）、鲉类（2.0%）、鲬类（2.0%）、方头鱼（1.4%）、眶棘鲈（1.3%）等。

中上层经济鱼类以鲹科鱼类占绝对优势（78.8%），鳀科占 8.7%，鲱科数量很少，仅占 0.9%。

小杂鱼类主要由鲾科鱼类、发光鲷、天竺鲷、弓背鳄齿鱼和小型鲆鲽鱼类组成，分别占小杂鱼类总渔获量的 23.5%、21.9%、15.6%、13.0%和 17.9%。

三、优势种

表 2-2 所示，在总渔获物中，居第一位的优势种为深水金线鱼，占总渔获量的 3.65%。渔获重量占 2%以上的种类有 10 种，共占总渔获量的 22.62%；占 1%以上的优势种有 27 种，占总渔获量的 43.67%；占 0.5%以上的优势种有 55 种，占总渔获量的 64.13%。由此可见，本次调查渔获种类中优势种很不明显，或者说优势种类的优势度不大。说明南海区缺乏起主导作用的种类，渔业资源呈现明显的热带亚热带多种类特征。

但是，与 1964 年的调查结果相比（表 2-3），优势种类的品种发生了较大的变化，在两个年代的前 15 种优势鱼类中，相同的种类只有 5 个种：深水金线鱼、条尾绯鲤、多齿蛇鲻、二长棘鲷和花斑蛇鲻。数量明显减少的种类有红鳍笛鲷、断斑石鲈、金线鱼、大眼鲷、海鳗、带鱼、长条蛇鲻、马拉巴裸胸鲹等，减少的品种多数为优质经济种类。数量明显增多的种类有单棘豹鲂鮄、六指马鲅、黄鳍马面鲀、竹筴鱼、黑鮟鱇、龙头鱼、斑鳐、棕腹刺鲀、粗纹鲾等，增多的种类多数为小杂鱼和中上层鱼类。

表 2-2 南海北部优势种类的渔获率及各种类占比

种名	全年		春季		夏季		秋季		冬季	
	渔获率 (kg/h)	占比 (%)	渔获率 (kg/h)	占比 (%)	渔获率 (kg/h)	占比 (%)	渔获率 (kg/h)	占比 (%)	渔获率 (kg/h)	占比 (%)
深水金线鱼	2.96	3.65	3.67	4.79	3.75	3.66	2.71	3.40	1.72	2.49
单棘豹鲂鮄	2.247	2.77	3.32	4.33	3.70	3.62	1.35	1.70	0.61	0.88
中国枪乌贼	1.998	2.47	0.24	0.32	6.03	5.89	0.93	1.16	0.80	1.15
条尾绯鲤	1.997	2.47	1.17	1.53	2.25	2.20	1.69	2.12	2.87	4.15
六指马鲅	1.989	2.46	0.77	1.00	0.58	0.57	2.21	2.77	4.41	6.37
黄鳍马面鲀	1.894	2.34	3.32	4.32	2.78	2.72	1.18	1.49	0.30	0.44
斑纹扁魟	1.867	2.3	—	—	7.47	7.30	—	—	—	—
剑尖枪乌贼	1.698	2.1	2.73	3.57	2.04	2.00	1.18	1.48	0.88	1.28

（续）

种名	全年		春季		夏季		秋季		冬季	
	渔获率 (kg/h)	占比 (%)	渔获率 (kg/h)	占比 (%)	渔获率 (kg/h)	占比 (%)	渔获率 (kg/h)	占比 (%)	渔获率 (kg/h)	占比 (%)
竹筴鱼	1.671	2.06	0.27	0.35	0.39	0.39	0.38	0.48	5.64	8.15
黑鮟鱇	1.272	1.57	1.84	2.41	1.73	1.70	0.43	0.54	1.08	1.56
杜氏枪乌贼	1.165	1.44	0.92	1.20	0.30	0.29	2.83	3.55	0.61	0.89
圆鳞发光鲷	1.16	1.43	0.70	0.91	2.50	2.45	0.22	0.28	1.21	1.75
大头狗母鱼	1.135	1.4	1.11	1.44	1.27	1.24	1.43	1.79	0.74	1.06
多齿蛇鲻	1.067	1.32	1.11	1.44	1.54	1.51	0.89	1.12	0.73	1.04
龙头鱼	1.04	1.28	0.04	0.05	0.13	0.13	0.61	0.76	3.38	4.89
灰软鱼	1.039	1.28	0.39	0.51	2.68	2.62	0.009	0.011	1.08	1.56
红星梭子蟹	0.984	1.21	0.16	0.21	0.45	0.44	3.24	4.07	0.09	0.13
斑鰶	0.982	1.21	0.63	0.82	1.17	1.14	1.05	1.31	1.09	1.57
粗纹鲳	0.967	1.19	3.10	4.05	0.73	0.72	0.03	0.04	—	—
中华管鞭虾	0.943	1.16	0.004	0.005	0.09	0.09	3.66	4.60	0.02	0.02
海鳗	0.929	1.15	1.96	2.56	1.23	1.21	0.38	0.48	0.14	0.20
棕腹刺鲀	0.912	1.13	0.91	1.19	1.43	1.40	0.62	0.78	0.69	1.00
花斑蛇鲻	0.885	1.09	1.07	1.39	0.86	0.84	0.59	0.74	1.02	1.48
弓背鳄齿鱼	0.881	1.09	0.53	0.69	2.35	2.30	0.36	0.46	0.28	0.41
白姑鱼	0.858	1.06	0.46	0.60	1.29	1.26	1.02	1.29	0.66	0.95
二长棘鲷	0.836	1.03	1.73	2.25	1.34	1.31	0.12	0.15	0.16	0.24
曾氏兔银鲛	0.803	0.99	0.61	0.80	1.53	1.50	0.29	0.36	0.78	1.13
尖头斜齿鲨	0.775	0.96	0.63	0.82	2.08	2.03	0.39	0.50	—	—
带鱼	0.757	0.93	1.09	1.42	0.91	0.90	0.60	0.75	0.44	0.63
口虾蛄	0.757	0.93	0.38	0.50	0.76	0.75	2.50	2.11	1.27	1.84
大甲鲹	0.7	0.86	—	—	—	—	2.80	3.52	—	—
单角革鲀	0.689	0.85	1.03	1.34	0.19	0.19	0.60	0.75	0.93	1.35
密斑马面鲀	0.676	0.83	0.28	0.37	0.13	0.13	1.77	2.23	0.51	0.74
鹤海鳗	0.649	0.8	—	—	—	—	0.26	0.33	2.33	3.37
松球鱼	0.63	0.78	0.47	0.61	1.32	1.30	0.37	0.47	0.35	0.51
逍遥馒头蟹	0.61	0.75	1.00	1.30	0.46	0.45	0.58	0.72	0.41	0.59
古氏虹	0.601	0.74	1.00	1.30	0.20	0.20	0.80	1.00	0.41	0.59
刺鲳	0.599	0.74	0.85	1.12	0.74	0.72	0.67	0.84	0.13	0.19
锈斑蟳	0.593	0.73	0.51	0.67	0.25	0.24	1.08	1.35	0.54	0.77
真蛸	0.59	0.73	0.74	0.96	1.61	1.58	—	—	0.01	0.02

（续）

种名	全年		春季		夏季		秋季		冬季	
	渔获率 (kg/h)	占比 (%)	渔获率 (kg/h)	占比 (%)	渔获率 (kg/h)	占比 (%)	渔获率 (kg/h)	占比 (%)	渔获率 (kg/h)	占比 (%)
斑鳍红娘鱼	0.579	0.71	0.60	0.78	0.84	0.82	0.25	0.31	0.63	0.90
目乌贼	0.55	0.68	0.21	0.28	0.52	0.51	1.34	1.69	0.94	0.18
虎斑乌贼	0.531	0.66	—		1.47	1.43	0.28	0.35	0.38	0.55
金乌贼	0.526	0.65	0.07	0.09	0.21	0.20	1.28	1.61	0.55	0.79
金线鱼	0.497	0.61	0.40	0.53	0.62	0.60	0.45	0.56	0.52	0.75
帆鳍鱼	0.492	0.61	0.36	0.47	0.39	0.38	0.12	0.15	1.10	1.59
褐黄扁魟	0.491	0.61	0.44	0.57	0.97	0.95	0.15	0.18	0.41	0.59
长蛇鲻	0.49	0.6	0.26	0.34	6.02	0.78	0.56	0.70	0.32	0.47
黑斑口虾蛄	0.489	0.6	0.91	1.18	0.59	0.57	0.37	0.46	0.08	0.12
神户乌贼	0.434	0.54	0.38	0.49	0.51	0.50	0.65	0.81	0.20	0.29
叉斑狗母鱼	0.421	0.52	0.01	0.01	0.88	0.86	0.09	0.12	0.70	1.01
高菱鲷	0.417	0.51	0.02	0.03	0.01	0.01	1.41	1.77	0.22	0.32
拟大眼鲷	0.409	0.5	0.47	0.61	0.09	0.09	0.32	0.40	0.76	1.10
月腹刺鲀	0.407	0.5	0.20	0.26	1.30	1.27	0.12	0.15	0.02	0.03
鲑点石斑鱼	0.405	0.5	1.62	2.12	—		—		—	

表 2-3　南海北部鱼类种类组成比较

2006—2007 年		1964—1965 年	
种类	百分比（%）	种类	百分比（%）
深水金线鱼	3.65	摩洛加绯鲤	6.83
单棘豹鲂鮄	2.77	深水金线鱼	6.82
条尾绯鲤	2.47	多齿蛇鲻	3.79
六指马鲅	2.46	红鳍笛鲷	3.33
斑纹扁魟	2.31	马拉巴裸胸鲹	2.8
黄鳍马面鲀	2.27	长尾大眼鲷	2.72
竹䇲鱼	2.05	金线鱼	1.99
黑鲛鰔	1.57	海鳗	1.82
大头狗母鱼	1.40	日本金线鱼	1.66
多齿蛇鲻	1.32	二长棘鲷	1.48
龙头鱼	1.31	印度无齿鲳	1.43
斑鰔	1.21	带鱼	1.37
二长棘鲷	1.12	条尾绯鲤	1.36
花斑蛇鲻	1.11	花斑蛇鲻	1.32
棕腹刺鲀	1.08	长条蛇鲻	1.28

四、渔获类群的季节变化

三大渔获类群的种类数随季节变化。其中，鱼类出现种类数以秋季最多，夏、春季其次，冬季最少；头足类种类数以冬季最多，春、秋季其次，夏季最少；甲壳类种类数季节变化不大，依春、夏、秋、冬季逐渐减少（表2-4）。

表2-4   三大类群种类数的季节变化（种）

类群	春季	夏季	秋季	冬季	总数
鱼类	294	295	336	271	496
头足类	23	17	23	27	30
甲壳类	69	67	62	58	99
总数	386	379	421	356	625

三大渔获类群的重量组成比例随季节变化。其中，鱼类以冬季占比例最大，为84.32%，冬季占比最小（72.31%）；头足类以秋季和夏季所占比例最大，为14.01%和13.66%，春、冬季比例较小；甲壳类以秋季所占比例最大（13.68%），夏季和冬季比例最小（6.65%和5.86%）（表2-5）。

表2-5   三大类群重量组成的季节变化（%）

类群	春季	夏季	秋季	冬季	平均
鱼类	82.72	80.82	72.31	84.32	80.04
头足类	9.21	13.66	14.01	9.82	11.68
甲壳类	8.07	5.65	13.68	5.86	8.28

第二节   资源量变化

一、估算方法

根据南海北部200 m以浅海域底拖网渔获率数据，采用扫海面积法估算了调查海域的资源密度和现存资源量。在估算资源密度时，底拖网扫海宽度取拖网上纲长度的2/3，采样拖速平均为3.20 kn，同时各类群渔获率均取0.5。根据扫海宽度和平均拖速计算的每小时底拖网扫海面积为 0.145 km²。

南海北部大陆架海域（不含北部湾）的总面积 24.5 万 km²。其中，浅海海域（40 m 以浅）面积 6.5 万 km²，近海海域（40～100 m）面积 11.6 km²，外海海域（100～200 m）面积 6.4 km²。各海域面积计算采用南海渔场作业图集（农业部南海区渔政局，1994），并根据地理坐标值分区进行计算得出。

二、总资源密度和现存资源量

根据调查结果，2006—2007 年南海北部 200 m 以浅海域（不含北部湾）的年均资源密度为 1.11 t/km²，现存资源量为 27.41 万 t。其中，浅海海域资源密度 0.68 t/km²，资源量 4.44 万 t；近海海域资源密度 0.99 t/km²，资源量 11.53 万 t；外海海域资源密度 1.67 t/km²，资源量 11.44 万 t。由于本次调查所采用的网具拖网时比较贴底，中上层鱼类渔获率明显偏低，因此，现存资源密度和资源量的估算主要代表底层种类。

南海北部 40 m 以浅海域是沿岸水的分布区域，而沿岸水主要由江河径流流入，含有大量营养盐和有机物质，是浮游生物大量繁殖的水域。而且，沿岸海洋锋终年大部分时间处于 40 m 等深线以浅海域，海洋锋是形成渔场的海洋学条件之一，因此，生产力及渔业资源应以沿岸浅海区最高，并随水深增加而下降。但是，目前在大陆架海域，资源密度的分布情况正好相反，沿岸浅海区的现存资源密度明显低于近海和外海，而近海和外海的资源密度差别不大。这种情况说明，沿岸浅水区承受的捕捞压力最大，近海其次，外海较小，沿岸浅海区的渔业资源明显衰退。

三、各类群资源密度和现存资源量

中上层鱼类的年均资源密度为 0.12 t/km²，年均现存资源量 3.63 万 t，占南海北部现存资源量的 13.2%。该类群的资源密度以外海区及浅海区较高。外海区冬季资源密度最高，其次为秋季，春季最低；浅海区以秋季密度最高，春季其次，冬季最低。

近底层鱼类的年均资源密度为 0.34 t/km²，年均现存资源量 7.93 万 t，占南海北部现存资源量的 28.9%。该类群的资源密度以外海区最高，达 0.55 t/km²；其次是近海区，为 0.28 t/km²；浅海区最小，为 0.18 t/km²。外海区冬季资源密度最高，其次为秋季，春季最低。近海区以夏季资源密度最高，其次是冬季和春季，秋季较低。

底层鱼类的年均资源密度为 0.43 t/km²，年均现存资源量 10.43 万 t，占南海北部现存资源量的 38.1%。该类群的资源密度以外海区最高，达 0.75 t/km²；其次是近海区，为 0.40 t/km²；浅海区最小，为 0.15 t/km²。外海区资源密度以夏季最高，春季其次，秋、冬季较低。近海区以春季最高，其余 3 个季节较低。

头足类的年均资源密度为 0.13 t/km²，年均现存资源量 3.32 万 t，占南海北部现存资源量的 12.1%。该类群的资源密度外海区和近海区明显高于浅海区，资源密度分别为 0.19 t/km²、0.15 t/km² 和 0.06 t/km²。外海区资源密度夏季明显高于其他季节，达 0.35 t/km²。近海区以夏、秋季较高，分别为 0.21 t/km² 和 0.18 t/km²。

甲壳类的年均资源密度为 0.09 t/km²，年均现存资源量 2.10 万 t，占南海北部现存资源量的 7.7%。该类群的资源密度主要分布于浅海区，密度高达 0.17 t/km²；而近海区和外海区分别只有 0.07 t/km² 和 0.03 t/km²。近海区资源密度秋季明显高于其他季节，达 0.32 t/km²；夏季稍高于其他两季，为 0.15 t/km²。近海区以春季和秋季资源密度较高，冬季最低。各类群渔获率和资源密度见表 2-6，各类群资源量见表 2-7。

表 2-6　南海北部底拖网各类群渔获率和资源密度

类群	海域	渔获率（kg/h）					资源密度（kg/km²）				
		春季	夏季	秋季	冬季	平均	春季	夏季	秋季	冬季	平均
中上层鱼类	浅海	7.88	5.63	18.98	3.35	8.96	108.7	77.6	261.7	46.2	123.6
	近海	11.63	6.45	7.37	2.28	6.94	160.4	89.0	101.6	31.5	95.7
	外海	4.94	6.43	10.03	21.52	10.73	68.1	88.7	138.3	296.8	148.0
近底层鱼类	浅海	13.12	10.30	13.38	16.24	13.26	180.9	142.1	184.5	223.9	182.9
	近海	14.06	20.13	18.26	28.22	20.17	193.9	277.6	251.8	389.2	278.1
	外海	33.87	61.01	26.26	38.39	39.88	467.1	841.3	362.1	529.4	549.9
底层鱼类	浅海	11.28	16.36	9.59	5.99	10.81	155.6	225.6	132.3	82.6	149.0
	近海	39.81	26.03	26.00	24.39	29.06	549.0	358.9	358.6	336.3	400.7
	外海	53.61	95.31	34.48	34.56	54.49	739.3	1 314.4	475.5	476.6	751.5
头足类	浅海	5.32	3.02	4.60	3.20	4.04	73.4	41.7	63.4	44.2	55.7
	近海	5.56	13.14	15.34	9.78	10.96	76.7	181.2	211.6	134.9	151.1
	外海	10.04	25.53	11.83	7.02	13.60	138.5	352.1	163.1	96.8	187.6
甲壳类	浅海	8.03	11.23	23.48	7.42	12.54	110.7	154.9	323.7	102.3	172.9
	近海	7.24	3.51	6.39	2.71	4.97	99.8	48.4	88.2	37.4	68.5
	外海	3.02	2.28	1.07	2.03	2.10	41.6	31.4	14.7	27.9	29.0
各类群合计	浅海	45.63	46.54	70.03	36.2	49.61	629.3	641.9	965.6	499.2	684.1
	近海	78.3	69.26	73.36	67.38	72.1	1 079.8	955.1	1 011.8	929.3	994.1
	外海	105.48	190.56	83.67	103.52	120.8	1 454.6	2 627.9	1 153.7	1 427.5	1 666
	平均	76.47	102.12	75.69	69.03	80.84	1 054.6	1 408.3	1 043.7	952.0	1 114.7

表 2-7　南海北部底拖网各类群现存资源量

类群	海域	现存资源量（万 t）				
		春季	夏季	秋季	冬季	平均
中上层鱼类	浅海	0.71	0.5	1.7	0.3	0.8
	近海	1.03	1.03	1.18	0.37	1.11
	外海	0.79	1.03	1.6	3.44	1.72
	南海北部	2.52	2.57	4.48	4.11	3.63
近底层鱼类	浅海	1.18	0.92	1.2	1.46	1.19
	近海	2.25	3.22	2.92	4.51	3.23
	外海	2.99	5.38	2.32	3.39	3.52
	南海北部	6.41	9.53	6.44	9.36	7.93
底层鱼类	浅海	1.01	1.47	0.86	0.54	0.97
	近海	6.37	4.16	4.16	3.9	4.65
	外海	4.73	8.41	3.04	3.05	4.81
	南海北部	12.11	14.04	8.06	7.49	10.43
头足类	浅海	0.48	0.27	0.41	0.29	0.36
	近海	0.89	2.1	2.45	1.56	1.75
	外海	0.89	2.25	1.04	0.62	1.2
	南海北部	2.25	4.63	3.91	2.47	3.32
甲壳类	浅海	0.72	1.01	2.1	0.66	1.12
	近海	1.16	0.56	1.02	0.43	0.79
	外海	0.27	0.2	0.09	0.19	0.19
	南海北部	2.14	1.77	3.22	1.28	2.1
总现存资源量	浅海	4.1	4.17	6.27	3.25	4.44
	近海	11.7	11.07	11.73	10.77	11.53
	外海	9.67	17.27	8.09	10.68	11.44
	南海北部	25.47	32.51	26.09	24.7	27.41

四、资源密度的历史变化

1976 年袁蔚文对南海北部海区的渔业资源进行评估，资源密度为 2.3 t/km²。1997—1999 年，126 专项调查的结果是，南海北部海域的年均资源密度为 0.50 t/km²。2000—2002 年，南海北部渔业资源监测调查结果资源密度为 0.54 t/km²，而本次调查结果为 1.11 t/km²（图 2-1）。由此可见，从 1976—2000 年，南海北部的渔业资源处于迅速衰退的状态，全海区的年均资源密度下降到原来的 1/4。2000 年以来，南海北部渔业资源衰退的现象得到政府的重视，实施了南海伏季休渔、渔民转产转业等一系列保护渔业资源的政策，取得了较为明显的效果。本次监测结果表明，2006—2007 年南海北部海区渔业资源的年均资源密度已达到 1.11 t/km²，比 1997—1999 年提高了 1 倍，但仍不到 1976 年的一半。

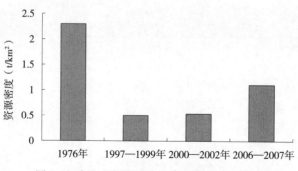

图 2-1　南海北部海区渔业资源密度历史变化

第三节　主要渔业经济种类

一、深水金线鱼

深水金线鱼（*Nemipterus bathybius*），又称黄肚金线鱼。属鲈形目（Perciformes）、金线鱼科（Nemipteridae）、金线鱼属（*Nemipterus*）。为暖水性鱼类，栖息于近底层。分布于印度洋及中国和日本海域，在我国仅产于南海。广东省近海海区全年均可渔获，但以春季最高，秋季最低。深水金线鱼是底拖网作业的主要捕捞对象之一，在较浅海区也是钓业的兼捕对象。

（一）数量分布

深水金线鱼全年渔获重量 532.86 kg，渔获尾数 15 040 尾，平均重 35.43 g/尾，平均渔获率 2.96 kg/h，最大渔获率 52.56 kg/h。出现站位 71 个，出现频率 39.44%。深水金线鱼夏季和春季最多，渔获率分别达 3.75 kg/h 和 3.67 kg/h，占季度渔获率的 3.66% 和 4.79%；秋季和冬季渔获率相对较少，仅为 2.71 kg/h 和 1.72 kg/h，分别占季度的 3.40% 和 2.49%。

春季共有 19 个站位出现深水金线鱼，其渔获率范围为 0.16～45.69 kg/h，平均 3.67 kg/h，深水金线鱼渔获率分布见图 2-2。密集区主要在阳江断面外侧（40.89 kg/h）、珠江口断面外侧（45.69 kg/h）。夏季共有 17 个站位出现深水金线鱼，其渔获率范围为 0.15～52.56 kg/h，平均 3.75 kg/h。渔获率密集区集中在湛江断面外侧（6.66～13.31 kg/h）、阳江断面外侧（15.00～52.56 kg/h）、珠江口断面外侧（7.80～9.20 kg/h）。秋季共有 16 个站位出现深水金线鱼，其渔获率范围为 0.02～36.44 kg/h，平均 2.71 kg/h。渔获率密集区主要在阳江断面外侧（33.94 kg/h）、珠江口断面中部和外侧（11.50～36.44 kg/h）。冬季共有 19

个站位出现深水金线鱼，其渔获率范围为 0.02～17.40 kg/h，平均 1.72 kg/h，主要分布于湛江断面中部（12.00 kg/h）、阳江断面中部（17.40 kg/h）和珠江口断面外侧（10.80 kg/h）。

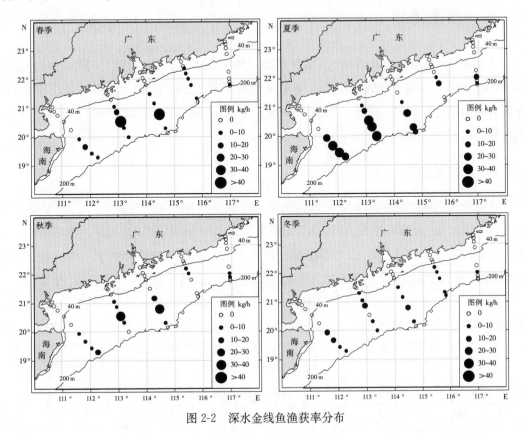

图 2-2　深水金线鱼渔获率分布

（二）渔业状况

深水金线鱼的渔场主要位于南海北部大陆架水深 60～150 m 的海域，北部湾海域的数量不多，重要的渔场有珠江口外海渔场、粤东渔场和粤西渔场。珠江口外海渔场位于珠江口南部水深 60～200 m 海域，汛期为 4—6 月；粤东渔场位于大亚湾外水深 100 m 左右海域，汛期为 1—3 月和 6—8 月；粤西渔场为海陵岛外水深 100 m 左右海域，汛期为12 月至翌年 1 月（陈再超，1982）。

深水金线鱼的产量尚未有单独统计，一般的渔业生产统计资料将其列入金线鱼类的产量当中。在 1964—1965 年南海北部（海南岛以东）底拖网鱼类资源调查中，深水金线鱼居底拖网渔获物鱼类的首位。1983—1992 年期间陆架区的深水金线鱼渔获率呈明显下降趋势，从 1983 年的 12.8 kg/h 下降到 1991 年的 2.9kg/h 及 1992 年的 4.6 kg/h；根据1994 年体长频率估计的开发率已达 2.67；1997—1999 年陆架区底拖网调查的渔获率仅0.6 kg/h，渔获样品以 1 龄鱼占绝对优势，与 1964 年和 1978 年底拖网调查的渔获样品相比，年龄组成明显趋于简单。虽然该鱼种个体小、性成熟早，可承受较大捕捞强度，但由于群体分布密集而易于捕捞，深水金线鱼资源已严重捕捞过度。

二、条尾绯鲤

条尾绯鲤（*Upeneus bensasi*），属鲈形目（Perciformes）、羊鱼科（Mullidae）、绯鲤属（*Upeneus*）。为暖水性底栖鱼类，分布于印度洋和太平洋西部。中国主要产于南海，东海和黄海南部较少见。体长一般为 75～130 mm，主要生活于水深 20～200 m 以及泥或泥沙底质的海区。

（一）数量分布

条尾绯鲤全年渔获重量 359.52 kg，渔获尾数 22 867 尾，平均尾重 15.72 g，平均渔获率 2.00 kg/h，最大渔获率 23.93 kg/h。出现站位 80 个，出现频率 44.44%。条尾绯鲤冬季最多，渔获率为 2.87 kg/h，占冬季渔获率的 4.15%；其次是夏季和秋季，渔获率分别为 2.25 kg/h 和 1.69 kg/h，占季度的 2.20% 和 2.12%；春季最少，仅为 1.17 kg/h，占 1.53%。

春季共有 20 个站位出现条尾绯鲤，其渔获率范围为 0.08～11.87 kg/h，平均 1.17 kg/h，条尾绯鲤渔获率分布见图 2-3。主要分布在湛江断面外侧（7.98 kg/h）、阳江断面外侧

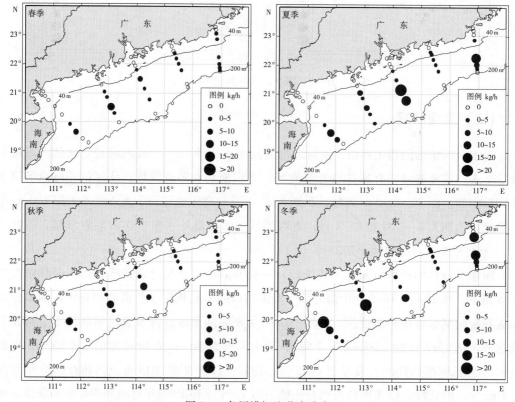

图 2-3　条尾绯鲤渔获率分布

（11.87 kg/h）、珠江口断面中部（6.19 kg/h）。夏季共有 21 个站出现条尾绯鲤，其渔获率范围为 0.08～23.93 kg/h，平均 2.25 kg/h。渔获率密集区集中在珠江口断面中部和外侧（16.00～23.93 kg/h）、汕头断面中部（6.14～18.00 kg/h）。秋季共有 18 个站位出现条尾绯鲤，其渔获率范围为 0.22～14.75 kg/h，平均 1.69 kg/h。渔获率密集区主要在湛江断面中部（14.59 kg/h）、阳江断面外侧（14.75 kg/h）、珠江口断面中部和外侧（7.98～10.00 kg/h）。冬季共有 21 个站位出现条尾绯鲤，其渔获率范围为 0.04～23.40 kg/h，平均 2.87 kg/h。渔获率密集区主要分布在湛江断面中部和外侧（14.40～23.40 kg/h）、阳江断面中部和外侧（6.36～20.40 kg/h）、珠江口断面外侧（10.80 kg/h）、汕头断面中部（6.00～17.6 kg/h）。

（二）渔业状况

条尾绯鲤的渔场主要位于珠江口外、海南岛东 40～120m 海域和粤西 20～200m 海域，产卵期为 1—9 月，盛期 6—9 月，分布广泛且全年均有渔获，是南海北部底拖网捕捞优势鱼种之一。

条尾绯鲤属性早熟、生命周期短的中小型鱼类，产卵群体更新迅速，资源补充和恢复能力强，可承受较大的捕捞压力，因此，1960—2010 年条尾绯鲤在南海北部渔获中一直保持优势种地位。然而有研究表明，条尾绯鲤目前渔获主要以低龄鱼为主，小于最佳最小可捕叉长的幼鱼多达 25.4%，其种群也已处于过度捕捞状态（叶孙忠等，1996）。

三、六指马鲅

六指马鲅（*Polynemus sextarius*），属鲈形目（Perciformes）、马鲅科（Polynemidae）、马鲅属（*Polynemus*）。分布于非洲东部、印度、斯里兰卡、泰国、印度尼西亚以及南海和东海等，在南海大多出现在北部水深 50m 的海区，以海南岛东部近海较密集。

（一）数量分布

六指马鲅全年渔获重量 358.06 kg，渔获尾数 21 818 尾，平均尾重 16.41 g，平均渔获率 1.99 kg/h，最大渔获率 135.00 kg/h。出现站位 56 个，出现频率 31.11%。六指马鲅冬季最多，渔获率达 4.41 kg/h，占冬季渔获率的 6.37%；其次是秋季，渔获率为 2.21 kg/h，占 2.77%；春季和夏季最少，仅为 0.76 kg/h 和 0.58 kg/h，分别占季度的 1.00% 和 0.57%。

春季共有 12 个站出现六指马鲅，其渔获率范围为 0.126～8.00 kg/h，平均 0.76 kg/h，六指马鲅渔获率分布见图 2-4。密集区主要在湛江断面近岸和中部（5.92～8.00 kg/h）、珠江口断面近岸（5.00 kg/h）。夏季共有 11 个站出现六指马鲅，其渔获率范围为

0.12～6.60 kg/h，平均 0.58 kg/h。渔获率密集区集中在湛江断面近岸（6.60 kg/h）、阳江断面近岸（5.60 kg/h）、汕头断面近岸（6.40 kg/h）。秋季共有 18 个站出现六指马鲅，其渔获率范围为 0.25～16.51 kg/h，平均 2.21 kg/h。渔获率密集区主要在湛江断面中部（7.55～11.80 kg/h）、阳江断面近岸和中部（6.20～7.65 kg/h）、珠江口断面近岸（5.30～16.51 kg/h）、红海湾断面近岸（7.04～8.57 kg/h）。冬季共有 15 个站出现六指马鲅，其渔获率范围为 0.04～135.00 kg/h，平均 4.41 kg/h。渔获率密集区主要分布在湛江断面中部（37.50～135.00 kg/h）、珠江口断面近岸（10.24 kg/h）。

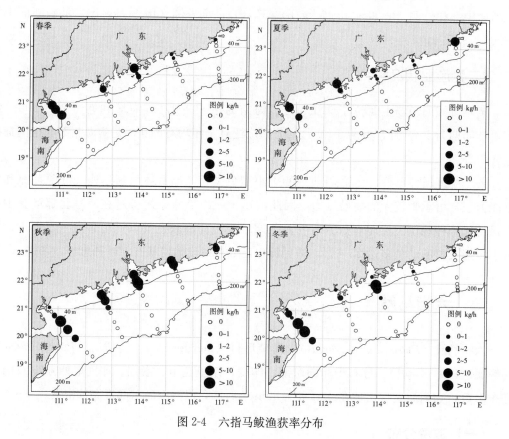

图 2-4　六指马鲅渔获率分布

（二）渔业状况

六指马鲅的渔场主要位于南海北部大陆架水深 0～50 m 的海域，以海南岛以东海域分布最密集。成鱼通常成群栖息于海岸边石礁的沙洞和拍岸浪区，在近岸产卵，受精卵在近海孵化。仔鱼呈漂游性，变态后进入近岸的拍岸浪区，有时也进入淡水。为底栖食性鱼类，喜食虾类，全天摄食，且生长速度较快。

六指马鲅为雌雄同体，5—7 月龄发育成成熟雄鱼，一年半后性转变为雌鱼，南海北部繁殖期为 3—5 月（李加儿等，2002）。六指马鲅具有较高的经济价值，是拖网作业重要的捕捞对象。有研究表明，近年来六指马鲅资源衰退严重（陈丕茂等，2005）。

四、黄鳍马面鲀

黄鳍马面鲀（*Thamnaconus hypargyreus*），属鲀形目（Tetraodontiformes）、鳞鲀科（Balistidae）、马面鲀属（*Thamnacomus*）。广东地方俗称羊鱼、迪仔、沙猛、剥皮牛等。属暖温性近海海底层鱼类，但也有浮游于表层的。喜集群栖息，季节洄游性较明显。集结鱼群主要分布于水深 50～150 m 的海域，以单一鱼种集群，一般行索饵和生殖洄游移动。主要分布于中国、日本、朝鲜和越南等，在我国仅分布于南海。

（一）数量分布

黄鳍马面鲀全年渔获重量 340.96 kg，渔获尾数 30 235 尾，平均尾重 11.28 g，平均渔获率 1.89 kg/h，最大渔获率 56.40 kg/h。出现站位 66 个，出现频率 36.67%。黄鳍马面鲀春季最多，渔获率达 3.32 kg/h，占春季渔获率的 4.32%；其次是夏季和秋季，渔获率为 2.78 kg/h 和 1.18 kg/h，分别占季度的 2.72% 和 1.49%；冬季最少，为 0.30 kg/h，仅占 0.44%。

春季共有 16 个站出现黄鳍马面鲀，其渔获率范围为 0.36～56.40 kg/h，平均 3.32 kg/h，黄鳍马面鲀渔获率分布见图 2-5。密集区主要在湛江断面中部（14.50 kg/h）、

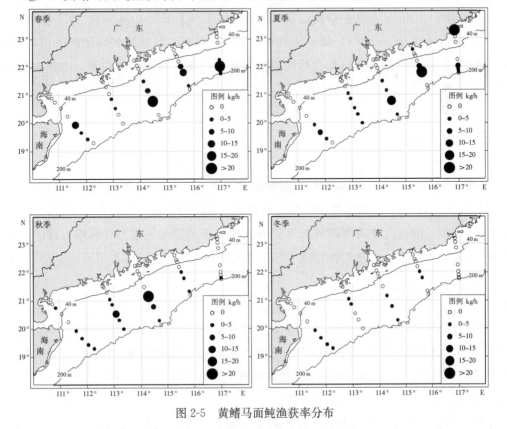

图 2-5　黄鳍马面鲀渔获率分布

珠江口断面外侧（26.00 kg/h）、红海湾断面中部（13.20kg/h）、汕头断面外侧（56.40 kg/h）。夏季共有 21 个站出现黄鳍马面鲀，其渔获率范围为 0.22～32.80 kg/h，平均 2.78 kg/h。渔获率密集区集中在珠江口断面外侧（18.50 kg/h）、红海湾断面中部（24.6 kg/h）、汕头断面近岸（33.06 kg/h）。秋季共有 18 个站出现黄鳍马面鲀，其渔获率范围为 0.03～26.00 kg/h，平均 1.18 kg/h。渔获率密集区主要在阳江断面中部（11.25 kg/h）、珠江口断面中部（26.00 kg/h）。冬季共有 11 个站出现黄鳍马面鲀，其渔获率范围为0.05～4.50 kg/h，平均 0.30 kg/h，红海湾断面外侧最多，为 4.50 kg/h。

（二）渔业状况

黄鳍马面鲀产卵期一般在 12 月至翌年 5 月，1—3 月为盛产期，产卵场分布非常广泛，广东近海水深 50～110 m 内均有发现，但大都处于分散、零星状态。其中以珠江口区域，水深 50～100 m，产卵群体大、最密集、数量最多，故在产卵盛期形成渔汛。南海渔民很早以前就用底拖网捕捞黄鳍马面鲀。但是，过去对其经济价值认识不足，一般只是把它当作下杂鱼来处理，多用作肥料，或抛弃入海。随着对黄鳍马面鲀营养价值的认识，对其利用逐渐广泛。广东省在 20 世纪 60 年代除个别年份外，年产量为 $1 \times 10^4 \sim 4 \times 10^4$ t；70 年代初期已有增长的趋势，1974 年升至 8.3×10^4 t，1975 年增至 13.0×10^4 t，1976 年高达 20×10^4 t，创历史最高纪录。以后，1977 年下降至 10×10^4 t，1978 年降至 3×10^4 t，1979 年才不足 1×10^4 t，降至最低水平。由此可见，尽管黄鳍马面鲀的资源丰富、数量很大，但由于捕捞过度以及自然环境的变化，资源的周期性变动等，产量也会急剧下降。

五、竹筴鱼

竹筴鱼（*Trachurus japonicus*），属鲈形目（Perciformes）、鲹科（Carangidae）、竹筴鱼属（*Trachurus*）。系暖水性中上层经济鱼类，俗称竹筴池。竹筴鱼的地理分布很广，在黄海、东海、南海及越南南部外海区均有发现丰富的资源，常与蓝圆鲹、黄泽小沙丁鱼等中上层鱼类混栖，成为光诱围网、有囊围网和拖网的捕捞对象之一。

（一）数量分布

竹筴鱼全年渔获重量 300.87 kg，渔获尾数 3574 尾，平均尾重 84.19 g，平均渔获率 1.67 kg/h，最大渔获率 247.52 kg/h。出现站位 50 个，出现频率 27.78%。竹筴鱼冬季最多，渔获率达 5.64 kg/h，占冬季渔获率的 8.15%；其他各季渔获率很少，仅为 0.27～0.39 kg/h，占季度的 0.35%～0.39%。

春季共有 23 个站出现竹筴鱼，其渔获率范围为 0.03～2.71 kg/h，平均 0.27 kg/h，珠江口断面近岸渔获率为 2.71 kg/h，竹䇲鱼渔获率分布见图 2-6。夏季共有 9 个站出现竹䇲鱼，其渔获率范围为 0.19～13.10 kg/h，平均 0.39 kg/h。渔获率密集区集中在红海湾断面中部（13.10 kg/h）。秋季共有 11 个站出现竹䇲鱼，其渔获率范围为 0.08～11.10 kg/h，平均 0.38 kg/h。渔获率密集区主要在阳江断面外侧（11.10 kg/h）。冬季共有 7 个站出现竹䇲鱼，其渔获率范围为 0.22～247.52 kg/h，平均 5.64 kg/h。渔获率密集区主要分布在阳江断面外侧（247.52 kg/h）。

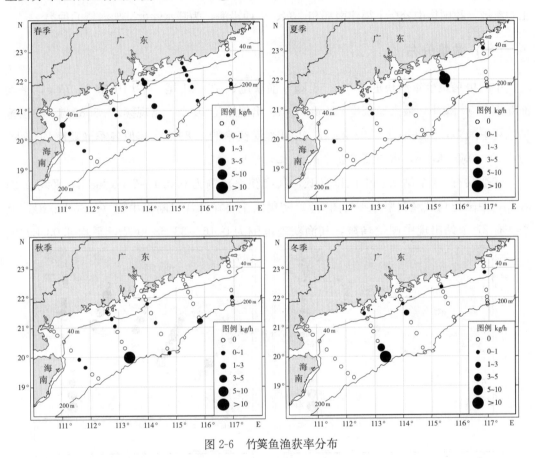

图 2-6 竹䇲鱼渔获率分布

（二）渔业状况

对南海的竹䇲鱼很少进行专门捕捞调查，只是作为兼捕对象，20 世纪 70 年代以前不列入渔业统计中。在 1964 年和 1973 年南海水产研究所进行两次规模较大的综合调查，由于在试捕中竹䇲鱼出现率低和渔获量少而没有记载于主要渔获种类之中。直到 20 世纪 70 年代后期，随着粤东海区竹䇲鱼在围网渔汛中产量逐渐升高，才引起人们的重视。在 1997—1999 年 1 月的"南海北部大陆架外海底拖网鱼类资源调查"中，共捕获竹䇲鱼 93 345.6 kg，占总试捕渔获量的 16.7%，居鱼类组成的首位。

六、中国枪乌贼

中国枪乌贼（*Loligo chinensis*），隶属于头足纲（Cephalopoda）、管鱿目（Teuthida）、枪乌贼科（Loliginidae）、枪乌贼属（*Loligo*）。中国地方名为本港鱿鱼、中国鱿鱼、台湾锁管、拖鱿鱼、长筒鱿。分布于东海和南海、泰国湾、菲律宾群岛、马来西亚诸海域和澳大利亚昆士兰海域，我国集中分布于福建南部和广东、广西沿海，为暖水性大陆架海域的种类。

（一）数量分布

中国枪乌贼全年渔获重量 359.58 kg，渔获尾数 16 561 尾，平均尾重 21.71 g，平均渔获率 2.00 kg/h，最大渔获率 33.68 kg/h。出现站位 70 个，出现频率 38.89%。中国枪乌贼夏季最多，渔获率达 6.03 kg/h，占夏季渔获率的 5.89%；其他各季渔获率均较少，为 0.24~0.93 kg/h，占季度渔获率的 0.32%~1.16%。

春季共有 13 个站出现中国枪乌贼，其渔获率范围为 0.084~2.86 kg/h，平均 0.24 kg/h，中国枪乌贼渔获率分布见图 2-7。密集区主要在珠江口断面中部（2.86 kg/h）。夏季共有 27 个站出现中国枪乌贼，其渔获率范围为 0.16~33.68 kg/h，平均 6.03 kg/h。

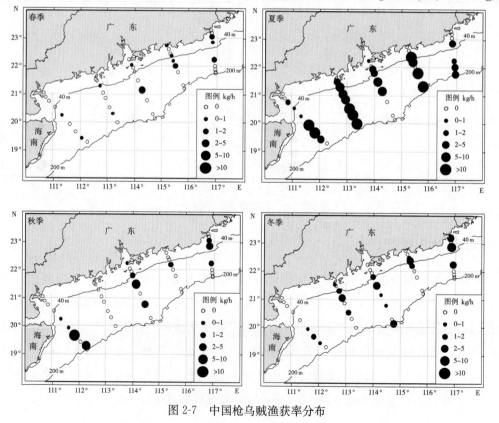

图 2-7　中国枪乌贼渔获率分布

渔获率密集区集中在湛江断面中部和外侧（10.33～30.91 kg/h）、阳江断面中部和外侧（5.15～32.45 kg/h）、珠江口断面中部（5.59～9.91 kg/h）、红海湾断面中部和外侧（9.69～33.68 kg/h）。秋季共有 12 个站出现中国枪乌贼，其渔获率范围为 0.34～13.15 kg/h，平均 0.93 kg/h。渔获率密集区主要在湛江断面外侧（5.45～13.15 kg/h）、珠江口断面中部和外侧（2.10～9.87 kg/h）、汕头断面中部（4.14 kg/h）。冬季共有 18 个站出现中国枪乌贼，其渔获率范围为 0.30～5.51 kg/h，平均 0.80 kg/h。渔获率密集区主要分布在汕头断面中部（5.51 kg/h）。

（二）渔业状况

20 世纪 60～70 年代，南海区头足类的年产量徘徊在 1×10^4 t 左右，在海捕渔业产量中仅占 1.5% 左右，最高占 2.5%。但自 80 年代以来，头足类的年产量逐年上升，至 1998 年，其产量已比 1980 年增加 19 倍多，占海捕渔业总产量的比例已由 1% 上升至 3% 左右。这种变化除了受人为因素的影响外，也与捕捞技术的提高，船只吨位增加、动力增大，捕捞强度加大有一定的关系（郭金富等，2000）。

中国枪乌贼是南海北部大陆架海域分布数量最多、群体最大的种类，是左右南海北部头足类年产量丰歉的主要种类，最高年产量可达 10×10^4 t（郭金富，1995）。主要渔场有北部湾渔场、台湾浅滩渔场和南海北部大陆架外海渔场（海南岛以东至台湾浅滩水深 80～200 m 海域）（农牧渔业部水产局，1989）。台湾浅滩渔场（南澎列岛附近海域）的渔期为 4—9 月；北部湾鱿鱼渔场的渔期为 4 月至翌年 1 月；海南岛东南部渔场的渔期为 4—9 月。上述 3 个渔场均属产卵场，旺汛期均为 7—9 月（董正之，1991）。目前的调查显示，中国枪乌贼的产量有呈现下降趋势，并且幼鱿的数量增加，资源已过度开发，有衰退的风险（郭金富，2000）。

七、剑尖枪乌贼

剑尖枪乌贼（*Loligo edulis*），隶属于头足纲（Cephalopoda）、管鱿目（Teuthida）、枪乌贼科（Loliginidae）、枪乌贼属（*Loligo*）。中国地方名为剑端锁管、透抽、拖鱿鱼、红鱿鱼。剑尖枪乌贼是枪乌贼科中体型较大、近年开发利用商品价值较高的头足类。在日本青森县海域以南、日本海西部以南，韩国海域，我国的黄海、东海、南海及菲律宾群岛海域均有分布。南海的剑尖枪乌贼主要分布在海南岛南部向东北至珠江口外海水深 100～200 m 的海域，其次分布在北部湾的中部和南部。

（一）数量分布

剑尖枪乌贼全年渔获重量 307.66 kg，渔获尾数 18 665 尾，平均尾重 16.48 g，平均渔获率 1.71 kg/h，最大渔获率 35.62 kg/h。出现站位 82 个，出现频率 45.56 ％。剑尖枪乌贼春季最多，渔获率达 2.74 kg/h，占春季渔获率的 3.57%；其次是夏季，渔获率为 2.04 kg/h，占 2.00%；秋季和冬季最少，仅为 1.18 kg/h 和 0.88 kg/h，分别占季度的 1.48% 和 1.28%。

春季共有 28 个站出现剑尖枪乌贼，其渔获率范围为 0.264～35.62 kg/h，平均 2.74 kg/h，剑尖枪乌贼渔获率分布见图 2-8。密集区主要在湛江断面中部和外侧（6.21～17.36 kg/h）、阳江断面外侧（29.44 kg/h）、珠江口断面外侧（35.62 kg/h）。夏季共有 12 个站出现剑尖枪乌贼，其渔获率范围为 0.06～33.72 kg/h，平均 2.04 kg/h。渔获率密集区集中在湛江断面外侧（16.96 kg/h）、珠江口断面外侧（33.72 kg/h）、红海湾断面中部和外侧（9.98～24.77 kg/h）。秋季共有 21 个站出现剑尖枪乌贼，其渔获率范围为 0.30～11.38 kg/h，平均 1.18 kg/h。渔获率密集区主要在湛江断面外侧（11.38 kg/h）、阳江断面中部（9.76 kg/h）。冬季共有 21 个站出现剑尖枪乌贼，其渔获率范围为 0.07～6.32 kg/h，平均 0.88 kg/h，红海湾断面中部渔获率为 6.32 kg/h。

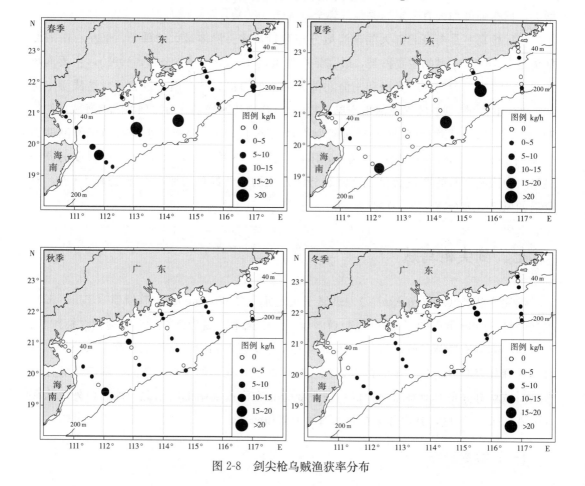

图 2-8　剑尖枪乌贼渔获率分布

（二）渔业状况

剑尖枪乌贼是仅次于中国枪乌贼的中国沿海头足类种群中密度、产量较大的一种枪乌贼，年产量超过 $2×10^4$ t（郭金富等，2000；董正之，1991）。剑尖枪乌贼渔场分布与中国枪乌贼类似，但也有不同的特点。剑尖枪乌贼分布具有较明显的密集区，出现在水深 80～170 m 的陆架外海。剑尖枪乌贼数量的季节变化非常明显，春、秋两季的数量明显较高。20 世纪 80 年代以来，剑尖枪乌贼等枪乌贼类的资源密度和渔获量均呈明显上升的趋势，主要原因是底拖网和围网的大量使用。南海的剑尖枪乌贼主要是作为其他渔业品种的兼捕对象。

第四节　渔业资源持续利用的制约瓶颈

海洋渔业资源作为重要的海洋资源，一直是人类开发和利用的重点。长期以来，由于海洋捕捞能力超过渔业资源的再生能力，渔业资源总体上呈现出衰退趋势，养护和利用矛盾十分突出。而且近年来，随着沿海工业的快速发展，人口数量的激增，土地环境资源遭到了严重污染和破坏。渔业资源及生境养护面临挑战。目前，对海洋渔业资源的过度开发、养护不足，已成为影响海洋渔业资源可持续开发利用的制约瓶颈。

一、海洋渔业资源过度利用

据联合国粮农组织（FAO）2006 年统计，全球 52％渔业种类处于完全开发状态，16％的种类处于过度开发状态，7％的种类资源已严重衰退。我国南海北部沿海主要经济鱼类早在 20 世纪 70 年代初期就已出现捕捞过度的情况（Aoyama，1973），80 年代以后近海的渔业资源也得到充分的利用，随着捕捞强度的不断增加，目前南海北部陆架区和北部湾主要经济种类的渔业资源均已过度捕捞或充分利用。过度捕捞已使渔业资源呈日益衰退的趋势，单位产量和渔获质量不断下降，多数经济种群主要由 1 龄以内的幼鱼所组成，群落中个体大、生命周期长、食物层次高的种类，普遍被个体小、寿命短、食物层次低、经济价值较次的种类所取代。

（一）捕捞强度的持续增长

由于渔业劳动力的自然增长和非渔业劳动力向海洋捕捞业转移，南海北部沿海的捕捞能力持续高速增长，从 20 世纪 80 年代初开始，随着渔业经营的私有化，捕捞能力更是急剧增加，广东、海南、广西3省（自治区）的机动渔船数量和功率，从1981年的1.45万艘、30.82万×10⁴ kW猛增至2000年的7.76万艘、317.62×10⁴ kW，这些渔船绝大部分在南海北部作业。再加上我国香港和澳门特区、福建省和台湾地区及越南北方在南海北部作业的渔船，该海区捕捞渔船的总功率已是南海北部最适捕捞作业量210×10⁴ kW的2倍以上。

（二）捕捞努力量布局和结构不合理

南海北部的捕捞作业历来主要集中在沿海水域，20世纪80年代初以来，虽然开发利用了近海及外海的渔业资源，但由于沿海小型渔船的大量增加，捕捞作业的分布格局并没有明显改观。目前，沿海地区的绝大部分渔船仍在水深100 m以浅的南海北部海域作业，由于广东、海南、广西3省（自治区）的渔船单船平均功率仅40 kW，其中的绝大部分又只能分布在沿岸浅海，使早已捕捞过度的沿海渔业资源面临枯竭的境地，同时也进一步增加了对分布在沿岸海域的经济鱼类幼鱼的损害。

除捕捞努力量的区域分布不合理外，渔船作业结构也存在很大问题。南海北部的捕捞产量历来以底拖网为主，目前主要作业类型的产量比例大致为底拖网占54％、围网10％、刺网19.5％、钓业5.6％、定置网4.2％及其他类型5.3％（苏冠强，2001）。虽然底拖网的捕捞效率最高，但其选择性最差，渔获物中绝大部分为经济种类的幼鱼及作为优质经济种类食物的小型鱼类，对渔业资源的破坏相当严重，同时，底拖网对底栖生态有明显的破坏作用。

（三）渔具渔法选择性差

由于资源衰退引起鱼类的小型化，渔民普遍使用小网目的网渔具进行捕捞，这进一步损害了渔业资源。目前，南海区大型底拖网网囊网目尺寸为21～40 mm，虾拖网为13～24 mm。沿海小型拖网长期以来使用10～20 mm的网囊；围网取鱼部的网目尺寸在30 mm以下，最小的只有6.5 mm；定置张网的网目尺寸为10～20 mm（杨吝，1999）。这些小网目渔具的大量使用，极大地损害了经济种类的幼鱼。在每年休渔期结束后，分布在沿海水域的经济鱼类大多数仍处幼鱼阶段，由于网渔具的网目尺寸多数偏小，在该水域捕捞的经济鱼类以幼鱼为主。

二、渔业水域环境污染与破坏严重

渔业水域是指鱼、虾类的产卵场、索饵场、越冬场、洄游通道和鱼、虾、贝、藻类的增养殖场所。渔业水域环境是指适合水生经济动植物生长、繁殖、索饵、越冬的水域的自然环境（黄硕琳，1993）。

（一）近海水域污染严重

随着沿海工业的发展、人口的激增，工业废水、生活废水大量排放，近海渔业水域污染情况不容可观。据统计资料表明，2009—2014 年广东省主要河流污染物入海总量总体呈上升趋势，年均增幅 17.9%，2014 年最大达到 214.22×10⁴ t。近年来，广东省工业、市政等陆源排水排海总量保持在近 2.5×10⁸ t，其中，珠三角地区污水排放总量最大（杨锐，2016）。入海污染的加剧，直接造成了近海环境的恶化。赤潮等海洋环境灾害多发，据统计广东近海年均赤潮发生有 10 余起，严重迫害海洋生态结构，使得海洋生物缺氧，甚至死亡。农药、石油等有害物质入海，沉积物污染造成重金属超标等，均严重威胁渔业生物的生存。

（二）渔业生物产卵场，栖息地遭受破坏

南海北部沿海饵料生物丰富，是幼鱼育肥成长的理想场所，多数经济鱼类的早期生活阶段主要分布在沿岸水域，即使一些主要分布在外海的经济鱼类，其幼鱼阶段也出现在沿海。随着土地资源的不断开发利用，人们将目光投向了海洋。大量的围填海造地工程涌出。有资料统计，1949—2000 年，广东省围填海总面积约为 1 700 km²，之后 8 年，围填海面积达到 187.61 km²（杨锐，2016）。围填海主要用于养殖池塘的建设、城镇建设用地、港口码头等，严重破坏了自然岸线。加之航道疏浚等工程，挖沙、炸岛、炸礁等过度开发行为，使得海岸、海岛等地形地貌受损严重，渔业生物赖以生存的珊瑚礁大量消失、死亡，近海底质遭受毁灭性破坏。渔业生物产卵场、栖息地的毁灭，导致了渔业生物数量的急剧减少。

三、渔业资源管理相关制度及执法工作有待完善

为渔业资源的可持续开发利用，渔业管理部门制定了一系列的政策、法规。如伏季休渔制度、禁渔区的设定和机轮拖网禁渔区线的划定，实行采捕规格和网目尺寸限制，禁止电鱼、炸鱼、毒鱼等破坏性方法捕捞等。这些政策、法规对保护经济鱼类幼鱼及成长起到明显效果，但由于执法力量薄弱，惩罚力度不够，沿海地区的渔民在禁渔区、禁渔期内进行违规捕捞的情况屡禁不止。在每年休渔期结束后，有大量的底拖网渔船集中在机轮底拖网禁渔区线内违规捕捞，渔获物以幼鱼为主，在很大程度上破坏了休渔所取得的成果。

第三章　栖息地适宜性评价

放流生境是影响增殖放流效果的最主要因素之一，尤其是影响苗种早期存活率的主要因素。一般而言，增殖放流应选择野生种群的栖息地、理化和潮流条件稳定、饵料生物丰富，并且敌害生物少的环境。最适宜的区域应是放流苗种野生种群的产卵场附近，因为产卵场的饵料生物、敌害生物以及水深、水温、盐度、溶解氧等生物、理化环境因子对仔、稚鱼的存活率有很大的影响。因此，放流生境是否适宜，与增殖放流的整体效果密切相关。

近年来，在南海沿海省份的增殖放流活动中，放流生境的选择存在一定的随意性和盲目性，影响了增殖放流的整体效益。本章以大亚湾为例，探讨通过嵌套模型及栖息地适宜性指数模型，对大亚湾的放流生境进行筛选与评估，旨在为增殖放流生境的选择提供科学依据。

第一节　研究进展与概况

一、嵌套理论及研究现状

研究并掌握物种的分布格局以及形成的机制，是群落生态学的主要任务（Gee et al.，1987）。近几年，对物种在生境中的出现/不出现所形成的嵌套格局和形成机制的研究，成为生态学、生物地理学、保护生物学等学科的热点问题（Ulrich et al.，2012；Strona et al.，2013）。嵌套是指在"岛屿"化的栖息地生境中、物种较贫乏岛屿中的物种，是物种较丰富的岛屿中的物种的适当的子集（Ambuel，1983；Blake，1987），这种非随机分布格局被命名为"子集套（nested subset）"格局（Patterson，1986），同时也称为嵌套格局（nestedness）。研究表明，栖息地的片段化是嵌套分布形成的主要原因，也是物种多样性降低的原因之一（Soga et al.，2012；Gibson et al.，2013）。在研究片段化栖息地中物种的组成和分布模式中，嵌套理论发挥着重要的作用。Wright 等（1997）研究表明，嵌套结构是岛屿群落中物种分布的普遍格局，它几乎出现在所有的生物类群和所有的岛屿生境类型中。涉及的生物类群有鸟类（Wang et al.，2013）、鱼类（Mclain et al.，1999）、哺乳类（Rodriguez et al.，2013）、两栖类、爬行类（Yanping，2012）、昆虫（Patterson et al.，1991）、植物（Honnay et al.，1999）和微生物（Dobson et al.，1992）等，涉及的岛屿生境有陆桥岛屿（Hu et al.，2011）、海洋群岛（Simberloff et al.，1991；Rlh et al.，2012）和片段化生境（Hill et al.，2011）等。

（一）嵌套格局的形成机制

嵌套格局最早是由 Darlington（1958）提出，后来经过 Schoener（1983）、Simberloff 和 Levin（1985）等人的补充，由 Patterson 和 Atmar（1986）在 1986 年首次系统地提出的群落尺度构建矩阵的分析方法。之后，嵌套格局理论得以推广，在群落生态研究中发挥着重要的作用（Feeley，2003；Donnelly et al.，2004；Bloch et al.，2007）。

嵌套结构的形成主要归纳为 4 种假说，即选择性迁入假说（selective colonization）、选择性灭绝假说（selective extinction）、生境嵌套假说（habitat nestedness）和被动采样假说（passive sampling）（Wang et al.，2010）。选择性迁入假说认为，不同的物种其迁移和扩散的能力也不同，能力越强，便能够占领越多的岛屿化栖息地；而能力越弱，则占领的岛屿数就越少，并且只能在较大的岛屿上生存，因为大的岛屿上竞争压力较小。这样大的岛屿上就会出现更多的物种，而小的岛屿上只会出现迁移、扩散能力强的物种，从而形成嵌套结构（Hill et al.，2011；Habel et al.，2013）。选择性灭绝假说认为，岛屿面积的大小与物种的分布密切相关，有些物种的生存具有较大的最小面积需求，而另一些物种其种群规模较小，这两种情况都会增加其灭绝的风险，导致物种有序地从岛屿化的栖息地中消失，从而形成嵌套结构（Menezes et al.，2013；Matthews et al.，2015）。生境嵌套假说认为，岛屿生境对物种的分布具有重要的影响，生境的嵌套常伴随着物种的嵌套，即生境越复杂，含有的物种数越多，生境越单一，含有的物种数就越少，从而形成嵌套结构（Wang et al.，2013；Zhao et al.，2013）。被动采样假说认为，在不同的岛屿化栖息地中，物种的多度差异较大。多度大的物种在不同的取样面积中被抽中的概率一样大；而多度小的物种被抽中的概率就小。这样，在小面积的抽样中，多度大的物种出现最多，多度小的物种就不容易出现，只有在大面积的抽样中，才有可能在出现多度大的物种时，也出现一些多度小的物种（Cutler，1991），经过一系列不同取样面积的自然组合，从而形成嵌套结构（McQuaid et al.，2013）。研究并且发展嵌套分布格局的理论与其形成机制，对野生动物的保护与管理具有重要的意义（Matthews et al.，2015）。

（二）嵌套的计算方法

1. 早期的嵌套计算方法　随着群落组成日益引起科学家们的关注，嵌套结构的分析方法被越来越多地运用到群落水平的研究中。将物种在岛屿上出现/不出现排成（1/0）矩阵，岛屿按照"行"排列，物种按照"列"排列。而后采用一个"嵌套指数"，来表示该矩阵对完全嵌套结构的偏离程度，从而反映出群落实际组成的嵌套程度。

Patterson 和 Atmar 于 1986 年发表的文献中提到的嵌套指数 N。N 表示实际矩阵对完全嵌套矩阵的缺失数。对于每一个物种，从其在最贫乏的群落中出现开始，计数它在多少个较丰富的群落中不出现，再将所有物种的计数结果取和，得到 N。N 与嵌套结构呈负相关，矩阵的嵌套性越强，N 值越小；N 与矩阵大小（群落数与物种数之积）呈正相关，矩阵越大，N 值越大。Cutler（1991 年）提出 N2、Ua、Up 和 Ut，N2 是对 N 的一种补充，对于每一个物种，从其在丰富的群落中缺失开始，计数它在多少个较贫乏的群落中出现，再将所有物种的计数结果取和，得 N2。N2 与 N 一样，矩阵嵌套性越强，值越小；矩阵越大，值越大。由于 N 与 N2 均未考虑到物种丰富度在岛屿间的联系，因此，Cutler 在 1991 年又提出了涉及 3 个变量的新的嵌套程度计算方法。3 个变量分别为 Ua、Up 和 Ut。Ua 是指物种在较丰富的岛屿化的栖息地中缺失的次数；Up 是指物种在较贫乏的岛屿化的栖息地中出现的次数；Ut 是对 Ua 和 Up 两个量之和的最小化的一个参数。它可以看作将一个给定的矩阵变换成完全嵌套矩阵所需要的最少的步数，当存在多种方法可以使 Ut 最小化时，可以赋予 Ua 和 Up 分数值。这 3 个指数与矩阵的嵌套性呈现负相关，与矩阵本身的大小呈正相关。考虑到物种丰富度在岛屿间的关联性，Wright 和 Reeves 在 1992 年提出了新的变量 Nc。方法可描述为：若岛屿中的某一物种在丰富度相同的岛屿中或者更丰富的岛屿中亦出现，则记 1 分，对矩阵中所有的物种进行检验再取和，就得到了 Nc。由于这些参数都与矩阵的大小呈正相关，即矩阵越大，参数就越大，使得不同矩阵间难以进行比较。Lomolino 于 1996 年提出将参数占完全嵌套的百分比的方法来进行标准化，这里称之为嵌套百分度（percent nested，PN），这样可以有效排除矩阵大小对参数值的影响：

$$PN=100\times(R-D)/R \tag{3-1}$$

式中　D——实际矩阵中的缺失数；

　　　R——随机模拟产生的平均缺失数。

2. 基于矩阵温度的嵌套计算方法　1993 年，Atmar 和 Patterson 提出了著名的矩阵温度 T 计算方法，将物种出现/不出现排成（1/0）矩阵，岛屿按行排，物种按列排。将岛屿按照所含有的物种类数从上到下递减排列，将物种按照所出现在岛屿上的次数从左到右递减排列。使用 BINMATNEST 软件来量化矩阵的嵌套程度。分析时，BINMATNEST 软件会对矩阵进行最大化排列，即将物种的出现格尽可能地排在矩阵左上角，并计算出矩阵温度 T。矩阵温度反映当前矩阵相对完全嵌套矩阵的偏离程度（王本耀等，2012）。T 值越大，嵌套性越低；T 值越小，嵌套性越高。$T=0℃$，表示完全嵌套；$T=100℃$，表示完全随机（Zhao et al.，2013；Boecklen，1997）。

（三）嵌套分析在保护上的意义

Granado-lorencio 等（2012）研究玛格达莱纳河鱼类的分布格局，结果显示，鱼类的分布呈显著的嵌套结构，选择性灭绝是鱼类嵌套分布形成的主要原因。沼泽地的面积和局部地区的物种丰富度对嵌套结构有显著的影响，为了保护鱼类的多样性，建议禁止中游河段的捕鱼活动，并且设立自然保护区，禁止人类活动。Hylander 等（2005）对瑞典北部 29 个沿岸林场的陆地蜗牛进行嵌套分析，结果显示，土壤的 pH 与落叶树木对陆地蜗牛的嵌套结构影响显著，建议保护具有高 pH 的土壤及覆盖有落叶树木的区域。Wang 等（2010）对千岛湖片段化生境中的鸟类、蜥蜴类和小型哺乳类的研究发现，三者均呈显著的嵌套分布格局。鸟类的嵌套结构与岛屿的面积、生境的特异性及最小需求面积显著相关，为了有效地保护鸟类群落，建议优先保护大型的岛屿和具有高生境特异性和大面积需求的鸟类；蜥蜴的嵌套结构与栖息地异质性显著相关，所以应该更多地关注具有不同栖息地的岛屿；小型哺乳类的嵌套结构与岛屿的面积、栖息地的异质性和栖息地的特异性显著相关，因此，应该优先保护大型岛屿、具有不同栖息地的岛屿和具有较高生境特异性的哺乳类物种。张雪梅等（2016）在对舟山群岛蝶类的嵌套分析时指出，舟山群岛蝶类群落符合嵌套分布格局，岛屿面积和最小需求面积与嵌套序列显著相关，说明蝶类的嵌套分布格局是由选择性灭绝造成的，应该优先保护分布于大型岛屿上的蝶类和具有较大最小需求面积的蝶类。Dobson 等（1992）在对小安的列斯群岛上蜥蜴寄生虫的分布与多度模式的分析中发现，寄生虫的分布也符合嵌套结构，并且随着宿主蜥蜴体长的增大而增大，寄生虫的大小并不影响蜥蜴的生长和繁殖。Patterson 等（1991）对大盆地沙漠、莫哈维沙漠、索诺兰沙漠以及奇瓦瓦沙漠的调查发现，那里的物种也呈现显著的嵌套分布，生境嵌套是形成嵌套结构的主要原因，而物种在不同的样点出现的不同的组合形式则暗示了资源分配在空间尺度上的不均匀。Blake（1991）在研究伊利诺伊州中东部地区鸟类的嵌套分布发现，短途的迁移和鸟类在森林边缘栖息地的近亲繁殖表现出了更多的分布模式，记录在小林地斑块中的物种并不总是也被记录在物种丰富的大林地斑块中，在更大林地中的物种缺失可能反映出了真实的物种分布模式或者反映了在边缘栖息地采样的不足。这些结果支持他之前的结论，即小林地斑块不足以保护很多物种。

嵌套对于生物保护最明显的意义在于推动解决了 SLOSS（single large or several small）争论（刘灿然等，2012）。一个大保护区和多个总面积相同的小保护区，哪一个更值得优先保护？这就是 SLOSS 问题的核心（陈水华等，2004）。大保护区的支持者认为，数个总面积相同的小保护区之间存在隔离作用，而这种隔离作用容易导致物种灭绝（Mill et al.，1977），小保护区的支持者认为，在发生火灾及瘟疫等突发事件时，小保护区能更有效地扼制其对物种生存的威胁（Quinn et al.，2010）。在一个完全嵌套的片段化生境中，每一个小的栖息地都含有相同的物种，只有在大的栖息地中才会出现更多的物种，所以 Patterson（1987）认为大的保护区能够更有效地保护濒危物种。然而，现实中很少出现完全嵌套的结构，所以根据区系的非相似性选择时，小保护区反而能够保护更多的物种（Simberloff et al.，1984）。

除此之外，嵌套模型还有其他的意义。在一个高度嵌套的群岛中，边界线代表区系分布的极限，一旦超过了边界线，种群的寿命预期就会是零，物种就会消失或者即将消失。我们还可以推断出占据最多岛屿的物种在最友好的样点（物种最丰富）存活的能力最大，抵抗灭绝的能力最强。这种能力随着物种占据岛屿数的降低及样点的友好度的下降而减弱直到分界线。在一个生态系统中，如果物种的灭绝速率高于物种的迁入率和分化率，那么边界线上的点就代表着岛屿上分布的物种正处于灭绝的边缘（刘灿然等，2002）。嵌套模型还有另一个优势，当岛屿群落的嵌套性很弱时，管理者也能得到一些有用的信息。如果岛屿系统呈低嵌套性，说明这个群落物种的分布受到随机过程的影响较大，因此制定一些经验性的管理和保护措施，动物群落可能不容易出现相应的结构改变。

二、栖息地适宜性指数模型

栖息环境是所有动物生存的首要条件，每一种动物都有特定的、适宜的栖息地（龚彩霞等，2011）。栖息地面积的减少或者消失，都会导致生其中的动物的数量减少或者灭绝，保护好栖息地，制定合理有效的管理措施，首要前提就是要对栖息地的好坏进行正确分析和评价。栖息地适宜性指数（habitat suitability index，HSI），就是一种评价野生动物栖息环境适应性程度的指数。

HSI 模型最早是用来评价野生动物生存的环境质量（Duel et al.，1995；Thomasma，1981）。由美国地理调查局国家湿地研究中心鱼类与野生生物署于 20 世纪 80 年代初提出（Thomasma et al.，1991），该署针对 157 种野生动物和鱼类的生活史过程、生物学特性及其所处的环境建立了 HSI 模型。目前，HSI 模型广泛应用于物种管理、栖息地质量评价、物种丰度分布和生态恢复研究（Rüger et al.，2005；Mattia et al.，2009；Imam et al.，2009）。

（一）HSI 模型的建立

HSI 模型的建立主要分为五步：①获取栖息地的参数资料；②构建单因素适宜度函数（suitability index，SI）；③赋予各影响因子权重；④比对、筛选出最优的计算方法，结合多项适宜度指数，计算出总 HSI 值；⑤绘制 HSI 的平面分布图（金龙如等，2008）。

1. 栖息地生境资料的获取　HSI 研究中最基本的方法是分析单因子对物种分布的影响（郭爱等，2008，2009；Schaeffer et al.，2008）。然而，栖息地是复杂的生态系统，如果能够综合考虑多个生境因子对物种的影响，便可以更好地解释、预测物种的分布

（Thomasma et al.，1991；Lee et al.，2006；易雨君等，2008）。由于收集数据难度很大，需要耗费大量的人力、物力和财力，很难将生境中所有的因子都考虑进来。一般而言，选择 HSI 的生境因子应遵循三点标准（Vincenzi et al.，2006）：①形态和生化因子必须与生境承载能力或者经济物种的生存、生长率显著相关；②充分了解生境与这些因子之间的关系；③这些因子方便获取。

以渔业科学为例，影响 HSI 的因子有很多，包括生物因子、非生物因子和人为活动的影响。不同的生境类型和物种以及不同的成长发育时期，选取的因子都不同。海洋渔业资源的生境因子主要有温度（海表面温度、海表面温度梯度和不同水深温度）、盐度（海表盐度、底层盐度）、海面高度和叶绿素 a 等（王家樵，2006；Chen et al.，2009；冯波等，2010；陈新军等，2008；王学锋等，2010）；河口渔业资源的生境因子主要有水深、盐度、溶解氧等（Vinagre et al.，2006）；淡水渔业资源的生境因子主要有水深、水流、温度等；湖泊渔业资源的生境因子主要有水深、透明度、水化学参数等（易雨君等，2008；班璇等，2009；Gillenwater et al.，2006；Gomez et al.，2007）；底栖生物还需要考虑沉积物类型和底质等（Vincenzi et al.，2006；Vinagre et al.，2006；易雨君等，2007；Gore et al.，1990）；上述生境因子的获取一般通过遥感、实地测量、实验测量、渔业生产及其他的间接手段。

2. 单因素 SI 函数的构建　构建 HSI 模型通常做出以下假设：①物种对适宜其生存的栖息地有主动选择权利（Horne，1983）；②物种和生境因子之间存在线性或者正态分布等关系，这种关系主要来自经验数据、专家判断或两者结合。正常情况下，构建的 SI 函数是分段的，为了简化 SI 模型，不少学者根据历史资料或者专家知识直接赋值。然而在现实环境中，这种假设的正态分布或者线性关系几乎没有。因此，现在很多学者开始采用数理统计的方法来模拟物种分布与生境因子之间的关系（Gore et al.，1990），从而计算出各生境因子对物种分布的影响曲线（SI 曲线）。

3. HSI 的计算方法　常用的 HSI 计算方法有以下几种。

连乘法（continued product model，CPM）：

$$HSI = \prod_{i=1}^{n} S_i \qquad (3-2)$$

最小值法（minimum model，MINM）：

$$HSI = \min\,(S_1,\ S_2,\ S_3,\ \cdots,\ S_n) \qquad (3-3)$$

最大值法（maximum model，MAXM）：

$$HSI = \max\,(S_1,\ S_2,\ S_3,\ \cdots,\ S_n) \qquad (3-4)$$

几何平均法（geometric mean model，GMM）：

$$HSI = \sqrt[n]{\prod_{i=1}^{n} S_i} \qquad (3-5)$$

算术平均法（arithmetic mean model，AMM）：

$$HSI = \frac{1}{n} \sum_{i=1}^{n} S_i \qquad (3-6)$$

混合算法：

$$HSI = \max \{\min (S_1, S_2, S_3, \cdots, S_n)_i, \cdots, \min (S_1, S_2, S_3, \cdots, S_n)_j\}$$

$$(3-7)$$

赋予权重的几何平均值算法：

$$HSI = (\prod_{i=1}^{n} S_{i^-})^{\sum_{i=1,\cdots,n}\omega i} \qquad (3-8)$$

式中，HSI 为栖息地适宜性指数；i 为因子序号；n 为影响因子的总数；S_i 为第 i 个影响因子的 SI 值；ω_i 为第 i 个因子的权数或权重；j 为第 j 个生活史阶段或第 j 时间段。

最基本的算法是前 5 种，连乘法和最小值法的估计结果较保守。连乘法对零值很敏感，只要其中一个因子的 SI 值为零，则栖息地的总适宜性指数为零。最小值法受最小 SI 因子的限制，所有因子的 SI 值中的最小值就是 HSI，在渔业中常被用于保护区的设立与评估以及生态系统的养护与管理（易雨君等，2008）。最大值法是取所有因子 SI 的最大值，估计结果较为乐观，常用于中心渔场预测。最后 2 种几何平均法和算术平均法是目前渔业栖息地适宜性指数（HSI）中运用最为广泛的算法，常用来估算资源量以及渔场分析，不过这 2 种算法也存在各自的缺点。表 3-1 是这 5 种算法的对比。

表 3-1　栖息地适宜性指数不同模型优缺点比较

模型	优点	缺点	应用情况
连乘法（CPM）	估计结果保守	对零值敏感	无
最小值法（MINM）	估计结果较保守	受最小 SI 因子的限制	保护区、生态养护管理
最大值法（MAXM）	估计结果较乐观	受最大 SI 因子的限制	中心渔场预测
算术平均值法（AMM）	估计结果较折中，不受 SI 极值影响	将各 SI 值同等对待，未考虑单因素 SI 偏小或偏大的影响	资源量估算、渔场分析
几何平均值法（GMM）	估计结果较折中，考虑了单因素 SI 值偏小或偏大的影响	估计效果低于算术平均法，参数越少越好，受 SI 零值影响较大	资源量估算、渔场分析

4. HSI 分布图绘制　通常，为了使结果更为直观，研究者会将输出结果做成分布图，把 HSI（0～1.0）划分成不同的等级，并给栖息地命名为不适宜、较适宜、适宜等。采用的绘图软件如 ArcGIS、Marine Explorer、Surfer 12.0 等。

（二）HSI 模型的检验

检验栖息地指数模型包括校正（calibration）、验证（verification）和实证（validation）。美国地理调查局国家湿地研究中心鱼类与野生生物署虽然建立了许多野生动物的栖息地适宜性指数模型，但是这些模型缺乏对应的检验，导致该模型的发展受到限制（金龙如等，2008）。

适宜的栖息地会有较高的 HSI 值（如 0.7～1.0）；较适宜或者不适宜的栖息地则会有较低的 HSI 值（如 0～0.5）。然而，通常得到的计算结果不会覆盖 0～1.0 整个范围。未经校正的 HSI 模型产生的值一般在 0.3～0.7，这在栖息地质量评价中是不允许的。Brooks（1997）提供了两种模型校正的方法：①敏感性分析，研究者可以校正个别值，也可以改变用于计算 HSI 值的公式；②模拟法，利用专家知识以及论证 HSI 模型和内部变量的行为来模拟所产生的影响或管理行为，这种方法容易导致在模拟中出现修正的模型，不能做成预期的反应，如果主要的影响或行为不能引起 HSI 值的变化，那么该模型可能并不适合。

模型的可信度和精度主要在于验证（Lee et al.，2006），在渔业科学中，研究者通常采用实际调查获得的渔业数据对模型加以验证（Chen et al.，2009）。

（三）HSI 模型对保护的意义

栖息地适宜性指数（HSI）在野生动物保护中最大的应用体现在保护区的规划上，如在管理方案中含有 HSI 评估，对于识别关键的生境影响因子具有指导作用，这对濒危物种的保护意义重大。栖息地适宜性指数模型可以结合其他的模型，用来预测物种在环境改变后所受到的影响（Larson et al.，2004；Akcakaya，2004；Shifley et al.，2006）。另外，在某些研究人员不易到达的地方，可以将 HSI 模型与遥感（RS）和 GIS 结合，构建整个地区的 HSI 模型（Dijak et al.，2007）。同时，可以生成直观的栖息地适宜度分布图，方便管理人员做出相应决策。

国外建立了多种动物的 HSI 模型。Pereira（1991）等以松鼠为研究对象，建立 HSI 模型，研究工程建设对松鼠栖息地的潜在影响；Conway（1993）等以啄木鸟为研究对象，建立 HSI 模型，结果显示枯木对啄木鸟栖息地的选择影响显著，建议在美国亚利桑那州，加大对枯木保护的投入，以保证啄木鸟的栖息。Dussault（2006）等对驼鹿建立 HSI 模型，发现食物的适宜度与食物的分布对其栖息地选择影响较大，当栖息地面积更大时，食物的分布更为重要，栖息地面积较小时，则食物的适宜度更为重要。另外还有猫头鹰（Uhmann，2001）、黑足鼬（Houston et al.，1986）、北美灰色大松鼠（Mcpherson et al.，1986）、萤火虫和青蛙等（Nukazawa et al.，2011）。国内有关动物 HSI 的研究较少，陈俊豪等（2011）以官山保护区白颈长尾雉为研究对象，建立 HSI 模型，结果显示官山保护区白颈长尾雉栖息地片段化较严重，在越冬期片段化现象加剧。建议采取措施保护白颈长尾雉现存栖息地，尤其是越冬栖息地需要特别保护；郑祥（2005）评价了九龙山自然保护区和古田山自然保护区的黑麂栖息地质量，并且提出了相关保护建议；曾娅杰（2011）基于 3S（GIS，GPS 和 RS）技术和多元统计分析，对麻阳河国家级自然保护区的黑叶猴种群及其栖息地质量进行了研究和评价，结果显示黑叶猴对栖息地的选择倾向于常绿阔叶林、常绿阔叶落叶混交林和灌丛，影响其栖息地选择的主要因素有植被类型以及海拔、坡度、到水源的距离等地形因子，当前麻阳河自然保护区的最小面积可设定为 21322.97 hm²。此外，相关的 HSI 研究还有东方白鹳（刘红玉等，2006）、大熊猫（张文广等，2007）、华南虎（吴专等，2016）、猕猴（周家自，2015）、金丝猴（姜哲，2016）、马麝（张洪峰等，2014）、褐马鸡（宋凯，2015）等等。

在渔业科学研究中，栖息地适宜性指数模型运用较为广泛，多用于渔场分析、资源量估算、水生生物的保护与管理以及生态管理等。Pritchard 等（2000）运用 HSI 模型，评价缅因州卡斯科湾的 8 种鱼类和无脊椎物种的栖息地质量。研究结果表明，缅因州波特兰的浅滩、近海岸和河口是最适宜的栖息地，通过修复波特兰附近的退化地区，可以恢复宝贵的栖息地。Kang 等（2011）基于水位、流速、pH、溶解氧等水文数据，以及鱼类类型和种群等生物因子数据，对科姆河流域的 6 种鱼建立 HSI 模型，为以后执行河流项目评估提供了重要数据。曾旭等（2015）以马鞍列岛的褐菖鲉为研究对象，基于水深、盐度、叶绿素 a、浊度和底质数据建立 HSI 模型。结果表明，底质类型与褐菖鲉的丰度相关性最大，分布有大型海藻的岩礁生境是其最适宜的栖息地。龚彩霞（2012）等对西北太平洋柔鱼的 HSI 研究发现，HSI 模型可以定性描述资源密度分布与其栖息环境之间的关系，这说明基于栖息地指数模型来预测柔鱼的渔获量是可行的。

第二节　大亚湾鱼类群落嵌套分布格局

一、研究背景

大亚湾位于珠江口东侧，由深圳大鹏半岛、惠阳南部沿海及惠东平海半岛三面环绕而形成，是广东沿海中部一个典型的亚热带溺谷型海湾，湾内分布有中央列岛、港口列岛及辣甲列岛等大小 50 余个岛屿、礁石（广东省海岛资源综合调查大队，1993）。大亚湾生物资源丰富，生境多样，是众多经济鱼类的产卵、索饵和育肥场所，也是生物多样性保护良好的海湾之一，广东省人民政府于 1985 年批准设立大亚湾水产资源自然保护区（国家海洋局第三海洋研究所，1990）。李娜娜等（2011）通过对大亚湾鱼类历史资料的系统总结分析认为，大亚湾有鱼类 320 种。近年来，过度捕捞、环境污染和气候变化等，导致了大亚湾渔业资源的严重衰退（刘爱霞，2017），鱼类优势种由 20 世纪 80 年代的带鱼（*Lepturacanthus Trichiurus haumela*）、银鲳（*Pampus argenteus*）等优质鱼更替为小型和低值的小沙丁鱼（*Sardinella* sp.）、小公鱼（*Stolephorus* sp.）和二长棘鲷（*Parargyrops edita*）幼鱼（王雪辉等，2010）。因此，开展大亚湾鱼类的保护、恢复研究工作具有重要意义。

增殖放流是恢复渔业资源的最直接方法，目前在国内外得以广泛应用。大亚湾进行了多年的鱼类增殖放流，但资源恢复并不理想。影响鱼类增殖放流效果的因素众多，放流区域的选择被认为是最关键的影响因素之一（Daniels，2010），鱼类群聚性最高的区域是选择放流区域的重要依据。因此，研究评估大亚湾鱼类的群聚特征，以此为依据选择适宜的放流区域，对于恢复大亚湾渔业资源具有重要意义。

群聚规律能否决定自然群落结构，是群落生态学研究的基础性问题（Wang et al.，2011；Braoudakis et al.，2016）。研究人员通常采用零模型检验自然群落群聚结构的形成是否存在随机性（Ulrich et al.，2007；Baker et al.，2011），嵌套是检验群聚使用最为广泛的模型之一（Ulrich et al.，2009）。嵌套格局描述的是小群聚物种组成，是大群聚物种组成的子集之一（Ulrich et al.，2009；Baker et al.，2011）。嵌套结构几乎遍布于自然生境的所有生物类群中，如兽类（Patterson et al.，1991）、鸟类（Blake，1991）、鱼类（Mclain et al.，1999）、昆虫（Patterson，1990）、植物（Honnay et al.，1999）、微生物（Dobson et al.，1992）等。根据群落物种的嵌套程度，可将嵌套区分为3种类型：完全嵌套、显著嵌套和不嵌套（Wright et al.，1997）。完全嵌套结构是小群聚的物种应完全包含于大群聚中。随着研究的深入，嵌套已逐渐成为群落形成机制的重要研究工具（Lindo et al.，2008；Florencio et al.，2011）。大亚湾鱼类群落结构是否也符合嵌套结构，最友好群聚位点是鱼类的重点保护区域，同时也是增殖放流的最适位点。

本节以大亚湾2015年4个航次拖网数据为基础，运用嵌套模型探讨大亚湾鱼类群落结构，分析鱼类群落结构是否符合嵌套分布格局；解析大亚湾鱼类群落结构的动态变化特征；阐述鱼类栖息位点以及生活史等特征对嵌套结构的影响；探索大亚湾鱼类群落嵌套分布格局的形成机制。通过以上的研究，揭示大亚湾鱼类群聚特征，并为大亚湾鱼类的保护和合理的增殖放流提供理论依据。

二、研究方法

（一）样品采集

2015年对大亚湾（114.54°E—114.68°E、22.55°N—22.64°N）进行了4月（春季）、8月（夏季）、10月（秋季）以及12月（冬季）4个航次底拖网渔业资源调查，共设13个调查站位（图3-1）。其中，1～9号站位全年每个季度均有调查，10～13号站位为根据实际调查情况的补充站位。为了评估最适放流生境，大辣甲周边海域处于人工鱼礁区和珊瑚礁区（张元林等，1987；陈丕茂等，2013；张涛锂等，2018）。这一区域对鱼类有明显集聚作用（李娜娜等，2011），因此样点布设重点覆盖大辣甲周边海域。为了更好地对比分析，在湾内设置了 D1、D10、D11 三个站点，在湾外设置了站位 D9。渔业资源参照《海洋调查规范》（GB/T 12763—2007）和《海洋渔业资源调查规范》（SC/T 9403—2012）的方法。执行海上调查任务的调查船为"粤惠湾渔 16009"，发动机功率 135 kW，船长 15.5 m，船宽 5.6 m，排水量 50 t。采样网具为底拖网，网长 4.8 m，网口宽 2.6 m，网口高 0.4 m，网目 3 cm×3 cm。拖网的平均拖速约为 3 kn，拖网时长约为 0.5 h。对大部分渔获物进行现场测量，获得生物学数据；对于部分不能完成现场测量的渔获物，则冰冻后带回实验室进行处理。

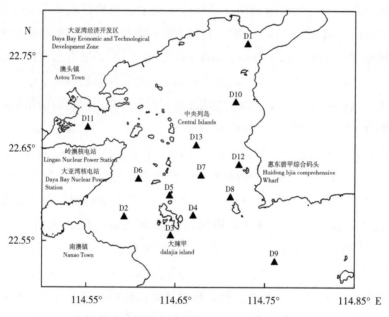

图 3-1　大亚湾渔业资源调查站位点分布

三角形为调查站位点，D1～D11 为站点编号

（二）栖息地和生活史等特征

栖息地特征变量包括距最近大陆距离、距最近大岛距离及水深、水温、盐度、Chl a、总氮和总磷。其中，"最近大岛"定义为与被测位点距离最近的最大岛屿；距最近大陆距离和距最近大岛距离反映鱼类从栖息位点迁入时至少需要跨越的最近直线距离（Dennis et al.，2012）。鱼类的生活史特征变量为鱼类的最大体长，鱼类相关特征因子为捕捞努力量（catch per unit of effort，CPUE）。最大体长为 Fishbase 上能够获取的最大体长，不能获取的采用实测最大体长，CPUE 定义为每千米渔获尾数。

（三）数据处理与分析

本节根据 4 个航次的拖网渔获物，以鱼类物种出现与否（1/0）组成原始数据矩阵进行嵌套分析。原始数据矩阵横坐标为物种，纵坐标为样点，将样点按照所含有的物种数从上至下递减排列，物种所出现在样点中的次数从左至右递减排列，分别进行春、夏、秋、冬季和全年鱼类嵌套分析。嵌套分析使用 Rodríguez-Gironés 和 Santamaría（2006）提出的 BINMATNEST（binary matrix nestedness temperature calculator）软件基于计算矩阵温度（T）的方法来量化嵌套程度。矩阵温度即矩阵系统的紊乱程度，反应所分析矩阵相对完全嵌套矩阵的偏离程度。因此，矩阵的温度越低，矩阵的嵌套程度越高。$T=0℃$，表示完全嵌套；$T=100℃$，表示完全随机。分析时"BINMATNEST"会对矩阵进行最大化排列（maximal packing），即将物种的出现（occurrence）格尽可能地排在矩阵左上角，并计算矩阵温度。与此同时，软件自带的零模型（null model）会随机产生1 000个矩阵用于对输入矩阵进行显著性检验。其中，零模型 null model 3 是被证实了有效控制被动采样对嵌套有显著性影响（Rodriguez-Girones et al.，2006；Moore et al.，2007）。

使用 Spearman 序列相关性分析嵌套结构的影响因素（Schouten et al.，2010），BINMATNEST 最大化排列产生的行、列称为嵌套序列（nested ranking）。将嵌套序列分别与各栖息地参数和物种生活史特征参数进行 Spearman 相关分析，检验分析影响嵌套格局的因子，使用 SPSS 19.0 进行各项统计分析。

三、结果分析

(一) 鱼类组成

2015 年对大亚湾 4 个航次的底拖网调查（以全年 9 个站位分析），共捕获鱼类 115 种，隶属于 10 目、47 科（表 3-2）。夏季出现种类数最多，为 66 种；冬季和春季次之，分别为 42 种和 40 种；秋季最少，为 38 种。各季节均以鲈形目出现种类数最多，夏季鲈形目种类数最多，为 37 种；冬季和秋季次之，分别为 29 种和 23 种；春季最少，为 21 种。大亚湾四季都出现的鱼类有 9 种，分别为卵鳎、短吻鳎、少鳞鱚、细条天竺鱼、眼瓣沟虾虎鱼、犬牙细棘虾虎鱼、皮氏叫姑鱼、长丝虾虎鱼和拟矛尾虾虎鱼；仅在 1 个季节出现的鱼类有 70 种。各位点鱼类物种丰度为 29～54 种。

(二) 栖息地和生活史特征

9 个调查位点，距最近大陆距离 1.38～7.39 km、距最近大岛距离 1.14～15.31 km（表 3-2）。各位点的平均 CPUE 在 7.66～157.36 尾/km，各物种的 CPUE 在 0.007 0～26.083 3 尾/km，最大体长在 69～2154 mm（表 3-3）。

表 3-2　大亚湾 9 个采样位点的特征参数

站位	距最近大陆距离(km)	距最近大岛距离(km)	物种数	捕捞努力量(尾/km)	水深(m)	水温(℃)	盐度	叶绿素a(mg/m³)	总氮(mg/L)	总磷(mg/L)	嵌套序列
D2	4.17	4.38	53	51.44	14.05	23.11	35.12	1.93	0.16	0.008	1
D5	7.39	1.14	47	157.36	14.42	23.23	35.03	1.62	0.119	0.007	2
D6	3.33	4.15	48	64.36	12.69	23.71	35.01	2.69	0.16	0.010	3
D7	5.4	5.44	49	89.82	12.5	23.61	34.94	1.07	0.14	0.009	4
D8	2.71	5.9	51	122.81	14.28	23.16	35.00	1.3	0.15	0.008	5
D4	7.32	1.48	45	98.26	16.06	22.70	35.06	1.60	0.161	0.008	6
D3	5.05	1.56	43	59.67	16.75	22.94	34.93	1.62	0.17	0.009	7
D1	1.38	15.31	30	25.46	5.63	23.70	32.25	2.96	0.086	0.004	8
D9	5.92	7.95	29	7.66	20.03	23.33	33.04	0.64	0.127	0.004	9

表 3-3　大亚湾鱼类生活史特征参数及种类-地点最大化排序嵌套矩阵

物种	2	5	6	7	8	4	3	1	9	最大体长(mm)	捕捞努力量(尾/km)	占据位点数	嵌套序列
黄鳍马面鲀（*Thamnaconus hypargyreus*）	1	1	1	1	1	1	1	1	1	178	26.083 3	9	1
二长棘鲷（*Parargyrops edita*）	1	1	1	1	1	1	1	1	1	262	10.423 8	9	2
拟矛尾虾虎鱼（*Parachaeturichthys polynema*）	1	1	1	1	1	1	1	1	1	119	1.733 3	9	3
勒氏短须石首鱼（*Sciaena russelli*）	1	1	1	1	1	1	1	1	1	250	0.263 4	9	4
短吻鲾（*Leiognathus brevirostris*）	1	1	1	1	1	1	1	1	1	109	17.352 6	9	5
四线天竺鲷（*Apogon quadrifasciatus*）	1	1	1	1	1	1	1	0	1	84	3.359 2	8	6
细条天竺鱼（*Apogonichthys lineatus*）	1	1	1	1	1	1	1	0	1	69	2.759 1	8	7
眼瓣沟虾虎鱼（*Oxyurichthys ophthalmonema*）	1	1	1	0	1	1	1	1	1	131	1.338 2	8	8
少鳞鱚（*Sillago japonica*）	1	1	1	1	1	1	1	1	0	300	0.574 0	8	9
六指马鲅（*Polynemus sextarius*）	1	1	1	1	1	1	1	1	0	235	0.504 1	8	10
金线鱼（*Nemipterus virgatus*）	1	1	1	1	1	1	1	0	1	350	0.494 6	8	11
长丝虾虎鱼（*Cryptocentrus filifer*'）	1	1	0	1	1	1	1	1	1	119	0.345 6	8	12
卵鳎（*Solea ovata*）	1	1	1	1	1	1	0	1	1	90	0.239 4	8	13
中线天竺鲷（*Apogon kallopterus*）	1	1	0	1	1	1	1	0	1	124	2.358 6	7	14
南方鲻（*Callionymus meridionalis*'）	1	1	1	1	1	1	0	1	0	144	1.963 3	7	15
犬牙细棘虾虎鱼（*Acentrogobius caninus*'）	1	1	1	1	0	1	1	1	0	110	0.695 8	7	16
矛尾虾虎鱼（*Chaeturichthys stigmatias*）	1	1	1	0	1	1	1	1	0	226	0.545 5	7	17
大鳞鳞鲬（*Onigocia macrolepis*'）	1	1	1	0	1	1	1	0	1	169	0.261 1	7	18
鹿斑鲾（*leiognathus ruconius*'）	1	1	1	1	0	1	1	0	1	72	0.223 5	7	19
日本红娘鱼（*Lepidotrigla japonica*）	1	1	1	1	1	1	1	0	0	163	0.170 0	7	20

（续）

物种	站位编号									最大体长（mm）	捕捞努力量（尾/km）	占据位点数	嵌套序列
	2	5	6	7	8	4	3	1	9				
黄斑篮子鱼（*Lateolabrax maculatus*）	1	0	1	1	1	0	1	1	0	244	1.631 7	6	21
巴布亚沟虾虎鱼（*Oxyurichthys papuensis*）	1	1	1	0	1	1	1	0	0	200	0.950 3	6	22
黄斑鲾（*Leiognathus bindus*）	0	0	1	1	1	1	0	1	1	86	0.348 4	6	23
黑边天竺鱼（*Apogonichthys ellioti*）	1	1	1	1	0	1	1	0	0	127	0.338 7	6	24
李氏鮨（*Callionymus richardsoni*＊）	1	0	1	0	1	1	0	1	1	124	0.236 3	6	25
圆鳞斑鲆（*Pseudorhombus levisquamis*）	1	1	1	1	0	0	1	0	1	267	0.235 0	6	26
斑鰶（*Clupanodon punctatus*）	1	1	1	1	1	0	0	1	0	263	0.198 3	6	27
纤羊舌鲆（*Arnoglossus tenuis Gunther*）	1	1	0	0	1	1	1	0	1	100	0.179 7	6	28
双带天竺鲷（*Apogon taeniatus*）	1	1	1	0	1	1	1	0	0	128	0.161 9	6	29
蓝圆鲹（*Decapterus maruadsi*）	1	1	0	1	1	1	1	0	0	238	0.139 2	6	30
皮氏叫姑鱼（*Johnius belengerii*）	1	0	0	1	0	1	1	1	1	245	0.125 2	6	31
斑头舌鳎（*Cynoglossus puncticeps*）	0	1	1	1	1	1	0	0	1	350	0.063 1	6	32
竹筴鱼（*Trachurus japonicus*）	0	1	1	1	0	1	1	0	0	578	0.182 1	5	33
多齿蛇鲻（*Saurida tumbil*）	0	0	1	1	1	1	1	0	0	570	0.147 0	5	34
短尾大眼鲷（*Priacanthus macracanthus*）	1	0	1	0	1	1	1	0	0	300	0.103 7	5	35
长体舌鳎（*Cynoglossus lingua*）	1	1	0	1	1	0	1	0	0	415	0.040 0	5	36
细鳞鳓（*Therapon jarbua*）	0	1	1	1	1	0	0	0	0	309	0.594 2	4	37
及达叶鲹（*Caranx djeddaba*）	1	0	0	0	0	1	0	0	1	318	0.270 4	4	38
丝鳍鲬（*Elates ransonnettii*＊）	1	1	1	0	0	0	1	0	0	220	0.112 2	4	39
花鰶（*Clupanodon thrissa*）	1	1	1	0	0	0	0	1	0	282	0.094 5	4	40
尖尾鳗（*Uroconger lepturus*）	1	1	0	0	1	0	1	0	0	514	0.070 4	4	41
密沟圆鲀（*Sphoeroides pachygaster*）	1	0	1	0	1	0	1	0	0	462	0.047 3	4	42
海鳗（*Muraenesox cinereus*）	1	0	0	1	0	1	0	1	0	2 154	0.047 0	4	43
白姑鱼（*Argyrosomus argentatus*）	0	1	1	0	0	0	0	1	0	400	0.199 3	3	44
褐菖鲉（*Sebastiscus marmoratus*）	1	0	1	0	0	0	1	0	0	300	0.111 6	3	45
黑鲷（*Acanthopagrus schlegelii*）	1	0	0	1	0	1	0	0	0	500	0.046 5	3	46
红狼牙虾虎鱼（*Odontamblyopus rubicundus*）	0	0	0	0	1	1	0	1	0	218	0.045 3	3	47
大眼白姑鱼（*Argyrosomus macrophthalmus*）	0	1	1	0	0	0	1	0	0	230	0.044 3	3	48
短尾小沙丁鱼（*Sardinella sindensis*）	1	1	0	1	0	0	0	0	0	170	0.043 0	3	49
列牙鯻（*Pelates quadrilineatus*）	0	0	0	1	0	1	0	0	1	252	0.039 7	3	50
沙带鱼（*Lepturacanthus savala*）	1	1	0	0	1	0	0	0	0	1 000	0.039 2	3	51
触角沟虾虎鱼（*Oxyurichthys tentacularis*）	1	0	0	0	0	1	1	0	0	133	0.034 2	3	52

（续）

物种	站位编号									最大体长 (mm)	捕捞努力量 (尾/km)	占据位点数	嵌套序列
	2	5	6	7	8	4	3	1	9				
青石斑鱼（*Epinephelus awoara*）	0	0	0	0	0	0	1	1	0	1	485	0.029 0	3	53
长体鳝（*Thyrsoidea macrurus*）	0	0	1	1	0	0	0	0	1	0	398	0.026 8	3	54
鯻（*Therapon theraps*＊）	0	0	0	0	0	0	0	0	1	1	338	0.359 3	2	55
条尾绯鲤（*Upeneus bensasi*）	1	0	1	0	0	0	0	0	0	0	157	0.205 3	2	56
黄泽小沙丁鱼（*Sardinella lemuru*）	0	0	0	1	1	0	0	0	0	0	230	0.173 7	2	57
平鲷（*Rhabdosargus sarba*）	1	1	0	0	0	0	0	0	0	0	660	0.107 2	2	58
青缨鲆（*Crossorhombus azureus*＊）	0	0	0	1	1	0	0	0	0	0	153	0.101 8	2	59
长体蛇鲻（*Saurida elongata*）	0	1	0	0	0	0	0	0	1	0	500	0.091 5	2	60
绿斑细棘虾虎鱼（*Acentrogobius chlorosigmatoides*＊）	1	1	0	0	0	0	0	0	0	0	101	0.065 6	2	61
小头左鲆（*Laeops parviceps*＊）	0	0	0	0	0	0	0	0	0	1	122	0.061 1	2	62
食蟹豆齿鳗（*Pisodonophis cancrivorus*）	0	0	0	1	1	0	0	0	0	0	1 080	0.059 0	2	63
团头叫姑鱼（*Johnius amblycephalus*）	1	0	0	0	0	1	0	0	0	0	250	0.033 5	2	64
长鳍盲蛇鳗（*Scarabaeus sacer*＊）	0	0	0	1	1	0	0	0	0	0	273	0.032 1	2	65
长棘银鲈（*Gerres filamentosus*）	1	0	0	1	0	0	0	0	0	0	275	0.030 5	2	66
粒突鳞鲬（*Onigocia tuberculatus*＊）	1	0	0	1	0	0	0	0	0	0	149	0.029 6	2	67
六带拟鲈（*Parapercis sexfasciata*）	0	0	0	1	1	0	0	0	0	0	120	0.026 9	2	68
灰鳍棘鲷（*Acanthopagrus berda*）	1	0	0	0	0	0	1	0	0	0	716	0.026 7	2	69
木叶鲽（*Pleuronichthys cornutus*）	0	0	0	0	1	0	1	0	0	0	389	0.023 7	2	70
星点东方鲀（*Fugu niphobles*）	0	0	0	0	0	1	1	0	0	0	124	0.019 9	2	71
婆罗舌鳎（*Cynoglossus borneensis*）	0	0	1	1	0	0	0	0	0	0	450	0.018 7	2	72
黄鲫（*Setipinna tenuifilis*）	0	1	0	1	0	0	0	0	0	0	220	0.017 5	2	73
黑尾小沙丁鱼（*Sardinella melanura*）	0	0	1	0	0	0	1	0	0	0	203	0.016 7	2	74
斜带髭鲷（*Hapalogenys nitens*）	0	0	0	1	1	0	0	0	0	0	400	0.015 6	2	75
棘头梅童鱼（*Collichthys lucidus*）	0	0	1	0	0	0	0	0	0	0	170	0.128 6	1	76
龙头鱼（*Harpadon nehereus*）	0	0	0	0	0	0	0	1	0	0	344	0.109 1	1	77
金钱鱼（*Scatophagus argus*）	0	0	0	0	0	0	0	1	0	0	325	0.098 7	1	78
半线天竺鲷（*Apogon semilineatus*）	0	0	0	0	0	0	0	1	0	0	91	0.043 6	1	79
斑点多纪鲀（*Takifugu poecilonotus*）	0	0	0	0	1	0	0	0	0	0	200	0.037 5	1	80
大头白姑鱼（*Argyrosomus macrocephalus*）	0	0	0	0	0	0	0	0	1	230	0.031 4	1	81
多鳞鱚（*Sillago sihama*）	0	0	0	0	0	0	0	1	0	310	0.028 1	1	82
日本须鳎（*Paraplagusia japonica*）	0	0	0	0	0	0	0	1	0	350	0.025 0	1	83
线纹鳗鲇（*Plotosus lineatus*）	0	0	0	0	0	0	0	0	1	298	0.021 7	1	84

（续）

物种	站位编号									最大体长 (mm)	捕捞努力量 (尾/km)	占据位点数	嵌套序列
	2	5	6	7	8	4	3	1	9				
长棘鲾 (*Leiognathus fasciatus*)	0	1	0	0	0	0	0	0	0	174	0.018 7	1	85
前肛鳗 (*Dysomma anguillaris*)	1	0	0	0	0	0	0	0	0	520	0.018 1	1	86
短尾突吻鳗 (*Rhynchocymba sivicola*)	1	0	0	0	0	0	0	0	0	650	0.018 1	1	86
短棘银鲈 (*Gerres lucidus**)	0	0	0	0	0	0	0	0	1	125	0.016 9	1	88
短棘鲾 (*Leiognathus equulus*)	0	0	0	0	0	0	0	1	0	220	0.016 8	1	88
孔虾虎鱼 (*Trypauchen vagina*)	0	1	0	0	0	0	0	0	0	185	0.016 2	1	90
截尾白姑鱼 (*Pennahia anea*)	0	0	0	0	0	0	0	1	0	300	0.014 5	1	91
中华单角鲀 (*Monacanthus chinensis*)	0	0	0	0	0	0	1	0	0	312	0.014 5	1	92
尖吻鯻 (*Therapon oxyrhynchus*)	0	0	0	0	1	0	0	0	0	250	0.012 5	1	93
眼斑拟鲈 (*Parapercis ommatura**)	0	0	0	0	1	0	0	0	0	116	0.012 5	1	93
大眼鲬 (*Suggrundus meerdervoortii*)	0	0	0	0	1	0	0	0	0	164	0.012 5	1	93
大黄鱼 (*Larimichthys crocea*)	0	0	1	0	0	0	0	0	0	800	0.010 9	1	96
棘线鲬 (*Grammoplites scaber*)	0	0	0	0	0	0	0	0	1	255	0.010 9	1	96
胡椒鲷 (*Plectorhinchus pictus*)	1	0	0	0	0	0	0	0	0	677	0.010 7	1	96
横带髭鲷 (*Hapaloyenys mucronatus*)	0	0	0	0	1	0	0	0	0	201	0.010 6	0	99
约氏笛鲷 (*Lutjanus johni*)	0	0	1	0	0	0	0	0	0	836	0.010 3	1	100
刺鲳 (*Psenopsis anomala*)	0	0	0	0	1	0	0	0	0	211	0.010 3	1	100
弓斑东方鲀 (*Takifugu ocellatus*)	0	0	0	0	1	0	0	0	0	150	0.009 4	1	102
杂食豆齿鳗 (*Pisodonophis boro*)	0	0	0	0	0	1	0	0	0	1000	0.009 2	1	103
鳞烟管鱼 (*Fistularia petimba*)	0	0	0	0	0	0	1	0	0	165	0.009 1	1	103
中国鲳 (*Pampus chinensis*)	0	0	0	0	1	0	0	0	0	293	0.008 9	1	105
大甲鲹 (*Megalaspis cordyla*)	0	0	1	0	0	0	0	0	0	688	0.008 6	1	106
斑鳍白姑鱼 (*Pennahia pawak*)	0	0	0	0	1	0	0	0	0	220	0.008 6	1	106
褐色裸胸鳝 (*Gymnothorax boschi*)	0	1	0	0	0	0	0	0	0	986	0.007 5	1	108
舌虾虎鱼 (*Glossogobiuss giuris*)	0	0	1	0	0	0	0	0	0	500	0.007 5	1	108
黄鳍棘鲷 (*Acanthopagrus latus*)	0	0	0	1	0	0	0	0	0	383	0.007 5	1	108
大头狗母鱼 (*Trachinocephalus myops*)	0	0	1	0	0	0	0	0	0	349	0.007 4	1	108
杜氏叫姑鱼 (*Johnius dussumieri*)	0	0	0	0	0	0	0	0	1	344	0.007 2	1	112
多鳞短额鲆 (*Engyprosopon multisquama*)	0	1	0	0	0	0	0	0	0	106	0.007 2	1	112
鳗鲇 (*Plotosus anguillaris*)	0	1	0	0	0	0	0	0	0	299	0.007 0	1	114
海龙 (*Syngnathus* sp.)	0	0	1	0	0	0	0	0	0	204	0.007 0	1	114

* 表示鱼类最大体长取自渔获数据，未标示的表示最大体长从 Fishbase 获取；1/0 表示鱼类物种出现与否。

(三) 大亚湾鱼类群落嵌套结构

大亚湾鱼类群落结构呈现显著的嵌套格局。秋季（$T=42.5℃$，$P<0.01$）、冬季（$T=41.17℃$，$P<0.01$）和全年（$T=45.4℃$，$P<0.01$）的嵌套最友好位点均处于 D2 和 D5；而春季（$T=41.49℃$，$P<0.01$）D5 则是最友好位点；夏季（$T=37.27℃$，$P<0.01$）群聚进一步发生了变动，最友好位点在 D2 和湾口的 D8（表 3-4）。

表 3-4　大亚湾四季和全年取样站位的嵌套排序

序号	站位	全年	春季	夏季	秋季	冬季
1	D2	1	4	2	1	2
2	D3	7	9	4	3	7
3	D4	6	3	9	4	6
4	D5	2	1	10	2	1
5	D6	3	6	3	5	8
6	D7	4	2	5	7	5
7	D8	5	5	1	6	4
8	D1	8	10	8	9	9
9	D10		7	7	11	
10	D13		11	6	10	
11	D9	9	8	11	8	10
12	D11					3
13	D12					11

大亚湾全年的嵌套序列表明异质性样点为 D1、D2、D8 和 D9。在调查到的 115 种鱼类中，二长棘鲷（*P. edita*）、黄鳍马面鲀（*N. tessellates*）、拟矛尾虾虎鱼（*P. polynema*）、勒氏短须石首鱼（*S. russelli*）4 种鱼类在 9 个站位均有分布。眼瓣沟虾虎鱼（*O. ophthalmonema*）、长丝虾虎鱼（*C. filifer*）、大鳞鳞鲬（*O. macrolepis*）、鹿斑鲾（*L. ruconius*）、中线天竺鲷（*A. kallopterus*）、皮氏叫姑鱼（*J. belengerii*）、圆鳞斑鲆（*P. levisquamis*）、李氏鲔（*C. richardsoni*）、纤羊舌鲆（*A. tenuis*）、斑头舌鳎（*C. puncticeps*）、黄斑鲾（*L. bindus*）、多齿蛇鲻（*S. tumbil*）、尖尾鳗（*U. lepturus*）、海鳗（*M. cinereus*）、大眼白姑鱼（*A. macrophthalmus*）、青石斑鱼（*E. awoara*）、红狼牙虾虎鱼（*O. rubicundus*）、触角沟虾虎鱼（*O. tentacularis*）、列牙鲕（*P. quadrilineatus*）、黄泽小沙丁鱼（*Sardinella lemuru*）、六带拟鲈（*P. sexfasciata*）、绿斑细棘虾虎鱼（*A. chlorosigmatoides*）、黑尾小沙丁鱼（*S. melanura*）、龙头鱼（*H. nehereus*）、多鳞鱚（*S. sihama*）、半线天竺鲷（*A. semilineatus*）、多鳞短额鲆

(*E. multisquama*)、金钱鱼(*S. argus*)、棘线鲬(*G. scaber*)、长棘鲾(*L. fasciatus*)、截尾白姑鱼(*P. anea*)、中华单角鲀(*M. chinensis*)、短棘鲾(*L. equulus*)、短棘银鲈(*G. lucidus*)、杂食豆齿鳗(*P. boro*)、日本须鳎(*P. japonica*)、斑点多纪鲀(*T. poecilonotus*)、线纹鳗鲇(*P. lineatus*)、杜氏叫姑鱼(*J. dussumieri*)、刺鲳(*P. anomala*)、弓斑东方鲀(*T. ocellatus*)、棘头梅童鱼(*C. lucidus*)、尖吻鯻(*T. oxyrhynchus*)、黄鳍棘鲷(*A. latus*)、胡椒鲷(*P. pictus*)、大眼鲬(*S. meerdervoortii*)、大甲鲹(*M. cordyla*)、中国鲳(*P. chinensis*)、横带髭鲷(*H. mucronatus*)等49种鱼类呈现异质性分布(图3-2)。

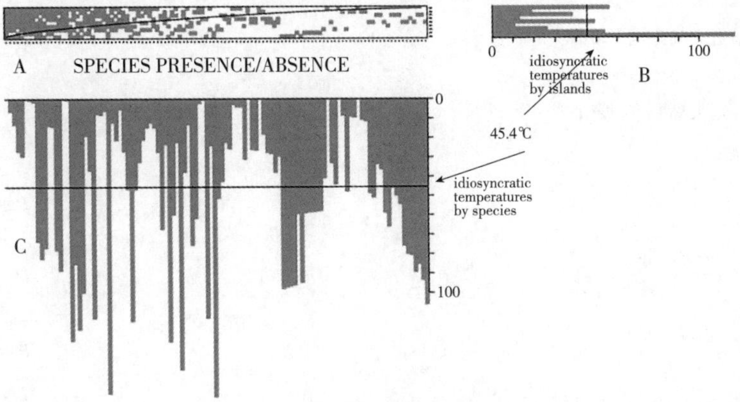

图3-2　鱼类异质分布

A. 大亚湾全年样点最大化排序后物种出现/不出现矩阵(列代表物种,行代表样点)

B. 嵌套和异质样点及其对应物种的丰富度　C. 矩阵最大化排序后异质性物种

嵌套分析已逐渐成为生物地理学物种发生方式的主流研究方法(Ulrich et al., 2009),被广泛应用于斑块化栖息生境、破碎化生境群落的物种组成和分布格局研究(Fleishman et al., 2002; Greve et al., 2005),对海洋群岛(Greve et al., 2005; Dennis et al., 2012)、陆桥岛屿(Wang et al., 2010, 2012)和生境斑块(Hill et al., 2011)等领域的研究都取得了丰硕成果。嵌套结构已被证实是岛屿群落组成的普遍规律。然而研究位点均处在大亚湾水域层面,并无任何的生境隔离。对河流和珊瑚礁生境的有关鱼类嵌套分析表明,嵌套分析也适宜于连续体水域(Taylor et al., 2001; Ibarra et al., 2005; McLain et al., 1999)。研究表明,大亚湾水域鱼类群聚呈现显著嵌套分布格局,广布种广泛地分布于各位点,如二长棘鲷、黄鳍马面鲀等;异质性物种则分布于嵌套序列的靠前位点,如鳞烟管鱼等。本节展现了嵌套分析的普适性规律(Ulrich et al., 2009)。

(四)嵌套因素分析结果

Partial Spearman 秩相关分析显示(表3-5),栖息地特征变量与嵌套序列均未显示出相关性，鱼类的最大体长和CPUE均与嵌套序列有显著相关性（最大体长：$r=0.297$，$P<0.01$；CPUE：$r=-0.941$，$P<0.01$），而CPUE与位点的嵌套序列未显示出相关性（$r=-0.5$，$P=0.170$）。

表3-5 大亚湾站位及鱼类嵌套影响因素秩相关分析结果（$P<0.05$）

嵌套序列	物种嵌套序列	位点嵌套序列
最大体长（mm）	$r=0.297$ $P<0.01$	—
捕捞努力量（尾/km）	$r=-0.941$ $P<0.01$	—
距最近大陆距离（km）	—	$r=-0.1$ $P=0.798$
距最近大岛距离（km）	—	$r=0.5$ $P=0.170$
捕捞努力量（尾/km）	—	$r=-0.5$ $P=0.170$
水深（m）	—	$r=-0.333$ $P=0.381$
水温（℃）	—	$r=0.017$ $P=0.966$
盐度	—	$r=-0.8$ $P=0.01$
叶绿素a（mg/m³）	—	$r=-0.317$ $P=0.406$
总氮（mg/L）	—	$r=-0.117$ $P=0.765$
总磷（mg/L）	—	$r=-0.467$ $P=0.205$

嵌套格局的成因主要有4种假说：①选择性迁入（selective colonization）。物种迁移能力千差万别，迁移能力强的物种能够占领更多的岛屿，迁移能力差的物种则只能生活于面积较大的岛屿上，此处的竞争和灭绝率相对较低（Cook et al.，1995）。因此，大岛屿则物种丰富多样，小岛屿一般只生存迁移能力强的物种，从而构成嵌套。②选择性灭绝（selective extinction）。物种的分布与岛屿的面积密切相关，对最小面积要求大的物种，或者种群较小的物种，灭绝的风险就会增大，这样物种就有可能有序地从不适宜的小岛屿生境中消失（Patterson 1987，1991），从而形成嵌套结构。③生境嵌套（habitat nestedness）。岛屿生境对物种的分布具有重要影响，岛屿群落的物种嵌套是生境嵌套的结果（Cook et al.，1995）。④被动抽样（passive sampling）。物种的多度在不同的岛屿生境中差异较大，多度大的物种被抽中的概率大，多度小的物种被抽中的概率小。这样，在小面积的抽样中，多度大的物种出现最多，多度小的物种则不易出现，只有进行大面

抽样，才有可能也出现一些多度小的物种（Cutler，1994），经过一系列不同取样面积的自然组合，从而形成嵌套结构。

在影响鱼类群落分布倾向的栖息地和生活史特征变量中，反映灭绝倾向的最近大陆距离和距最近大岛距离与嵌套序列均无显著性相关，并不能说明人类的干扰对其并没有影响，可能是水域区域尺度不够大，影响差别不大，导致结果无法表现出来，因此，不能排除大亚湾鱼类群落结构不支持选择性灭绝假说。反映鱼类游泳能力的最大体长与嵌套序列呈显著性的相关性，因此支持选择性的迁入假说。CPUE 与物种的嵌套序列呈显著的正相关，但是与位点的嵌套序列无相关性，这说明大亚湾鱼类群落分布是非随机的，因而否定了被动抽样假说。

研究认为，大亚湾鱼类群落嵌套结构的形成机制符合选择性迁入假说。迁移能力弱的鱼类在小生境范围内生存，迁移能力强的鱼类则占据更多的适宜生境。这与河流生境中的鱼类研究结果一致，上游的鱼类迁移到下游而形成嵌套，支流的鱼类迁移到干流也形成嵌套（Taylor et al.，2001；Ibarra et al.，2005；Miyazono et al.，2016），下游和干流都是生境较为丰富的地方，同时存在生境嵌套假说，本节没有对生境进行研究，但是可以推测鱼类聚集应该与生境更为丰富关联。

4 个季度的嵌套分布格局表明，春季大亚湾鱼类主要群聚到大辣甲北部海域 D5 位点，可能是鱼类洄游到 D5 站位进行繁殖。夏季鱼类群聚到 D2 和 D8 站位，可能是鱼类繁殖过后开始向外海和杨梅坑海域进行育肥，D8 站位位于湾口，夏季休渔结束，外加湾外海水交换，营养物质增多，导致湾口处饵料丰富，所以夏季除了 D2 站位外，D8 站位也有鱼类群聚点。D2 站位主要处于的杨梅坑海域，此处遍布人工鱼礁，生境多样，适合多种鱼类栖息、觅食（陈丕茂等，2013）。秋、冬季鱼类群聚到 D2 和 D5 站位，且到了冬季，鱼类进一步集聚到 D5 站位，成为最适群聚位点，为春季的繁殖做好准备。D5 站位远离陆地，位于大亚湾的中央区和珊瑚礁区（张元林等，1987），珊瑚礁被誉为"海洋中的热带雨林"，是地球上生物种类最丰富和生产力最高的生态系统之一，鱼类在这一区域进行繁殖不仅适宜其生存的生境丰富多样，而且受人为干扰最小，是非常理想的产卵场所，这与王亮根等（2018）的调查研究结果一致，即这一区域的仔、稚鱼和鱼卵的年平均密度较高，也与鸟类选择最适繁殖小林地进行集聚较为相似（Blake，1991）。同时，李娜娜等（2011）通过水声学研究表明，大亚湾礁区鱼类密度比非礁区要高很多；陈应华（2009）研究表明，礁区内的渔获种类、资源密度和渔获率均高于同期对照点，本节也刚好验证了以上研究，鱼类选择在礁区进行群聚。在河流中，鱼类到上游洄游产卵群聚是普遍存在的现象（Chen et al.，2009），在海洋中，鱼类同样也进行产卵洄游。D2 和 D5 站位均是人工鱼礁区，处于大辣甲周边海域，大辣甲岛周边造礁石珊瑚覆盖率较高，其造礁石珊瑚平均覆盖率多次记录到 46.6% 的最高值，说明大辣甲岛周边海洋生态环境状况好（张涛锂等，2018）。同时说明此区域生境最为丰富，因此，表明栖息地生境嵌套假说可能也是大亚湾鱼类群落嵌套结构形成的原因。

研究表明，鱼类群聚成因是选择性迁入，同时可能存在栖息地生境的双重筛选。分析揭示了杨梅坑和大辣甲北部海域是大亚湾鱼类的主要集聚区，应优先保护和管理，同时说明杨梅坑和大辣甲北部海域是大亚湾鱼类进行增殖放流的最适海域。本节为深圳市在杨梅坑海域进行增殖放流提供了理论依据和支持（根据笔者对深圳市近五年的增殖放流调研表明，深圳从 2013 年至今，持续在杨梅坑海域进行单一物种黑鲷的增殖放流，并取得了一定的效果），也为惠州市今后增殖放流提供了理论依据和参考（根据笔者对惠州市近年的增殖放流调研表明，惠州从 2010 年至今，增殖放流地点以实际方便操作，效果不显著）。大辣甲北部海域的 D5 位点非常重要，可能是鱼类的产卵场，因此在春季的时候应该重点对这一海域进行保护和管理，既要严格限制这一区域的捕捞强度，同时要也保护这一区域的特殊生境，因为一般鱼类对产卵场的生境都是有较为苛刻的要求。

第三节　多齿蛇鲻栖息地适宜性评价

一、研究背景

多齿蛇鲻（*Saurida tumbil*）属于灯笼鱼目（Myctophiformes）、狗母鱼科（Synodontidae）、蛇鲻属（*Saurida*）。为暖水性近底层鱼类，分布在印度洋、西太平洋，在我国的东黄海和南海均有分布，主要生活在近岸至陆架边缘海域（南海水产研究所，1985）。多齿蛇鲻是我国南海北部的主要经济鱼类之一，分布广，渔获量高（南海水产研究所，1966）。2000 年在南海北部珠江口对外海域底拖网调查中，多齿蛇鲻的出现率位居首位，占总渔获量的第三位（张旭丰等，2002）。张鹏等（2010）在南海北部调查结果显示，多齿蛇鲻的渔获数量占总渔获量的 36.16%，渔获生物量占总生物量的 21.35%，均位居首位。杨炳忠（2017）等在南海区利用传统虾拖网渔船进行渔具渔法和渔获组成跟踪调查，结果显示，多齿蛇鲻为鱼类优势种之一，数量及质量占比分别为 5.38% 和 9.37%，质量百分比位居鱼类第二位。当前，南海北部作业的捕捞渔船总功率大致为最适捕捞作业量的 3 倍（舒黎明和邱永松，2004）。多齿蛇鲻的死亡系数较 20 世纪 60 年代增加了 5 倍，如果按照当前的开捕规格及捕捞强度，会导致多齿蛇鲻的资源进一步衰退。已有的统计学资料显示，目前该资源量已有下降的趋势（孙冬芳等，2010）。

近年来，关于多齿蛇鲻的研究大多集中在资源量变化（黄梓荣和陈作志，2005；黄梓荣，2002）、渔具选择（张旭丰等，2002，2004；张鹏等，2004；杨吝，2002）、生物学（刘金殿等，2009a，2009b；徐旭才和张其永，1988；舒黎明和邱永松，2004b；冯启彬等，2012；侯刚等，2012）及种群分析（孙冬芳等，2010a，2010b）等方面，关于多齿蛇鲻栖息地适宜性分析则未见报道。HSI 模型最早是用来评价野生动物生存的环境质量（Duel et al.，1995；Thomasma，1981）。由美国地理调查局国家湿地研究中心鱼类与野生生物署于 20 世纪 80 年代初提出（Thomasma et al.，1991），该署针对 157 种野生动物和鱼类的生活史过程、生物学特性及其所处的环境建立了 HSI 模型。目前，HSI 模型广泛应用于物种管理、栖息地质量评价、物种丰度分布和生态恢复研究（Ruger et al.，2005；Brambilla et al.，2009；Imam et al.，2009）。

在渔业科学研究中，栖息地适宜性指数模型运用较为广泛，多用于渔场分析、资源量估算、水生生物的保护与管理以及生态管理等。

本节以大亚湾多齿蛇鲻为研究对象，建立 HSI 模型，评价其栖息地质量，旨在为多齿蛇鲻的增殖、养护提供技术支撑。

二、研究方法

（一）样品采集

于 2015 年对大亚湾（114.54°E—114.68°E、22.55°N—22.64°N）进行 4 月（春季）、8 月（夏季）、10 月（秋季）以及 12 月（冬季）4 个航次的调查，设 8 个底拖网调查站位与 22 个环境调查站位（图 3-3）。执行海上调查任务的调查船为"粤惠湾渔 16009"，发动机功率 135 kW，船长 15.5 m，船宽 5.6 m，排水量 50 t。采样网具为底拖网，网长 4.8 m，网口宽 2.6 m，网口高 0.4 m，网目 3 cm×3 cm。拖网的平均拖速约为 3 kn，拖网时长约为 0.5 h。

于 2015—2016 年对海陵湾（111.71°E—111.96°E、21.47°N—21.64°N）进行 2 月（冬季）、7 月（夏季）、11 月（秋季）以及 2016 年 4 月（春季）4 个航次的调查，设 6 个底拖网调查站位与 12 个环境调查站位（图 3-3）。

于 2014—2016 年对陵水湾（109.95°E—110.01°E、18.40°N—18.43°N）进行 2014 年 11 月（秋季）、2015 年 5 月（春季）、2015 年和 8 月（夏季）以及 2016 年 1 月（冬季）4 个航次的调查，设 3 个底拖网调查站位与 17 个环境调查站位（图 3-3）。

3 个海湾环境站位均测量水深、水温以及盐度，并且采集表层沉积物记录底质类型。样品的采集和分析按照《海洋调查规范》（GB 12763.9—2007）和《海洋监测规范》（GB 17378.7—2007）进行。拖网的渔获物进行现场测量，获得生物学数据，部分渔获物现场不能完成测量，冰冻后带回实验室进行处理。

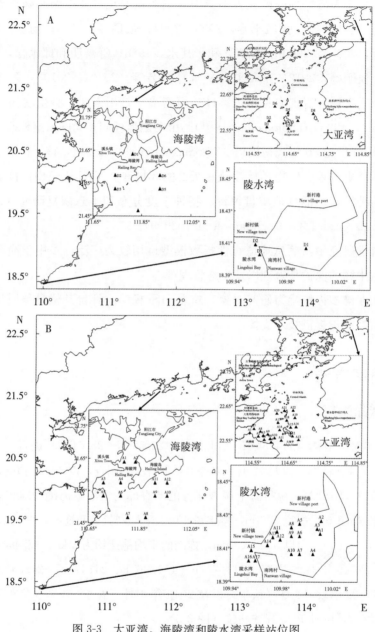

图 3-3　大亚湾、海陵湾和陵水湾采样站位图
A. 资源采样站位　B. 环境采样站位

（二）数据处理

1. 栖息地指示因子选取和单因素适合度曲线构建　影响 HSI 的因子有很多，包括生物因子、非生物因子和人为活动的影响。海洋渔业资源的生境因子，主要有温度（海表面温度、海表面温度梯度和不同水深温度）、盐度（海表盐度、底层盐度）、海面高度和叶绿素 a 等（王家樵，2006；Chen et al.，2009；冯波等，2010；陈新军等，2008；王学锋等，

2010）。多齿蛇鲻是海洋暖水性中下层鱼类，游泳能力较强，成小群分散栖息于近底层（石琼等，2015）。多齿蛇鲻没有明显的集群洄游特性，全年均可产卵，以3—8月为盛期，产卵亲体主要分布于50～90 m海区。多齿蛇鲻一般栖息于15 m以下的海域，水深60～120 m处分布最密，120～300 m的海区亦有鱼群分布，但是渔获率随着水深增加而逐渐减少。多齿蛇鲻可以适应16.50～28.10℃的底层水温环境，其中，18.00～21.00℃区间的海域分布最密集；最适底层盐度为34.30～34.93；分布区底质主要为沙泥或泥沙（舒黎明等，2004a）。本节选择水深、温度、盐度和底质类型作为多齿蛇鲻栖息地指示因子。根据其在不同的水深、温度、盐度和不同的底质类型环境中的栖息密度差异，借助经验数据和专家判断（Brooks，1997）对各环境因子的权重进行赋值，从而构建多齿蛇鲻的单因子适合度曲线。

2. 栖息地适宜性指数 采用连乘法（陈新军等，2008）、最小值法（minimum model，MINM）（Lee et al.，2006）、最大值法（maximum model，MAXM）（郭爱和陈新军，2009）、几何平均法（geometric mean model，GMM）（Tian et al.，2009；Tomsk et al.，2007）和算术平均法（arithmetic mean model，AMM）（王家樵，2006）建立栖息地指数（habitat suitability index，HSI）模型。

3. 模型验证与分析 模型的可信度和精度主要在于验证（Lee et al.，2006），在渔业科学中，研究者通常采用实际调查获得的渔业数据对模型加以验证（Chen et al.，2009）。本节根据以上5种HSI模型，利用大亚湾、海陵湾和陵水湾环境站位数据计算栖息地指数，并与3个海湾多齿蛇鲻的渔获数据进行验证与比较，将栖息地指数划分为5个等级：$0 \leqslant HSI < 0.2$、$0.2 \leqslant HSI < 0.4$、$0.4 \leqslant HSI < 0.6$、$0.6 \leqslant HSI < 0.8$、$0.8 \leqslant HSI \leqslant 1$。

栖息地指数大于0.6的海域，认为是较为适宜的栖息地。然后，根据模型的验证效果选择最佳的栖息地指数模型。

三、结果分析

（一）多齿蛇鲻的丰度分布

在大亚湾2015年的4次底拖网调查中，只有春季和夏季有捕到多齿蛇鲻，正好位于该鱼种的盛期（3—8月）。春季捕获的多齿蛇鲻位于D4、D6、D7和D8站位，共9尾，总重353.00 g，平均体重39.20 g；夏季仅在D3、D4和D8站位捕获多齿蛇鲻，共6尾，总重403.00 g，平均体重67.20 g。彩图10为多齿蛇鲻全年的丰度平面分布。

（二）多齿蛇鲻单因素适合度曲线（SI函数）构建

由彩图10可知，水深15～60 m的海域多齿蛇鲻密度逐渐增加；在60～120 m水深处多齿蛇鲻的分布最多，群体最密集；超过120 m的海域，多齿蛇鲻的密度逐渐降低；到300 m时，没有多齿蛇鲻分布。海水温度在16.50～18.00℃时，多齿蛇鲻的数量随着水温上升而增加。在 18.00～21.00℃时，达到了多齿蛇鲻最适宜的栖息温度，随后开始下降；高于 28.10℃后，就不适合多齿蛇鲻栖息。盐度为 30.03～33.90 时，多齿蛇鲻的数量逐渐升高；33.90～34.00 的时候，比较趋近于该鱼种的最适盐度，所以这个区间海区多齿蛇鲻的数量增长会更快；当盐度为 34.00～34.79 时，达到了多齿蛇鲻的最适盐度，这个盐度区间的海域最适宜多齿蛇鲻栖息；一旦盐度超过了 34.79，多齿蛇鲻的栖息地质量就会快速下降，导致多齿蛇鲻的数量骤减。当底质为沙、泥沙或者沙泥时，最适宜多齿蛇鲻栖息，泥质次之，大亚湾的底质类型为黏土。多齿蛇鲻的 SI 模型如表 3-6 所示。单因素适合度曲线如图 3-4 所示。

表 3-6　多齿蛇鲻单因子适宜性指数模型

水深模型	水深范围 (m)	温度模型	温度范围 (℃)	盐度模型	盐度范围	底质模型	底质类型
$SI=0.008\,9x+0.466\,7$	[0, 60]	$SI=0.333\,3x-5$	[16.5, 18]	$SI=0.103\,4x-2.603\,9$	[30.03, 33.9]	$SI=1$	沙
$SI=1$	[60, 120]	$SI=1$	[18, 21]	$SI=x-33$	[33.9, 34.00]	$SI=1$	沙泥
$SI=-0.003\,3x+1.4$	[120, 150]	$SI=-0.05x+2.05$	[21, 23]	$SI=1$	[34.0, 34.79]	$SI=1$	泥沙
$SI=-0.006x+1.8$	[150, 300]	$SI=-0.009\,8x+1.125\,5$	[23, 28.1]	$SI=-0.285\,3x+10.924$	[34.79, 36.0]	$SI=0.8$	泥
						$SI=0.5$	其他

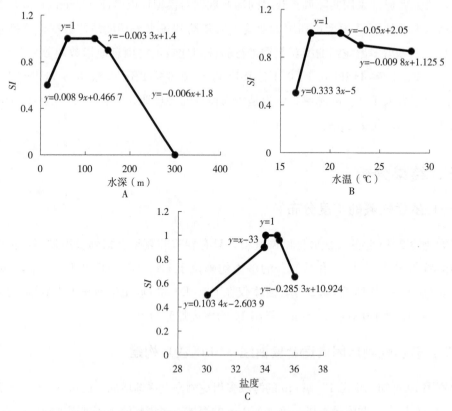

图 3-4　多齿蛇鲻对水深、温度和盐度的适合度曲线
A. 水深　B. 温度　C. 盐度

（三）多齿蛇鲻栖息地适宜性指数的计算

根据构建的单因素适合度曲线，分别计算出大亚湾、海陵湾和陵水湾的 HSI〔包括连乘法（CPM）、最小值法（MINM）、最大值法（MAXM）、几何平均值法（GMM）和算术平均值法（AMM）〕。去除异常的值，保留以下各海湾、各季节以及各站位的 HSI，由于不同海湾拖网的船速和时间有所差异，所以采用尾数除以船速和时间，将多齿蛇鲻的渔获尾数标准化，再与 5 种 HSI 进行相关性分析（表 3-7）。由图 3-5 可知，连乘法的相似性最大，几何平均值法（GMM）次之，然而，连乘法所得的数值均低于 0.3，不利于栖息地质量评价。因此，本节选择几何平均值法评价大亚湾海域多齿蛇鲻的栖息地质量。

表 3-7　多齿蛇鲻栖息地适宜性指数计算与验证

海湾	季节	站位	尾数标准化	CPM	MINM	MAXM	GMM	AMM
大亚湾	春季	D4	2.143	0.279	0.5	0.965	0.727	0.755
大亚湾	春季	D6	1.379	0.265	0.5	0.958	0.718	0.744
大亚湾	春季	D7	0.541	0.272	0.5	0.970	0.722	0.753
大亚湾	春季	D8	1.500	0.275	0.5	0.958	0.724	0.754
海陵湾	夏季	D1	0.529	0.167	0.5	0.827	0.639	0.654
海陵湾	秋季	D6	0.690	0.138	0.5	0.869	0.610	0.625
陵水湾	夏季	D1	2.703	0.427	0.556	1	0.808	0.828
陵水湾	夏季	D2	7.568	0.340	0.518	1	0.764	0.785
陵水湾	夏季	D3	3.243	0.334	0.511	1	0.760	0.782
陵水湾	春季	D3	32.000	0.376	0.507	1	0.783	0.807

根据相关文献、专家经验以及多齿蛇鲻相关生态习性（舒黎明等，2004a），以水深、水温、盐度和底质类型作为栖息地指示因子，建立了多齿蛇鲻单因素适合度曲线。依次使用连乘法（CPM）、最小值法（MINM）、最大值法（MAXM）、几何平均值法（GMM）以及算术平均值法（AMM），计算多齿蛇鲻的 HSI。CPM、MAXM、AMM 和 GMM 都能较好地反映实际的渔获情况，且 GMM 最优。CPM 与多齿蛇鲻的渔获数据相关性最大，但是 CPM 得到的 HSI 均低于 0.3，不利于栖息地的质量评价。MAXM 和 AMM 得到的结果相近，MINM 相关性最低，可能是因为 MINM 综合考虑不同因子对 HSI 的影响，预测结果较为保守，而另外两种方法则很好地平衡了不同环境因子的影响。通过这 5 种模型的比较，GMM 的相关性仅次于 CPM，所以本节选择 GMM 建立多齿蛇鲻的 HSI 模型。

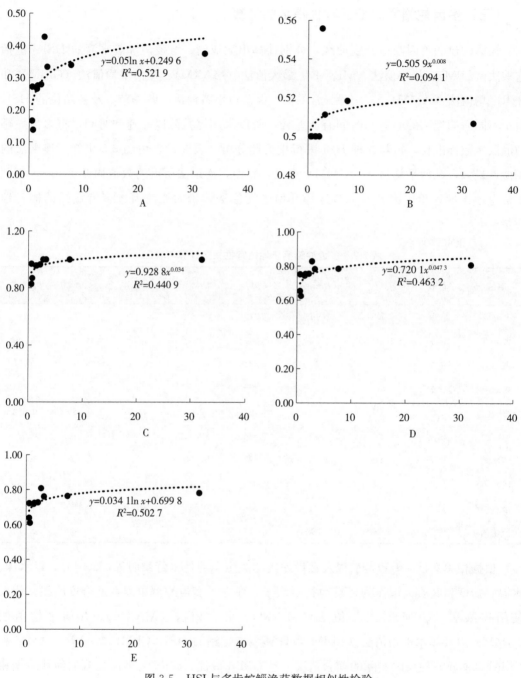

图 3-5　HSI 与多齿蛇鲻渔获数据相似性检验

A. 连乘法（CPM）　B. 最小值法（MINM）　C. 最大值法（MAXM）

D. 算术平均值法（AMM）　E. 几何平均值法（GMM）

（四）多齿蛇鲻栖息地适宜性指数的平面分布

采用几何平均值法（GMM），计算出各位点的 HSI。由图 3-6 可知，春季的 HSI 范围为 0.704～0.739。D3 样点 HSI 最高，为 0.739；其次是 D2，为 0.728；D1 样点的 HSI 最低，为 0.704。夏季的 HSI 范围为 0.627～0.645。D7 样点 HSI 最高，为 0.645；其次是 D6 和 D8，均是 0.641；D1 样点最低，为 0.627。秋季的 HSI 范围为 0.702～0.714。D4 样点 HSI 最高，为 0.714；其次是 D3 和 D5，均为 0.710；D6 样点最低，为 0.702。冬季的 HSI 范围为 0.725～0.743。D4 样点 HSI 最高，为 0.743；D2 和 D8 次之，分别为 0.740 和 0.737；D3 最低，为 0.725。4 个季节中，冬季的 HSI 水平最高，均值为 0.734；春季和秋季次之，均值分别为 0.724 和 0.708；夏季的 HSI 水平最低，均值为 0.638。

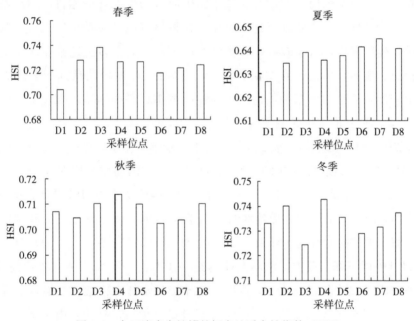

图 3-6　大亚湾多齿蛇鲻的栖息地适宜性指数（HSI）

由彩图 11 可知，大亚湾的春季，多齿蛇鲻适宜的栖息地主要分布在杨梅坑及大辣甲以东海域；夏季 HSI 高值区，位于中央列岛及大辣甲附近海域；秋季 HSI 高值区，在大辣甲附近海域；冬季 HSI 高值区，在杨梅坑及大辣甲以东海域。

研究多齿蛇鲻 HSI 高值区，主要分布在杨梅坑海域及大辣甲以南、以东海域，与多齿蛇鲻丰度分布结果基本一致。

除夏季外，杨梅坑海域及大辣甲附近海域的多齿蛇鲻 HSI 普遍较高，表明多齿蛇鲻更加偏好选择杨梅坑海域及大辣甲附近海域作为栖息地。大亚湾气候受东亚季风控制，夏季盛行西南季风，秋季盛行东北季风，其他月份为转换期，在粤东沿岸流影响下，在湾内形成反气旋式的顺时针方向的水平环流（姜犁明等，2013）。大亚湾全年平均的海水交换率为 14.75%（韩舞鹰等，1988），水体更新的周期为 91 d。东南部首先开始交换，其次是中东部，然后是范和港和大亚湾西南部，湾顶、哑铃湾、大鹏澳稀释交换最慢

（王聪等，2008）。大鹏澳（杨梅坑）海域水体交换速率最慢，能够维持稳定的水环境，并且与大辣甲以南海域一样，分布有人工鱼礁，对水体和鱼类有较好的净化和聚集作用。研究发现，多数珊瑚礁鱼类可利用栖息地（珊瑚、红树林）的遮蔽物躲避捕食者（Horstkotte et al.，2008），并且底质的差异会对水生动物的生长、捕食（Nakamura et al.，2009；Martin et al.，2012）等行为造成重要影响。泥质的底质富集了大量的有机碎屑、底栖生物和腐殖质，营养丰富，为鱼类提供了充足的饵料生物（Tao et al.，2011），从而形成了良好的栖息场所。由栖息地指示因子的适合度曲线可以看出，水深 60～120 m、水温 18～21℃、盐度 34～34.79 和泥沙质底质的水域最适合多齿蛇鲻栖息，这与 HSI 的空间分布一致，也与杨梅坑海域及大辣甲附近海域的生态环境相符，多齿蛇鲻丰度和 HSI 较高的正相关性进一步验证了这一结果。杨梅坑海域及大辣甲以南、以东海域分布有人工鱼礁，生境多样，水质较好，鱼类多样性丰富，适合多齿蛇鲻在此育幼，也适合成鱼在此栖息、索饵。因此，春季在 D4、D6、D7 和 D8 站位捕获到的多齿蛇鲻多为幼鱼；夏季由于浮游动植物的增加，造成多齿蛇鲻的饵料种类增多，摄食范围更广（冯启彬等，2012），捕获到的多齿蛇鲻规格更大，多为成鱼。

4 个季节中，HSI 的平均水平依次为：冬季＞春季＞秋季＞夏季。冬季温度低，水温在 18.80～19.95℃，最适宜多齿蛇鲻栖息；同时，冬季的海水盐度在 33.81～34.42，除 D3 之外所有站位的盐度 SI 均为 1，平均值为 0.99，因此冬季的 HSI 最高。春季，大亚湾海域水温升高，超出最适水温，导致水温 SI 下降；同时，由于水平环流和水体交换的作用，大亚湾海域整体盐度升高，导致春季盐度 SI（0.95）较冬季（0.99）有所下降，最终春季的 HSI 略微下降。夏季，水温及盐度进一步升高，越发不适宜多齿蛇鲻的栖息，所以整体的 HSI 降到全年最低水平；同时，由于湾顶水体交换速率最慢，水温和盐度变化不明显，所以 HSI 下降幅度低，湾顶成为 HSI 的高值区。秋季，由于雨水稀释，海水的盐度下降，趋向于多齿蛇鲻的适宜盐度，从而盐度 SI 升高，整体的 HSI 也较夏季升高。

多齿蛇鲻作为南海主要的经济鱼种之一，国内自 20 世纪 60 年代开始对其生长进行了相关研究，出版了一些关于该鱼种生物学方面的报告或论述（费鸿年等，1990）。舒黎明和邱永松（2004a）对南海北部多齿蛇鲻的生物学研究结果显示，在有利于恢复资源又能保持相当产量的前提下，建议降低捕捞强度，并且将南海北部多齿蛇鲻的开捕体长由 13.50 cm 增加至 22.00 cm。陶雅晋等（2012）指出，多齿蛇鲻在春季达到繁殖的最高峰；夏季达到繁殖的次高峰。刘金殿（2009b）的研究结果显示，北部湾海域多齿蛇鲻全年均可产卵，主要产卵期为 3 月、6 月、7 月和 11 月。本节中多齿蛇鲻只在春季和夏季出现；春季出现在 D4、D6、D7 和 D8 站位；夏季出现在 D3、D4 和 D8 站位。这说明杨梅坑海域和大辣甲以南、以东海域是多齿蛇鲻的主要聚集区，应该优先保护这两片水域。其中，D4 和 D8 站位出现的多齿蛇鲻尾数，分别占春季和夏季多齿蛇鲻总尾数的 66.7%

和 83.3％。说明这两处海域是多齿蛇鲻最主要的栖息地，应该着重保护。因此，无论是对多齿蛇鲻的资源保护还是对其增殖放流的生境选择，都应该优先考虑杨梅坑海域和大辣甲以南、以东海域。

第四节　主要结论

嵌套模型是评估物种群聚特征的方法。大亚湾鱼类呈嵌套分布格局，CPUE 与物种的嵌套序列成显著的正相关，但是与位点的嵌套序列无相关性，表明大亚湾鱼类群落分布是非随机的。鱼类最大体长对嵌套格局的形成具有显著影响，说明大亚湾鱼类群落嵌套格局的形成支持选择性迁入假说，证实大亚湾鱼类群聚是选择进入最适生境的一种自身行为，因此，嵌套最友好位点是最适放流位点。大亚湾鱼类全年与四季的嵌套最友好位点均在湾口杨梅坑和大辣甲北部海域，此两海域为大亚湾鱼类的主要群聚区，大辣甲北部海域是鱼类的产卵场繁殖区，杨梅坑海域是鱼类的主要育肥区，均应优先进行保护和管理，是开展大亚湾鱼类增殖放流的最适宜海域。

通过以大亚湾优势种多齿蛇鲻为模式物种，评估了其栖息地适应性指数。水深、温度、盐度和底质类型作为多齿蛇鲻栖息地的环境指示因子，与多齿蛇鲻的生物量建立栖息地适宜度曲线。选取了连乘法（CPM）、最小值法（MINM）、最大值法（MAXM）、算术平均值法（AMM）和几何平均值法（GMM）等 5 种方法建立 HSI 模型。通过对这 5 种方法进行比较，其中几何平均值法最优。以几何平均值法建立了多齿蛇鲻的大亚湾栖息地指数，结果指示大亚湾杨梅坑海域及大辣甲以南、以东海域 HSI 普遍较高，表明这片海域是多齿蛇鲻最适宜栖息地，应该优先进行保护和管理，同时说明这一海域也是大亚湾多齿蛇鲻进行增殖放流的最适海域。

第四章　增殖种类适宜性评价

　　资源增殖是通过将育苗场人工繁育或从其他水域（如离岸较远的宽阔海洋）捕捞的野生幼体放至自然水域，补充自然群体生物量的过程。资源增殖的目的是，通过人为干预增加幼鱼或无脊椎动物浮游生活史阶段的存活率而增加渔业资源量，服务渔业生产。民众对增殖放流最熟悉的环节，就是将苗种放流到自然水域的过程；而专业上渔业资源的增殖放流，是一套非常复杂的人为干预情况下生态操控技术系统（Rose，2005）。

　　海洋生态系统本身的复杂性加上人类活动、环境变化等多重因素影响，使得增殖放流的科学开展面临诸多挑战：实际的增殖放流中涉及群落的稳定性、生态系统的结构与功能的量化及放流后对放流物种的种群动态监测及其生态安全评估等。这些实际问题存在于复杂的生态系统，需要不同生境、不同时间段生态系统研究的综合对比分析，尽管计算机辅助下的生态建模与模拟在探索生态规律方面提供了诸多便利，但在我们对生态系统有限的理解范围内，解决增殖放流中的基本问题仍并非易事。

第一节　研究进展

一、负责任渔业

（一）概述

　　渔业（包括水产资源的管理、养殖、捕捞、加工、销售）在全球人类食物来源供给、经济收、就业、休闲旅游等方面均发挥着重要作用。据 2018 年联合国粮农组织《世界渔业和水产养殖状况》报道，2016 年，全球水产品*产量 171×10^6 t，其中，88% 直接用于人类消费；2016 年，人均水产品消费达 20.3 kg；2019 年，全球人均鱼类消费量已创下20.5 kg 的新纪录。自 1961 年来，全球水产品年消耗量的增长率是人口增长速度的 2 倍。此外，数以百万的民众生计依赖渔业。为了渔业的可持续发展，所有与捕捞相关的人员

---

　　* 水产品包括鱼、甲壳类、软体动物及其他水生动物，不包括水生哺乳类、鳄类、海草及其他水生植物。

均有义务参与世界渔业的管理、保护。基于此背景，1995 年，170 个联合国粮农组织成员国（地区）通过了《负责任渔业行为守则》（FAO 大会 4/95 号决议），此守则致力于所有与渔业相关的人员，对于渔业资源管理中该行为守则的共识高度在全球范围内达到高度一致，成员国均应自觉遵守并在渔业领域推进更负责任的行为，使一系列负责任的标在国家、区域等层面有效实施。

《负责任渔业行为守则》作为开拓性的、独特的和自愿文书，可能是 1982 年联合国公约之后世界上引用最多、知名度高和普及最广泛的全球渔业文书。该行为准则的目的是就负责任行为确立国际标准，引导渔业的可持续发展，确保水生生物资源的有效养护、管理和开发，并给予生态系统和生物多样性应有的尊重。

（二）主要内容

《负责任渔业行为守则》主要内容，包括渔业管理和养殖业管理。

1. 渔业管理　负责任渔业提倡国家层面应建立清晰、完备的渔业法律法规，以更好地管理渔业。该法律体制应由所有与渔业相关的团体组织共同积极参与维护。此外，还鼓励国家间的合作。渔业管理制度和法律框架应考虑到商业捕捞的各个层次（行业、区域、企业、渔民），确保它们皆能清楚理解需要遵循的法律法规。

特别地，渔业管理应确保捕捞、加工过程对环境的负面影响降至最低，降低污染物，确保捕捞产品的质量。渔业生产的各个环节均应做好记录。政府间应有明确的针对违法渔业富媒体可操作的法律手段，如可处于罚金或吊销捕捞证。在跨国间的渔业管理，应利用最佳的科学管理知识作支撑。为保护渔业资源，炸鱼、毒鱼及其他破坏性渔法在所有国家均禁止。国家应确保只有被法律许可的渔船进行捕捞，受环境捕捞作业应以负责任的方式开展，遵守所有的捕捞水域所属国的法律法规。

合理管控渔具规格、规模，新渔具、渔法投入使用前应评估其对环境的影响（珊瑚礁等）。此外，还包括管理中渔民的意见反馈、渔船对海洋环境的影响，对重要栖息地的保护等条款。

2. 养殖业管理　养殖业管理的主要目标是在为人类供给水产品的同时，要保护遗传多样性，降低养殖鱼类对野生群体的负面影响。水域、海湾或陆域空间等资源有多种用途，为避免争端和冲突，国家应在公平的基础上对这些资源进行立法，并合理规划。

国家应采取措施确保当地民众的生活，水产养殖不应影响当地民众进入渔场进行捕捞生产。应建立养殖对环境影响的监测程序和法规。还要注重养殖过程中种质量和水质施肥的监管；控制病害的药物、化学品应尽可能最小化，因为这些对环境的影响非常大。对水产品质量与安全的保证亦非常重要。在引进非本地土著种时，应咨询相关部门、学者，在跨国界水域养殖还应咨询邻近国家意见。在制订养殖规划时，应鼓励发展恢复和增加濒危物种的相关技术。

此外,《负责任渔业行为守则》还就远洋渔业的船旗国(发给外国渔船本国旗帜,允许其在本国水域作业的国家)、港口国、养殖、近岸渔业水域的整体化管理、捕捞后的水产品质量监管及贸易责任,渔业科学研究、区域和国际合作等有了一系列规定。

(三)发展趋势

《负责任渔业行为守则》在其《中期计划》(2006—2011 年)开展了一系列能力建设活动,主要是渔业政策、贸易政策的决策者配备,各种渔业相关人员的培训等软环境的建设方面,以增强实施效果。主要内容包括《负责任渔业管理》《关于预防、制止和消除非法、不报告和不管制捕鱼的国际行动计划》《捕鱼能力管理国际行动计划》《粮农组织改进有关捕捞渔业现状和趋势的信息战略》《负责任渔业培训与意识》《发展中小岛国负责任渔业》《渔业生产与海上安全》《负责任渔业渔获利用及贸易》《负责任水产养殖开发管理》《负责任内陆渔业管理》《支持渔业研究》《非政府组织的伞状支持》《后备项目》共 13 项,更加有效推动负责任渔业发展。

成功的渔业管理是渔业可持续利用的基础。渔业管理政策的制定,是渔业多方利益相关者取得的一个广泛接受的折中方案(Mardle et al.,2004)。这些利益相关者包括渔民、管理者、官方代表(考虑政治因素)、环保人士和科学研究人员,他们之间彼此的意见和要求经常有冲突。特别是当渔业资源被过度捕捞或出现其他严重问题时,因为必要保护措施的采取与维持收入、保障就业等方面的矛盾会更加突出。在渔业资源管理中,通常可划分为环境(生物或保护方面的),经济(收入、产业发展、产业结构),社会(就业、教育、认可)(Leung et al.,1998)3 个目标。在国家层面的渔业政策制定中,渔业科研工作者更关注渔业资源的状况与变化趋势,因此,他们的意见对决策过程有重要影响。其他与渔业发展直接利益相关的则更关注渔民和捕捞企业组织的政策支持、水产品的销售、环境的保护等。渔业管理的政策制定、实施关乎渔业的发展,持续多年的高强度捕捞、环境污染对渔业资源及海洋生态系统结构与功能的影响,已成为渔业研究、管理的焦点问题。在多因素的复杂影响下,资源的管理与养护仍是渔业管理的目标,而渔业管理是实现资源持续利用的基础、制度保障。没有科学有效的管理制度,渔业发展、资源养护和持续利用只是空谈;而科学研究,则是渔业管理和资源养护利用之间的最重要渠道。

当前,中国正处于向负责任渔业大国转变的关键阶段。遵守国际渔业组织公约是重要表现。负责任渔业大国中,业界普遍关注远洋渔业的管理。《"十三五"远洋渔业规划》中提出,到 2020 年,控制中国大陆远洋渔船规模(总数稳定在 3 000 艘以内),提高企业准入门槛,有利于渔业良性发展。负责任渔业大国还体现在对国内渔业、养殖的管理水平的不断提升。水产养殖对自然水域生境、野生种群的影响值得深入研究。

增殖放流作为水产养殖与渔业管理相结合的应用学科,将成熟的苗种繁育技术与天然渔业资源的增殖养护相结合,负责任渔业的行为守则,对增殖放流的科学开展具有重要指导意义。

二、负责任增殖放流

水产养殖迅速发展和许多野生种类的捕捞产量、质量下降，使人们想通过向海洋提供生物资源（苗种），从而收获更多高质量的水产品服务民众。一方面，世界范围内近岸和海洋捕捞产量的降低既非个例，也非全部。因为目前仍有一些管理较好的资源，事实是绝大多数渔业资源不再维持其可持续状态下的产量（Pauly et al.，2002）。导致渔业资源衰退的原因主要是两类：一是渔业资源赖以生存的生态系统恶化，不仅包括近岸和流域范围内生物栖息地的减少、改变或被污染，还包括破坏性的捕捞所产生的影响；二是各种原因所引发的捕捞过度，捕捞能力超出资源承载力，捕捞效率增加以及渔业产权不明导致管理混乱等（Bell et al.，2005）。另一方面，养殖在全球范围内的水产品供应中发挥的重要性众所周知。自从20世纪80年代全球海洋捕捞产量基本保持稳态以来，水产养殖产量在全球水产品中的比例逐年增加。2016年，养殖产量占全球水产品产量（171×10^6 t）的47%，占可食用水产品总量的53%（不包括饵料鱼、低值小杂鱼及保存不当的烂鱼等）。1961—2016年，水产品消耗年均增长率（3.2%）超过人口增长率（1.6%）和陆地所有动物肉类总量增长率之和（2.8%）（FAO，2018）。

增殖放流的主要目标是，使放流的种苗和自然种群共同组成一个更大的捕捞群体，从而可持续地增加渔获产量（Mustafa，2003）。目前，在增殖养护许多经济渔业捕捞种的产量的关键步骤方面已经在国内外同行中取得共识：①恢复物种的适宜性评价与优选排序（确定）；②拟恢复物种的栖息地生境（质量、面积）适宜性重新评估、妥善保护与改善；③捕捞努力量的降低（Jackson，2001；Pauly et al.，2002；Myers et al.，2003）。

此外，苗种繁育技术的发展，使得世界范围内许多近岸鱼类和无脊椎动物（特别是贝类）的增殖放流广泛开展。尽管养殖技术的发展为增殖放流提供了重要支撑，但水产养殖与增殖放流仍有明显不同（Mustafa，2003）。FAO中亦将水产养殖定义为在养殖过程中，通过常规的放苗、饲喂或防止敌害生物等人为干预措施，来获取更高的水产品产量。养殖种类也必须由养殖过程中的产权所有者捕捞获益（Mustafa et al.，2000），养殖过程通常在封闭的池塘、水体或在海洋的网箱、拦坝、围隔等其他封闭形式进行。而增殖放流中，放流苗种的绝大多数生活史在海洋自然环境中度过，其生活史过程及栖息生境中没有像养殖过程中那样的人为干预、控制，放流后的产权亦不清晰（放流苗种供渔民开放捕捞）。增殖放流仅在放流前的苗种管理与水产养殖相同，如催产和育苗管理环节。

增殖放流大致可划分为渔获型和补充型两种基本形式（Fujiya，1999）。渔获型增殖放流中，苗种投放、捕捞时的规格分别与养殖的相近，在某一适宜的生境中有规律地重复性投放以持续地进行捕捞，渔获型增殖放流在虾、蟹、贝、海参等方面应用较多；补充型增殖放流,是使放流苗种能在自然生境中建立一个可持续的种群。放流种群与其对应的野生种群一起在自然生境中生长、性成熟并成功繁殖后代,以促进业已衰退的或濒危的渔业种群恢复。持续地增殖放流,使放流群体生长成为补充群体后与野生群体共同应对捕捞压力,此时增殖放流可以间断。持续放流形成补充群体期间并不捕捞放流群体及相应的野生群体,而是让其在自然环境中尽可能地生长繁育,从而更好地发挥资源补充功能。此类型的增殖放流,需要配套的渔业管理措施和捕捞区域以保证增殖放流效果,为系列群体提供必要的条件是渔业管理策略的重要组成部分。

海洋是我们最后一个可开发和赖以生存的宝库,而野生渔业资源的过度捕捞警醒我们新的渔业管理方式和资源利用模式必须谨慎,否则人类将很难从海洋中持续获得水产品(Mustafa,2003)。

增殖放流属于技术应用范畴,但整个增殖放流过程离不开生物学、海洋科学、环境生态学、经济学、数学等基础学科体系的支撑。这些交叉学科知识应用在增殖放流过程中的具体环节,并集中体现在增殖放流的渔业管理策略中,从而实现资源增殖放流的系统性管理。结合相关文献和编者观点,负责任的增殖放流应是以多学科知识融合为基础,构建旨在维持渔业生态系统正常功能、促进资源养护的技术体系,关键环节包括放流前的项目设计(可行性、必要性、收益风险预评估、质量管控、放流方式制定等)、实施、管理(跟踪监测)、回捕、捕捞后渔获处理及增殖效果评估等关键环节。负责任的增殖放流,只有在系统考虑生态、社会、经济多因素的渔业管理框架中,才能在"生态安全、效果量化、持续推进"三方面不断提高渔业资源增殖养护水平,而研发增殖关键技术,可为负责任增殖放流提供重要参考依据(图4-1)。

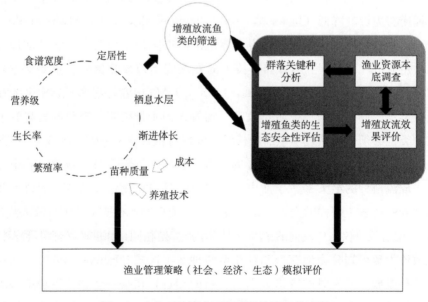

图 4-1 生态系统视角下的增殖放流工作流程

依此定义，增殖放流不仅仅是购置鱼苗、投放到水域中那么简单。若要采取严谨、审慎的态度开展增殖放流，需要甄选最适的放流种，需要结合放流种类的营养需求分析拟放流水域是否能提供足够的饵料生物，需要考虑如何有效避开放流苗种的敌害生物（捕食种、寄生种）。同时，还要考虑拟放流物种的生态、生理及遗传特征，从而有助于理解该物种在放流海域生态系统中的作用及其与现在物种的相互关系。这些基本信息对于增殖放流前苗种繁育、病害防控、防范遗传风险等具有重要参考价值。其他信息如拟放流水域的水动力学（海流、潮汐）、海洋地质、化学及海洋工程，有助于增殖放流开展的可行性分析。经济学方面的知识，则有助于评估增殖放流过程中各主要环节的成本、捕捞成本及预期收益方面评价。

第二节　增殖种类适宜性评价

当前，中国渔业资源增殖放流工作仍以政府为主导，以恢复重要渔业水域的经济种类资源量为首要任务，兼顾濒危与珍稀物种（李继龙等，2009；梁君，2013）。增殖放流中诸多关键技术环节亟待深入、系统地研究，如从粗放式简单的苗种投放、仅关注放流规模、渔民增收（杨君兴等，2013），转向基于生态系统结构与功能、苗种质量、管理策略与效果评价等基础与应用基础研究，为渔业资源增殖放流的效果提供技术支撑体系，以不断完善、规范增殖放流。

增殖种类的甄选是增殖放流工作中的首要任务，可为解答放什么种类提供参考依据。增殖种类的甄选应以增殖放流的目标为导向，以放流经费预算、管理、育苗技术、放流海域环境生态特征等为限制条件，从生物的基本生物学特征、生态容量、环境适应性等多视角下完成增殖种类的遴选。

随着生物技术与水产养殖技术的迅速发展，中国近岸海域多种经济种类已开展了大规模增殖放流，虽然取得了一些效果，但就如何明确选择放流种类，缺乏深入研究（周永东，2004）。围绕增殖放流选种的"技术可行""生物安全""生物多样性""兼顾效益"4个筛选原则，结合东海区各海域生物资源特点，初步定性筛选出大黄鱼、海蜇、日本对虾、曼氏无针乌贼、三疣梭子蟹、黑鲷等多个品种为理想品种（王伟定等，2009）。技术可行，即放流种类在人工繁殖、中间管理（暂养）、增殖放流技术上可靠；放流地环境适合。生物安全，即放流种类必须是在本海域自然生长的土著种，不会对其他种类带来伤害；放流幼体必须是野生亲体繁殖的子一代或子二代苗种，确保遗传多样性的稳定，防止放流种群对自然种群的遗传污染。生物多样性，即保护放流水域的生境与生物多样性，应首先考虑资源衰退较严重或濒危的物种。对于虽有较大经济价值，但自然种群密度较高的物种不应作为首选对象。兼顾效益，即放流种类本身要有较高的经济价值，实施增殖放流后能产生较好的生态、经济和社会效益。

本节运用主成分分析法，从育苗技术成熟度、放流实践情况、可放流海域（中国四大海区近岸海域）、种群恢复力、优势体长、最大体长、栖息水层、营养级、恋礁性、生态重要性、成鱼价格方面，对中国近海具有增养殖潜力的 54 种鱼类提出了增殖适宜性评价的工作思路。部分鱼类生物学特征数据来自 Fishbase，采用百分赋值法量化各鱼种的指标得分。从各指标的重要性来看（彩图 12），具有增殖潜力的种类，其生态作用、成鱼价格是最重要的影响因子。基于各鱼种属性的聚类分析见彩图 13 和表 4-1，可看出，第 I 类为增殖放流不适宜品种（包括前鳞骨鲻、鲻、龟鲅、油野、刺鲳、篮子鱼、鳓、花鰶、斑鰶），主要是趋礁性差，或育苗技术不成熟，无增殖放流实践或生态价值低等原因。第 II 类为中等适宜种类，部分鱼类如军曹鱼、尖吻鲈为放流种，但这些鱼类生态营养级较高，在放流海域的能量利用较低，故不宜大规模开展；康氏马鲛、海鳗属高度洄游种类。第 III 类适宜增殖放流的种类数最多，如钝吻黄盖鲽、圆斑星鲽、褐牙鲆、紫红笛鲷、黑鲷、真鲷、大泷六线鱼、许氏平鲉、大黄鱼等，这些种类的共性是育苗技术成熟，趋礁性较好，主要栖息于近岸水域，成鱼价格较高等；第 III 类中亦有部分目前暂不具备增殖放流的种类，如二长棘鲷、乌鲳、棘头梅童鱼的育苗技术不成熟。本方法通过主要增殖鱼类的生物学特征量化，为鱼类的增殖放流品种筛选建立量化指标体系提供一种新思路。

表 4-1　鱼名对照

序号	种名	拉丁名	序号	种名	拉丁名
1	钝吻黄盖鲽	*Pseudopleuronectes yokohamae*	15	黄鳍棘鲷	*Acanthopagrus latus*
2	圆斑星鲽	*Verasper variegatus*	16	黑棘鲷	*Acanthopagrus schlegelii*
3	半滑舌鳎	*Cynoglossus semilaevis*	17	真赤鲷	*Pagrus major*
4	褐牙鲆	*Paralichthys olivaceus*	18	二长棘鲷	*Parargyrops edita*
5	花鰶	*Clupanodon thrissa*	19	平鲷	*Rhabdosargus sarba*
6	斑鰶	*Konosirus punctatus*	20	斜纹胡椒鲷	*Plectorhinchus lineatus*
7	鲥	*Tenualosa reevesii*	21	银石鲈	*Pomadasys argenteus*
8	鳓	*Ilisha elongata*	22	花鲈	*Lateolabrax maculatus*
9	银鲳	*Pampus argenteus*	23	尖吻鲈	*Lates calcarifer*
10	紫红笛鲷	*Lutjanus argentimaculatus*	24	军曹鱼	*Rachycentron canadum*
11	红鳍笛鲷	*Lutjanus erythropterus*	25	细鳞鯻	*Terapon jarbua*
12	正笛鲷	*Lutjanus lutjanus*	26	黄斑篮子鱼	*Siganus canaliculatus*
13	勒氏笛鲷	*Lutjanus russellii*	27	四指马鲅	*Eleutheronema tetradactylum*
14	纵带笛鲷	*Lutjanus vitta*	28	六指马鲅	*Polydactylus sextarius*

（续）

序号	种名	拉丁名	序号	种名	拉丁名
29	青石斑鱼	*Epinephelus awoara*	42	大黄鱼	*Larimichthys crocea*
30	橙点石斑鱼	*Epinephelus bleekeri*	43	鮸	*Miichthys miiuy*
31	点带石斑鱼	*Epinephelus coioides*	44	黄姑鱼	*Nibea albiflora*
32	斜带石斑鱼	*Epinephelus daemelii*	45	浅色黄姑鱼	*Nibea coibor*
33	云纹石斑鱼	*Epinephelus radiatus*	46	刺鲳	*Psenopsis anomala*
34	六带石斑鱼	*Epinephelus sexfasciatus*	47	海鳗	*Muraenesox cinereus*
35	康氏马鲛	*Scomberomorus commerson*	48	大泷六线鱼	*Hexagrammos otakii*
36	斑点马鲛	*Scomberomorus guttatus*	49	许氏平鲉	*Sebastes schlegelii*
37	乌鲳	*Parastromateus niger*	50	褐菖鲉	*Sebastiscus marmoratus*
38	卵形鲳鲹	*Trachinotus ovatus*	51	油䲛	*Sphyraena pinguis*
39	斑石鲷	*Oplegnathus punctatus*	52	龟鮻	*Chelon haematocheilus*
40	花尾胡椒鲷	*Plectorhinchus cinctus*	53	鲻	*Mugil cephalus*
41	棘头梅童鱼	*Collichthys lucidus*	54	前鳞龟鮻	*Planiliza affinis*

各指标根据生物属性（查阅 Fishbase 和相关专业文献）和增殖放流实践情况（是否开展、适宜海区、政府网站报道）进行赋值。11 个指标对 54 种鱼类的增殖适宜性筛选结果（彩图 12 的主成分单位圆表示法），第一、二主成分共解释了鱼类 51.4% 的增殖放流属性差异；其中生态作用、成鱼价格是最重要的影响因子（与第一主坐标的夹角较小，且对应的向量长度较长）。

第三节　黄鳍棘鲷野生种群与增殖种群的空间关联

一、研究背景

鱼类的群体通常被认为是渔业管理单元的最小单位，由于海洋条件本身的复杂性和鱼类生活史过程的差异，海洋鱼类在自然海区中通常为多个群体共存的状态（Bacha et al.，2014）。群体判别对在渔业资源研究中识别群体、研究生活史、群体动态及不同群体对渔业资源捕捞利用的贡献率、渔业管理空间尺度的确定、管理策略的效果评估等方面具有重要意义（Cadrin，2000；Pita et al.，2016）。

鱼类群体标记技术中，可分为表观标记和遗传标记 2 种方法。鱼类耳石在标记个体的移动规律、生活史履历反演推算、群体判别等方面具有广泛应用。这与耳石在鱼类生活史中随新陈代谢不断蓄积环境中的微量元素，而不再降解析出的特性密切相关，且鱼类耳石在鱼类整个生活史中不断生长，记录着鱼类的年龄和生长环境信息。鱼类耳石在判别尚未有遗传分化但已具有地理隔离形成的群体差异方面优势明显，如同一种群的繁殖群体、补充群体或同一种群在不同区域的群体差异判别等（Campana，1999；Thresher，1999；Campana et al.，2000）。耳石的形态学和微化学信息，可以反映出由栖息环境的差异（水温，水体微量元素、盐度、溶解氧，栖息水层等）所导致的群体差异（Cardinale et al.，2004），并应用于群体判别。因此，耳石可以作为鱼类生活史履历的有效指标和群体划分的标签（Campana et al.，2000）。

过度捕捞和人类活动，对生态和经济重要渔业种类的关键栖息地的影响，共同导致了中国近海资源的衰退。而衰退的渔业资源缺乏足够的补充群体，影响到近岸海域生态系统的结构与功能。多年来，中国在渔业资源的增殖放流、海洋保护区等采取了一系列资源养护修复措施。一些经济种类（如鲑、鲆鲽类、龙虾、虾、海胆等）的增殖放流效果，是渔业管理部门和渔业其他利益相关者共同关注的焦点。而将放流种类的群体与野生群体或野生-增殖群体混合中识别出来，对于增殖效果的科学评估以及放流群体与野生群体、捕食者、竞争者等关键生态过程分析具有重要意义。基于四环素、茜素氨羧络合剂或温度变化，在耳石上产生印记进行标记，从而区分野生群体与放流群体已见诸报道（Wright et al.，2002；Katayama et al.，2007）。成功地区分放流群体与野生群体，对于提高增殖放流效果、加强资源养护以及对渔业管理部门今后的资源管理与增殖养护政策的制定具有重要的参考价值（Taylor et al.，2005）。

黄鳍棘鲷（*Acanthopagrus latus*）是南海北部近岸海域网箱养殖和海洋捕捞的重要经济种类之一，由于生境丧失和过度捕捞，其野生群体资源量衰退严重（Xia et al.，2008；Ismail et al.，2017）。自 2005 年起，中国就开展了黄鳍棘鲷的增殖放流工作，该资源的增殖放流效果是民众和渔业管理、科研部门共同关注的问题。本节尝试多种建模方法，分析黄鳍棘鲷增殖群体和野生群体耳石核心区的微量元素特征判别的功效性，以及基于耳石微量元素特征分析黄鳍棘鲷群体在不同采样区域的空间关联程度，以筛选、优化更稳健的群体判别方法，为大规模、批量化增殖放流的科学开展及近岸生态系统的管理策略制定提供参考依据。

二、研究方法

（一）样品采集与分析

在南海北部海域的汕头、阳江、湛江 3 处采集了黄鳍棘鲷的野生与增殖群体（图 4-2）。用于样品分析的共 119 尾，其中，增殖群体采集于网箱；而野生群体采集于近岸海域的拖网、刺网或钓具渔获物。所有的样品现场测定体长、体重，分别记录后运回实验室进一步分析，样品记录见表 4-2。实验室内摘取鱼类耳石，用超纯水冲洗，然后用 90% 酒精浸泡于离心管内。由于黄鳍棘鲷存在雌雄同体现象，本节中暂不考虑雌雄间的差异（Li et al.，1999），其他种类的研究亦表明性别对鱼类耳石微量元素沉积的影响不具统计意义（Longmore et al.，2010）。

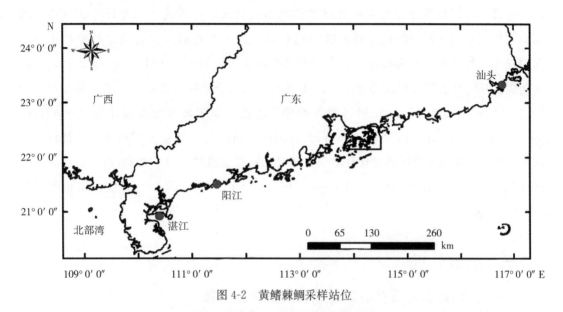

图 4-2 黄鳍棘鲷采样站位

表 4-2 南海北部黄鳍棘鲷样品信息

群体	采样地点	数量	采样日期	体长（mm）	体重（g）
增养殖	汕头（STC）	20	2014.08	163.2～191.7	164.1～222.9
	阳江（YJC）	20	2014.07	134.0～164.0	94.0～170.0
	湛江（ZJC）	19	2012.10	117.0～239.6	46.8～392.3
野生	汕头（STW）	20	2014.08	95.3～115.2	34.2～54.3
	阳江（YJW）	20	2014.07	68.3～114.0	13.0～53.9
	湛江（ZJW）	20	2012.12	92.0～236.0	30.7～433.4

多项研究表明，鱼类的左右耳石在元素沉积方面的差异亦无统计意义（Rooker et al.，2001；Longmore et al.，2010）。因此，本节仅取同一样本的右耳石进行研究，左耳石备存。右耳石用超纯水冲洗后，40℃下隔夜烘干，将其平整置于透明树脂材料的包埋盒中，用环氧树脂和包埋盒进行包埋，做好标记。25℃下烘干直至包埋材料固化。然后用一系列防水砂纸研磨至耳石露出核心区，两侧研磨完成后，利用铝粉在精细绒布上抛光，使两侧包埋透明。为减小样品间的个体差异对分析结果的影响，仅测定耳石核心区的微量元素成分，以反映黄鳍棘鲷在早期发育阶段及其所处出生地的综合信息。

利用激光剥蚀-电感耦合等离子体质谱法（New wave UP-213 固体激光器与 Agilent 7700a ICP-MS 联用），共测定了耳石核心区的 13 种金属元素。该 13 种元素在样品中的检测限内含量稳定，对各样品中的差异具有较好代表性，具体分析测试方法见 Wang et al.（2018）的文献资料。

（二）数据处理与分析

为检验不同分析方法对黄鳍棘鲷群体判别的功效，将传统多元统计方法（逐步判别）与机器学习方法（随机森林）进行比对研究。逐步判别方法需满足数据的正态分布假设和线性特征，在各指标的协方差中具有较好的预测能力（McCune et al.，2002）；而随机森林则对数据无假设的要求，运用机器学习和分类树的裁剪，可给出各变量的分类结果（De'ath，2007）。分别运用聚类分析方法、非量度多维尺度定标（nonmetric multidimensional scaling，NMDS），研究各采样站位间耳石微量元素组成的相似性及空间关联程度。为增强数据的可比性，所有微量元素含量数值均按样品鱼的体长/体重进行标准化。数据分析用 R 软件（R Development Core Team，2017）完成，逐步回归用 SPSS 22 完成。

三、结果分析

（一）黄鳍棘鲷耳石核心区的微量元素含量信息

由于钙是耳石中最重要的组成元素，因此，其他微量元素的含量均以其含量与^{40}Ca含量的比值表征。黄鳍棘鲷耳石微量元素的含量比值为 $(9.28 \times 10^{-3} \sim 4.62 \times 10^{5})$ $\mu mol/mol$。^{24}Mg、^{23}Na、^{88}Sr 和 ^{56}Fe 是除^{40}Ca以外含量居前列的 4 种金属，含量较^{137}Ba、^{65}Zn、^{55}Mn 和^{7}Li 高 2～3 个数量级（表 4-3）。

表 4-3　黄鳍棘鲷耳石核心区微量元素含量

元素	含量（μg/g）		含量比值^{40}Ca（μmol/mol）	
	范围	均值±标准差	范围	均值±标准差
^{7}Li	0～2.43	0.42±0.36	0～34.83	5.9±4.82
^{23}Na	214～3 609	1 848±1 064	931～15 832	8 088±4 660
^{24}Mg	8.34～110.09	37.12±19.68	34 900～461 700	155 500±82 450
^{55}Mn	0～34.34	3.98±6.10	0～62.83	7.28±11.17
^{56}Fe	27.5～234.7	74.7±32.9	48.3～414.5	131.8±58.1
^{59}Co	0～0.17	0.036±0.035	0～0.29	0.061±0.060
^{59}Ni	0～1.59	0.20±0.27	0～3.98	0.51±0.67
^{64}Cu	0～2.07	0.32±0.46	0～3.28	0.52±0.73
^{65}Zn	0～91.62	11.23±15.48	0～140	17.11±23.60
^{88}Sr	51.6～1 247.1	296.8±214.0	58.6～1 430.1	339.3±246.0

（续）

元素	含量（μg/g）		含量比值⁴⁰Ca（μmol/mol）	
	范围	均值±标准差	范围	均值±标准差
^{122}Sb	0～0.058	0.0 083±0.013	0～0.048	0.0 093±0.011
^{137}Ba	0.87～44.90	7.35±7.84	0.64～33.05	5.39±5.75

（二）各元素含量在群体判别中的重要性

基于耳石核心区微量元素特征的黄鳍棘鲷野生和养殖群体判别，运用逐步判别分析方法区分养殖群体与野生群体的准确率为 80.7%（表 4-4，彩图 14）。最终判别函数表明，^{137}Ba、^{23}Na、^{7}Li 和 ^{59}Co 对群体判别的贡献率最大，解释了 2 个群体 67.5% 的差异。运用随机森林方法的判断准确率达 99.2%（表 4-5，彩图 14），^{137}Ba、^{59}Co、^{23}Na、和 ^{24}Mg 的含量在群体判别中的作用居前 4 位，而在不同采样区域间的群体判别中，^{137}Ba、^{55}Mn、^{24}Mg 和 ^{23}Na 的贡献率最大（表 4-5）。

表 4-4　逐步判别分析和随机森林法在基于耳石核心区微量元素的

黄鳍棘鲷群体判别中的功效（$N=119$，Jackknife 验证）

群体	养殖（尾）	野生（尾）	总体（尾）	准确率（%）	总体准确率（%）
逐步判别					
养殖	46	14	60	76.7	80.7
野生	9	50	59	84.7	
随机森林					
养殖	58	1	59	98.3	99.2
野生	0	60	60	100.0	

表 4-5　基于随机森林方法判别黄鳍棘鲷群体中耳石核心区各微量元素的相对重要性

元素含量与 ^{40}Ca 之比	野生与养殖群体随机抽样	基于采样地点的野生-养殖群体配对判别
^{7}Li/^{40}Ca	0.75	2.79
^{23}Na/^{40}Ca	4.82	3.44
^{24}Mg/^{40}Ca	3.14	5.11
^{55}Mn/^{40}Ca	0.89	5.46
^{56}Fe/^{40}Ca	−1.30	0.47
^{59}Co/^{40}Ca	6.59	2.05
^{59}Ni/^{40}Ca	−1.04	−0.48
^{64}Cu/^{40}Ca	−0.57	2.13

（续）

元素含量与 ^{40}Ca 之比	野生与养殖群体随机抽样	基于采样地点的野生-养殖群体配对判别
$^{65}Zn/^{40}Ca$	1.45	0.95
$^{88}Sr/^{40}Ca$	1.68	0.60
$^{122}Sb/^{40}Ca$	−1.16	−0.23
$^{137}Ba/^{40}Ca$	48.64	37.40

（三）黄鳍棘鲷群体的空间关联性

将各站位的野生、养殖群体作为一个整体来考虑，逐步判别与随机森林方法的判别准确率分别为 60.4%、85.7%（表 4-6）。3 个采样区域所有的群体中，汕头养殖群体的判断准确率最高（逐步判别和随机森林的准确率分别为 90%、100%），但汕头海域的野生群体判断准确率最低（逐步判别和随机森林的准确率分别为 45%、180%）。而采样区域之间、野生群体与养殖群体的误判率，则在一定程度上揭示了各群体之间、各采样区域之间的空间关联（图 4-3）。

表 4-6　逐步判别和随机森林法在黄鳍棘鲷所有群体判别中的总体准确率

群体	STC	YJC	ZJC	STW	YJW	ZJW	合计	判别准确率（%）
逐步判别法								60.4
STC	18	2	0	0	0	0	20	90.0
YJC	9	6	5	0	0	0	20	30.0
ZJC	4	5	9	1	0	0	19	47.4
STW	0	3	4	9	4	0	20	45.0
YJW	0	0	1	2	17	0	20	85.0
ZJW	0	0	0	0	7	13	20	65.0
随机森林法								85.7
STC	20	0	0	0	0	0	20	100.0
YJC	1	18	1	0	0	0	20	90.0
ZJC	0	1	15	3	0	0	19	78.9
STW	0	0	1	16	3	0	20	80.0
YJW	0	0	0	0	17	0	20	85.0
ZJW	0	0	0	0	4	16	20	80.0

注：STC、YJC、ZJC 分别代表汕头、阳江、湛江的养殖群体；STW、YJW、ZJ 分别代表汕头、阳江、湛江的野生群体。

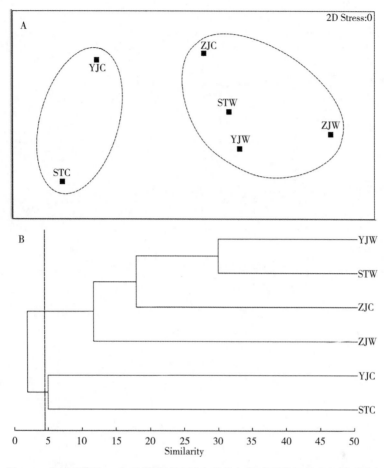

图 4-3　黄鳍棘鲷在 3 个采样区域及野生群体与养殖群体间的空间关联分析

A、B. 分别基于 NMDS 和聚类分析（连接函数采用 Bray-Curtis 相似性矩阵）

STC、YJC、ZJC 分别代表汕头、阳江、湛江的养殖群体；STW、YJW、ZJ 分别代表汕头、阳江、湛江的野生群体

四、结论

黄鳍棘鲷是南海北部重要的养殖和捕捞对象之一。然而，野生群体资源的下降往往难以引起重视，因为该种类在南海沿岸各省份大量养殖，市场供应量较大；这些经历潜在的、长期变化的重要经济鱼类，是渔业预警制度管理值得特别关注的重点。一旦黄鳍棘鲷野生群体资源严重衰退，会对该种类的捕捞业和养殖业均产生难以估量的损失。本节表明基于耳石核心区的微量元素指纹特征分析是区分黄鳍棘鲷养殖群体与野生群体的有效方法，该方法对于研究黄鳍棘鲷的种群结构，补充群体的年龄组成，判别野生群体产卵地的归属一致性问题以及放流群体的资源增殖效果等具有重要意义。而不同采样地点及不同采样地点养殖群体、野生群体的空间关联分析有助于不同群体的生态边界、洄游移动路线等关键生活史特征的研究。

第二篇
渔业资源
增殖操控

第五章　遗传质量检测技术

目前，我国的海洋生物放流项目普遍未将放流苗种的遗传质量纳入苗种选择标准，放流苗种遗传质量监测方法和标准也处于缺失状态（程家骅等，2010）。随着放流规模和范围的扩大，这一盲点将对放流海域的自然种群产生日益严重的遗传威胁。为尽可能防止放流苗种对放流海域自然种群产生遗传干扰，要求放流苗种的遗传多样性信息与自然种群尽量保持一致，可将"放流苗种遗传质量"定义为放流苗种与自然种群遗传学属性的一致程度。借鉴种群遗传检测的方法，从遗传分歧度、遗传多样性水平、近交程度、遗传信息保持能力 4 个方面，对放流苗种与自然种群之间的遗传多样性特征进行对比，可逐步建立起我国的放流苗种遗传质量监测方法和评价标准。

第一节　检测分析方法综述

一、鱼类种群遗传质量检测分析方法

（一）遗传多样性介绍

群体遗传多样性（genetic diversity）又称遗传变异（genetic variation），是指在一个环境中群体内或群体间所有个体遗传变异的总和。物种对外界环境的适应过程中，其内在的遗传物质会发生相应的改变，这种改变就是遗传变异。

（二）遗传多样性的研究方法

物种遗传多样性的研究方法，经历了形态学水平、细胞学水平、生理生化水平和分子标记水平 4 个发展阶段。

1. 形态学水平的研究　鱼类遗传多样性的形态学水平研究，又可称为表型水平的研究。即利用鱼类的外部表型特征进行分析，检测物种的遗传多样性水平。传统的形态学研究，可以分为利用鱼类的可量性状和可数性状两类。可量性状，是指鱼类身体不同部分的测量值，如体长、体高、全长等；而可数性状，则是指鱼类的鳍条数目、侧线鳞数

目等的数量值。通过将这两种性状的数据在不同群体或不同物种间进行对比，研究群体和物种间的形态学特点（徐晖，2007）。刘建勇等（2009）利用形态学数据的聚类分析和主成分分析等方法，对鲻（*Flathead mullet*）的不同地理群体进行了变量分析。李思发等（2006）对红鲤4个品系进行了形态学数据分析。

2. 细胞学水平的研究　细胞学水平的遗传多样性研究，是通过真核生物细胞内染色体核型的多样性分析来完成的。染色体核型的变化，主要来自不同物种间染色体数目、大小着丝点位置以及带型等的不同。周伯春等（2009）对石鲷（*Oplegnathus fasciatus*）、金钱鱼（*Scatophagus argus*）、星斑裸颊鲷（*Lethrinus nebulosus*）进行染色体核型比较分析，以研究三者之间的亲缘关系。钟声平等（2010）对七带石斑鱼（*Hyporthodus septemfasciatus*）进行了染色体核型分析。

3. 生理生化水平的研究　生理生化水平的遗传多样性研究，主要是以物种内的某些生化性状，如血型、血清蛋白或同工酶等为遗传标记进行的研究。其中，最常用的遗传标记就是同工酶标记。同工酶是指来源相同在生物体内行使同一功能，但蛋白质结构和组成却有差异的一类酶。将不同个体的同工酶在凝胶电泳中进行分析，根据其迁移率的不同来表现不同物种的遗传变异。孟彦等（2009）利用乳酸脱氢酶（LDH）和苹果酸脱氢酶（MDH）2种脱氢酶，对月鳢（*Channa asiatica*）和乌鳢（*Channa argus*）的6个组织进行了对比分析。王小虎等（2002）利用乳酸脱氢酶（LDH）、超氧化物歧化酶（SOD）和苹果酸脱氢酶（MDH）3种同工酶，对鲫、鲤以及鲤鲫杂交后代进行了比较研究。

4. 分子标记水平的研究　分子标记水平的研究，是近年来在遗传多样性研究中应用最广泛的标记。常用的分子标记技术简述如下：

（1）限制性片段长度多态性（restriction fragment length polymorphism，RFLP）RFLP技术是最早使用的分子标记之一。该技术兴起于20世纪70年代初期，是一种基于DNA片段间杂交为基础的遗传标记，最早用于人类基因组中。RFLP技术的基本原理为：首先利用相应的限制性内切酶，对生物体基因组DNA进行酶切，获得大小不等的DNA片段，再通过凝胶电泳将这些大小不等的片段进行分离，利用Southern杂交技术使其转移至硝酸纤维膜上，并与克隆探针进行杂交和放射自显影，最后获得RFLP多态性图谱。RFLP技术的优点是遵循孟德尔遗传定律，不受环境和材料大小的影响且可重复性高；缺点在于实验工作量大，操作烦琐，周期长。

（2）随机扩增多态性DNA（random amplified polymorphisms DNA，RAPD）RAPD技术开发于1990年，是由Williamn和Welsh带领的2个小组开发的一种基于PCR技术的新型检测DNA多态性的技术。其基本原理为：利用由8～10个碱基组成的寡核苷酸链为随机引物，对生物体基因组DNA进行非定点PCR扩增，再通过凝胶电泳检测，分析扩增产物片段的多态性。RAPD技术的优点在于：①相较于RFLP技术，其所需模板量少且灵敏度高；②操作简捷，实验周期较短；③通用性高，成本低。其缺点在于：①由于引物序列较短，导致扩增结果重复性差；②显性标记，无法鉴别纯合子与杂合子。

（3）扩增片段长度多态性（amplified fragment length polymorphism，AFLP）AFLP 技术是 1993 年由荷兰科学家 Zebeau Marc 和 Vos Pieter 所开发。其原理为：利用几种限制性内切酶对生物体基因组 DNA 进行酶切，获得许多大小不同的 DNA 片段，在这些 DNA 片段两端接上双链人工接头，利用接头引物对序列进行扩增，最后利用凝胶电泳对扩增产物进行分离并分析其多态性。AFLP 技术是基于 RAPD 和 RFLP 两项技术为基础而开发出来的标记技术，其具有两者共同的优点：灵敏性高，具较好的重复性和稳定性，同样不受外界环境的限制。但由于该技术已申请专利，试剂盒价格昂贵，大大提高了实验成本。

（4）简单重复序列标记（simple sequence repeat，SSR）　微卫星（microsatellite）标记，又称简单重复序列，是由 1~6 个碱基为单元结构串联重复而成的序列。其普遍分布于真核生物基因组中，且分布随机均匀，在近十几年来，广泛受到生物研究者的青睐。微卫星序列通常由处于侧翼的保守区序列和位于中间的重复序列组成，产生多态性的原理为核心重复序列重复次数的改变导致序列长短变化而引起。由于微卫星序列的侧翼区相对保守，因此，利用这一特点来设计微卫星位点的特异引物，从而来进行遗传学研究分析。与 RAPD、AFLP 等分子标记相比，其具有数量多、分布广泛且均匀、共显性遗传、多态性高、操作方便迅速等特点（Jewell et al.，2006）。

（5）线粒体 DNA 标记（mitochondrial DNA，mtDNA）　线粒体 DNA 是位于真核动物细胞线粒体中的 DNA 序列，呈共价闭合环状的双链结构。由于进化速度快、母系遗传、相对分子质量小、结构简单等特点，其在动物遗传学研究中得到广泛的应用。在生物分子进化研究中，由于线粒体 DNA 在细胞的减数分裂时期不参与重排、点突变高等特点，使得其有利于查出一定时间内基因的变化，比较不同种间相同基因的差别，从而分析这些物种在进化地位、亲缘关系等。此外，线粒体 DNA 还能用于分析研究种群或群体遗传结构的形成，观测种群或群体的进化历程及其起源、扩散和分化等。

（6）单核苷酸多态性（single nucleotide polymorphism，SNP）　单核苷酸多态性是指在基因组水平上发生的单个核苷酸发生突变而引起的多态性，包括单个核苷酸的转换、颠换、插入、缺失等。其原理是将 2 套或 2 套以上的基因组 DNA 序列进行对比，分析基因组上单个核苷酸的差异。通常 SNP 位点的突变情况中，位点发生转换的概率要远远高于其他 3 种情况的概率。虽然单个 SNP 标记多态性较低，但所有 SNP 标记在整个基因组中分布却可以产生很高的多态性，同时，具有稳定遗传和高效检测等特点。其缺点在于其开发和使用需要的成本较高，不利于其广泛推广。

二、鱼类放流苗种遗传效果检测

目前，已有多篇报道称人工繁育的放流苗种的遗传多样性显著低于天然水域的野生群体。Norris 等（1999）和 Skaala 等（2004）的研究表明，大西洋鲑人工养殖群体遗传多样性低于自然群体。Li 等（2004）研究表明，皱纹盘鲍人工养殖群体显示出比自然群体更低的等位基因数、杂合度和多态信息量，认为有必要对放流群体的遗传效应进行监管。吴旭等（2010）分析了鳜放流群体与野生群体的遗传结构，结果表明，放流群体多态信息量与自然群体相比较低，自然群体的杂合度高于放流群体，两群体之间有较强的遗传分化。张敏莹等（2013）对鲥的遗传多样性进行分析，结果显示，自然群体的等位基因个数、杂合度和多态信息量皆高于 3 个放流群体，自然群体和 3 个放流群体之间均存在微弱的遗传分化和遗传距离。以上研究表明，我国在增殖放流追究资源补充效果的同时，已经有少数人开始将目光转移到放流群体可能产生的遗传效应上。但我国目前的增殖放流工作普遍未将放流苗种的遗传质量纳入苗种选择标准，放流苗种遗传质量监测方法也未曾建立。

第二节　斜带石斑鱼遗传质量检测方法

一、研究方法

（一）生物样品采集与基因组总 DNA 提取

在斜带石斑鱼（*Epinephelus coioides*）拟放流群体中，采集 2 个样品群体：①1 个混交家系，包括 27 个亲本（♀15 个、♂12 个），命名为 QB 群体，以及 226 个子代，命名为 ZD 群体；②1 个全同胞家系 32 个样本（亲本♀1 个、♂1 个，30 个子代），仅用于亲子鉴定检验，同时，采集了斜带石斑鱼 2 个野生群体：③1 个广东野生群体共 41 个，命名为 GD 群体；④1 个海南野生群体共 38 个，命名为 HN 群体。

剪下鳍条保存于 95％的乙醇溶液中，用酚-氯仿方法提取样品基因组 DNA。基因组 DNA 的提取方法采用《分子克隆试验指南》（Sambrook & Russell，2001）提供的指导方法。具体实验步骤如下：

（1）用镊子取出保存在 95％酒精中的鳍条，剪出 20 mg 左右样本，鳍条上多余的酒精用滤纸轻拭吸干，放入 1.5 mL 离心管，其中已经装有 580 μL 组织裂解液，将组织破碎。随后滴加 20 μL 20 mg/mL 的蛋白酶 K 消化组织，上下反复颠倒混匀，放置于 56℃

金属浴中，慢速震荡消化直至组织块全部分解，酶解过程中每间隔 20 min，拿出离心管缓慢颠倒混匀。

（2）加入 600 μL 配置好浓度的酚氯仿异戊醇溶液，反复颠倒混匀 5 min，出现水相、有机相分层，12 000 r/min 离心 5 min。枪头剪去尖端后吸取上清液并转移到全新的离心管中。重复本步骤。

（3）将−20℃保存的无水乙醇等容积加入，上下颠倒混匀 10 min，出现白色絮状沉淀。12 000 r/min 离心 5 min，舍弃上清液，使用 1 mL 70％乙醇溶液洗涤沉淀 2～3 次，若沉淀还是较为松散，再离心 5 min，室温下干燥沉淀约 10 min。

（4）向干燥后的沉淀中加 150 μL TE 缓冲液震荡离心，使用 NanoDrop 超微量分光光度计检测提取 DNA 浓度。1 μL 6×loading buffer 加 5 μL DNA 溶液上样，1％琼脂糖凝胶电泳检测提取 DNA 质量。将条带清晰明亮的 DNA 保存于−20℃冰箱中备用。

（二）微卫星等位基因分型

1. 微卫星标记的筛选

（1）基于南海水产研究所针对斜带石斑鱼全基因组测序开发的 77 个微卫星分子标记，从中筛选三碱基重复序列、四碱基重复序列分别在混交家系样品中 PCR 扩增验证，从中选取多态性高、扩增良好稳定、杂合度高、扩增片段大小有差异且具有相同退火温度的微卫星分子标记。

（2）构建多重 PCR 体系，在全同胞家系、混交家系中分别扩增，使用 ABI3730 DNA 基因分型仪进行毛细管电泳及 GeneMarker v4.0 读取相应基因型，使用 GelQuest 软件对数据进行分析判读和整理，利用 PAPA 2.0、Cervus v3.0.3 软件得到亲子鉴定准确率。最终获得亲子鉴定准确率高（混交家系 95.57％～97.79％、全同胞家系 100％）的 2 套斜带石斑鱼亲子鉴定微卫星多重 PCR 体系：三碱基重复序列 7 重 PCR 体系、四碱基重复序列 5 重 PCR 体系，共 12 个微卫星分子标记。

（3）利用这 12 个微卫星分子标记，对混交家系亲本群体（QB）、混交家系子代群体（ZD）、野生样品广东群体（GD）、野生样品海南群体（HN）4 个群体同样使用 ABI3730 DNA 基因分型仪进行基因分型。

2. 种群遗传多样性和遗传质量分析

（1）群体内的遗传多样性参数包括等位基因数（number of alleles，N_A）、有效等位基因（effective allele，N_E）、表观测杂合度（observed heterozygosity，H_O）、期望杂合度（expected heterozygosity，H_E）和哈迪-温伯格（Hardy-Weinberg）平衡显著性 P 值（P）等群体内遗传参数由软件 GenAlEx v6.5 计算得到，并且显著性水平用 Bonferroni 修正（Rice，1989）。近交系数（F_{IS}）由 FSTAT 2.9.3（Goudet，1995）计算获得。有效群体大小用 NeEstimator 1.3 检测（Peel et al.，2004）。

（2）群体间的遗传分化首先通过 Arlequin 3.11（Excoffier et al.，2005）用 pairwise F_{ST} 值估测，其显著性水平通过 1 000 次重复取样计算。通过分子方差分析（AMOVA）检测养殖群体和野生群体间遗传变异及其显著性水平。此分析是用 Arlequin 3.11（Excoffier et al.，2005）进行的。我们进一步用程序 GENETIX 4.05（Belkhir et al.，2004）进行了野生群体和养殖群体间及群体内遗传结构的对应因子分析（factor correspondence analysis，FCA 分析），这种方法是建立在基因型频率差异的基础上的。除此之外，我们使用了贝叶斯程序 Structure 2.2.3（Pritchard et al.，2000）来分析养殖与野生群体的遗传结构。

（3）基于亲子鉴定技术进行放流群体鉴定，建立斜带石斑鱼放流群体的分子判别技术。在本实验中，我们将广东养殖子代群体（ZD）226 个样本视为放流群体，与广东野生群体（GD）41 个样本、海南野生群体（HN）38 个样本混合（共 305 个样本），用来模拟人工增殖放流回捕群体。利用所建立的 2 套亲子鉴定体系来在该混合群体中鉴定出放流群体（即养殖子代群体）。若是养殖子代群体的样本未被鉴定为养殖亲本群体的子代，或野生群体的样本被鉴定为养殖亲本群体的子代，则视为鉴定错误；反之视为鉴定正确。

二、研究结果

（一）放流苗种群体和野生群体遗传多样性水平

群体内遗传多样性分析显示，斜带石斑鱼 4 个群体内的 N_E 为 3.330～6.599，H_E 为 0.671～0.822。广东地区野生群体 GD 的遗传多样性最高、养殖子代群体 ZD（即放流苗种群体）遗传多样性最低，两群体的遗传多样性差异显著（$P<0.05$）（表 5-1）。

表 5-1　斜带石斑鱼 4 个群体中 12 个 SSR 位点的遗传学信息

位点	参数 x	亲本群体 QB	子代群体 ZD	广东野生群体 GD	海南野生群体 HN
Eco-GSSR-03	等位基因数	11.000	6.000	16.000	11.000
	有效等位基因数	6.568	4.572	9.606	5.439
	表观测杂合度	0.778	0.757	0.829	0.711
	期望杂合度	0.848	0.781	0.896	0.816
	P 值	0.048	0.895	0.040	0.067
Eco-GSSR-18	等位基因数	7.000	4.000	9.000	8.000
	有效等位基因数	4.142	3.992	6.047	4.821
	表观测杂合度	0.778	1.000	0.927	0.684
	期望杂合度	0.759	0.750	0.835	0.793
	P 值	0.675	1.000	0.937	0.036

（续）

位点	参数 x	亲本群体 QB	子代群体 ZD	广东野生群体 GD	海南野生群体 HN
Eco-GSSR-20	等位基因数	9.000	3.000	11.000	7.000
	有效等位基因数	4.542	2.651	7.658	4.813
	表观测杂合度	0.667	0.757	0.927	0.684
	期望杂合度	0.780	0.623	0.869	0.792
	P 值	0.019	1.000	0.496	0.006
Eco-GSSR-02	等位基因数	12.000	5.000	14.000	11.000
	有效等位基因数	7.674	4.312	8.847	7.934
	表观测杂合度	0.852	1.000	0.854	0.921
	期望杂合度	0.870	0.768	0.887	0.874
	P 值	0.171	1.000	0.292	0.711
Eco-GSSR-17	等位基因数	7.000	4.000	12.000	12.000
	有效等位基因数	4.749	2.666	8.140	5.348
	表观测杂合度	0.704	0.996	0.951	0.711
	期望杂合度	0.789	0.625	0.877	0.813
	P 值	0.231	1.000	0.934	0.039
Eco-GSSR-19	等位基因数	8.000	3.000	14.000	7.000
	有效等位基因数	4.251	2.742	9.339	3.484
	表观测杂合度	0.815	0.761	1.000	0.684
	期望杂合度	0.765	0.635	0.893	0.713
	P 值	0.811	1.000	1.000	0.289
Eco-GSSR-10	等位基因数	8.000	3.000	13.000	9.000
	有效等位基因数	5.341	2.763	5.270	5.049
	表观测杂合度	0.926	0.757	0.902	0.763
	期望杂合度	0.813	0.638	0.810	0.802
	P 值	0.971	1.000	0.943	0.459
Eco-GSSR-24	等位基因数	6.000	4.000	7.000	6.000
	有效等位基因数	3.096	2.673	3.969	3.085
	表观测杂合度	0.704	1.000	0.683	0.632
	期望杂合度	0.677	0.626	0.748	0.676
	P 值	0.700	1.000	0.087	0.264
Eco-GSSR-48	等位基因数	8.000	5.000	6.000	9.000
	有效等位基因数	5.586	4.011	4.580	5.280
	表观测杂合度	0.815	0.996	0.805	0.895
	期望杂合度	0.821	0.751	0.782	0.811
	P 值	0.504	1.000	0.542	0.893

（续）

位点	参数 x	亲本群体 QB	子代群体 ZD	广东野生群体 GD	海南野生群体 HN
	等位基因数	8.000	3.000	6.000	11.000
	有效等位基因数	2.695	1.545	2.396	3.712
Eco-GSSR-45	表观测杂合度	0.630	0.447	0.512	0.632
	期望杂合度	0.629	0.353	0.583	0.731
	P 值	0.457	1.000	0.033	0.053
	等位基因数	10.000	5.000	10.000	11.000
	有效等位基因数	5.360	4.000	5.212	5.652
Eco-GSSR-42	表观测杂合度	0.815	0.996	0.707	0.842
	期望杂合度	0.813	0.750	0.808	0.823
	P 值	0.274	0.454	0.099	0.534
	等位基因数	12.000	6.000	13.000	13.000
	有效等位基因数	10.268	4.030	8.121	8.859
Eco-GSSR-28	表观测杂合度	0.963	1.000	0.927	0.895
	期望杂合度	0.903	0.752	0.877	0.887
	P 值	0.856	1.000	0.652	0.248
	等位基因数	8.833	4.250	10.917	9.583
	有效等位基因数	5.356	3.330	6.599	5.290
平均值	表观测杂合度	0.787	0.872	0.835	0.754
	期望杂合度	0.789	0.671	0.822	0.794
	近交系数	0.021	0.298	0.004	0.063

（二）种群间遗传分化程度

Pairwise F_{ST} 值表明，斜带石斑鱼 4 个群体间，除海南野生群体 HN 与养殖亲本群体 QB 之间的遗传差异不显著（$F_{ST}=0.003$，$P>0.05$）外，其他群体间均有显著的遗传分化（$F_{ST}=0.037\sim0.123$，$P<0.05$）（表 5-2）。

表 5-2　斜带石斑鱼 4 个群体间的 Pairwise F_{ST} 矩阵（左下部）及 P 值（右上部）

群体	混交家系亲本群体	混交家系子代群体	野生样品广东群体	野生样品海南群体
混交家系亲本群体	0	0.000	0.000	0.152
混交家系子代群体	0.089	0	0.000	0.000
野生样品广东群体	0.037	0.123	0	0.000
野生样品海南群体	0.003	0.094	0.041	0

AMOVA 分析结果显示，斜带石斑鱼 4 个群体之间存在显著的遗传变异（$P<0.01$），

群体间的分子变异水平占总变异水平的比例为 22%。群体内个体间也存在着显著的遗传变异，占总变异水平的 78%（表 5-3）。

表 5-3 斜带石斑鱼 4 个群体的分子变异分析（AMOVA）

变异来源	平方和	变异组分	变异百分比（%）	P 值
区域间	79.932	0.000	0	1.000
群体间	234.116	1.963	22	0.001
群体内	2 308.530	7.038	78	0.001
总和	2 622.578	9.002	100	

FCA 分析结果显示，斜带石斑鱼 4 个群体分为 2 个簇，野生群体 HN 和 GD、养殖亲本群体 QB 组成 1 个大簇；而养殖子代群体 ZD 则独立成为 1 个簇（彩图 15）。

利用贝叶斯程序 Structure v2.2.3 对斜带石斑鱼 4 个群体遗传结构进行分析，设置参数为每个分组重复计算 20 次，种群分组数目 2～7，Burnin 和 MCMC 参数设置 10 000。ΔK 最大时对应的 K 值为 2，说明斜带石斑鱼群体在遗传上可分为 2 个遗传簇（图 5-1）。当 $K=2$，这 4 个群体可以分为明显的 2 个独立遗传簇（彩图 16）。

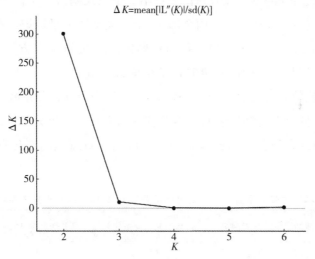

图 5-1 $K=2～7$ 时每个分组获得的 log likelihood 值
曲线最高点表示最大可能分组 K 值（$K=2$）

（三）种群近交程度

群体遗传学中随机交配是 Hardy-Weinberg 平衡定律的重要前提。但是实际中，群体间经常会发生近亲交配，导致群体中纯合体的比例上升。近交系数（inbreeding coefficient，F_{IS}）用来衡量群体的近交程度，指根据近亲交配的世代数，将基因的纯化程度用百分数来表示即为近交系数，也指个体由于近交而造成异质基因减少时，同质基因或纯合子所占的百分比。可以把近交系数理解为形成合子的 2 个配子来自同一共同祖先的概率。本节中，斜带石斑鱼 4 个群体的近交系数为 0.004～0.298，广东野生群体 GD 近交系数最小，而养殖子代群体 ZD 最高。

（四）放流苗种遗传质量分析

群体内遗传多样性分析显示，养殖子代群体 ZD（即放流苗种群体）遗传多样性最低，N_A、N_E、H_O、H_E 分别为 4.250、3.330、0.872、0.671，而 F_{IS} 最高，为 0.298。

群体间遗传分化分析表明，养殖子代群体 ZD（即放流苗种群体）与其他 3 个群体的遗传分化有显著差异，与广东野生群体 GD 间的遗传分化最大（$F_{ST} = 0.123\ 35$，$P < 0.05$）。FCA 和 Structure 分析均表明，斜带石斑鱼 4 个群体分为 2 个遗传簇，2 个野生群体与养殖亲本群体组成一簇，而养殖子代群体独立成为另一簇（彩图 16）。

（五）放流群体鉴定

基于亲子鉴定技术进行放流群体鉴定，利用所建立的 2 套亲子鉴定体系在混合群体中鉴定放流群体（即养殖子代群体）的结果表明：①只用 5 个四碱基微卫星标记，有 44 个个体鉴别错误，鉴定准确率为 85.57%；②只用 7 个三碱基微卫星标记，有 28 个个体鉴别错误，鉴定准确率为 90.82%；③用全部 12 个多碱基微卫星标记，有 4 个个体鉴别错误，鉴定准确率达 98.68%（表 5-4）。我们对鉴定结果进行了卡方检验，检验结果为：当分别使用 5 个标记与 7 个标记鉴定时，结果间没有显著差异；当使用 5 个或 7 个标记，与 12 个标记比较则有显著差异（$P < 0.05$）。说明当标记数量减少时，放流群体鉴定的准确率显著降低。上述结果表明，本节获得的 2 套微卫星分子标记多重 PCR 体系，能准确进行石斑鱼的亲子鉴定和群体鉴别，可应用于石斑鱼的遗传育种研究和放流效果评估。

表 5-4　基于"多碱基重复"微卫星标记多重 PCR 体系的石斑鱼放流群体鉴别

"多碱基重复"微卫星标记多重 PCR 体系	未鉴别个体（尾）	可鉴别个体（尾）	鉴定准确率（%）
5 个"四碱基重复"PCR 体系	44	261	85.57
7 个"三碱基重复"PCR 体系	28	277	90.82
12 个"多碱基重复"PCR 体系	4	301	98.68

三、讨论与分析

（一）放流群体的遗传评估

对放流群体即养殖群体子代 ZD 群体进行遗传分析，与其养殖亲本群体 QB 及海南、广东两地区的野生群体（HN、GD）进行了对比。从群体内遗传多样性及群体间遗传分化两方面，对放流群体进行遗传评估。有效等位基因数及杂合度等指数均表明，放流群体的遗传多样性最低。遗传多样性是生物多样性的基础和重要组成，是物种长期进化的产物，决定着物种适应环境变化、抵御人为干扰的潜力。若将此遗传多样性很低的斜带石斑鱼放流群体放入自然水域，很可能混杂于自然群体中，降低整个种群的遗传变异水平，引起种质衰退。本节中斜带石斑鱼 4 个群体的近交系数在养殖子代群体最高，F_{IS} 达 0.298，说明这个放流群体存在很严重的近交。这可能与斜带石斑鱼繁育群体数量有限，或是繁殖模式有关。严重的近交是导致该放流群体遗传多样性低的重要原因。

F_{ST}、FCA 以及 Structure 遗传分化结果均表明，养殖子代（放流群体）与其他 3 个群体的遗传分化有显著差异（$P < 0.01$）。说明放流群体不仅与其亲本产生的分化，也已经与放流水域自然群体发生了一定程度上的遗传分化。这种养殖群体与自然群体间的遗传分化，在鲤、金头鲷、虹鳟等多种鱼类中有均有报道。值得指出的是，养殖亲本群体（QB）与海南野生群体（HN）之间的遗传差异最小（$F_{ST} = 0.003$，$P > 0.01$），说明养殖亲本群体可能来源于海南地区。以上种种结果表明，用于人工放流的养殖群体子代已经与天然水域野生群体产生遗传分化，而且可能来源于海南。若将其放流，很可能会污染当地野生种群的基因库，对其生存繁衍产生深远影响。因此，我们认为该养殖子代群体不适宜在广东省海域放流。

（二）放流群体的遗传鉴定

在回捕群体中鉴别放流群体，是对放流效果评估的关键。通常区分放流群体与自然野生群体的方法就是标志放流，通过先在鱼体上标记，放流后重新捕获标志鱼检验人工增殖放流效果。标志方法包括挂牌标志法、剪鳍标志法、烙印法、化学标志法、线码标志法、整合雷达标志法等。这些物理化学标记方法都有自身适用局限性，如标记保持率低、不适于幼鱼、不适于生命周期长的物种、成本昂贵不宜大范围推广使用等。所以，开发放流群体的分子判别技术尤为迫切。

本节所用的 2 套亲子鉴定体系共 12 个微卫星分子标记，各项遗传学参数表明这些标记多态性高。亲子鉴定结果也表明，所选择标记完全可应用于亲缘关系鉴定。利用所建立的 2 套亲子鉴定体系来在混合群体中鉴定放流群体（即养殖子代群体）的结果表明：当使用 5 个"四碱基重复"微卫星标记体系时，鉴定准确率达 85.57%；使用 7 个"三碱基重复"微卫星标记体系时，鉴定准确率达 90.82%；当全部使用 12 个标记时，鉴定准确率高达 98.68%，并且这一结果是在错误率设置为 2×10^{-100} 时得到的。说明建立的分子判别体系十分可靠，完全可应用于实际的增殖放流活动中对自然群体与放流群体的甄别。

我们所建立放流群体的分子判别体系，是进行遗传放流评估的重要技术手段，为建立人工增殖放流遗传效应综合评价体系奠定了基础。

第三节　红鳍笛鲷遗传质量检测方法

一、研究方法

（一）生物样品采集与基因组总 DNA 提取

2011 年 11 月，于海南三亚附近海域采集红鳍笛鲷自然群体样品 1 个，样品个体数为 56 尾，整尾置于－20℃冷冻保存。2012 年 6 月，于海南三亚某增殖放流苗种供应场采集红鳍笛鲷放流苗种样品 1 个，样本个体数为 200 尾。该苗种的亲本为三亚近海捕获的野生个体，数量约为 200 尾。苗种样品采集后，立即置于－20℃冷冻保存。

在冷冻状态下，分别剪取上述样品的肌肉组织（约 100 mg/尾），使用"海洋动物组织基因组 DNA 提取试剂盒"（天根生化科技有限公司，北京）进行基因组总 DNA 提取。并通过 0.8%琼脂糖凝胶电泳及分光光度计，进行 DNA 质量和产量检验。

（二）微卫星等位基因分型

使用前期开发的 11 个红鳍笛鲷微卫星标记（各标记的基本信息见表 5-5），分别对红鳍笛鲷放流苗种群体和自然群体样品进行等位基因分型。首先，合成微卫星标记的 PCR 引物（其中，上游引物分别以 FAM、HEX 荧光基团进行标记）（生工生物工程股份有限公司，上海）。之后，以样品基因组总 DNA 为模板，进行 PCR 反应（T100，BIO-RAD，美国）。PCR 运行步骤为 95℃总体变性 8 min，之后连续进行 30 个扩增循环：95℃变性 35 s，55℃退火 35 s，72℃延伸 45 s，最后以 72℃总体延伸 30 min。反应体系由 1.5 μL 10×PCR Buffer，1.2 μL MgCl$_2$溶液（25 mmol/μL），1.5 μL dNTP（2 mmol/μL），0.3 μL 上、下游引物，0.12 μL Taq 酶（5 U/μL）（Takara，大连），0.6 μL 基因组总 DNA，9.48 μL 超纯水组成，总体积为 15 μL。使用遗传分析仪（Prism 3730，ABI，美国）对 PCR 扩增产物中的等位基因进行分离，DNA 长度标准使用 GeneScanTM-500 LIZ Size。使用软件 GeneMarker 2.4 对遗传分析仪原始输出数据进行噪声消减及等位基因分型鉴定。最后，将鉴定结果导入数据管理软件 Excel 2013。

（三）种群遗传多样性和遗传质量分析

首选使用微卫星数据管理控件 MS_tools，对等位基因分型结果（表 5-5）进行错误筛查及纠正。之后，使用 Arlequin 3.5 软件统计各标记在各群体的 N_A；使用 Genepop

4.0 计算各标记在各 H_O 与 H_E，并进行 Hardy-Weinberg 平衡（Hardy-Weinberg equilibrium，HWE）检验；使用 sequential Bonferroni 法，对多元统计的 P 值进行校正；使用 Fstat 2.93，计算各标记在各群体的等位基因丰富度（Allelic richness，R_S）。

选用 Arlequin 3.5，计算自然群体与苗种群体间的固定指数 F_{ST}。使用概率测试（probability test），对 F_{ST} 值进行显著性检验。

使用软件 Coancestry 1.0，计算自然群体与苗种群体中个体的近交系数（inbreeding coefficient，F），计算模型选择 "triadic likelihood estimator"；使用软件 Fstat 2.93，计算各群体的 F_{IS}；使用 N_E Estimator 2.01 软件，估算上述两群体的有效种群大小（effective population size，N_E），算法选择 "连锁不平衡法"（linkage disequilibrium methord）。N_E 指如果 1 个"理想种群"（ideal population）在传代过程中遗传多样性丧失的速度（遗传漂变的速度）和 1 个真实种群相同，那么，那个理想种群的个体数就被称为这个真实种群的"有效种群大小"。N_E 可以指示种群对其遗传多样性信息的保持能力。

苗种群体与自然群体在上述指标的差异程度使用偏差率表示，偏差率＝（苗种群体指标值－自然群体指标值）/自然群体指标值×100％。

表 5-5　该研究选用的 11 个红鳍笛鲷微卫星标记的属性

标记	PCR 引物序列（5'－3'）	重复单元	最适退火温度(℃)	登记号
Le52	F：CTGGAGCGAGGACAAACAT R：TTGGGATTGGTCAGTGAAG	$(CA)_{13}$	55	KC006905
Le58	F：TGTGAACTTTCTTTTGGAT R：AGTAACTATAAGCCCTCGA	$(CA)_{18}$	50	KC006907
Le116	F：TATGGAGACTTGCTTGTGGTC R：CTACTTTGTCCTGGGTAATGC	$(CA)_{10}$	45	KC006918
Le172	F：CCCTACCCATGATGACGA R：GACTTGATCTGCCCCTGA	$(CA)_{19}$	47	KC006922
Le177	F：GGCTGTCGGCATAAGAAGTGT R：GCTGGGTGCTGATGTGACTAA	$(CA)_6$	47	KC006923
Le181	F：CACAGCAAGACCCAAGCC R：ATGCCACTGACGTATGAAAGAC	$(AC)_{13}$	55	KC006924
Le183	F：GTTGAAACGCCGTTGTGA R：TTCTGCCCAGGAATAAGT	$(TG)_{10}$	53	KC006926
Le189	F：CCCTACCCATGATGACGA R：GACTTGATCTGCCCCTGA	$(CA)_{19}$	52	KC006928
Le190	F：AAGGAGCGAGCGTGTTCT R：TGTGGGCAGGTATTTGAG	$(GT)_5\cdots(TG)_5$	47	KC006929
Le193	F：AGAAAGATGGAAGAAGGTT R：TGTTCAGAGCGTCATTAGA	$(CA)_{15}$	50	KC006930
Le245	F：GTTCCTCATCTGTCACTAAAA R：TCACTTGCATAGCATAAATCT	$(GT)_{22}\cdots(AG)_7$	47	KC006939

注：重复单元中的省略号表示存在不必标注出来的碱基。

二、研究结果

(一) 种群遗传多样性水平

红鳍笛鲷放流苗种群体、自然群体等位基因分型与遗传多样性分析结果见表 5-6。使用 11 个微卫星标记，在放流苗种群体中共检测到 74 个等位基因，在自然群体中共检测到 84 个等位基因。苗种群体各微卫星标记 A 的分布范围为 3～11，均值为 6.727；自然群体各标记 A 的分布范围为 5～11，均值为 7.636。苗种群体各标记 R_S 之和为 70.673，分布范围为 3.000～10.829，均值为 6.425；自然群体各标记 R_S 之和为 80.903，分布范围为 5.000～10.765，均值为 7.355。

苗种群体各标记 H_O 的分布范围为 0.357～0.813，均值为 0.640；自然群体各标记 H_O 的分布范围为 0.485～0.884，均值为 0.674。苗种群体各标记 H_E 的分布范围为 0.384～0.887，均值为 0.738；自然群体各标记 H_E 的分布范围为 0.661～0.894，均值为 0.761。两群体 H_O 均值都小于 H_E 均值，说明总体都处于杂合子缺失状态。

苗种群体各标记 PIC 分布范围为 0.348～0.868，均值为 0.697；自然群体各标记 PIC 分布范围为 0.592～0.873，均值为 0.718。

在共计 22 项 HWE 检测中（11 个标记×2 个群体）只有 3 项在经过 sequential Bonferroni 校正后，仍然背离 Hardy-Weinberg 平衡定律（校正 $P \leqslant 0.0045$）（表 5-6）。

表 5-6 红鳍笛鲷放流苗种群体与自然群体遗传多样性指标汇总

标记	等位基因数		等位基因丰富度		多态信息含量		表观杂合度		期望杂合度		哈迪-温伯格平衡检验 P 值	
	苗种群体	自然群体	苗种群体	自然群体	苗种群体	自然群体	苗种群体	自然群体	苗种群体	自然群体	苗种群体	自然群体
Le52	5	6	3.828	6.000	0.457	0.673	0.506	0.485	0.545	0.730	0.085	0.010
Le58	8	8	7.966	7.527	0.781	0.665	0.813	0.524	0.811	0.717	0.395	0.006
Le116	6	7	5.842	6.713	0.714	0.700	0.618	0.744	0.757	0.745	0.004*	0.021
Le172	11	11	10.829	10.765	0.868	0.873	0.658	0.884	0.886	0.894	0.002*	0.060
Le177	8	9	7.023	8.414	0.748	0.777	0.663	0.683	0.783	0.813	0.008	0.025
Le181	3	6	3.000	5.996	0.348	0.623	0.357	0.614	0.384	0.665	0.481	0.021
Le183	5	6	5.000	5.991	0.707	0.648	0.641	0.659	0.751	0.702	0.009	0.003*
Le189	10	11	9.924	10.731	0.868	0.866	0.794	0.778	0.887	0.887	0.011	0.015
Le190	5	5	5.000	5.000	0.722	0.719	0.636	0.500	0.768	0.764	0.012	0.011
Le193	5	6	4.532	5.357	0.665	0.592	0.588	0.630	0.723	0.661	0.143	0.101
Le245	8	9	7.729	8.409	0.793	0.759	0.763	0.696	0.823	0.793	0.357	0.062

* 与 Hardy-Weinberg 平衡定律显著性背离（校正 $P \leqslant 0.0045$）。

（二）种群间遗传分化程度

苗种与自然群体间的 F_{ST} 值为 0.016 1，差异显著（$P<0.001$）。表明两群体之间存在轻微程度的遗传分歧。

（三）种群近交程度

放流苗种群体 F 均值为 0.170 5（标准差为 0.015 8），自然群体 F 均值为 0.169 9（标准差为 0.024 4）。

放流苗种群体的 F_{IS} 值为 0.133，自然群体 F_{IS} 值为 0.114。

（四）有效种群大小

放流苗种群体的 N_E 估算值为 178.6（95％置信区间为 85.5～271.7），自然群体的 N_E 估算值为 276.2（95％置信区间为 223.9～328.5）。

（五）放流苗种遗传质量分析

为评价红鳍笛鲷放流苗种的遗传质量，使用 9 个遗传指标，从遗传分歧程度、遗传多样性水平、近交程度、遗传信息保持能力 4 个方面，将放流苗种与放流目的海域自然群体的遗传属性进行了全面比较。

（1）遗传分歧检测结果表明，两群体间存在显著性遗传分歧（$P<0.001$），分歧程度为"微弱"（$F_{ST}=0.016$ 1）。这说明放流苗种的等位基因频率与自然种群存在微弱差异，如果对该苗种进行大规模放流，则可能会改变自然种群的等位基因频率，进而影响自然种群对其生活环境的适应性。

（2）分别使用 5 个种群遗传多样性水平指标（N_A、R_S、PIC 均值、H_O 均值、H_E 均值）（表 5-7），对两群体进行比较。显示放流苗种群体的指标值均小于自然群体，偏差率在－2.92％（PIC 均值）～－12.64％（R_S）（表 5-7），这充分说明放流苗种群体的遗传多样性水平低于自然群体，如果对该苗种进行放流，可能会降低自然种群的遗传多样性水平，进而导致自然种群的环境适应力下降。

（3）分别使用 F 均值和 F_{IS} 比较两群体的近交程度。苗种群体的 F 均值与 F_{IS} 均大于自然群体，偏差率分别为 0.35％和 12.70％（表 5-7）。说明苗种群体的近交程度大于自然群体，放流后可能会增加自然种群近交程度，进而造成自然种群遗传多样性信息加速流失。

（4）对两群体的 N_E 估算值进行比较，结果苗种群体的 N_E 大幅低于自然种群（偏差率－35.34％）（表 5-7）。由此可推测，如果此苗种群体混入自然种群，可能会降低自然

种群的 N_E，进而增加自然种群遗传漂变强度，降低自然种群遗传信息的保持能力。

综上所述，红鳍笛鲷放流苗种在上述种群遗传学指标上皆逊于自然群体，因此该苗种在遗传质量方面不能满足增殖放流要求。如果将该苗种进行放流，将可能改变自然种群遗传多样性结构，产生多种负面遗传影响。从各指标偏差率看，N_E 最高（−35.34%），是该放流苗种最突出的遗传质量缺陷，N_A、R_S 和 F_{IS} 偏差率也较高（−11.90%~16.67%），说明该苗种在这些方面也存在较大质量问题（表5-7）。

表 5-7　红鳍笛鲷放流苗种群体与自然群体遗传学属性比较

项目	种群遗传学指标	苗种群体	自然群体	偏差率（%）	遗传影响
遗传多样性水平	微卫星等位基因数	74	84	−11.90	负面
	微卫星等位基因丰富度	70.673	80.903	−12.64	负面
	多态信息含量均值	0.697	0.718	−2.92	负面
	表观杂合度均值	0.640	0.674	−5.04	负面
	期望杂合度均值	0.738	0.761	−3.02	负面
近交程度	近交系数均值	0.1705	0.1699	0.35	负面
	近交系数	0.133	0.114	16.67	负面
遗传信息保持能力	有效种群大小	178.6	276.2	−35.34	负面

第四节　黑棘鲷遗传质量检测方法

一、研究方法

（一）生物样品采集与基因组总 DNA 提取

2014 年 11 月，于深圳大亚湾海域采集 1 个黑棘鲷野生群体样品（样品量100），立即置于冰中暂存，带回实验室后置于−20℃冰箱冷冻保存。

2015 年 3 月 10—12 日于"福建漳州种苗场"，随机采集 102 尾黑棘鲷作为亲本样品，进行隔离、人工催产，受精卵转运至"广东省大亚湾水产试验中心"进行孵化，并将幼鱼饲养至放流规格。随机采集 182 尾幼鱼作为苗种群体样品，立即置于−20℃冷冻保存。

基因组总 DNA 提取方法同第五章第三节（一）。

（二）微卫星等位基因分型

从笔者实验室前期开发的 13 个黑棘鲷微卫星标记，分别对黑棘鲷放流苗种群体和自然群体样品进行等位基因分型。

分型方法同第五章第三节（二）。

（三）种群遗传多样性和遗传质量分析

分析方法同第五章第三节（三）。

二、研究结果

（一）种群遗传多样性水平

黑棘鲷放流自然群体和苗种群体遗传多样性水平分析结果见表 5-8。

表 5-8　黑棘鲷自然群体和苗种群体的遗传多样性属性汇总

标记	近交系数		近交系数		近交系数		近交系数		近交系数		哈迪-温伯格平衡检验 P 值	
	苗种群体	自然群体	苗种群体	自然群体	苗种群体	自然群体	苗种群体	自然群体	苗种群体	自然群体	苗种群体	自然群体
SM20	11	13	6.538	6.980	0.741	0.696	0.710	0.750	0.773	0.722	0.323	0.607
SM166	8	7	6.000	7.000	0.676	0.668	0.675	0.670	0.723	0.710	0.499	0.005
SM47	6	7	4.088	4.000	0.621	0.763	0.678	0.740	0.663	0.795	0.042	0.268
SM94.2	5	4	9.457	16.000	0.380	0.456	0.409	0.530	0.449	0.495	0.805	0.591
SM45.2	11	16	6.938	8.990	0.565	0.783	0.536	0.758	0.594	0.798	0.003*	0.152
SM158.2	7	9	8.863	13.000	0.449	0.523	0.430	0.520	0.482	0.540	0.926	0.630
SM51	9	13	6.994	7.990	0.635	0.784	0.646	0.768	0.663	0.807	0.617	0.002*
SM95	8	8	14.381	20.000	0.563	0.552	0.554	0.540	0.605	0.589	0.918	0.718
SMA96	16	20	11.772	14.000	0.871	0.891	0.835	0.889	0.884	0.902	0.018	0.359
SMA143	12	14	11.524	13.980	0.810	0.851	0.819	0.848	0.831	0.867	0.041	0.190
SMA145	12	14	7.906	9.000	0.847	0.883	0.819	0.740	0.864	0.895	0.010	0.016
SMA485	8	9	5.993	10.000	0.747	0.726	0.719	0.778	0.782	0.762	0.473	0.232
SMA587	6	10	6.538	6.980	0.710	0.741	0.729	0.818	0.747	0.769	0.269	0.431

*　与 Hardy-Weinberg 平衡显著性背离（校正 $P \leqslant 0.003\,8$）。

使用 13 个微卫星标记，在自然群体中共检测到等位基因 144 个，在苗种群体样品中检测到等位基因 119 个。自然群体中各标记的等位基因数分布范围为 $4 \sim 20$，平均为 11.077；苗种群体中各标记的等位基因数分布范围为 $5 \sim 16$，平均为 9.154。自然群体中各标记 R_S 之和为 137.92，分布范围为 $4 \sim 20$，平均为 10.609；苗种群体中各标记等位基因丰富度之和为 106.992，分布范围为 $4.088 \sim 14.381$，平均为 8.230。

在自然群体中，H_O 的分布范围为 $0.52 \sim 0.889$，平均值为 0.719；在苗种群体中，H_O 的分布范围为 $0.409 \sim 0.835$，平均值为 0.658。在自然群体中，H_E 的分布范围为

0.495～0.902，平均值为 0.742；在苗种群体中，H_E 的分布范围为 0.449～0.884，平均值为 0.697。

自然群体中，各标记 PIC 分布范围为 0.456～0.891，平均值为 0.717；苗种群体中，各标记 PIC 分布范围为 0.380～0.871，平均值为 0.663。

在共计 26 项 HWE 检测中（2 个群体×13 个标记），有 2 项检测在经过 sequential Bonferroni 校正后，仍然背离 Hardy-Weinberg 平衡定律（校正 $P \leqslant 0.003\ 8$）。

（二）种群遗传分歧度

计算自然群体和苗种群体之间的 F_{ST} 值，并对 F_{ST} 计算结果进行显著性检验。结果，两群体间 F_{ST} 值为 0.024 7。显著性检验的结果表明，两群体间的差异呈显著性（$P <$ 0.000 1）。上述结果表明，两群体之间存在轻微程度的遗传分歧。

（三）种群近交程度

分别计算两个群体样品中的每一个个体的 F，计算模型选择 triadic likelihood estimator。结果放流苗种群体中，所有个体的近交系数均值为 0.074（标准差为 0.004 82）；自然群体样品中，所有个体的近交系数均值为 0.067（标准差为 0.007 49）。

分别计算两群体的 F_{IS} 值，结果放流苗种群体的 F_{IS} 值为 0.042；自然群体的 F_{IS} 值为 0.031，说明两群体都处于杂合子缺失状态。

（四）有效种群大小

有效种群大小（N_E），指如果一个"理想种群"（ideal population）在传代过程中遗传多样性丧失的速度（遗传漂变的速度）和一个真实种群相同，那么那个理想种群的个体数就被称为这个真实种群的"有效种群大小"。N_E 可以指示种群对其遗传多样性信息的保持能力。

使用连锁不平衡算法（linkage disequilibrium methord），分别估算了两群体的 N_E 结果，放流苗种群体的 N_E 估算值为 263.5（95％置信区间为 205.1～321.9）；自然群体的 N_E 估算值为 1 189.4（95％置信区间为 657～1721.8）。

三、讨论与分析

为评价黑棘鲷放流苗种的遗传质量，使用多个遗传指标，从遗传分歧度、遗传多样性水平、近交程度、遗传信息保持能力 4 个方面，对放流苗种与放流目的海域自然群体的遗传属性进行了全面比较。

（1）遗传分歧检测的结果表明，黑棘鲷自然和苗种两群体间均存在显著性遗传分歧（$P<0.000\ 1$），分歧程度均为"微弱"（两群体间 $F_{ST}=0.0247$）。这说明黑棘鲷放流苗种的等位基因频率与自然种群存在微弱差异，如果对该苗种进行大规模放流，则可能会改变自然种群的等位基因频率，进而影响自然群体对其生活环境的适应性。

（2）分别使用 5 个种群遗传多样性水平指标（N_A、R_S、各标记 H_O 均值、各标记 H_E 均值、各标记 PIC 均值），对两群体的遗传多样性水平进行比较。结果放流苗种群体的指标值均小于自然群体，两群体指标值的偏差率为 -2.14%（各标记 H_O 均值）～-12.64%（R_S）（表 5-9）。这充分说明放流苗种群体的遗传多样性水平低于自然群体，如果对该苗种进行放流，可能会降低自然种群的遗传多样性水平，进而导致自然种群的环境适应力下降。

（3）分别使用 F 均值和 F_{IS} 比较黑棘鲷自然和苗种两群体的近交程度。结果，黑棘鲷苗种群体的 F 均值与 F_{IS} 均大于自然群体，偏差率分别为 10.45% 和 35.48%（表 5-9）。综上，说明该苗种群体的近交程度大于自然群体，放流后可能会增加自然群体近交程度，进而造成自然种群遗传多样性信息加速流失。

（4）对黑棘鲷自然和苗种两群体的 N_E 估算值进行比较，结果黑棘鲷苗种群体的 N_E 大幅低于自然 N_E 种群（偏差率 -77.85%）（表 5-9）。因此可以推测，如果该苗种群体混入自然种群，可能会降低自然种群的 N_E，进而增加自然种群遗传漂变强度，降低自然种群遗传信息的保持能力。

综上所述，黑棘鲷放流苗种在上述种群遗传学指标上皆逊于自然群体，因此，这 2 个苗种在遗传质量方面不能满足增殖放流要求。如果将这 2 个苗种进行放流，将可能改变自然种群遗传多样性结构，产生多种负面遗传影响。从各指标偏差率看，N_E 为最高（-77.85%），是该放流苗种最突出的遗传质量缺陷。

表 5-9　黑棘鲷放流苗种群体与自然群体遗传学属性比较

项目	种群遗传学指标	苗种群体	自然群体	偏差率（%）	遗传影响
遗传多样性水平	微卫星等位基因数	119	144	−17.36	负面
	微卫星等位基因丰富度	106.992	137.920	−22.42	负面
	多态信息含量均值	0.663	0.717	−7.53	负面
	表观杂合度均值	0.668	0.719	−7.09	负面
	期望杂合度均值	0.697	0.742	−6.06	负面
近交程度	近交系数均值	0.074	0.067	10.45	负面
	近交系数	0.042	0.031	35.48	负面
遗传信息保持能力	有效种群大小	263.5	1 189.4	−77.85	负面

第五节　卵形鲳鲹遗传质量检测方法

一、研究方法

（一）样品采集和 DNA 提取

从海南乐东、新村、陵水和林仔，深圳南澳和七星湾采集卵形鲳鲹放流群体，其亲本为野生捕捞个体，采集样本分别为 30、30、30、30、32、30 尾，分别记为 LD、XC、LW、LZ、NA、QXW。从海南新村近海收集卵形鲳鲹野生个体 30 尾，记为 WI。样本采集后，立即剪取鳍条保存于纯酒精，置于−20℃备用。基因组 DNA 利用 HiPure Tissue and Blood DNA Kit 试剂盒提取，利用 1‰琼脂糖凝胶电泳检验完整性和质量。

（二）微卫星分型

挑选 9 个分布于不同的基因组 contig（Accession No. PRJEB22654）的微卫星位点（表 5-10），对采集的样本进行分型。引物在北京睿博兴科生物技术有限公司合成。采用 Premix Taq™ Hot Start Version（TaKaRa，Cat. ＃ R028A）进行 PCR 扩增，扩增程序 94℃ 5 min；35 个循环，94℃ 45 s，60℃ 45 s，72℃ 45 s；72℃ 10 min。扩增产物通过琼脂糖凝胶电泳随机验证后，利用 3730XL DNA 分析仪检测。分型峰图利用 GeneMarker 2.4 读取，并辅以人工校正。

表 5-10　卵形鲳鲹群体遗传多样性分析微卫星标记信息

座位	引物序列（5′—3′）	退火温度（正向/反向）	碱基数（bp）/位置（bp）/方向	编辑修饰	Contig code（长度）	关联基因（位置）
Tov2	GCAGGTCAAGGTACCCCATA/TTCAACCCAGTTACTTTCCAATC	60/59	117/703617/F	(GT)$_{13}$	000000076(1073630)	—
Tov8	GTAATTCGTGCTCGGTTCGT/CATAACCCCTCTCTCCCCTC	60/60	210/1440984/F	(TG)$_{15}$ tttgtgtgt gagaag (GA)$_8$	000000244 (2165649)	EPAS1 (5′UTR)
Tov25	GTGACAACCACGACATCGAC/CATTCAGTAGGTTGGGTGGG	60/60	111/2578099/R	(CA)$_8$	000000012(3699030)	—
Tov30	CAAACACACCCATACACACAGA/TTCAACATCCAACACATCCTG	59/59	173/1854334/F	(AC)$_{19}$	000000139(3550625)	AT2B2 (Intron10)
Tov41	CCCCTTCTCTACCCCAGTGT/AGCTCTTCCTCCTCCACCTC	60/60	156/1894664/F	(TG)$_{13}$	000000199(2706384)	—

（续）

座位	引物序列（5′—3′）	退火温度（正向/反向）	碱基数（bp）/位置（bp）/方向	编辑修饰	Contig code（长度）	关联基因（位置）
Tov48	CAATATTTCAGCCAGACGCA/ GATTGTGCGCTCACACACAG	60/62	229/217346/F	$(TG)_{17}$	000000214(2139722)	—
Tov50	TTTCTCCAACTGGCACGAG/ TTGTTTGTAGCACGGAGACG	60/60	220/1109594/R	$(AC)_{14}$	000000194(2791335)	—
Tov60	CACAGGCTTTGGAAGAATTTG/ TGGCTAAACCCACTATTGCC	60/60	231/1307156/R	$(CA)_{16}$	000000178(3666585)	ZB16A（5′UTR）
Tov69	TCACTCAAAATGCACACACAAA/ TTTCTCCACTCTCCATCGCT	60/60	237/1099541/F	$(AC)_{13}$	000000244(2165649)	LRP8（Intron1）

（三）遗传多样性分析

利用 Micro-checker version 2.2.3（Van et al.，2004），检测无效等位基因等分型错误；利用 GenAlEx version 6.5（Peakall et al.，2012），统计等位基因数、杂合度和近交系数；利用 FSTAT，统计等位基因丰度；利用 Cervus 3.0.7（Kalinowski et al.，2007），统计多态信息含量；利用 Genepop version 4.7（Rousset，2008），检测 Hardy-Weinberg 平衡和连锁不平衡；利用 FSTAT version 2.9.3.2（Goudet，2002），检测群体分化水平；利用 ARLEQUIN version 3.5.5.5（Excoffier et al.，2007），剖分群体变异组成；利用 PCAGEN version 1.2.1（Goudet，1999），进行群体水平组成分析；利用 Structure version 2.3.4（Pritchard et al.，2000；Evanno et al.，2005；Earl et al.，2012）、主坐标分析（Principle coordinate analysis）（PCoA）（Smouse and Peakall，1999）和主成分判别分析（discriminant analysis of principal components，DAPC）（Jombart et al.，2010），进行个体水平的分化检测；利用 LDNe Version 1.31（Waples et al.，2008），检测有效群体大小；利用 Pedigree version 3.0（Herbinger et al.，2006），推测家系组成。多重比较显著性水平利用 Bonferroni 校正。

二、研究结果

（一）遗传多样性分析

本节利用 9 个微卫星位点，对卵形鲳鲹群体分型（表 5-11）。等位基因数范围为 4（Tov50）到 8（Tov41），平均等位基因数为 5.5。根据多态信息含量（PIC），所用的 9 个微卫星标记中，3 个（Tov2、Tov41、Tov69）为中等多态（$0.25 < PIC < 0.5$）；其余位点（Tov8、Tov25、Tov30、Tov48、Tov50、Tov60）为高度多态（$PIC > 0.5$）（Botstein et al.，1980）。在单个群体中，所有位点均没有检测到显著的分型错误，所有位点均符合 Hardy-Weinberg 平衡（P 阈值为 0.000 79），两两之间不存在显著的连锁不平衡（P 阈值为 0.000 20）。利用所有位点评估，则只有群体 XC 显著偏离哈迪-温伯格平衡（P 阈值为 0.007 1）。将所有样本试做单个群体，所有位点均连锁平衡（P 阈值为 0.005 6），利用所有位点评估整个群体，也符合哈迪-温伯格平衡。

表 5-11　卵形鲳鲹遗传多样性参数

样本名	群体大小	等位基因丰度	有效等位基因数	观测杂合度	期望杂合度	近交系数	有效群体大小（95% CI）	推测的半同胞家系数
乐东	30	3.583	2.584	0.602	0.595	−0.024	33.6 (14.5～286.2)	16
新村	30	3.428	2.484	0.654	0.585	−0.115	∞ (34.1～∞)	12
陵水	30	3.437	2.385	0.597	0.558	−0.062	22.7 (9.7～122.6)	13
林仔	30	3.699	2.608	0.642	0.603	−0.054	14.7 (7.8～32.6)	12
南澳	32	4.476	2.609	0.544	0.582	0.085	16.9 (10.0～32.6)	14
七星湾	30	3.695	2.314	0.525	0.494	−0.066	∞ (36.9～∞)	13
陵水野生	30	3.646	2.518	0.580	0.580	0.009	48.6 (19.0～∞)	15
全部	212	3.709	2.597	0.592	0.591	−0.032	137.9 (91.3～232.4)	34

一般利用等位基因丰度、有效等位基因数和期望杂合度遗传多样性。等位基因丰度计算中个体统一为 22 个，最大的等位基因丰度、有效等位基因数和期望杂合度，分别为 4.476（NA）、2.609（NA）、0.603（LZ）；最小值分别为 3.428（XC）、2.314（QXW）、0.494（QXW）。将所有样本视作单个群体，则其等位基因丰度、有效等位基因数和期望杂合度分别为 3.709、2.500、0.571。

有效群体计算中的负值，解释为无穷大不做比较。野生群体有效群体大小为 48.6，比其他群体大，整个样本的有效群体为 137.9。

（二）群体水平和个体水平遗传分化

群体之间总的分化水平（F_{ST}）为 0.020 91（P=0.00），其中，LW 与其他群体均有显著分化，野生群体（WI）与 LW 和 LZ 有显著分化（表 5-12）。主成分分析显示，LW 和 QXW 与其他群体产生明显差别，其中，第一主成分解释 44.25% 总变异（彩图 17）。

STRUCTURE（彩图 18）分析中，LnP（D）和 ΔK 分别在 K 为 1 和 2 是最大，显示没有群体结构分化。多变量分析方法（彩图 19）和 PCoA（彩图 17）分析中所有个体均散布于坐标系内，没有明显群体内样本聚集，而且在 PCoA 分析中分化群体取值为 5 或者 7 均没有产生明显的推测群体和采样群体对应关系。因此，在个体水平采集的样本并没有明显分化。家系结构重建显示，W=1、T=10、FSC=0 获得最优的效果，表示同组个体为半同胞家系关系，各群体的分组数比较一致，为 12～16。

表 5-12　卵形鲳鲹群体间的分化水平

群体	乐东	新村	陵水	乐仔	南澳	七星湾	新村野生
乐东		0.121 43	0.002 38*	0.211 90	0.021 43	0.002 38*	0.059 52
新村	−0.001 7		0.002 38*	0.009 52	0.014 29	0.002 38*	0.016 67
陵水	**0.045 4**	**0.050 0**		0.002 38*	0.002 38*	0.002 38*	0.002 38*
乐仔	−0.001 2	0.000 1	**0.042 4**		0.026 19	0.002 38*	0.002 38*
南澳	0.007 8	0.001 7	**0.051 9**	0.006 0		0.028 57	0.016 67
七星湾	**0.026 0**	**0.033 1**	**0.070 6**	**0.028 4**	0.012 0		0.002 38*
新村野生	0.005 7	0.008 1	**0.063 5**	0.012 3	0.003 8	**0.017 6**	

*　加粗表示经过 Bonferroni 校正后仍显著，下三角部分为分化水平，上三角部分为显著性水平。

三、分析与讨论

卵形鲳鲹是我国南方重要的养殖品种，也是增殖放流的备选品种。针对增殖放流苗种质量控制，本节利用微卫星位点对卵形鲳鲹放流群体和自然群体，进行了遗传多样性、群体结构和交配系统的研究。

群体遗传学一般选用中性且不连锁的位点，进行群体结构等的分析。本节从基因组图谱上选取了 9 个位于不同基因组图谱不同 contigs 上的位点，连锁分析也显示这些位点在单个群体和整个群体中均连锁平衡，虽然 Tov8、Tov30、Tov60 和 Tov69 分布于基因区间内，但是 Hardy-Weinberg 检测这些位点在单个群体和整个群体中均不偏离，表明位点符合要求。

卵形鲳鲹放流群体水平有分化，在个体水平没有明显差别。群体总的分化水平为 0.020 91（$P < 0.001$），这一水平与养殖大黄鱼（Wang et al.，2012）、斜带石斑鱼（Wang et al.，2011）等相近，但是考虑海水鱼类一般在较大地理范围内分化微小，这一水平已属较大。放流群体和野生群体之间分化不明显，分化主要表现在放流群体中，如 LW 和 QXW，反映了人为操作对群体产生了明显影响。虽然以群体为单位的检测（F_{ST}、PCA）显示群体之间有所分化，但是以个体为点位的检测（STRUCTURE、DAPC、PCoA）并没有显示明显的差异，样本没有明显的聚类，说明认为操作影响了群体水平的差异。卵形鲳鲹遗传多样性水平偏低，但是放流群体和自然群体差异不明显。遗传多样性水平较低一般利用等位基因丰度、有效等位基因数、杂合度等度量群体遗传多样性水平。与大部分已经报道的鱼类遗传多样性水平比较，卵形鲳鲹的遗传多样性水平偏低，其杂合度为 0.591，而大部分报道的鱼类该值在 0.6～0.8。如斜带石斑鱼（Uthairat et al.，2009；Wang et al.，2011；Sawayama et al.，2016），只比亚洲鲈（Loughnan et al.，2013）稍高。相对于期望杂合对，等位基因丰度对遗传多样性更为敏感（Allendorf，1986；Loughnan et al.，2013），但是各群体相比于自然群体并没有明显的降低。

综上，通过群体结构、遗传多样性等的分析显示，卵形鲳鲹放流群体和野生群体并有明显的差异，但遗传多样性水平均偏低。因此，放流群体可以用于增殖放流，但是需监测遗传多样性的变化，避免遗传多样性水平降低。

第六节 黄鳍棘鲷遗传质量检测方法

一、研究方法

（一）生物样品采集与基因组总 DNA 提取

2017 年 12 月于中国水产科学研究院南海水产研究所海南热带水产研究开发中心实验基地，通过人工授精获得用于增殖放流的黄鳍棘鲷混合家系，子代仔鱼样本个体数为 393 尾。2017 年 12 月于广东省阳西县沙扒镇附近海域，采集黄鳍棘鲷野生群体样品 36 尾。仔鱼和野生群体样品分别采集全鱼和鳍条，保存于无水乙醇中备用。

本节采用经典的酚氯仿方法，提取亲鱼和仔鱼基因组的 DNA。具体操作步骤如下：将保存的亲鱼鳍条和仔鱼全鱼样本，放入 2 mL 离心管中，用 TE 缓冲液浸泡 12 h，以充分置换出酒精。接着将裂解液 [100 mmol/L NaCl，50 mmol/L Tris-HCl，20 mmol/L EDTA（pH 8.0），1％ SDS，200 mg/L 蛋白酶 K] 加入剪碎的尾鳍或剪碎的鱼体中，56℃消化至澄清，然后依次用等体积的酚、酚：氯仿（1：1）、氯仿抽提，等体积的异丙醇沉淀，75％乙醇清洗沉淀，37℃烘干或自然晾干后，加入 50 μL 双蒸水，待完全溶解后稀释成 100 ng/μL，并通过 1.0％琼脂糖凝胶电泳及分光光度计，分别进行 DNA 质量和浓度检验，检验合格后－20℃保存待用。

（二）微卫星等位基因分型

从前期开发的标记中，选取 12 个黄鳍棘鲷微卫星标记（表 5-13），分别对黄鳍棘鲷放流苗种群体和自然群体样品进行等位基因分型。由上海生工生物工程技术服务有限公司合成 5 端带有 FAM、HEX 和 TET 的荧光引物，将 12 个微卫星标记分为 4 组，标记组合及其所携带荧光基团见表 5-14。

表 5-13　12 个微卫星标记引物特征

位点	引物序列	重复单元	扩增片段大小（bp）	退火温度（℃）	登记号
AL01	F：TTCAACATGTGCGGCACG R：TATTGCCCTGCACAGTGCTCCC	(CA)$_{14}$	157～200	60	MH727594

（续）

位点	引物序列	重复单元	扩增片段大小（bp）	退火温度（℃）	登记号
AL14	F：CAGCAACATGCTGCCATTAC R：GTGTGCCCTCATAGGCAGTT	$(CA)_9$	177～193	60	MH727595
AL15	F：CGGCTAACTTAATGGGGGAT R：GCTATGCTATGACAGGCAACC	$(TTA)_5$	138～147	60	MH727596
AL18	F：ACCTGAGCCCATTTCAACAT R：TGTTCACACGTCGTCCTCTC	$(AC)_{14}$	305～313	60	MH727597
AL20	F：ATTTGTGGTTTTGATGGGGA R：CGTGTGTTATTGCCTCATGG	$(GT)_6(GA)_7$	228～246	60	MH727598
AL21	F：CAGGAGCTGAGCAGAAGTCC R：AAGCATCCTCCTGATTGGTG	$(AC)_8$	352～358	60	MH727599
AL26	F：GTCGATGCGCTACACAGAGA R：CAAGAGAGTTGCAGCACAGC	$(AC)_{11}$	248～264	60	MH727600
AL28	F：CAGAGGTAACGCACACATGC R：TCAGCCACCTCAGTAGGGTT	$(CA)_{10}$	262～272	60	MH727601
AL37	F：CCTGGGCTTTGATATGCCT R：CTGGCTCATATTTTGCCCAT	$(AC)_8$	216～238	60	MH727602
AL46	F：AGGCTGGTGACTCACACACA R：CTTTCAGAAGCAGGCGTACC	$(TATT)_5$	324～339	60	MH727603
AL49	F：CGGTAGCATTTTCACGGTCT R：CTGCGAGTTCACCTTTCACA	$(CA)_{18}$	262～292	60	MH727604
AL51	F：CAAACGCAGACAGCGATAAG R：CCACCTCAGAACCCATCAGT	$(GT)_{13}$	341～349	60	MH727605

表 5-14 微卫星标记分组情况

分组	位点名称	荧光标记	片段大小（bp）
	AL15	FAM	138～147
A	AL20	HEX	228～246
	AL46	TET	324～339
	AL37	FAM	216～238
B	AL28	HEX	262～272
	AL51	TET	341～349
	AL01	FAM	157～200
C	AL26	HEX	248～264
	AL18	TET	305～313
	AL14	FAM	177～193
D	AL49	HEX	262～292
	AL21	TET	352～358

PCR 反应体系总体积为 10 μL：双蒸水 7.6 μL，10×PCR（TaKaRa）缓冲液 1 μL（含 Mg^{2+}），10 mmol /L dNTPs 0.15 μL，rTaqDNA 聚合酶（TaKaRa）0.15 μL，正反向引物各 0.3 μL，100 ng/μL 基因组 DNA 0.5 μL。PCR 反应条件为：95℃预变性 4 min；95℃变性 30 s，退火温度 60℃ 30 s，72℃延伸 40 min，30 个循环；72℃延伸 10 min；4℃保存。

PCR 产物用 1‰琼脂糖凝胶电泳，GelRed 染色，自动凝胶成像系统拍照检测，然后送至上海生工生物工程技术服务有限公司进行 STR 测序分析（毛细管电泳检测 ABI3730XL 全自动 DNA 测序仪），利用毛细管电泳方法进行基因型检测，GS-500 作为标记。

（三）种群遗传多样性和遗传质量

采用 Arlequin version 3.5 分析等位基因数（N_A）、期望杂合度（H_E）、观测杂合度（H_O）、Hardy-Weinberg 平衡（Hardy-Weinberg equilibrium，HWE）、计算自然群体与苗种群体间的固定指数 F_{ST}；使用概率测试（probability test），对 F_{ST} 值进行显著性检验。软件 GeneMarker v1.5 读取等位基因大小。使用 Fstat 2.93 计算各标记在各群体的 R_S。

使用软件 Coancestry 1.0，计算自然群体与苗种群体中个体的 F_{IS}，计算模型选择 triadic likelihood estimator；使用软件 Fstat 2.93，计算各群体的 F_{IS}；使用 N$_E$ Estimator 2.01 软件估算上述两群体的 N_E，算法选择连锁不平衡法。

二、研究结果

（一）放流苗种群体和野生群体遗传多样性水平

黄鳍棘鲷放流苗种群体与自然群体等位基因分型与遗传多样性分析结果见表 5-15。使用 12 个微卫星标记，在放流苗种群体中共检测到 119 个等位基因，在自然群体中共检测到 97 个等位基因。苗种群体各微卫星标记 N_A 的分布范围为 5～19，均值为 9.917；自然群体各标记 N_A 的分布范围为 2～17，均值为 8.083。

表 5-15　黄鳍棘鲷放流苗种与自然群体遗传多样性指标汇总

标记	微卫星等位基因数		多态信息含量		表观杂合度		期望杂合度		哈迪-温伯格平衡检验 P 值	
	苗种群体	自然群体	苗种群体	自然群体	苗种群体	自然群体	苗种群体	自然群体	苗种群体	自然群体
AL01	12	13	0.827	0.862	0.679	0.694	0.850	0.887	0.163	0.234
AL14	8	6	0.720	0.738	0.804	0.778	0.764	0.785	0.356	0.701

（续）

标记	微卫星等位基因数		多态信息含量		表观杂合度		期望杂合度		哈迪-温伯格平衡检验 P 值	
	苗种群体	自然群体	苗种群体	自然群体	苗种群体	自然群体	苗种群体	自然群体	苗种群体	自然群体
AL15	5	5	0.651	0.577	0.518	0.667	0.702	0.635	0.002	0.245
AL18	10	4	0.669	0.574	0.688	0.667	0.700	0.651	0.321	0.235
AL20	9	9	0.778	0.825	0.848	0.833	0.807	0.855	0.021	0.321
AL21	5	5	0.486	0.552	0.518	0.667	0.522	0.631	0.265	0.467
AL26	8	7	0.459	0.618	0.482	0.556	0.525	0.666	0.247	0.311
AL28	5	2	0.315	0.296	0.321	0.306	0.394	0.366	0.008	0.128
AL37	17	15	0.875	0.882	0.875	0.889	0.889	0.904	0.002	0.342
AL46	16	6	0.580	0.509	0.607	0.5	0.642	0.547	0.001	0.100
AL49	17	17	0.892	0.89	0.955	0.944	0.905	0.911	0.020	0.046
AL51	7	8	0.598	0.586	0.455	0.583	0.631	0.651	0.334	0.659

* 　与哈迪-温伯格平衡定律显著性背离（校正 $P \leqslant 0.0045$）。

苗种群体各标记 H_O 的分布范围为 0.321～0.848，均值为 0.646；自然群体各标记 H_O 的分布范围为 0.306～0.944，均值为 0.674。苗种群体各标记 H_E 的分布范围为 0.394～0.850，均值为 0.694；自然群体各标记 H_E 的分布范围为 0.304～0.850，均值为 0.707。两群体 H_O 均值都小于 H_E 均值，说明杂合子基因型存在缺失状态。

苗种群体各标记 PIC 分布范围为 0.315～0.827，均值为 0.654；自然群体各标记 PIC 分布范围为 0.296～0.890，均值为 0.659。

（二）种群近交程度

放流苗种群体的 F 均值为 0.050 5，自然群体的 F 均值为 0.034 2；放流苗种群体的 F_{IS} 值为 0.051 8，自然群体的 F_{IS} 值为 0.036 5。

三、讨论与分析

为评价黄鳍棘鲷放流苗种的遗传质量，使用 9 个遗传指标，从遗传分歧程度、遗传多样性水平、近交程度、遗传信息保持能力 4 个方面，将放流苗种与放流目的海域自然群体的遗传属性，进行了全面放流苗种遗传质量分析比较。

（1）遗传分歧检测结果表明，两群体间存在显著性遗传分歧（$P < 0.000\ 1$），分歧程度为"微弱"。这说明放流苗种的等位基因频率与自然种群存在微弱差异，如果对该苗种进行大规模放流，则可能会改变自然种群的等位基因频率，进而影响自然种群对其生活环境的适应性。

（2）分别使用 5 个种群遗传多样性水平指标（N_A、R_S、PIC 均值、H_O 均值、H_E 均值），对两群体进行比较。显示放流苗种群体的 PIC 均值、H_O 均值、H_E 指标值均小于自然群体，两者之间的偏差率范围为 -0.76%（PIC 均值）至 -4.15%（H_O 均值）。此外，放流苗种群体的 N_A 均值高于自然群体的，偏差率为 22.68%。总的来说，如果对该苗种进行放流，可能会提升自然种群的遗传多样性水平，进而导致自然种群的环境适应力上升。

（3）分别使用 F 均值和 F_{IS}，比较两群体的近交程度。苗种群体的 F 均值与 F_{IS} 均大于自然群体，偏差率分别为 47.66% 和 41.92%。说明苗种群体的近交程度大于自然群体，如果在该自然海域大量放流黄鳍棘鲷苗种，则会使自然种群近交程度增加，造成自然种群遗传多样性信息加速流失。

综上所述，黄鳍棘鲷放流苗种在上述种群遗传学指标上大部分逊于自然群体，因此，该苗种在遗传质量方面不符合增殖放流要求。基于各项指标的偏差率，近交系数均值 F 最高（$41.92\% \sim 47.66\%$），是该放流苗种最突出的遗传质量缺陷。此外，H_E 和 H_O 偏差率较高（-4.15% 和 -1.84%），说明该苗种遗传多样性方面也存在一定质量问题（表 5-16）。

表 5-16　黄鳍棘鲷放流苗种群体与自然群体遗传学属性比较

项目	种群遗传学指标	苗种群体	自然群体	偏差率（%）	遗传影响
遗传多样性水平	微卫星等位基因数	119	97	+22.68	正面
	多态信息含量均值	0.654	0.659	-0.76	负面
	表观杂合度均值	0.646	0.674	-4.15	负面
	期望杂合度均值	0.694	0.707	-1.84	负面
近交程度	近交系数均值	0.0505	0.0342	47.66	负面
	近交系数	0.0518	0.0365	41.92	负面

第七节　花鲈遗传质量检测方法

一、研究方法

（一）生物样品采集

在花鲈拟放流群体中采集 2 个样品群体：①一个混交家系，包括 23 尾亲本，命名为 MFQB 群体，以及 144 个子代，命名为 MFZD 群体；②一个全同胞家系 98 个样品（亲本 ♀1 个、♂1 个，96 个子代），仅用于亲子鉴定检验。

2014—2016 年，采集了 3 个野生花鲈群体共 79 尾花鲈。各群体的样品数如下：茂名（MM）28 尾（2014 年采集）、湛江 32 尾（2014 年采集）、北部湾北部（NBBW）19 尾（2016 年采集）。

所有的花鲈样品均剪取背部肌肉，保存于 95％的乙醇溶液中，参考《分子克隆试验指南》（Sambrook & Russell 2001）中的酚-氯仿抽提法提取样品基因组总 DNA。

（二）微卫星标记的开发

采用高通量测序来识别和开发花鲈微卫星 DNA 标记，获得 60 632 个二至六碱基重复微卫星序列，从中随机挑选 200 个位点进行引物合成及多态性检测，最终成功开发出 53 个具有多态性的微卫星标记。其中，二碱基重复 27 个，四碱基重复 15 个，五碱基重复 7 个，六碱基重复 4 个。

（三）种群遗传多样性和遗传质量分析

从已开发的 53 个多态性微卫星标记中，挑选出扩增效果较好、多态性较高且 Hardy-Weinberg 平衡 P 值检验不显著的 12 个位点，用于花鲈混交家系亲本群体（MFQB）、混交家系子代群体（MFZD）和 3 个野生群体的群体遗传学分析。

1. 遗传多样性参数分析　利用 Genepop 4.7 分析各位点的无效等位基因频率（Fua）、F_{IS} 和 HWE 显著性 P 值。各位点 PIC 用 Cervus 3.0.7 计算。利用 GenAlEx 6.503 计算各位 N_A、H_O 和 H_E。

2. 群体间遗传分化　利用 Arlequin 3.1 软件，分析花鲈群体间的遗传分化，将重复计算次数设为 1 000 检验群体间 F_{ST} 的显著性，显著性水平基于 Bonferroni 法进行校正。利用 Arlequin 3.1 软件，对花鲈野生群体和养殖群体进行方差分析，检测养殖群体和野生群体间遗传变异及其显著性水平。基于 F_{ST} 值，利用 GenAlEx 6.5 进行 PCoA 分析。使用 Structure 2.3.4 软件，进行个体分配检验。

（四）分子判别技术的建立

1. 高分辨率微卫星的筛选　基于本实验室已开发的 53 个微卫星分子标记，从中筛选出四碱基重复序列和五碱基重复序列，分别在混交家系样品中进行 PCR 扩增，从中选择扩增稳定、多态性高的微卫星 DNA 标记。

2. 亲子鉴定准确率高的微卫星标记组合筛选　基于上述选择的微卫星位点，分别在全同胞家系和混交家系中进行 PCR 扩增，利用毛细管电泳进行等位基因分型。使用 Cervus v3.03，确定亲子鉴定准确率高的微卫星标记组合。

3. 分子判别技术建立和准确性评价　利用亲子鉴定准确率高的微卫星标记组合，对全同胞家系亲本群体、全同胞家系子代群体、茂名野生群体、湛江野生群体、北部湾野生群体进行等位基因分析、数据读取。

基于亲子鉴定技术，来构建花鲈放流群体的分子判别技术。在本实验中，全同胞家系的 96 个样品视为放流群体，与 3 个野生群体 79 个样品或混交家系中 144 个样品进行混合，用来模拟人工增殖放流回捕群体。利用所筛选的亲子鉴定微卫星标记，从混合群体中鉴定出放流群体（即全同胞家系的子代群体）。若是全同胞家系的子代群体样品被成功鉴定为养殖亲本群体的子代，而野生群体的样品未被鉴定为养殖亲本群体的子代，则视为鉴定正确；反之视为鉴定错误。

二、研究结果

（一）群体遗传多样性水平

12 个位点在花鲈 5 个群体中的各遗传参数如表 5-17 所示。每个位点的等位基因数为 3～14，有效等位基因数为 1.315～10.055。各位点的观测杂合度和期望杂合度分别为 0.108～1.000 和 0.130～0.918。3 个野生群体的平均等位基因数、有效等位基因数、观测杂合度、期望杂合度和等位基因丰富度分别为 7.103、4.539、0.681、0.719、5.437，养殖亲本和子代群体和的这 5 个遗传指标分别为 5.307、4.324、0.661、0.687、5.172 和 5.107、4.306、0.651、0.671、5.049。综上可知，3 个花鲈野生群体的遗传多样性水平稍高于两个养殖群体，养殖子代群体与养殖亲本群体的遗传多样性水平大致相当。

表 5-17　花鲈 5 个群体遗传多样性分析

群体	项目	LM4-4	LM4-5	LM4-7	LM4-13	LM4-14	LM4-15	LM4-16	LM5-1	LM5-2	LM5-4	LM5-6	LM6-5	平均值
茂名	等位基因数	7	12	11	4	8	6	10	5	5	6	5	4	6.615
	有效等位基因数	3.034	6.395	6.545	2.379	5.481	2.354	6.297	2.658	3.920	3.940	3.439	2.005	3.877
	表观杂合度	0.640	0.778	0.840	0.571	0.630	0.571	0.821	0.607	0.821	0.821	0.893	0.500	0.697
	期望杂合度	0.684	0.860	0.864	0.590	0.833	0.586	0.856	0.635	0.758	0.760	0.722	0.510	0.704
	近交系数	0.066	0.097	0.029	0.033	0.248	0.025	0.042	0.045	−0.085	−0.083	−0.242	0.021	0.003
	P 值	0.163	0.126	0.332	0.326	0.089	0.486	0.129	0.152	0.708	0.343	0.114	0.356	0.304
	等位基因丰富度	4.809	7.884	7.837	3.120	6.139	4.103	7.606	4.091	4.607	4.827	4.390	3.187	5.022
	无效等位基因频率	0.018	0.036	0.004	0.005	0.103	0.002	0.011	0.010	−0.044	−0.043	−0.108	0.001	−0.00

（续）

群体	项目	LM4-4	LM4-5	LM4-7	LM4-13	LM4-14	LM4-15	LM4-16	LM5-1	LM5-2	LM5-4	LM5-6	LM6-5	平均值
湛江	等位基因数	16	10	11	6	9	6	11	5	7	5	5	3	7.538
	有效等位基因数	10.055	7.317	7.193	2.765	6.759	3.200	6.651	3.916	3.282	3.638	2.684	2.042	4.713
	表观杂合度	0.852	0.767	0.857	0.581	0.906	0.656	0.935	0.688	0.594	0.625	0.688	0.438	0.701
	期望杂合度	0.918	0.878	0.877	0.649	0.866	0.698	0.864	0.756	0.706	0.737	0.637	0.518	0.734
	近交系数	0.073	0.129	0.023	0.107	−0.048	0.061	−0.085	0.093	0.162	0.154	−0.080	0.158	0.042
	P 值	0.108	0.251	0.706	0.215	0.999	0.464	0.491	0.148	0.470	0.015	0.889	0.366	0.443
	等位基因丰富度	10.088	8.061	7.924	4.063	7.339	4.665	7.590	4.460	4.568	4.388	3.535	2.874	5.582
	无效等位基因频率	0.026	0.052	0.002	0.035	−0.029	0.019	−0.046	0.033	0.060	0.058	−0.037	0.048	0.011
北部湾北部	等位基因数	14	9	12	3	9	5	10	6	6	5	5	4	7.153
	有效等位基因数	8.100	4.412	6.494	2.219	7.010	2.542	7.521	3.812	4.173	3.267	3.059	1.315	4.333
	表观杂合度	0.833	0.706	0.882	0.611	0.684	0.579	0.842	0.389	0.737	0.579	0.632	0.263	0.643
	期望杂合度	0.902	0.797	0.872	0.565	0.881	0.623	0.890	0.759	0.781	0.713	0.691	0.246	0.716
	近交系数	0.078	0.117	−0.013	−0.084	0.228	0.073	0.056	0.495	0.058	0.192	0.089	−0.071	0.089
	P 值	0.375	0.824	0.978	1.000	0.099	0.439	0.003	0.004	0.013	0.226	0.660	1.000	0.465
	等位基因丰富度	9.857	7.132	8.637	2.757	8.061	3.812	8.245	5.139	4.930	4.652	3.946	2.933	5.705
	无效等位基因频率	0.023	0.038	−0.020	−0.040	0.093	0.017	0.013	0.201	0.013	0.068	0.025	−0.019	0.029
野生群体	等位基因数	12.333	10.333	11.333	4.333	8.667	5.667	10.333	5.333	6.000	5.333	5.000	3.667	7.103
	有效等位基因数	7.063	6.041	6.744	3.455	6.417	3.699	6.823	3.462	3.792	3.615	3.061	2.787	4.539
	表观杂合度	0.775	0.750	0.860	0.588	0.740	0.602	0.866	0.561	0.717	0.675	0.737	0.400	0.681
	期望杂合度	0.834	0.845	0.871	0.601	0.860	0.636	0.870	0.717	0.749	0.736	0.684	0.425	0.719

（续）

群体	项目	LM4-4	LM4-5	LM4-7	LM4-13	LM4-14	LM4-15	LM4-16	LM5-1	LM5-2	LM5-4	LM5-6	LM6-5	平均值
野生群体	近交系数	0.072	0.114	0.013	0.018	0.143	0.053	0.004	0.211	0.045	0.088	−0.078	0.036	0.045
	P 值	0.216	0.400	0.672	0.514	0.396	0.463	0.208	0.101	0.397	0.194	0.554	0.574	0.404
	等位基因丰富度	8.251	7.692	8.133	3.313	7.180	4.193	7.814	4.563	4.702	4.622	3.957	2.998	5.437
	无效等位基因频率	0.022	0.042	−0.005	0.000	0.056	0.013	−0.007	0.081	0.010	0.028	−0.040	0.010	0.012
养殖亲本	等位基因数	4	11	6	6	7	6	6	4	6	6	4	3	5.307
	有效等位基因数	3.774	7.143	4.500	5.000	5.255	4.629	4.922	2.492	2.778	2.857	2.857	2.906	4.324
	表观杂合度	0.800	1.000	0.889	0.700	0.600	0.667	0.900	0.667	0.500	0.700	0.400	0.778	0.661
	期望杂合度	0.774	0.905	0.824	0.842	0.805	0.830	0.784	0.634	0.674	0.684	0.684	0.503	0.687
	近交系数	−0.036	−0.111	−0.085	0.177	0.265	0.207	−0.157	−0.055	0.268	−0.024	0.429	−0.600	0.023
	P 值	0.202	0.878	0.771	0.173	0.032	0.338	0.035	0.599	0.009	0.491	0.004	0.174	0.308
	等位基因丰富度	4.000	10.289	6.000	5.900	6.784	6.000	5.884	4.000	5.695	5.789	3.900	2.000	5.172
	无效等位基因频率	−0.038	−0.075	−0.063	0.056	0.094	0.066	−0.089	−0.043	0.085	−0.030	0.152	−0.205	−0.00
养殖子代	等位基因数	8	10	10	8	9	4	5	7	6	6	5	4	5.107
	有效等位基因数	4.137	6.110	6.292	2.636	3.544	3.031	4.207	3.756	3.807	2.869	3.373	3.149	4.306
	表观杂合度	0.655	0.773	0.717	0.622	0.873	0.704	0.542	0.690	0.769	0.629	0.664	0.108	0.651
	期望杂合度	0.608	0.713	0.744	0.623	0.871	0.672	0.564	0.736	0.740	0.654	0.706	0.130	0.671
	近交系数	0.066	0.044	0.032	0.001	0.303	0.470	0.026	0.063	0.440	0.037	0.590	0.171	0.121
	P 值	0.000*	0.000*	0.380	0.619	0.477	0.011	0.185	0.204	0.018	0.295	0.617	0.114	0.253
	等位基因丰富度	6.373	7.853	6.703	3.996	6.636	4.214	3.339	4.543	4.841	3.942	2.151	1.951	5.049
	无效等位基因频率	0.028	0.019	0.013	−0.001	−0.003	−0.020	0.011	0.025	−0.018	0.013	0.023	0.019	0.004

* 表示显著偏离经 Bonferroni 法 P 值校正后的 Hardy-Weinberg 平衡（显著性水平 $\alpha=0.05$，校正 $P \leqslant 0.0042$）。

HWE 检验表明，经过 Bonferroni 校正后（校正 $P = 0.004\ 2$），仅有 LM4-16 和 LM5-1 位点在 NBBW 群体中、LM5-6 位点在 MFQB 群体、LM4-4 和 LM4-5 位点在 MFZD 群体中偏离 *HWE*，其余位点-群体组合均未偏离 *HWE*。

（二）群体间遗传分化程度

群体间成对 F_{ST} 值和显著性检验表明（表 5-18），3 个野生群体间在显著性 $P = 0.05$ 水平上均具有显著的低水平遗传分化（$F_{ST} = 0.011\ 78 \sim 0.023\ 79$，$P = 0.000\ 00 \sim 0.012\ 28$）；而花鲈野生群体和养殖群体（包括亲本和子代）间具有极显著的遗传分化（$F_{ST} = 0.203\ 06 \sim 0.258\ 52$，$P < 0.01$）；养殖亲本群体和子代群体间亦有显著的低水平分化（$F_{ST} = 0.020\ 31$，$P < 0.01$）。

表 5-18　花鲈群体间 F_{ST} 值（对角线下）和显著性 P 值（对角线上）

群体	茂名	湛江	北部湾北部	养殖亲本	养殖子代
茂名		0.005 64	0.000 00	0.000 00	0.000 00
湛江	0.011 78		0.012 28	0.000 00	0.000 00
北部湾北部	0.023 79	0.013 37		0.000 00	0.000 00
养殖亲本	0.258 52	0.248 91	0.250 84		0.000 00
养殖子代	0.222 45	0.213 36	0.214 06	0.020 31	

表 5-19 列出了 3 种不同分组形式的 AMOVA 分析结果。首先，将花鲈 5 个群体归为一个大组群分析时，有 80.23% 的遗传变异来自群体内部，而 19.77% 的遗传变异来自群体之间，并且群体间显示出显著的遗传差异（$F_{ST} = 0.197\ 72$，$P < 0.000\ 01$）。其次，将 5 个群体分为野生组群（MM、ZJ、NBBW）和养殖组群（MFQB、MFZD）两个组群时，来自组群间的遗传变异占总变异的 16.29%，并且 P 值统计检验是显著的（$F_{CT} = 0.162\ 95$，$P < 0.000\ 01$）；来自组群内部的遗传变异比例虽小（6.363 69%），但 P 值的统计检验也是显著的（$F_{SC} = 0.076\ 02$，$P < 0.000\ 01$），表明组群间或是组群内群体间均存在显著的遗传分化。最后，根据群体间成对 F_{ST} 值，将 5 个群体分为野生、养殖亲本和养殖子代 3 个组群时，来自组群间的遗传变异的比例（20.58%），明显高于分为野生组群和养殖组群的 AMVOA 分析，其 P 值检验亦是显著的（$F_{CT} = 0.205\ 84$，$P < 0.000\ 01$），表明养殖的亲本群体与其子代群体间存在明显的遗传分化；而组群内群体间的遗传变异占总变异的比例比较低（1.38%），大部分的遗传变异来自群体内个体间（78.04%）。上述 AMOVA 分析结果表明，花鲈野生群体和养殖群体间、养殖亲本群体和子代群体间均存在显著的遗传变异。

表 5-19　分子方差分析

变异来源	方差总和	变异组成	变异百分比（%）	分化固定指数	P 值
1 个组群（茂名、湛江、北部湾北部、养殖亲本、养殖子代）					

（续）

变异来源	方差总和	变异组成	变异百分比(%)	分化固定指数	P值
群体间	316.226	1.133 42	19.771 67		
群体内	2 069.236	4.599 11	80.228 33	$F_{ST}=0.197\ 72$	$P<0.001$
2个组群（茂名、湛江、北部湾北部）（养殖亲本、养殖子代）					
组群间	250.89	0.968 96	16.294 74	$F_{CT}=0.162\ 95$	$P<0.001$
组群内群体间	65.336	0.378 42	6.363 69	$F_{SC}=0.076\ 02$	$P<0.001$
群体内	2 069.236	4.599 11	77.341 57	$F_{ST}=0.226\ 58$	$P<0.001$
3个组群（茂名、湛江、北部湾北部）（养殖亲本）（养殖子代）					
组群间	299.251	1.213 12	20.583 65	$F_{CT}=0.205\ 84$	$P<0.001$
组群内群体间	16.975	0.081 4	1.381 09	$F_{SC}=0.017\ 39$	$P<0.001$
群体内	2 069.236	4.599 11	78.035 26	$F_{ST}=0.219\ 65$	$P<0.001$

基于 Nei 遗传距离和 F_{ST} 值的 PCoA 分析结果均显示（图 5-2），花鲈 5 个群体明显分为 3 个簇。3 个野生群体（ZJ、MM 和 NBBW）组成 1 个大簇，养殖亲本群体 MFQB 和养殖子代群体 MFZD 则各自成 1 个簇。

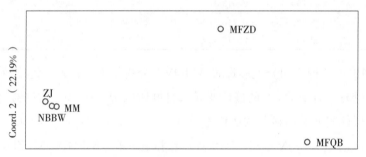

图 5-2　基于 Nei 遗传距离和 F_{ST} 值的 PCoA 分析

Coord. 1 和 Coord. 2 分别是主坐标 1、主坐标 2

基于 Structure 2.3.4 软件运行 10 次的最佳分组分析显示，当 $K=3$ 时，ΔK 值最大（为 254.53），此时平均 Ln P（D）也呈现较大值（$-9\ 652.84$）。虽然 $K=2$ 和 4 时，也

对应着分布稳定的较大平均 Ln P（D）（分别为－10 102.71、－9 572.05），但 ΔK 值均较小（分别为 10.56、21.34）。显然，$K=2$ 或 4 并不是群体的最佳组群划分。因此，可判定 $K=3$ 是 5 个花鲈群体的最佳遗传聚类簇分组。

当 $K=3$ 时，5 个花鲈群体可明显被分为 3 个组群（彩图 20）。第一个组群包括 3 个野生群体（MM、ZJ、NBBW），第二个组群为养殖亲本群体（MFQB），第三个组群为养殖子代群体（MFZD）。这与上述 F_{ST} 和 PCoA 分析结果相一致，即野生群体、养殖亲本及子代群体间显示出不同的遗传组分。个体分配分析亦表明，3 个组群个体间并无明显的基因渗透现象。可见，$K=3$ 为 5 个花鲈群体的最佳遗传组群划分。

（三）群体近交程度

遗传多样性分析显示，养殖亲本群体的 F_{IS} 为 －0.600～0.429，均值为 0.023；养殖子代群体的 F_{IS} 为 0.001～0.590，均值为 0.121。共有 4 个位点（LM4-14、LM4-15、LM5-2、LM5-6）在养殖亲本及子代群体中检测出较高的 F_{IS}，分别为 0.265、0.207、0.268、0.429 和 0.303、0.470、0.440、0.590，表明养殖亲本及子代群体内均存在一定程度的近交。

3 个野生群体总的 F_{IS} 为 －0.131～0.211，均值为 0.045。其中，茂名和北部湾北部群体各自在 1 个位点（LM4-14）和 2 个位点（LM4-14、LM5-1）上检测出有较高的 F_{IS}，分别为 0.248 和 0.228、0.495；而在总的野生群体中，仅有 LM5-1 位点的 F_{IS} 稍大于 0.2，表明野生群体总体的近交程度较低。

三、讨论与分析

（一）放流苗种遗传质量分析

用于放流苗种的养殖子代群体的 N_E 和 H_E（分别为 4.306、0.671）与养殖亲本群体相当（分别为 4.324、0.687），但明显低于总的野生群体的 N_E 和 H_E（分别为 4.539、0.719）。表明经过一个世代的繁育，杂合子的比例在养殖子代群体中仍保持稳定，遗传多样性水平没有发生明显的变化。然而，近交系数却由养殖亲本群体的 0.023 上升到子代群体的 0.121，表明子代群体可能会因近交程度较高，而加大群体产生近交衰退的潜在风险。

F_{ST} 值、AMOVA 分析结果均表明，放流苗种的子代群体不但与 3 个野生群体间具有显著的较大遗传分化（$F_{ST}=0.213\,4～0.222\,5$，$P<0.000\,1$），同时，与养殖亲本群体间亦有显著的低水平分化（$F_{ST}=0.020\,3$，$P<0.000\,1$）。PCoA 和 Structure 分析也表明，养殖子代群体与野生群体、养殖亲本群体各自形成一个独立的遗传簇，彼此间存在明显

的遗传差异。

（二）放流群体鉴定

基于亲子鉴定技术进行放流群体鉴定，利用所筛选的 7 个四碱基和 4 个五碱基重复的 SSR 标记，在野生群体中鉴定全同胞家系。结果显示：①基于 7 个四碱基或 4 个五碱基重复的 SSR 标记，均有 3 个个体鉴别错误，172 个个体鉴定正确，鉴定准确率均为 98.29%；②基于 11 个四、五碱基重复的 SSR 标记组合，有 2 个个体鉴别错误，173 个个体鉴定正确，鉴定准确率为 98.9%（表 5-20）。分析结果表明，本节获得的 2 套 SSR 标记，均能准确鉴别养殖花鲈与野生花鲈个体，可应用于花鲈增殖放流群体的遗传效应评估。

表 5-20　基于多碱基重复微卫星标记的花鲈放流群体鉴别

多碱基重复 SSR 标记组合	鉴定错误个体（尾）	鉴定正确个体（尾）	鉴定准确率（%）
4 个五碱基重复 SSR 组合	3	172	98.29
7 个四碱基重复 SSR 组合	3	172	98.29
11 个多碱基重复 SSR 组合	3	172	98.29

第八节　合浦珠母贝遗传质量检测方法

一、研究方法

（一）生物样品采集与基因组总 DNA 提取

2017 年 1 月于中国水产科学研究院南海水产研究所海南热带水产研究开发中心实验基地，通过人工授精获得用于增殖放流的合浦珠母贝混合家系，幼贝样本个体数为 168 个。2017 年 12 月于海南省三亚市和广东省湛江市附近海域，采集合浦珠母贝野生群体样品分别都为 36 个。幼贝和野生群体样品分别采集内脏团和肌肉，保存于无水乙醇中备用。

（二）微卫星等位基因分型

从该实验室前期开发的标记中，选取 9 个合浦珠母贝微卫星标记（表 5-21）（Zhu et al.，2019），分别对合浦珠母贝放流苗种群体和自然群体样品进行等位基因分型。由上海生工生物工程技术服务有限公司合成 5′ 端带有 FAM、HEX 和 TET 的荧光引物（表 5-21）。

表 5-21 9 个合浦珠母贝微卫星标记引物特征

位点	引物序列	重复序列	扩增片段 大小（bp）	退火温度 （℃）	荧光标记	登记号
PF-4	F：CTTTCTGTAATGTCGGTCATGCT R：GAGACAATATTGCACCTCAGTCC	(TTA)$_5$	240～248	59	TET	KU898851
PF-13	F：GTCTTTCGAATTCCAATTGTTCA R：CATTCTATGTCCATGTGTATGCG	(CA)$_7$	248～283	60	FAM	KU898854
PF-16	F：ATGACCAAAGAGGTTCCTTTCAT R：TAGTGGTGGTGATGTTGGGATTA	(ACC)$_5$	263～272	60	TET	KU898855
PF-21	F：GTCTTGCATGCTGTGATAAACTG R：ATATGCATAGGCAGACGGATAGA	(TG)$_7$	132～160	60	TET	KU898858
PF-30	F：TCATGAATCGATAACTAACTGGAGA R：ATTAGCGTCGCTTCATCTAACAA	(AG)$_8$	113～257	61	FAM	KU898861
PF-35	F：ACCTCATGACGATCAACAATGTA R：TATTTAGAACCGACACCTTTCCA	(AT)$_6$	255～272	60	HEX	KU898864
PF-39	F：ATAAACACGATCAGCATTCCACT R：TCTGAGAAAATGATTGCCGTTAT	(AAT)$_6$	233～316	60	HEX	KU898865
PF-27	F：GAGGAAGACGATAAAGTGGATGA R：CAGCTGCCTTGTTGAGTAAATCT	(TGA)$_6$	232～244	60	HEX	KU898860
PF-44	F：ATGGCAAAATAATGGTAACAACG R：GCGGCCACATTGTAGTATGATAA	(AAC)$_5$	229～257	60	FAM	KU898868
PF-48	F：CGGTTATAGTTCCCCCTAGACAT R：GGCTGTCTCAGGTACATTATTGC	(AT)$_8$	95～173	60	FAM	KU898870

（三）种群遗传多样性和遗传质量

采用 Arlequin version 3.5（Excoffier and Lischer，2010），分析 N_A、H_E、H_O、HWE 及 F_{ST}；使用概率测试（probability test），对 F_{ST} 值进行显著性检验。采用 PIC_CALC 0.6 软件，分析多态信息含量（PIC）。软件 GeneMarker v1.5，读取等位基因大小。使用软件 Coancestry 1.0（Wang，2011），计算自然群体与苗种群体中个体的近交系数（inbreeding coefficient，F_{IS}），计算模型选择"triadic likelihood estimator"；使用软件 Fstat 2.93，计算各群体的 F_{IS}。

二、研究结果

（一）放流苗种群体和野生群体遗传多样性水平

合浦珠母贝放流苗种群体与自然群体等位基因分型与遗传多样性分析结果见表 5-22。使用 10 个微卫星标记，在放流苗种群体中共检测到 63 个等位基因，在自然群体中共检测到 46 个等位基因。苗种群体各微卫星标记 N_A 的分布范围为 2～15，均值为 6.3；自然群

体各标记 N_A 的分布范围为 2～10，均值为 4.6。

苗种群体各标记 H_O 的分布范围为 0.185～1.000，均值为 0.570；自然群体各标记 H_O 的分布范围为 0.250～1.000，均值为 0.675。苗种群体各标记 H_E 的分布范围为 0.380～0.769，均值为 0.615；自然群体各标记 H_E 的分布范围为 0.382～0.827，均值为 0.628。两群体 H_O 均值都小于 H_E 值，说明总体都处于杂合子缺失状态。

苗种群体各标记 PIC 的分布范围为 0.318～0.731，均值为 0.544；自然群体各标记 PIC 的分布范围为 0.336～0.788，均值为 0.548。

（二）种群近交程度

放流苗种群体的 F 均值为 0.069 6，自然群体的 F 均值为 0.009 77；放流苗种群体的 F_{IS} 值为 0.067 3，自然群体的 F_{IS} 值为 0.008 25。

三、讨论与分析

为评价合浦珠母贝放流苗种的遗传质量，使用 9 个遗传指标，从遗传分歧程度、遗传多样性水平、近交程度、遗传信息保持能力 4 个方面，将放流苗种与放流目的海域自然群体的遗传属性，进行了全面放流苗种遗传质量分析比较。

（1）遗传分歧检测结果表明，两群体间存在显著性遗传分歧，分歧程度为"微弱"。这说明放流苗种的等位基因频率与自然种群存在微弱差异，如果对该苗种进行大规模放流，则可能会改变自然种群的等位基因频率，进而影响自然种群对其生活环境的适应性。

（2）分别使用 5 个种群遗传多样性水平指标（N_A、PIC 均值、H_O 均值、H_E 均值）（表 5-22），对两群体进行比较。显示放流苗种群体的 PIC 均值、H_O 均值、H_E 指标值均小于自然群体，偏差率在 -0.73%（PIC 均值）～-15.57%（H_O 均值）。此外，放流苗种群体的 N_A 均值高于自然群体的，偏差率为 36.96%。总的来说，如果对该苗种进行放流，可能会提升自然种群的遗传多样性水平，进而导致自然种群的环境适应力上升。

表 5-22　合浦珠母贝放流苗种与自然群体遗传多样性指标汇总

标记	等位基因数		多态信息含量		表观杂合度		期望杂合度		哈迪-温伯格平衡检验 P 值	
	苗种群体	自然群体	苗种群体	自然群体	苗种群体	自然群体	苗种群体	自然群体	苗种群体	自然群体
PF-4	5	4	0.511	0.515	0.238	0.25	0.592	0.605	0.231	0.464
PF-13	9	4	0.628	0.596	0.304	0.458	0.689	0.675	0.0231	0.000 044
PF-16	6	6	0.613	0.607	0.321	0.542	0.667	0.676	0.219	0.593
PF-21	2	2	0.375	0.375	1	1	0.501	0.511	0.451	0.173
PF-27	12	6	0.73	0.703	0.857	0.917	0.769	0.762	0.001	0.000 6

（续）

标记	等位基因数		多态信息含量		表观杂合度		期望杂合度		哈迪-温伯格平衡检验 P 值	
	苗种群体	自然群体	苗种群体	自然群体	苗种群体	自然群体	苗种群体	自然群体	苗种群体	自然群体
PF-30	3	3	0.574	0.561	0.589	0.667	0.649	0.646	0.02	0.009
PF-35	2	2	0.374	0.373	0.75	0.833	0.499	0.507	0.212	0.000 070
PF-39	3	3	0.318	0.336	0.185	0.292	0.38	0.382	0.321	0.002
PF-44	15	10	0.731	0.788	0.851	0.833	0.765	0.827	<0.000 001	0.000 001
PF-48	6	6	0.589	0.629	0.607	0.958	0.636	0.691	0.689	0.000 018

* 与 Hardy-Weinberg 平衡定律显著性背离（校正 $P \leqslant 0.004\ 5$）。

（3）分别使用 F 均值和 F_{IS}，比较两群体的近交程度。苗种群体的 F 均值与 F_{IS} 均小于自然群体，偏差率分别为 612.38％和 715.76％。说明苗种群体的近交程度大于自然群体，放流后可能会提升自然种群近交程度，进而促进自然种群遗传多样性信息的流失。

综上所述，合浦珠母贝放流苗种在上述种群遗传学指标上大部分优于自然群体，因此，该苗种在遗传质量方面能满足增殖放流要求。如果将该苗种进行放流，将可能改变自然种群遗传多样性结构，产生多种正面遗传影响。从各指标偏差率看，F_{IS} 最高（+715.76％），是该放流苗种最突出的遗传质量缺陷；近交系均值 F 偏差率也较高（+612.38％），说明该苗种在这些方面也存在较大质量问题（表 5-23）。

表 5-23　合浦珠母贝放流苗种群体与自然群体遗传学属性比较

项目	种群遗传学指标	苗种群体	自然群体	偏差率（%）	遗传影响
遗传多样性水平	等位基因数	63	46	+36.96	正面
	多态信息含量均值	0.544	0.548	−0.73	负面
	观测杂合度均值	0.570	0.675	−15.57	负面
	期望杂合度均值	0.615	0.628	−2.07	负面
近交程度	近交系数均值	0.069 6	0.009 77	+612.38	负面
	近交系数	0.067 3	0.008 25	+715.76	负面

第九节　牡蛎遗传质量检测方法

一、研究方法

（一）生物样品采集与基因组总 DNA 提取

在香港巨牡蛎主要分布区域，共采集了 11 个野生群体，共 627 个个体的香港巨牡蛎样品，2个群体采自广西，8个群体采自广东，1个群体采自福建。其中，福建厦门和阳江雅韶的群体采自于潮间带的野生香港巨牡蛎，其他9个群体采自于当地水域采苗附着基或使用当地苗种的养殖场。具体的种群分布情况及数量见表5-24和图5-3。

表5-24　香港巨牡蛎种群采样点的经纬度和用于分析的个体数

编号	取样点	纬度	经度	采样日期	微卫星分析个体数
XM	厦门	24°28.722′N	117°54.696′E	2010 年 08 月	68
ST	汕头牛田洋	23°20.382′N	116°35.286′E	2009 年 07 月	52
SW	汕尾红草湾	22°51.216′N	115°17.718′E	2009 年 12 月	58
SZ	深圳沙井	22°44.214′N	113°45.684′E	2009 年 07 月	20
HQ	珠海横琴	22°05.538′N	113°33.648′E	2009 年 07 月	60
GL	珠海高栏	21°53.214′N	113°15.312′E	2010 年 03 月	60
ZHW	镇海湾	22°00.474′N	112°22.626′E	2009 年 12 月	60
YJ	阳江雅韶	21°47.094′N	112°02.106′E	2009 年 12 月	60
ZJ	湛江官渡	21°21.828′N	110°25.578′E	2010 年 03 月	59
DFJ	大风江口	21°40.188′N	108°50.886′E	2010 年 04 月	72
QZ	钦州湾	21°50.964′N	108°35.778′E	2009 年 10 月	58

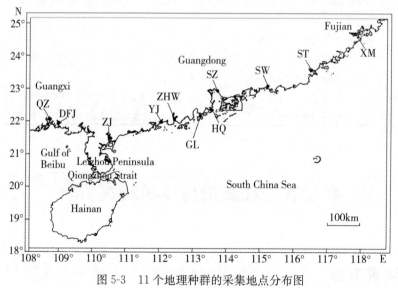

图5-3　11个地理种群的采集地点分布图

Guangxi：广西；Gulf of Beibu：北部湾；Qiongzhou strait：琼州海峡；Leizhou peninsula：雷州半岛；Guangdong：广东；Fujian：福建；South China Sea：中国南海。其余的缩写参考表5-24

基因组总DNA提取，采用传统的酚-氯仿抽提法。DNA纯度和完整度的鉴定，一般采用紫外吸收测定法和电泳测定法两种方法。

（二）微卫星等位基因分型

群体分析的总样品数为 627 个个体，采用荧光标记的 12 对多态性微卫星引物进行分析（表 5-25）。扩增产物经 1‰琼脂糖凝胶电泳检测确认后，利用 ABI 3130 自动测序仪（Applied Biosystems）配合 Genemapper version 4.1 软件（Applied Biosystems），分析确定微卫星片段长度和识别微卫星基因型。

表 5-25　香港巨牡蛎微卫星引物及理想反应条件

座位	重复碱基	引物序列（5'-3'）	荧光标记	退火温度（℃）
CHP1	(CAT)$_8$	ATGCCAGTCTGGACATTA GG TCCCCTACAACAAAT	5'-FAM	60
CHP2	(GAT)$_7$	ATGAAGCCCAATTACCAC TCTCCCATGACAGAGGAT	5'-FAM	60
CHP4	(GAT)$_6$	TTACATAGAGCACCAAAG GATGATGACATCAGCAGT	5'-FAM	50
CHP5	(CA)$_7$ (CAT)$_9$	TGCCATAACAGCCGATGA CACAAACTAGACGAAAGG	5'-HEX	60
CHP6	(GGT)$_7$… (GAT)$_6$	ACCGTCGTTGTCGTCTCA CGTCCTCAGGTCACTTTC	5'-HEX	60
CHP7	(CAT)$_{17}$	CAGACGACCAACGCCTCA CCGCCAACTCCTCTACAA	5'-HEX	65
CHP8	(ATC)$_5$	ACGGGGGTGTGTATGTCTC ACTGGTAGGTGGTGTTTTGAT	5'-FAM	61
CHP9	(CAT)$_5$	TCCGTGTCTCTCTCCTTCTTT GGTTGTCCAATTATCATTTCCTCTC	5'-FAM	65
CHP15	(TGA)$_6$	GAGTGTGCTCAACCAAATAC GGGATCTTGAGATTCCTTAG	5'-HEX	61
ch214	(CT)$_{20}$	AGCTTGGGATCGGGCATG CGTAGAGGCGGAGTTCAG	5'-FAM	59
ch409	(GT)$_{19}$	TTGGGATCACGTAGAAGT GAGGGAATCAGACGGAGA	5'-FAM	54
ch413	(GA)$_{20}$	GCTTGGGATCTGCTTGGTC TTGGTGCTTCCTTTCTTATTTG	5'-AMRA	57

（三）数据统计分析

1. 遗传多样性参数　利用 MICRO-CHECKER（Van et al.，2004）软件，检测非期

望突变、大的空位（gap）、不正常大小的等位基因或无效等位基因；利用 GENEPOP 4.0（Rousset，2008）软件，计算等位基因数量、HWE 检验和连锁不平衡检验；利用 Bonferroni 连续校正法（Rice，1989）校正后的 P 值，用于多重比较的检验；利用 FSTAT 2.9.3（Goudet，2001）软件，计算等位基因频率、观测杂合度、期望杂合度和等位基因丰度。

群体之间的遗传分化采用多种方式进行。基于 IAM 突变模型（infinite alleles model，IAM）总的 F_{ST} 值（Overall F_{ST} value）和不同群体两两之间的 F_{ST} 值（Pairwise F_{ST} value），采用软件 ARLEQUIN 3.5 计算得出，并利用该软件判断 F_{ST} 值的显著程度。同时，利用软件 RstCalc（Goodman，1997），计算基于 SMM 模型（stepwise mutation model，SMM）的 R_{ST} 值。

2. 系统发育重建　利用 PHYLIP 3.5 版（Abdennadher et al.，2007）软件，根据成对种群间 Nei 氏标准遗传距离构建距离邻接树。

3. 基因壁垒预测分析和个体归群分析　基因壁垒预测分析采用软件 Barrier 2.2（Manni et al.，2004），分析遗传分化和地理阻隔之间的关系，从而推断出可能出现的遗传壁垒，地理距离按照经纬度输入，遗传分化数据是由 MSA 4.0 计算所得。

4. 种群遗传结构分析　分子方差分析（AMOVA）由 ARLEQUIN 3.5 版软件运算。为检查是否存在距离隔离现象（IBD），我们计算了成对种群间的遗传距离 $F_{ST}/(1-F_{ST})$ 矩阵和各取样点间地理距离（km）矩阵。两个矩阵输入 ARLEQUIN 3.5 版软件，用来检验两者的相关性，显著性检验共计进行 10 000 次随机运算（Mantel，1967；Manly，1997）。用 STRUCTURE 软件（Pritchard et al.，2000）中的贝叶斯聚类方法（Baudouin et al.，2004），分析种群遗传分化。

二、结果

（一）遗传变异分析结果

实验得到各个群体的基本遗传学参数见表 5-26。在所有群体的所有位点上，一共扩增得到 288 个等位基因，平均每个位点得到的等位基因数目范围为 9.1～19.9，平均每个群体得到的等位基因数目范围为 10.6～15.3。较高的遗传多样性还反映在杂合度上，所有群体的观测杂合度范围为 0.568～0.716，期望杂合度范围为 0.843～0.871。就群体而言，XM 群体计算得到的平均期望杂合度最高，为 0.871；而 SW 群体最小，为 0.843。GENEPOP4.0 进行各个种群内每对基因座位间的连锁不平衡检验，没有发现本节所涉及的 12 个微卫星座位间存在连锁不平衡关系。

表 5-26　香港巨牡蛎 11 个群体的 12 个微卫星位点遗传多样性指数

位点	项目	种群遗传变异分析										
		钦州湾	大风江口	湛江官渡	阳江雅韶	镇海湾	珠海高栏	珠海横琴	深圳沙井	汕尾红草湾	汕头牛田洋	厦门
ch214	个体数	58	72	59	60	60	60	60	20	58	52	68
	等位基因数	21	20	22	22	20	19	18	16	20	20	20
	等位基因丰度	16.18	16.36	17.29	16.21	16.68	16.44	15.08	16.00	17.05	16.75	16.55
	期望杂合度	0.935	0.941	0.946	0.933	0.944	0.941	0.934	0.942	0.946	0.945	0.942
	观测杂合度	0.828	0.887	0.932	0.917	0.833	0.767	0.817	0.956	0.914	0.827	0.882
	P 值	0.302 2	0.075 2	0.475 3	0.799 7	0.134 9	0.018 5	0.000 0	1.000 0	0.333 7	0.153 1	0.101 2
ch409	等位基因数	14	14	16	15	17	18	15	14	17	13	17
	等位基因丰度	11.47	11.60	13.40	13.20	13.38	14.18	13.10	14.00	13.67	9.98	14.17
	期望杂合度	0.902	0.906	0.921	0.914	0.918	0.911	0.920	0.921	0.913	0.868	0.931
	观测杂合度	0.724	0.667	0.627	0.752	0.751	0.433	0.467	0.700	0.707	0.615	0.485
	P 值	0.118 6	0.022 9	0.204 4	0.096 3	0.876 1	0.130 7	0.090 6	0.458 5	0.025 7	0.559 9	0.057 1
ch413	等位基因数	16	21	18	16	16	14	16	12	15	15	18
	等位基因丰度	13.71	16.50	14.13	12.42	13.12	12.08	13.10	12.00	12.63	13.31	15.18
	期望杂合度	0.892	0.934	0.867	0.885	0.865	0.886	0.858	0.877	0.850	0.903	0.907
	观测杂合度	0.465	0.403	0.424	0.417	0.328	0.250	0.433	0.550	0.483	0.500	0.368
	P 值	0.320 4	0.286 5	0.011 8	0.103 9	0.098 4	0.007 9	0.106 9	0.381 3	0.323 3	0.274 1	0.098 6
CHP1	等位基因数	15	12	12	10	14	15	10	8	12	14	9
	等位基因丰度	10.78	9.70	9.63	8.92	11.23	10.11	9.06	8.00	9.15	10.15	8.07
	期望杂合度	0.803	0.802	0.858	0.851	0.882	0.832	0.876	0.850	0.844	0.867	0.851
	观测杂合度	0.551	0.639	0.661	0.583	0.633	0.617	0.633	0.600	0.621	0.634	0.662
	P 值	0.361 3	0.007 5	0.000 0	0.042 3	0.061 1	0.610 5	0.475 6	0.106 2	0.080 8	0.000 5	0.677 8
CHP2	等位基因数	9	9	10	11	11	8	6	9	9	8	11
	等位基因丰度	7.48	6.59	6.62	8.13	7.68	6.05	5.50	8.00	6.36	5.93	7.26
	期望杂合度	0.717	0.541	0.669	0.601	0.597	0.693	0.632	0.645	0.506	0.557	0.762
	观测杂合度	0.207	0.243	0.483	0.367	0.267	0.267	0.301	0.201	0.259	0.255	0.264
	P 值	0.779 5	0.988 9	0.183 9	0.003 3	0.301 8	0.006 0	0.007 2	0.000 0	0.004 1	0.007 7	0.133 3
CHP4	等位基因数	11	11	11	11	10	9	9	8	10	12	16
	等位基因丰度	9.29	8.84	9.30	8.58	8.45	7.48	8.15	8.00	8.49	9.54	10.09
	期望杂合度	0.816	0.834	0.876	0.825	0.827	0.800	0.847	0.806	0.864	0.839	0.799
	观测杂合度	0.689	0.736	0.847	0.796	0.801	0.712	0.767	0.800	0.754	0.865	0.721
	P 值	0.198 2	0.142 9	0.202 3	0.079 5	0.878 5	0.019 8	0.015 8	0.470 8	0.029 6	0.622 1	0.321 0
CHP5	等位基因数	12	13	15	15	12	12	13	11	13	14	13
	等位基因丰度	11.03	10.31	11.91	11.89	10.40	10.73	11.03	11.00	11.82	11.41	11.56
	期望杂合度	0.880	0.868	0.903	0.907	0.886	0.895	0.872	0.894	0.903	0.904	0.884

（续）

位点	项目	种群遗传变异分析										
		钦州湾	大风江口	湛江官渡	阳江雅韶	镇海湾	珠海高栏	珠海横琴	深圳沙井	汕尾红草湾	汕头牛田洋	厦门
CHP5	观测杂合度	0.737	0.819	0.831	0.817	0.779	0.729	0.678	0.850	0.825	0.784	0.642
	P 值	0.615 9	0.205 3	0.016 6	0.076 5	0.030 2	0.000 0	0.010 5	0.399 7	0.342 9	0.304 4	0.348 5
CHP6	等位基因数	20	23	21	21	20	22	20	11	20	22	19
	等位基因丰度	15.38	15.82	16.85	15.52	14.82	16.80	15.52	11.00	14.84	16.10	13.94
	期望杂合度	0.924	0.913	0.932	0.909	0.906	0.926	0.885	0.869	0.899	0.915	0.839
	观测杂合度	0.431	0.361	0.424	0.517	0.333	0.517	0.400	0.500	0.500	0.327	0.456
	P 值	0.247 1	0.332 2	0.000 0	0.820 4	0.025 4	0.019 3	0.000 0	1.000	0.316 7	0.169 9	0.120 2
CHP7	等位基因数	15	16	14	15	14	16	15	9	12	15	19
	等位基因丰度	12.25	12.01	10.92	11.90	12.64	13.95	11.85	9.00	10.08	12.02	15.01
	期望杂合度	0.898	0.894	0.849	0.910	0.915	0.930	0.889	0.815	0.880	0.899	0.931
	观测杂合度	0.862	0.887	0.845	0.917	0.796	0.762	0.779	0.500	0.737	0.692	0.824
	P 值	0.122 8	0.832 3	0.985 3	0.185 4	0.060 8	0.076 8	0.000 0	0.002 1	0.120 3	0.061 6	0.314 2
CHP8	等位基因数	15	11	15	13	13	16	12	10	13	13	18
	等位基因丰度	10.38	9.41	11.36	11.17	10.78	12.05	9.90	10.00	10.16	10.47	12.94
	期望杂合度	0.833	0.848	0.853	0.875	0.839	0.843	0.801	0.847	0.814	0.831	0.865
	观测杂合度	0.965	0.944	0.966	0.933	0.967	0.867	0.917	0.950	0.879	0.808	0.765
	P 值	0.422 6	0.206 7	0.000 0	0.060 4	0.000 7	0.010 2	0.521 2	0.719 7	0.438 5	0.001 2	0.785 1
CHP9	等位基因数	12	8	9	9	7	10	13	10	10	11	10
	等位基因丰度	10.83	6.85	7.36	7.35	6.54	8.73	11.81	10.00	9.46	9.93	9.50
	期望杂合度	0.880	0.767	0.746	0.775	0.769	0.846	0.912	0.891	0.883	0.885	0.864
	观测杂合度	0.603	0.714	0.638	0.533	0.373	0.389	0.317	0.300	0.276	0.211	0.353
	P 值	0.286 5	0.121 4	0.076 2	0.045 8	0.067 1	0.000 0	0.007 5	0.022 9	0.132 6	0.038 5	0.779 5
CHP15	等位基因数	12	14	14	14	12	11	9	10	12	7	14
	等位基因丰度	9.93	12.17	11.76	12.05	9.40	9.77	7.41	10.00	10.21	6.23	11.79
	期望杂合度	0.839	0.889	0.859	0.880	0.843	0.858	0.732	0.856	0.816	0.770	0.872
	观测杂合度	0.845	0.972	0.915	0.651	0.683	0.508	0.678	0.801	0.638	0.500	0.574
	P 值	0.795 3	0.322 1	0.006 6	0.078 7	0.100 5	0.124 5	0.008 9	0.570 1	0.002 1	0.001 1	0.687 5
平均值	等位基因数	14.3	14.3	14.6	14.3	13.8	14.1	13.0	10.6	13.6	13.8	15.3
	等位基因丰度	11.52	11.34	11.71	11.45	11.26	11.53	10.96	10.58	11.16	10.99	12.17
	期望杂合度	0.859	0.845	0.857	0.855	0.849	0.863	0.847	0.851	0.843	0.849	0.871
	观测杂合度	0.658	0.689	0.716	0.683	0.628	0.568	0.598	0.642	0.633	0.585	0.583

Hardy-Weinberg 平衡检测显示，132 个群体-位点组合中有 41 个偏离 Hardy-Weinberg 平衡。P 值经过顺序 Bonferroni 校正后，仅有 17 个组合偏离 Hardy-Weinberg 平衡，这种偏离是由于纯合子过剩（杂合子不足）引起的。在所有群体和所有的位点上，

没有观测到杂合子过剩的现象。MICRO-CHECKER 软件检查发现，无效等位基因没有明显地影响到本节的分析结果。

遗传分化检测显示，基于 IAM 模型总的 F_{ST} 值和基于 SMM 模型总的 R_{ST} 值均严重偏离零，说明各个群体之间可能存在遗传学分化。就广西地区而言，2 个群体（QZ 和 DFJ）间的 F_{ST} 值和 R_{ST} 值较低（$F_{ST}=0.030\ 69$，$R_{ST}=0.019\ 15$），统计学检测发现这 2 个值均不存在显著性差异，即广西的 2 个群体不存在遗传分化。但是，当把这 2 个广西群体与其他 9 个群体进行比较时，F_{ST} 值和 R_{ST} 值都存在显著性差异，说明广西群体与其他 9 个群体存在遗传分化。而取自福建地区的群体（XM）与其他 10 个群体之间却显示较大的 F_{ST} 值和 R_{ST} 值，并且在统计学上与其他 10 个群体存在显著性差异，显示福建地区的群体跟其他群体存在较大的遗传分化。而在广东的 8 个群体的比较中发现，成对 F_{ST} 值和 R_{ST} 值普遍比福建、广西群体要低，同时，广东西部的 4 个群体（ZJ、YJ、ZHW 和 GL）内部的 F_{ST} 值和 R_{ST} 值较小，而且绝大多数不存在显著性差异；广东东部的 4 个群体（HQ、SZ、SW 和 ST）内部的 F_{ST} 值和 R_{ST} 值也呈现相同的规律，而广东东部与西部的群体间却存在着较大并具有显著性差异的 F_{ST} 值和 R_{ST} 值，这提示广东内部很可能存在以珠江口为分界线的群体结构。

（二）系统发育重建

基于微卫星数据生成的 Nei 氏标准遗传距离构建的距离邻接一致树，将 11 个种群明显地聚成 4 个分支，从 neighbor-joining（NJ）系统发育树上可以清楚地看出群体之间的遗传距离和遗传分化关系：QZ 和 DFJ 2 个广西群体聚为 1 支；广东的 8 个群体分为 2 支，其中，ZJ、YJ、ZHW 和 GL 这 4 个广东西部的群体聚为 1 个分支，而 HQ、SZ、SW 和 ST 这 4 个广东东部群体聚为另 1 个分支；福建群体 XM 单独为一支，并与广西 QZ 群体具有最远的遗传距离（图 5-4）。

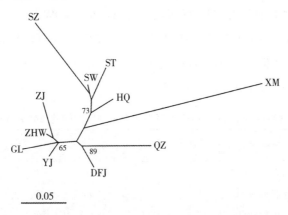

图 5-4　基于微卫星数据 Nei 氏标准遗传距离构建的距离邻接一致树
节点处数字是 1 000 次自举检验的置信值

（三）基因壁垒预测和个体归群结果

基于微卫星数据由软件 BARRIER 预测的潜在遗传壁垒见图 5-5，图 5-5 中的 a、b、c、d 表示遗传壁垒的强度，a>b>c>d。

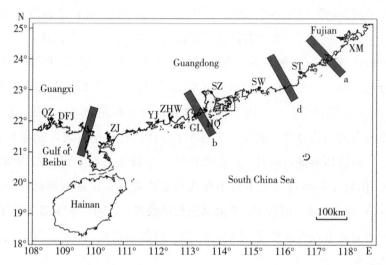

图 5-5　利用微卫星数据通过 BARRIER 软件预测的地理阻隔

Guangxi：广西；Gulf of Beibu：北部湾；Qiongzhou strait：琼州海峡；Leizhou peninsula：雷州半岛；Guangdong：广东；Fujian：福建；South China Sea：中国南海。其余的缩写参考表 5-24

（四）群体遗传结构分析结果

AMOVA 结果显示，11 个研究种群在区域间、种群间以及个体间等多个层次均存在显著的遗传结构（表 5-27）。微卫星数据支持中国南海的香港巨牡蛎群体已经分化为广西分支、广东分支和福建分支。同时，有 96.67% 的差异是存在于群体内部的，说明群体内部具有较为丰富的遗传多样性。

当把 11 个研究种群划分为广西（GX）、广东西部（GDW）、广东东部（GDE）和福建（FJ）4 个分支时，AMOVA 分析结果显示，分支间的固定指数要比前一种三大分支的划分方法高，同时 P 值也更小，表示差异更加显著（$\Phi_{CT}=0.021\,02$，$P=0.000\,98$），这与前面的 F_{ST} 值和 R_{ST} 值检验结果相一致。

表 5-27　香港巨牡蛎 11 个地理种群在 3 个地理区域间的 AMOVA 分析结果

分子标记	分级级数	d. f.	百分比（%）	Φ 统计	P 值
微卫星	组间（GX，GD and FJ）	2	1.50	$\Phi_{CT}=0.015\,02$	0.010 60
	组内群体间	8	1.83	$\Phi_{SC}=0.018\,58$	0.000 00
	群体内部	1 243	96.67	$\Phi_{ST}=0.033\,32$	0.000 00
	组间（GX、GDW、GDE、FJ）	3	3.68	$\Phi_{CT}=0.021\,02$	0.000 98

（续）

分子标记	分级级数	d. f.	百分比（%）	Φ 统计	P 值
微卫星	组内群体间	7	1.03	$\Phi_{SC}=0.012\,28$	0.000 00
	群体内部	1 243	95.29	$\Phi_{ST}=0.028\,32$	0.000 00

Mantel 检验表明，本节涉及的 11 个香港巨牡蛎地理种群间存在着明显的地理隔离现象（IBD）。遗传距离与地理距离间的相关系数虽较低（$r=0.512\,1$），但已达极显著水平（$P=0.001\,9$；10 000 次随机抽样）。

为进一步确认系统发育分析和 AMOVA 分析推断的香港巨牡蛎种群分化为四大分支这一结果的可靠性，进一步用 STRUCTURE 软件进行贝叶斯聚类分析。STRUCTURE 软件对每个 K 均运算了 20 次。利用 Evanno 氏 ΔK 方法（Evanno et al.，2005），选取最大可能的 K 值，也即最大可能的分支数。结果表明，K 的最大可能值是 4，表明 11 个种群应聚为 4 个分支，这与系统发育重建的结果完全一致。分支 1（绿色部分）主要组分来源于广西群体；分支 2（蓝色部分）和分支 3（黄色部分）的主要组分分别来源于广东西部群体和广东东部群体，福建群体主要聚到第四大分支里（红色部分）。彩图 21 显示了这四大分支以及每个种群在这四大分支中的分布情况。

三、分析与讨论

（一）香港巨牡蛎野生群体的遗传多样性

本节采样的 11 个群体均显示出较高的遗传多样性。在微卫星分析中的两个主要的多样性参数，等位基因数（平均群体等位基因数范围为 10.6～15.3）和期望杂合度（期望杂合度范围为 0.843～0.871），在 11 个群体都处于较高水平。高多态性似乎是海洋双壳类生物的特征。在对双壳类的微卫星位点克隆描述和利用微卫星位点进行遗传学分析时，在许多物种中都报道了非常高的遗传多样性，如牡蛎（pacific oyster，Li et al.，2003a；eastern oyster，Brown et al.，2000，Smith et al.，2003）、蛤蜊（geoduck clam，Vadopalas et al.，2004；blood clam，An et al.，2005；surf clam，Cassista et al.，2005）、贻贝（zebra mussel，Naish et al.，2001）和扇贝（Kenchington et al.，2006）。一般认为，较大的群体数量和较高的繁殖力（high fecundity）是产生如此高多态性的重要原因（Hedgecock et al.，2004；Kenchington et al.，2006）。

（二）香港巨牡蛎的群体遗传结构及其形成原因

微卫星标记数据（F_{ST} 值检验、系统树、基因壁垒预测和 AMOVA 分析等结果）均表明，11 个采样点的香港巨牡蛎群体间出现了较为明显的遗传分化，中国南海的香港巨牡蛎群体很可能分化为遗传上不同的、与地理位置相关的 3 个分支，即广西分支、广东分支和福建分支；在对微卫星数据使用 STRUCTURE 和 MIGRATE 软件进行进一步分析后发现，采自广东的 8 个香港巨牡蛎群体内部存在以珠江口为分界线的群体结构，即由 ZJ、YJ、ZHW 和 GL 4 个群体构成的广东西部分支和由 HQ、SZ、SW 和 ST 4 个群体构成的广东东部分支。中国南海香港巨牡蛎的遗传结构产生的可能原因介绍如下。

1. 香港巨牡蛎自身的生活特性　与其他牡蛎一样，香港巨牡蛎具有 10~15d 的浮游幼虫时期，这个特点会导致香港巨牡蛎较差的地理分化。但是在浮游幼虫时期结束后，香港巨牡蛎将以左壳营固着生活，一旦固着后则终生不能脱离固着物移动，只能通过右贝壳的运动进行呼吸、摄食、生殖、排泄等生理活动。但是，香港巨牡蛎拥有有别于其他牡蛎的生活特性：对低盐度的偏好性，尤其是在附着期，这种偏好性使其主要分布于河口附近的低盐度海区。同时，中国南海沿岸一带海域内众多的海湾、岛屿和涡旋也阻碍了浮游幼虫之间的交换，在这样复杂的海洋和地理环境下，连同香港巨牡蛎分布区域内海洋底质的不连续性（栖息地的破碎，fragmentation），决定了香港巨牡蛎在我国南海分布的区域化（不连续化）及较为独特的群体遗传结构特征。本节中的香港巨牡蛎大部分群体都拥有较高的遗传多样性，并且群体间的遗传分化较明显，该物种的独特生活习性应该是促成这些现象的主要原因之一。

2. 水温和盐度　香港巨牡蛎的最适水温为 22℃，水温 18~28℃处于较适宜水平，摄食和吸收效率较高，代谢水平适中。水温过高时，摄食降低，但代谢水平仍较高；水温过低，摄食也相应减少，都不利于香港巨牡蛎的生长（廖文崇等，2011）。我们在样本采集的过程中发现，在中国南海香港巨牡蛎分布区中，同时存在着另一种在形态上跟香港巨牡蛎具有很高相似度的牡蛎——有明牡蛎（*Crassostrea ariakensis*）。在 Wang 等（2004）的研究中，也出现了以福建为分界线，福建以北的海区有明牡蛎为优势种、福建以南的海区香港巨牡蛎为优势种的现象。就水温条件而言，我国广西、广东和福建沿海除个别地区在夏季和冬季的极端温度外，都比较适宜香港巨牡蛎的生长，因此，香港巨牡蛎对较高水温的偏好性，很有可能是决定该物种主要分布于中国南海沿岸的关键因素之一。

薛凌展等（2007）在研究了盐度对香港巨牡蛎幼虫生长及存活的影响后得出结论，16 盐度组的幼虫生长最快，25 盐度组次之，30 盐度组最慢。在整个浮游幼虫阶段，高盐度组幼虫的存活率低于低盐度组，其中，30 盐度组的存活率最低。这说明香港巨牡蛎虽然对盐度有一定的适应范围和适应程度，但是其更偏好于低盐度，尤其在其经历浮游幼虫时期与附着期的时候。因此，在对该物种主要分布区夏季（5—6 月）的表面盐度进行查考分析后可以推断，XM 和 ST、SW 和 ST 以及 ZJ 和 YJ 群体的隔离与分化与盐度有关，这些群体分布区彼此之间的高盐度海区，阻碍了香港巨牡蛎夏季繁殖季节中浮游幼虫的迁移，从而导致了这些群体间存在较大的遗传分化。

3. 海流和地理壁垒　在香港巨牡蛎的分布区中，海流方面主要受到广东沿岸流的影响。广东沿岸流是指位于广东以北陆架上沿海岸流动的浅海海流，它主要由风力驱动，具有明显的季节变化和浅海海流特征（苏纪兰等，2005）。以珠江口为界，可把广东沿岸流分为粤东沿岸流和粤西沿岸流，粤东沿岸流流向广东沿岸流主要受季风与河流径流的影响，同时也与其外侧的流系密切相关，形成机制较明确，在夏季西南季风作用下形成东北向沿岸流，可延伸至汕头一带海域。而粤西沿岸流的形成机制却非常复杂。现有的研究中，"广东省海岸带和海涂资源综合调查"（1987）中，在粤西沿岸有一些余流观测，指出在 15 m 以浅、当西南季风不强或为东南风时，沿岸分布着斜压效应所致的西向流；伍伯瑜（1989，1990）、应秩甫（1999）描绘了粤西海域的海流模式，指出珠江口以西有一支终年西向的沿岸流，并在湛江港外有一个气旋型环流。但现有的研究成果关于粤西沿岸流的结论并不统一，俞慕耕、刘金芳（1993）分析南海海流系统时，认为夏季广东沿岸在西南季风作用下，沿岸流都自西向东，孙湘平等（1996）绘出的南海陆架海域的夏季海流模式中，整个广东沿岸流也是自西向东。

由于香港巨牡蛎只有在浮游幼虫时期才具有迁移能力，我们以广东沿岸流的平均流速 25 cm/s、10～15 d 的浮游时期为基础，在不考虑其他因素影响的情况下，计算出香港巨牡蛎浮游幼虫在海流驱使下可以迁移的距离为 216～324 km。实际上由于广东沿海一带岛屿众多、地形气候较为复杂，在这些因素的影响下，携带着浮游幼虫的沿岸流不可能一直向着一个方向移动，因此，幼虫实际迁移的距离肯定要比我们计算的理论距离小。在对本节中的香港巨牡蛎群体间的地理距离进行估算，并结合前文所得到的群体遗传学数据分析后发现：在群体间地理距离小于 150 km 时，群体间的遗传分化较小，甚至于没有显著性差异，如广西的 QZ 和 DFJ 群体，地理距离 73 km，F_{ST} 值小于 0.05 并且差异不显著（线粒体和微卫星数据），并在 STRUCTURE 分析和系统树分析中首先聚为 1 支，类似的现象在 YJ 和 ZHW 群体中也有出现。而当群体间的地理距离大于 200 km 时，群体间出现了较大的遗传分化，表现出一定的地理隔离性，如 XM 和 ST 群体，地理距离 230 km，在 F_{ST} 值检验、系统树、基因壁垒预测、AMOVA 分析和 STRUCTURE 分析等结果中都支持这 2 个群体间存在显著分化，并把来自福建的 XM 群体相对于其他 10 个群体独立归为 1 支。因此，我们可以推断，地理隔离是阻隔广西、广东和福建 3 个地区香港巨牡蛎基因交流的最主要因素之一，其中，包括广西群体和广东群体之间的天然地理屏障——雷州半岛和群体之间超过 200 km 的地理距离（如 SW 和 ST 群体，ST 和 XM 群体）。

然而，单纯的地理隔离并不能解释所有的群体遗传分化现象。如 GL 和 HQ 群体只相隔 40 km，却具有较大的遗传分化，并且这种分化是显著的；还有 SZ 和 SW 群体，地理距离达到了 300 km，但是有部分结果显示，这 2 个群体的遗传分化较小，同时差异不显著（F_{ST} 值检验、基因壁垒预测、微卫星 NJ 树）。在对珠江口的特殊环境进行文献查考后发现，这种有悖于地理隔离规律的现象可能是由珠江径流引起的。我们可以推断，GL 和

HQ 群体的分化，主要由磨刀门西口和鸡啼门向西的径流形成的海流壁垒造成的；而 HQ、SZ 和 SW 群体基因交流较多，遗传分化水平较低的现象与珠江径流的东向分支（包括磨刀口东向径流）有关。

4. 人为因素的影响　香港巨牡蛎是我国贝类养殖的主要对象，在南海北部沿海养殖已有 700 多年的历史。从 20 世纪 70 年代开始，随着养殖技术的快速发展，南海北部沿海地区的香港巨牡蛎养殖规模得到了巨大的拓展。福建省 80 年代引进和发展的太平洋牡蛎，替代了部分香港巨牡蛎。目前，香港巨牡蛎产量最大为广西和广东两省份，其中，广西钦州湾和粤西的镇海湾是著名的香港巨牡蛎种苗基地。镇海湾的苗种主要供应其附近海域的牡蛎养殖；而广西钦州湾的牡蛎苗种约有 50％运往福建、广东等省（苏天凤，2006；Guo et al.，2006）。因此，人为的种苗转运和异地养殖也有可能造成香港牡蛎的种质混杂。

第六章　增殖生态容量评估

随着"负责任海洋生物资源增殖放流"理念受到更多的重视，渔业资源增殖放流，不仅要达到良好的增加资源量、修复生态以及改善生态结构等放流效果，还要考虑放流水域中生态系统承载力，不能盲目增加放流数量而忽略了生态系统中种间捕食关系和竞争关系。因此，要制订合理的增殖放流策略，科学确定水域中放流对象的生态容量，是增殖放流可持续发展的重要前提。本章以大亚湾为研究对象，利用 Ecopath with Ecosim 6.5 软件，构建了大亚湾生态通道模型，以评估黑鲷、黄鳍棘鲷、黄斑篮子鱼、斑节对虾、三疣梭子蟹在大亚湾的生态容量，旨在为优化大亚湾渔业资源增殖放流策略提供科技支撑。

第一节　渔业资源增殖容量研究进展

一、生态容量研究进展

北太平洋海洋科学组织将容纳量定义为：在给定的时间段内，在特定的一系列生态环境条件下，一个由生态系统支持特定种群的有限大小，其通常使用于生态学。来源于种群增长的逻辑斯缔方程，Graham 在 20 世纪 30 年代，将逻辑斯缔方程第一次运用到渔业持续产量与种群平衡生物量之间的关系。该方程表达为：

$$\frac{\mathrm{d}N}{\mathrm{d}t} = rN\frac{k-N}{k} \tag{6-1}$$

式中　N——种群大小；

$\quad\quad t$——时间；

$\quad\quad r$——瞬时生长率；

$\quad\quad k$——环境容量。

但是这个方程忽视了生态系统中环境因子的作用，仅为了追求种群的数量，忽视了对生态的破坏作用会与增殖放流的初衷背道而驰。Inglis 将容量分为 4 种类型，分别是自然容量、养殖容量、生态容量和社会容量。自然容量是指海域能满足某一种群生长、生存所必需的自然条件（如沉积类型、温度、盐度、深度、水动力学特性、溶解氧等基本的物理、化学和生物条件）时的种群密度；养殖容量是指对某一养殖海域所能支持的最大容纳量，生态容量（ecological carrying capacity）的定义是特定海域所能支持的，不会导致生态系统中生态过程、种类种群以及群落结构特征和功能发生显著性改变的最大生物量。

二、计算生态容量的一般方法

许多学者已报道有多种方法，可以估算滤食性贝类养殖容量。张继红（2008）运用食物限制性指标的方法，评估獐子岛附近海域虾夷扇贝的生态容量。该方法是根据虾夷扇贝的滤水效率，即海域所有水体全部更新一遍所需时间与所有贝类将海域所有水体滤一遍所需时间的比值、摄食压力，收获贝类移出海域的总碳与浮游植物固碳量的比值和调节比率，贝类滤水量占海域水体比例与浮游植物周转率的比值 3 个指标是否大于 1 进行评估。但是该方法容易受适宜虾夷扇贝底播养殖所在的底质类型、养殖底质的表面积以及养殖水体水文状况等环境因素的影响。刘学海等（2015）通过建立胶州湾生态模型、计算胶州湾浮游植物生物量、根据饵料收支平衡关系，估算菲律宾蛤仔的养殖容量。姚炜民等（2010）通过流体力学和数值模拟，对三盘港网箱养殖鱼类的养殖容量进行估算。利用水交换率计算海域水体容积、平均潮差和水交换率，选取无机氮作为污染控制因子，运用无机氮扩散数值模拟计算陆源和养殖产生的污染物排放引起的无机氮增量和无机氮浓度的最大值，此时，所能养殖的鱼类网箱数则为鱼类种群的养殖容量。李元山等（1996）通过种间关系估算海珍品的养殖容量，由于栉孔扇贝每天排出的粪和假粪都会被刺参摄食，通过分析刺参肠胃内含物数量和有机成分、测定栉孔扇贝排出粪和假粪的每天重量，根据刺参每天消耗食物及其体重之比，可以计算出刺参的养殖容量。叶婷（2017）通过计算未过度捕捞时期三疣梭子蟹的资源量减去目前资源量，即为浙江海域三疣梭子蟹的合理放流容量。未过度捕捞时期三疣梭子蟹的资源量选取历史上出现较大的资源量 6.128×10^9 只，目前资源量为 4.556×10^9 只，因此，合理放流容量为 1.572×10^9 只。但是该方法未能从营养关系、群落和生态结构等实际情况进行总体分析，且 20 世纪 80 年代的生态系统状况、营养关系和不同物种的生态位可能已经发生改变。

以上评估养殖容量或生态容量的方法，均通过环境因子或者食物网中的一部分如浮游植物、浮游动物计算得出，并未能够从整个生态系统方面进行评估。由于生态系统中不仅存在捕食关系和竞争关系，还会受环境因子的影响，因此，以上方法计算的结果可能受这些因素影响产生偏差。

三、Ecopath 模型评估生态容量

增殖放流不仅要养护渔业资源，对生态系统中不形成渔汛或者已经消失的种类进行

人工投放到海域里，也要修复受到破坏的生态环境。增殖放流要建立在不破坏生态系统平衡的基础上才能行之有效，同时，也要使增殖种类的生物量在不破坏生态环境的前提下达到最大值，才能尽可能地利用生态系统的能量，既保护种群资源，也增加社会经济效益。随着我国生态文明建设和现代渔业建设的不断推进，资源环境保护意识得到增强，越来越重视水生生物资源养护，增殖放流活动的水域范围越来越广，不断向生态型放流发展，因此，增殖放流需要在不超过增殖种类的生态容量的前提下，尽可能利用大亚湾生态系统的能量，将不同营养级的营养转换效率尽可能提高。如此，不仅能节省时间和金钱成本，还能提高恢复生态系统渔业资源的能力，提高系统稳定性和成熟度。Ecopath 模型能快速反映特定生态系统在某一时期的结构特征和营养关系等，被称为新一代水域生态系统研究的核心工具。Ecopath模型基于生态系统水平渔业管理，是渔业决策的重要工具，也是评估大亚湾生态系统能量流动和结构功能、估算增养殖种类生态容量的理想工具（Bentley et al.，2017）。

Ecopath 模型最初是由 Polovina 在 1984 年提出，并用于研究生态系统生物的生物量和食物消耗，后来结合 Ulanowicz 的能量分析生态学理论，用齐次线性方程组评估生态系统能量流动情况。20 世纪 90 年代，Christensen 等将这种分析方法发展为个人计算机应用软件——EWE（Ecopath with Ecosim）。Ecopath 模型被认为是新一代研究水域生态系统的核心工具（Heymans et al.，2016）。Ecopath 模型是将生态系统中的生物和碎屑划分为不同功能组，且这些功能组必须涵盖整个食物网的能量流动，通过计算功能组的参数和食性关系进而建立出模型。在研究 Ecopath 模型估算增殖种类的生态容量时，应将每一种增殖种类作为一种功能组，在模型平衡的前提下，通过增加该功能组生物量求出生态容量。评估水域增殖种类的生态容量，可以从生态系统食物网和食物链的角度考虑，将生态营养转换效率提高到最大。在不破坏本身生态系统的前提下，将放流种类的数量达到最大，尽可能地利用生态系统的能量，不仅能保证增殖种类的存活率，还保证了其存活率，促进"生产型"渔业的发展。

国外学者也将 Ecopath 模型用于估算增养殖种类的生态容量，但是多用于贝类的养殖生态容量的估算，鱼类的研究很少。如 Jiang 于 2005 年，在新西兰的 Tasman 湾建立 Ecopath模型，估算双壳类动物的生态容量。在生态系统中通过介入双壳类的养殖，在对生态系统不显著改变能量通量和食物网结构的前提下，达到生物量最大值（Jiang et al.，2005）。

我国最先是由全龄建立了渤海 Ecopath 模型，随后，王雪辉等也建立了大亚湾Ecopath 模型（王雪辉等，2005）。至今，我国学者已建立了将近 100 个 Ecopath 模型，用于评估水域生态系统的能量流动和营养结构特征。旨在从生态系统水平上，为渔业资源可持续发展提供科学依据，建立模型的水域有北部湾、嵊泗、杭州湾、象山港、东海南部、獐子岛、胶州湾等。同时，建立了将近 20 个 Ecopath 模型，用于评估水域中不同种类的生态容量，评估种类有贝类、刺参、皱纹盘鲍、贻贝、脉红螺、中国对虾、日本囊对虾、三疣梭子蟹、黑棘鲷、黄姑鱼、尼罗罗非鱼、草鱼、鲢、鳙。2010 年，徐姗楠则在生态系统的水平上，根据热力学原理和质量守恒，运用 Ecopath 模型对生态环境进行评估。该模型通过生态系统中每个功能组的生物学参数，分析生态系统的能量流动和功能，进而估算在系统平衡的前提下种群的养殖容量。

我国通过 Ecopath 模型，评估水域不同品种的生态容量情况如表 6-1。

表 6-1　我国通过 Ecopath 模型评估水域不同品种的生态容量

研究时间	水域	评估品种	模型功能组（个）	生态容量	生物量
2005 年	枸杞岛	养殖贝类	17	6 360 t/（km²·a）	6 295 t/（km²·a）
2009—2010 年	莱州湾	中国对虾	27	2.948 9 t/km²	0.114 3 t/km²
2008—2009 年	深圳市红树林种植-养殖系统示范区	尼罗罗非鱼、草鱼、鲢和鳙	14	5.82、1.81、2.62、4.76 t/hm²	1.56、0.36、0.55、0.42 t/hm²
2012—2013 年	黄河口邻近海域	三疣梭子蟹	22	1.511 5 t/km²	0.001 5 t/km²
2010—2011 年	莱州湾朱旺人工鱼礁区	日本蚶、脉红螺和刺参	14	4.038、2.482、50.8 t/km²	—
2013 年	海州湾	中国明对虾	16	0.846 t/（km²·a）	0.04 t/（km²·a）
2009 年	荣成俚岛	刺参和皱纹盘鲍	19	309.4t/km² 和 198.86 t/km²	98.00 t/km² 和 52.50 t/km²
2011 年	莱州湾	三疣梭子蟹	22	1.107 t/km²	0.561 t/km²
2011—2014 年	象山港	日本囊对虾、黄姑鱼和黑棘鲷	25	0.129 210、0.017 853、0.115 965 t/km²	0.003 11、0.004 63、0.095 839 t/km²

第二节　生态容量评估模型的建立

一、Ecopath 模型的原理

Ecopath 模型将生态系统定义为由一系列生态相互关联的功能组构成，这些功能组包括有机碎屑、浮游植物、浮游动物、底栖生物以及一组规格和生态习性相同的鱼类等，且能够基本涵盖整个生态系统的能量流动。Ecopath 模型建立的前提是，假设规定时间内（一般是 1 年）生态系统处于平衡状态。根据能量守恒定律，系统中总输入量等于输出量且每个功能组的输入量等于输出量，即生产量－捕食死亡－其他自然死亡－产出量＝0。Ecopath 模型包括 2 个核心方程，第一个方程是基于物质守恒描述如何将生产量划分为其他组分，第二个方程是基于能量守恒考虑每个功能组必须遵守能量平衡。

第一个方程是：总生产量＝捕食死亡＋渔业捕获＋净迁移＋生物量积累＋其他死亡。表示如下：

$$P_i = B_i \cdot M_{2i} + Y_i + E_i + BA_i + P_i \cdot (1 - EE_i) \qquad (6\text{-}2)$$

$$EX_i = Y_i + E_i + BA_i \qquad (6\text{-}3)$$

$$M_{0i} = P_i \cdot (1 - EE_i) \qquad (6\text{-}4)$$

式中　P_i——总生产量；

　　　B_i——功能组 i 的生物量；

　　M_{2i}——捕食死亡率；

　EE_i——生态营养转换效率；

　　　Y_i——捕食死亡率；

　　　E_i——净迁移率（迁出－迁入）；

　　BA_i——生物量积累率；

　　EX_i——总输出量，代表捕食死亡率、净迁移率和生物量积累率之和；

　　M_{0i}——其他死亡率。

式（6-2）也可以表示如下：

$$B_i \cdot (P/B)_i - \sum_{j=1}^{n} B_j \cdot (Q/B)_j \cdot DC_{ji} - (P/B)_i \cdot B_i \cdot (1 - EE_i) - Y_i - E_i - BA_i = 0$$

$$(6\text{-}5)$$

式中　$(P/B)_i$——功能组 i 的生产量与生物量的比值；

　　$(Q/B)_j$——功能组 j 的消耗量与生物量的比值；

　　　DC_{ji}——被捕食者 j 占捕食者 i 的食物组成的比例。

$$B_i \cdot \left(\frac{P}{B}\right)_i \cdot EE_i - \sum_{j=1}^{n} B_j \cdot \left(\frac{Q}{B}\right)_j \cdot DC_{ji} - Y_i - E_i - BA_i = 0 \qquad (6\text{-}6)$$

若生态系统有 n 个功能组，则通过式（6-5）可以列出一组 n 个线性方程。表示如下：

$$B_1 \cdot \left(\frac{P}{B}\right)_1 \cdot EE_1 - B_1 \cdot \left(\frac{Q}{B}\right)_1 \cdot DC_{11} - B_2 \cdot \left(\frac{Q}{B}\right)_2 \cdot DC_{21} \cdots -$$

$$B_n \cdot \left(\frac{Q}{B}\right)_n \cdot DC_{n1} - Y_1 - E_1 - BA_1 = 0$$

$$B_2 \cdot \left(\frac{P}{B}\right)_2 \cdot EE_2 - B_1 \cdot \left(\frac{Q}{B}\right)_1 \cdot DC_{12} - B_2 \cdot \left(\frac{Q}{B}\right)_2 \cdot DC_{22} \cdots -$$

$$B_n \cdot \left(\frac{Q}{B}\right)_n \cdot DC_{n2} - Y_2 - E_2 - BA_2 = 0$$

$$\cdots$$

$$B_n \cdot \left(\frac{P}{B}\right)_n \cdot EE_n - B_1 \cdot \left(\frac{Q}{B}\right)_1 \cdot DC_{1n} - B_2 \cdot \left(\frac{Q}{B}\right)_2 \cdot DC_{2n} \cdots -$$

$$B_n \cdot \left(\frac{Q}{B}\right)_n \cdot DC_{nn} - Y_n - E_n - BA_n = 0$$

第二个方程是：消耗量＝生产量＋呼吸量＋未同化食物量。表示如下：

$$Q_i = P_i + R_i = U_i \tag{6-7}$$

式中　Q_i——功能组 i 的消耗量；

　　　P_i——总生产量；

　　　U_i——功能组 i 的未同化食物量。

Ecopath 模型也可以用一组线性方程，来表示一个生态系统能量输入和输出，每个方程代表一个功能组：

$$B_i \times (P/B)_i \times EE_i - \sum_{j=1}^{n} B_j \times (Q/B)_j \times DC_{ij} - EX_i = 0 \tag{6-8}$$

Ecopath with Ecosim（EwE）软件通过对上述线性方程组求解，保证方程表示的在生态系统中每个功能组之间流动的能量保持平衡，使生态系统中各个成分的生物学参数得到定量的描述。建立 Ecopath 模型，需要在 EwE 软件中输入的参数有 B_i、$(P/B)_i$、$(Q/B)_i$、EE_i、DC_{ji} 和 EX_i。其中，前 4 个参数至少需要 3 个是已知的、1 个未知的参数可以由模型计算得出，EE_i 和 DC_{ji} 必须为已知（Christensen et al.，1992）。

二、材料与方法

(一) 数据来源

研究数据主要来源于 2015 年大亚湾，分别在春季（2015 年 4 月）、夏季（2015 年 8 月）、秋季（2015 年 10 月）和冬季（2015 年 12 月）共 4 个航次进行渔业资源和生态环境调查，调查共布设 8 个调查站位（图 6-1）。

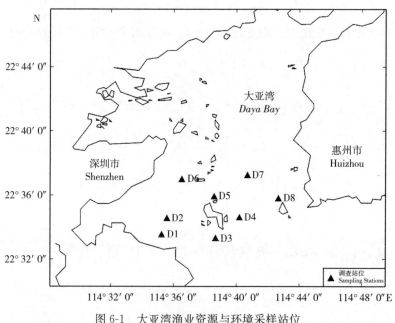

图 6-1　大亚湾渔业资源与环境采样站位

（二）功能组划分

根据大亚湾生态系统的生物种类、生物学特性、栖息地特征和食性特点，将大亚湾生态系统生物划分为 30 个功能组。由于本节要评估大亚湾典型增殖种类黑棘鲷、黄鳍棘鲷、黄斑篮子鱼、斑节对虾、三疣梭子蟹的生态容量，因此，需要将以上 5 种生物单独作为 1 个功能组。划分的 30 个功能组，基本覆盖大亚湾生态系统结构和能量流动过程，包括浮游植物、浮游动物、底栖动物、虾类、斑节对虾、蟹类、三疣梭子蟹、口足类、头足类、鲾科、鲱形目、其他浮游生物食性鱼类、鲀形目、虾虎鱼、鲷科、鳓科、其他底栖生物食性鱼类、篮子鱼科、鲹科、鳗鲡目、石首鱼科、鲽形目、狗母鱼科、鲉形目和有机碎屑等（表 6-2）。

表 6-2　大亚湾 Ecopath 模型各功能组及主要生物种类

序号	功能组	主要种类
1	浮游植物	根状角毛藻（*Chaetoceros radicans*）、翼根管藻（*Rhizosolenia alata*）、圆海链藻（*Thalassiosira rotula*）等
2	浮游动物	鸟喙尖头溞（*Penilia avirostris*）、软拟海樽（*Dolioletta gegenbauri*）、红纺锤水蚤（*Acartia erythraea*）、肥胖软箭虫（*Flaccisagitta enflata*）等
3	底栖动物	冠奇异稚齿虫（*Paraprionospio cristata*）、双鳃内卷齿蚕（*Aglaophamus phuketensis*）、光滑倍棘蛇尾（*Amphiopholis laevis*）、粗帝汶蛤（*Timoclea scabra*）、波纹巴非蛤（*Paphia undulata*）等
4	虾类	宽突赤虾（*Metapenaeopsis palmensis*）、墨吉对虾（*Fenneropenaeus merguiensis*）、近缘新对虾（*Metapenaeus affinis*）、周氏新对虾（*Metapenaeus joyneri*）、中华仿对虾（*Parapenaeopsis sinica*）、中华管鞭虾（*Solenocera crassicornis*）等
5	斑节对虾	斑节对虾（*Penaeus monodon*）
6	蟹类	红星梭子蟹（*Portunus sanguinolentus*）、拥剑梭子蟹（*Portunus gladiator*）、隆线强蟹（*Eucrate crenata*）、头盖玉蟹（*Leucosia craniolaris*）等
7	三疣梭子蟹	三疣梭子蟹（*Portunus trituberculatus*）
8	水母	栉水母、水螅水母类等
9	口足类	口虾蛄（*Oratosquilla oratoria*）、猛虾蛄（*Harpiosquilla harpax*）、断脊口虾蛄（*Oratosquillina interrupta*）等
10	头足类	曼氏无针乌贼（*Sepiella maindroni*）、杜氏枪乌贼（*Uroteuthis duvauceli*）、安达曼钩腕乌贼（*Abralia andmanica*）、卵蛸（*Octopus ovulum*）等
11	鲾科	黄斑鲾（*Leiognathus bindus*）、鹿斑鲾（*Leiognathus ruconius*）、短吻鲾（*Leiognathus brevirostris*）、短棘鲾（*Leiognathus equulus*）等
12	鲱形目	斑鰶（*Konosirus punctatus*）、花鰶（*Clupanodon thrissa*）、信德小沙丁鱼（*Sardinella sindensis*）、黄泽小沙丁鱼（*Sardinella lemuru*）、黑尾小沙丁鱼（*Sardinella melanura*）等
13	其他浮游生物食性鱼类	黄斑篮子鱼（*Lateolabrax maculatus*）、刺鲳（*Psenopsis anomala*）、中国鲳（*Pampus chinensis*）等

（续）

序号	功能组	主要种类
14	鲀形目	斑点东方鲀（*Takifugu poecilonotus*）、弓斑东方鲀（*Takifugu ocellatus*）、黄鳍马面鲀（*Thamnaconus hypargyreus*）、星点东方鲀（*Fugu niphobles*）等
15	虾虎鱼	红狼牙虾虎鱼（*Odontamblyopus rubicundus*）、拟矛尾虾虎鱼（*Parachaeturichthys polynema*）、孔虾虎鱼（*Trypauchen vagina*）、犬牙细棘虾虎鱼（*Acentrogobius caninus*）等
16	鲷科	灰鳍鲷（*Sparus berda*）、平鲷（*Rhabdosargus sarba*）、黄鳍棘鲷（*Acanthopagrus latus*）、斜带髭鲷（*Hapalogenys nitens*）、胡椒鲷（*Plectorhynchus pictus*）等
17	黑棘鲷	黑棘鲷（*Acanthopagrus schlegelii*）
18	黄鳍棘鲷	黄鳍棘鲷（*Acanthopagrus latus*）
19	二长棘鲷	二长棘鲷（*Parargyrops edita*）
20	鯻科	列牙鯻（*Pelates quadrilineatus*）、细鳞鯻（*Terapon jarbua*）、鯻（*Terapon theraps*）等
21	其他杂食性鱼类	鲻（*Mugil cephalus*）、六指马鲅（*Polydactylus sexfilis*）、金线鱼（*Nemipterus virgatus*）、金钱鱼（*Scatophagus argus*）等
22	黄斑篮子鱼	黄斑篮子鱼（*Lateolabrax maculatus*）
23	其他底栖生物食性鱼类	约氏笛鲷（*Lutjanus johni*）、短尾大眼鲷（*Priacanthus macracanthus*）、六带拟鲈（*Parapercis sexfasciata*）、少鳞鱚（*Sillago japonica*）、南方鲔（*Callionymus meridionalis*）、李氏鲔（*Callionymus richardsoni*）、条尾绯鲤（*Upeneus bensasi*）、长棘银鲈（*Gerres filamentosus*）等
24	鲹科	蓝圆鲹（*Decapterus maruadsi*）、竹筴鱼（*Trachurus japonicus*）、及达叶鲹（*Caranx djeddaba*）、大甲鲹（*Megalaspis cordtla*）等
25	鳗鲡目	食蟹豆齿鳗（*Pisodonophis cancrivorus*）、短尾突吻鳗（*Rhynchocymba sivicola*）、海鳗（*Muraenesox cinereus*）、尖尾鳗（*Uroconger lepturus*）、前肛鳗（*Dysomma anguillaris*）等
26	石首鱼科	皮氏叫姑鱼（*Johnius belengerii*）、棘头梅童鱼（*Collichthys lucidus*）、大头白姑鱼（*Argyrosomus macrocephalus*）、勒氏短须石首鱼（*Sciaena russelli*）、团头白姑鱼（*Johnius amblycephalus*）、大黄鱼（*Larimichthys crocea*）、白姑鱼（*Argyrosomus argentatus*）等
27	鲽形目	角木叶鲽（*Pleuronichthys cornutus*）、纤羊舌鲆（*Arnoglossus tenuis*）、青缨鲆（*Crossorhombus azureus*）、斑头舌鳎（*Cynoglossus puncticeps*）、卵鳎（*Solea ovata*）、圆鳞斑鲆（*Pseudorhombus levisquamis*）等
28	狗母鱼科	多齿蛇鲻（*Saurida tumbil*）、长条蛇鲻（*Saurida filamentosus*）、大头狗母鱼（*Trachinocephalus myops*）等
29	鲉形目	日本红娘鱼（*Lepidotrigla japonica*）、大鳞鳞鲬（*Onigocia macrolepis*）、丝鳍鲬（*Elates ransonnettii*）、褐菖鲉（*Sebastiscus marmoratus*）、粒突鳞鲬（*Onigocia tuberculatus*）等
30	有机碎屑	动物排泄物及其尸体

（三）功能组生物学参数来源

在 Ecopath 模型中，能量流动的形式以能量表示，生物量以湿重（t/km²）计，时间限定为 1 年。该模型生物量参数，均来源于大亚湾渔业资源与生态环境采样调查和参考已发表文献的数据。其中，渔业资源生物量数据是基于底拖网渔船作业获得调查数据，通过扫海面积法计算得出，公式为：$B=G/[S(1-E)]$。B 为鱼类等渔业资源的生物量，S 为每小时网口的扫海面积，E 为逃逸率。

浮游植物生物量通过 Chl a 浓度和浮游植物碳含量比值换算得出，浮游动物生物量使用浅水 I 型浮游生物网采集，底栖生物使用箱式采泥器采集。获得单位为 mg/m³ 的浮游动物和底栖动物生物量数据后，根据大亚湾平均水深换算成单位为 t/km² 的生物量，以上调查方法均依照《海洋调查规范》进行。有机碎屑生物量根据有机碎屑与初级生产碳的经验公式估算。鱼类的 P/B 值等于瞬时总死亡率 Z，如公式 $Z=M+F$。M 为自然死亡率，可采用生长函数的经验公式计算；F 为捕捞死亡率，可采用生长函数的经验公式计算（Pauly，1980）。鱼类的 Q/B 值，根据鱼鳍外形比的多元回归模型计算。由于每个功能组包括多种鱼类，很难确定功能组的 P/B 和 Q/B 值。本模型主要参考已发表的大亚湾模型（Chen et al.，2015）和与大亚湾生态特征相近的北部湾模型，并结合渔业数据库 Fishbase，确定功能组 P/B 和 Q/B 值。功能组食物组成矩阵（diet composition，DC），由大亚湾和相同纬度海域鱼类胃含物分析文献数据和渔业数据库食性数据得出。生态营养转化效率（ecotropic efficiency，EE）一般较难直接测定，由模型计算得出。捕捞量根据统计年鉴得出。

（四）Ecopath 模型的调试及生态容量估算

Ecopath 模型的调试过程是，使生态系统以及各功能组的输入和输出保持平衡的过程。生态系统平衡的基本条件是，每个功能组的 EE 介于 0～1。当 EE 达到 1 时，说明该功能组受到来自别的功能组的捕食压力或者捕捞压力很大。当输入原始数据时，由输入参数估算得出的 EE 值通常大于 1，说明模型不平衡，需要反复调整不平衡功能组以及与其食性相关的功能组的 P/B、Q/B 值和食物组成，使模型中所有功能组的 EE≤1，输入和输出保持平衡，从而获得生态系统其他生态学参数的合理值。

根据 Ecopath 模型原理，改变某一功能组的生物量会对其 EE 和与之食性相关的功能组参数产生影响。在模型达到平衡时，将黑棘鲷的生物量按照 10% 的比例不断增加，直至模型中任意功能组的 EE≥1，模型不再平衡。此时，黑棘鲷的生物量即为大亚湾生态系统黑棘鲷的生态容量。

（五）营养级与系统参数指标

Ecopath 模型中的营养级是 Odum 提出的分数营养级（fractional trophic level），也被称为有效营养级（effective trophic level），是指每种生物其饵料所处营养级及其在捕食者食物组成中的比例。计算公式如下：

$$TL_j = 1 + \sum_{i=1}^{n} DC_{ji} TL_i \qquad\qquad (6-9)$$

式中　TL_j——功能组 j 的营养级；

　　　TL_i——生物 j 摄食饵料 i 的营养级。

该式计算的营养级为分数营养级，也是有效营养级，结果比 Lindeman 整数营养级更为准确。

同时，为了简化食物网关系、便于分析各营养级的能量流动和分布状况，模型采用整合营养级这一概念，来表示将来自不同功能组的营养流（trophic flow）合并为几个以整数表示的营养级。

Ecopath 模型将不同的系统参数指标表征系统的成熟度和稳定性。系统连接指数（connectance index，CI）是食物网中实际连接与可能连接之间的比率。系统杂食性指数（system omnivory index，SOI）是所有消费者的摄食量的对数加权平均值。Odum 认为，随着系统的成熟食物网结构，会从线性转为网络状。而食物网之间越复杂，生态系统越稳定。CI 和 SOI 都表示系统内功能组之间联系复杂性的程度，这两个值越接近 1，说明系统越稳定。TPP/TR（总生量/总呼吸量）也是反映系统稳定程度的重要指标，系统越稳定，TPP/TR 越接近 1，抗外来干扰能力越强。Finn 循环指数（finns cycling index，FCI）是指系统再循环流量占总流量的百分比；Finn 平均路径长度（Finn's mean path length，MPL）指各循环流经食物链的平均长度；FCI 和 MPL 均反映系统的成熟度，系统越成熟，此两个值越大。

三、结果与分析

（一）营养结构和能量流动

Ecopath 模型中置信指数，是用以评价模型的总体重和参数可信度。Morissette 等对全球 150 个 Ecopath 模型进行质量评价，其结果显示，置信指数为 0.16～0.68（Morissette et al.，2010）。大亚湾生态系统 Ecopath 模型置信指数为 0.521，表明模型质量和参数的可信度均较高。表 6-3 为大亚湾生态系统 Ecopath 模型基本输入和输出情况。从表 6-3 可以看出，所有功能组的营养转化效率为 0.09～0.975，均处于平衡状态。大亚湾生态系统的营养级（trophic level）范围为 1～3.95，其中，营养级最低的功能组是浮游植物和有机碎屑，均为 1；浮游动物营养级为 2，底栖动物营养级为 2.21；营养级最高为狗母鱼科和鲉形目功能组，分别为 3.95 和 3.79；主要经济鱼类的营养级 2.49～3.55。黑棘鲷的营养级为 3.50，营养转化效率较低，为 0.291；黄鳍棘鲷的营养级为 3.25，营养转化效率为 0.343；黄斑篮子鱼的营养级为 2.38，营养转化效率为 0.0.285；斑节对虾的营养级为 2.67，营养转化效率为 0.276；三疣梭子蟹的营养级为 2.72，营养转化效率为 0.216。

表 6-3 大亚湾 Ecopath 模型的基本参数

功能组	营养级	生物量 (t/km²)	捕捞 (t/km²)	生产量/ 生物量	消耗量/ 生物量	营养转化 效率	生产量/ 消耗量
1	1.00	11.970	—	230.000	—	0.423	—
2	2.00	6.606	—	32.000	192.000	0.494	0.167
3	2.21	29.766	—	6.570	27.400	0.400	0.240
4	2.49	0.850	0.680	6.500	16.350	0.762	0.398
5	2.67	0.009	0.007	4.500	16.300	0.787	0.276
6	2.85	0.360	0.291	5.650	28.500	0.687	0.198
7	2.72	0.014	0.011	5.500	25.500	0.372	0.216
8	2.94	0.036	0.000	4.010	25.050	0.092	0.160
9	3.41	0.100	0.080	6.000	20.300	0.500	0.296
10	3.27	0.092	0.050	3.100	12.800	0.868	0.242
11	2.76	0.145	0.116	3.120	14.700	0.617	0.212
12	2.85	0.275	0.196	2.650	16.500	0.903	0.161
13	2.49	0.120	0.097	3.400	14.000	0.972	0.243
14	3.12	0.086	0.068	1.660	9.560	0.485	0.174
15	3.09	0.095	0.076	2.600	8.680	0.867	0.300
16	3.17	0.107	0.091	2.120	8.500	0.675	0.249
17	3.50	0.024	0.019	2.750	12.500	0.291	0.220
18	3.25	0.008	0.006	2.430	10.500	0.343	0.231
19	3.37	0.068	0.055	2.825	13.500	0.443	0.209
20	3.47	0.035	0.028	2.200	8.630	0.466	0.255
21	3.48	0.078	0.063	2.980	14.200	0.938	0.210
22	2.38	0.025	0.029	3.240	11.350	0.508	0.285
23	3.15	0.122	0.098	2.130	13.406	0.813	0.159
24	3.00	0.057	0.030	2.660	10.600	0.913	0.251
25	3.28	0.024	0.019	3.400	10.000	0.253	0.340
26	3.33	0.081	0.064	1.850	10.400	0.639	0.178
27	3.56	0.082	0.066	3.090	13.610	0.500	0.227
28	3.98	0.032	0.026	1.450	6.220	0.800	0.233
29	3.81	0.010	0.008	1.390	5.450	0.576	0.255
30	1.00	160.000	—	—	—	0.347	—

注：斜体为模型输出参数。

通过营养级聚合，将大亚湾生态系统合并成 6 个整合营养级。由表 6-4 可以看出，随着营养级的升高，总流量大幅度降低，营养级Ⅵ和Ⅶ的流量较低，营养级Ⅰ和Ⅱ的流量较高，能量流动呈现出金字塔形，基本符合能量金字塔规律。营养级Ⅰ由浮游植物和有机碎屑组成，其被捕食量占总捕食量的94.00%，是系统能量的主要来源。营养级Ⅰ和Ⅱ的流向碎屑量，分别占总流向碎屑量的70.84%和27.24%。说明营养级Ⅰ大部分能量都以碎屑的形式沉积下来而没有被利用，能量被利用得不充分。

表6-4　大亚湾生态系统能流的分布［t/（km²·a）］

营养级	被捕食量	输出量	流向碎屑量	呼吸量	总流量
Ⅶ	0.000 123	0.000 135	0.000 575	0.001 14	0.001 97
Ⅵ	0.002 03	0.002 08	0.009 3	0.018 2	0.031 6
Ⅴ	0.031 5	0.028 7	0.133	0.262	0.455
Ⅳ	0.454	0.273	1.384	2.73	4.841
Ⅲ	4.836	1.281	41.49	70.82	118.4
Ⅱ	118.4	0.689	611	1 212	1 942
Ⅰ	1 942	1 465	1 589	0	4 996
总和	2 066	1 468	2 243	1 286	7 062

（二）生态系统功能组间的关系与能量转化效率

大亚湾能量通道示意图如彩图22所示，圆形表示不同的功能组，圆形之间的连线表示能量传递路径，圆形面积的大小表示功能组生物量的多少。根据系统能量来源的不同，可以划分为2条不同的食物链：牧食食物链（浮游植物→浮游动物和底栖动物→小型鱼类→大型鱼类）和碎屑食物链（有机碎屑→底栖动物→小型鱼类和虾类→大型鱼类）。

大亚湾生态系统的能量，主要来源于浮游植物和有机碎屑。能量来源于初级生产者（浮游植物）占总能流的57%；而来源于有机碎屑占总能流的43%，表明大亚湾生态系统的能量流动以牧食食物链传递为主。从表6-5可以看出，系统总转化效率为7.808%，有机碎屑转化效率为7.845%，略高于初级生产者；营养级Ⅱ～Ⅳ的初级生产者转化效率比有机碎屑高，而营养级Ⅴ的初级生产者转化效率比有机碎屑要低。系统总流量转化效率最低为营养级Ⅱ→Ⅲ之间的5.165%，其次为营养级Ⅰ→Ⅱ之间的6.135%，初级生产者转化效率最低发生在营养级Ⅱ→Ⅲ之间，仅4.052%，同时，来源于有机碎屑的转化效率最低发生在营养级Ⅰ→Ⅱ之间，为4.131%。说明在营养级Ⅰ→Ⅱ和Ⅱ→Ⅲ之间的能量传递不畅，发生阻塞现象。而系统总转化效率最高为营养级Ⅲ→Ⅳ之间的15.03%，其中，生产者转化效率为15.57%，有机碎屑为14.22%。

表 6-5　大亚湾生态系统各营养级的转化效率（％）

来源	营养级						
	Ⅰ	Ⅱ	Ⅲ	Ⅳ	Ⅴ	Ⅵ	Ⅶ
生产者	—	7.474	4.052	15.57	13.31	12.99	13.08
有机碎屑	—	4.131	8.216	14.22	13.08	13.07	
总流量	—	6.135	5.165	15.03	13.23	13.02	13.08

注：有机碎屑占总能流比为 0.43。

第三节　大亚湾鱼类生态容量评估

一、黑棘鲷生态容量评估

黑棘鲷（*Acanthopagrus schlegelii*）隶属硬骨鱼纲（Osteichthyes）、鲈形目（Perciformes）、鲷科（Sparidae）、棘鲷属（*Acanthopagrus*）。广泛分布于中国沿岸海域、朝鲜半岛及日本沿海等地。黑棘鲷是暖温性底层鱼类，定居性强，一般不做长距离洄游，多活动在岩礁附近，冬季会随水温降低迁至较深水域。黑棘鲷属于肉食性鱼类，且主要以底栖动物、虾类和小型鱼类为摄食对象。

黑棘鲷因其经济价值高、生长速度快、培育技术成熟等优势，成为增殖放流的主要对象之一。日本在广岛湾进行了多次黑棘鲷的增殖放流活动，广岛湾也是日本渔获黑棘鲷最多的海湾之一。其中，1985 年在广岛湾放流黑棘鲷 150 万尾，1988 年放流 300 多万尾。且黑棘鲷的放流效果已取得良好的成效，2001 年林金錶在大亚湾标志放流黑棘鲷 11 986 尾，总共回捕标志鱼 955 尾，回捕率达 8.0％。结果显示，资源出现衰退的黑棘鲷通过增殖放流恢复资源是可行的。2008 年，徐开达在舟山海域利用金属线码标记、荧光色素标记和挂牌标记共放流黑棘鲷 17 616 尾，挂牌法和荧光色素标记的黑棘鲷回捕率分别为 0.64％和 0.16％，没有回捕到金属线码标记的黑棘鲷。放流 76d 后，体长和体重分别增长 36.02％和 123.29％。结果显示，在该海域进行放流能有效起到资源补充的作用（徐开达等，2008）。2010 年，梁君在浙江舟山对黑棘鲷放流效果进行评估，研究结果显示，黑棘鲷的增殖放流已经形成黑棘鲷密集群体，游钓回捕为 3.68％，3 个月后平均叉长和体重分别增加 70.29％和 390.25％（梁君等，2010）。2014—2016 年，刘岩在大亚湾对黑棘鲷进行标志放流和回捕调查，调查结果显示：回捕率为 4.59％；定置网、流刺网、垂钓 3 种捕获方式中，回捕黑棘鲷数量最多为垂钓；3 个批次中在放流 7 个月后，体长、体重分别增加 70.40％和 512.01％、59.51％和 322.75％、127.20％和 989.83％。说明补充群体数量增加，放流黑棘鲷效果显著。

黑棘鲷是大亚湾海域典型的增殖放流的种类，且营养级较高为 3.50，是浮游生物食性鱼类和底栖生物食性鱼类的捕食者。增加黑棘鲷的生物量，势必会对浮游生物食性和底栖生物食性鱼类等饵料生物的摄食压力增大。如表 6-6 所示，调查期间黑棘鲷的生物量为 0.024 1 t/km²，在本模型中当其生物量增加 1.4 倍时，其他浮游生物食性鱼类的 EE 达到 1.000，继续增大黑棘鲷生物量，其他浮游生物食性鱼类 EE 大于 1，此时系统处于不平衡状态。因此认为，大亚湾海域生态系统能支撑的黑棘鲷的生物量为 0.034 t/km²，即为黑棘鲷的生态容量。

表 6-6 黑棘鲷生物量增加对其他浮游生物食性鱼类 EE 值的影响

黑棘鲷生物量（t/km²）	黑棘鲷生物量倍数	其他浮游生物食性鱼类生物量（t/km²）	其他浮游生物食性鱼类EE 值
0.024 1	1.0	0.120	0.975
0.026 5	1.1	0.120	0.981
0.028 9	1.2	0.120	0.987
0.031 3	1.3	0.120	0.994
0.033 7	1.4	0.120	1.000
0.036 2	1.5	0.120	1.016

二、黄鳍棘鲷生态容量评估

黄鳍棘鲷（*Acanthopagrus latus*）隶属硬骨鱼纲（Osteichthyes）、鲈形目（Perciformes）、鲷科（Sparidae）、棘鲷属（*Acanthopagrus*），又称黄脚立、赤翅、黄立鱼。广泛分布于中国华南沿岸海域。黄鳍棘鲷为暖水性底层鱼类，喜栖息于岩礁附近，为低级肉食性鱼类并以底栖生物为食，主要摄食对象为贝类、虾类等。黄鳍棘鲷肉质鲜美，营养经济价值均较高，是南海北部沿海重要的经济鱼种之一。但由于资源衰退，也成为主要的增殖放流对象之一。黄鳍棘鲷属雌雄同体，其繁殖季节为 10—11 月。

黄国光等（2009）研究了穿体标志对黄鳍棘鲷幼鱼的生长、存活及投标的影响，结果显示，标志部位对黄鳍棘鲷幼鱼存活率有显著影响。存活率最高的标志部位为背鳍棘基部肌肉，其次为背鳍棘膜，最低为背鳍条基部肌肉，存活率分别为 87.0%、75.2% 和 68.0%。显示黄鳍棘鲷增殖放流体外穿体标志的适宜部位为背鳍棘基部肌肉，标志后适宜暂养 4 d 后放流。江兴龙等在厦门湾放流了 97 万尾黄鳍棘鲷，其中，挂牌法标志苗种 15 036 尾，一年后黄鳍棘鲷回捕率为 0.612%，形成资源量约 263 t，捕捞产量 1.61 t。厦门湾黄鳍棘鲷种群的相对资源量比例约提高了 3.83%，结果显示了黄鳍棘鲷增殖放流取得了一定的效果。

　　黄鳍棘鲷也是大亚湾海域典型的增殖放流的种类，营养级与黑棘鲷相近为 3.25。调查期间，黄鳍棘鲷的生物量为 0.008 t/km²，模型中当其生物量增加 10.5 倍时，黄斑篮子鱼的 EE 达到 1.001，系统处于不平衡状态，继续增加黄鳍棘鲷生物量，黄斑篮子鱼 EE 则继续增大。因此认为，大亚湾海域生态系统能支撑的黄鳍棘鲷的生物量为 0.084 t/km²，即为黄鳍棘鲷的生态容量（表 6-7）。

表 6-7　黄鳍棘鲷生物量增加对其他浮游生物食性鱼类 EE 值的影响

黄鳍棘鲷生物量（t/km²）	黄鳍棘鲷生物量倍数	黄斑篮子鱼生物量（t/km²）	黄斑篮子鱼 EE 值
0.008 0	1	0.025	0.508
0.016 0	2	0.025	0.560
0.032 0	4	0.025	0.664
0.064 0	8	0.025	0.871
0.080 0	10	0.025	0.975
0.084 0	10.5	0.025	1.001
0.096 0	12	0.025	1.078

三、黄斑篮子鱼生态容量评估

　　黄斑篮子鱼（*Siganus canaliculatus*）隶属硬骨鱼纲、鲈形目、篮子鱼科、篮子鱼属。又称长鳍篮子鱼、泥猛、网纹臭肚鱼。主要摄食对象为大型藻类、底栖动物等，属暖水性近海小型鱼类。主要分布于中国华南沿岸、西沙群岛和海南岛附近以及印度、澳大利亚、日本。叉长范围为 7.3～19.5 cm。适宜生长水温范围为 19～28℃。

　　国内学者对黄斑篮子鱼的摄食习性、营养成分、免疫学、基因表达已有大量研究报道。而黄斑篮子鱼增殖放流的相关报道为 2018 年谢志超运用微卫星标记，对黄斑篮子鱼建立了放流个体分子识别方法。其结果显示，标记组在黄斑篮子鱼增殖放流个体识别中，具有较高的判断能力（谢志超等，2018）。

　　黄斑篮子鱼主要摄食浮游植物、浮游动物和底栖生物，因此营养级较低为 2.383。调查期间黄斑篮子鱼的生物量为 0.025 t/km²，在本模型中当其生物量增加 2 倍时，其他浮游生物食性鱼类的 EE 达到 1.000，继续增加黄斑篮子鱼生物量，其他浮游食性鱼类 EE 大于 1，此时系统处于不平衡状态。因此认为，大亚湾海域生态系统能支撑的黄斑篮子鱼的生物量为 0.05 t/km²，即为黄斑篮子鱼的生态容量（表 6-8）。

表 6-8　黄斑篮子鱼生物量增加对其他浮游生物食性鱼类 EE 值的影响

黄斑篮子鱼生物量 （t/km²）	黄斑篮子鱼生物量 倍数	其他浮游生物食性鱼类 生物量（t/km²）	其他浮游生物食性鱼类 EE 值
0.025 0	1	0.12	0.972
0.030 0	1.2	0.12	0.978
0.035 0	1.4	0.12	0.983
0.040 0	1.6	0.12	0.989
0.045 0	1.8	0.12	0.994
0.050 0	2	0.12	1.000
0.055 0	2.2	0.12	1.005

四、斑节对虾生态容量评估

斑节对虾（*Penaeus monodon*）隶属甲壳纲（Crustacea）、十足目（Decapod）、对虾科（Penaeidae）、对虾属（*Penaeus*）。又称鬼虾、草虾、花虾。主要分布范围有我国沿海。斑节对虾在我国沿海每年的产卵期为 2—4 月和 8—11 月。斑节对虾是对虾中个体最大的一种，生长快，适应性强，喜栖息于泥沙底质，最适水温为 25～30℃。

斑节对虾主要摄食底栖动物和有机碎屑，营养级为 2.673。调查期间，大亚湾斑节对虾的生物量为 0.009 t/km²，当其生物量增加 164 倍达到 1.48 t/km² 时，虾类的 EE 达到 1.000，若继续增加斑节对虾的生物量，则系统不平衡。因此认为，大亚湾海域生态系统能支撑的斑节对虾的生物量为 1.48 t/km²，即为斑节对虾的生态容量（表 6-9）。

表 6-9　斑节对虾生物量增加对虾类 EE 值的影响

斑节对虾生物量（t/km²）	斑节对虾生物量倍数	虾类生物量（t/km²）	虾类 EE 值
0.009 0	1	0.85	0.762
0.360 0	40	0.85	0.818
0.720 0	80	0.85	0.877
1.080 0	120	0.85	0.935
1.480 0	164.44	0.85	1.000
1.800 0	200	0.85	1.052

五、三疣梭子蟹生态容量评估

三疣梭子蟹（*Portunus trituberculatus*）隶属甲壳纲（Crustacea）、十足目（Decapod）、梭子蟹科（Portunidae）、梭子蟹属（*Portunus*），又称梭子蟹、海螃蟹等。广泛分布于中

国、日本、朝鲜及马来西亚群岛等海域。三疣梭子蟹一般栖息于近岸泥沙底质海域或水草，在夜间觅食，且具有明显的趋光性。属于杂食性动物，主要摄食对象为水藻、腹足类、瓣鳃类、多毛类、蛇尾类、贝类、虾蟹类和小型鱼类等。其最适生存水温为 22～28℃，最适盐度为 26～32。三疣梭子蟹因其生活史短、生长迅速、肉多膏厚、蛋白优质等，不仅是重要的海洋经济养殖蟹类，也是重要的增殖放流种类之一。近年来，国内学者对三疣梭子蟹的生长特性、养殖繁育、免疫学、渔业生物学特性和遗传等方面做了大量研究。

2010 年和 2011 年，谢周全等在山东半岛南部海域对三疣梭子蟹进行 2 次增殖放流。2 次增殖放流回捕率分别为 7.54％和 6.43％，相对资源密度均呈现增加。结果显示，山东半岛南部海域适合三疣梭子蟹的增殖放流，回捕率较高且相对资源量增加，增殖放流效果较好。2010—2013 年，李增通过在山东半岛南部海区放流三疣梭子蟹，使其资源量每年均增加。4 年中放流群体分别占该海区三疣梭子蟹群体比例的 65.59％、55.55％、98.41％和 97.63％，回捕率分别为 9.41％、5.90％、11.05％、19.73％，说明三疣梭子蟹的增殖放流，对其资源量的补充起到了一定的效果。2014 年，徐开达在浙江洞头海域放流三疣梭子蟹 189.4 亿尾，使当年放流群体占总渔获量的 24.2％，放流回捕率为3.3％。因此表明，三疣梭子蟹的增殖放流，对浙江洞头海域的三疣梭子蟹的资源有一定的修复作用，且仍有增殖空间（徐开达等，2018）。三疣梭子蟹主要摄食底栖动物，营养级为 2.851。调查期间，大亚湾三疣梭子蟹的生物量为 0.014 t/km²，当其生物量增加62.9 倍达到 0.88 t/km² 时，虾类的 EE 达到 1.001，系统处于不平衡状态，继续增加三疣梭子蟹的生物量，则虾类的 EE 继续增大。因此认为，大亚湾海域生态系统能支撑的三疣梭子蟹的生物量为 0.88 t/km²，即为三疣梭子蟹的生态容量（表 6-10）。

表 6-10　三疣梭子蟹生物量增加对虾类 EE 值的影响

三疣梭子蟹生物量 （t/km²）	三疣梭子蟹 生物量倍数	虾类生物量 （t/km²）	虾类 EE 值
0.014 0	1	0.85	0.762
0.210 0	15	0.85	0.816
0.420 0	30	0.85	0.874
0.630 0	45	0.85	0.932
0.880 0	62.86	0.85	1.001
1.050 0	75	0.85	1.048

六、大亚湾增殖前后生态系统特征对比

Ecopath 模型通过系统的规模、成熟度和稳定性等参数，来表征生态系统的总体特

征。大亚湾海域生态系统当前系统总体特征和各增殖种类生物量达到生态容量时，系统的总体特征如表 6-11 所示。当前系统总流量为 7 127.670 t/（km² · a），总消耗量、总输出量、总呼吸量流向、有机碎屑量分别为 2 131.31 t/（km² · a）、1 467.547 t/（km² · a）、1 285.55 t/（km² · a）和 2 243.27 t/（km² · a），分别占系统总流量的 29.90%、20.59%、18.04%和 31.47%；各增殖种类达到生态容量时系统总流量、总消耗量和总呼吸量均有所增加，黑棘鲷、黄鳍棘鲷和黄斑篮子鱼达到生态容量时其增加的幅度较小，均小于 1 t/（km² · a），但是斑节对虾和三疣梭子蟹达到生态容量时其增加幅度较大，均大于 10 t/（km² · a）。而总输出量和有机碎屑量有所降低，同样是黑棘鲷、黄鳍棘鲷和黄斑篮子鱼达到生态容量时，其降低的幅度小于斑节对虾和三疣梭子蟹。总初级生产量/总呼吸量（TPP/TR）是指示生态系统成熟度的重要指标，系统连接指数（CI）和杂食性指数（OI）能反映系统内部复杂程度。当前的 TPP/TR 为 2.142，达到生态容量的 TPP/TR 分别为 2.120～2.141。说明 TPP/TR 在增殖种类达到生态容量时变化很小，CI 没有变化而 OI 变化亦很小。这些系统参数变化极小或没有变化，表明当黑棘鲷生物量达到生态容量时，大亚湾生态系统的稳定性将不会受到显著影响。

通过建立大亚湾 Ecopath 模型，本节探明了大亚湾生态系统的能量流动过程、发育状况和系统总体特征。首先从总初级生产量与总呼吸量比值（TPP/TR）来看，当 TPP/TR 大于 1 时，总初级生产力大于总呼吸量，生态系统处于发育初期；当其小于 1 时，系统受到有机污染；而值越接近 1，表明系统越稳定。大亚湾生态系统的 TPP/TR 值在调查期间为 2.142，与莫宝霖等（2017）研究大亚湾生态系统 TPP/TR 值相近（2.185），说明当前大亚湾生态系统尚处于发育阶段，即不成熟，较多能量没有被充分利用。其次，CI 和 SOI 值反映生态系统内部食物网联系紧密程度，大亚湾生态系统该两值分别为 0.364 和 0.210，远远小于 1，与相近纬度北部湾的值（0.31，0.171）相近，说明大亚湾生态系统功能组之间联系不紧密，食物网结构较为简单。同时，系统 Finn 循环指数 FCI 和系统 Finn 平均路径长度（MPL）用以表征生态系统的成熟度，大亚湾生态系统该两值分别为 6.510 和 2.589，低于印度 Bengal 湾的值（分别为 10.59、2.991）（Sachinandan et al.，2017），说明大亚湾生态系统不成熟。以上这些特征都说明，大亚湾生态系统在受到环境污染和过度捕捞等各种因素的胁迫作用下，目前正处于不稳定状态，各功能组之间联系不紧密，系统不成熟，与我国其他海湾特征相近，能量传递受阻，抗干扰能力较弱。

大亚湾生态系统的能量流动呈现金字塔状分布，营养级升高，总流量降低，营养级 Ⅰ 流量占整个生态系统总流量的 70.74%，但是营养级 Ⅰ→Ⅱ 转化效率仅为 6.081%，系统转化效率为 7.636%，与莫宝霖（2017）调查大亚湾的系统转化效率（8%）相近，但低于胶州湾（马孟磊等，2018）的系统转化效率（16.35%）；同时，浮游植物和有机碎屑的 EE 值为 0.423 和 0.347，对比南海北部浮游植物 EE 值为 0.52 以及象山港有机碎屑

EE 值为 0.46（杨林林等，2016），说明生态系统中营养级 Ⅰ 的能量较多但是没有被充分利用，仍有较多能量富余，初级生产力只有一小部分被更高营养级摄食，大部分均转化成有机碎屑。而有机碎屑的 EE 值为 0.347，说明生态系统有机碎屑沉积作用很大，若有机碎屑生物量过大将会导致大亚湾容易出现富营养化。因此，需要提高浮游植物和有机碎屑的转化效率，使能量被充分利用，规避大亚湾出现富营养化现象（表 6-11）。

表 6-11　增殖种类达到生态容量前后大亚湾生态系统的总体特征

系统参数	Ⅰ	Ⅱ	Ⅲ	Ⅳ	Ⅴ	Ⅵ
生态系统属性						
系统总流量	7 127.67	7 127.72	7 128.01	7 127.90	7 147.00	7 142.79
总消耗量	2 131.31	2 131.43	2 132.10	2 131.59	2 155.28	2 153.39
总输出量	1 467.55	1 467.48	1 467.09	1 467.40	1 454.98	1 454.64
总呼吸量	1 285.55	1 285.62	1 286.01	1 285.70	1 298.12	1 298.46
流向有机碎屑量	2 243.27	2 243.20	2 242.81	2 243.21	2 238.62	2 236.30
总生产量	3 172.59	3 172.62	3 172.78	3 172.67	3 179.21	3 177.36
渔获物平均营养级	2.89	2.89	2.89	2.89	2.89	2.89
总效率（捕捞量/净初级生产量）	0.00	0.00	0.00	0.00	0.00	0.00
总初级生产量	2 753.10	2 753.10	2 753.10	2 753.10	2 753.10	2 753.10
总生物量（不含有机碎屑）（t/km²）	51.28	51.29	51.35	51.30	52.75	52.14
生态系统成熟度						
总初级生产量/总呼吸量	2.14	2.14	2.14	2.14	2.12	2.12
系统净生产量	1 467.55	1 467.48	1 467.09	1 467.40	1 454.99	1 454.64
总初级生产量/总生产量	53.69	53.68	53.61	53.66	52.19	52.80
总生物量/总流量（1/a）	0.01	0.01	0.01	0.01	0.01	0.01
食物网结构						
系统连接指数	2.14	2.14	2.14	2.14	2.12	2.12
系统杂食性指数	1 467.55	1 467.48	1 467.09	1 467.40	1 454.99	1 454.64
系统 Finn 循环指数	53.69	53.68	53.61	53.66	52.19	52.80
系统 Finn 平均路径长度	0.01	0.01	0.01	0.01	0.01	0.01

注：Ⅰ 表示当前大亚湾生态系统参数；Ⅱ 表示黑棘鲷达到生态容量大亚湾生态系统参数；Ⅲ 表示黄鳍棘鲷达到生态容量大亚湾生态系统参数；Ⅳ 表示斑节对虾达到生态容量大亚湾生态系统参数；Ⅴ 表示三疣梭子蟹达到生态容量大亚湾生态系统参数。

七、建议黑棘鲷放流数量

当野生种群数量由于过度捕捞或环境条件退化等而减少，在未达到生态系统承载力的前提下，向海域大量投放人工养殖个体可以达到增加种群规模，以恢复野生种群的目的，即为增殖放流。在大亚湾进行增殖放流活动，以修复其生态系统功能是必要措施之一。黑棘鲷是大亚湾主要放流种类之一，主要摄食对象是鲱形目、其他浮游生物食性鱼类、底栖动物。因此，我们需要在不破坏生态系统结构和功能、不降低其稳定性和成熟度的前提下，充分利用生态系统能量，评估黑棘鲷的生态容量。

结合黑棘鲷达到生态容量前后大亚湾生态系统总体特征参数对比，当黑棘鲷达到生态容量时，生态系统的结构和功能并未受到影响。本节确定黑棘鲷的生态容量为 0.034 t/km^2，结合黑棘鲷生长到 1 龄后可达到商品规格，因此，黑棘鲷 1 龄后的总死亡率包括自然死亡率和捕食死亡率。根据浙江舟山黑棘鲷自然死亡系数 M 为 0.293 8 和总死亡系数 Z 为 0.641 8，假定黑棘鲷在 0～1 龄时同时有捕食死亡和自然死亡，则黑棘鲷为 0～1 龄时，生物量为现存生物量和残存率的乘积加上放流种群经过自然死亡和捕捞死亡后的生物量；假定黑棘鲷在 0～1 龄时只有自然死亡，则黑棘鲷为 0～1 龄时，生物量为现存生物量和残存率的乘积加上放流种群经过自然死亡后的生物量，在黑棘鲷为 2 龄时生物量则为生态容量，为 1 龄时生物量与残存率的乘积，表示如下：

$$S（B_0 \times S + B_t \times S_1）= B_m \tag{6-10}$$

$$S = 1 - A \tag{6-11}$$

$$A = 1 - e^{-(Z)} \tag{6-12}$$

$$S_1 = 1 - A_1 \tag{6-13}$$

$$A_1 = 1 - e^{-Z} \tag{6-14}$$

式中，S 表示 1～2 龄时残存率；A 表示 1～2 龄时的死亡率；Z 表示总死亡系数；A_1 表示 0～1 龄时死亡率；S_1 表示 0～1 的残存率；B_0 表示现存生物量，即 0.024 t/km^2；B_t 表示达到生态容量时需要放流鱼苗的生物量；B_m 表示生态容量，即 0.034 t/km^2。

将式（6-11）～式（6-14）（詹秉义，1995）代入式（6-10）计算得出，当黑棘鲷在 0～1 龄时，同时有捕食死亡和自然死亡，B_t 为 0.098 7 t/km^2，当黑棘鲷在 0～1 龄时只有自然死亡时，B_t 为 0.069 7 t/km^2。以广东大亚湾水产资源省级自然保护区总面积 940.57 km^2 计，假定黑棘鲷鱼苗放流时的体重为 0.03 kg/尾，前一种情况可放流尾数为 309.60 万尾，后一种情况则可放流尾数为 218.53 万尾。根据 2018 年 8 月广东省专属经济区渔业资源养护情况调研，深圳市和惠州市自 2013 年至 2017 年向大亚湾海域放流黑棘鲷尾数达年平均 115.2 万尾，均少于以上两种情况计算的黑棘鲷可放流尾数。根据惠州市渔业资源生产统计，大亚湾黑棘鲷的捕捞量 2017 年比 2013 年增加 2.42%，可见大亚湾黑棘鲷年平均放流 115.2 万尾在大亚湾黑棘鲷生态容量的范围之内，且大亚湾黑棘鲷增殖放流对其资源量的补充达到较好的效果。因此在黑棘鲷生态容量的范围内即不破坏大亚湾生态系统平衡的前提下，可结合黑棘鲷放流成本进行放流以恢复大亚湾黑棘鲷资源。

第七章　放流标记技术

增殖放流标志技术（标志放流），在渔业资源养护、增殖效果评估中具有重要作用，是研究水生生物生活史（洄游、生长、死亡、补充）（Able et al.，2006；Adlerstein et al.，2007；Copeland et al.，1994；Mcdermott et al.，2005）及其资源时空分布格局（Buckmeier et al.，2005；Isely et al.，1998；Masuda et al.，1998；陈锦淘等，2005）的有效手段。早在17世纪，就有将羊毛绳系于大西洋鲑（*Salmo salar*）尾柄上，研究其生殖洄游的记载（Cadrin et al.，2013）。基于标志回捕结果的定量分析可以追溯到19世纪90年代，Peterson和Cederholm（1984）用标志鱼估算封闭水体中鱼类种群的大小和死亡率，标志放流技术由此正式发展起来（张堂林等，2003）。进入20世纪，随着标志理论、技术、产品的不断创新，各种新型的标志方法不仅应用于鱼类、甲壳类，且逐步应用于软体动物、棘皮动物等的增殖放流中，并取得了一定成效（周永东等，2008）。

第一节　增殖放流标志技术进展综述

一、标志与标记技术的分类

标志是指在生物体上附加外来物以作区分；而标记是指生物体自身具有可作为区分的特征，不需要附加外来物。对大量标志与标记技术的分类标准有很多，本书以鱼类为应用对象，将其分为物理标志与标记、化学标志与标记、生物标志、分子标记4类。

（一）物理标志与标记

1. 剪鳍、剪棘标记　剪去鱼体的胸鳍、腹鳍、尾鳍等，或者剪去鳍棘的标记方法。若连同鳍基骨全部剪除会形成永久标记，但可能会影响鱼的游泳能力（Reimchen et al.，2004）。而部分剪除会因鳍条再生无法辨认，标记的保留时间较短，仅适用于短期研究（林元华，1985）。

2. 打孔标记　利用打孔器或尖嘴钳，在鳃盖骨或鱼鳍上打出各种形状的孔作为标记

（韩书煜等，2010）。对于易碎的、肉质状的鳃盖骨不能用此方法。鱼鳍上打孔一般选择尾鳍，但鳍条容易再生，仅适用于短期研究。

3. 烙印标记　根据标记的温度不同，还可以分为热烙印标记和冷烙印标记。将带有标记的金属块加热或受冷之后压于鱼体，形成印有标记的伤疤（Fujihara et al.，1967），无鳞或细鳞鱼类较适合用此方法。通常冷烙印比热烙印有效，一般多采用冷烙印标记鱼体侧或头部。标记可以保留几个月。

4. 牌标志　将标志牌（其上可印制放流或回捕报告的相关信息）用专门的材料（不锈钢丝、涤纶线等）固定在鱼体上，根据固着方式不同可分为：①穿体标志，包括盘状、带状、管状标志；②箭形标志，包括 T 形标志、箭头标志；③内锚标志，植入于鱼腹腔内的标志。

挂牌标志是使用最广泛的标志方法，其实施费用低廉，操作简单，标志醒目易识别，可大规模使用（陈锦淘等，2005）。

5. 金属线码标志　使用线码标志器，将带有编码的磁性金属细丝注入鱼体皮下组织。该方法形成的伤口小、愈合快，标志保持率很高。但肉眼无法直接观察到标记，需用专门的探测仪检测，且费用较高（徐开达等，2018）。

6. 被动式整合雷达标志　用注射器将带有唯一编号的玻璃胶囊（内由微型芯片、感应线圈、铁氧体磁棒组成）注射到鱼体背鳍或腹腔中。其标志保留率高，用便携式扫描仪检测标志，并读取唯一编号。但最佳探测距离较小，标志成本较高，目前主要应用于小规模验证性研究，不适宜规模化标志放流（Brewer et al.，2016）。

7. 档案式标志　将档案式标志牌（一种可带温度、盐度、深度 3 个传感器且可以实时存储感传数据）固定在鱼体上，根据预设时间记录标志鱼所处水域的温度、盐度以及栖息水层。通过预设的信号基站进行鱼类栖息位置（经、纬度）的测算，将传感数据与栖息位置通过时间节点进行匹配，从而计算出鱼类的栖息位置及其相应的温度、盐度、水深环境信息。一般使用在金枪鱼、鲨等大型鱼类上，可获得其较全面的长期行为方面的信息，但是要回捕标志鱼才能获得这些数据，且成本较高，回捕大型鱼类较困难（张晶，2004）。

8. 分离式卫星标志　又称弹出式标志。结合档案式标志与卫星技术的长处，增加浮圈、分离装置、卫星通信模块，标志可根据预设程序定时脱离鱼体，上浮到海表面后向卫星传送数据。无须回捕标志鱼，地面站便可接收到数据，是一种研究大型鱼类行为特征较为理想的标志方法（张天风等，2015）。

9. 卫星追踪标志　卫星追踪标志，可分为仅有定位功能的卫星定位标志和可测鱼所处水环境温度、盐度的卫星中继数据记录器。将卫星信号发射器附在鱼体上，利用 Argos 卫星追踪鱼的位置（经纬度）或处理信号数据得到温度、盐度数据，其精确度很高。由于发射器需要露出水面才能传输信号，所以多用于研究经常活动于海表面的动物。2004

年，北太平洋海洋脊椎动物标志研究项目，对多种鲨采用这两种卫星标志实施追踪（Block，2006）。

10. 超声波标志 在水中安装一定数量的接收器组成监测阵列，然后将小型超声波发射器附在鱼体上放流，接收器通过接收发射器发出的超声波信号并加以转换，处理后可得到鱼的相关数据（经纬度、深度、水温、加速度等）（王成友等，2010）。该技术多应用于一定范围内（如鱼礁区）鱼类行为特征、栖息地利用方面的研究（Williams-Grove et al.，2017）。

11. 无线电标志 与超声波标志类似，无线电标志利用无线电波信的发射与接收，来确定鱼类的位置。由于无线电波信号强度在水中传播时衰减很快，不适于研究海洋和大型江河等水域的深水生活的动物，主要应用于陆上动物和浅水河流动物的定位、摄食、行为规律的研究（孙岳等，2009）。

（二）化学标志与标记

1. 化学药品涂抹标志 将硝酸银或者高锰酸钾涂抹在鱼体表面，形成的伤疤可作为标志（Myers et al.，1986），或者在鱼体表面涂抹颜料形成颜色标志。Thomas 等（1975）利用75%硝酸银和25%硝酸钾混合后喷洒在鱼体表面形成的伤疤标志，可保留时间超过1年。与烙印标记类似，该方法不适合鳞片较多的鱼类。

2. 液体橡浆入墨标志 采用着色液（液体橡浆）注入鱼体皮下组织凝固后形成带有颜色（红、绿）的标志（Gerking，1958），注入长度1~2 mm，一般注射在鱼体头部、背鳍和胸鳍之间或胸鳍附近。该方法因标志容易褪色，而没有被广泛应用（洪波等，2006）。

3. 植入式可见荧光标志 可分为植入式荧光标志和植入式荧光数字标志。前者是将荧光染色剂和凝固剂混合成的硅胶物质注射到皮下，凝固后形成带有颜色的标志（Astorga et al.，2005），后者是将刻有数字编码的矩形标志条植入到鱼体皮下组织，肉眼可直接看出编码（Trested et al.，2004）。目前，植入式荧光标志使用较为普遍。

4. 荧光染料浸泡标志 利用荧光染料可与钙结合的特征，将鱼浸泡在茜素红、茜素络合物、钙黄绿素、盐酸四环素等染色剂中，可在耳石、鳍棘、鳍条、鳞片上形成标志，有些荧光标志肉眼便可见，但主要还是利用荧光显微镜检测（刘岩等，2016）。该方法成本较低，可在鱼类受精卵、仔鱼、稚鱼等不同阶段进行标志，且能短时间内大规模标志（王臣等，2014）。

5. 同位素标志 将对鱼类机体无害的同位素（如磷、锌、钙的同位素）混于饵料中投喂鱼类，或将鱼放入含有同位素的水池中，使同位素渗入骨骼中。在重捕的渔获物中，利用示踪原子探测器检查出标志鱼。适用于大批量标志放流，但标志检测较为复杂，肉眼无法直接观察（胡鹤永，1995）。

6. 耳石元素标志 利用水环境中微量元素（如锶、钙等）能在耳石上形成惰性标志，不随时间推移而变化的特性（James et al.，2003），通过人为增加鱼苗养殖水体中微量元素的含量或者投喂含有微量元素的饲料，使其在鱼耳石上形成元素含量比值突变的标志（张辉等，2015）。该方法适可规模化操作，但检测成本较高。

7. 耳石热标记　利用鱼类耳石日轮生长特性，当人为升温时耳石生长较快会形成明带，降温时生长较慢会形成暗带，这种明暗相间的轮纹，便是终生可识别的标记（Volk et al.，1999）。该方法费用低廉，操作简单，可大规模标记，但检测烦琐，需取出耳石磨片观察。

（三）生物标记

1. 地理分布标记　利用生物自身的分布特征（即同种生物不同地理种群之间的差异），将其移植到另一水域，形成移植后的地理标记。如浙江省海洋水产研究所（王永顺等，1994）引进辽宁省海洋水产研究所具浅色的海蜇（*Rhopilema esculentum*）进行人工育苗，将其作为标志海蜇放流到象山港海域，与本地褐红色的海蜇形成区别，效果明显。但地理标记需要考虑移植后是否会带来生态风险。

2. 形态学差异标记　利用同种生物因不同的生长环境导致的形态学差异（鳞片、身体比例等差异）作为天然标记。如 Ross 等（1990）通过鳞片的差异，区分条纹狼鲈（*Morone saxatilis*）是人工养殖还是野生。但放流的养殖种群与野生种群产生的后代，是否仍能作为标记需进一步验证，因此，不宜作为持续的标记。

3. 寄生虫标记　根据寄生虫有特定宿主和分布范围的原理，通过检查鱼类特定部位的寄生虫，以区分不同的种群（Sindermann，1961），可用于区分放流的人工养殖品种和野生品种。该方法适用于不便进行挂牌标志和植入标志的小规格鱼类，但是寄生虫的种类鉴定专业要求较高。

（四）分子标记

分子标记是随着现代生物技术发展而产生的，目前，应用较多的是微卫星 DNA 标记和线粒体控制区标记（宋娜等，2010）。一般使用微卫星比较放流子一代和亲本等位基因，以辨别个体是否来源于标志亲本，再利用线粒体 DNA 提供的信息，来提高检测的精确性。标记可永久保留，放流前仅需对亲本取样建立数据库，无需对放流个体进行任何操作，但回捕后检测成本较高，且检测前需筛选特异性较高的标记位点。

二、研究目的及意义

近年来，随着我国增殖放流活动规模不断扩大，资金投入量不断递增，增殖放流的效果也倍受各界关注。标志放流可基于放流群体回捕来评估增殖效果，而标志方法的优劣与回捕率存在直接的关系。所以，选取适宜的标志方法是科学评估增殖效果的基础保障。较之国外，我国在放流标志技术方面的基础研究相对薄弱，对标志方法的定量评估还远远不够。

增殖放流可分为 3 种类型，即增加资源量放流、生态修复放流和改变生态结构放流（Cowx，1994）。我国的增殖放流主要是第一种类型。因此，研究适用于我国规模化标志放流的标志方法是首要目标。本节以南海近岸海域增殖放流的重要品种为对象，选取物理、化学、分子标记技术中应用较广的标志方法分别开展研究，为今后放流工作的科学开展提供技术支持。

第二节 物理标志技术

鱼类标志放流过程中，关键细节缺失参考依据，易导致标志鱼因标志操作不规范而死亡（或导致标志脱落），从而影响基于标志群体抽样的增殖效果评估、放流群体时空格局等后续研究的准确性。本节以南海重要增殖放流鱼类黄鳍棘鲷为对象，采用多因素方差分析，对比了标志过程中关键操作（标志前麻醉与否、标志部位、植入角度）的生长率、存活率、标志保留率的差异。

一、研究方法

（一）实验材料与分组

于 2018 年 7—8 月，在广东阳西县沙扒湾养殖场进行为期 40 d 的实验。所用的黄鳍棘鲷［随机抽取 50 尾测得体长为（10.05±0.39）cm，体重为（34.78±5.35）g］，为该养殖场人工培育的健康幼鱼（无病无残、体质健壮、规格一致）。所用标志设备［含标志枪和 T 形标（全长 3.70 cm，空气中重 0.05 g，黄色）］购自青岛海星仪器公司。

按照标志前麻醉与否 A［麻醉（记为 1）、不麻醉（记为 2）］、标志部位 B［背鳍基前部肌肉（记为 1）、背鳍基后部肌肉（记为 2）］、植入角度 C［45°（记为 1）、90°（记为 2）］3 个因素，每个因素 2 个水平，依 2×2×2 析因设计共设 8 个标志组和 1 个对照组（每组 3 个重复，每个重复 30 尾鱼，共 810 尾）（表 7-1，图 7-1）。

表 7-1 各实验组的处理方法

处理组	A	B	C
标志组 1	1	1	1

（续）

处理组	A	B	C
标志组 2	1	1	2
标志组 3	1	2	1
标志组 4	1	2	2
标志组 5	2	1	1
标志组 6	2	1	2
标志组 7	2	2	1
标志组 8	2	2	2
对照组	不做标志处理		

图 7-1　标志部位、植入角度示意

（二）实验步骤

1. 标志前暂养　将所选健康幼鱼放入培育池（长 3 m、宽 3 m、高 2 m）中暂养一段时间，至鱼不再发生死亡（本节为 3 d）。其间持续增氧，投喂通用配合饲料，并及时移除死亡和行为异常的个体。标志前 24 h 停食，以降低操作过程对鱼体的影响。

2. 材料消毒　将 T 形标和标志枪针头用 75% 酒精浸泡消毒 5 min。

3. 麻醉　为防止标志过程中鱼体因剧烈挣扎而受伤，参照江兴龙等（2013）文献资料的麻醉方法，将鱼放入含有 30 mg/L 丁香酚溶液（丁香酚：酒精＝1：9，配比混合后再溶于海水）的玻璃缸中药浴麻醉，待鱼体失去平衡状态，腹部向上翻转时测量其开始体长（精确至 1 mm）、体重（精确至 0.01 g）（每组随机测量 10 尾），然后进行标志（每次麻醉 3~4 尾为宜，避免实验鱼因过度麻醉致死）。

4. 标志　实验人员戴上绒线手套以确保操作安全，左手轻握鱼体，右手持标志枪，将各组分别按相应的标志部位、植入角度完成操作。植入前先用标志枪针头拔去标志部位的 1 个鳞片，标志时 T 形标要一次性迅速推进至鱼体并确保成功植入，标志失败的鱼不用于实验。

5. 鱼体消毒　将标志鱼放入含有 5% 聚维酮碘溶液的玻璃缸中药浴消毒 30 min，防止标志伤口发炎感染，消毒过程中要持续增氧。

6. 标志后暂养　将消毒后的各组标志鱼和对照组的鱼（不标记，其余步骤与标记鱼相同），按分组分别暂养于装有 0.4 m³ 海水的玻璃钢养殖水桶（容积 0.5 m³）中，每桶放鱼 30 尾。

暂养期间采用自然光照，养殖用水为砂滤后的自然海域海水，持续增氧。每天投喂 2 次通用配合饲料（9：00、17：00），根据鱼的摄食情况调整投喂量，正常情况日投喂量为鱼体重的 3%～4%。每天换水 1 次，换水量 50%。每天观察并记录鱼的行为、死亡、脱标等情况。定期用 YSI 水质参数仪测定各桶的水质指标，实验期间水温 27.6～31.7℃，盐度 12.2～18.5，pH 7.74～8.37，溶解氧 6.00 mg/L 以上。为减少误差，标志操作及数据测定，均由固定的 2 名受过培训的实验员完成。

（三）数据分析

1. 数据处理　实验结束后停食 24 h，每桶随机抽 10 尾鱼测定体长、体重。实验数据均以每组 3 个重复的平均值±标准差（mean±SD）表示。分别求出体长特定生长率（specific growth rate of body length，SGR_L）和体重特定生长率（specific growth rate of body weight，SGR_W），按以下公式计算（Smith et al.，2017）：

$$SGR_L = 100\% \times (\ln L_t - \ln L_0)/t \tag{7-1}$$

$$SGR_W = 100\% \times (\ln W_t - \ln W_0)/t \tag{7-2}$$

式中　L_0 和 L_t——开始体长和结束体长（cm）；

　　　W_0 和 W_t——开始体重和结束体重（g）；

　　　t——实验天数（d）。

2. 分析方法　采用多因素方差分析（高忠江等，2008），比较各组间鱼的生长指标、存活率、标志保留率的差异是否显著。统计分析均采用 SPSS 19.0 软件完成，$P > 0.05$ 时认为无显著差异。

二、结果

（一）标志对实验鱼正常活动的影响

标志过程对实验鱼正常活动产生了一定程度的影响，但经过 7 d 的暂养后逐步恢复正常。游泳方面，刚标志的鱼大部分聚集在桶底基本不游动，少数游泳时略倾向带标志一侧，且标志鱼鳍摆动的频率和幅度均比正常情况低，对外界应激反应的敏感度明显降低；5 d 后，标志鱼的游泳行为和应激敏感度恢复正常，与对照组无异。摄食方面，标志后第一天，投喂饲料标志鱼不摄食；第三天，标志鱼恢复正常摄食，与对照组无异。炎症方面，标志后第三天，部分标志鱼的标志部位发炎溃烂，导致养殖水体混浊。及时在桶中加入 20 mg/L 的高锰酸钾，进行多次消毒、换水。7 d 后炎症退去，伤口逐渐愈合，水体清澈程度与对照组无异。

（二）不同标志操作对实验鱼生长的影响

鱼类的生长率，是评价标志效果的一个重要指标。方差分析结果表明（表 7-2），本节不同标志操作对鱼的生长无显著影响。实验开始时，各组间鱼的体长、体重均无显著差异（$P > 0.05$）；实验结束时，各组间的体长、体重及体长、体重生长率也均无显著差异（$P > 0.05$）。

表 7-2　各实验组鱼的生长指标值

处理组	开始体长 (cm)	结束体长 (cm)	开始体重 (g)	结束体重 (g)	体长特定生长率 (%/d)	体重特定生长率 (%/d)
标志组 1	10.03±0.38	11.48±0.36	34.66±5.07	48.22±6.11	0.34±0.04	0.83±0.51
标志组 2	10.12±0.38	11.67±0.38	36.54±5.04	48.07±6.02	0.36±0.04	0.69±0.34
标志组 3	9.99±0.38	11.58±0.45	34.53±4.89	49.00±6.39	0.37±0.05	0.88±0.31
标志组 4	10.06±0.40	11.61±0.42	35.47±5.23	50.54±7.96	0.36±0.04	0.88±0.41
标志组 5	10.05±0.39	11.54±0.41	34.94±3.78	49.81±7.32	0.34±0.05	0.88±0.32
标志组 6	10.04±0.42	11.60±0.40	34.48±4.41	49.10±7.97	0.36±0.04	0.87±0.39
标志组 7	10.02±0.39	11.54±0.44	35.25±4.66	49.69±5.53	0.35±0.04	0.86±0.31
标志组 8	10.09±0.41	11.57±0.44	36.08±3.99	48.79±8.48	0.34±0.04	0.73±0.45
对照组	10.06±0.38	11.60±0.40	35.52±4.65	48.54±8.51	0.36±0.06	0.76±0.46

（三）不同标志操作对存活率、标志保留率的影响

存活率和标志保留率，是衡量标志方法优劣的另外 2 项重要指标。基于存活率和标志保留率优选出的最佳标志操作组合为麻醉，将 T 形标以 45°植入背鳍基前部肌肉，即标志组 1 的操作步骤，其存活率最高（95.56%），标志保留率也最高（98.89%）。且该组标志 3 d 后不再出现脱标，7 d 后标志鱼不再发生死亡。

方差分析结果表明，麻醉与否（A）、标志部位（B）、植入角度（C）3 个因素之间的交互作用不显著（$P > 0.05$）。对于存活率，按均方大小（表 7-3），3 个因素对其影响依次为麻醉与否 > 标志部位 > 植入角度。其中，麻醉与否对实验鱼的存活率影响极显著（$P < 0.01$），而标志部位、植入角度则影响不显著（$P > 0.05$）；麻醉的存活率（93.89%）> 不麻醉（86.11%），标志前部（90.56%）> 标志后部（89.44%），45°植入（90.28%）> 90°植入（89.72%）。对于标志保留率，3 个因素对其影响依次为标志部位 > 植入角度 > 麻醉与否。其中，标志部位、植入角度对标志保留率影响显著（$P < 0.05$），而麻醉与否则影响不显著（$P > 0.05$）；标志前部的标志保留率（97.22%）> 标

志后部（94.72%），45°植入（96.94%）＞90°植入（95.00%），麻醉（96.67%）＞不麻醉（95.28%）。

表 7-3　不同标志操作对实验鱼存活率、标志保留率影响的多因素方差分析

因素	存活率					标志保留率				
	平方和	自由度	均方	F 值	P 值	平方和	自由度	均方	F 值	P 值
A	0.036	1	0.036	39.200	<0.000	0.001	1	0.001	2.500	0.133
B	0.001	1	0.001	0.800	0.384	0.004	1	0.004	8.100	0.012
C	<0.000	1	<0.000	0.200	0.661	0.002	1	0.002	4.900	0.042
A×B	0.001	1	0.001	0.800	0.384	<0.000	1	<0.000	0.100	0.756
A×C	<0.000	1	<0.000	0.200	0.661	<0.000	1	<0.000	0.900	0.357
B×C	<0.000	1	<0.000	0.200	0.661	<0.000	1	<0.000	0.100	0.756
A×B×C	<0.000	1	<0.000	0.200	0.661	<0.000	1	<0.000	0.900	0.357
误差	0.015	16	0.001			0.007	16	<0.000		
总和	19.493	24				22.121	24			

三、分析与讨论

（一）标志对鱼正常生理生态的影响

理想的标志方法，应尽可能不影响鱼的正常活动（Clark，2016）。生长方面，本节发现标志组和对照组鱼的体长、体重特定生长率无显著差异，与大多数鱼类标志实验的研究结果一致（Otterå et al.，1998；Smith et al.，2017；刘芝亮等，2013；柳学周等，2013）。而 Rikardsen 等（2002）发现，体外挂牌标志对鱼的生长有一定的负面影响，在标志后 10 d 内鱼的特定生长率为负值。这可能是标志前期带来的胁迫，导致鱼摄食量减少而使体重降低。由于本节没有在标志后分时间段测量鱼的体长、体重，无法了解是否存在类似的生长抑制现象。游泳、摄食方面，出现的异常行为与研究鲢（*Hypophthalmichthys molitrix*）和青石斑鱼（*Epinephelus awoara*）（韩书煜等，2010）时观察到的情况相似，很可能是标志造成的不良影响，鱼体需要逐渐适应。炎症方面，鱼体出现了标志部位溃烂、水体混浊以及重新加入高锰酸钾消毒后好转的现象，可能与标志操作过程中进行的消毒效果有关。而水体出现浊状悬浮物，应该是鱼游动时腐烂肌肉组织脱落、水体微生物作用等因素产生。若改进消毒方式（如更换消毒效果更好的高锰酸钾或土霉素溶液、延长消毒时间、分多次进行消毒）可能效果会更好，这尚有待通过实验加以证实。Smith 等（2017）发现，增加水体盐度对鱼体的恢复有很大帮助。而本研究进行期间常有连续性降雨，导致抽入砂滤池的海水盐度较低，可能是造成鱼体恢复效果不理想的原因之一。此外，Williams 等（2015）利用一种可遥控开口的网箱，将标

志后的鱼暂养于放流海域，发现标志鱼没有因最初标志植入而死亡，效果较好。这种自然海域网箱暂养的方法值得进一步研究（表7-4）。

表7-4　各标志组鱼的存活和标志保留情况

项目		A	B	C	存活率（%）	标志保留率（%）
处理组	标志组1	1	1	1	95.56±1.92	98.89±1.92
	标志组2	1	1	2	94.44±1.92	96.67±3.33
	标志组3	1	2	1	93.33±3.33	95.56±1.92
	标志组4	1	2	2	92.22±3.85	95.56±1.92
	标志组5	2	1	1	86.67±3.33	97.78±1.92
	标志组6	2	1	2	85.56±3.85	95.56±1.92
	标志组7	2	2	1	85.56±1.92	95.56±1.92
	标志组8	2	2	2	86.67±3.33	92.22±1.92
存活率（%）	水平1均值	93.89±2.78	90.56±5.29	90.28±5.02		
	水平2均值	86.11±2.78	89.44±4.46	89.72±4.81		
标志保留率（%）	水平1均值	96.67±2.46	97.22±2.39	96.94±2.23		
	水平2均值	95.28±2.64	94.72±2.23	95.00±2.66		

综上，标志会对鱼的生理生态产生不同程度的影响，但经过一段时间的暂养会逐步恢复正常。本节标志鱼游泳、摄食、炎症方面的现象均表明标志后暂养7 d再放流是十分必要的。首先，标志鱼若不暂养直接放流到自然海域中，可能会因不适应植入的标志，导致游泳、摄食行为异常而死亡；或导致标志鱼应激反应迟钝，在逃避捕食或摄食方面的能力受到较大影响。其次，标志后立即投放可能导致标志群体数量估计偏低，因为标志鱼放流后短时间内的死亡会降低回捕率，从而很可能低估增殖效果。

（二）影响标志存活率及标志保留的因素

1. 麻醉与否　目前，麻醉剂种类有近30种（刘长琳等，2008）。其中，丁香酚和MS-222被认为是最安全有效的麻醉药物（Hseu et al.，1998；Prince et al.，2000），广泛应用于鱼类人工催产、测长称重、苗种运输、标志放流等渔业生产及研究中（严银龙等，2016）。鱼体在多重应激或极强烈应激的情况下，通过感知应激因子引起反应；而麻醉剂可降低应激反应的发生，使鱼保持镇静，是提高存活率的有效方法（刘小玲，2007）。此外，麻醉液经鳃丝吸收进入血液系统，若剂量过大或麻醉时间过长，会使鱼呼吸麻痹而导致死亡（刘长琳等，2007），所以一次性麻醉鱼的数量不宜过多。本节发现不麻醉标志组的存活率较低且死亡的鱼体表有许多伤痕。由于黄鳍棘鲷生性较凶猛，标志操作过程中不麻醉的鱼挣扎剧烈，造成的碰撞、掉鳞等机械损伤，对其生理生态影响极大，标志后鱼极易死亡。因此，标志前有必要使用适量麻醉剂将鱼麻醉。

2. 标志部位　合适的标志部位对小型鱼类标志放流尤其重要，目前，选取肌肉相对厚实、操作简便的鱼体背部标志最常见。本节发现标志部位对标志保留率有显著影响，且 T 形标植入背鳍基前部肌肉优于后部肌肉，这与黄国光等（2009）的研究结果一致。背鳍基前部肌肉较厚，能较好地固定 T 形支线，且该部位远离中枢神经和血液循环系统，不会对标志鱼产生过多生理胁迫；而后部肌肉相对较薄且靠近尾部，受鱼尾摆动影响伤口易发炎，且 T 形标容易脱落。实验中观察到后部标志组的鱼，多因标志处伤口溃烂而脱标。因此，标志时应尽量选择背鳍基前部肌肉较厚的位置。

3. 植入角度　本节发现，植入角度对标志保留率有显著影响。T 形标以 45°植入的标志效果优于 90°植入，随着植入角度的增大，标志保留率降低。可能是 45°植入的 T 形标与鱼体肌肉流线型的走向较吻合，鱼体游动时 T 形标倾斜度与游泳方向一致，减少了游泳阻力的影响。而植入角度较大时，鱼体游动过程中需消耗更多的能量，来消除 T 形标造成的阻力和胁迫。因此，将 T 形标以 45°植入背鳍基前部肌肉更合适。

此外，影响标志鱼存活率及标志保留率的因素，还有标签种类、鱼体规格、操作者的熟练程度、消毒与否、放流的时间、地点、放流区的自然生态环境等。而量化这些因素的影响，是人们掌握标志技术、提高标志效果的必经之路。随着科技发展，新型标志手段会越来越多，但提高标志鱼存活率和标志保留率，仍是标志放流的首要目标。本节所采用的多因素方差分析，为同时比较不同因素对标志效果的影响、继而优选最佳处理组合提供了一种新思路。

四、小结

本节采用多因素方差分析，对比了标志过程中关键操作（标志前麻醉与否、标志部位、植入角度）的生长率、存活率、标志保留率的差异。40 d 的实验结果显示，不同标志操作对鱼的生长无显著影响（$P > 0.05$）；麻醉与否对实验鱼的存活率影响极显著（$P < 0.01$）；标志部位、植入角度对标志保留率影响显著（$P < 0.05$）。优选出的最佳标志操作组合为麻醉，将 T 形标以 45°植入背鳍基前部肌肉（存活率 95.56%、标志保留率98.89%）。综合以往资料，提出黄鳍棘鲷［体长（10.05±0.39）cm］T 形标志操作规范建议，为今后标志放流提供参考依据：①标志前暂养，将待标志鱼放入培育池内暂养 3 d或以上，标志前 24 h 停食；②材料消毒，将 T 型标和标志枪针头用 75%酒精浸泡消毒5 min；③麻醉，用 30 mg/L 丁香酚溶液（或 MS-222 麻醉剂）麻醉至鱼体腹部向上翻转时，迅速进行标志；④标志，用标志枪针头去掉标志部位的 1 个鳞片，然后针头与鱼体呈45°，将 T 形标植入背鳍基前部肌肉；⑤鱼体消毒，将标志鱼放入含有 5%聚维酮碘（或高锰酸钾）的海水溶液中药浴消毒 30 min；⑥标志后暂养，消毒后的标志鱼人工暂养 7 d后可放流。

第三节　化学标志技术

一、3 种规模化化学标志技术的应用

虽然多种物理标志技术如挂牌、剪鳍等具有成本低、易识别的优点，但这些方法一般适用于标志规格较大的放流种苗个体（程家骅等，2016）。且对放流个体进行规模化标志，需花费较高的时间和成本（张翼等，2018）。所以，开发适用于小规格放流苗种的规模化标志方法，成为促进增殖放流效果评估工作高效开展的重要保障。化学标志技术的发展为此提供了一种解决方式，其中，荧光染料浸泡标志、耳石热标记、耳石元素标志这 3 种可规模化标志的方法受到重视，并开展了许多相关研究。

（一）荧光染料浸泡标志

利用荧光染料可与钙结合的特征，将鱼浸泡在茜素红、茜素络合物、钙黄绿素、盐酸四环素等染色剂中，可在标志对象身体的骨质结构上形成稳定的螯合物作为标志。这种骨组织上（耳石、鳍棘、鳍条等）的标志，能够在荧光显微镜下被清楚地检测和观察（刘岩等，2016；王臣等，2014）。徐永江等（2016）利用茜素络合物，对半滑舌鳎（*Cynoglossus semilaevis*）苗种耳石进行浸泡标志实验。结果表明，36 h 浸泡处理的适宜浓度为 100 mg/L；24 h 浸泡处理的适宜浓度为 150 mg/L。且荧光标志可长期存续，标志效果较好。邱晨等（2018）采用 100 mg/L 的茜素络合物，对鲤（*Cyprinus carpio*）仔鱼进行浸泡，发现星耳石的标志效果最佳，微耳石次之。标志可长期存在，可行性较强。

（二）耳石热标记

利用鱼类耳石日轮生长特性，当人为升温时耳石生长较快会形成明带，降温时生长较慢会形成暗带，这种明暗相间的轮纹，便是终生可识别的标记（Volk et al.，1999）。目前，开展耳石热标记研究的种类主要是鲑鳟类。Volk 等（1999）较系统地总结了耳石热标记技术在鲑科鱼类中的应用，探讨了该技术在实际应用中的注意事项。刘伟等（2013）利用人工控温的方法，对大麻哈鱼（*Oncorhynchus keta*）发育期胚胎耳石日轮进行周期性地标记，获得了与对照组有明显区别的日轮标记图谱。

（三）耳石元素标志

利用水环境中微量元素（如锶、钙等）能在耳石上形成惰性标志，不随时间推移而

变化的特性（James et al.，2003），通过人为增加鱼苗养殖水体中微量元素的含量或者投喂含有微量元素的饲料，使其在鱼耳石上形成元素含量比值突变的标志（张辉等，2015）。张翼等（2018）通过开展不同锶浓度养殖水体的黑鲷（*Acanthopagrus schlegelii*）幼鱼耳石浸泡实验，验证该方法的可行性。结果表明，特定耳石区位置的锶、钙比值显著增加，形成了明显的耳石元素指纹标志，且经过暂养后，鱼体肌肉中的锶浓度会降至正常水平。王臣等（2015）也证明了通过在大麻哈鱼养殖水体中添加外源锶，可在其耳石上形成明显的标志环。

二、黄鳍棘鲷耳石元素微化学分析

本节通过分析黄鳍棘鲷耳石核心区的微量元素特征，验证微量元素在增殖群体和野生群体中存在的差异，为今后利用耳石元素标志技术开展大规模标志放流提供理论依据。

（一）材料与方法

具体材料与方法见第四章第三节。

（二）结果与分析

1. 黄鳍棘鲷耳石核心区的微量元素含量信息　见第四章第三节相关内容。

2. 各元素含量在群体判别中的重要性　见第四章第三节相关内容。

三、小结

本节表明基于耳石核心区的微量元素指纹特征分析是区分黄鳍棘鲷养殖群体与野生群体的有效方法。通过在养殖水体中添加这些元素从而形成短时间内的微量元素突增标志的方法具有一定的理论基础。

第八章 运动驯化提高放流 苗种成活率技术

大多数游泳鱼类都具有逆流游泳的行为，称为趋流性，它们能根据水流的流动速度和流动方向不断地调整自身的游泳速度和运动方向，使其保持相对稳定的逆流游泳状态，逐渐形成不同的生理适应策略以提高自身的生态适合度（李秀明，2013）。利用鱼类的这种趋流特性，通过改变水流速度的大小迫使鱼类做不同强度的游泳运动，并且这种运动是可重复进行的，即为游泳运动训练（于丽娟，2014）。能否通过运动驯化来提高放流苗种的成活率，本章选择南海北部 3 种主要增殖对象石斑鱼、黑棘鲷和紫红笛鲷，开展了运动驯化对试验鱼类免疫参数影响的研究，以期筛选出提高放流苗种成活率的新方法。

第一节 鱼类运动生理学研究进展

早在 20 世纪初，国外已经开始对鱼类的趋流行为、嗅觉和听觉反应、条件反射、学习行为、洄游行为和繁殖行为等游泳行为开展研究（宋波澜，2008）。到了 20 世纪 60 年代，鱼类的行为学研究已经引起了人们足够的重视，鱼类游泳运动训练也由此兴起。开展鱼类运动训练的原因主要为：①适度的运动训练，可以提高增殖放流鱼类的野外成活率；②适度的运动训练，可以促进鱼类饵料转化效率和生长，提高养殖效益（Davison，1997）。随着研究的深入，研究者发现游泳运动训练，对鱼类行为、形态、繁殖、循环系统等方面也具有积极的作用（于丽娟，2014）。当前，被广泛接受鱼类的游泳训练方式有两种：一种是有氧运动训练，一种是无氧运动训练（Pearson，1990）。有氧运动训练，是指鱼类在溶氧充足的水体进行以有氧代谢为主的游泳训练，训练时的水流强度一般较低，持续时间为几周到数月不等。无氧运动训练，是指鱼类以无氧代谢供能为主的暴发式运动训练，通常是在短时间内追赶鱼至力竭状态，训练周期相对较短（李秀明，2013）。研究表明，有氧运动训练一般会对鱼类的生长产生积极影响，而对其运动能力的影响似乎不太显著；相反，无氧运动训练则一般有利于鱼类运动能力的提高，而对生长通常是有害的（李秀明，2013）。

现今，游泳运动训练对鱼类的影响仍有不同的结论。虽然大量研究表明，适当的游泳训练对鱼类的生长、游泳能力、成活率和免疫机能等产生了积极的影响。如条纹石鲟经过训练（1.2～2.4bl/s*，60 d）后临界游泳速度显著增加（Young，1993）；大西洋鲑鱼在经过 6 周的有氧运动训练（0.8 bl/s，16 h 和 1.0 bl/s，8 h）后免疫能力增强，放流后的成活率显著升高（Castro，2011）。也有学者证明，游泳运动训练对某些鱼类没有显著影响。如虹鳟在游泳训练（0.9 bl/s，42 d）后，生长率和饲料效率都没有发生显著性变化（Mckenzie，2012）。甚至有研究表明，水流速度是对鱼体额外强加的负荷，妨碍其新陈代谢系统对温度和食物等其他环境因子变化的反应，给鱼类造成负面影响（殷名称，1993）。造成这些差异的原因是，不同的运动训练方案（鱼类种类、训练方式、训练时间及运动强度）、训练设施等条件，会使鱼类在形态、生理生化、行为以及生长等方面产生不同的变化。

一、游泳运动对鱼类成活率的影响

在增殖放流工作中，人工培育的放流鱼种在运输过程中容易受到应激死亡，并且放流后不能快速适应自然水域环境，行动缓慢，常出现群集现象，易受天敌捕食，导致放流鱼种成活率大大降低。研究表明，放流前对增殖放流生物进行适度的游泳运动训练，能使其快速适应放流环境，从而有利于放流成活率的提高（Wang，2006）。孔彬等（2008）研究发现，赤眼鳟（*Spualiobarbus curriculus*）在经过流水密集锻炼（4 bl/s，24～30 h）后，对低氧环境的适应能力较锻炼前更强，从而增强其在运输过程中的适应性，有利于提高鱼种放流后的成活率。研究者发现，在野外放流前对大鳞大麻哈鱼（Burrow，1969）、大西洋鲑（Wendt，1973）、欧鳟（Cresswell，1983）进行适度的游泳运动训练，有利于提高其放流成活率。

对于增殖放流鱼类来说，游泳能力是决定其生死存亡的重要指标。游泳能力的增强，能使其面对捕食者时有更高逃逸的成功率，以及在摄食时提高捕食成功率，从而提高其生存能力。临界游泳速度（critical swimming speed，U_{crit}）是评价运动训练对鱼类最大有氧运动能力影响的重要指标，中华倒刺鲃在 $60\%U_{crit}$ 速度下每天运动训练 6 h，持续训练 14 d 后，实验鱼的 U_{crit} 得到显著性提高（Zhao，2012）；虹鳟在低于 $60\%U_{crit}$ 速度下训练 28 d 后，其 U_{crit} 同样发生显著提高（Farrell，1990）。研究者发现，对鲤（*Cyprinus carpio*）幼鱼以 $60\%U_{crit}$ 速度每天训练 6 h，持续训练 4 周后，训练组实验鱼的 U_{crit}、静止耗氧率和力竭运动后的最大耗氧率显著高于对照组（夏伟，2012）；其他研究中，也有运动训练能显著提高鱼类 U_{crit} 的报道（Liu，2009；赵文文，2011）。

运动疲劳时间和暴发游泳历时同样可以衡量鱼类的游泳能力，据 Nahhas（1982）报

---

* bl/s指速度单位：体长/秒，如鱼的体长是 10cm，那 1bl/s 就是指水流速度为 10cm/s。

道，虹鳟在 3.5 bl/s 流速下训练 46 d 后，鱼体的运动疲劳时间得到提升。Pearson 等
（1990）研究发现，虹鳟在经过持续 9 周、隔天 30 s 最大游泳速度训练后，其暴发游泳历
时显著增加，并且在相同时间内的急速游泳距离比非训练组高 14%。鸢尾斑鳟（Sahno
irideus）在 1~1.5 bl/s 的流速下长期运动训练 1 年后，其长距离持续游泳历时和短距离
游泳历时均有所增加（夏伟，2012）。上述结果表明，适度的运动训练能显著增强实验鱼
的游泳能力，从而有利于提升鱼种放流后的成活率。

　　研究表明，经过训练的鱼比没有训练的鱼在力竭运动后具有更快的恢复速度
（Davison，1989），如圆鳍雅罗鱼（Leuciscus cephalus）（Lackner，1988）、南方鲇
（Silurus meridionalis）（曹振东，2009）、瓦氏黄颡鱼（Peltebagrus vachelli）（Liu，
2009）等。这些生理的改变，可能有利于增强鱼类承受环境胁迫的能力（Woodward，
1985），快速恢复的代谢水平，使鱼类能快速地进入下一次的逃逸或捕食活动中，大大提
高其生存能力。如虹鳟在 0.9 bl/s 的流速下训练 6 周后，面对急性胁迫时具有更快的恢复
能力（Mckenzie，2012）。又如，经过无氧运动训练后虹鳟的加速能力有了显著的提升
（Pearson，1990；Gamperl，1991），其在无氧运动后的乳酸、葡萄糖等的浓度扰动亦出
现下降（Hernandez，2002）。同时，运动后的代谢恢复得到加强（Pearson，1990；
Palstra et al.，2011）。此外，运动训练能够增加线粒体密度和肌肉组织的毛细血管，改
善其循环和呼吸系统能力。如虹鳟在 60%U_{crit}流速下训练 4 周，每天训练 18 h，训练鱼的
心脏最大输出功率增大了 25%，表明运动训练提高了虹鳟的心脏最大能力，增强了心血
管功能（Farrell，1991），有益于游泳过程中的供能，从而提升其游泳能力，最终有利于
成活率的提高。

二、游泳运动对鱼类生长的影响

　　在人工养殖环境下，水流是影响鱼类运动的主要因素。逆流运动会使新陈代谢加速，
进而对鱼类的生长发育和生理生态产生影响（宋波澜，2008）。大量研究表明，不同的运
动训练方式、运动时间等训练方案，对不同鱼类生长状态的影响是不一致的。

　　适宜流速下的长期持续运动训练，可以促进多数硬骨鱼类的生长，如大西洋鲑
（Salmo salar）（Castro，2013）、虹鳟（Salmo gairdneri）（Greer，1978）、中华倒刺鲃
（Spinibarbus sinensis）（李秀明，2013）、条纹石鲈（Morone saxatilis）（Young，1993）、
红鳍银鲫（Barbodes schwanenfeldi）（宋波澜，2008）、吉富罗非鱼（Oreochromis
niloticus）（穆小平，2014）。研究者发现，通常 0.75~2.0 bl/s 水流强度下的持续训练，
有利于鱼类生长率的提高（Jobling，1993）。但在 2.0 bl/s 以上的高强度训练，通常会对
鱼类的生长产生负面影响（Farrell，1991）。因为鱼类在最适的游泳运动条件下，将运动
过程中最大的能量转移到游泳肌中促进鱼体生长，且此时能量利用效率最高。当水流强

度高于最适游泳运动速度时，游泳很快就会成为不可持续的和应激性的活动，它会导致过量消耗体内能量储备，产生氧债，最终引起鱼类疲劳，对鱼类的生长和代谢系统产生负面影响（宋波澜，2008；Palstra，2010）。如溪红点鲑（*Salvelinus fontinalus*）在4个流速下（0、0.85 bl/s、1.72 bl/s和2.5 bl/s）持续训练20 d后，0.85 bl/s流速组的溪红点鲑具有最高生长率，而2.5 bl/s流速组的生长则受到抑制（East，1987）。再如，宋波澜（2008）发现，在0.7 bl/s流速下的运动训练，能显著提升红鳍银鲫的生长率；但在2.0 bl/s流速下的运动训练，则生长明显减缓。又如，金鱼在1.5 bl/s、3.0 bl/s和4.5 bl/s下训练28 d后，相比对照组1.5 bl/s流速下的体长和体重无明显变化；3.0 bl/s流速下的体长减少0.9%，体重减少7%；4.5 bl/s流速下的体长减少0.6%，体重减少18%（Davison，1978）。虹鳟经过训练后（1.5 bl/s，28 d；3.0 bl/s，28 d和4.5 bl/s，14 d），其体长和体重的变化基本与金鱼一致。随训练速度的增加，训练组实验鱼的体长相比对照组分别增加了11%、1.4%、−0.6%，体重相比对照组分别增加了79%、7%、−20%（Davison，1977）。此外，也有研究表明，类似的运动训练对大麻哈鱼（*Oncorhynchus keta*）（Duogan，1993）、大西洋鳕（*Gadus morhua*）（Bjornevik，2003）和虹鳟（Mckenzie，2012）鱼类的生长没有显著影响，推测训练方案可能不足以影响其生长行为。

据报道，不同规格鱼体大小对运动训练有不同的响应机制（Brown，2011）。Totland（1987）等研究发现，成年大西洋鲑在低于0.5 bl/s水流速度下持续游泳运动锻炼8个月后，生长率比静水组高出38%；持续的运动训练使成年斑马鱼的生长率显著提高（Palstra，2010），但对出膜后4 d、9 d和21 d的斑马鱼仔鱼的生长率并没有显著性影响（Bagatto，2001）。这些研究结果表明，运动训练似乎对提高成年性成熟的鱼类生长率更有帮助。不过，Brown（2011）等发现，体重约1 600 g的成年黄尾鰤（*Seriola lalandei*）在0.75 bl/s速度下持续训练42 d，其生长率相比对照组提高了10%，五条鰤（*Seriola quinqueradiata*）与黄尾鰤具有相近生态位和系统发育关系，体重约4 g五条鰤在1.0 bl/s速度下训练28 d，其生长率相比对照组显著增长了40%（Yogata，2000）。这表明，早期发育阶段的鱼类对运动训练也有很好的反应。据报道，体重不同的军曹鱼（*Rachycentron canadum*）具有不同的促进其生长的最适水流速度。在10 cm/s的流速下，最有利于10～30 g的军曹鱼生长率的提高；在20 cm/s流速下，最有利于30～60 g的军曹鱼生长率提高；而23 cm/s的流速，最有利于60～200 g军曹鱼的生长（Yu，2005）。此外，亦有研究表明，运动训练对不同大小的鱼类生长率都没有影响。如体重为3.1 g和73.2 g的斑点叉尾鮰（*Ictalurus punctarus*），在经过运动训练后生长率并没有显著变化。

除了水流因子和鱼体大小，鱼类的自身游泳能力、养殖环境、养殖密度和季节，都与运动训练对鱼生长的影响有关。因此，有关运动训练对鱼类生长的影响机理机制仍需不断地摸索探究（李秀明，2013）。

三、游泳运动对鱼类免疫机能的影响

鱼类特异性免疫系统的功能相对单一，因此，主要依靠非特异性免疫系统抵抗入侵的病原生物。鱼类非特异性免疫系统主要由：免疫细胞和体液免疫因子两部分组成。免疫细胞主要为具有吞噬作用和毒性作用的细胞；体液免疫因子主要由非特异性的转移因子、补体、溶菌酶、干扰素和抗蛋白酶等（黄江，2009）。此外，还有许多与机体抗病力相关的酶类对鱼类免疫防御也起着重要的作用（宋波澜，2008）。

研究表明，运动对机体心血管功能和代谢有很大的影响，鱼类的循环和呼吸系统具有较高的可塑性，运动训练容易使其相关组织和功能产生变化，因而也可能会对鱼类的免疫功能产生积极影响（于丽娟，2014）。大西洋鲑在经过间歇性有氧训练（0.8 bl/s，16 h；1.0 bl/s，8 h）6周后，抗传染性胰坏死病毒感染能力明显增强（Castro，2011）。红鳍银鲫在不同流速下（0 m/s、0.1 m/s、0.3 m/s）训练45 d后，其血液生理指标和非特异免疫功能均发生了显著变化，乳酸脱氢酶、碱性磷酸酶、NBT阳性细胞（噬细胞、中性粒细胞、巨噬细胞）、溶菌酶、超氧化物歧化酶活性及抗菌能力均随流速的增加而升高，从而有利于增强机体免疫能力（宋波澜，2008）。中华倒刺鲃在1.0 bl/s流速下训练8周后，免疫参数得到提高，免疫细胞的数量及抗体含量均增加，氧化应激水平和炎症水平则显著降低，从而增强鱼体抗病毒感染的能力（于丽娟，2014）。大麻哈鱼在流速分别为2 cm/s、13 cm/s、23 cm/s训练11周后，各组间SOD活性出现显著性差异，但免疫球蛋白含量并没有显著差异（Azuma，2002）。缺帘鱼在1.0 bl/s流速下训练72 d后，肝脏中的谷氨酸脱氢酶、乳酸脱氢酶和丙酮酸激酶均出现明显的变化（Hackbarth，2006）。上述研究结果表明，适宜水流速度下诱导的运动训练有益于鱼类体质和免疫功能的提高，主要表现在免疫细胞数量和各种免疫酶活性的变化。但是也有研究表明，过量运动会导致机体产生短暂的免疫抑制，使得机体免疫机能下降，受病原生物感染的风险增加（陈佩杰，2000）。运动对鱼类免疫的影响除了与鱼的自身条件如种类、习性、大小等因素有关外，还与训练环境、训练策略等外界因素密切相关。因此，要了解运动影响鱼类免疫的机制，需要科学制订训练方案。

四、游泳运动对鱼类抗氧化能力的影响

机体自由基的代谢水平与免疫机能有十分重要的关系，适量的自由基对机体有解毒的功能，而过量的自由基就会对机体产生毒害。为了维护机体不受自由基的伤害，避免氧化应激作用破坏机体生物大分子的活性，机体形成了一套完善的抗氧化防御系统，以此维持机体自由基代谢平衡（于丽娟，2014）。研究证明，持续有氧训练可以降低机体脂

质过氧化程度，对抗氧化能力有增强作用。其原因主要有以下两个方面：一是持续有氧训练能增强机体心血管循环系统功能，增加组织对氧的利用效率，从而减少运动过程中的自由基生成；二是抗氧化剂一般都是可以通过诱导提升的，持续有氧运动使机体氧化应激水平增强，从而诱导各种抗氧化剂的增加，最后增强机体的抗氧化能力（赵红喜，2007）。

目前，有关游泳运动训练对鱼类机体抗氧化机能的研究并不多见。宋波澜（2008）在对红鳍银鲫的研究中发现，低流速（0.1 m/s）和高流速（0.3 m/s）下的运动训练，对 SOD 的活性有显著提升作用。说明适当的运动锻炼，有助于其抗氧化机能的提升。于丽娟等（2014）发现，中华倒刺鲃在 2.0 bl/s 流速下训练 8 周后，肌肉总抗氧化能力（T-AOC）显著上升，丙二醛（MDA）则显著下降。说明 2.0 bl/s 的水流速度，可提高中华倒刺鲃肌肉的抗氧化能力，降低脂质过氧化水平。Stanley（2006）等在对欧鲹（*Leuciscus cephalus*）的研究中发现，连续 2 次力竭运动后的欧鲹的血液、肝脏和鳃都产生了氧化应激，还对 DNA 造成了损伤，但其 SOD 和谷胱甘肽（GSH）并没有发生显著性变化，表明运动并没有激发欧鲹的抗氧化系统。因此，运动训练对不同鱼类抗氧化机能的影响有不同的结果，并且同种鱼类的不同组织、不同抗氧化酶对运动训练的敏感性也不同。此外，训练方式、运动量等都会对机体抗氧化机能造成影响。深入了解运动训练对鱼类抗氧化机能的影响，将对提升鱼体抵抗力有重要意义。

第二节 石斑鱼苗种运动驯化方法

斜带石斑鱼（*Epinephelus coioides*）是大亚湾主要的优质经济鱼类，同时，也是沿海增殖放流的优良品种，对生态修复和资源养护都有重要作用。人工繁育的放流苗种在集约化养殖条件下，其活动空间受到限制，游泳活动强度减少，造成鱼体脂肪累积、抗应激能力和免疫力下降，对自然环境水体的生存适合度明显弱于野生个体，影响放流效果。因此，有必要加强对斜带石斑鱼优质放流苗种的培育，增强放流苗种免疫机能，以提升放流效果。本节介绍了不同游泳运动训练方式对斜带石斑鱼的生长、免疫和抗氧化能力影响，以及运动训练对不同规格斜带石斑鱼的影响，选出适宜的放流规格。

一、有氧运动训练对斜带石斑鱼生长、非特异性免疫和抗氧化能力的影响

为探讨运动训练对斜带石斑鱼非特异性免疫功能以及生长参数的影响，笔者将斜带石斑鱼放置在 4 个运动强度 [0（对照组）、0.5 bl/s、1.0 bl/s 和 2.0 bl/s] 中进行 8 周的

训练实验。

（一）有氧运动训练对斜带石斑鱼生长的影响

4个不同水流强度处理组的斜带石斑鱼的初体重、末体重、特定生长率（SGR）、增重率（WG）、摄食率（FR）、饲料系数（FC）和成活率见表8-1。通过对不同运动强度处理组的 SGR 和 WG 统计结果表明，在 0.5～1.0 bl/s 水流强度内，随着水流强度的升高，斜带石斑鱼的 SGR 和 WG 也增加；但随着水流强度的进一步升高，在 2.0 bl/s 时的 SGR 和 WG 反而比 0.0 bl/s 组低；1.0 bl/s 组 SGR 显著高于 0 bl/s 组和 2.0 bl/s 组（$P<$0.05），与 0.5 bl/s 组无显著性差异。水流强度对 SR 的影响与 SGR 类似。不同运动强度对摄食率（FR）无显著影响。FC 随着运动强度的增加呈现先下降后上升的趋势，1.0 bl/s 组最低，相比对照组降低了 8.4%，各训练组与对照组间差异不显著。

表 8-1 游泳运动强度对斜带石斑鱼生长的影响

变量	0.0 bl/s	0.5 bl/s	1.0 bl/s	2.0 bl/s
初体重（g）	42.62±0.53[a]	42.81±0.74[a]	42.59±0.86[a]	42.14±0.36[a]
末体重（g）	83.27±4.42[b]	88.53±6.09[ab]	94.78±5.67[a]	80.64±7.91[b]
特定生长率（%）	1.14±0.05[b]	1.24±0.07[ab]	1.29±0.03[a]	1.12±0.06[b]
增重率（%）	95.38±8.67[c]	106.78±10.55[b]	122.54±6.97[a]	91.29±11.23[c]
摄食率（%）	2.56±0.02[a]	2.57±0.05[a]	2.54±0.03[a]	2.51±0.04[a]
饲料系数	1.31±0.04[ab]	1.24±0.06[b]	1.20±0.08[b]	1.33±0.05[a]
成活率（%）	93.27±2.41[b]	96.53±4.15[ab]	98.78±1.56[a]	91.64±3.62[b]

注：表中均为平均值±标准差（$n=12$）；同一变量中不同字母，代表差异显著（$P<0.05$）。

（二）有氧运动训练对斜带石斑鱼血清蛋白及免疫相关酶的影响

经过8周的训练后，斜带石斑鱼总蛋白（TP）含量呈现先增加后下降的趋势，在 1.0 bl/s 组含量最高，显著高于对照组和 2.0 bl/s 组（$P<0.05$），但与 0.5 bl/s 组差异不显著。白蛋白（ALB）含量在 1.0 bl/s 组最高，2.0 bl/s 次之，但无显著性影响（图 8-1）。变化趋势与 TP 类似，GLB 含量随强度增加而呈现先增加后下降的趋势，在 1.0 bl/s 组显著高于（$P<0.05$）对照组和 2.0 bl/s，而 1.0 bl/s 组和 0.5 bl/s 组差异不显著。补体 C3 含量在 1.0 bl/s 组显著高于其他 3 组（$P<0.05$），同时，在 0.5 bl/s 组也显著高于对照组和 2.0 bl/s 组（$P<0.05$）；而对照组与 2.0 bl/s 组间差异未达到显著性水平。而补体 C4 的含量在各处理组中均无显著性差异（图 8-1，E）。溶菌酶（LZM）活性在

1.0 bl/s 组显著高于（$P<0.05$）其他处理组，在 2.0 bl/s 组 LZM 活性则显著低于对照组和0.5 bl/s组（$P<0.05$）。

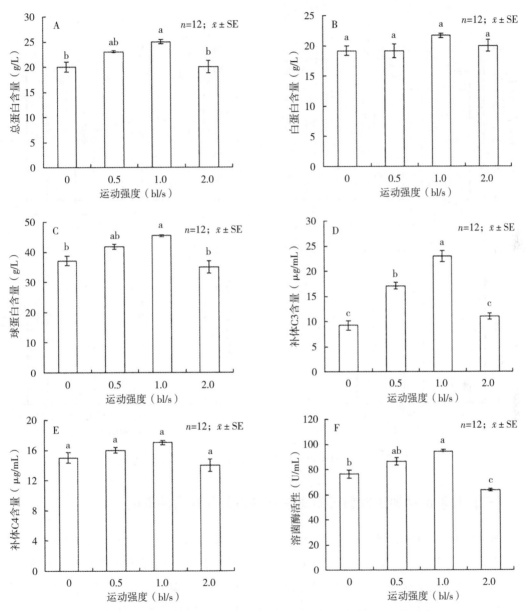

图 8-1　游泳运动强度对斜带石斑鱼血清蛋白及溶菌酶活性的影响
不同字母代表差异显著。余图与此意义相同

谷丙转氨酶（GPT）活性在各处理组间均存在显著性差异（$P<0.05$），1.0 bl/s 组活性最低，2.0 bl/s 组活性最高，如图 8-2 所示。谷草转氨酶（GOT）活性在 0.5 bl/s 组和 1.0 bl/s 组间差异无显著性，但均显著低于对照组（$P<0.05$），2.0 bl/s 组略微高于对照组，但差异不显著。碱性磷酸酶（AKP）活性在 0.5 bl/s 组和 1.0 bl/s 组均显著高

于对照组（$P<0.05$），2.0 bl/s 组则与对照组无显著性差异。酸性磷酸酶（ACP）活性变化趋势为先上升后下降，1.0 bl/s 组显著高于对照组和 2.0 bl/s 组（$P<0.05$），与 0.5 bl/s 组差异不具有显著性。

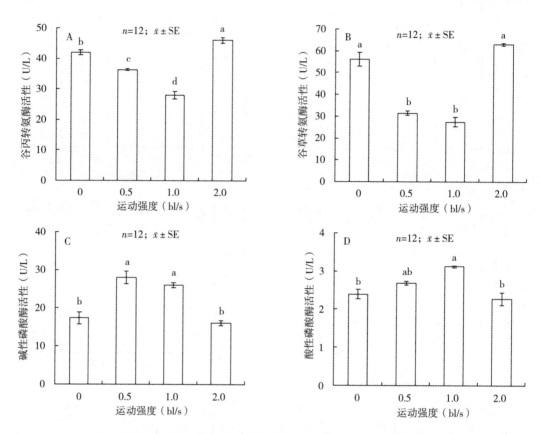

图 8-2 游泳运动强度对斜带石斑鱼血清免疫相关酶的影响

（三）有氧运动训练对斜带石斑鱼肝脏抗氧化能力的影响

训练结束后，总抗氧化能力（T-AOC）出现明显变化，在 0.5 bl/s 组和 1.0 bl/s 组均显著高于对照组（$P<0.05$）；而 2.0 bl/s 组相比对照组，则显著下降（$P<0.05$，图 8-3，A）。过氧化氢酶（CAT）活性随强度增加先上升后下降，1.0 bl/s 组显著高于对照组和 2.0 bl/s 组（$P<0.05$）；0.5 bl/s 组虽有上升，但与对照组间差异未达到显著性水平（图 8-3，B）。超氧化物歧化酶（SOD）活性在 0.5bl/s 组和 1.0 bl/s 组显著高于其他 2 组（$P<0.05$），0.5 bl/s 组 SOD 活性略微高于 1.0 bl/s 组，但无显著性差异（图 8-3，C）。丙二醛（MDA）含量随着运动强度的增加呈现先下降后上升的趋势，1.0 bl/s 组显著低于对照组（$P<0.05$），与 0.5 bl/s 组差异不显著，2.0 bl/s 组显著上升，与对照组间差异具有显著性（$P<0.05$，图 8-3，D）。

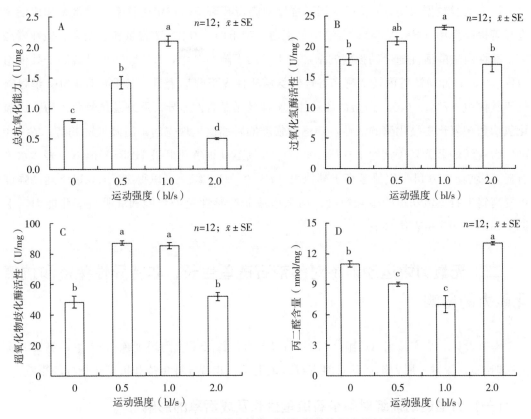

图 8-3　游泳运动强度对斜带石斑鱼肝脏抗氧化指标的影响

（四）有氧运动训练对斜带石斑鱼肝脏 HSP70 mRNA 表达水平的影响

8 周训练后，随着强度的增加，热休克蛋白（HSP70）mRNA 的表达量呈现先上升后下降的变化。其中，1.0 bl/s 组显著高于其他 3 组（$P<0.05$），其次是 0.5 bl/s 组，2.0 bl/s 组最低（图 8-4）。这表明，不同运动强度对斜带石斑鱼肝脏 HSP70 mRNA 表达水平有明显的影响。

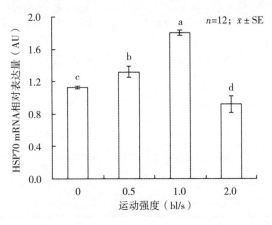

图 8-4　游泳运动强度对斜带石斑鱼肝脏 HSP70 mRNA 表达水平的影响

以上实验数据表明，1.0 bl/s 运动强度对斜带石斑鱼的特定生长率、增重率和成活率有显著提高作用（$P<0.05$）。血清中总蛋白、球蛋白、补体 C3 含量和溶菌酶、碱性磷酸酶、酸性磷酸酶活性随运动强度的增加先上升后下降，其中，1.0 bl/s 组显著高于其他组（$P<0.05$）；而血清谷丙转氨酶和谷草转氨酶活性先下降后上升，其中，1.0 bl/s 组显著低于其他组（$P<0.05$），白蛋白和补体 C4 含量无显著性差异。肝脏总抗氧化能力、过氧化氢酶和超氧化物歧化酶的活性，随运动强度的增加也呈现先增加后降低的趋势，在 1.0 bl/s 组中活性显著高于其他组（$P<0.05$）。8 周运动训练对肝脏 HSP70 mRNA 表达水平有显著影响，1.0 bl/s 组显著高于其他组（$P<0.05$）。综上可以得出，1.0 bl/s 运动强度可提高斜带石斑鱼幼鱼的生长速度、增强血液非特异性免疫功能和肝脏抗氧化能力，上调 HSP70 mRNA 表达水平。

二、无氧力竭运动训练对斜带石斑鱼生长、非特异性免疫和抗氧化能力的影响

本节设计 3 个实验组（C 组，对照组；E1 组，每天 1 次力竭训练；E2 组，每天 2 次力竭训练），探讨 2 周力竭运动对斜带石斑鱼生长、非特异性免疫和抗氧化指标的影响。

（一）力竭运动训练对斜带石斑鱼生长及成活率的影响

2 周力竭运动实验结束后，各组实验鱼均未出现死亡。与对照组相比，E1 组和 E2 组的特定生长率、增重率均略微上升，其中，E2 组的 SGR 和 WG 分别上升了 20.2% 和 24.8%，但各组间差异并不显著。训练组的脏体比、肝体比和肥满度均低于对照组，除 E2 组的肥满度显著低于对照组和 E1 组（$P<0.05$）外，其余各组无显著性差异（表 8-2）。

表 8-2　力竭运动训练对斜带石斑鱼生长及成活率的影响

组别	C 组	E1 组	E2 组
初体均重*（g）	15.91±0.20[a]	15.91±0.20[a]	15.91±0.20[a]
末体均重（g）	22.65±0.97[a]	22.84±0.54[a]	24.32±0.72[a]
成活率（%）	100	100	100
特定生长率（%/d）	1.09±0.11[a]	1.12±0.07[a]	1.31±0.09[a]
增重率（%）	42.36±5.74[a]	43.56±3.60[a]	52.86±4.57[a]
肝体比（%）	1.00±0.05[a]	0.92±0.04[a]	0.93±0.05[a]
脏体比（%）	6.57±0.20[a]	6.19±0.16[a]	6.04±0.18[a]
肥满度（%）	3.62±0.08[a]	3.45±0.05[ab]	3.36±0.04[b]

注：数据为平均值±标准误（$n=12$）；＊初体均重（$n=270$）；同一行中参数上方不同字母，代表差异显著（$P<0.05$）。

（二）力竭运动训练对斜带石斑鱼血清生化指标的影响

经过力竭运动后，斜带石斑鱼的血糖（GLU）、总胆固醇（TCHO）含量出现下降，E1 和 E2 组均显著低于对照组（$P<0.05$），E1 组显著低于 E2 组（$P<0.05$）（表 8-3）。甘油三酯（TG）和低密度脂蛋白（LDL）呈现先下降后上升的趋势，E1 组含量最低，E2 组含量最高，各组间差异显著（$P<0.05$）。力竭运动对斜带石斑鱼血清 ALB 含量没有显著影响；而对 TP 和 GLB 含量有显著性影响，E1 组显著高于对照组（$P<0.05$），E2 组则显著低于对照组（$P<0.05$）。GPT 和 GOT 活性在力竭运动后发生显著变化，E1 组活性显著降低（$P<0.05$），E2 组活性显著升高（$P<0.05$）。ACP 和 AKP 活性同样发生明显变化，E1 组 ACP 显著高于其余两组（$P<0.05$）；AKP 活性先上升后下降，E1 组含量最高，E2 组含量最低，各组间具有显著性差异（$P<0.05$）（表 8-3）。

表 8-3 力竭运动训练对斜带石斑鱼血清生化指标的影响

组别	C 组	E1 组	E2 组
血糖（mmol/L）	7.37±0.08[a]	4.62±0.07[c]	6.67±0.11[b]
总胆固醇（mmol/L）	16.76±0.05[a]	10.45±0.04[c]	15.27±0.02[b]
甘油三酯（mmol/L）	5.44±0.10[b]	3.57±0.05[c]	6.18±0.08[a]
低密度脂蛋白（mmol/L）	6.40±0.07[b]	4.61±0.07[c]	7.30±0.11[a]
总蛋白（g/L）	19.45±0.07[b]	26.07±0.29[a]	17.31±0.35[c]
白蛋白（g/L）	15.67±0.26[a]	16.10±0.17[a]	16.25±0.22[a]
球蛋白（g/L）	33.41±0.56[b]	38.45±0.47[a]	30.75±0.36[c]
谷丙转氨酶（U/L）	48.40±0.38[b]	25.26±0.61[c]	53.62±0.36[a]
谷草转氨酶（U/L）	62.74±0.29[b]	36.02±0.25[c]	68.98±0.29[a]
酸性磷酸酶（U/L）	2.53±0.07[b]	3.34±0.05[a]	2.32±0.12[b]
碱性磷酸酶（U/L）	15.40±0.56[b]	30.60±0.38[a]	10.02±0.06[c]

注：数据为平均值±标准误（$n=12$）；＊初体均重（$n=270$）；同一行中参数上方不同字母，代表差异显著（$P<0.05$）。

（三）力竭运动训练对斜带石斑鱼血清抗氧化能力的影响

力竭运动对斜带石斑鱼的血清 T-AOC 有明显的降低作用，训练组的 T-AOC 显著低于对照组（$P<0.05$，图 8-5，A）。SOD 活性则呈现上升的趋势，但并没有显著性差异（图 8-5，B）。与 SOD 变化趋势相反，CAT 活性则随每日训练次数的增加而下降，训练

组 CAT 活性均低于对照组，其中，E2 组与对照组的差异达到显著性水平（$P<0.05$，图 8-5，C）。GSH-PX（图 8-5，D）和 MDA 的含量没有发生显著性变化，MDA 略微呈现向下降后上升的趋势，在 E1 组最低。2 周的力竭运动训练，使斜带石斑鱼血清 GSH 含量发生显著变化，E1 和 E2 组 GSH 含量均显著低于对照组（$P<0.05$），训练组间没有显著差异。

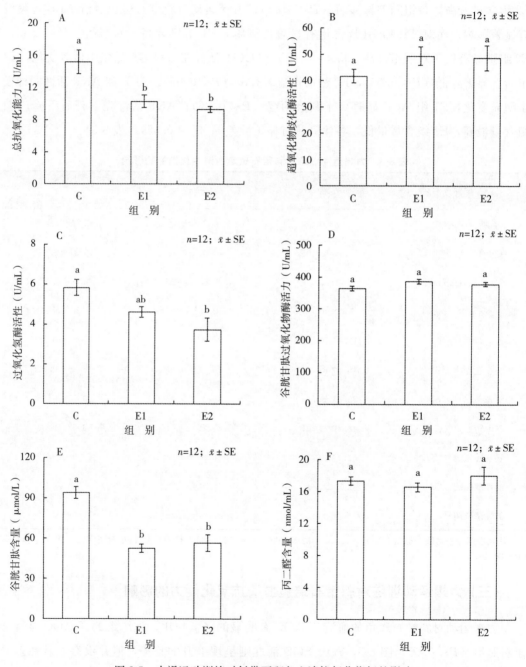

图 8-5　力竭运动训练对斜带石斑鱼血清抗氧化指标的影响

力竭运动训练结束后，斜带石斑鱼血清抑制羟自由基能力呈现显著下降的趋势，E2组最低，E1组次之，各组间差异具有显著性（$P<0.05$，图8-6，A）。蛋白质羰基含量出现上升，E2组显著高于其余2组（$P<0.05$），E1组略微上升但与对照组没有显著差异（图8-6，B）。肌酸激酶（CK）和乳酸脱氢酶（LDH）活性都是先上升后下降，各组间肌酸激酶活性并没有显著性差异（图8-6，D）。E1和E2组乳酸脱氢酶活性均显著高于对照组（$P<0.05$），E1组活性最高（图8-6，C）。

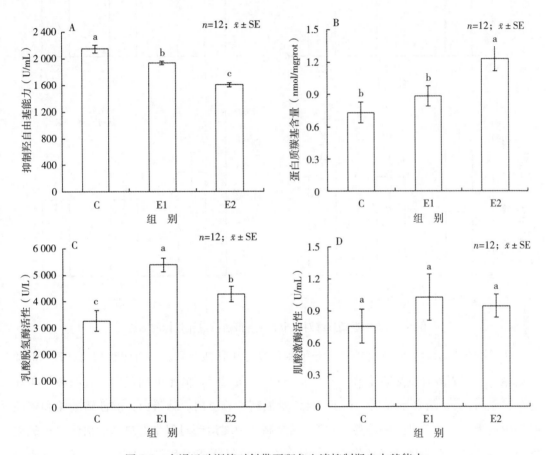

图8-6 力竭运动训练对斜带石斑鱼血清抑制羟自由基能力、
蛋白质羰基含量、乳酸脱氢酶和肌酸激酶活性的影响

（四）力竭运动训练对斜带石斑鱼肝脏抗氧化能力的影响

斜带石斑鱼肝脏总抗氧化能力对力竭运动刺激有显著反应，E1组最低，但与对照组差异未达到显著性水平；E2组略高于对照组，显著高于E1组（$P<0.05$，图8-7，A）。过氧化氢酶活性和谷胱甘肽含量呈先下降后上升的趋势，训练组均低于对照组，各处理组间差异不具有显著性（图8-7，B；图8-7，C）。训练组的丙二醛含量均较为明显的下降，两者间没有显著差异，训练组与对照组间差异也不具有显著性（图8-7，D）。

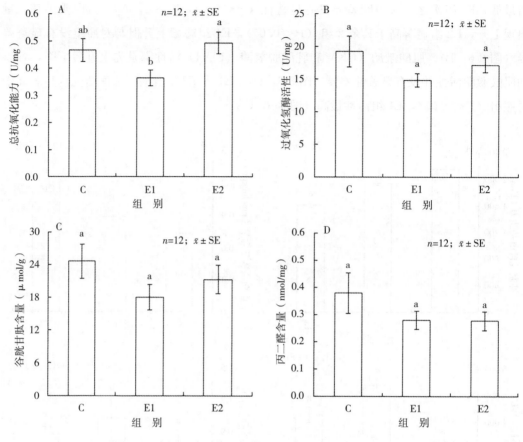

图 8-7　力竭运动训练对斜带石斑鱼肝脏抗氧化指标的影响

　　实验结果显示，力竭训练组和对照组生长没有显著性差异。与对照组相比，E1 和 E2 组血糖、总胆固醇含量显著下降（$P<0.05$）。甘油三酯、低密度脂蛋白、谷丙转氨酶和谷草转氨酶在 E1 组含量最低，在 E2 组含量最高。总蛋白、球蛋白、酸性磷酸酶和碱性磷酸酶均为先上升后下降的趋势，在 E1 组最高。力竭运动对斜带石斑鱼的血清总抗氧化能力、谷胱甘肽有明显的降低作用，训练组的总抗氧化能力和谷胱甘肽显著低于对照组（$P<0.05$）。超氧化物歧化酶活性则呈现上升的趋势，但各组间无显著差异，与超氧化物歧化酶变化趋势相反，过氧化氢酶在 E2 组显著低于对照组（$P<0.05$）。谷胱甘肽过氧化物酶和丙二醛的含量没有发生显著性变化。力竭运动训练结束后，斜带石斑鱼血清抑制羟自由基能力呈现显著下降的趋势，E2 组最低，E1 组次之，各组间差异具有显著性（$P<0.05$）。蛋白质羰基含量出现上升，E2 组显著高于其余两组（$P<0.05$）。E1 和 E2 组乳酸脱氢酶活性均显著高于对照组（$P<0.05$），E1 组活性最高。综合考虑力竭运动对斜带石斑鱼的影响，每天 1 次力竭运动，对斜带石斑鱼非特异性免疫和抗氧化机能有降低作用；而每天 2 次力竭运动，则对机体造成了明显的氧化损伤。

三、有氧运动训练对不同放流规格斜带石斑鱼放流成活率、生长和抗氧化能力影响

本节探讨 8 周有氧运动训练（2 bl/s）对 4 种不同规格斜带石斑鱼（4～5 cm，5～6 cm，6～7 cm，7～8 cm）生长、肝脏和肌肉抗氧化能力的影响。

（一）有氧运动训练对不同规格斜带石斑鱼生长的影响

如表 8-4 所示，训练组的体长组的末体均长和末体均重都显著高于非训练组（$P<0.05$）。4～5 cm 体长组、5～6 cm 体长组、6～7 cm 体长组及 7～8 cm 体长组的初始体长和体重是有显著性差异的（$P<0.05$）。在非训练组中，7～8 cm 体长组的 SGR_W、SGR_L 和 WG 均为最高，6～7 cm 体长组次之，5～6 cm 体长组最低。在训练组中，6～7 cm 体长组 SGR_W、SGR_L 和 WG 均显著高于其余 3 个体长组。运动训练对 4～5 cm、5～6 cm、6～7 cm 和 7～8 cm 体长组的 SGR_W、SGR_L 和 WG 有提升作用。

表 8-4 有氧运动训练对不同规格斜带石斑鱼生长的影响

体长组	项目	4～5 cm	5～6 cm	6～7 cm	7～8 cm
非训练组	初体均长（cm）	4.52±0.04[d]	5.35±0.03[c]	6.64±0.06[b]	7.38±0.03[a]
	初体均重（g）	3.65±0.04[d]	5.48±0.07[c]	8.62±0.05[b]	15.79±0.09[a]
	末体均长（cm）	8.85±0.04[d]	9.62±0.11[c]	10.79±0.10[b]	11.94±0.12[a]
	末体均重（g）	14.34±0.23[d]	15.52±0.37[c]	24.61±0.56[b]	31.47±0.39[a]
训练组	初体均长（cm）	4.57±0.02[d]	5.38±0.05[c]	6.54±0.03[b]	7.79±0.04[a]
	初体均重（g）	3.84±0.09[d]	6.15±0.07[c]	9.72±0.34[b]	16.75±0.45[a]
	末体均长（cm）	9.59±0.05[d]	10.64±0.16[c]	11.92±0.31[b]	12.13±0.41[a]
	末体均重（g）	15.27±0.46[d]	16.41±0.52[c]	32.94±1.82[b]	36.18±0.34[a]

注：数据为平均值±标准误；同一行中参数上方不同字母，代表差异显著（$P<0.05$）。

（二）有氧运动训练对不同规格斜带石斑鱼肝脏抗氧化能力的影响

非训练组肝脏总抗氧化能力（T-AOC）在 6～7 cm 体长组最高，显著高于其余 3 个体长组（$P<0.05$），4～5 cm 和 7～8 cm 体长组间没有显著差异，但均显著高于 5～6 cm 体长组（$P<0.05$）；训练组肝脏 T-AOC 在 6～7 cm 和 7～8 cm 体长组最高，显著高于其余 2 组（$P<0.05$），5～6 cm 体长组最低（$P<0.05$）；相比非训练组，训练组肝脏 T-AOC 在 4～5 cm、5～6 cm 和 7～8 cm 体长组均出现上升，其中，7～8 cm 体长组显著上升（$P<0.05$，图 8-8，A）。肝脏过氧化氢酶（CAT）活性在非训练组和训练组不同体长组间没有显著性差异，训练组 5～6 cm、6～7 cm 和 7～8 cm 体长组与非训练组相比则有不同程度的下降，但

差异未达到显著性水平（图 8-8，B）。在非训练组中，肝脏谷胱甘肽（GSH）含量具有明显差异，6～7 cm 体长组显著高于 4～5 cm 和 5～6 cm 体长组（$P<0.05$），5～6 cm 体长组则显著低于其余 3 个体长组（$P<0.05$）；在训练组中，肝脏 GSH 含量大致随规格的增加而上升，7～8 cm 体长组最高，显著高于 4～5 cm 和 5～6 cm 体长组，另外 3 组间差异不显著；经过训练的 4～5 cm、5～6 cm、7～8 cm 体长组肝脏 GSH 均高于非训练组（图 8-8，C）。非训练组肝脏丙二醛（MDA）含量在 5～6cm 体长组最高（$P<0.05$），其余 3 组没有显著性差异；训练组肝脏 MDA 含量没有显著性差异，但均低于非训练组（图 8-8，D）。

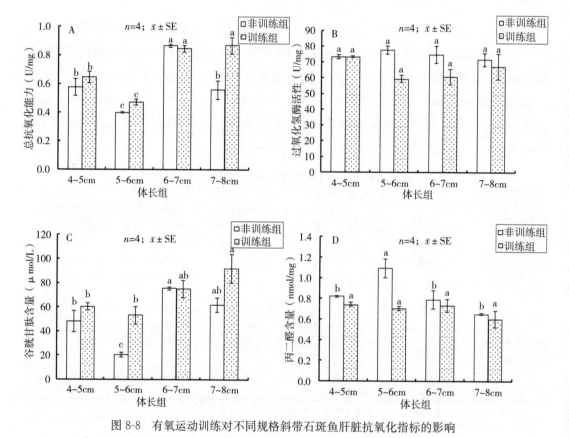

图 8-8　有氧运动训练对不同规格斜带石斑鱼肝脏抗氧化指标的影响

（三）有氧运动训练对不同规格斜带石斑鱼肌肉抗氧化能力的影响

非训练组肌肉 TP 含量在 6～7 cm 体长组最高，各体长组间没有显著差异；训练组肌肉 TP 在 4～5 cm 体长组最高，各组间差异不显著，有氧运动训练对不同体长组的肌肉 TP 含量没有显著影响（图 8-9，A）。非训练组中，肌肉 T-AOC 随规格的增加呈先上升后下降的趋势，在 5～6 cm 体长组最高，但各组间差异没有达到显著性水平；训练组 4～5 cm、6～7 cm、7～8 cm 体长组肌肉 T-AOC 均比非训练组有所提高（图 8-9，B）。非训练组肌肉 GSH 在 4～5 cm 体长组最高，在 5～6 cm 体长组最低，2 组间有显著性差异

（$P<0.05$）；与非训练组相比，训练组肌肉 GSH 含量在 4～5 cm 体长组略有下降，在其他 3 组均有所提升（图 8-9，C）。非训练组肌肉 MDA 含量在 4 个体长组间没有显著性差异，而在训练组中 4～5 cm 体长组肌肉 MDA 含量显著高于其余 3 组（$P<0.05$），运动训练对 5～6 cm、6～7 cm、7～8 cm 体长组肌肉 MDA 含量有明显降低作用（图 8-9，D）。

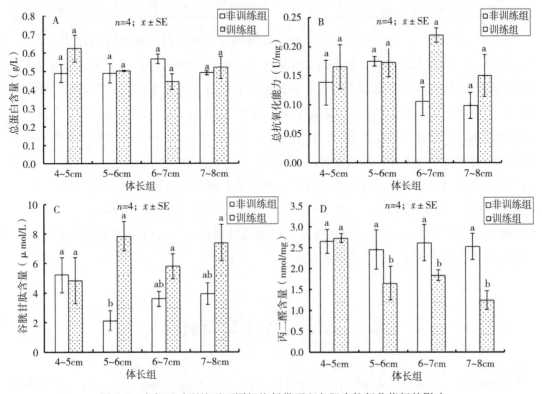

图 8-9 有氧运动训练对不同规格斜带石斑鱼肌肉抗氧化指标的影响

（四）有氧运动训练及不同规格对斜带石斑鱼放流成活率的影响

通过 1 个月的模拟放流实验，结果表明，在无捕食者组中，非训练组体长为 4～5 cm 和 5～6 cm 的斜带石斑鱼成活率最低，训练组的各体长组斜带石斑鱼成活率基本一致，接近 100%。在有捕食者组中，非训练组和训练组的 4～5 cm 体长组的斜带石斑鱼成活率均为 0，5～6 cm 体长组成活率亦不超过 50%，规格较大 2 组的成活率为 100%（表 8-5）。

表 8-5 斜带石斑鱼模拟放流成活率

体长组（cm）	无捕食者（%）		有捕食者（%）	
	非训练组	训练组	非训练组	训练组
4～5	35.7	95.3	0	0
5～6	61.6	92.5	42.3	52.4

（续）

体长组（cm）	无捕食者（%）		有捕食者（%）	
	非训练组	训练组	非训练组	训练组
6～7	100	100	100	100
7～8	100	100	100	100

本实验结果显示，4～5 cm 体长组的生长率最高。训练组肝脏总抗氧化能力在 6～7 cm 和 7～8 cm 体长组最高，显著高于其余 2 组（$P<0.05$）。肝脏过氧化氢酶活性在各组间没有显著性差异，训练组 7～8 cm 体长组的谷胱甘肽含量最高。肌肉总抗氧化能力在 6～7 cm 体长组提升最明显，显著高于非训练组（$P<0.05$）。训练组其余 3 个体长组肌肉中，丙二醛含量显著低于 4～5 cm 体长组。训练结束后，将各规格斜带石斑鱼进行为期 2 个月模拟放流实验。结果表明，无捕食者时，非训练组体长为 4～5 cm 和 5～6 cm 的斜带石斑鱼成活率最低，训练组的各体长组斜带石斑鱼成活率基本一致，接近 100%。有捕食者时，非训练组和训练组的 4～5 cm 体长组的斜带石斑鱼成活率均为 0，5～6 cm 体长组成活率亦不超过 50%，规格较大 2 组的成活率最高。为确保较高的放流存活率，斜带石斑鱼的增殖放流苗种应选择体长大于 6 cm 的个体。

第三节　黑棘鲷苗种运动驯化方法

黑棘鲷（*Sparus macrocephalus*）和斜带石斑鱼（*Epinephelus coioides*）是大亚湾主要的优质经济鱼类，同时，也是沿海增殖放流的优良品种，对生态修复和资源养护都有重要作用。人工繁育的放流苗种在集约化养殖条件下，活动空间受到限制，游泳活动强度减少，造成鱼体脂肪累积、抗应激能力和免疫力下降，对自然环境水体的生存适合度明显弱于野生个体，影响放流效果。因此，有必要加强对黑棘鲷和斜带石斑鱼优质放流苗种的培育，增强放流苗种免疫机能，以提升放流效果。本节通过探查不同游泳运动的训练方式对黑棘鲷和斜带石斑鱼的生长和抗氧化免疫能力影响，以及运动训练对不同规格黑棘鲷的影响，探究通过运动训练增强放流苗种的机体机能可行性，同时，筛选出适宜的放流规格。

一、有氧运动训练对黑棘鲷生长、非特异性免疫和抗氧化能力的影响

本节以黑棘鲷（*S. macrocephalus*）为研究对象，设计对照组（0 bl/s）和训练组

（1.0 bl/s、2.0 bl/s 和 4.0 bl/s）4 个水流速度，探讨 2 周游泳运动训练对黑棘鲷生长、非特异性免疫和抗氧化指标的影响。

（一）有氧运动训练对黑棘鲷生长及成活率的影响

如表 8-6 所示，黑棘鲷的初体均重为（11.56±0.15）g，在 2 周游泳运动训练结束后，对照组的体重、特定生长率（SGR）和增重率（WG）都显著大于其余 3 组（$P<0.05$），而各训练组间并无显著性差异。不同的游泳运动强度，对肝体比（HSI）、脏体比（VSI）和肥满度（CF）并没有显著性影响。训练期间，除 4 bl/s 训练组外，其余 3 组并未出现黑棘鲷死亡的现象，4 bl/s 训练组的成活率仅为 93.3%（$P<0.05$）。

表 8-6　游泳运动强度对黑棘鲷生长及成活率的影响

项目	运动强度（bl/s）			
	0	1	2	4
初体均重*（g）	11.56±0.15[a]	11.56±0.15[a]	11.56±0.15[a]	11.56±0.15[a]
末体均重（g）	17.41±0.46[a]	15.98±0.45[b]	15.21±0.39[b]	15.60±0.41[b]
成活率（%）	100	100	100	93.33
特定生长率（%/d）	1.26±0.02[a]	1.01±0.02[b]	0.84±0.09[b]	0.93±0.05[b]
增重率（%）	50.49±0.88[a]	38.26±0.92[b]	31.49±3.90[b]	35.21±2.39[b]
肝体比（%）	1.28±0.08[a]	1.20±0.05[a]	1.20±0.07[a]	1.10±0.06[a]
脏体比（%）	6.80±0.14[a]	6.96±0.27[a]	6.75±0.23[a]	6.79±0.25[a]
肥满度（%）	3.64±0.04[a]	3.61±0.03[a]	3.71±0.03[a]	3.70±0.04[a]

注：数据为平均值±标准误（$n=12$）；* 初体均重（$n=360$）；同一行中参数上方不同字母，代表差异显著（$P<0.05$）。

（二）有氧运动训练对黑棘鲷血清生化指标的影响

经过 2 周实验后，黑棘鲷的血糖（GLU）、总胆固醇（TCHO）、甘油三酯（TG）、低密度脂蛋白（LDL）均表现出相似的应答模式，总体呈现为随运动强度的增加呈先下降后上升的趋势，在 2bl/s 组达到最小值，各组间差异均存在显著性（$P<0.05$）。不同运动强度对总蛋白（TP）、白蛋白（ALB）和球蛋白（GLB）的含量具有显著性影响（$P<0.05$），1bl/s 组和 2bl/s 组均显著高于对照组，而 4 bl/s 组则显著低于对照组。谷丙转氨酶（GPT）和谷草转氨酶（GOT）对运动训练的反应趋势一致，均为先降低后升高，各组差异性水平显著（$P<0.05$）。与 GPT 和 GOT 相反，酸性磷酸酶（ACP）和碱性磷酸酶（AKP）则先升高后降低，2 bl/s 组最高，4 bl/s 最低，与对照组有显著性差异（$P<0.05$）（表 8-7）。

表 8-7　游泳运动强度对黑棘鲷血清生化指标的影响

项目	运动强度（bl/s）			
	0	1	2	4
血糖（mmol/L）	6.53 ± 0.18^b	5.55 ± 0.07^c	4.16 ± 0.05^d	7.05 ± 0.03^a
总胆固醇（mmol/L）	15.44 ± 0.10^b	14.07 ± 0.06^c	9.98 ± 0.08^d	16.52 ± 0.13^a
甘油三酯（mmol/L）	5.36 ± 0.06^b	4.26 ± 0.05^c	3.25 ± 0.04^d	6.66 ± 0.13^a
低密度脂蛋白（mmol/L）	6.35 ± 0.06^b	5.69 ± 0.07^c	5.02 ± 0.02^d	7.97 ± 0.04^a
总蛋白（g/L）	19.16 ± 0.20^c	23.36 ± 0.02^b	27.18 ± 0.29^a	17.92 ± 0.05^d
白蛋白（g/L）	17.00 ± 0.08^c	17.47 ± 0.03^b	18.00 ± 0.02^a	16.35 ± 0.04^d
球蛋白（g/L）	33.98 ± 0.35^c	36.92 ± 0.05^b	38.63 ± 0.02^a	31.05 ± 0.04^d
谷丙转氨酶（U/L）	50.67 ± 0.38^b	34.05 ± 0.74^c	26.01 ± 0.78^d	58.60 ± 0.40^a
谷草转氨酶（U/L）	62.35 ± 0.37^b	46.35 ± 0.23^c	34.3 ± 0.55^d	70.01 ± 0.08^a
酸性磷酸酶（U/L）	2.64 ± 0.35^c	3.08 ± 0.02^b	3.52 ± 0.02^a	2.39 ± 0.02^d
碱性磷酸酶（U/L）	16.08 ± 0.11^c	21.04 ± 0.11^b	29.73 ± 0.15^a	13.50 ± 0.06^d

（三）有氧运动训练对黑棘鲷血清抗氧化能力的影响

游泳运动训练对黑棘鲷血清总抗氧化能力（T-AOC）有较为明显的提升作用，训练组 T-AOC 均高于对照组，2.0 bl/s 组与对照组具有显著性差异（$P<0.05$，图 8-10，A）。相比对照组，3 个训练组的超氧化物歧化酶（SOD）活性均出现不同程度的下降，其中，1 bl/s 组显著降低（$P<0.05$），训练组间没有显著性差异（图 8-10，B）。随运动强度的增加，过氧化氢酶（CAT）的活性也随之上升，较对照组分别提升了 28.1%、34.5% 和 45.2%，但差异并没有达到显著水平（图 8-10，C）。谷胱甘肽过氧化物酶（GSH-PX）活性和还原型谷胱甘肽（GSH）含量总体呈先上升后下降趋势，GSH-PX 活性在 2.0 bl/s 和 4.0 bl/s 组显著高于其余 2 组（$P<0.05$，图 8-10，D），GSH 含量在 2.0 bl/s 组最高，显著高于 0 bl/s 组和 4.0 bl/s 组（$P<0.05$，图 8-10，E）。丙二醛（MDA）含量在 2.0 bl/s 组最低，各组间并没有显著性差异（图 8-10，F）。

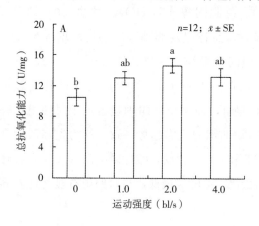

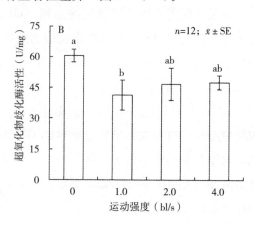

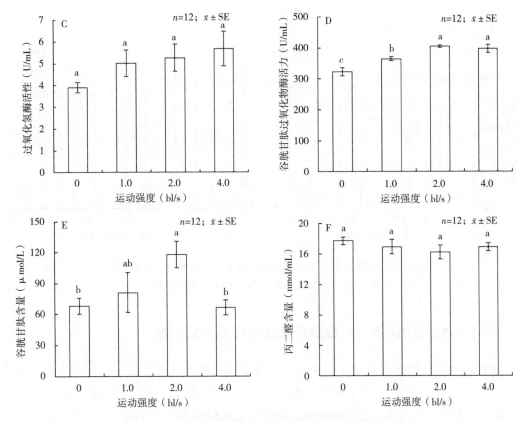

图 8-10　游泳运动强度对黑棘鲷血清抗氧化指标的影响
同一变量中不同字母代表差异显著（$P<0.05$）

过氧化氢（H_2O_2）含量在训练组均出现上升，在 4.0 bl/s 组显著高于对照组（$P<$ 0.05，图 8-11，A）。溶菌酶（LZM）活性的变化趋势是先上升后下降，在 1.0 bl/s 组活性最高，训练组 LZM 活性均高于对照组，但是差异不具有显著性（图 8-11，B）。2 周运动训练显著提高了黑棘鲷血清抑制羟自由基能力，3 个训练组的抑制羟自由基能力显著高于对照组（$P<0.05$，图 8-11，C）。蛋白质羰基含量在 2.0 bl/s 组最低，且训练组均低于对照组，各组间没有显著性差异（图 8-11，D）。

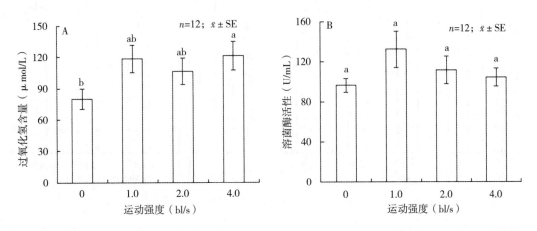

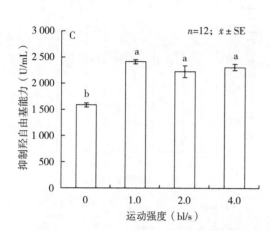 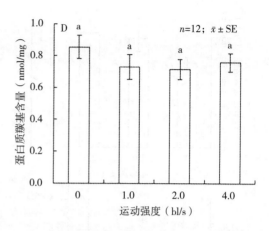

图 8-11　游泳运动强度对黑棘鲷血清 H_2O_2 含量、溶菌酶活性、
抑制羟自由基能力和蛋白质羰基含量的影响

（四）有氧运动训练对黑棘鲷肝脏抗氧化能力的影响

黑棘鲷肝脏总抗氧化能力（T-AOC）在各处理组间无显著性差异，但训练组均高于对照组（图 8-12，A）。还原型谷胱甘肽（GSH）含量在 4.0 bl/s 组最高（$P<0.05$），1.0 bl/s 组和 2.0 bl/s 组均高于对照组，但差异未达到显著水平（图 8-12，B）。碱性磷酸酶（AKP）和酸性磷酸酶（ACP）变化趋势基本一致，都是运动强度增加活性增强，AKP 活性在 4.0 bl/s 组显著高于其余 3 组（$P<0.05$，图 8-12，C），ACP 活性在 2.0 bl/s 组和 4.0 bl/s 组显著高于其余 2 组（$P<0.05$，图 8-12，D）。CAT 活性随运动强度增加呈上升趋势，在 4.0 bl/s 组显著高于对照组（$P<0.05$，图 8-12，E）。训练组 MDA 含量均高于对照组，但差异未达到显著性水平（图 8-12，F）。

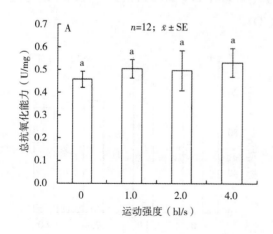 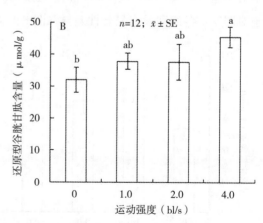

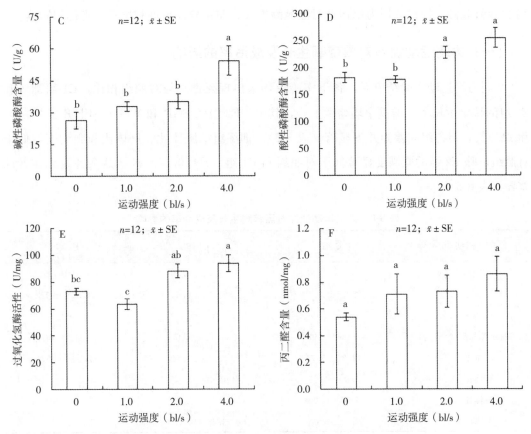

图 8-12　游泳运动强度对黑棘鲷肝脏抗氧化指标的影响

该实验主要结果显示，训练组的特定生长率和增重率都出现显著下降（$P<0.05$），4.0 bl/s 组成活率最低（$P<0.05$）。在 2.0 bl/s 强度下，血糖、总胆固醇、甘油三酯、低密度脂蛋白、谷丙转氨酶和谷草转氨酶均显著下降（$P<0.05$），而总蛋白、白蛋白、球蛋白、酸性磷酸酶、碱性磷酸酶、血清总抗氧化能力和谷胱甘肽则显著升高（$P<0.05$）。超氧化物歧化酶、过氧化氢含量、过氧化氢酶、谷胱甘肽过氧化物酶、丙二醛和蛋白质羰基各组间无显著差异。2 周的训练显著增强了抑制羟自由基能力（$P<0.05$），对溶菌酶活性无显著影响。运动训练对黑棘鲷肝脏总抗氧化能力和丙二醛含量没有显著性影响，谷胱甘肽含量、碱性磷酸酶、酸性磷酸酶和过氧化氢酶活性均呈现上升的趋势。综合考虑黑棘鲷生长、血清和肝脏非特异性免疫指标得出，在游泳训练强度为 2.0 bl/s 时，最有利于提升黑棘鲷机体的免疫机能。

二、力竭运动训练对黑棘鲷生长、非特异性免疫和抗氧化能力的影响

该实验设计 3 个实验组（C 组，对照组；E1 组，每天 1 次力竭训练；E2 组，每天

2次力竭训练），探讨2周力竭运动对黑棘鲷生长、非特异性免疫和抗氧化指标的影响。

（一）力竭运动训练对黑棘鲷生长及成活率的影响

2周力竭运动实验结束后，各组实验鱼均未出现死亡。与对照组相比，E1组训练和E2组的特定生长率、增重率均略微上升，其中，E2组的SGR和WG分别上升了20.2%和24.8%，但各组间差异并不显著（表8-8）。训练组的脏体比、肝体比和肥满度均低于对照组，除E2组的肥满度显著低于对照组和E1组（$P<0.05$）外，其余各组无显著性差异（表8-8）。

表8-8　力竭运动训练对黑棘鲷生长及成活率的影响

组别	C组	E1组	E2组
初体均重*（g）	15.91±0.20[a]	15.91±0.20[a]	15.91±0.20[a]
末体均重（g）	22.65±0.97[a]	22.84±0.54[a]	24.32±0.72[a]
成活率（%）	100±0.0[a]	100±0.0[a]	100±0.0[a]
特定生长率（%/d）	1.09±0.11[a]	1.12±0.07[a]	1.31±0.09[a]
增重率（%）	42.36±5.74[a]	43.56±3.60[a]	52.86±4.57[a]
肝体比（%）	1.00±0.05[a]	0.92±0.04[a]	0.93±0.05[a]
脏体比（%）	6.57±0.20[a]	6.19±0.16[a]	6.04±0.18[a]
肥满度（%）	3.62±0.08[a]	3.45±0.05[ab]	3.36±0.04[b]

注：数据为平均值±标准误（$n=12$）；＊初体均重（$n=270$）；同一行中参数上方不同字母，代表差异显著（$P<0.05$）。

（二）力竭运动训练对黑棘鲷血清生化指标的影响

经过力竭运动后，黑棘鲷的GLU、TCHO含量出现下降，E1组和E2组均显著低于对照组（$P<0.05$），E1组显著低于E2组（$P<0.05$）（表8-9）。TG和LDL呈现先下降后上升的趋势，E1组含量最低，E2组含量最高，各组间差异显著（$P<0.05$）。力竭运动对黑棘鲷血清ALB含量没有显著影响；而对TP和GLB含量有显著性影响，E1组显著高于对照组（$P<0.05$），E2组则显著低于对照组（$P<0.05$）。GPT和GOT活性在力竭运动后发生显著变化，E1组活性显著降低（$P<0.05$），E2组活性显著升高（$P<0.05$）。ACP和AKP活性同样发生明显变化，E1组ACP显著高于其余2组（$P<0.05$）；AKP活性先上升后下降，E1组含量最高，E2组含量最低，各组间具有显著性差异（$P<0.05$）（表8-9）。

表8-9　力竭运动训练对黑棘鲷血清生化指标的影响

组别	C组	E1组	E2组
血糖（mmol/L）	7.37±0.08[a]	4.62±0.07[c]	6.67±0.11[b]
总胆固醇（mmol/L）	16.76±0.05[a]	10.45±0.04[c]	15.27±0.02[b]

（续）

组别	C 组	E1 组	E2 组
甘油三酯（mmol/L）	5.44±0.10[b]	3.57±0.05[c]	6.18±0.08[a]
低密度脂蛋白（mmol/L）	6.40±0.07[b]	4.61±0.07[c]	7.30±0.11[a]
总蛋白（g/L）	19.45±0.07[b]	26.07±0.29[a]	17.31±0.35[c]
白蛋白（g/L）	15.67±0.26[a]	16.10±0.17[a]	16.25±0.22[a]
球蛋白（g/L）	33.41±0.56[b]	38.45±0.47[a]	30.75±0.36[c]
谷丙转氨酶（U/L）	48.40±0.38[b]	25.26±0.61[c]	53.62±0.36[a]
谷草转氨酶（U/L）	62.74±0.29[b]	36.02±0.25[c]	68.98±0.29[a]
酸性磷酸酶（U/L）	2.53±0.07[b]	3.34±0.05[a]	2.32±0.12[b]
碱性磷酸酶（U/L）	15.40±0.56[b]	30.60±0.38[a]	10.02±0.06[c]

注：数据为平均值±标准误（$n=12$）；＊初体均重（$n=270$）；同一行中参数上方不同字母代表差异显著（$P<0.05$）。

（三）力竭运动训练对黑棘鲷血清抗氧化能力的影响

力竭运动对黑棘鲷的血清 T-AOC 有明显的降低作用，训练组的 T-AOC 显著低于对照组（$P<0.05$，图 8-13，A）。SOD 活性则呈现上升的趋势，但并没有显著性差异（图 8-13，B）。与 SOD 变化趋势相反，CAT 活性则随每天训练次数的增加而下降，训练组 CAT 活性均低于对照组，其中，E2 组与对照组的差异达到显著性水平（$P<0.05$，图 8-13，C）。GSH-PX（图 8-13，D）和 MDA 的含量没有发生显著性变化，MDA 略微呈现向下降后上升的趋势，在 E1 组最低（图 8-13，F）。2 周的力竭运动训练，使黑棘鲷血清 GSH 含量发生显著变化，E1 和 E2 组 GSH 含量均显著低于对照组（$P<0.05$），训练组间没有显著差异（图 8-13，E）。

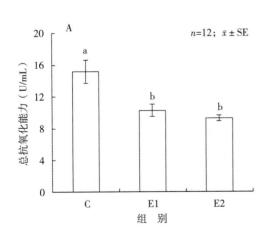

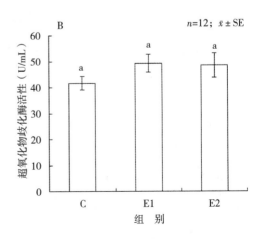

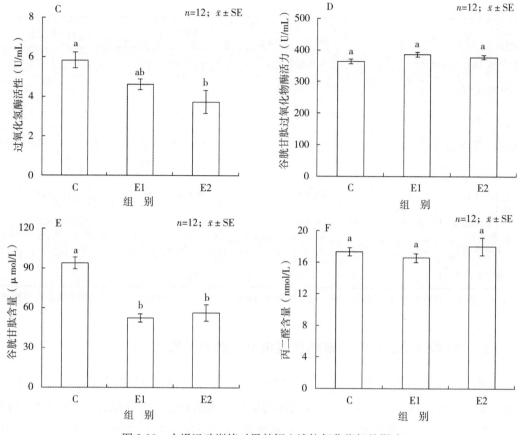

图 8-13　力竭运动训练对黑棘鲷血清抗氧化指标的影响

力竭运动训练结束后，黑棘鲷血清抑制羟自由基能力呈现显著下降的趋势，E2 组最低，E1 组次之，各组间差异具有显著性（$P < 0.05$，图 8-14，A）。蛋白质羰基含量出现上升，E2 组显著高于其余 2 组（$P < 0.05$），E1 组略微上升但与对照组没有显著差异（图 8-14，B）。肌酸激酶（CK）和乳酸脱氢酶（LDH）活性都是先上升后下降，各组间肌酸激酶活性并没有显著性差异（图 8-14，D）。E1 和 E2 组乳酸脱氢酶活性均显著高于对照组（$P < 0.05$），E1 组活性最高（图 8-14，C）。

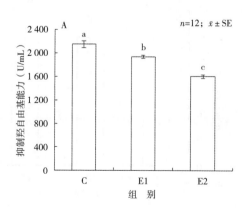

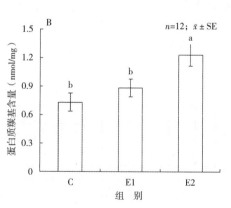

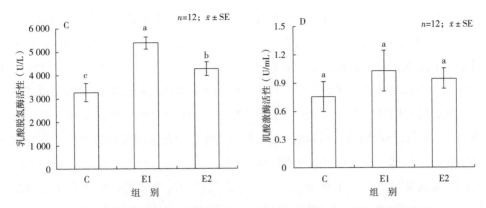

图 8-14　力竭运动训练对黑棘鲷血清抑制羟自由基能力、蛋白质羰基含量、
乳酸脱氢酶和肌酸激酶活性的影响

（四）力竭运动训练对黑棘鲷肝脏抗氧化能力的影响

黑棘鲷肝脏总抗氧化能力对力竭运动刺激有显著反应，E1 组最低，但与对照组差异未达到显著性水平，E2 组略高于对照组，显著高于 E1 组（$P<0.05$，图 8-15，A）。过氧化氢酶活性和谷胱甘肽含量呈先下降后上升的趋势，训练组均低于对照组，各处理组间差异不具有显著性（图 8-15，B；图 8-15，C）。训练组的丙二醛含量均较为明显的下降，两者间没有显著差异，训练组与对照组间差异也不具有显著性（图 8-15，D）。

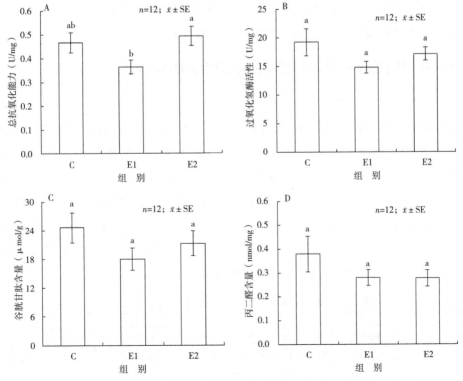

图 8-15　力竭运动训练对黑棘鲷肝脏抗氧化指标的影响

该实验结果显示，力竭训练组和对照组生长没有显著性差异。与对照组相比，E1 组和 E2 组血糖、总胆固醇含量显著下降（$P < 0.05$）。甘油三酯、低密度脂蛋白、谷丙转氨酶和谷草转氨酶在 E1 组含量最低，在 E2 组含量最高。总蛋白、球蛋白、酸性磷酸酶和碱性磷酸酶均为先上升后下降的趋势，在 E1 组最高。力竭运动对黑棘鲷的血清总抗氧化能力、谷胱甘肽有明显的降低作用，训练组的总抗氧化能力和谷胱甘肽显著低于对照组（$P < 0.05$）。超氧化物歧化酶活性则呈现上升的趋势，但各组间无显著差异，与超氧化物歧化酶变化趋势相反，过氧化氢酶在 E2 组显著低于对照组（$P < 0.05$）。谷胱甘肽过氧化物酶和丙二醛的含量没有发生显著性变化。力竭运动训练结束后，黑棘鲷血清抑制羟自由基能力呈现显著下降的趋势，E2 组最低，E1 组次之，各组间差异具有显著性（$P < 0.05$）。蛋白质羰基含量出现上升，E2 组显著高于其余 2 组（$P < 0.05$）。E1 和 E2 组乳酸脱氢酶活性均显著高于对照组（$P < 0.05$），E1 组活性最高。综合考虑力竭运动对黑棘鲷的影响，每天 1 次力竭运动对黑棘鲷非特异性免疫和抗氧化机能有降低作用，而每天 2 次力竭运动则对机体造成了明显的氧化损伤。

三、有氧运动训练对不同放流规格黑棘鲷生长、抗氧化能力和放流成活率影响

本节探讨 2 周有氧运动训练（2 bl/s）对 4 种不同规格黑棘鲷（4～5 cm、5～6 cm、6～7 cm、7～8 cm）的生长、肝脏和肌肉抗氧化能力影响。

（一）有氧运动训练对不同规格黑棘鲷生长的影响

如表 8-10、图 8-16、图 8-17 和图 8-18 所示，训练组的 4～5 cm 和 5～6 cm 体长组的末体均长和末体均重都比非训练组高；而 6～7 cm 和 7～8 cm 体长组的末体均长和末体均重都低于非训练组。4～5 cm 体长组和 5～6 cm 体长组之间的初始体长和体重是有显著性差异的（$P < 0.05$），2 周过后这 2 个体长组的体长和体重趋于一致，差异不具有显著性。在非训练组中，4～5 cm 体长组的 SGR_W、SGR_L 和 WG 均为最高，6～7 cm 体长组次之，5～6 cm 体长组最低。在训练组中，4～5 cm 体长组 SGR_W、SGR_L 和 WG 均显著高于其余 3 个体长组。运动训练对 4～5 cm 和 5～6 cm 体长组的 SGR_W、SGR_L 和 WG 有提升作用；对 6～7 cm 和 7～8 cm 体长组则是降低作用。

表 8-10　有氧运动训练对不同规格黑棘鲷生长的影响

组别	项目	体长组（cm）			
		4～5	5～6	6～7	7～8
非训练组	初体均长（cm）	4.61±0.03[d]	5.41±0.04[c]	6.32±0.05[b]	7.49±0.05[a]

（续）

组别	项目	体长组（cm）			
		4～5	5～6	6～7	7～8
非训练组	初体均重（g）	3.74±0.08[d]	5.76±0.16[c]	8.76±0.19[b]	15.90±0.35[a]
	末体均长（cm）	5.93±0.07[c]	6.23±0.15[c]	7.87±0.17[b]	8.87±0.16[a]
	末体均重（g）	7.59±0.35[c]	8.11±0.48[c]	17.03±1.40[b]	24.06±0.27[a]
训练组	初体均长（cm）	4.65±0.04[d]	5.47±0.04[c]	6.39±0.05[b]	7.45±0.05[a]
	初体均重（g）	3.97±0.10[d]	6.08±0.12[c]	9.69±0.25[b]	16.47±0.33[a]
	末体均长（cm）	6.20±0.10[c]	6.43±0.12[c]	7.3±0.25[b]	8.2±0.24[a]
	末体均重（g）	9.65±0.51[c]	9.80±0.47[c]	15.16±1.71[b]	23.44±0.22[a]

注：数据为平均值±标准误；同一行中参数上方不同字母代表差异显著（$P<0.05$）。

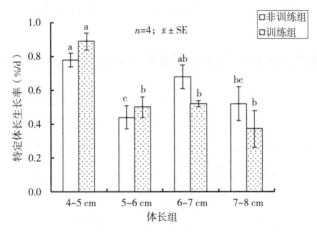

图 8-16　有氧运动训练对不同规格黑棘鲷特定体长生长率的影响

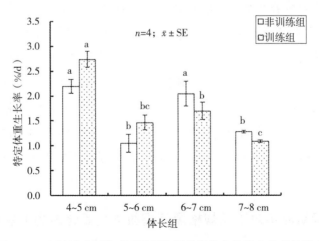

图 8-17　有氧运动训练对不同规格黑棘鲷特定体重生长率的影响

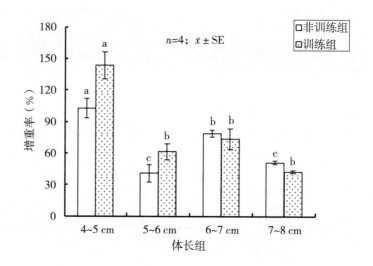

图 8-18　有氧运动训练对不同规格黑棘鲷增重率的影响

（二）有氧运动训练对不同规格黑棘鲷肝脏抗氧化能力的影响

非训练组肝脏 T-AOC 在 6～7 cm 体长组最高，显著高于其余 3 个体长组（$P<$ 0.05），4～5 cm 和 7～8 cm 体长组间没有显著差异，但均显著高于 5～6 cm 体长组（$P<0.05$）；训练组肝脏 T-AOC 在 6～7 cm 和 7～8 cm 体长组最高，显著高于其余 2 组（$P<0.05$），5～6 cm 体长组最低（$P<0.05$）；相比非训练组，训练组肝脏 T-AOC 在 4～5 cm、5～6 cm 和 7～8 cm 体长组均出现上升，其中，7～8 cm 体长组显著上升（$P<0.05$，图 8-19，A）。肝脏 CAT 活性在非训练组和训练组不同体长组间没有显著性差异，训练组 5～6 cm、6～7 cm 和 7～8 cm 体长组与非训练组相比则有不同程度地下降，但差异未达到显著性水平（图 8-19，B）。在非训练组中，肝脏 GSH 含量具有明显差异，6～7 cm 体长组显著高于 4～5 cm 和 5～6 cm 体长组（$P<0.05$），5～6 cm 体长组则显著低于其余 3 个体长组（$P<0.05$）；在训练组中，肝脏 GSH 含量大致随规格的增加而上升，7～8 cm 体长组最高，显著高于 4～5 cm 和 5～6 cm 体长组，另外 3 组间差异不显著；经过训练的 4～5 cm、5～6 cm、7～8 cm 体长组肝脏 GSH 均高于非训练组（图 8-19，C）。非训练组肝脏 MDA 含量在 5～6 cm 体长组最高（$P<0.05$），其余 3 组没有显著性差异；训练组肝脏 MDA 含量没有显著性差异，但均低于非训练组（图 8-19，D）。

（三）有氧运动训练对不同规格黑棘鲷肌肉抗氧化能力的影响

非训练组肌肉 TP 含量在 6～7 cm 体长组最高，各体长组间没有显著差异；训练组肌

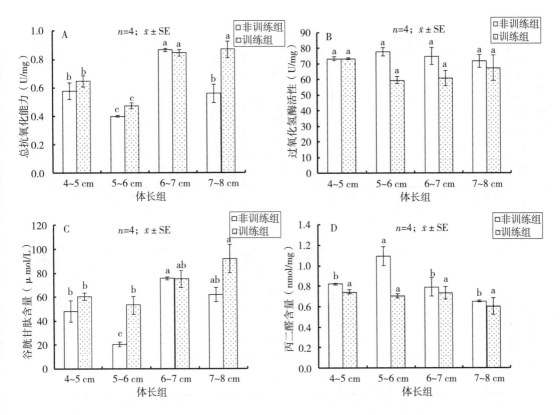

图 8-19　有氧运动训练对不同规格黑棘鲷肝脏抗氧化指标的影响

肉 TP 在 4～5 cm 体长组最高，各组间差异不显著，有氧运动训练对不同体长组的肌肉 TP 含量没有显著影响（图 8-20，A）。非训练组中，肌肉 T-AOC 随规格的增加呈先上升后下降的趋势，在 5～6 cm 体长组最高，但各组间差异没有达到显著性水平；训练组 4～5 cm、6～7 cm、7～8 cm 体长组肌肉 T-AOC 均比非训练组有所提高（图 8-20，B）。非训练组肌肉 GSH 在 4～5 cm 体长组最高，在 5～6 cm 体长组最低，2 组间有显著性差异（$P < 0.05$）；与非训练组相比，训练组肌肉 GSH 含量在 4～5 cm 体长组略有下降，在其他 3 组均有所提升（图 8-20，C）。非训练组肌肉 MDA 含量在 4 个体长组间没有显著性差异，而在训练组中 4～5 cm 体长组肌肉 MDA 含量显著高于其余 3 组（$P < 0.05$），运动训练对 5～6 cm、6～7 cm、7～8 cm 体长组肌肉 MDA 含量有明显降低作用（图 8-20，D）。

（四）有氧运动训练及不同规格对黑棘鲷放流成活率的影响

通过 1 个月的模拟放流实验，结果表明，在无捕食者组中，非训练组体长为 4～5 cm 和 5～6 cm 的黑棘鲷成活率最低；训练组的各体长组黑棘鲷成活率基本一致，接近

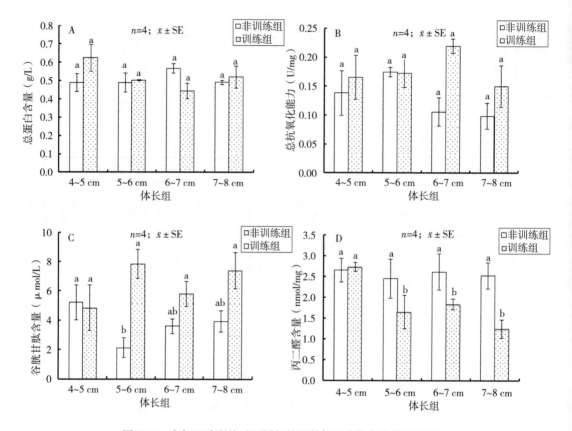

图 8-20　有氧运动训练对不同规格黑棘鲷肌肉抗氧化指标的影响

100％。在有捕食者组中，非训练组和训练组的 4～5 cm 体长组的黑棘鲷成活率均为 0，5～6 cm 体长组成活率亦不超过 50％；规格较大 2 组的成活率最高（表 8-11）。

表 8-11　黑棘鲷模拟放流成活率（％）

体长组（cm）	无捕食者		有捕食者	
	非训练组	训练组	非训练组	训练组
4～5	38.9	94.4	0	0
5～6	66.7	94.4	38.9	47.3
6～7	94.4	94.4	94.4	100
7～8	100	100	94.4	100

该实验结果显示，4～5 cm 体长组的生长率最高。训练组肝脏总抗氧化能力在 6～7 cm 和 7～8 cm 体长组最高，显著高于其余 2 组（$P<0.05$）。肝脏过氧化氢酶活性在各

组间没有显著性差异，训练组 7～8 cm 体长组的谷胱甘肽含量最高。肌肉总抗氧化能力在 6～7 cm 体长组提升最明显，显著高于非训练组（$P<0.05$）。训练组其余 3 个体长组肌肉丙二醛含量显著低于 4～5 cm 体长组。训练结束后，将各规格黑棘鲷进行为期 1 个月模拟放流实验。结果表明，无捕食者时，非训练组体长为 4～5 cm 和 5～6 cm 的黑棘鲷成活率最低，训练组的各体长组黑棘鲷成活率基本一致，接近 100%；有捕食者时，非训练组和训练组的 4～5 cm 体长组的黑棘鲷成活率均为 0，5～6 cm 体长组成活率亦不超过50%，规格较大 2 组的成活率最高。为确保较高的放流存活率，黑棘鲷的增殖放流苗种应选择体长大于 7 cm 的个体。

第四节　紫红笛鲷苗种运动驯化方法

　　基于鱼类逆流游泳的特性，在本节中，通过考察不同训练强度及训练时间下的训练方法对紫红笛鲷（*Lutjanus argentimaculatus*）的生理影响，探究了紫红笛鲷免疫力水平及抗氧化水平对训练强度及时间的响应情况；通过考察训练有无结合添加剂 N-乙酰半胱氨酸（NAC）不同含量下与 N-氨甲酰谷氨酸（NCG）联用的结合方式，得到了一些营养强化作为驯化辅助手段的初步经验。

一、逆流运动训练及运动时间对紫红笛鲷血清学的影响

　　以不同水流速度［1.43 bl/s、2.87 bl/s、5.74 bl/s 和 0.01 bl/s（对照）］对紫红笛鲷进行游泳训练，并于不同的周期节点（7d、14d、28d）采集血清进行生理生化和酶活性检测。

（一）运动强度和训练时间对紫红笛鲷幼鱼基础生长指标的影响

　　运动训练对鱼类生长的影响总体不具有统计学显著性（表 8-12），特定生长率、增重率、肝体比、肥满度在运动组与对照组之间不具有显著统计学差异，且各训练组之间也不具有显著的统计差异性，以上指标在时间上，各运动组与对照组同样具有显著差异性（$P<0.05$）。脏体比在训练组与对照组之间具有统计显著差异（$P<0.05$），且在低强度1.43 bl/s 具有相对最高的脏体比，而脏体比在时间上不具有统计显著性。成活率仅在 7 d内 1.43 bl/s 死亡 1 尾，不具有统计学意义。

表8-12　生长情况及存活率随运动强度与时间变化趋势

指标	7 d				14 d				28 d			
	0.01bl/s	1.43bl/s	2.87bl/s	5.74bl/s	0.01bl/s	1.43bl/s	2.87bl/s	5.74bl/s	0.01bl/s	1.43bl/s	2.87bl/s	5.74bl/s
初体均重（g）	13.36±0.13^{aA}	13.36±0.13^{aA}	13.36±0.13^{aA}	13.36±0.13^{aA}	13.36±0.13^{aA}	13.36±0.13^{aA}	13.36±0.13^{aA}	13.36±0.13^{aA}	13.36±0.13^{aA}	13.36±0.13^{aA}	13.36±0.13^{aA}	13.36±0.13^{bA}
末体均重（g）	14.17±4.06^{aA}	14.21±4.10^{aA}	15.39±3.88^{aA}	14.06±3.28^{aA}	14.74±4.57^{aA}	15.76±3.73^{aA}	14.40±3.26^{aA}	13.70±2.78^{aA}	18.26±4.67^{aA}	18.29±5.29^{aA}	16.26±4.18^{aA}	16.64±3.96^{bA}
成活率（%）	100±0.00^{aA}	98.33±0.00^{aB}	100±0.00^{aA}	100±0.00^{aA}	100±0.00^{aA}	100±0.00^{aA}	100±0.00^{aA}	100±0.00^{aA}	100±0.00^{aA}	100±0.00^{aA}	100±0.00^{aA}	100±0.00^{aA}
特定生长率（%/d）	0.31±0.04^{aA}	0.33±0.04^{aA}	1.60±0.04^{aA}	0.36±0.03^{aA}	0.76±0.05^{aA}	1.97±0.04^{aA}	0.76±0.03^{aA}	0.08±0.03^{aA}	4.05±0.04^{aA}	3.94±0.04^{aA}	2.40±0.04^{aA}	2.74±0.04^{bA}
增重率（%）	6.05±0.30^{aA}	6.35±0.31^{aA}	15.19±0.29^{aA}	5.22±0.25^{aA}	10.30±0.34^{aA}	18.00±0.28^{aA}	7.79±0.24^{aA}	2.55±0.21^{aA}	36.65±0.35^{bA}	36.88±0.40^{bA}	21.64±0.31^{bA}	24.53±0.30^{bA}
肝体比（%）	3.91±0.01^{aA}	6.24±0.01^{aA}	4.48±0.01^{aA}	3.05±0.01^{aA}	5.45±0.01^{aA}	3.46±0.01^{aA}	5.19±0.01^{aA}	2.86±0.01^{aB}	4.42±0.01^{aA}	2.14±0.01^{aA}	2.33±0.01^{aA}	2.69±0.00^{aB}
脏体比（%）	11.05±0.09^{aA}	17.25±0.02^{aA}	14.64±0.01^{aA}	14.37±0.06^{aA}	14.15±0.02^{aA}	15.22±0.25^{aA}	12.85±0.25^{aA}	11.95±0.02^{aA}	13.41±0.02^{aA}	10.10±0.02^{aA}	10.52±0.01^{aA}	11.13±0.01^{bA}
肥满度（%）	2.97±0.00^{aA}	2.95±0.00^{aA}	2.89±0.00^{aA}	2.83±0.00^{aA}	2.46±0.00^{bA}	2.47±0.00^{bA}	2.42±0.00^{bA}	2.31±0.00^{bA}	3.13±0.00^{aA}	3.09±0.00^{aA}	3.16±0.00^{aA}	3.01±0.00^{bA}

注：数据为平均值±标准差（$n=12$）；同一行中参数上方不同字母代表差异显著（$P<0.05$），小写字母表示对时间变化的显著差异，大写字母表示对强度变化的显著差异。

（二）运动强度和训练时间对紫红笛鲷幼鱼基础血清生化指标的影响

各项基础血清生化指标在训练组与对照组间均有显著差异（$P<0.05$）（图 8-21）。在不同训练强度上，训练组的血清生化指标和对照组差异显著（$P<0.05$），各强度组之间也具有显著差异（$P<0.05$）。总蛋白（TP）和白蛋白（ALP）及球蛋白（GLP）（图 8-21，A、B、C）在 1.43 bl/s 组和 2.87 bl/s 组显著高于对照组，在 5.74 bl/s 组则显著低于对照组，且在 2.87 bl/s 组达到相对最高水平。血糖（GLU）、总胆固醇（TCHOL）、甘油三酯（TG）、脂蛋白（HDL、LDL）、转氨酶（GPT、GOT）（图 8-21，D、E、F、G、H、I、J）则反之，1.43 bl/s 组和 2.87 bl/s 组显著低于对照组，5.74 bl/s 组则显著高于对照组，在 2.87 bl/s 组达到相对最低水平。

训练时间对血清基础生化各项指标也有显著影响（$P<0.05$）。通常训练时间为 7d、14d 和 28d 之间分别具有显著差异（$P<0.05$）。总蛋白（TP）（图 8-21，F）随训练时间增长而升高，血糖（GLU）、总胆固醇（TCHOL）、血脂（TG）、脂蛋白（HDL、LDL）、转氨酶（GPT、GOT）随训练时间增长而降低。GLU、TCHOL、TP 在 14d 与 28 d 则差异不显著（$P>0.05$）。训练强度和时间之间具有显著的交互作用（$P<0.05$），随训练时间增长，训练组与对照组及各强度训练组间差距加大。

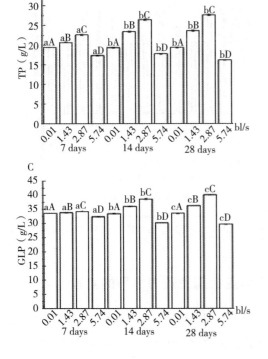

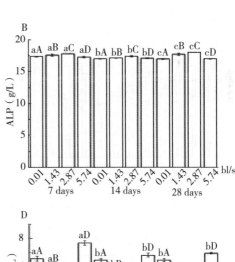

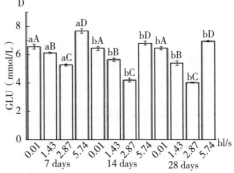

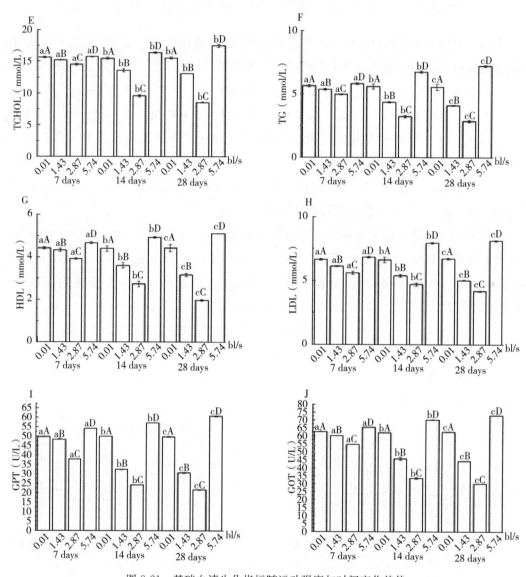

图 8-21　基础血清生化指标随运动强度与时间变化趋势

A. 总蛋白（TP）　B. 白蛋白（ALP）　C. 球蛋白（GLP）　D. 血糖（GLU）

E. 总胆固醇（TCHOL）　F. 甘油三酯（TG）　G. 高密度脂蛋白（HDL）

H. 低密度脂蛋白（LDL）　I. 谷丙转氨酶（GPL）　J. 谷草转氨酶（GOT）

条形图上方不同字母代表差异显著（$P<0.05$），小写字母表示对时间变化的显著差异，大写字母表示对强度变化的显著差异

（三）运动强度和训练时间对紫红笛鲷幼鱼血清免疫力水平的影响

各项免疫水平的指标（磷酸酶、补体 C3 和 C4、LZM、ANT、COR、IgM）见图 8-22，A～H，它们在训练组与对照组间均有显著差异（$P<0.05$），1.43 bl/s 组和 2.87 bl/s 组显著高于对照组，5.74 bl/s 组则显著低于对照组。在不同训练强度上，训练组的

免疫水平和对照组差异显著（$P<0.05$），各强度组之间也具有显著差异（$P<0.05$），在 2.87 bl/s 组达到相对最高或最低水平。

时间对免疫力水平也有显著影响（$P<0.05$）。IgM、磷酸酶、补体 C3、LZM、ANT、COR 均随训练时间增长而升高，在 7 d、14 d 和 28 d 分别具有显著差异（$P<0.05$）；而补体 C4 则回落至与 7 d 相似水平，ACP、ANT 在 14 d 与 28 d 则差异不显著（$P>0.05$）。训练强度和时间之间具有显著的交互作用（$P<0.05$）。

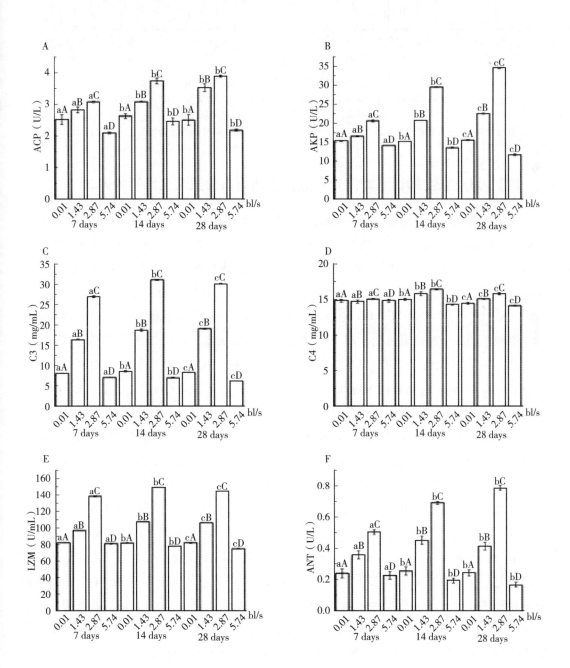

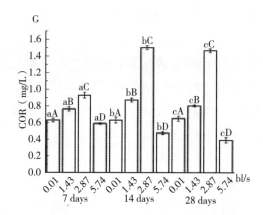
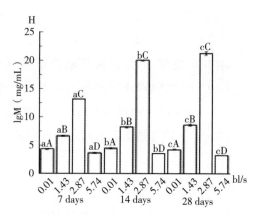

图 8-22　免疫学血清生化指标随运动强度与时间变化趋势

A. 酸性磷酸酶　B. 碱性磷酸酶　C. 补体 C3　D. 补体 C4　E. 溶菌酶
F. 抗菌活性　G. 皮质醇　H. 免疫球蛋白

条形图上方不同字母代表差异显著（$P<0.05$），小写字母表示对时间变化的显著差异，大写字母表示对强度变化的显著差异

（四）运动强度和训练时间对紫红笛鲷幼鱼血清抗氧化水平的影响

各项血清抗氧化指标在训练组与对照组间均有显著差异（$P<0.05$）（图 8-23）。在不同训练强度上，训练组的血清抗氧化指标和对照组差异显著（$P<0.05$），各强度组之间也具有显著差异（$P<0.05$）。过氧化氢（CAT）、谷胱甘肽相关酶类（GSH、GSH-PX、GST）、总抗氧化能力（T-AOC）、过氧化氢（H_2O_2）、抑制羟自由基能力（IHFRC）（图 8-23，A、B、C、D、E、F、G）在 1.43 bl/s 组和 2.87 bl/s 组显著高于对照组，5.74 bl/s 组则显著低于对照组，在 2.87 bl/s 组达到相对最高水平，丙二醛（MDA）（图 8-23，H）、超氧化物歧化酶（SOD）（8-23，I）蛋白质羰基（PC）（图 8-23，J）则反之，1.43 bl/s 组和 2.87 bl/s 组显著低于对照组，5.74 bl/s 组则显著高于对照组，在 2.87 bl/s 组达到相对最低水平。

时间对血清抗氧化各项指标也有显著影响（$P<0.05$）。通常训练时间为 7 d、14 d 和 28 d 之间分别具有显著差异（$P<0.05$）。CAT 在 14 d 与 28 d 则差异不显著（$P>0.05$）。训练强度和时间之间具有显著的交互作用。

以上的实验结果说明，在运动强度上，各训练组与对照组间均存在显著差异（$P<0.05$），且不同强度训练组间差异亦显著（$P<0.05$）。在训练时间上，各代谢标志物均随时间增长而显著升高（$P<0.05$）。总体来说，2.87 bl/s 强度较有利于紫红笛鲷幼鱼的抗氧化和免疫水平的提高。7 d 变化与 14 d 变化有显著差异（$P<0.05$），而 14 d 与 28 d 差异不显著（$P>0.05$）。强度与时间之间的交互作用显著（$P<0.05$）。该实验说明，适当运动强度（2.87 bl/s）对鱼体内的抗氧化和免疫水平有促进作用，而过高运动强度会降低鱼的抗氧化力和免疫力，且训练 14 d 效果即达到较高水平并保持。

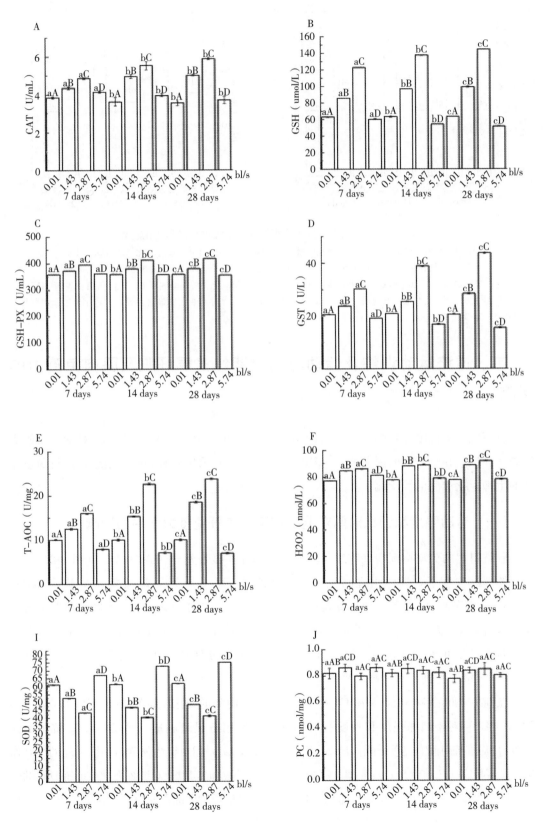

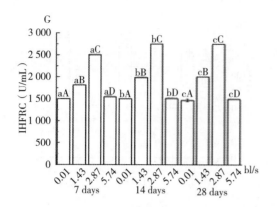

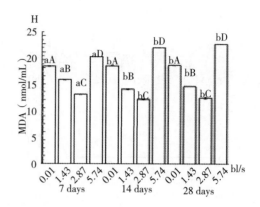

图 8-23 抗氧化力血清生化指标随运动强度与时间变化趋势

A. 过氧化氢酶（CAT） B. 还原型谷胱甘肽（GSH） C. 谷胱甘肽过氧化物酶（GSH-Px）

D. 谷胱甘肽 S 转移酶（GST） E. 总抗氧化能力（T-AOC） F. 过氧化氢（H_2O_2）

H. 丙二醛（MDA） G. 抑制羟自由基能力（IHFRC） I. 超氧化物歧化酶（SOD） J. 蛋白质羰基（PC）

条形图上方不同字母代表差异显著（$P < 0.05$），小写字母表示对时间变化的显著差异，大写字母表示对强度变化的显著差异

二、逆流运动训练及运动时间对紫红笛鲷肝脏及肌肉免疫力的影响

以不同水流速度（1.43 bl/s、2.87 bl/s、5.74 bl/s 和对照 0.01 bl/s）对紫红笛鲷进行游泳训练，并于不同的周期节点（7 d、14 d、28 d）采集肝脏和肌肉组织，进行免疫相关的生理生化和酶活性检测。

（一）运动强度和训练时间对紫红笛鲷幼鱼肝免疫力水平的影响

肝脏组织的免疫指标在训练组与对照组之间存在显著差异（$P < 0.05$）（图 8-24）。在不同的训练强度下，训练组之间也具有显著差异（$P < 0.05$），磷酸酶（ACP、AKP）、补体 C3、溶菌酶（LZM）、免疫球蛋白（IgM）在肝与肌肉组织中对训练强度和训练时间均呈显著差异（$P < 0.05$）（图 8-24，A、B、C、D、E），训练组 1.43 bl/s 和 2.87 bl/s 显著高于对照组（$P < 0.05$），强度为 5.74 bl/s 的训练组则显著低于对照组（$P < 0.05$），且在 2.87 bl/s 达到相对最高水平。

在训练时间的影响上，补体 C4 对于单独的训练时间的变化无显著响应（$P > 0.05$）（图 8-24，F），但对于训练强度和强度与时间的交互作用有显著响应（$P < 0.05$）；抗菌活性（ANT）对训练时间有显著影响（$P < 0.05$）（图 8-24，G），但对训练强度与训练时间的交互作用无显著响应（$P > 0.05$）；皮质醇（COR）则呈现对训练时间以及对训练强度与训练时间的交互作用均无显著响应（$P > 0.05$）（图 8-24，H），而仅呈现对训练强度的显著响应（$P < 0.05$）。

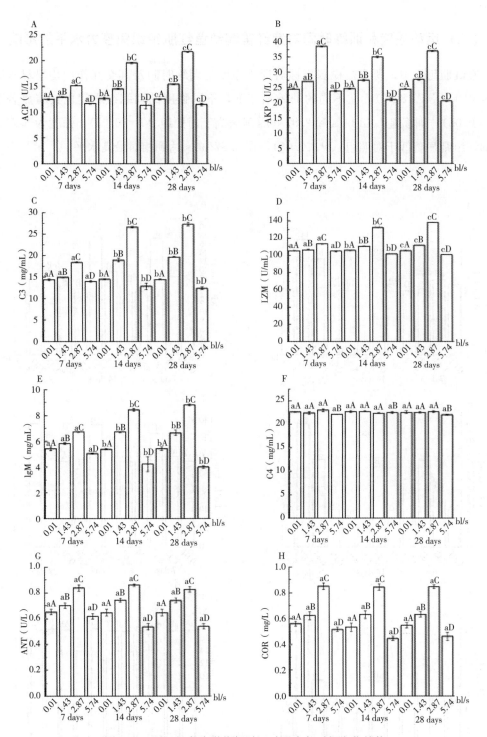

图 8-24　肝组织免疫学指标随运动强度与时间变化趋势

A. 酸性磷酸酶（ACP）　　B. 碱性磷酸酶（AKP）　　C. 补体 C3　D. 溶菌酶（LZM）

E. 免疫球蛋白（IgM）　　F. 补体 C4　G. 抗菌活性（ANT）　　H. 皮质醇（COR）

条形图上方不同字母代表差异显著（$P<0.05$），小写字母表示对训练时间变化的显著差异，大写字母表示对运动强度变化的显著差异

（二）运动强度和训练时间对紫红笛鲷幼鱼红肌组织免疫力水平的影响

在红肌组织中，所有被检测指标对训练强度与训练时间及其交互作用均呈显著影响（$P<0.05$）（图 8-25）。在不同的训练强度下，不同强度的训练组之间也具有显著差异（$P<0.05$），训练组 1.43 bl/s 和 2.87 bl/s 显著高于对照组（$P<0.05$），强度为 5.74 bl/s 的训练组则显著低于对照组（$P<0.05$），在 2.87 bl/s 达到相对最高水平。

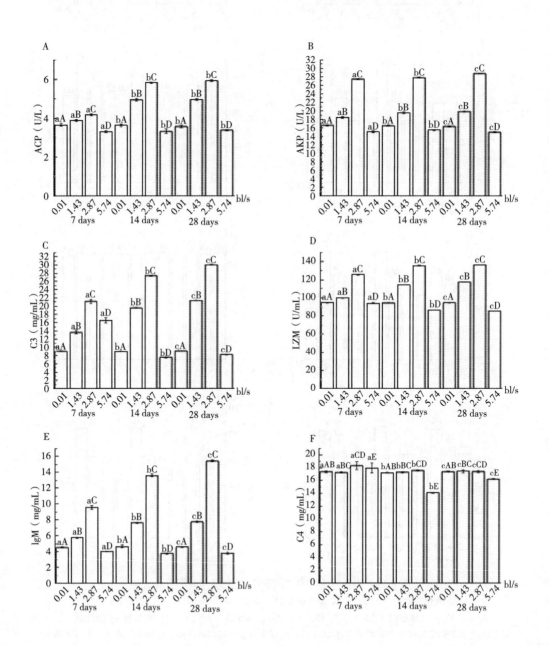

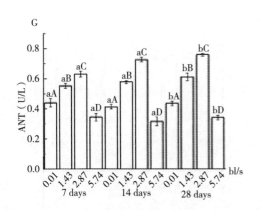
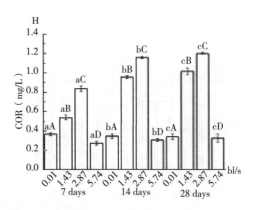

图 8-25 红肌组织免疫学生化指标随运动强度与时间变化趋势

A. 酸性磷酸酶 B. 碱性磷酸酶 C. 补体 C3 D. 溶菌酶 E. 免疫球蛋白 F. 补体 C4 G. 抗菌活性 H. 皮质醇

（三）运动强度和训练时间对紫红笛鲷幼鱼白肌组织免疫力水平的影响

白肌组织中，磷酸酶 ACP、AKP、补体 C3、溶菌酶 LZM、抗菌活性 ANT、皮质醇 COR、免疫球蛋白 IgM 在肝与肌肉组织中对训练强度和时间及其交互作用均呈显著差异 （$P < 0.05$）（图 8-26）。在不同的训练强度下，不同强度的训练组之间也具有显著差异（$P < 0.05$）。训练组 1.43 bl/s 和 2.87 bl/s 显著高于对照组（$P < 0.05$）。强度为 5.74 bl/s 的训练组则显著低于对照组（$P < 0.05$），且在 2.87 bl/s 达到相对最高水平。补体 C4 仅时间呈显著影响（$P < 0.05$），而对于训练强度及强度与时间的交互作用均无显著响应（$P > 0.05$）。

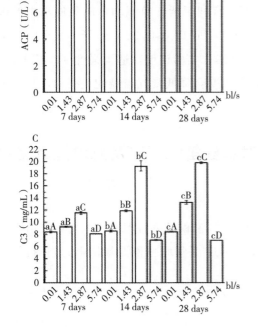
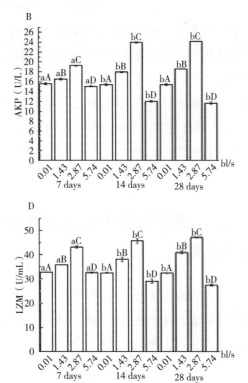

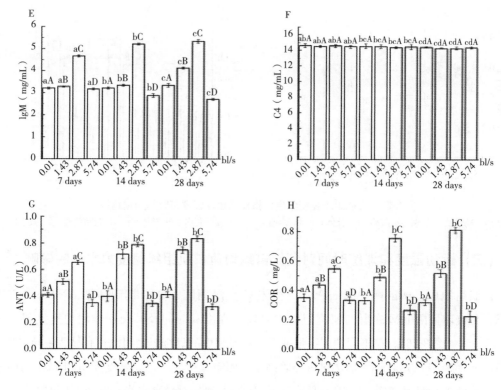

图 8-26　白肌组织免疫学生化指标随运动强度与时间变化趋势
A. 酸性磷酸酶　B. 碱性磷酸酶　C. 补体 C3　D. 溶菌酶
E. 免疫球蛋白　F. 补体 C4　G. 抗菌活性　H. 皮质醇

研究发现，在强度上，各训练组与对照组间均存在显著差异（$P<0.05$），且不同强度训练组间差异亦显著（$P<0.05$）。在时间上，所检测的各免疫因子均随时间增长而显著升高（$P<0.05$）。总体来说，2.87 bl/s 强度较有利于紫红笛鲷幼鱼的免疫水平的提高。7 d 变化与 14 d 变化有显著差异（$P<0.05$），而 14 d 与 28 d 差异不显著（$P>0.05$）。强度与时间之间的交互作用显著（$P<0.05$）。实验说明，适当强度（2.87 bl/s）对紫红笛鲷体内的免疫水平有促进作用，而过高强度会降低紫红笛鲷的免疫力，且训练14 d 效果即达到较高水平并保持。

三、逆流运动训练及运动时间对紫红笛鲷肝脏及肌肉抗氧化水平的影响

以不同水流速度（1.43 bl/s、2.87 bl/s、5.74 bl/s 和对照 0.01 bl/s）对紫红笛鲷进行游泳训练，并于不同的周期节点（7 d、14 d、28 d）采集肝脏和肌肉组织，进行抗氧化力相关的生理生化和酶活性检测。

（一）运动强度和训练时间对紫红笛鲷幼鱼肝组织抗氧化水平的影响

在肝中，丙二醛（MDA）、超氧化物歧化酶（SOD）、过氧化氢酶（CAT）、还原型谷胱甘肽（GSH）、谷胱甘肽过氧化物酶（GSH-Px）、总抗氧化能力（T-AOC）、蛋白质羰基（PC）、过氧化氢（H_2O_2）、抑制羟自由基能力（IHFRC）、谷胱甘肽 S 转移酶（GST）对训练强度、时间及其交互作用均有显著差异（$P < 0.05$）（图 8-27）。在不同的训练强度下，不同强度的训练组之间也具有显著差异（$P < 0.05$），训练组 1.43 bl/s 和 2.87 bl/s 显著高于对照组（$P < 0.05$），强度为 5.74 bl/s 的训练组则显著低于对照组（$P < 0.05$），且在 2.87 bl/s 达到相对最高水平。

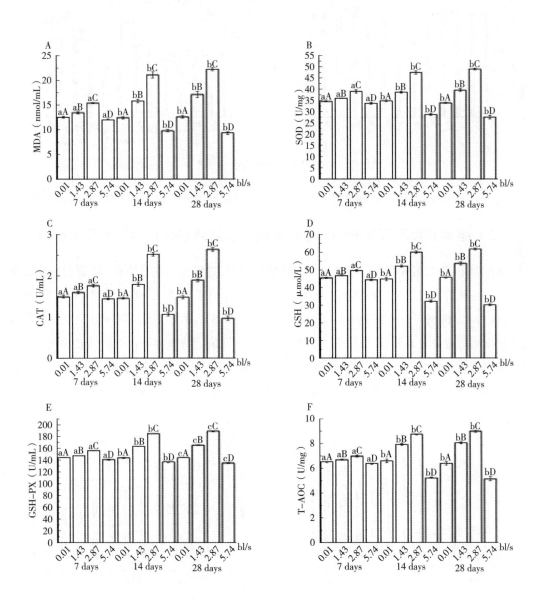

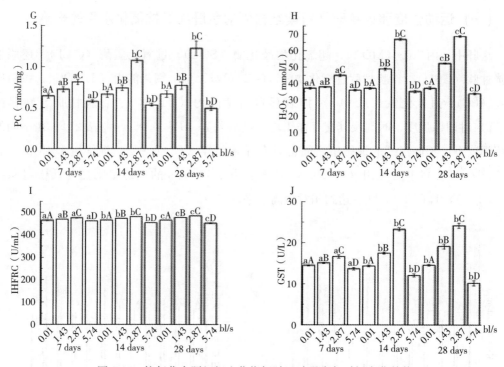

图 8-27　抗氧化力肝组织生化指标随运动强度与时间变化趋势

A. 丙二醛　B. 超氧化物歧化酶　C. 过氧化氢酶　D. 还原型谷胱甘肽　E. 谷胱甘肽过氧化物酶

F. 总抗氧化能力　G. 蛋白质羰基　H. 过氧化氢　I. 抑制羟自由基能力　J. 谷胱甘肽 S 转移酶

（二）运动强度和训练时间对紫红笛鲷幼鱼红肌组织抗氧化水平的影响

在红肌中，丙二醛（MDA）、超氧化物歧化酶（SOD）、过氧化氢酶（CAT）、还原型谷胱甘肽（GSH）、谷胱甘肽过氧化物酶（GSH-Px）、总抗氧化能力（T-AOC）、蛋白质羰基（PC）、过氧化氢（H_2O_2）、抑制羟自由基能力（IHFRC）、谷胱甘肽 S 转移酶（GST）对训练强度、时间及其交互作用均有显著差异（$P < 0.05$）（图8-28）。在不同的训练强度下，不同强度的训练组之间也具有显著差异（$P < 0.05$），训练组 1.43 bl/s 和 2.87 bl/s 显著高于对照组（$P < 0.05$），强度为 5.74 bl/s 的训练组则显著低于对照组（$P < 0.05$），且在 2.87 bl/s 达到相对最高水平。

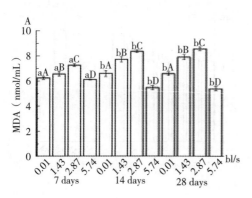

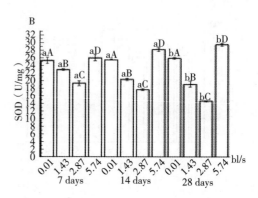

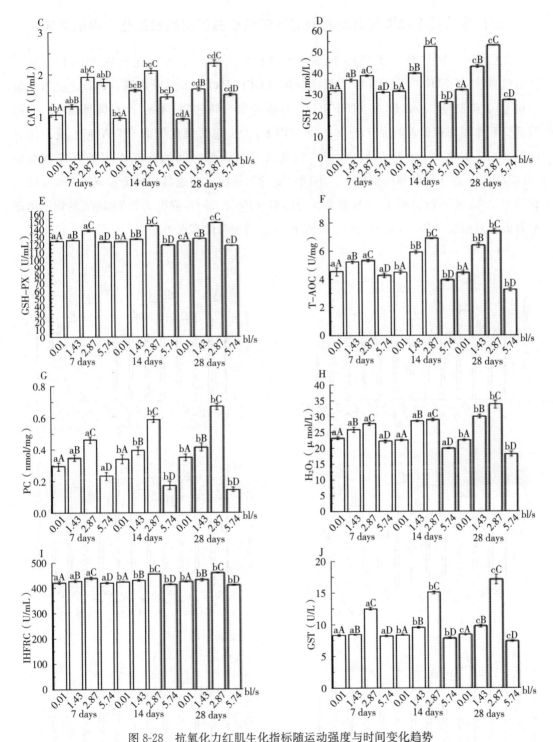

图 8-28　抗氧化力红肌生化指标随运动强度与时间变化趋势

A. 丙二醛　B. 超氧化物歧化酶　C. 过氧化氢酶　D. 还原型谷胱甘肽　E. 谷胱甘肽过氧化物酶

F. 总抗氧化能力　G. 蛋白质羰基　H. 过氧化氢　I. 抑制羟自由基能力　J. 谷胱甘肽 S 转移酶

（三）运动强度和训练时间对紫红笛鲷幼鱼白肌组织抗氧化水平的影响

在白肌中，丙二醛（MDA）、超氧化物歧化酶（SOD）、过氧化氢酶（CAT）、还原型谷胱甘肽（GSH）、谷胱甘肽过氧化物酶（GSH-Px）、蛋白质羰基（PC）、过氧化氢（H_2O_2）、抑制羟自由基能力（IHFRC）、谷胱甘肽 S 转移酶（GST）对训练强度、时间及其交互作用均有显著差异（$P < 0.05$）（图 8-29）。总抗氧化能力（T-AOC）受训练时间的影响不显著（$P > 0.05$），对训练强度及其与训练时间的交互作用仍有显著响应（$P < 0.05$）。在不同的训练强度下，不同强度的训练组之间也具有显著差异（$P < 0.05$），训练组 1.43 bl/s 和 2.87 bl/s 显著高于对照组（$P < 0.05$），强度为 5.74 bl/s 的训练组则显著低于对照组（$P < 0.05$），且在 2.87 bl/s 达到相对最高水平。

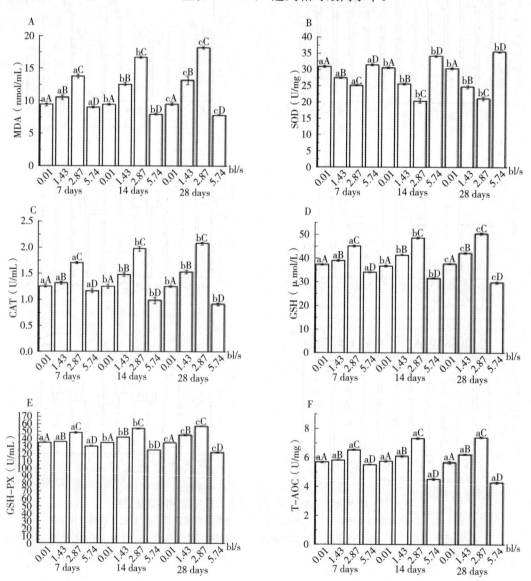

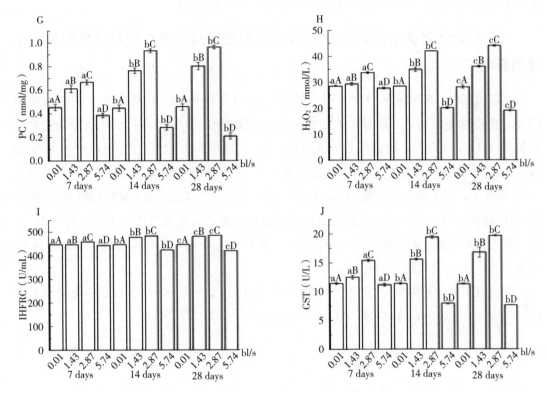

图 8-29　抗氧化力白肌生化指标随运动强度与时间变化趋势

A. 丙二醛　B. 超氧化物歧化酶　C. 过氧化氢酶　D. 还原型谷胱甘肽　E. 谷胱甘肽过氧化物酶
F. 总抗氧化能力　G. 蛋白质羰基　H. 过氧化氢　I. 抑制羟自由基能力　J. 谷胱甘肽 S 转移酶

本节发现，在强度上，各训练组与对照组间均存在显著差异（$P<0.05$），且不同强度训练组间差异亦显著（$P<0.05$）。在时间上，所检测的各抗氧化代谢酶均随时间增长而显著升高（$P<0.05$），丙二醛（MDA）随时间增长而显著降低（$P<0.05$）。总体来说，2.87 bl/s 强度较有利于紫红笛鲷幼鱼的抗氧化能力的提高。7 d 变化与 14 d 变化有显著差异（$P<0.05$），而 14 d 与 28 d 差异不显著（$P>0.05$）。强度与时间之间的交互作用显著（$P<0.05$）。实验说明，适当强度（2.87 bl/s）对鱼体内的抗氧化能力有促进作用，而过高强度会降低鱼的抗氧化力，且训练 14 d 效果即达到较高水平并保持。

四、有氧运动训练及营养强化对紫红笛鲷肝脏及肌肉免疫力的影响

以不同水流速度（0.01 bl/s、2.87 bl/s）对紫红笛鲷进行游泳训练，并饲喂不同的 NAC 添加量（0 g/t、300 g/t、600 g/t、900 g/t、1 200 g/t、1 500 g/t）的饲料，采

集肝脏和肌肉组织，进行免疫相关的生理生化和酶活性检测。

（一）运动强度结合添加剂 NAC 的不同含量对紫红笛鲷幼鱼肝免疫力水平的影响

在肝组织中，磷酸酶 ACP、AKP、补体 C3、溶菌酶 LZM、抗菌活性 ANT、皮质醇 COR、免疫球蛋白 IgM、对训练有无与 N-乙酰半胱氨酸（NAC）不同梯度含量均受到显著影响（$P<0.05$）。对比训练组与非训练组，上述指标在训练组显著高于非训练组（$P<0.05$）。比较不同的 NAC 含量的影响，在 N-氨甲酰谷氨酸（NCG）之外添加了 NAC 的各组，显著高于单独使用 NCG 的组（$P<0.05$）。以上 7 项免疫指标随 NAC 的含量增加而逐渐升高，至 900 g/t 添加量时达到最高水平，其后随着进一步增加的 NAC 含量，以上免疫指标逐渐下降。当 NAC 含量达到 1 500 g/t 时，甚至显著低于未添加 NAC 的水平（$P<0.05$）（图 8-30）。

肝脏组织中的补体 C4，则对训练强度的变化以及添加剂 NAC 的含量变化均不显著（$P>0.05$），仅对它们的交互作用有显著响应（$P<0.05$）。

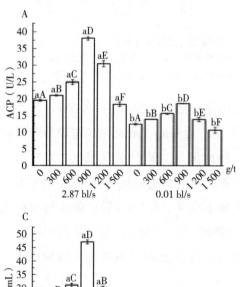
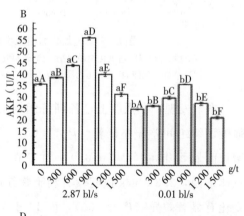
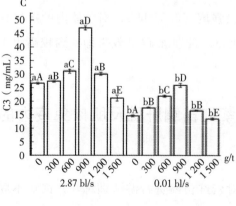
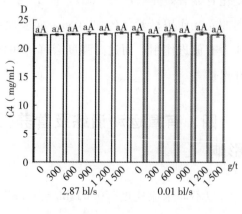

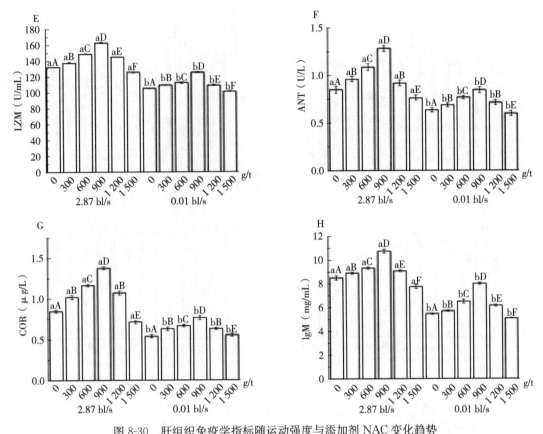

图 8-30　肝组织免疫学指标随运动强度与添加剂 NAC 变化趋势
A. 酸性磷酸酶　B. 碱性磷酸酶　C. 补体 C3　D. 补体 C4
E. 溶菌酶　F. 抗菌活性　G. 皮质醇　H. 免疫球蛋白

条形图上方不同字母代表差异显著（$P<0.05$），小写字母表示对训练强度变化的显著差异，大写字母表示对 NAC 含量变化的显著差异

（二）运动强度结合添加剂 NAC 的不同含量对紫红笛鲷幼鱼红肌免疫力水平的影响

在红肌组织中，磷酸酶 ACP、AKP、补体 C3、溶菌酶 LZM、抗菌活性 ANT、皮质醇 COR、免疫球蛋白 IgM、对训练有无与 N-乙酰半胱氨酸（NAC）不同梯度含量均受到显著影响（$P<0.05$）。对比训练组与非训练组，上述指标在训练组显著高于非训练组（$P<0.05$）。比较不同的 NAC 含量的影响，在 N-氨甲酰谷氨酸（NCG）之外添加了 NAC 的各组，显著高于单独使用 NCG 的组（$P<0.05$）。以上 7 项免疫指标随 NAC 的含量增加而逐渐升高，至 900 g/t 添加量时达到最高水平，其后随着进一步增加的 NAC 含量，以上免疫指标逐渐下降。当 NAC 含量达到 1500 g/t 时，甚至显著低于未添加 NAC 的水平（$P<0.05$）（图8-31）。

红肌组织中的补体 C4，对训练强度及强度与添加剂 NAC 含量的交互作用有显著变化（$P<0.05$），而对单独的添加剂 NAC 含量梯度变化无受到显著影响（$P>0.05$）。

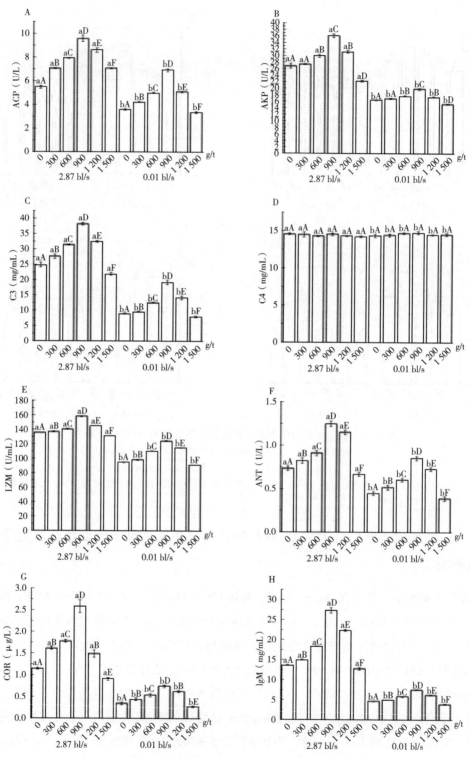

图 8-31　红肌组织免疫学指标随运动强度与添加剂 NAC 变化趋势

A. 酸性磷酸酶　B. 碱性磷酸酶　C. 补体 C3　D. 补体 C4

E. 溶菌酶　F. 抗菌活性　G. 皮质醇　H. 免疫球蛋白

（三）运动强度结合添加剂 NAC 的不同含量对紫红笛鲷幼鱼白肌免疫力水平的影响

在白肌组织中，磷酸酶 ACP、AKP、补体 C3、溶菌酶 LZM、抗菌活性 ANT、皮质醇 COR、免疫球蛋白 IgM、对训练有无与 N-乙酰半胱氨酸（NAC）不同梯度含量均受到显著影响（$P<0.05$）。对比训练组与非训练组，上述指标在训练组显著高于非训练组（$P<0.05$）。比较不同的 NAC 含量的影响，在 N-氨甲酰谷氨酸（NCG）之外添加了 NAC 的各组，显著高于单独使用 NCG 的组（$P<0.05$）。以上 7 项免疫指标随 NAC 的含量增加而逐渐升高，至 900 g/t 添加量时达到最高水平，其后随着进一步增加的 NAC 含量，以上免疫指标逐渐下降。当 NAC 含量达到 1 500 g/t 时，甚至显著低于未添加 NAC 的水平（$P<0.05$）（图 8-32）。

白肌组织中的补体 C4 与肝脏及红肌组织中的 C4 的响应也不相同，它仅对添加剂 NAC 的含量变化受到显著影响，而对训练强度的变化及其交互作用无显著响应（$P>0.05$）。

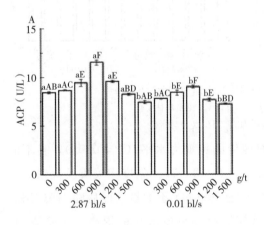

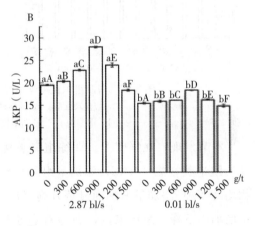

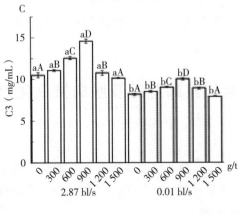

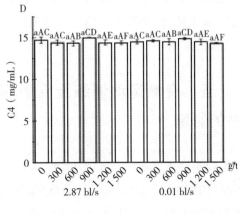

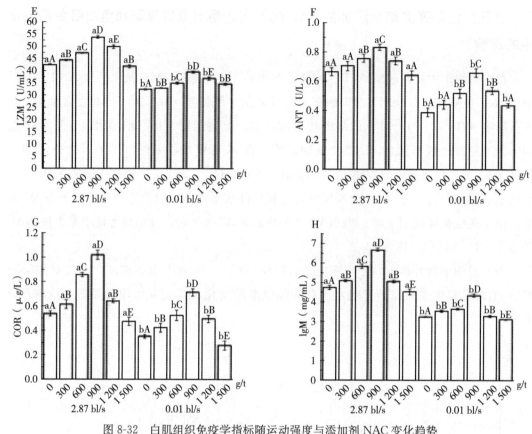

图 8-32　白肌组织免疫学指标随运动强度与添加剂 NAC 变化趋势
A. 酸性磷酸酶　B. 碱性磷酸酶　C. 补体 C3　D. 补体 C4
E. 溶菌酶　F. 抗菌活性　G. 皮质醇　H. 免疫球蛋白

　　本节发现，在强度上，训练组显著优于对照组的免疫力水平（$P<0.05$），且不同 N-乙酰半胱氨酸（NAC）添加量组间差异亦显著（$P<0.05$）。免疫相关酶及代谢标志物均随 NAC 添加量增加而显著升高（$P<0.05$）至 900 g/t 添加量，而后随 NAC 添加量增加而下降。总体来说，训练有利于紫红笛鲷幼鱼的免疫水平的提高。实验说明，适当添加量的 NAC（900 g/t）对鱼体内的免疫水平有促进作用，而过高添加会降低鱼的免疫力。

五、有氧运动训练及营养强化对紫红笛鲷肝脏及肌肉抗氧化水平的影响

　　以不同水流速度（0.01 bl/s、2.87 bl/s）对紫红笛鲷进行游泳训练，并饲喂不同的 NAC 添加量（0 g/t、300 g/t、600 g/t、900 g/t、1 200 g/t、1 500 g/t）的饲料，采集肝脏和肌肉组织，进行抗氧化水平生理生化和酶活性检测。

（一）运动强度结合添加剂 NAC 的不同含量对紫红笛鲷幼鱼肝组织抗氧化水平的影响

在肝脏组织中，丙二醛（MDA）、超氧化物歧化酶（SOD）、过氧化氢酶（CAT）、还原型谷胱甘肽（GSH）、谷胱甘肽过氧化物酶（GSH-Px）、总抗氧化能力（T-AOC）、蛋白质羰基（PC）、过氧化氢（H_2O_2）、抑制羟自由基能力（IHFRC）、谷胱甘肽 S 转移酶（GST）对训练强度、时间及其交互作用均有显著差异（图 8-33）。

对比训练组与非训练组，所检测的抗氧化水平指标在训练组显著高于非训练组（$P<$ 0.05）。比较不同的 NAC 含量的影响，在 N-氨甲酰谷氨酸（NCG）之外添加了 NAC 的各组显著高于单独使用 NCG 的组（$P<0.05$），以上抗氧化指标随 NAC 的含量增加而逐渐升高，至 900 g/t 添加量时达到最高水平，其后随着进一步增加的 NAC 含量，以上免疫指标逐渐下降。当 NAC 含量达到 1 500 g/t 时，甚至显著低于未添加 NAC 的水平（$P<0.05$）。

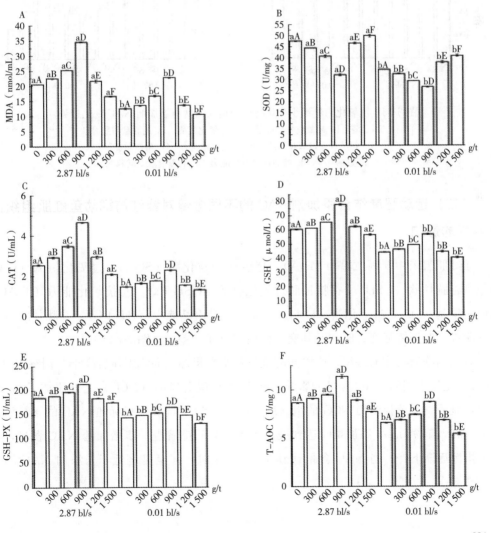

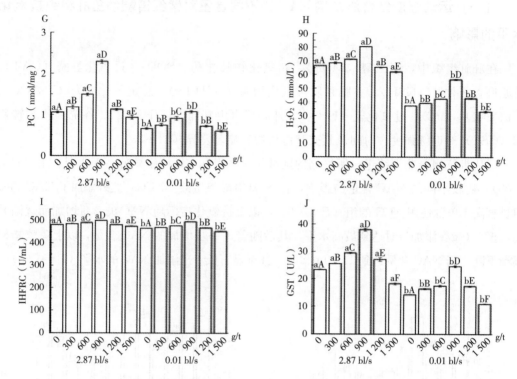

图 8-33　抗氧化力肝组织生化指标随运动强度与添加剂 NAC 变化趋势

A. 丙二醛　B. 超氧化物歧化酶　C. 过氧化氢酶　D. 还原型谷胱甘肽

E. 谷胱甘肽过氧化物酶　F. 总抗氧化能力　G. 蛋白质羰基

H. 过氧化氢　I. 抑制羟自由基能力　J. 谷胱甘肽 S 转移酶

（二）运动强度结合添加剂 NAC 的不同含量对紫红笛鲷幼鱼红肌组织抗氧化水平的影响

在红肌组织中，丙二醛（MDA）、超氧化物歧化酶（SOD）、过氧化氢酶（CAT）、还原型谷胱甘肽（GSH）、谷胱甘肽过氧化物酶（GSH-Px）、总抗氧化能力（T-AOC）、蛋白质羰基（PC）、过氧化氢（H_2O_2）、抑制羟自由基能力（IHFRC）、谷胱甘肽 S 转移酶（GST）对训练强度、时间及其交互作用均有显著差异（图 8-34）。

对比训练组与非训练组，所检测的抗氧化水平指标在训练组显著高于非训练组（$P<$ 0.05）。比较不同的 NAC 含量的影响，在 N-氨甲酰谷氨酸（NCG）之外添加了 NAC 的各组，显著高于单独使用 NCG 的组（$P<0.05$）。以上抗氧化指标随 NAC 的含量增加而逐渐升高，至 900 g/t 添加量时达到最高水平，其后随着进一步增加的 NAC 含量，以上免疫指标逐渐下降。当 NAC 含量达到 1 500 g/t 时，甚至显著低于未添加 NAC 的水平（$P<0.05$）。

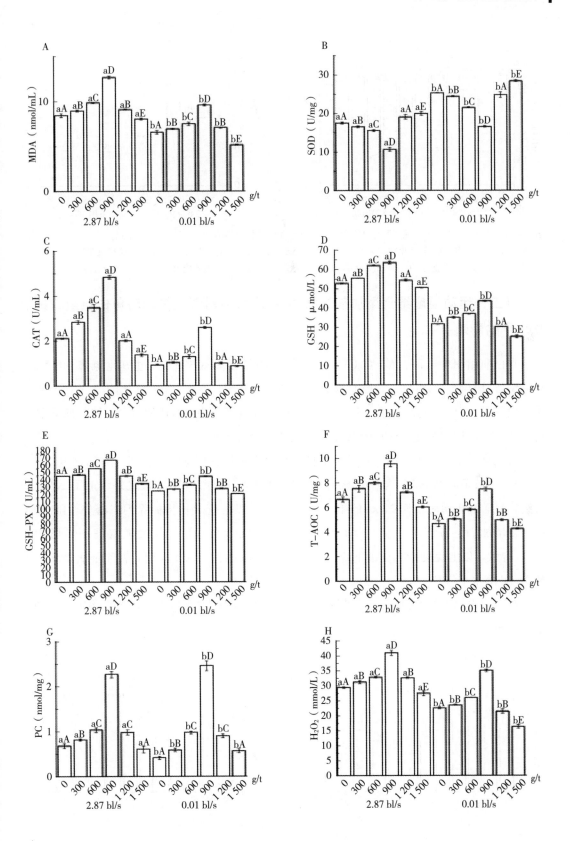

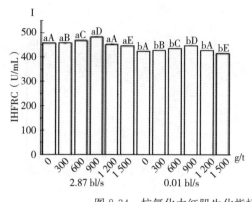

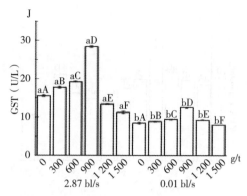

图 8-34　抗氧化力红肌生化指标随运动强度与添加剂 NAC 变化趋势

A. 丙二醛　B. 超氧化物歧化酶　C. 过氧化氢酶　D. 还原型谷胱甘肽　E. 谷胱甘肽过氧化物酶

F. 总抗氧化能力　G. 蛋白质羰基　H. 过氧化氢　I. 抑制羟自由基能力　J. 谷胱甘肽 S 转移酶

（三）运动强度结合添加剂 NAC 的不同含量对紫红笛鲷幼鱼白肌组织抗氧化水平的影响

在白肌组织中，丙二醛（MDA）、超氧化物歧化酶（SOD）、过氧化氢酶（CAT）、还原型谷胱甘肽（GSH）、谷胱甘肽过氧化物酶（GSH-Px）、总抗氧化能力（T-AOC）、蛋白质羰基（PC）、过氧化氢（H_2O_2）、抑制羟自由基能力（IHFRC）、谷胱甘肽 S 转移酶（GST）对训练强度、时间及其交互作用均有显著差异。

对比训练组与非训练组，所检测的抗氧化水平指标在训练组显著高于非训练组（$P<$ 0.05）。比较不同的 NAC 含量的影响，在 N-氨甲酰谷氨酸（NCG）之外添加了 NAC 的各组，显著高于单独使用 NCG 的组（$P<0.05$）。以上抗氧化指标除丙二醛外，随 NAC 的含量增加而逐渐升高，至 900 g/t 添加量时达到最高水平。其后随着进一步增加的 NAC 含量，以上免疫指标逐渐下降。当 NAC 含量达到 1 500 g/t 时，甚至显著低于未添加 NAC 的水平（$P<0.05$）（图 8-35）。

在白肌组织中的 SOD，对于训练强度及添加剂 NAC 的含量改变，与上述指标呈现完全相反趋势。

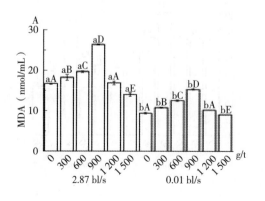

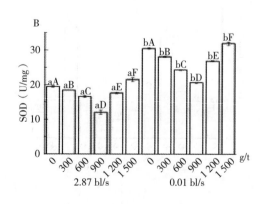

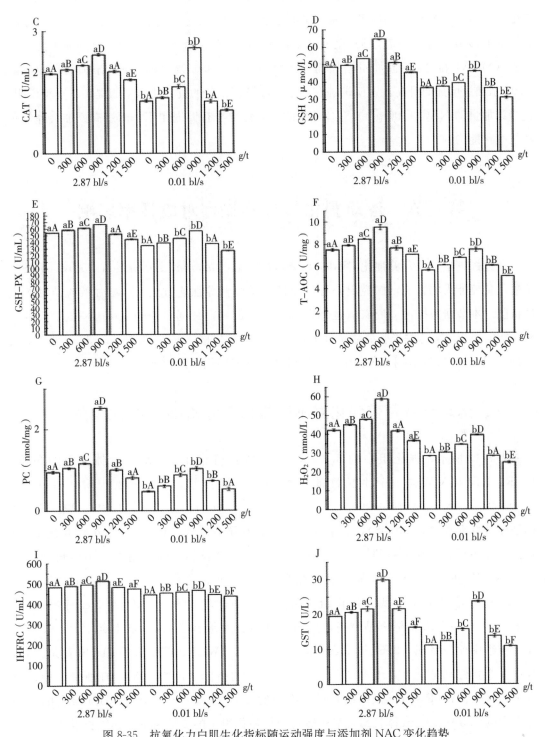

图 8-35 抗氧化力白肌生化指标随运动强度与添加剂 NAC 变化趋势

A. 丙二醛 B. 超氧化物歧化酶 C. 过氧化氢酶 D. 还原型谷胱甘肽 E. 谷胱甘肽过氧化物酶
F. 总抗氧化能力 G. 蛋白质羰基 H. 过氧化氢 I. 抑制羟自由基能力 J. 谷胱甘肽 S 转移酶

本节发现，在强度上，训练组显著优于对照组的抗氧化水平（$P<0.05$），且不同 N-乙酰半胱氨酸（NAC）添加量组间差异亦显著（$P<0.05$）。抗氧化相关酶随 NAC 添加量增加而显著升高（$P<0.05$）至 900 g/t 添加量，而后随 NAC 添加量增加而下降。丙二醛（MDA）随 NAC 添加量增加而显著降低（$P<0.05$）至 900 g/t 添加量，而后随 NAC 添加量增加而升高。说明训练有利于紫红笛鲷幼鱼的抗氧化水平的提高。实验说明，适当添加量的 NAC（900 g/t）对鱼体内的抗氧化水平有促进作用，而过高添加会降低鱼的抗氧化能力。

第五节　运动驯化与营养强化对成活率影响

通过探查运动及营养强化对不同规格紫红笛鲷（*Lutjanus argentimaculatus*）生长和抗氧化免疫能力的影响，探究出一种运动训练结合营养强化方法，以增强放流苗种的机体机能。本节研究探讨 2 周有氧运动训练（2.8 bl/s），并饲喂 600mg/kg N-氨甲酰谷氨酸、900mg/kg N-乙酰半胱氨酸条件下，对 3 种体长规格（2.5～3.3 cm、3.3～4.1 cm、4.1～4.9 cm）紫红笛鲷的苗种生长、肝脏和肌肉抗氧化能力影响。

一、运动结合营养强化对不同规格紫红笛鲷生长的影响

表 8-13 所示，强化组中的 3.3～4.1 cm 体长组和 4.1～4.9 cm 体长组的 SGR、WGR、HSI 和 VSI 这 4 个生长性能指标均高于对照组，2 组分别上升了 0.64%、13.03%、1.16%、1.74%和 0.77%、12.47%、1.06%、1.27%。其中，只有 HIS 指标是显著性差异（$P<0.05$），其余 3 个指标都差异不显著；4.1～4.9 cm 体长组的 CF 指标差异不显著，高于对照组。对于 2.5～3.3 cm 体长组，强化组的 4 个生长性能指标 SGR、WGR、CF 和 HSI 都低于对照组，只有 CF 指标是显著性差异（$P<0.05$）；有 VSI 指标差异不显著低于强化组。在强化组中比较发现，3.3～4.1 cm 体长组的 SGR、WGR 和 HSI 指标都是最高，且 HSI 是显著性高于另外 2 个体长组（$P<0.05$）。在对照组中比较发现，2.5～3.3 cm 体长组的 SGR、WGR、CF、HSI 和 VSI 都是最高，且这 5 个指标都是显著高于 4.1～4.9 cm 体长组的指标（$P<0.05$）。在所有组中比较发现，SGR、WGR 和 CF 最高的是对照组中的 2.5～3.1 cm 体长组，HSI 最高的是强化组中的 3.3～4.1 cm 体长组，VSI 最高的是强化组中的 2.5～3.3 cm体长组。

表 8-13 强化训练对不同规格紫红笛鲷生长的影响

组别	项目	2.5～3.3cm	3.3～4.1cm	4.1～4.9cm
对照组	特定生长率*（%）	2.40±0.48[a]	1.39±0.24[ab]	0.75±0.35[b]
	增重率（%）	43.71±10.55[a]	22.22±4.18[ab]	12.73±6.36[b]
	肥满度（%）	3.94±0.30[a]	3.59±0.32[ab]	3.12±0.14[b]
	肝体比（%）	4.21±0.37[ab]	3.91±0.39[bc]	3.05±0.27[c]
	脏体比（%）	13.46±0.45[a]	11.14±0.47[b]	9.12±0.65[b]
强化组	特定生长率（%）	1.53±0.37[ab]	2.03±0.41[a]	1.52±0.34[ab]
	增重率（%）	25.79±6.72[ab]	35.25±7.71[a]	25.20±6.12[ab]
	肥满度（%）	3.37±0.09[b]	3.21±0.07[b]	3.14±0.07[b]
	肝体比（%）	3.78±0.35[bc]	5.07±0.26[a]	4.11±0.15[b]
	脏体比（%）	15.65±2.87[a]	12.88±0.37[ab]	10.39±0.24[b]

* 初体均重（$n=50$）；同一行中参数上方不同字母，表示差异显著（$P<0.05$）。

二、运动结合营养强化对不同规格紫红笛鲷肝脏抗氧化能力的影响

图 8-36 中数据表明，肝总抗氧化能力（T-AOC）最高的组是对照组中 4.1～4.9 cm 体长组，其次是强化组中 2.5～3.3 cm 体长组，2 组之间没有显著差异；在 3.3～4.1 cm 和 4.1～4.9 cm 2 个体长组中，鱼体强化后肝 T-AOC 都比对照组低，其中，最大体长组的鱼体强化训练后，肝 T-AOC 与对照组间存在显著性差异（$P<0.05$，图 8-36，A）。肝过氧化氢酶活性（CAT）最高的组是对照组中 2.5～3.3 cm 体长组，且显著高于剩余 5 组（$P<0.05$）；剩余 5 组中两两组间都没有显著差异，但 2.5～3.3 cm 和 3.3～4.1 cm 2 个体长组都是对照组肝 CAT 高于强化组，在 4.1～4.9 cm 体长组是强化组肝 CAT 高于对照组（图 8-36，B）。对比图 8-36，C 可知，肝谷胱甘肽含量（GSH）最高的组是强化组中 3.3～4.1 cm 和 4.1～4.9 cm 体长组，2 组之间没有显著差异，但这 2 组显著高于强化组中 2.5～3.3 cm 体长组（$P<0.05$）及其各自的体长对照组；在对照组中，3.3～4.1 cm 体长组显著低于另外 2 个体长组。在图 8-36，D 中，强化组的 3 个体长组肝超氧化物歧化酶活性都比各自的对照组低，但都没有显著性差异，并且随着体长增长，强化组和对照组间差距越来越小；强化组中 2.5～3.3 cm 和 3.3～4.1 cm 体长组的肝 SOD 显著低于另外 4 个组（$P<0.05$）。如图 8-36，E 所示，对照组中 2.5～3.3 cm 体长组肝丙二醛含量（MDA）显著高于其他 5 个组（$P<0.05$）；随着体长增长，对照组和强化组肝 MDA 都有下降，且 3 个体长组中强化组肝 MDA 都比对照组低。

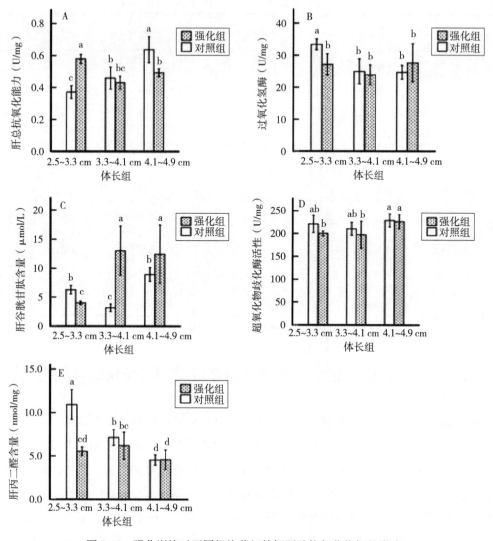

图 8-36　强化训练对不同规格紫红笛鲷肝脏抗氧化指标的影响

三、运动结合营养强化对不同规格紫红笛鲷肌肉抗氧化能力的影响

在图 8-37，A 中，强化组中 2.5～3.3 cm 和 3.3～4.1 cm 体长组肌肉蛋白浓度（TP）都比对照组显著性高（$P<0.05$），但 4.1～4.9 cm 体长组经强化后 TP 显著低于对照组（$P<0.05$）；对照组中 2.5～3.3 cm 和 3.3～4.1 cm 体长组之间没有显著差异，经强化后这 2 个体长组之间也是没有存在显著性差异。在图 8-37，B 中，强化组中 3 个体长组的肌肉总抗氧化能力（T-AOC）都比各自对照组显著性高（$P<0.05$），同时，所有组中强化组 3.3～4.1 cm 体长组的 T-AOC 是最高的，与对照组 3.3～4.1 cm 间存在很大差异（$P<0.05$）。由图 8-37，C 数据可知，在强化组中，随着鱼体增长肌肉谷胱甘肽含量也增

加，且体长组两两之间存在显著性差异（$P<0.05$），而对照组与之相反，体长增长肌肉 GSH 含量下降；对比对照组，强化后鱼体肌肉中 GSH 含量都有显著性增加；对照组中 3 个不同体长组之间肌肉 GSH 含量没有显著差异。在图 8-37，D 中，3 个体长规格的对照组肌肉丙二醛（MDA）是最高，两两组间不存在显著性差异，且强化组的 MDA 都显著低于对照组（$P<0.05$）；在 2.5～3.3 cm 和 4.1～4.9 cm 体长组中，强化组肌肉 MDA 是最低的。

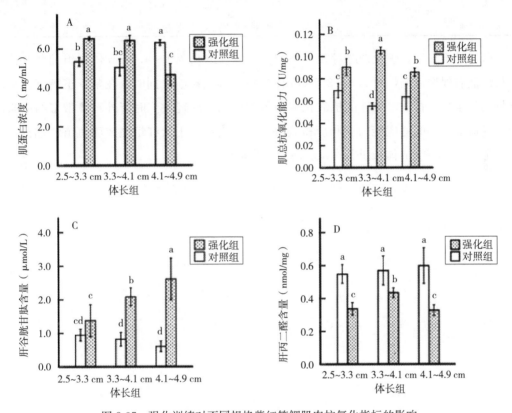

图 8-37 强化训练对不同规格紫红笛鲷肌肉抗氧化指标的影响

四、运动结合营养强化对不同规格紫红笛鲷放流成活率的影响

由表 8-14 可知，在为期 1 个月的紫红笛鲷模拟验证试验后，强化组的放流成活率整体大于对照组；且在无环境胁迫者存在下，强化组中 2.5～3.3 cm 和 4.1～4.9 cm 体长组放流成活率比对照组高出近 1 倍，在有环境胁迫者存在下，4.1～4.9 cm 体长组放流成活率高出对照组 8 倍。在有环境胁迫者存在下，2.5～3.3 cm 和 3.3～4.1 cm 体长组在对照组和强化组中放流成活率相同，且还是所有组中最低值仅 6.25％成活率。在对照组中，不同体长组间放流成活率大致相同，有环境胁迫者下对照组放流成活率都是 6.25％，无环境胁迫者下大约为 15％。所有组中放流成活率最高的组是有环境胁迫者下强化组中

4.1～4.9 cm 体长组，其次是无环境胁迫者下强化组中 2.5～3.3 cm 体长组、4.1～4.9 cm体长组。

表 8-14　紫红笛鲷模拟放流成活率

体长组（cm）	无环境胁迫者（%）		有环境胁迫者（%）	
	对照组	强化组	对照组	强化组
2.5～3.3	12.50	37.50	6.25	6.25
3.3～4.1	12.50	12.50	6.25	6.25
4.1～4.9	18.75	31.25	6.25	56.25

研究结果显示，强化训练对 3.3～4.1 cm 体长组和 4.1～4.9 cm 体长组的紫红笛鲷生长性能有促进影响，对 2.5～3.3 cm 体长组有抑制影响。同时，在紫红笛鲷有充足的能量用于生长发育下，机体的抗氧化能力得到增强，减轻放流时野外环境带来的应激反应、躲避天敌等的适应能力就相应得到提升。结论：对于紫红笛鲷放流鱼苗的选择，可以参考 3.3～4.9 cm 体长进行本试验所用强化训练。

第三篇
渔业资源增殖
效果评价

第九章　增殖放流鱼类的超声波
遥测跟踪技术

增殖放流是目前养护水生生物资源、修复生态环境的主要手段。为制订科学合理的放流策略，了解放流对象的生态、生理行为十分重要。超声波遥测作为鱼类行为研究领域较为先进的技术，具有可以在天然水域大范围原位跟踪观测的优势，受到国内研究人员的日益重视。为促进超声波遥测跟踪技术在国内海洋生物研究领域的应用，本章采用不同的超声波遥测设备进行了一系列的研究，并试图寻找该技术在增殖放流鱼类资源保护方面的合理应用方法。

第一节　超声波遥测技术研究进展

一、生物遥测技术概述

生物遥测是一种能够对自由生活状态下动物的生理、行为和体能状况实施遥测的技术，包括陆上、空间（如鸟类）及海洋生物遥测（Cooke et al.，2004）。海洋生物遥测是生物遥测的一个分支，由于海洋生物的生存环境具有多样性，其大多数活动是无法直接观测的。因此，生物遥测是研究海洋生物最有效的手段，具有原位观察的优势，受到学者们的日益重视。海洋生物遥测与陆地、空间生物遥测的原理基本相同，但由于海洋环境比较复杂，在仪器设计、数据传输和检测上考虑的因素比其他领域遥测更加复杂。

海洋生物遥测的主要方式有无线电遥测及声学遥测。无线电遥测使用无线电波，由于海水导电率高，无线电波波在海水中衰减极快，因而只适宜在海面上方的空气介质中传播，中长波无线电信号甚至可以传播数百至数千公里。所以，使用无线电波传输信号的方法适用于海洋哺乳动物和爬行动物研究，在生物浮出水面呼吸时发射电波，可以进行生物大尺度迁徙活动等方面的研究（Sánchez-Fernández et al.，2010；Powell，2012）。相较于无线电波，超声波在水中传播信号的优势尤为明显，研究面向的对象更为广泛，适用于大多数水中生物的研究，对硬骨鱼类、软骨鱼类以及其他水生生物行为和生态学方面都有涉及。近年来，还被应用于改善人工增殖放流策略、评估鱼道设计等研究中（Partridge et al.，2017）。

作为海洋生物遥测最早的应用手段，超声波遥测技术自 20 世纪 50 年代诞生以来，经过数十年的发展，在遥测设备和遥测手段上取得了较大进步。最初，受限于传感器制作工艺和电池材料限制，超声波标记牌的体积和质量均较大，工作寿命也较短，且信号发射模式简单（Loftus，2011）。80 年代以后，随着电子技术迅速发展，超声波标记牌的制作工艺有了较大提高，整合了微型陶瓷传感器的微芯片使标记牌的重量和体积大幅度减小，并可以通过发射多种模式的信号提供编码数据以及深度、温度等环境信息。目前，应用的最小标记牌长 11 mm，水中重量仅为 0.24 g（Vemco，Canada），可连续工作 60 d 左右，适用于幼鱼生长史等方面的研究（Huveneers et al.，2017）。遥测手段也由最初的移动跟踪发展到现在普遍采用的接收机列阵遥测，已经实现了多目标大范围遥测。

国外一些渔业发达国家的超声波遥测技术已经较为成熟，已广泛应用于各类水域的水生动物生态研究，在指导海洋捕捞和资源增殖与保护方面也广泛涉及（Loneragan et al.，2013）。一些国家还建立起了生物遥测数据共享网络并逐步扩大规模，在海洋生态保护领域具有十分重要的意义。中国在超声波遥测方面起步较晚，主要应用于对珍稀物种的生态行为研究，始于 20 世纪 90 年代对中华鲟产卵场的探寻（Kynard et al.，1995）。近年来，在海洋生物遥测方面也开展了一些工作，但主要依赖于国外的遥测设备，所以，利用超声波遥测方法进行海洋生物生态研究在国内还处于起步阶段。

二、超声波遥测在国外的应用

超声波遥测在国外起步较早，美国学者 Parker（1956）早在 1956 年就有应用超声波遥测技术跟踪个体鱼类的相关文章发表。20 世纪 70 年代，超声波遥测技术已经成为鱼类监控的主要手段，并有了较为完整的理论体系，加拿大、许多欧洲国家以及日本都相继开展了这方面工作研究，涉及鲨鱼、蝠鲼、金枪鱼等大型鱼类（Voegeli et al.，2001；Girard et al.，2007；Govinden et al.，2013），也有鲑鳟、鲷、鲤等体型较小的鱼类（Alvarez et al.，2003；Acolas et al.，2004；Yokota et al.，2011），还包括海豹、海狗等海洋哺乳动物（Taylor et al.，2017；Stewert et al.，2006）。70 年代末期，美国学者 Brawn 等（1982）已经使用小型超声波标记进行大西洋鲑的行为研究，标记长度 48 mm，水中重量 9.1 g，并可以实现连续数月的长期工作。到了 90 年代，超声波遥测关于海洋生物水平和垂直移动、洄游、季节移动、摄食等自然生态活动，发电站或堤坝的建设、对渔具的反应等人为活动对海洋生物的影响以及海洋生物的水温选择等生理活动的研究等方面都获得了大量成果（Acolas et al.，2004；Kitterman et al.，2011；Morrisscorey et al.，2014）。进入 21 世纪，超声波遥测技术的理论和方法基本成型，但设备制造水平还在不断改进提升，近年来，结合大量环境数据以及数字模拟技术等手段展开的研究，可以更全面准确地了解海洋生物的生态活动。

目前，在海洋生物遥测领域走在前沿的一些国家已经建立起了大规模的遥测网络。美国处于领先地位，作为美国海洋综合观测系统（IOOS）的一部分内容，其动物遥测网络 ATN（Animal Telemetry Network）检测站已经覆盖美国本土沿岸的大部分海域以及夏威夷群岛周边海域，主要为海洋渔业资源管理、保护及恢复海洋生态环境以及海洋珍稀物种的保护工作服务，主要使用卫星遥测、存档型遥测及超声波遥测 3 种手段。其中，超声波遥测最为广泛，卫星遥测主要应用于海洋哺乳动物及爬行动物的研究，存档型遥测用于一些有洄游规律的鱼类，超声波遥测则用于大多数鱼类及其他水生生物。在部分海洋哺乳动物及爬行动物的研究中，一般同时使用卫星标记和超声波标记（Weise and Simmons，2015）。加拿大的 OTN（Ocean Tracking Network）则使用超声波遥测设备和海洋环境观测设备，致力于建立对于大陆架生态系统的认知，并为全球沿海和海洋生态系统的观察做出贡献，在全球范围内寻求合作，数据共享已经覆盖北美和西、北欧的大部分沿海以及中、南美洲和非洲、西亚以及澳大利亚的部分沿海区域。自 2010 年起，OTN 将研究方向设计为更好地了解海洋动态变化及其对海洋生态系统、动物生态和海洋资源的影响，并以解决资源管理中的关键问题以及海洋环境治理为目的，该计划先已进入第二阶段（2014 年至今）。澳大利亚的动物标记与观测系统 AATAMS（Australian Animal Tagging and Monitoring System）希望建立起国家级的超声波遥测网络，计划在其沿海区域布置大规模的接收机列阵，促进研究者之间的合作，建立数据的开放共享平台，实现海洋生物遥测的研究价值最大化，目前计划正在逐步实施（李亚文等，2015）。

三、超声波遥测在国内的应用

国内的超声波遥测起步较晚，20 世纪 80 年代，傅仰大（1981）、顾嗣明（1985）等学者介绍了国外超声波遥测的经验和方法，将超声波遥测法作为一种新型标志放流方法引入。国内的超声波遥测最早应用于 1993 年危起伟等（1998）学者与美国专家合作进行的葛洲坝下中华鲟产卵场定位研究，使用了移动跟踪的方法，至 1996 年，已经取得中华鲟产卵场定位的初步结果。国内的早期研究主要针对珍稀物种的保护，最近，研究人员利用超声波遥测技术开展了对许氏平鲉在不同栖息地活动特点的研究，对比其在人工鱼礁和天然礁体环境下的活动状态差异，拓展了国内超声波遥测新的研究与应用方向（孙璐，2013）。近年来，国内一些其他的海洋生物遥测研究也在陆续展开，超声波遥测技术也越来越受到重视。

尽管在目前看来，国内的研究手段与国外基本同步，但实际水平与国外还有较大差距，主要存在以下原因：

（1）国内超声波遥测技术起步较晚，尚未形成完善的科研规划和应用体系，科研人员无法获得足够的资金和技术支持。

（2）国内的研究基本依赖于国外提供设备，到目前为止，国内还没有厂商可以生产出与国外同等水平的包括标记牌和接收机在内的超声波遥测设备，导致研究成本较高。

（3）国外超声波遥测已经可以应用于大面积的海域，研究涉及渔业管理、生态保护等各个方面；而国内的研究比较单一，大部分研究还处于实验阶段。同时，国外的数据采集比较全面，包括温度、盐度、海流等环境物理信息，国内还没有形成完善的数据采集体系。

（4）相比于国外已经基本成型的数据共享网络系统，国内还没有成熟的技术条件建立超声波遥测的数据共享平台。

第二节　超声波遥测跟踪技术要点

一、超声波遥测系统的组成

超声波遥测系统主要由发射装置和接收装置两部分组成。发射装置即为植入生物体内或悬挂在生物体外的标记牌；接收装置是用于在有效范围内接收标记牌发射的带有编码信息的超声波信号，以获取标记牌的定位等相关信息的设备。

（一）发射装置

标记牌的体积主要取决于传感器的大小，为方便植入，标记牌的形制一般为圆柱体，也有一些标记牌设计为其他形制。自 20 世纪 70 年代末，得益于整合电路技术的发展，超声波标记牌的规格实现了小型化，并可以通过整合传感器记录水深、水温等环境参数（Coutant et al.，1980）。超声波标记牌的发射频率一般在 30～300 kHz，信号通过标记牌内部的微型陶瓷传感器驱动产生。超声波标记牌发出简单的声脉冲，通过调节频率或者脉冲重复速率对标记牌进行编码。起步阶段，标记牌发射的脉冲信号是连续固定的，这种不间断的信号可以排除部分噪声干扰，但不能同时跟踪多个个体且标记牌的使用寿命较短（Bovee，1982）。随着技术的发展，一种称为伪随机编码的信号发射方式被广泛采用，解决了信号冲突问题，实现多目标识别跟踪。一些标记牌也可以根据研究需要，改变脉冲发射的时间间隔（Xydes et al.，2013）。

选择标记牌需考虑目标生物是否适宜，根据目标生物的大小与生活习性选择标记牌的规格和标记方式。一般有体内植入和体外悬挂 2 种方式。鱼类的体外悬挂一般在脊背处，但长期标记有脱落的风险；体内植入一般在腹腔内，在鱼腹部切 2～3 cm 的小口，足够塞入标记牌即可，这种方法容易对鱼产生较大伤害，最近一种注射植入式标记牌可以有效减小这种伤害（Ammann et al.，2013）；对一些大型鱼类，也可采用肌肉植入等方法（Wagner et al.，2011）；早期研究中，也采用胃内植入的方法，但经过一段时间后，标记牌被鱼排出的可能性较大，现在较少采用（Daniel et al.，2009）。一般情况下，标志牌的重量不宜超过目标生物的 2%，在这一范围内，标志牌本身对鱼的影响可以忽略。在一些短期研究中，标记牌重量在生物体重的 6% 以内也是被允许的（Baras et al.，1995），手术结束后需对目标生物进行观察，在投放前确定其活动状态正常。

选择标记牌需要考虑研究本身需求以及客观环境因素，影响标记牌信号传播的因素很多，主要存在以下因素：

（1）标记牌的发射频率　不同频率的超声波在水中的传播损耗也不同，声波在海水中的吸收比淡水大得多。在理想状态下，32 kHz 的标记牌可以传播 2.5 km，而 300 kHz 的标记牌只能传播 400 m，标记牌发射高频声波时识别度更高，但超过 200 kHz 的频率不适宜在海洋中进行研究（Dance et al.，2016；Brown et al.，2013a，2013b）。

（2）水深　水深是影响超声波标记牌信号传播的主要因素，标记牌发射球面声波，到达海底或海表时发生反射，经过多次反射后，造成声波信号难以识别。

（3）环境背景噪声　包括人为和自然产生的环境噪声。环境噪声较高，会使标记牌的信号在传播到一定距离后受到干扰或被覆盖，使信号的有效传播距离减小。同时，环境中某些与标记牌发射频率相同或接近的声波会与标记牌信号混淆，尽管伪随机编码有效保证了信号的唯一性，但也不能完全避免这种情况的发生。

（4）海底地形　海底地形起伏，或有不同介质的障碍物在标记牌附近时，会影响信号的传播，可能造成信号被遮蔽等情况。

（二）接收装置

接收装置包括一些被动的超声波检测设备，信号接收的主要方法有移动检测和固定检测。

1. 移动检测　移动检测系统是早期超声波遥测的主要手段，通过船等水上移动载体，携带水听器、接收机对目标进行实时跟踪。这种方法存在研究人员劳动强度大、不能进行长时间跟踪且定位精度较差、容易丢失目标等缺点，主要应用于河流和湖泊等范围较小的区域中，不宜在海洋中进行。但在大型海洋哺乳动物和大型鱼类的研究中，移动检测依然作为有效方法被广泛采用（Weiland et al.，2011；Huang et al.，

2011）。

2. 固定检测　早期的固定检测系统，将水听器或水听器列阵布置在近岸水域，通过线缆连接到岸上的检测站接收信号，但检测范围受到线缆长度限制（Watkins et al.，1972）。随着技术的发展，出现了可以将声信号转换为无线电信号的浮标式声呐，检测范围相较于缆线传输有了较大提升。目前的生物超声波遥测，主要使用固定的水下设置式接收机，整合水听器和接收记录仪，可以将接收到的数据进行存储，待研究结束后读取数据，有效节省了人力，一些设备中也同时整合压力、温度等传感器，可以在检测目标的同时获取部分环境信息。水下设置式接收机的布置距离不宜太远，通常在 300 m 以内（Gjelland et al.，2013），在海洋中可以根据需要设计布置接收机列阵。近年来，可以通过卫星通信传递数据的接收设备也在一些研究中得到使用，可以弥补水下设置式接收机无法实时获取数据的不足且不影响检测范围。在使用固定检测系统进行海洋生物遥测的同时，也可以使用移动检测方法进行辅助研究。

二、超声波遥测系统的定位原理

一般情况下，超声波遥测接收装置记录的数据为标记牌发射信号的时间序列，接收机接收数据后，需对数据进行复杂的降噪和滤波处理。现在常用的固定检测系统一般使用长基线测位法，这是一种空间的距离交会原理，接收机的设置间距需远大于声波的波长，根据声波到达各个接收机的时间进行计算（Miyamoto et al.，2006）。当最少有 3 个接收机同时接收到标记牌发射的同一次信号时，即可实现定位。首先要确定每个接收机的准确位置，设接收机的坐标为（x_i、y_i、z_i）（$i=1\sim n$），标记牌的坐标为（x_p、y_p、z_p），c 为声速值，Δt_i 为信号到达每个接收机的单程传播时间，即有：

$$c\Delta t_i = \sqrt{(x_i - x_p)^2 + (y_i - y_p)^2 + (z_i - z_p)^2} \tag{9-1}$$

在实际应用中，需经过拟合计算推定标记牌的实际位置。一些接收装置记录的时间信息可以精确到百万分之一秒，定位精度可达 1 m 左右，对移动速度较快的目标，定位精度要差一些。在进行定位时，需首先确定接收机接收信号的同步时间，一般通过携带同步标记或同步开启接收机实现。一些研究中，还需要将参考标记放置于接收机列阵的中心位置，用以辅助定位及验证定位结果的准确性，接收机列阵范围大时，需设置多枚参考标记。

此外，一些携带深度、温度等传感器的超声波标记，会根据环境变化发射特殊脉冲间隔的信号。这种信号只需被单个接收机接收，即可获得标记牌所在深度及环境温度等信息。一般根据标记牌提供的拟合参数计算，一些标记牌由于制作工艺原因，标记牌之间的拟合参数也有一定差异。

第三节　超声波遥测有线跟踪技术

一、研究方法

（一）信号发射-接收系统

该研究使用的有线跟踪设备，在实际应用中主要用于室内实验或户外船载移动跟踪。研究使用 FPX-1030-60P50 型编码标志，发射频率 62.5 kHz，声源级 155 dB（rel1μPa）；标志外壳使用透明耐压亚克力管，外观尺寸直径 10 mm，长 35 mm，空气中重量 4.5 g，水中重量1.8 g。使用 31 bitM 序列伪随机编码对发射声波进行相位调制后发射传送，标志发射周期性脉冲信号，可以对 32 个标志进行编码。发射周期可调，对于 1 s 的设定值，标志可以连续工作时间为 4 d（10 s 间隔可以工作 40 d）；标志自身带有压力传感器，压力信号可以通过改变发射脉冲的内部间隔（标志一次发射 2 个脉冲）来实现，通过测量脉冲信号的内部间隔换算推定深度。

标志接收使用 4 通道 FRX-4002 型接收装置。该装置通过 25 m 电缆（可延长）连接4 个接收器，可以同时跟踪 32 个编码标志，跟踪最大距离 1 000 m 左右。接收装置通过USB 与电脑及存储装置连接，进行 4 通道接收标志信号的控制显示和数据收录。超声波位置测量系统示意图如图 9-1 所示。

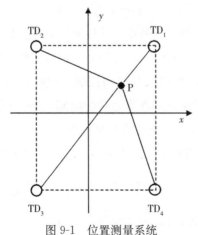

图 9-1　位置测量系统

TD$_1$-TD$_4$ 为声波接收器，P 点为跟踪的标志

（二）实验环境

声速是水平位置计算中必不可少的参数，因此，要对实验池的声速进行测量。声速采用CTD 直接测量得出，随温度、深度与盐度而变化。由于实验池面积较小，水深为 4 m，CTD

升降沉放在实验池中心位置进行，并由实验员手动操作，测量声速为 1 527.95 m/s。

（三）样品鱼选取

本实验于 2014 年 11 月 5—9 日在中国水产科学研究院南海水产研究所深圳基地实验池（70 m×70 m×4 m）内进行。实验池内平均表层水温 25.5℃，平均盐度 28.55。实验样品花尾胡椒鲷选取游动较为活跃的个体，以减小携带标志后对鱼体的影响。实验中花尾胡椒鲷体长为 33.5 cm，体重为 970 g。

（四）标志放流跟踪方法

实验中，将接收装置的 4 个接收换能器固定在实验池四周，4 个接收器放置成正方形，接收器放在水下 1 m 处。标志携带方式有背鳍挂置和手术埋置两种。本实验采用手术将标志埋藏于花尾胡椒鲷腹部，用磁铁开关打开标志，设置声波脉冲发射周期为 5 s。手术在麻醉条件下快速完成，减少对鱼类自身的损伤。最后，将手术后的花尾胡椒鲷在实验池中放养，通过 4 个接收器接收并保存超声波标志的发射信号。

（五）测位计算方法

测位方法分垂直测位和水平测位两部分组成。

垂直坐标的测位方法中，由于标志自身带有压力传感器，压力信号可以通过标志发射信号的内部时间间隔来改变，进而测算深度数据。深度（D，单位为 m）计算公式为：

$$D=a（T-b）\tag{9-2}$$

式中 a 和 b——深度模型拟合系数，通过出厂前进行耐压测试后获得；

T——发射脉冲的内部时间间隔，随深度增加而增加。

水平坐标的测位方法中，根据长基线测位法（接收器之间的距离要远大于声波的波长），使用标志发出声波到达各个接收器之间的时间差来进行计算。如图 9-1 所示，假设标志 P 点的坐标为 $P（x_p，y_p）$，接收器的坐标为 $TD_j（x_j，y_j）（j=1\sim4）$，c 为声速，标志 P 点到达接收器 TD_2、TD_3 和 TD_4 的时间与到 TD_1 的时间差为：

$$\Delta t_j=\frac{1}{c}(\sqrt{(x_j-x_p)^2+(y_j-y_p)^2}-\sqrt{(x_1-x_p)^2+(y_1-y_p)^2})\tag{9-3}$$

在实际测量中，标志推测点 P1 的坐标为 $P1（x_{p1}，y_{p1}）$，P1 到达接收器 TD_2、TD_3 和 TD_4 的时间与到达 TD_1 的时间差为：

$$\Delta t_{1j}=\frac{1}{c}(\sqrt{(x_j-x_{p1})^2+(y_j-y_{p1})^2}-\sqrt{(x_j-x_{p1})^2+(y_1-y_{p1})^2})\tag{9-4}$$

由于实际测量时超声波标志具有一定深度，因此 Δt_{1j} 是斜距离时间差，而 Δt_j 是 Δt_{1j} 在 xy 平面上的投影。所以可以使用最小二乘法来计算推定 $P1（x_{p1}，y_{p1}）$。具体的方法

是先给出 Δt_j 和 Δt_{1j} 的差值，满足小于等于给定值 δ 条件：

$$| \Delta t_j - \Delta t_{1j} | \leqslant \delta \tag{9-5}$$

然后使用牛顿-高斯方法进行回归计算，解出 x_{p1} 和 y_{p1}。

二、结果与分析

(一) 垂直变动分析

花尾胡椒鲷深度接收数据由 2014 年 11 月 5 日 14：20 起至 11 月 9 日 3：20 为止，深度变化如图 9-2 所示。图 9-2 中 A～E 分别为 11 月 5—9 日深度分布图。从 5 d 的整体趋势看，当花尾胡椒鲷放流后在前 5 h 内一直在中上层水域，主要原因是花尾胡椒鲷刚刚经过麻醉与手术，身体机能未完全恢复以及处于新水域环境，因此未进行大范围上下游动。结合水平数据会发现，此过程中花尾胡椒鲷的水平游动也仅在几米范围内。随后的观察中，花尾胡椒鲷在中层水域进行上下游动，具体分析如下。

在 11 月 5 日 19：20 至 11 月 7 日夜间，花尾胡椒鲷处于中间水层游动，上下变化幅度为 2 m 左右。此过程中游动无明显昼夜规律，但在 3～4 h 的大范围游动后，会存在 2～3 h 的深度稳定游动。初步判断这一阶段是其身体机能恢复期，在适应新环境而大规模游动一段时间后，身体需要休息。

11 月 7 日夜间至 11 月 9 日 3：00，花尾胡椒鲷的活动范围为 1～2.5 m。此时活动较有规律，主要是在 1～2 m 水层分层游动，上层集中于 1.3 m，下层集中于 1.8 m，出现时间为 11 月 8 日 3：00 后，持续到 12：00 后恢复到 1.3 m 水层；11 月 9 日 3：00 后发现其游动深度又出现下降趋势，初步判断深度下降期间是需要摄食的结果，因此向较深水域游动并持续一段时间。

由于跟踪时间较短，花尾胡椒鲷的昼夜活动规律不是十分明显，但可以得出花尾胡椒鲷具有分层游动的规律。放流前期主要集中在中间水层游动，上下波动较大，波动范围有 2 m；后期集中在中上层游动，深度较稳定。

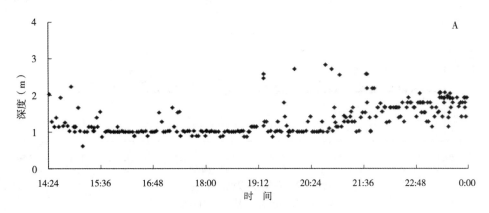

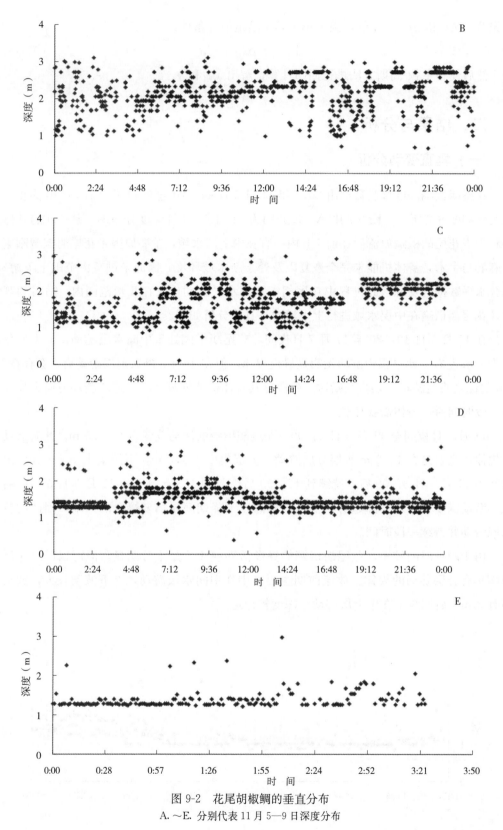

图 9-2　花尾胡椒鲷的垂直分布

A. ～E. 分别代表 11 月 5—9 日深度分布

（二）水平变动分析

图 9-3 所示为花尾胡椒鲷连续 5 d 的水平位置分布，由于数据较少，仅进行简单分析。图 9-3，A 所示，靠近池壁处为花尾胡椒鲷放入实验池中的位置，可见花尾胡椒鲷由放流处渐渐游到实验池中间，随后在实验池中部小范围游动，主要是身体机能恢复阶段。与时间进行对照，花尾胡椒鲷在 22：00 左右又游到放流位置，且深度下降，初步判断是进行摄食。

图 9-3，B、C 表明，花尾胡椒鲷分别以实验池中部为基准，向 3 个方向进行扩散游动，主要处于对新环境的探索中。同样与时间进行对照，夜间花尾胡椒鲷都会在放流初始位置附近游泳深度下降，进行摄食。

图 9-3，D 所示，花尾胡椒鲷垂直与水平数据在时间上不具有同时性，因此，无法判断摄食深度下的水平位置，但仍可得出花尾胡椒鲷仍以中心位置为准向实验池边缘游动。图 9-3，E 为 11 月 9 日 0：00—3：00 花尾胡椒鲷的水平分布，由于时间较短，花尾胡椒鲷仍处于实验池中间位置，无法说明问题。结合所有垂直与水平数据得出，花尾胡椒鲷处于中间水层并且进行规律稳定的分层游动时，其水平位置都稳定分布于实验池中部。

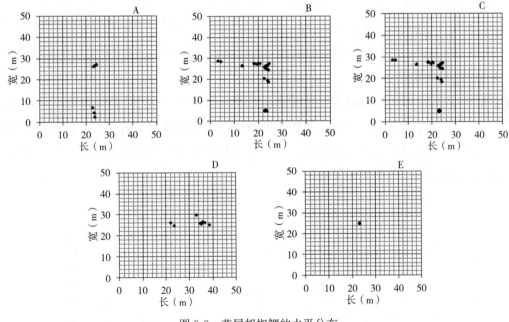

图 9-3 花尾胡椒鲷的水平分布
A. ～E. 分别代表 11 月 5—9 日的水平位置分布

（三）三维位置变化

图 9-4 所示为花尾胡椒鲷连续 5 d 的三维位置变化图，由于深度与水平数据在时间上的差异性，使得三维变化数据量较少。如图 9-4 所示，花尾胡椒鲷运动轨迹仅限于实验池

中部，基本不向池壁游动，主要活动范围为中间水层，且活动范围较小，摄食时由原始路线返回，深度降低。

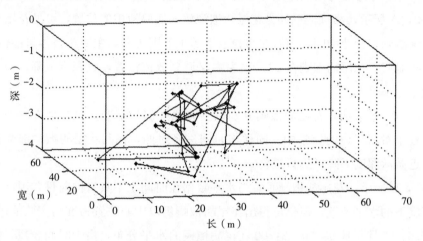

图 9-4 花尾胡椒鲷三维位置分布

（四）游速变化

由连续 5 d 的垂直与水平数据得出，花尾胡椒鲷在 11 月 8 日活动规律性较明显，因此，选取当日数据对其进行垂直方向的平均游泳速度计算分析。图 9-5 为花尾胡椒鲷 1 d 内的平均游泳速度分布图。

图 9-5 表明，花尾胡椒鲷最大平均游速在夜间出现为 1 m/s，最小值为 0.1 m/s 左右，并均匀分布于全天中。除此，花尾胡椒鲷夜间平均速度明显高于白天，且变化波动较大，白天平均速度较低且变化较小。这也为花尾胡椒鲷在夜间游回放流位置，并且深度降低进行摄食这一判断提供依据。

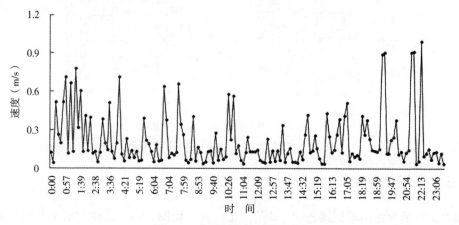

图 9-5 花尾胡椒鲷速度变化

三、小结

（一）其他鱼类对花尾胡椒鲷的影响

有研究表明，花尾胡椒鲷攻击性较强，善食弱小鱼类，也会与体形不相上下的鱼类争夺生存空间，不适合与其他鱼类在同一水域放养。为研究花尾胡椒鲷对其他鱼类在同一活动空间分布上的影响，实验池内同时跟踪了带有标志的卵形鲳鲹（*Trachinotus ovatus*），其体长为25.1 cm，体重为587 g。同时，取2014年11月6日花尾胡椒鲷与卵形鲳鲹的水平游动数据，分析得出其水平坐标分布图。如图9-6所示，两种鱼类在白天由中间水域向两个相反的方向游动，而在傍晚16：00～18：00又从两个方向游回最初放流位置，同时在放流位置底部游动，初步判断是摄食的原因。除此，花尾胡椒鲷与卵形鲳鲹在空间分布具有相异性这种趋势，但具体规律仍需进一步研究。

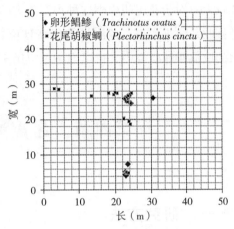

图9-6　花尾胡椒鲷与卵形鲳鲹的水平分布

（二）标志牌对花尾胡椒鲷的影响

解决这一问题是超声波标志放流技术成功的前提条件。近年来，一些学者提出标志牌在空气中的重量，不能超过标志生物体重的2.5%。本实验中标志空气中重4.5 g，是鱼体重量的0.5%，因此，标志对鱼体影响较少。有关研究表明，手术和标志对水生生物的身体及行为基本没有影响，如Rillahan等（2009）在实验室中对大西洋鳕进行标志植入，并观察其手术前后的行为差异，发现标志植入并未对大西洋鳕的游泳及摄食行为造成影响。同时，也有关于手术对鲟影响的研究，其结果表明影响较小。但在本次实验中，分析前3 d的数据，并无明显昼夜规律，初步判断是手术及新环境对花尾胡椒鲷产生影响。因此，有专家提出对手术后的花尾胡椒鲷在水箱中暂养一段时间，待其恢复后放流，一般暂养时间为2～3 d。但是Hart和Summerfelt（2009）指出，至少2种鱼在室外实施手术后立即放流到自然栖息环境中，要比手术后在水箱中暂养再放流的效果更好。对于本实验最好的改进方法是，正常情况下将花尾胡椒鲷在实验池中放养一段时间，在适应水池环境后手术并立即放回水池，进行跟踪观察。

（三）接收系统对小型鱼类跟踪的影响

选择合适的接收系统有助于达到较高的监测准确性，同时减少成本。本次实验所采用的接收系统为位置测量系统（positioning system），通过长基线原理对携带标志鱼类进行跟踪。这种跟踪观测准确性较高，但观测范围有限，不适合大规模外海调查，因此，对花尾胡椒鲷的放流跟踪具有局限性。目前，国内对中华鲟的跟踪研究中使用舰载追踪系统，即将接收器和 GPS 放置在快艇上，通过快艇追踪定位，这种方法要求追踪鱼类个体较大。对于花尾胡椒鲷这种小型鱼类的外海放流研究，可以通过监测站或声呐浮标这 2 种接收系统来实现，监测站费用高且位置受限，而声呐浮标位置选取自由。因此，在未来的放流跟踪研究中，可适当考虑应用声呐浮标系统以扩大跟踪范围，提高位置精度。

第四节　超声波遥测无线跟踪技术

一、研究方法

（一）信号发射-接收系统

该研究使用 FPX-1030-60P50 型编码标志，发射频率 62.5 kHz，声源级 155 dB rel. 1 μPa。外观直径 10 mm，长 35 mm，空气中重量 4.5 g，水中重量 1.8 g。标志发射周期性脉冲信号，不同周期对应的标志使用寿命见表 9-1。标志自身带有压力传感器，随深度的增大标志发射脉冲的内部间隔（1 次发射 2 个脉冲）增大，通过测量脉冲信号的内部间隔换算推定深度。

表 9-1　标志不同发射周期对应的使用寿命

发射周期（s）	电池寿命（d）
1	2
5	10
15	30
180	360

该研究使用 FMR1000 型接收装置接收信号，信号带宽为 55～70 kHz；接收放大器总增益为 70 dB，携带专用 IC 进行编码相关处理，相位调制；接收频率 9600 bit/s，耐压 0.5 MPa（50 m 水深）。接收装置加入中国移动 GPRS 网络通信模块，数据不仅可以保存在 SD 卡，也可以通过移动网络发回实时数据，由自主搭建的服务器端接收保存，用户可以使用客户端下载服务器端数据进行跟踪等处理，发射-接收系统原理见图 9-7。

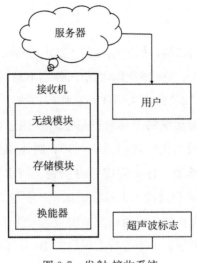

图 9-7　发射-接收系统

(二) 研究区域

　　该研究于 2016 年 7 月 16—31 日在深圳七星湾湾口海域进行，平均水深小于 10 m，研究区域的食物网结构较为简单（莫宝霖等，2017）。接收机列阵包括 3 个接收单元。接收机布置为三角形阵列，参考标志布置于 3 个接收单元中心区域（图 9-8）。接收机布置距离根据可接收信号的最大距离而定，主要考虑水深对接收距离的影响，将接收机布置距离设计在 200 m 左右，参考标志布置在接收范围中心区域，使用差分 GPS 记录接收机及参考标志布置位。

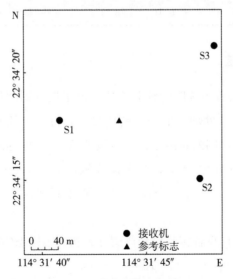

图 9-8　接收机布置区域

（三）标记与放流

标记 3 尾紫红笛鲷和 1 尾黑鲷，标记鱼体长为 20～30 cm 的养殖成鱼。超声波标志有体内植入和体外悬挂 2 种方式。虽然采用体内植入标志不易刮掉，但是手术过程较为复杂且对鱼伤害较大（罗宏伟等，2013）；采用体外悬挂可以减小鱼的负担且恢复更快，故该研究采用体外悬挂。选取较为活跃的个体悬挂标志，使用适量鱼安定麻醉后将超声波标志悬挂于鱼背脊上，悬挂前后对伤口进行消毒处理，防止感染，标记悬挂过程尽量减小对鱼的创伤，保证鱼的正常活动。标记完成后将鱼置于清水中，待麻醉恢复将鱼在接收器列阵中心区域释放。7 月 16 日投放了 1 号标记鱼，7 月 17 日投放了 2 号、3 号、4 号标记鱼。放流前标记鱼活动情况良好。根据研究需要设置 3 个不同时间间隔，1 号和 2 号标志设置为 15 s，3 号标志设置为 5 s，4 号标志设置为 10 s。将 3 个接收机同时获取且存在周期性时间规律的数据视为有效数据。研究期间 2 号和 4 号标志表现良好，获取了全部 15 d 的有效数据，1 号和 3 号标志都只获取到 4 d 的有效数据，且在之后的跟踪过程中没有再次发现有效数据（表 9-2）。

表 9-2　放流鱼规格、投放时间、携带标志信息及数据获取情况

鱼种	投放时间	体长（cm）	体重（g）	标志编码	发射间隔（s）	有效数据天数（d）
紫红笛鲷（*L. argentimaculatus*）	7 月 16 日	25.5	650	1	15	4
紫红笛鲷（*L. argentimaculatus*）	7 月 17 日	27.8	900	2	15	15
紫红笛鲷（*L. argentimaculatus*）	7 月 17 日	29.5	1 250	3	5	4
黑鲷（*A. schlegelii*）	7 月 17 日	23	400	4	10	15

（四）测位计算方法

该研究使用的发射-接收系统匹配独立算法，由于接收到的信号会存在同一个信号的多重反射波，需要进行滤波处理提取相应的信号，获得准确的测位结果。水平测位方法基于长基线原理（接收器之间的距离远大于声波波长），根据标志发射信号到达各个接收器的时间差来计算。设 S1～S3 分别为 3 个接收机，B（x_B、y_B）为参考标志，P（x_P、y_P）为待计算位置标志，r_1、r_2、r_3 及 R_1、R_2、R_3 的距离以三角函数形式表示见图 9-9，坐标系转化见表 9-3。

通过三角函数公式，计算各接收机到待测标志和参考标志的距离，则有下式成立：

$$R_1^2 = x_P^2 + y_P^2 \tag{9-6}$$

$$R_2^2 = (x_P - x_2)^2 + y_P^2 \tag{9-7}$$

$$R_3^2 = (x_P - x_3)^2 + (x_P - y_3)^2 \tag{9-8}$$

$$r_1^2 = x_B^2 + y_B^2 \tag{9-9}$$

$$r_2^2 = (x_B - x_2)^2 + y_B^2 \tag{9-10}$$

$$r_3^2 = (x_B - x_3)^2 + (x_B - y_3)^2 \tag{9-11}$$

$d_1 \sim d_3$ 表示各接收的参考信标信号与跟踪信标间的时间差，这个时间差可以由声速 c，参考信标与跟踪信标到各接收器的传播距离 r、R，及参考信标与跟踪信标在接收器接收时的同步时间差 D 之间存在如下关系：

$$d_1 = \frac{R_1 - r_1}{c} + D \tag{9-12}$$

$$d_2 = \frac{R_2 - r_2}{c} + D \tag{9-13}$$

$$d_3 = \frac{R_3 - r_3}{c} + D \tag{9-14}$$

其中，x_P、y_P、D 及 $R_1 \sim R_3$ 为未知所求项，$r_1 \sim r_3$ 是已知项，消去 $R_1 \sim R_3$ 后得出深度方向的三维曲面坐标为：

$$z = -\frac{1}{c}\sqrt{x^2 + y^2} + \frac{r_1}{c} + d_1 \tag{9-15}$$

$$z = -\frac{1}{c}\sqrt{(x - x_2)^2 + y^2} + \frac{r_2}{c} + d_2 \tag{9-16}$$

$$z = -\frac{1}{c}\sqrt{(x - x_3)^2 + (y - y_3)^2} + \frac{r_3}{c} + d_3 \tag{9-17}$$

将式（9-16）减式（9-15），式（9-17）减式（9-15）后得出结果用二维函数形式表示得：

$$f_1(x, y) = -\frac{1}{c}\left\{\sqrt{(x - x_2)^2 + y^2} - \sqrt{x^2 + y^2}\right\} + \frac{1}{c}(r_2 - r_1) + (d_2 - d_1) \tag{9-18}$$

$$f_2(x, y) = -\frac{1}{c}\left\{\sqrt{(x - x_3)^2 + (y - y_3)^2} - \sqrt{x^2 + y^2}\right\} + \frac{1}{c}(r_3 - r_1) + (d_3 - d_1) \tag{9-19}$$

假设初始值为 $x^{(0)}$、$y^{(0)}$，跟踪过程中，$x^{(0)}$、$y^{(0)}$ 以微小幅度 Δx，Δy 在水平位置变化，则其在这种变化情况下的表达式变为：

$$f_i(x^{(0)} + \Delta x, y^{(0)} + \Delta y) = f_i(x^{(0)}, y^{(0)}) + \frac{\partial f_i}{\partial x}\Delta x + \frac{\partial f_i}{\partial y}\Delta y + O(\Delta x^2, \Delta y^2) \tag{9-20}$$

其中，$i = 1$，2。而当 $f_i(x^{(0)} + \Delta x, y^{(0)} + \Delta y) = 0$ 时，$O(\Delta x^2, \Delta y^2)$ 为 x、y 的二阶无穷小，近似为零，将 $i = 1$、2 时条件下两式连立得二元一次方程组为：

$$\begin{pmatrix} \dfrac{\partial f_1}{\partial x} & \dfrac{\partial f_1}{\partial y} \\[3mm] \dfrac{\partial f_2}{\partial x} & \dfrac{\partial f_2}{\partial y} \end{pmatrix} \begin{vmatrix} \Delta x \\[4mm] \Delta y \end{vmatrix} = \begin{pmatrix} -f_1(x^{(0)} \text{、} y^{(0)}) \\[4mm] -f_2(x^{(0)} \text{、} y^{(0)}) \end{pmatrix} \tag{9-21}$$

由于每个跟踪标志点$x^{(0)}$、$y^{(0)}$以微小幅度 Δx、Δy 变化，其变化后得出的新坐标为：

$$x^{(1)} = x^{(0)} + \Delta x \tag{9-22}$$

$$y^{(1)} = y^{(0)} + \Delta y \tag{9-23}$$

这样将式（9-15）～式（9-17）带回式（9-20）返回计算。同样也需要给出微小差值 ε，每一时间差内的微小位置变化需同时满足 $|x_p - x^{(N)}| < \varepsilon$ 与 $|y_p - y^{(N)}| < \varepsilon$ 两个条件，然后用反复计算得出$x^{(N)}$、$y^{(N)}$，而此时的位置坐标$x^{(N)}$、$y^{(N)}$为跟踪标记鱼体的位置坐标。在计算过程中 N 值需要多次反复计算才能得出。

在实际计算中，为获取跟踪标记鱼的地理位置信息，需将接收机的经纬度坐标转化为平面投影坐标作为计算时使用的坐标，再通过高斯反算方法得到跟踪标记鱼的经纬度坐标。该研究以 114°E 为中央子午线，投影坐标转换见表 9-3。

深度（单位为 m）计算公式为：

$$D = a(T - b) \tag{9-24}$$

其中，a 和 b 为深度模型拟合系数，通过出厂前进行耐压测试后获得，T 为发射脉冲的内部时间间隔，随深度增大而增大。

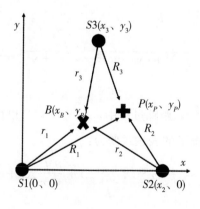

图 9-9　接收机、参考标志与跟踪标志间的位置关系

表 9-3　接收机及参考标志坐标转换

接收机	转换前 WGS _1984 坐标系	转换后 CGCS2000 平面坐标系
S1	114°31′47.561″E 22°34′15.065″N	554 495.216 m 2 497 109.951 m
S2	114°31′48.276″E 22°34′21.232″N	554 514.95 m 2 497 299.722 m
S3	114°31′40.858″E 22°34′17.781″N	554 303.417 m 2 497 192.824 m
参考标志	114°31′43.705″E 22°34′17.781″N	554 386.448 m 2 497 192.824 m

二、结果与分析

（一）数据量变化

研究过程中发现，大部分有效数据在夜间（20：00—6：00）时段获得，日间（7：00—19：00）时段只获得少量有效数据（图 9-10，A、B）。除环境因素的影响外，主要原因是紫红笛鲷（2#）以及黑鲷（4#）在夜间和日间的活动频率以及活动区域不同导致日间时段数据大量遮蔽。紫红笛鲷（2#）有效数据量的最大值出现在 2：00—6：00 黎明时段和 0：00—1：00 时段，9：00 以后获得的有效数据量大量减少，13：00—15：00 时段甚至没有获得有效数据。黑鲷（4#）夜间时段获得的有效数据量较多，在 23：00—0：00、1：00—3：00 和 5：00—6：00 3 个时段有效数据量最多；12：00—20：00 时段获得的有效数据量最少，这个时段数据量的比例不足 8%。紫红笛鲷（2#）与黑鲷（4#）在有效数据量的分布上基本一致。

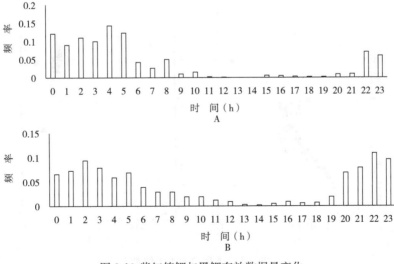

图 9-10 紫红笛鲷与黑鲷有效数据量变化
A. 紫红笛鲷　B. 黑鲷

（二）水平位置结果

该研究对获得结果所表明的鱼类行为进行初步分析，4 尾鱼的水平位置计算结果见图 9-11，A~D，计算结果显示为标记鱼的实际地理位置。紫红笛鲷（2#）和黑鲷（4#）在实验过程中获取数据较为完整，黑鲷（4#）的活动范围较小（活动半径 80 m），紫红笛鲷（2#）的活动范围相对较大，在实验后期也稳定在较小的范围内活动（活动半径 100 m）。紫红笛鲷（1#）和紫红笛鲷（3#）在跟踪 4 d 后游离跟踪范围，其中，紫红笛鲷（1#）向离岸方向活动后信号消失，紫红笛鲷（3#）活动至岸边后信号消失。

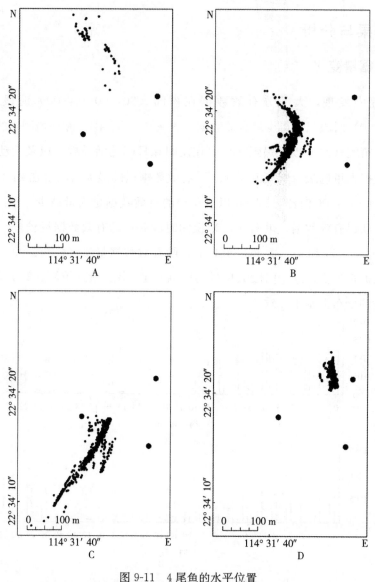

图 9-11　4 尾鱼的水平位置

A. 紫红笛鲷（1#）　B. 紫红笛鲷（2#）　C. 紫红笛鲷（3#）　D. 黑鲷（4#）

（三）垂直位置结果

取实验数据效果良好的紫红笛鲷（2#）和黑鲷（4#）进行分析。紫红笛鲷（2#）在实验期间内活动的深度主要集中在 1～3 m 水层，这一深度所占频率接近 80%，其中，1～2 m 水层的活动所占比例接近 60%。部分时间在 5 m 以深的水层活动，19：00—7：00紫红笛鲷（2#）的活动深度虽然有一定波动，但相较于日间时段的深度较浅，总体相差接近 0.6 m。活动深度的最大值出现在 8：00—11：00，23：00 前后及黎明时段（5：00—7：00）活动深度最浅。结果表明，紫红笛鲷（2#）在实验期间内表现出一定的昼夜活动变化。黑鲷（4#）入水后经过一段适应期，这段时间内在 2～3 m 的水层做无规律活动，适应环境后在底层活动，深度波动较小，范围在 8～10 m。黑鲷（4#）活动的深度变化并不明显，但也呈现出一定的波动规律，在 9：00—14：00 以及 23：00—3：00 达到深度最大值，5：00—7：00 和 19：00—22：00 达到深度最小值。紫红笛鲷（2#）的活动深度变化见图 9-12，黑鲷（4#）的活动深度变化见图 9-13。

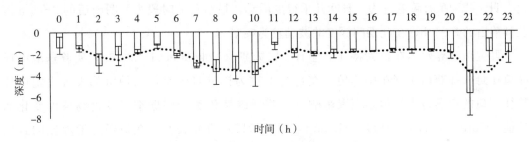

图 9-12　紫红笛鲷在不同时间的深度变化

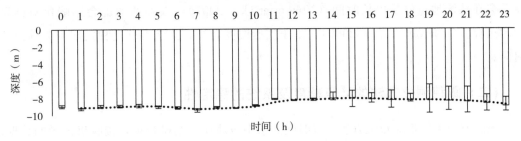

图 9-13　黑鲷在不同时间的深度变化

三、小结

（一）昼夜活动规律及行为特征

黑鲷（4#）在适应环境后稳定在 8～10 m 的底层活动，紫红笛鲷（2#）活动的水深相对较浅，但其同样属于岩礁性鱼类，应具有与黑鲷类似的底栖行为。数据结果表明，紫红笛鲷（2#）的活动是存在明显变化规律的，可以排除标记鱼死亡或标志脱落等因素。

主要存在以下两种原因，一种是紫红笛鲷的活动与季节因素有关，Grove 等（Williams-Grove et al.，2017）研究发现，红鳍笛鲷的活动深度存在季节性变化，在夏季 8 月并不完全贴近底层活动而主要集中于中上层，这与以往认为的底栖鱼类活动规律不同，同为笛鲷科鱼类，紫红笛鲷可能与红鳍笛鲷的活动规律存在相似之处。另一种是实验环境造成紫红笛鲷的活动深度发生变化，在不同环境下（如珊瑚礁区或红树林地带），紫红笛鲷的活动也不同，但是数据量的改变情况基本一致（Luo et al.，2009），紫红笛鲷（2#）日间的数据被大量遮蔽，表明其在实验区域找到适合藏匿的地点并遮蔽了部分信号。该研究发现，紫红笛鲷（2#）与黑鲷（4#）活动深度昼夜变化的波动规律较为类似，由于活动水层不同，紫红笛鲷的深度变化相对明显，大部分岩礁性鱼类主要集中在夜间活动，日间活动相对较少（Hobson，1972）。结果表明，紫红笛鲷和黑鲷在夜间的活动较为频繁，Zagars 等（2012）研究表明，紫红笛鲷在夜间的活动与潮位变化引起的食物量改变有关，环境的快速变化会影响鱼的昼夜活动，光线以及水温等条件的昼夜变化是形成鱼昼夜活动规律的原因之一（Iigo et al.，1996）。紫红笛鲷和黑鲷的小范围活动及数据量变化表明，两种鱼有藏匿行为，日间几乎很少活动，最活跃的时段为黎明前后的 2～3 h 以及日落后的 2～3 h，在此期间深度的波动较为频繁。

野生鱼和养殖鱼在行为特征上会有一定差别（Yokota et al，2006），实验选取的样品鱼在野外捕获后于网箱中养殖，在行为上较为接近野生鱼，两种鱼都表现出定居性特征，鱼的定居行为受很多因素影响，一些岩礁性鱼类会根据季节及食物条件变化而迁徙（Currey et al.，2014）。Mitamura 等（2012）研究表明，在新栖息地放流的野生鱼会在一段时间后返回原栖息地，一些种类的野生个体相较于养殖个体在天然水域放流后会在放流地点停留更长时间（Yokota et al.，2007），人类活动也会影响鱼对栖息地的选择（Gallaway et al.，2009）。由于实验时间较短，无法判断这种定居行为的持续时间。

（二）跟踪测位方法的计算精度及系统的稳定性

该研究采用的跟踪测位方法，以时间和水中声速作为基础数据，接收机记录的数据，即为接收机接收到标志发射信号的时间序列。该研究使用的接收机记录数据精确到 1 μs。由于超声波标志自带压力传感器的灵敏度极高，目前无线跟踪测位系统的深度计算精度与实际深度基本可以达到一致，可以有效分析鱼的昼夜活动规律，同时需充分考虑到潮差对获取结果的影响。接收机采用数字解码技术，可有效屏蔽来自非标志发射信号的干扰，在数据获取过程中进行 1 次滤波。测位计算方法依据长基线原理设计，在计算之前需要对数据进行 2 次滤波，初步获取测位结果后进行迭代计算，提高定位精度。现有的滤波手段无法完全滤除杂波干扰，目前定位精度仅可以达到米级，这样的精度可以对鱼的活动范围进行判断，但无法得到鱼的精确位置。目前，用于定位跟踪的同类产品也面临这样的问题，且在对移动目标进行定位时精度会更差一些，通过滤波处理和改进算法，可以在一定程度上提高定位精度（Meckley et al.，2014；Xydes et al.，2013）。

该研究发现，环境变化对标志跟踪效果存在影响。该研究提到的有效数据量变化主要受鱼类活动节律影响，同时在一定程度上会受到环境背景噪声的干扰，在数据处理过程中发现日间的环境背景噪声略高于夜间。Gjelland 等（2013）的研究表明，风等环境因素会使接收机对超声波标志发射出信号的检测效率产生一定影响，自然环境中与接收机接收频率相近的声音会干扰接收机对信号的解析，会对研究对象的活动规律判断产生影响。该研究发现，在出现较大风浪时信号接收效果明显变差，在降雨时甚至没有有效的数据信号返回。该研究发现，接收机的接收范围较为有限，通过对 2 尾失踪鱼的位置分析，每个接收机最大的接收范围在 600 m 左右。接收机接收距离的大小是标志跟踪研究在实验设计阶段首先要考虑的因素，接收距离主要受水深和现场环境的影响，深度越小，环境越嘈杂，接收机的接收范围越小。Steel 等（2014）研究表明，当接收机距离达到某个临界范围时，数据的解析效率会出现断崖式滑坡。同时，要根据研究需要选取适当的标志固定方式。Dance 等（2016）研究表明，超声波标志置于鱼体内时信号接收效果差于将标志置于鱼体外，虽然该研究综合多方面因素考虑选择体外悬挂，但在暂养过程中发现将标志悬挂于鱼脊背，会对鱼活动平衡性产生微小影响。

（三）数据无线传输方法及声学标志跟踪的适宜性

增殖放流和海洋牧场人工鱼礁投放效果评价，可以作为超声波标志跟踪研究的发展方向（Ito et al.，2009；Reubens et al.，2013）。目前的放流效果评估主要采用标记回捕的方法，有研究表明，一些鱼类有在繁殖季节返回固定地点的忠地性，环境的改变会影响这种习性（Abecasis et al.，2015；Iafrate et al.，2016）。这也是大部分鱼类的共同特征，是标记回捕评估的主要依据，但这样的方法缺少对放流后鱼类生长过程的评价。所以，超声波标志跟踪的优势在于评估手段的科学性，可以通过对放流鱼类的活动状态进行评估，研究放流鱼类在自然状态下包括生长周期、洄游路线、死亡参数等相关数据，从而获得放流鱼类的生长史，对增殖放流的科学开展有重要意义。由于技术条件限制，第一阶段研究使用的超声波标志的重量（水中重 1.8 g）和体积（直径 10 mm、长度 35 mm）相对于放流幼鱼较大，需在鱼的体长体重达到适宜程度时进行标记，无法有效对幼鱼进行研究，这会使该方法目前无法在放流鱼类生长的幼鱼阶段提供评价依据。目前，声学标志跟踪的相关研究尚无法有效获取鱼类活动的实时信息，有线式接收机在天然水域开展鱼类行为研究有一定的局限性，水下设置式接收机只能在研究过程中或研究结束后打捞读取数据。第一阶段研究采用的声学标志跟踪方法加入数据无线采集模块，优势在于可以实时获取数据进行处理，同步掌握研究动态，有利于研究的顺利进行。数据无线传输方法在增殖放流中的应用，在于可以在放流鱼类的生长关键阶段（如繁殖阶段）进行实时跟踪，及时采取保护措施，提高增殖放流的效率。目前存在的问题是数据无线传输需在 GPRS 网络覆盖范围内实现，尚无法在离岸较远的开阔海域发挥该方法的优势。由于超声波标志跟踪设备的成本较高，由小范围科学研究转向大规模应用尚存在较大困难，如果能改进技术，节约成本，超声波标志跟踪的应用前景十分广阔。

第五节 增殖放流鱼类跟踪研究

一、研究方法

（一）信号发射-接收系统

该研究采用加拿大 Vemco 公司研发的接收机和超声波无线标志。基于 VPS 进行超声波标志定位跟踪，使用 VR2Tx 型水下设置式接收器接受标志信号，每个接收器内部携带时间同步标记和温度传感器。在设计接收器布置站位之前，需确定接收器之间布置的最佳间距。在有大型礁体密集的区域，鱼在礁体之间活动时信号的传输会受到干扰，同时接收器的接受范围有限，因此在进行标志跟踪研究之前，需要进行关于接收器接收距离的相关测试。现场水深经过测量，排除潮汐的影响得出零潮位时水深为 10 m，在潮差范围内水深为 10~13 m，接收器的布置需高于离开海底一定距离。考虑到鱼的偏向于底层的预期活动情况，将接收器换能器端朝向海底方向，为在减小接收器位移的同时保证数据的接收效果，将接收器布置于距海底 5 m 左右的位置。接收器布置范围中心放置参考标记（V13-1H，Vemco），用以验证超声波标志定位结果的准确性。接收机布置方式见彩图 23。

（二）研究区域

2017 年 9 月 24 日至 10 月 14 日，在深圳大亚湾的大辣甲东北部海域，平均水深约 12 m。为确定接收机在实验区接收信号的最大范围，在投放接收机前需开展距离测试。在实验海域每隔 50 m 投放 1 个接收机，距离测试结果见图 9-14，技术要求最大布置距离的数据解析率不低于 60%。距离测试结果表明，当距离为 150 m 时，数据解析率为 60% 以上且 150 m 和 200 m 距离之间有较大的滑坡。因此，将接收机布置距离设计为 150 m，接收机列阵包括 16 个接收单元，接收机布置位置见图 9-15，具体布置位置见表 9-4。

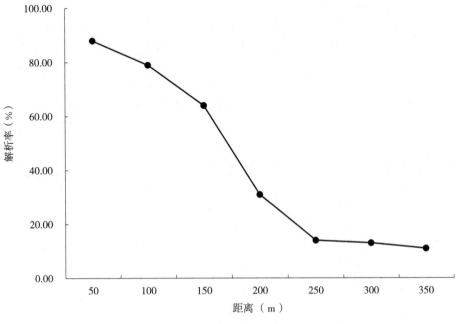

图 9-14　距离测试解析

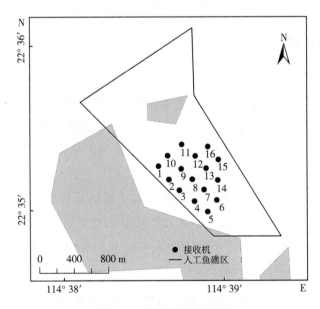

图 9-15　接收机布置区域

表 9-4　接收机布置位置

接收机	经度	纬度
S1	114°38.592′	22°35.267′
S2	114°38.651′	22°35.186′

（续）

接收机	经度	纬度
S3	114°38.722′	22°35.120′
S4	114°38.816′	22°35.054′
S5	114°38.899′	22°34.990′
S6	114°38.955′	22°35.061′
S7	114°38.877′	22°35.125′
S8	114°38.803′	22°35.188′
S9	114°38.734′	22°35.251′
S10	114°38.650′	22°35.330′
S11	114°38.737′	22°35.388′
S12	114°38.822′	22°35.329′
S13	114°38.890′	22°35.254′
S14	114°38.962′	22°35.183′
S15	114°38.966′	22°35.307′
S16	114°38.902′	22°35.386′

（三）标记与放流

2017 年 9 月 24 日至 10 月 14 日，在深圳大亚湾的大辣甲东北部海域对黑鲷（*A. schlegelii*）和金钱鱼（*S. argus*）2 种增殖放流品种进行了标记，共标记 5 尾（包括 3 尾黑鲷和 2 尾金钱鱼），标记鱼体长为 15～25 cm（野生垂钓鱼）。超声波标志（V9P-2x，Vemco，69 kHz）采用体外悬挂，悬挂于鱼背脊处。悬挂过程在鱼被麻醉的情况下进行，将标志在鱼背脊处穿线固定，完成后将鱼投入水中暂养观察，待鱼生理机能恢复且活动平衡性不受影响后，再将鱼在接收器列阵中心区域进行放流。所有样品鱼均于 2017 年 9 月 24 日放流，放流后经过一段时间 5 尾鱼均游离实验区域。1 尾黑鲷停留时间最长，为 13 d，其余 4 尾鱼均停留不超过 3 d。标记鱼的规格、放流时间及数据获取情况见表 9-5，被标记的部分样品鱼见彩图 24。

表 9-5　标记鱼的规格、放流时间及数据获取情况

标志编码	鱼种	时间	体长（cm）	体重（g）	获取天数（d）
1	黑鲷（*A. schlegelii*）	2017-09-24	18.5	225	1
2	黑鲷（*A. schlegelii*）	2017-09-24	208	250	3
3	黑鲷（*A. schlegelii*）	2017-09-24	164	170	13
4	金钱鱼（*S. argus*）	2017-09-24	184	250	1
5	金钱鱼（*S. argus*）	2017-09-24	150	165	1

二、结果与分析

（一）数据量变化

黑鲷（1#）和金钱鱼（5#）仅在放流 4 h 后即游离实验区域；黑鲷（2#）在实验区域停留 1 d 后也游离跟踪范围；金钱鱼（4#）在实验区域内停留 3 d 后也游离实验区域；黑鲷（3#）停留时间最长，但 13 d 后也游离实验区域。0：00—12：00 时段的环境背景噪声较小，其他时段的环境背景噪声较大；12：00—0：00 时段的平均值在 400 mV 以上；背景噪声最小的 4：00—12：00 时段的平均值维持在 200 mV 左右。5 尾鱼的数据接收情况见彩图 25，实验期间的环境背景噪声变化见图 9-16。

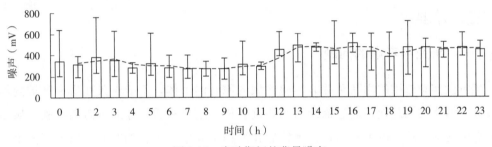

图 9-16　实验期间的背景噪声

（二）水平位置结果

根据数据的获取效果来看，该阶段实验中样品鱼并没有将实验区域的礁区作为新的栖息地点，5 尾鱼在实验期间都陆续游离了跟踪范围，但可以根据数据的获取情况描绘出鱼大致的活动轨迹。经过分析，黑鲷（1#）和黑鲷（2#）在放流后向实验区域的北方活动，黑鲷（3#）和金钱鱼（5#）向实验区域的西北方向活动，金钱鱼（4#）向实验区域的南方活动；鱼的活动路线可以表明，5 尾鱼都在向离岸更近的区域活动。5 尾鱼的活动路线见彩图 26。

（三）垂直位置结果

研究过程中由于 5 尾鱼在研究区域停留的时间较短，活动还未完全恢复即游离研究区域，所以活动深度的变化没有规律可循，5 尾鱼中的 4 尾鱼不能进行有效的深度分析，仅对黑鲷（3#）进行了深度计算。结果表明，黑鲷（3#）主要在 5～8 m 的水层活动，且活动深度的变化没有特别的规律，但在 14：00—21：00 时段深度变化的区间较大且平均活动深度更深，可以认为黑鲷（3#）在这个时段更为活跃（图 9-17）。

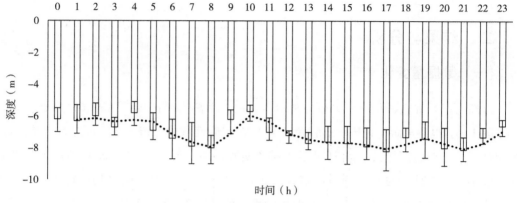

图 9-17　黑鲷（3#）的活动深度

三、小结

（一）研究中考虑的问题

该阶段实验选用的样品鱼并非实验区域内原有的个体，不能长久在研究区域内停留并以该区域作为栖息地，通过描绘活动轨迹获得的结果来看，样品鱼游离实验区域后基本向近岸方向活动。由于样品鱼经垂钓后在网箱中养殖了较长的时间，以致不能很快地返回原栖息地（Anderson，1982）。在新的环境下，样品鱼更喜欢近岸区域复杂的水底环境，近岸的礁石等遮蔽物更加适合鱼的栖息藏匿。样品鱼没有表现出应有的深度变化规律，一方面由于鱼在新环境下需要较长的适应期；另一方面可能由于超声波标志和鱼体重的比例，导致鱼不能很快适应标志带来的额外负担。一般认为，标志的重量在鱼体重的 2% 以内为宜。所以该实验中，鱼的体重需大于 135 g，虽然选用的样品鱼都大于该重量。但实际实验中，鱼的体重应该经过暂养观察鱼的活动状态后进行选取。

该研究考虑到需通过得到鱼距离海底的真实距离，进而分析鱼在研究区域活动的特点及规律。海域内潮差较大且潮汐变化较为复杂，高潮高与低潮高相差超过 3 m，潮汐的存在会使结果产生较大偏差，不能有效反映鱼在礁区的真实活动情况。故在研究过程中记录每天的潮汐变化，以零潮位为基准得出鱼距离海底的距离，这样处理可以更好地反映鱼与礁体的垂直位置关系，从而得出相应结论。

（二）增殖放流鱼类栖息地选择

黑鲷和金钱鱼是广东省沿海典型的增殖放流品种，同属于岩礁性鱼类。研究过程中鱼向近岸水域活动表明，这些鱼类喜欢在水底环境复杂、具有一定遮蔽物的水域活动，这类区域适合躲避敌害和寻找食物。因此，根据鱼的喜好建设水下环境，吸引鱼类栖息，可以达到资源增殖养护的目的。投放人工鱼礁和建设海洋牧场，可以为鱼类提供良好的栖息环境，诱集放流后的鱼类定居生活。

在一些研究中，水下摄影和潜水观测手段在增殖放流效果的研究中得到应用。超声波标志遥测技术在增殖放流领域的应用已经取得了一些进展，但更多的是关心增殖旅游鱼类活动范围和水平迁移的研究。现阶段的研究面向范围较小，如果需要更直观地反映增殖放流效果，需扩大监测范围，将样品鱼在非礁区范围放流观察鱼的活动和栖息地点的选择，同时，增加样本数量证明研究结果的普适性。充分了解增殖放流生物的活动情况，需将研究对象扩展至底栖鱼类、头足类等增殖放流品质种，并进行季节性的研究，建立科学完善的研究体系。目前看来，超声波标志遥测研究的相对成本过高，是其无法大规模应用的主要原因。

第六节　超声波遥测系统的构建与应用前景

一、放流鱼种的选取

（一）生态容量

放流鱼种选取应秉持生态优先原则，对天然水域的生态结构进行完善，不改变和破坏原有的生态系统，如果放流品种选择不当，可能出现生态失衡。因此，增殖放流的品种和数量不能超过生态系统的承载能力，目前的增殖放流也很少选取单一物种，多采用多品种复合的形式。

（二）经济效益

选择放流品种时，在生态优先的基础上，要考虑到放流鱼类的经济价值。目前，广东沿海放流的黑鲷、黄鳍棘鲷、胡椒鲷等鱼类均具有高经济价值、易于生长且具有定居性的特点。这些鱼类的放流，促进了本地渔业和旅游业的发展，并对恢复近海生物生态起到了较大作用。

（三）生长繁殖

天然海域的增殖放流，应考虑到放流海域的自然食物供给是否能满足放流鱼类的需求，并考虑海域的环境条件是否适于放流鱼类的自然繁殖。

所以，放流品种应能促进放流海域当地生态系统趋于良性发展，具有定居性或特定的洄游规律、生长周期短、经济价值高、食性广泛的特点。

二、超声波遥测系统的构建

构建完善的超声波遥测系统，需根据海域的实际情况，发挥不同设备的优势进行协作。无线跟踪方法的优势在于可以实时传回数据，但由于信号传输方式的限制，无法在远离信号覆盖区的较远海域使用。目前，研究人员正在尝试新的信号传输办法，通过在海上自建基站的方式进行信号传递，扩大仪器的适用范围。水下设置式接收机的优势在于使用范围更广，可以在远海甚至大洋中投放，且稳定性高，但数据只能通过打捞仪器后读取，不能进行实时的监测。有线接收机作为船载跟踪设备，在寻找鱼类活动路线方面具有优势，可跟踪的范围更广，但较为耗费人力物力，可以应用于寻找鱼类栖息地、产卵场的研究。

对于有定居性的增殖放流鱼类，可以在放流前选取大小合适的个体进行标记。在放流区域根据不同仪器的优势布置接收机，形成监测网，记录放流鱼类的活动路线，在样品鱼找到栖息地定居后，再在区域内布置设备进行有针对性的研究。根据样品鱼出现位置的频率进行分析，调查鱼高频率出现区域的水底环境特点，作为人工构建增殖放流鱼类栖息地的依据及在繁殖季节，对放流鱼类产卵场进行保护的依据。

三、超声波遥测的前景与展望

随着海洋生物研究的不断深入，超声波遥测已经可以与其他方法有效结合，拓展了新的研究领域，与遗传学、生理学、行为学和其他标记方式（如传统挂牌标记、PIT 射频标记等）等相协作，在鱼类的生长史、栖息地选择以及完整的洄游行为等研究方面取得了进展，对水产增养殖和资源保护提供了极大帮助（王成友等，2010）。目前来看，超声波遥测在国内应用还有很大的发展空间：

（1）随着国内水产品需求量日益增加，充分了解经济鱼类及其他水生动物的生长过程和行为习惯，制订科学高效的天然水域生态环境恢复办法和提高水产增养殖经济效益已经成为当下的工作重点，超声波遥测在这一领域将发挥至关重要的作用。

（2）在现有海洋牧场建设和增殖放流效果评价方法的基础上，将超声波遥测方法纳入评价体系，并作为一种海洋牧场监控管理的有效手段加以应用。

（3）现阶段超声波遥测的成本过高，投入与产出对比悬殊是限制该方法应用的最主要原因。如果国内能形成良好的研究环境，具备一定的市场规模，吸引相关单位投入接收机和标记牌等超声波遥测设备的制作研发，提供高质量的国产设备，便可以大幅缩减研究成本，使超声波遥测技术不再局限于实验研究，真正成为一种可以被广泛应用的标志放流方法。

　　电子技术的发展将推进标记牌的进一步小型化，功能更加多样化，新电池材料的应用将延长标记牌的工作时间并减小标记牌的重量，使超声波遥测可应用的领域更加广泛。希望更多的科研人员通过超声波遥测方法，进行海洋及各类水生动物的生态、生理行为研究，能够借助这种科学高效的手段寻找保护和利用渔业及水生生物资源的合理方法。

第十章　增殖效果评价分子鉴定方法的建立

分子鉴定法也叫亲源分析（parentage analysis）法，是根据放流苗种与其亲本在 DNA 序列上的同源性实现放流个体与野生个体的区分（张春雷等，2010）。目前，主流的有排除法和最大似然法两类。

排除法是历史最悠久，原理最简单的亲缘分析方法，根据分子标记位点的差异程度逐个排除候选亲本，当候选亲本与子代有超过 10% 位点的基因型存在差异时，则排除它们之间的亲子关系。此方法可应用于多数动物的亲子鉴定，但只适用候选亲本数量较少的情况，且鉴定准确率深受等位基因分型正确率影响。最大似然法首先根据似然规则算法，分别计算子代与各候选亲本的 LOD 值（the log of likelihood ratio），在一定的置信度范围内，为子代找到最相似的亲本，再根据 LOD 值大小，判断候选亲本的可靠性。若 LOD 值小于 0，表示该子代与候选亲本不存在亲缘关系；LOD 值大于 0，表示该子代与候选亲本可能存在亲缘关系。LOD 值越高，可能性越大（Jones et al.，2003）。为了科学评价增殖放流效果，本章针对南海近海主要增殖种类，探讨增殖放流效果评价分子鉴定方法的建立。

第一节　基本原理及研究进展

自 20 世纪 90 年代以来，亲源分析技术已开始应用于放流个体识别领域。如 Perez-Enriquez 等（1999）为探究真鲷放流种群的遗传影响，使用 5 个微卫星标记对亲本群体和繁殖群体进行亲子鉴定，为超过 73% 的子代确定了系谱关系。21 世纪初，我国学者开始引入该技术，如 Dong 等（2006）在对 215 个已知父母本的中国对虾子代个体进行亲缘分析时，仅利用 5 个微卫星标记即能为 92.9% 的子代准确找到亲本。说明在已知双亲条件下，应用较少的微卫星标记便可得到较高的累计排除概率；Wang 等（2014）利用 8 个微卫星标记，完成了胶州湾和渤海湾放流后回捕的中国对虾放流个体的识别，并计算出两流放站点的回捕率分别为 2.70% 和 2.59%；陈睿毅（2013）在牙鲆增殖放流活动中，利用精选的 8 个微卫星标记对回捕群体进行亲权鉴定，结果显示，在 321 尾牙鲆中有 91 尾为放流个体，回捕率达 28.35％；张春雷等（2010）在研究哲罗鱼亲权鉴定时发现，使用 7 对微卫星标记的鉴定能力与候选亲本群体的大小呈负相关，当有 81 个候选父母本的情况下，鉴定准确率约 80％，当只有 9 个候选父母本的情况下，鉴定准确率达 93％左右。童爱萍等（2015）使用线粒体 DNA 与微卫星标记相结合的方法。对放流牙鲆进行亲子鉴定，在两种方法的结合下，线粒体 DNA 在鉴定回捕群体中起到初步筛选作用，之后，仅用 4 个高多态性微卫星标记即可完成鉴定。综合回捕群体中有 71.26％为放流牙鲆的结果，由此得出，微卫星标记能有效弥补仅用线粒体 DNA 鉴定准确性的不足。成为为等（2014）利用 11 对微卫星标记对胭脂鱼回捕群体进行亲子鉴定，在 65 个样本中有 11 个确定存在亲子关系，推算其增殖放流资源贡献率为 16.92％，说明为实现胭脂鱼的野生种群恢复，增殖放流是个很有效的措施。辛苗苗（2015）在国家一级保护动物中华鲟的亲子鉴定研究中，从初筛的 24 对多态性引物中挑选 10 对引物，通过排除法确定其中 7 个标记为亲子鉴定的核心体系，能有效实现中华鲟的亲子鉴定。付亚男（2017）在黑鲷放流个体识别的研究中，基于"高通量测序"开发并精选出 11 个微卫星标记为"分子标记组"，建立了一套黑鲷放流个体识别方法，确定 LOD 决断值为 5.46，并开展应用。在放流回捕的 240 尾黑鲷中鉴别出 7 条来自放流群体，估算此次放流活动的资源贡献率为 2.92％。

第二节　斜带石斑鱼鉴定方法的建立

一、研究方法

见第五章第二节斜带石斑鱼遗传质量检测方法。

二、结果与分析

见第五章第二节斜带石斑鱼遗传质量检测方法。

第三节 黑鲷鉴定方法的建立

一、研究方法

（一）黑棘鲷人工繁育与放流

2014 年 11—12 月于大亚湾捕获野生黑棘鲷 102 尾，置于独立网箱饲养。2015 年 3 月 11 日对上述个体进行人工催卵，并将受精卵转运至"广东省大亚湾水产试验中心"进行孵化和幼鱼培育。2015 年 6 月 5 日 10：00，于大亚湾喜洲岛西侧海域（114°35′26″E、22°40′21″N），将培育的黑棘鲷幼鱼 25 万尾进行人工放流。放流个体平均全长 39.5 mm，平均体重 1.35 g。

（二）生物样品采集和基因组总 DNA 提取

2015 年 3 月 13 日，完成受精卵收集后，剪取上述黑棘鲷亲本部分尾鳍，浸于无水乙醇，−20℃冷冻保存。2015 年 11—12 月，通过向渔民约定收购的方式，在惠州澳头，深圳东山、南澳回捕 1 龄黑棘鲷 240 尾。剪取其部分尾鳍，浸于无水乙醇，−20℃冷冻保存。

使用"海洋生物组织基因组 DNA 提取试剂盒"（天根，北京），对上述样品进行基因组总 DNA 提取，通过 1%琼脂糖凝胶电泳进行 DNA 提取质量检测。

（三）微卫星标记开发

首先使用 HiSeq 2000 高通量测序仪（Illumina，美国）对黑棘鲷基因组进行随机片段测序（诺禾致源，北京），总测序量设定为 2 Gbp，之后对测得片段进行拼接和校对，并从拼接片段中检索微卫星位点。以检索到的微卫星位点为参考序列，使用 Primer Premier 5.0 软件设计 PCR 引物对，并进行引物合成（上游引物分别以 FAM、HEX 荧光基团进行标记）（生工生物，上海）。

以 1 个采集自大亚湾海域的黑棘鲷自然群体样本为测试群体（样本量 48 尾，采集时间为 2014 年 11—12 月），提取其基因组总 DNA，分别使用上述引物进行 PCR 扩增，并进行等位基因分型，根据分型结果优劣对引物进行筛选。该 PCR 扩增体系体积为 15 μL，含有 1.5 μL 10×PCR Buffer，1.5 μL dNTP（2 mmol/μL），1.2 μL MgCl$_2$溶液（25 mmol/μL），0.3 μL 上、下游引物，0.12 μL Taq 酶（5 U/μL）（TaKaRa，大连），0.6 μL模板 DNA，9.48 μL 去离子水。扩增程序为 94℃预变性 3 min；35 个循环，循环程序为 94℃变性 30 s，55℃退火 30 s，72℃延伸 30 s；72℃总延伸 7 min。之后，使用 Prism 3730 测序仪（ABI，美国）分离 PCR 产物中的等位基因。DNA 长度标准使用 GeneScan TM-500 LIZ Size。使用 GeneMarker 2.4 软件，对测序仪输出的原始数据进行噪声消减和等位基因辨识。之后，将辨识结果输入 Genepop 4.0 软件，分别计算各标记在测试群中的等位基因数（N_A）、表观杂合度（H_O）和期望杂合度（H_E），并进行 HWE 检验和连锁不平衡检测，使用 Cervus 3.0.7 软件计算各标记在测试群体的多态信息含量（polymorphism information content，PIC）。综合参考上述结果，筛选出 1 组 PCR 产物特异程度及多态性水平高、能够通过哈迪-温伯格平衡检验、各标记间不存在连锁不平衡现象的微卫星标记组成"遗传识别标记组"。

（四）种群遗传多样分析

使用"遗传识别标记组"对黑棘鲷亲本和回捕群体样品进行等位基因分型。PCR 扩增体系、程序和等位基因辨识方法同本节"研究方法"（三）。将分型结果输入 Excel 软件。使用 Excel 控件 MS_tools 对结果进行错误检查和纠正，并将数据转换成各种群遗传学软件的专用格式。使用 Cervus 3.0.7 计算各标记在两群体的 N_A、H_O、H_E 和 PIC；使用 FSTAT 2.93 计算各标记在两群体的等位基因丰富度（allelic richness，A_R）；使用 Arlequin 3.5 计算两群体间的固定指数 F_{ST}，并使用概率测试（probability test）对 F_{ST} 值进行显著性检验；通过 Genepop 4.0 进行 HWE 检验；并使用 sequential Bonferroni 法校正多元统计的 P 值。

（五）放流个体遗传识别

将亲本和回捕群体等位基因分型结果载入亲缘分析软件 Cervus 3.0.7。对亲本群体进行等位基因频率分析。之后，根据分析结果运行"模拟亲缘分析"（分析模式：亲本对，亲本性别未知），以验证标记组是否具备充足遗传识别力并优化遗传识别参数。具体为：在 Cervus 运行环境中模拟出 102 个亲本的 30 000 个子代的基因型（等位基因分型错误率设为 3%），由低到高逐步调整置信度值，在模拟子代与亲本间运行多次亲缘分析。如能在置信度≥95%的情况下，实现模拟子代识别率≥95%，则确认标记组具有充足的识别力。之后，分别计算每次模拟分析"置信度与子代识别率的乘积"。以乘积最高时的置信度值和决断 LOD 值（critical LOD）为最优参数。最后，以最优参数，在回捕个体与亲本间进行亲缘分析，对回捕群体中的放流个体进行识别。

二、结果与分析

（一）黑棘鲷微卫星标记开发

通过测序共获得原始序列 2.80 Gbp，组装后得到 0.12 Gbp 拼接序列。在拼接序列中，共检索到 9 125 个侧翼序列≥250 bp 的微卫星位点。根据上述位点序列，设计了 90 对 PCR 引物。使用测试群体进行引物筛选，共筛出 13 个遗传素质优良的微卫星标记（表 10-1），组成了"遗传识别标记组"。13 个标记在测试群体中的遗传多样性属性值见表 10-1。

表 10-1　黑棘鲷放流个体遗传识别标记组各标记在测试群体中的种群遗传学属性

标记	等位基因数	表观杂合度	期望杂合度	多态信息含量	P 值
SM20	14	0.725	0.78	0.748	0.051 3
SM166	6	0.784	0.734	0.688	0.951 8
SM47	6	0.775	0.779	0.743	0.021 0
SM94.2	4	0.573	0.583	0.550	0.161 9
SM45.2	18	0.590	0.702	0.682	0.061 0
SM158.2	10	0.569	0.583	0.554	0.562 6
SM51	11	0.657	0.665	0.635	0.357 9
SM95	6	0.569	0.607	0.557	0.289 2
SMA96	15	0.863	0.897	0.883	0.049 0
SMA143	13	0.851	0.842	0.821	0.802 2
SMA145	14	0.853	0.889	0.873	0.035 2
SMA485	9	0.812	0.78	0.742	0.547 1
SMA587	6	0.814	0.782	0.745	0.161 8

（二）黑棘鲷亲本群体与回捕群体的遗传多样性分析

使用"遗传识别标记组"，分别在黑棘鲷亲本群体和回捕群体中检测到等位基因 132 和 164 个（表 10-2）。亲本群体各标记 N_A 的分布范围为 4～18，平均值 10.154；回捕群体各标记 N_A 的分布范围为 5～24，平均值 12.615。亲本群体各标记 H_O 分布范围为 0.373～0.863，平均值 0.710；H_E 分布范围为 0.383～0.897，平均值 0.725。回捕群体各标记 H_O 分布范围为 0.471～0.936，平均值 0.725；H_E 分布范围为 0.447～0.902，平均值 0.703。亲本群体中有 3 个标记经过 sequential Bonferroni 校正后，仍背离哈迪-温伯格定律；回捕群体中只有 1 个标记背离哈迪-温伯格定律（校正 $P \leqslant 0.003\ 8$）（表 10-2）。亲本与回捕群体间的 F_{ST} 值仅为 0.009 6，且未通过显著性检验，证明两群体间不存在遗传分歧。

表 10-2　黑棘鲷亲本和回捕群体遗传学属性

标记	等位基因数		表观杂合度		期望杂合度		P 值	
	亲本群体	回捕群体	亲本群体	回捕群体	亲本群体	回捕群体	亲本群体	回捕群体
SM20	14	16	0.725	0.715	0.780	0.729	0.051 3	0.085 5
SM166	6	10	0.784	0.700	0.734	0.702	0.951 8	0.020 5
SM47	6	8	0.775	0.736	0.779	0.785	**0.002 1**	0.100 1
SM94.2	4	5	0.373	0.471	0.383	0.447	0.161 9	0.251 9
SM45.2	18	24	0.590	0.787	0.702	0.802	**0.000 6**	0.426 9
SM158.2	10	10	0.569	0.571	0.583	0.567	0.562 6	0.611 8
SM51	11	15	0.657	0.786	0.665	0.796	0.357 9	0.744 9
SM95	6	7	0.569	0.565	0.607	0.536	0.289 2	0.734 4
SMA96	15	20	0.863	0.936	0.897	0.902	**0.002 9**	0.587 8
SMA143	13	14	0.851	0.882	0.842	0.846	0.802 2	0.039 3
SMA145	14	15	0.853	0.763	0.889	0.886	0.035 2	**0.000 5**
SMA485	9	11	0.812	0.744	0.780	0.755	0.547 1	0.026 7
SMA587	6	9	0.814	0.774	0.782	0.773	0.161 8	0.602 4

注：粗体数字表示位点背离 HWE 定律（校正 $P \leqslant 0.003\ 8$）。

（三）黑棘鲷放流个体遗传识别

由等位基因频率分析得，亲本群体等位基因分型率（mean proportion of loci typed）为 0.997，标记组联合未排除率（combined non-exclusion probability）为 9.299^{-9}（亲本对）。

首先将置信度值设为 95%，进行模拟亲缘分析。结果决断 LOD 值为 -999，说明此置信度值设置过低，无法得出合理结果。之后将置信度值设为 99%，模拟分析得到的子代识别率为 94.18%，决断 LOD 值为 11.28，说明此置信度值处于合理范围内（表10-3）。为进一步优化参数，以 99% 为中心，以 0.1% 为步进值，对置信度进行微调，进行多次模拟分析。结果当置信度设置为 98.5%～98.9% 时，子代识别率均＞95%，说明本节研究建立的标记组具有充足的遗传识别力，能够实现对放流个体的准确识别。当置信度设置为 98.5% 时，"置信度与子代识别率的乘积"达到最高值（表10-3）。98.5% 即为最优置信度。此时的 LOD 决断值 6.84 即为最优 LOD 决断值，将作为判定阈值被应用于后续的黑棘鲷放流个体识别运算中。

表 10-3　黑棘鲷模拟亲缘分析结果

置信度设定值（%）	子代识别率（%）	置信度×子代识别率	LOD 决断值
95.00	N/A	N/A	−999
98.40	N/A	N/A	−999
98.50	99.30	0.978	6.84
98.60	99.02	0.976	7.37
98.70	98.48	0.972	8.23
98.80	97.45	0.963	9.44
98.90	96.48	0.954	10.3
99.00	94.18	0.932	11.71
99.10	92.89	0.921	12.22
99.20	90.74	0.900	13.13

注：N/A，无数据。

最后，使用上述最优置信度和 LOD 决断值，对回捕群体中存在的放流个体进行识别，结果共有 7 尾回捕个体能够在亲本群体中寻找到亲本对，被判定为放流个体。放流个体数量占回捕个体总数的 2.92%。

第四节　点斑篮子鱼鉴定方法的建立

一、研究方法

（一）点斑篮子鱼人工繁育与放流

2018 年 2 月，在海南陵水湾随机采集野生点斑篮子鱼 138 尾作为亲本群体，在海上网箱进行隔离饲养。2018 年 3 月 25 日，待其自然产卵后收集受精卵，在南海水产研究所热带水产研究开发中心地孵化车间里将受精卵孵化并培育幼鱼。

2018 年 6 月 5 日 10：00，于海南海陵湾（109°58′40″E、18°25′3″N），将培育的点斑篮子鱼幼鱼 20 万尾进行人工放流。放流个体平均全长 51 mm，平均体重 4.35 g。

（二）生物样品采集和基因组总 DNA 提取

2018 年 3 月 25 日，完成受精卵收集后，剪取上述点斑篮子鱼亲本部分尾鳍，浸于无水乙醇，－20℃冷冻保存。2018 年 10 月，通过向渔民约定收购的方式，在放流海域附近收集 1 龄点斑篮子鱼 100 尾。剪取其部分尾鳍，浸于无水乙醇，－20℃冷冻保存。

使用"海洋生物组织基因组 DNA 提取试剂盒"（天根，北京），对上述样品进行基因组总 DNA 提取，通过 1‰琼脂糖凝胶电泳进行 DNA 提取质量检测。

（三）微卫星标记开发

以一个采集自海南海陵湾海域的点斑篮子鱼自然群体样本为测试群体（样本量 48，采集时间为 2016 年 4 月）进行微卫星标记开发，并对获得的标记进行精选，组成"遗传识别标记组"。标记开发和精选方法同本章第三节"研究方法"（三）。

（四）种群遗传多样分析

使用"遗传识别标记组"对点斑篮子鱼亲本和回捕群体样品进行等位基因分型，之后进行种群遗传多样分析。等位基因分型和遗传多样分析方法同本章第三节"研究方法"（四）。

（五）放流个体遗传识别

识别方法同本章第三节"研究方法"（五）。

二、结果与分析

（一）点斑篮子鱼微卫星标记开发

对点斑篮子鱼进行全基因组随机测序，共产生点斑篮子鱼原始测序序列数据 3.921 Gbp，过滤后得到可用数据 3.913 Gbp，GC 含量分布正常（40.27‰～40.27‰），测序质量合格。序列聚类组装的总体长度为 0.091 Gbp，组装总个数为 31.6 万，组装序列平均长度为 288 bp。对组装后的序列筛选 SSR 片段，最终得到侧翼序列长度大于等于 100 bp 的 SSR 序列共 1 116 条。根据上述位点序列设计了 167 对 PCR 引物。使用测试群体进行引物筛选，共筛出 14 个遗传素质优良的微卫星标记（表 10-4），组成了"遗传识别标记组"。14 个标记在测试群体中标记组在测试群体中的等位基因数（N_A）分布范围为 6～14，平均值 9.5。表观杂合度（H_O）和期望杂合度（H_E）分布范围分别为 0.676～0.892、0.671～0.912，平均值均为 0.803。所有标记都通过哈迪-温伯格平衡检验，各标记间不存在连锁不平衡现象。多态信息含量（PIC）分布范围为 0.620～0.891，平均值为 0.767（表 10-4）。

表 10-4 点斑篮子鱼"分子标记组"中各标记的种群遗传学属性

标记	引物序列 (5′~3′)	重复单元	最适退火温度 (℃)	等位基因长度范围 (bp)	等位基因数	表观杂合度	期望杂合度	多态信息含量	P 值
SG75	F: TGTGACTGGGTTCATTGCTC R: AGGGTGGTTTGATTTGGTTC	(AC)9	55	164~186	9	0.757	0.799	0.758	0.575 6
SG628	F: GCAGCTCTTCCTCCTTCT R: GTGTCCAGCACAGTCCAT	(GT)14	55	240~269	8	0.811	0.809	0.770	0.584 0
SG827	F: ATCGGTGAGAAATCAAAGGC R: TACAGTGTCGGAGCAGAACG	(TG)11	55	171~183	6	0.784	0.778	0.731	0.620 8
SG1085	F: CTTCCACTTACCCACTTCA R: ACTCGGATTTGTCACCAG	(TG)16	55	250~278	12	0.811	0.887	0.863	0.042 6
SG933	F: ACAGTTGTAGTTCAGGGTCA R: GCCAGTTTAGCGTGTAGAT	(GT)13	55	171~209	10	0.892	0.797	0.756	0.339 1
SG909	F: AGTTTCAATCACATTACCGAT R: GTGCTATGACCTCTTCTTGC	(TAG)10	55	254~295	8	0.838	0.833	0.800	0.206 4
SG378	F: TAATACGACCACAAGCAAT R: ATCCAAAGCCCTGAATGAC	(TG)11	55	185~209	7	0.838	0.824	0.786	0.919 5
SG574	F: TTTTAGAGGAGGGAGGCAGAG R: AACGCACAGGGGTAGATGAC	(CA)14	55	277~295	9	0.730	0.769	0.732	0.255 3
SG252	F: GTGAAATGAAATGGTGGAA R: AGGAGGGCTATTAGAGGAT	(TG)11	55	194~228	6	0.676	0.671	0.620	0.508 5
SG957	F: AAAGGAGTTTGAGGCAATTA R: TGTTTTCGTGGAGACTGACC	(TG)12	55	274~306	13	0.811	0.851	0.826	0.835 7
SG1056	F: CCACTTATTGCTTCACTTG R: GACTCTTTTGAGCCCTATT	(TTG)9	55	226~272	8	0.838	0.739	0.693	0.838 6
SG216	F: CTTCTGGGTGGAACCGTTGTT R: GCCTCGCTTGCTCTTCATCTC	(TG)15	55	295~321	10	0.757	0.712	0.684	0.839 8
SG1012	F: ATGTCGGTGAGGCGTACAAA R: GCGGGATGCTTCAAAGTTAT	(TG)15	55	214~260	13	0.838	0.859	0.829	0.501 9
SG599	F: TTGACCAAACAATTCCTCCTG R: ACCCTCTTCCCACAATACGAT	(CA)11	55	305~341	14	0.865	0.912	0.891	0.027 6

（二）点斑篮子鱼亲本群体与回捕群体的遗传多样性分析

使用 14 个标记在亲本群体与回捕群体中共检测出 394 个等位基因，亲本群体 179 个，回捕群体 163 个。亲本群体单个等位基因数（N_A）分布范围为 6~14，平均值为 12.50；回捕群体单个标记等位基因数（N_A）分布范围为 6~16，均值为 12.79。表观杂合度（H_O）分布范围为 0.630~0.970，期望杂合度（H_E）分布范围为 0.523~0.912，多态信息含量（PIC）分布范围为 0.465～0.891。

亲本群体所有标记符合哈迪-温伯格平衡平衡检验。回捕群体中有 2 个标记偏离平衡。

（三）点斑篮子鱼放流个体遗传识别

由等位基因频率分析得，亲本群体等位基因分型率（mean proportion of loci typed）为 0.986，标记组联合未排除率（combined non-exclusion probability）为 9.573^{-9}（亲本对）。

使用 Cervus 软件模拟 138 个亲本 100 000 个子代分析时发现：在分型错误率为 3% 的条件下，当置信度低于 97% 时，均得到 100% 的模拟子代分配率，无 LOD 值结果；置信度大于 99% 时，模拟子代分配率低于 95%。在分型错误率为 4% 的条件下，当置信度低于 96% 时，均得到 100% 的模拟子代分配率，无 LOD 值结果；当置信度大于 99%，模拟子代分配率低于 95%。在分型错误率为 5% 的条件下，置信度低于 96% 时，均得到 100% 的模拟子代分配率，无 LOD 值结果；置信度大于 98% 时，模拟子代分配率低于 95%。最终经过筛选，点斑篮子鱼模拟亲缘分析的结果见表 10-5。

可以发现，在同一个分型错误率下，置信度与模拟子代分配率成反比关系；LOD 值与置信度呈正比关系。我们以置信度与模拟子代分配率乘积的最大值作为最后选择的最优参数组合，并以此模拟文件和 LOD 值应用到后续的实际判别工作中。本次实验最终得到，该亲本群体进行亲缘分析的最优参数组合为：分型错误率 4%、置信度 98%，LOD 值为 4.75。

表 10-5 点斑篮子鱼模拟亲缘分析结果

分型错误率（%）	置信度（%）	模拟子代的分配率（%）	LOD 决断值	置信度与分配率乘积
3	97	97.35	2.50	0.944 3
3	98	96.51	4.25	0.945 8
3	99	95.33	7.41	0.943 8
4	96	98.25	0.5	0.943 2
4	97	97.49	3.00	0.945 7
4	98	96.61	4.75	0.946 8
4	99	95.37	7.82	0.944 2
5	96	98.29	1.50	0.943 6
5	97	96.86	4.69	0.939 5
5	98	95.88	5.72	0.939 6

最后，使用上述最优置信度和 LOD 决断值对回捕群体中存在的放流个体进行识别，结果共有 3 尾回捕个体能够在亲本群体中寻找到亲本对，被判定为放流个体。放流个体数量占回捕个体总数的 1.50%。

<h1 style="text-align:center">第五节　黄鳍棘鲷鉴定方法的建立</h1>

一、研究方法

（一）试验材料

本实验亲鱼 112 尾为广东省阳江市海捕的野生苗种，养殖于中国水产科学研究院南海水产研究所海南热带水产研究开发中心实验基地。393 尾子代来源于 2017 年 12 月通过人工授精获得的黄鳍棘鲷混合家系。亲鱼和仔鱼样品分别采集鳍条和全鱼，保存于无水乙醇中备用。

（二）基因组 DNA 的提取

本试验采用经典的酚氯仿方法（Sambrook et al.，2001），提取亲鱼和仔鱼基因组 DNA。具体步骤如下：将保存的亲鱼鳍条和仔鱼全鱼样本，放入 2 mL 离心管中，用 TE 缓冲液浸泡 12 h 以充分置换出酒精。接着将裂解液 [100 mmol/L NaCl，50 mmol/L Tris-HCl，20 mmol/L EDTA（pH 8.0），1‰ SDS，200 mg/L 蛋白酶 K] 加入剪碎的尾鳍或剪碎的鱼体中，56℃消化至澄清，然后依次用等体积的酚、酚：氯仿（1:1）、氯仿抽提，等体积的异丙醇沉淀，75% 乙醇清洗沉淀，37℃烘干或自然晾干后，加入 50 μL 双蒸水，待完全溶解后稀释成 100 ng/μL，−20℃保存待用。

（三）引物设计与微卫星分析

在前期研究基础上，得到了黄鳍棘鲷转录组数据，设计了 55 对微卫星引物，并利用广东湛江 36 个野生黄鳍棘鲷 DNA 样品来筛选其多态性（表 10-6）。选取多态信息含量较高的 12 对引物用于后续的亲子鉴定分析，由上海生工生物工程技术服务有限公司合成 5′ 端带有 FAM、HEX 和 TET 的荧光引物。

PCR 反应体系总体积为 10 μL：双蒸水 7.6 μL，10×PCR（TaKaRa）缓冲液 1 μL（含 Mg^{2+}），10 mmol/L dNTPs 0.15 μL，rTaqDNA 聚合酶（TaKaRa）0.15 μL，正反向引物各 0.3 μL，100 ng/μL 基因组 DNA 0.5 μL。PCR 反应条件为：95℃预变性 4 min；95℃变性 30 s，退火温度 60℃ 30 s，72℃延伸 40 min，30 个循环；72℃延伸 10 min；4℃保存。

表 10-6 12 个黄鳍棘鲷微卫星标记引物特征

位点	引物序列	重复序列	扩增片段大小 (bp)	退火温度 (℃)	登录号
AL01	F：TTCAACATGTGCGGCACG R：TATTGCCCTGCACAGTGCTCCC	$(CA)_{14}$	157～200	60	MH727594
AL14	F：CAGCAACATGCTGCCATTAC R：GTGTGCCCTCATAGGCAGTT	$(CA)_9$	177～193	60	MH727595
AL15	F：CGGCTAACTTAATGGGGGAT R：GCTATGCTATGACAGGCAACC	$(TTA)_5$	138～147	60	MH727596
AL18	F：ACCTGAGCCCATTTCAACAT R：TGTTCACACGTCGTCCTCTC	$(AC)_{14}$	305～313	60	MH727597
AL20	F：ATTTGTGGTTTTGATGGGGA R：CGTGTGTTATTGCCTCATGG	$(GT)_6(GA)_7$	228～246	60	MH727598
AL21	F：CAGGAGCTGAGCAGAAGTCC R：AAGCATCCTCCTGATTGGTG	$(AC)_8$	352～358	60	MH727599
AL26	F：GTCGATGCGCTACACAGAGA R：CAAGAGAGTTGCAGCACAGC	$(AC)_{11}$	248～264	60	MH727600
AL28	F：CAGAGGTAACGCACACATGC R：TCAGCCACCTCAGTAGGGTT	$(CA)_{10}$	262～272	60	MH727601
AL37	F：CCTGGGCTTTGATATGCCT R：CTGGCTCATATTTTGCCCAT	$(AC)_8$	216～238	60	MH727602
AL46	F：AGGCTGGTGACTCACACACA R：CTTTCAGAAGCAGGCGTACC	$(TATT)_5$	324～339	60	MH727603
AL49	F：CGGTAGCATTTTCACGGTCT R：CTGCGAGTTCACCTTTCACA	$(CA)_{18}$	262～292	60	MH727604
AL51	F：CAAACGCAGACAGCGATAAG R：CCACCTCAGAACCCATCAGT	$(GT)_{13}$	341～349	60	MH727605

　　PCR 产物用 1％琼脂糖凝胶电泳，GelRed 染色，自动凝胶成像系统拍照检测。然后，送至上海生工生物工程技术服务有限公司进行 STR 测序分析（毛细管电泳检测 ABI3730XL 全自动 DNA 测序仪），利用毛细管电泳方法进行基因型检测，GS-500 作为标记。为降低微卫星基因型测序成本，将带有不同荧光基团的 3 种 PCR 产物混合进行测序。本试验将 12 个微卫星标记分为 4 组，标记组合及其所携带荧光基团见表 10-7。

表 10-7 微卫星标记分组情况

分组	位点名称	荧光标记	片段大小（bp）
	AL15	FAM	138～147
A	AL20	HEX	228～246
	AL46	TET	324～339
	AL37	FAM	216～238
B	AL28	HEX	262～272
	AL51	TET	341～349

（续）

分组	位点名称	荧光标记	片段大小（bp）
C	AL01	FAM	157～200
	AL26	HEX	248～264
	AL18	TET	305～313
D	AL14	FAM	177～193
	AL49	HEX	262～292
	AL21	TET	352～358

（四）数据统计分析

采用 Arlequin version 3.0（Excoffier et al.，2005）分析 N_A、H_E、H_O、HWE，采用 PIC _ CALC 0.6 软件分析 PIC。采用软件 GeneMarker v1.5 读取等位基因大小。采用 CERVUS 3.0 软件（Kalinowski et al.，2007）评价 505 尾黄鳍棘鲷（112 尾亲本和 393 尾子代）个体的等位基因数据，并计算排除率与累积排除率。

二、结果与分析

（一）微卫星位点信息参数

通过对 55 个黄鳍棘鲷微卫星位点的筛选，共得到 30 个多态位点，选取其中 12 个等位基因数目大于 5 且条带清晰的微卫星标记用于亲子鉴定分型。根据扩增效率和片段长度最终确立 4 组 PCR 产物混合检测体系。

在黄鳍棘鲷 112 个亲本个体中，这 12 个微卫星位点共检测到 119 个等位基因（表 10-8）。每个位点的 N_A 为 5～17 个（平均 9.91 个），H_O 为 0.323～0.936（平均 0.651），H_E 为 0.392～0.911（平均 0.661），PIC 为 0.324～0.903（平均 0.621），3 个微卫星标记偏离了 HWE。

（二）排除率和累积排除率

在双亲基因型都未知的情况下，12 个微卫星位点的多态信息含量与其排除概率成正比，每个位点的单独排除概率范围为 7.7%～66.5%。其中，位点 AL49 的排除率最高，为 66.5%；位点 AL21、AL26 和 AL28 的排除率较低，均低于 20%。12 个微卫星位点的累积排除概率为 99.58%（表 10-8）。微卫星位点的数量与累计排除概率之间的关系如图 10-1 所示，微卫星位点数目增多，排除率也随之增大；当微卫星标记数量为 8 时，累积排除概率达到 99.1%，趋于饱和。因此，确定 AL49、AL37、AL01、AL20、AL14、

AL18、AL15 和 AL51 共 8 个多态性较高的微卫星标记为黄鳍棘鲷微卫星亲子鉴定体系。在某些情况下，如亲本数量过多等，使得累积排除率不能达到大于 99% 的标准，可以把位点 AL46、AL21、AL26 和 AL28 作为候选标记加入分子判别组。

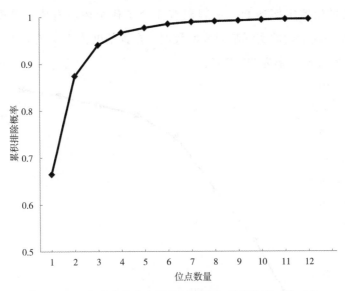

图 10-1　12 个多态性位点计算双亲未知时排除率（Excl-1）

表 10-8　12 个黄鳍棘鲷微卫星位点在黄鳍棘鲷混合家系中的参数值

位点	等位基因数	表观杂合度	期望杂合度	多态信息含量	双亲未知时排除率（%）	已知一亲本基因型的排除率（%）	哈迪-温伯格平衡检测	无效等位基因频率
AL49	17	0.955	0.905	0.892	66.5	79.9	NS	−0.029 7
AL37	17	0.875	0.889	0.875	62.5	77.0	NS	0.005 1
AL01	12	0.679	0.850	0.827	52.5	69.2	***	0.114 2
AL20	9	0.848	0.807	0.778	44.4	62.2	NS	−0.028 5
AL14	8	0.804	0.764	0.720	35.4	53.1	NS	−0.028 6
AL18	10	0.688	0.700	0.669	30.9	49.6	NS	−0.002 1
AL15	5	0.518	0.702	0.651	28.1	45.4	*	0.150 9
AL51	7	0.455	0.631	0.598	23.8	42.0	*	0.169 3
AL46	16	0.607	0.642	0.580	23.5	39.0	NS	0.028 1
AL21	5	0.518	0.522	0.486	14.7	31.0	NS	−0.003 7
AL26	8	0.482	0.525	0.459	14.4	27.6	NS	0.051 2
AL28	5	0.321	0.394	0.315	7.7	15.8	NS	0.099 2
均值	9.91	0.646	0.694	0.654	33.7	49.3		—
累积排除率（%）					99.58	99.99		

注：NS，符合；*，显著偏离（$P<0.05$）；***，极显著偏离（$P<0.01$）。

（三）亲子鉴定结果分析

双亲性别未知的情况下，通过模拟 10 000 个子代和 112 对亲本，置信度为 95％时，8 个微卫星位点的理论鉴定率达 99.1％，只有 4 个子代个体没有成功分配到父母本（图 10-2）。根据黄鳍棘鲷子代的实际基因分型数据，在置信度为 95％时，有 353 尾子代能找到亲本。因此，实际鉴定率为 89.31％。

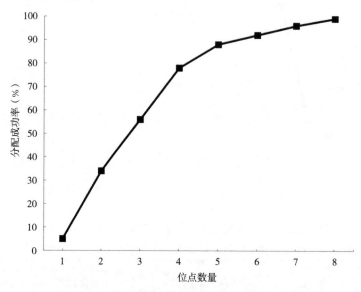

图 10-2　基于亲本和子代的基因型推测的双亲正确分配率

第六节　花鲈鉴定方法的建立

见第五章第七节。

第七节　斑节对虾鉴定方法的建立

一、研究方法

（一）基因组 DNA 的提取

本试验采用经典的酚氯仿方法（Sambrook et al.，2001）提取亲鱼和仔鱼基因组

DNA。具体步骤如下：将保存的亲鱼鳍条和仔鱼全鱼样本，放入 2 mL 的离心管中，用
TE 缓冲液浸泡 12 h 以充分置换出酒精。接着将裂解液 [100 mmol/L NaCl，50 mmol/L
Tris-HCl，20 mmol/L EDTA（pH 8.0），1% SDS，200 mg/L 蛋白酶 K] 加入剪碎的肌
肉和全虾中，56℃消化至澄清，然后依次用等体积的酚、酚∶氯仿（1∶1）、氯仿抽提，
等体积的异丙醇沉淀，75%乙醇清洗沉淀，37℃烘干或自然晾干后，加入 50 μL 双蒸水，
待完全溶解后稀释成 100 ng/μL，-20℃保存待用。

（二）引物设计与微卫星分析

在该实验室前期研究基础上，得到了斑节对虾转录组数据，设计了 24 对微卫星引物，
并利用广东深圳 32 个野生斑节对虾 DNA 样品来筛选其多态性。选取多态信息含量较高
的 14 对引物用于后续的亲子鉴定分析，由上海生工生物工程技术服务有限公司合成 5′端
带有 FAM、HEX 和 TET 的荧光引物。

PCR 反应体系总体积为 10 μL：双蒸水 7.6 μL，10×PCR（TaKaRa）缓冲液 1 μL
（含 Mg^{2+}），10 mmol /L dNTPs 0.15 μL，rTaqDNA 聚合酶（TaKaRa）0.15 μL，正反
向引物各 0.3 μL，100 ng/μL 基因组 DNA 0.5 μL。PCR 反应条件为：95℃预变性 4 min；
95℃变性 30 s，退火温度 60℃ 30 s，72 ℃延伸 40 min，30 个循环；72℃延伸 10 min；
4℃保存。

PCR 产物用 1%琼脂糖凝胶电泳，GelRed 染色，自动凝胶成像系统拍照检测，然后
送至上海生工生物工程技术服务有限公司进行 STR 测序分析（毛细管电泳检测
ABI3730XL 全自动 DNA 测序仪），利用毛细管电泳方法进行基因型检测，GS-500 作为
标记。

（三）数据统计分析

采用 Arlequin 3.0 软件（Excoffier et al.，2005）分析 N_A、H_E、H_O、HWE。采用
PIC_CALC 0.6 软件分析 PIC。采用软件 GeneMarker 1.5 读取等位基因大小。采用
Cervus 3.0 软件（Kalinowski et al.，2007）评价 120 尾斑节对虾个体的等位基因数据，
并计算排除率与累积排除率。

二、结果与分析

（一）微卫星位点信息参数

通过对斑节对虾微卫星位点的筛选，开发了 24 个微卫星标记，选取其中 14 个等位基
因数目大于 5 且条带清晰的微卫星标记用于亲子鉴定分型（表 10-9）。

表 10-9　24 个斑节对虾微卫星位点在斑节对虾野生群体中的参数值

位点	引物序列	重复单元	产物范围	退火温度(℃)	等位基因数	表观杂合度	期望杂合度	哈迪-温伯格平衡检验 P 值	多态信息含量	登记号
PM-19	F: AAGAACCAGCTGTTAGCCCA R: CCAAGGGAAGTTGTCGTATCA	$(AC)_{10}$	250～286	56	7	0.500 0	0.753 0	0.000 264	0.708	KU898880
PM-22	F: GGTGACGCTTGAGAGGTAGC R: TGGTAATTATGCTTCCCATCTG	$(ATG)_5$	110～237	60	7	0.666 7	0.893 6	0.996 5	0.425	KU898881
PM-23	F: CACAACTTACCAGAAAGGCTTG R: GAAGCTGGCTTTGAGGACTG	$(TTA)_6$	240～248	59	4	0.812 5	0.614 6	0.061 210	0.528	KU898882
PM-35	F: AACCTTCAATGAATGCAGCC R: AGGCCTTGCCCTGTTCTAAT	$(ATT)_7$	280～301	60	2	0.343 8	0.467 8	0.129 568	0.354	KU898883
PM-37	F: GGCGACAAACGAAGACACTT R: TTCTCAGGTTTCTTCACCGC	$(TTTTG)_4$	163～175	60	4	0.437 5	0.472 7	0.654 405	0.815	KU898884
PM-38	F: TCAGCAGCAGTGTTATTCAGA R: CAGTGCTAGTGCGTCGAATC	$(CT)_{43}$	261～307	60	19	1.000 0	0.940 0	0.896 217	0.920	KU898885
PM-40	F: GTCACACAAAACCCACCCTC R: CTTCCAGCACCTTCTTCAGG	$(CCA)_5$	248～283	60	5	0.687 5	0.657 2	0.384 500	0.581	KU898886
PM-45	F: CTGACGAAAAGAGAGACGGG R: CCACTTTGCAGTCCCAGAAT	$(TTTTC)_4$	263～272	60	4	0.718 8	0.676 6	0.000 334	0.601	KU898887
PM-46	F: AAGCTTGTGGATCCCAGTTG R: ATTCCGTTGCCACAGTTCAT	$(AT)_6$	250～256	61	3	0.656 2	0.617 6	0.177 940	0.540	KU898888
PM-64	F: GCCCTGTCGCAAATTAAAAA R: TCTTATCTTTCGCCCTCCCT	$(AC)_{15}$	231～237	62	4	0.625 0	0.640 4	0.640 541	0.566	KU898889
PM-66	F: CCTCCCTCGAAACACAGCAAG R: AAAATGAGTTGGAACCTGCG	$(TC)_{14}$	132～160	60	9	0.781 2	0.845 2	0.034 91	0.812	KU898890
PM-69	F: TCCTCTTCTCTTCCCTTCC R: AGAGTGTTATCGTCCCCGTG	$(TC)_{14}$	241～278	60	8	0.625 0	0.590 3	0.988 557	0.558	KU898891

（续）

位点	引物序列	重复单元	产物范围	退火温度（℃）	等位基因数	表观杂合度	期望杂合度	哈迪-温伯格检验平值 P值	多态信息含量	登记号
PM-84	F: TGTTGACTTGTTCCGAAA R: TGTTCCATCTACGCAAACCA	(AT)$_{13}$	232~244	60	6	0.937 5	0.790 2	0.056 35	0.743	KU898892
PM-89	F: AAGTCATTAGTGAAAGCGCGA R: ATGGCAACAAAAGTACGGC	(AC)$_{12}$	113~257	61	8	0.562 5	0.624 5	0.608 363	0.591	KU898893
PM-92	F: CAGCCATGGATCGTACGACAG R: ACATCAGCTTGTGGGAAAGG	(GA)$_{12}$	283~303	60	8	0.406 2	0.842 8	0.524 568	0.808	KU898894
PM-93	F: CAGGCCTTTAGTGAAGAGTGG R: CAATGTGCAAGATGGTGCTT	(TG)$_{12}$	276~285	60	5	0.593 8	0.712 3	0.214 394	0.651	KU898895
PM-101	F: GGGGTTTAATTTTTGGTATCTTGA R: AAACCGATGTGGAATGTGCT	(AAG)$_{13}$	255~272	60	7	0.625 0	0.835 8	0.115 512	0.799	KU898896
PM-102	F: TGACAAGTGTTGGCAATGAG R: TGAAGACTGAAATCATTGTGCAT	(AAT)$_{13}$	233~316	60	17	0.750 0	0.924 6	0.823 553	0.904	KU898897
PM-105	F: AGAGTCATCCCTTCCGGTTT R: ACTGTGCGAGTCCAGTGATG	(ATA)$_{11}$	153~235	60	9	0.937 5	0.819 4	0.000 003	0.783	KU898898
PM-108	F: ACATGGCAAGCACAAGGTAA R: TCTAAACACCAGATTTTTGCATT	(ATG)$_{10}$	270~293	60	6	0.750 0	0.589 3	0.551 551	0.543	KU898899
PM-113	F: TCAAAGGGATTTAGCAGCTTG R: GAATTTGTCTCTCCCTGGGTC	(TTA)$_9$	229~257	60	8	0.718 8	0.850 2	0.006 997	0.816	KU898900
PM-114	F: GGGAGCGATGTAACCTGTGT R: CCTCTGACATGCATCTCCACT	(AGG)$_8$	234~314	60	11	0.781 2	0.888 9	0.138 940	0.862	KU898901
PM-116	F: TCCATGCATTTTGTACCTGG R: TGCCATCTTAACAATCAAAAACA	(TTTG)$_9$	95~173	60	5	0.687 5	0.702 4	0.000 023	0.629	KU898902
PM-119	F: AATGGCTTTGCACAAAGGTT R: TGTTTGCCATTGCAGAAGAG	(AGAAA)$_7$	265~276	60	5	0.781 2	0.689 5	0.017 112	0.624	KU898903
均值					7.13	0.682 7	0.726 6			

在斑节对虾 10 个全同胞家系中，这 14 个微卫星位点共检测到 158 个等位基因（表 10-10）。每个位点的 N_A 为 3～20 个（平均 11.29 个），H_O 为 0.550～0.917（平均 0.790），H_E 为 0.512～0.914（平均 0.790），PIC 为 0.387～0.899（平均 0.750）。13 个微卫星位点显示了较高的多态信息含量（$PIC>0.5$），只有 1 个位点 PM-111 的多态信息含量较低（$0.25<PIC<0.5$）。

表 10-10 14 个微卫星位点在斑节对虾全同胞家系中的参数值

引物	等位基因数	表观杂合度	期望杂合度	多态信息含量	双亲未知时排除率	已知一亲本基因型的排除率
PM-38	16	0.917	0.914	0.899	0.681	0.811
PM-69	19	0.900	0.893	0.875	0.63	0.773
PM-102	12	0.800	0.874	0.854	0.584	0.739
PM-114	20	0.783	0.86	0.839	0.559	0.718
PM-92	12	0.817	0.828	0.801	0.485	0.657
PM-84	9	0.683	0.825	0.794	0.468	0.642
PM-37	9	0.950	0.819	0.786	0.453	0.629
PM-113	10	0.900	0.813	0.782	0.454	0.629
PM-108	13	0.817	0.803	0.772	0.441	0.618
PM-101	10	0.700	0.771	0.734	0.384	0.564
PM-66	7	0.650	0.766	0.729	0.376	0.558
PM-93	6	0.867	0.755	0.707	0.34	0.517
PM-89	12	0.550	0.591	0.567	0.213	0.400
PM-111	3	0.733	0.512	0.387	0.129	0.198
均值	11.29	0.790	0.790	0.750	0.440	0.600
累积排除率(%)					99.98	99.99

（二）排除率和累积排除率

在双亲基因型都未知的情况下，14 个微卫星位点的多态信息含量与其排除概率成正比，每个位点的单独排除概率范围为 12.9%～68.1%。其中，位点 PM-38 的排除率最高，为 68.1%；位点 PM-111 的排除率较低，低于 20%。14 个微卫星位点的累积排除概率为 99.98%。微卫星位点的数量与累计排除概率之间的关系如图 10-3 所示，微卫星位点数目增多，排除率也随之增大；当微卫星标记数量为 6 时，累积排除概率达到 99.77%，趋于饱和。因此确定 PM-38、PM-69、PM-102、PM-114、PM-92 和 PM-84 共 6 个多态性较高的微卫星标记，为斑节对虾微卫星亲子鉴定体系。在某些情况下，如亲本数量过多等，使得累积排除率不能达到大于 99% 的标准，可以把位点 PM-37、PM-113、PM-108、PM-101、PM-66、PM-93、PM-89 和 PM-111 作为候选标记加入分子判别组（图 10-3）。

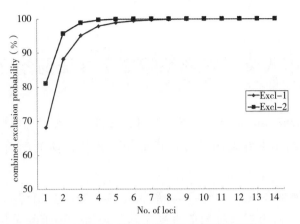

图 10-3　14 个微卫星位点的累积排除概率

No. of loci，微卫星位点数量；combined exclusion probability，累计排除概 率 Excl-1，双亲未知时的累积排除概率；Excl-2，单亲已知时的累积排除概率

（三）已知双亲和子代信息的鉴定分析

利用 14 个微卫星位点中多态信息含量最高的 6 个位点，对 10 个斑节对虾全同胞家系（共 120 尾样品：20 尾亲本、100 尾子代）进行亲子鉴定分析，并将鉴定结果与实际养殖记录进行对比。结果显示，100 尾子代在 6 对候选亲本的情况下，有 1 尾无法找到正确的亲本，实际鉴定成功率为 99％。其中，找到正确父本的子代比例为 99％，找到正确母本的子代比例为 100％（图 10-4）。

为确保鉴定结果的准确性，根据软件计算的 LOD 值确定候选亲本时，只有当所有微卫星位点全部匹配，并符合亲本之间的交配体制时，才确认是正确的亲子关系。在 10 种可能亲本对的情况下，100 个混合家系子代中有 11 个子代被分配到错误的候选亲本中去，子代的鉴定成功率为 89.0％。

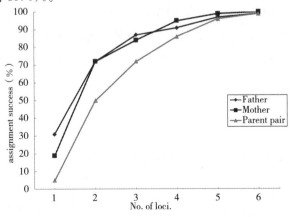

图 10-4　模拟分析中的亲子鉴定分配准确率与实际结果进行比较的结果

No. of loci，微卫星位点数量；assignment success，分配成功率；Father，父本；Mother，母本；Parent pair，双亲。按照位点的多态信息含量由高到低进行添加

第八节 卵形鲳鲹鉴定方法的建立

卵形鲳鲹（*Trachinotus ovatus*）属鲈形目、鲹科、鲳鲹属。俗称金鲳、黄腊鲳、黄腊鲹，是国内近十几年来开发的一种优质养殖对象，目前的国内养殖产量已经超过 10 万 t。

分子标记是群体动态检测、种质资源鉴定、谱系鉴定和增殖放流效果评估等研究和应用的重要工具。微卫星又称简单重复序列，是指一类重复单位在 2～6 个碱基的重复序列。微卫星序列作为分子标记具有方法简单、单位点信息含量高、结果可靠和成本低廉的优点，结合多重 PCR 和通用荧光标记引物，可使操作更简便、成本更低廉。

一、研究方法

（一）筛选出 2 组多重 SSR-PCR

根据卵形鲳鲹基因组参考序列，统计微卫星的分布和分类特点，通过对群体重测序数据分析，对微卫星进行分型、筛选高多态水平和 3～6 碱基重复单元的微卫星，评估引物的扩增特异性和引物组合之间的兼容性。筛选出 2 组多重 SSR-PCR 组合，用 V1 和 G36 表示，分别包含 8 个和 5 个微卫星位点。

（二）卵形鲳鲹收集和 DNA 提取

收集卵形鲳鲹混交群体 18 尾亲本（P1-P18）和 429 尾（S0001～S0429）子代，剪取每个个体鳍条并立即保存在 95％乙醇中，利用海洋动物组织基因组 DNA 提取试剂盒（天根）提取基因组总 DNA，具体步骤参见试剂盒使用说明。DNA 提取完毕后，使用紫外分光光度计检测浓度。

（三）引物合成

按照表 10-11 中的序列和荧光标记要求合成引物。

表 10-11　微卫星位点扩增的特异引物对和荧光标记通用引物

组别	序号	引物对	重复单元	范围 (bp)	引物序列 (F/R, 5'—>3')
V1	1	Tov32142	AACA	216~244	TGTAAAACGACGGCCAGTTCCTCCAGTAGGTTTGGTGC/GAGCTGTCTCTGTGCTGTGC
	2	Tov25439	CCTCT	257~287	TGTAAAACGACGGCCAGTAGGTGGCTCTAATCCAGGGT/TCACTACAGGGACCCACTCC
	3	Tov26724	TTCT	316~336	TGTAAAACGACGGCCAGTGGTCAGAGGTCAGGGTGTGT/TGGCTGAAACTCAACTGTGC
	4	Tov6129	AATTG	407~474	TGTAAAACGACGGCCAGTCTGTTGGAGGCTTCTTCCTG/GGACAAAGGACACAGTCGGT
	5	Tov32776	AAG	223~235	TTGAGAGGATGCATCCATGATCTGACTCCCAGCAGTG/GAGACCTTCCATACGTCGGA
	6	Tov16774	AGAGG	276~306	TTGAGAGGATGCATCCAAACGAGGGAGGTCAAGTCT/CCCAGCTCTGATAGCACACA
	7	Tov15555	ATGA	326~342	TTGAGAGGATGCATCCATGTGTGTTGCAGGTCAGT/CCTGCACCGTATCACTTCCT
	8	Tov4695	GATA	463~495	TTGAGAGGATGCATCCATCCAGCAGTCTTAGGTCCTC/TTCAAAGGTTGTCCCTCGTC
	10	通用引物			M13: FAM-5'-TGTAAAACGACGGCCAGT
	11	通用引物			PQE-F: HEX-5'-TTGAGAGGATGCGCATCCA
G36	1	Tov368	CAGA	169~205	TGTAAAACGACGGCCAGTAACGCTGGAATAAACTAGGCAG/TGTTTCTGTTTGACTGAATGGG
	2	Tov82	GATA	390~418	TGTAAAACGACGGCCAGTCAGAGATTAAACCAATCAGGGC/ATTGTTTCAACCATGATCACCA
	3	Tov533	GATA	438~470	TGTAAAACGACGGCCAGTTTCCTGTCTGTTGATGTTGTCC/CCAATGCAACAAAGCACTTAGA
	4	Tov530	AAGA	481~501	TGTAAAACGACGGCCAGTAACAGCCCAATCAAACTCAACT/GAAGCCAGATTCAAAGGAAATG
	5	Tov215	TAGA	294~338	TTGAGAGGATGCATCCATTGCCCAGTTGTAGCAATGTAG/AAATCCTTTGTTCCCTCTGTCA
	6	通用引物			M13: FAM-5'-TGTAAAACGACGGCCAGT
	7	通用引物			PQE-F: HEX-5'-TTGAGAGGATGCGCATCCA

（四）多重 PCR 扩增

每个个体按照表 10-12 和表 10-13 体系进行 PCR 扩增。PCR 反应程序设定：98℃ 10 s，59℃ 30 s，72℃ 60 s，30 个循环；98℃ 10 s，53℃ 30 s，72℃ 60 s，15 个循环；最后 72℃延伸 30 min。PCR 结束后，取 5 μL 在琼脂糖凝胶上电泳检测有期望大小弥散条带，其余送至商业公司采用 ABI 3730XL 进行基因型分型。

表 10-12　V1 组多重 PCR 扩增体系

体系反应物	含量（μL）
Tov32142. F（5 μmol/L）	0.06
Tov25439. F（10 μmol/L）	0.06
Tov26724. F（10 μmol/L）	0.06
Tov6129. F（10 μmol/L）	0.06
Tov32776. F（10 μmol/L）	0.06
Tov16774. F（10 μmol/L）	0.06
Tov15555. F（10 μmol/L）	0.06
Tov4695. F（20 μmol/L）	0.24
Tov32142. R（5 μmol/L）	0.24
Tov25439. R（10 μmol/L）	0.24
Tov26724. R（10 μmol/L）	0.24
Tov6129. R（10 μmol/L）	0.24
Tov32776. R（10 μmol/L）	0.24
Tov16774. R（10 μmol/L）	0.24
Tov15555. R（10 μmol/L）	0.24
Tov4695. R（20 μmol/L）	0.24
M13（10 μmol/L）	0.60
PQE（10 μmol/L）	0.48
BSA（2 mg/ml）	0.45
DNA（50 ng/μL）	1.00
Premix Taq™ Hot Start Version	7.50
总量	15.0

表 10-13　G36 组多重 PCR 扩增体系

体系反应物	含量（μL）
Tov368. F（10 μmol/L）	0.06
Tov82. F（10 μmol/L）	0.06

（续）

体系反应物	含量（μL）
Tov533. F（10 μmol/L）	0.06
Tov530. F（20 μmol/L）	0.06
Tov215. F（6 μmol/L）	0.06
Tov368. R（10 μmol/L）	0.24
Tov82. R（10 μmol/L）	0.24
Tov533. R（10 μmol/L）	0.24
Tov530. R（20 μmol/L）	0.24
Tov215. R（6 μmol/L）	0.24
M13（10 μmol/L）	0.60
PQE（10 μmol/L）	0.48
BSA（2 mg/ml）	0.45
DNA（50 ng/μL）	1.00
Premix Taq™ Hot Start Version	7.50
总量	15.0

（五）标记分型和亲子鉴定

利用软件 GeneMarker 2.2.2.0 将峰图数据转化为数字格式。利用软件 GenAlEx 6.503 统计亲本个体进行性数据，并进行基本统计参数。利用软件 PAPA 2.0 进行亲子鉴定。

二、结果与分析

2 组微卫星多重 PCR 组合共包含 13 个位点（表 10-14），每个位点包含 2～11 个不等的等位基因。利用亲本个体的基因型进行遗传学参数估算，除 4 个位点外，其余位点的期望杂合度均大于 0.5。亲子鉴定结果表明，子代来自 12 个全同胞家系（彩图 27）。其中，425 尾子代来自同一个半同胞家系，准确性大于 99%（彩图 28）。在整个交配群体中，1 个包含 2 个全同胞家系的半同胞家系是优势家系，共包含 403 个个体。其中，由亲本 P008 和 P018 产生的全同胞家系含有 278 个子代个体；由亲本 P014 和 P018 产生的全同胞家系含有 124 个子代个体。准确性和分配率分析表明，该组微卫星可以用于亲子鉴定相关的选择育种和增殖放流评估等。

表 10-14　卵形鲳鲹 13 个微卫星位点遗传学参数

位点	等位基因数	有效等位基因数	香农信息指数	表观杂合度	期望杂合度	uHe	固定指数
Tov32142	5	1.958	1.009	0.444	0.489	0.503	0.091
Tov25439	3	1.497	0.625	0.389	0.332	0.341	−0.172

（续）

位点	等位基因数	有效等位基因数	香农信息指数	表观杂合度	期望杂合度	uHe	固定指数
Tov26724	5	2.757	1.280	0.611	0.637	0.656	0.041
Tov6129	2	1.314	0.403	0.278	0.239	0.246	−0.161
Tov32776	10	7.200	2.097	0.944	0.861	0.886	−0.097
Tov16774	5	3.375	1.341	0.778	0.704	0.724	−0.105
Tov15555	3	1.554	0.613	0.333	0.356	0.367	0.065
Tov4695	8	5.684	1.867	1.000	0.824	0.848	−0.213
Tov368	12	7.807	2.257	1.000	0.872	0.897	−0.147
Tov82	9	6.968	2.057	0.944	0.856	0.881	−0.103
Tov533	8	5.838	1.885	0.889	0.829	0.852	−0.073
Tov530	7	5.586	1.810	1.000	0.821	0.844	−0.218
Tov215	11	6.291	2.092	0.944	0.841	0.865	−0.123

第九节　遗传风险评价案例

本案例分析以黑棘鲷的遗传风险评价为例。计算回捕群体的遗传多样性特征值可得，回捕群体的"各标记等位基因数平均值"为 12.62，表观杂合度平均值为 0.725，期望杂合度平均值为 0.733（表 10-15）。与大亚湾黑棘鲷种群的遗传多样性本底值非常相似（本底"各标记等位基因数平均值"为 12.08，本底表观杂合度平均值为 0.719，本底期望杂合度平均值为 0.742）。

计算放流前采集的自然群体与回捕群体之间的遗传分歧度（F_{ST}），并对计算结果进行显著性检验。结果，两群体间的 F_{ST} 值为 −0.000 5，且此 F_{ST} 值未通过显著性检验。这表明两群体间不存在遗传分歧。

上述两方面的分析证明，此次放流未对大亚湾黑棘鲷自然种群的遗传多样性产生影响。

表 10-15　黑棘鲷野生群体、亲本群体和回捕群体的遗传多样性信息

位点	项目	野生群体	亲本群体	回捕群体
	等位基因数	13	14	16
	等位基因丰富度	12.97	13.912	14.107
SM20	表观杂合度	0.75	0.725	0.715
	期望杂合度	0.722	0.78	0.729
	哈迪-温伯格平衡检验 P 值	0.505 3	0.051 3	0.085 5

（续）

位点	项目	野生群体	亲本群体	回捕群体
SM166	等位基因数	7	6	10
	等位基因丰富度	6.98	5.971	7.657
	表观杂合度	0.67	0.784	0.7
	期望杂合度	0.71	0.734	0.702
	哈迪-温伯格平衡检验 P 值	0.004	0.951 8	0.020 5
SM47	等位基因数	7	6	8
	等位基因丰富度	7	6	6.842
	表观杂合度	0.74	0.775	0.736
	期望杂合度	0.795	0.779	0.785
	哈迪-温伯格平衡检验 P 值	0.265 2	0.002 1	0.100 1
SM94.2	等位基因数	4	4	5
	等位基因丰富度	4	4	4.389
	表观杂合度	0.53	0.373	0.471
	期望杂合度	0.495	0.383	0.447
	哈迪-温伯格平衡检验 P 值	0.573 1	0.161 9	0.251 9
SM45.2	等位基因数	16	18	24
	等位基因丰富度	16	17.94	19.267
	表观杂合度	0.758	0.59	0.787
	期望杂合度	0.798	0.702	0.802
	哈迪-温伯格平衡检验 P 值	0.151 3	0.000 6	0.426 9
SM158.2	等位基因数	9	10	10
	等位基因丰富度	8.99	9.969	9.572
	表观杂合度	0.52	0.569	0.571
	期望杂合度	0.54	0.583	0.567
	哈迪-温伯格平衡检验 P 值	0.558 3	0.562 6	0.611 8
SM51	等位基因数	13	11	15
	等位基因丰富度	13	10.94	12.573
	表观杂合度	0.768	0.657	0.786
	期望杂合度	0.807	0.665	0.796
	哈迪-温伯格平衡检验 P 值	0.003 5	0.357 9	0.744 9
SM95	等位基因数	8	6	7
	等位基因丰富度	7.99	5.971	6.295
	表观杂合度	0.54	0.569	0.565
	期望杂合度	0.589	0.607	0.536
	哈迪-温伯格平衡检验 P 值	0.685 6	0.289 2	0.734 4

（续）

位点	项目	野生群体	亲本群体	回捕群体
SMA96	等位基因数	20	15	20
	等位基因丰富度	20	14.968	16.967
	表观杂合度	0.889	0.863	0.936
	期望杂合度	0.902	0.897	0.902
	哈迪-温伯格平衡检验 P 值	0.402 8	0.002 9	0.587 8
SMA143	等位基因数	14	13	14
	等位基因丰富度	14	12.98	12.505
	表观杂合度	0.848	0.851	0.882
	期望杂合度	0.867	0.842	0.846
	哈迪-温伯格平衡检验 P 值	0.210 4	0.802 2	0.039 3
SMA145	等位基因数	14	14	15
	等位基因丰富度	13.98	14	13.305
	表观杂合度	0.74	0.853	0.763
	期望杂合度	0.895	0.889	0.886
	哈迪-温伯格平衡检验 P 值	0.035 6	0.035 2	0.000 5
SMA485	等位基因数	9	9	11
	等位基因丰富度	9	8.98	9.738
	表观杂合度	0.778	0.812	0.744
	期望杂合度	0.762	0.78	0.755
	哈迪-温伯格平衡检验 P 值	0.213 5	0.547 1	0.026 7
SMA587	等位基因数	10	6	9
	等位基因丰富度	10	6	7.628
	表观杂合度	0.818	0.814	0.774
	期望杂合度	0.769	0.782	0.773
	哈迪-温伯格平衡检验 P 值	0.435 9	0.161 8	0.602 4

第十一章　增殖放流生态与经济效益评价

增殖放流效果评价一般包括生态、经济和社会效益。生态效益就是使放流水域生态系统各组成部分在物质与能量输出输入的数量上、结构功能上，经常处于相互适应、相互协调的平衡状态，使渔业水域自然资源得到合理的开发、利用和保护，促进增殖渔业持续、稳定发展。经济效益则主要注重对增殖放流过程中各个经济指标，投入产出进行的全成本、全效益价值评价。社会效益是指最大限度地利用渔业资源增殖产生的生物多样性丰富程度、水域生态环境质量提高程度等，满足社会上人们日益增长的物质文化需求，是从社会总体利益出发来衡量的某种效果和收益，一段往往在比较长的时间后才能发挥出来。本章结合 2 个案例，探讨和建立增殖放流的生态和经济效益评价方法与途径。

第一节　铁山港多种类增殖放流效果评价

一、北部湾铁山港增殖放流情况介绍

增殖放流种类包括真鲷、黑鲷和黄鳍棘鲷等 3 种重要经济鱼类；长毛对虾和墨吉对虾等 2 种经济虾类。两次放流鱼虾苗种类数量总计约 20 476.753 万尾，各品种的苗种类数量具体见表 11-1。

表 11-1　2017—2018 年鱼苗和虾苗增殖放流苗种规格及数量

苗品种	全长（cm）	2017 年数量（万尾）	2018 年数量（万尾）
真鲷	3.5±0.5	160.000	142.857 1
黑鲷	3.5±0.5	240.000	218.181 8
黄鳍棘鲷	3.5±0.5	180.000	160.714 2
长毛对虾	1.5±0.3	5 000	4 687.50
墨吉对虾	1.5±0.3	5 000	4 687.50
合计	—	10 580	9 896.753
总计		20 476.753 万尾	

放流时间分别为 2017 年 6 月 13 日和 2018 年 6 月 18 日。放流地点选于铁山港周边海域或涠洲岛附近海域的人工鱼礁区。该海域自然条件良好，水质肥沃、海域水生生物繁殖及生长的条件优越，浮游生物饵料资源丰富，属高生产力海域，是人工增殖放流的适宜区域。

为了评价增殖放流的实施效果，项目组在放流前后对放流海域渔业资源进行了跟踪监测。渔业资源跟踪监测分为两个阶段，放流前本底调查和放流后效果评估调查。放流前本底调查 3 个航次，调查时间分别为 2016 年 11 月（秋季）、2017 年 1 月（冬季）和 2017 年 4 月（春季）。放流后进行 5 个航次渔业资源跟踪监测，调查时间分别为 2017 年 8 月（夏季）、2017 年 11 月（秋季）、2018 年 1 月（冬季）、2018 年 4 月（春季）和 2018 年 8 月（夏季）。调查技术方案按照《海洋调查规范》（GB 12763—2007）和《海洋生态资本评估技术导则》（GB/T 28058—2011）等相关法规、标准和规范的要求开展。根据渔业增殖放流的地点，在北部湾海域中方一侧对渔业资源调查和跟踪监测的站位进行了布设，共布设了 30 个调查站位（图 11-1）。

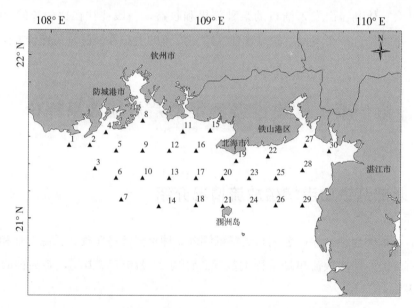

图 11-1　北部湾铁山港渔业资源放流后跟踪监测调查站位

二、北部湾铁山港增殖放流生态效益分析

（一）放流前后渔业资源量变化比较

1. 总渔获率　增殖放流前后，鱼类游泳动物重量渔获率变化情况见图 11-2。放流前，3 次本底调查的鱼类重量渔获率差异不大，最高为 6.75 kg/h（第二航次）；放流实施后，鱼类渔获率变化较为明显，最高为 33.61 kg/h（第八航次），最低则为 6.03 kg/h（第五

航次）。放流前、后的鱼类重量渔获率平均值分别为 5.93 kg/h 和 17.36 kg/h，且放流后各航次调查结果均明显高于放流前同期渔获率水平（$P<0.05$）。由此可见，项目的放流实施对鱼类资源的增殖效果较为显著。

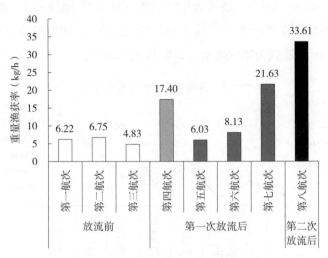

图 11-2　放流前后鱼类重量渔获率变化

尾数渔获率方面，增殖放流前后鱼类资源变化情况与重量渔获率相当，表现为放流后总体调查渔获率（2 107 尾/h）均值显著高于放流前本底值（562 尾/h），单航次调查的鱼类尾数渔获率，也表现为放流后显著高于放流前同季节水平（$P<0.05$）。另外，第二次放流后的夏季调查（第八航次）渔获率，也高于第一次放流后的夏季（第四航次）水平（图 11-3）。

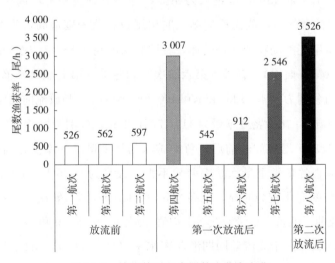

图 11-3　放流前后鱼类尾数渔获率变化

2. 总渔业资源密度　通过对比分析增殖放流前后渔业资源整体密度变化，可在一定程度上反映出项目放流对海域内渔业增殖的实施效果。图 11-4 所示为增殖放流前后附近海域资源重量和尾数密度变化，从图 11-4 中可反映出，放流后整体渔业资源量呈较为明显的上升趋势。

重量密度方面，放流前本底调查海域内整体资源密度平均值为 406.77 kg/km²，最高为第二航次（584.03 kg/km²），最低为第三航次（192.28 kg/km²）。放流后，五次效果评估调查渔业资源整体资源密度均值为 1 188.67 kg/km²，密度最高的航次为第八航次，为 2 288.76 kg/km²；最低为第五航次（469.71 kg/km²）。

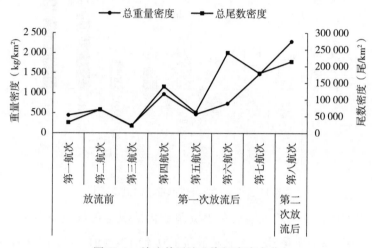

图 11-4　放流前后渔业资源密度变化

尾数渔获密度方面，整体变化趋势与重量密度相同，放流后资源密度整体呈上升趋势。放流前，本底调查尾数密度平均值为 41 229 尾/km²，放流后评估调查结果的资源尾数密度均值为 167 129 尾/km²，增量较为明显，各季节调查结果均高于放流前同期水平（$P < 0.05$）。值得注意的是，放流后的第六航次尾数渔获密度最高，为 241 010 尾/km²。因该航次捕获大量甲壳类动物须赤虾幼体，其尾数密度高达 88 471 尾/km²。

放流后秋季（第五航次）、春季（第六航次）和冬季（第七航次）渔业资源重量密度和尾数密度平均值分别为 894.16 kg/km² 和 160 706 尾/km²。与放流前相比，资源重量密度增量为 487.39 kg/km²，尾数密度增量为 119 477 尾/km²，分别增加了 1.2 倍和 2.9 倍。

3. 鱼类资源状况　增殖放流前后，鱼类游泳动物重量渔获率变化情况见图 11-5。放流前，三次本底调查的鱼类重量渔获率差异不大，最高为 6.75 kg/h（第二航次）；放流实施后，鱼类渔获率变化较为明显，最高为 33.61 kg/h（第八航次），最低则为 6.03 kg/h（第五航次）。放流前后的鱼类重量渔获率平均值分别为 5.93 kg/h 和 17.36 kg/h，且放流后各航次调查结果均明显高于放流前同期渔获率水平（$P < 0.05$）。由此可见，项目的放流实施对鱼类资源的增殖效果较为显著。

尾数渔获率方面，增殖放流前后鱼类资源变化情况与重量渔获率相当，表现为放流后总体调查渔获率（2 107 尾/h）均值显著高于放流前本底值（562 尾/h），单航次调查的鱼类尾

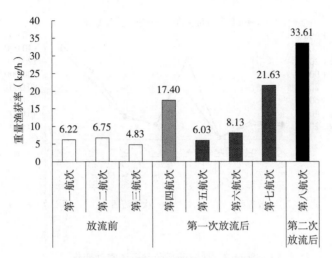

图 11-5 放流前后鱼类重量渔获率变化

数渔获率，也表现为放流后显著高于放流前同季节水平（$P < 0.05$）。另外，第二次放流后的夏季调查（第八航次）渔获率，也高于第一次放流后的夏季（第四航次）水平（图 11-6）。

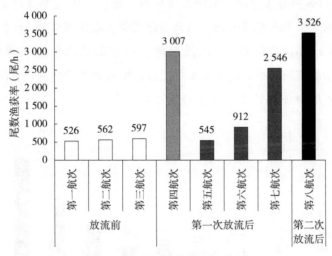

图 11-6 放流前后鱼类尾数渔获率变化

图 11-7 所示为放流前后鱼类资源重量及尾数密度变化情况。从图 11-7 中可以看出，放流前鱼类资源本底水平较低，其重量渔获密度和尾数渔获密度分别为 190.82 kg/km² 和 16 425 尾/km²。放流后，鱼类资源密度最高为第八航次，重量为 1 394.73 kg/km²，尾数密度为 146 304 尾/km²；最低为第五航次，其重量密度和尾数密度分别为 250.21 kg/km² 和 22 614 尾/km²。放流后效果评估调查鱼类重量密度和尾数密度总体均值，分别为 720.40 kg/km² 和 87 441 尾/km²。方差分析表明，放流后各季节调查的鱼类资源密度均高于放流前同期本底值（$P < 0.05$）；两次放流对比，第八航次调查结果亦高于第四航次（$P < 0.05$）。

综上所述，本项目增殖放流后鱼类资源重量和尾数密度增加量，分别为 529.58 kg/km² 和 71 015 尾/km²。

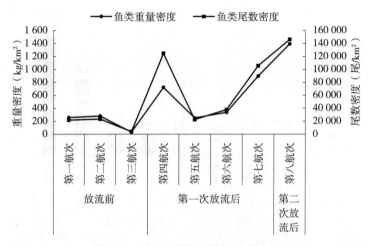

图 11-7　放流前后鱼类资源密度变化

4. 甲壳类资源状况　图 11-8 所示为渔业增殖放流前后附近海域甲壳类重量渔获率的变动情况。由图 11-8 可分析得出，增殖放流项目实施后，甲壳类渔获率整体呈现逐渐上升的趋势。放流前，甲壳类重量渔获率最高为第二调查航次（6.56 kg/h），3 次本底调查平均值则为 4.18 kg/h；放流后，5 次效果评估调查渔获的甲壳类重量渔获率均值为 10.66 kg/h，高于放流前水平。同季节水平比较，所有效果评估调查航次的甲壳类重量渔获率都明显高于本底调查水平（$P < 0.05$）。

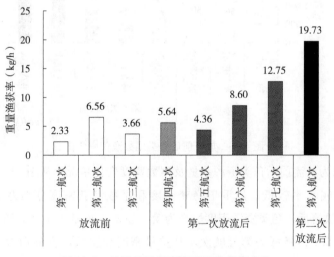

图 11-8　放流前后甲壳类重量渔获率变化

尾数渔获率方面（图 11-9），放流前甲壳类渔获率最高为第二航次的 1 091 尾/h，最低为第一航次的 168 尾/h，3 次本底调查平均值为 558 尾/h。放流后总体渔获率均值为 1 873尾/h，其中，最高出现在第六航次，为 4 850 尾/h。该次调查甲壳类尾数渔获率较高的原因是大量小型虾类须赤虾幼虾的出现，其渔获率高达 2 132尾/h；第四航次调查的甲壳类尾数密度较低，原因是该次捕获的甲壳类中以较大型的蟹类（如远海梭子蟹、锈斑蟳等）占优势，小型的虾蟹类则相对较少。同期水平比较，表现为各放流后评估调查航次甲壳类渔获率均高于放流前本底值（$P<0.05$）。

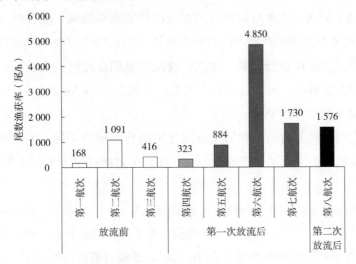

图 11-9　放流前后甲壳类尾数渔获率变化

放流前后甲壳类资源密度变化情况如图 11-10 所示。放流前，调查海域内甲壳类资源量相对较低，3 次调查重量密度和尾数密度本底平均值分别为 173.60 kg/km² 和 23 169 尾/km²；放流后，甲壳类重量资源密度重量密度总体呈上升趋势，其密度均值为 423.83 kg/km²，第四、五航次重量密度增幅不甚明显，第六至第八航次则增幅较大。尾数密度方面，放流后总体均值为 77 707 尾/km²。方差分析显示，放流前后各季度调查结果的甲壳类资源密度均高于放流前同期水平（$P<0.05$）。

综上，通过项目两次实施增殖放流，调查海域范围内甲壳类重量密度增加量为 250.22 kg/km²，尾数密度增加量为 54 537 尾/km²。

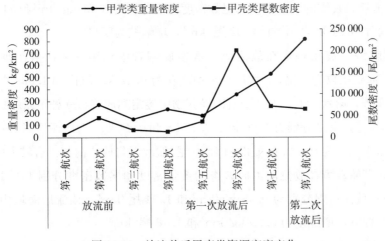

图 11-10　放流前后甲壳类资源密度变化

（二）放流对象资源量变化

1. 黑鲷　放流前黑鲷渔获量相对较低，仅第一和第三航次有捕获，共渔获 1.12 kg，平均渔获 0.37 kg/航次；放流后，所有调查航次均捕获有黑鲷，渔获最多的为第六航次（7.16 kg）。这可能与黑鲷的产卵习性和补充群体的生长特性有关，黑鲷喜好于水温回升的冬末、春初洄游至近岸进行产卵。加之，放流的黑鲷在此时也生长至可捕规格，致使该季节黑鲷的捕获量升高。第七、八航次较低，分别为 0.24 kg 和 0.41 kg，评估调查黑鲷的平均渔获量为 1.97 kg/航次。

渔获尾数方面，放流前第一和第三航次分别渔获 8 尾和 4 尾，平均渔获 4.00 尾/航次；放流后各航次黑鲷渔获尾数范围为 1～45 尾，平均渔获量为 14.20 尾/航次，较放流前有明显提高。

经计算，放流前本底调查黑鲷的平均重量密度为 0.52 kg/km²；放流后评估调查黑鲷的平均重量密度则为 2.73 kg/km²，比放流前增加了 2.21 kg/km²，估算资源量约提高了 4.25 倍。尾数渔获密度本底均值为 5.53 尾/km²，放流后密度均值为 19.64 尾/km²。

2. 真鲷　真鲷在放流前的渔获频率较低，仅第一航次有捕获，渔获重量为 1.09kg，本底调查平均渔获重量为 0.36 kg/航次。放流后，各评估调查航次均捕获有真鲷，渔获量最高的为第七航次，达 12.21 kg；其次为第四航次，渔获量为 4.73 kg；最低为第六航次，渔获量为 1.52 kg。放流后 5 次评估调查的真鲷渔获量均值为 4.85 kg/航次，较放流前有明显提升。

渔获尾数方面，放流前第一航次渔获 8 尾，3 次本底调查的渔获平均值为 2.67 尾；放流后仅第六航次为捕获真鲷，渔获最高的航次为第四航次（159 尾），评估调查真鲷的平均渔获尾数为 51.60 尾/航次，比放流前有大幅提升。

经计算，放流前真鲷的本底资源重量密度为 0.50 kg/km²，尾数密度平均值为 3.69 尾/km²；放流后，真鲷的重量密度和尾数密度均值分别为 6.71 kg/km² 和 71.37 尾/km²，比放流前增加了 6.21 kg/km² 和 67.62 尾/km²，增幅较为明显。

3. 黄鳍棘鲷　黄鳍棘鲷在放流前 3 次本底调查中仅第一航次有出现，渔获重量为 0.35 kg，渔获尾数为 4 尾，3 次调查平均渔获为 0.12 kg/航次和 1.33 尾/航次；放流后效果评估调查，第六、七、八 3 个航次渔获物中鉴定到放流目标种黄鳍棘鲷，分别渔获 1 尾、1 尾和 5 尾，重量分别为 1.00 kg、0.19 kg 和 0.44 kg。5 次评估调查的黄鳍棘鲷渔获尾数和重量平均值为 0.33 kg/航次和 1.40 尾/航次，与放流前相比有较大的提高。

经计算，黄鳍棘鲷在放流前本底调查的重量密度和尾数密度分别为 0.16 kg/km² 和 0.46 尾/km²；放流后则分别为 0.45 kg/km² 和 1.94 尾/km²。放流后海域内黄鳍棘鲷的资源量有一定提升，增加量为 0.29 kg/km² 和 1.48 尾/km²。

4. 长毛对虾　长毛对虾为北部湾近岸海域的常见经济虾类品种，在放流前后的所有 8 次渔业资源调查中均有出现。放流前，3 次调查长毛对虾渔获量范围为 0.13～2.01 kg，平均值为 1.00 kg/航次，最高为第一航次，最低则出现在第三航次；尾数渔获范围为847尾，均值为 29.67 尾/航次。放流后，长毛对虾的渔获重量为 0.65～13.61 kg，渔获尾数则为 13～478 尾，各航次重量和尾数平均值分别为 3.32 kg/航次和111.40 尾/航次。

经计算，长毛对虾在放流前本底调查的重量密度和尾数密度分别为 1.39 kg/km^2 和41.03 尾/km^2；放流后则分别为 4.59 kg/km^2 和 154.08 尾/km^2。放流后海域内长毛对虾的资源量有较大幅度的提升，增加量为 3.20 kg/km^2 和 113.05 尾/km^2，重量密度和尾数密度分别增加了 2.30 倍和 2.76 倍。

5. 墨吉对虾　本底调查，墨吉对虾在第一和第二航次有捕获，渔获重量分别为0.16 kg 和 0.69 kg，渔获尾数分别为 8 尾和 16 尾。3 次本底调查的渔获重量和尾数算术平均值 0.28 kg/航次和 8.00 尾/航次。放流后效果评估调查，墨吉对虾在所有调查航次均由渔获，渔获重量范围为 0.22～3.93 kg，尾数渔获范围为 6～126 尾，5 次调查的平均渔获为 1.30 kg/航次和 40.20 尾/航次。

经计算，放流前本底调查墨吉对虾的重量密度和尾数密度分别为 0.39 kg/km^2 和11.07 尾/km^2；放流后则分别为 1.82 kg/km^2 和 55.60 尾/km^2。放流后海域内墨吉对虾的资源量有较大提升，增加量为 1.43 kg/km^2 和 44.53 尾/km^2，增幅较为显著，重量密度和尾数密度增加量分别为 3.67 倍和 4.02 倍。

第二节　大亚湾黑鲷增殖放流效果评价

一、研究方法

（一）调查方法

分别于 2014 年 11 月和 2015 年 6 月分 2 批次放流黑鲷苗种。采用塑料椭圆标牌（POTs）的这种外部标志方式，用以监测标记回捕黑鲷的迁移路线和生长情况。自放流之日算起，于次月开展标志放流回捕调查工作，不定期张贴标志鱼回收广告并持续回收标志黑鲷，宣传及标志收集地区包括深圳大小梅沙、土洋、葵涌、大鹏、南澳、东涌、西涌、杨梅坑、东山码头、惠州澳头港等环大鹏湾及大亚湾区域。对捕获到的标志牌标志黑鲷并反馈捕获日期及捕获地点相关数据信息（包括鱼体重量和全长、捕获时间和地点等）的渔民提供现金奖励，并对标志鱼进行生物学测定和信息记录

（图 11-11，表 11-2）。

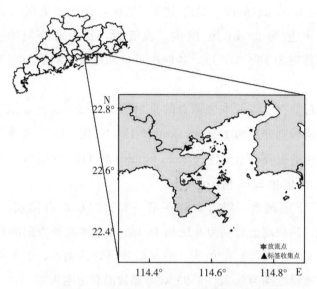

图 11-11　增殖放流地点和标签收集地点

表 11-2　2014—2015 年增殖放流标志黑鲷幼鱼信息

放流时间	放流地点	标志尾数（尾）	放流体长（mm）	放流体重（kg）
2014 年 11 月	杨梅坑	20 139	92.44±10.99	20.81±8.02
2015 年 6 月	珍珠场码头	17 000	59.23±11.31	6.33±4.67

（二）成本效益模型的构建

根据增殖放流过程分析本次选取的评价指标为初始投入资金、增殖放流年度维护运转资金、增值税、企业（个人）所得税、可捕捞量、市场价格 6 个指标。根据 6 个指标的计算公式如下。

1. 回捕率　计算公式为：

$$L = \frac{Y}{R} \tag{11-1}$$

式中　L——回捕率；

Y——回捕黑鲷个体数；

R——标志黑鲷总数。

2. 自然死亡系数　根据詹秉义推导得到计算自然死亡系数的线性回归，计算公式为：

$$M = -0.002\ 1 + 2.591\ 2/t_M \tag{11-2}$$

式中　M——自然死亡系数；

t_M——最高年龄。

根据 Pauly 检验公式计算：

$$\lg M = -0.006\ 6 - 0.279 \lg L_\infty + 0.654\ 3 \lg K + 0.463\ 4 \lg T \tag{11-3}$$

$$L_\infty = \frac{e^k l_t - l_{t+1}}{1 - e^k} \tag{11-4}$$

式中　T——年平均表层水温，℃；

L_∞——渐近体长，mm；

t——年龄；

K——生长参数。

von Bertalanffy 生长参数（渐近体长 L_∞ 和生长曲线平均曲率 K）的估计采用 ELEFAN 技术分析。

3. 捕捞死亡系数　假设标志鱼体标志不会因为在水体中的行动而脱落，标志鱼与未标志鱼充分混合且除标志外无任何区别，并且所有重捕标志鱼都能被回收。由于捕捞强度定则捕捞死亡系数 F 也是一定的，因此捕捞死亡系数 F 为常数，假设 M' 为死亡系数 M 再加上标志脱落系数的值，则有以下公式：

$$\ln x_r = \left[\ln \frac{F x_0}{F + M'} (1 - e^{-(F+M')}) + (F + M') \right] - (F + M')r \tag{11-5}$$

式中　x_r——第 r 个月重捕标志鱼尾数；

F——捕捞死亡系数；

x_0——本次研究标志鱼总量；

M'——死亡系数 M 再加上标志脱落系数的值。

4. 增殖鱼量　增殖鱼生物量是根据计算得到的自然死亡系数 M、捕捞死亡系数 F、总死亡系数 Z 以及重捕率 L，再依据动态综合模型，预测黑鲷增殖生物量的变化。

$$N_0 = N \times L \tag{11-6}$$

$$Z = F + M \tag{11-7}$$

$$A = 1 - e^{-Z} \tag{11-8}$$

$$A_1 = 1 - e^{-M} \tag{11-9}$$

$$S = 1 - A \tag{11-10}$$

$$N_t = N_0 \times \left[1 - A_1 \times A^{(t-1)} \right] \tag{11-11}$$

$$B_t = N_{t-1} \times \left[1 - e^{-(Z+M)} \right] \tag{11-12}$$

式中　N——放流黑鲷总量；

M——自然死亡系数；

F——捕捞死亡系数；

Z——总死亡系数；

A——总死亡率；

A_1——1 龄黑鲷自然死亡率；

S——残存率；

N_t——第 t 年的剩余黑鲷总量；

N_0——放流后成活的黑鲷数量；

B_t——第 t 年可捕捞的黑鲷数量。

5. 经济量的计算　竞争力因子模型：

$$NPV = \sum_{t=1}^{n} \frac{pN_t - D_t - ST_t - TOI_t - OC_t}{(1+r)^t} - I \qquad (11\text{-}13)$$

式中　t——增殖放流时间以年计算；

p——含增值税鱼批发价；

O——市场批发鱼价；

$(1+r)^t$——增值税税率；

N_t——第 t 年的可捕捞鱼量；

D_t——第 t 年的增殖放流资金投入；

ST_t——第 t 年的销售税及附加支付；

TOI_t——第 t 年的所得税支付；

OC_t——第 t 年的运行成本；

I——开始投入的自有资金；

r——增殖放流投入资金的机会成本或资金的边际回报率。

如果 $NPV \geqslant 0$，显示增值渔业项目具有相对的市场竞争力；否则，显示增值渔业项目缺乏市场竞争力也就是成本过高。

二、效果评价

(一) 黑鲷的标志重捕率与分布

放流回捕方式是采用地笼、流刺网、钓以及回购地方群众采集到本次放流的标志鱼。本次标志回收在标志放流后 1 个月开始并分别延续了 7 个月和 5 个月。根据标志回收数据（图 11-12、图 11-13）得出 2014 年放流的回捕率为 7.76%，这与林金錶 1999 年放流黑鲷的回捕率相近。2015 年 6 月放流黑鲷的回捕率为 3.66%，主要原因是近年来大亚湾生态环境遭到破坏，部分黑鲷生境被严重污染，使得黑鲷的生存压力增大，放流的黑鲷为趋礁型鱼类不易回捕。标签回收数据如表，随之时间的推移每天回收的标签数量越来越少，主要以地笼、钓和流刺网的作业方式回收标签为主，说明放流黑鲷生境以中底水层为主。

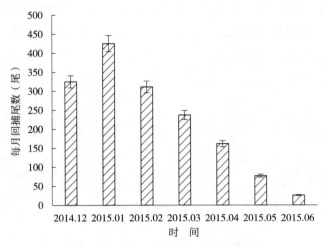

图 11-12　2014 年黑鲷放流回捕情况

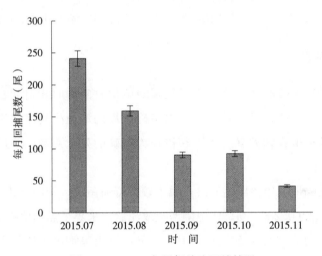

图 11-13　2015 年黑鲷放流回捕情况

（二）放流种群分布范围

放流黑鲷根据收集的数据显示，2014 年 11 月放流群体由 3 个路线扩散（图 11-14、图 11-15）：第一条路线由放流点沿着大鹏半岛游向杨梅坑再沿着岸边向大亚湾内扩散，具体路线为放流点磨刀坑、崖头顶、长角、鞋柴角、杨梅坑再向大亚湾内分布；第二条路线沿着大鹏半岛向大鹏湾方向扩散，由于该方向靠近香港特别行政区，所以数据没有采集完全；第三条路线沿着杨梅坑向大辣甲岛等大辣甲区域扩散。2015 年 6 月放流群体，也是由这 3 条路线向外扩散。

黑鲷是大亚湾海域重要的鱼类，由标签采集信息显示手钓在所有作业方式中占有优势地位。说明大亚湾内黑鲷适宜岩礁海域生长，在调查阶段在当地的码头发现不少捕捞黑鲷、黄鳍棘鲷的渔民喜爱在礁区作业，在当地游钓业特别发达。根据粗略统计，旺季每天每人出海可以手钓 10～20 尾黑鲷，重量为 50～800 g，经验丰富的游钓爱好者甚至一天捕获 30～50 尾。在市场调查期间，发现市场上不时出现 1 500 g 的大黑鲷，说明黑鲷在增殖养护的实施过程中得到部分恢复。

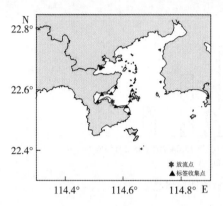

图 11-14　2014 年 11 月放流群体分布路线

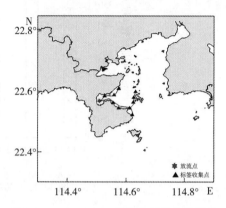

图 11-15　2015 年 6 月放流群体分布路线

（三）死亡系数

死亡系数又被称为瞬时死亡率，表示某瞬间单位时间瞬时相对死亡率，即表示瞬间相对死亡速度。因此，死亡系数是一个难以精确计算的渔业生物学参数，同使用不同的计算公式得到的结果也存在差异。为了获得较为精确的死亡系数，采用不同方法进行计算再取平均值。

在自然海域黑鲷最大年龄可达 9 龄，属于较长寿命鱼类。按照公式（11-2）自然死亡系数计算，可得 M 为 0.285 8/a。在黑鲷增殖放流后，采集了黑鲷生物学实验样品为野生黑鲷。根据黑鲷生物学信息以及公式（11-4），可计算出黑鲷极限体长 L_∞ 为 431.07 mm。将其带入公式（11-3），可得到黑鲷的自然死亡系数 M 为 0.323 2/a。因此，本节认为大亚湾黑鲷的自然死亡系数 M 为 0.304 5/a。

本次标志放流重捕期以月为单位长度为 7 个月，2014 年放流标志鱼总量为 20 139 尾，2015 年放流标志 17 000 尾黑鲷。本次研究的黑鲷属于中底层，一般用流刺网或者地笼捕捞方式常见，但是黑鲷又属于趋礁型鱼类，适合手钓作业方式，因此本次采集的地笼、手钓和流刺网三个样本分别拟合结果再去平均数来计算。本次标签回收数据剔除不正常值（最大最小以及负值）以前 3 个月计算得到，2014 增殖放流的总死亡系数为 0.637 4/a，2015 年增殖放流的总死亡系数为 0.406/a。为了避免此次标签回收出现问题，2014 年放流黑鲷捕捞死亡系数为 0.344 5/a，2015 年放流黑鲷捕捞死亡系数为 0.287 4/a。

（四）增殖鱼量与经济效益

为了使研究更容易进行，本模型只对鱼类群体做相关研究。因此，假设黑鲷的自然死亡系数和捕捞死亡系数是不变的。因此，2014 年放流群体死亡系数为 0.631 9/a，2015 年放流群体死亡系数 0.591 9/a，黑鲷死亡率在开捕前不受捕捞作用影响。根据市场调查，3～4 龄鱼价为 30 元/kg，5～6 龄鱼价为 50 元/kg，大于 7 龄鱼价为 70 元/kg。根据模型与假设计算结果如表所示，假设 2～4 龄黑鲷平均重量为 750 g，5～6 龄平均重量为 1 500 g，大于等于 7 龄平均重量为 2 000 g。

结果显示，2014 年黑鲷放流群体在 9 年时间内可创造 88.34 t 渔获物、417 万元的经济量。其中，第三年到第五年是经济高产期，并且可以给大亚湾带来 7.86 万尾的黑鲷繁殖群体。2015 年放流的黑鲷群体，在其生命最大年限内可创造 87.9 t 渔获物、305 万元的经济量，并且产生 5.8 万尾黑鲷繁殖群体。两次放流的黑鲷群体的可捕生物量在逐年递减，说明增殖放流不是一劳永逸的，需要长期开展才能得到更好的经济生态效果（图 11-16，彩图 29）。

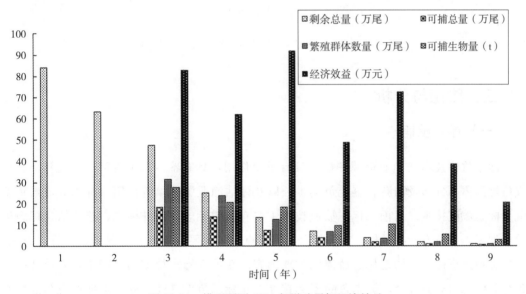

图 11-16　模型预测 2014 年增殖黑鲷经济效益

根据成本效益评价模型，增值税率按 7% 计算，边际成本收益率计算得出 0.685，固定投入 45 万元（苗种费用），每年运作资金 4.6 万元（按照其他投入资金总额除以 9 得到每年的运作资金）。结果显示，NPV 除了第 1、2、8、9 年是负的，其余大于 0，并且整体是大于零（图 11-17）。这说明从第三年增殖放流的鱼类开始捕捞产生经济效益，而前两年因为没达到捕捞规格而无法产生经济效益，后两年由于增殖放流群体因为自然死亡和捕捞死亡的原因使增殖黑鲷群体数量减少不能维持项目的正常运行，所以后两年 NPV 小于 0。但是从总体来说，9 年总的 NPV 也大于 0，说明增殖放流具有很大的竞争力，是一项在经济上很有前景的投资。此外，2014 年黑鲷增殖放流可以给当地创造增值税 29.2 万元，所得税 65.45 万元，共 94.65 万元的税收。2015 年黑鲷增殖放流可以个当地创造增值税 21.35 万元，所得税 54.65 万元，共 76 万元。

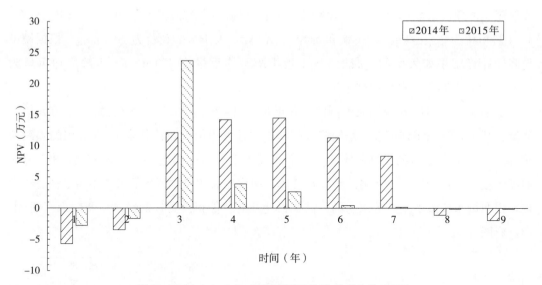

图 11-17　2014—2015 年黑鲷增殖放流的现金流 NPV

三、结论与分析

（一）标志重捕

标志放流技术在渔业资源评估中具有重要作用，具有鉴定鱼类种群、校正年龄、探查鱼类群体的分布及洄游、鉴定鱼类生长以及评估渔业资源量等作用。标志放流最重要就是标志放流技术。目前，标志放流技术主要有体内标志、体外标志、遥感信息标志以及新型标志等技术。各种标志方法都存在优缺点，因此要根据现实情况来选择标志方法，对标志鱼进行标志重捕是标志放流的重要内容。在进行标志放流的过程中，要保证标志鱼与非标志鱼充分混合、标志鱼除了标签外与非标志鱼无其他不同、重捕标志鱼的标签完全回收、标志鱼不发生标志牌脱落的现象，才能进行较为准确的计算。但是实际情况并非如此，本次放流黑鲷 2014 年回收了 1 563 尾带标志牌的标志鱼重捕率为 7.76%，2015 年放流黑鲷的回捕率为 3.36%。这与林金錶的研究存在较大的差异，根据实验推测主要是因为标志牌回收不完全、部分标志鱼的标签因为黑鲷在礁盘游动而发生剐蹭脱离、部分标志鱼发生伤口感染死亡以及由于放流品种对放流生境的不适应造成较高的死亡率。因此，在进行鱼类标志放流的过程中，应注意标志鱼的生境特征，减少标志对鱼类生长的影响和应等标志群体与非标志群体充分混合完再进行回捕。

（二）死亡系数

自然死亡系数是评估渔业种群资源变动的重要参数之一。由于鱼类生活在海洋中受到多个因素的影响，如温度变化、环境污染、栖息地破坏以及疾病等，计算方法多且不统一。因此，目前准确计算自然死亡系数仍然是一件极为困难的工作。虽然目前计算方法众多，但是主要有以下5种：①用 von Bertalanffy 生长方程，根据生长参数 K 推算自然死亡系数 M；②根据未开发种群第一次渔获率曲线估算，主要应用在标志放流等种群自然死亡系数测算；③根据鱼类的极限年龄 t_M 测算自然死亡系数 M，对于该方法的研究主要集中在詹秉义、田中昌一、Hoening、Alverson 和 Carney 等的推导公式，使用最广的是詹秉义的推导公式，唐启升和梁君都使用了该推导公式，分别计算了黄海的太平洋鲱和浙江省舟山群岛沿海黑鲷的自然死亡率 M；④Pauly 经验公式根据极限体长 L_∞、生长参数 K 和水温 T 来测算自然死亡率 M，该公式对集群性鱼类需要乘以 0.8，来平衡因鱼类行为对自然死亡的影响；⑤根据种群性成熟度达 50% 的年龄 $t_{M_{50}}$，推导出测量种群自然死亡系数 M 的经验公式。本次增殖放流根据公式的适用性应该使用第二个公式来测量未开发种群，但是由于标志放流存在标签脱落、伤口恶化死亡、标签收集不完全以及黑鲷属于趋礁型鱼类体外标签更容易脱落，且黑鲷不易捕捞，因此未采用第二个公式计算。由于测算方法众多，因此测算结果也呈多样化。为了使本节结果更为科学可靠，因此采用方法 3 和 4 分别测算出黑鲷种群自然死亡系数，并再将两者做平均，最终以平均值为本次黑鲷研究的自然死亡系数。

捕捞死亡系数是鱼类群体在受到捕捞作用是瞬时死亡率，因此，捕捞死亡系数主要受到几个方面的影响：捕捞网具、海流速度海流方向和鱼类活力以及鱼体形状。所以，计算捕捞死亡系数也是一项困难的工作。捕捞死亡系数是关系渔业补充群体资源量的参数，捕捞死亡系数增大则渔获量下降，渔获尾数上升，鱼类规格下降。同时，捕捞死亡系数增大，鱼类平均体长、平均体重和评价年龄都变小，因此，过度捕捞会出现鱼类小型化和低龄化。捕捞死亡系数也是渔业管理中很重要的一个参考因素。目前，计算鱼类群体捕捞死亡系数的方法有 4 种：直接观察法、扫海面积法、标志放流法和实际种群分析法 VPA。本节是对黑鲷增殖放流，因此采用标志放流法。

（三）经济效果评价方法的构建

增殖放流是一种重要的资源恢复手段，我国增殖放流由最初单一品种局部水水域放流到现在多品种大范围放流。经过几十年的发展，增殖放流已经成为一种稳定成熟的渔业资源增殖模式。大亚湾是广东省的水产种质资源保护区，从 20 世纪 80 年代开始黑鲷的增殖放流，是广东省主要的增殖放流水域。不过，目前增殖放流仍然存在重投入而轻视增殖效果的现象，虽然在标志放流以及种群动态评估方面都取得不错的进展，但是在增殖效果评价上的研究还鲜有报道。程家骅认为，经济效益应该用成本效益量化分析增殖放流的效果。因此，用成本效益分析增殖放流活动的效益，不仅能完善先用的评价体系，也能更全面的分析增殖放流的经济效果。

成本效益是分析项目的成本支出和效益收入来评价该项目的经济价值的一种方法。常用于评估需要量化的社会公益事业项目，如林业工程、交通建设、政府社会成本计算和生态经济学等领域。因此，成本效益分析是一种解决决策技术。增殖放流是社会公益的公共事业，我国增殖放流的时间大约 40 年，但是增殖放流带来的经济效益的大小如何具体的量化的研究依然还是鲜有报道，然而，增殖放流是一个系统性工程关乎生态、社会和经济效益，难以量化所有相关指标，为了对增殖放流及成本效益分析能够更直观地了解增殖放流的经济效果，因此本节重点研究经济效益。

根据成本效益分析的评价指标有鱼苗成本、每年的运行成本、税收支出以及渔业经济效益。所以，除了渔业经济增值外其余均无法改变，因此影响渔业增殖经济效益的主要是增殖黑鲷的生物量，影响增殖黑鲷的生物量主要是鱼苗的健康程度、鱼苗对环境的适应能力、海域的增殖容量、海域生态系统结构等因素。渔业资源成本效益分析是一种通过经济评估方法对渔业增殖效果量化的评价方式。成本效益分析目前在退耕还林、工程建设和政府决策等领域得到广泛应用，也取得了不错的进展。但是在渔业增殖效果评价上还无报道，因此利用成本效益模型分析增殖放流的经济效果，不仅可以丰富渔业增殖效果评估手段，也更能清楚了解增殖放流的经济贡献。

第四篇
集成示范与应用

第十二章　南澳-东山示范区

第一节　气候地理特征

南澳-东山海域位于中国东海和南海的交汇处,属亚热带气候,气候温和,冬暖夏凉,台风活动频繁。雨量较少,蒸发量大,水资源贫乏,年平均气温为 21.5℃,年均降水量为 1 348 mm,自然资源丰富(孔昊和杨薇,2016)。本海域受到台湾暖流和闽浙沿岸流的影响,海底流场复杂。

东山湾位于台湾海峡南口的西岸,属于潮控型海湾,潮流是东山湾最为重要的动力现象之一。湾顶有漳江入海,湾口狭窄,仅 5 km 宽,是一个半封闭的海湾(郑斌鑫等,2013)。南澳岛位于 23°11′N—23°32′N、116°53′E—117°19′E,地处广东省东端、南海与台湾海峡交界的海域,在东山湾湾口西南约 30 km 处,北回归线横贯,主岛海岸线长 77 km,总面积约 107 km²。广东省唯一的海岛县的主体在南澳岛,所辖海域面积 4 600 km²,是闽、粤、台 3 省海面的交叉点(孙元敏等,2015)。南澳县可供开发的渔场超过 5 万 km²,盛产石斑鱼、龙虾、膏蟹和鱿鱼等高档水产品。沿岛水深 10 m 以内的海域面积 165.7 km²,水质优良,水产资源多达 1 300 余个品种。发展海水养殖业,具有独特的区位优势和得天独厚的自然条件。

第二节　海水水质

南澳岛地处闽、粤两省交界处,是广东省唯一的海岛县和渔业县,全岛当前大约有 1 万人以渔业为生。南澳-东山附近海域面积广阔,水质好,底质以泥沙和礁石为主。鱼类资源非常丰富,具有类别多、种群替代快和迁移范围不大等特点。南澎列岛、东洋、表角和台湾浅滩等天然渔场,为南澳渔民提供了全年可就近捕捞的良好条件。渔场的主要鱼类有蓝圆鲹、金色小沙丁鱼、鲨、乌鲳、马鲛、海鳗、银鱼、大眼鲷、双鳍鲳和石斑鱼等。此外,还有头足类的枪乌贼、乌贼、长蛸、短蛸以及虾类和蟹类等。其中,台湾浅滩渔场是我国鱿鱼的主产区。另外，南澳附近海域是粤东重要的海产品养殖基地，被列为我国重要的海洋牧场示范区之一。该海域主要以筏式和网箱养殖为主，主要养殖对象为太平洋牡蛎、坛紫菜和龙须菜。由于过度捕捞和过度开发的影响，该海域的水质和渔业资源衰退严重（陈伟洲等，2012；周凯等，2002）。邻近的柘林湾因大规模增养殖渔业和高强度的排污排废引起的水体富营养化，已经很大程度上改变了该水域的浮游植物群落结构和时空分布，生物多样性与均匀度明显下降，硅藻赤潮发生概率增加（周凯等，2002；黄长江等，2005）。陈伟洲等（2012）报道，由于过度养殖，深澳湾的太平洋牡蛎养殖经济效益明显下降，出现牡蛎死亡率增加、肥满度不够等现象。

全面认识当前南澳-东山海域的生态环境特征，是制订合理的渔业资源可持续开发策略的前提。2015—2017 年，在南澳-东山海域设置了 14 个采样点（图 12-1），进行了 4 个季节的生态环境调查，以期全面了解本海域生境质量和渔业资源现状，为合理规划本海域的渔业增养殖活动提供科学依据。

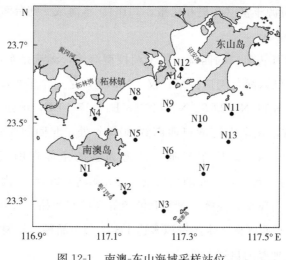

图 12-1　南澳-东山海域采样站位

一、水温

南澳-东山海域表底层海水温度四季平均为 22.67℃和 21.03℃。春季（4 月）、夏季（7 月）、秋季（9 月）和冬季（12 月），汕头南澳-东山附近海域的表层水温平均分别为 21.83℃、24.37℃、27.39℃ 和 17.1℃，底层水温平均分别为 21.25℃、21.26℃、24.41℃和 17.2℃。其中，冬季和春季表底层的温度差异较小；而夏季和秋季表底水温差异明显，平均相差近 3℃，表底层可能存在温跃层。从水平分布上看，冬季近岸水温低于远岸，从北至南逐渐增加；夏季和秋季，远岸的水温可能受到上升流的影响，近岸水温高于远岸；春季表层水温的分布比较均匀，近岸和远岸差异不大（图 12-2）。

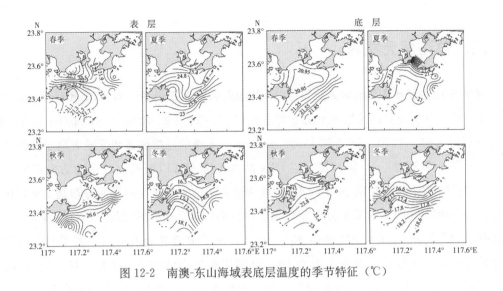

图 12-2　南澳-东山海域表底层温度的季节特征（℃）

二、盐度

南澳-东山海域海水的盐度表底层周年平均分别为 31.31 和 32.76。春、夏、秋、冬季南澳-东山附近海域的表层盐度平均分别为 33.32、30.73、31.30 和 29.90，底层盐度平均分别为 33.73、34.56、32.88 和 29.87，冬季最低夏季最高。靠近柘林湾口站位的盐度最低，此处可能周年受到地表径流冲淡水的影响（图 12-3）。冬季和春季盐度的高值区位于调查海域的东南部；秋季在调查区域东北部的盐度显著高于其他区域，表明该处受到台湾海峡高盐水团的影响。除夏季外，南澳东山海域盐度各个季节水平分布上变化不大，温盐均适合海洋增养殖种类的养殖。夏季，由于淡水径流输入增大，靠近柘林湾附近的站位的盐度只有 22，该水域附近的养殖品种在夏季或者短时突降暴雨的情况下，可能会受到陆源径流低盐的胁迫。

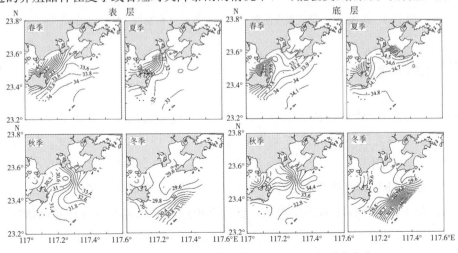

图 12-3　南澳-东山海域表底盐度的分布特征及季节变化

三、总溶解无机氮

南澳-东山海域水体总溶解无机氮（DIN）的浓度周年表底层平均为 9.21 和 8.96 $\mu mol/L$。春、夏、秋、冬季表层 DIN 浓度平均分别为 6.36、7.21、3.21 和 20.06 $\mu mol/L$；底层 DIN 平均分别为 3.92、7.70、5.12 和 19.10 $\mu mol/L$。冬季的总溶解氮浓度显著高于其他 3 个季节，是其他季节的 4～5 倍。表底层 DIN 的浓度分布都以西北向、东南方向递减（图 12-4），以靠近柘林湾湾口的 N4 站 DIN 浓度为最高，DIN 与盐度的平面分布基本呈相反的趋势。春季和夏季 DIN 的水平分布差异最大，外海的 DIN 浓度较低，只有 4～6 $\mu mol/L$；而柘林湾口附近水域 DIN 浓度高达 20 $\mu mol/L$，表明氮营养盐的空间分布主要受近岸冲淡水的影响。而在冬季，调查海域的 DIN 都维持在较高的水平，表层 DIN 变动范围为 12.3～23.7 $\mu mol/L$，这可能与该时期受南下的高营养盐的闽浙沿岸流南下有关。

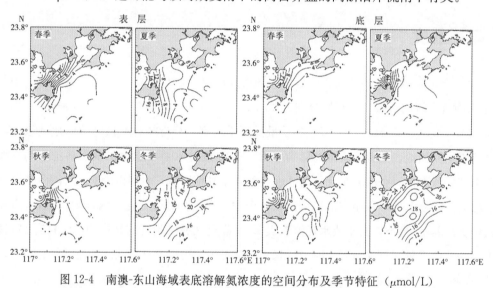

图 12-4　南澳-东山海域表底溶解氮浓度的空间分布及季节特征（$\mu mol/L$）

四、活性磷酸盐

南澳-东山海域水体活性磷酸盐（SRP）的浓度周年表底层平均都为 0.46 $\mu mol/L$。春、夏、秋、冬季表层 SRP 浓度平均分别为 0.46、0.19、0.52 和 0.89 $\mu mol/L$；底层 SRP 的浓度平均分别为 0.25、0.31、0.44 和 0.85 $\mu mol/L$。冬季 SRP 浓度显著高于其他 3 个季节，表层 SRP 的变动范围为 0.44～1.34 $\mu mol/L$。春季和冬季 SRP 的水平分布相似，高值区位于靠近柘林镇的近岸水域；秋季在南澳岛西北部水域存在较高浓度的磷酸盐（图 12-5）。夏季该水域的 SRP 表层浓度最低，空间分布规律也不明显，推测在夏季该水域浮游植物的生长受磷限制应该最为严重。

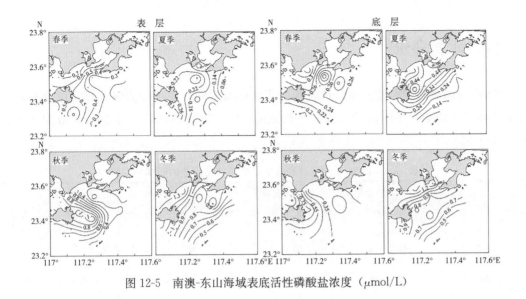

图 12-5　南澳-东山海域表底活性磷酸盐浓度（μmol/L）

五、活性硅酸盐

南澳-东山海域水体活性硅酸盐（SiO_3^{2-}-Si）的浓度周年表底层平均为 25.5 和 22.5 μmol/L。春、夏、秋、冬季表层 SiO_3^{2-}-Si 的浓度平均分别为 11.81、43.70、16.70 和 29.80 μmol/L；底层 SiO_3^{2-}-Si 平均分别为 7.45、34.7、19.63 和 28.05 μmol/L。南澳-东山海域春季 SiO_3^{2-}-Si 的浓度显著低于秋季和冬季，以冬季浓度最高。春季和冬季 SiO_3^{2-}-Si 的水平分布相似，整个调查海域硅酸盐浓度由西北向东南方向递减，高值区位于柘林湾湾口和诏安湾的养殖区内；秋季硅酸盐浓度在柘林湾口附近最高，硅酸盐浓度由西向东逐渐降低（图 12-6）。春季和夏季表层硅酸盐浓度显著高于底层，但是在秋季表层的硅酸盐略低于底层。

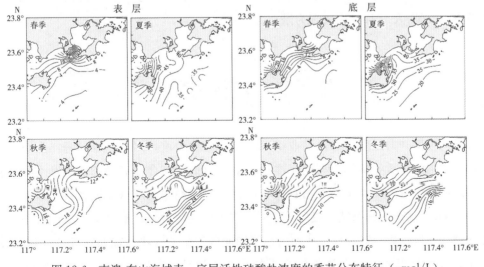

图 12-6　南澳-东山海域表、底层活性硅酸盐浓度的季节分布特征（μmol/L）

六、水质评价

南澳-东山海域营养盐平面分布随着季节变化而不同，淡水径流输入和沿岸流对营养盐分布有较大影响。该海域的营养盐平均浓度不高，各理化因子的季节变化范围及平均值见表 12-1。

表 12-1　南澳-东山海域表层水体环境理化因子的四季平均值

项目	春季		夏季		秋季		冬季	
	范围	均值	范围	均值	范围	均值	范围	均值
温度（℃）	20.6～23.3	21.8	22.5～26.2	24.4	26.2～28.6	27.6	15.7～18.5	17.1
盐度	30.4～34.2	33.3	22.1～33.9	30.7	29.3～33.8	31.7	29.1～31.3	29.9
透明度（m）	1～9	3.4	1.2～3	1.9	1～7	2.8	0.5～2	1.1
硝酸盐（$\mu mol/L$）	0.2～20.9	4.0	0.1～16.9	5.2	0.4～6.5	1.2	11.1～21.7	18.3
亚硝酸盐（$\mu mol/L$）	0.1～1.0	0.3	0.03～1.0	0.5	0.1～0.4	0.2	0.2～1.0	0.5
氨氮（$\mu mol/L$）	0.2～8.1	2.1	0.3～3.1	1.5	0.6～5.6	1.8	0.6～5.0	1.2
溶解氮（$\mu mol/L$）	1.3～26.6	6.4	0.7～20.8	7.2	1.3～12.5	3.2	12.3～26.5	20.1
溶解磷（$\mu mol/L$）	0.2～0.5	0.2	0.03～0.3	0.2	1.3～12.5	0.5	0.4～1.3	0.9
硅酸盐（$\mu mol/L$）	1.8～56.1	11.8	27.7～93.2	43.7	8.7～39.9	16.7	15.5～42.2	29.8
N/P	6.6～86.6	24.3	5.9～111.1	38.8	2.7～15.9	6.7	17.3～33.3	24
叶绿素 a（$\mu g/L$）	0.4～3.9	1.5	2.2～14.9	8.2	1.5～11.4	4.9	1.1～2.2	1.5

调查水域属于比较开放的水体，与外海水体交换通畅，水质总体上保持在比较健康的水平，溶解氧常年保持在 6 mg/L 以上。除冬季外，大部分时间各站位的透明度都在 2 m 以上，靠近南澎岛的远岸站位透明度往往达到 10 m 以上。营养盐含量也保持在中等水平，除了冬季水体 DIN 浓度达到 20 $\mu mol/L$ 以上外，其他季节水体的平均 DIN 均小于 10 $\mu mol/L$。从营养盐结构上看，在本次调查中表层水体的 N/P 比春、夏、秋、冬季分别为 24.3、38.8、6.7 和 24。表明该海域浮游植物的生长在秋季可能存在相对 N 限制，其他季节 N/P 比均大于 16，则表现为潜在 P 限制。

第三节　初级生产力

海洋初级生产力是决定海洋渔业资源潜在产量的最重要因素，也是海洋生态系统能流和物流分析中的重要指标。利用海洋初级生产力指标结合营养动态模型和 Cushing 模型，可以估算海域内鱼类资源的潜在产量，合理规划渔业生产（卢振彬等，2002；王增焕等，2005）。高产渔场海域一般位于浮游生物丰度高的海域，初级生产力的大小决定了浮游动物等饵料生物的资源量，从而决定了渔业资源量的大小（徐兆礼等，2004）。如西太平洋柔鱼的资源丰度与净初级生产力的大小，就呈显著的正相关关系（Ichii et al.,

2011；余为等，2016）。在近海增养殖水域，初级生产力是水体养殖容量的重要指标之一，对牡蛎、扇贝等滤食性生物养殖量的评估有非常重要的意义。养殖量过高会引起养殖水域环境恶化，并且造成养殖水产品品质下降、死亡率高、养殖周期变长等负面影响（陈伟洲等，2012）。浮游植物的生物量和生产力水平对营养盐浓度变化存在直接的响应，对评价海洋健康状况、评估资源潜力均具有重要意义。依据初级生产力水平合理规划该海域的增养殖品种和养殖容量，是渔业资源增养殖可持续发展的重要前提。

一、叶绿素

南澳-东山海域表层水体叶绿素 a（Chl a）的浓度变化范围为 0.37~14.9 $\mu g/L$，周年平均为 4.02 $\mu g/L$。夏季叶绿素浓度最高，其次为秋季，春季和秋季的叶绿素 a 浓度差不多。四季浓度的平均值分别为夏季 8.2 $\mu g/L$＞秋季 4.9 $\mu g/L$＞冬季 1.52 $\mu g/L$＞春季 1.47 $\mu g/L$。总的来看，整个调查海域的叶绿素 a 浓度基本由西北向、东南方向递减。

春季表层叶绿素 a 浓度的最高值出现在柘林湾口附近的 N4 站，该站位受柘林湾方向过来的淡水径流的影响最大。秋季和冬季表层叶绿素 a 的最高值，均发生在靠近柘林镇与诏安湾之间的近岸水域。夏季叶绿素 a 浓度显著高于其他季节，分布规律也与其他季节有所不同，近岸至远岸的梯度增加的趋势不明显，最大值发生在远岸最靠近台湾海峡的 N13 站，达到 14.9 $\mu g/L$。南澳岛南部水域在夏季显示出明显的叶绿素 a 低值，另外在诏安湾养殖区内也出现了较小的叶绿素 a 的浓度。从底层叶绿素 a 浓度分布来看，春季的最高值出现在东山一侧靠近外海的水域；而秋季的最高值出现在诏安湾内的养殖区；冬季底层的叶绿素 a 浓度分布比较均匀，最高值出现在诏安湾口外部（图 12-7）。

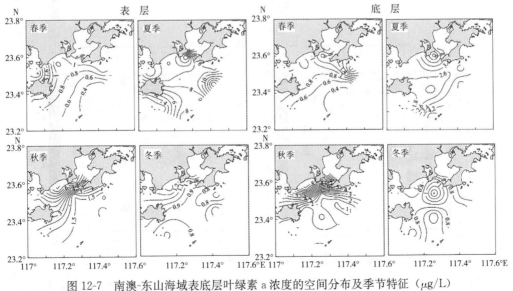

图 12-7　南澳-东山海域表底层叶绿素 a 浓度的空间分布及季节特征（$\mu g/L$）

二、初级生产力

本项目的调查中，初级生产力用放射性[14]C 标记培养的方法测定。受采样时培养条件的限制，并没有在每个站位进行初级生产力的培养实验。研究结果表明，表层水的初级生产力水平的波动范围为 0.6～45 mg/（m³·h）（以 C 计）。四季的均值分别为：秋季 20.3 mg/（m³·h）（以 C 计）＞夏季 18.2 mg/（m³·h）（以 C 计）＞春季 14.4 mg/（m³·h）（以 C 计）＞冬季 5.6 mg/（m³·h）（以 C 计），以秋季的表层初级生产力水平最高，夏季次之，冬季的初级生产力水平显著低于其他 3 个季节。初级生产力的高值基本发生在近岸水域，但各个季节的高值区均不同（图 12-8）。春季的分布特征与叶绿素 a 浓度的分布趋势基本相同，最高值出现在柘林湾口的 N4 站［33.7 mg/（m³·h）（以 C 计）］；夏季的分布特征比较复杂，初级生产力在南澳岛南部水域出现较低的值，而在叶绿素 a 浓度较小的诏安湾内 N12 站位却显示出最大的初级生产力［45 mg/（m³·h）（以 C 计）］；秋季的初级生产力整体分布比较均匀，在靠近柘林镇的近岸水域 N8 站出现最高值［38.6 mg/（m³·h）（以 C 计）］，南澳岛南部次之；冬季最高值出现在南部远岸的 N3 站［20 mg/（m³·h）（以 C 计）］。

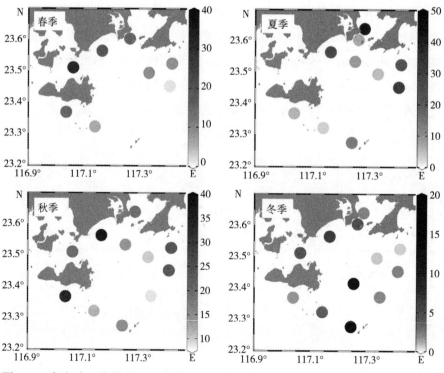

图 12-8　南澳-东山海域表层水体初级生产力的水平特征［mg /（m³·h）（以 C 计）］

水柱生产力与表层初级生产力水平分布特征基本相近，变动范围为 14.1～

3 066.6 mg/（m² · d）。秋季最高，冬季最低，四季均值分别为：秋季 1 034.2 mg/（m² · d）＞夏季 715.5 mg/（m² · d）＞春季 453.4 mg/（m² · d）＞冬季 133.8 mg/（m² · d）。春季和夏季基本呈现近岸高于远岸的趋势，高值区位于诏安湾或柘林湾的近岸水域，但秋季和冬季梯度分布规律不明显（图 12-9）。夏季和秋季在最靠近台湾海峡的 N13 站都显示出比较高的初级生产力。在冬季，水柱初级生产力水平都很低，而在最远岸的 N3 显示出最高的水柱初级生产力。

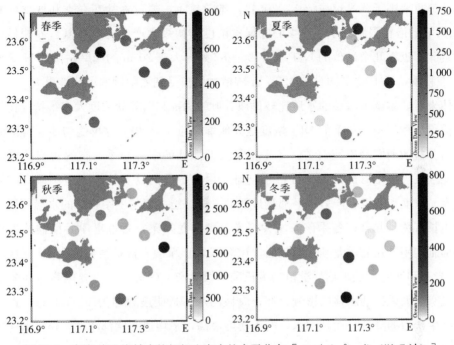

图 12-9　南澳-东山海域水柱初级生产力的水平分布［mg /（m² · d）（以 C 计）］

三、叶绿素 a 和初级生产力与理化因子的关系

相关分析显示，只有在春季叶绿素 a 浓度、表层初级生产力与营养盐浓度显著相关，其他季节没有发现显著的相关性。春季叶绿素 a 和初级生产力与盐度均呈显著负相关关系，且与营养盐多呈显著正相关，反映了春季径流输入的高营养盐冲淡水对浮游植物生物量和初级生产力的积极促进作用。叶绿素 a 与表层初级生产力均主要与氮营养盐和N/P比呈显著正相关关系，表明该海域氮营养盐在调控浮游植物生长和初级生产力上更为重要。

汕头南澳-东山海域，水文条件复杂，沿岸受到韩江、黄冈河等地表径流输入的影响，远岸受到上升流的影响，浮游植物生物量和初级生产力存在明显的时空变化。初级生产力受多种环境因素影响，一般来说，初级生产力与叶绿素 a 浓度相关关系显著，同时，与主要营养盐存在显著的正相关关系，营养盐是影响浮游植物初级生产力的最直接因素（Lohrenzl et al.，1997；宋星宇等，2012）。本节发现，春季的叶绿素 a 浓度和初级生产力与营养盐的关系紧密，但是其他季节则看不到显著的相关关系。这可能与春季为季风间期，近岸和远岸水体交换强度不大，营养盐和叶绿素 a 浓度在春季均按近岸至远岸梯级增加。在其他季节，受季风和海流的影响，该海域的水文情况复杂，初级生产力受到多方因素影响，故营养盐调控的上行效应不显著。在南海，氮营养盐一般是限制海洋初级生产力的最重要因子（Ning et al.，2004）。本节显示，氮营养盐在春季和秋季可能是南澳-东山海域的潜在限制因子，春季的叶绿素浓度和初级生产力主要与氮营养盐显著正相关，而且除了近岸几个站位的 N/P 比在 25～87 外，大于 20 m 的远岸站位的 N/P 比均小于 16。在秋季，N/P 比平均只有 6.7，浮游植物生长受到氮限制的可能性更大。

总体来看，本调查海域的水质比较健康，叶绿素 a 和营养盐浓度大多维持在比较低的水平。值得注意的是，冬季的 DIN 浓度是其他季节的 3～5 倍，这可能与冬季台湾海峡南下的高营养盐的浙闽沿岸流有关。冬季正是大型海藻的培养旺季，高的营养盐也给当地紫菜和龙须菜等大型海藻的养殖提供了基础。尽管冬季的营养盐浓度全年最高，但水体的叶绿素 a 浓度和初级生产力水平都是最低的，这可能主要与冬季较低的水温不适于浮游植物的生长有关。并且，冬季该海域大规模养殖的龙须菜，对近岸浮游植物的生长也有明显的抑制作用，在夏季龙须菜收割后，该海区的叶绿素 a 含量会显著上升（黄银爽等，2017）。光照和浊度，是影响浮游植物生长和初级生产力的另一个重要因素。在冬季调查期间，受寒潮大风扰动水体的影响，调查海域的水体透明度普遍为 1～1.5 m，直接导致水柱初级生产力的降低；而秋季水体的透明度最高，平均透明度都超过 3 m，水柱初级生产力远高于其他季节。本节表明，南澳-东山海域水柱初级生产力年均值为 584.2 mg/（m² • d），要高于之前报道的台湾海峡沿岸区的 273 mg/（m² • d），表明该海域的潜在渔业资源量相对较高。

第四节　浮游植物

一、小型浮游植物

春季南澳调查站位共检出浮游植物 89 种，其中，硅藻 64 种，甲藻 25 种。表层鉴定出 69 种，优势种为中肋骨条藻（*Skeletonema costatum*）、海链藻（*Thalassionsira* sp.）、六异刺硅鞭藻（*Distephanus speculum*）和分叉辐杆藻（*Bacteriastrum furcatum*）（表 12-2）。中肋骨

条藻为春季的绝对优势种,优势度达到 0.5。

表 12-2　南澳-东山海域小型浮游植物优势种的季节组成

季节	优势种（优势度 Y＞0.02）
春季	中肋骨条藻（*Skeletonema costatum*）、海链藻（*Thalassionsira* sp.）、六异刺硅鞭藻（*Distephanus speculum*）、分叉辐杆藻（*Bacteriastrum furcatum*）
夏季	海链藻、柔弱拟菱形藻（*Pseudonitzschia delicatissm*）、柔弱几内亚藻（*Guinardia delicatula*）、中肋骨条藻、微小细柱藻（*Leptocylindrus minimus*）、角毛藻（*Chaetoceros* sp.）
秋季	柔弱拟菱形藻、微小细柱藻、海链藻、斯氏几内亚藻（*Guinardia striata*）、角毛藻、锥状斯克利普藻（*Scrippsiella trochoidea*）、远距角毛藻（*Chaetoceros distans*）、米氏凯伦藻（*Karenia mikimotoi*）
冬季	具槽帕拉藻（*Paralia sulcata*）、海链藻、裸甲藻（*Gynodinium* sp.）、舟形藻（*Navicula* sp.）、有翼圆筛藻（*Coscinodiscus bipartitus*）、琼氏圆筛藻（*Coscinodiscus jonesianus*）

春季浮游植物表层丰度平均值为 $9.36×10^4$ 个/L,丰度高值区位于诏安湾湾口处,最大值 $41.6×10^4$ 个/L 发生在 N14 站,最小值 $1.7×10^4$ 个/L 发生在 N7 站(图 12-10)。春季表层生物多样性指数平均为 2.60,最高值发生在 N3 站(3.87),最小值发生在 N4 站(1.08)。底层共鉴定出 73 种,优势种为中肋骨条藻、菱形海线藻（*Thalassionema nitzschiodes*）、海链藻、六异刺硅鞭藻、浮动弯角藻（*Eucampia zodiacus*）和具槽帕拉藻（*Paralia sulcata*）。底层平均丰度为 $3.91×10^4$ 个/L,最大值 $8×10^4$ 个/L 发生在诏安湾湾口的 N14 站,最小值 $1.2×10^4$ 个/L 发生在南澳岛南部的 N1 站,南澳岛周边站位表、底层的浮游植物丰度均较低。春季底层生物多样性指数平均为 3.06,最高值发生在 N6 站(4.07),最小值发生在 N7 站(1.77)。底层浮游植物生物多样性高于表层(图 12-11)。

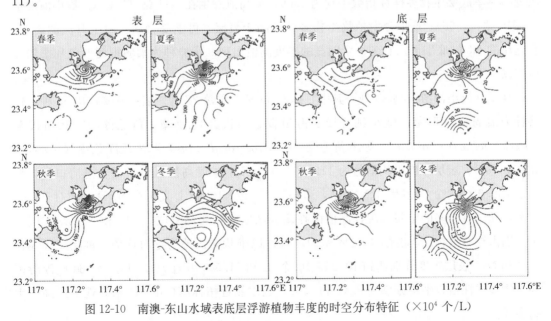

图 12-10　南澳-东山水域表底层浮游植物丰度的时空分布特征（$×10^4$ 个/L）

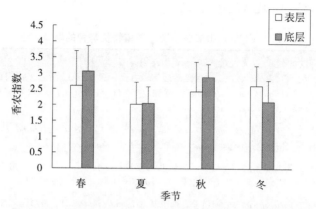

图 12-11 南澳-东山海域浮游植物多样性指数的季节比较

夏季调查站位共检出浮游植物 50 种，其中，硅藻 31 种，甲藻 19 种。表层鉴定出 42 种，优势种为海链藻、柔弱拟菱形藻（*Pseudonitzschia delicatissm*）、柔弱几内亚藻（*Guinardia delicatula*）、中肋骨条藻、微小细柱藻（*Leptocylindrus minimus*）和角毛藻（*Chaetoceros* sp.）。其中，海链藻为绝对优势种，优势度达到 0.34。表层丰度平均值值为 251.5×10⁴个/L，丰度高值区位于诏安湾湾口处，最大值 1 265.2×10⁴个/L 发生在 N14 站，最小值 8.25×10⁴个/L 发生在 N2 站。夏季表层生物多样性指数平均为 2.13，最高值发生在靠近南澳岛的 N5 站（3.13），最小值发生在柘林湾的近岸水域 N8 站（0.71）。底层共鉴定出 44 种，优势种为柔弱拟菱形藻、柔弱几内亚藻、中肋骨条藻、海链藻、微小细柱藻和具槽帕拉藻。底层平均丰度为 25.9×10⁴个/L，最大值 104.3×10⁴个/L 发生在 N14 站，最小值 2.8×10⁴个/L 发生在 N1 站，南澳岛周边的浮游植物丰度表、底层均较低。春季底层生物多样性指数平均为 2.09。最高值发生在 N11 站（3.07），最小值发生在 N10 站（1.68）。底层浮游植物生物多样性高于表层。可能受台湾浅滩上升流的影响，在远岸的 N3 站底层可以看到一个明显的丰度高值出现，优势种为柔弱拟菱形藻和柔弱几内亚藻。

秋季共检出浮游植物 83 种，其中，硅藻 56 种，甲藻 27 种。表层共鉴定出 63 种，优势种为柔弱拟菱形藻、微小细柱藻、海链藻、斯氏几内亚藻、角毛藻、锥状斯氏藻（*Scrippsiella trochoidea*）、远距角毛藻（*Chaetoceros distans*）和米氏凯伦藻（*Karenia mikimotoi*）。表层丰度平均值值为 112.3×10⁴个/L，丰度高值区位于诏安湾湾口处，最大值 766.9×10⁴个/L 发生在 N14 站，最小值 11.85×10⁴个/L 发生在 N7 站。相对于其他季节，秋季有较多的甲藻出现，高值区在调查区域的东北部海域，N10 和 N11 站表层甲藻分别占浮游植物总丰度的 44.1% 和 91.6%，以锥状斯氏藻为绝对优势。锥状斯氏藻在 N10 和 N11 表层丰度分别达到 10.25×10⁴个/L 和 21.5×10⁴个/L。秋季表、底层浮游植物生物多样性指数平均分别为 2.42 和 2.88，近岸靠近柘林湾口的 N4 站表现出最高的生物多样性。

冬季共检出浮游植物 62 种，其中，硅藻 45 种，甲藻 17 种。表层样品共鉴定出 52 种，优势种为具槽帕拉藻、海链藻、裸甲藻（Gynodinium sp.）、舟形藻（Navicula sp.）、有翼圆筛藻（Coscinodiscus bipartitus）和琼氏圆筛藻（Coscinodiscus jonesianus）。具槽帕拉藻是冬季的绝对优势种，优势度达到 0.37，平均占浮游植物总丰度的 36%。具槽帕拉藻是链状硅藻，倾向于底栖附着习性，该藻在冬季的大量出现，可能与本时期南澳岛周边大量的阀架养殖龙须菜或紫菜等大型海藻有关。冬季表层浮游植物的丰度都很低，平均值只有 1.3×10^4 个/L，且水平差异不大。丰度高值区不突出，位于南澳岛西部的开阔水域，最大值 2.05×10^4 个/L 发生在 N6 站，最小值 0.5×10^4 个/L 发生在 N11 站。冬季表、底层浮游植物生物多样性指数平均分别为 2.1 和 2.6。

总的来看，南澳-东山海域的浮游植物丰度的季节差异很大，丰度大小依次为冬季 <春季<夏季<秋季，与叶绿素的季节分布特征相似。冬季，南澳周边水域的营养盐浓度远高于其他季节，但是该时期浮游植物的丰度却是最低的，这可能是由于浮游植物的生长主要受到了低水温的抑制。夏季，本海域的东南向远岸站位应该显著受到西南季风驱动下的台湾浅滩上升流补充营养盐的促进作用，浮游植物丰度在采样区域的外海也显示出较高的值，特别在 N3 站的底层，其浮游植物丰度居然接近诏安湾湾口的水平，但是其种类组成与近岸存在较大的差异。夏季诏安湾口近岸的浮游植物主要由中肋骨条藻和拟菱形藻组成，而远岸的 N3 站主要由柔弱几内亚藻、拟菱形藻和微小细柱藻组成。不同的营养盐补充机制，可能会导致浮游植物种类结构产生了巨大差异。

二、微微型浮游植物

南澳-东山海域的微微型浮游植物主要由聚球藻（Synechococcus）和真核微型生物（pico-eukaryote）2 个类群组成，原绿球藻只在夏季个别站位疑似检出。聚球藻周年表层平均丰度为 39.6×10^3 个/mL。春、夏、秋、冬季表层的平均丰度分别为 34.6、107.8、13.6 和 2.5×10^3 个/mL。春季和秋季的丰度空间分布规律非常相似，由近岸向远岸逐渐升高（图 12-12）。冬季调查海域的聚球藻都维持在一个非常低的水平，只在诏安湾口出现一个相对高值。夏季聚球藻的水平分布与其他季节差异很大，西南部低于东北部，这可能与夏季西北部区域受到淡水径流的影响较大，抑制了聚球藻的生长。底层聚球藻周年的平均丰度为 22.8×10^3 个/mL，春、夏、秋、冬季底层的平均丰度分别为 32.3、41.6、14.3 和 3.0×10^3 个/mL。除了夏季表层和底层的差异较大之外，其他季节表、底层的平均丰度差异不大，而且，表、底层的水平分布规律基本一致。

真核微型生物的周年表层平均丰度为 21.3×10^3 个/mL。春、夏、秋、冬季表层的平均丰度分别为 11.25、60.0、7.8 和 6.2×10^3 个/mL。春季和秋季的丰度空间分布规律非

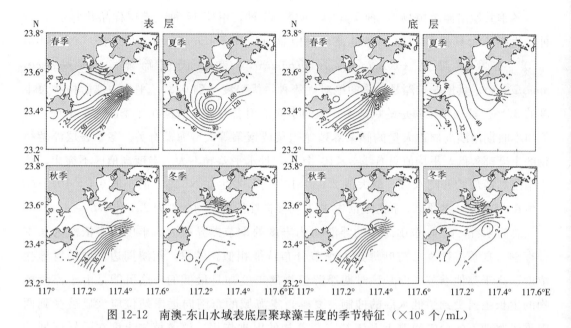

图 12-12　南澳-东山水域表底层聚球藻丰度的季节特征（×10³ 个/mL）

常相似，由近岸向远岸逐渐降低，这与聚球藻的丰度分布规律正好相反（图 12-13）。冬季调查海域的真核微型生物在南澳岛西部海域有一个低值区，最高值出现在东山一侧的诏安湾内；夏季真核微型生物的丰度远高于其他季节，而且分布规律与聚球藻相似，西南部低于东北部。底层真核微型生物周年的平均丰度为 11.9×10³ 个/mL，春、夏、秋、冬季底层的平均丰度分别为 9.0、25.5、6.2 和 6.7×10³ 个/mL。与聚球藻一样，除了夏季表、底层的差异较大之外，其他季节真核微型生物的表、底层丰度差异不大。

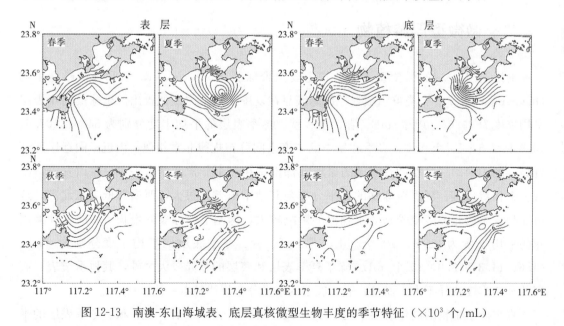

图 12-13　南澳-东山海域表、底层真核微型生物丰度的季节特征（×10³ 个/mL）

第五节　浮游动物

浮游动物（zooplankton）属于次级生产者，在海洋生态系统的物质循环和能量流动中具有重要位置，其种类组成和数量分布受人类活动引起的生态环境变化影响。同时，其群落结构也与温度、盐度、海流、水团和食物浓度等要素密切相关。

浮游动物采集使用浅水Ⅰ浮游生物网（网口直径 50 cm，网口面积 0.2 m²，网身长 145 cm，网目 0.505 mm），由海底至表层垂直拖网。样品用 5% 甲醛溶液固定，实验室分析鉴定。浮游动物采集、处理、计数等均按照《海洋调查规范—海洋生物调查》（GB 12763.6—91）进行。浮游动物生物量采用湿重法，挑出非动物杂质，称重、计算出浮游动物的生物量（mg/m³）。为了分析环境因素对浮游动物种类、丰度和生物量的时空变化的影响，将调查海域的 14 个调查站按照水深分成近岸水域和远岸水域进行对比分析。近岸水域水深一般小于 20 m，涉及的站位有 N1、N4、N5、N8、N9、N12 和 N14 等 7 个站位；远岸水域水深都大于 20m，涉及的站位有 N2、N3、N6、N7、N10、N11 和 N13。

一、种类组成和季节变化

南澳岛周边浮游动物生态类群以暖水沿岸种、暖水外海种和暖水广盐种 3 个类群为主，群落组成具有明显的季节变化。王亮根等（2016）报道，南澳岛周边海域浮游动物优势种以近岸种为主，生物多样性指数以夏季最高，冬季最低。浮游动物生态特征呈现典型的亚热带海湾生态学特性，其变化规律与该海区外海暖水、闽浙沿岸流以及径流冲淡水等水团的季节性消长相关，尤其是近岸径流的输入。

本次调查共鉴定出浮游动物 206 种（包括浮游幼虫）。其中，桡足类种类数最多，达 94 种；其次水螅水母类 23 种、毛颚类 16 种、浮游幼虫 14 类、管水母类 11 种和端足类 11 种；其他浮游动物类群的种类数均少于 10 种。4 个季度的调查中，浮游动物的种类数及其各类群均有差异。2014 年 9 月调查浮游动物种类最丰度，达 135 种；其次是 2015 年 4 月鉴定到 127 种；2014 年 12 月出现的种类较少（表 12-3）。

表 12-3　南澳-东山海域不同季节浮游动物各类群出现的种类数（种）

类群	春季	夏季	秋季	冬季	合计
水螅水母类	11	2	18	4	23
管水母类	6	5	8	5	11
栉水母类	1	1	2	1	2

（续）

类群	春季	夏季	秋季	冬季	合计
浮游多毛类	0	2	3	0	5
浮游软体类	0	2	4	1	4
枝角类	2	2	2	1	2
介形类	4	4	5	4	8
桡足类	63	57	55	54	94
糠虾类	1	0	1	6	2
端足类	7	6	4	0	11
磷虾类	1	1	2	5	6
十足类	2	2	2	1	2
毛颚类	13	14	10	11	16
有尾类	3	2	4	2	4
海樽类	2	2	2	1	2
浮游幼虫	11	11	13	9	14
合计	127	113	135	105	206

桡足类是每次调查中出现种类数最多的类群，毛颚类和浮游幼虫在不同季节的种类组成也较稳定。综合4个季度调查各站出现浮游动物种类表明，各站游动物种类数差别较大，诏安湾内采样点出现的浮游动物种类比较单一，远岸站位出现的种类则较多。总体而言，水深大于20 m的站位出现的浮游动物的种类数一般高于水深小于20 m的站位。水深小于20 m的站位主要位于柘林湾和诏安湾湾口，以及南澳岛附近海域；水深大于20 m的站位邻近近海，在夏、秋季多受到外海水影响，不仅会出现一些低盐近岸种和沿岸种，同时，也会出现较多的外海高温高盐种，如管水母和海樽类。

二、生物多样性季节变化

（一）多样性指数和均匀度指数的时空变化

调查期间，浮游动物种类多样性指数和均匀度指数的季节差异较大。多样性指数方面，2015年4月的浮游动物的种类多样性指数最高，平均值为（4.41±0.63）；其次是夏季（4.24±0.62）和秋季（4.14±0.67）；2014年12月调查冬季的多样性指数最低（1.23±0.16）。均匀度指数最低值也是出现在冬季，仅为（0.26±0.02）；春季和夏季的均匀度指数较高，分别为（0.87±0.05）和（0.80±0.06）；秋季次之（0.75±0.10）。

比较水深大于20 m的站位和水深小于20 m的站位的多样性指数和均匀度指数发现，4个季度的调查结果均显示，水深大于20 m的站位的多样性指数均高于水深小于20 m的站位；而均匀度指数的变化则相反（图 12-14），这说明南澳-东山海域近海的水域物种和数量都比较丰富。

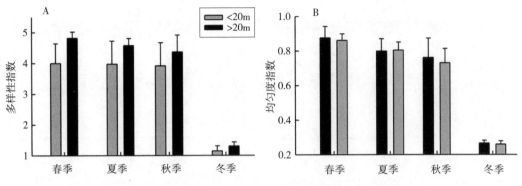

图 12-14 近岸和远岸站位浮游动物多样性指数和均匀度指数的比较

（二）丰度和生物量的空间特征和季节变化

南澳-东山调查海域浮游动物（浅水 I 型网）丰度的变化范围为 3.5～1 158.3 个/m³，周年平均为 233.9 个/m³。春、夏、秋、冬季网采浮游动物的丰度平均分别为 52.5、372.2、426 和 85.1 个/m³，夏季和秋季浮游动物丰度均较高（图 12-15）。浮游动物丰度和生物量呈现出一致的变动规律。

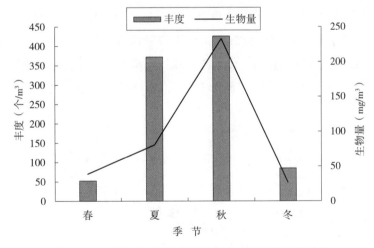

图 12-15 南澳-东山海域浮游动物丰度和生物量的季节

各季节浮游动物丰度的空间分布特征存在显著差异，表明浮游动物丰度的季节变化非常大。浮游动物生物量的变化范围为 0.2～609.6 mg/m³，周年平均为 94.8 mg/m³。春、夏、秋、冬季平均分别为 38.9、80.7、232.8 和 26.8 mg/m³，秋季浮游动物生物量显著高于其他季节。春季和夏季在南澳岛西部存在一个浮游动物生物量的高值区，可能该区域在春季和夏季的水文条件下适合浮游动物的聚集和生长。秋季和冬季浮游动物的生物量均表现为近岸小于外海的趋势，以秋季规律性最显著。冬季的最高浮游动物生物量发生在诏安湾湾口（图 12-16）。

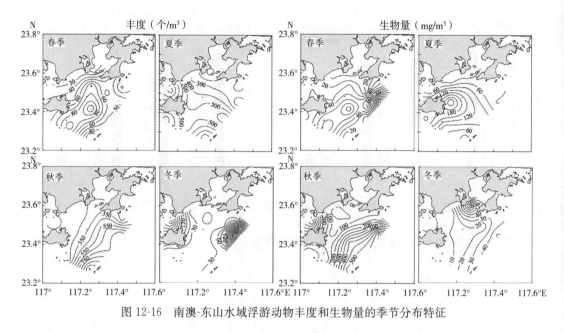

图 12-16　南澳-东山水域浮游动物丰度和生物量的季节分布特征

（三）生物量和丰度的季节比较

调查海域在调查期间，浮游动物丰度和生物量的季节变化比较明显。秋季（2014 年 9 月）和夏季（2016 年 7 月）浮游动物丰度和生物量较高；冬季（2014 年 12 月）和春季（2015 年 4 月）较低，并且两者的变化趋势一致。浮游动物的生物量和丰度呈现出显著的正相关关系（$R=0.74$、$P<0.01$，图 12-17），说明浮游动物个体大小的分布对其总生物量的影响不大。

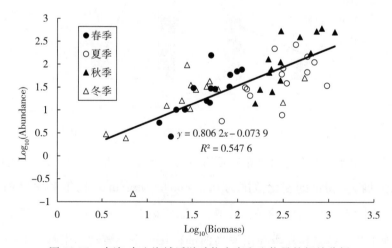

图 12-17　南澳-东山海域浮游动物丰度和生物量的相关分析

比较水深小于 20 m 的近岸站位和水深大于 20 m 的远岸站位发现，调查期间，浮游动物的丰度在近岸站位的均高于远岸站位（图 12-18，B），而浮游动物生物量仅在秋季和春季远岸站位均高于近岸站位（图 12-18，A）。相关分析结果表明，调查海域浮游动物丰度和生物量与温度均成显著正相关（丰度：$R=0.469$、$P<0.01$；生物量：$R=0.405$、$P<0.01$），而与盐度和叶绿素 a 浓度变化没有显著相关性。

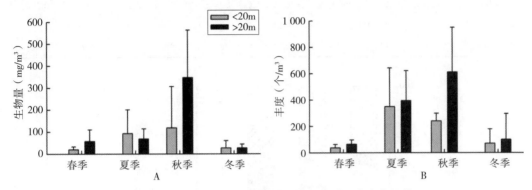

图 12-18　近岸和远岸站位浮游动物生物量和丰度的比较

三、主要群类丰度季节变化

调查海域浮游动物各类群丰度差别大，桡足类是各个季节丰度最高的类群（表 12-4）。有明显的季节变化，秋季和夏季最高，冬季次之，春季最低，仅为（16.78±9.51）个/m³。桡足类占浮游动物总丰度的百分比在冬季最高，达 80% 以上，其他 3 个季节基本在 30%～40% 波动（图 12-19）。管水母类和海樽类在 2014 年 9 月调查期间丰度和所占总丰度的比例均比其他调查期间高；毛颚类尽管在 2015 年 4 月丰度不高，但所占比例增加；介形类在 2016 年 7 月调查期间丰度和所占比例比其他调查时间大幅度提升（表 12-4）。

表 12-4　浮游动物各类群丰度的季节变化（个/m³）

类群	秋季 (2014 年 9 月)	冬季 (2014 年 12 月)	春季 (2015 年 4 月)	夏季 (2016 年 7 月)
水螅水母类	10.76±5.67	0.43±0.61	1.60±2.18	0.60±1.16
管水母类	42.53±55.16	0.37± 0.63	1.21±1.57	9.24±1 0.60
栉水母类	16.42±39.80	0.01±0.05	—	0.36±0.80
浮游多毛类	0.34±0.77	—	—	0.52±1.13
浮游软体类	3.68±4.39	0.02±0.06	0.01±0.05	2.43±3.32
枝角类	19.44±19.78	0.10±0.38	0.04±0.10	1.25±2.45
介形类	1.37±2.51	1.39±1.58	0.32±0.93	79.32±109.19
桡足类	150.19±137.25	74.58±146.28	16.78±9.51	156.65±96.11
糠虾类	0.19±0.70	—	0.03±0.11	—
端足类	2.55±4.99	0.38±0.62	0.52±0.82	3.75±3.53

（续）

类群	秋季 （2014 年 9 月）	冬季 （2014 年 12 月）	春季 （2015 年 4 月）	夏季 （2016 年 7 月）
磷虾类	2.49±2.16	0.92±0.93	0.86±0.83	2.44±1.93
十足类	8.52±7.24	0.10±0.22	1.20±1.93	26.48±34.15
毛颚类	20.82±18.47	3.37±2.59	14.29±12.07	31.21±24.30
有尾类	12.61±11.59	0.02±0.06	4.32±9.06	0.71±1.10
海樽类	83.30±106.38	0.19±0.53	0.11±0.28	1.61±2.14
浮游幼虫	50.17±28.42	3.15±4.23	10.24±3.97	55.38±54.21

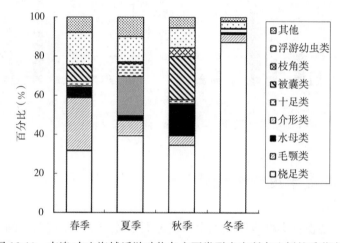

图 12-19　南澳-东山海域浮游动物各主要类群丰度所占比例的季节变化

一般将海洋浮游动物身体内含水分较多的生物称为胶质类浮游生物（gelatinous plankton）。将调查海域出现的水螅水母类、管水母类、之水母类、浮游软体动物和海樽类归为胶质类浮游动物进行分析。发现 2014 年 9 月秋季调查胶质类浮游动物占总浮游动物丰度比例高达 36.83％，主要是管水母类和海樽类的高丰度贡献的，其他调查期间比例降低（2015 年 4 月春季为 5.70％、2016 年 7 月夏季为 3.83％和 2014 年 12 月冬季为 1.02％）。一般来讲，胶质生物的大量增加，不利于初级生产力向鱼类等高营养级生物传递。

四、优势种

以优势度 $Y \geqslant 0.02$ 为判断标准，本调查海域在调查期间浮游动物的优势种较多，季节之间变动大（表 12-5）。秋、冬、春和夏季优势种丰度占总丰度的比例分别为 64.96％、24.68％、42.48％和 70.96％，秋季和夏季的优势种丰度比较集中。小齿海樽（*Doliolum denticulatum*）在 2014 年 9 月的秋季期间占绝对优势，在其他调查时间内数量较少。两种介形类后圆真浮萤（*Euconchoecia maimai*）和针刺真浮萤（*Euconchoecia aculeata*）

在 2016 年 7 月调查期间占绝对优势。冬季（2014 年 12 月）则以小拟哲水蚤（*Paracalanus parvus*）和精致真刺水蚤（*Euchaeta conicnna*）占绝对优势。春季（2015 年 4 月）以长尾幼虫占绝对优势

表 12-5　南澳-东山海域不同季节浮游动物优势种的组成及其出现频率和丰度

时间	优势种	优势度	出现频率（%）	丰度（个/m³）
春季	长尾类幼体	0.08	100	4.30±2.16
	弱箭虫	0.03	71	2.48±4.09
	小箭虫	0.03	71	2.14±2.51
	短尾类幼体	0.03	86	1.77±1.58
	长尾住囊虫	0.03	86	1.66±2.68
	精致真刺水蚤	0.03	71	1.92±1.81
	百陶箭虫	0.03	71	1.81±3.44
	奥氏胸刺水蚤	0.02	79	1.46±1.89
	小拟哲水蚤	0.02	86	1.32±1.00
	异尾宽水蚤	0.02	71	1.58±2.05
	红住囊虫	0.02	57	1.45±3.15
夏季	后圆真浮萤	0.10	79	45.50±58.33
	针刺真浮萤	0.07	79	33.11±50.51
	红纺锤水蚤	0.06	100	21.93±16.90
	肥胖箭虫	0.04	93	17.89±18.60
	小纺锤水蚤	0.04	93	16.80±19.03
	锥形宽水蚤	0.04	86	16.22±24.64
	中型莹虾	0.03	86	13.29±22.28
	正型莹虾	0.03	79	13.19±16.24
	小拟哲水蚤	0.03	86	11.74±13.32
	钳形歪水蚤	0.02	79	10.97±10.80
	太平洋纺锤水蚤	0.02	71	9.13±14.44
	长尾基齿哲水蚤	0.02	79	7.96±10.18
秋季	小齿海樽	0.17	93	78.47±105.37
	亚强次真哲水蚤	0.11	100	47.81±81.90
	锥形宽水蚤	0.08	100	32.75±58.33
	长尾类幼虫	0.05	100	21.65±17.45
	鸟喙尖头溞	0.04	100	18.99±19.09
	双生水母	0.04	79	20.14±33.54
	球型侧腕水母	0.03	86	16.20±39.88
	肥胖箭虫	0.02	71	13.11±15.89

（续）

时间	优势种	优势度	出现频率（%）	丰度（个/m³）
秋季	细浅室水母	0.02	86	9.30±16.41
	红住囊虫	0.02	100	7.67±6.34
	黑点叶剑水蚤	0.02	71	9.88±17.08
冬季	小拟哲水蚤	0.06	86	5.80±11.49
	精致真刺水蚤	0.05	93	4.78±3.21
	瘦拟哲水蚤	0.02	64	2.97±7.38
	海洋真刺水蚤	0.02	93	1.86±1.45
	微刺哲水蚤	0.02	71	2.30±4.08
	普通波水蚤	0.02	79	1.81±2.83
	长尾类幼虫	0.02	93	1.46±1.94

第六节　底栖动物

一、种类组成

一般来讲，底质类型决定了底栖生物的分布，底质以泥沙为主的，则埋栖生活的环节动物和穴居生活的节肢动物相对较多；如果底质以岩相为主，螺类和牡蛎类等主营附着生活的软体动物则相对较多。根据 2011—2013 年的调查结果，柘林湾-南澳岛附近的潮间带共鉴定出大型底栖动物 7 门 57 科 112 种。其中，软体动物 67 种（59.82%）；节肢动物 21 种（18.75%）；环节动物 15 种（13.39%）；脊索动物 4 种（3.57%）；腔肠动物和星虫动物各 2 种（1.79%）；纽形动物 1 种（0.89%）（舒黎明等，2016）。其中，夏季共鉴定出 85 种，冬季共 75 种。大型底栖动物的主要组成种类为软体动物、节肢动物和环节动物三大类。夏、冬两季均出现的种类数有 48 种（42.86%），只在冬季出现的种类数有 27 种（24.11%），只在夏季出现的种类数有 37 种（33.04%）。冬季到夏季的种类更替率为 57.14%，迁移率为 8.93%，表明冬季到夏季群落的变动较大，稳定性较低；迁入的种类数大于迁出的种类数。

舒黎明等（2016）的调查中，南澳岛和柘林湾的潮间带夏季和冬季共鉴定出大型底栖动物优势种 23 种，其中，软体动物 17 种、环节动物 3 种和节肢动物 3 种（表 12-6）。夏季调查中相对重要性指数（IRI）较高的种类有覆瓦牡蛎（*Parahyotissa imbricate*）、皎齿牡蛎（*Saccostrea mordax*）、隔贻贝（*Septifer bilocularis*）、条蜒螺（*Nerita* striata）、珠带拟蟹守螺（*Cerithidea cingulata*）和双齿围沙蚕（*Perinereis aibuhitensis*）；冬季调查中优势度较高的种类有双齿围沙蚕、平背蜞（*Gaetice depressus*）、覆瓦牡蛎、猫爪牡蛎（*Talonostrea talonata*）。从种类组成来看，南澳岛-柘林湾潮间带的大型底栖生物最多的为牡蛎类，其次为螺类和蟹类以及沙蚕科的生物。牡蛎占据优势种地位与南澳周边海域进行大范围的牡蛎类筏式吊养有直接的关系。

表 12-6　南澳岛-柘林湾潮间带大型底栖动物优势种的相对重要性指数（IRI）

种　类	2011 年 夏季	2013 年 夏季	2012 年 冬季	2013 年 冬季
多齿围沙蚕（*Perinereis nuntia*）	185	294	187	272
双齿围沙蚕（*Perinereis aibuhitensis*）	352	458	281	741
覆瓦牡蛎（*Parahyotissa imbricate*）	462	6	1428	—
隆起隔贻贝（*Septifer excisus*）	10	93	150	32
猫爪牡蛎（*Talonostrea talonata*）	32	6	829	2
平背蜞（*Gaetice depressus*）	227	9	111	445
珠带拟蟹守螺（*Cerithidea cingulata*）	404	45	342	48
翡翠贻贝（*Perna viridis*）	—	11	—	175
隔贻贝（*Septifer bilocularis*）		493		245
黑缘牡蛎（*Ostrea nigromarginata*）	—	102	—	79
棘刺牡蛎（*Saccostrea echinata*）		220		5
咬齿牡蛎（*Saccostrea mordax*）		499		15
中华牡蛎（*Parahyotissa sinensis*）		11	250	90
岩虫（*Marphysa sanguinea*）		39	—	256
海蟑螂（*Ligia exotica*）			188	64
中国绿螂（*Glaucomya chinesis*）	10	—	342	—
古氏滩栖螺（*Batillaria cumingi*）	—	429		118
粒花冠小月螺（*Lunella coronata granulate*）	32	2	—	186
单齿螺（*Monodonta labio*）		39		185
平轴螺（*Planaxis sulcatus*）	—	215	—	5
条蜒螺（*Nerita striata*）	412		200	
四齿大额蟹（*Metopograpsus quadridentatus*）	3	134	—	—
纵带滩栖螺（*Batillaria zonalis*）	179		80	

注：本表改自舒黎明等（2016）。

二、生物丰度

南澳-东山附近海域的底栖生物调查报道比较少，而附近东山湾一侧则有较多的报道

（李荣冠等，1993；何明海，1990；林俊辉等，2015）。根据林俊辉等（2015）在古雷半岛周边海域的调查，结果表明，春季大型底栖生物的平均栖息密度是（111±200）个/m²，站位之间的密度很不均匀。多毛类和软体动物是海区栖息密度组成的优势类群，两者合占总密度的86.1%。大型底栖生物的平均生物量为（14.79±22.03）g/m²，其中，软体动物为（6.28±16.97）g/m²，占总生物量的42.5%。从各个类群所占比例看，软体动物、棘皮动物和其他动物是底栖生物生物量组成的重要类群，三者合占比例为85.6%。调查海区各站位的生物量范围是0.10～78.50 g/m²。不同站位的生物量差异很大，生物量高值区（78.50 g/m²）位于东山湾顶大霜岛附近海域以及湾口塔屿西侧近岸水域；生物量低值区（0.1 g/m²）位于半岛东侧水域和南端古雷头海域，该站位于古雷半岛南端、东山湾口外海域。

三、生物种类和组成的变化趋势

1990年和1991年在东山岛潮下带的底栖生物调查，共鉴定出大型底栖生物349种，隶属142科、249属（蔡立哲等，1994）。优势种为：双鳃内卷齿蚕（*Aglaopharnus dibranchis*）、大海蛹（*Opelina grandis*）、圆筒原盒螺（*Ecoylichnacylindrella*）、波纹巴非蛤（*Paphia udulata*）、颗粒六足蟹（*Hexapus granuliferus*）、模糊新短眼蟹（*Neoxenphthalmus obscurus*）、刺瓜参（*Pseudocnus echinatus*）、光滑倍棘蛇尾（*Anphioplus laevis*）、洼额倍棘蛇尾（*Amphioplus deress*）、孔虾虎鱼（*Trypanchen vagina*）和厦门文昌鱼（*Branchiostoms belcheri*）等；东山岛潮下带底栖生物年平均生物量23.8 g/m²，年平均密度192个/m²，平面分布不均匀。根据种类组成、数量分布、季节变化和丰度生物量比较结果得出，82.5%的取样站次的底栖生物群落处于稳定状态（蔡立哲等，1994）。2011—2013年，柘林湾-南澳岛4个航次9个断面潮间带调查样品，仅鉴定出大型底栖动物7门57科112种（舒黎明等，2016），出现种类数明显降低。当然，调查的范围和区域的不同，均会使调查结果产生显著差异。

附近东山湾的研究表明，以前对底栖动物总生物量起主要贡献的为软体动物和棘皮动物种类。过去在东山湾内数量大且分布广的腹足类，如棒锥螺（*Turritella bacillum*）、浅缝骨螺（*Murex trapa*）和假奈拟塔螺（*Turricula nelliae spurius*）等，现在密度已大幅减少（李荣冠等，1993）。东山湾口过去报道的棘皮动物种类多达42种，如今仅记录6种，且出现率都很低（林俊辉等，2015）。由此可见，近20多年来，东山湾的底栖生物生态特征发生了明显的改变，不少原有的软体动物和棘皮动物的常见种类密度明显降低，有些种类甚至已经消失，优势种也发生了剧烈改变，种类丰富度和总生物量均有较大幅度下降。

第七节 渔业资源

2014—2017 年，主要开展了南澳-东山海域渔业资源调查和鱼类声频-无线电追踪标记研究两部分内容。渔业资源调查采用拖网取样和声学探测联合作业方式，主要分析各调查海域游泳生物群落结构特征和资源量密度。具体实施情况如表 12-7 所示。

表 12-7 渔业资源调查基本情况

调查日期	调查海域	声学评估	样点数（个）
2015 年 04 月 26—28 日	南澳-东山湾-春季	是	8
2014 年 09 月 10—12 日	南澳-东山湾-夏季	是	6
2017 年 11 月 28—30 日	南澳-东山湾-秋季	是	7
2014 年 12 月 15—20 日	南澳-东山湾-冬季	是	7

一、渔获组成特点

1. 渔获种类组成 本次调查，南澳岛海域 4 个航次共捕获游泳生物 183 种。其中，鱼类、蟹类、虾类、虾蛄类和头足类分别为 110 种、34 种、17 种、13 种、9 种（表 12-8）。渔获种类组成主要以鱼类和蟹类为主，所占比重分别为 60.11％和 18.58％；其次为虾类、虾蛄类和头足类，累积百分比为 21.31％。调查水域渔获种类百分比组成结果如彩图 30 所示。

在季节尺度上，调查海域春、夏、秋、冬各季度渔获种类组成如表 12-8 和彩图 31 所示。春季渔获物种类数明显少于其他各季度，夏季和秋季渔获物种类数差异相对较小，冬季鱼类物种类数最多。各季度渔获种类组成中鱼类所占比重最高，其次为蟹类和虾类，虾蛄类和头足类所占比重相对较小。

调查海域，春季共有游泳生物 54 种，其中，鱼类占 48％，蟹类占 28％，虾类、头足类、虾蛄类累积百分比仅 24％；夏季共有游泳生物 73 种，其中，鱼类占 55％，蟹类占 22％，其他种类仅占 23％；秋季共有游泳生物 70 种，其中，鱼类占 53％，蟹类占 27％，其他种类共占 20％；冬季共有游泳生物 82 种，其中，鱼类占 57％，蟹类占 16％，虾类占 13％，头足类和虾蛄类共占 14％。

表 12-8 南澳岛海域各季度渔获物种类数（种）

种类	春季	夏季	秋季	冬季	总计
头足类	3	5	1	4	9

（续）

种类	春季	夏季	秋季	冬季	总计
虾蛄类	4	6	5	7	13
虾类	6	6	8	11	17
蟹类	15	16	19	13	34
鱼类	26	40	37	47	110

调查海域各季度，渔获种类相似性分析结果如彩图 32 所示。研究发现，调查海域渔获种类组成季节差异明显，季节相似度均在 40% 以下。此外，各季度不同位点间种类相似度基本处于 40%～50%，且各季度均有部分位点相似度在 40% 以下，说明调查海域游泳生物种类组成地域较为明显。因此，对于该海域游泳生物资源的调查研究，应适当增大取样强度与覆盖率，以增加其抽样调查的代表性。

2. 渔获丰度 2014—2017 年，南澳岛海域 4 个航次共捕获游泳生物 14 491 尾，其中，鱼类 8 822 尾，虾类 2 506 尾，蟹类 1 720 尾，虾蛄类 1 145 尾，头足类 298 尾。总体上，鱼类在渔获丰度组成中所占比重最高，其他种类所占比重相对较低。调查海域，各季节渔获率（尾/h）分析结果如彩图 33 所示：

春季和冬季渔获率相对较高，分别为 1 316 尾/h 和 1 145 尾/h；夏季和秋季相对较高，分别为 754 尾/h 和 512 尾/h。春季，鱼类渔获率最高（1 215 尾/h），其次为蟹类（45 尾/h）和头足类（19 尾/h），虾类和虾蛄类渔获率均为 18 尾/h；夏季，虾类、头足类、虾蛄类、蟹类、鱼类渔获率分别为 26 尾/h、38 尾/h、65 尾/h、76 尾/h、549 尾/h；秋季，蟹类和虾类渔获率相对较高，分别为 167 尾/h 和 146 尾/h，鱼类渔获率为 103 尾/h，虾蛄类和头足类渔获率分别为 92 尾/h 和 5 尾/h；冬季，渔获中虾、蟹类渔获率相对较高，分别为 542 尾/h、231 尾/h，其次为鱼类和虾蛄类，渔获率分别为 195 尾/h 和 151 尾/h，头足类渔获率最低，仅 25 尾/h。

据南澳岛海域渔获类群季节分布特征分析发现，鱼类在春季和夏季渔获丰度中占优势地位，春季鱼类渔获率较高，秋季最低。虾类渔获率在秋季和冬季急剧增加。蟹类和虾蛄类渔获率从春季到冬季依次增加，该结果可能与渔业资源的季节性行为活动有关。头足类渔获率相对较低，且季节差异较小。

3. 渔获生物量 南澳岛海域 4 个航次共捕获游泳生物 146 289.9 g，其中，鱼类 71 074.3 g、蟹类 36 952.1 g、虾类 14 541.7 g、虾蛄类 14 039.4 g、头足类 9 682.4 g。总体上，鱼类在渔获生物量组成中所占比重较高，其次为蟹类，虾类、虾蛄类和头足类所占比重相对较低。调查海域，各季节渔获率（g/h）结果如彩图 34 所示：

夏季和冬季渔获率相对较高，分别为 15 564.5 g/h 和 13 239 g/h；春季和秋季渔获率相对较低，分别为 6 599 g/h 和 6 497.5 g/h。春季，鱼类渔获率最高（4 569.1 g/h），其次为蟹类（1 207.7 g/h）、头足类（509.2 g/h）和虾蛄类（229.9 g/h），虾类渔获率最低（83 g/h）；夏季，鱼类和蟹类渔获率较春季明显增加，分别为 8 825.8 g/h 和 4 878.7 g/h，头足类和虾蛄类渔获率略有增加，分别为 964.7 g/h 和 804.5 g/h，虾类渔获率基本不变，仅 90.8 g/h；秋季，鱼类和蟹类渔获率较夏季大幅下降，分别为 1 426.7 g/h 和 2 922.4 g/h，虾类和虾蛄类较夏季有所增加，分别为 873.4 g/h 和 113.95 g/h，头足类较夏季下降至 161.04 g/h；冬季，蟹类渔获率较秋季有所下降，仅 2 560 g/h，鱼类、虾类、头足类和虾蛄类渔获率均呈上升趋势，分别为 4 452.3 g/h、2 560 g/h、1 181.1 g/h 和 1 851.4 g/h。

据南澳岛海域渔获类群季节分布特征分析结果显示，鱼类渔获率从春季至冬季呈先上升后下降再上升的变化趋势，在夏季渔获率最高，春季和冬季基本一致，秋季最低。蟹类、头足类渔获率与鱼类渔获率呈相近的变化趋势。虾蛄类和虾类渔获率从春季至冬季持续上升，但变幅较小。虾类渔获率在冬季急剧上升，春季和秋季基本一致。

4. 优势度分析　南澳岛海域各季度优势种类和常见种类组成如表 12-9 所示。春季，该海域渔获中优势种类主要包括鹿斑鲾、二长棘鲷、杜氏枪乌贼 3 种，其中，鹿斑鲾优势度指数为 10 290，明显高于其他种类，该结果可能与鹿斑鲾季节性集群行为和繁殖习性相关；夏季，渔获中优势种类主要有短尾大眼鲷、丝背细鳞鲀、丽叶鲹、拥剑梭子蟹、杜氏枪乌贼和锈斑鲟 6 种，其中，鱼类 3 种、蟹类 2 种、头足类 1 种，且短尾大眼鲷优势度明显高于其他种类；秋季，渔获优势群体主要包括口虾蛄、哈氏仿对虾、矛形梭子蟹、纤手梭子蟹、猛虾蛄、红星梭子蟹、断脊口虾蛄、龙头鱼和锈斑鲟共 9 种，其中，鱼类 1 种、蟹类 4 种、虾类 1 种、虾蛄类 3 种；冬季，渔获中优势种类主要有矛形梭子蟹、长足鹰爪虾、口虾蛄、龙头鱼、短蛸、带鱼和鹰爪虾 7 种，其中，鱼类 3 种、虾类 2 种、蟹类 1 种、虾蛄类 1 种。综上可知，南澳岛海域各季度渔获中优势种类存在较大差异，且春季优势集中程度明显较高，仅杜氏枪乌贼为春季和夏季共同优势群体，口虾蛄、矛形梭子蟹和龙头鱼为秋季和冬季共同优势群体。

表 12-9　南澳岛海域各季度优势种和常见种

季节	种名	数量百分比（%）	重量百分比（%）	出现频率（%）	优势度
	鹿斑鲾	82.8	54.4	75.0	10 290
	二长棘鲷	5.6	4.3	75.0	744
	杜氏枪乌贼	0.9	5.5	87.5	564
	竹筴鱼	3.1	3.3	62.5	397
春季	日本蟳	0.2	3.1	62.5	209
	刺鲳	0.5	2.1	75.0	189
	短吻鲾	1.1	2.9	37.5	150
	口虾蛄	0.7	1.5	62.5	137
	皮氏叫姑鱼	0.3	2.1	50.0	118

（续）

季节	种名	数量百分比（%）	重量百分比（%）	出现频率（%）	优势度
春季	变态蟳	0.9	0.9	62.5	110
	远海梭子蟹	0.1	3.9	25.0	100
夏季	短尾大眼鲷	35.1	22.0	83.3	4 763
	丝背细鳞鲀	9.3	13.2	66.7	1 497
	丽叶鲹	7.2	4.1	83.3	947
	拥剑梭子蟹	3.3	7.6	83.3	911
	杜氏枪乌贼	3.8	4.1	100.0	786
	锈斑蟳	2.6	7.5	66.7	670
	鹿斑鲾	5.8	1.4	66.7	480
	猛虾蛄	3.7	2.7	66.7	425
	二长棘鲷	2.7	5.7	50.0	419
	口虾蛄	3.0	1.8	66.7	318
	三疣梭子蟹	0.9	7.9	33.3	295
	红星梭子蟹	0.4	2.3	83.3	222
	斑鳍白姑鱼	4.8	1.4	33.3	207
	宽突赤虾	1.9	0.3	66.7	149
	棘突猛虾蛄	1.5	0.6	66.7	142
	绵蟹	0.2	1.9	50.0	104
秋季	口虾蛄	10	9.7	85.7	1 694
	哈氏仿对虾	13.4	5.9	85.7	1 654
	矛形梭子蟹	11.3	3	85.7	1 220
	纤手梭子蟹	5.5	7.1	71.4	904
	猛虾蛄	4.5	6.3	71.4	775
	红星梭子蟹	3.4	4.8	71.4	584
	断脊口虾蛄	3.9	1.9	100	584
	龙头鱼	7.7	5.6	42.9	569
	锈斑蟳	2.3	4	85.7	544
	日本绒球蟹	1.3	13.3	28.6	416
	鹰爪虾	5.1	1.8	42.9	295
	周氏新对虾	1.7	3.2	57.1	277
	长蛸	0.9	2.5	71.4	243
	拟矛尾虾虎鱼	3.6	1.6	42.9	224
	刀额新对虾	3.4	1.3	42.9	202
	赤鼻棱鳀	1.2	0.5	71.4	121
	拥剑梭子蟹	1.6	2.4	28.6	114

（续）

季节	种名	数量百分比（%）	重量百分比（%）	出现频率（%）	优势度
冬季	矛形梭子蟹	14.0	3.9	71.4	1 282
	长足鹰爪虾	20.6	11.8	28.6	926
	口虾蛄	4.9	6.0	71.4	782
	龙头鱼	2.5	8.4	71.4	781
	短蛸	1.0	6.1	100.0	710
	带鱼	2.0	4.7	100.0	668
	鹰爪虾	5.6	3.4	71.4	643
	哈氏仿对虾	3.4	1.9	85.7	458
	宽突赤虾	4.7	1.3	71.4	428
	皮氏叫姑鱼	2.4	2.9	71.4	379
	猛虾蛄	3.5	2.8	57.1	359
	锈斑蟳	1.1	3.0	85.7	352
	海鳗	0.2	4.6	71.4	344
	三疣梭子蟹	0.4	6.1	42.9	279
	变态蟳	1.6	1.7	85.7	277
	周氏仿对虾	2.3	1.3	71.4	258
	舌虾虎鱼	2.4	1.2	71.4	253
	须赤虾	5.5	2.3	28.6	223
	伍氏平虾蛄	2.2	2.9	42.9	219
	拥剑梭子蟹	1.2	1.8	71.4	219
	杜氏棱鳀	1.7	1.1	71.4	201
	大头白姑鱼	0.5	1.3	85.7	155
	中华管鞭虾	1.6	0.9	57.1	148
	中国团扇鳐	0.1	4.2	28.6	121
	日本猛虾蛄	1.0	1.7	42.9	116
	黄斑篮子鱼	0.4	1.2	71.4	116

5. 资源密度估算　研究表明，南澳岛海域夏季游泳生物资源量密度最高（1 897.5 kg/km²），其次为冬季（1 588.6 kg/km²）和春季（1 328.4 kg/km²），秋季最低近 1 176.8 kg/km²。春季，调查海域鱼类资源密度相对较高，其次为蟹类和头足类，虾蛄类和虾类密度相对较低；夏季，鱼类和蟹类资源密度相对较高，其次为头足类和虾蛄类，虾类资源密度最低；秋季，蟹类资源密度最高，其次为鱼类、虾蛄类和虾类，头足类密度最低；冬季，各大类群资源密度差异较小，鱼类密度相对较高。调查海域各季度各类游泳生物资源量密度见表12-10。

表 12-10　南澳岛海域渔业资源密度（kg/km²）

季节	头足类	虾蛄类	虾类	蟹类	鱼类	合计
春季	113.1	52.7	20.2	271.9	870.5	1 328.4
夏季	113.4	80.7	9.5	678.4	1 015.5	1 897.5
秋季	28.3	179.5	154.9	542.6	271.4	1 176.8
冬季	141.7	222.2	383.3	307.2	534.2	1 588.6

（二）群落结构特征

1. 生物多样性指数　研究发现，南澳岛海域各季度生物多样性状况及其空间结构特征如图 12-20 所示。生物多样性指数季节差异较小，冬季 Shannon-Wiener 多样性指数最高为 2.57；夏季和秋季基本一致，分别为 2.3 和 2.28；春季最低为 1.8。在空间尺度上，各季度不同位点 Shannon-Wiener 多样性指数差异较大，其中，春季尤为明显。

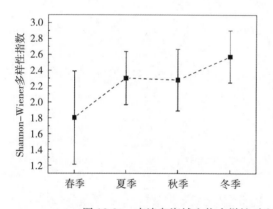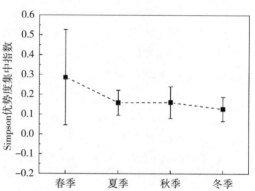

图 12-20　南澳岛海域生物多样性时空变化（误差线表示取样位点间差异）

南澳岛海域游泳生物优势度集中研究结果显示，该海域游泳生物优势度集中指数季节差异明显，春季优势度集中指数（0.29）明显高于其他季节，夏、秋和冬季分别为 0.16、0.16 和 0.13。在空间尺度上，春季不同位点间优势度集中指数差异较大，其他季节空间差异较小。

2. ABC 曲线　南澳岛海域各季节 ABC 曲线分析结果显示（彩图 35），各季度渔获丰度曲线均在渔获生物量曲线之上，W 值分别为 -0.122、-0.018、-0.05 和 -0.05，说明调查海域生物群落受外界干扰强度较大。春季，游泳生物小型化现象突出。综上可知，调查海域生物群落在春季受外界干扰较大，群落稳定性较差（生物多样性指数较低），因此，在春季应采取适当的措施，加强对该水域游泳生物资源的保护。

第八节　渔业资源增殖策略

一、增殖及养护现状

(一)保护区现状

南澳-东山示范区位于广东沿海的东北端和台湾海峡西南端,处于粤、闽、台3省及南海和东海的交界处,邻近大陆的河流主要有韩江、黄岗河、榕江和鳌江等,东南面为闽南-台湾浅滩。其地理位置紧贴北回归线,为热带向亚热带的过渡区,属南亚热带气候。南澳岛是太平洋黑潮高温、高盐水与沿岸水及大陆径流交汇混合处,具备了海洋生物繁殖、生长、栖息的各种有利因素,形成了十分丰富的生物资源。据统计,南澳岛海域的海洋生物达到1 308种,隶属20个门、113个目、357个科。有浮游植物280种,浮游动物179种,脊椎动物314种。其中,具有重要保护价值的种类主要包括国家Ⅰ级保护动物中华白海豚和鹦鹉螺2种;国家Ⅱ级保护动物蠵龟、绿海龟、玳瑁、棱皮龟、太平洋丽龟、黄唇鱼、江豚、南瓶鼻海豚、瓶鼻海豚、灰海豚、花斑原海豚、瘤齿喙鲸、灰鲸、伪虎鲸、克氏海马15种;以及被CITES公约附录Ⅰ收录的锦绣龙虾、中国龙虾、中国鲎、南方鲎、刁海龙、鲸鲨、驼背鲈、姥鲨8种广东省重点保护物种。

联合国项目东山-南澳海洋生物多样性保护管理示范区、乌屿省级候鸟保护区、南澎列岛海洋生态国家级自然保护区相继落户南澳岛。构建了南澎列岛海洋生态国家级自然保护区、广东南澳候鸟省级自然保护区、南澳平屿西南侧海域鲎市级自然保护区、南澳赤屿东南海域中国龙虾和锦绣龙虾市级自然保护区4个自然保护区,保护区总面积为600 km²。

(二)增殖放流情况

按照农业农村部《中国水生生物资源养护行动纲要》《农业部关于做好"十三五"水生生物增殖放流工作的指导意见》(农渔发〔2016〕11号)和《水生生物增殖放流管理规定》等指导性文件要求,积极筹措资金,针对具体水域的增殖放流种类和数量、放流时间,结合资金投入额度和实施单位的实际,制订年度增殖放流实施方案,大力开展渔业资源增殖放流活动。

南澳-东山示范区海域分年度渔业资源放流情况如表12-11和表12-12所示。其中,据不完全统计,潮州市2013—2017年,累计在柘林湾海域放流笛鲷约66万尾、真鲷10万尾、黑鲷 94 万尾、黄鳍鲷 43.15 万尾、卵形鲳鲹 10 万尾、长毛对虾 1 200 万尾、斑节对虾 2 650 万尾和刀额新对虾 2 500 万尾；合计投入资金约 174.8 万元。汕头市 2011—2018年，共放流鱼类 1 306.24 万尾、对虾类 20 606 万尾，共计投入资金约 909.28 万元。

表 12-11　潮州市 2013—2017 年渔业资源增殖放流情况

年份	放流种类	放流数量（万尾）	各种类放流地点	各种类放流规格（cm）
2013	笛鲷、真鲷、黑鲷	50	柘林湾海域	鱼类＞3 虾类＞3
2014	笛鲷、黑鲷、黄鳍棘鲷	41.15	柘林湾海域	鱼类＞3 虾类＞3
2015	卵形鲳鲹、笛鲷、黑鲷、红鳍笛鲷、黄鳍棘鲷、长毛对虾、斑节对虾	3 966	柘林湾海域	鱼类＞3 虾类＞1
2017	黑鲷、黄鳍棘鲷、刀额新对虾	2 516	柘林湾海域	鱼类＞3 虾类＞2.5

注：数据来源于潮州市海洋与渔业局。

表 12-12　汕头市 2013—2017 年渔业资源增殖放流情况

年份	放流种类	放流数量（万尾）	各种类放流地点	各种类放流规格（cm）
2011	笛鲷、胡椒鲷、斑节对虾	1 276.08	潮阳海门礁区 汕头湾外海域	鱼类＞3 虾类＞1
2012	笛鲷、胡椒鲷	58.29	潮阳海门礁区 汕头湾外海域	鱼类＞3 虾类＞1
2013	笛鲷、胡椒鲷、黑鲷、墨吉对虾	2 572.66	潮阳海门礁区 广澳湾海域 澄海莱芜海域 潮南田心湾海域	鱼类＞3 虾类＞1
2014	笛鲷、花尾胡椒鲷、黄鳍棘鲷、平鲷、真鲷、斑节对虾、墨吉对虾、长毛对虾	7 052.38	汕头港外海域 潮阳人工鱼礁区 潮南区田心湾海域 广澳湾海域 莱芜海域 南澳岛海域	鱼类＞3 虾类＞1
2015	黑鲷、黄鳍棘鲷、斑节对虾	4 832.7	汕头港外海域 广澳湾海域 莱芜海域 南澳岛海域	鱼类＞3 虾类＞1
2016	黑鲷、黄鳍棘鲷、花尾胡椒鲷、小黄鱼、斑节对虾	2 115	汕头港外海域 南澳岛海域 澄海区莱芜人工鱼礁区海域 潮南区田心湾海域	鱼类＞3 虾类＞1

（续）

年份	放流种类	放流数量（万尾）	各种类放流地点	各种类放流规格（cm）
2017	黑鲷、黄鳍棘鲷、斑节对虾	2 870.13	汕头港外海域 广澳湾海域 云澳湾海域 澄海区莱芜人工 鱼礁区海域 潮南区田心湾海域	鱼类＞3 虾类＞1
2018	黑鲷、斑节对虾	1 135	汕头港外海域	鱼类＞3 虾类＞1

注：数据来源于汕头市海洋与渔业局。

（三）人工鱼礁建设状况

南澳-东山示范区海域建设人工鱼礁历史悠久，早在 1982 年，南澳县水产部门在国家的资助下，在南澳主岛东北部北角山外平坦的无礁区海域，先后分 2 批投放了 3 种规格不同的框架式人工鱼礁 300 座，投礁总面积约 13×10^4 m²，礁体达 877.7 m³；1987 年 6 月中旬，南澳县又在主岛东南方的官屿海域建成了总面积 37.5×10^4 m² 的人工鱼礁，礁体都采用混凝土结构，礁体体积总空方量达 2 400 m³。

南澳岛现代人工鱼礁建设以广东省人大议案项目提出和实施为起始，自 2005 年项目启动以来，已投资 1 320 万元；2006—2009 年，建设完成南澳乌屿岛人工鱼礁区，该鱼礁区位于南澳岛南面 4 海里外的勒门列岛水域，乌屿岛西南面，礁区范围的经纬度坐标为 23°19′30″N—23°20′48″N，117°06′30″E—117°07′48″E，礁区面积约 6.3 km²，水深 17～28 m；礁区从 2006 年 2 月起分四期共投放礁体 1 348 个，礁区面积 580 hm²，礁体类型有方形和三角形等，2009 年 12 月 28 日投放完毕。

柘林湾海洋牧场示范区（23°26′20″N—23°37′59″N，116°54′47″E—117°12′36″E），位于广东省潮州市饶平县南部柘林湾与汕头市南澳岛隔海相望。建设起止时间为 2010 年 1 月至 2014 年 12 月，总面积 206.7 km²。其中，饶平县南铲人工鱼礁区（23°34′00″N—23°35′30″N，117°10′50″E—117°12′30″E），礁体数量 551 个，礁区面积为 3.15 km²。饶平县溜牛人工鱼礁区（23°30′38.9″N—23°31′52.6″N，117°12′9.5″E—117°12′47.2″E），投放礁体 1 389 个，礁区面积为 10.37 km²；浅水浮式聚鱼构件示范面积 6.67 km²，深水浮式聚鱼构件示范面积 1.27 km²；底播增殖贝苗 41.6 亿粒，形成贝床示范面积 5.2 km²；海藻场示范区面积 3.33 km²。2012 年，建设完成平屿准生态型人工鱼礁，礁区面积约 1.72 km²，计划投资 600 万元，投放礁体 434 个。2018 年，广东省南澳岛海域国家级海洋牧场示范区建设项目总投资 2 500 万元，建设礁体总空方量 55 092 m³，占海域面积 30 km²。

（四）存在的主要问题

1. 渔业资源种类减少 南澳-东山海域的渔获物出现种类数减少，而且呈现小型化和低龄化的特点，短生命周期的甲壳类和小型鱼类的种类数和比例增加。底层和近底层鱼类资源明显衰退，渔获种类从高营养层次向低营养层次，从大中型向中小型变化。优质鱼类比例明显减少，大黄鱼、鲳、马鲛、黄花鱼、真鲷、黑鲷等品种已形成不了渔汛。

2. 渔业科技力量薄弱 从事渔业研究科研机构较少，自主创新能力有限，相关海洋渔业资源增殖养护关键技术科研能力不足，缺乏与科研机构以及高校的科研深度合作，缺少引进海洋高端技术人才的有效机制。

3. 放流效果评估工作缺乏 增殖放流效果评估是客观评价放流成效，调整后期放流方式和策略的重要措施，目前的放流效果评估受限于资金和技术的制约，综合性的评价工作尚未开展，增殖放流的经济、社会和生态效益评价缺乏数据和评价方法。

二、增殖技术策略建议

（一）增殖放流适宜水域

南澳岛附近海域曲折多湾，硬、软相海岸相间。北部海域多数海湾屏蔽性较好，增养殖生产作业安全性较高，适合于网箱养殖、贝类筏式养殖等开发。南部和东部海域多礁盘，海水盐度较高，根据海域特殊的地理和水文条件，结合《汕头市海洋功能区划（2013—2020 年）》和《南澳县海洋功能区划（2013—2020 年）》，将南澳-东山示范区规划海域适宜海洋生物资源增殖放流区域划分为 3 个部分：柘林湾近海海域、南澎列岛-勒门列岛及周边海域、东山岛-大埕湾及周边海域。

1. 柘林湾近海海域 柘林湾在饶平县南部，北靠黄冈河平原，东倚柘林半岛，南有海山岛、汛洲岛、西澳岛，面积约 79.3 km²。柘林湾西面海山岛与汛洲岛之间 1 km 小金门水道拥有的 2 km² 海洋网箱养殖基地，还有南面大金门水道海区 3 万多格网箱组成 0.15 km² 的养殖区。柘林湾北面海域建设有柘林湾海洋牧场示范区，总面积 206.7 km²。该区域适宜开展的增殖放流为生态修复型的增殖放流模式；选择柘林湾北部和东北部海域依靠人工鱼礁区的礁体构筑物条件，开展底播贝类和礁栖性鱼类的增殖；选择柘林湾中部和南部海域，有效避开航运通道和小金门水道区域，开展大型海藻的增殖，有助于海域网箱养殖区的水质环境修复。

2. 南澎列岛-勒门列岛及周边海域 南澎列岛和勒门列岛附近海域建设有南澎列岛海洋生态自然保护区。该保护区位于南海东北部广东东北端和台湾海峡西南端，处于粤、闽、台三省级南海和东海的交界处，地理位置紧贴北回归线，是太平洋黑潮高温、高盐水与沿岸水及大陆径流交汇处，生境多样。保护区及附近海域具有丰富的头足类和中上层渔业资源，是南海北部重要经济水产种质资源的产卵、育肥与索饵场；同时，该水域的初级生产力较高，海洋生物丰富，常年栖息或季节性出现的多种珍稀濒危的水生野生动物，如中华白海豚、海龟、玳瑁、黄唇鱼和中国龙虾等。充分利用该海域的天然环境优势和生态系统类型的丰富多样，适宜开展资源养护型增殖放流模式，选择南澎列岛附件海域开展饵料生物和本地优势种质资源增殖放流；选择勒门列岛附近海域岩礁岸线开展礁栖性鱼类和甲壳类增殖放流，开展经济性藻类的增殖。

3. 东山岛-大埕湾及周边海域 东山岛-大埕湾位于饶平县东北角，北与福建省诏安县接壤，东与台湾的澎湖列岛遥相对望，西至广东饶平县鸡笼角，面积约 32.5 km^2。岸线绵长，沙滩平缓，沙质细软，寒暖流交融，温度适宜，潮流畅通，传统渔业作业方式为拉网，是一种适合浅海湾围网捕捞的方式。该区域优质的自然环境和，特别是沙砾海底与珊瑚礁、海藻场等，为许多经济名贵鱼类提供了良好的栖息环境，适宜开展资源增殖型放流模式，选择大埕湾及周边海域开展本地特有名贵海珍品的增殖放流。

（二）增殖放流适宜种类

1. 柘林湾近海海域 在柘林湾近海海域，适宜于泥蚶、紫海胆、翡翠贻贝和锯缘青蟹等本地物种增殖放流；在柘林湾北部和东北部海域，适宜于黑鲷、真鲷、黄鳍棘鲷、红笛鲷等礁栖性鱼类增殖放流；在柘林湾中部和南部海域，存在较多网箱养殖，适宜于赤菜、长毛对虾、墨吉对虾、红星梭子蟹等大型海藻和底栖类生物的增殖放流。

2. 南澎列岛-勒门列岛及周边海域 在南澎列岛自然保护区范围海域，适宜于保护物种的饵料生物增殖放流，如棘头梅童鱼、凤鲚、银鲳和白姑鱼等；在勒门列岛及周边海域，适宜于中国枪乌贼、杜氏枪乌贼、剑尖枪乌贼、拟目乌贼等本地鱿鱼种类增殖放流；在靠近人工鱼礁区水域，适宜于口虾蛄、红星梭子蟹、长毛对虾等本地底栖性甲壳类生物，二长棘鲷、黄斑篮子鱼、黄鳍棘鲷、多鳞鱚等礁栖性鱼类和紫海胆增殖放流。

3. 东山岛-大埕湾及周边海域 在东山岛-大埕湾东北部近岸珊瑚礁海域，适宜于石首鱼类、石斑鱼类和龙虾类增殖放流，如鮸鱼、大黄鱼、赤点石斑鱼、鲑点石斑鱼、青石斑鱼；中国龙虾、锦绣龙虾等本地物种。在东山岛-大埕湾西部和南部海域，适宜于大型海藻增殖培育，如龙须菜、紫菜、羊栖菜和真江蓠等。

（三）增殖放流生态容量

1. 柘林湾近海海域 在柘林湾近海海域放流生态容量，主要考虑营养盐浓度较高、海洋污染物分布较多等限制性因素；在网箱养殖区海域放流生态容量，则主要考虑水体交换速率缓慢、水质溶氧较低、残饵粪便冗余的限制。

2. 南澎列岛-勒门列岛及周边海域 在南澎列岛自然保护区范围海域放流生态容量，主要考虑放流的饵料生物对中华白海豚等保护物种的种群数量、年龄组成与食量等生存因素的影响；在勒门列岛人工鱼礁区海域放流生态容量，主要考虑礁体结构类型、空方量和初级生产力水平等因子的限制。

3. 东山岛-大埕湾及周边海域 在东山岛-大埕湾东北部近岸海域放流，主要考虑珊瑚礁保护和初级生产力对现有渔业资源支撑冗余的限制；在大埕湾西部和南部海域放流，则主要考虑海水盐度高和台风等自然灾害天气破坏的因素。

（四）增殖放流规格及季节

根据南澳-东山示范区水域渔业资源现状调查结果，综合考虑增殖放流种类的生物学特性和栖息条件，对不同放流物种的规格和季节提出相应的建议。

在柘林湾近海海域，泥蚶、紫海胆、翡翠贻贝和锯缘青蟹等适宜增殖季节为 9—11月，规格 6 cm 以上，适宜水温 10～32℃，适宜盐度范围 10～30；鲷科鱼类适宜放流季节为冬季和春季，规格 3 cm 以上，适宜放流区域为岩礁区；长毛对虾、墨吉对虾和红星梭子蟹适宜放流季节为春季，规格 1 cm 以上，适宜放流栖息环境底质为泥、泥沙和沙质，放流区域水深 10 m 以上。

在南澎列岛自然保护区范围海域，棘头梅童鱼、凤鲚、银鲳和白姑鱼适宜放流季节为冬季和春季，规格 4 cm 以上；在勒门列岛及周边海域，中国枪乌贼、杜氏枪乌贼、剑尖枪乌贼、拟目乌贼等头足类生物适宜放流季节为春季，规格 2 cm 以上，适宜水温 15～28℃，适宜盐度 29～34.5；紫海胆适宜放流季节为春季和夏季，规格 2.5 cm 以上。

在东山岛-大埕湾东北部近岸水域，石首鱼类、石斑鱼类和龙虾类适宜放流季节为4—7月，规格 4 cm 以上，适宜放流底质环境为沙砾海底、珊瑚礁区；大型海藻适宜增殖季节为春季，适宜增殖在岩礁底质海岸附近。

三、增殖养护管理对策建议

针对不同区域社会经济发展情况，提出适合本区域渔业资源增殖养护管理的具体有效措施建议：

1. 健全管理体系，做好顶层规划 针对示范区渔业资源增殖现状和存在问题，结合国家方针政策和地方管制区划，做好顶层规划设计，确定适宜的放流地点和种类及搭配、科学的驯化等增殖技术、合理的管理制度和技术手段；提出具体的渔业资源增殖目标，建立效果评估和生态风险预测及预警技术；提出阶段性增殖放流指标，包括近期、中期、远期的增殖放流、资源增殖成效等多方位的可量化和可考核的目标。

2. 加强生态系统保护，促进生物群落恢复 保护示范区特有的上升流生态系统和珊瑚生态系统，发挥生态系统自主调节的能力优势，促进区域原始生物群落的自然恢复；严格海洋伏季休渔管理，严厉打击非法捕捞作业；探索渔业资源养护管理新模式。

3. 强化科学研究支持，提升科技创新能力　针对增殖放流涉及环节多、技术性强的特点，建议加大科研投入力度，加强专业技术队伍建设，提升条件平台和科研能力，强化增殖放流基础性、关键性技术研发，为增殖放流提供技术支撑以及科学规范指导。

4. 推进公益教育宣传，提高全民关注度　充分利用电视、报纸、网络等传统新闻媒体，对每年 6 月 6 日"放流日"进行集中报道和宣传。同时引进和推动自媒体，利用微博、微信等新兴媒体制作和投放科学增殖放流公益广告或宣传片，将科学放流生态安全理念广泛传播；加强与中小学联系，有针对性地开展生态环境保护和渔业资源养护的科普教育，全面提升全民的理解和关注。

第十三章 大亚湾示范区

第一节 气候地理特征

大亚湾是南海北部一个较大的半封闭性、内湾式海湾。海岸线曲折，岸线长约92 km，海湾的东、北、西三面为低矮丘陵环抱，东部海岸线较平直，西部则曲折多变，尤多深入陆地的小内湾。湾西南侧为大鹏澳，水深10余米，西北侧为哑铃湾与澳头港，水深3～5 m，东北角的范和港，水深较浅。湾内生物资源丰富、生境多样，红树林和珊瑚群落使该亚热带海湾显示出热带生境的特色，是我国亚热带海域的重要海湾之一。

一、气压

大亚湾终年温度较高，气候温暖，各月平均气温都在13℃以上，年平均气温为21.8～22.3℃。最高月平均气温出现在7—8月（28℃以上），最低出现在1月（14℃以下）。

由于气温受冬、夏季风影响明显，各季温度的月季变化不同。每年2—7月、8月为升温期；8、9月至翌年1月为降温期。在冷暖气流交替的春秋季，表现为3—5月和10—12月的气温月际变化大，升降温值平均为4℃以上；而7—8月和1—2月的气温月际变化较小，为0.5℃左右。秋季平均气温高于春季，10月平均气温高于4月，气温相差5℃左右，9—11月平均气温高于3—5月4℃左右。大亚湾的气温平均日较差为5.6℃，月最大日较差为8℃。春季多阴雨，日较差很小，秋季次之，夏季和冬季日较差最大。11月至翌年5月，气温日际变化平均约为1.5℃，6—10月平均约为0.7℃，即气温的日际变化冬、春季大，夏、秋季小。

二、降水量

大亚湾属亚热带季风气候，年降水量丰富、年雨日较多，但变幅较大，不同强度雨日随量级的增加而减少。根据惠东气象观测站的记录，1967—2006年，大亚湾年平均降水量 1 877.7 mm，最大降水量 2 583.7 mm，最小降水量 1 345.1 mm，变幅 66.0%，平均年雨日 142.5 d。降水月和季节分配也不均匀，雨季（汛期，4—9 月）和旱季（非汛期，10 月至翌年 3 月）差异明显。各地降水量和雨日的月和季变化趋势基本一致，但也有差异。4—6 月是降水最集中期，为前汛期，主要以锋面低槽降水为主，降水范围广，强度大，平均占年降水量的 40.2%～51.3%；随着 6 月下旬副热带高压的季节性北移，转受热带气旋等低纬热带天气系统的影响，步入了第二个多雨时期（7—9 月），为后汛期，后汛期除了台风雨之外还有一些局地性的雷阵雨，后汛期降水平均约占年降水量的 29.2%～43.3%。从季节变化来看，大亚湾降水量呈夏季最多、春季次之、冬季最少，雨日呈夏季最多、春季次之、秋季与冬季相差不大的季节变化特征。

三、风

大亚湾年平均风速 3.0 m/s，最大风速 23 m/s，全年大部分时间盛行 ENE—ESE，其中，东风尤为突出。不同季节的年平均各风向频率都非常相似，ENE—ESE 风向占所有风向的 40%～50%。夏季（6—8 月）盛行偏南风和偏东风，SW—SSE 向风的频率占 40% 左右，其他月份盛行偏东风和偏北风，其中，NE—E 向风的频率占 40% 左右，风速也强些，年平均风速为 3～4 m/s，最大风速大于 40 m/s。大亚湾地区的风向，不仅有季节变化，而且有明显的日变化。这种日变化以昼夜为周期，其变化原因是海陆间的温差造成的。各季节影响大亚湾地区的天气形势及天气状况不同，海、陆热效应对风向日变化所起的作用不同。冬季风向日变化稳定少变，夏季风向日变化明显，春、秋季风向日变化介于冬、夏季之间，更接近于冬季的风向日变化。

四、湿度与蒸发

由于大亚湾水面宽阔，空气湿润，年平均相对湿度较大，约 80%，春、夏季（3—8 月）平均相对湿度达 85% 左右。相对湿度在一日中的变化趋势，恰好与气温日变化相反，最大值出现在日出前，最小值出现在 14：00 左右。年平均蒸发量为 2 800 mm，蒸发量高值出现在光照强、温度高的 8 月，均值为 230 mm；低值出现在湿度大、雨水多的春季（3—5 月），月蒸发量为 80～110 mm。蒸发量的日变化，最大值出现在正午前后，最小值出现在夜间。

第二节 海水水质

南海水产研究所科研人员在 2015—2016 年，对大亚湾海域开展了 4 次综合调查，按春、夏、秋和冬 4 个季度分别对透明度、水温、盐度、悬浮物（SS）、pH、溶解氧（DO）、叶绿素、初级生产力、无机氮、活性磷酸盐等因子进行了调查和分析。

一、透明度

大亚湾春季海水透明度变化范围为 3～8.5，平均为 4.9 m；夏季海水透明度变化范围为 2～5 m，平均为 3.3 m；秋季海水透明度变化范围为 1.2～6.3 m，平均为 2.8 m；冬季海水透明度变化范围为 1.5～2.9 m，平均为 2.5 m。

各航次调查海水透明度春季和冬季空间分布变化呈东部海域明显高于西部海域的变化规律；从时间变化规律看，各航次调查海域透明度呈现春季（4.9 m）＞夏季（3.3 m）＞秋季（2.8 m）＞冬季（2.5 m）的变化特征。

二、水温

大亚湾春季海水温度变化范围为 21.3～22.9℃，平均为 21.79℃；夏季海水温度变化范围为 23.3～29.5℃，平均为 26.42℃；秋季海水温度变化范围为 26.5～28.6℃，平均为 27.28℃；冬季春季海水温度变化范围为 18.4～20.5℃，平均为 19.36℃。

各站位海水温度空间分布变化差异不明显；从时间变化规律看，各航次调查海域海水温度呈现秋季（27.28℃）＞夏季（26.42℃）＞春季（21.79℃）＞冬季（19.36℃）的变化特征。

三、溶解氧

大亚湾春季海水溶解氧浓度变化范围为 5.91～7.68 mg/L，平均为 7.01 mg/L；夏季海水溶解氧浓度变化范围为 2.63～6.08 mg/L，平均为 4.53 mg/L；秋季海水溶解氧浓度变化范围为 4.06～5.29 mg/L，平均为 5.54 mg/L；冬季海水溶解氧浓度变化范围为 5.42～6.62 mg/L，平均为 5.98 mg/L。

调查各站海水溶解氧浓度的空间分布变化差异不明显，海水溶解氧浓度变化呈表层＞底层；从时间变化规律看，调查海域海水溶解氧浓度呈现春季（7.01 mg/L）＞冬季（5.98 mg/L）＞秋季（5.54 mg/L）＞夏季（4.53 mg/L）的变化特征。

四、盐度

大亚湾春季海水盐度变化范围为 34.37～35.23，平均为 34.91；夏季海水盐度变化范围为 35.23～36.24，平均为 35.76；秋季海水盐度变化范围为 33.11～35.05，平均为 34.74；冬季海水盐度变化范围为 33.35～34.78，平均为 34.27。

调查水域海水盐度的空间分布变化差异不明显，表、底层盐度变化不大；从时间变化规律看，各航次调查海域海水盐度呈现夏季（35.76）＞春季（34.91）＞秋季（34.74）＞冬季（34.27）的变化特征。

五、pH

大亚湾春季海水 pH 变化范围为 8.13～8.25，平均为 8.21；夏季海水 pH 变化范围为 8.04～8.35，平均为 8.22；秋季海水 pH 变化范围为 7.98～8.46，平均为 8.31；冬季海水 pH 变化范围为 8.12～8.48，平均为 8.35。

调查水域海水 pH 的空间分布变化差异不明显，表、底层 pH 变化不大；从时间变化规律看，各航次调查海域海水 pH 呈现冬季（8.35）＞秋季（8.31）＞夏季（8.22）＞春季（8.21）的变化特征，但差别不明显。

六、悬浮物（SS）

大亚湾春季海水悬浮物浓度变化范围为 26 mg/L，平均为 6.73 mg/L；夏季海水悬浮物浓度变化范围为 2～18 mg/L，平均为 5.81 mg/L；秋季海水悬浮物浓度变化范围为 2～22 mg/L，平均为 10.95 mg/L；冬季海水悬浮物浓度变化范围为 0.6～11.8 mg/L，平均为 6.03 mg/L。

各航次调查海水 SS 浓度的空间分布夏季和冬季变化不明显，春季和秋季的变化呈现湾外＞湾中＞湾内的特征，大部分站位表、底层 SS 浓度无明显变化规律；从时间变化规律看，各航次调查海域海水 SS 浓度呈现秋季（10.95 mg/L）＞春季（6.73 mg/L）＞冬季（6.03 mg/L）＞夏季（5.81 mg/L）的变化特征。

七、亚硝态氮（$NO_2^- $-N）

大亚湾春季海水亚硝态氮浓度变化范围为 0.03～7.58 μg/L，平均为 1.08 μg/L；夏季海水亚硝态氮浓度变化范围为 0.43～16.22 μg/L，平均为 3.40 μg/L；秋季海水亚硝态氮浓度变化范围为 0.04～20 μg/L，平均为 1.20 μg/L；冬季海水亚硝态氮浓度变化范围为 1～34 μg/L，平均为 21.5 μg/L。

各航次调查海水亚硝态氮浓度的空间分布变化湾内有高于湾中和湾外的趋势，但变化规律不明显，海水表、底层亚硝态氮浓度无明显变化规律；从时间变化规律看，各航次调查海域海水亚硝态氮浓度呈现冬季（21.5 $\mu g/L$）＞夏季（3.40 $\mu g/L$）＞秋季（1.20 $\mu g/L$）＞春季（1.08 $\mu g/L$）的变化特征。

八、硝态氮（$NO_3^- \text{-} N$）

大亚湾春季海水硝态氮浓度变化范围为 1～7 $\mu g/L$，平均为 3.64 $\mu g/L$；夏季海水硝态氮浓度变化范围为 17～241 $\mu g/L$，平均为 109.34 $\mu g/L$；秋季海水硝态氮浓度变化范围为 7～138 $\mu g/L$，平均为 38.77 $\mu g/L$；冬季海水硝态氮浓度变化范围为 20～385 $\mu g/L$，平均为 233.33 $\mu g/L$。

各航次调查海水硝态氮浓度的空间分布变化夏季湾内区域较高、秋季湾中区域较高、冬季空间分布变化规律不明显；从时间变化规律看，各航次调查海域海水硝态氮浓度呈现冬季（233.33 $\mu g/L$）＞夏季（109.34 $\mu g/L$）＞秋季（38.77 $\mu g/L$）＞春季（3.64 $\mu g/L$）的变化特征。

九、氨氮（$NH_4^+ \text{-} N$）

大亚湾春季海水氨氮浓度变化范围为 19～91 $\mu g/L$，平均为 32.70 $\mu g/L$；夏季海水氨氮浓度变化范围为 9～66 $\mu g/L$，平均为 24.52 $\mu g/L$；秋季海水氨氮浓度变化范围为 43～336 $\mu g/L$，平均为 142.98 $\mu g/L$；冬季海水氨氮浓度变化范围为 4～37 $\mu g/L$，平均为 12 $\mu g/L$。

各航次调查海水氨氮浓度的空间分布变化夏、秋季湾内和湾中区域较高、冬季湾外和湾中区域较高；从时间变化规律看，各航次调查海域海水氨氮浓度呈现秋季（142.98 $\mu g/L$）＞春季（32.70 $\mu g/L$）＞夏季（24.52 $\mu g/L$）＞冬季（12.0 $\mu g/L$）的变化特征。

十、无机氮（DIN）

大亚湾春季海水无机氮浓度变化范围为 24～95 $\mu g/L$，平均为 37.52 $\mu g/L$；夏季海水无机氮浓度变化范围为 27～313 $\mu g/L$，平均为 137.18 $\mu g/L$；秋季海水无机氮浓度变化范围为 65～378 $\mu g/L$，平均为 182.55 $\mu g/L$；冬季海水无机氮浓度变化范围为 32～412 $\mu g/L$，平均为 266.89 $\mu g/L$。

各航次调查海水无机氮浓度的空间分布变化夏季湾内区域最高、秋季和冬季湾中和湾外区域较高，但差别不明显；从时间变化规律看，各航次调查海域海水无机氮浓度呈现冬季（266.89 $\mu g/L$）＞秋季（182.55 $\mu g/L$）＞夏季（137.18 $\mu g/L$）＞春季（37.52 $\mu g/L$）的变化特征。

十一、活性磷酸盐

大亚湾春季海水活性磷酸盐浓度变化范围为 5~84 $\mu g/L$，平均为 14.11 $\mu g/L$；夏季海水活性磷酸盐浓度变化范围为 3.45~9.80 $\mu g/L$，平均为 5.01 $\mu g/L$；秋季海水活性磷酸盐浓度变化范围为 0.58~13.74 $\mu g/L$，平均为 4.86 $\mu g/L$；冬季海水活性磷酸盐浓度变化范围为 1~24 $\mu g/L$，平均为 10.5 $\mu g/L$。

各航次调查海水活性磷酸盐浓度的空间分布变化夏季湾内区域最高、秋季湾中区域较高、冬季各区域差别不大；从时间变化规律看，各航次调查海域海水活性磷酸盐浓度呈现春季（14.11 $\mu g/L$）＞冬季（10.5 $\mu g/L$）＞夏季（5.01 $\mu g/L$）＞秋季（4.86$\mu g/L$）的变化特征。

第三节　初级生产力

一、叶绿素 a

大亚湾春季海水叶绿素 a 浓度变化范围为 0.15~8.33 $\mu g/L$，平均为 0.70 $\mu g/L$；夏季海水叶绿素 a 浓度变化范围为 0.69~6.99 $\mu g/L$，平均为 2.71 $\mu g/L$；秋季海水叶绿素 a 浓度变化范围为 0.56~2.85 $\mu g/L$，平均为 1.58 $\mu g/L$；冬季海水叶绿素 a 浓度变化范围为 0.44~1.24 $\mu g/L$，平均为 0.83 $\mu g/L$。

从时间变化规律看，各航次调查海域海水叶绿素 a 浓度呈现夏季（2.71 $\mu g/L$）＞秋季（1.58 $\mu g/L$）＞冬季（0.83 $\mu g/L$）＞春季（0.70 $\mu g/L$）的变化特征。

二、初级生产力

大亚湾春季海域初级生产力变化范围为 60.60~2 093.96 mg/（$m^2 \cdot d$），平均为 421.98 mg/（$m^2 \cdot d$）；夏季海域初级生产力变化范围为 104.17~1 068.54 mg/（$m^2 \cdot d$），平均为 416.26 mg/（$m^2 \cdot d$）；秋季海域初级生产力变化范围为 33.80~3 318.49 mg/（$m^2 \cdot d$），平均为 344.01 mg/（$m^2 \cdot d$）；冬季海域初级生产力变化范围为 51.17~155.06 mg/（$m^2 \cdot d$），平均为 92.81 mg/（$m^2 \cdot d$）。

从时间变化规律看，各航次调查海域海水叶绿素 a 浓度呈现春季 ［421.98 mg/（m²·d）］＞夏季 ［416.26 mg/（m²·d）］＞秋季 ［344.01 mg/（m²·d）］＞冬季 ［92.81 mg/（m²·d）］的变化特征。

第四节　浮游植物

一、春季浮游植物

（一）种类组成

2015 年 4 月调查共鉴定浮游植物 4 门 31 属 47 种（类）。硅藻门种类最多，共 21 属 29 种，占总种类数的 61.70%；甲藻门出现 8 属 16 种，占总种类数的 34.04%；蓝藻门出现 1 属 1 种，占总种类数的 2.13%；黄藻门出现 1 属 1 种，占总种类数的 2.13%。出现种类较多的属为角毛藻属（9 种）、菱形藻属（7 种）、根管藻属（5 种）和海链藻属（3 种）。

（二）优势种

浮游植物优势种为根状角毛藻（*Chaetoceros radicans*）、柔弱菱形藻（*Nitzschia delicatissima*）、翼根管藻（*Rhizosolenia alata*）和圆海链藻（*Thalassiosira rotula*）。各优势种的优势度为 0.028～0.189，平均丰度变化范围在 0.85×10⁴～5.42×10⁴个/m³，平均百分比为 4.7%～37.5%，合计占海域总丰度的 78.7%。

（三）丰度

浮游植物丰度变化范围为 18.49×10⁴～33.21×10⁴个/m³，丰度平均值为 24.67×10⁴个/m³，丰度变幅较小。其中，A10 站浮游植物丰度最高，A5 站浮游植物丰度最低，其他站位丰度范围为 21.25×10⁴～32.21×10⁴个/m³。

硅藻门丰度所占比例最高，各个站位硅藻门丰度占比为 86.9%～98.1%，占海域平均丰度的 95.1%；各个站位甲藻门丰度占比为 1.9%～13.1%，占海域平均丰度的 4.8%；其他类浮游植物的丰度都较低。

（四）多样性指数与均匀度

各个站位浮游植物种类数范围为 7～38 种，种类相对较少。以 A7 站种类最高；A3

和 A5 站种类次之，分别为 14 种和 12 种；A12 站种类最少，其他站位种类数在 7～11 种。多样性指数范围为 1.54～3.62，平均为 2.73。均匀度指数范围为 0.56～0.97，平均为 0.76。A15、A19 和 A20 站多样性指数和均匀度指数较高，A12 站多样性指数和均匀度指数最低。总体而言，大部分调查站位浮游植物种类丰富度不高，多样性水平一般。

二、夏季浮游植物

（一）种类组成

2015 年 7 月，调查共鉴定浮游植物 5 门 49 属 87 种（类）。硅藻门种类最多，共 34 属 60 种，占总种类数的 61.70%；甲藻门出现 11 属 21 种，占总种类数的 34.04%，蓝藻门出现 2 属 3 种，占总种类数的 2.13%；绿藻门出现 1 属 2 种，占总种类数的 2.13%；金藻门出现 1 属 1 种，占总种类数的 2.13%。种类较多的属为角毛藻属（16 种）、菱形藻属（13 种）和骨条藻属（8 种）。

（二）优势种

浮游植物优势种为圆柱角毛藻（*Chaetoceros teres*）、尖刺菱形藻（*Nitzschia pungens*）和中肋骨条藻（*Skeletonema costatum*）。各优势种的优势度为 0.062～0.215，平均丰度变化范围为 $3.27 \times 10^4 \sim 5.38 \times 10^4 \text{cell/m}^3$，平均百分比为 9.2%～56.8%，合计占海域总丰度的 90.0%。

（三）丰度

浮游植物丰度变化范围为 $16.24 \times 10^4 \sim 35.11 \times 10^4$ 个/m^3，丰度平均值为 46.72×10^4 个/m^3，丰度变幅较小。其中，A2 站浮游植物丰度最高，A20 站浮游植物丰度最低，其他站位丰度范围为 $20.23 \times 10^4 \sim 35.83 \times 10^4$ 个/m^3。

硅藻门丰度所占比例最高，各个站位硅藻门丰度占比为 83.6%～97.9%，占海域平均丰度的 94.4%；各个站位甲藻门丰度占比为 2.1%～16.4%，占海域平均丰度的 5.62%；其他类浮游植物的丰度都较低。

（四）多样性指数与均匀度

各个站位浮游植物种类数范围为 12～41 种，种类相对较少。以 A16 站种类最高；A19 和 A20 站种类次之，分别为 30 种和 28 种；A10 站种类最少，其他站位种类数在 14～27 种。多样性指数范围为 1.54～3.62，平均为 3.06。均匀度指数范围为 0.53～0.96，平均为 0.73。A3、A16 和 A19 站多样性指数和均匀度指数较高，A2 站多样性指数和均匀度指数最低。总体而言，大部分调查站位浮游植物种类丰富度较高，多样性水平一般。

三、秋季浮游植物

（一）种类组成

2015 年秋季，共鉴定样品浮游植物 4 门 57 属 94 种（类，含变种和变形）。硅藻门种类最多，共 40 属 58 种，占总种类数的 84.47%；甲藻门出现 13 属 31 种，占总种类数的 10.68%；黄藻门出现 3 属 4 种，占总种类数的 1.94%；绿藻门出现 1 属 1 种，占总种类数的 2.91%。种类出现较多的属为硅藻门的角毛藻属（26 种）、根管藻属（13 种）和角藻属（8 种）。各站位间浮游植物种类数相差较大，相对来说，A3、A10、A16 和 A19 站位的浮游植物种类数较为丰富。

（二）优势种

浮游植物优势种为尖刺拟菱形藻（*Pseudonitzschia pungens*）、中肋骨条藻（*Skeletonema costatum*）、菱形海线藻（*Thalassionema nitzschioides*）、锥状斯氏藻（*Scrippsiella trochoidea*）、丹麦细柱藻（*Leptocylindrus danicus*）、血红哈卡藻（*Akashiwo sanguinea*）和旋链角毛藻（*Chaetoceros curvisetus*）。各优势种的优势度为 0.046～0.223，平均丰度变化范围为 $3.01 \times 10^4 \sim 8.84 \times 10^4$ 个/m^3，平均百分比为 7.6%～20.5%，合计占海域总丰度的 95.3%。

（三）丰度

浮游植物丰度变化范围为 $20.66 \times 10^4 \sim 46.72 \times 10^4$ 个/m^3，丰度平均值为 32.19×10^4 个/m^3，丰度变幅较小。其中，A3 站点浮游植物丰度最高；A5 站点浮游植物丰度最低；其他站位丰度范围为 $23.73 \times 10^4 \sim 41.40 \times 10^4$ 个/m^3。

硅藻门丰度所占比例最高，各个站位硅藻门丰度占比为 84.70%～100.0%，占海域平均丰度的 94.16%；各个站点甲藻门丰度占比为 0.0～15.30%，占海域平均丰度的 5.84%；其他类浮游植物的丰度都较低。

（四）多样性指数与均匀度

各个站位浮游植物种类数范围为 30～63 种，种类相对较多。以 A19 站点种类最高，为 63 种；A3 和 A10 站点种类次之，分别为 61 种和 59 种；A18 站点种类最少，为 30 种；其他站点种类数在 31～54 种。多样性指数范围为 3.19～4.96，平均为 4.02。均匀度指数范围为 0.68～0.93，平均为 0.79。A7、A12 和 A19 站点多样性指数和均匀度指数较高，A1 站点多样性指数和均匀度指数最低。总体而言，调查结果表明，各站位浮游植物种类丰富，多样性水平较高。

四、冬季浮游植物

（一）种类组成

2015 年冬季，共鉴定样品浮游植物 4 门 49 属 73 种（类）。硅藻门种类最多，共 36 属 52 种，占总种类数的 71.23%；甲藻门出现 10 属 18 种，占总种类数的 24.66%；黄藻门出现 2 属 2 种，占总种类数的 2.74%；绿藻门出现 1 属 1 种，占总种类数的 1.37%。种类出现较多的属为硅藻门的角毛藻属（18 种）、根管藻属（9 种）和辐杆藻属（5 种）。各站位间浮游植物种类数相差不大，相对来说，A9、A10、A15 和 A22 站位的浮游植物种类数较为丰富。

（二）优势种

浮游植物优势种为斯氏几内亚藻（*Guinardia striata*）、中肋骨条藻（*Skeletonema costatum*）、佛氏海线藻（*Thalassionema frauenfeldii*）、锥状斯氏藻（*Scrippsiella trochoidea*）、地中海细柱藻（*Leptocylindrus mediterraneus*）、柔弱角毛藻（*Chaetoceros debilis*）和三角角藻（*Ceratium tripos*）。各优势种的优势度为 0.039～0.202，平均丰度变化范围为 3.29×10^4～7.54×10^4 个/m³，平均百分比在 7.1%～23.4%，合计占海域总丰度的 91.8%。

（三）丰度

浮游植物丰度变化范围为 47.94×10^4～90.81×10^4 个/m³，丰度平均值为 68.32×10^4 个/m³，丰度变幅不大。其中，A15 站点浮游植物丰度最高；A1 站点浮游植物丰度最低；其他站位丰度范围为 49.48×10^4～88.35×10^4 个/m³。

硅藻门丰度所占比例最高，各个站位硅藻门丰度占比为 91.71%～100.0%，占海域平均丰度的 96.01%；各个站点甲藻门丰度占比为 0～8.29%，占海域平均丰度的 3.99%；其他类浮游植物的丰度都较低。

（四）多样性指数与均匀度

各个站位浮游植物种类数范围为 36～62 种，种类相对较多。以 A15 站点种类最高，为 62 种；A22 和 A9 站点种类次之，分别为 61 种和 60 种；A5 站点种类最少，为 36 种；

其他站点种类数在 37～58 种。多样性指数范围为 3.18～4.99，平均为 4.11。均匀度指数范围为 0.68～0.94，平均为 0.81。A9、A15 和 A22 站点多样性指数和均匀度指数较高，A5 站点多样性指数和均匀度指数最低。总体而言，调查结果表明，各站位浮游植物种类丰富，多样性水平较高。

第五节　浮游动物

一、春季浮游动物

（一）种类组成

共鉴定浮游动物 110 种（类）（包涵不定种、浮游幼体），分属原生动物门、腔肠动物门水螅虫总纲、刺胞动物门水螅虫总纲管水母亚纲、软体动物门腹足纲翼足总目、线虫动物门、环节动物门多毛纲、毛颚动物门、节肢动物门甲壳亚门鳃足纲枝角目、节肢动物门甲壳亚门介形纲、节肢动物门甲壳亚门桡足亚纲、节肢动物门甲壳亚门软甲纲端足目、节肢动物门甲壳亚门软甲纲十足目、脊索动物门尾索动物亚门尾海鞘纲、脊索动物门尾索动物亚门樽海鞘纲以及浮游幼体（虫）15 个生态类群，涵盖 9 个动物门。其中，桡足亚纲种类最多，有 40 种，占总种类数的 36.4%；水螅虫总纲居次，有 19 种，占总种类数的 17.3%；浮游幼体居三，有 18 种，占总种类数的 16.4%；管水母亚纲有 9 种，占总种类数的 16.4%，排在第四；毛颚动物门有 7 种，占总种类数的 16.4%，排在第五；介形纲和多毛纲各有 3 种，枝角目、十足目和端足目各有 2 种，其他类群均为 1 种。

（二）优势种

春季优势种组成较为简单，包括鸟喙尖头溞（*Penilia avirostris*）、夜光虫（*Noctiluca scintillans*）、肥胖三角溞（*Evadne tergestina*）和肥胖软箭虫（*Flaccisagitta enflata*）4 种。鸟喙尖头溞优势度达 0.52，优势地位显著；夜光虫优势地位明显，优势度为 0.19。

（三）数量组成

春季，浮游动物栖息密度变化范围为 36.67～2192.00 尾/m³，平均值为 733.44 尾/m³；生物量变化范围为 6.67～218.18 mg/m³，平均值为 83.63 mg/m³。高栖息密度区域表现为鸟喙尖头溞或鸟喙尖头溞和夜光虫的聚集；其中，S1 和 S2 站高栖息密度由鸟喙尖头溞和夜光虫同步聚集引起，S4、S5、S9、S10、S15 和 S17 各站则主要由鸟喙尖头溞贡献。生物量最高的 S20 站的主要优势种是鸟喙尖头溞、五角水母（*Muggiaea atlantica*）和肥胖软箭虫。

（四）生物多样性

春季海区生物多样性指数变化范围为 0.59～3.58，平均值为 2.04；生物均匀度指数变化范围为 0.11～0.75，平均值为 0.43；生物多样性阈值是 0.10～2.69，平均值为 1.05。其中，S22 站生物多样性水平最好，S15 站最差；S1、S3、S9、S10、S17 等 5 站与 S15 多样性水平相当，为多样性差；S12、S19 和 S20 生物多样性略差于 S22 的多样性丰富，为多样性较好；其他站位则表现为多样性水平一般。

二、夏季浮游动物

（一）种类组成

共鉴定浮游动物 82 种（类）（包涵不定种、浮游幼体），分属原生动物门、腔肠动物门水螅虫总纲、刺胞动物门水螅水母纲管水母亚纲、软体动物门腹足纲翼足总目、环节动物门多毛纲、毛颚动物门、节肢动物门甲壳亚门鳃足纲枝角目、节肢动物门甲壳亚门介形纲、节肢动物门甲壳亚门桡足亚纲、节肢动物门甲壳亚门软甲纲端足目、节肢动物门甲壳亚门软甲纲磷虾目、节肢动物门甲壳亚门软甲纲十足目、脊索动物门尾索动物亚门尾海鞘纲、脊索动物门尾索动物亚门樽海鞘纲以及浮游幼体（虫）15 个生态类群，涵盖 8 个动物门。其中，桡足亚纲种类最多，有 33 种，占总种类数的 40.2%；浮游幼体居次，有 23 种，占总种类数的 28.0%；翼足总目居三，有 4 种，占总种类数的 4.9%；管水母亚纲、枝角目和樽海鞘纲有 3 种，水螅虫总纲、十足目和多毛纲有 2 种，其他类群均为 1 种。

（二）优势种

夏季优势种组成简单，包括鸟喙尖头溞（*Penilia avirostri*）和软拟海樽（*Doloiletta gegenbauri*）2 种。其中，鸟喙尖头溞延续上季度的第一优势种地位，优势地位明显，优势度达 0.21；软拟海樽显示海区受外海水影响明显。

（三）数量组成

夏季，浮游动物栖息密度变化范围为 7.00～1 012.45 个/m³，平均值为 1 141.53 个/m³；生物量变化范围是 5.00～365.38 mg/m³，平均值为 107.37 mg/m³。S1 站因桡足类幼体

（占总栖息密度的 71.9%）和无节幼体（占总栖息密度的 26.9%）大量聚集呈现异常偏高的栖息密度，其他站位浮游动物栖息密度与鸟喙尖头溞显著线性相关。

（四）生物多样性

夏季海区生物多样性指数变化范围为 0.61～2.56，平均值为 1.64；生物均匀度指数变化范围为 0.15～0.78，平均值为 0.42；生物多样性阈值为 0.09～1.91，平均值为 0.76。其中，S2 站生物多样性水平最好，S17 站最差。S1、S5、S9、S10、S12、S15 等 6 站与 S17 多样性水平相当，为多样性差；S3 与 S2 多样性水平相当，为多样性较好；其他站位则表现为多样性水平一般。与上季度相比，多样性差的区域基本相似，整体水平相当。

三、秋季浮游动物

（一）种类组成

共鉴定浮游动物 81 种（类）（包含不定种、浮游幼体），分属栉水母动物门、刺胞动物门水螅虫总纲、刺胞动物门水螅水母纲管水母亚纲、软体动物门腹足纲翼足总目、环节动物门多毛纲、毛颚动物门、节肢动物门甲壳亚门鳃足纲枝角目、节肢动物门甲壳亚门介形纲、节肢动物门甲壳亚门桡足亚纲、节肢动物门甲壳亚门软甲纲糠虾目、脊索动物门尾索动物亚门尾海鞘纲、脊索动物门尾索动物亚门樽海鞘纲以及浮游幼体（虫）13 个生态类群，涵盖 7 个动物门。其中，桡足亚纲种类最多，有 36 种，占总种类数的 44.4%；浮游幼体居次，有 25 种，占总种类数的 30.9%；水螅虫总纲居三，有 5 种，占总种类数的 6.2%；樽海鞘纲有 3 种，毛颚动物门、管水母亚纲和枝角目各有 2 种，其他类群均为 1 种。

（二）优势种

秋季优势种组成较为简单，包括红纺锤水蚤（*Acartia erythraea*）、肥胖软箭虫（*Flaccisagitta enflata*）、锥形宽水蚤（*Temora turbinata*）和微刺哲水蚤（*Canthocalanus pauper*）4 种。其中，红纺锤水蚤 *Acartia erythraea* 优势地位明显，优势度达 0.12。

（三）数量组成

秋季，浮游动物栖息密度变化范围为 21.33～296.43 个/m³，平均值为 88.68 个/m³；生物量变化范围为 37.27～291.00 mg/m³，平均值为 113.40 mg/m³。S7 站因蔓足类幼体

（占总栖息密度的 42.9%）大量聚集呈现高栖息密度；S20 站主要由长尾类幼体和莹虾幼体相对聚集呈现较高的栖息密度；红纺锤水蚤在 S1 和 S19 站较为集中，大约占到浮游动物数量的 75%。

（四）生物多样性

秋季海区生物多样性指数变化范围为 1.48～4.15，平均值为 3.26；生物均匀度指数变化范围为 0.39～0.92，平均值为 0.73；生物多样性阈值为 0.57～3.66，平均值为 2.48。其中，S9 站生物多样性水平最好，S1 站最差。S19 站生物多样性一般，略好于 S1 站；S4 站与 S9 生物多样性水平相当，为多样性非常丰富；S5、S10、S12、S17 和 S20 多样性水平则处于 S4 和 S9 站之后，多样性丰富；其他站位多样性较好。与上两个季度相比明显好转，可能与枯水期淡水输入减少有关。

四、冬季浮游动物

（一）种类组成

共鉴定浮游动物 83 种（类）（包涵不定种、浮游幼体），分属刺胞动物门水螅虫总纲、刺胞动物门水螅水母纲管水母亚纲、软体动物门腹足纲翼足总目、毛颚动物门、节肢动物门甲壳亚门介形纲、节肢动物门甲壳亚门桡足亚纲、节肢动物门甲壳亚门软甲纲糠虾目、节肢动物门甲壳亚门软甲纲磷虾目、节肢动物门甲壳亚门软甲纲端足目、节肢动物门甲壳亚门软甲纲十足目、脊索动物门尾索动物亚门尾海鞘纲、脊索动物门尾索动物亚门樽海鞘纲以及浮游幼体（虫）12 个生态类群，涵盖 5 个动物门。其中，桡足亚纲种类最多，有 38 种，占总种类数的 45.8%；浮游幼体居次，有 24 种，占总种类数的 28.9%；水螅虫总纲居三，有 8 种，占总种类数的 9.6%；毛颚动物门、管水母亚纲、介形纲和尾海鞘纲各有 2 种，其他类群均为 1 种。

（二）优势种

冬季优势种组成较为简单，包括红纺锤水蚤（*Acartia erythraea*）、肥胖软箭虫（*Flaccisagitta enflata*）、亚强次真哲水蚤（*Subeucalanus subcrassus*）、太平洋纺锤水蚤（*Acartia pacifica*）和微刺哲水蚤（*Canthocalanus pauper*）5 种。其中，红纺锤水蚤优势地位明显，优势度达 0.15，与秋季相似；此外，肥胖软箭虫优势地位也很明显，微刺哲水蚤依旧位列优势种种群内。

（三）数量组成

冬季，浮游动物栖息密度变化范围为 21.56～183.13 个/m³，平均值为 57.27 个/m³；

生物量变化范围为 29.09～176.67 mg/m³，平均值为 98.42 mg/m³。S3 和 S4 站因肥胖箭虫、亚强次真哲水蚤、红纺锤水蚤、微刺哲水蚤等优势种不同程度聚集呈现高栖息密度；S1 站浮游动物栖息密度较高与红纺锤水蚤聚集有关，与秋季情况类似。

（四）生物多样性

冬季海区生物多样性指数变化范围为 1.36～3.48，平均值为 2.93；生物均匀度指数变化范围为 0.35～0.84，平均值为 0.70；生物多样性阈值为 0.48～2.81，平均值为 2.09。其中，S10 站生物多样性水平最好，S1 站最差。S2 站生物多样性一般，略好于 S1 站；S9、S15、S19 站与 S10 生物多样性水平相当，为多样性丰富；其他站位多样性较好。与前三个季度相比，多样性水平优于春、夏季，微逊于秋季。

第六节　底栖动物

一、春季大型底栖生物

（一）种类组成及水平分布

春季大型底栖生物定性和定量调查共获到 78 种生物，详见附录春季大型底栖生物名录，种类组成情况见图 13-1。以脊索动物出现的种类数最多，共 39 种，占总种类数的 50.0%；节肢动物次之，共 24 种，占总种类数的 30.8%；环节动物和软体动物同列第三位，均出现 7 种，各占 9.0%；棘皮动物最少，仅 1 种，占 1.3%。

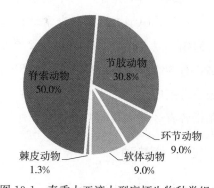

图 13-1　春季大亚湾大型底栖生物种类组成

春季定量调查各站种类数变化范围为 0～7 种。种类数平面分布呈人工鱼礁区种类数较低，而中央列岛区种类数较高的分布趋势。拖网定性调查各站种类数变化范围为 19～35 种，平面分布呈中央列岛东部和北部最高，而南部和西部最低，人工鱼礁区介于两者之间。定性调查种类与定量调查种类有所差别，定性调查以大型个体生物为主，生物主要栖息于沉积物的表层和 50 cm 以内，定性调查出现的类群以脊索动物、甲壳类动物和软体动物等较大型的种类为主，而采泥定量调查生物个体相对较小，运动能力较弱，生物种类以环节动物、小型软体动物和棘皮动物中的蛇尾类居多。

（二）优势种、主要种及其水平分布

1. 脊索动物　在各类群中脊索动物出现的种类最多，且主要出现在拖网定性调查中，主要种类有二长棘鲷（*Parargyrops edita*）、拟矛尾虾虎鱼（*Parachaeturichthys polynema*）、黄斑篮子鱼（*Siganus oramin*）、短吻鲾（*Leiognathus brevirostris*）和四线天竺鲷（*Apogon quadrifasciatus*）等，优势种是二长棘鲷。

2. 节肢动物　在各类群中仅次于脊索动物，其中，小型类主要出现于采泥样品中；而大型的甲壳类（主要为虾蟹类）则多出现于拖网样品中。主要的代表种类有直额蟳（*Charybdis truncata*）、隆线强蟹（*Eucrate crenata*）、口虾蛄（*Oratosquilla oratoria*）、短脊鼓虾（*Alpheus brevicristatus*）、棘突猛虾蛄（*Harpiosquilla raphidea*）、香港蟳（*Charybdis hongkongensis*）、近缘新对虾（*Metapenaeus affinis*）、宽突赤虾（*Metapenaeopsis palmensis*）和伪装关公蟹（*Dorippe facchino*）等。其中，较为明显的优势种是直额蟳、隆线强蟹、口虾蛄和短脊鼓虾等。

3. 环节动物　春季调查出现的环节动物生物种类较多，出现频率也较高，对总栖息密度的贡献较大，但生物个体相对较小，以营埋栖和管栖的生活方式为主，主要出现在采泥样品中。主要种类有双形拟单指虫（*Cossurella dimorpha*）、双鳃内卷齿蚕（*Aglaophamus phuketensis*）、背蚓虫（*Notomastus latericeus*）和细丝鳃虫（*Cirratulus filiformis*）等。双形拟单指虫和双鳃内卷齿蚕为海区的主要优势种。

4. 软体动物　本季软体动物的种类也较多，出现的主要种类有棒锥螺（*Turritella bacillum*）、粗帝汶蛤（*Timoclea scabra*）、波纹巴非蛤（*Paphia undulata*h）和杓形小囊蛤。棒锥螺在此调查海域出现频率高，数量大，为海区的最主要优势种之一。头足类出现了3种，全部出现于拖网样品中，包括杜氏枪乌贼（*Loligo duvaucelii*）、曼氏无针乌贼（*Sepiella maindroni*）和短蛸（*Octopus ocellatus*），但数量均不大。

5. 棘皮动物　本次所获样品全部出现在采泥样品中，仅出现1种蛇尾类，为光滑倍棘蛇尾（*Amphipholis laevis*）。

（三）栖息密度及其水平分布

调查海区春季栖息密度统计结果见表13-1。本次定量调查平均栖息密度为27尾/m^2。栖息密度组成以环节动物为主，平均栖息密度为12尾/m^2，占总栖息密度的43.8%；棘皮动物次之，其平均栖息密度为6尾/m^2，占总栖息密度的23.6%；软体动物和节肢动物同为最低，列第三位，均为5尾/m^2，各占总栖息密度的16.8%。

表 13-1　春季大型底栖生物栖息密度及生物量组成

项　目	环节动物	棘皮动物	软体动物	节肢动物	合计
栖息密度（尾/m²）	12	6	5	5	27
占比（%）	43.8	23.6	16.8	16.8	100.0
生物量（g/m²）	0.5	0.6	6.3	0.9	8.3
占比（%）	6.5	7.1	76.1	10.8	100.0

　　春季栖息密度在中央列岛分布相对较为平均，而人工鱼礁区未采获任何生物；最高栖息密度区位于中央列岛东南部，密度在 75 尾/m² 以上，次高栖息密度区位于其西中部海域；平面分布在中央列岛呈中部低于其他海域的趋势。

　　春季环节动物栖息密度平面分布情况与总栖息密度存在一定差异。同总栖息密度，人工鱼礁区未采获任何环节动物；最高栖息密度区位于中央列岛东南部海域，次高栖息密度区为位于中央列岛北部海域；其余海域均为低密度区。

　　春季棘皮动物的栖息密度平面分布人工鱼礁区未采获棘皮动物，高密度区位于中央列岛西中部区域；栖息密度在中央列岛总体呈西部高于其他海域的趋势。

　　春季软体动物栖息密度的平面分布人工鱼礁区未采获软体动物；高栖息密度区位于中央列岛东部海域，其余海域密度均不高，总体呈东部高于其他海域的趋势。

　　春季节肢动物的栖息密度总体不高，仅在中央列岛东北部出现 1 个相对高值区域，密度在 20 尾/m²；人工鱼礁区和中央列岛西南部则均未采获任何节肢动物。

（四）生物量及其水平分布

　　调查海区平均生物量为 8.3 g/m²。生物量组成以节肢动物占绝对优势，平均生物量为 6.3 g/m²，占总生物量的 76.1%；其次为软体动物，其平均生物量为 0.9 g/m²，占总生物量的 10.8%；棘皮动物列第三，为 0.6 g/m²，占 7.1%；多毛类环节动物生物量最低，为 0.5 g/m²，占总生物量的 6.5%。

　　春季整个调查海域总体生物量均不高，且人工鱼礁区未采获任何生物；中央列岛高生物量区高度集中仅在其东北部形成一小范围高生物量区，这一带主要是由于出现了个体大的节肢动物——隆线强蟹，低生物量区位于其他海域；生物量的平面分布趋势呈中央列岛东北部高于其他海域的趋势。

　　春季节肢动物生物量平面分布情况与总生物量平面分布状况基本一致，人工鱼礁区未采获任何节肢动物，其除在中央列岛中东北部有一小高值区外，其他海域生物量均较低。

　　春季软体动物生物量平面分布趋势与节肢动物一样同总生物量平面分布状况基本一致，人工鱼礁区未采获任何软体动物；高生物量区高度集中，仅位于 1 个区域；中央列岛的东北部、其他海域生物量均较低。

春季棘皮动物生物量较低，人工鱼礁区和中央列岛的东北部海域未采获任何棘皮动物；高值区位于中央列岛中西部至中东部海域，在中东部形成最大高值区。

春季环节动物生物量均较低，人工鱼礁区未采获任何环节动物；中央列岛环节动物生物量高值区范围较广，东部海域高于其他海域；在中央列岛东北部形成一最大高值区，次高值区位于其东南部海域；最低值区位于其西部海域。

二、夏季大型底栖生物

(一) 种类组成及水平分布

夏季大型底栖生物定性和定量调查共获到 131 种生物，详见附录夏季大型底栖生物名录，种类组成情况见图 13-2。以脊索动物出现的种类数最多，共 64 种，占总种类数的 48.9%；节肢动物次之，共 28 种，占总种类数的 21.4%；环节动物列第三位，出现 20 种，占 15.3%；软体动物 14 种，占 10.7%；棘皮动物 3 种，占 2.3%；纽形动物和螠虫动物各出现了 1 种，各占总种类数的 0.8%。

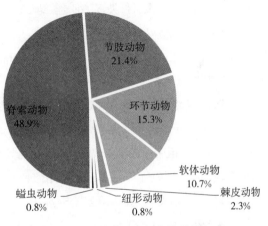

图 13-2　夏季大型底栖生物种类组成

夏季定量调查各站种类数变化范围为 2～17 种。种类数平面分布基本呈现人工鱼礁区种类数较低，而中央列岛区种类数较高的分布趋势。拖网定性调查各站种类数变化范围为 28～51 种，平面分布趋势呈人工鱼礁区和中央列岛西部海域较高，而中央列岛其他海域相对较低的分布趋势。定性调查种类与定量调查种类有所差别，定性调查以大型个体生物为主，生物主要栖息于沉积物的表层和 50 cm 以内。定性调查出现的类群以脊索动物、甲壳类动物和软体动物等较大型的种类为主；而采泥定量调查生物个体相对较小，运动能力较弱，生物种类以环节动物、小型软体动物和棘皮动物中的蛇尾类居多。

(二) 优势种、主要种及其水平分布

1. 脊索动物　在各类群中脊索动物出现的种类最多，且主要出现在拖网定性调查中，主要种类有黄鳍马面鲀 (*Navodon xanthopterus*)、侧身天竺鲷 (*Apogon lateralis*)、短吻鲾 (*Leiognathus brevirostris*)、南方鲬 (Callionymus meridionalis)、巴布亚沟虾虎鱼 (*Oxyurichthys papuensis*) 和眼瓣沟虾虎鱼 (*Oxyurichthys ophthalmonema*) 等，优势

种是黄鳍马面鲀和侧身天竺鲷。

2. 节肢动物　在各类群中仅次于脊索动物，其中，小型类主要出现于采泥样品中，而大型的甲壳类（主要为虾蟹类）则多出现在拖网样品中。主要的代表种类有宽突赤虾（*Metapenaeopsis palmensis*）、墨吉对虾（*Penaeus merguiensis*）、拥剑梭子蟹（*Portunus gladiator*）、伪装关公蟹（*Dorippe facchino*）、红星梭子蟹（*Portunus sanguinolentus*）、锐齿蟳（*Charybdis acuta*）、东方蟳（*Charybdis orientalis*）和拟盲蟹（*Typhlocarcinops* sp.）等。其中，较为明显的优势种是宽突赤虾、墨吉对虾、拥剑梭子蟹、伪装关公蟹和红星梭子蟹等。

3. 环节动物　夏季调查出现的环节动物生物种类较多，出现频率也较高，对总栖息密度的贡献较大，但生物个体相对较小，以营埋栖和管栖的生活方式为主，主要出现在采泥样品中。主要种类有细丝鳃虫（*Cirratulus filiformis*）、双鳃内卷齿蚕（*Aglaophamus phuketensis*）、不倒翁虫（*Sternaspis scutata*）、欧文虫（*Owenia fusformis*）、蛇潜虫（*Ophiodromus* sp.）和后指虫（*Laonice cirrata*）等。双鳃内卷齿蚕和不倒翁虫为海区的主要优势种。

4. 软体动物　本季节软体动物的种类也较多，出现的主要种类有粗帝汶蛤（*Timoclea scabra*）、棒锥螺（*Turritella bacillum*）和韩氏薄壳鸟蛤（*Fulvia hungerfordi*）。粗帝汶蛤在此调查海域出现频率高，数量大，为海区的绝对优势种。头足类种类较多，出现了 5 种，全部出现于拖网样品中，包括杜氏枪乌贼（*Loligo duvaucelii*）、曼氏无针乌贼（*Sepiella maindroni*）、安达曼钩腕乌贼（*Abralia andamanica*）、短蛸（*Octopus ocellatus*）和卵蛸（*Octopus ovulum*），但数量均不大。

5. 棘皮动物　本次所获样品全部出现在采泥样品中，出现 3 种。优势种是光滑倍棘蛇尾（*Amphiopholis laevis*）。

（三）栖息密度及其水平分布

调查海区夏季栖息密度统计结果见表 13-2。本次定量调查平均栖息密度为 275 尾/m²。栖息密度组成以软体动物为主，平均栖息密度为 145 尾/m²，占总栖息密度的 52.6%；环节动物次之，其平均栖息密度为 90 尾/m²，占总栖息密度的 32.7%；棘皮动物列第三位，为 31 尾/m²，占总栖息密度的 11.2%；节肢动物平均栖息密度最低，为 3 尾/m²，占 1.0%。

表 13-2　夏季大型底栖生物栖息密度及生物量组成

项　目	软体动物	环节动物	棘皮动物	其他生物	节肢动物	合计
栖息密度（尾/m²）	145	90	31	8	3	275
占比（%）	52.6	32.7	11.2	2.7	1.0	100.0

（续）

项　目	软体动物	环节动物	棘皮动物	其他生物	节肢动物	合计
生物量（g/m²）	20.2	1.8	2.8	0.2	0.05	25.05
占比（%）	80.6	7.1	11.2	0.8	0.2	100.0

高栖息密度区位于人工鱼礁区东南部和中央列岛中东部海域，密度在 280 尾/m² 以上，最高栖息密度区为中央列岛中东部海域；而低栖息密度区则出现于人工鱼礁区其他区域和中央列岛东南部海域。平面分布呈中央列岛中东部至人工鱼礁东南部海域高于其他海域的趋势。

夏季软体动物栖息密度的平面分布与总栖息密度较为相似。调查海区的高栖息密度区范围较总栖息密度范围缩小，仅出现在中央列岛中东部海域，最高近 500 尾/m²，与粗帝汶蛤的高度密集分布有关；其余海域密度相对较低，人工鱼礁的西南部海域未采获任何软体动物。平面分布总体同样呈中央列岛中东部至人工鱼礁东南部海域高于其他海域的趋势。

夏季环节动物栖息密度平面分布情况与总栖息密度存在一定差异，高栖息密度区位于人工鱼礁东南部以及中央列岛东中部海域；低密度区位于中央列岛北部海域，密度在 50 尾/m² 以下，其余海域的环节动物栖息密度为 50～100 尾/m²。

夏季棘皮动物的栖息密度平面高密度区范围较广，几乎覆盖整个中央列岛海域，最高值区其西中部海域；而人工鱼礁区除西北部海域外，均未采获任何棘皮动物。

夏季节肢动物的栖息密度总体不高，在中央列岛北部和东南部海域出现 2 个相对高值区域，最高值区为东南部海域，密度为 5 尾/m² 以上；人工鱼礁区和中央列岛西中部则均未采获任何节肢动物。

（四）生物量及其水平分布

调查海区夏季生物量统计结果见表 13-2。海区平均生物量为 25.05 g/m²。生物量组成以软体动物占绝对优势，平均生物量为 20.2 g/m²，占总生物量的 80.6%；其次为棘皮动物，其平均生物量为 2.8 g/m²，占总生物量的 11.2%；多毛类环节动物列第三，为 1.8 g/m²，占 7.1%；节肢动物的生物量最低，仅为 0.05 g/m²，占总生物量的 0.2%。

夏季高生物量区位于中央列岛的北部海域，最高生物量区位于中央列岛北中部区域，最高达 160 g/m² 以上，这一带主要是由于出现了较多个体大的软体动物——棒锥螺；低生物量区位于人工鱼礁区和中央列岛其他海域，生物量的平面分布趋势基本呈调查区北部高于南部的趋势。

夏季软体动物生物量平面分布趋势与总生物量平面分布状况基本一致，高生物量区中央列岛的北部海域；低生物量区位于人工鱼礁区和中央列岛其他海域。

夏季棘皮动物生物量平面分布较为平均，生物量高值区范围较广，位于中央列岛西中部海域；次高生物量区位于中央列岛东南部海域；人工鱼礁区生物量较低。

夏季环节动物生物量平面分布较为平均，生物量高值区范围较广。高值区位于人工鱼礁东南部至中央列岛东中部海域，在中央列岛东中部形成一最大高值区，人工鱼礁东南部海域则形成一次高值区；最低值区位于中央列岛北中部海域。

夏季节肢动物生物量平面分布中央列岛北部海域和东南部区域生物量较高，且形成两高值区；最大高值区位于北中部区域，东南部海域则为次高值区；中央列岛东中部至西北部海域以及整个人工鱼礁区，均未采获任何节肢动物。

三、秋季大型底栖生物

（一）种类组成及水平分布

秋季大型底栖生物定性和定量调查共获到 92 种生物，详见附录秋季大型底栖生物名录，种类组成情况见图 13-3。以脊索动物出现的种类数最多，共 38 种，占总种类数的 41.3%；节肢动物次之，共 30 种，占总种类数的 32.6%；环节动物列第三位，出现 13 种，占 14.1%；软体动物 9 种，占 9.8%；棘皮动物和纽形动物各出现了 1 种，各占总种类数的 1.1%。

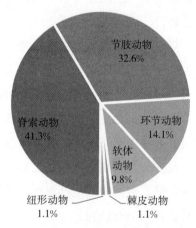

图 13-3　秋季大型底栖生物种类组成

秋季定量调查各站种类数变化范围为 0～11 种。种类数平面分布基本呈现人工鱼礁区种类数较低、中央列岛区种类数较高的分布趋势。拖网定性调查各站种类数变化范围为 24～31 种，平面分布呈中央列岛东部较低、中央列岛其他海域和人工鱼礁区较高的趋势。定性调查种类与定量调查种类有所差别，定性调查以大型个体生物为主，生物主要栖息于沉积物的表层和 50 cm 以内，定性调查出现的类群以脊索动物、甲壳类动物和软体动物等较大型的种类为主；而采泥定量调查生物个体相对较小，运动能力较弱，生物种类以环节动物、小型软体动物和棘皮动物中的蛇尾类居多。

（二）优势种、主要种及其水平分布

1. 脊索动物　在各类群中脊索动物出现的种类最多，且主要出现在拖网定性调查中，有一定的数量。主要种类有短吻鲾（*Leiognathus brevirostris*）、细条天竺鲷（*Apogonichthys lineatus*）、中线天竺鲷（*Apogon kiensis*）、细鳞鲗（*Therapon jarbua*）、眼瓣沟虾虎鱼（*Oxyurichthys ophthalmonema*）、拟矛尾虾虎鱼（*Parachaeturichthys* *polynema*）和黄鳍马面鲀（*Navodon xanthopterus*）等，优势种是短吻鲾细条天竺鲷和中线天竺鲷。

2. 节肢动物　在各类群中仅次于脊索动物，其中，小型类主要出现于采泥样品中；而大型的甲壳类（主要为虾蟹类），则多出现在拖网样品中。主要的代表种类有红星梭子蟹（*Portunus sanguinolentus*）、中华仿对虾（*Parapenaeopsis sinica*）、墨吉对虾（*Penaeus merguiensis*）、断脊口虾蛄（*Oratosquilla interrupta*）、猛虾蛄（*Harpiosquilla harpax*）、伪装关公蟹（*Dorippe facchino*）、哈氏仿对虾（*Parapenaeopsis hardwickii*）和拟盲蟹（*Typhlocarcinops* sp.）等。其中，较为明显的优势种是红星梭子蟹、中华仿对虾、墨吉对虾和断脊口虾蛄等。

3. 环节动物　夏季调查出现的环节动物生物种类较多，出现频率也较高，对总栖息密度的贡献较大。但生物个体相对较小，以营埋栖和管栖的生活方式为主，主要出现在采泥样品中。主要种类有双鳃内卷齿蚕（*Aglaophamus phuketensis*）、红刺尖锥虫（*Scoloplos rubra*）、钩齿短脊虫（*Asychis* cf. *gangeticus*）、小头虫（*Capitella capitata*）和深沟毛虫（*Sigambra bassi*）等。双鳃内卷齿蚕和红刺尖锥虫为海区的主要优势种。

4. 软体动物　本季软体动物的种类也较多，出现的主要种类有粗帝汶蛤（*Timoclea scabra*）、波纹巴非蛤和棒锥螺（*Turritella bacillum*）。粗帝汶蛤在此调查海域出现频率高，数量大，为海区的绝对优势种。头足类种类较多，出现了 4 种，全部出现于拖网样品中，包括短蛸（*Octopus ocellatus*）、杜氏枪乌贼（*Loligo duvaucelii*）、真蛸（*Octopus vulgaris*）和条纹蛸（*Octopus striolatus*），但数量均不大。

5. 棘皮动物　本次所获样品全部出现在采泥样品中，仅出现 1 种，为光滑倍棘蛇尾（*Amphiopholis laevis*）。

（三）栖息密度及其水平分布

调查海区秋季栖息密度统计结果见表 13-3。本次定量调查平均栖息密度为 156 尾/m²。栖息密度组成以软体动物为主，平均栖息密度为 102 尾/m²，占总栖息密度的 65.3%；环节动物次之，其平均栖息密度为 36 尾/m²，占总栖息密度的 23.3%；节肢动物列第三位，为 9 尾/m²，占总栖息密度的 5.8%；棘皮动物和纽形动物同为最低，均为 5 尾/m²，各占 2.9%。

表 13-3　秋季大型底栖生物栖息密度及生物量组成

项　目	软体动物	环节动物	节肢动物	棘皮动物	纽形生物	合计
栖息密度（尾/m²）	102	36	9	5	5	156
占比（%）	65.3	23.3	5.8	2.9	2.9	100.0
生物量（g/m²）	28.5	3.5	1.7	1.5	0.1	35.3
占比（%）	80.7	10.0	4.7	4.2	0.4	100.0

秋季总栖息密度平面分布高栖息密度区位于人工鱼礁区东南部海域，密度在 500 尾/m² 以上；而低栖息密度区则出现于人工鱼礁区其他区域和中央列岛东北部海域。平面分布呈中央列岛西南部至人工鱼礁东南部海域高于其他海域的趋势。

秋季软体动物栖息密度的平面分布与总栖息密度较为相似，高栖息密度区仍位于人工鱼礁东南部海域，最高近 950 尾/m²，与粗帝汶蛤的高度密集分布有关；其余海域密度相对较低，人工鱼礁的西南部海域未采获任何软体动物。平面分布总体同样呈中央列岛西南部至人工鱼礁东南部海域高于其他海域的趋势。

秋季环节动物栖息密度平面分布情况与总栖息密度存在一定差异，高栖息密度区位于人工鱼礁东南部以及中央列岛东中部和南部海域，密度在 50 尾/m² 以上；低密度区位于中央列岛北部和人工鱼礁西北部海域，密度在 20 尾/m² 以下。其余海域的环节动物栖息密度为 20～50 尾/m²。

秋季节肢动物的栖息密度总体不高，高栖息密度范围区较小，仅在中央列岛东中部海域出现 1 个高值区域，密度在 40 尾/m² 以上；人工鱼礁区和中央列岛西中部至则东北部，均未采获任何节肢动物。

秋季棘皮动物的栖息密度平面分布高密度区范围区同样较小，位于中央列岛东中部至东南部海域，最大高值区为东中部海域；而人工鱼礁区以及中央列岛北部区域，均未采获任何棘皮动物。

（四）生物量及其水平分布

调查海区秋季平均生物量为 35.3 g/m²。生物量组成以软体动物占绝对优势，平均生物量为 28.5 g/m²，占总生物量的 80.7%；其次为环节动物，其平均生物量为 3.5 g/m²，占总生物量的 10.0%；节肢动物列第三，为 1.7 g/m²，占 4.7%；纽形动物的生物量最低，仅为 0.1 g/m²，占总生物量的 0.4%。

秋季总生物量平面分布状况高生物量区位于人工鱼礁东南部、中央列岛西部和北部海域，最高生物量区位于人工鱼礁东南部区域，最高达 125 g/m² 以上，这一带主要是由于出现了较多个体大的软体动物——棒锥螺；低生物量区位于人工鱼礁区西南部和中央列岛其他海域。生物量的平面分布趋势基本呈人工鱼礁东南部、中央列岛西部和北部海域高于其他海域的趋势。

秋季软体动物生物量平面分布趋势与总生物量平面分布状况基本一致，高生物量区同样为人工鱼礁东南部、中央列岛西部和北部海域；低生物量区位于人工鱼礁区西北部和中央列岛东部海域。

秋季环节动物生物量较高，但生物量高值区范围较小，仅在人工鱼礁东南部形成一小范围高值区；低值区位于中央列岛北部和人工鱼礁西北部海域。

秋季节肢动物生物量较低，仅形成一小范围高值区，位于中央列岛中东部海域；低值区位于整个人工鱼礁和中央列岛北部海域，人工鱼礁除东南部海域外，均未采获任何节肢动物。

秋季棘皮动物生物量较低，生物量高值区范围较小，生物量最高值区位于中央列岛东中部海域；人工鱼礁区以及中央列岛北部海域，均未采获任何棘皮动物。

四、冬季大型底栖生物

（一）种类组成及水平分布

冬季大型底栖生物定性和定量调查共获到100种生物，详见附录冬季大型底栖生物名录，种类组成情况见图13-4。以节肢动物出现的种类数最多，共37种，占总种类数的37.0%；脊索动物次之，共34种，占总种类数的34.0%；环节动物列第三位，出现14种，占14.0%；软体动物11种，占11.0%；棘皮动物2种，占2.0%；纽形动物和螠虫动物各出现了1种，各占总种类数的1.0%。

图13-4　冬季大型底栖生物种类组成

冬季季定量调查各站种类数变化范围为1～14种。种类数平面分布基本呈现人工鱼礁区种类数较低、中央列岛区种类数较高的分布趋势。拖网定性调查各站种类数变化范围为19～36种，平面分布趋势与定量调查基本相同。定性调查种类与定量调查种类有所差别，定性调查以大型个体生物为主，生物主要栖息于沉积物的表层和50 cm以内，定性调查出现的类群以脊索动物、甲壳类动物和软体动物等较大型的种类为主；而采泥定量调查生物个体相对较小，运动能力较弱，生物种类以环节动物、小型软体动物和棘皮动物中的蛇尾类居多。

（二）优势种、主要种及其水平分布

1. 节肢动物　在各类群中节肢动物出现的种类最多，其中，小型类主要出现于采泥样品中；而大型的甲壳类（主要为虾蟹类），则多出现于拖网样品中。主要的代表种类有伪装关公蟹（*Dorippe facchino*）、拥剑梭子蟹（*Portunus gladiator*）、断脊口虾蛄（*Oratosquilla interrupta*）、口虾蛄（*Oratosquilla oratoria*）、猛虾蛄（*Harpiosquilla harpax*）、红星梭子蟹（*Portunus sanguinolentus*）、拟盲蟹（*Typhlocarcinops* sp.）、杂粒拳蟹（*Philyra heterograna*）、香港蟳（*Charybdis hongkongensis*）和隆线强蟹（*Eucrate crenata*）等。其中，较为明显的优势种为伪装关公蟹、拥剑梭子蟹、断脊口虾蛄、口虾蛄和猛虾蛄等。

2. 脊索动物　脊索动物主要出现在拖网定性调查中，有一定的数量，主要种类有少鳞蟢（*Sillago japonica*）、白姑鱼（*Argyrosomus argentatus*）、黑边天竺鲷（*Apogon ellioti*）和金线鱼（*Nemipterus virgatus*）等。优势种为少鳞蟢。

3. 环节动物　冬季调查出现的环节动物生物种类较多，出现频率也较高，对总栖息密度的贡献较大；但生物个体相对较小，以营埋栖和管栖的生活方式为主，主要出现在采泥样品中。主要种类有冠奇异稚齿虫（*Paraprionospio cristata*）、双鳃内卷齿蚕（*Aglaophamus phuketensis*）、矶沙蚕（*Eunice aphroditois*）、锥唇吻沙蚕（*Glycera onomichiensis*）、钩齿短脊虫（*Asychis* cf. *gangeticus*）和深沟毛虫（*Sigambra bassi*）等。冠奇异稚齿虫（*Paraprionospio cristata*）和双鳃内卷齿蚕（*Aglaophamus phuketensis*）为海区的主要优势种。

4. 软体动物　本季软体动物的种类也较多，出现的主要种类有粗帝汶蛤（*Timoclea scabra*）、棒锥螺（*Turritella bacillum*）、波纹巴非蛤（*Paphia undulatah*）和联球蚶（*Aandara consociate*）。粗帝汶蛤在此调查海域出现频率高、数量大，为海区的最主要优势种之一。头足类出现了 2 种，全部出现于拖网样品中，包括杜氏枪乌贼（*Loligo duvaucelii*）和曼氏无针乌贼（*Sepiella maindroni*），但数量均不大。

5. 棘皮动物　本次所获样品全部出现在采泥样品中，仅出现 2 种蛇尾类。优势种为倍棘蛇尾（*Amphiopholis* sp.）。

（三）栖息密度及其水平分布

调查海区冬季栖息密度统计结果见表 13-4。本次定量调查平均栖息密度为 115 尾/m²。栖息密度组成以环节动物为主，平均栖息密度为 47 尾/m²，占总栖息密度的 41.6%；软体动物次之，其平均栖息密度为 40 尾/m²，占总栖息密度的 35.4%；棘皮动物列第三位，为 15 尾/m²，占总栖息密度的 13.3%；节肢动物平均栖息密度为 6 尾/m²，占 5.3%；其他生物（为螠虫动物和纽形动物）平均栖息密度为 5 尾/m²，占 4.4%。

表 13-4　冬季大型底栖生物栖息密度及生物量组成

项　目	环节动物	软体动物	棘皮动物	节肢动物	其他生物	合计
栖息密度（尾/m²）	47	40	15	6	5	113
占比（%）	41.6	35.4	13.3	5.3	4.4	100.0
生物量（g/m²）	1.6	33.1	1.6	2.7	0.9	39.9
占比（%）	4.1	82.9	4.1	6.7	2.3	100.0

冬季总栖息密度平面分布高栖息密度区位于人工鱼礁区东南部，密度为 200 尾/m² 以上；而低栖息密度区则出现于人工鱼礁区的其他区域。平面分布呈调查区中南部高于其

他海域的趋势。

冬季环节动物栖息密度平面分布情况与总栖息密度存在一定差异，高栖息密度区位于人工鱼礁北部和东南部以及中央列岛南部海域；低密度区位于人工鱼礁西南部和中央列岛北部海域，密度为 20 尾/m^2 以下。其余海域的环节动物栖息密度为 30～55 尾/m^2。

冬季软体动物栖息密度的平面分布与总栖息密度较为相似。由该图可见，调查海区的高栖息密度区高度集中，主要分布在人工鱼礁区东南部，最高达 300 尾/m^2，与粗帝汶蛤的高度密集分布有关；其余海域密度均不高，人工鱼礁的西南部和中央列岛的中东部海域未采获任何软体动物。平面分布总体呈中南部高于其他海域的趋势。

冬季棘皮动物的栖息密度平面分布高密度区位于中央列岛中部区域；而人工鱼礁区未采获任何棘皮动物。

冬季节肢动物的栖息密度总体不高，仅在中央列岛东南部出现 1 个相对高值区域，密度在 20 尾/m^2；人工鱼礁区和中央列岛西北部，则均未采获任何节肢动物。

（四）生物量及其水平分布

调查海区冬季海区平均生物量为 39.9 g/m^2。生物量组成以软体动物占绝对优势，平均生物量为 33.1 g/m^2，占总生物量的 82.9%；其次为节肢动物，其平均生物量为 2.7 g/m^2，占总生物量的 6.7%；多毛类环节动物和棘皮动物同列第三，均为 1.6 g/m^2，占 4.1%；其他动物的生物量为 0.9 g/m^2，占总生物量的 2.3%。

冬季总生物量平面分布，高生物量区位于中央列岛的北部和东南部区域，最高生物量区位于中央列岛东南部海域，最高达 186.7 g/m^2，这一带主要是由于密集出现了个体大的软体动物——棒锥螺；次高生物量区位于中央列岛北部；低生物量区位于人工鱼礁区和中央列岛其他海域。生物量的平面分布趋势基本呈南部和北部高于西部和中部的趋势。

冬季软体动物生物量平面分布趋势与总生物量平面分布状况基本一致，高生物量区高度集中，位于 2 个区域，中央列岛的北部和东南部区域；人工鱼礁区生物量最低。

冬季节肢动物生物量平面分布其除在中央列岛中东部有一小高值区外；人工鱼礁区和中央列岛西北部则均未采获任何节肢动物。

冬季环节动物生物量均较低，本调查区环节动物生物量高值区范围较广，在中央列岛东南部形成一最大高值区；次高值区位于人工鱼礁东南部海域和中央列岛中东部；最低值区位于中央列岛西北部海域。

冬季棘皮动物生物量较低，仅在中央列岛中部区域形成一小范围高值区；人工鱼礁区和中央列岛的西北部海域，未采获任何棘皮动物。

第七节　渔业资源

2014—2017 年，主要开展了渔业资源调查和鱼类声频-无线电追踪标记研究两部分内容。渔业资源调查采用拖网取样和声学探测联合作业方式，主要分析各调查海域游泳生物群落结构特征和资源量密度。具体实施情况如表 13-5 所示。

表 13-5　渔业资源调查基本情况

调查日期	调查海域	声学评估	样点数（个）
2015 年 4 月 11—12 日	大亚湾-春季	是	8
2015 年 8 月 13 日	大亚湾-夏季	是	8
2015 年 10 月 27 日	大亚湾-秋季	是	8
2015 年 12 月 28 日	大亚湾-冬季	是	8

一、大亚湾渔业资源现状

（一）渔获组成特点

1. 渔获种类组成　2014—2016 年，大亚湾 4 个航次共捕获游游泳生物 177 种。其中，鱼类 118 种；蟹类 32 种；虾类 16 种；头足类 7 种；虾蛄类 4 种（表 13-6）。渔获种类组成主要以鱼类和蟹类为主，所占比重分别为 67％和 18％，其他渔获种类所占比重仅 15％。调查水域渔获种类百分比组成如彩图 36 所示。

表 13-6　大亚湾海域各季度渔获物种类数（种）

类群	春季	夏季	秋季	冬季	总计
头足类	3	5	3	2	7
虾蛄类	4	3	3	3	4
虾类	5	7	8	10	16
蟹类	14	18	16	23	32
鱼类	40	67	39	33	118

2014—2016 年，大亚湾海域春、夏、秋和冬季各季节渔获种类组成如表 13-6 和彩图 37 所示。夏季渔获物种类数明显多于其他各季度，春、秋和冬季渔获物种类数差异较小。各季度渔获组成中，鱼类物种类数所占比重最高，其次为蟹类和虾类、头足类和虾蛄类所占比重极小。具体情况如下：

调查海域，春季共有游泳生物 66 种，其中，鱼类占 61%，蟹类占 21%，虾类、头足类、虾蛄类累积百分比仅 18%；夏季共有游泳生物 100 种，其中，鱼类所占比重高达 67%，蟹类占 18%，虾类、头足类、虾蛄类累积百分比 15%；秋季共有游泳生物 69 种，其中，鱼类占 57%，蟹类占 23%，虾类占 12%，头足类和虾蛄类分别占 4%；冬季共有游泳生物 71 种，其中，鱼类占 47%，蟹类占 32%，虾类 14%，头足类和虾蛄类分别占 3% 和 4%。

2014—2016 年，大亚湾海域春、夏、秋、冬四季，各取样位点渔获种类组成相似性分析结果如彩图 38 所示。研究发现，调查海域种类组成季节差异明显，季节相似性在 40% 以下。同一季节，不同位点间种类相似度较高。各季度不同位点（除冬季 29 号位点）种类相似性整体在 40% 以上，部分位点种类相似性基本为 50%~60%，个别位点种类相似性在 60% 以上。以上结果表明，大亚湾海域游泳生物种类组成季节差异明显；同一季度，游泳生物种类空间分布较均匀。

2. 渔获丰度　2014—2016 年，大亚湾 4 个航次共捕获游泳生物 14 215 尾。其中，鱼类 7 747 尾，虾类 2 845 尾，蟹类 2 694 尾，虾蛄类 787 尾，头足类 142 尾。总体上，鱼类在渔获丰度组成中所占比重最高，其次为虾类和蟹类，虾蛄类和头足类所占比重较低。大亚湾海域，各季度渔获率（尾/h）组成结果如图 13-5 所示。

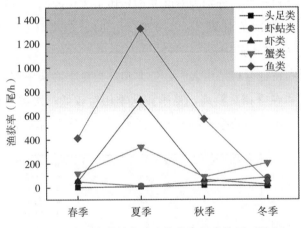

图 13-5　大亚湾海域各季度渔获率组成特征（尾/h）

夏季平均渔获率最高为 2 415 尾/h；其次为秋季和春季，渔获率分别为 794 尾/h 和 635 尾/h；冬季渔获率最低为 379 尾/h。春、秋两季渔获组成表现出相似的特征：头足类、虾蛄类、虾类、蟹类、鱼类渔获率依次升高。春季头足类、虾蛄类、虾类、蟹类、鱼类渔获率分别为 3 尾/h、48 尾/h、54 尾/h、118 尾/h、413 尾/h；秋季头足类、虾蛄类、虾类、蟹类、鱼类渔获率分别为 20 尾/h、46 尾/h、66 尾/h、90 尾/h、571 尾/h；夏季渔获中鱼类渔获率最高，其次为虾类、蟹类、虾蛄类和头足类，渔获率依次为 1 326 尾/h、728 尾/h、338 尾/h、14 尾/h、9 尾/h；冬季渔获中蟹类和虾蛄类渔获率较高，分别为 206 尾/h、83 尾/h，鱼类、虾类、头足类渔获率分别为 53 尾/h、25 尾/h、12 尾/h。

据大亚湾海域渔获种类季节分布特征分析发现，鱼类和虾类夏季渔获率明显高于其他各季度；蟹类在夏季和冬季渔获率相对较高；虾蛄类在冬季渔获率相对较高，夏季相对较低；头足类渔获率整体较低，在秋季略有增加。

3. 渔获生物量 2014—2016 年，大亚湾海域 4 个航次共捕获游泳生物 129 169.4 g，其中，鱼类 57 148.9 g，头足类 3 807.7 g；虾蛄类 12 861 g；蟹类 30 485 g；虾类 24 866.8 g。总体上，渔获生物量组成中鱼类所占比重最高，其次为蟹类和虾类，虾蛄类和头足类所占比重相对较低。

大亚湾海域春、夏、秋、冬季各季度渔获率（g/h）组成结果如图 13-6 所示。夏季平均渔获率最高为 16 621.3 g/h；其次为秋季和春季，季均渔获率分别为 9 541.4 g/h 和 5 732.8 g/h；冬季渔获率最低为 5 206.3 g/h。春季渔获中鱼类渔获率最高（3 079.8 g/h），其次为蟹类（1 473.7 g/h）、虾蛄类（798.6 g/h）、虾类（234.8 g/h）和头足类（145.8 g/h）；夏季渔获中鱼类、虾类渔获率较春季明显上升，分别为 7 600.5 g/h 和 6 650.1 g/h，虾蛄类渔获率（234.7 g/h）则大幅下降，其他种类变化较小，蟹类和头足类渔获率分别为 1 869.3 g/h 和 266.7 g/h；秋季渔获中鱼类和蟹类渔获率相对较高，分别为 4 479.2 g/h 和 2 743 g/h，其次为虾类（1 232.7 g/h），较夏季渔获率明显下降，虾蛄类和头足类渔获率相对较低，分别为 602.9 g/h 和 483.6 g/h；冬季渔获中蟹类渔获率较高（1 963.8 g/h），其次为虾蛄类（1 475.1 g/h）、鱼类（1 397.3 g/h）、头足类（242.7 g/h）和虾类（127.4 g/h）。

渔获种类季节分布特征分析结果表明，鱼类和虾类夏季渔获率明显高于其他各季度；虾蛄类渔获率在冬季和春季相对较高，夏季和秋季相对较低；蟹类渔获率从春季至冬季呈稳步上升的趋势；头足类渔获率整体处于较低水平，在秋季相对较高。

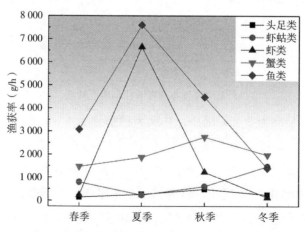

图 13-6　大亚湾海域各季度渔获率组成特征（g/h）

4. 优势度分析 根据调查海域各季度渔获组成情况，利用相对重要性指数（IRI）

（Pinkas et al.，1971），对大亚湾海域渔获优势度特征进行分析研究。计算公式为：

$$IRI＝（N＋W）\times F \tag{13-1}$$

式中　　N——某一种类的尾数占渔获总尾数的百分比；

　　　　W——某一种类的重量占渔获总重量的百分比；

　　　　F——某一种类出现的站数占总调查站数的百分比（即出现频率）。

将 $IRI\geqslant500$ 的物种定为优势种；$100\leqslant IRI<500$ 的物种定为常见种；$10\leqslant IRI<100$ 的物种定为一般种；$IRI<10$ 的物种定为少见种。

调查海域各季度优势种和常见种组成情况见表13-7。结果表明，春季大亚湾海域渔获中优势种类主要包括二长棘鲷、口虾蛄、直额蟳、拟矛尾虾虎鱼、短脊鼓虾、隆线强蟹和断脊口虾蛄7种，其中，鱼类2种、蟹类2种、虾蛄类2种、虾类1种，且二长棘鲷优势度明显高于其他种类；夏季渔获中优势种类主要有黄鳍马面鲀、宽突赤虾、墨吉对虾、侧线天竺鲷、拥剑梭子蟹和短吻鲾6种，其中，鱼类3种、虾类2种、蟹类1种；秋季渔获中优势种类共8种，包括短吻鲾、中线天竺鲷、红星梭子蟹、细条天竺鱼、墨吉对虾、锈斑蟳、猛虾蛄和断脊口虾蛄，其中，鱼类3种、蟹类2种、虾类1种、虾蛄类2种，且短吻鲾优势度明显高于其他种类；冬季渔获中优势种主要包括拥剑梭子蟹、伪装关公蟹、断脊口虾蛄、杜氏枪乌贼、猛虾蛄、口虾蛄、香港蟳共7种，其中，蟹类3种、虾蛄类3种、头足类1种。各季度优势种类中，仅口虾蛄为春季和冬季共同优势种，墨吉对虾为夏季和秋季共同优势种。综上可知，大亚湾海域各季度渔获中优势种类存在较大差异，春、夏、秋季各季度优势种类主要为鱼、虾、蟹类，而冬季优势种类主要为蟹类、虾蛄类和头足类。该结果可能与调查海域游泳生物的繁殖、索饵及季节迁移习性相关。

表13-7　大亚湾海域各季度优势种和常见种

季节	种名	数量百分比（%）	重量百分比（%）	出现频率（%）	优势度
春季	二长棘鲷	31.6	15.6	100.0	4 717
	口虾蛄	4.6	6.2	87.5	942
	直额蟳	6.1	5.0	75.0	831
	拟矛尾虾虎鱼	4.7	3.4	100.0	813
	短脊鼓虾	6.8	2.1	87.5	780
	隆线强蟹	3.3	4.6	87.5	691
	断脊口虾蛄	2.3	3.7	87.5	531
	棘突猛虾蛄	2.1	4.5	75.0	492
	短吻鲾	3.9	3.3	62.5	452
	香港蟳	2.5	2.8	75.0	394
	远海梭子蟹	0.5	4.7	75.0	390
	宽突赤虾	2.6	1.0	100.0	366

（续）

季节	种名	数量百分比（%）	重量百分比（%）	出现频率（%）	优势度
春季	四线天竺鲷	2.2	1.5	100.0	364
	南方鲬	1.6	2.7	75.0	326
	黄斑篮子鱼	9.6	9.0	12.5	233
	近缘新对虾	2.0	2.2	50.0	206
	六指马鲅	0.9	2.0	62.5	185
	日本红娘鱼	0.8	0.9	100.0	178
	圆鳞斑鲆	1.2	1.0	75.0	169
	锈斑蟳	0.3	2.3	62.5	163
	少鳞鱚	0.6	1.4	75.0	153
	日本无针乌贼	0.3	2.7	50.0	151
	猛虾蛄	0.6	1.5	62.5	131
	花鲦	0.9	2.5	37.5	126
	卵鳎	0.8	0.8	75.0	118
夏季	黄鳍马面鲀	43.4	19.6	100.0	6 301
	宽突赤虾	17.9	9.1	100.0	2 697
	墨吉对虾	6.3	13.7	57.1	1 142
	侧线天竺鲷	4.2	2.2	100.0	635
	拥剑梭子蟹	5.6	1.6	85.7	611
	短吻鲾	2.6	3.4	100.0	593
	远海梭子蟹	0.2	4.5	100.0	465
	南方鲬	1.8	2.7	100.0	447
	二长棘鲷	0.8	2.3	100.0	313
	条纹蛸	0.5	3.3	71.4	267
	变态蟳	1.1	0.6	100.0	168
	蓝圆鲹	0.3	1.2	85.7	133
	巴布亚沟虾虎鱼	1.4	0.8	57.1	122
	眼瓣沟虾虎鱼	0.9	0.5	85.7	116
秋季	短吻鲾	26.8	19.2	100.0	4 594
	中线天竺鲷	13.1	3.8	87.5	1 472
	红星梭子蟹	3.5	12.6	87.5	1 411
	细条天竺鱼	10.3	3.7	87.5	1 228
	墨吉对虾	2.9	8.5	100.0	1 142
	锈斑蟳	2.0	7.7	87.5	851
	猛虾蛄	3.2	3.4	87.5	575
	断脊口虾蛄	3.3	3.4	75.0	507

（续）

季节	种名	数量百分比（%）	重量百分比（%）	出现频率（%）	优势度
秋季	黄鳍马面鲀	2.0	2.1	87.5	355
	中华仿对虾	3.1	1.3	75.0	334
	拟矛尾虾虎鱼	2.0	1.2	75.0	244
	眼瓣沟虾虎鱼	2.1	1.0	75.0	232
	短蛸	2.2	3.7	37.5	223
	拥剑梭子蟹	2.3	0.5	75.0	210
	口虾蛄	1.2	1.3	75.0	194
	杜氏枪乌贼	0.6	2.7	50.0	169
	伪装关公蟹	2.3	1.0	50.0	164
	斑鰶	0.6	1.6	62.5	141
	犬牙细棘虾虎鱼	0.7	1.1	75.0	140
	食蟹豆齿鳗	0.3	2.7	37.5	113
	哈氏仿对虾	1.8	0.8	37.5	101
冬季	拥剑梭子蟹	19.0	5.0	100.0	2 394
	伪装关公蟹	15.2	11.8	87.5	2 364
	断脊口虾蛄	7.4	9.4	100.0	1 682
	杜氏枪乌贼	6.7	10.4	75.0	1 280
	猛虾蛄	4.2	6.5	75.0	804
	口虾蛄	4.6	5.3	62.5	616
	香港蚂	2.8	2.3	100.0	510
	黑鲷	0.8	11.4	37.5	458
	勒氏短须石首鱼	1.3	1.8	87.5	272
	少鳞鱚	1.6	2.6	62.5	259
	红星梭子蟹	1.5	2.6	62.5	256
	黑边天竺鱼	1.9	0.9	87.5	241
	锈斑蟳	0.8	3.7	50.0	223
	双带天竺鲷	2.1	0.4	87.5	213
	金线鱼	0.8	1.7	62.5	159
	东方蚂	1.5	0.7	62.5	134
	短脊鼓虾	2.1	0.5	50.0	131
	皮氏叫姑鱼	0.5	1.7	50.0	107

5. 资源密度估算　游泳生物资源量密度 D（kg/km²）根据扫海面积法估算，计算公式为：

$$D=Y / A（1-E）\tag{13-2}$$

式中　Y——平均渔获率（kg/h）；

　　　D——资源量密度（kg/km²）；

　　　A——每小时扫海面积（km²/h）；

　　　E——逃逸率，取 0.5。

结果表明，大亚湾海域夏季游泳生物资源量密度最高（4 341.8 kg/km²），其次为秋季（1 634.1 kg/km²）和春季（1 536.4 kg/km²），冬季游泳生物资源量密度最低（1 143.2 kg/km²）。调查海域各季度各类游泳生物的资源量密度见表13-8。

表 13-8　大亚湾海域渔业资源密度（kg/km²）

季节	头足类	虾蛄类	虾类	蟹类	鱼类	合计
春季	41.2	225.5	67.6	399.4	802.7	1 536.4
夏季	78.4	59.4	1 702.3	480.1	2 021.6	4 341.8
秋季	93.8	101.0	211.7	453.5	774.1	1 634.1
冬季	62.1	316.6	29.5	423.0	312.0	1 143.2

（二）群落结构特征

1. 生物多样性指数　Wilhm（1968）提出，当调查水域不同种类及同种类个体间差异较大时，用生物量表示的多样性更接近种类间能量的分布。因此，本节中调查海域生物多样性的评价，主要基于渔获生物量数据。计算公式为：

$$\text{Shannon-Wiener 多样性指数 } H'=-\sum_{i=1}^{s} p_i \log_e p_i \tag{13-3}$$

$$\text{Simpson 优势度集中指数 } C=\sum_{i=1}^{s} p_i^2 \tag{13-4}$$

式中　p_i——i 种所占渔获中生物量的百分比；

　　　S——样方内物种类数。

研究发现，大亚湾海域各季度生物多样性状况及其空间差异结果如图 13-7 所示。调查海域各季度生物多样性差异较小，夏季 Shannon-Wiener 多样性指数相对较高（2.66），其次为春季（2.5）、秋季（2.5）和冬季（2.35）。Shannon-Wiener 多样性指数能从种群数及种群均匀性两个方面反映群落结构的稳定性（李渭华，2003），群落物种越丰富，种群间个体数量分布越均匀，则多样性指数越高（William，1998）。由此可知，大亚湾海域夏季游泳生物群落稳定性相对较高。

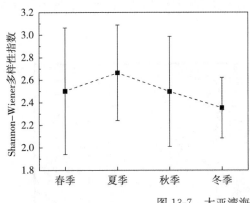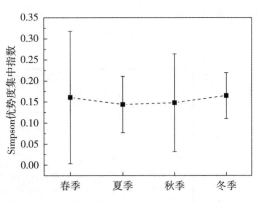

图 13-7 大亚湾海域生物多样性时空变化

误差线表示取样位点间差异

优势集中度指数能够反映生物能量在种群间分布的差异程度，优势集中度指数越高，说明种群间生物能量分布越不均匀，群落结构越不稳定。大亚湾海域各季度游泳生物优势集中度指数变化较小，春、夏、秋、冬季各季度分别为 0.16、0.14、0.15、0.16。春季和冬季渔获优势集中程度相对较高，说明群落稳定性相对较弱，应适当给予保护。

此外，从各季度不同取样位点间生物多样性差异分析可知：整体上，调查海域生物多样性空间差异较大，其中，冬季不同取样位点间生物多样性差异相对较小。根据各季度不同取样位点间优势集中度分析发现，春、秋两季调查海域渔获优势集中度空间差异较大；而夏季和冬季相对较小。

2. ABC 曲线 从大亚湾海域各季节鱼类丰度与生物量优势度曲线分析可知（彩图 39），春、夏两季渔获丰度曲线在渔获生物量曲线之上，且渔获丰度累积优势度起点较高（约 40%）。W 值分别为 -0.128 和 -0.118，说明调查海域游泳生物主要以小型个体为主，且群落在春夏两季受外界干扰强度较大，群落结构稳定性较差。秋季和冬季渔获丰度和生物量累积优势度曲线基本处于交错状态，其 W 值基本为 0，说明秋、冬两季调查海域游泳生物个体相对较大，群落受外界干扰相对较小，群落结构相对稳定。

二、渔业资源声学评估

（一）调查设置

研究调查海域如图 13-8 所示，调查范围为 22°32.0′N—22°38.0′N、114°34.0′E—114°44.0′E。主要包含大亚湾杨梅坑人工鱼礁区和大亚湾中央列岛区 2 个区域。通常，声学调查航线依据调查区域的特征设计成平行式或"之"字式，鉴于该调查区域海域环境较为复杂、岛屿众多，所以实际调查航线并不规则。依据海域实际情况，调查航线设计成环岛形，基本覆盖设计调查海域，主要围绕大辣甲、小辣甲和牛头洲等湾内岛屿。设置 D1 至 D8 共 8 个生物学数据采集站位，这 8 个站位的生物学数据能够代表调查区域的鱼类信息，为后续声学数据的处理计算提供依据。

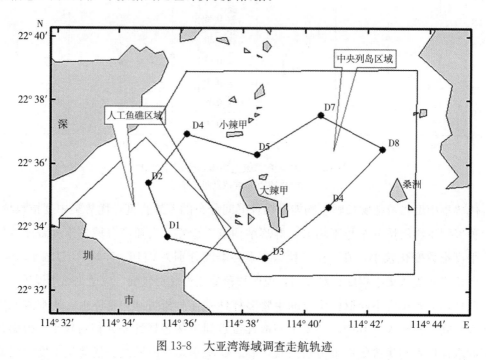

图 13-8 大亚湾海域调查走航轨迹

本次调查数据的采集，包含声学数据采集和生物学数据采集两部分。声学数据是使用 Simard EY60 分裂波束科学鱼探仪进行采集，采集方式为走航式声学数据采集。声学系统参数设定值需根据调查海域的实际校准结果进行设定，所以在进行声学调查前对该声学系统进行校准，校准地点为调查海域内海况较稳定的近岸海域。本节使用的鱼探仪频率为 200 kHz，具体参数如表 13-9。

表 13-9　鱼探仪相关参数

技术参数	数据
换能器型号	ES200-7C
发射功率（W）	150
脉冲宽度（ms）	0.128
增益（dB）	27.25
双向波束角（dB）	20.7

声学数据是在走航过程中边航行边录入，通过相关软件保存在电脑中。GPS 直接接在电脑上和声学数据同步保存。换能器置于导流罩内通过连接钢管固定于船只右舷中间位置，导流罩前后连接细钢丝绳，以减少行船过程中导流罩前后晃动。导流罩需放置于

水深 1 m 以下，以减少船舶航行过程中水表层产生的气泡和水流的噪声影响。依据实际情况调节入水深度，避免船只左右摇摆换能器落出水面形成数据空白。

生物学数据的采集是根据事先设定好的站位，利用租用渔船在相应位置进行拖网。拖网时间为 0.5 h，部分渔获物现场测量获得生物学数据，现场不能全部测量的种类冰冻处理后带回实验室进行测量。租用船只相关信息见表 13-10。

表 13-10　租用渔船信息

项目	信息
船号	粤惠湾渔 16009
功率	135 kW
吨位	50 t
网具	虾拖网

（二）数据处理与分析

1. 声学数据处理　调查所采集的声学数据，是利用 Echoview 软件进行分析和处理。数据处理前要对全部数据进行仔细检查，对照声学记录表，去除不需要的走航时段数据。在数据处理过程中需要去除的噪声，主要包括船舶产生的机械噪声、海表噪声、海底噪声和浮游生物噪声。根据具体情况设置积分输出上限和积分输出下限，即海表线和海底线。2015 年 4 月第一次调查数据海表线设为 1.5 m，海底线设为 −0.2 m；2015 年 8 月第二次调查数据海表线设为 1 m，海底线设为 −0.2 m；2015 年 10 月第三次调查数据海表线设为 1 m，海底线设为 −0.5 m；2015 年 12 月第四次调查数据海表线设为 1.5 m，海底线设为 −0.5 m。积分阈值设为 −70 dB，以屏蔽弱散射体浮游生物等产生的回波信号。以 0.25 n mile 为航程基本输出单元输出积分值 NASC，即平均后向散射截面（mean backscattering cross-section）。

2. 生物样本采集与分析　根据站位信息采集的生物样本在实验室进行生物学测量，样本量太大不能全部带回的等分后取部分带回测量。样本分类后需要测量的生物学数据包括尾数（个）、体长（mm）、体重（g）。生物学数据是辅助声学数据来计算评估资源量，依据拖网所获得的生物学数据，对每种评估鱼类进行积分值分配。

3. 鱼类资源密度评估方法　按照多种类海洋渔业资源声学评估技术与方法中介绍的工作流程，对鱼类资源的数量密度和资源量密度进行评估，以拖网采样的渔获物组成信息，作为积分值分配的主要依据。与此同时，为了对比分析目标强度现场测量和拖网数据，进行积分值分配估算鱼类资源数量密度的差异，利用 Echoview 软件中的单体检测模块，对调查海域内的鱼类进行现场目标强度测量。在对所获得的声学数据进行单体检测和单体目标轨迹追踪后，输出各个基本积分航程单元内的声学积分值（nautical area scattering coefficient，NASC，$m^2/n\ mile^2$）和平均目标强度（target strength，TS、dB）等参数，从而进行鱼类资源数量密度和资源量密度的估算。

在不考虑生物种类组成及其体长结构分布的情况下，各基本积分航程单元内的渔业资源数量密度（尾/km^2）为

$$\bar\rho=\frac{NASC}{4\pi\bar\sigma_{bs}\cdot1.852^2} \tag{13-5}$$

式中　σ_{bs}——后向散射截面（m^2）。它与目标强度的关系为：

$$TS=10\ \log\sigma_{bs} \tag{13-6}$$

考虑不同鱼种组成，分析区域内第 i 种鱼类的数量密度和资源量密度（t/km^2）分别为：

$$\rho_{i\sim a}=c_i\frac{NASC}{4\pi\bar\sigma\cdot1.852^2} \tag{13-7}$$

$$\rho_{i\sim b}=\rho_{i\sim a}\bar w_i10^{-6} \tag{13-8}$$

式中　c_i——分析海域内第 i 种鱼类占渔获物的数量百分比；

　　　$\bar\sigma$——分析海域内所有声学评估种类的平均后向散射截面；

　　　$\bar w_i$——第 i 种鱼类的平均体重（g）。且有：

$$\bar\sigma=\sum_{i=1}^{n}c_i10^{\frac{TS}{10}} \tag{13-9}$$

$$TS_i=20\log L_i+b_{20,i} \tag{13-10}$$

式中　TS——第 i 种鱼类的目标强度；

　　　n——声学评估鱼类的种类数；

　　　L_i——第 i 种鱼类的体长（cm）；

　　　$b_{20,i}$——第 i 种鱼类的参考目标强度。

（三）调查结果

1. 声学航迹　通常声学调查航线，依据调查区域的特征设计成平行式或之字式，鉴于该项目不是独立的声学调查项目所以实际调查航线并不规则。依据海域情况调查航线大致为环岛形，主要围绕大辣甲、小辣甲和牛头洲等湾内岛屿。航线轨迹如图 13-9 所示。

2. 渔获组成信息　渔业资源量评估主要是依据声学数据进行计算，生物学拖网采样只是辅助声学进行资源评估计算。声学数据无法判断水体中的生物种类以及每种所占评估种的比例系数。通过生物学拖网采样可以大致确定评估种类，以及每一种占总评估种的比例系数、平均体长和平均体重。本节 4 个航次调查都进行了生物学采样，采样生物种类数量变化情况如图 13-10 所示。

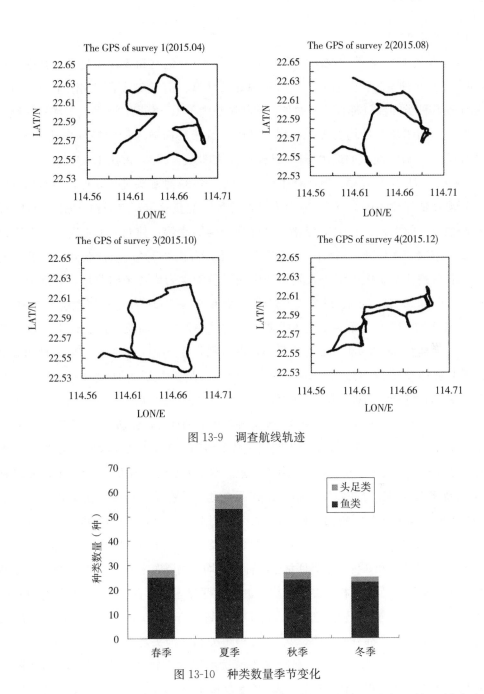

图 13-9 调查航线轨迹

图 13-10 种类数量季节变化

本节总共进行了 4 个航次的生物采样调查。2015 年 4 月 11—12 日，第一航次春季调查总共捕获鱼类和头足类 43 种，除去虾虎鱼类、鲆鲽鱼类等贴底生活的鱼类不参与积分值分配，共 25 种鱼类和 3 种头足类进行资源评估计算。捕获尾数大于 10 尾的有 10 种，包括二长棘鲷、黄斑篮子鱼、短吻鳊、四线天竺鲷、竹筴鱼、日本红娘鱼、鹿斑鲾、六指马鲅、少鳞鱚和花鰶。其中，二长棘鲷共捕获 1 062 尾，在参与评估种渔获物中所占百分比为 71%，具有明显种群优势；黄斑篮子鱼和短吻鳊所占比例分别为 9% 和 6%；其余种类所占比例均小于 5%。

2015 年 8 月 13 日，第二航次夏季调查共捕获 67 种鱼类和 5 种头足类，其中，鱼类 46 种和头足类 5 种参与积分值分配进行资源评估计算。由于 8 月禁渔期刚结束，与春季航次相比渔获种类和数量都有明显增长。捕获尾数大于 10 尾的有 20 种，黄鳍马面鲀、四线天竺鲷、短吻鲾捕获量均大于 100 尾。其中，黄鳍马面鲀为最优势种捕获量为 2 490 尾，占比 71%。春季航次的最优势种二长棘鲷只捕获到 51 尾，占比 1.4%。

2015 年 10 月 27 日，第三航次秋季调查捕获鱼类 39 种和头足类 3 种，参与积分值分配进行资源评估计算的鱼类有 23 种和头足类 3 种。渔获总量与夏季航次相比有所下降，优势种与前 2 个航次相比也发生变化。最优势种为短吻鲾，捕获 1 124 尾，所占比例为 65%。夏季航次最优势种黄鳍马面鲀只捕获 36 尾，占比 2.1%；未捕获到春季航次的最优势种二长棘鲷。本航次中细条天竺鱼和中线天竺鲷也为优势种捕获量，分别为 195 尾（占比 11%）和 221 尾（占比 12%）。另外，金线鱼、斑鳍和短蛸捕获尾数均大于 10 尾。

2015 年 12 月 18 日，第四航次冬季调查相比秋季调查，渔获物捕获种类和数量都有所下降。总共捕获 33 种鱼类和 2 种头足类，参与积分值分配计算的有鱼类 23 种和头足类 2 种。未出现捕获尾数超过 100 尾的种，其中，头足类杜氏枪乌贼捕获 48 尾（占比 19.5%）为捕获量最大的种，黑边天竺鱼捕获 31 尾（占比 12.6%），在所捕获鱼类中占比最大。前 3 个航次中渔获物中均出现具有明显种群优势的种群，分别为二长棘鲷、黄鳍马面鲀和短吻鲾，本航次未出现捕获尾数占明显优势的种群。捕获尾数达到 10 尾的有少鳞鳝、白姑鱼、金线鱼、黑边天竺鱼、勒氏短须石首鱼、双带天竺鲷、细条天竺鱼和杜氏枪乌贼。

3. 资源密度与时空分布特征　本次研究调查进行了春季、夏季、秋季和冬季 4 个航次的声学数据采集和生物学拖网取样，经过声学数据结合生物学数据处理计算，评估了大亚湾湾内生物资源量。4 个航次中参与评估的总种类有 78 种鱼类和 6 种头足类。其中，春季航次出现 25 种鱼类和 3 种头足类评估生物种，平均生物资源密度为 7.38×10^3 kg/n mile^2；夏季航次由于禁渔期刚结束相比春季航次鱼的种类明显增多，共出现 53 种鱼类和 6 种头足类评估生物种，平均生物资源密度为 8.58×10^3 kg/n mile^2；秋季航次相比夏季航次生物种类和平均资源密度都有所下降，共有 24 种鱼类和 3 种头足类评估生物种，平均生物资源密度为 6.52×10^3 kg/n mile^2；最后冬季航次中评估生物种有 23 种鱼类和 2 种头足类，平均生物资源密度相比秋季航次变化不大为 6.36×10^3 kg/n mile^2。4 个航次平均资源密度值在 7.2×10^3 kg/n mile^2 左右，变化趋势如图 13-11 所示。依据公式（13-7、13-8）计算湾内生物量结果如表 13-11。

表 13-11　大亚湾湾内生物量

调查航次	生物总量（t）
春季（2015.4）	172.8

（续）

调查航次	生物总量（t）
夏季（2015.8）	200.9
秋季（2015.10）	152.6
冬季（2015.12）	148.9

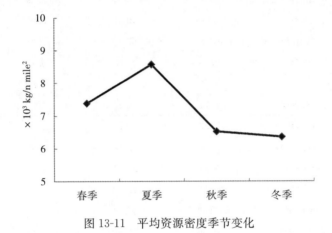

图 13-11　平均资源密度季节变化

在 4 个航次调查评估结果中，每个航次的评估种类和种类资源密度都存在一些变化。春季航次单个鱼种平均资源密度较高的有二长棘鲷（$2.374×10^3$ kg/n mile^2）、花鰶（$1.198×10^3$ kg/n mile^2）和短吻鳎（$0.680×10^3$ kg/n mile^2）；夏季航次评估结果中黄鳍马面鲀（$3.292×10^3$ kg/n mile^2）、海鳗（$0.907×10^3$ kg/n mile^2）、多齿蛇鲻（$0.778×10^3$ kg/n mile^2）和短吻鳎（$0.632×10^3$ kg/n mile^2）平均资源密度与其他种类相比较高，但春季航次出现的几种平均资源密度较高种中短吻鳎（$0.632×10^3$ kg/n mile^2）变化不大，花鰶（$0.166×10^3$ kg/n mile^2）和二长棘鲷（$0.373×10^3$ kg/n mile^2）波动较大；在秋季航次平均资源密度较高的种类与之前 2 个航次相比也有所变化，其中，短吻鳎（$2.586×10^3$ kg/n mile^2）、中线天竺鲷（$2.374×10^3$ kg/n mile^2）、杜氏枪乌贼（$0.558×10^3$ kg/n mile^2）和斑鰶（$0.557×10^3$ kg/n mile^2）较高；冬季评估结果中皮氏叫姑鱼（$0.817×10^3$ kg/n mile^2）、少鳞鱚（$0.715×10^3$ kg/n mile^2）和金线鱼（$0.635×10^3$ kg/n mile^2）平均资源密度较高。每个航次前 6 种评估种类的资源密度和资源量如表 13-12 所示。

表 13-12　4 个航次前 6 种生物评估结果

调查时间	种类	平均体长（mm）	平均体重（g）	资源密度（t/n mile²）	资源量（t）
2015 年 4 月	二长棘鲷	48.96	3.89	2.37	55.50
	曼氏无针乌贼	116.75	123.25	1.26	29.49
	花鰶	150.17	43.67	1.20	28.00

（续）

调查时间	种类	平均体长 (mm)	平均体重 (g)	资源密度 (t/n mile²)	资源量 (t)
2015 年 4 月	短吻鲾	76.50	9.78	0.68	15.90
	六指马鲅	99.08	22.13	0.49	11.49
	少鳞鱚	118.00	22.12	0.36	8.40
2015 年 8 月	黄鳍马面鲀	49.78	2.70	3.29	76.94
	海鳗	171.67	136.33	0.91	21.22
	多齿蛇鲻	184.25	67.17	0.78	18.18
	吻鲾	70.76	9.50	0.63	14.80
	鲗	46.10	42.53	0.61	14.16
	二长棘鲷	80.74	19.53	0.37	8.71
2015 年 10 月	短吻鲾	70.27	8.43	2.59	60.45
	中线天竺鲷	48.18	2.27	0.65	15.13
	杜氏枪贼	85.36	36.29	0.56	13.06
	斑鰶	123.17	43.43	0.56	13.03
	细鳞鲗	115.67	44.67	0.52	12.23
	食蟹豆齿鳗	201.60	76.60	0.43	9.99
2015 年 12 月	杜氏枪乌贼	66.5	19.92	2.88	67.22
	皮氏叫姑鱼	139.00	55.22	0.82	19.09
	少鳞鱚	130.90	25.17	0.72	16.72
	金线鱼	100.24	28.95	0.64	14.84
	勒氏短须石首鱼	96.31	21.05	0.40	9.47
	黑边天竺鱼	54.82	5.74	0.22	5.17

（四）评估结果

本次调查研究估算了大亚湾南部海域的生物资源现存状况，4 个季节的调查结果阐述了湾内生物资源密度和资源量的季节性变化情况。大亚湾内 4 个季节的优势种分别为二长棘鲷、黄鳍马面鲀、短吻鲾和皮氏叫姑鱼。平均生物资源密度为 7.2×10^3 kg/n mile²。根据 2008 年李娜娜等用声学方法评估大亚湾礁区外的结果 10.0×10^3 kg/n mile²，发现资源密度有所降低。与本次相比调查海域范围有所差异，本次调查范围基本涵盖整个南部海湾而其评估范围仅为礁区附近，由于受人工鱼礁影响，资源密度相比整个海湾会偏大一些。

单个鱼种评估结果证明，在湾内各个季节的优势鱼种并不是固定不变的，同一鱼种在一年中不同季节的平均资源密度也是不相同的。各个季节的鱼类种类数在评估结果中也存在明显差别，不尽相同。在评估种类较少的季节并不一定湾内生物种类数就少，可能是某一种类在某一季节的资源密度较低，拖网采样未捕获到。在评估过程中对于个别鱼种的评估结果不能当作实际湾内这一鱼种的资源密度，如春季的黄斑篮子鱼（7.8×10^3 kg/n mile^2）、冬季的中国鲳（5.9×10^3 kg/n mile^2）和黑鲷（4.1×10^3 kg/n mile^2）等与实际情况相差太大。造成这一结果的原因可能是，拖网捕获的样本不能代表湾内整体，如捕获尾数较少、个体偏大或单网尾数过多等情况都不能当作湾内实际生物的分布情况。

声学评估方法在数据分析和处理过程中虽然经过了噪声剔除和积分分配等步骤，但研究结果中还可能存在一些不可避免的误差。调查采样船只并非专业声学调查船，租用船只在声学仪器安装方面还有很多欠缺。如在调查时仪器的稳定性、吃水深度、换能器角度和所用电压等方面，都会影响采样数据的准确性。参与积分分配的生物一般为非贴底类的游泳鱼类，但也有一些情况中非贴底类游泳鱼类只参与积分分配而计算结果不算作湾内实际生物的现存状况，如那些虽在拖网捕获物中出现但捕获率很低并不能代表湾内整体情况的鱼类。

第八节　渔业资源增殖策略

一、增殖及养护现状

大亚湾海洋生物丰富，水产资源种类较多，且独具特色。为了保护大亚湾的天然水产资源，广东省人民政府于 1983 年 4 月批准建立大亚湾，广东省水产厅印发了《大亚湾水产资源自然保护区暂行规定》，大亚湾水产资源自然保护区范围西起深圳市大鹏角（114°30′25″E、22°26′40″N）经青洲（钩鱼公岛）至惠东县大星山角（114°53′E、22°32′N）连线内水域，面积约 985 km^2。自然保护区的建立，有效保护了海区内的野生动植物及水产种质资源、生态环境以及生物多样性，对于保护南海北部水产种质资源、维护大亚湾及周边海域生态安全、保证水产资源的可持续利用、促进国民经济可持续发展具有重要意义。

自"十二五"以来，惠州市和深圳市海洋与渔业主管部门严格按照农业部《水生生物增殖放流管理规定》，大力开展增殖放流工作，坚持每年在大亚湾水域开展人工增殖放流活动，分年度、分区域稳步推进。在放流物种种类选择上，根据《中国水生生物资源养护行动纲要》和《水生生物增殖放流管理规定》和《农业部关于做好"十三五"水生生物增殖放流工作的指导意见》所列物种范围内，选择适合本地区的真鲷、黄鳍棘鲷、红鳍笛鲷、黑鲷、卵形鲳鲹、石斑鱼类、中国对虾、长毛对虾、斑节对虾等。

据不完全统计，2010—2018 年，在大亚湾海域放流优质经济鱼苗（包括规格大于 3.0 cm的真鲷、黄鳍棘鲷、红鳍笛鲷、黑鲷等，规格大于 5.0 cm 的卵形鲳鲹、石斑鱼类等）1 292.7万尾，放流规格大于 2.0 cm 的虾苗（包括中国对虾、长毛对虾、斑节对虾等）1.82 亿尾（表 13-13）。此外，还结合了惠东港口海龟国家级自然保护区，对海龟共分两年度放流近 200 只。通过持续的渔业资源增殖放流工作，取得了较好的生态和经济效益，有效地促进了海洋生物的资源养护。

表 13-13　大亚湾水域 2010—2018 年渔业资源增殖放流情况

年份	放流种类	放流数量（万尾）	各种类放流地点	各种类放流规格（cm）
2010	鲷科类（真鲷、黄棘鳍鲷、红鳍笛鲷、黑鲷等）	141.7	大亚湾惠州水域	＞3
	斑节对虾	632	大亚湾惠州水域	＞1.2
2011	鲷科类（真鲷、黄鳍棘鲷、红鳍笛鲷、黑鲷等）	47.8	大亚湾惠州水域	＞3
	斑节对虾	264	大亚湾惠州水域	＞1.2
	石斑鱼类	0.95	大亚湾惠州水域	＞5
2012	鲷科类（真鲷、黄鳍棘鲷、红鳍笛鲷、黑鲷等）	225	大亚湾惠州水域	＞3
	斑节对虾	1 000	大亚湾惠州水域	＞1.2
	石斑鱼类	3	大亚湾惠州水域	＞5
2013	鲷科类（真鲷、黄鳍棘鲷、红鳍笛鲷、黑鲷等）	253	大亚湾惠州水域、深圳杨梅坑水域	＞3
	斑节对虾、中国对虾、长毛对虾	7 292	大亚湾惠州水域、深圳杨梅坑水域	＞2
	石斑鱼类	20	大亚湾惠州水域	＞5
	卵形鲳鲹	37.5	大亚湾惠州水域	＞5
2014	鲷科类（真鲷、黄鳍棘鲷、红鳍笛鲷、黑鲷等）	80	大亚湾惠州水域	＞3
	斑节对虾、中国对虾、长毛对虾	975	大亚湾惠州水域	＞2
	石斑鱼类	2	大亚湾惠州水域	＞5
2015	鲷科类（真鲷、黄鳍棘鲷、红鳍笛鲷、黑鲷等）	40	大亚湾惠州水域	＞3
	斑节对虾、中国对虾、长毛对虾	1 250	大亚湾惠州水域	＞2
	石斑鱼类	1.5	大亚湾惠州水域	＞5
2016	鲷科类（真鲷、黄鳍棘鲷、红鳍笛鲷、黑鲷等）	218	大亚湾惠州水域、深圳东山水域	＞3
	斑节对虾、中国对虾、长毛对虾	3 399	大亚湾惠州水域、深圳东山水域	＞2
	卵形鲳鲹、石斑鱼类	11	大亚湾惠州水域	＞5
2017	鲷科类（真鲷、黄鳍棘鲷、红鳍笛鲷、黑鲷等）	221	大亚湾惠州水域、深圳东山水域	＞3
	斑节对虾、中国对虾、长毛对虾	1 299	大亚湾惠州水域、深圳东山水域	＞2
	卵形鲳鲹、石斑鱼类	11	大亚湾惠州水域	＞5
2018	鲷科类（真鲷、黄鳍棘鲷、红鳍笛鲷、黑鲷等）	47.7	大亚湾惠州水域	＞3
	斑节对虾、中国对虾、长毛对虾	2 097	大亚湾惠州水域	＞2
	卵形鲳鲹、石斑鱼类	11	大亚湾惠州水域	＞5

注：数据来源于惠州市海洋与渔业局、深圳市海洋与渔业技术推广总站。

二、增殖技术策略建议

1. 增殖放流适宜水域 大亚湾海岛众多、海域宽广，根据海域自然条件、自然资源存在的空间差异。大亚湾中央列岛区域、杨梅坑人工鱼礁水域、沿岸的岩礁岸线开展礁栖性鱼类增殖放流；东北范和港、西北淡水河注入区红树林种类多，类型多，面积广，充分利用其育幼场的功能，放流适宜于在红树林区育幼的种类；在东山大鹏澳的浅水水域适宜开展虾类、贝类的增殖放流。

2. 增殖放流适宜种类

（1）中央列岛-杨梅坑水域 在曲折的岩礁岸线适宜于选择适合本地区的真鲷、黄鳍棘鲷、红鳍笛鲷、黑鲷等礁栖性鱼类，以及卵形鲳鲹、石斑鱼类等高经济价值鱼类的增殖放流，浅水区域适合于中国对虾、斑节对虾等增殖放流。

（2）大鹏澳海域 应科学控制网箱的养殖密度和规模，适宜开展生态修复型的"大型海藻-贝类增殖"模式，并开展三疣梭子蟹、中国对虾、斑节对虾等种类的增殖放流。

（3）北部近岸海域 东北范和港、西北淡水河注入区红树林种类多，类型多，面积广，充分利用其育幼场的功能，适宜于在红树林区附近水域开展鲷科鱼类、花鲈、三疣梭子蟹、中国对虾、斑节对虾等种类的增殖放流。

3. 增殖放流生态容量 Ecopath 模型通过系统的规模、成熟度和稳定性等参数来表征生态系统的总体特征。由此计算大亚湾海域生态系统主要放流种类生物的生态容量分别为：

（1）黑鲷是大亚湾海域典型的增殖放流的种类，且营养级较高为 3.50，是浮游生物食性鱼类和底栖生物食性鱼类的捕食者。增加黑棘鲷的生物量，势必会对浮游生物食性和底栖生物食性鱼类等饵料生物的摄食压力增大。经计算，大亚湾海域生态系统对黑鲷的生态容量为 0.034 t/km^2。

（2）黄鳍棘鲷也是大亚湾海域典型的增殖放流的种类，营养级与黑棘鲷相近为 3.25。经计算，大亚湾海域生态系统对黄鳍棘鲷的生态容量为 0.084 t/km^2。

（3）黄斑篮子鱼主要摄食浮游植物、浮游动物和底栖生物，因此营养级较低为 2.383。经计算，大亚湾海域生态系统对黄斑篮子鱼的生态容量为 0.05 t/km^2。

（4）斑节对虾主要摄食底栖动物和有机碎屑，营养级为 2.673。经计算，大亚湾海域生态系统对斑节对虾的生态容量为 1.48 t/km^2。

（5）三疣梭子蟹主要摄食底栖动物，营养级为 2.851。经计算，大亚湾海域生态系统对三疣梭子蟹的生态容量为 0.88 t/km^2。

4. 增殖放流规格及季节 根据对大亚湾示范区水域渔业资源现状调查结果，以及考虑增殖放流种类的生物学特征，对不同的物种放流种类的规格和季节建议为：中央列岛、杨梅坑水域对真鲷、黄鳍棘鲷、红鳍笛鲷、黑鲷等礁栖性鱼类的适宜放流的季节为冬季和春季，规格 5 cm 以上；红树林区附近水域鲷科鱼类适宜放流的季节为冬季和春季，规格 5 cm 以上；三疣梭子蟹、中国对虾、长毛对虾、斑节对虾适宜放流的季节为春季，规格 2 cm 以上。

三、增殖养护管理对策建议

1. 探索限额捕捞管理，促进海洋渔业资源养护　推动渔船双控和海洋渔业资源总量管理；推动压减渔船数量和功率总量，引导捕捞渔民减船转产，严厉打击"绝户网"等非法捕捞行为；严格海洋休渔期的禁捕管理，落实分级分区管理制度，探索渔业资源管理新模式，开展试点限额捕捞。

2. 结合现有人工鱼礁，开展礁区增殖放流，推进海洋牧场建设　依托大亚湾已建杨梅坑人工鱼礁区，开展恋礁性渔业资源的增殖放流，提高鱼类产量，形成规模化海洋碳汇"蓝色农业"，提高渔业资源养护和生态环境保护水平。

3. 构建效果评估机制，提高增殖放流成效　建立完善的效果评估标准体系和风险评估体系，建立多元化长效科研资金投入机制，加大对渔业资源环境科研机构的支持，鼓励科研人员扎实开展基础研究，设立增殖放流专项跟踪调查项目，将政策与科研相结合，统筹规划，建议选择杨梅坑人工鱼礁区海域建立可视化的监测平台，对增殖放流效果进行可视化评估。

第十四章　珠江口示范区

珠江口地处亚热带，受珠江径流、广东沿岸流和南海外海水的综合影响，存在 3 个不同性质的水团：珠江径流、外海水随潮上溯过程中与淡水混合形成的咸淡水、与位于河口外边界的南海内陆架水。珠江口咸淡水混合一般为缓和型，在枯水期表现为强混合型，丰水期表现为高度成层型，底层有明显的盐水水舌存在。珠江口的潮汐为不规则的半日潮，每天有 2 次涨落，一次全潮的周期约为 12 h 50 min。平均潮差 0.86～1.63 m，主要是太平洋潮波经巴士海峡、越过南海、传入珠江河口后，受地形、径流和气象等因素的影响所形成。潮流基本沿东部香港一侧入侵珠江口，而径流主要由西部进入南海北部，不同季节各水团的作用范围还存在一定的变化。

珠江口海域的生态环境和动力条件复杂，季风对珠江口生态系统具有一定的调节作用，尤其对该水域的水交换起着十分重要的影响。秋季和冬季 10 月至翌年 3 月为枯水期，珠江的径流约占全年的 20%，科氏力作用明显，受东北季风影响，海水的顶夹作用加强，万山群岛以外的大部分水域均受外海水的控制，径流主要沿粤西海岸流动，在某些水域还会因为咸潮入侵导致自然灾害。春季和夏季 4—9 月是珠江流域的丰水期，径流量占全年的 80% 左右，珠江口冲淡水可延伸至南海 21.5°N 附近，而且受西南季风的影响，径流的影响范围向粤东方向扩展，珠江口周边表底层盐度差异大。

珠江口是中国三大河口之一，同时又是经济发展的前沿地带，受珠江径流和海洋两大动力作用，生态环境独特，生物组成丰富。它包括西江、北江、东江及珠江三角洲 4 个水系，流域面积 45 万 km²，其中，在我国境内达 44 万 km²，是我国第三大河流，多年平均径流量为 3 412×10⁸ m³，排名全国第二，其所携带泥沙量约为 8.336×10⁸ t。流域内干流超过 4 000 km，主要干支流共 9 499 km，主要水道 100 多条，彼此纵横交错，相互贯通，构成十分复杂的水系。

珠江口出海河道共 8 条，包括东四门（虎门、蕉门、横门、洪奇门）和西四门（磨刀门、虎跳门、崖门、鸡啼门），入海口门处形成 2 个海湾，即东边的伶仃洋海湾和西边的黄茅海海湾，两者面积分别为 2 000 km² 和 440 km²。珠江口海域习惯上指北自香港横栏岛，经担杆岛至南边上川岛一线以西的海域。珠江口总体上看是漏斗形湾与三角洲河网并存，水域东西宽约 150 km，南北长约 100 km，30 m 水深以内的水域面积约为 7 000 km²，在虎门至万山群岛以内的区域，是典型的咸淡水交汇区。河口八大口门的形态与径流量各不相同，其中，以虎门和磨刀门最大，这 2 个口门的入海量占八大口门总入海量的 50％以上。口门外岛屿星罗棋布，沿湾口东西两岸扩展分布，排列成 3 行，成为珠江口优越的自然屏障，其中，面积大于 500 m² 的岛屿有 176 个。

珠江口海域是中国南海区重要的渔场，是南海北部近海经济鱼、虾、蟹类的产卵和索饵场所，也是多种经济鱼类入海或溯河洄游的通道。珠江口的环境问题一直受到了研究者广泛的关注，赤潮暴发和底层大面积季节性贫氧等生态灾害时有发生，对渔业资源和环境健康造成了严重影响。依托农业部公益性行业专项（201403008）的资助，对珠江口伶仃洋至万山群岛海域进行了 4 个季节的水环境调查，以期掌握珠江口水域生境质量的最新动态。在珠江口总共设置 18 个站位（图 14-1），采样时间为 2014 年 8 月、2015 年 1 月、2015 年 4 月和2015 年 10 月 4 个季节进行。采样期间，同步

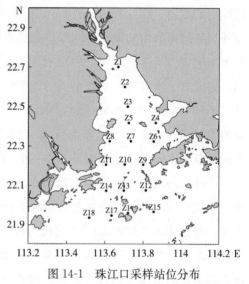

图 14-1　珠江口采样站位分布

进行水环境参数和渔业资源的调查，以期耦合分析水体渔业资源量变动与水环境的关系。

一、水温

珠江口水域水温季节变化明显，夏季最高，冬季最低：春（4 月）、夏（8 月）、秋（10 月）、冬（1 月）四季珠江口表层水温平均为 20.99℃、29.6℃、25.75℃和 16.44℃；底层水温平均为 21.49℃、27.46℃、25.99℃和 16.58℃。同一季节，各站位表层水温差异不大。

二、盐度

珠江口表、底层水的盐度差异明显，特别在珠江口靠近外海的站位，如万山群岛附近，表、底层盐度差异更显著。夏季丰水期万山群岛附近的 Z15 站位表层盐度只有 9.97，但是该站位 5 m 处的盐度就达到了 28.71。在万山海域增养殖的生物应该注意夏季盐度骤降带来的不利影响，必要时可以通过将网箱沉入一定深度，来减少低盐度对增养殖生物的不利影响。

受珠江冲淡水的影响，珠江口水域的盐度季节差异较大，夏季各站位的表层盐度最低，冬季最高：春、夏、秋、冬季表层盐度平均为 21.26、7.61、18.40、25.31；底层盐度平均为 27.64、20.04、24.51、26.88。夏季丰水期珠江口海域受径流淡水的强烈影响，盐度较低。丰水期内伶仃岛-淇澳岛一带盐度低于 4 的等盐线在落潮十分可达到桂山岛附近。本次夏季监测期间，万山群岛附近表层最高盐度也只有 18.88。珠江口的径流输入主要分布在西北沿岸，受此影响，除了夏季表层水外，其余季节表、底层水的盐度均从东南向西北方向递减，深圳、香港一侧水域的盐度显著高于珠海一侧（图 14-2）。

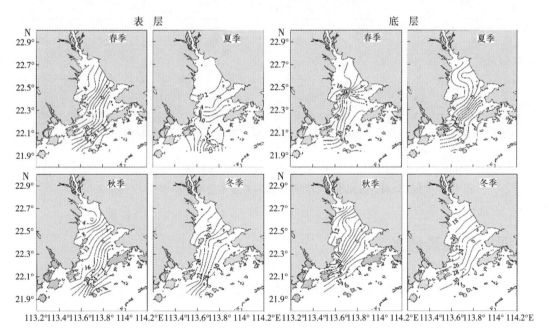

图 14-2　珠江口表、底层水体盐度的季节变化

三、总溶解无机氮

本次调查，珠江口表、底层总溶解无机氮（DIN）的浓度年平均为 75.21 $\mu mol/L$ 和

47.82 $\mu mol/L$；春、夏、秋、冬季表层水体 DIN 浓度平均为 79.43 $\mu mol/L$、91.51 $\mu mol/L$、73.20 $\mu mol/L$ 和 56.68 $\mu mol/L$；底层 DIN 平均为 45.36 $\mu mol/L$、53.92 $\mu mol/L$、47.79 $\mu mol/L$ 和 44.22 $\mu mol/L$。枯水期秋季和冬季 DIN 的浓度最大，这与该时期珠江径流量减小且珠江口受到外海水入侵的顶托作用，河口的水团与外海的交换速率下降所导致。除夏季表层外，DIN 的浓度分布都以西北向东南方向递减，与盐度的分布规律一致，表明氮营养盐的来源主要是径流冲淡水，然后在河口被稀释和不断被浮游生物所利用（图 14-3）。硝态氮（$NO_3^- -N$）是 DIN 的主要组成部分，周年在表层平均占比 75%，在底层平均占比 67%。其中，夏季硝态氮占总 DIN 的比例最高，这表明了硝态氮是珠江径流最主要的氮源存在形态。

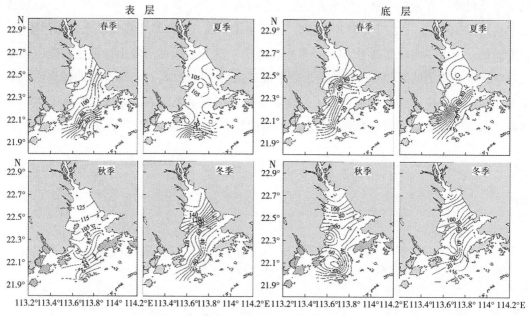

图 14-3　珠江口表、底层水体总溶解无机氮浓度的分布及季节变化（$\mu mol/L$）

四、活性磷酸盐

珠江口表、底层溶解态活性磷酸盐（SRP）的年平均浓度都为 0.66 $\mu mol/L$，表底层的浓度差异不大：春、夏、秋、冬季表层活性磷酸盐平均为 0.30 $\mu mol/L$、0.72 $\mu mol/L$、0.98 $\mu mol/L$ 和 0.62 $\mu mol/L$；底层活性磷酸盐平均为 0.33 $\mu mol/L$、0.83 $\mu mol/L$、0.87 $\mu mol/L$ 和 0.61 $\mu mol/L$。值得注意的是，在秋季和冬季珠海和深圳湾附近海域的均存在较高的磷酸盐（图 14-4），珠江口磷酸盐浓度的分布可能主要受周边城市污水排放的影响。在秋季和冬季枯水期，伶仃洋东岸靠近深圳湾的近岸水域，有明显较高的无机磷浓度。这可能是因为在深圳湾口外西北侧存在深圳污水排放口，污水中无机磷超标的程度更为突出。黄小平等（2009）指出，河口径流对珠江口的无机磷含量的贡献不明显，深圳湾附近的陆源排放（包括深圳西部排海工程和香港西北部）则有较明显的贡献。除深圳湾附近海域的活性磷酸盐含量超过 0.03 mg/L 的二类海水标准外，其他海域基本符合 0.015 mg/L 的一类海水水质标准。

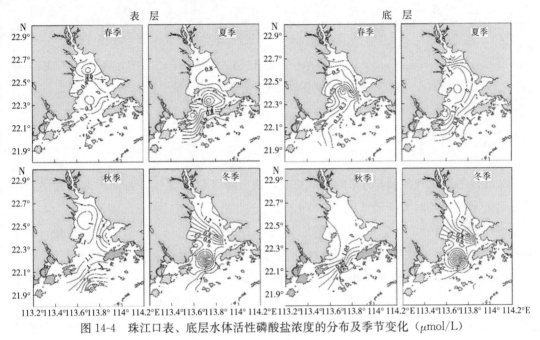

图 14-4　珠江口表、底层水体活性磷酸盐浓度的分布及季节变化（µmol/L）

五、活性硅酸盐

本次调查期间，珠江口表、底层活性硅酸盐（SiO_3^{2-}-Si）的年平均浓度分别为 61.63 µmol/L 和 46.31 µmol/L。春、夏、秋、冬季表层活性硅酸盐的浓度平均分别为 30.07 µmol/L、86.96 µmol/L、98.85 µmol/L 和 30.63 µmol/L；底层活性硅酸盐平均分别为 17.79 µmol/L、67.67 µmol/L、75.78 µmol/L 和 23.99 µmol/L。以春季的硅酸盐含量最低，这可能与该时期高丰度的浮游植物生长消耗有关。总体上看，硅酸盐浓度的空间分布与盐度、总溶解氮基本一致，反映了淡水径流是硅酸盐的主要来源（图 14-5）。

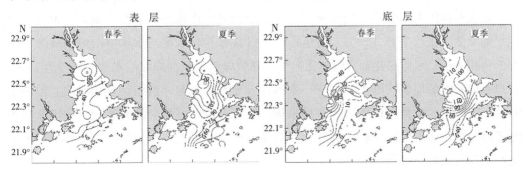

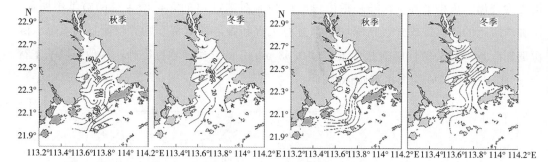

图 14-5　珠江口表、底层水体硅酸盐浓度的分布及季节变化（μmol/L）

六、溶解氧

珠江口的缺氧现象最早于 1985 年发现，缺氧海区位于珠江口西部，即高栏岛与横琴岛附近水域，其时 DO 最低值为 1.76 mg/L。此后，珠江口缺氧范围不断扩大，缺氧程度逐年加剧。1999 年夏季，伶仃洋水域底层 DO 出现低于 3 mg/L 的缺氧现象（黄小平等，2010）。由于珠江水体富营养化，水体缺氧现象在珠江河道内比较普遍。Dai 等（2006）报道，从广州到虎门盐度为 1～5 的水体中，大约有 20 km 长的河道存在缺氧现象。He 等（2014）通过分析 2000—2008 年的观测资料认为，这个缺氧的河道长度达到 75 km。在河口咸淡水混合区域，由于水体混合加强，缺氧现象有所改善。研究表明，珠江口水体的缺氧现象主要发生在夏季，而且主要发生在河口外侧的底层。Li 等（2018）观测到珠江口 2016 年夏季存在大约 1 500 km² 的表层低氧区，该水域水体含氧量低于 4 mg/L（图 14-6）。低氧区一般位于淡水和海水交错的混合带，该区域水体分层严重，并且存在高的异养细菌丰度。珠江口水体的次表层中，DO 的含量在夏季的变动范围为 0.71～6.65 mg/L，冬季为 6.58～8.2 mg/L。

相对于长江口，珠江口水体的低氧区面积和危害影响要小很多。但是在特殊的天气影响下，珠江口的水体缺氧也会造成局部鱼类的死亡。据报道，2015 年 12 月在珠海拱北海岸附近出现大量死鱼，绵延近 2 km，经调查便认为是该水域严重低氧所导致。珠海拱北湾附近的地理位置特殊，波浪动力弱，水体交换能力差，水体很容易出现低氧现象。另外，在大雾或阴天光照不足的情况下，浮游植物光合作用的释氧能力减弱，也容易导致低氧的发生。张景平等（2009）报道，珠江口富营养化水平与水体中的溶解氧含量有较好的负相关性。水体层化和富营养化耦合，导致珠江口局部海域出现底层季节性缺氧。珠江口水体缺氧的形成机制大致如下：氮磷输入导致藻类等浮游植物迅速增值，浮游植物死亡分解产生的大量有机质进入底层水体，底层有机物好氧分解时消耗水体溶氧，当物理条件允许水体层化后，表底层氧气的交换受到限制，底层水体的溶解氧得不到及时补充从而导致缺氧。

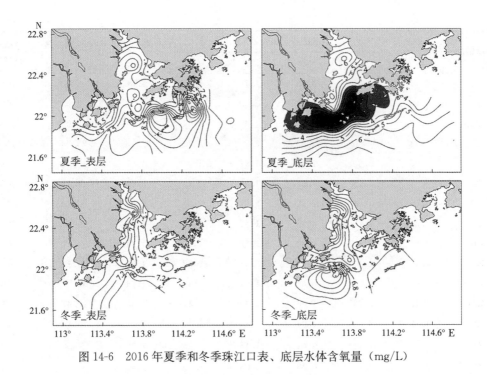

图 14-6　2016 年夏季和冬季珠江口表、底层水体含氧量（mg/L）

七、水体重金属含量

　　珠江口近海海域沉积物中重金属污染特征和潜在来源等污染问题的研究显示，其沉积物中重金属主要来源于陆域岩石的风化剥蚀、人为排放、生物作用等（甘华阳等，2010）。2015年1月和4月，本项目对珠江口水域18个采样站位进行了2次针对沉积物重金属的采样调查，测定了表层沉积物中6种重金属（Cr、Cd、Cu、Pb、Zn、Ni）含量，采用污染指数法、地质累积指数法和潜在生态危害指数法，对重金属污染水平及潜在生态风险进行了评价（刘解答等，2017）。结果显示，珠江口表层沉积物中 Cr、Cd、Cu、Pb 和 Zn 的平均含量分别为114.70 mg/kg、0.80 mg/kg、58.73 mg/kg、80.01 mg/kg、191.57 mg/kg，均高于国家标准（GB 18668—2002）第一类沉积物质量标准限值，但未超过第二类标准值；Ni 的平均含量为 51.89 mg/kg。6种重金属的含量变化趋势基本一致，由北向南逐渐降低，西部站位的含量高于东部站位。评价结果显示，本次研究区域的沉积物环境已经受到一定程度的污染，其中，Cd 是目前珠江口表层沉积物中污染较严重的重金属污染物。

表 14-1　珠江口表层沉积物中重金属污染指数

采样站位	单因子污染指数 C_f^i						综合污染指数 C_d	总体污染程度
	Cr	Cd	Cu	Pb	Zn	Ni		
Z1	1.45	5.50	1.95	2.86	2.04	1.77	15.56	重

（续）

采样站位	单因子污染指数 C_f^i						综合污染指数 C_d	总体污染程度
	Cr	Cd	Cu	Pb	Zn	Ni		
Z2	1.57	1.08	1.65	1.70	1.91	1.86	9.76	中等
Z3	1.80	10.50	2.82	2.92	2.68	2.23	22.93	重
Z4	1.36	3.58	0.98	1.63	1.44	1.11	10.09	中等
Z5	1.71	11.38	2.45	3.10	2.72	2.18	23.53	重
Z6	1.33	2.60	1.30	1.92	1.77	1.57	10.48	中等
Z7	1.59	2.18	1.91	1.88	2.14	2.06	11.75	中等
Z8	1.69	10.95	2.52	2.01	2.65	2.39	22.20	重
Z9	1.50	1.25	1.33	1.60	1.66	1.59	8.91	中等
Z10	1.54	5.38	1.80	1.59	2.20	1.94	14.42	重
Z11	1.50	4.35	1.90	2.28	2.28	1.95	14.25	重
Z12	1.08	0.20	0.85	1.57	1.39	1.24	6.32	中等
Z13	1.18	3.73	1.06	1.70	1.47	1.35	10.47	中等
Z14	1.55	3.65	1.94	1.82	2.29	1.95	13.18	重
Z15	0.92	1.40	0.42	1.16	1.06	1.06	6.02	中等
Z16	1.36	0.15	0.83	1.05	1.49	1.53	6.41	中等
Z17	1.16	2.65	0.92	1.41	1.46	1.57	9.18	中等
Z18	1.26	3.15	1.22	1.62	1.75	1.53	10.54	中等
平均	1.45	4.20	1.64	1.94	1.98	1.76	12.97	重

　　珠江口重金属单因子污染指数及综合污染指数计算结果以及污染程度评价见表 14-1。从单因子污染指数可以看出，Cd 污染程度最大，单因子污染指数平均为 4.20，已达到重污染水平；Z3、Z5 和 Z8 站位的单因子污染指数大于 6，均达到严重污染水平。Cu 在 Z4、Z12、Z15、Z16 和 Z17 站位的单因子污染指数小于 1，为低污染水平；其他站位均达到中等污染水平。Cr 只有 Z15 站位为低污染水平，其他站位均为中等污染水平。Pb、Zn 和 Ni 污染情况基本一致，在各站位的单因子污染指数均介于 1～3，全部达到中等污染水平。单因子污染指数由高到低的顺序为：Cd＞Pb＞Zn＞Ni＞Cu＞Cr。各站位的综合污染指数范围为 6.02～23.53，平均值为 12.97，已达到重污染程度。其中，Z5 站位的综合污染指数最大，Z15 站位的综合指数最小。

　　珠江口沉积物重金属分布模式主要受到陆源输入及沿岸流水动力影响，在科氏力和沿岸流的共同作用下，珠江径流主要向西部迁移输送，迫使西部站位地区蓄积了较多的陆源污染物。从不同方法的评价结果差异性来看，南部站位的重金属生态危害低于北部站位，这是由于北部站位的径流影响更为严重，周边的工业和生活污水的排放带来的影响较为明显。Li 等（2001）在 2000 年对珠江口海域柱状沉积物中重金属的分布研究表明，近 20 年来沉积物种重金属（特别是 Pb）呈增加趋势。而且柱状沉积物的研究表明，重金属污染程度与当时经济发展有密切的关系。

八、水质综合评价

由于人类活动的影响，珠江口海域环境已受到较严重污染。珠江口水质污染的最突出问题是水体富营养化。谭卫广（1993）报道，在1987—1988年内伶仃洋海域的水质还属于中营养水平。其后林洪瑛等（2001）认为，1987—1997年间珠江口水体的污染程度不断加重。至1997年，珠江口内伶仃水体已经表现为富营养化水平。马媛等（2009）分析了1990年、1998年、2001年和2006四年珠江口水域的营养盐变化，也证实了溶解氮和溶解磷呈现显著上升的趋势，但硅酸盐含量无明显变化趋势。黄小平和黄良民（2010）认为，近20多年来，珠江口海水化学耗氧量（COD）保持比较平稳的态势，最近几年略有下降；无机磷含量在20世纪90年代呈逐年下降趋势，进入21世纪后保持平稳状态；而无机氮在2003年以前一直保持比较平稳的态势，在0.6 mg/L上下波动，但是近几年有明显增加的趋势。

珠江口富营养化问题最严重的就是无机氮浓度超标。除珠江口东南面边缘海区和南面外缘海区外，其他水域的无机氮浓度基本上超过了四类海水水质标准（0.5 mg/L），珠江口口门外海区和伶仃洋河口湾水域的无机磷浓度约70%超过一类海水水质标准值（0.015 mg/L），约20%超过二类海水水质标准值（0.03 mg/L）（黄小平等，2002）。水体富营养化是诱发赤潮的主要因素。自20世纪80年代以来，珠江口海域，特别是香港附近，赤潮频发，给生态环境和渔业资源带来严重损失。无论是丰水期还是枯水期，珠江口营养盐的变化均呈现自河口内向外递减的趋势，且口门西部高于东部，这反映了控制珠江口营养盐空间分布的主要因素还是径流携带的作用。Yin等（2000）在珠江口和邻近的香港水域调查了营养盐的分布，发现珠江口水域的N/P比在200：1左右，P是珠江口浮游植物生长的潜在限制因子。张景平等（2009）指出，从营养状态指数值的总体评价结果来看，珠江口海域的富营养化程度较高，属于磷限制潜在富营养区。在时空分布上，珠江口海域的富营养化程度呈现由湾内向湾外递减的趋势，不同季节的富营养化水平依次为枯水期＞丰水期＞平水期。富营养化水平的时空变化受到地表径流的影响，丰水期大量的冲淡水的稀释作用，可能是丰水期营养盐浓度下降的主要原因。

珠江口的石油类污染也较严重，特别在港口、航道、锚地水域，经常可以见到水面上漂浮一层反光的油膜。采样数据显示，水中油类浓度的波动比较大，时空分布规律性也不明显，这与油类物质的性质、迁移方式以及油类污染源为分散的面源有关。根据历史调查分析结果，珠江口水中油类浓度一般为0.04~0.07 mg/L，较大值可达0.1~0.3 mg/L。高浓度值主要分布在港口区和锚地区，在珠海市工业开发区高栏岛周围水域石油类含量普遍偏高。大规模石油事故性泄漏，是珠江口的一大环境灾害，也是该水域石油的重要来源之一。总之，珠江口石油类污染物已普遍超过二类海水水质标准，有的海区甚至已超过三类海水水质标准，石油类是继无机氮之后的第二大污染物。珠江口沉积物中的重金属污染日益加重。珠江口海域水质中的重金属浓度并不太高，近 20 年来，水体中的重金属浓度变化不明显。但是沉积物中的重金属浓度无论从平均值还是出现的极大值，都有所增加。

从 2011—2017 年综合污染指数来看，珠江口的实际水质基本上均为劣四类，主要超标污染物为无机氮和活性磷酸盐，部分测点非离子氨和粪大肠菌群超标，最大超标项目均为无机氮，超标倍数在 1.7～5.9 倍，水质呈严重富营养化状态（严少红等，2018）。珠江口海域的污染来源主要来自沿江城市大量污水的汇入，污水处理厂及配套管网跟不上城市发展的速度，导致部分生活污水直接排海。

第三节　初级生产力

一、叶绿素 a

珠江口表、底层叶绿素 a 浓度的年平均值分别为 2.30 $\mu g/L$ 和 1.47 $\mu g/L$；春、夏、秋、冬季表层叶绿素 a 浓度平均为 2.95 $\mu g/L$、2.36 $\mu g/L$、1.95 $\mu g/L$ 和 1.92 $\mu g/L$；底层叶绿素平均为 1.54 $\mu g/L$、1.20 $\mu g/L$、1.37 $\mu g/L$ 和 1.78 $\mu g/L$。叶绿素 a 的浓度分布极不平均，存在明显的峰值区，且表、底层分布有所差异（图 14-7）。

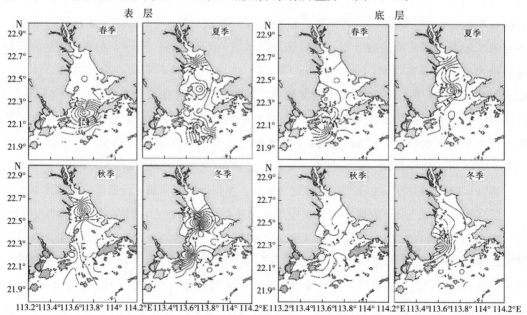

图 14-7　珠江口表、底层叶绿素 a 浓度的分布及季节变化（$\mu g/L$）

春季，内伶仃洋叶绿素 a 浓度偏低，外伶仃洋澳门至大屿山水域出现明显的高值区，珠江口外东南部叶绿素 a 浓度迅速降低，Z15 站只有 0.89 $\mu g/L$；夏季，叶绿素 a 浓度分布较为复杂，内伶仃洋上游 Z1 站位和珠江口外东南部 Z15 站位叶绿素 a 浓度均超过 9 $\mu g/L$，而珠江口外西南部的叶绿素 a 浓度仅 1.06 $\mu g/L$；秋季，叶绿素 a 浓度在内伶仃洋中部 Z2 站位出现高值，河口西南部水域叶绿素 a 浓度也较高；冬季，叶绿素 a 浓度高值仅出现在内伶仃洋和珠海附近水域，范围缩小并且向河口西部偏移。珠江口海域表层叶绿素 a 浓度季节变化特征为春、夏季较高，秋、冬季偏低。叶绿素 a 的峰值区位置往往与珠江口咸-淡水锋面相一致。

二、初级生产力

珠江口表层初级生产力空间分布差异明显并且季节变化较大（图 14-8），年平均值（以 C 计，下同）为（27.86±32.09）mg/（m³·h）。春季，外伶仃洋和珠江口外西南部出现初级生产力的极高值区，平均超过（114.26±13.54）mg/（m³·h），远高于该季节海区平均值（48.03±45.57）mg/（m³·h）；而内伶仃洋和珠江口外东南部海域初级生产力水平相对较低，平均值（20.49±11.00）mg/（m³·h），与叶绿素 a 空间分布高度吻合。夏季，海区平均初级生产力为（26.19±9.18）mg/（m³·h），叶绿素 a 浓度较低的内伶仃洋站位和珠江口外西南部站位 PP 同样出现低值，内伶仃岛附近站位初级生产力水平为该季节最高值。秋季，珠江口初级生产力平均值为（17.27±6.75）mg/（m³·h），内伶仃洋上游站位初级生产力最低只有 3.60 mg/（m³·h），明显低于河口下游。冬季，海区初级生产力水平整体较低，平均值仅（9.55±7.84）mg/（m³·h）。总体来看，珠江口初级生产力的季节变化特征为春、夏季高，冬季最低。

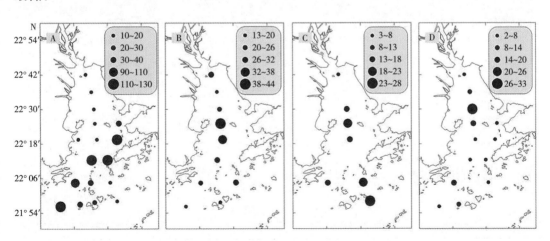

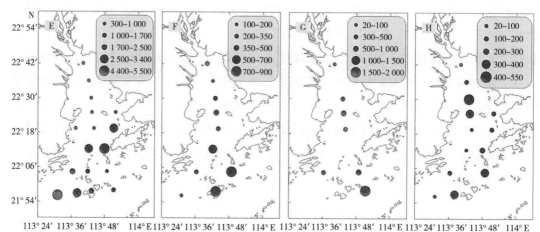

图 14-8　珠江口表层初级生产力（以 C 计，下同）［mg/（m³·h）］与水柱初级生产力［mg/（m²·d）］的时空变化

初级生产力由 A. 春季、B. 夏季、C. 秋季、D. 冬季表示，水柱初级生产力由 E. 春季、F. 夏季、G. 秋季、H. 冬季表示

通过与以往研究结果对比，珠江口不同水域浮游植物初级生产力差异较大（表14-2）。河口离岸较近的水域丰水期叶绿素 a 浓度较高，但是初级生产力受到光的限制远低于枯水期。河口东部香港附近水域表层初级生产力均为春、夏季高，冬季最低；水柱初级生产力春季最高，冬季最低。遥感估算珠江口初级生产力年平均仅为 284 mg/（m²·d），较现场测定结果偏低。总体而言，2014—2015 年珠江口浮游植物初级生产力处于中间水平。根据珠江口年平均水柱初级生产力为 716.48 mg/（m²·d），初步估算珠江口海域的固碳水平为 261.52 g/（m²·a），与全球河口平均值 252 g/（m²·a）较为接近。

表 14-2　珠江口浮游植物初级生产力研究结果与其他研究比较

时间	海区	水柱初级生产力［mg/（m²·d）］	参考文献
1987—1993 年	虎门至桂山岛	309（夏 86、冬 609）	黄良民等，1997
1996—1997 年	虎门上游至万山	685（夏 286、冬 1083）	黄邦钦等，2005
1996—1997 年	虎门上游至近海	134（夏 198、冬 69）	蔡昱明等，2002
1999 年 7 月	虎门至万山	100～400	Yin et al.，2004b
2006 年	香港附近	～1 300	Ho et al.，2010
2012 年 6 月	珠江口	～500	Ye et al.，2015
2014—2015 年[a]	虎门至万山	431	刘华健等，2017
2014—2015 年[b]	虎门至万山	716	刘华健等，2017

注：～表示估算值；a 表示去除春季生产力极高值站位平均；b 表示海区平均。

第四节 浮游植物

一、小型浮游植物

2015 年 4 月（春季），珠江口调查站位表、底层共检出浮游植物 74 种。其中，表层检出 50 种，底层检出 54 种。表层优势种为中肋骨条藻（*Skeletonema costatum*）、尖尾蓝隐藻（*Chroomonas acuta*）、拟脆杆藻（*Fragilariopsis* sp.）和新月柱鞘藻（*Cylindrotheca closterium*）。表层的平均丰度为 26.96×10^4 个/L，最大值为 141.2×10^4 个/L 发生在 Z10 站，最小值为 2.05×10^4 个/L 发生在最靠近外海的 Z15 站。底层的优势种为中肋骨条藻、新月柱鞘藻、浮动弯角藻（*Eucampis zodiacus*）和拟脆杆藻等。底层的平均丰度为 7.2×10^4 个/L，最大值为 55.3×10^4 个/L 也发生在 Z10 站，最小值 0.6×10^4 个/L 发生在靠近外海的 Z16 站（图 14-9）。

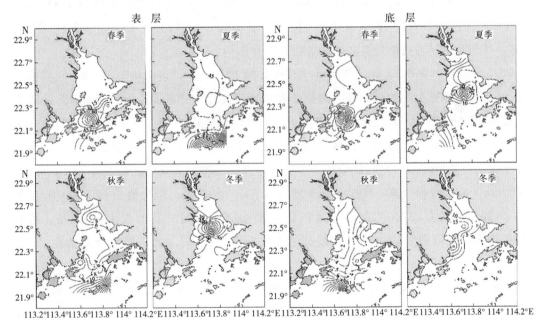

图 14-9 珠江口表、底层小型浮游植物丰度分布及季节特征（$\times 10^4$ 个/L）

2014 年 8 月（夏季），表、底层共检出浮游植物 87 种。其中，表层检出 73 种，底层检出 71 种。夏季小型浮游植物的丰度最高，但水平分布差异也最大，其在万山群岛附近最高丰度达到 617×10^4 个/L，中肋骨条藻是该季节的绝对优势种，其最高密度达到 601×10^4 个/L，占总浮游植物丰度的 97% 以上。夏季表层浮游植物的平均丰度为 $99.47 \times$

10^4个/L，最大值617.2×10^4个/L发生在Z15站，最小值2.5×10^4个/L发生在Z9站。表层生物多样性指数平均为2.05，最高值发生在靠近珠江口上游的Z3站位（3.51），该水域淡水和海水藻类同时大量出现，物种丰富度达到最大；浮游植物种类多样性最小值发生在Z15站（0.25）。夏季珠江口底层水的优势种为中肋骨条藻和铜绿微囊藻（*Microcystis aeruginosa*），铜绿微囊藻是淡水种，其主要被径流输送到珠江口。底层浮游植物的平均丰度为15.6×10^4个/L，最大值为82.5×10^4个/L发生在Z5站，最小值0.26×10^4个/L发生在Z10站，该站位混浊度最大。

2015年10月（秋季），表、底层共检出浮游植物78种。其中，表层检出67种，底层检出51种。秋季珠江口的浮游植物种类组成最为复杂，表层优势种为柔弱拟菱形藻（*Pseudo-nitzschia delicatissma*）、中肋骨条藻、尖尾蓝隐藻、菱形海线藻（*Thalassionema frauenfeldii*）、诺氏海链藻（*Thalassiosira nordenskioeldii*）、圆筛藻（*Cosdinodiscus* sp.）和新月柱鞘藻等。表层平均丰度为8.89×10^4个/L，最大值32.3×10^4个/L发生在Z15站，最小值1.95×10^4个/L发生在靠近珠海的Z8站。秋季表层生物多样性指数平均为2.96，最高值发生在Z2站位（4.04），该站淡水和海水藻类同时出现；最小值发生在Z16站（1.58）。底层优势种为柔弱拟菱形藻、中肋骨条藻、菱形海线藻、圆筛藻、海链藻和布氏双尾藻（*Ditylum brightwellii*）等。底层平均丰度为4.86×10^4个/L，最大值16.35×10^4个/L发生在Z17站，最小值1.13×10^4个/L发生在靠近珠海的Z8站。秋季底层浮游植物种类多样性指数平均为2.51。

2015年1月（冬季），表底共检出浮游植物78种。其中，表层检出53种，底层检出65种。表层优势种为中肋骨条藻、海链藻和近缘斜纹藻（*Pleurosigma affine*）。表层平均丰度为12.56×10^4个/L，最大值155.7×10^4个/L发生在Z3站，最小值0.63×10^4个/L发生在Z6站。表层生物多样性指数平均为2.21，最高值发生在Z12站位（3.56），最小值发生在Z3站（0.51）。底层优势种为中肋骨条藻、海链藻、柔弱几内亚藻（*Guinardia delicatula*）和近缘斜纹藻。底层平均丰度为5.53×10^4个/L，最大值26.2×10^4个/L发生在Z8站；其次为Z3站（23.2×10^4个/L），最小值0.2×10^4个/L发生在Z6站。秋季底层生物多样性指数平均为2.35，最高值发生在Z12站（3.64），最小值发生在Z3站（0.93）。

冬季航次调查期间，珠江口还发生了一次中等规模的夜光藻（*Noctiluca scintillans*）赤潮的暴发。调查站位表层夜光藻的平均丰度为472个/L，高值区位于珠海拱北附近海域，达到1 790个/L；底层水中夜光藻丰度平均为523个/L，高值区位于珠海香洲码头附近海域，达到3 070个/L。从夜光藻的平面分布来看，该赤潮应该是从珠海近岸发展起来，然后逐渐向东部区域扩散（图14-10）。夜光藻属于异养甲藻，其生长的主要能源依靠吞噬其他小型浮游植物。夜光藻赤潮的暴发可能与该时期大量暴发的中肋骨条藻有关，中肋骨条藻在珠江口上游的Z3和Z8站大量发生，为夜光藻提供了充足的饵料。

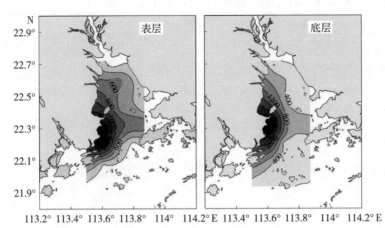

图 14-10　珠江口 2014 年冬季采样期间夜光藻丰度的空间分布特征（个/升）

本次调查，4 个季节共检出浮游植物 156 种，其中，硅藻 81 种，甲藻 39 种，绿藻 21 种，这与前人报道的种类数相近。刘胜（2005）报道，珠江口水域浮游植物种类约 163 种，其中，硅藻 100 种，甲藻 43 种。珠江口浮游植物的种类和丰度，受周年径流量变化的影响较大（表 14-3）。硅藻在珠江口是优势类群，这与珠江口较高的氮磷比和丰富的氮磷含量有关。自 20 世纪 80 年代以来，珠江口海域特别是香港附近海域频繁发生赤潮。珠江口及其毗邻海域已发现赤潮生物 98 种，其中，尤以中肋骨条藻、夜光藻、海洋原甲藻（*Prorocentrum micans*）、锥状斯氏藻（*Scrippsiella trochoidea*）和红色中缢虫（*Mesodinium rubrum*）等种类出现的频率最多。春季是珠江口赤潮的高发期，珠江口地处亚热带，春季水温为 21～24℃，是多数浮游藻类适宜的环境温度。华南地区的雨季随春季一起来临，珠江的径流量增大、营养盐含量上升，促进了浮游植物的大量生长。

小型浮游植物丰度的水平分布极不均匀，夏季和秋季为从珠江口内向外海逐渐增加，春季和冬季则存在两个明显的峰值区，而且冬季的丰度峰值区靠近珠江口上游。这与冬季珠江淡水径流量最小、海水上溯、河口最大混浊带上移有关。小型浮游植物的丰度在春季和冬季表底空间分布基本一致，但是在夏季和秋季表、底层小型浮游植物丰度的水平分布格局差异较大。这与夏季和秋季的淡水径流量比较大、水体分层明显、表底盐度等理化因子差异较大有关。浮游植物丰度最大值基本处于冲淡水混合的锋面附近，表层和底层的空间分布规律有所差异，这可能和表层水与底层水锋面位置的差异有关。总体来看，中肋骨条藻是珠江口绝对优势种，全年均可在局部区域形成较高丰度。中肋骨条藻是广温广盐性种类，具有超强的环境适应能力。在珠江口中下游的水域，诺氏海链藻和拟菱形藻也是重要的优势种，这两种藻类对低盐的忍耐力可能比较低，是夏秋季珠江口下游浮游植物丰度高值的主要贡献者（表 14-3）。

表 14-3　珠江口浮游植物优势种季节组成 （优势度 Y＞0.02）

种类	春季		夏季		秋季		冬季	
	表层	底层	表层	底层	表层	底层	表层	底层
中肋骨条藻	0.56	0.46	0.61	0.25	0.12	0.17	0.55	0.32
拟脆杆藻	0.03	0.02	—	—	—	—	—	—
新月柱鞘藻	0.02	0.07	—	—	0.02	—	—	—
浮动弯角藻	—	0.03	—	—	—	—	—	—
琼氏圆筛藻	—	—	—	—	0.02	0.12	—	—
诺氏海链藻	—	—	—	—	0.03	—	—	—
海链藻	—	—	—	—	0.02	0.03	0.04	0.13
柔弱几内亚藻	—	—	—	—	0.02	—	—	0.02
柔弱拟菱形藻	—	—	—	—	0.18	0.22	—	—
菱形海线藻	—	—	—	—	—	0.14	—	—
布氏双尾藻	—	—	—	—	—	0.02	—	—
近缘斜纹藻	—	—	—	—	—	—	0.02	0.02
裸甲藻	—	—	—	—	0.02	—	—	—
菱形裸甲藻	—	—	—	—	0.02	—	—	—
尖尾蓝隐藻	0.20	—	—	—	0.09	—	—	—
铜绿微囊藻	—	—	—	—	0.02	—	—	—

受水体富营养化的影响，赤潮在珠江口时有发生，有毒赤潮的发生次数有增加的趋势。2000—2009 年，珠江口有记录的赤潮发生次数就有 36 次，影响总面积约为 2 850 km²，其中，2002、2003、2006 和 2009 年是赤潮高峰期（韦桂秋等，2012）。近年来，在珠江口引发赤潮的生物多达 15 种，中肋骨条藻、球形棕囊藻（*Phaeocystis globosa*）和旋沟藻（*Gyrodinium* sp.）是珠江口主要的赤潮种类。赤潮的高发季节，由以前的仅在冬春季发生到现在的各个季节均有暴发，深圳湾及其附近海域和珠江口西部珠海近岸是赤潮的高发区。由硅藻和原生动物引起的赤潮所占比例减少，而由甲藻引发的赤潮明显增多。在 2009 年冬季暴发的旋沟藻赤潮，影响面积超过 300 km²。

二、微微型浮游植物

珠江口的微微型浮游植物主要由聚球藻（*Synechococcus*）和真核微型生物（pico-eukaryote）两个大类组成，原绿球藻（*Prochlorococcus*）只在个别站位少量出现。本次调查中，珠江口表、底层微微型聚球藻的年平均丰度分别为 44.51 和 27.04×10³ 个/mL；春、夏、秋、冬季表层聚球藻的丰度平均分别为 6.31、88.64、80.20 和 2.90×10³ 个/mL，以夏季和秋季的丰度最高，冬季最低；底层聚球藻 4 个季节平均丰度分别为 9.66、12.47、82.94 和 3.09×10³ 个/mL，以秋季最高，冬季最低（图 14-11）。

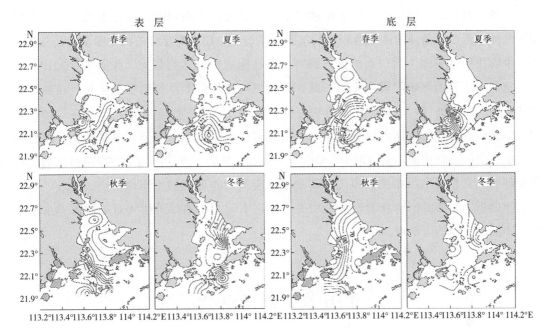

图 14-11 珠江口聚球藻的丰度分布及季节特征（×10^3 个/升）

珠江口表、底层真核微型生物的年平均丰度分别为 25.11 和 11.33×10^3 个/mL；春、夏、秋、冬四季表层真核微型生物的丰度平均分别为 55.34、23.76、20.08 和 1.24×10^3 个/mL；底层真核微型生物的丰度四季平均分别为 26.87、6.53、10.89 和 1.03×10^3 个/mL（图 14-12）。春季真核微型生物的丰度显著高于其他季节，夏季和秋季的丰度相当，冬季的丰度显著低于其他季节。

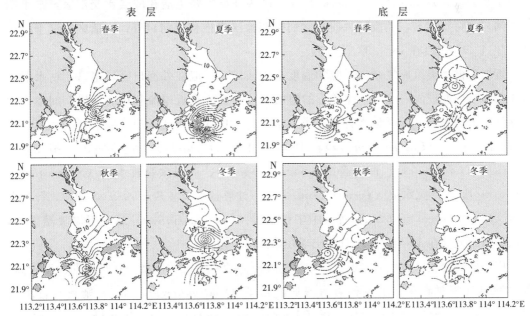

图 14-12 珠江口真核微型生物的丰度分布及季节特征（×10^3 个/升）

总的来看，珠江口超微型浮游植物的丰度受径流的负面影响，表现出其数量在虎门附近海域最低，随着咸淡水混合程度的加剧逐渐增大。超微型浮游植物叶绿素 a 在总叶绿素 a 中的比例也表现为河口上游低，到万山群岛附近海域达到最大。张霞等（2013）推测，这是由于万山海域附近高光照、低营养盐更适宜超微型浮游植物的生长。在亚热带和热带的贫营养海区，超微型浮游植物的初级生产力可以占到总初级生产力的 70% 或更多。随着营养水平的升高，超微型藻的数量虽然也有所增加，但是其重要性和对浮游植物总生物量的贡献比例却随之减少。Qiu 等（2010）认为，珠江口超微型浮游植物的优势种聚球藻与营养盐呈负相关的原因，就是其适应贫营养环境的生态位特点。另外，研究发现超微型藻与浮游植物总密度呈负相关，表明不同大小的浮游植物对不同营养水平水体有不同的生理适应机理。

第五节　浮游动物

河口区浮游动物种类较多，群落结构较为复杂。通过对珠江口浮游动物种类组成和时空分布等生态特征的分析，珠江口的浮游动物可分为河口类群、近岸类群、广布外海类群和广温广盐类群（李开枝，2006）。

河口类群由典型的河口低盐种类组成，代表种有刺尾纺锤水蚤（*Acartia spinicauda*）、火腿许水蚤（*Schmackeria poplesia*）和中华异水蚤（*Acartiella sinensis*）、右突歪水蚤（*Tortanus dextrilobatus*）等。这些种类主要生活在咸淡水交汇区，丰水期时内河口湾特别丰富，径流量大时，它们也能被淡水推移至河口外，生活区盐度上限一般不超过 25，温度在 18～23℃范围内。

近岸类群种类组成复杂，适应的温度范围较广，一般在外河口区较丰富，枯水期受潮汐的影响也能进入内河口。此类群的组成和分布受广东近岸流和东北季风期间南下的闽浙沿岸流的影响。近岸暖水种在此类群中占很大的比例，能适应高温低盐的环境。代表种有汉森莹虾（*Lucifer hanseni*）、球形侧腕水母（*Pleurobrachia globosa*）、拟浅室水母（*Lensia subtiloides*）、百陶箭虫（*Sagitta betodi*）、亚强次真哲水蚤（*Subeucalanus subcrassus*）、锥形宽水蚤（*Temora turbinata*）、柱形宽水蚤（*Temora stylifera*）、针刺真浮萤（*Euconchoecia aculeata*）等。中华哲水蚤（*Calanus sinicus*）属于近岸暖温带种，随闽浙沿岸流仅在 10 至翌年 4 月间出现在珠江河口区。

广布外海种类一般生活在近岸低盐水与外海高盐水交汇的区域。在枯水期盐度较高，外海种出现相对较多。主要种类有普通波水蚤（*Undinula vulgaris*）、精致真哲水蚤（*Euchaeta concinna*）、半口壮丽水母（*Aglaura hemistoma*）、两手筐水母（*Solmndella bitentaculata*）等。

广温广盐类群适应温、盐度较广，在河口、近岸和外海区均有分布，如肥胖箭虫（*Sagitta enflata*）、微驼隆哲水蚤（*Acrocalanus gracilis*）和小齿海樽（*Doliolum denticulatum*）等。

一、种类组成和季节变化

本次调查，依据浅水Ⅱ型网采浮游动物样品的分析结果，珠江口水域 4 个季节共鉴定出浮游动物 256 种。其中桡足类为最优势类群，有 109 种，占总种类数的 42.6%；其次是水母类，有 52 种，占总种类数的 20.3%；毛颚类 16 种，多毛类 15 种，枝角类 12 种，被囊类 10 种，端足类 8 种，介形类 7 种。桡足类主要分布在中低盐度的河口区和湾中部水域，春季是其丰度最大的季节。桡足类 4 个季节都是珠江口水域最优势类群，其分布显著影响整个珠江口水域的浮游动物结构；被囊类主要生活在中高盐度海域，在秋季丰度较大（表 14-4）。

表 14-4 珠江口浮游动物优势种（Y > 0.02）的季节组成

种名	春季	夏季	秋季	冬季
太平洋纺锤水蚤		0.03		0.03
小纺锤水蚤	0.02	0.03	0.03	0.04
红纺锤水蚤	0.02			0.03
克氏纺锤水蚤	0.03			
简长腹剑水蚤	0.08	0.03	0.02	0.03
简长腹剑水蚤	0.04	0.04	0.08	
短角长腹剑水蚤	0.07		0.05	0.05
拟长腹剑水蚤	0.08		0.09	0.04
瘦拟哲水蚤	0.11	0.05	0.15	0.12
小拟哲水蚤	0.09		0.02	0.12
强额拟哲水蚤	0.08		0.06	0.07
驼背隆哲水蚤	0.02	0.04		
微驼背隆哲水蚤	0.03	0.07		
弓角基齿哲水蚤		0.03		
微刺哲水蚤	0.02			0.03
丽哲水蚤			0.11	0.04
捷氏歪水蚤		0.04		
中华异水蚤		0.03	0.03	
锥形宽水蚤		0.02		0.03
短尾类幼体		0.03		
长尾住囊虫			0.03	

二、生物量的空间分布和季节变化

珠江口的浮游动物群落变化有明显的空间和季节更替，其时空变化与浮游植物基本一致，呈现河口混合区种类数量与生物量高于其他区域的特点，丰度高值区呈斑块状分布（图 14-13）。浅水 I 型网采的浮游动物丰度周年平均为 488.1 尾/m³，季节变化依次为夏季（827.9 尾/m³）＞春季（638.3 尾/m³）＞秋季（336 尾/m³）＞冬季（150.5 尾/m³）。除秋季外，丰度的高值区均发生在靠近珠海的近岸水域。秋季浮游动物丰度高值区与叶绿素 a 高值区基本重合，在位于淇澳岛附近的上游水域。浮游动物生物量（湿重）的分布规律与丰度大致相同，四季平均生物量为 96.1 mg/m³，季节变化依次为冬季（155.4 mg/m³）＞夏季（108.5 mg/m³）＞春季（85.4 mg/m³）＞秋季（35.1 mg/m³）。本次调查期间，冬季珠江口出现了夜光藻的暴发，网采浮游动物样品中有大量的夜光藻，这也是该时期生物量呈现最高的原因。除冬季外，网采浮游动物生物量的高值区都在靠近澳门一侧的珠江口西南部，冬季浮游动物的高生物量区域位于淇澳岛下游。丰水期河口类群在珠江口占优势，出现的种类多，数量大；而枯水期近岸类群和广布外海类群的种类增多。调查结果表明，丰水期浮游动物丰度高于枯水期，但枯水期浮游动物生物量高于丰水期，存在高丰度和高生物量区的斑块状分布现象。

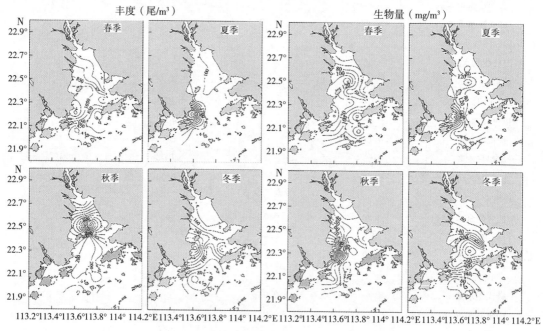

图 14-13　浮游动物丰度和生物量的季节分布特征

许多研究表明，盐度是影响河口浮游动物种类、丰度和生物量水平分布的重要因素。

河口浮游动物种类数一般随盐度的上升而增加，反之则减少。本次调查，浮游动物种类数表现明显的由河口向外海逐渐增加的趋势，丰富度与盐度表现出显著正相关。盐度影响种类的分布，内河口仅有河口半咸水种（火腿伪镖水蚤、刺尾纺锤水蚤和中华异水蚤等）和浮游幼虫，只有少数近岸种和外海种分别随沿岸流和潮汐的作用短暂出现；靠近万山群岛的外河口盐度相对较高，近岸种和外海种的大量出现丰富了浮游动物种类。

第六节　底栖动物

珠江口不同水域的大型底栖生物群落结构差异较大，伶仃洋位于珠江口上游，生物群落属河口性生物群落。而桂山岛以外的水域，受外海水的影响更大，生物群落属近岸暖水性生物群落。珠江口大型围填海以及清淤工程，可能对底栖生物的种类和生物量产生较大影响。

张敬怀等（2009）于2006年3月和7月，对珠江口东南部海域进行了大型底栖生物调查，共发现大型底栖生物156种，其中，多毛类种类最多（79种），其次是甲壳动物（37种）。东南部各站位的种类较其他区域少，以西北部出现的种类最多。3月发现大型底栖生物92种，生物量和密度平均分别为6.7g/m^{2}和679.4尾/m^2。优势种为异毛蚓虫（*Parheteromastus* sp.）、昆士兰稚齿虫（*Prionospio queenslandica*）、独毛虫（*Pilargis* sp.）、独指虫（*Aricidea* sp.）和毛头梨体星虫（*Apionsoma trichocephala*）。7月发现大型底栖生物116种，生物量和密度平均分别为22.4 g/m^{2}和576.3尾/m^2。7月的优势种为毛头梨体星虫、鳞虫（*Chaetopterus* sp.）、多齿全刺沙蚕（*Nectoneanthes multignatha*）、昆士兰稚齿虫、杰氏内卷齿蚕（*Aglaophamus jeffreysii*）和光滑倍棘蛇尾（*Amphioplus laevis*）。罗艳等（2017）对珠海横琴岛海域大型底栖生物的调查共鉴定出大型底栖生物9门210种，平均密度为212尾/m^2。研究发现，优势种的季节更替较快，春季以双形拟单指虫和光滑河篮蛤（*Potamocorbula laevis*）为主，夏季以刀额新对虾（*Metapenaeus ensis*）和棒锥螺（*Turritella bacillum*）为主，秋季以双形拟单指虫为主，冬季则以小荚蛏（*Siliqua minima*）为主。生物量的季节变化依次为春季＞冬季＞秋季＞夏季。

第七节　渔业资源

2014—2015年，主要开展了珠江口渔业资源调查和鱼类声频-无线电追踪标记研究两部分内容。渔业资源调查采用拖网取样和声学探测联合作业方式，主要分析各调查海域游泳生物群落结构特征和资源量密度。具体实施情况如表 14-5 所示。

表 14-5　渔业资源调查基本情况

调查日期	调查海域	声学评估	样点数（个）
2015 年 04 月 12—15 日	珠江口-春季	否	8
2014 年 08 月 21—24 日	珠江口-夏季	是	6
2015 年 10 月 17—20 日	珠江口-秋季	是	8
2015 年 01 月 10—12 日	珠江口-冬季	是	6

一、珠江口渔业资源现状

（一）渔获组成特点

1. 渔获种类组成　本次调查，珠江口海域春、夏、秋、冬 4 个航次共捕获游游泳生物 186 种，其中，鱼类、蟹类、虾类、虾蛄类、头足类分别为 121 种、29 种、21 种、9 种、6 种（表 14-6）。渔获种类组成主要以鱼类为主，所占种类数百分比达 65%，其他渔获种类百分比组成如彩图 40 所示。

调查海域，春、夏、秋、冬各季渔获种类组成如表 14-6 和彩图 41 所示。夏季和秋季渔获种类相对较多。各季渔获组成中鱼类物种类数所占比重较高，其次为蟹类、虾类、虾蛄类和头足类。具体情况如下：

春季共有游泳生物 69 种，其中，鱼类占 52%，蟹类占 23%，虾类占 15%，头足类和虾蛄类累积百分比仅 10%；夏季共有游泳生物 94 种，其中，鱼类所占比重高达 63%，蟹类占 16%，虾类占 12%，头足类和虾蛄类累积百分比为 9%；秋季共有游泳生物 81 种，其中，鱼类占 55%，蟹类占 23%，虾类占 13%，其他种类占 9%；冬季共有游泳生物 60 种，鱼类、蟹类、虾类、虾蛄类和头足类所占种类数百分比分别为 55%、17%、15%、10% 和 3%。

表 14-6　珠江口海域各季度渔获物种类数（种）

类型	春季	夏季	秋季	冬季	总计
头足类	3	3	2	2	6
虾蛄类	4	6	5	6	9
虾类	10	11	11	9	21
蟹类	16	15	19	10	29
鱼类	36	59	44	33	121

调查海域各季度渔获种类相似性分析结果如彩图 42 所示。研究发现，调查海域渔获种类组成季节差异不明显，各季种类相似度在 40％水平上存在一定交集。在空间尺度上，同一季不同位点间种类相似度基本为 40％～50％，部分位点渔获种类相似度低于 40％。说明调查水域游泳生物种类组成地域较大，应适当增大取样强度和覆盖率，以提高该海域抽样调查结果的可信度。

2. 渔获丰度 2014—2016 年，珠江口海域 4 个航次共捕获游泳生物 6 344 尾。其中，鱼类 1 936 尾，蟹类 1 669 尾，虾类 1 487 尾，虾蛄类 1 199 尾，头足类 53 尾。总体上，除头足类渔获尾数较少外，其他种类渔获尾数差异较小。调查海域各季渔获率（尾/h）分析结果如图 14-14 所示。

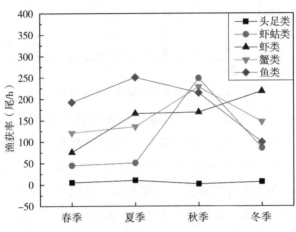

图 14-14 珠江口海域各季度渔获率组成特征（尾/h）

秋季平均渔获率最高（862 尾/h）；其次为夏季和冬季，分别为 615 尾/h 和 556 尾/h；春季渔获率最低（439 尾/h）。春季，鱼类渔获率最高（193 尾/h），其次为蟹类（121 尾/h）、虾类（76 尾/h），虾蛄类和头足类渔获率分别为 45 尾/h 和 5 尾/h；夏季，鱼类渔获率最高（251 尾/h），其次为虾类（166 尾/h）、蟹类（136 尾/h）和虾蛄类（51 尾/h），头足类渔获率最低（10 尾/h）；秋季，虾蛄类、蟹类、鱼类、虾类和头足类渔获率分别为 249 尾/h、228 尾/h、214 尾/h、169 尾/h 和 2 尾/h。冬季，虾蟹类渔获率分别为 218 尾/h 和 147 尾/h，鱼类和虾蛄类渔获率相对较低，分别为 99 尾/h 和 85 尾/h，头足类渔获率为 7 尾/h。

据珠江口海域渔获种类季节分布特征分析发现，鱼类，在冬季渔获丰度中所占比重相对较低。蟹类和虾蛄类渔获率从春季到冬季大体呈先上升、后下降的变化趋势，其中，秋季渔获率最高。虾类渔获率从春季到冬季持续增加。头足类，各季度渔获率均较低，无明显的季节变化趋势。

3. 渔获生物量 珠江口海域春、夏、秋、冬 4 个航次共捕获游泳生物 63 626.7 g。其中，鱼类 23 320.5 g、虾蛄类 15 868.5 g、蟹类 14 463.4 g、虾类 8 799.6 g、头足类

1 174.7 g。总体上，渔获生物量组成中鱼类所占比重最高，其次为虾蛄类和蟹类，虾类和头足类所占比重相对较低。调查海域，春、夏、秋、冬四季渔获率（g/h）结果如图14-15所示。

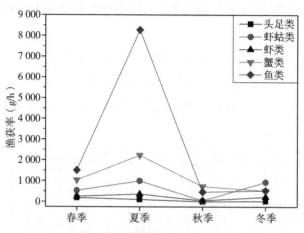

图14-15　珠江口海域各季度渔获率组成特征（g/h）

秋季渔获率最高，为 8 272.8 g/h，其他季节差异较小，冬季、夏季、春季依次为 5 341 g/h、5 527 g/h 和 5 512.2 g/h。春季，鱼类和蟹类渔获率相对较高，分别为 2 323.2 g/h 和 1 653 g/h，其次为虾蛄类（766.6 g/h）和虾类（678.6 g/h），头足类渔获率仅 90.7 g/h；夏季，鱼类和虾类渔获率轻度上浮，分别为 2 809.2 g/h 和 895.5 g/h，蟹类和虾蛄类渔获率有所下降，分别为 1 132 g/h 和 352g/h，头足类渔获率为 338 g/h，较春季明显增加；秋季，虾蛄类渔获率（3 480.4 g/h）大幅增加，鱼类渔获率（2 372.3 g/h）较夏季有所下降，蟹类渔获率（1 256.7 g/h）基本不变，虾类渔获率（1 120.5 g/h）持续上升，头足类渔获率（g/h）明显下降；冬季，鱼类、虾蛄类和虾类渔获率（1 740.5 g/h、931.7 g/h、817.7 g/h）较秋季明显下降，蟹类和头足类渔获率（1 743.8 g/h和107.3 g/h）略有增加。

珠江口海域渔获种类季节分布特征分析结果显示，鱼类渔获率从春季至冬季大致呈先上升、后下降的变化趋势，在夏季最高，冬季最低；蟹类渔获率春季和冬季相对较高，夏季和秋季相对较低；虾类季节渔获率与蟹类大致呈相反的变化趋势；虾蛄类渔获率季节变幅较大，在秋季最高，夏季最低；头足类渔获率在夏季最高，其次为冬季和春季，秋季最低。

4. 优势度分析　珠江口海域各季度优势物种和常见物种组成情况见表14-7。春季，渔获中优势种类主要包括日本蟳、短吻鲾、二长棘鲷、周氏新对虾、多齿蛇鲻和棘突猛虾蛄，其中，鱼类 3 种、蟹类 1 种、虾类 1 种、虾蛄类 1 种；夏季，渔获中优势种类共 6 种，主要有日本蟳、棘头梅童鱼、红狼牙虾虎鱼、黑斑口虾蛄和棘突猛虾蛄，其中，日本蟳优势度（2028）较为突出；秋季，渔获中优势种类共 7 种，主要包括口虾蛄、断脊口虾蛄、周氏新对虾、猛虾蛄、皮氏叫姑鱼、黄斑鲦和美人鲟，其中，虾蛄类 3 种、鱼类 2 种、蟹类 1 种、虾类 1 种；冬季，渔获中优势种类主要有变态鲟、近缘新对虾、黑斑口虾蛄、周氏新对虾和皮氏叫姑鱼，其中，变态鲟优势度（4102）尤为突出。综上可知，珠江口海域秋季渔获组成以虾蛄类为主，其他季节蟹类优势度相对较高。

表 14-7　珠江口海域各季度优势种和常见种

季节	种名	数量百分比（%）	重量百分比（%）	出现频率（%）	优势度
春季	日本鲟	7.5	10.7	87.5	1 594
	短吻鲦	13.8	6.7	75.0	1 538
	二长棘鲷	11.3	3.7	62.5	939
	周氏新对虾	7.5	5.0	75.0	935
	多齿蛇鲻	2.5	10.2	62.5	797
	棘突猛虾蛄	3.7	6.8	62.5	655
	伪装关公蟹	4.1	4.2	50.0	417
	口虾蛄	2.8	3.3	62.5	379
	刺鲳	2.1	2.2	87.5	377
	隆线强蟹	2.2	3.4	50.0	282
	猛虾蛄	1.9	2.0	62.5	242
	半滑舌鳎	0.7	4.1	50.0	241
	墨吉对虾	1.4	4.3	37.5	211
	直额鲟	4.2	1.4	37.5	211
	断脊口虾蛄	1.9	1.8	50.0	185
	锈斑鲟	0.3	3.5	37.5	139
	变态鲟	4.1	1.2	25.0	132
	长矛对虾	1.4	1.0	50.0	123
	竹筴鱼	1.7	1.6	37.5	123
	拟矛尾虾虎鱼	1.0	0.8	62.5	114
	卵鳎	1.8	1.2	37.5	112
	美人鲟	2.9	1.2	25.0	101
夏季	日本鲟	11.4	12.9	83.3	2 028
	棘头梅童鱼	7.0	3.6	83.3	882
	红狼牙虾虎鱼	5.7	6.1	66.7	787
	黑斑口虾蛄	4.1	3.1	83.3	599
	棘突猛虾蛄	3.8	2.5	83.3	520
	红星梭子蟹	2.0	2.0	100.0	396
	皮氏叫姑鱼	1.3	3.4	83.3	393
	龙头鱼	1.3	4.5	66.7	387

（续）

季节	种名	数量百分比（%）	重量百分比（%）	出现频率（%）	优势度
夏季	六指马鲅	1.6	3.0	83.3	386
	周氏新对虾	4.3	2.4	50.0	331
	香港蟳	4.5	1.7	50.0	311
	长矛对虾	8.0	7.3	16.7	256
	卵鳎	1.8	1.7	66.7	234
	银色小公鱼	4.6	2.0	33.3	219
	丽叶鲹	2.0	1.1	66.7	209
	亨氏仿对虾	1.6	1.1	66.7	176
	凤鲚	1.0	0.8	100.0	172
	杜氏枪乌贼	1.2	3.7	33.3	164
	鹰爪虾	2.3	0.7	50.0	151
	大鳞鳞鲬	0.3	2.4	50.0	133
	黄斑篮子鱼	0.6	1.0	83.3	133
	白姑鱼	0.9	1.6	50.0	126
	拥剑梭子蟹	1.9	0.5	50.0	122
秋季	口虾蛄	7.8	11.8	100.0	1 958
	断脊口虾蛄	14.3	21.4	50.0	1 787
	周氏新对虾	7.2	8.4	100.0	1 567
	猛虾蛄	4.3	7.2	75.0	864
	皮氏叫姑鱼	2.4	5.7	100.0	805
	黄斑鲾	8.3	4.2	62.5	781
	美人蟳	4.3	3.5	87.5	688
	日本猛虾蛄	3.0	1.6	87.5	404
	拥剑梭子蟹	4.2	0.9	75.0	378
	龙头鱼	2.5	2.0	75.0	339
	中华仿对虾	5.1	1.1	50.0	313
	孔虾虎鱼	1.6	1.9	87.5	308
	亨氏仿对虾	1.9	0.8	87.5	235
	中华管鞭虾	2.7	0.7	62.5	212
	变态蟳	10.9	0.7	12.5	145
	棘头梅童鱼	0.6	0.8	100.0	137
	红星梭子蟹	1.4	2.2	37.5	136
	七丝鲚	1.1	0.9	50.0	100

（续）

季节	种名	数量百分比（%）	重量百分比（%）	出现频率（%）	优势度
冬季	变态蟳	21.4	19.7	100.0	4 102
	近缘新对虾	10.0	9.1	100.0	1 911
	黑斑口虾蛄	11.3	11.3	50.0	1 131
	周氏新对虾	5.6	3.0	100.0	855
	皮氏叫姑鱼	2.6	3.9	83.3	537
	日本猛虾蛄	2.3	4.0	66.7	417
	弓斑东方鲀	1.7	9.1	33.3	358
	亨氏仿对虾	2.8	1.3	83.3	345
	细巧仿对虾	15.8	0.5	16.7	271
	凤鲚	1.8	2.1	66.7	257
	长体舌鳎	1.3	1.3	66.7	172
	卵鳎	1.5	1.6	50.0	154
	伍氏平虾蛄	0.7	1.1	66.7	119
	中华管鞭虾	1.4	0.4	66.7	118
	棘头梅童鱼	0.4	3.0	33.3	114

5. 资源密度估算　研究表明，珠江口海域夏季游泳生物资源量密度最低（1 455.7 kg/km²），秋季最高（3 025 kg/km²），春季和冬季分别为 2 619.8 kg/km² 和 2 496.9 kg/km²。调查海域，春季鱼类资源密度最高，其次为蟹类和虾蛄类，虾类和头足类资源密度相对较低；夏季，鱼类、蟹类和虾蛄类资源密度较春季均有所下降；秋季，虾蛄类资源量密度大上升；冬季，虾蛄类资源量密度下降，蟹类资源量密度明显上升。调查海域各季度各类游泳生物资源量密度见表 14-8。

表 14-8　珠江口海域渔业资源密度（kg/km²）

季节	头足类	虾蛄类	虾类	蟹类	鱼类	合计
春季	43.7	371.0	304.9	777.0	1 123.2	2 619.8
夏季	113.9	84.8	216.4	290.3	750.3	1 455.7
秋季	16.3	1 237.4	431.4	448.5	891.3	3 025.0
冬季	50.2	435.5	382.3	815.2	813.7	2 496.9

（二）群落结构特征

1. 生物多样性指数　研究发现，珠江口海域各季度生物多样性状况及其空间结构特征如图 14-16 所示。各季度生物多样性水平差异较小，夏季 Shannon-Wiener 多样性指数相对较高（2.57），其次为春季（2.33）、秋季（2.31）和冬季（2.24）。在空间尺度上，夏季取样位点间差异较大。该研究结果表明，调查海域夏季游泳生物群落结构较为复杂，群落稳定性较高。珠江口海域游泳生物优势集中度研究结果显示，该海域各季度游泳生物优势集中度指数差异较小。秋季和冬季优势集中度相对较高，分别为0.16和0.17；春季和夏季分别为0.15和0.14。夏季，优势集中度空间差异较大。

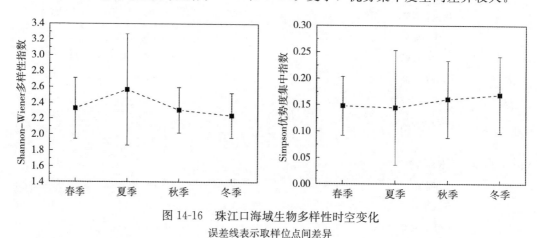

图14-16　珠江口海域生物多样性时空变化
误差线表示取样位点间差异

2. ABC曲线　珠江口海域各季度ABC曲线分析结果显示（彩图43）。春季和夏季，渔获丰度和生物量累积优势度曲线基本处于交错状态（$W \approx 0$），生物群落受到一定程度的干扰；冬季，渔获丰度累积优势度曲线基本在渔获生物量累积优势度曲线之上（$W < 0$），说明冬季调查海域环境扰动较大，应加强对该季度资源与环境的监管力度；秋季，渔获生物量累积优势度曲线基本在渔获丰度累积优势度曲线之上（$W > 0$），说明秋季调查海域游泳生物群落受外界干扰较小，群落结构较为稳定。

二、渔业资源声学评估

（一）调查设置

研究海域地理空间位置如图14-17所示，大致范围为21.924 8°N—22.783 9°N、113.507 5°E—113.886 8°E。调查时间分别为2015年10月17—20日（秋季）。声学调查使用便携式分裂波束科学鱼探仪（200 kHz，Simrad EY60，挪威）。2015年秋季，珠江口海域声学探测区域水深范围为2.65～30.47 m，平均水深为10.44 m。

数据的采集使用Simrad EY60系统自带的专用数据采集软件ER60进行，动态经纬度位置信息由GPS（Gamin GPSCSx，美国）获得，本次调查科学鱼探仪主要技术参数见表14-9。由于Simrad EY60声学评估硬件系统缺乏长期的稳定性，且声速、吸收系数等重要声学评估参数受不同海域理化环境条件的影响，故在声学调查前按照国际通用的标准球法，对科学鱼探仪系统的收发增益系数进行现场校正。换能器通过导流罩固定于船

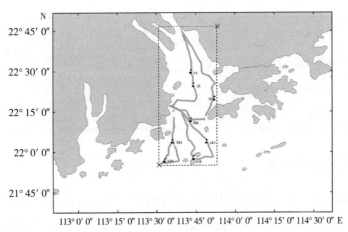

图 14-17　珠江口海域声学调查区域与拖网站位分布

体右舷外侧，吃水 0.8 m，走航航速 5～7 kn。

通常声学调查航线依据调查区域的特征设计成平行式或之字式，受调查海域自然地理状况及人为因素的约束，本次调查实际航行轨迹并不规则（图 14-17）。

表 14-9　EY60 科学鱼探仪主要技术参数设定

技术参数	数据
换能器频率（kHz）	200
发射功率（W）	120
脉冲宽度（μs）	512
等效波束角（dB）	−20.7
换能器增益（dB）	27
横向波束宽度（°）	7
纵向波束宽度（°）	7
吸收系数（dB/km）	64.06
声速（m/s）	1 528.63

调查水域渔业资源生物学信息的获取一般通过底层或分层拖网进行，用以辅助渔业资源声学回波映像的识别与积分分配。本节生物学取样采用底拖网捕捞采样方法，共设置 8 个拖网站位（图 14-17），拖网采样与其他调查内容同步进行。拖网设置与网具信息如表 14-10 所示。

表 14-10　主要生物学取样设置

主要参数	数据
采样类型	虾拖网
发动机功率（kW）	280

（续）

主要参数	数据
平均拖网速度（km/h）	6.47
平均采样时长（h）	0.36
网口宽度（m）	2

（二）数据处理与分析

1. 声学数据处理 声学数据使用专业声学评估软件 Echoview6.1（Myriax）进行分析处理，采用回波积分法对渔业资源数量密度和资源量密度进行统计分析，对所有采集的声学回波映像数据逐一回放并仔细检查，分别剔除海表航行气泡回波、浮游生物回波、机器设备干涉噪声、虚假海底等非生物回波映像数据，重新设置积分起始水层及积分终止水层。积分起始水层设置为 1.8 m，以屏蔽海表航行噪声干扰；积分终止水层设置为海底之上 0.5 m，以排除海底回波信号干扰。基本积分航程单元（elementary distance sampling unit，EDSU）设置为 0.5 n mile，用以统计渔业资源密度的空间结构分布特征。

2. 生物样本采集与分析 拖网采样租用当地渔船进行，各个站位拖网时长约 0.36 h，对所有渔获样品均进行现场分类并计数取样。数量少于 50 尾的生物全部取样，若单一物种类数量大于 50 尾，则按照根据渔获物大小组成特点按比例随机取样。所有取样的渔获样品均进行低温冷冻保存，带回实验室分类鉴定，并测量记录每种渔获的体长/叉长/胴长和体重，体长精确至 1 cm，体重精确至 1 g。

3. 鱼类资源密度评估方法

（1）回波积分法 见第十三章第七节"渔业资源声学评估"。

（2）扫海面积法 游泳生物资源量密度 D（kg/km²）根据扫海面积法估算，公式见式（13-2）。

（三）调查结果

1. 拖网渔获组成信息 2015 年秋季，共捕获游泳生物和底栖无脊椎动物共 81 种。其中，鱼类 44 种，头足类 2 种，虾类 11 种，蟹类 19 种，虾蛄类 5 种，总渔获数量为 2 588 尾，总渔获量为 24.92 kg。

为排除海底回波信号干扰，历次调查海底之上 0.5 m 范围内均被视为声学探测的盲区，故底栖的鲆鲽类、虾虎鱼类、蛸类、虾蟹类等非常贴底的生物均不参与声学评估。根据生物学拖网采样结果，2015 年秋季参与声学评估的种类主要有 31 种。声学评估种类中参与积分分配的种类，主要为相对重要性指数（IRI）大于 100 的常见种和优势种。
2015 年秋季，参与声学积分分配的种类主要有黄斑鳐、棘头梅童鱼、六指马鲅、龙头鱼、
皮氏叫姑鱼、七丝鲚、中线天竺鱼和鲻，其中，黄斑鳐优势度相对较高。各种类生物学
组成信息如表 14-11 所示。

　　在逃逸率假定为 0.5 的情况下，珠江口海域参与声学评估种类渔业资源数量密度和生
物量密度分别为 160 862（±96 593）尾/n mile^2 和 1 727.98（±918.18）kg/n mile^2。由
此可见，2015 年秋季参与声学评估种类中小型个体所占比重明显较高，个体均重约为
10.74 g/尾。在空间尺度上，不同位点间渔业资源密度存在较大差异，但未出现极端值
（图 14-18）。

表 14-11　各次调查参与声学积分分配种类生物学信息

时间	物种	数量百分比（%）	重量百分比（%）	频次（%）	IRI	体长范围（mm）	体重范围（g）
2015 年秋季	黄斑鳐	42.7	22.6	62.5	4 085	28～83	2～12
	棘头梅童鱼	3.0	4.3	100.0	724	62～109*	6～25
	六指马鲅	2.2	3.1	50.0	265	43～116	2～42
	龙头鱼	12.9	10.8	75.0	1 781	86～181	3～55
	皮氏叫姑鱼	12.1	30.7	100.0	4 281	61～178	4～115
	七丝鲚	5.6	4.9	50.0	524	101～150	5～14
	中线天竺鱼	4.2	1.1	50.0	266	26～67	0.3～8
	鲻	3.6	7.3	37.5	408	92～114	11～20

＊　胴长。

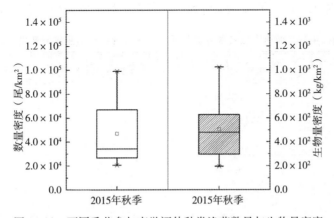

图 14-18　不同季节参与声学评估种类渔获数量与生物量密度

　　2. 资源密度与时空分布特征　根据 2015 年秋季拖网渔获组成信息，按照多种类渔业
资源积分分配原则，调查海域参与声学积分分配的种类，其平均数量密度和生物量密度
分别为 252 694（±230 849）尾/n mile^2 和 2 240.22（±2 686.55）kg/n mile^2。

上述两种评估方法相比，声学评估结果相对较高，且渔业资源在地理空间上的分布均表现出较大差异。单因素方差分析结果表明（图 14-19）：调查海域 2015 年秋季，不同评估方法渔业资源数量密度（$P=0.264>0.05$）与生物量密度（$P=0.482>0.05$）均未表现出显著性差异。

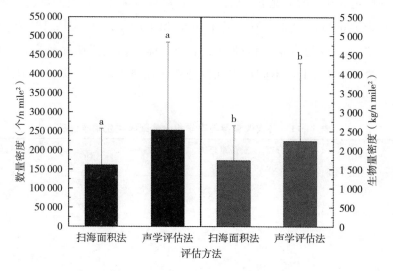

图 14-19　珠江口海域不同季节渔业资源数量密度与生物量密度声学评估与方差分析
误差线表示渔业资源地理空间差异

根据多种类渔业资源声学评估积分分配原则，调查海域各季不同种类数量密度与生物量密度组成情况如表 14-12 所示。2015 年秋季，调查海域优势种类主要为黄斑鲾，其数量密度和生物量密度分别为 107 900 尾/n mile^2 和 456.29 kg/n mile^2；其次为皮氏叫姑鱼和龙头鱼。整体上，调查海域渔业资源较为贫乏，且个体偏小，应多予保护。

表 14-12　调查海域各季度参与积分分配种类数量与生物量密度组成

时间	种类	数量密度（尾/n mile^2）	生物量密度（kg/n mile^2）
2015 年秋季	黄斑鲾	107 900	456.29
	棘头梅童鱼	7 581	99.25
	六指马鲅	5 559	69.36
	龙头鱼	32 598	238.51
	皮氏叫姑鱼	30 576	692.65
	七丝鲚	14 151	114.05
	中线天竺鱼	10 613	26.71
	鲾	9 097	171.59
	其他种类	34 619	371.81

调查海域渔业资源数量与生物量密度在地理空间上的分布如图 14-20 所示。其结果表明，调查海域渔业资源空间分布存在较大差异。具体表现为：入河口处、入海口处及入海口西侧渔业资源相对丰富。此外，受水深及水域环境的影响，图中灰色部分声学数据不可用。

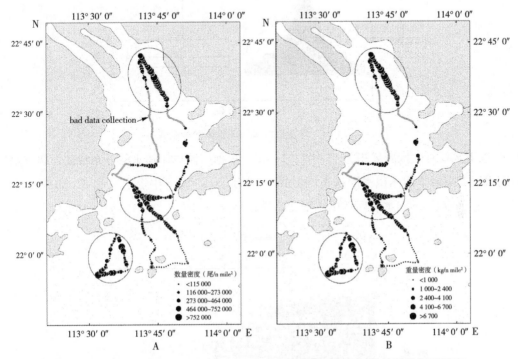

图 14-20　珠江口海域 2015 年秋季渔业资源空间分布（灰色部分声学数据不可用）

3. 回波单体频率组成与垂直分布　利用 Echoview 软件中单体检测与轨迹追踪模块对调查海域声学回波信号分析可知，调查海域内回波单体频率组成与垂直分布如图 14-21 和图 14-22 所示。

目标强度以 2 dB 为分组单元，2015 年秋季调查海域目标强度梯度变化范围为 $-64 \sim -32$ dB，各分组单元频率分布大致呈逐级下降的变化趋势，该结果符合种群动态规律与生态系统能力传递理论。其中，99％以上单体目标强度集中在 $-64 \sim -47.5$ dB，回波单体中位值和平均值分别为 -60.5 dB 和 59.5 dB，说明调查水域主要以小型个体为主。

在垂直方向上，调查水域回波单体在 $2 \sim 30$ m 水层均有分布且分布较为均匀；各水层回波单体频率组成表现出相似的特征：随目标强度的增大其百分比组成逐级下降。根据目标单体在垂直空间上的分布特征，以 15 m 水深为界，可将调查水域大致分为 $2 \sim 15$ m（中上层）和 $15 \sim 30$ m（中下层）两个水层。由于不同水层，声学有效探测体积存在较大差异，调查水域 2015 年秋季 15 m 以上水层声学有效探测体积为 204 466.34 m³；

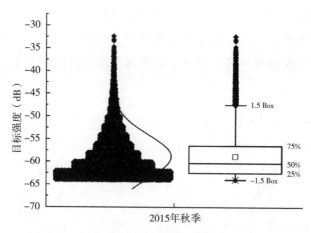

图 14-21　珠江口海域回波单体频率组成

15 m 以下水层有效探测体积为 177 987.17 m³。根据回波单体随水深分布特征，调查水域不同水层对应的单体体积密度每 1 000 m³ 分别为 35.89 尾（中上层）和 31.36 尾（中下层）。综上可知，不同水层回波单体密度差异较小。

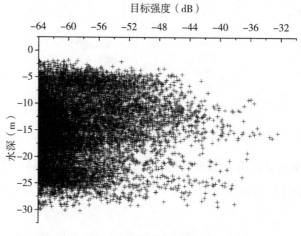

图 14-22　珠江口海域回波单体垂直空间分布

（四）评估效果

本节分别利用了回波积分法和扫海面积法，对目标海域渔业资源密度进行了评估与分析。结果显示，渔业资源声学评估结果略高于扫海面积法计算结果。扫海面积法作为传统的渔业资源评估方法，其结果受诸多因素的共同调节。根据扫海面积法计算公式（14-7）：捕捞效率（1-E）与渔业资源密度（D）成负相关关系，若理论捕捞效率（本节中 1-E 取值 0.5）高于实际捕捞效率，则渔业资源扫海面积法估算结果低于真实结果。国内外相关研究表明，拖网捕捞作为一种主动的渔捞作业方式，其捕捞效率往往受网具类型、规格、地理形态特征、鱼类行为等众多因素的影响。复杂的地理环境往往能为游泳生物提供天然的庇护场所，因此，对于复杂的水域环境捕捞效率相对较低。受鱼类昼夜和季节迁移行为的影响，鱼类资源时空分布特征可能存在明显的差异。相关研究显示，鱼类在白天有向底层迁移的规律，且多栖息于隐蔽处，从而降低实际捕捞效率使扫海面积法评估结果偏低。扫海面积法采用站点抽样调查的方式，其调查水域覆盖率明显小于声学评估方法。当渔业资源空间分布存在较大差异时，为减少极端值或异常值对目标海域渔业资源评估的影响，应剔除异常值或尽量增加抽样站位数，以减少随机抽样产生的误差。本节中，扫海面积法及声学评估结果均表明，调查水域渔业资源水平空间分布差异较大。2015 年秋季，调查海域共设置了 8 个拖网站位，其中，S5 拖网站位黄斑鳐资源密度明显高于其他站位。据统计学原理，当样本量较小时极大值的出现，可能给总体平均值的估算带来较大的误差。此外，相关研究结果表明，理化环境参数是影响渔业资源变动与空间分布的另一重要因素。因此，在今后的渔业资源研究工作中应同步结合对环境因子季节变化规律方面的研究，以期更加科学地分析鱼类资源时空分布与资源变动机制。

声学评估作为海洋渔业资源评估与鱼类行为分析的一种有效方法，其评估结果受多方面因素的影响。传统的声学调查结合调查区域具体的地形地貌特征，将调查航线设计为"之"字形或平行断面型两种。而本节中由于调查海湾地理环境复杂且海上阻隔较多，因此，本次声学调查航迹不规则，增加了声学取样产生随机误差的可能性。受声学近场效应及海底声学探测盲区的影响，不同调查海域声学积分起始水层设置为海表 $1.2\sim2$ m以下至海底 $0.2\sim1$ m之上，故临近海表浮游生物和底栖种类不在回波积分范围之内，从而给渔业资源声学评估结果带来一定的偏差。本节中，声学回波映像处理结果显示，各调查海域均存在不同大小鱼群聚集的现象。据声学积分原理，当研究水域渔业资源存在集群现象时，遮蔽效应是影响渔业资源声学评估结果的另一重要因素。受调查水域游泳生物生理生活习性及理化环境因子的调节，渔业资源在三维空间上的组成与分布可能存在一定差异。因此，基于底层拖网渔获数据，对全水域渔业资源进行积分分配，可能会对声学评估结果产生一定影响。在今后的研究中，建议通过对所有站位不同水层拖网渔获生物学组成信息进行综合统计分析，用于整个调查海域内积分阈值的设定与回波积分分配，以降低网具选择性、鱼类回避行为和空间分布差异对声学评估结果的影响。

渔业资源声学评估实质上是以声学积分值的大小，来反映调查区域内资源量的多寡。而目标强度是将声学积分值转换为资源量的关键参数，因此对于多种类海洋生物资源评估而言，声学评估资源现状的准确度和可信度，在很大程度上取决于所采用各鱼种参考目标强度的准确性。本节中，声学评估种类所采用的参考目标强度 b_{20} 值均为查阅相关文献确定，仅有部分声学评估种类的参考目标强度值确定到种，剩余种类的参考目标强度仅确定到科或类，使资源现状评估结果的准确度产生一定偏差。此外，我国在水生生物的目标强度测量工作起步较晚且从事基础研究的人员较少，获得不同鱼类及其他海洋生物的目标强度信息相对发达渔业国家较少，给渔业资源声学评估带来较大困难。因此，现阶段应针对我国不同海区、水域的主要渔获种类，利用包括原位测量、网箱法、绳系法和模型法等多种技术手段，逐步开展相关的目标强度测量研究工作，形成有效的数据库，为提高渔业资源声学评估的准确度和可信度提供科学依据和基础研究资料。

在多种类海洋渔业资源声学评估中，声学回波映像判读和积分值分配是两个关键环节。在积分值分配方面，对于大水面海洋渔业资源声学调查，在假定所用网具对所有捕捞对象具有相同捕获效率的前提下，根据站位就近原则参考邻近采样站位的渔获物种类组成及体长结构分布信息，反映前后若干基本积分航程单元内的物种组成，并依此进行声学积分值分配。而任何调查网具均具有一定的选择性，鱼类可能存在的回避行为，且该研究调查海域范围较小，地理地形结构复杂，流刺网、定置网广布，因而采用随机拖网取样的方式，对所有拖网站位的渔获组成信息进行综合统计分析，以整个调查海域内的渔获组成信息反映各个基本积分航程单元内的物种组成对声学积分值进行分配，以降低网具选择性和鱼类回避行为对积分值分配的影响。

综上所述，尽管声学方法应用于渔业资源评估仍存在许多问题亟待解决，但其仍不失为一种进行渔业资源和海洋生态变动监测的有效手段，可克服传统渔业资源评估方法的诸多局限性。在今后的研究工作中，在进行声学调查的同时应辅以多种调查手段同时进行综合观测，以提高资源评估结果的可信度和准确度。

第八节　渔业资源增殖策略

一、增殖及养护现状

珠江口海域的岛屿和港湾众多，大部分水域在 100 m 以浅，河口、近岸水域的水质肥沃，饵料生物丰富。每年由珠江带入大量的有机物质和无机盐类等营养物质，使众多浮游生物繁殖生长，是多种经济鱼虾类产卵及其幼体的育肥场所。优越的自然条件，使珠江口海域成为南海重要渔业水域和水产资源繁殖保护区域。然而，由于长期以来过度捕捞和海洋生态受破坏，珠江口海域的渔业资源日益匮乏，产卵场破坏严重，过度的开发使资源结构和捕捞种类发生很大变化。渔获中传统的优质捕捞种类比例明显下降，个体小型化很严重，有的渔获物已很少出现，如 20 世纪 50～60 年代年产量 180 t 以上的黄唇鱼现已濒临灭绝，鲥已近 30 来年没有采样记录。80 年代和 90 年代珠江口的鱼类为 150 多种，头足类 10 余种，虾类 20 余种，其中鱼类经济种类多达 50 余种。近几年鱼类种类数量明显下降，而且渔获物低值化、低龄化、小型化现象日趋严重。

近年来，社会各界资源环境保护意识逐步增强，珠江口海域的增殖放流规模不断扩大，在增殖放流数量不断增加的同时，放流种类也不断增加，呈现多样化趋势。放生活动在民间具有悠久的传统，为引导传统民间放生与增殖放流相融合。珠海市于 2012 年成立放生协会，并通过开展特色主题放生活动、举办文化座谈会等，大力宣传增殖放流，推进社会科学放流。广东省于 2008 年在中国率先设立"休渔放生节"，先后在广州、珠海、惠州、河源等地开展了多次增殖放流活动，当年共放生鱼苗 2 亿尾。2010 年，第三届广东省"休渔放生节"活动期间，珠海市共放流 750 g/尾以上的黑鲷 500 尾，6 cm 以上的金钱鱼 5 000 尾，3 cm 以上的鲷科鱼苗 188.75 万尾，还包括万山海洋开发试验区海洋牧场放养海藻 0.67 hm²、翡翠贻贝 3.5 万 kg、巴非蛤 25 万 kg，总价值达 65 万元。2019 年 6 月 6 日，"全国放鱼日"暨粤港澳大湾区增殖放流活动在珠江口的珠海举行，内地与港澳首次在大湾区联合开展水生生物增殖放流活动，当天共向珠江口海域放流鲷科鱼类、石斑鱼、对虾、中国鲎、蠵龟、绿海龟等近 5 000 万单位。

增殖放流活动将在一定程度上改善珠江口海域的海洋与渔业资源环境，有效增加渔业资源量，对促进渔业可持续发展、改善水域生态环境、维持生物多样性和维护国家生态安全具有重要意义。珠江口海域的水生生物资源增殖放流，产生了良好的经济、社会和生态效益。但随着增殖放流规模的扩大和社会参与程度的提高，也存在一定问题。主要体现为：①缺乏长期有效的生态系统监测，对野生渔业资源群体衰退的原因认识不足，基础研究仍然相对滞后；②增殖放流效果评价体系不够完善，虽然增殖放流可在一定程度上满足短期的恢复野生生物资源，但对个别放流种的选择、放流数量、放流预期效果等缺乏明确的科学依据和相应的技术规程规范，对放流后的生态失衡、种间关系破坏，原有生物群落受到胁迫等方面研究不够深入，甚至可能产生潜在的生物多样性和水域生态安全问题；③后续配套管理措施有待加强，增殖放流活动缺乏制度性保障，通常难以形成长效机制，某些海域放流种苗过早被渔业利用，增殖放流难以起到预期效果。

一直以来，渔业主管部门非常重视珠江口海域的渔业资源养护和修复。为了保护和恢复的珠江口渔业资源，渔业主管部门曾先后制订了一系列渔业资源保护措施，力图保护渔业资源，如增殖放流经济种类、建设人工鱼礁、实施伏季休渔制度以及建议自然保护区等。一系列渔业管理措施，对珠江口渔业资源的利用、保护和资源恢复起了一定的作用，有效地减缓了渔业资源的衰退。1985 年 6 月，广东省渔业行政主管部门批准成立惠东港口海龟自然保护区。1986 年 12 月，广东省人民政府批准晋升为省级保护区。1992 年 10 月，国务院批准晋升为国家级保护区，保护海龟的栖息地，对渔民误捕受伤的海龟进行救治，对渔民宣传海龟保护的重要性，建立科普教育基地，增强青少年的环境保护意识。1983 年，广东省人民政府批准建立《大亚湾水产资源自然保护区》，保护区范围涉及惠州、深圳共 900 km²，促进保护珠江口及其邻近海湾为大黄鱼的产卵场，浅近海水域为蓝圆鲹、鲐、金色小沙丁等中上层鱼类的产卵场和索饵场。1999 年 10 月，由广东省人民政府批准建立珠江口中华白海豚自然保护区。2003 年 6 月，由国务院正式批准晋升为国家级自然保护区。该保护区的建立不但最大限度地减少了人为干扰，在挽救濒危的中华白海豚种群，同时，也保护了珠江口水域自然环境的生物多样性，修复了海洋生态系统，增殖了渔业资源，为经济可持续发展提供了保障。2005 年，成立东莞黄唇鱼市级自然保护区，主要保护珍稀、濒危黄唇鱼资源及其赖以生存水域的生态环境、野生动植物资源及生物多样性。据不完全统计，多年来该区域累计救护放生黄唇鱼 400 多尾，救护成功率达 80% 以上，使保护区的黄唇鱼数量逐渐增加。

近年来，珠江口资源量下降明显，主要因素为过度捕捞。不当的渔具渔法，也导致许多低龄幼鱼被捕捞，生长群体得不到有效补充。另外，受水体富营养化的影响，赤潮和胶质生物频繁暴发，阻碍了水体初级生产力向更高营养级传递。水生态系统食物网结构的变化，也可能是鱼类资源量显著下降的诱因。珠江三角洲沿海围垦和码头建设，使珠江口的水文地理条件发生巨大变化，导致鱼类的产卵场遭到严重破坏。如龙穴岛附近浅水区域一直是多种鱼类的产卵区域，但随着海洋开发及海沙开采，岸线和浅滩变化巨大。监测表明，该区域鱼卵和仔、稚鱼种类和数量减少，可见洄游至该区域产卵的鱼类已经减少。

二、增殖技术策略建议

渔业资源增殖方法，主要包括人工放流、移植驯化、改善水域环境等。人工增殖放流是一项涉及育种、养殖、捕捞、生态及渔业管理等众多学科的渔业资源增殖养护措施。在实施增殖放流的过程中，要确保达到预期的效果，需综合考虑放流品种和水域适宜性、放流规格和时间以及水域生态容量等诸多要素。

资源增殖的首要目标是，在不损害野生资源的前提下，增加整个种群的规模大小和提高种群生长率。但是不合理的增殖或盲目驯化移植，导致天然水域生态系统遭到破坏，渔业资源逐渐衰退。开展增殖放流，应查明目标水域生态系统的结构和生态容纳量。增殖放流的对象并非越多越好，一般放流的数量与产量不完全成正比关系。放流数量过小，达不到应有的效果；放流过量，栖息空间变小、自身代谢产物污染环境以及饵料生物密度可能降低等影响生长和生存，导致产量下降。所以必须根据目标水域的生态容纳量，来确定合理的放流数量，多放不但无益，反而增加了成本，也增加了对放流水域的生态环境压力。因此，在珠江口水域实施增殖放流活动前，应对该水域生态容量进行科学评估，以提高增殖放流的效果。

Hamasaki 等研究指出，要保证放流的成功，需要研究合适的放流策略，才能提高养殖幼体放流后的存活率。放流地点（生境）、时间（季节）、规格、中间培育（暂养）和放流方式，均属于放流策略的范畴。其中，增殖放流种类栖息地适宜性评价，对于增殖幼体成活率至关重要。不同放流物种或者同一物种的不同生活史阶段，对放流生境有着特殊的要求，这些需要可能是食物来源、底质类型及庇护场所等。因此，放流前应熟悉了解放流物种生理生态习性。在此基础上，有针对性地选择能适应珠江口特殊生境条件的物种开展增殖放流活动。

放流时间的选择，是影响渔业资源增殖养护效果的另一重要因子。如 Cresswell 指出，春季放流鲑科（Salmonoid）鱼类有较高的成活率。周永东对近 20 年来浙江沿海渔业资源增殖放流进行了总结，认为大黄鱼适宜的放流时间为每年的 6 月底至 7 月初较合适，适宜黑鲷放流的时间为每年的 6 月底至 10 月中旬。珠江口位于咸淡水交界处，是许多河口鱼类（如斑鰶等）在特定时期繁殖索饵的重要场所。因此，在珠江口水域开展增殖放流活动，应综合考虑特定时期放流群体与自然繁殖或索饵群体之间可能存在的互作机制。如李文抗等指出，中国明对虾在北部海域适宜放流的时间为 5 月中下旬，南方海域可适当提早，提前放苗可避开敌害生物索饵、繁殖旺季对其存活率的影响，同时延长了中国明对虾的生长时间，使得成虾规格更大，产生更高经济效益；更为有利的是，可以与自然海域野生种群区分开，达到相对标志放流的效果，便于监测调查和统计分析。一般来说，放流对象的规格与对环境的适应能力成正相关关系。如 Johannsson 等根据大西洋鲑回捕率研究发现，规格较大个体对环境适应能力相对较强，存活率更高。然而，大的放流规格需要更长时间的培育，势必增大生产成本。所以，对于珠江口水域的增殖放流活动应在生产成本与增殖个体成活率之间进行权衡，以确定最优放流规格。另外，增殖放流应严格按照《水生生物增殖放流管理规定》以及相关技术规范开展。

根据农渔发〔2010〕44 号农业部关于印发《全国水生生物增殖放流总体规划（2011—2015）年》的通知，珠江口分水域适宜性评价如表 14-13。

表 14-13　珠江口分水域适宜性评价

重要放流海域	生态问题	功能定位	适宜放流物种
大亚湾	渔业资源衰退，水域荒漠化	生物灾害频发，渔民增收，濒危物种恢复，水物净化	花鲈、青石斑鱼、斜带石斑鱼、卵形鲳鲹、军曹鱼、紫红笛鲷、红笛鲷、星斑裸颊鲷、真鲷、平鲷、黑鲷、黄鳍棘鲷、断斑石鲈、三线矶鲈、花尾胡椒鲷、斑节对虾、竹节虾、长毛对虾、墨吉对虾、刀额新对虾
伶仃洋海域	渔业资源衰退，水域荒漠化	渔民增收，生物灾害频发，水物净化	花鲈、青石斑鱼、斜带石斑鱼、真鲷、平鲷、黑鲷、黄鳍棘鲷、长毛对虾、墨吉对虾、刀额新对虾
万山群岛	渔业资源衰退，水域荒漠化	生物灾害频发，渔民增收，濒危物种恢复，水物净化	花鲈、青石斑鱼、斜带石斑鱼、军曹鱼、紫红笛鲷、红笛鲷、星斑裸颊鲷、真鲷、平鲷、黑鲷、黄鳍棘鲷、三线矶鲈、花尾胡椒鲷、斑节对虾、竹节虾、长毛对虾、墨吉对虾、刀额新对虾

基于 Ecopath 模型，中国水产科学研究院南海水产研究所（刘岩等，2019）对珠江口 6 种增殖放流种类生态容纳量进行估算。结果表明，花鲈（*Lateolabrax japonicus*）、黑

鲷（*Acanthopagrus schlegelii*）、黄鳍棘鲷（*A. latus*）、长毛对虾（*Penaeus penicillatus*）、墨吉对虾（*P. monodon*）和波纹巴非蛤（*Paphia undulata*）的最大容纳量分别为 0.094 t/km²、0.500 t/km²、0.650 t/km²、1.580 t/km²、1.610 t/km² 和 75.870 t/km²。

三、增殖养护管理对策建议

针对珠江口渔业资源衰退现状，降低捕捞强度，是珠江口渔业资源恢复的必要措施，鼓励和发展远洋渔业和水产养殖业。根据珠江口的渔业资源情况，对渔船和捕捞强度、捕捞方式进行控制，对捕捞网具进行严格限制。引导传统捕捞渔业转产专业，从传统渔民转型为水产养殖从业者，从捕鱼人转变为养鱼户。渔业主管部门在 2001 年便制定和实施了沿海渔民转产转业政策，引导渔民发展现代化养殖业、水产品加工和流通业、休闲渔业等，既减缓过度捕捞对日益枯竭的自然资源的压力，又解决和改善渔民上岸的民生问题，增加渔民收入，对自然资源和社会经济发展都十分有益。

相关职能部门要加强珠江口渔业资源和环境保护监督管理。在珠江口周边区域要建立和完善严格的污染物排放制度，防止珠江口生态环境进一步恶化。适当延长休渔期，增设禁渔区，进一步开展人工鱼礁建设，扩大增殖放流范围，以科学的人为干预手段加速渔业资源的恢复。有报道显示，2007 年休渔前后，在珠江口海域掺缯网作业的总渔获量增加了 10.8 倍，拖虾网作业的总渔获量增加了 5.6 倍。珠江口休渔期是在多数鱼类产卵的高峰期，主要保护繁殖群体和鱼类幼体的早期发育，但是仍然有多种经济鱼类的产卵期处于休渔期外。为了更好地保护好这些资源，在珠江口海域内寻找合适的鱼类产卵主要区域，设立永久性的禁渔区，更好地保护鱼类产卵和幼体的发育。建设人工鱼礁并辅以关键生物种类的增殖放流，是目前被国内外实践证明对保护和恢复海洋渔业资源最为有效的途径之一。

第十五章　江门海域示范区

第一节　气候地理特征

一、温度

海水温度年平均为 24.2℃，季节变化明显。冬季水温 16.3～18.5℃，平均水温 17.6℃，底层水比表层水高 0.1～0.6℃；春季水温 20.3～25.6℃，平均水温 22.7℃，表层水比底层水高 0.5～3.3℃；夏季水温 24.7～31.2℃，平均水温 28.6℃，表层水比底层水高 0.2～4.4℃；秋季水温 27.7～30.3℃，平均 28.4℃，表层水比底层水高 0.1～0.6℃。

二、海水盐度

因受径流所形成的低盐沿岸水体和外海高盐度水体的相互制约和消长的影响，盐度的变化和分布随水域状况而变化。4 个季度表层水盐度普遍低于底层水，且崖门潭江入海径流对盐度有明显冲淡的作用。

三、潮汐

潮汐类型属不正规半日潮。最高潮位 2.76 m，最低潮位－1.64 m，平均高潮位为 0.62 m，平均低潮位为－0.57 m，平均潮差为 1.15～1.48 m；实测最大潮差烽火角为 3.16 m，推算上、下川岛最大潮差为 3.08 m，平均海平面逐年最大波动值在 0.20 m 以下。

四、海流

海流以潮流为主，潮流为往复流性质，一般落潮流速大于涨潮流速。最大可能潮流流速最大值为 1.06 m/s，最小值为 0.10 m/s。

五、波浪

以 3 级为主，属小风区波浪，主要波向为东-南向，频率占 94.4%，平均波高为 1.22 m。

第二节　海水水质

江门市地处广东省中南部，位于珠江三角洲的西部，东邻佛山市的南海区、顺德区以及中山市，东南部与珠海市斗门区相接，西连阳江市的阳东区、阳春市，北靠云浮市的新兴县和佛山市的高明区，南濒广阔的南海。

江门市海洋自然资源丰富，所辖海域面积 30 198 km²。其中，领海基线内海域面积约 2 918 km²，海岸线曲折，大陆海岸线长 412.4 km。岛屿众多，有大小海岛 271 个。其中，海岛面积大于 500 m² 的 99 个，海岛面积大于 1 km² 有 10 个，有居民海岛 6 个，海岛面积共 253.128 km²，海岛岸线长 365.8 km；另有干出礁 143 个，是广东省海岛最多的地级市。

为掌握江门市示范区海域生境质量的最新动态和本底情况，2016 年按春、夏、秋和冬 4 个季度开展了 4 次综合调查。根据《海洋监测规范》（GB 17378—2007）、《海洋调查规范》（GB/T 12763—2007）、《近岸海域环境监测规范》（HJ 442—2008）等相关规定，结合海湾的地理形状、海湾利用的现状，选取 16 个水质调查站位，11 个沉积物和海洋生态站位，6 个潮间带生物调查站位，开展生态环境的现状调查。生态环境调查站位分布见图 15-1，渔业资源调查站位分布见图 15-2。

一、水温

4 个季节水温分布顺序为：夏季＞秋季＞春季＞冬季。季节变化明显，温度范围为 17.59～28.61℃，平均为 24.32℃。冬季水温分布范围为 16.3～18.5℃，春季水温分布范围为 20.3～25.6℃，夏季水温分布范围为 24.7～31.2℃，秋季水温分布范围为 27.7～30.3℃。春、夏两季整个海域水温变化幅度较大，秋、冬两季水温变幅不大。

二、盐度

4 个季节盐度分布顺序为：夏季＞秋季＞冬季＞春季。盐度范围为 17.99～27.42，平

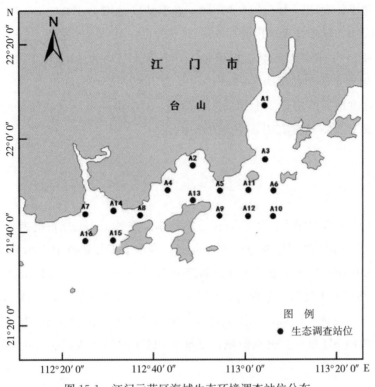

图 15-1 江门示范区海域生态环境调查站位分布

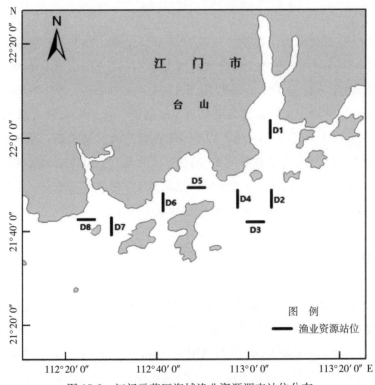

图 15-2 江门示范区海域渔业资源调查站位分布

均为 24.35。冬季盐度范围为 6.21～31.68，春季盐度范围为 1.08～26.75，夏季盐度范围为 2.27～75.23，秋季盐度范围为 5.69～36.63。崖门口外 S1 站位 4 个季节盐度均为最低，为 1.08～6.41。黄茅海区域盐度偏低，4 个季节平均为 13.57；广海湾、镇海湾及上、下川岛海域 4 个季节盐度为 4.22～19.31，下川岛西部海域和上川岛东部海域盐度偏高，4 个季度盐度最高值均位于上川岛东部海域。4 个季度表层水盐度普遍低于底层水，且崖门潭江入海径流对盐度有明显冲淡的作用。

三、pH

4 个季节 pH 分布顺序为：冬季＞春季＞秋季＞夏季。pH 分布范围为 7.78～8.09，平均为 7.98。冬季 pH 分布范围为 6.76～9.85，春季 pH 分布范围为 6.74～8.75，夏季 pH 分布范围为 6.89～8.34，秋季 pH 分布范围为 6.43～8.40。冬季以上、下川岛中间海域 S13 和 S21 站位 pH 最高，分别为 8.87 和 8.67；广海湾和黄茅海海域 pH 次之，分别为 7.56 和 7.53。在调查区域内，以上述 3 个海域为中心，向外扩散 pH 逐渐降低。春、秋两季黄茅海海域 pH 低于广海湾海域；夏季呈 pH 由岸到远海逐渐降低的趋势。

四、DO

4 个季节 DO 分布顺序为：春季＞秋季＞冬季＞夏季。DO 分布范围为 4.92～7.73 mg/L，平均为 6.36 mg/L。冬季 DO 分布范围为 5.67～7.14 mg/L，春季 DO 分布范围为 4.66～9.57 mg/L，夏季 DO 分布范围为 1.74～6.19 mg/L，秋季 DO 分布范围为 4.36～9.08 mg/L。冬季下川岛北部 S12 站点 pH 最低，黄茅海海域南部 S9 站位 pH 最高，分别为 5.67 mg/L 和 7.14 mg/L；春季 pH 在黄毛海区域最低，呈现由岸到远海逐渐上升的趋势；夏季上川岛东北部海域 S5 站位 pH 最低，上川岛东部海域 S9 站位 pH 最高，分别为 3.37 mg/L 和 5.72 mg/L；秋季镇海湾 S7 站位 pH 最低，上川岛东部海域 S11 站位 pH 最高，分别为 4.36 mg/L 和 8.21 mg/L。

五、COD

4 个季节 COD 分布顺序为：春季＞秋季＞夏季＞冬季。COD 分布范围为 1.14～2.52 mg/L，平均为 1.80 mg/L。冬季 COD 分布范围为 0.79～2.28 mg/L，春季 COD 分布范围为 1.56～3.79 mg/L，夏季 COD 分布范围为 0.36～3.04 mg/L，秋季 COD 分布范围为 1.39～2.81 mg/L。冬季以黄茅海向外 COD 逐渐减小，上川岛东部 S16 站位最低，为 1.43 mg/L；春、夏两季均呈现由岸到远海 COD 逐渐减少的趋势；秋季 COD 由黄茅海向外逐渐降低。

六、无机氮

4个季节无机氮分布顺序为：春季＞秋季＞冬季＞夏季。无机氮分布范围为0.33～1.18 mg/L，平均为1.80 mg/L。冬季无机氮分布范围为0.08～2.12 mg/L，春季无机氮分布范围为0.66～1.70 mg/L，夏季无机氮分布范围为0.07～1.32 mg/L，秋季无机氮分布范围为0.09～0.70 mg/L。冬季无机氮由黄茅海向外逐渐降低，最低值位于外海的S32站位；春季无机氮呈现由岸到远海先增加后减小的趋势，最小值和最大值分别位于外海的S6和S10站位。春季无机氮以硝酸盐和氨氮为主，分别占50.4%和46.2%，亚硝酸盐含量很低，仅占3.4%。夏季无机氮呈现于调查海域由西至冬、由岸到远海逐渐减小的趋势。夏季无机氮以硝酸盐为主，占87.9%，亚硝酸盐占12.1%，氨氮仅占3.0%。秋季无机氮呈现由岸到远海逐渐减小的趋势。秋季无机氮以硝酸盐为主，占88.3%，亚硝酸盐占10.3%，氨氮仅占1.4%。

七、活性磷酸盐

4个季节活性磷酸盐分布顺序为：夏季＞秋季＞冬季＞春季。活性磷酸盐分布范围为0.005 1～0.016 7 mg/L，平均为0.010 3 mg/L。冬季活性磷酸盐分布范围为0.000 1～0.017 0 mg/L，平均为0.005 5 mg/L。冬季广海湾水域S3、S5和S6站位活性磷酸盐含量最低，平均值为0.000 2 mg/L；位于外海的S24站位活性磷酸盐含量最低，平均值为0.001 7 mg/L。春季活性磷酸盐分布范围为0.000 6～0.023 0 mg/L，平均为0.005 1 mg/L。春季崖门渔港水域S1站位活性磷酸盐含量最高，广海湾水域S2和S4站位活性磷酸盐最低，活性磷酸盐含量为0.000 6 mg/L。夏季活性磷酸盐分布范围为0.007 0～0.033 0 mg/L，平均为0.016 9 mg/L。夏季广海湾水域S2站位活性磷酸盐含量最高，活性磷酸盐含量分布呈现出以S2站点为中心，向外逐渐减小，最低值为是S13站位。秋季活性磷酸盐分布范围为－0.021～0.106 mg/L，平均为0.014 0 mg/L。秋季崖门渔港活性磷酸盐含量最高，以此向北部海域活性磷酸盐含量逐渐减少；上、下川岛附近水域活性磷酸盐含量次之，平均值为0.016 9 mg/L；广海湾水域S14站位活性磷酸盐含量最低。

八、石油类

4个季节无机氮分布顺序为：冬季＞秋季＞春季＞夏季。石油类分布范围为0.021～

0.038 mg/L，平均为 0.026 mg/L。冬季无机氮分布范围为 0.002～0.488 mg/L，最高值位于上川岛北部海域 S13 站位，最低值位于上川岛东部海域 S32 站位。春季无机氮分布范围为 0.011～0.031 mg/L，上川岛东北部海域 S5 站位表层水石油类含量分别为最小和最大，以 S15 站位为中心到两侧海域，石油类含量逐渐上升，整体变化幅度不大。夏季无机氮分布范围为 0.011～0.033 mg/L，由崖门渔港到黄茂海海域再到广海湾海域直至外海，石油类含量逐渐减少。秋季无机氮分布范围为 0.012～0.031 mg/L，黄茅海西部以及广海湾东部沿海区域石油烃含量较高，其次为上下川岛东北部海域，外海区域石油烃含量最低。

九、重金属

秋季 Hg 含量范围为 0.000 01～0.000 03 mg/L，平均为 0.000 02 mg/L，其他 3 个季节 Hg 含量均低于检出限。

冬季 As 含量范围为 0.001 3～0.004 1 mg/L，平均为 0.002 2 mg/L，S18、S22 和 S23 的 As 含量较高，范围为 0.002 2～0.002 7 mg/L，春季 As 含量范围为 0.001 0～0.001 7 mg/L，平均为 0.001 3 mg/L，整体变化幅度较小，夏季 As 含量范围为 0.001 2～0.003 2 mg/L，平均为 0.002 1 mg/L，As 含量最小值和最大值分别位于 S12 和 S15 站位；秋季 As 含量范围为 0.001 4～0.003 7 mg/L，平均为 0.002 1 mg/L。S3 站位 As 含量最低，S6 站位 As 含量最高。

冬季除 S19 和 S29 站位底层水和 S32 站位表层水 Cu 含量均低于检出限外，其余站位 Cu 含量范围为 0.000 2～0.005 2 mg/L，平均为 0.001 0 mg/L，S13 站位底层水 Cu 含量最高。春季 Cu 含量分布范围为 0.000 8～0.002 6 mg/L，平均为 0.001 9 mg/L，Cu 含量在 S4 站位表层水最高，S9 站位的底层水 Cu 含量最低。夏季 Cu 含量分布范围为 0.000 5～0.003 5 mg/L，平均为 0.002 3 mg/L，S3 站位的表层水 Cu 含量最低，S5 站位的表层水 Cu 含量最高。秋季 Cu 含量分布范围为 0.001 2～0.003 3 mg/L，平均为 0.001 9 mg/L，最低值和最高值分别为 S9 站位的底层水和 S6 站位的底层水。

冬季除 S7、S13 和 S25 站位底层水和 S11、S12、S15、S16、S27 和 S32 站位的表层水 Cd 含量均低于检出限外，其余站位 Cd 含量范围为 0.000 01～0.000 13 mg/L，平均为 0.000 04 mg/L，Cd 含量最高值为 S17 站位的表层水。春季 Cd 含量分布范围为 0.000 06～0.000 17 mg/L，平均为 0.000 11 mg/L，Cd 含量最高值和最低值分别为 S10 站位的表层水和 S5 站位的表层水。夏季 Cd 含量分布范围为 0.000 03～0.000 20 mg/L，平均为 0.000 10 mg/L，Cd 含量在 S3 站位表层水最高，S5 站位的底层水 Cd 含量最低。秋季 Cd 含量分布范围为 0.000 04～0.000 17 mg/L，平均为 0.000 02 mg/L，最低值位于

S1 站位，最高值位于 S6 站位的底层水。

冬季 Pb 含量范围为 0.000 09～0.007 96 mg/L，平均为 0.001 09 mg/L，Pb 含量最低值和最高值分别为 S25 站位和 S31 站位的底层水。春季 Pb 含量范围为 0.000 81～0.002 56 mg/L，平均为 0.001 57 mg/L，最低值和最高值分别为 S5 站位的底层水和表层水。夏季 Pb 含量范围为 0.000 26～0.003 46 mg/L，平均为 0.001 86 mg/L，S10 站位的底层水 Pb 含量最低，S12 站位的底层水 Pb 含量最高。秋季 Pb 含量范围为 0.001 00～0.002 64 mg/L，平均为 0.001 77 mg/L，S13 站位的底层水 Pb 含量最低，S10 站位的表层水 Pb 含量最高。

冬季除 S7 底层水 Zn 含量均低于检出限外，其余站位 Zn 含量范围为 0.001 2～0.028 0 mg/L，平均为 0.013 2 mg/L，S31 站位表层水 Zn 含量最高，S11 站位 Zn 含量最低。春季 Zn 含量范围为 0.009 0～0.021 0 mg/L，平均为 0.014 6 mg/L，S6 站位 Zn 含量最高，S10 站位 Zn 含量最低。夏季 Zn 含量范围为 0.010 9～0.005 0 mg/L，平均为 0.010 9 mg/L，Zn 含量最低值和最高值分别为 S12 站位的表层水和 S16 站位的底层水。秋季 Zn 含量范围为 0.001 4～0.003 7 mg/L，平均为 0.002 1 mg/L，Zn 含量最低值和最高值分别为 S15、S16 站位和 S9 站位。

第三节　初级生产力

一、叶绿素 a

江门海域春季海水叶绿素 a 浓度变化范围为 1.49～25.59 μg/L，平均为 5.98 μg/L；夏季海水叶绿素 a 浓度变化范围为 1.52～15.32 μg/L，平均为 4.45 μg/L；秋季海水叶绿素 a 浓度变化范围为 0.82～21.43 μg/L，平均为 3.46 μg/L；冬季海水叶绿素 a 浓度变化范围为 0.64～4.18 μg/L，平均为 2.01 μg/L。

从时间变化规律看，各航次调查海域海水叶绿素 a 浓度呈现春季（5.98 μg/L）＞夏季（4.45 μg/L）＞秋季（3.46 μg /L）＞冬季（2.01 μg/L）的变化特征。

二、初级生产力

江门海域春季海域初级生产力变化范围为 66.84～677.24 mg/（m² · d），平均为 397.38 mg/（m² · d）；夏季海域初级生产力变化范围为 42.52～1 152.93 mg/（m² · d），

平均为 373.63 mg/（m² · d）；秋季海域初级生产力变化范围为 30.70～2 335.26 mg/（m² · d），平均为 872.17 mg/（m² · d）；冬季海域初级生产力变化范围为 21.13～622.60 mg/（m² · d），平均为 198.12 mg/（m² · d）。

从时间变化规律看，各航次调查海域海水叶绿素 a 浓度呈现秋季［872.17 mg/（m² · d）］＞春季［397.38 mg/（m² · d）］＞夏季［373.63 mg/（m² · d）］＞冬季［198.12 mg/（m² · d）］的变化特征。

第四节　浮游植物

一、春季浮游植物

（一）种类组成和优势种

2016 年 4 月，调查共鉴定浮游植物 4 门 14 科 23 属 56 种（类）。硅藻门种类最多，共 13 属 40 种，占总种类数的 71.43%；甲藻门出现 6 属 10 种，占总种类数的 17.86%；蓝藻门出现 2 属 4 种，占总种类数的 7.14%；绿藻门出现 2 属 2 种，占总种类数的 3.57%。种类出现较多的属为硅藻门的角毛藻属（19 种）、根管藻属（11 种）和角藻属（7 种）。

浮游植物优势种为冰河拟星杆藻（*Asterionellopsis glacialis*）和中肋骨条藻（*Skeletonema costatum*）。各优势种的优势度为 0.936～0.952，平均丰度变化范围在 124.76×10⁴～132.51×10⁴ 个/m³，平均百分比为 38.5%～56.2%，合计占海域总丰度的 47.35%。

（二）丰度

浮游植物丰度变化范围为 2 903.99×10⁴～4 928.37×10⁴ 个/m³，丰度平均值为 3 696.73×10⁴ 个/m³，丰度变幅较大。其中，A10 站点浮游植物丰度最高，A8 站点浮游植物丰度最低，其他站位丰度范围为 3 013.51×10⁴～4 637.94×10⁴ 个/m³。

硅藻门丰度所占比例最高，各个站位硅藻门丰度占比为 99.32%～100.0%，占海域平均丰度的 99.08%；各个站点甲藻门丰度占比为 0.00～0.06%，占海域平均丰度的 0.04%；各个站点蓝藻门丰度占比为 0.00～0.34%，占海域平均丰度的 0.19%；各个站绿藻门丰度占比为 0.00～0.29%，占海域平均丰度的 0.19%。

（三）多样性指数与均匀度

各个站位浮游植物种类数范围为 15～41 种，种类相对较多。以 A10 站点种类最高，为 41 种；A6 和 A3 站点种类次之，分别为 32 种和 30 种；A2 点种类最少，为 15 种；其他站点种类数为 17～28 种。多样性指数范围为 0.24～0.42，平均为 0.30。均匀度指数范围为 0.10～0.29，平均为 0.16。A3、A6 和 A10 站点多样性指数和均匀度指数较高，A8 站点多样性指数和均匀度指数最低。总体而言，调查结果表明，各站位浮游植物种类一般，多样性水平一般。

二、夏季浮游植物

（一）种类组成和优势种

2016 年 8 月，调查共鉴定样品浮游植物 4 门 9 科 16 属 39 种（类）。硅藻门种类最多，共 10 属 29 种，占总种类数的 74.36%；甲藻门出现 4 属 7 种，占总种类数的 17.95%；蓝藻门出现 1 属 2 种，占总种类数的 5.13%；金藻门出现 1 属 1 种，占总种类数的 2.56%。种类出现较多的属为硅藻门的角毛藻属（13 种）、根管藻属（9 种）和角藻属（5 种）。

浮游植物优势种为洛氏角毛藻（*Chaetoceros lauderi*）、中肋骨条藻（*Skeletonema costatum*）和布氏双尾藻（*Ditylum brightwellii*）。各优势种的优势度为 0.774～0.905，平均丰度变化范围为 $16.83 \times 10^4 \sim 18.41 \times 10^4$ 个/m³，平均百分比为 26.4%～40.5%，合计占海域总丰度的 30.7%。

（二）丰度

浮游植物丰度变化范围为 $328.37 \times 10^4 \sim 939.80 \times 10^4$ 个/m³，丰度平均值为 748.84×10^4 个/m³，丰度变幅较大。其中，A4 站点浮游植物丰度最高，A10 站点浮游植物丰度最低，其他站位丰度范围为 $337.94 \times 10^4 \sim 906.52 \times 10^4$ 个/m³。

硅藻门丰度所占比例最高，各个站位硅藻门丰度占比为 92.50%～100.0%，占海域平均丰度的 96.75%；各个站点甲藻门丰度占比为 0.00～7.29%，占海域平均丰度的 3.10%；各个站点蓝藻门丰度占比为 0.00～0.30%，占海域平均丰度的 0.12%；各个站金藻门丰度占比为 0.00～0.04%，占海域平均丰度的 0.02%。

（三）多样性指数与均匀度

各个站位浮游植物种类数范围为 14～23 种，种类相对较多。以 A8 站点种类最高，为 23 种；A3 和 A5 站点种类次之，分别为 22 种和 20 种；A6 点种类最少，为 14 种；其他站点种类数为 15~19 种。多样性指数范围为 1.34~1.93，平均为 1.65。均匀度指数范围为 0.42~0.58，平均为 0.51。A3、A5 和 A8 站点多样性指数和均匀度指数较高，A6 站点多样性指数和均匀度指数最低。总体而言，调查结果表明，各站位浮游植物种类较少，多样性水平较低。

三、秋季浮游植物

（一）种类组成和优势种

2016 年 10 月，调查共鉴定样品浮游植物 5 门 11 科 27 属 68 种（类）。硅藻门种类最多，共 16 属 50 种，占总种类数的 73.53%；甲藻门出现 5 属 11 种，占总种类数的 16.18%；绿藻门出现 2 属 2 种，占总种类数的 2.94%；蓝藻门出现 1 属 4 种，占总种类数的 5.88%。金藻门出现 1 属 1 种，占总种类数的 1.47%。种类出现较多的属为硅藻门的角毛藻属（23 种）、根管藻属（15 种）和圆筛藻属（10 种）。

浮游植物优势种为旋链角毛藻（*Chaetoceros curvisetus*）、笔尖形根管藻（*Rhizosolenia styliformis*）、中肋骨条藻（*Skeletonema costatum*）、柔弱角毛藻（*Chaetoceros debilis*）、细弱海链藻（*Thalassiosira subtilis*）、柔弱几内亚藻（*Guinardia delicatula*）和大角角藻（*Ceratium macroceros*）。各优势种的优势度为 0.047~0.264，平均丰度变化范围为 $3.53×10^4$~$6.32×10^4$ 个/m³，平均百分比为 4.1%~25.3%，合计平均占海域总丰度的 13.07%。

（二）丰度

浮游植物丰度变化范围为 $39.10×10^4$~$50.38×10^4$ 个/m³，丰度平均值为 $44.38×10^4$ 个/m³，丰度变幅较小。其中，A4 站点浮游植物丰度最高，A2 站点浮游植物丰度最低，其他站位丰度范围为 $40.20×10^4$~$47.62×10^4$ 个/m³。

硅藻门丰度所占比例最高，各个站位硅藻门丰度占比为 92.61%~100.0%，占海域平均丰度的 96.18%；各个站点甲藻门丰度占比为 0.00~6.01%，占海域平均丰度的 3.09%；各个站点蓝藻门丰度占比为 0.00~0.89%，占海域平均丰度的 0.49%；各个站点绿藻门丰度占比为 0.00~0.59%，占海域平均丰度的 0.30%；各个站点金藻门丰度占比为 0.00~0.32%，占海域平均丰度的 0.18%。

（三）多样性指数与均匀度

各个站位浮游植物种类数范围为 30~61 种，种类相对较多。以 A7 站点种类最高，为 71 种；A4 和 A5 站点种类次之，分别为 66 种和 57 种；A1 点种类最少，为 30 种；其他站点种类数为 34~43 种。多样性指数范围为 3.15~4.63，平均为 3.87。均匀度指数范围为 0.53~0.72，平均为 0.63。A4、A5 和 A7 站点多样性指数和均匀度指数较高，A10 站点多样性指数和均匀度指数最低。总体而言，调查结果表明，各站位浮游植物种类丰富，多样性水平丰富。

四、冬季浮游植物

(一) 种类组成和优势种

2016 年 1 月，调查共鉴定样品浮游植物 5 门 14 科 24 属 57 种（类，含变种和变形）。硅藻门种类最多，共 14 属 39 种，占总种类数的 68.42%；甲藻门出现 5 属 9 种，占总种类数的 15.79%；绿藻门出现 2 属 6 种，占总种类数的 10.53%；蓝藻门出现 2 属 2 种，占总种类数的 3.51%；隐藻门出现 1 属 1 种，占总种类数的 1.75%。种类出现较多的属为硅藻门的角毛藻属（21 种）、根管藻属（12 种）和角藻属（9 种）。

浮游植物优势种为中肋骨条藻（*Skeletonema costatum*）、旋链角毛藻（*Chaetoceros curvisetus*）、拟弯角毛藻（*Chaetoceros pseudocurvisetus*）、丹麦细柱藻（*Leptocylindrus danicus*）、刚毛根管藻（*Rhizosolenia setigera*）和三叉角藻（*Ceratium trichoceors*）。各优势种的优势度为 0.056~0.215，平均丰度变化范围为 27.58×10^4~45.21×10^4 个/m^3，平均百分比为 38.5%~56.2%，合计平均占海域总丰度的 22.93%。

(二) 丰度

浮游植物丰度变化范围为 371.94×10^4~526.37×10^4 个/m^3，丰度平均值为 442.86×10^4 个/m^3，丰度变幅不大。其中，A32 站点浮游植物丰度最高，A12 站点浮游植物丰度最低，其他站位丰度范围为 377.78×10^4~511.26×10^4 个/m^3。

硅藻门丰度所占比例最高，各个站位硅藻门丰度占比为 86.43%~100.0%，占海域平均丰度的 92.05%；各个站点甲藻门丰度占比为 0.00~13.57%，占海域平均丰度的 7.95%。

(三) 多样性指数与均匀度

各个站位浮游植物种类数范围为 27~45 种，种类相对较多。以 A32 站点种类最高，为 45 种；A31 和 A25 站点种类次之，分别为 44 种和 41 种；A14 点种类最少，为 27 种；其他站点种类数为 28~39 种。多样性指数范围为 1.34~2.16，平均为 1.63。均匀度指数范围为 0.51~0.78，平均为 0.60。A25、A31 和 A32 站点多样性指数和均匀度指数较高，

A16 站点多样性指数和均匀度指数最低。总体而言，调查结果表明，各站位浮游植物种类丰富，多样性水平较高。

第五节　浮游动物

一、春季浮游动物

（一）种类组成

2016 年 4 月，调查调查共出现浮游动物 88 种（类）。其中，桡足类 25 种，占总种类数的 28.41%；水母类 17 种，占总种类数的 19.32%；毛颚类 8 种，占总种类数的 9.09%；端足类、异足类和被囊类各 5 种，分别占总种类数的 5.68%；原生动物 3 种，占总种类数的 3.41%；枝角类、磷虾类、糠虾类和十足类各 2 种，分别占总种类数的 2.27%；莹虾类 1 种，占总种类数的 1.14%；浮游幼体 11 类，占总种类数的 12.50%。

（二）优势种

春季出现 7 种（类）优势种。其中，浮游幼体 3 类，枝角类 2 种，桡足类 1 种，原生动物 1 种。以原生动物的夜光虫优势度最高，为 0.35，仅出现在 S5～S10 站位，平均栖息密度为 650.40 尾/m³，主要密集分布于 S5～S7 站位，密度最高的 S5 达 1 909.41 尾/m³；刺尾纺锤水蚤优势度不高（为 0.04），分布也不均，其密度仅见于 S7 站位较高（388.89 尾/m³）；其他优势种的优势度也不高，但在整个调查海域均有分布。

（三）栖息密度与生物量

浮游动物栖息密度变化范围为 52.00～1 992.37 尾/m³，平均为 665.24 尾/m³。不同站位间的浮游动物栖息密度不同，以 S5 最高，主要密集分布于 S5～S7，S3 最低。浮游动物生物量为 3.00～294.12 mg/m³，平均为 90.71 mg/m³，其中以 S5 最高，S3 最低。浮游动物生物量与栖息密度的平面分布趋势相似。

（四）多样性水平

浮游动物种类数范围在 18～86 种，平均 34 种。种类最多的出现在 S10，最少的出现在 S1；多样性指数变化范围为 0.42～4.26，平均为 2.81，以 S10 最高，S5 最低；均匀度变化范围为 0.08～0.94，均值为 0.58，以 S3 最高，S5 最低。

根据陈清潮等（2001）提出的生物多样性阈值评价标准，即 $Dv>3.5$ 为非常丰富，$2.6\sim3.5$ 为丰富，$1.6\sim2.5$ 为较好，$0.6\sim1.5$ 为一般，<0.6 为差，来衡量该水域浮游动物群落结构状况。本次调查，水域多样性阈值变化范围为 $0.04\sim3.75$，均值为 1.86，多样性较好；其中 S3 属Ⅰ类水平，多样性非常丰富；S9 和 S10 属Ⅱ类水平，多样性丰富；S7 属Ⅳ类水平，多样性一般；S5 和 S6 属于Ⅴ类水平，多样性差；其他均属Ⅲ类水平，多样性较好。

二、夏季浮游动物

（一）种类组成

2016 年 8 月，调查共出现浮游动物 87 种（类）。其中，桡足类 29 种，占总种类数的 33.33%；水母类 14 种，占总种类数的 16.09%；被囊类 6 种，占总种类数的 6.90%；异足类和毛颚类各 5 种，分别占总种类数的 5.75%；介形类 4 种，占总种类数的 4.60%；端足类 3 种，占总种类数的 3.45%；原生动物、枝角类、磷虾类、糠虾类和莹虾类各 2 种，分别占总种类数的 2.30%；浮游幼体 11 类，占总种类数的 12.64%。

（二）优势种

夏季出现 6 种（类）优势种，其中，浮游幼体 4 类，枝角类 2 种。以枝角类的鸟喙尖头溞优势度最高，为 0.38，平均栖息密度为 96.41 尾/m³，在 A2、A6、A9 和 A10 站位的密度相对较高，均高于 100 尾/m³；其次是肥胖三角溞，优势度为 0.17，平均栖息密度为 41.58 尾/m³，仅 A2 密度高于 100 尾/m³，其他站位密度均较低；优势浮游幼体的优势度和平均栖息密度均较低，几乎在整个调查海域均有分布。

（三）栖息密度与生物量

浮游动物栖息密度变化范围为 $60.00\sim518.35$ 尾/m³，平均为 250.95 尾/m³。不同站位间的浮游动物栖息密度不同，以 A2 最高，A1 最低。

浮游动物生物量平均为 44.07mg/m³，其中，以 A2 最高，为 100 mg/m³；A1 由于栖息密度较低，且基本为小型浮游动物，在分析天平上未能显示其湿重生物量。浮游动物生物量与栖息密度的平面分布趋势相似。

（四）多样性水平

浮游动物种类数范围在 $9\sim74$ 种，平均 39 种。种类最多的出现在 A10，最少的出现在 A1；多样性指数变化范围在 $2.07\sim4.72$，平均为 3.30，以 A7 最高，A9 最低；均匀度变化范围 0.37～0.86，均值为 0.67，以 A1 最高，A9 最低。

根据陈清潮等提出的生物多样性阈值评价标准，即 $Dv>3.5$ 为非常丰富，2.6～3.5 为丰富，1.6～2.5 为较好，0.6～1.5 为一般，<0.6 为差，来衡量该水域浮游动物群落结构状况。本次调查，水域多样性阈值变化范围为 0.77～3.97，均值为 2.28，多样性较好；其中，A7 属 Ⅰ 类水平，多样性非常丰富；A5 和 A8 属 Ⅱ 类水平，多样性丰富；A6、A9 和 A10 属 Ⅳ 类水平，多样性一般；其他均属 Ⅲ 类水平，多样性较好。

三、秋季浮游动物

（一）种类组成

2016 年 10 月，调查共出现浮游动物 47 种（类）。其中，桡足类 26 种，占总种类数的 55.32%；被囊类 5 种，占总种类数的 10.64%；原生动物和枝角类各 2 种，分别占总种类数的 4.26%；磷虾类、糠虾类、莹虾类和毛颚类各仅 1 种，分别占总种类数的 2.13%；浮游幼体 8 类，占总种类数的 17.02%。

（二）优势种

秋季出现 8 种（类）优势种，其中，浮游幼体 4 类，桡足类 3 种，枝角类 1 种。以桡足类幼体优势度最高，为 0.36，平均栖息密度为 61.46 尾/m³；其次是强额拟哲水蚤、长尾类幼体和鱼卵，优势度为 0.08～0.09，平均栖息密度均大于 10 尾/m³；其他优势种的优势度和平均栖息密度均较低。该海域优势种分布较均匀，几乎在整个调查海域均有分布。

（三）栖息密度与生物量

浮游动物栖息密度变化范围为 37.91～320.37 尾/m³，平均为 169.18 尾/m³。不同站位间的浮游动物栖息密度不同，以 S14 最高，S6 最低。

浮游动物生物量变化范围为 5.60～31.00 mg/m³，平均为 19.12mg/m³，其中，以 S3 最高，S6 最低。浮游动物生物量与栖息密度的平面分布趋势相似。

（四）多样性水平

浮游动物种类数范围在 17～33 种，平均 24 种。种类最多的出现在 S9，最少的出现在 S1；多样性指数变化范围在 2.93～3.81，平均为 3.25，以 S5 最高，S14 最低；均匀度变化范围 0.62～0.87，均值为 0.72，以 S5 最高，S10 最低。

根据陈清潮等提出的生物多样性阈值评价标准，即 $Dv>3.5$ 为非常丰富，2.6～3.5

为丰富，1.6～2.5 为较好，0.6～1.5 为一般，＜0.6 为差，来衡量该水域浮游动物群落结构状况。本次调查，水域多样性阈值变化范围为 1.90～3.30，均值为 2.35，多样性较好；其中，S5 属Ⅱ类水平，多样性丰富；其他均属Ⅲ类水平，多样性较好。

四、冬季浮游动物

（一）种类组成

2016 年 1 月，调查共出现浮游动物 74 种（类）。其中，桡足类 24 种，占总种类数的 32.43%；水母类 10 种，占总种类数 13.51%；毛颚类 6 种，占总种类数 8.11%；被囊类 5 种，占总种类数的 6.76%；磷虾类和异足类各 4 种，分别占总种类数的 5.41%；原生动物和端足类各 3 种，分别占总种类数 4.05%；枝角类、莹虾类和被囊类各 2 种，分别占总种类数 2.70%；长臂虾类仅 1 种，占总种类数的 1.35%；浮游幼虫 10 类，占总种类数 13.51%。该水域浮游动物种类数一般，主要为沿岸种。

（二）优势种

秋季出现 5 种优势种，其中，桡足类 2 种，原生动物 1 种，枝角类 1 种，浮游幼虫 1 类。以原生动物的夜光虫（*Noctiluca scintillans*）优势度最高，为 0.52，栖息密度为 82.68 尾/m³；其次为锥形宽水蚤（*Temora turbinata*），优势度为 0.13，栖息密度为 13.55 尾/m³；其他优势种的优势度均较低。

（三）栖息密度与生物量

浮游动物栖息密度变化范围为 38.71～674.55 尾/m³，平均为 141.60 尾/m³。不同站位间的浮游动物栖息密度不同，以 A14 最高，A27 最低。

浮游动物生物量为 2.50～31.25mg/m³，平均为 11.65 mg/m³，其中，以 A29 最高，A3 最低。浮游动物生物量与栖息密度的平面分布存在一定差异。

（四）多样性水平

各站位浮游动物种类数范围在 11～47 种，平均 28 种。种类最多的出现在 A32，最少的出现在 A3；多样性指数变化范围在 1.12～4.76，平均为 2.92，以 A29 最高，A14 最低；均匀度变化范围 0.22～0.86，均值为 0.63，以 A29 最高，A14 最低。

根据陈清潮等提出的生物多样性阈值评价标准，即 $Dv>3.5$ 为非常丰富，2.6～3.5 为丰富，1.6～2.5 为较好，0.6～1.5 为一般，＜0.6 为差，来衡量该水域浮游动物群落结构状况。本次调查，水域多样性阈值变化范围为 0.25～4.10，均值为 1.98，多样性较好；其中，A27 和 A29 属 I 类水平，多样性非常丰富；A12 和 A25 属 II 类水平，多样性丰富；A3、A10、A21、A22 和 A32 属 IV 类水平，多样性一般；A14 和 A16 属于 V 类水平，多样性差；其他站位均属 III 类水平，多样性较好。

第六节　底栖生物

一、春季大型底栖生物

（一）种类组成和生态特征

2016 年 4 月调查，共出现包括纽形动物、环节动物、星虫动物、螠虫动物、软体动物、节肢动物和棘皮动物共 7 门 22 科 29 种。其中，环节动物 8 科 11 种，占总种类数的 37.93%；软体动物 6 科 9 种，占总种类数的 31.03%；节肢动物 3 科 4 种，占总种类数的 13.79%；纽形动物 2 科 2 种，占总种类数的 6.90%；螠虫动物、星虫动物和棘皮动物各 1 科 1 种，各占总种类数的 3.45%。

环节动物主要代表种为中华内卷齿蚕、白色吻沙蚕、背蚓虫、背毛背蚓虫、膜质伪才女虫等；软体动物代表种主要为肋昌螺、粗帝汶蛤、辐射荚蛏等；节肢动物主要代表种为裸盲蟹、日本鼓虾、钩虾等，其他代表种还有光滑倍棘蛇尾、短吻铲荚螠、无沟纽虫等。

（二）优势种和优势度

调查出现的 29 种生物中，优势度在 0.02 以上的优势种有 7 种，分别为光滑倍棘蛇尾、无沟纽虫、背蚓虫、中华内卷齿蚕、膜质伪才女虫、白色吻沙蚕。这 7 种生物出现站位数和出现数量范围分别为 4～5 站和 7～20 个，优势度范围为 0.020 0～0.071 4；其他 22 种生物出现站位数和数量均分别为 1～4 站和 1～8 个，优势度均小于 0.02。

（三）生物量及栖息密度

底栖生物的总平均生物量为 31.90g/m²，平均栖息密度为 140.00 尾/m²。生物量的组成以软体动物和棘皮动物相对较高，生物量分别为 9.40 g/m² 和 9.17 g/m²，分别占总生物量的 29.47% 和 28.75%；其次为螠虫动物和环节动物，分别占总生物量的 24.20% 和 9.03%；其他 3 类生物的生物量相对较低，均未超过总生物量的 5.00%。栖息密度方面，以环节动物最高，栖息密度为 55.00 尾/m²，占总栖息密度的 39.29%；其次为软体动物，占总栖息密度的 23.57%；棘皮动物则占总栖息密度的 14.29%；其他 4 类生物的栖息密度相对较低，均未超过总栖息密度的 8.00%。

调查区海域内各站位底栖生物的生物量差异较大，最高生物量出现在 A10 号站，其生物量为 86.20g/m²；其次为 A8 号站，生物量为 58.80g/m²；最低生物量出现在 A1 号站，生物量仅为 1.40g/m²。最高生物量是最低生物量的 61.57 倍。栖息密度方面，最高出现在 A6 号站，栖息密度为 240.00 尾/m²；最低栖息密度出现在 A1 号站，为 30.00 尾/m²。最高栖息密度是最低栖息密度的 8.00 倍。

（四）生物多样性指数及均匀度

大型底栖生物多样性指数变化范围为 0.918 3～3.355 4，平均为 2.449 9；均匀度分布范围为 0.818 1～1.000 0，整个海区均匀度指数的平均值为 0.930 5。

二、夏季大型底栖生物

（一）种类组成和生态特征

2016 年 8 月调查，共出现包括纽形动物、环节动物、螠虫动物、软体动物、节肢动物共 5 门 19 科 25 种。其中，环节动物 10 科 13 种，占总种类数的 52.00%；软体动物 6 科 9 种，占总种类数的 36.00%；节肢动物、螠虫动物和纽形动物各 1 科 1 种，各占总种类数的 4.00%。环节动物主要代表种为中华内卷齿蚕、小头虫、背蚓虫、膜质伪才女虫等；软体动物代表种主要为肋鲳螺、棒锥螺、辐射荚蛏等；节肢动物主要代表种为裸盲蟹；其他代表种还有短吻铲荚螠等。

（二）优势种和优势度

调查出现的 25 种生物中，优势度在 0.02 以上的优势种有 5 种，分别为中华内卷齿蚕、膜质伪才女虫、短吻铲荚螠、棒锥螺和小头虫。这 5 种生物出现站位数和出现数量范围分别为 3～5 站和 9～16 个，优势度范围为 0.022 4～0.058 0；其他 20 种生物出现站位数和数量均分别为 1～3 站和 1～6 个，优势度均小于 0.02。

（三）生物量及栖息密度

底栖生物的总平均生物量为 53.82 g/m²，平均栖息密度为 148.89 尾/m²。生物量的组成以软体动物相对较高，生物量分别为 34.18 g/m²，占总生物量的 63.50%；其次为螠虫动物和环节动物，占总生物量的 26.82% 和 7.45%；其他 2 类生物的生物量相对较低，均未超过总生物量的 2.00%。栖息密度方面，以环节动物最高，栖息密度为 76.67 尾/

m²，占总栖息密度的 51.49%；其次为软体动物和螠虫动物，分别占总栖息密度的 29.10% 和 11.94%；其他 2 类生物的栖息密度相对较低，均未超过总栖息密度的 5.00%。

调查区海域内各站位底栖生物的生物量差异较大，最高生物量出现在 A14 号站，其生物量为 267.70 g/m²；其次为 A13 号站，生物量为 86.30 g/m²；最低生物量出现在 A1 号站，生物量仅为 0.20 g/m²。最高生物量是最低生物量的 1 338.50 倍。栖息密度方面，最高出现在 A14 号站，栖息密度为 260.00 尾/m²；最低栖息密度出现在 A1 号站，为 10.00 尾/m²。最高栖息密度是最低栖息密度的 26.00。

（四）生物多样性指数及均匀度

大型底栖生物多样性指数变化范围为 2.052 0～3.177 6，平均为 2.536 5；均匀度分布范围为 0.793 8～0.973 2，整个海区均匀度指数的平均值为 0.917 2。

三、秋季大型底栖生物

（一）种类组成和生态特征

2016 年 10 月调查，共出现包括腔肠动物、纽形动物、环节动物、星虫动物、螠虫动物、软体动物、节肢动物、棘皮动物和脊索动物共 9 门 27 科 30 种。其中，软体动物 9 科 11 种，占总种类数的 36.67%；环节动物 6 科 7 种，占总种类数的 23.33%；节肢动物 4 科 4 种，占总种类数的 13.33%；棘皮动物 3 科 3 种，占总种类数的 10.00%；腔肠动物、纽形动物、星虫动物、螠虫动物和脊索动物各 1 科 1 种，各占总种类数的 3.33%。

环节动物主要代表种为中华内卷齿蚕、膜质伪才女虫等；软体动物代表种主要为棒锥螺、线纹玉螺、小亮樱蛤等；节肢动物主要代表种为裸盲蟹；其他代表种还有短吻铲荚螠、光滑倍棘蛇尾等。

（二）优势种和优势度

调查出现的 30 种生物中，优势度在 0.02 以上的优势种有 3 种，分别为膜质伪才女虫、中华内卷齿蚕、短吻铲荚螠。这 3 种生物出现站位数和出现数量范围分别为 4～7 站和 16～79 个，优势度范围为 0.029 4～0.253 7；其他 27 种生物出现站位数和数量均分别为 1～3 站和 1～13 个，优势度均小于 0.02。

（三）生物量及栖息密度

底栖生物的总平均生物量为 50.45 g/m²，平均栖息密度为 218.00 尾/m²。生物量的组成以软体动物相对较高，生物量为 31.70 g/m²，占总生物量的 62.83%；其次为环节动物和螠虫动物，占总生物量的 18.37％和 12.31％；其他 6 类生物的生物量相对较低，均未超过总生物量的 3.00％。栖息密度方面，以环节动物最高，栖息密度为 141.00 尾/m²，占总栖息密度的 64.68％；其次为软体动物和螠虫动物，分别占总栖息密度的 17.89％和 7.34％；其他 6 类生物的栖息密度相对较低，均未超过总栖息密度的 5.00％。

调查区海域内各站位底栖生物的生物量差异较大，最高生物量出现在 A14 号站，其生物量为 245.70 g/m²；其次为 A6 号站，生物量为 80.30 g/m²；最低生物量出现在 A3 号站，生物量仅为 1.10 g/m²。最高生物量是最低生物量的 223.36 倍。栖息密度方面，最高出现在 A6 号站，栖息密度为 920.00 尾/m²；最低栖息密度出现在 A3 号站，为 30.00 尾/m²。最高栖息密度是最低栖息密度的 30.67 倍。

（四）生物多样性指数及均匀度

大型底栖生物多样性指数变化范围为 0.650 0～2.781 0，平均为 1.977 5；均匀度分布范围为 0.507 8～1.000 0，整个海区均匀度指数的平均值为 0.835 9。

四、冬季大型底栖生物

（一）种类组成和生态特征

2016 年 1 月调查，共出现包括腔肠动物、纽虫动物、环节动物、星虫动物、螠虫动物、软体动物、节肢动物、棘皮动物和脊索动物共 9 门 30 科 36 种。其中，种类数相对较多的为环节动物和软体动物，环节动物为 10 科 14 种，占总种类数的 38.89％；软体动物为 10 科 10 种，占总种类数的 27.78％。

环节动物主要代表种为膜质伪才女虫、背蚓虫、中华内卷齿蚕、小头虫、弦毛内卷齿蚕、角海蛹等；软体动物代表种主要为光滑河篮蛤、粗帝汶蛤等。

（二）优势种和优势度

调查出现的 36 种生物中，优势度在 0.02 以上的优势种有 2 种，分别为膜质伪才女虫和背蚓虫。出现站位数和出现数量范围分别为 6～9 站和 17～37 个，优势度范围为 0.025 3～0.082 6；其他 34 种生物出现站位数和数量范围分别为 1～6 站和 1～22 个，优势度均小于 0.02。

（三）生物量及栖息密度

底栖生物的总平均生物量为 4.56 g/m²，平均栖息密度为 124.44 nd/m²。生物量的组成以软体动物、节肢动物和腔肠动物相对较高，生物量分别为 5.09 g/m²、3.31 g/m² 和

2.12 g/m²，分别占总生物量的 34.99%、22.70% 和 14.57%；其次为节肢动物、棘皮动物和蠕虫动物；其他 3 类生物的生物量相对较低。栖息密度方面，以环节动物最高，栖息密度为 75.00 尾/m²，占总栖息密度的 60.27%；其次为软体动物，占总栖息密度的 21.43%；其他 6 类生物的栖息密度相对较低，均未超过总栖息密度的 7.00。

调查区海域内各站位底栖生物的生物量差异较大，最高生物量出现在 A4 号站，其生物量为 55.00 g/m²，其次为 A17 号站，生物量为 51.50 g/m²，最低生物量出现在 A1 号站，生物量仅为 0.20 g/m²，最高生物量是最低生物量的 275.00 倍。栖息密度方面，最高出现在 A4 号站，栖息密度为 350.00 尾/m²；其次为 A25 号站，栖息密度为 220.00 尾/m²；最低栖息密度出现在 A1 号站，为 10.00 尾/m²，最高栖息密度是最低栖息密度的 35.00 倍。

（四）生物多样性指数及均匀度

大型底栖生物多样性指数变化范围为 0.811 3~2.753 4，平均为 2.047 0；均匀度分布范围为 0.668 9~0.985 5，整个海区均匀度指数的平均值为 0.895 0。

第七节 渔业资源

一、渔获种类组成

调查捕获游泳生物经鉴定有 75 种，其中，鱼类有 49 种，甲壳类和头足类分别为 20 种和 6 种。

在本次调查中出现的主要经济种类有红笛鲷、黑鲷、真鲷、二长棘鲷、花鲈、康氏马鲛、灰鲳、银鲳、带鱼、斑鰶、鳓鱼、多齿蛇鲻、长蛇鲻、线鳗鲇、前鳞骨鲻、黄斑篮子鱼、四指马鲅、六指马鲅、日本十棘银鲈、长棘银鲈、短棘银鲈、日本金线鱼、银牙鰔、细鳞鲗、鲾、黄带绯鲤、杜氏枪乌贼、剑尖枪乌贼、曼氏无针乌贼、锈斑蟳、宽突赤虾、红斑对虾等，这些种类约占渔获量的 65.62% 左右；而低值鱼如康氏小公鱼、月腹刺鲀、粗纹鲀、短吻鲀等，约占总渔获量的 34.38% 左右。

二、渔获率

调查中游泳生物的平均渔获率为 38.074 kg/h，其中，鱼类的平均渔获率为 32.268

kg/h，占游泳生物的 84.75%；头足类的平均渔获率为 0.328 kg/h，占渔获游泳生物的 0.86%；甲壳类的平均渔获率为 5.479 kg/h，占渔获游泳生物的 14.39%。各站位的渔获物中均以鱼类占绝对优势，其次为甲壳类和头足类。

鱼类渔获率最高（202.46 kg/h）出现在秋季的 D3 站，其次春季和冬季的 D1 站的渔获率也相对较高，分别为 134.66 kg/h 和 112.79 kg/h，渔获率最低的站位出现于冬季的 D4 站，渔获率仅为 1.26 kg/h；甲壳类渔获率最高（90.57 kg/h）出现于秋季的 D3 站，其次冬季的 D7 站和 D8 站的渔获率也相对较高，分别为 29.07 kg/h 和 16.50 kg/h，秋季的 D5 站和冬季的 D3 站均无渔获；头足类渔获率最高（2.90 kg/h）出现于春季的 D4 站，而春季的 D 和 D8 站，夏季的 D1 站，秋季的 D1 和 D3 站，冬季的 D1、D4 和 D6 站均无渔获。

三、资源密度估算

根据采用扫海面积法估算得到调查海域游泳生物资源密度为 212.16 kg/km²。其中，鱼类约为 179.81 kg/km²，头足类约为 1.83 kg/km²，甲壳类约为 30.53 kg/km²。

四、鱼类资源

（一）种类组成

本次评价区域共捕获鱼类 94 种，分隶于 11 目 46 科。以鲈形目的种类数最多，共有 46 种；其次鲱形目，鳗鲡目和鲻形目，分别为 15 种、7 种和 6 种；鲀形目和鲽形目均为 5 种；其余各目均为 2 种或 1 种。其中，以鳀科和鲹科的种类数最多，各有 8 种；其次鲱科有 7 种、石首鱼科有 6 种、鲀科有 5 种、鲾科和舌鳎科各具 3 种；其余各科的均只有 2 种或 1 种。在 46 个科中，除了鲾科和鲀科之外，其余各科中的大多数种类均为南海主捕或兼捕对象，其中勒氏笛鲷、黑鲷、二长棘鲷、圆额金线鱼、金线鱼、带鱼、康氏马鲛、刺鲳、银鲳、黄斑篮子鱼、多齿蛇鲻、银牙䱛、斑鳍白姑鱼、截尾白姑鱼、棘头梅童鱼、皮氏叫姑鱼、竹筴鱼、蓝圆鲹、长吻裸胸鲹、大甲鲹、细鳞鲥、鲥、条尾绯鲤、赤点石斑鱼、六带石斑鱼和四指马鲅均为南海的主要捕捞对象；小公鱼类；斑鰶、前鳞骨鲻等均为沿岸、浅海渔业的兼捕对象。

（二）渔获组成及季度变化

1. 渔获组成　四季调查渔获的鱼类总重量为 1 032.56 kg，占游泳生物总重量的 84.75%。鱼类的平均渔获率为 32.27 kg/h，渔获率最高的站位出现在秋季的 D3 站，为

202.46 kg/h，主要由康氏小公鱼、杜氏棱鳀、凤鲚、棘头梅童鱼、裘氏小沙丁鱼、带鱼、脂眼凹肩鲹、短带鱼、赤鼻棱鳀、棕腹刺鲀和乳香鱼等种类组成。其中，康氏小公鱼和杜氏棱鳀的渔获率分别高达 55.63 kg/h 和 34.48 kg/h；其次春季和冬季的 D1 站的渔获率也相对较高，分别为 134.66 kg/h 和 112.79 kg/h。春季的 D1 站主要由短吻鲾、凤鲚、棘头梅童鱼、花鰶、龙头鱼、带鱼和弓斑东方鲀等种类组成，其中短吻鲾和凤鲚的渔获分别为 64.69 kg/h 和 54.99 kg/h；冬的 D1 站主要由康氏小公鱼、棘头梅童鱼、短吻鲾和花鰶等种类组成，其中康氏小公鱼的渔获率最高，为 102.41 kg/h。渔获率最低的站位出现于冬季的 D4 站，渔获率为 1.26 kg/h，主要由杜氏棱鳀、短吻鲾、带鱼、短带鱼等种类组成。

2. 季节变化　四季调查鱼类的平均渔获率为 32.27 kg/h。其中，以秋季的渔获率最高，夏季的渔获最低，春季和冬季基本处于同一水平。

调查海域春季和冬季鱼类的高密集区均在黄茅海，次密集区为广海湾和镇海湾，而外海区的密集度均相对较低；秋季鱼类的密集区主要分布在外海区，其次为黄茅海，而广海湾和镇海湾的密集度均较低；夏季鱼类相对较为分散，没有明显的密集区（表15-1）。

表 15-1　鱼类各站位渔获率季节变化（kg/h）

站位	春季	夏季	秋季	冬季
D1	134.663	6.313	17.821	112.788
D2	25.612	10.4	75.394	38.922
D3	3.012	6.97	202.461	28.35
D4	38.755	6.607	80.677	1.257
D5	4.692	9.508	6.173	41.593
D6	11.213	12.073	6.92	7.648
D7	15.804	7.638	5.812	31.782
D8	40.632	12.271	5.779	23.016
平均	34.298	8.973	50.13	35.67

（三）优势种及主要经济种生物特性

1. 优势种　四季调查结果显示，鱼类 IRI 值以 200 作为优势种的划分标准。春季共渔获 41 种，IRI 值在 200 以上的 8 种，其中，短吻鲾、裘氏小沙丁鱼、凤鲚和康氏小公鱼的 IRI 值均在 1 000 以上；夏季共渔获 52 种，IRI 值在 200 以上的共 11 种，其中，康氏小公鱼和丽叶鲹的 IRI 值均在 1 000 以上；秋季共渔获 43 种，IRI 值在 200 以上的有 6

种，其中，康氏小公鱼、凤鲚和杜氏棱鳀的 IRI 值均在 1 000 以上；冬季共渔获 41 种，IRI 值在 200 以上有 5 种，其中，康氏小公鱼和带鱼的 IRI 值均在 1 000 以上。

由以上结果可见，调查海域一年四季的优势种组成均为沿岸性小型种类，其中，夏季、秋季和冬季均以康氏小公鱼为最主要的优势种（表 15-2）。

表 15-2 调查海域鱼类的 IRI 指数

春季		夏季		秋季		冬季	
种名	IRI	种名	IRI	种名	IRI	种名	IRI
裘氏小沙丁	4 152	康氏小公鱼	6573	康氏小公鱼	11392	康氏小公鱼	12340
短吻鲾	5958	丽叶鲹	1190	凤鲚	1424	带鱼	3171
凤鲚	3866	裘氏小沙丁	992	杜氏棱鳀	2108	短带鱼	826
龙头鱼	319	前鳞骨鲻	704	裘氏小沙丁	722	杜氏棱鳀	276
带鱼	276	眶棘双边鱼	375	棘头梅童鱼	569	裘氏小沙丁	206
康氏小公鱼	1076	棘头梅童鱼	403	带鱼	441		
棘头梅童鱼	239	龙头鱼	274				
前鳞骨鲻	214	凤鲚	551				
		赤鼻棱鳀	587				
		杜氏棱鳀	578				
		斑鳍白姑鱼	330				

2. 主要经济种生物特性

（1）凤鲚（*Coilia mystus*） 凤鲚隶属于鲱形目、鳀科、鲚属。俗称凤尾鱼、马鲚、青鲚等。属于河口性洄游鱼类，平时栖息于浅海，每年春季，大量鱼类从海中洄游至江河口半咸淡水区域产卵，但决不上深入纯淡水区域。刚孵化不久的仔鱼就在江河口的深水处肥育，以后再回到海中，翌年达性成熟。雌鱼大于雄鱼，雌鱼体长 12～16 cm、重 10～20 g；雄鱼体长仅 13 cm、重 12 g 左右。一般是 4 月下旬（谷雨前后）亲鱼开始由海中来到江河口，但数量不多；5 月上旬（立夏）至 7 月上旬（小暑）则大批到来，在咸淡水域产卵。长江口产卵期为 5—7 月上旬。怀卵量为 0.5 万～20 万粒，受精卵约经 48 h 后孵化出仔鱼，仔鱼长 0.3～0.6 mm，此时便是凤鲚渔汛的旺季；7 月下旬（大暑后）产过卵的亲鱼，又陆续回到海中生活。凤鲚在洄游到江河口产卵期间很少摄食，其食物为桡足类、糠虾、端足类、牡蛎和鱼卵。凤鲚是长江、珠江、闽江等江河口的主要经济鱼类，渔汛季节产量很高，渔获物中雄鱼往往多于雌鱼。

本次周年四季调查，春季和秋季的渔获率均较高，分别为 8.85 kg/h 和 8.40 kg/h。其中，春季的高密集区分布在黄茅海的 D1 站，渔获率高达 49.76 kg/h；秋季的高密集区主要分布在黄茅海的 D1 站和外海区的 D3 站，渔获率分别为 40.79 kg/h 和 24.74 kg/h；而夏季和冬季的渔获率相对较低，分别为 0.41 kg/h 和 0.64 kg/h。

（2）带鱼（*Trichiurus haumela*）　带鱼属于鲈形目、带鱼科、带鱼属。俗称牙带、白带。为暖温性海洋鱼类，产于温带、亚热带和热带海域。为中下层鱼类，但能上升至水体上层，喜集群，趋光，洄游性强，并有明显的季节集群性。在渔汛季节里，游至珠江口一带的带鱼群体喜栖息于透明度高的海域，集结群体大，离岸近。鱼群多栖息于离山边 50～250 m、水深 10～40 m、底质为灰泥的海区，尤其喜欢在水流成漩涡状及靠近岸边的深水湾之处。

广东省近海的带鱼产卵期特别长，在每年的 3—11 月均能渔获鱼卵，以 4—10 月为产卵盛期。产卵的水温范围为 18～29℃，适宜水温为 25～28℃；盐度范围为 30.22～34.47，适宜盐度为 33.00～34.47。

本次周年四季调查，以冬季的渔获率最高，为 15.47 kg/h；其次秋季的渔获率也相对较高，为 2.56 kg/h；春季和夏季的渔获率均相对较低，分别为 0.93 kg/h 和 0.35 kg/h。渔获的带鱼均为当年生的个体，并未发现成鱼个体。

（3）棘头梅童鱼（*Collichthys lucidus*）　棘头梅童鱼隶属于鲈形目、石首鱼科、梅童鱼属。广东俗称黄皮、黄皮狮头鱼。为浅海中下层鱼类，喜栖息于河口咸淡水交界处，其活动范围常因盐度的消长而改变。当水清流缓时，则集群栖息，水浊流急，则群体分散活动。每年 11 月亲鱼开始产卵，3—5 月产卵，4 月为产卵盛期。棘头梅童鱼为珠江口的主要经济鱼类，其主要产卵场在桂山岛至横琴岛一线内的浅海区域。

本次周年四季调查，以秋季的渔获率最高，为 3.80 kg/h；其次冬季和春季的渔获率也相对较高，分别为 0.94 kg/h 和 0.84 kg/h；夏季的渔获率均相对较低，为 0.51 kg/h。

五、头足类资源

（一）种类组成

4 个季节共渔获的头足类，经鉴定共 7 种，分别是杜氏枪乌贼（*Loligo duvaucelii*）、中国枪乌贼（*Loligo chinensis*）、火枪乌贼（*Loligo beka*）、莱氏拟乌贼（*Sepioteuthis lessoniana*）、曼氏无针乌贼（*Sepiella maindroni*）、双喙耳乌贼（*Sepiola birostrat*）和短蛸（*Octopus ocellatus*），分属 2 目 4 科。

冬季渔获杜氏枪乌贼、火枪乌贼、莱氏拟乌贼、曼氏无针乌贼和短蛸等 5 种头足类；春季渔获杜氏枪乌贼、中国枪乌贼、曼氏无针乌贼和短蛸等 4 种头足类；秋季渔获杜氏枪乌贼和曼氏无针乌贼等 2 种头足类；冬季仅渔获杜氏枪乌贼 1 种头足类。

（二）渔获组成及季节变化

本次周年四季调查渔获的头足类总重量为 10.48 kg，占游泳生物总重量的 0.86%。甲壳类的平均渔获率为 0.328 kg/h，渔获率最高的站位出现在春季外海区的 D4 站，为

2.90 kg/h，由杜氏枪乌贼、中国枪乌贼和曼氏无针乌贼等组成。其次夏季广海湾的 D5 站和秋季外海区的 D2 站的渔获率也相对较高，分别为 1.21 kg/h 和 1.12 kg/h。夏季的 D5 站由杜氏枪乌贼组成；秋季的 D2 站全部由杜氏枪乌贼组成。D1 站四季均无渔获，秋季的 D2 站、冬季的 D4 站和 D6 站、春季的 D8 站也均无渔获。

（三）季节变化

四季调查头足类的平均渔获率为 0.86 kg/h，其中，以春季的渔获率最高，冬季的渔获最低，夏季和秋季基本处于同一水平。表 15-3 中表明，调查海域春季的高密集区分布外海区，次密集区为广海湾和镇海湾，而黄茅海区无渔获；夏季头足类的密集区主要分布在广海湾，其次为镇海湾和外海区，而黄茅海无渔获；秋季头足类高密集区主要分布在外海区，其次为镇海湾和广海湾，黄茅海也无渔获；冬季的相对密集区主要是分布有镇海湾，其他区域渔获较低或无渔获。

表 15-3　头足类各站渔获率的季节变化（kg/h）

站位	春季	夏季	秋季	冬季
D1	0	0	0	0
D2	0.926	0.248	1.12	0.28
D3	0.008	0.17	0	0.04
D4	2.898	0.074	0.823	0
D5	0.029	1.208	0.014	0.16
D6	0.039	0.39	0.029	0
D7	0.805	0.35	0.323	0.206
D8	0	0.013	0.064	0.258
平均	0.588	0.307	0.297	0.118

（四）主要经济种类生物学特性

杜氏枪乌贼（*Loligo duvaucelii*）杜氏枪乌贼隶属于枪形目、枪乌贼科，为浅海性头足类。分布在印度洋-太平洋海域。栖息于印度洋-太平洋暖水区大陆架以内的 30～170 m 水层中，产卵季节大规模集群，在中国南海南部和印度洋半岛南部海域群体较大。产卵期贯及全年，种内有春、夏、秋 3 个繁殖群体。产卵高峰期多为水温升高的月份；在马德拉斯外海为 2 月和 6—9 月，在科钦外海为 2—3 月、5—6 月和 9—10 月。一年性成熟，生命周期约为 3 年。主食甲壳类（糠虾、磷虾和介形类）、小鱼和头足类，同类残食现象普遍。

本次周年四季调查，以秋季的渔获率最高，为 0.29 kg/h；其次春季和夏季的渔获率也相对较高，均为 0.29 kg/h；冬季的渔获率相对较低，为 0.09 kg/h。

六、甲壳类资源

（一）种类组成

经鉴定，4 个季节渔获的甲壳类分属 2 目 11 科，共 31 种。其中，春季渔获种类数最多，为 18 种；其次为秋季和冬季各 16 种，夏季 15 种。渔获物中虾类有 4 科共 10 种；蟹类有 4 科共 14 种；虾蛄有 2 科共 7 种。虾类中以对虾科的种类数最多，共 7 种，管鞭虾科、长臂虾科和鼓虾科均各 1 种；蟹类中以梭子蟹科的种类数最多，为 10 种、长脚蟹科有 2 种、菱蟹科和方蟹科各有 1 种；虾蛄类中以虾蛄科的种类数最多，共 5 种、猛虾蛄科和齿虾蛄科各有 1 种。

（二）渔获组成及季节变化

1. 渔获组成　四季调查渔获的甲壳类总重量为 175.32 kg，占游泳生物总重量的 14.39％。甲壳类的平均渔获率为 5.48 kg/h，渔获率最高的站位出现在秋季的 D3 站，为 90.57 kg/h，全部由周氏新对虾组成；其次冬季的 D7 站和 D8 站的渔获率也相对较高，分别为 29.07 kg/h 和 16.50 kg/h。冬季的 D7 站主要由周氏新对虾、墨吉对虾、长毛明对虾、口虾蛄、东方鲟、日本鲟和变态鲟等种类组成，其中，周氏新对虾的渔获为 24.40 kg/h；冬季的 D8 站主要由周氏新对虾、长毛明对虾、日本对虾、东方鲟和日本鲟等种类组成，其中，周氏新对虾的渔获率最高，为 16.06 kg/h。秋季的 D5 和冬季的 D3 站均无渔获。

2. 季节变化　四季调查甲壳类的平均渔获率为 5.48 kg/h。其中，以秋季的渔获率最高；其次为冬季和春季；夏季的渔获最低。表 15-4 表明，调查海域春季甲壳类的高密集区主要分布于黄茅海，次密集区主要分布于镇海湾海域，外海区和广海湾的渔获均较低；夏季除了黄茅海的渔获率较低外，外海区、广海湾和镇海湾均有小密集区出现；秋季甲壳类的高密集区均在江门的外海区（D3 和 D2 站），其余区域的密集度均相对较低；冬季甲壳类的密集区主要分布在镇海湾，其次为黄茅海，而广海湾和镇海湾的密集度均较低。

表 15-4　甲壳类各站位渔获率季节变化（kg/h）

站位	春季	夏季	秋季	冬季
D1	7.524	0.056	0.182	2.084
D2	1.495	0.011	10.224	0.106

（续）

站位	春季	夏季	秋季	冬季
D3	0.004	1.149	90.573	0
D4	1.251	0.179	0.264	0.064
D5	1.105	1.628	0	0.3
D6	0.618	0.102	0.547	0.996
D7	1.276	1.708	0.218	29.07
D8	4.16	1.105	0.821	16.498
平均	2.179	0.742	12.854	6.14

（三）优势种及主要经济种类生物学特性

1. 优势种 四季调查结果中，甲壳类 IRI 值以 200 作为优势种的划分标准。春季共渔获 18 种，IRI 值在 200 以上的有周氏新对虾、脊尾白虾和东方蝼等 3 种，其中周氏新对虾的 IRI 值为 12 432，为春季的主要优势种；夏季共渔获 15 种，IRI 值在 200 以上的有周氏新对虾、东方蝼、三疣梭子蟹、口虾蛄和长毛明对虾等 5 种，IRI 值均在 2 000 以上；秋季共渔获 16 种，IRI 值在 200 以上的仅有周氏新对虾 1 种；冬季共渔获 16 种，IRI 值在 200 以上的有周氏新对虾、东方蝼等 2 种，其中周氏新对虾的 IRI 值达到 13 758（表 15-5）。

由以上结果可见，调查海域春季、秋季和冬季均以周氏新对虾为绝对优势种；夏季以长毛明对虾和口虾蛄为绝对优势种。

表 15-5 调查海域甲壳类的 IRI 指数

春季		夏季		秋季		冬季	
种名	IRI	种名	IRI	种名	IRI	种名	IRI
周氏新对虾	12 432	周氏新对虾	3943	周氏新对虾	9560	周氏新对虾	13758
脊尾白虾	364	东方蝼	2612	红星梭子蟹	74.47	墨吉对虾	161
东方蝼	358	三疣梭子蟹	2972	长毛明对虾	78.52	东方蝼	226
黑斑口虾蛄	191	口虾蛄	5952	东方蝼	42.41	伍氏平虾蛄	37.75
隆线强蟹	145	长毛明对虾	7122	长叉口虾蛄	27.54	口虾蛄	11.85
晶莹蝼	28.14	锈斑蝼	84.30	晶莹蝼	5.49	红星梭子蟹	8.96
伍氏平虾蛄	114	猛虾蛄	66.85	远海梭子蟹	1.21	日本对虾	4.24
口虾蛄	73.68	远海梭子蟹	47.64	黑斑口虾蛄	2.21	锈斑蝼	7.70
阿氏强蟹	13.59	长叉口虾蛄	62.58	日本蝼	2.18	长毛明对虾	7.39
长毛明对虾	13.44	黑斑口虾蛄	61.02	锐齿蝼	1.06	哈氏仿对虾	5.03
墨吉对虾	5.39	亨氏仿对虾	97.21	亨氏仿对虾	1.51	日本蝼	4.72
断脊口虾蛄	2.33	近缘新对虾	84.99	猛虾蛄	0.72	近缘新对虾	2.42

（续）

春季		夏季		秋季		冬季	
种名	IRI	种名	IRI	种名	IRI	种名	IRI
长叉口虾蛄	2.12	红星梭子蟹	35.04	口虾蛄	1.16	断脊口虾蛄	1.08
强壮菱蟹	1.91	日本蟳	73.82	锈斑蟳	0.39	变态蟳	0.88
鲜明鼓虾	0.58	变态蟳	12.87	近缘新对虾	0.00	矛形梭子蟹	0.78
哈氏仿对虾	0.43			矛形梭子蟹	0.38	斑节对虾	0.75
中华近方蟹	0.43						
变态蟳	0.07						

2. 主要经济种生物学特性

（1）周氏新对虾（*Metapenaeus joyneri*）　周氏新对虾隶属于十足目、对虾科。俗称羊毛虾、黄虾、沙虾、站虾、麻虾和黄新对虾等。为近岸、内湾种，一般栖息在水深20 m 以内的海区。它为日本、朝鲜沿海和我国东南沿海的地方性种，我国各海域近海均有分布。周氏新对虾群体产卵持续时间较长（5—8 月），5 月末、6 月初开始产卵，7 月为盛期；因亲体产卵后一般死亡，繁殖季节后群体数量有所下降，但新生个体（补充群）摄食强，发育生长迅速，到 9—11 月形成以新生个体为主的另一个数量高峰。11 月下旬，当水温降至 16℃以下，周氏新对虾自沿岸浅水向较深处集结而开始其越冬洄游，因而成为浅海（随后成为深海）渔业捕捞的主要对象。越冬时间为 12 月初至翌年 4 月底，越冬场水深 80～100 m，表层水温 8～15℃，底层水温 9～16℃，底质以泥质和泥沙质为主。周氏新对虾在水温较低时，体长增加缓慢，体重基本停滞。孙春录等（1997）对越冬群体进行了生物学测定，平均体长 86.12 m，平均体重 5.43，雌雄比 1 260∶1 080。

本次周年四季调查，以秋季的渔获率最高，为 11.92 kg/h；其次冬季和春季的渔获率也相对较高，分别为 5.13 kg/h 和 1.46 kg/h；夏季的渔获率均相对较低，为 0.18 kg/h。

（2）红星梭子蟹（*Portunus sanguinolentus*）　红星梭子蟹隶属于十足目、梭子蟹科。俗称三点蟹、三眼蟹、梭子蟹、枪蟹、海虫、水蟹、门蟹、盖鱼、童蟹。分布于日本、夏威夷、菲律宾、澳大利亚、新西兰、马来群岛、印度洋直至南非沿海的整个印度太平洋暖水区、台湾岛以及中国大陆的广西、广东、福建等地，生活环境为海水，多见于 10～30 m 深的泥沙质海底。

四季调查结果显示，以秋季的渔获率最高，为 0.35 kg/h；其次冬季和夏季的渔获率也相对较高，分别为 0.04 kg/h 和 0.01 kg/h；春季无渔获。

七、鱼卵与仔、稚鱼资源

（一）春季鱼卵与仔稚鱼

1. 种类组成　在采集的 4 个样品中，共鉴定出 7 个鱼卵、仔鱼种类，隶属于 7 属 7

科。名录如下：

（1）鲷科 Sparidae sp.

（2）小公鱼 *Stolephorus* sp.

（3）鲽科 Pleuronectidae sp.

（4）鲹科 Carangidae sp.

（5）虾虎鱼科 Gobiidae sp.

（6）鳚科 Blenniidae sp.

（7）鱚 *Sillago* sp.

本次调查时间为 4 月，是南海鱼类产卵的低峰期，因而采集到的鱼卵数量相对较少。本次调查的 4 个站位共采到鱼卵 244 粒、仔鱼 24 尾。鱼卵数量最多的是小公鱼，占总数的 70.1%；其次是鲹科，占总数的 23.4%，鲷科占 5.3%，鱚占 1.2%。仔鱼出现数量最多的是虾虎鱼科，占总数的 91.7%；其次是鳚科和鲽科，均占 4.2%。

在出现种类中，属于优质种类有鱚、鲽科和鲷科；经济种有鲹科、小公鱼、鳚科和虾虎鱼科。

2. 数量分布　本次调查共采到鱼卵 244 粒、仔鱼 24 尾。调查海域每 1 000 m³ 鱼卵平均密度为 268 粒、仔鱼平均密度为 26.4 尾。各站位鱼卵、仔鱼密度见表。

在本次调查的 4 个站位中，有 3 个站位出现鱼卵，为 D2、D3、D4 站，其分布较不均匀。以 D4 站数量最多，密度为每 1 000 m³ 212 粒；其次是 D2 站，密度为每 1 000 m³ 27 粒；D3 站密度排第三，密度为每 1 000 m³ 5 粒；D1 站位则未监测到鱼卵、仔鱼。

仔鱼出现数量较少，仅 D1 和 D2 站位出现仔鱼，2 个站位密度差较大。以 D22 站数量最多，密度为每 1 000 m³ 96.8 尾；其次是 D2 站位，密度为每 1 000 m³ 8.8 尾（表 15-6）。

表 15-6　春季水平拖网各站位每 1 000 m³ 鱼卵、仔鱼密度（尾）

项目	D1	D2	D3	D4
鱼卵	0	119	22	933
仔鱼	96.8	8.8	0.0	0.0

3. 主要种类及数量分布　春季调查出现数量较多的鱼卵、仔鱼是小公鱼和鲹科。

小公鱼是近岸小型中上层集群性鱼类，产卵期较长，为 3—10 月。本次调查水平拖网共采到小公鱼鱼卵 171 粒、仔鱼 0 尾，鱼卵平均密度为每 1 000 m³ 188 粒。小公鱼鱼卵数量较多的是 D4 站，密度为每 1 000 m³ 634 粒；其次是 D2 站，密度为每 1 000 m³ 106 粒。

鲹科鱼类是港湾和近岸数量较多的中、小型底层经济鱼类，产卵期较长，为 3—11 月。本次调查水平拖网共采到鲹科鱼卵 57 粒，平均密度为每 1 000 m³ 63 粒，鲹科鱼卵分布于 D2 和 D4 站位，D4 站位的密度为每 1 000 m³ 246 粒，D2 站位的密度则为每 1 000 m³ 4 粒。D1 和 D3 站位则未见分布。

（二）夏季鱼卵与仔、稚鱼

1. 种类组成　在采集的 8 个样品中，共鉴定出 11 个鱼卵、仔鱼种类，隶属于 11 属 11 科。名录如下：

（1）小沙丁鱼 *Sardinella* sp.

（2）小公鱼 *Stolephorus* sp.

（3）舌鳎科 Cynoglossidae sp.

（4）鲻科 Mugilidae sp.

（5）杜氏棱鳀 *Thryssa dussumieri*

（6）狗母鱼科 Synodontidae sp.

（7）鱚 *Sillago* sp.

（8）美肩鳃鳚 *Omobranchus elegans*

（9）鲷科 Sparidae

（10）天竺鲷科 Apogonidae sp.

（11）棘头梅童鱼 *Collichthys lucidus*

本次调查时间为 8 月，是南海鱼类产卵的高峰期，因而采集到的鱼卵数量相对较多。共采到鱼卵 3 993 粒、仔鱼 110 尾。鱼卵数量最多的是鲻科，占总数的 29.3%；其次是鱚，占总数的 26.9%；舌鳎科居第三位，占 19.4%，小公鱼和杜氏棱鳀分别占 12.1% 和 11.7%，鲷科、狗母鱼科和棘头梅童鱼均在 1% 以下。仔鱼出现数量最多的是鲷科，占总数的 40.0%；其次是小公鱼，占 21.8%，杜氏棱鳀占 18.2%，美肩鳃鳚占 11.8%，其余均在 10% 以下。

在出现种类中，属于优质种类有鱚、棘头梅童鱼和鲷科；经济种有杜氏棱鳀、小沙丁鱼、小公鱼、鲻科、狗母鱼科、美肩鳃鳚、天竺鲷科和舌鳎科。

2. 数量分布　本次调查共采到鱼卵 3 993 粒、仔鱼 110 尾。调查海域鱼卵平均密度为每 1 000 m³ 2 196 粒，仔鱼平均密度为每 1 000 m³ 60.5 尾。各站位鱼卵、仔鱼密度见表 15-7。

表 15-7　冬季水平拖网各站位每 1 000 m³ 鱼卵、仔鱼密度（尾）

项目	D1	D2	D3	D4	D5	D6	D7	D8
鱼卵	13	5 966	2 587	1 320	2 429	5 174	70	9
仔鱼	145.2	48.4	66.0	57.2	92.4	13.2	17.6	44.0

鱼卵在每个站位均有出现，其分布较不均匀。以 D2 和 D6 站数量最多，密度分别为每 1 000 m³ 5 966 粒和每 1 000 m³ 5 174 粒，D4 站密度为每 1 000 m³ 1 320 粒。此外，D1、D7 和 D8 站密度相对最低，分别为每 1 000 m³ 13 粒、每 1 000 m³ 70 粒和每 1 000 m³ 9 粒。

仔鱼出现数量相对较少，各个站位密度相差较大。以 D1 站数量最多，密度为每 1 000 m³ 145.2 尾；其次是 D5 和 D3 站位，密度为每 1 000 m³ 92.4 尾和每 1 000 m³ 66.0 尾；D4 站位仔鱼密度为每 1 000 m³ 57.2 尾；其余各站仔鱼密度均低于每 1 000 m³ 50.0 尾。

3. 主要种类及数量分布　夏季调查出现数量较多的鱼卵、仔鱼是鲻科和鱚。

鲻科是近岸中上层集群性鱼类，体型中等，产卵期较长，为 3—11 月。本次调查水平拖网共采到鲻科鱼卵 1 168 粒、仔鱼 1 尾，鱼卵平均密度为每 1 000 m³ 642 粒。鲻科鱼卵数量较多的是 D2 站，密度为每 1 000 m³ 2 482 粒；次是 D5 和 D3 站，密度分别为每 1 000 m³ 1 478 粒和每 1 000 m³ 898 粒。仔鱼数量出现数量较少，仅分布于 D7 站位，出现数量为 1 尾。

鱚是港湾和近岸数量较多的中、小型底层经济鱼类，产卵期较长，为 3—11 月。本次调查水平拖网共采到鱚鱼卵 1 073 粒，平均密度为每 1 000 m³ 590 粒，仔鱼 2 尾。鱚鱼卵分布于 D6、D7 和 D8 站位，其余站位未出现。鱼卵分布极不均匀，密度较高出现在 D6 站，为每 1 000 m³ 4 699 粒；其次 D7 站，密度为每 1 000 m³ 18 粒；D8 站鱚鱼卵密度仅为每 1 000 m³ 4 粒，其余站位未出现鱚鱼卵。

（三）秋季鱼卵与仔、稚鱼

1. 种类组成　在采集的 8 个样品中，共鉴定出 10 个鱼卵、仔鱼种类，隶属于 10 属 10 科。名录如下：

（1）鲹科 *Carangidae* sp.

（2）小公鱼 *Stolephorus* sp.

（3）舌鳎科 Cynoglossidae sp.

（4）鲻科 *Mugilidae* sp.

（5）棱鳀 *Thryssa* sp.

（6）狗母鱼科 Synodontidae sp.

（7）鱚 *Sillago* sp.

（8）美肩鳃鳚 *Omobranchus elegans*

（9）鲷科 Sparidae

（10）虾虎鱼科 Gobiidae sp.

本次调查时间为 10 月，是南海鱼类产卵的高峰期，因而采集到的鱼卵数量相对较多。共采到鱼卵 28 561 粒、仔鱼 26 尾。鱼卵数量最多的是小公鱼，共采集到 24 780 粒，占总数的 86.8%；其次是舌鳎科，占总数的 6.4%；鲹科居第三位，占 4.6%；鲷科占 1.9%；其余 4 科均在 1% 以下。仔鱼出现数量最多的是鲷科，占总数的 38.5%；其次是美肩鳃鳚，占 34.6%；小公鱼、鱚、虾虎鱼科均占 7.7%；舌鳎科占 3.8%。

在出现种类中，属于优质种类有鱚和鲷科；经济种有棱鳀、小公鱼、小鲻科、狗母鱼科、美肩鳃䲁、虾虎鱼科和舌鳎科。

2. 数量分布 本次调查共采到鱼卵 28 561 粒、仔鱼 26 尾。调查海域鱼卵平均密度为每 1 000 m³ 15 709 粒，仔鱼平均密度为每 1 000 m³ 19.1 尾。

鱼卵在每个站位均有出现，其分布极不均匀。以 D6 站数量最多，密度为每 1 000 m³ 88 915 粒；D5 站密度次之，为每 1 000 m³ 19 694 粒。此外，D2、D4 和 D3 站密度也相对较高，分别为每 1 000 m³ 7 154 粒、每 1 000 m³ 6 600 粒和每 1 000 m³ 3 036 粒；其余站位鱼卵密度相对较低，均低于每 1 000 m³ 1 000 粒。

仔鱼出现数量相对较少，各个站位密度相差较大，以 D7 站数量最多，密度为每 1 000 m³ 35.2 尾；其次是 D4 和 D1 站位，密度为每 1 000 m³ 26.4 尾和每 1 000 m³ 22.0 尾；D6 站位仔鱼密度为每 1 000 m³ 8.8 尾；D3 站位仔鱼密度为每 1 000 m³ 4.4 尾；其余 2 个站为采集到仔鱼（表 15-8）。

表 15-8 冬季水平拖网各站位每 1 000m³ 鱼卵、仔鱼密度（尾）

项目	D1	D2	D3	D4	D5	D6	D7	D8
鱼卵	70	7 154	3 036	6 600	19 694	88 915	106	92
仔鱼	22.0	0.0	4.4	26.4	0.0	8.8	35.2	17.6

3. 主要种类及数量分布 秋季调查出现数量较多的鱼卵、仔鱼是小公鱼和舌鳎科。

小公鱼是近岸小型中上层集群性鱼类，产卵期较长，为 3—10 月。本次调查水平拖网共采到小公鱼鱼卵 24 780 粒、仔鱼 2 尾，鱼卵平均密度为每 1 000 m³ 13 629 粒。小公鱼鱼卵数量较多的是 D6 站，密度为每 1 000 m³ 83 213 粒；其次是 D5 和 D4 站，密度分别为每 1 000 m³ 19 694 粒和每 1 000 m³ 2 798 粒。仔鱼数量出现数量较少，仅分布于 D1 和 D8 站位出现，数量均为 1 尾。

舌鳎科鱼类是港湾和近岸数量较多的中、小型底层经济鱼类，产卵期较长，为 3—11 月。本次调查水平拖网共采到舌鳎科鱼卵 1 824 粒，平均密度为每 1 000 m³ 1 003 粒，仔鱼 1 尾。舌鳎科卵分布于 D2、D3 和 D4 站位，其余站位未出现。鱼卵分布极不均匀，密度最高出现在 D2 站，为每 1 000 m³ 4 726 粒；其次 D4 站，密度为每 1 000 m³ 3 062 粒；D3 站舌鳎科鱼卵密度仅为每 1 000 m³ 238 粒，其余站位未出现鳎鱼卵。舌鳎科仔鱼仅在 D8 站位出现。

（四）冬季鱼卵与仔稚鱼

1. 种类组成 在采集的 7 个样品中，共鉴定出 14 个鱼卵、仔鱼种类，隶属于 14 属 14 科。名录如下：

（1）小沙丁鱼 *Sardinella* sp.

（2）小公鱼 *Stolephorus* sp.

（3）鲽科 Pleuronectidae sp.

（4）鲻科 Mugilidae sp.

（5）鳄齿鱼科 Champsodontidae sp.

（6）鳚科 Blenniidae sp.

（7）羊鱼科 Mullidae sp.

（8）鲬 *Platycephalus indicus*

（9）鲷科 Sparidae

（10）鲉科 Scorpaenidae sp.

（11）鲹科 Carangidae sp.

（12）刺鲳 *Psenopsis anomala*

（13）舌鳎科 Cynoglossidae sp.

（14）马鲛 *Scomberomorus* sp.

本次调查时间为 1 月，是南海鱼类产卵的低峰期，因而采集到的鱼卵数量相对较少。共采到鱼卵 302 粒、仔鱼 21 尾。鱼卵数量最多的是小公鱼，占总数的 39.7%；其次是舌鳎科，占总数的 25.5%；刺鲳占 18.5%，鲷科占 9.3%，小沙丁鱼占 6.3%，马鲛和鲹科各占 0.3%。仔鱼出现数量最多的是羊鱼科，占总数的 28.6%；其次是小沙丁鱼，占 23.8%，鲷科占 14.3%；鲽科、鳄齿鱼科、鳚科、小公鱼、鲬、鲉科和鲻科各占 4.8%。

在出现种类中，属于优质种类有马鲛和鲷科；经济种有刺鲳、小沙丁鱼、小公鱼、鲹科、鲽科、鳄齿鱼科、鳚科、鲻科、羊鱼科、鲬、鲉科和舌鳎科。

2. 数量分布 本次调查共采到鱼卵 302 粒、仔鱼 21 尾。调查海域鱼卵平均密度为每 1 000 m^3 190 粒，仔鱼平均密度为每 1 000 m^3 13.2 尾。

鱼卵在每个站位均有出现，其分布较不均匀。以 D6、D7 和 D10 站数量最多，密度分别为每 1 000 m^3 515 粒、每 1 000 m^3 515 粒和每 1 000 m^3 207 粒；其次是 D12 和 D8 站，密度分别为每 1 000 m^3 172 粒和每 1 000 m^3 110 粒。此外，D11 和 D9 站密度相对最低，分别为每 1 000 m^3 62 粒和每 1 000 m^3 48 粒。

仔鱼出现数量较少，各个站位密度相差不大，以 D12 站数量最多，密度为每 1 000 m^3 22.0 尾；其次是 D7 和 D11 站位，密度均为每 1 000 m^3 17.6 尾；D6 站位仔鱼密度为每 1 000 m^3 13.2 尾；D8 和 D10 站位仔鱼密度相同，均为每 1 000 m^3 8.8 尾；D9 站位密度最低，仅为每 1 000 m^3 4.4 尾（表 15-9）。

表 15-9 冬季水平拖网各站位每 1 000 m^3 鱼卵、仔鱼密度（尾）

项目	D6	D7	D8	D9	D10	D11	D12
鱼卵	515	216	110	48	207	62	172
仔鱼	13.2	17.6	8.8	4.4	8.8	17.6	22.0

3. 要种类及数量分布 冬季调查出现数量较多的鱼卵、仔鱼是小公鱼、舌鳎科和刺鲳。

小公鱼是近岸小型中、上层集群性鱼类，产卵期较长，为 3—10 月。本次调查水平拖网共采到小公鱼鱼卵 120 粒、仔鱼 1 尾，鱼卵平均密度为每 1 000 m³ 75 粒。小公鱼鱼卵数量较多的是 D6 站，密度为每 1 000 m³ 348 粒；其次是 D7 和 D9 站，密度分别为每 1 000 m³ 132 粒和每 1 000 m³ 31 粒。仔鱼数量出现数量较少，仅分布于 D11 站位，出现数量为 12 尾。

舌鳎科鱼类是港湾和近岸数量较多的中、小型底层经济鱼类，产卵期较长，为 3—11 月。本次调查水平拖网共采到舌鳎科鱼卵 77 粒，平均密度为每 1 000 m³ 11 粒。舌鳎科鱼卵分布较为广泛，除 D8 站位外，其余站位均有出现。鱼卵分布较为均匀，密度较高出现在 D6 和 D12 站，分别为每 1 000 m³ 88 粒和每 1 000 m³ 75 粒；其次 D10 站，密度为每 1 000 m³ 62 粒；D7 和 D11 站舌鳎科鱼卵密度相同，均为每 1 000 m³ 48 粒；D9 站位数量很少，仅为每 1 000 m³ 18 粒。

刺鲳是近岸数量较多的中、小型经济鱼类，属于暖性中下层鱼类，产卵期较长，为 3—11 月。本次调查水平拖网共采到刺鲳鱼卵 56 粒，未采集到仔鱼，鱼卵平均密度为每 1 000 m³ 35 粒。在调查的 7 个站位中，4 个站位有刺鲳鱼卵分布，数量最多的是 D8 和 D10 站，密度均为每 1 000 m³ 110 粒；其次是 D6 和 D7 站，密度均为每 1 000 m³ 13 粒；其余站位则未见有刺鲳鱼卵分布。

第八节　渔业资源增殖策略

一、增殖及养护现状

自"十二五"以来，江门市在严格按照农业部《水生生物增殖放流管理规定》，积极从市、县政府和社会等各方面筹集资金，大力开展增殖放流工作。坚持每年在近海和江河开展人工增殖放流活动，分年度、分区域稳步推进。在主要海域，放流规格大于 3.0cm 的优质经济鱼苗（包括黑鲷、黄鳍棘鲷、花鲈等）2 187.94 万尾；放流规格大于 1.0 cm 的虾苗（包括中国对虾、斑节对虾等）2.2 亿尾。

在放流物种种类选择上，根据《中国水生生物资源养护行动纲要》和《水生生物增殖放流管理规定》和《农业部关于做好"十三五"水生生物增殖放流工作的指导意见》所列物种范围内，结合广东本地物种种类和当地苗种市场供应品种，选择适合本地区的黑鲷、黄鳍棘鲷、胡花鲈、中国对虾、斑节对虾等。

江门近岸海域分年度的放流情况如表 15-10 所示。其中，2011 年，在银湖湾水域放流中国对虾 1 000 万尾、斑节对虾 1 250 万尾；2012 年，在江门中华白海豚省级自然保护区水域放流花鲈 20 万尾、黄鳍棘鲷 20 万尾、斑节对虾 1 203 万尾；2013 年，在崖门口以西海域放流中国对虾 2 432 万尾、斑节对虾 810 万尾、石斑鱼 7 万尾，广海湾和黄茅海放流黑鲷、中国对虾共 3 059.1 万尾；2014 年，在崖门口以西海域放流中国对虾 1 100 万尾、黄鳍棘鲷 22 万尾，广海湾和黄茅海放流黑鲷、中国对虾共 2 389.9 万尾；2015 年，分别在台山大襟岛附近水域和广海湾水域各放流斑节对虾 2 000 万尾、黄鳍棘鲷 12.2 万尾、黑鲷 14 万尾，黄茅海放流黑鲷、斑节对虾 4 402 万尾；2016 年起，增殖放流工作从广泛式转为"分区域、有重点"的模式推进，当年集中在银湖湾、黄茅海完成放流刀额新对虾、黄鳍棘鲷、黑鲷 780 万尾，鱼类和虾类的放流规格分别提高到 4 cm 和 1.5 cm；2017 年，集中在广海湾放流刀额新对虾、黄鳍棘鲷、黑鲷 3 666.74 万尾，鱼类的放流规格提高到 4.5 cm 以上。

通过持续的渔业资源增殖放流工作，取得了较好的生态和经济效益。放流种苗改善了水域的种群结构，有效维护了生物的多样性，增强水域生态系统的自身调节能力，改良了水生生态环境，创造了巨大的生态效益；增殖放流工作，带动了种苗的生产、运输、水产品加工等关联产业的发展，提高了社会经济效益，扩大了社会影响，提高了人民群众的资源环境保护意识。

表 15-10 江门市 2011—2017 年渔业资源增殖放流情况

年份	放流种类	放流数量（万尾）	各种类放流地点	各种类放流规格（cm）
2011	中国对虾、斑节对虾	2 250	银湖湾	鱼类＞3 虾类＞1
2012	花鲈、黄鳍棘鲷、斑节对虾	1 243	江门中华白海豚省级自然保护区水域	鱼类＞3 虾类＞1
2013	斑节对虾、中国对虾、青斑	6 308.1	崖门口以西海域、广海湾、黄茅海	鱼类＞3 虾类＞1
2014	中国对虾、黄鳍棘鲷、黑鲷	3 511.9	崖门口以西海域、广海湾、黄茅海	鱼类＞3 虾类＞1
2015	斑节对虾、黄鳍棘鲷、黑鲷	6 428.2	银湖湾、广海湾、黄茅海	鱼类＞3 虾类＞1
2016	刀额新对虾、黄鳍棘鲷、黑鲷	780	银湖湾、黄茅海	鱼类＞4 虾类＞1.5
2017	刀额新对虾、黄鳍棘鲷、黑鲷	3 666.74	广海湾	鱼类＞4.5 虾类＞1.5

注：数据来源于江门市海洋与渔业局。

二、增殖技术策略建议

1. 增殖放流适宜水域 江门海域的海岸线较长、海岛众多、海域宽广，但海域自然条件、自然资源存在一定的空间差异。结合《江门市海洋功能区划》，对开展海洋生物资源增殖放流区域主要划分为 3 个部分：黄茅海-广海湾及周边海域、镇海湾及周边海域、川山群岛及周边海域。

（1）黄茅海-广海湾及周边海域 本区海域包括黄茅海西岸、广海湾及周边海域，主要功能为工业与城镇建设。该海域是江门市未来发展海洋经济的重点。该区广海湾岸线曲折，东部铜鼓排至鱼塘洲岸段深水线靠近岸边，底质细软，较易疏浚港池及航道，具开辟深水码头泊位的条件，是江门市未来建设深水港区的优良港址。该区域适宜开展的增殖放流中，应该包括主要的河口种类和礁栖性鱼类。选择黄茅海西部的河口水域开展本地河口种类的增殖放流；在广海湾沿线的岩礁岸线开展礁栖性鱼类增殖放流。

（2）镇海湾及周边海域 本区滩涂资源丰富，近海和滩涂的养殖规模较大，主要功能为农渔业。渔业资源增殖放流的角度，镇海湾内及湾口东面发达的滩涂，围内海水养殖、滩涂养殖有一定的规模，应科学控制镇海湾内养殖密度和规模，适宜开展生态修复型的"大型海藻-贝类增殖"模式；镇海湾内红树林种类多，类型多，面积广，充分利用其育幼场的功能，放流适宜于在红树林区育幼的种类。

（3）川山群岛及周边海域 该海域以上、下川岛为中心分布，西南起大矾石海域，东北至大襟岛海域，包括上川岛、下川岛、大襟、大矾石、莽洲岛及周边海域。该海域内海岛众多，海洋生物多样性突出，海洋环境污染较少，海洋生态系统未受到较大的破坏，主要海洋功能为旅游娱乐、农渔业、海洋保护等。该区域适宜开展增殖放流的种类，包括礁栖性鱼类、中华白海豚饵料生物等。

2. 增殖放流适宜种类

（1）黄茅海-广海湾及周边海域，在黄茅海水域，主要适宜于花鲈、凤鲚、棘头梅童鱼、中国对虾等本地物种；在广海湾曲折的岩礁岸线，适宜于黑鲷、黄鳍棘鲷等礁栖性鱼类的增殖放流。

（2）镇海湾及周边海域 镇海湾内及湾口东面发育发达的滩涂，围内海水养殖、滩涂养殖有一定的规模，应科学控制镇海湾内养殖密度和规模，适宜开展生态修复型的"大型海藻-贝类增殖"模式；镇海湾内红树林种类多，类型多，面积广，加强镇海湾红树林湿地保护同时，充分利用其育幼场的功能，适宜于在红树林区附近水域开展鲷科鱼类、花鲈、三疣梭子蟹、中国对虾等种类的增殖放流。

（3）川山群岛及周边海域 在各岛礁（如上、下川岛、乌猪岛等）周边水域，适宜于黑鲷、黄鳍棘鲷等礁栖性鱼类的增殖放流；大襟岛附近的中华白海豚省级自然保护区水域，适宜放流凤鲚、棘头梅童鱼、鲻、花鰶、斑鰶等中华白海豚的饵料生物；三杯酒岛附近的人工鱼礁区水域，适宜于开展黑鲷、黄鳍棘鲷等礁栖性鱼类的增殖放流。

3. 增殖放流生态容量

（1）黄茅海-广海湾及周边海域 在黄茅海水域放流生态容量，主要考虑营养盐浓度较高、海洋污染物分布较多等限制性因素；广海湾的近岸岩礁水域水质较好，增殖放流生态容量主要考虑初级生产力对现有黑鲷、黄鳍棘鲷资源支撑冗余的限制。

（2）镇海湾及周边海域 镇海湾内开展生态修复型的"大型海藻-贝类增殖"的生态容量，应考虑贝类的营养盐释放与大型海藻的营养需求平衡；镇海湾红树林区附近水域的增殖放流，应考虑营养盐浓度较高、海洋污染物分布较多等限制性因素。

（3）川山群岛及周边海域 在各岛礁（如上、下川岛、乌猪岛等）周边水域，礁栖性鱼类的增殖放流生态容量，主要考虑初级生产力对现有渔业资源支撑冗余的限制；大襟岛附近的中华白海豚省级自然保护区水域，适宜放流的中华白海豚饵料生物应考虑中华白海豚的种群数量、年龄组成与食量等因素；三杯酒岛附近的人工鱼礁区水域的增殖放流，应考虑礁体空房、初级生产力等因子的限制。

4. 增殖放流规格及季节 根据江门示范区水域渔业资源现状调查结果，以及考虑增殖放流种类的生物学特征，对不同的物种放流种类的规格和季节建议为：

在黄茅海水域，凤鲚、棘头梅童鱼适宜放流的季节为冬季，规格 4 cm 以上；花鲈适宜放流的季节为春季，规格 5 cm 以上；中国对虾适宜放流的季节为春季，规格 2 cm 以上。

在广海湾沿岸的岩礁区水域、川山群岛各岛礁周边水域、三杯酒岛附近的人工鱼礁区水域，放流的黑鲷、黄鳍棘鲷适宜放流的季节为冬季和春季，规格 5 cm 以上。

镇海湾红树林区附近水域鲷科鱼类适宜放流的季节为冬季和春季，规格 5 cm 以上；花鲈适宜放流的季节为春季，规格 5 cm 以上；三疣梭子蟹、中国对虾适宜放流的季节为春季，规格 2 cm 以上。

大襟岛附近的中华白海豚省级自然保护区水域，适宜放流凤鲚、棘头梅童鱼、鲻、花鰶、斑鰶等适宜放流的季节为冬季，规格 4 cm 以上。

三、增殖养护管理对策建议

1. 探索限额捕捞管理，促进海洋渔业资源养护 推动渔船双控和海洋渔业资源总量管理；推动压减渔船数量和功率总量，引导捕捞渔民减船转产，严厉打击"绝户网"等非法捕捞行为；严格海洋休渔期的禁捕管理，落实分级分区管理制度，探索渔业资源管理新模式，开展试点限额捕捞。

2. 优化渔业资源增殖放流策略 以黄茅海、广海湾、中华白海豚省级自然保护区、中国龙虾国家级水产种质资源保护区为重点，分区域推动河口、近海渔业资源增殖养护工作；在中华白海豚省级自然保护区等重点保护重要水生生物产卵场、孵育场等敏感生态系统，持续开展渔业资源增殖放流，并强化增殖放流的效果评价。

3. 结合现有人工鱼礁，开展礁区增殖放流，推进海洋牧场建设 依托江门市已建人工鱼礁区，开展恋礁性渔业资源的增殖放流，建立发展"生态型人工鱼礁＋热带亚热带优质鱼类＋大宗经济贝类＋海藻场＋浮式功能鱼礁＋旅游休闲产业等海洋生态改良型增殖"的海洋牧场新模式和技术，形成规模化海洋碳汇"蓝色农业"，提高渔业资源养护和生态环境保护水平。

4. 构建效果评估机制，提高增殖放流成效 建立完善的效果评估标准体系和风险评估体系，建立多元化长效科研资金投入机制，加大对渔业资源环境科研机构的支持，鼓励科研人员扎实开展基础研究，设立增殖放流专项跟踪调查项目，将政策与科研相结合，统筹规划，不盲目放流，建议选择适当范围的海域建立可视化的监测平台，对增殖放流效果进行可视化评估。

第十六章 海陵湾示范区

第一节 气候地理特征

海陵湾位于粤西海岸中段（21°34′N—21°45′N、111°41′E—111°54′E），海陵湾因海陵岛而得名，为大型山地溺谷湾，由丰头河溺谷、海陵北侧和西侧水域组成，呈 γ 形，对海隐蔽。湾口在海陵岛西南马尾洲仔与阳西县散头咀之间，口宽 6.5 km，纵深 32 km，总面积 180 km²。

海陵湾自然环境复杂，具有大湾套小湾的隐蔽态势。海岸曲折多变，岸线总长 109 km。其中，基岩海岸 13.8 km，沙质海岸 10.4 km，淤泥质海岸 40.4 km，红树林和人工海岸 44.4 km。湾内潮间滩地和潮下浅滩广阔分布。潮间带面积约 84 km²，0～5 m 水域面积 54 km²，5～10 m 水域面积 29 km²，大于 10 m 水域面积 13 km²。由于涨落潮的作用，海陵湾形成 2 条冲刷槽，偏东为涨潮冲刷槽，偏西为落潮冲刷槽。在海陵岛西侧水域，偏东形成涨潮冲刷槽，自马尾洲仔向伸展到炮台咀以北，潮落冲刷槽西偏，5m 水深槽从口外一直深入到丰头岛以北，宽 0.7～1.2 km；10m 水深槽从湾口深入到丰头岛北端，长 15 km，宽 0.15～0.6km。湾口拦门浅滩水深 6.2～8.8 m，涨落潮冲刷槽相互错开。槽中心航道称海陵水道，宽 0.2～0.8 km，长 16 km，水深 8～18 m，顺直无障碍。

一、气压

年平均气压 1 010.8 hPa，气压年变化呈冬高夏低。12 月和 1 月气压最高，多年月平均分别为 1 018.3 hPa 和 1 018.1 hPa；7 月和 8 月气压最低，其多年月平均为 1 003.2 hPa。

二、气温

全年气温较高，多年年平均为 22.7℃，气温年变幅不大，平均年较差为 13.4℃。最热月是 7 月，多年月平均气温 28.6℃；8 月次之，多年月平均 28.2℃。最冷月是 1 月，多年月平均气温为 15.2℃；2 月次之，多年月平均 15.5℃。

三、风

风向、风速季节变化非常明显。秋、冬季盛行东北风，春季盛行东南偏东风，夏季盛行南风。风速多年平均值为 4.9 m/s。秋季风速较大，其中 11 月风速最大，多年月平均值为 5.8 m/s；春、夏季风速较小，其中 8 月风速最小，其多年平均为 3.9 m/s。

四、降水

海陵湾降水充沛，年平均降水量 1 759.2 mm，降水量年际变化较大，夏季降水量多，冬季降水量少。每年 4—10 月为雨季，累年月平均降水量在 150.4 mm 以上。降水日数年际变化较大，累年平均降水日数为 129.4 d。

第二节 海水水质

2015—2016 年，对海陵湾海域开展了 4 次综合调查，按春、夏、秋和冬 4 个季度月，分别对透明度、水温、盐度、悬浮物（SS）、pH、溶解氧（DO）、叶绿素、初级生产力、无机氮、活性磷酸盐等因子进行了调查和分析。

一、透明度

海陵湾春季海水透明度变化范围为 1.8～5.0 m，平均为 3.2 m；夏季海水透明度变化范围为 1.8～6.5 m，平均为 4.7 m；秋季海水透明度变化范围为 1.3～2.7 m，平均为 2.0 m；冬季海水透明度变化范围为 1.6～5.0 m，平均为 2.7 m。

各航次海水透明度温度空间分布变化差异不明显；从时间变化规律看，各航次调查海域透明度呈现夏季（4.4 m）＞春季（3.2 m）＞冬季（2.7 m）＞秋季（2.0 m）的变化特征。

二、水温

海陵湾春季海水温度变化范围为 21.3～22.9℃，平均为 21.79℃；夏季海水温度变化范围为 26.5～31.0℃，平均为 29.60℃；秋季海水温度变化范围为 25.9～26.3℃，平均为 26.10℃；冬季春季海水温度变化范围为 17.2～18.4℃，平均为 17.80℃。

各航次海水温度空间分布变化差异不明显；从时间变化规律看，各航次调查海域海水温度呈现夏季（29.60℃）＞秋季（26.10℃）＞春季（21.79℃）＞冬季（17.8℃）的变化特征。

三、溶解氧

海陵湾春季海水溶解氧浓度变化范围为 4.30～8.48 mg/L，平均为 5.90 mg/L；夏季海水溶解氧浓度变化范围为 3.60～5.77 mg/L，平均为 5.15 mg/L；秋季海水溶解氧浓度变化范围为 4.8.3～6.47 mg/L，平均为 5.60 mg/L；冬季海水溶解氧浓度变化范围为 6.61～8.71 mg/L，平均为 7.97 mg/L。

调查各站海水溶解氧浓度的空间分布变化差异不明显，海水溶解氧浓度变化呈表层＞底层；从时间变化规律看，各航次调查海域海水溶解氧浓度呈现冬季（7.97 mg/L）＞春季（5.90 mg/L）＞秋季（5.60 mg/L）＞夏季（5.15 mg/L）的变化特征。

四、盐度

海陵湾春季海水盐度变化范围为 32.10～34.55，平均为 33.33；夏季海水盐度变化范围为 32.01～35.87，平均为 34.53；秋季海水盐度变化范围为 29.86～30.68，平均为 30.36；冬季海水盐度变化范围为 27.54～32.92，平均为 31.52。

调查水域海水盐度的空间分布变化差异不明显，表、底层盐度变化不大；从时间变化规律看，各航次调查海域海水盐度呈现夏季（34.53）＞春季（33.33）＞冬季（31.52）＞秋季（30.36）的变化特征。

五、pH

海陵湾春季海水 pH 变化范围为 7.3～8.66，平均为 8.10；夏季海水 pH 变化范围为 8.21～8.40，平均为 8.29；秋季海水 pH 变化范围为 7.12～8.47，平均为 8.10；冬季海水 pH 变化范围为 8.04～8.20，平均为 8.13。

调查水域海水 pH 的空间分布变化差异不明显，表、底层 pH 变化不大；从时间变化规律看，各航次调查海域海水 pH 呈现冬季（8.35）＞夏季（8.29）＞春季（8.13）＞秋季（8.10）的变化特征，但差别不明显。

六、悬浮物 (SS)

海陵湾春季海水悬浮物浓度变化范围为 3.0~8.4 mg/L，平均为 5.08 mg/L；夏季海水悬浮物浓度变化范围为 2~16 mg/L，平均为 6.20 mg/L；秋季海水悬浮物浓度变化范围为 6~32 mg/L，平均为 15.5 mg/L；冬季海水悬浮物浓度变化范围为 6~20 mg/L，平均为 11.2 mg/L。

各航次调查海水 SS 浓度的空间分布夏季和冬季变化不明显，春季和秋季的变化呈现湾外＞湾中＞湾内的特征，大部分站位表、底层 SS 浓度无明显变化规律；从时间变化规律看，各航次调查海域海水 SS 浓度呈现秋季（15.5 mg/L）＞冬季（11.2 mg/L）＞夏季（6.20 mg/L）＞春季（5.08 mg/L）的变化特征。

七、亚硝态氮 (NO_2^--N)

海陵湾春季海水亚硝态氮浓度变化范围为 0.02~0.04 mg/L，平均为 0.03 mg/L；夏季海水亚硝态氮浓度变化范围为 0.001~0.006 mg/L，平均为 0.002 mg/L；秋季海水亚硝态氮浓度变化范围为 0.015~0.064 mg/L，平均为 0.023 mg/L；冬季海水亚硝态氮浓度变化范围为 0.009~0.028 mg/L，平均为 0.015 mg/L。

各航次调查海水亚硝态氮浓度的空间分布变化湾内有高于湾中和湾外的趋势，但变化规律不明显，海水表、底层亚硝态氮浓度无明显变化规律；从时间变化规律看，各航次调查海域海水亚硝态氮浓度呈现春季（0.030 mg/L）＞秋季（0.023 mg/L）＞冬季（0.015 mg/L）＞夏季（0.002 mg/L）的变化特征。

八、硝态氮 (NO_3^--N)

海陵湾春季海水硝态氮浓度变化范围为 0.01~0.37 mg/L，平均为 0.16 mg/L；夏季海水硝态氮浓度变化范围为 0.014~0.036 mg/L，平均为 0.055 mg/L；秋季海水硝态氮浓度变化范围为 0.046~0.118 mg/L，平均为 0.081 mg/L；冬季海水硝态氮浓度变化范围为 0.043~0.095 mg/L，平均为 0.073 mg/L。

各航次调查海水硝态氮浓度的空间分布变化春季湾口区域较高、秋季湾外区域较高、冬季空间分布变化规律不明显；从时间变化规律看，各航次调查海域海水硝态氮浓度呈现春季（0.16 mg/L）＞秋季（0.081 mg/L）＞冬季（0.073 mg/L）＞夏季（0.055 mg/L）的变化特征。

九、氨氮（NH_4^+-N）

海陵湾春季海水氨氮浓度变化范围为 0.010～0.410 mg/L，平均为 0.230 mg/L；夏季海水氨氮浓度变化范围为 0.004～0.018 mg/L，平均为 0.011 mg/L；秋季海水氨氮浓度变化范围为 0.019～0.201 mg/L，平均为 0.048 mg/L；冬季海水氨氮浓度变化范围为 0.001～0.058 mg/L，平均为 0.012 mg/L。

各航次调查海水氨氮浓度的空间分布变化春季和秋季湾内和湾中区域较高、冬季空间分布变化规律不明显；从时间变化规律看，各航次调查海域海水氨氮浓度呈现春季（0.230 mg/L）＞秋季（0.048 mg/L）＞冬季（0.012 mg/L）＞夏季（0.011 mg/L）的变化特征。

十、无机氮（DIN）

海陵湾春季海水无机氮浓度变化范围为 0.200～0.821 mg/L，平均为 0.431 mg/L；夏季海水无机氮浓度变化范围为 0.026～0.327 mg/L，平均为 0.068 mg/L；秋季海水无机氮浓度变化范围为 0.104～0.358 mg/L，平均为 0.152 mg/L；冬季海水无机氮浓度变化范围为 0.071～0.133 mg/L，平均为 0.100 mg/L。

各航次调查海水硝态氮浓度的空间分布变化春季湾口区域较高、秋季湾外区域较高、冬季空间分布变化规律不明显；从时间变化规律看，各航次调查海域海水无机氮浓度呈现春季（0.431 mg/L）＞秋季（0.152 mg/L）＞冬季（0.100 mg/L）＞夏季（0.068 mg/L）的变化特征。

十一、活性磷酸盐

海陵湾春季海水活性磷酸盐浓度变化范围为 0.001～0.021 mg/L，平均为 0.004 mg/L；夏季海水活性磷酸盐浓度变化范围为 0.004～0.008 mg/L，平均为 0.005 mg/L；秋季海水活性磷酸盐浓度变化范围为 0.001～0.014 mg/L，平均为 0.005 mg/L；冬季海水活性磷酸盐浓度变化范围为 0.002～0.032 mg/L，平均为 0.005 mg/L。

各航次调查海水活性磷酸盐浓度的空间分布变化春季湾中区和湾外区域较高，秋季湾外区域较高、夏季和冬季各区域差别不大；从时间变化规律看，各航次调查海域海水活性磷酸盐浓度呈现冬季（0.005 mg/L）＞夏季（0.005 mg/L）＞秋季（0.005 mg/L）＞春季（0.004 mg/L）的变化特征。

第三节　初级生产力

一、叶绿素 a

海陵湾春季海水叶绿素 a 浓度变化范围为 1.20～5.59 $\mu g/L$，平均为 2.88 $\mu g/L$；夏季海水叶绿素 a 浓度变化范围为 0.15～3.53 $\mu g/L$，平均为 1.41 $\mu g/L$；秋季海水叶绿素 a 浓度变化范围为 2.31～10.07 $\mu g/L$，平均为 4.13 $\mu g/L$；冬季海水叶绿素 a 浓度变化范围为 3.47～27.86 $\mu g/L$，平均为 13.49 $\mu g/L$。

从时间变化规律看，各航次调查海域海水叶绿素 a 浓度呈现冬季（13.49 $\mu g/L$）＞秋季（4.13 $\mu g/L$）＞春季（2.88 $\mu g/L$）＞夏季（1.41 $\mu g/L$）的变化特征。

二、初级生产力

海陵湾春季海域初级生产力变化范围为 226.39～2 603.51 mg/（$m^2 \cdot d$），平均为 555.96 mg/（$m^2 \cdot d$）；夏季海域初级生产力变化范围为 35.77～634.21 mg/（$m^2 \cdot d$），平均为 260.98 mg/（$m^2 \cdot d$）；秋季海域初级生产力变化范围为 197.36～1 111.48 mg/（$m^2 \cdot d$），平均为 427.02 mg/（$m^2 \cdot d$）；冬季海域初级生产力变化范围为 348.28～4 245.97 mg/（$m^2 \cdot d$），平均为 1 876.18 mg/（$m^2 \cdot d$）。

从时间变化规律看，各航次调查海域海水叶绿素 a 浓度呈现冬季［1 876.18 mg/（$m^2 \cdot d$）］＞春季［555.96 mg/（$m^2 \cdot d$）］＞秋季［427.02 mg/（$m^2 \cdot d$）］＞夏季［260.98 mg/（$m^2 \cdot d$）］的变化特征。

第四节　浮游植物

一、春季浮游植物

（一）种类组成和优势种

2016 年 4 月调查，共鉴定浮游植物 4 门 14 科 23 属 56 种（类）。硅藻门种类最多，共 13 属 40 种，占总种类数的 71.43%；甲藻门出现 6 属 10 种，占总种类数的 17.86%；蓝藻门出现 2 属 4 种，占总种类数的 7.14%；绿藻门出现 2 属 2 种，占总种类数的 3.57%。种类出现较多的属为硅藻门的角毛藻属（19 种）、根管藻属（11 种）和角藻属（7 种）。

浮游植物优势种为冰河拟星杆藻（*Asterionellopsis glacialis*）和中肋骨条藻（*Skeletonema costatum*）。各优势种的优势度为 0.936～0.952，平均丰度变化范围为 $124.76×10^4～132.51×10^4$ 个/m³，平均百分比为 38.5%～56.2%，合计平均占海域总丰度的 47.35%。

（二）丰度

浮游植物丰度变化范围为 $2\,903.99×10^4～4\,928.37×10^4$ 个/m³，丰度平均值为 $3\,696.73×10^4$ 个/m³，丰度变幅较大。其中，A10 站点浮游植物丰度最高，A9 站点浮游植物丰度最低，其他站位丰度范围为 $3\,013.51×10^4～4\,637.94×10^4$ 个/m³。

硅藻门丰度所占比例最高，各站位硅藻门丰度占比为 99.32%～100.0%，占海域平均丰度的 99.08%；各站位甲藻门丰度占比为 0.00～0.06%，占海域平均丰度的 0.04%；各站位蓝藻门丰度占比为 0.00～0.34%，占海域平均丰度的 0.19%；各站位绿藻门丰度占比为 0.00～0.29%，占海域平均丰度的 0.19%。

（三）多样性指数与均匀度

各站位浮游植物种类数范围为 15～41 种，种类相对较多。以 A6 站点种类最高，为 32 种；A3 和 A10 站点种类次之，分别为 30 种和 28 种；A2 站点种类最少，为 15 种；其他站点种类数在 17～28 种。多样性指数范围为 0.24～0.42，平均为 0.30；均匀度指数范围为 0.10～0.29，平均为 0.16。A3、A6 和 A10 站点多样性指数和均匀度指数较高，A9 站点多样性指数和均匀度指数最低。总体而言，调查结果表明，各站位浮游植物种类一般，多样性水平一般。

二、夏季浮游植物

（一）种类组成和优势种

2015 年 7 月调查，共鉴定浮游植物 5 门 36 属 67 种（类）。硅藻门种类最多，共 26 属 46 种，占总种类数的 68.65%；甲藻门出现 7 属 16 种，占总种类数的 23.88%；蓝藻门出现 1 属 3 种，占总种类数的 4.48%；绿藻门 1 属 1 种，占总种类数的 1.49%；黄藻门出现 1 属 1 种，占总种类数的 1.49%。种类较多的属为海链藻属（16 种）、海毛藻属

（11种）和骨条藻属（8种）。

浮游植物优势种为细弱海链藻（*Thalassiosira densus*）和伏氏海毛藻（*Thalassiothrix frauenfeldii*）。各优势种的优势度为 0.053～0.192，平均丰度变化范围为 $2.65 \times 10^4 \sim 6.42 \times 10$ 个/m³，平均百分比为 6.5%～56.3%，合计占海域总丰度的 64.2%。

（二）丰度

浮游植物丰度变化范围为 $18.97 \times 10^4 \sim 40.68 \times 10^4$ 个/m³，丰度平均值为 26.26×10^4 个/m³，丰度变幅较小。其中，S3 站浮游植物丰度最高，S10 站浮游植物丰度最低，其他站位丰度范围为 $20.11 \times 10^4 \sim 31.22 \times 10^4$ 个/m³。

硅藻门丰度所占比例最高，各站位硅藻门丰度占比为 88.71%～95.37%，占海域平均丰度的 92.71%；各站位甲藻门丰度占比为 4.63%～11.29%，占海域平均丰度的 6.99%；其他类浮游植物的丰度都较低。

（三）多样性指数与均匀度

各站位浮游植物种类数范围为 14～37 种，种类相对较少。以 S3 站种类最高；S39 和 S10 站种类次之，分别为 29 种和 27 种；S6 站种类最少；其他站位种类数在 15～25 种。多样性指数范围为 3.15～4.32，平均为 3.60；均匀度指数范围为 0.52～0.98，平均为 0.71。S3 站多样性指数和均匀度指数较高，S6 站多样性指数和均匀度指数最低。总体而言，大部分调查站位浮游植物种类丰富度不太高，多样性水平一般。

三、秋季浮游植物

（一）种类组成和优势种

2015 年 11 月调查，共鉴定样品浮游植物 5 门 11 科 27 属 68 种（类）。硅藻门种类最多，共 16 属 50 种，占总种类数的 73.53%；甲藻门出现 5 属 11 种，占总种类数的 16.18%；绿藻门出现 2 属 2 种，占总种类数的 2.94%；蓝藻门出现 1 属 4 种，占总种类数的 5.88%；金藻门出现 1 属 1 种，占总种类数的 1.47%。种类出现较多的属为硅藻门的角毛藻属（23 种）、根管藻属（15 种）和圆筛藻属（10 种）。

浮游植物优势种为旋链角毛藻（*Chaetoceros curvisetus*）、笔尖形根管藻（*Rhizosolenia styliformis*）、中肋骨条藻（*Skeletonema costatum*）、柔弱角毛藻（*Chaetoceros debilis*）、细弱海链藻（*Thalassiosira subtilis*）、柔弱几内亚藻（*Guinardia delicatula*）和大角角藻（*Ceratium macroceros*）。各优势种的优势度为 0.047～0.264，

平均丰度变化范围为 $3.53×10^4$～$6.32×10^4$ 个/m³，平均百分比为 4.1%～25.3%，合计平均占海域总丰度的 13.07%。

（二）丰度

浮游植物丰度变化范围为 $39.10×10^4$～$50.38×10^4$ 个/m³，丰度平均值为 $44.38×10^4$ 个/m³，丰度变幅较小。其中，A4 站点浮游植物丰度最高；A2 站点浮游植物丰度最低；其他站位丰度范围为 $40.20×10^4$～$47.62×10^4$ 个/m³。

硅藻门丰度所占比例最高，各站位的硅藻门丰度占比为 92.61%～100.0%，占海域平均丰度的 96.18%；各站位的甲藻门丰度占比在 0.00～6.01%，占海域平均丰度的 3.09%；各站位的蓝藻门丰度占比为 0.00～0.89%，占海域平均丰度的 0.49%；各站位的绿藻门丰度占比为 0.00～0.59%，占海域平均丰度的 0.30%；各站位的金藻门丰度占比 0.00～0.32%，占海域平均丰度的 0.18%。

（三）多样性指数与均匀度

各站位浮游植物种类数范围为 30～61 种，种类相对较多。以 A7 站点种类最高，为 71 种；A4 和 A5 站点种类次之，分别为 66 种和 57 种；A1 点种类最少，为 30 种；其他站位种类数在 34～43 种。多样性指数范围为 3.15～4.63，平均为 3.87；均匀度指数范围为 0.53～0.72，平均为 0.63。A4、A5 和 A7 站点多样性指数和均匀度指数较高，A11 站点多样性指数和均匀度指数最低。总体而言，调查结果表明，各站位浮游植物种类丰富，多样性水平丰富。

四、冬季浮游植物

（一）种类组成和优势种

2015 年 2 月调查，共鉴定浮游植物 5 门 36 属 57 种（类）。硅藻门种类最多，共 26 属 40 种，占总种类数的 70.18%；甲藻门出现 7 属 13 种，占总种类数的 22.81%；蓝藻门出现 1 属 2 种，占总种类数的 3.51%；绿藻门出现 1 属 1 种，占总种类数的 1.75%；金藻门出现 1 属 1 种，占总种类数的 1.75%。种类较多的属为海链藻属（11 种）和海毛藻属（9 种）。

浮游植物优势种为细弱海链藻（*Thalassiosira densus*）和伏氏海毛藻（*Thalassiothrix frauenfeldii*）。各优势种的优势度为 0.041～0.183，平均丰度变化范围为 $3.27×10^4$～$4.85×10^4$ 个/m³，平均百分比为 16.8%～47.4%，合计占海域总丰度的 64.2%。

（二）丰度

浮游植物丰度变化范围为 $13.22 \times 10^4 \sim 35.71 \times 10^4$ 个/m^3，丰度平均值为 21.60×10^4 个/m^3，丰度变幅较小。其中，S3 站浮游植物丰度最高，S5 站浮游植物丰度最低，其他站位丰度范围为 $14.95 \times 10^4 \sim 27.94 \times 10^4$ 个/m^3。

硅藻门丰度所占比例最高，各站位的硅藻门丰度占比为 $87.41\% \sim 95.18\%$，占海域平均丰度的 92.45%；各站位的甲藻门丰度占比为 $4.82\% \sim 11.59\%$，占海域平均丰度的 7.80%；其他类浮游植物的丰度都较低。

（三）多样性指数与均匀度

各站位浮游植物种类数范围为 $10 \sim 33$ 种，种类相对较少。以 S10 站种类最高；S2 和 S9 站种类次之，分别为 28 种和 26 种；S11 站种类最少；其他站位种类数在 $15 \sim 23$ 种。多样性指数范围为 $2.74 \sim 3.65$，平均为 3.18；均匀度指数范围为 $0.48 \sim 0.91$，平均为 0.71。S10 和 S3 站多样性指数和均匀度指数较高，S5 站多样性指数和均匀度指数最低。总体而言，大部分调查站位浮游植物种类丰富度不太高，多样性水平一般。

第五节　浮游动物

一、春季浮游动物

（一）种类组成

2016 年 4 月调查，共鉴定浮游动物 103 种（类）。其中，桡足类 29 种，占总种类数的 28.16%；水母类 19 种，占总种类数的 18.45%；毛颚类 9 种，占总种类数的 8.74%；端足类 8 种，占总种类数的 7.77%；被囊类 7 种，占总种类数的 6.80%；异足类 5 种，占总种类数的 4.85%；原生动物、介形类和莹虾类各 3 种，分别占总种类数的 2.91%；枝角类、磷虾类和糠虾类各 2 种，分别占总种类数的 1.94%；浮游幼体 11 类，占总种类数的 10.68%。

（二）优势种

以优势度 $Y \geqslant 0.02$ 为判断标准，春季调查期间共出现 4 种优势种。其中，枝角类 2 种，原生动物 1 种，被囊类 1 种。以肥胖三角溞优势度最高，为 0.33，主要密集分布在

S3～S10 站位，密度最高的 S10 达 613.81 尾/m³；第二高的是夜光虫，主要密集分布在 S5～S7、S10 和 S11，平均栖息密度为 255.51 尾/m³；鸟喙尖头溞的优势度为 0.15，主要密集分布在 S3～S6，平均栖息密度为 125.81 尾/m³；软拟海樽的优势度较低，为 0.11，以 S7 的密度最高，为 398.89 尾/m³。

（三）栖息密度与生物量

春季调查期间，该水域浮游动物栖息密度变化范围为 63.00～1 477.64 尾/m³，平均为 814.41 尾/m³。不同站位间的浮游动物栖息密度不同，以 S5 最高，S2 最低。

浮游动物生物量为 1.75～208.33 mg/m³，平均为 82.11 mg/m³，其中，以 S7 最高，S2 最低。浮游动物生物量与栖息密度的平面分布趋势相似。

（四）生物多样性

各站位浮游动物种类数范围在 17～76 种，平均为 44 种，种类最多的出现在 S7，最少的出现在 S2；多样性指数变化范围为 2.00～3.58，平均为 2.70，以 S2 最高，S3 最低；均匀度变化范围为 0.32～0.88，均值为 0.50，以 S2 最高，S11 最低。

根据陈清潮（1994）等提出的生物多样性阈值评价标准，即 $Dv > 3.5$ 为非常丰富，2.6～3.5 为丰富，1.6～2.5 为较好，0.6～1.5 为一般，< 0.6 为差，来衡量该水域浮游动物群落结构状况。春季调查，水域多样性阈值变化范围为 0.64～3.14，均值为 1.44，多样性一般。其中，S2 属 Ⅱ 类水平，多样性丰富；S1 属 Ⅲ 类水平，多样性较好；其他均属 Ⅳ 类水平，多样性一般。

二、夏季浮游动物

（一）种类组成

2015 年 7 月调查，共鉴定浮游动物 34 种（类）。其中，桡足类 10 种，占总种类数的 29.41%；水母类 4 种，占总种类数的 11.76%；被囊类 3 种，占总种类数 8.82%；原生动物、枝角类和毛颚类各 2 种，分别占总种类数 5.88%；莹虾类和糠虾类各仅 1 种，分别占总种类数的 2.94%；浮游幼虫 9 类，占总种类数的 26.47%。该海域浮游动物种类较少，主要为沿岸种。

（二）优势种

以优势度 $Y \geqslant 0.02$ 为判断标准，夏季调查期间出现的优势种较多，有 10 种（类）。其中，桡足类和被囊类各 2 种；原生动物 1 种；浮游幼体 6 类，以浮游幼体的长尾类幼体优势度最高，为 0.20，栖息密度为 2.53 尾/m³；其次为桡足类幼体，优势度为 0.09，栖息密度为 1.16 尾/m³；其他优势种的优势度均较低。

（三）栖息密度与生物量

夏季调查期间，该水域浮游动物栖息密度变化范围为 4.29～22.00 尾/m³，平均为 12.88 尾/m³。不同站位间的浮游动物栖息密度不同，以 S3 最高，S7 最低。

由于该海域 S1、S2、S5、S7 和 S10 站位浮游动物的栖息密度及种类个体较小，无法称取其湿重生物量。其他站位浮游动物的生物量为 1.39～2.50 mg/m³，平均为 1.82 mg/m³，以 S3 最高。

（四）生物多样性

各站位浮游动物种类数范围为 9～20 种，平均 15 种。种类最多的出现在 S6，最少的出现在 S2 和 S7；多样性指数变化范围在 2.97～4.03，平均为 3.56，以 S11 最高，S7 最低；均匀度变化范围在 0.85～0.97，均值为 0.93，以 S1 最高，S3 最低。

根据陈清潮等提出的生物多样性阈值评价标准，即 $Dv>3.5$ 为非常丰富，2.6～3.5 为丰富，1.6～2.5 为较好，0.6～1.5 为一般，<0.6 为差，来衡量该海域浮游动物群落结构状况。夏季调查，水域多样性阈值变化范围为 2.78～3.82，均值为 3.31，多样性丰富。其中，S9、S10 和 S11 属 Ⅰ 类水平，多样性非常丰富；其他站位均属 Ⅱ 类水平，多样性丰富。

三、秋季浮游动物

（一）种类组成

2015 年 11 月调查，共鉴定浮游动物 88 种（类）。其中，桡足类 34 种，占总种类数的 38.64%；水母类 11 种，占总种类数的 12.50%；毛颚类 9 种，占总种类数的 10.23%；异足类和被囊类各占 4 种，占总种类数 4.55%；磷虾类和端足类 3 种，占总种类数的 3.41%；原生动物、枝角类、莹虾类和糠虾类各 2 种，分别占总种类数 2.27%；十足类仅 1 种，分别占总种类数的 1.14%；浮游幼体 11 类，占总种类数的 12.50%。该海域浮游动物种类较多，主要为沿岸种。

（二）优势种

以优势度 $Y\geqslant0.02$ 为判断标准，秋季调查期间出现 6 种优势种，其中，桡足类 2 种，毛颚类 1 种，幼体类 3 种。以桡足类的锥形宽水蚤（*Temora turbinata*）优势度最高，为

0.19，栖息密度为 81.94 尾/m³；其次为毛颚类的肥胖箭虫（*Sagitta enflata*），优势度为 0.16，栖息密度为 75.00 尾/m³；其他优势种的优势度均较低。

（三）栖息密度与生物量

秋季调查期间，该水域浮游动物栖息密度变化范围为 20.00～3 018.33 尾/m³，平均为 430.08 尾/m³。不同站位间的浮游动物栖息密度不同，以 S5 最高，S2 最低。

浮游动物生物量为 3.08～358.33 mg/m³，平均为 80.86 mg/m³。其中，以 S6 最高，S2 最低。浮游动物生物量与栖息密度的平面分布相似。

（四）生物多样性

各站位浮游动物种类数范围在 22～63 种，平均 46 种。种类最多的出现在 S5，最少的出现在 S2；多样性指数变化范围在 3.55～4.59，平均为 4.25，以 S1 最高，S11 最低；均匀度变化范围 0.60～0.94，均值为 0.79，以 S1 和 S2 最高，S11 最低。

根据陈清潮等提出的生物多样性阈值评价标准，即 $Dv > 3.5$ 为非常丰富，2.6～3.5 为丰富，1.6～2.5 为较好，0.6～1.5 为一般，< 0.6 为差，来衡量该海域浮游动物群落结构状况。秋季调查，海域多样性阈值变化范围为 2.13～4.31，均值为 3.36，多样性丰富。其中，S1、S2、S4 和 S7 属Ⅰ类水平，多样性非常丰富；S11 属Ⅲ类水平，多样性较好；其他站位均属于Ⅱ类水平，多样性丰富。

四、冬季浮游动物

（一）种类组成

2012 年 2 月调查，共鉴定浮游动物 38 种（类），分属 9 个不同生物类群。其中，水母类 11 种，占总种类数的 28.95%；桡足类 9 种，占总种类数的 23.68%；枝角类、端足类、被囊类和毛颚类各 2 种，分别占总种类数的 5.26%；原生动物和介形类仅 1 种，各占总种类数的 2.63%；浮游幼虫 8 类，占总种类数的 21.05%。总体上，水域浮游动物种类相对较少。

（二）优势种

以优势度 $Y \geqslant 0.02$ 为判断标准，冬季调查期间仅出现 1 种优势种，为夜光虫（*Noctiluca scintillans*）。在浮游动物群落中占有绝对优势地位，优势度高达 0.94，在整个调查海区均有分布。尤以 S1 丰度最高，达 35 400 尾/m³；其次是 S3，丰度为 3 933.33 尾/m³；S11 的丰度最小，为 188.89 尾/m³。

（三）栖息密度与生物量

调查期间，海陵湾浮游动物栖息密度变化范围为 349.72～36 510.00 尾/m³，平均为 5 652.84 尾/m³。不同站位间的浮游动物栖息密度差别较大，以 S1 最高，S3 次之（4 333.33尾/m³），S11 最低。

浮游动物生物量为 31.48～1 123.70 mg/m³，平均为 291.88 mg/m³。其中，以 S1 最高，S10 次之（397.41 mg/m³），S7 最低。浮游动物生物量为 31.48～1 123.70 mg/m³，平均为 291.88 mg/m³。其中，以 S1 最高，S10 次之，S7 最低。

（四）生物多样性

各站位浮游动物种类数范围在 14～20 种，平均 17 种。种类最多的出现在 S6，最少的出现在 S7；各测站浮游动物多样性指数变化范围在 0.11～2.32，平均为 0.86，以 S11 最高，S2 最低；均匀度变化范围在 0.03～0.57，平均为 0.21，以 S11 最高，S2 最低。

第六节　底栖动物

一、春季大型底栖生物

（一）种类组成及水平分布

春季大型底栖生物定性和定量调查共获到 70 种生物，详见附录春季大型底栖生物名录，种类组成情况见图 16-1。以脊索动物出现的种类数最多，共 27 种，占总种类数的 38.6%；环节动物次之，共 22 种，占总种类数的 31.4%；节肢动物列第三位，出现 9 种，各占 12.9%；其他动物包括刺胞动物和纽形动物，各出现 1 种，各占 2.9%。

春季定量调查各站种类数变化范围为 5～17 种。种类数平面分布呈海陵湾邻近海域种类数较低、而海陵湾内种类数较高的分布趋势。拖网定性调查仅在湾内 S1 区域进行调查，种类数为 31 种。定性调查种类与定量调查种类有所差别。定性调查以大型个体生物为主，生物主要栖息于沉积物的表层和 50 cm 以内，定性调查出现的类群以脊索动物、甲壳类动物和软体动物等较大型的种类为主；而采泥定量调查生物个体相对

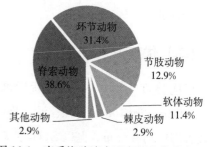

图 16-1　春季海陵湾大型底栖生物种类组成

较小，运动能力较弱，生物种类以环节动物、小型软体动物和棘皮动物中的蛇尾类居多。

（二）优势种、主要种及水平分布

（1）脊索动物　在各类群中脊索动物出现的种类最多，且主要出现在拖网定性调查中。主要种类有长棘银鲈、斑头舌鳎和平鲷等，优势种是长棘银鲈。

（2）节肢动物　在各类群中仅次于脊索动物，其中，小型类主要出现于采泥样品中，而大型的甲壳类（主要为虾蟹类）则多出现于拖网样品中。主要的代表种类有近缘新对虾（*Metapenaeus affinis*）、红星梭子蟹、贪食鼓虾和豆形短眼蟹（*Xenophthalmus pinnotheroides*）等。其中，较为明显的优势种是近缘新对虾和贪食鼓虾等。

（3）环节动物　春季调查出现的环节动物生物种类较多，出现频率也较高，对总栖息密度的贡献较大，但生物个体相对较小，以营埋栖和管栖的生活方式为主，主要出现在采泥样品中。主要种类有背蚓虫（*Notomastus latericeus*）、角海蛹（*Ophelia acuminata*）、欧努菲虫（*Onuphis eremita*）、缅甸角沙蚕（*Ceratonereis burmensis*）、杰氏内卷齿蚕（*Aglaophamus jeffreysii*）、中华半突虫（*Phyllodoce chinensis*）和双形拟单指虫（*Cossurella dimorpha*）等。背蚓虫和角海蛹为海区的主要优势种。

（4）软体动物　本季节软体动物的种类也较少，仅半褶织纹螺（*Nassarius semiplicatus*）在此调查海域出现频率较高，数量较大，为海区的最主要优势种。头足类仅出现1种，且出现于拖网样品中，为卵蛸，且数量较少。

（5）棘皮动物　本次所获样品全部出现在采泥样品中，出现2种蛇尾类，为光滑倍棘蛇尾（*Amphiopholis laevis*）和倍棘蛇尾（*Amphiopholis* sp.）。

（三）栖息密度及其水平分布

调查海区春季栖息密度统计结果见表16-1。本次定量调查平均栖息密度为248尾/m²。栖息密度组成以环节动物为主，平均栖息密度为167尾/m²，占总栖息密度的67.3%。棘皮动物次之，其平均栖息密度为33尾/m²，占总栖息密度的13.3%；节肢动物列第三，均为22尾/m²，占总栖息密度的8.9%。

表16-1　春季大型底栖生物栖息密度及生物量组成

项目	环节动物	棘皮动物	节肢动物	软体动物	其他动物	合计
栖息密度（尾/m²）	167	33	22	15	11	248
占比（%）	67.3	13.3	8.9	6.0	4.4	100.0
生物量（g/m²）	0.5	0.8	0.4	0.3	0.4	8.3
占比（%）	20.8	33.3	16.7	12.5	16.7	100.0

春季总栖息密度平面分布呈海陵湾内高于邻近海域的趋势。最高栖息密度区位于海

陵湾湾口，密度在 500 尾/m² 以上。

春季环节动物栖息密度平面分布情况与总栖息密度分布趋势一致，呈海陵湾内高于邻近海域的趋势。最高栖息密度区位于海陵湾湾口；邻近海域为低密度区。

春季棘皮动物的栖息密度平面分布见呈邻近海域高于海陵湾内的趋势。高密度区位于邻近海域近海陵岛区域；低密度区位于邻近海域西部区域。

春季节肢动物的栖息密度平面分布同样呈海陵湾湾内高于邻近海域的趋势。栖息密度最高值区位于湾北部海域；密度低值区位于邻近海域东部海域。

春季软体动物栖息密度的高栖息密度区位于邻近海域西部区域；其余海域密度均不高，总体呈邻近海域高于湾内的趋势。

（四）生物量及其水平分布

调查海区春季生物量统计结果见表 16-1。海区平均生物量为 2.4 g/m²。生物量组成以棘皮动物占较大优势，平均生物量为 0.8 g/m²，占总生物量的 33.3%；其次为环节动物，其平均生物量为 0.5 g/m²，占总生物量的 20.8%；节肢动物列第三，为 0.4 g/m²，占 16.7%。

春季总生物量平面分布同总栖息密度分布趋势一致，呈海陵湾内高于邻近海域的趋势。最高值区同样位于海陵湾湾口；邻近海域为低值区。

春季棘皮动物生物量平面分布与总生物量分布相反，呈邻近海域高于湾内的趋势。高值区位于邻近海域近海陵岛区域；湾内为低值区。

春季环节动物生物量平面分布与总生物量分布相似，呈海陵湾内高于邻近海域的趋势。最高生物量同样位于海陵湾湾口；邻近海域为低值区。

春季节肢动物生物量平面分布同样呈海陵湾内高于邻近海域的趋势。但其生物量高值区位于湾内北部海域；邻近海域的南部区域为低值区。

春季软体动物生物量平面分布趋势与总生物量分布状况基本一致，呈海陵湾内高于邻近海域的趋势；最高生物量区同样位于海陵湾湾口；邻近海域东部区域为低值区。

二、夏季大型底栖生物

（一）种类组成及水平分布

夏季大型底栖生物定性和定量调查共获到 110 种生物，种类组成情况见图 16-2。以脊索动物出现的种类数最多，共 42 种，占总种类数的 38.2%；节肢动物次之，共 41 种，占总种类数的 37.3%；环节动物列第三位，出现 13 种，占 11.8%；纽形动物和螠虫动物最少，均仅出现 1 种，各占 0.9%。

夏季定量调查各站种类数变化范围为 3～10 种。种类数平面分布显示海陵湾邻近海域种类数较高、而海陵湾内种类数较低的分布趋势。拖网定性调查各站种类数变化范围为 25～48 种，平面分布趋势呈湾内高于邻近海域的趋势。定性调查种类与定量调查种类有所差别。定性调查以大型个体生物为主，生物主要栖息于沉积的表层和 50 cm 以内，定性调查出现的类群以脊索动物、甲壳类动物和软体动物等较大型的种类为主；而采泥定量调查生物个体相对较小，运动能力较弱，生物种类以环节动物、小型软体动物和棘皮动物中的蛇尾类居多。

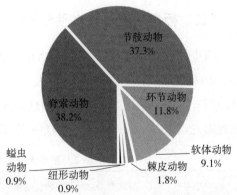

图 16-2　夏季海陵湾大型底栖生物种类组成

（二）优势种、主要种及水平分布

（1）脊索动物　在各类群中脊索动物出现的种类最多，且主要出现在拖网定性调查中。主要种类有黄斑篮子鱼、六指马鲅、鳗鲇、大鳞鳞鲬和卵鲷等，优势种是黄斑篮子鱼和六指马鲅。

（2）节肢动物　在各类群中仅次于脊索动物，其中小型类主要出现于采泥样品中，而大型的甲壳类（主要为虾蟹类）则多出现于拖网样品中。主要的代表种类有拥剑梭子蟹、黑斑口虾蛄、哈氏仿对虾、鹰爪虾、近缘新对虾（*Metapenaeus affinis*）、长叉口虾蛄、变态蟳和豆形短眼蟹等。其中，较为明显的优势种是拥剑梭子蟹和黑斑口虾蛄等。

（3）环节动物　春季调查出现的环节动物生物种类较多，出现频率也较高，对总栖息密度的贡献较大，但生物个体相对较小，以营埋栖和管栖的生活方式为主，主要出现在采泥样品中。主要种类有小头虫（*Capitella capitata*）、壳砂笔帽虫（*Pectinaria conchilega*）、欧文虫（*Owenia fusformis*）和双形拟单指虫（*Cossurella dimorpha*）等。小头虫和壳砂笔帽虫为海区的主要优势种。

（4）软体动物　本季软体动物的种类也较少，主要种类有菲律宾蛤仔（*Ruditapes philippinarum*）、联球蚶（*Aandara consociate*）、粗帝汶蛤（*Timoclea scabra*）、波纹巴非蛤（*Paphia undulata*）和中国小铃螺（*Minolia chinensis*）等。其中，菲律宾蛤仔在此调查海域出现频率较高，数量较大，为海区的最主要优势种。头足类出现 3 种，均出现于拖网样品中，为真蛸、杜氏枪乌贼和曼氏无针乌贼，数量较少。

（5）棘皮动物　本次所获样品全部出现在采泥样品中，出现 2 种蛇尾类，为光滑倍棘蛇尾（*Amphiopholis laevis*）和倍棘蛇尾（*Amphiopholis* sp.）。

（三）栖息密度及其水平分布

调查海区夏季栖息密度统计结果见表 16-2。本次定量调查平均栖息密度为 167 尾/m²。栖息密度组成以环节动物为主，平均栖息密度为 70 尾/m²，占总栖息密度的 41.9%；软体动物次之，其平均栖息密度为 58 尾/m²，占总栖息密度的 34.7%；节肢动物列第三，为 15 尾/m²，占总栖息密度的 9.0%。

表 16-2 夏季大型底栖生物栖息密度及生物量组成

项目	环节动物	软体动物	节肢动物	棘皮动物	其他动物	合计
栖息密度（尾/m²）	70	58	15	13	11.0	167
占比（%）	41.9	34.7	9.0	7.8	66	100.0
生物量（g/m²）	0.3	5.3	0.6	0.1	0.8	7.1
占比（%）	4.2	74.6	8.5	1.4	11.3	100.0

夏季总栖息密度分布呈海陵湾内北部和邻近海域近海陵岛区域高于海陵湾湾口和邻近海域其他区域的趋势。最高栖息密度区位于海陵湾内北部和邻近海域近海陵岛，密度在 240 尾/m² 以上。

夏季环节动物栖息密度平面分布情况与总栖息密度分布差异较大，栖息密度呈海陵湾邻近海域西部高于其他海域的趋势。低密度区位于海陵湾湾内和邻近海域东部海域。

夏季软体动物栖息密度的平面分布显示，高栖息密度区位于海陵湾北部区域。低密度区位于邻近海域西南部海域；总体呈湾内高于邻近海域的趋势。

夏季节肢动物的栖息密度平面分布同样呈海陵湾湾内高于邻近海域的趋势。但栖息密度最高值区范围较广，除湾内，邻近海域近海陵岛区域同为高值区；低密度区位于邻近海域其他区域。

夏季棘皮动物栖息密度呈邻近海域高于海陵湾内的趋势。高密度区位于邻近海域东部区域；低密度区位于湾内及邻近海域西部区域。

（四）生物量及其水平分布

调查海区夏季生物量统计结果见表 16-2。海区平均生物量为 7.1 g/m²。生物量组成以软体动物占较大优势，平均生物量为 5.3 g/m²，占总生物量的 74.6%；其次为由蜮虫动物和纽形动物组成的其他动物，其平均生物量为 0.8 g/m²，占总生物量的 11.3%；节肢动物列第三，为 0.6 g/m²，占 8.5%；棘皮动物最低，为 0.1 g/m²，占总生物量的 1.4%。

春季总生物量平面分布状况同总栖息密度分布趋势一致，呈海陵湾内高于邻近海域的趋势。最高值区位于海陵湾北部区域；邻近海域为低值区。

夏季软体动物生物量平面分布与总生物量分布一致，同样呈海陵湾内高于邻近海域的趋势。最高值区位于海陵湾北部区域；邻近海域为低值区。

夏季节肢动物生物量平面分布也与总生物量分布相似，呈海陵湾内高于邻近海域的趋势。最高生物量同样位于海陵湾口；邻近海域南部区域为低值区。

夏季环节动物生物量平面分布与总生物量分布存在较大差异，呈海陵湾邻近海域高于湾内的趋势。其生物量高值区位于邻近海域西南海域；低值区为湾内近岸处和邻近海域的东中部区域。

夏季棘皮动物生物量平面分布趋势与总生物量分布状况同样差异较大，呈海陵湾邻近海域高于湾内的趋势。最高生物量区位于邻近海域东部区域；湾内为低值区。

三、秋季大型底栖生物

(一) 种类组成及水平分布

秋季大型底栖生物定性和定量调查共获到 48 种生物（图 16-3）。以节肢动物出现的种类数最多，共 20 种，占总种类数的 27.1%；脊索动物次之，共 13 种，占总种类数的 27.1%；环节动物列第三，出现 10 种，占 20.8%；棘皮动物、纽形动物和螠虫动物最少，均仅出现 1 种，各占 2.1%。

秋季定量调查各站种类数变化范围为 0～8 种。种类数平面分布呈海陵湾内种类数较高、而海陵湾邻近海域种类数较低的分布趋势。拖网定性调查各站种类数变化范围为 5～17 种，平面分布趋势呈湾内高于邻近海域的趋势。定性调查种类与定

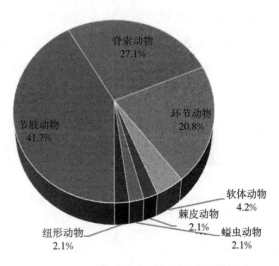

图 16-3　秋季海陵湾大型底栖生物种类组成

量调查种类有所差别。定性调查以大型个体生物为主，生物主要栖息于沉积物的表层和 50 cm 以内，定性调查出现的类群以脊索动物、甲壳类动物和软体动物等较大型的种类为主；而采泥定量调查生物个体相对较小，运动能力较弱，生物种类以环节动物、小型软体动物和棘皮动物中的蛇尾类居多。

(二) 优势种、主要种及水平分布

（1）节肢动物　在各类群中出现的种类最多，其中小型类主要出现于采泥样品中，而大型的甲壳类（主要为虾蟹类）则多出现在拖网样品中。主要的代表种类有斑节对虾、

红星梭子蟹和红线黎明蟹等。其中，较为明显的优势种是斑节对虾和红星梭子蟹等。

（2）脊索动物　本季出现脊索动物较少，且在各类群中仅次于节肢动物，主要出现在拖网定性调查中，仅1种，黄斑篮子鱼数量相对较大。

（3）环节动物　秋季调查出现的环节动物生物种类较少，出现频率相对较高，对总栖息密度的贡献较大，但生物个体相对较小，以营埋栖和管栖的生活方式为主，主要出现在采泥样品中。主要种类有耐污奇异稚齿虫。耐污奇异稚齿虫占较明显的优势地位。

（4）软体动物　本季节软体动物的种类也较少，仅出现2种，分别为节织纹螺和团结蛤。其中，节织纹螺在此调查海域出现频率较高，数量较大，为海区的最主要优势种。

（5）棘皮动物　本次所获样品全部出现在采泥样品中，仅出现1种蛇尾类，为倍棘蛇尾（*Amphiopholis* sp.）。

（三）栖息密度及其水平分布

调查海区秋季栖息密度统计结果见表16-3。本次定量调查平均栖息密度为198尾/ m^2 。栖息密度组成以环节动物为主，平均栖息密度为102尾/ m^2 ，占总栖息密度的51.5%；脊索动物次之，其平均栖息密度为40尾/ m^2 ，占总栖息密度的20.2%；蟹虫动物列第三，为37尾/ m^2 ，占总栖息密度的18.7%。

表16-3　秋季大型底栖生物栖息密度及生物量组成

项目	环节动物	脊索动物	蟹虫动物	软体动物	节肢动物	棘皮动物	纽形动物	合计
栖息密度（尾/ m^2 ）	102	40	37	8	7	3	2	199
占比（%）	51.5	20.2	18.7	4.0	3.5	1.5	1.0	100.0
生物量（g/ m^2 ）	2.1	4.3	20.6	0.3	0.3	0.4	0.04	28.0
占比（%）	7.5	15.4	73.6	1.1	1.1	1.4	0.1	100.0

秋季总栖息密度平面分布呈海陵湾邻近海域西部区域和湾内北部区域高于海陵湾湾口和邻近海域其他区域的趋势。最高栖息密度区位于海陵湾邻近海域西部区域，密度在420尾/ m^2 以上。

秋季环节动物栖息密度平面分布情况与总栖息密度分布类似，呈海陵湾邻近海域西部高于其他海域的趋势。低密度区位于海陵湾内和邻近海域东部海域。

秋季脊索动物高栖息密度区位于海陵湾内北部区域；低值区位于邻近海域南部海域。总体呈湾内高于邻近海域的趋势。

秋季蟹虫动物高栖息密度区位于海陵湾邻近海域南部区域；低值区位于湾内北部海域。总体呈湾内低于邻近海域的趋势。

　　秋季软体动物高栖息密度区同样位于海陵湾邻近海域西部区域；低密度区位于邻近海域东部海域。总体呈湾内低于邻近海域的趋势。

　　秋季节肢动物的栖息密度平面分布同样呈海陵湾湾内高于邻近海域的趋势。高栖息密度区位于海陵湾湾口区域；低密度区位于邻近海域西北部海域和东部区域。

　　秋季棘皮动物栖息密度呈邻近海域高于海陵湾内的趋势。高密度区位于邻近海域东南部区域；低密度区位于湾内及邻近海域西部区域。

（四）生物量及其水平分布

　　调查海区秋季生物量统计结果见表16-3。海区平均生物量为 $28.0 \ g/m^2$。生物量组成以蜎虫动物占较大优势，平均生物量为 $20.6 \ g/m^2$，占总生物量的 73.6%；其次为脊索动物，其平均生物量为 $4.3 \ g/m^2$，占总生物量的 15.4%；环节动物列第三，为 $2.1 \ g/m^2$，占 7.5%；纽形动物最低，为 $0.04 \ g/m^2$，占总生物量的 0.1%。

　　秋季总生物量平面分布同总栖息密度分布趋势相似，呈海陵湾邻近海域西部区域高于海陵湾湾内和邻近海域其他区域的趋势。生物量最高值区位于海陵湾邻近海域西部区域；邻近海域东北部为低值区。

　　秋季蜎虫动物生物量平面分布与总生物量分布一致，同样呈海陵湾邻近海域西部区域高于海陵湾内和邻近海域其他区域的趋势。生物量最高值区位于海陵湾邻近海域西部区域；邻近海域东北部为低值区。

　　秋季脊索动物生物量平面分布与总生物量分布差异较大，呈海陵湾内北部海高于海陵湾口和邻近海域的趋势。生物量最高值区位于海陵湾内北部海域；邻近海域南部海域为低值区。

　　秋季环节动物生物量平面分布呈海陵湾内高于海陵湾邻近海域的趋势。生物量最高值区位于海陵湾湾口海域；邻近海域东部和东南部海域为低值区。

　　秋季棘皮动物生物量平面分布呈海陵湾邻近海域高于湾内的趋势。最高值区位于海陵湾邻近海域西南部区域；邻近海域东北部和湾内北部海域为低值区。

　　秋季软体动物生物量平面分布呈海陵内高于邻近海域的趋势。最高值区位于海陵湾口区域；低值区范围较广，整个邻近海域和湾内北部海域均为低值区。

　　秋季节肢动物生物量平面分布呈海陵湾邻近海域高于湾内的趋势。最高生物量位于邻近海域东部区域；湾内和邻近海域西部海域为低值区。

四、冬季大型底栖生物

（一）种类组成及水平分布

　　冬季大型底栖生物定性和定量调查共获到71种生物，种类组成情况见图16-4。以节肢动物出现的种类数最多，共 29 种，占总种类数的 40.8%；脊索动物次之，共 22 种，占总种类数的 31.0%；环节动物列第三位，出现 11 种，占 15.5%；螠虫动物、刺胞动物和纽形动物最少，均仅出现 1 种，各占 1.4%。

冬季定量调查各站种类数变化范围为 5～8 种。种类数平面分布较为均匀，但总体上海陵湾湾内种类数略高于海陵湾邻近海域。拖网定性调查各站种类数变化范围为 16～25 种，平面分布趋势呈湾内低于邻近海域的趋势。定性调查种类与定量调查种类有所差别。定性调查以大型个体生物为主，生物主要栖息于沉积物的表层和 50cm 以内，定性调查出现的类群以脊索动物、甲壳类动物和软体动物等较大型的种类为主；而采泥定量调查生物个体相对较小，运动能力较弱，生物种类以环节动物、小型软体动物和棘皮动物中的蛇尾类居多。

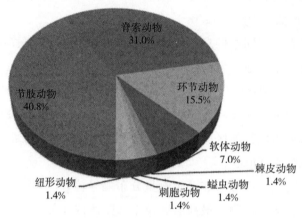

图 16-4　冬季海陵湾大型底栖生物种类组成

（二）优势种、主要种及水平分布

（1）节肢动物　在各类群中出现的种类最多，其中小型类主要出现于采泥样品中，而大型甲壳类（主要为虾蟹类）则多出现于拖网样品中。主要种类有鲜明鼓虾、黑斑口虾蛄、拥剑梭子蟹、宽突赤虾、猛虾蛄和豆形短眼蟹等。其中，较为明显的优势种是鲜明鼓虾和黑斑口虾蛄等。

（2）脊索动物　在各类群中仅次于节肢动物，且主要出现在拖网定性调查中。主要的代表种类有文昌鱼、皮氏叫姑鱼和平鲷等，优势种是文昌鱼。

（3）环节动物　冬季调查出现的环节动物生物种类较少，但出现频率相对较高，对总栖息密度的贡献较大，但生物个体相对较小，以营埋栖和管栖的生活方式为主，主要出现在采泥样品中。主要种类有细丝鳃虫（*Cirratulus filiformis*）、仙女虫科一种（*Amphinomidae* sp.）、背毛背蚓虫（*Notomastus* cf. *aberans*）、杰氏内卷齿蚕和多齿全刺沙蚕等。细丝鳃虫、仙女虫科一种和背毛背蚓虫为海区的主要优势种。

（4）软体动物 本季软体动物的种类也较少，主要种类有平蛤蜊（*Mactra mera*）和波纹巴非蛤（*Paphia undulata*）。其中，平蛤蜊在此调查海域出现频率较高，数量较大，为海区的最主要优势种。头足类出现2种，均出现于拖网样品中，为杜氏枪乌贼和短蛸，数量较少。

（5）棘皮动物 本次所获样品全部出现在采泥样品中，仅出现1种蛇尾类，为光倍棘蛇尾（*Amphiopholis* sp.）。

（三）栖息密度及其水平分布

调查海区冬季栖息密度统计结果见表16-4。本次定量调查平均栖息密度为240尾/m²。栖息密度组成以软体动物为主，平均栖息密度为83尾/m²，占总栖息密度的34.6%；脊索动物次之，其平均栖息密度为33.3尾/m²，占总栖息密度的33.3%；环节动物列第三，为47尾/m²，占总栖息密度的19.6%。

表16-4 冬季大型底栖生物栖息密度及生物量组成

项目	软体动物	脊索动物	环节动物	棘皮动物	节肢动物	其他动物	合计
栖息密度（尾/m²）	83	80	47	10	5	15	240
占比（%）	34.6	33.3	19.6	4.2	2.1	6.7	100.0
生物量（g/m²）	17.6	1.4	1.9	0.2	0.1	3.0	24.1
占比（%）	72.7	5.8	7.9	0.8	0.4	12.4	100.0

冬季总栖息密度呈海陵湾内北部区域高于海陵湾湾口和邻近海域的趋势。最高栖息密度区位于海陵湾内北部，密度在900尾/m²以上。

冬季软体动物栖息密度的平面分布同总栖息密度，呈海陵湾内北部区域高于海陵湾湾口和邻近海域的趋势。高栖息密度区位于海陵湾北部区域；低密度区位于邻近海域南部海域。总体呈湾内高于邻近海域的趋势。

冬季脊索动物栖息密度的平面分布同总栖息密度，呈海陵湾内北部区域高于海陵湾湾口和邻近海域的趋势。高栖息密度区位于海陵湾北部区域；低密度区位于邻近海域南部海域。总体呈湾内高于邻近海域的趋势。

冬季环节动物栖息密度平面分布情况与总栖息密度分布差异较大，栖息密度呈海陵湾邻近海域西部和海陵湾湾内北部高于其他海域的趋势。低密度区位于海陵湾湾口和邻近海域东南部海域。

冬季棘皮动物栖息密度呈邻近海域高于海陵湾内的趋势。高密度区位于邻近海域东部区域；低密度区位于湾内及邻近海域西部区域。

冬季节肢动物的栖息密度平面分布同样呈海陵湾内高于邻近海域的趋势。但栖息密度最高值区位于邻近海域南部区域；低密度区位于海陵湾湾内北部以及邻近海域东北和西北区域。

（四）生物量及其水平分布

调查海区冬季生物量统计结果见表 16-4。海区平均生物量为 24.1 g/m²。生物量组成以软体动物占较大优势，平均生物量为 17.6 g/m²，占总生物量的 72.7%；其次为由螠虫动物、纽形动物和刺胞动物组成的其他动物，其平均生物量为 3.0 g/m²，占总生物量的 12.4%；环节动物列第三，为 1.9 g/m²，占 7.9%。

冬季总生物量平面分布同总栖息密度分布趋势一致，呈海陵湾内高于邻近海域的趋势。最高值区位于海陵湾北部区域；邻近海域为生物量低值区。

冬季软体动物生物量平面分布与总生物量分布一致，同样呈海陵湾内高于邻近海域的趋势。最高值区位于海陵湾北部区域；邻近海域为生物量低值区。

冬季环节动物生物量平面分布与总生物量和软体动物分布类似，同样呈海陵湾湾内高于邻近海域的趋势。其生物量高值区位于海陵湾北部区域；邻近海域为生物量低值区。

冬季脊索动物生物量平面分布与总生物量分布一致，同样呈海陵湾内高于邻近海域的趋势。最高值区位于海陵湾北部区域；邻近海域为生物量低值区。

冬季棘皮动物生物量平面分布趋势与总生物量分布状况同样差异较大，呈海陵湾邻近海域高于湾内的趋势。最高生物量区位于邻近海域东部区域；湾内为低值区。

冬季节肢动物生物量平面分布也与总生物量分布差异较大，呈海陵湾邻近海域高于湾内的趋势。最高生物量位于邻近海域南部区域；海陵湾湾内北部区域为低值区。

第七节　渔业资源

2015—2016 年，主要开展了海陵湾渔业资源调查和鱼类声频-无线电追踪标记研究两部分内容。渔业资源调查采用拖网取样和声学探测联合作业方式，主要分析各调查海域游泳生物群落结构特征和资源量密度。具体实施情况如表 16-5 所示。

表 16-5　渔业资源调查基本情况

调查日期	调查海域	声学评估	样点数（个）
2016 年 04 月 26 日	海陵湾-春季	否	6
2015 年 07 月 02 日	海陵湾-夏季	是	1
2015 年 11 月 11 日	海陵湾-秋季	是	6
2015 年 02 月 03 日	海陵湾-冬季	是	6

一、海陵湾渔业资源现状

（一）渔获组成特点

1. 渔获种类组成　海陵湾海域春、夏、秋、冬 4 个航次共捕获游游泳生物 167 种。其中，鱼类、蟹类、虾类、虾蛄类、头足类分别为 95 种、35 种、21 种、10 种、6 种。渔获种类组成主要以鱼类和蟹类为主，所占比重分别为 57% 和 21%，其他渔获种类所占比重仅 22%。调查海域渔获种类百分比组成如彩图 44 所示。

海陵湾调查海域，春、夏、秋、冬各季渔获种类组成如表 16-6 和彩图 45 所示。秋季和冬季渔获物种类数明显少于春季和夏季。除秋季外，各季渔获组成中鱼类物种类数所占比重较高；其次为蟹类、虾类、虾蛄类和头足类。

春季共有游泳生物 78 种，其中，鱼类占 51%，蟹类占 30%，虾类、头足类、虾蛄类累积百分比仅 19%。夏季共有游泳生物 87 种，其中，鱼类所占比重高达 52%，蟹类占 22%，虾类、头足类、虾蛄类累积百分比为 26%。秋季共有游泳生物 31 种，其中，鱼类占 35%，蟹类占 45%，其他种类占 20%。冬季共有游泳生物 49 种，其中，鱼类占 43%，蟹类占 27%，虾类、头足类和虾蛄类累积占 30%。

表 16-6　海陵湾海域各季度渔获物种类数（种）

类型	春季	夏季	秋季	冬季	总计
头足类	4	3	0	2	6
虾蛄类	3	7	3	5	10
虾类	8	13	3	8	21
蟹类	23	19	14	13	35
鱼类	40	45	11	21	95

此外，调查海域春、夏、秋、冬四季，渔获种类相似性分析结果如彩图 46 所示。研究发现，调查海域渔获种类组成季节差异明显，种类相似度均在 40% 以下。在空间尺度上，夏季和冬季不同位点间（S19 号位点除外）种类相似度基本为 50%～60%，说明该季游泳生物种类组成地域差异较小。春季和秋季，各取样位点整体分布较分散，渔获种类相似度相对较低，基本在 40% 以下（个别位点除外），说明该季度游泳生物空间分布不均。因此，在春季和秋季应适当增大取样强度和覆盖率，以提高抽样调查结果的可信度。

2. 渔获丰度　2015—2016 年，海陵湾海域 4 个航次共捕获游泳生物 6 240 尾。其中，鱼类 3 207 尾，蟹类 1 366 尾，虾类 890 尾，虾蛄类 693 尾，头足类 84 尾。总体上，鱼类在渔获丰度组成中所占比重最高；其次为蟹类、虾类和虾蛄类；头足类所占比重相对较低。调查海域，各季渔获率（尾/h）分析结果如图 16-5 所示。

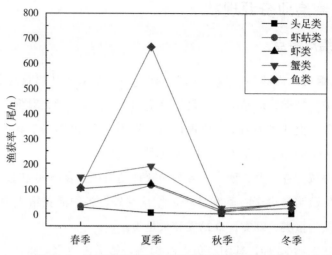

图 16-5　海陵湾海域各季度渔获率组成特征（尾/h）

夏季平均渔获率最高，为 1 090 尾/h；其次为春季和冬季，分别为 401 尾/h 和 150 尾/h；秋季渔获率最低，为 54 尾/h。春季，蟹类渔获率最高（145 尾/h），其次为鱼类（103 尾/h）、虾类（100 尾/h），虾蛄类和头足类分别为 29 尾/h 和 25 尾/h；夏季，鱼类渔获率最高（666 尾/h），其次为蟹类（189 尾/h）、虾类（118 尾/h）和虾蛄类（113 尾/h），头足类渔获率最低（4 尾/h）；秋季，虾蛄类、鱼类、虾类和蟹类渔获率分别为 6 尾/h、12 尾/h、14 尾/h、22 尾/h；冬季，渔获中蟹类、虾类、虾蛄类渔获率相对较高，分别为 49 尾/h、43 尾/h、43 尾/h，鱼类和头足类渔获率分别为 22 尾/h 和 1 尾/h。

据海陵湾海域渔获种类季节分布特征分析发现，鱼类在夏季渔获丰度中所占比重大幅上升。虾类、蟹类、虾蛄类渔获率从春季到冬季大体呈先上升后下降的变化趋势，其中，夏季渔获率最高。头足类，各季度渔获率均较低，无明显的季节变化趋势。

3. 渔获生物量　海陵湾海域春、夏、秋、冬 4 个航次共捕获游泳生物 69 388 g。其中，鱼类 41 820.8 g、蟹类 15 426.8 g、虾蛄类 8 327.6 g、虾类 2 813.8 g、头足类 999 g。总体上，渔获生物量组成中鱼类所占比重最高；其次为蟹类和虾蛄类；虾类和头足类所占比重相对较低。

调查海域，春、夏、秋、冬四季渔获率（g/h）结果如图 16-6 所示。夏季渔获率最高，为 11 952.7 g/h，其他季节相对较低，春季、冬季、秋季分别为 3 489.9 g/h、2 224.3 g/h 和 1 281.5 g/h。春季，鱼类和蟹类渔获率相对较高，分别为 1 505.1 g/h 和 1 029.3 g/h，其次为虾蛄类（527.8 g/h）、虾类（245.8 g/h）和头足类（181.9）；夏季，鱼类和蟹类渔获率大幅上升，分别为 8 276.2 g/h 和 2 224.7 g/h，虾蛄类和虾类增幅较小，渔获率分别为 991.5 g/h 和 358.8 g/h，头足类渔获率为 101.5 g/h；秋季，渔获率急剧下降，蟹类、鱼类、虾蛄类和虾类渔获率分别为 727.5 g/h、462.5 g/h、45.8 g/h 和 45.6 g/h；冬季，虾蛄类渔获率较秋季大幅增加，虾类和鱼类渔获率略有增加，蟹类渔获率较秋季有所下降，虾蛄类、鱼类、蟹类、虾类和头足类渔获率分别为 933.8 g/h、528.3 g/h、515 g/h、226.8 g/h 和 20.3 g/h。

此外，据海陵湾海域渔获种类季节分布特征分析结果显示，鱼类和蟹类渔获率从春季至冬季均呈先上升、后下降的变化趋势。其中，鱼类夏季渔获率最高，秋季最低，蟹类渔获率夏季最高，冬季最低；头足类，渔获率从春季至冬季大致呈下降，春、夏两季渔获率较高，秋季和冬季渔获率极低；虾类和虾蛄类均呈先上升、后下降、再上升的变化趋势，夏季渔获率最高，秋季渔获率最低。

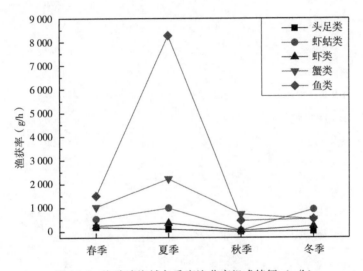

图 16-6　海陵湾海域各季度渔获率组成特征（g/h）

4. 优势度分析　海陵湾海域各季度优势物种和常见物种组成情况见表 16-7。春季，渔获中优势种类主要包括花斑蛇鲻、二长棘鲷、拥剑梭子蟹、杜氏枪乌贼、长角拟对虾、口虾蛄、隆线强蟹、变态鲟、猛虾蛄和双斑鲟 10 种，其中，蟹类 4 种、鱼类 2 种、虾蛄类 2 种、虾类 1 种、头足类 1 种；夏季，渔获中优势种类主要有黄斑篮子鱼、拥剑梭子蟹、长叉口虾蛄、红星梭子蟹、六指马鲅和变态鲟 6 种，其中，黄斑篮子鱼优势度（9920）极为明显；秋季，渔获中优势种类共 6 种，包括黄斑篮子鱼、红星梭子蟹、斑节对虾、远海梭子蟹、断脊口虾蛄和红线黎明蟹，其中，蟹类 3 种、鱼类 1 种、头足类 1 种；虾类 1 种；冬季，渔获中优势种主要有猛虾蛄、黑斑口虾蛄、拥剑梭子蟹、变态鲟、鲜明鼓虾、伍氏平虾蛄、宽突赤虾、周氏新对虾、日本猛虾蛄、口虾蛄共 10 种，其中，虾蛄类 5 种、虾类 3 种、蟹类 2 种。综上可知，海陵湾海域各季渔获中优势种类存在较大差异。夏季和秋季优势集中程度较高，黄斑篮子鱼优势度突出；春季，蟹类优势度较高；冬季，虾蛄类优势度明显增加。该结果可能与游泳生物的繁殖、捕食及生境特征相关。

表 16-7 海陵湾海域各季优势种和常见种

季节	种名	数量百分比（%）	重量百分比（%）	出现频率（%）	优势度
春季	花斑蛇鲻	4.7	16.4	83.3	1 762
	二长棘鲷	6.2	3.9	100.0	1 008
	拥剑梭子蟹	8.8	2.9	83.3	974
	杜氏枪乌贼	5.4	3.0	83.3	699
	长角拟对虾	16.2	2.9	33.3	636
	口虾蛄	3.9	5.6	66.7	630
	隆线强蟹	3.5	5.3	66.7	581
	变态蟳	7.4	3.8	50.0	556
	猛虾蛄	2.0	5.9	66.7	530
	双斑蟳	8.1	1.9	50.0	505
	深海红娘鱼	3.0	2.1	83.3	429
	中华仿对虾	4.5	1.7	66.7	411
	长叉口虾蛄	2.4	5.2	50.0	377
	伪装关公蟹	2.3	1.2	50.0	177
	日本红娘鱼	1.2	3.3	33.3	150
	斑鳍叫姑鱼	0.8	2.0	50.0	141
	短脊鼓虾	1.3	0.3	66.7	107
	圆鳞斑鲆	0.9	1.2	50.0	106
夏季	黄斑篮子鱼	48.4	50.8	100.0	9 920
	拥剑梭子蟹	6.8	1.1	100.0	784
	长叉口虾蛄	3.6	4.1	100.0	770
	红星梭子蟹	2.1	5.0	100.0	705
	六指马鲅	3.0	5.5	66.7	567
	变态蟳	4.2	3.3	66.7	502
	远海梭子蟹	1.0	6.3	50.0	368
	黑斑口虾蛄	2.8	1.4	83.3	352
	大鳞鳞鲬	1.3	1.6	100.0	290
	鳗鲇	2.1	2.7	50.0	237
	卵鳎	1.3	0.8	100.0	209
	鹰爪虾	2.8	0.3	66.7	204
	哈氏仿对虾	2.4	0.7	50.0	158
	伪装关公蟹	1.4	0.5	66.7	125

（续）

季节	种名	数量百分比（%）	重量百分比（%）	出现频率（%）	优势度
秋季	黄斑篮子鱼	9.7	20.5	100.0	3 017
	红星梭子蟹	14.5	18.1	50.0	1 631
	斑节对虾	24.8	3.2	50.0	1 400
	远海梭子蟹	3.0	16.3	50.0	969
	断脊口虾蛄	10.3	2.7	50.0	648
	红线黎明蟹	13.3	2.6	33.3	530
	南方鲬	3.0	2.6	83.3	470
	逍遥馒头蟹	1.8	5.8	33.3	254
	大头狗母鱼	2.4	1.1	50.0	175
	拥剑梭子蟹	1.2	2.7	33.3	131
	多齿蛇鲻	0.6	7.1	16.7	128
	日本蟳	1.8	0.3	50.0	106
冬季	猛虾蛄	7.3	19.9	66.7	1 818
	黑斑口虾蛄	9.3	8.0	66.7	1 156
	拥剑梭子蟹	9.8	2.5	83.3	1 024
	变态蟳	6.4	3.3	100.0	973
	鲜明鼓虾	13.1	1.5	66.7	971
	伍氏平虾蛄	5.3	6.8	66.7	811
	宽突赤虾	8.7	0.4	83.3	759
	周氏新对虾	1.1	7.5	66.7	574
	日本猛虾蛄	3.1	2.5	100.0	564
	口虾蛄	3.6	4.7	66.7	550
	皮氏叫姑鱼	4.9	1.1	66.7	400
	矛形梭子蟹	3.3	0.6	100.0	396
	阿氏强蟹	1.6	3.6	66.7	345
	隆线强蟹	2.9	1.6	66.7	302
	哈氏仿对虾	3.3	0.4	33.3	124
	长体鳍	0.7	2.9	33.3	120
	拟矛尾虾虎鱼	1.6	0.8	50.0	117

5. 资源密度估算　研究表明，海陵湾海域夏季游泳生物资源量密度最高（2 132.6 kg/km²）；其次为春季（715.9 kg/km²）和冬季（564.3 kg/km²）；秋季最低（259.9 kg/km²）。调查海域，春季和夏季鱼类资源密度最高，其次为蟹类和虾蛄类，虾类和头足类资源密度相对较低；秋季，蟹类资源量密度最高，其次为鱼类、虾类和虾蛄类；冬季，虾蛄类资源量密度最高，其次为蟹类和鱼类，虾类和头足类密度相对较低。调查海域各

季度各类游泳生物的资源量密度见表 16-8。

表 16-8　海陵湾海域渔业资源密度（kg/km²）

季节	头足类	虾蛄类	虾类	蟹类	鱼类	合计
春季	37.9	109.0	63.3	193.2	312.5	715.9
夏季	22.3	207.6	73.5	422.6	1 406.6	2 132.6
秋季	0.0	8.2	8.3	149.3	94.2	259.9
冬季	5.3	238.0	56.6	130.4	134.0	564.3

（二）群落结构特征

1. 生物多样性指数　研究发现，海陵湾海域各季度生物多样性状况及其空间结构特征如图 16-7 所示。秋季 Shannon-Wiener 多样性指数最低（1.54），春季最高（2.47），夏季和冬季差异较小，大约为 2.16。在空间尺度上，春季和夏季取样位点间差异较大。该结果表明，调查海域春季游泳生物群落结构较为复杂，群落稳定性高；秋季游泳生物群落结构相对简单，群落稳定性较差，应加强该季的渔业资源保护。

海陵湾海域游泳生物优势集中度研究结果显示，该海域各季度游泳生物优势集中度指数差异较小。夏季和秋季优势集中程度相对较高，分别为 0.25 和 0.27；冬季和春季分别为 0.17 和 0.14。

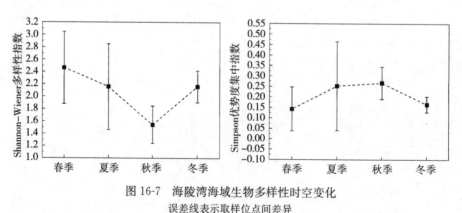

图 16-7　海陵湾海域生物多样性时空变化
误差线表示取样位点间差异

2. ABC 曲线　海陵湾海域各季度 ABC 曲线分析结果显示（彩图 47）。春季，渔获丰度累积优势度曲线基本在渔获生物量累积优势度曲线之上（W<0），说明该季度环境扰动较大；秋季和冬季，渔获丰度和生物量累积优势度曲线基本处于交错状态（W≈0），说明秋季和冬季调查海域游泳生物群落受外界干扰较小；夏季，渔获生物量累积优势度曲线基本在渔获丰度累积优势度曲线之上（W>0），且第一优势种类累积优势度百分比达 50% 左右，说明夏季游泳生物群落受外界干扰较小，优势集中度较高。

二、渔业资源声学评估

（一）调查设置

研究海域地理空间位置如图 16-8 所示，大致范围为 21.4638°N—21.6315°N、111.7144°E—111.9149°E。共进行了 2 个航次的声学调查，调查时间分别为 2015 年 7 月 2 日（夏季）和 2015 年 11 月 11 日（秋季）。通常声学调查航线依据调查区域的特征设计成平行式或之字式，鉴于该项目不是独立的声学调查项目，所以实际调查航线并不规则。依据海域实际情况，声学调查实际航行轨迹如图 16-8 所示。

声学调查采用便携式分裂波束科学鱼探仪 Simrad EY60 进行。夏季航次声学调查换能器频率为 200 kHz；秋季航次渔业资源声学评估使用 70 kHz 和 200 kHz 双频声呐探测，其中，200 KHz 声学数据主要用于渔业资源评估，70 KHz 声学数据主要用于辅助回波映像的识别与处理。本节主要基于 2015 年夏季与秋季航次声学探测数据，对海陵湾海域渔业资源数量密度和资源量密度进行评估分析。据声学探测结果，2015 年夏季和秋季，海陵湾声学探测区域水深范围分别为 2.56～22.1 m 和 1.83～20.27 m，平均水深分别为 13.77 m 和 8.11 m。

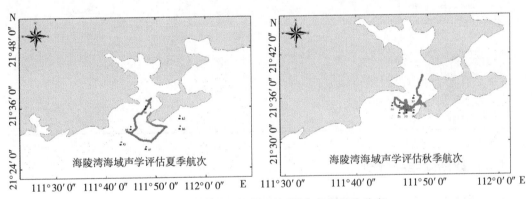

图 16-8　海陵湾声学调查区域与拖网站位分布
A1～A6：夏季拖网位点；S1～S6：秋季拖网位点

声学数据的采集使用 Simrad EY60 系统自带的专用数据采集软件 ER60 进行，动态经纬度位置信息由 GPS（Gamin GPSCSx，美国）获得，各次调查科学鱼探仪的主要技术参数见表 16-9。由于 Simrad EY60 声学评估硬件系统缺乏长期的稳定性，且声速、吸收系数等重要声学评估参数受不同海域理化环境条件的影响，故在走航调查前按照国际通用的标准球法，对科学鱼探仪系统的收发增益系数进行现场校正。不同频率的换能器置于导流罩内，导流罩通过螺杆固定于船体右舷外侧，吃水 0.8 m，走航航速 4～7 kn。

表 16-9　EY60 科学鱼探仪主要技术参数设定

技术参数	2015 年夏季	2015 年秋季
换能器频率（kHz）	200	200
发射功率（W）	150	120
脉冲宽度（μs）	256	512
等效波束角（dB）	−20.7	−20.7
换能器增益（dB）	27	27
横向波束宽度（°）	7	7
纵向波束宽度（°）	7	7
吸收系数（dB/km）	74.41	74.87
声速（m/s）	1 525.55	1 539.96

调查水域渔业资源生物学信息的获取一般通过底层或分层拖网进行，用以辅助渔业资源声学回波映像的识别与积分分配。本节生物学取样采用底拖网捕捞采样方法，共设置 6 个拖网站位（图 16-8），拖网采样与其他调查内容同步进行。拖网设置与网具信息如表 16-10 所示。

表 16-10　主要生物学取样设置

主要参数	2015 年夏季	2015 年秋季
采样类型	虾拖网	虾拖网
发动机功率（kW）	280	172
平均拖网速度（km/h）	5.7	6.02
平均采样时长（h）	0.66	0.49
网口宽度（m）	2.8	3.6

（二）数据处理与分析

1. 声学数据处理　见第十四章第七节"渔业资源声学评估"。其中，基本积分航程单元（EDSU）设置为 0.2 n mile。

2. 生物样本采集与分析　见第十四章第七节相关内容。其中，拖网采样租用海南渔民渔船进行，各个站位约拖 30 min。

3. 鱼类资源密度评估方法

见第十四章第七节相关内容。

（三）调查结果

1. 拖网渔获组成信息　2015 年夏季，共捕获游泳生物和底栖无脊椎动物共 87 种，其中，鱼类 45 种，头足类 3 种，虾类 13 种，蟹类 19 种，虾蛄类 7 种，总渔获数量为 4 496 尾，总渔获重量为 48.99 kg。2015 年秋季，共捕获游泳生物和底栖无脊椎动物共 31 种，其中，鱼类 11 种，虾类 3 种，虾蛄类 3 种，蟹类 14 种，渔获效率极低，6 个站位累积渔获数量为 165 尾，渔获重量为 3.75 kg。

为排除海底回波信号干扰，历次调查海底之上 0.5 m 范围内均被视为声学探测的盲区，故底栖的鮃鲽类、虾虎鱼类、蛸类、虾蟹类等非常贴底的生物均不参与声学评估。不同季节，声学评估鱼类组成存在较大差异：2015 年夏季，参与声学评估的种类主要有 33 种；2015 年秋季，参与评估的种类主要有 8 种。根据生物学拖网采样结果，声学评估种类中参与积分分配的种类，主要为相对重要性指数（IRI）大于 100 的常见种和优势种。2015 年夏季，参与声学积分分配的种类主要有黄斑篮子鱼、六指马鲅和鳗鲇，其中，黄斑篮子鱼优势度明显高于其他种类；2015 年秋季，参与声学积分分配的种类主要包括大头狗母鱼、多齿蛇鲻、黄斑篮子鱼、线鳗鲇、和中线天竺调，其中，黄斑篮子鱼优势度相对较高。各种类生物学组成信息如表 16-11 所示。

在逃逸率假定为 0.5 的情况下，2015 年夏季和秋季，参与声学评估种类平均数量密度分别为 100 245.51 尾/km² 和 1 945.11 尾/km²；生物量密度分别为 1 271.23 kg/km²（夏季）和 87.36 kg/km²（秋季）。由此可见，2015 年春季参与声学评估种类中小型个体所占比重明显较高，两次调查，海陵湾海域参与声学评估种类个体均重分别为 12.39 g/尾（夏季）和 43.73 g/尾（秋季）。在空间尺度上，两次调查不同位点间渔业资源密度均存在极大差异，其结果如图 16-9 所示。2015 年夏季，A6 站位渔获量显著高于其他站位，其中，黄斑篮子鱼所占比重极高；秋季，S4 和 S5 站位渔获量相对较低。

表 16-11　各次调查参与声学积分分配种类生物学信息

时间	物种	数量百分比（%）	重量百分比（%）	频次（%）	优势度	体长范围（mm）	体重范围（g）
2015 年夏季	黄斑篮子鱼	83.2	77.8	100	16 100	56～96	5～23
	六指马鲅	5.2	8.4	66.7	907	68～99	6～25
	鳗鲇	3.6	4.1	50	382	100～160	5～27
2015 年秋季	大头狗母鱼	14.3	3.3	50	879	84～104	7～15
	多齿蛇鲻	3.6	21.9	16.7	424	278～279	265～267
	黄斑篮子鱼	57.1	63.4	100	12 051	28～146	25～86
	线鳗鲇	3.6	8.8	16.7	207	92～93	107～109
	中线天竺鲷	10.7	0.6	16.7	188	42～47	2～3

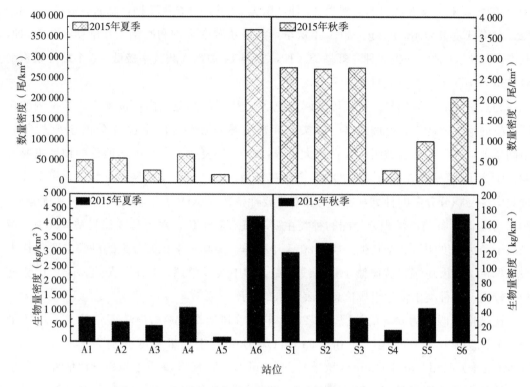

图 16-9　不同季节参与声学评估种类渔获数量与生物量密度

2. 资源密度与时空分布特征　基于拖网渔获组成信息，依据多种类渔业资源积分分配原则，调查海域渔业资源密度如图 16-10 所示。2015 年夏季和秋季，调查海域声学评估种类平均数量密度分别为 85 464.59±83 982.72 尾/n mile² 和 113 442.78±131 306.8 尾/n mile²；平均生物量密度分别为 1 031.91±1 014.02 kg/n mile² 和 5 367.92± 6 213.21 kg/n mile²。上述结果表明，调查海域秋季渔业资源较为丰富，且个体相对

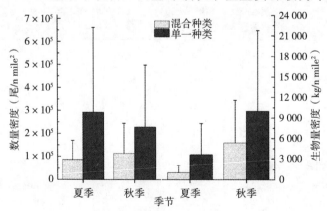

图 16-10　海陵湾海域不同季节渔业资源数量密度与生物量密度声学评估与
　　　　　方差分析
误差线表示渔业资源地理空间差异

较大。

此外，在假定渔获种类组成单一的条件下，根据目标强度现在测定法，调查海域 2015 年夏季和秋季渔业资源数量密度分别为 292 335±368 545.2 尾/n mile^2 和 228 058.48±269 766.2 尾/n mile^2；生物量密度分别为 3 622.03±4 566.28 kg/n mile^2 和 9 973±11 796.88 kg/n mile^2。

上述两种评估方法一般线性分析结果表明（表 16-12）：①在假定单一种类组成（现场测定法）和混合种类组成（积分分配）两种不同声学评估条件下，调查海域渔业资源数量密度（$P<0.001$）与生物量密度（$P<0.001$）均表现出显著性差异。②不同季节，调查海域渔业资源数量密度差异不显著（$P=0.381>0.05$）；而生物量密度表现出显著性差异（$P<0.001$）。不同季节个体均重的差异，是影响渔业资源生物量密度季节差异的主要因子之一。③渔业资源数量密度的评估，不同季节与评估方法交互作用显著（$P=0.026<0.05$）；渔业资源生物量密度的评估，不同季节与评估方法交互作用不显著（$P=0.094>0.05$）。④渔业资源在地理空间上的分布存在较大差异，在该条件下，利用平均目标强度现场测定法，将进一步扩大渔业资源声学评估结果的误差。

表 16-12　调查水域渔业资源双因素方差分析结果

项目	数量密度		生物量密度	
	F	P	F	P
方法	$F_{1,276}=60.211$	$P<0.001$	$F_{1,276}=35.879$	$P<0.001$
季节	$F_{1,248}=0.768$	$P=0.381$	$F_{1,248}=97.153$	$P<0.001$
方法×季节	$F_{1,524}=4.958$	$P=0.026$	$F_{1,524}=2.814$	$P=0.094$

根据多种类渔业资源声学评估积分分配原则，调查海域各季不同种类数量密度与生物量密度组成情况如表 16-13 所示。2015 年夏季，调查海域优势种类主要为黄斑篮子鱼，其数量密度和生物量密度分别为 71 106.54 尾/n mile^2 和 814.88 kg/n mile^2；2015 年秋季，调查海域优势种类仍为黄斑篮子鱼，其数量密度和生物量密度分别为 64 775.83 尾/n mile^2 和 3 129.32 kg/n mile^2。整体上，调查海域渔业资源优势集中程度较高，黄斑篮子鱼渔业资源较为丰富。

表 16-13　调查海域各季度参与积分分配种类数量与生物量密度组成

时间	种类	数量密度（尾/n mile^2）	生物量密度（kg/n mile^2）
	黄斑篮子鱼	71 106.54	814.88
2014 年	六指马鲅	4 444.16	88.75
秋季	鳗鲇	3 076.73	43.57
	其他种类	6 837.17	84.71

（续）

时间	种类	数量密度（尾/n mile²）	生物量密度（kg/n mile²）
2015 年春季	大头狗母鱼	16 222.32	160.28
	多齿蛇鲻	4 083.94	1 082.24
	黄斑篮子鱼	64 775.83	3 129.32
	线鳗鲇	4 083.94	436.98
	中线天竺鲷	12 138.38	28.28
	其他种类	12 138.38	530.81

调查海域渔业资源数量在地理空间上的分布如图 16-11 和图 16-12 所示。其结果表明：①调查海域渔业资源数量与生物量密度空间分布特征基本一致。②不同季节，调查海域黄斑篮子鱼优势度突出。③夏季，调查海域渔业资源分布相对均匀，无明显的空间梯度变化趋势；秋季，近海口区域渔业资源相对丰富。

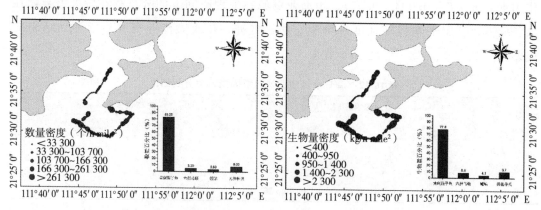

图 16-11 海陵湾海域 2015 年夏季渔业资源密度空间分布

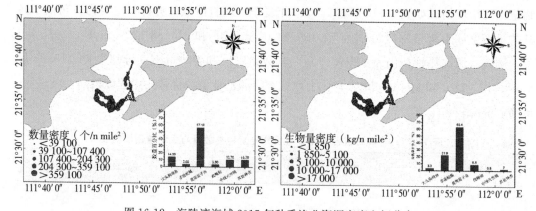

图 16-12 海陵湾海域 2015 年秋季渔业资源密度空间分布

3. 目标单体频率组成与垂直分布 利用 Echoview 软件中单体检测与轨迹追踪模块对调查海域声学回波信号分析可知，调查海域内目标强度频率分布与单体垂直空间分布特征如图 16-13 和图 16-14 所示。

以 2 dB 为分组单元，2015 年夏季调查海域目标强度梯度变化范围为－64～－36 dB。其中，90％以上单体目标强度小于－50.54 dB，各分组单元目标强度频率分布大致呈逐级下降的变化趋势。该结果符合种群动态规律与生态系统能力传递理论。2015 年秋季，调查海域目标强度梯度变化范围为－64～－41.18 dB。其中，－50.54 dB 以下个体所占比重累积高达 97.04％。由此可见，调查海域不同季节均以小型个体为主，大中型个体所占比重极低。

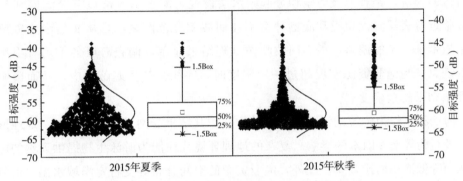

图 16-13　海陵湾海域不同季节目标强度频率组成

调查海域回波单体在垂直空间上的分布特征如图 16-14 所示。2015 年夏季，回波单体主要分布于 8～16 m 水层，占总回波单体数的 87.22％，且随水深的增加；大中型个体数量逐渐增加；2015 年秋季，根据回波单体在垂直空间上的分布特征，以 10 m 水深为界，可将调查水域大致分为 2～10 m（中上层）和 10～16 m（中下层）两个水层，10 m 水深（±2 m）区域检测到的单体数量相对较少。不同水层，回波单体大小组成结果显示，中、下层水域主要以小型个体为主，中、大型个体主要分布于中上层水域。

综上可知，两次调查，海陵湾海域回波单体频率组成与垂直空间分布表现出明显的季节差异。秋季中、小型个体有明显向中、下层水域迁移的趋势。该结果可能受季节性水文、水质及饵料生物垂直梯度变化的调节。

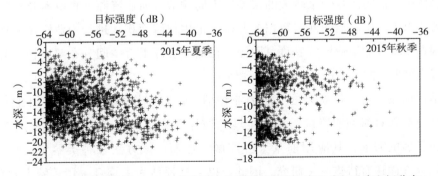

图 16-14　海陵湾海域 2015 年春季回波单体目标强度频率组成与垂直空间分布

（四）评估效果

声学调查设计应结合调查区域具体的地形地貌特征及生物组成信息，本节中由于调查海湾地理环境复杂且海上阻隔较多，声学调查航迹不规则，增加了声学取样产生随机误差的可能性。为减小随机抽样对评估结果产生的影响，应尽可能增大声学取样覆盖率。生物组成信息的获取，主要通过底拖网抽样调查。由于渔业资源组成与空间分布存在差异，从而给渔业资源评估结果带来一定偏差。受声学近场效应及海底声学探测盲区的影响，调查海域声学积分起始水层设置为海表 1.5 m 以下至海底 0.5 m 之上，故临近海表浮游性鱼类和底栖种类不在回波积分范围之内，从而给渔业资源声学评估结果带来一定的偏差。声学回波映像处理结果显示，调查海域各季均有小型鱼群聚集的现象。当渔业资源密度超过一定限度时，往往会产生遮蔽效应，从而影响渔业资源评估结果的精确度。

扫海面积法作为传统的渔业资源评估方法，其结果受网具类型、规格、地理形态特征、鱼类行为等诸多因素的影响。复杂的地理环境往往能为游泳生物提供天然的庇护场所，从而降低渔获捕捞效率。此外，渔业资源的空间分布等受特定海域水温、溶氧、水流、饵料生物来源等生物非生物因素的共同调节。因此，调查站位的合理设置是提高渔业资源评估结果准确性的重要条件之一。在今后的研究工作中，应加强生物/非生物环境因子与渔业资源时空分布的关系等方面的研究，以期更加科学地评估分析渔业资源时空分布特征与变动机制。

两种方法相比，扫海面积法采用站点抽样调查的方式，其调查水域覆盖率明显小于声学评估方法。当渔业资源空间分布存在较大差异时，为减小极端值或异常值对目标海域渔业资源评估的影响，应剔除异常值或尽量增加抽样站位数以减小随机抽样产生的误差。本节中，扫海面积法及声学评估结果均表明，调查水域渔业资源空间分布差异极大。在水平空间上，2015 年夏季，调查海域共设置了 6 个拖网站位，其中，A6 号拖网站位黄斑篮子鱼资源密度明显高于其他站位。根据统计学原理，当样本量较小时极大值的出现，可能给总体平均值的估算带来较大的误差。不同季节，渔业资源垂直空间分布特征存在差异。若仅以中下层底拖网渔获数据为基础，采用扫海面积法进行渔业资源评估，可能低估了调查水域实际渔业资源密度。因此，在渔业资源垂直空间分布差异较大时，建议采用分层拖网取样的方法进行渔业资源评估。

声学评估法作为一种新兴的生态渔业评估手段，与传统渔业调查法相比，具有科学、便捷、高效且对渔业资源与水域生境的破坏力度小等特点，因而更能适应现时代渔业生态发展的需求，其应用前景十分广阔。然而，该方法在种类鉴定、映像识别、噪声消除等方面还有待进一步研究。因此，以声学评估为主综合采用传统生物学取样，是当前大尺度渔业资源评估的有效方法，能为渔业资源科学管理及合理开发利用提高重要的理论支撑。

第八节　渔业资源增殖策略

一、增殖及养护现状

海陵湾以海陵岛及周边海域为主，海陵岛处于雷州半岛、西江流域和珠江三角洲包围的腹地，北临阳江市江城区，东南面临南海，西岸面对阳西县溪头镇，四面环海，与大陆一堤相连，属于近岸岛屿。除了马尾岛、大角湾、旧澳湾，还有北洛湾、大湾等一些内湾海。近年来，海陵湾所属的阳江实施了"蓝色崛起"战略，把开发利用海洋资源、发展海洋经济作为推动全市经济发展的重要措施，取得了较好的成绩。2018年，阳江市海洋经济生产总值达430亿元，约占全市GDP的34%，海洋经济已成为该市经济发展的重要增长点。同时，该市加强海洋生态文明建设，至2016年6月，阳江已建成3座人工鱼礁区、9个海洋与水产类型保护区，总面积达27 215 hm²；建成我国南海首个永久性水生生物增殖放流基地，海洋生态环境保护取得明显成效。

根据《全国海洋功能区划》和《广东省海洋功能区划（2011—2020）》，现代海洋渔业是海陵湾海域重点展产业之一。海陵湾海域的重点生态工程，包括保护程村红树林生态系统、南鹏列岛海洋生态系统、海陵大堤东部泥蚶、丰头河附近牡蛎种质资源。海陵湾海域也属于南海北部重要的幼鱼幼虾保护区（农业部南海区渔政局，1994）。近年来，海陵湾附近开展了一系列增殖放流活动。2014年，放流鱼苗1万尾、墨吉对虾苗3 230万尾、斑节对虾苗800万尾；2016年开展增殖放流活动，共放流海水鱼苗26万尾、对虾苗250万尾；2017年，放流鲷科鱼苗5 500尾；2018年秋季，也开展了增殖放流苗种的采购与放流。此外，南海（阳江）开渔节举办十余年期间，海陵湾海域的南海开渔节及民间增殖放流活动取得了良好的社会效益。

二、增殖技术策略建议

依据增殖放流的相关技术成果及海陵湾周边的海域的渔业生态环境特征，在增殖技术策略方面，建议今后海陵湾的增殖放流技术方面的工作重点如下：

1. 细化增殖放流水域区划　基于海陵湾的重要渔业水域生态功能特征，加强鱼类群落的分布特征及适宜生境的解析方面。依据广东省海洋功能区划及渔业资源调查分布特征，结合增殖放流种类的生物生态学特征，完成增殖放流水域的区划。

2. 开展增殖放流适宜种类及放流策略研究　在增殖种类的适宜性评价方面，增殖放流生态容量、放流策略（放流的适宜规格、放流的规模、时间、地点）等尚缺乏系统深入的研究与科技支撑。基于当前阳江海陵湾海域的增殖放流现状，放流主要品种包括鲷科鱼类、墨吉对虾、斑节对虾等，部分增殖放流的报道中仅指出放流鱼苗的尾数，但放流的规格、放流的方式及放流效果在海域的在域的存活率、分布等尚缺乏系统研究。结合当前的放流种类和规模及海陵湾水域的良好水体交换条件，增殖生态容量较大，今后的重点是加强放流种类的栖息地适宜性评价与家域行为（活动范围）的研究，为量化增殖放流的效果提供基础数据支撑。

海陵湾海域的增殖放流，亟须加强放流策略的研究及增殖效果的跟踪评价。且目前的增殖放流集中于南海伏季期间及秋末、冬初，多为一次性放流。放流后的回捕率及资源增殖养护效果方面缺乏系统的跟踪监测与科学评价，尽管取得了良好的社会效益，增加了民众对渔业资源保护的生态意识，但在增殖放流的生态效益、经济效益方面尚缺乏科学数据的支撑。

三、增殖养护管理对策建议

1. 研究海陵湾海域重要经济鱼类的分布特征与栖息地适宜性　以渔业资源与生态环境基础信息为基础，明确海陵湾海域重要栖息水域，特别是海洋功能区划中的定位为农渔业功能水域的鱼类关键栖息地，将海陵区、阳西县等海陵湾周边水域的养殖水域滩涂规划（2018—2030）与增殖放流区域规划衔接，注重生态功能与产业规划的协整。

2. 继续推进以休渔增殖放流与南海开渔节文化为主导的渔业资源养护，增加科技支撑作用　海陵岛的南海开渔节，为海陵湾的文化旅游业的发展、资源养护的社会生态环保意识增强均起到良好示范作用。今后，首先应着重加民间增殖放流的规范化管理，实行渔业资源增殖放流的报批、监管制度；其次是海陵湾的渔业资源增殖放流，亟须提升科技力量的支撑作用。放流种类的适宜性分析尚未开展，且放流的种类在新闻报道方面有时以"鱼苗"等词一笔带过。目前的增殖放流主要还是一个较为粗放的模式，放流策略与效果评估方面缺乏系统研究，亟待加强。增殖放流鱼类的移动洄游规律量化研究及其与放流群体的识别、基于生态与经济视角的增殖放流效果评价目前仍是空白。

3. 亟须建立以渔业资源增殖养护系统化管理平台，促进旅游、工商、环保多部门的互通联动机制　《广东省海洋功能区划（2011—2020）》中，鉴于海陵湾主要定位为港口航运、临海现代工业、海洋文化旅游度假、现代海洋渔业四大主要产业以及海陵湾典型的渔业水域生态功能，以科学增殖放流的渔业资源养护是现代渔业建设的重要组成部分，需要与航运、工业、旅游等多部门建立互通联动的沟通机制与四位一体的系统化管理平台。加强渔业行政主管部门对放流后的渔业捕捞管理，加强人工鱼礁与增殖放流的全链条设计，增强海陵湾海洋牧场化建设，并与文化旅游部门开展游钓、海上观光协整性发展，并与航运、环保等部门保持有效沟通，提升海陵湾的生态系统服务功能。

第十七章 雷州湾示范区

第一节 气候地理特征

雷州湾位于广东省湛江市雷州半岛东侧，为半封闭状台地溺谷湾。北有东海岛与湛江港相隔，东有硇洲岛为屏障，南至徐闻县外罗，湾顶经通明海至东海大堤，湾口向东南敞开，在硇洲岛与徐闻县东端之间。雷州湾水域宽阔，宽 50.3 km，纵深 75 km，腹宽 22 km，面积 1 690 km²。经纬度范围为 20°28′N—21°06′N、110°10′E—110°39′E（图 17-1）。

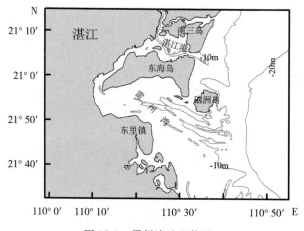

图 17-1 雷州湾地理位置

雷州湾湾内地形复杂，有 3 条明显的深槽分布，槽间为沙脊浅滩和沙洲，地势起伏较大。中间深槽由湾外延伸至湾顶，在湾顶处水深可达 5 m，湾中段水深在 10 m 以上，湾口处水深在 20 m 以上，南北两侧深槽水深也基本大于 10 m。根据 1956 年、1967 年、1987 年和 2009 年海图对比，湾内形态稳定，地形基本处于稳中有冲的状态，但冲刷速率不大（陈春亮等，2016；张勇等，2013）。

雷州湾属于亚热带海洋性季风气候。2016 年全年平均气温 23.6℃，一年中，气温呈单峰型变化，在 7 月达到最高；2016 年平均降水量为 1 677.8 mm，雨季长，除 12 月外各月平均降雨日数在 10 d 以上。

一、气温

2016 年全年气温较高，年平均为 23.6℃，最高气温为 31.9℃，最低气温为 4.0℃，全年温差 27.9℃；月平均气温变化范围为 14.3～29.5℃，全年气温最高的月份为 7 月，气温最低的为 2 月。各月平均气温及最高、最低气温见表 17-1。

一年中，气温呈单峰型变化。2—7 月，月平均气温逐渐升高，在 7 月达到最高，其中 3—4 月升幅最大（6.7℃）；8 月至翌年 1 月，气温开始下降，其中 10—11 月气温下降得最快（5.1℃）。

表 17-1　2016 年各月平均最高、最低气温

项目	1月	2月	3月	4月	5月	6月	7月	8月	9月	10月	11月	12月	年平均
平均（℃）	15.9	14.3	18.2	24.9	27.6	29.4	29.5	28.4	27.8	26.7	21.6	19.2	23.6
最高（℃）	21.4	22.2	22.3	28.0	30.1	31.9	30.7	31.5	29.6	28.4	26.1	22.2	31.9
最低（℃）	4.0	8.5	10.5	21.3	22.3	26.4	27.0	26.0	24.8	23.7	12.6	13.2	4.0

二、气压

2016 年年平均气压为 1 005.4 hPa，最高气压为 1 028.2 hPa，出现在 1 月；最低气压为 982.4 hPa，出现在 8 月。气压变化趋势为 11 月至翌年 3 月气压较高（＞1 005 hPa），4—10 月气压较低。

三、风

2016 年各月平均风速及大风日数见表 17-2。各月平均风速变化范围为 2.50～4.02 m/s，全年平均风速为 3.3 m/s。各月平均风速最低为 8 月，最高为 3 月。全年大风日数共 5 d（瞬时风速≥17 m/s），出现在 5 月、6 月、10 月和 11 月，大风主要出现在热带气旋、寒潮和冷空气活动时期。

表 17-2　2016 年各月平均风速及大风日数

项目	1月	2月	3月	4月	5月	6月	7月	8月	9月	10月	11月	12月
平均风速（m/s）	3.9	3.5	4.0	3.5	3.4	2.8	2.9	2.5	2.6	3.3	3.9	3.6
大风日数（d）	0	0	0	0	1	1	0	0	0	2	1	0

四、降水

2016 年降水量为 1 677.8 mm（表 17-3）。各月降水量变化较大，月降水量最低值出现在 12 月，为 0.0 mm；最高值出现在 7 月，达 215.6 mm。2016 年除 12 月没有降雨外，各月总体降雨频率变化不大，各月平均降水日数在 10 d 以上。

表 17-3　2016 年各月降水量及降水频率

项目	1 月	2 月	3 月	4 月	5 月	6 月	7 月
降水量（mm）	114.4	451.9	423.7	111.9	7.4	7.7	215.6
降雨频率（%）	61.29	44.83	41.94	46.67	51.61	40.00	48.39

项目	8 月	9 月	10 月	11 月	12 月	年	
降水量（mm）	10.2	117.9	216	1.2	0	1 677.9	
降雨频率（%）	70.97	40.00	32.26	40.00	0.00	43.16	

第二节　海水水质

一、水温

雷州湾全年表层水温为 18.6～32.0℃，夏季最高，春季次之，秋季再次之，冬季表层水温最低。全年较高温水域出现在夏季的湛江港港口外附近及硇洲岛东南方向较远海域，全年较低温水域出现在冬季的硇洲岛西南方向水域。硇洲岛东南部水域表层水温全年普遍较高（图 17-2）。

春季表层水温为 24.6～28.0℃，水平温差 3.4℃，平均水温为 26.38℃。低值区出现在湛江港外附近水域（25.0℃），高值区出现在硇洲岛东南附近水域（27.0℃）。

夏季表层水温为 28.5～32.0℃，水平温差 3.5℃，平均水温为 29.98℃。低值区主要出现在硇洲岛东侧附近水域（29.0℃），高值区出现在湛江港港口外附近水域及硇洲岛东南方向较远水域（31℃），水温自硇洲岛向东南、西北方向逐渐递增。

秋季表层水温为 24.1～27.6℃，水平温差 3.5℃，平均水温为 25.85℃。低值区出现在湛江港外东侧、硇洲岛东北方向附近水域（25.0℃），高值区出现在硇洲岛东南方向水域（27.0℃），水温自硇洲岛向东南方向逐渐递增。

冬季表层水温为 18.6～20.6℃，水平温差 2.0℃，平均水温为 19.48℃。低值区出现

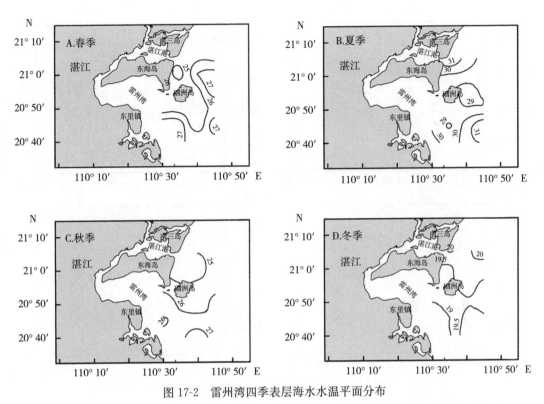

图 17-2　雷州湾四季表层海水水温平面分布

在硇洲岛西南部水域（19.0℃），高值区出现在湛江港港口东侧、东海岛东部和硇洲岛东北部水域（20.0℃）。

二、盐度

雷州湾全年表层盐度为 22.0～32.0，夏季最高，冬季次之，秋季再次之，春季表层盐度最低。全年较高盐度水域出现在夏季的硇洲岛西南方向，全年较低盐度水域出现在春季的湛江港港口东南方向及东海岛东部。硇洲岛附近水域表层盐度全年普遍较高（图17-3）。

春季表层盐度分布范围为 22.0～28.0，水平盐差 6.0，平均盐度为 25.5。硇洲岛东南侧水域盐度较高，硇洲岛西北侧水域盐度较低，表层最低盐度出现在湛江港港口东南方向及东海岛东部水域，盐度低至 24.0；硇洲岛东北－西南方向水域盐度稍高，盐度在25.0附近；硇洲岛东南方向水域盐度较高，盐度高至 26.0。

夏季表层盐度分布范围为 24.0～32.0，水平盐差 8.0，平均盐度为 28.9。硇洲岛西南方向水域盐度较高，湛江港内及港口附近水域盐度较低。表层最低盐度出现在湛江港港口，盐度低至 25.0；硇洲岛东北部及东南方向水域盐度稍高，盐度为 27.0～29.0；硇洲岛西南方向水域盐度较高，盐度高至 31.0；表层盐度分布呈北低南高的趋势。

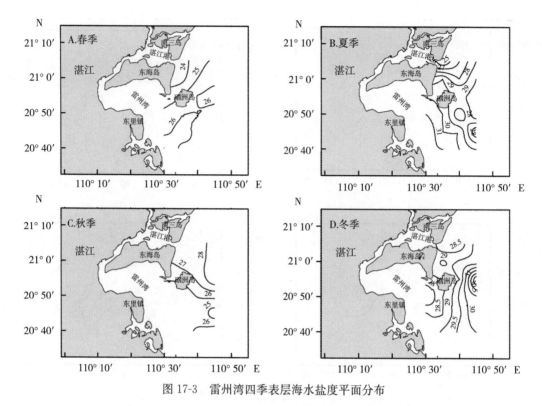

图 17-3　雷州湾四季表层海水盐度平面分布

秋季表层盐度分布范围为 24.4～29.0，水平盐差 4.6，平均盐度为 26.5。硇洲岛东北方向水域盐度较高，硇洲岛东南方向水域盐度较低，表层最低盐度出现在硇洲岛东南方向水域，盐度低至 25.0；硇洲岛环岛附近水域盐度稍高，盐度为 26.0～27.0；硇洲岛东北方向水域盐度较高，盐度高至 28.0；表层盐度呈北高南低的趋势。

冬季表层盐度分布范围为 27.5～32.0，水平盐差 4.5，平均盐度为 29.2。硇洲岛东部附近水域盐度较高，盐度高至 31.5；硇洲岛西南方向附近水域盐度较低，盐度低至 28.0；硇洲岛东部水域向西盐度逐渐变小，变化范围为 31.5～28.0。

三、溶解氧

雷州湾全年 DO 浓度为 5.78～9.33 mg/dm³，冬季浓度最高，秋季次之，夏季再次之，春季 DO 浓度最低。全年较高 DO 浓度出现在冬季的硇洲岛西南方向及湛江港港口外附近海域浓度较高，高至 9.30 mg/dm³；全年较低 DO 浓度出现在春季的硇洲岛西南方向附近水域，为 5.88 mg/dm³（图 17-4）。

春季表层 DO 浓度为 5.78～5.95 mg/dm³，平均 5.88 mg/dm³。雷州湾附近海域春季表层 DO 浓度整体变化不大。表层 DO 浓度以硇洲岛东北部附近水域最高，达到 5.90 mg/dm³；均值区出现在硇洲岛西南方向附近水域，为 5.88 mg/dm³。

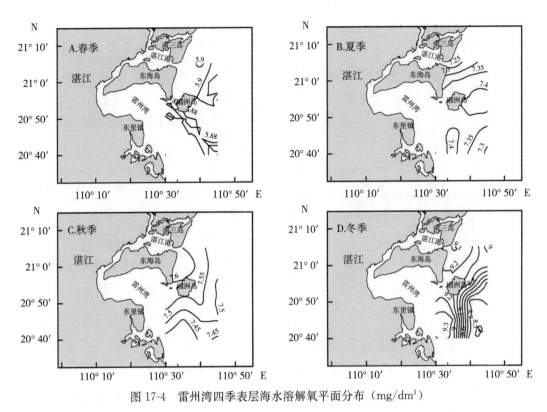

图 17-4 雷州湾四季表层海水溶解氧平面分布（mg/dm³）

夏季表层 DO 浓度为 7.10～7.49 mg/dm³，平均 7.36 mg/dm³。以硇洲岛东部海域及南部部分海域浓度较高，高至 7.40 mg/dm³；从硇洲岛东部海域向西北方向逐渐降低；湛江港内及湛江港港口东部附近海域浓度较低，低至 7.25 mg/dm³。

秋季表层 DO 浓度为 7.40～7.62 mg/dm³，平均 7.51 mg/dm³。雷州湾附近海域秋季表层 DO 浓度整体变化不大。以硇洲岛北部附近海域浓度较高，高至 7.60 mg/dm³；在此自北（7.60 mg/dm³）向南（7.45 mg/dm³）逐渐降低；硇洲岛东南方向海域浓度较低，低至 7.45 mg/dm³。

冬季表层 DO 浓度为 8.43～9.33 mg/dm³，平均 8.94 mg/dm³。以硇洲岛西南方向及湛江港港口外附近海域浓度较高，高至 9.30 mg/dm³；硇洲岛东北方向海域浓度较低，低至 8.50 mg/dm³；雷州湾冬季整体 DO 浓度自西向东逐渐变小。

四、酸碱度

雷州湾全年表层海水 pH 为 8.0～8.6，各季度表层海水 pH 皆接近，差别不大。春季最高，冬季次之，夏季再次之，秋季最低。全年表层海水较高 pH 出现在春季的湛江港内和港口东部、硇洲岛东南部海域，高至 8.6；全年较低 pH 出现在秋季硇洲岛南部海域附近，pH 为 8.1～8.25（图 17-5）。

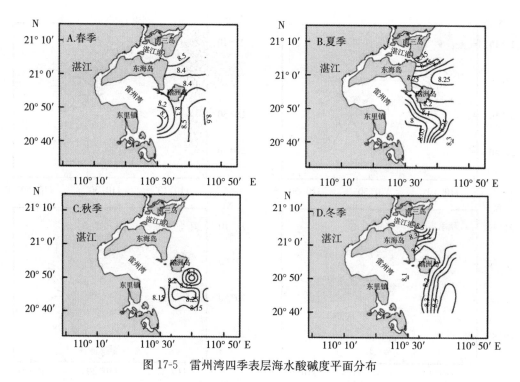

图 17-5　雷州湾四季表层海水酸碱度平面分布

春季表层海水 pH 为 8.0～8.6，平均 8.43。高值区出现在湛江港内和港口东部、硇洲岛东南部海域，高至 8.6；低值区出现在硇洲岛西南部海域，低至 8.1。在硇洲岛南部海域，自东向西 pH 逐渐变小，范围为 8.6～8.1。

夏季表层海水 pH 为 8.0～8.5，平均 8.20。高值区出现在湛江港港口及东部海域，高至 8.45；低值区出现在硇洲岛西南部海域，低至 8.0。夏季整体表层 pH 表现出自北向南、自东向西逐渐变小的特点。

秋季表层海水 pH 为 8.0～8.3，平均 8.19。平面分布整体较均匀，差异不大。在硇洲岛南部海域 pH 为 8.1～8.25。

冬季表层海水 pH 为 8.0～8.6，平均 8.27。高值区出现在湛江港港口附近及硇洲岛东南部海域，高至 8.5；低值区出现在硇洲岛附近海域，低至 8.1。雷州湾表层海水冬季 pH 整体表现出自北向南、自东向西逐渐降低的趋势。

五、无机氮

雷州湾全年表层海水无机氮（DIN）浓度为 0.07～0.73 mg/L，夏季与秋季表层海水 DIN 浓度接近。春季最高，冬季其次，夏季和秋季最低。全年较高表层海水 DIN 浓度值出现在春季湛江港港口外东部海域，高至 0.6 mg/L；全年较低表层海水 DIN 浓度值出现在夏、秋季硇洲岛南部附近海域，低至 0.14 mg/L。全年整体表现出北高南低的趋势

（图 17-6）。

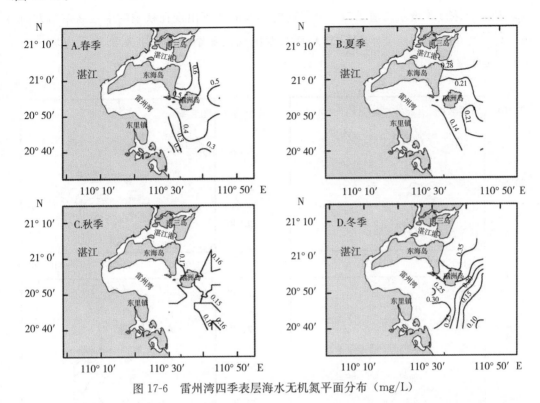

图 17-6　雷州湾四季表层海水无机氮平面分布（mg/L）

春季表层海水 DIN 浓度为 0.09～0.73 mg/L，平均为 0.41 mg/L。高值区出现在湛江港港口东部及硇洲岛北部海域，高至 0.6 mg/L；低值区出现在硇洲岛西南方向海域，低至 0.2 mg/L。雷州湾春季表层海水 DIN 浓度整体表现出北高南低的趋势。

夏季表层海水 DIN 浓度为 0.07～0.36 mg/L，平均为 0.19 mg/L。高值区出现在湛江港港口外东部海域，高至 0.28 mg/L；硇洲岛北部附近海域及东南部海域浓度稍高，为 0.2 mg/L；低值区出现在硇洲岛西南方向海域，低至 0.14 mg/L。

秋季表层海水 DIN 浓度为 0.09～0.28 mg/L，平均为 0.16 mg/L。秋季各局部海域 DIN 浓度差异不大，高值区出现在湛江港港口、东海岛与硇洲岛之间和硇洲岛西南部海域，高至 0.17 mg/L；低值区出现在硇洲岛东南方向海域，低至 0.15 mg/L。

冬季表层海水 DIN 浓度为 0.09～0.40 mg/L，平均为 0.25 mg/L。高值区出现在硇洲岛东北方向海域，高至 0.35 mg/L；低值区出现在硇洲岛西南方向较远海域，低至 0.10 mg/L。硇洲岛东南方向表层海水 DIN 浓度逐渐降低。

六、活性磷酸盐

雷州湾全年表层海水 PO_4-P 浓度为 0.003～0.11 mg/L，各季度表层海水 PO_4-P 平均浓度都接近 0.02 mg/L。秋季 PO_4-P 平均浓度最高，冬季 PO_4-P 浓度跨度最大，春季及秋季 PO_4-P 浓度跨度及均值相似。全年较高 PO_4-P 浓度出现在秋季的南三岛东南方向海域，高至 0.06 mg/L；全年较低 PO_4-P 浓度出现在冬季的硇洲岛东部附近海域，低至 0.01 mg/L（图 17-7）。

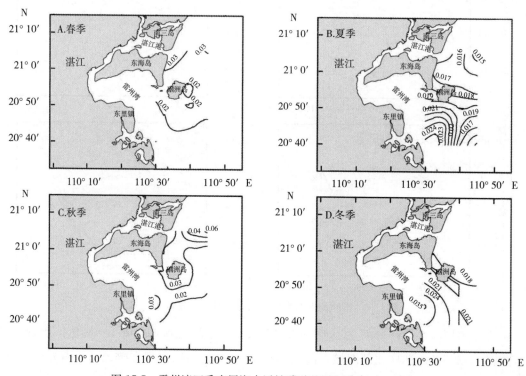

图 17-7　雷州湾四季表层海水活性磷酸盐平面分布（mg/L）

春季表层海水 PO_4-P 浓度为 0.004～0.05 mg/L，平均为 0.02 mg/L。高值区出现在湛江港港口东部海域，高至 0.03 mg/L；低值区位于硇洲岛东部及南部海域，低至 0.02 mg/L。春季整体表层海水 PO_4-P 浓度基本在同一水平，为 0.02 mg/L 左右。

夏季表层海水 PO_4-P 浓度为 0.01～0.03 mg/L，平均为 0.02 mg/L。高值区出现在硇洲岛西南方向海域，高至 0.024 mg/L；低值区出现在南三岛东南部较远海域，低至 0.015 mg/L。夏季表层海水 PO_4-P 浓度表现出自西南—东北方向逐渐降低的趋势，但整体浓度基本在同一水平，为 0.02 mg/L。

秋季表层海水 PO_4-P 浓度为 0.01～0.06 mg/L，平均为 0.03 mg/L。高值区出现在南三岛东南方向海域，高至 0.06 mg/L；低值区出现在硇洲岛南部海域，低至 0.02 mg/L；硇洲岛临近海域各方向 PO_4-P 浓度基本一致，为 0.03 mg/L 左右。

冬季表层海水 PO_4-P 浓度为 0.003～0.11 mg/L，平均为 0.02 mg/L。高值区出现在硇洲岛西南部海域，高至 0.035 mg/L；低值区出现在硇洲岛东部海域附近，低至 0.018 mg/L。冬季整体浓度表现出自西向东逐渐降低的趋势。

第三节　初级生产力

一、叶绿素a

雷州湾全年表层海水叶绿素a的变化范围为0.81～9.90 mg/m³。春、夏季叶绿素a变化范围较其他季节更为接近，春、夏、秋季叶绿素a均值较接近。冬季叶绿素a的变化范围及均值皆最大。全年较高叶绿素a出现在冬季的硇洲岛西南方向海域，高至8.50 mg/m³；全年较低叶绿素a分别出现在春季的东海岛及硇洲岛东部海域，低至1.50 mg/m³（图17-8）。

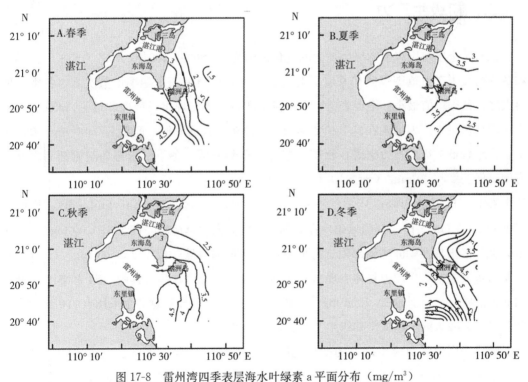

图17-8　雷州湾四季表层海水叶绿素a平面分布（mg/m³）

春季表层海水叶绿素a的变化范围为0.84～6.03 mg/m³，均值为2.72 mg/m³。在硇洲岛西南方向海域形成高值区，叶绿素a高至4.50 mg/m³；低值区则出现在东海岛及硇洲岛东部海域，低至1.50 mg/m³。春季表层海水叶绿素a整体表现出自西向东逐渐较小的趋势。其中，S4和S10点叶绿素a数值异常，分别为20.7556 mg/m³和36.23 mg/m³，故去除了这2个叶绿素a异常值的采样点。

夏季表层海水叶绿素 a 的变化范围为 0.81～5.29 mg/m³，均值为 3.18 mg/m³。高值区出现在东海岛与硇洲岛之间的海域，高至 4.00 mg/m³；低值区出现在硇洲岛东南方向较远海域，低至 2.50 mg/m³。夏季整体叶绿素 a 表现出自西向东逐渐减小的趋势。

秋季表层海水叶绿素 a 的变化范围为 1.65～6.45 mg/m³，均值为 3.44 mg/m³。高值区出现在硇洲岛西南方向海域，高至 4.50 mg/m³；低值区出现在湛江港港口外东部海域，低至 2.50 mg/m³。秋季表层海水叶绿素 a 整体表现出自西南向东北方向逐渐减小的趋势。

冬季表层海水叶绿素 a 的变化范围为 2.10～9.90 mg/m³，均值为 5.28 mg/m³。高值区出现在硇洲岛西南方向海域，高至 8.50 mg/m³；低值区出现在东海岛东部较远海域，低至 3.00 mg/m³。冬季表层海水叶绿素 a 整体表现出自西南—东北方向逐渐较小的趋势。

二、初级生产力

雷州湾全年表层海水初级生产力的变化范围为 79.86～1 100.57 mg/（m²·h）。春季和冬季初级生产力范围较其他季度更为接近。夏季均值最大，春季均值次之，冬季均值再次之，秋季均值最小。全年表层海水初级生产力整体变现出自南向北逐渐降低的趋势。全年较高初级生产力出现在夏季和冬季的硇洲岛东部较远海域，高至 650.00 mg/（m²·h）；全年较低初级生产力出现在秋季的东海岛东部海域、冬季的东海岛与硇洲岛之间的海域，低至 200.00 mg/（m²·h）（图 17-9）。

春季表层海水初级生产力的变化范围为 122.04～810.81 mg/（m²·h），均值为 379.33 mg/（m²·h）。高值区出现在硇洲岛东南方向较远海域，高至 450.00 mg/（m²·h）；低值区出现在硇洲岛南部附近海域及硇洲岛东部海域，低至 350.00 mg/（m²·h）。春季海水表层初级生产力整体表现出从南到北逐渐降低的趋势。其中，S4 和 S10 点叶绿素 a 数值异常，分别为 20.7556 mg/m³ 和 36.23 mg/m³，导致这 2 个采样点的初级生产力数值异常，故去除了这 2 个初级生产力异常值的采样点。

夏季表层海水初级生产力的变化范围为 122.59～1 100.57 mg/（m²·h），均值为 510.30 mg/（m²·h）。高值区出现在硇洲岛东北方向较远海域，高至 650.00 mg/（m²·h）；低值区出现在硇洲岛西南方向较远海域，低至 350.00 mg/（m²·h）。夏季表层海水初级生产力整体表现出自东向西逐渐降低的趋势。

秋季表层海水初级生产力的变化范围为 79.86～521.00 mg/（m²·h），均值为 251.41 mg/（m²·h）。高值区出现在硇洲岛东南方向较远海域，高至 300.00 mg/（m²·h）；低值区出现在东海岛东部海域，低至 200.00 mg/（m²·h）。秋季表层海水初级生产

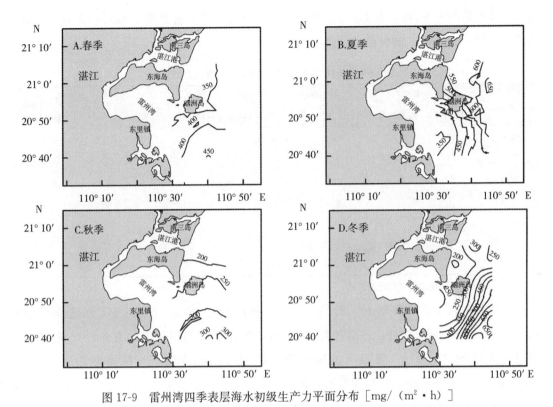

图 17-9　雷州湾四季表层海水初级生产力平面分布［mg/（m² · h）］

力整体表现出自南向北逐渐降低的趋势。

　　冬季表层海水初级生产力的变化范围为 169.15～811.10 mg/（m² · h），均值为 368.71 mg/（m² · h）。高值区出现在硇洲岛东南方向较远海域，高至 650.00 mg/（m² · h）；低值区出现在东海岛与硇洲岛之间的海域，低至 200.00 mg/（m² · h）。冬季表层海水初级生产力整体表现出自南向北逐渐降低的趋势。

第四节　浮游植物

一、种类组成

　　经调查鉴定，2016 年雷州湾海域有浮游植物 107 种，分别隶属于 6 门 33 科 51 属。其中，以硅藻门种类数最多，有 22 科 36 属 84 种，占总种类数的 78.50%；其次为甲藻门，有 7 科 10 属 17 种，占总种类数的 15.89%；金藻类有 1 科 2 属 2 种，蓝藻类有 1 科 1 属 2 种，均占总种类数的 1.87%；种类数最少的为裸藻类和绿藻类，仅 1 科 1 属 1 种，均占总种类数的 0.93％（表 17-4）。其中，又以硅藻类的根管藻属（*Rhizosolenia*）和角毛藻属（*Chaetoceros*）的种类数最多，均为 6 种。

表 17-4　2016 年雷州湾各季浮游植物种类组成

门类	春季		夏季		秋季		冬季	
	种类（种）	占比（％）	种类（种）	占比（％）	种类（种）	占比（％）	种类（种）	占比（％）
硅藻	47	72.31	31	81.58	47	88.68	37	82.22
甲藻	14	21.54	6	15.79	4	7.55	6	13.33
金藻	2	3.08	—	—	—	—	1	2.22
蓝藻	—	—	1	2.63	2	3.77	1	2.22
裸藻	1	1.54	—	—	—	—	—	—
绿藻	1	1.54	—	—	—	—	—	—
总计	65	100.00	38	100.00	53	100.00	45	100.00

注：—表示没有发现该门类的浮游植物。

春季共采获浮游植物 65 种，分别隶属于 9 纲 19 目 24 科 33 属。其中，以硅藻类数量最多，有 15 科 21 属 47 种，占总种类数的 72.31％；其次为甲藻类，有 6 科 8 属 14 种，占总种类数的 21.54％。裸藻类的尾裸藻（*Euglena caudata*）与绿藻类的二形栅藻（*Acutodesmus dimorphus*）仅在春季被采获。

夏季共采获浮游植物 38 种，分别隶属于 8 纲 15 目 22 科 26 属。其中，以硅藻类数量最多，有 17 科 20 属 31 种，占总种类数的 81.58％；其次为甲藻类，有 4 科 5 属 6 种，占总种类数的 15.79％；蓝藻类仅 1 科 1 属 1 种，占总种类数的 15.79％。

秋季共采获浮游植物 53 种，分别隶属于 8 纲 17 目 20 科 29 属。其中，以硅藻类数量最多，有 16 科 25 属 47 种，占总种类数的 88.68％；其次为甲藻类，有 3 科 3 属 4 种，占总种类数的 7.55％；蓝藻类仅 1 科 1 属 2 种，占总种类数的 3.77％。

冬季共采获浮游植物 45 种，分别隶属于 8 纲 15 目 19 科 30 属。其中，以硅藻类数量最多，有 13 科 23 属 37 种，占总种类数的 82.22％；其次为甲藻类，有 4 科 5 属 6 种，占总种类数的 13.33％；蓝藻类和金藻类均仅采获 1 科 1 属 1 种，均占总种类数的 2.22％。

二、栖息密度

2016 年，雷州湾海域浮游植物的全年平均密度为 17 468.66×10^4 个/m^3，细胞密度范围为 2 036.90×10^4～64 114.13×10^4 个/m^3。其中，秋季浮游植物的平均密度最高，为 28 058.85×10^4 个/m^3，细胞密度范围为 168.00×10^4～1 00 080.00×10^4 个/m^3；其次为春季，平均密度为 18 739.31×10^4 个/m^3，细胞密度范围为 1 475.41×10^4～187 380.00×10^4 个/m^3；夏季平均密度为 17 476.40×10^4 个/m^3，细胞密度范围为 55.00×10^4～

55 760.00×10⁴个/m³；冬季的浮游植物平均密度最低，仅 5 600.08×10⁴个/m³，细胞密度范围为 142.50×10⁴～17 365.00×10⁴个/m³（表 17-5）。

表 17-5 2016 年雷州湾海域各季浮游植物栖息密度分布（×10⁴个/m³）

站位	春季	夏季	秋季	冬季
1	3 764.47	55 760.00	2 058.00	494.00
2	2 155.29	1 092.00	37 715.00	2 750.00
3	3 107.61	2 352.00	1 408.00	1 280.00
4	73 409.36	3 045.00	60 858.00	5 015.00
5	21 288.55	3 800.00	59 984.00	1 200.00
6	5 755.00	1 050.00	92 700.00	3 420.00
7	5 011.91	1 805.00	100 080.00	2 850.00
8	8 876.67	904.00	51 150.00	6 545.00
9	8 907.90	20 790.00	8 900.00	190.00
10	187 380.00	7 590.00	61 344.00	142.50
11	2 639.76	1 260.00	3 990.00	17 365.00
12	6 936.08	855.00	73 128.00	10 605.00
13	10 440.29	40 110.00	3 612.00	15 985.00
14	4 845.00	37 170.00	258.00	165.00
15	4 704.62	44 735.00	168.00	15 770.00
16	6 440.90	36 915.00	460.00	6 320.00
17	4 875.00	7 990.00	470.00	10 450.00
18	3 677.55	18 625.00	686.00	10 440.00
19	1 475.41	9 975.00	1 760.00	760.00
20	9 094.91	53 705.00	448.00	255.00
平均	18 739.31	17 476.40	28 058.85	5 600.08

春季调查以甲藻类数量占优势，其平均密度为 10 836.53×10⁴个/m³，占总平均密度的 57.83%；其次为硅藻类，平均密度为 7 851.65×10⁴个/m³，占总平均密度的 41.90%；其他藻类（金藻、裸藻、绿藻）平均密度仅为 51.13×10⁴个/m³，占总平均密度的 0.27%。

夏季调查以硅藻类数量占优势，其平均密度为 16 652.25×10⁴个/m³，占总平均密度的 95.28%；其次为甲藻类，平均密度为 819.90×10⁴个/m³，占总平均密度的 4.69%；蓝藻类平均密度仅为 4.25×10⁴个/m³，占总平均密度的 0.02%，且仅在 17 号站被采获。

秋季调查以硅藻类数量占优势，其平均密度为 27 919.95×10⁴个/m³，占总平均密度的 99.50%；其次为甲藻类，平均密度为 97.55×10⁴个/m³，占总平均密度的 0.35%；蓝藻类平均密度仅为 41.35×10⁴个/m³，占总平均密度的 0.15%。

冬季调查以硅藻类数量占优势，其平均密度为 5 306.05×10⁴个/m³，占总平均密度的 94.75%；其次为甲藻类，平均密度为 291.28×10⁴个/m³，占总平均密度的 5.20%；其他藻类（金藻、蓝藻）平均密度仅为 41.25×10⁴个/m³，占总平均密度的 0.74%。

三、主要种类

以优势度 Y≥0.02 作为评定优势种的标准，各季度优势种的优势度见表 17-6。

表 17-6　2016 年雷州湾海域浮游植物优势度 Y 季节变化

种名	拉丁名	门类	优势度 Y			
			春季	夏季	秋季	冬季
柔弱菱形藻	*Nitzschia delicatissima*	硅藻	0.04	0.32	—	0.09
中肋骨条藻	*Skeletonema costatum*	硅藻	0.03	0.08	—	—
斯氏几内亚藻	*Guinardia striata*	硅藻	0.09	—	—	—
叉角藻	*Tripos furca*	甲藻	0.07	—	—	—
三角角藻	*Ceratium tripos*	甲藻	0.05	—	—	—
红色裸甲藻	*Akashiwo sanguinea*	甲藻	0.04	—	—	—
菱软几内亚藻	*Guinardia flaccida*	硅藻	0.03	—	—	—
冰河拟星杆藻	*Asterionellopsis glacialis*	硅藻	—	0.04	—	—
并基角毛藻	*Chaetoceros decipiens*	硅藻	—	0.04	—	—
伏氏海毛藻	*Thalassiothrix frauenfeldii*	硅藻	—	0.04	—	—
旋链角毛藻	*Chaetoceros curvisetus*	硅藻	—	0.04	—	—
窄隙角毛藻	*Chaetoceros affinis*	硅藻	—	0.03	—	—
长角弯角藻	*Eucampia cornuta*	硅藻	—	—	0.58	—
环纹娄氏藻	*Lauderia annulata*	硅藻	—	—	0.02	—
矮小短棘藻	*Detonula pumila*	硅藻	—	—	—	0.19
丹麦角毛藻	*Chaetoceros danicus*	硅藻	—	—	—	0.02

注：一表示该季节该浮游植物的优势度小于 0.02。

春季调查发现浮游植物优势种有 7 种，分别为硅藻类的柔弱菱形藻（*Nitzschia delicatissima*）、中肋骨条藻（*Skeletonema costatum*）、斯氏几内亚藻（*Guinardia striata*）、菱软几内亚藻（*Guinardia flaccida*）和甲藻类的叉角藻（*Tripos furca*）、三角角藻（*Ceratium tripos*）、红色裸甲藻（*Akashiwo sanguinea*）；各优势种的优势度变化范围为 0.03~0.09，平均密度为 9 896.97×10⁴~158 760.00×10⁴个/m³，密度百分比为 2.63%~42.22%，优势种密度合计占海域总密度的 86.74%。

夏季调查发现浮游植物优势种有 7 种，分别为柔弱菱形藻、中肋骨条藻、冰河拟星杆藻（*Asterionellopsis glacialis*）、并基角毛藻（*Chaetoceros decipiens*）、伏氏海毛藻

（*Thalassiothrix frauenfeldii*）、旋链角毛藻（*Chaetoceros curvisetus*）和窄隙角毛藻（*Chaetoceros affinis*），均为硅藻类；各优势种的优势度变化范围为 0.03～0.32，平均密度为 15 285.00×10⁴～13 0987.00×10⁴ 个/m³，密度百分比为 4.37%～37.48%，优势种密度合计占海域总密度的 84.37%。

秋季调查发现浮游植物优势种仅有 2 种，分别为长角弯角藻（*Eucampia cornuta*）和环纹娄氏藻（*Lauderia annulata*），均为硅藻类；其优势度分别为 0.58 和 0.02，平均密度分别为 504 025.00×10⁴ 个/m³ 和 18 503.00×10⁴ 个/m³，密度百分比分别为 89.82% 和 3.30%，密度合计占海域总密度的 93.11%。

冬季调查发现浮游植物优势种有 3 种，分别为柔弱菱形藻、矮小短棘藻（*Detonula pumila*）和丹麦角毛藻（*Chaetoceros danicus*），均为硅藻类；其优势度变化范围为 0.02～0.19，平均密度为 6 420.00×10⁴～43 410.00×10⁴ 个/m³，密度百分比分别为 5.73%～38.76%，密度合计占海域总密度的 57.65%。

四、小结

春季浮游植物集中于硇洲岛东侧沿岸、东海岛东侧沿岸以及雷州半岛东侧沿岸，优势种以硅藻类为主，甲藻类次之；夏季浮游植物集中分布于硇洲岛东、北侧；秋季浮游植物集中分布于硇洲岛沿岸与硇洲岛南面海域；冬季浮游植物集中分布于硇洲岛东南海域。硅藻类浮游植物为雷州湾海域的最主要的优势种类，甲藻类中的叉角藻（*Tripos furca*）、三角角藻（*Ceratium tripos*）、红色裸甲藻（*Akashiwo sanguinea*）为春季特有的优势种，余下 3 个季节的优势种均属于硅藻类。大部分优势种为潜在赤潮种类。

第五节　浮游动物

一、种类组成

经鉴定，雷州湾浮游动物共出现 166 种，分属于 14 个不同类群，即栉水母类、管水母类、水螅水母类、有尾类、等足类、端足类、糠虾类、桡足类、十足类、枝角类、毛颚类、翼足类、原生动物以及浮游幼体。其中，以桡足类数量最多，共发现 65 种，占总种类数的 39.16%；其次为浮游幼体，共发现 43 种，占总种类数的 25.90%；其他类群出现种类数较少。浮游植物种类组成见表 17-7。

表 17-7　2016 年雷州湾浮游动物种类组成（种）

门	类群	春季	夏季	秋季	冬季	总计
刺胞动物门	管水母类	4	4	—	4	6
	水螅水母类	8	6	2	6	13
栉水母门	栉水母类	1	1	1	1	3
软体动物门	翼足类	2	3	—	1	4
节肢动物门	等足类	1	—	1	—	2
	端足类	5	2	1	2	5
	糠虾类	1	—	—	—	1
	桡足类	33	42	25	28	65
	十足类	1	4	2	2	5
	枝角类	2	2	—	1	2
毛颚动物门	毛颚类	8	6	2	6	9
尾索动物门	有尾类	5	6	2	2	7
黏孢子总门	原生动物	1	—	—	1	1
浮游幼体	浮游幼体	23	28	19	20	43
总计	14	95	104	55	74	166

春季雷州湾浮游动物共出现 95 种，分属于 14 个不同类群，即管水母类、水螅水母类、栉水母类、翼足类、等足类、端足类、糠虾类、桡足类、十足类、枝角类、毛颚类、有尾类、原生动物以及浮游幼体。其中，以桡足类数量最多，共发现 33 种，占总种类数的 34.74%；其次为浮游幼体，共发现 23 种，占总种类数的 24.21%。

夏季雷州湾浮游动物共出现 104 种，分属于 11 个不同类群，即管水母类、水螅水母类、栉水母类、翼足类、端足类、桡足类、十足类、枝角类、毛颚类、有尾类以及浮游幼体。其中，以桡足类数量最多，共发现 42 种，占总种类数的 40.38%；其次为浮游幼体，共发现 28 种，占总种类数的 26.92%。

秋季雷州湾浮游动物共出现 55 种，分属于 9 个不同类群，即水螅水母类、栉水母类、等足类、翼足类、端足类、桡足类、十足类、毛颚类、有尾类以及浮游幼体。其中，以桡足类数量最多，共发现 25 种，占总种类数的 45.45%；其次为浮游幼体，共发现 19 种，占总种类数的 34.55%。

冬季雷州湾浮游动物共出现 74 种，分属于 12 个不同类群，即管水母类、水螅水母类、栉水母类、翼足类、端足类、桡足类、十足类、枝角类、毛颚类、有尾类、原生动物以及浮游幼体。其中，以桡足类数量最多，共发现 28 种，占总种类数的 37.84%；其次为浮游幼体，共发现 20 种，占总种类数的 27.03%。

二、栖息密度与生物量

2016 年，雷州湾海域浮游动物的全年平均密度为 1 789 尾/m³。其中，春季浮游动物平均密度最高，为 1 464 尾/m³；秋季浮游动物平均密度最低，仅为 12 尾/m³。全年平均生物量为 530.53 mg/m³。其中，春季浮游动物平均生物量最高，为 1 433.65 mg/m³；秋季浮游动物平均生物量最低，仅为 9.58 mg/m³。浮游动物生物量与密度季节分布见表 17-8。

表 17-8　2016 年雷州湾海域各季度浮游动物栖息密度与生物量分布

站号	春季		夏季		秋季		冬季	
	密度 （尾/m³）	生物量 （mg/m³）	密度 （尾/m³）	生物量 （mg/m³）	密度 （尾/m³）	生物量 （mg/m³）	密度 （尾/m³）	生物量 （mg/m³）
1	56	7.61	70	93.49	1	2.52	32	24.15
2	183	169.39	61	49.66	3	3.32	97	40.65
3	622	122.28	56	46.79	1	17.45	78	23.03
4	321	33.48	74	59.18	67	22.32	121	17.74
5	1 328	119.07	63	19.52	2	6.43	80	15.91
6	839	2 740.50	11	77.40	1	11.34	74	90.12
7	2 890	970.35	78	18.91	6	4.32	66	22.36
8	218	33.07	84	33.64	11	0.95	87	28.04
9	945	6 694.67	140	59.73	2	6.52	53	8.63
10	6 875	13 252.83	82	53.94	2	10.17	100	11.62
11	2 843	2 106.08	1 756	331.49	7	17.86	378	3.81
12	6 896	1 028.46	44	17.88	13	9.81	120	23.75
13	222	25.65	92	29.75	6	11.06	191	46.55
14	722	840.35	201	94.55	2	2.58	136	59.58
15	3 422	287.35	304	76.43	2	8.73	227	77.94
16	425	88.19	21	66.58	8	6.05	71	43.98
17	95	62.17	248	87.72	89	24.32	101	79.80
18	145	35.37	372	135.54	11	12.65	232	23.63
19	101	18.35	69	24.11	1	3.42	107	13.90
20	129	37.72	65	29.17	9	9.69	22	24.34
平均	1 464	1 433.65	195	70.27	12	9.58	119	33.98

春季浮游动物平均密度为 1 464 尾/m³，密度范围为 56～6 896 尾/m³。密度最高为 12 号站，密度达 6 896 尾/m³，占总密度的 23.55%；最低为 1 号站，仅 56 尾/m³，占总密度的 0.19%。平均生物量为 530.53 mg/m³，生物量范围为 7.61～13 252.83 mg/m³。

生物量最高为 10 号站，其生物量达 13 252.83 mg/m³，占总生物量的 46.22%；最低为 1 号站，仅 7.61 mg/m³，占总生物量的 0.03%。

夏季浮游动物平均密度为 195 尾/m³，密度范围为 11～1 756 尾/m³。密度最高为 11 号站，密度达 1 756 尾/m³，占总密度的 45.10%；最低为 6 号站，仅 11 尾/m³，占总密度的 0.28%。平均生物量为 70.27 mg/m³，生物量范围为 17.88～331.49 mg/m³。生物量最高为 11 号站，其生物量达 331.49 mg/m³，占总生物量的 23.59%；最低为 12 号站，仅 17.88 mg/m³，占总生物量的 1.27%。

秋季浮游动物平均密度全年最低，为 12 尾/m³，密度范围为 0.85～89 尾/m³。密度最高为 17 号站，为 89 尾/m³，占总密度的 36.90%；最低为 3 号站，仅 0.85 尾/m³，占总密度的 0.35%。平均生物量为 9.58 mg/m³，生物量范围为 0.95～24.32 mg/m³。生物量最高为 17 号站，其生物量为 24.32 mg/m³，占总生物量的 12.70%；最低为 8 号站，仅 0.95 mg/m³，占总生物量的 0.50%。

冬季浮游动物平均密度为 119 尾/m³，密度范围为 22～378 尾/m³。密度最高为 11 号站，为 378 尾/m³，占总密度的 15.91%；最低为 20 号站，仅 22 尾/m³，占总密度的 0.92%。平均生物量为 33.98 mg/m³，生物量范围为 3.81～90.12 mg/m³。生物量最高为 6 号站，其生物量为 90.12 mg/m³，占总生物量的 13.26%；最低为 11 号站，仅 3.81 mg/m³，占总生物量的 0.56%。

三、饵料生物量

春季饵料生物量变化范围为 7.61～13 252.83 mg/m³，平均为 1 433.65 mg/m³。饵料生物多分布在硇洲岛沿岸，生物量随离岸距离的增加而逐渐减少。构成雷州湾春季饵料生物的主要类群有翼足类、端足类、桡足类、十足类、原生动物、浮游幼体和枝角类等。其中，翼足类生物量最高，为 2 497.72 mg/m³；其次为端足类，其生物量为 2 173.10 mg/m³。春季饵料生物量的值显著高于其他季节（表 17-9）。

表 17-9 2016 年雷州湾主要饵料生物量季节分布（mg/m³）

类群	春季	夏季	秋季	冬季
翼足类	2 497.72	75.86	—	77.94
端足类	2 173.10	53.09	10.57	28.70
桡足类	1 896.72	72.23	10.07	36.60
十足类	1 828.19	66.74	12.22	42.30
原生动物	1 584.29	—	—	42.33
浮游幼体	1 177.31	67.95	10.17	36.10

（续）

类群	春季	夏季	秋季	冬季
枝角类	1 081.54	68.22	—	49.99
毛颚类	715.63	95.31	9.96	37.92
糠虾类	169.39	—	—	—
等足类	25.65	—	22.32	—

注：—表示该季节未采获该类浮游动物。

夏季饵料生物量变化范围为 17.88～331.49 mg/m³，平均为 70.27 mg/m³。饵料生物主要分布在硇洲岛南侧。构成雷州湾春季饵料生物的主要类群有等足类、十足类、端足类、浮游幼体、桡足类和毛颚类等。其中，等足类生物量最高，为 95.31 mg/m³；其次为端足类，其生物量为 75.86 mg/m³。

秋季饵料生物量变化范围为 0.95～24.32 mg/m³，平均为 9.58 mg/m³。饵料生物主要分布在硇洲岛东侧。构成雷州湾春季饵料生物的主要类群有毛颚类、翼足类、桡足类、枝角类、浮游幼体、十足类和端足类等。其中，毛颚类生物量最高，为 22.32 mg/m³；其次为十足类，其生物量为 12.22 mg/m³。

冬季饵料生物量变化范围为 3.81～90.12 mg/m³，平均为 33.98 mg/m³。饵料生物主要分布在硇洲岛东侧与南侧。构成雷州湾春季饵料生物的主要类群有翼足类、枝角类、原生动物、十足类、毛颚类、桡足类、浮游幼体和端足类等。其中，翼足类生物量最高，为 77.94 mg/m³；其次为十足类，其生物量为 49.99 mg/m³。

四、主要种类

以优势度 Y≥0.02 作为评定优势种的标准，各季优势种的优势度见表 17-10。春季调查发现浮游动物优势种有 3 种，分别为夜光虫、肥胖三角溞（Pseudevadne tergestina）和中华哲水蚤（Calanus sinicus）；各优势种的优势度变化范围为 0.03～0.70，平均密度为 1 026～22 923 尾/m³，密度百分比为 3.50%～78.30%，优势种密度合计占海域总密度的 85.75%。其中，夜光虫个体密度占海域总密度的 78.30%。

夏季调查发现浮游动物优势种有 6 种，分别为锥形宽水蚤（Temora turbinata）、莹虾幼体（Lucifer larva）、棒笔帽螺（Creseis clava）、叉胸刺水蚤（Centropages furcatus）、红纺锤水蚤（Acartia erythraea）和微刺哲水蚤（Canthocalanus pauper）；各优势种的优势度变化范围为 0.02～0.50，平均密度为 94～1 945 尾/m³，密度百分比为 2.42%～49.97%，优势种密度合计占海域总密度的 76.63%。

秋季调查发现浮游动物优势种有 7 种，分别为叉胸刺水蚤、红纺锤水蚤、微刺哲水蚤、肥胖软箭虫（Flaccisagitta enflata）、亚强次真哲水蚤（Subeucalanus subcrassus）、长尾类幼虫（*Macrura larva*）和尖刺唇角水蚤（*Labidocera acuta*）；各优势种的优势度变化范围为 0.04～0.11，平均密度为 11～30 尾/m³，密度百分比为 4.60%～12.31%，优势种密度合计占海域总密度的 72.76%。

冬季调查发现浮游动物优势种有 6 种，分别为中华哲水蚤、锥形宽水蚤、肥胖箭虫、百陶箭虫（*Zonosagitta bedoti*）、箭虫幼体（*Sagitta larva*）和小拟哲水蚤（*Paracalanus parvus*）；其优势度变化范围为 0.02～0.03，平均密度为 63～97 尾/m³，密度百分比为 2.66%～4.09%，优势种密度合计占海域总密度的 21.26%。

表 17-10　2016 年雷州湾海域浮游动物优势度 Y 季节变化

种名	拉丁名	门类	优势度 Y			
			春季	夏季	秋季	冬季
夜光虫	*Noctiluca scintillans*	原生动物	0.70	—	—	—
肥胖三角溞	*Pseudevadne tergestina*	枝角类	0.03	—	—	—
中华哲水蚤	*Calanus sinicus*	桡足类	0.03	—	—	0.03
锥形宽水蚤	*Temora turbinata*	桡足类	—	0.50	—	0.02
莹虾幼体	*Lucifer larva*	浮游幼体	—	0.05	—	—
棒笔帽螺	*Creseis clava*	翼足类	—	0.05	—	—
叉胸刺水蚤	*Centropages furcatus*	桡足类	—	0.02	0.07	—
红纺锤水蚤	*Acartia erythraea*	桡足类	—	0.06	0.04	—
微刺哲水蚤	*Canthocalanus pauper*	桡足类	—	0.04	0.04	—
肥胖软箭虫	*Flaccisagitta enflata*	毛颚类	—	—	0.11	0.03
亚强次真哲水蚤	*Subeucalanus subcrassus*	桡足类	—	—	0.07	—
长尾类幼虫	*Macrura larva*	浮游幼体	—	—	0.08	—
尖刺唇角水蚤	*Labidocera acuta*	桡足类	—	—	0.07	—
百陶箭虫	*Zonosagitta bedoti*	毛颚类	—	—	—	0.02
箭虫幼体	*Sagitta larva*	浮游幼体	—	—	—	0.03
小拟哲水蚤	*Paracalanus parvus*	桡足类	—	—	—	0.03

注：—表示该季节浮游动物的优势度小于 0.02。

第六节　潮间带生物

一、种类组成

本次调查共鉴定出潮间带生物 63 种（表 17-11）。其中，以软体动物出现的种类数最多，为 22 种（占总种类数的 34.92%）；其次是节肢动物，为 20 种（占 31.75%）；其他生物的种类较少，均少于 10 种。种类数以东海断面种类数最高，为 43 种；硇洲断面和东里断面种类数相近，分别为 21 种和 20 种。

表 17-11　雷州湾附近海域各断面潮间带生物种类组成

类群	东海	东里	硇洲	合计
环节动物	5	1	3	6
棘皮动物	2	0	1	3
脊索动物	4	0	1	5
节肢动物	12	8	5	20
腔肠动物	4	0	1	4
软体动物	13	11	9	22
螠虫动物	1	0	0	1
藻类	2	0	1	2
合计	43	20	21	63

二、生物量及栖息密度

（一）生物量

调查区域内潮间带生物平均生物量为 107.70 g/m² （表 17-12）。以软体动物占首位，为 43.11 g/m²，占总生物量的 40.03%；其次是节肢动物，为 40.67 g/m²，占 37.76%；居第三的是环节动物，为 20.82 g/m²，占 19.33%。从断面看，生物量最高的为东海断面；其次为东里断面；硇洲断面生物量最低。

表 17-12　雷州湾附近海域各断面潮间带生物量（g/m²）

断面名称	环节动物	棘皮动物	节肢动物	腔肠动物	软体动物	脊索动物	合计
东海	58.67	1.33	82.22	5.33	72.00	2.67	222.22
东里	0.22	0.00	29.11	0.00	49.00	0.00	78.33
硇洲	3.56	0.00	10.67	0.00	8.33	0.00	22.56
平均	20.82	0.44	40.67	1.78	43.11	0.89	107.70

（二）栖息密度

调查区域内潮间带生物平均栖息密度为 65.34 尾/m² （表 17-13）。栖息密度最高的也是软体动物，为 40.42 尾/m²，占总栖息密度的 61.86%；其次是环节动物，为 11.62 尾/

m²，占17.78%；居第三的是节肢动物，为11.16尾/m²，占17.08%。从断面看，栖息密度与生物量变化相同，最高的为东海断面；其次为东里断面；硇洲断面最低。

表17-13 雷州湾附近海域各断面潮间带栖息密度（尾/m²）

断面名称	环节动物	棘皮动物	节肢动物	腔肠动物	软体动物	脊索动物	合计
东海	32.43	4.37	25.70	1.32	56.06	0.74	120.62
东里	0.67	0.00	6.00	0.00	44.00	0.00	50.67
硇洲	1.75	0.00	1.78	0.00	21.20	0.00	24.73
平均	11.62	1.46	11.16	0.44	40.42	0.25	65.34

三、多样性指数

调查海域潮间带多样性指数变化范围为1.98~4.01，平均值为2.97；均匀度指数的变化范围为0.57~0.81，平均值为0.72（表17-14）。

表17-14 雷州湾附近海域潮间带生物多样性指数

断　面	多样性指数（H'）	均匀度指数（J）
东　海	4.01	0.81
东　里	1.98	0.57
硇　洲	2.91	0.79
平均值	2.97	0.72

第七节　渔业资源

一、渔业资源概况

（一）种类分布

调查共捕获游泳动物409种，隶属于3门6纲29目119科242属（表17-15）。春季为3门6纲23目79科138属215种；夏季为3门6纲24目91科172属282种；秋季为3门5纲22目75科128属186种；冬季为3门5纲23目74科137属204种。其中，夏季在门以下分阶元上均优于其他季节，秋季为四季的最低。

表 17-15　各季节渔业资源各阶元数目（个）

时间	门	纲	目	科	属	种
春季	3	6	23	79	138	215
夏季	3	6	24	91	172	282
秋季	3	5	22	75	128	186
冬季	3	5	23	74	137	204
总计	3	6	29	119	242	409

（二）渔获率分布

春季调查，渔获总重 310.34 kg，平均渔获率为 23.22 kg/h。最高站出现于 S5 站，为 85.94 kg/h；最低为 S1 站，为 4.62 kg/h。调查共获渔获 27 472 尾，平均尾数渔获率为 1 962 尾/h。最高出现于 S5 站，为 10 753 尾/h；最低为 S13 站，为 367 尾/h（表17-16）。

夏季调查，渔获总重 614.92 kg，平均渔获率为 33.40 kg/h。最高站出现于 S11 站，为 106.24 kg/h；最低为 S8 站，为 4.62 kg/h。调查共获渔获 43 138 尾，平均尾数渔获率为 2 333 尾/h。最高出现于 S18 站，为 14 758 尾/h；最低为 S12 站，为 438 尾/h 。

秋季调查，渔获总重 739.20 kg，平均渔获率为 55.45 kg/h。最高站出现于 S11站，为 528.00 kg/h；最低为 S4 站，为 6.93 kg/h。调查共获渔获 138 559 尾，平均尾数渔获率为 10 655 尾/h。最高出现于 S11 站，为 166 622 尾/h；最低为 S17 站，为 267尾/h 。

冬季调查，渔获总重 277.41 kg，平均渔获率为 21.77 kg/h。最高站出现于 S19 站，为 70.15 kg/h；最低为 S16 站，为 8.47 kg/h。调查共获渔获 23 668 尾，平均尾数渔获率为 1 874 尾/h。最高出现于 S19 站，为 4 883 尾/h，最低为 S15 站，为 847 尾/h。

表 17-16　各站位渔获率和尾数渔获率

站号	渔获率（kg/h）				个体渔获率（尾/h）			
	春季	夏季	秋季	冬季	春季	夏季	秋季	冬季
S01	4.62	41.61	27.77	24.02	562	3 473	2 633	2 911
S02	32.52	21.25	20.76	13.59	4 726	1 055	790	1 397
S03	6.34	30.26	56.80	13.76	402	2 631	2 972	1 543
S04	10.72	31.07	6.93	14.71	805	2 651	461	1 075
S05	85.94	37.46	60.50	33.29	10 753	1 964	3 844	2 992
S06	13.89	19.45	10.71	10.14	951	1 439	1 344	1 891
S07	17.82	23.10	27.64	25.17	996	1 110	1 714	2 208
S08	8.66	11.22	25.59	13.65	381	1 048	2 524	1 715

（续）

站号	渔获率（kg/h）				个体渔获率（尾/h）			
	春季	夏季	秋季	冬季	春季	夏季	秋季	冬季
S09	32.20	15.79	32.78	22.36	1 425	448	5 389	1 583
S10	17.81	38.42	22.81	16.99	1 370	1 525	2 569	1 058
S11	13.47	106.24	527.99	17.33	925	5 466	166 622	2 344
S12	8.66	12.39	22.98	11.50	887	438	2 274	1 532
S13	10.57	13.47	30.90	9.03	367	684	4 970	895
S14	37.35	29.73	41.85	33.11	1 983	1 393	2 714	1 340
S15	33.31	23.44	21.10	9.51	3 283	1 814	1 269	847
S16	35.01	37.97	48.74	8.47	4 180	1 264	2 803	1 766
S17	14.63	34.88	8.03	30.74	759	1 237	267	1 405
S18	10.97	100.94	22.38	20.46	615	14 758	1 494	973
S19	47.22	15.38	61.95	70.15	2 213	559	4 311	4 883
S20	22.68	23.83	30.69	37.38	1 660	1 713	2 137	3 122
平均	23.22	33.40	55.45	21.77	1 962	2 333	10 655	1 874

（三）总资源密度

春季调查，平均资源密度为 557.23 kg/km²。资源密度最高出现在 S5 站，为 2 062.34 kg/km²；资源密度最低出现在 S1 站，为 110.98 kg/km²。渔获的平均位数资源密度为 47 087 尾/km²。尾数资源密度最高为 S5 站，为 258 045 尾/km²；尾数资源密度最低为 S13 站，为 8 809 尾/km²（表 17-17）。

表 17-17 雷州湾渔获资源密度和尾数资源密度估算

站号	资源密度（kg/km²）				尾数资源密度（尾/km²）			
	春季	夏季	秋季	冬季	春季	夏季	秋季	冬季
S01	110.98	998.44	666.50	576.43	13 480	83 342	63 195	69 860
S02	780.32	509.90	498.16	326.22	113 407	25 314	18 950	33 533
S03	152.21	726.29	1 363.04	330.30	9 648	63 151	71 327	37 026
S04	257.20	745.57	166.35	352.89	19 321	63 625	11 067	25 802
S05	2 062.44	898.99	1 451.98	798.90	258 045	47 132	92 251	71 811
S06	333.41	466.66	257.07	243.41	22 813	34 540	32 255	45 379
S07	427.73	554.42	663.42	604.15	23 912	26 641	41 134	52 982
S08	207.82	269.17	614.09	327.65	9 139	25 148	60 576	41 155
S09	772.73	378.93	786.73	536.64	34 200	10 758	129 332	37 983
S10	427.41	922.01	547.36	407.73	32 867	36 587	61 645	25 397
S11	323.16	2 549.63	12 670.69	415.88	22 194	131 165	3 998 610	56 242
S12	207.87	296.89	551.39	275.97	21 290	10 513	54 583	36 767

（续）

站号	资源密度（kg/km²）				尾数资源密度（尾/km²）			
	春季	夏季	秋季	冬季	春季	夏季	秋季	冬季
S13	253.69	323.22	741.49	216.64	8 809	16 425	119 260	21 480
S14	896.28	713.53	1 004.36	794.55	47 583	33 421	65 121	32 150
S15	799.45	562.60	506.42	228.16	78 792	43 527	30 458	20 336
S16	840.17	910.86	1 169.76	182.82	100 314	30 342	67 267	42 369
S17	351.13	837.17	192.78	737.64	18 226	29 685	6 399	33 727
S18	263.15	2 422.30	537.16	490.90	14 767	354 154	35 856	23 340
S19	1 133.15	369.01	1 486.61	1 683.41	53 106	13 404	103 460	117 173
S20	544.34	571.93	736.39	897.13	39 828	41 106	51 276	74 921
平均	557.23	801.38	1 330.59	521.37	47 087	55 999	255 701	44 972

夏季调查，平均资源密度为 801.38 kg/km²。资源密度最高出现在 S11 站，为 2 549.63 kg/km²；资源密度最低出现在 S8 站，为 269.17 kg/km²。渔获的平均位数资源密度为 55 999 尾/km²。尾数资源密度最高为 S18 站，为 35 154 尾/km²；尾数资源密度最低为 S12 站，为 10 513 尾/km²。

秋季调查，平均资源密度为 1 330.59 kg/km²。资源密度最高出现在 S11 站，为 12 670.69 kg/km²；资源密度最低出现在 S4 站，为 166.35 kg/km²。渔获的平均位数资源密度为 255 701 尾/km²。尾数资源密度最高为 S11 站，为 3 998 610 尾/km²；尾数资源密度最低为 S17 站，为 6 399 尾/km²。

冬季调查，平均资源密度为 521.37 kg/km²。资源密度最高出现在 S19 站，为 2 062.34 kg/km²；资源密度最低出现在 S16 站，为 182.82 kg/km²。渔获的平均位数资源密度为 44 972 尾/km²。尾数资源密度最高为 S19 站，为 117 173 尾/km²；尾数资源密度最低为 S15 站，为 20 336 尾/km²。

二、鱼类资源

（一）鱼类种类组成

海域内全年共捕获鱼类 256 种，分别隶属于 18 目 75 科，以鲈形目为主，共 134 种。底层种类和暖水种类占优势，分别为 71.37% 和 81.17%。

春季调查，共捕获鱼类 136 种，分隶属于 12 目 54 科。以鲈形目种类数最多，共 71 种；其次为鲽形目 19 种，鲉形目 11 种，鲱形目和仙女鱼目各 7 种，鲀形目 6 种，鳗鲡目 5 种，海龙目 4 种，鲇形目和鲻形目各 2 种，鲅鲼目和鳕形目各 1 种。以底层种类占优（72.79%），以暖水种类占绝对优势（80.88%）。

夏季调查，共捕获鱼类 172 种，分隶属于 14 目 56 科，为全年最高。以鲈形目为主，达到了 96 种；鲽形目次之，为 22 种；鲱形目 13 种，列第三；鲉形目 11 种，仙女鱼目 7 种，海龙目、鳗鲡目和鲀形目各 5 种，鲼目和鲇形目各 2 种，刺鱼目、银汉鱼目、真鲨目和鲻形目各 1 种。以底层种类占优（72.09%），以暖水种类占绝对优势（84.88%）。

秋季调查，共捕获鱼类 109 种，分隶属于 12 目 51 科。以鲈形目为主，为 59 种；鲽形目 15 种，鲀形目 8 种，鲉形目 7 种，鲱形目 6 种，鳗鲡目 5 种，鲼目、鲇形目和仙女鱼目各 2 种，电鳐形目、银汉鱼目和鲻形目分别各 1 种。以底层种类占优（70.64%），以暖水种类占绝对优势（83.49%）。

冬季调查，共捕获鱼类 114 种，分隶属于 13 目 45 科。以鲈形目为主，为 48 种；鲽形目 15 种，鲱形目 14 种，鲀形目 10 种，鳗鲡目 8 种，鲉形目 6 种，鲼目和仙女鱼目各 3 种，鲇形目 2 种，海龙目、颌针鱼目、银汉鱼目和鲻形目分别各 1 种。以底层种类占优（71.37%），以暖水种类占绝对优势（81.17%）。

综上所述，本海区终年以鲈形目和鲽形目为优势目；生态特点为暖水性、咸水性的底层种类为主。

（二）鱼类资源评估

春季调查，鱼类平均资源密度为 397.06 kg/km²。资源密度最高出现在 S05 站，为 1 656.93 kg/km²；资源密度最低出现在 S03 站，为 74.83 kg/km²。鱼类的平均尾数资源密度为 26 369 尾/km²。尾数资源密度最高为 S05 站，为 212 667 尾/km²；尾数资源密度最低为 S03 站，为 5 266 尾/km²（表 17-18）。

表 17-18　雷州湾鱼类资源密度和尾数资源密度估算

站号	资源密度（kg/km²）				尾数资源密度（尾/km²）			
	春季	夏季	秋季	冬季	春季	夏季	秋季	冬季
S01	83.40	63.61	332.62	243.33	1 1891	3 195	16 099	4 730
S02	86.76	180.10	183.73	79.43	5 514	6 722	6 080	6 320
S03	74.83	176.52	993.14	110.76	5 266	7 251	41 490	10 296
S04	217.97	117.34	84.86	48.81	16 022	6 299	6 127	3 374
S05	1 656.93	272.69	438.66	275.92	212 667	13 428	15 129	8 705
S06	248.38	221.24	63.25	188.85	18 874	11 056	4 257	38 945
S07	249.69	158.61	208.16	82.59	17 099	7 570	11 910	4 201
S08	195.66	114.08	504.43	83.70	8 068	7 820	52 390	7 108
S09	705.95	169.05	190.25	127.30	29 216	5 768	8 750	5 923
S10	325.05	297.61	179.81	198.87	23 251	10 520	9 479	9 570

（续）

站号	资源密度（kg/km²）				尾数资源密度（尾/km²）			
	春季	夏季	秋季	冬季	春季	夏季	秋季	冬季
S11	224.31	2 132.20	324.95	63.78	14 345	116 534	21 148	10 707
S12	115.75	179.45	222.89	38.85	11 769	6 836	13 307	4 742
S13	223.30	213.66	170.02	113.37	6 979	12 292	15 690	6 754
S14	531.83	394.69	151.91	437.81	18 785	16 044	18 584	7 618
S15	531.17	398.63	115.57	93.39	13 595	34 617	7 245	7 118
S16	538.97	401.77	314.84	59.56	17 448	15 708	12 581	5 004
S17	270.26	500.43	95.83	343.99	12 007	17 249	3 328	14 292
S18	208.53	2 117.10	220.23	157.28	9 408	34 7271	12 143	8 139
S19	1 033.77	200.77	237.77	—	46 341	8 118	20 088	—
S20	418.61	182.86	172.57	387.41	28 840	10 763	10 639	8 703
平均	397.06	424.62	260.27	165.00	26 369	33 253	15 323	9 066

夏季调查，鱼类平均资源密度为 424.62 kg/km²。资源密度最高出现在 S11 站，为 2 132.20 kg/km²；资源密度最低出现在 S01 站，为 63.61 kg/km²。鱼类的平均尾数资源密度为 33 253 尾/km²。尾数资源密度最高为 S18 站，为 347 271 尾/km²；尾数资源密度最低为 S01 站，为 3 195 尾/km²。

秋季调查，鱼类平均资源密度为 260.27 kg/km²。资源密度最高出现在 S03 站，为 993.14 kg/km²；资源密度最低出现在 S06 站，为 63.25 kg/km²。鱼类的平均尾数资源密度为 15 323 尾/km²。尾数资源密度最高为 S08 站，为 52 390 尾/km²；尾数资源密度最低为 S17 站，为 3 328 尾/km²。

冬季调查，鱼类平均资源密度为 165.00 kg/km²。资源密度最高出现在 S14 站，为 427.81 kg/km²；资源密度最低出现在 S19 站，未捕获。鱼类的平均尾数资源密度为 9 066 尾/km²。尾数资源密度最高为 S06 站，为 38 945 尾/km²；尾数资源密度最低为 S03 站，未捕获。

三、甲壳类资源

（一）甲壳类种类组成

海域内全年共捕获甲壳类 96 种，分别隶属于 2 目 23 科 44 属。春季调查，共捕获 2 目 13 科 27 属；夏季调查，共捕获 2 目 18 科 34 属；秋季调查，共捕获 2 目 12 科 25 属；冬季调查，共捕获 2 目 16 科 31 属（表 17-19）。

表 17-19　各季节各阶元数目（个）

时间	目	科	属	种
春季	2	13	27	50
夏季	2	18	34	74
秋季	2	12	25	59
冬季	2	16	31	60
总计	2	23	44	96

（二）甲壳类资源评估

春季调查，甲壳类平均资源密度为 113.87 kg/km²。资源密度最高出现在 S02 站，为 664.82 kg/km²；资源密度最低出现在 S08 站，为 6.46 kg/km²。甲壳类的平均尾数资源密度为 16 798 尾/km²。尾数资源密度最高为 S02 站，为 106 810 尾/km²；尾数资源密度最低为 S13 站，为 508 尾/km²（表 17-20）。

表 17-20　雷州湾 2016 年甲壳类资源密度和尾数资源密度

站号	资源密度（kg/km²）				尾数资源密度（尾/km²）			
	春季	夏季	秋季	冬季	春季	夏季	秋季	冬季
S01	11.25	160.66	299.93	263.83	645	2 523	44 330	61 363
S02	664.82	282.10	212.88	214.58	106 810	16 551	11 875	25 403
S03	18.32	510.57	296.51	185.18	1 841	54 705	26 226	23 309
S04	30.84	600.75	43.47	167.97	2 513	56 133	3 049	13 701
S05	129.37	604.92	993.38	427.63	10 501	33 014	75 773	31 002
S06	26.74	199.96	185.04	43.23	1 707	21 513	27 741	5 268
S07	125.30	218.55	408.28	443.61	2 764	11 794	27 233	45 618
S08	6.46	105.95	86.06	207.63	750	13 878	6 801	30 787
S09	31.92	117.15	556.42	392.16	2 100	3 232	118 414	31 387
S10	91.29	557.83	334.11	183.82	8 677	23 988	51 086	14 746
S11	58.09	415.89	12 332.79	335.54	5 251	14 540	3 976 899	44 304
S12	57.93	46.11	294.79	175.75	6 832	735	39 423	22 422
S13	12.00	52.77	543.33	60.46	508	1 253	101 027	6 637
S14	314.33	241.09	836.53	332.42	24 244	13 189	46 038	23 198
S15	219.64	138.79	383.65	118.57	61 614	7 109	22 972	11 746
S16	255.69	260.16	831.52	100.55	81 765	8 980	53 487	32 774
S17	51.39	229.82	53.56	365.46	4 305	6 279	960	17 130
S18	39.61	270.37	300.30	297.46	3 886	6 220	23 139	12 858

（续）

站号	资源密度（kg/km²）				尾数资源密度（尾/km²）			
	春季	夏季	秋季	冬季	春季	夏季	秋季	冬季
S19	52.14	120.35	1 237.44	1 670.90	3 679	3 566	82 568	115 686
S20	80.35	368.59	555.59	476.33	5 573	29 526	40 397	64 281
平均	113.87	275.12	1 039.28	323.15	16 798	16 436	238 972	31 681

夏季调查，甲壳类平均资源密度为 275.12 kg/km²。资源密度最高出现在 S05 站，为 604.92 kg/km²；资源密度最低出现在 S12 站，为 46.11 kg/km²。甲壳类的平均尾数资源密度为 16 436 尾/km²。尾数资源密度最高为 S04 站，为 56 133 尾/km²；尾数资源密度最低为 S12 站，为 735 尾/km²。

秋季调查，甲壳类平均资源密度为 1 039.28 kg/km²。资源密度最高出现在 S11 站，为 12 332.79 kg/km²；资源密度最低出现在 S04 站，为 43.47 kg/km²。甲壳类的平均尾数资源密度为 238 972 尾/km²。尾数资源密度最高为 S11 站，为 3 976 899 尾/km²；尾数资源密度最低为 S17 站，为 960 尾/km²。

冬季调查，甲壳类平均资源密度为 323.15 kg/km²。资源密度最高出现在 S19 站，为 1 670.90 kg/km²；资源密度最低出现在 S06 站，为 43.23 kg/km²。甲壳类的平均尾数资源密度为 31 681 尾/km²。尾数资源密度最高为 S19 站，为 115 686 尾/km²；尾数资源密度最低为 S06 站，为 5 268 尾/km²。

四、头足类资源

（一）头足类种类组成

海域内全年共捕获头足类 15 种，分别隶属于 3 目 4 科 7 属。春季调查，共捕获 3 目 4 科 5 属；夏季调查，共捕获 3 目 4 科 7 属；秋季调查，共捕获 3 目 3 科 5 属；冬季调查，共捕获 3 目 3 科 6 属（表 17-21）。

表 17-21　各季节各阶元数目（个）

时间	目	科	属	种
春季	3	4	5	10
夏季	3	4	7	12
秋季	3	3	5	7
冬季	3	3	6	11
总计	3	4	7	15

（二）头足类资源评估

春季调查，头足类平均资源密度为 37.49 kg/km²。资源密度最高出现在 S05 站，为 261.89 kg/km²；资源密度最低出现在 S09 站，为 1.63 kg/km²。头足类的平均尾数资源密度为 3 297 尾/km²。尾数资源密度最高为 S05 站，为 33 859 尾/km²；尾数资源密度最低为 S09 站，为 63 尾/km²（表 17-22）。

表 17-22　雷州湾 2016 年头足类资源密度和尾数资源密度

站号	资源密度（kg/km²）				尾数资源密度（尾/km²）			
	春季	夏季	秋季	冬季	春季	夏季	秋季	冬季
S01	14.88	23.22	33.89	46.76	894	697	2 733	2 344
S02	28.30	46.45	18.84	26.14	1 050	1 952	604	1 442
S03	57.55	38.36	63.70	31.44	1 768	1 160	3 578	3 186
S04	5.16	14.91	36.85	58.28	275	765	1 835	5 410
S05	261.89	17.26	14.56	32.39	33 859	556	590	29 863
S06	57.96	44.27	8.78	9.48	2 068	1 714	257	1 054
S07	27.22	174.93	44.81	30.58	1 607	7 033	1 707	692
S08	3.53	43.72	22.97	15.39	143	2 905	1 354	2 356
S09	1.63	50.81	39.99	13.55	63	859	2 132	567
S10	6.01	64.65	32.76	15.39	789	1 955	990	745
S11	8.32	0.91	12.95	10.91	920	61	563	985
S12	10.27	70.64	27.79	36.47	1 410	2 805	1 357	7 836
S13	8.67	54.73	23.95	33.15	949	2 666	1 487	7 579
S14	49.34	76.90	15.93	24.32	4 521	4 065	499	1 333
S15	48.64	24.25	7.20	13.73	3 583	1 620	241	1 367
S16	43.87	247.62	19.70	18.37	1 065	5 498	1 164	4 365
S17	29.48	106.92	43.27	25.60	1 913	6 157	1 984	2 092
S18	15.01	28.71	14.43	28.15	1 473	547	483	2 058
S19	39.67	46.53	11.40	0.00	2 492	1 669	804	0
S20	41.35	16.17	8.24	27.00	5 100	697	240	1 582
平均	37.94	59.60	25.10	24.86	3 297	2 269	1 230	3 843

夏季调查，头足类平均资源密度为 59.60 kg/km²。资源密度最高出现在 S16 站，为 247.62 kg/km²；资源密度最低出现在 S11 站，为 0.91 kg/km²。头足类的平均尾数资源密度为 2 269 尾/km²。尾数资源密度最高为 S07 站，为 7 033 尾/km²；尾数资源密度最低为 S11 站，为 61 尾/km²。

秋季调查，头足类平均资源密度为 25.10 kg/km²。资源密度最高出现在 S03 站，为

63.70 kg/km^2；资源密度最低出现在 S15 站，为 7.20 kg/km^2。头足类的平均尾数资源密度为 1 230 尾$/\text{km}^2$。尾数资源密度最高为 S03 站，为 3 578 尾$/\text{km}^2$；尾数资源密度最低为 S20 站，为 240 尾$/\text{km}^2$。

冬季调查，头足类平均资源密度为 24.86 kg/km^2。资源密度最高出现在 S04 站，为 58.28 kg/km^2；资源密度最低出现在 S19 站，未捕获。头足类的平均尾数资源密度为 3 843尾$/\text{km}^2$。尾数资源密度最高为 S05 站，为 29 863 尾$/\text{km}^2$；尾数资源密度最低为 S19 站，未捕获。

五、贝类资源

(一) 贝类种类组成

本次调查共 4 个季度，本海域内全年共捕获贝类 43 种，分别隶属于 2 纲 6 目 17 科 33 属。春季调查，共捕获 2 纲 6 目 8 科 18 属；夏季调查，共捕获 2 纲 5 目 13 科 22 属；秋季调查，共捕获 2 纲 5 目 9 科 11 属；冬季调查，共捕获 2 纲 5 目 10 科 17 属（表 17-23）。

表 17-23　各季节各阶元数目（个）

时间	纲	目	科	属	种
春季	2	6	8	18	19
夏季	2	5	13	22	25
秋季	2	5	9	11	12
冬季	2	5	10	17	20
总计	2	6	17	33	43

(二) 贝类资源评估

春季调查，贝类平均资源密度为 8.63 kg/km^2。资源密度最高出现在 S09 站，为 33.24 kg/km^2；资源密度最低出现在 S15、S17、S18 站，未捕获。贝类的平均尾数资源密度为 622 尾$/\text{km}^2$。尾数资源密度最高为 S09 站，为 2821 尾$/\text{km}^2$；尾数资源密度最低为 S15、S17、S18 站，未捕获（表 17-24）。

表 17-24　雷州湾 2016 年贝类资源密度和尾数资源密度

站号	资源密度（kg/km²)				尾数资源密度（尾/km²)			
	春季	夏季	秋季	冬季	春季	夏季	秋季	冬季
S01	1.45	750.95	0.06	22.52	50	76 927	33	1 423
S02	0.45	1.25	82.72	6.07	33	89	391	368

（续）

站号	资源密度（kg/km²）				尾数资源密度（尾/km²）			
	春季	夏季	秋季	冬季	春季	夏季	秋季	冬季
S03	1.51	0.84	9.68	2.92	773	35	33	235
S04	3.22	12.57	1.17	77.83	511	427	56	3 316
S05	14.24	4.12	5.38	62.95	1 018	133	759	2 241
S06	0.33	1.19	0.00	1.84	164	257	0	113
S07	25.52	2.34	2.16	47.37	2 443	244	284	2 471
S08	2.17	5.42	0.62	20.92	178	546	31	903
S09	33.24	41.92	0.07	3.63	2 821	900	37	106
S10	5.06	1.92	0.68	9.65	150	124	90	335
S11	32.45	0.63	0.00	5.65	1 678	30	0	246
S12	23.92	0.68	5.92	24.90	1 278	136	497	1 768
S13	9.71	2.07	4.19	9.65	373	213	1 056	511
S14	0.78	0.85	0.00	0.00	33	124	0	0
S15	0.00	0.93	0.00	2.48	0	180	0	105
S16	1.63	1.31	3.69	4.34	37	157	36	226
S17	0.00	0.00	0.12	2.60	0	0	128	213
S18	0.00	6.13	2.21	8.01	0	115	91	285
S19	7.57	1.36	0.00	12.51	593	51	0	1 487
S20	4.02	4.31	0.00	6.39	315	120	0	356
平均	8.36	42.04	5.93	16.61	622	4 040	176	835

夏季调查，贝类平均资源密度为 42.04 kg/km²。资源密度最高出现在 S01 站，为 750.95 kg/km²；资源密度最低出现在 S17 站，未捕获。贝类的平均尾数资源密度为 4 040 尾/km²。尾数资源密度最高为 S01 站，为 76 927 尾/km²；尾数资源密度最低为 S17 站，未捕获。

秋季调查，贝类平均资源密度为 5.93 kg/km²。资源密度最高出现在 S02 站，为 82.72 kg/km²；资源密度最低出现在 S06、S11、S14、S15、S19、S20 站，未捕获。贝类的平均尾数资源密度为 176 尾/km²。尾数资源密度最高为 S13 站，为 1 056 尾/km²；尾数资源密度最低为 S06、S11、S14、S15、S19、S20 站，未捕获。

冬季调查，贝类平均资源密度为 16.61 kg/km²，资源密度最高出现在 S04 站，为 77.83 kg/km²；资源密度最低出现在 S14 站，未捕获。贝类的平均尾数资源密度为 835 尾/km²。尾数资源密度最高为 S04 站，为 3 316 尾/km²；尾数资源密度最低为 S14 站，未捕获。

六、鱼卵、仔鱼资源状况

(一) 种类组成

雷州湾海域共采集到仔、稚鱼 728 尾，鉴定到种的鱼卵和仔、稚鱼有 28 种，分别隶属于 3 目 11 科 19 属。其中，鲈形目有 10 科 19 种，占总种类数的 67.86%；鲱形目有 2 科 5 种，占总种类数的 17.86%；鲻形目有 2 科 3 种，占总种类数的 10.71%；鲽形目仅 1 科 1 种，占总种类数的 3.57%。

(二) 鱼卵、仔鱼丰度分布

2016 年，雷州湾海域仔、稚鱼的全年平均丰度每 100m³ 为 13.77 尾。其中，春季仔、稚鱼平均丰度最高，每 100m³ 为 26.04 尾；秋季仔、稚鱼平均丰度最低，每 100m³ 仅为 1.11 尾。鱼卵全年平均丰度每 100m³ 为 1 469.39 尾。其中，春季鱼卵平均丰度最高，每 100m³ 为 790.65 尾；秋季鱼卵平均丰度最低，每 100m³ 仅为 148.63 尾。鱼卵、仔鱼丰度季节分别见表 17-25。

表 17-25　2016 年雷州湾海域各季度鱼卵、仔鱼每 100m³ 丰度分布（尾）

站号	春季		夏季		秋季		冬季	
	仔、稚鱼	鱼卵	仔、稚鱼	鱼卵	仔、稚鱼	鱼卵	仔、稚鱼	鱼卵
S1	3.44	565.25	0.00	180.94	0.52	0.00	13.89	679.00
S2	63.96	628.05	3.73	380.55	6.47	0.00	10.35	235.20
S3	5.33	558.27	4.25	160.64	0.64	4.45	2.39	0.00
S4	1.05	2 930.91	0.00	255.10	3.42	51.02	0.42	0.00
S5	2.80	1 814.38	0.00	331.49	0.27	0.00	0.32	0.00
S6	8.81	1 116.54	1.16	147.42	0.46	2.47	0.59	354.25
S7	98.59	1 256.11	13.81	306.12	1.07	6.08	0.50	0.00
S8	2.32	628.05	14.62	555.56	1.94	85.23	3.04	399.50
S9	3.74	279.13	5.07	442.48	0.55	0.00	2.73	139.06
S10	1.95	279.13	0.84	373.44	0.64	7.21	0.00	131.92
S11	0.00	139.57	0.00	9 392.27	0.59	0.00	1.41	4 072.00
S12	3.44	418.70	2.02	654.91	1.05	5.39	0.00	0.00
S13	2.50	139.57	0.00	430.11	0.70	0.00	1.53	497.67
S14	13.92	139.57	0.68	142.18	0.00	5.06	2.55	0.00
S15	268.05	1 674.81	0.00	184.16	0.25	0.00	1.42	461.40
S16	20.58	418.70	0.24	62.72	0.28	186.15	0.92	0.00

（续）

站号	春季		夏季		秋季		冬季	
	仔、稚鱼	鱼卵	仔、稚鱼	鱼卵	仔、稚鱼	鱼卵	仔、稚鱼	鱼卵
S17	1.10	69.78	0.00	0.00	0.32	2 551.02	26.92	0.00
S18	4.80	34.89	0.00	179.21	0.00	68.47	6.77	0.00
S19	11.23	2 721.56	0.89	573.98	3.00	0.00	0.00	0.00
S20	3.29	0.00	0.00	738.64	0.00	0.00	0.00	0.00
平均	26.04	790.65	2.37	774.60	1.11	148.63	3.79	348.50

春季仔、稚鱼平均丰度每 $100m^3$ 为 26.04 尾。除 11 号站未采获到仔、稚鱼外，丰度最高为 15 号站，每 $100m^3$ 为 268.08 尾；最低为 4 号站，每 $100m^3$ 仅 1.05 尾。春季鱼卵平均丰度每 $100m^3$ 为 790.65 尾，除 20 号站未采获到鱼卵外，丰度最高为 4 号站，每 $100m^3$ 为 2 930.91 尾；最低为 18 号站，每 $100m^3$ 仅 34.89 尾。

夏季仔、稚鱼平均丰度每 $100m^3$ 为 2.37 尾。20 个调查站位中，有 8 个站位未采获到仔稚鱼，余下站位中：仔、稚鱼丰度最高的为 8 号站，每 $100m^3$ 为 14.62 尾；最低为 16 号站，每 $100m^3$ 仅 0.24 尾。夏季鱼卵平均丰度每 $100m^3$ 为 774.60 尾，仅次于春季，除 17 号站未采获到鱼卵外，其余站位中：鱼卵丰度最高的为 11 号站，每 $100m^3$ 为 9 392.27 尾；最低为 16 号站，每 $100m^3$ 仅 62.72 尾。

秋季仔、稚鱼平均丰度全年最低，每 $100m^3$ 仅 1.11 尾。20 个调查站位中，有 3 个站位未采获到仔稚鱼，余下站位中：仔、稚鱼丰度最高的为 2 号站，每 $100m^3$ 为 6.47 尾；最低为 15 号站，每 $100m^3$ 仅 0.25 尾。秋季鱼卵平均丰度也为全年最低，每 $100m^3$ 仅 148.63 尾。有 9 个站位未采获到鱼卵，余下站位中：鱼卵丰度最高为 17 号站，每 $100m^3$ 为 2 551.02 尾；最低为 6 号站，每 $100m^3$ 仅 2.47 尾。

冬季仔、稚鱼平均丰度为 3.79 尾/ $100m^3$，仅次于春季。有 4 个站位未采获到仔稚鱼，余下站位中：仔、稚鱼丰度最高为 17 号站，每 $100m^3$ 为 26.92 尾；最低为 5 号站，每 $100m^3$ 仅 0.32 尾。冬季鱼卵平均丰度每 $100m^3$ 为 348.50 尾。有 11 个调查站位未采获到鱼卵，余下站位中：鱼卵丰度最高为 11 号站，每 $100m^3$ 为 4 072.00 尾；最低为 2 号站，每 $100m^3$ 仅 235.20 尾。

（三）小结

雷州湾 2016 年春季仔稚鱼与鱼卵丰度明显高于其余季节。春季仔、稚鱼主要集中于雷州湾湾口和硇洲岛东面 10～20 m 等深线范围内；夏季仔、稚鱼主要集中于雷州湾湾口海域；秋季仔、稚鱼主要分布在 10 m 等深线周边海域；冬季仔、稚鱼主要集中于雷州湾的湾口。

第八节　渔业资源增殖策略

一、增殖及养护状况

(一) 保护区现状

雷州湾海域的游泳生物是该海域多个保护区功能连通的重要纽带，也是生态系统服务功能最直接表现之一。该海域拥有红树林、河口、白海豚栖息地等重要生境，是叫姑鱼、大黄鱼、对虾、龙虾等多种经济水生生物的重要育幼场和产卵场。

雷州湾海域共设有海洋保护区 8 个，即特呈岛海洋保护区、通明海海洋保护区、南渡河口海洋保护区、东里海洋保护区、硇洲岛南海洋保护区、硇洲岛东海洋保护区、后海岛北海洋保护区和北莉口海洋保护区。保护的内容包含红树林及其生态系统、礁盘生态系统、栉江珧、鲍鱼、龙虾等珍稀渔业品种、中华白海豚及其生境和鲨及其生境等。近年来，湛江重点推进雷州湾硇洲岛海域国家级海洋牧场示范区建设，保护区地理位置及面积见表 17-26。

表 17-26　雷州湾及其附近海域海洋保护区

序号	保护区名称	地理范围 (东经、北纬)	面积 (hm²) 岸段长度 (m)
1	特呈岛海洋保护区	东至：110°26′45″E、西至：110°24′51″E 南至：21°08′07″N、北至：21°09′26″N	673 —
2	通明海海洋保护区	东至：110°19′39″E、西至：110°09′34″E 南至：20°57′40″N、北至：21°08′03″N	13 888 72 572
3	南渡河口海洋保护区	东至：110°12′06″E、西至：110°10′59″E 南至：20°51′00″N、北至：20°53′12″N	778
4	东里海洋保护区	东至：110°26′58″E、西至：110°24′07″E 南至：20°49′59″N、北至：20°51′31″N	1 324
5	硇洲岛南海洋保护区	东至：110°35′06″E、西至：110°30′43″E 南至：20°47′02″N、北至：20°49′59″N	4 154
6	硇洲岛东海洋保护区	东至：110°40′59″E、西至：110°37′00″E 南至：20°49′00″N、北至：20°53′59″N	6 099
7	后海岛北海洋保护区	东至：110°28′59″E、西至：110°25′59″E 南至：20°43′59″N、北至：20°46′00″N	1 928
8	北莉口海洋保护区	东至：110°28′02″E、西至：110°17′50″E 南至：20°33′45″N、北至：20°45′35″N	10 934 75 348

（二）人工鱼礁建设状况

雷州湾附近海域的人工鱼礁区，主要包括东海人工鱼礁区、南三岛东人工鱼礁区、特呈岛人工鱼礁区、雷州湾人工鱼礁区、硇洲东人工鱼礁区、硇洲南人工鱼礁区、徐闻外罗人工鱼礁区和角尾人工鱼礁区共8个。

（三）增殖放流状况

近几十年来，湛江持续开展渔业资源增殖放流行动，保护海洋渔业资源。各年份湛江市增殖放流的地点、品种及规模见表17-27。增殖放流的地点主要集中在湛江港湾、雷州湾、企水港、流沙湾、英罗湾、外罗港、草潭、硇洲对开海面、人工鱼礁区、观海长廊、东海岛、鉴江、袂花江、南渡河和小东江等地。增殖放流的品种多样，包含虾类、鱼类、贝类、蟹类、海藻、和中国鲎、海马、海龟等保护动物。其中，虾类主要有墨吉对虾、长毛对虾、斑节对虾、中国对虾和罗氏沼虾等；鱼类主要为四大家鱼、黑鳍鲷、黄鳍棘鲷、卵形鲳鲹和紫红笛鲷等；贝类主要为鲍鱼、文蛤、缢蛏、巴菲蛤、江瑶、牡蛎、方斑东风螺、华贵栉孔扇贝和施氏獭蛤等。

表 17-27　湛江市各年份增殖放流地点、主要对象及其规模

年份	放流地点	放流对象	放流数量（万）
1983	湛江市	鲍鱼	3.7
1984	湛江市	鲍鱼	17
1985	廉江县英罗湾	墨吉对虾、长毛对虾	300
1986	湛江港湾、雷州湾、企水港、流沙湾、英罗湾	对虾	1 020
1987	鉴江、袂花江	对虾 家鱼苗	10 000 48.5
1989	遂溪、郊区、海康、徐闻	斑节虾苗、中国对虾、墨吉对虾、长毛对虾	4 314
1990	广州湾、雷州湾、英罗湾、南渡河、袂花江等水域	墨吉对虾、长毛对虾 中国对虾、斑节对虾 罗氏沼虾 淡水鱼苗	28 000 60 210
1991	雷州湾、流沙港、南渡河、英罗湾、广州湾、外罗港	斑节对虾、罗氏沼虾 墨吉对虾、长毛对虾 淡水鱼苗	1 527.77 100.2
1997	雷州湾、草潭	文蛤、缢蛏、巴菲蛤、江珧	40t
1998	鉴江、小东江	罗氏沼虾	315
1999	全市	对虾苗 淡水鱼苗 贝苗	670.7 230 235.3 t

（续）

年份	放流地点	放流对象	放流数量（万）
2001	硇洲对开海面和吴川鉴江、小东江、袂花江	罗氏沼虾、斑节对虾、鱼苗 波纹巴菲蛤	1 157.6 2 628t
2003	人工鱼礁区	对虾苗 鱼苗 贝苗	2 060 488 30 t
2004	湛江观海长廊	海水鱼苗 对虾苗	28 1 500
2007	湛江市	鱼苗 虾苗	149.5 1 500
2008	观海长廊	斑节对虾 黑鳍鲷、卵形鲳鲹 杂色鲍	630 65 10
2009	观海长廊	对虾苗 鱼苗	400 25
2010	全市	虾苗 鱼苗 贝类 鲎 海藻苗附着基	65 000 378 300 0.303 1.352 0
2011	全市	虾苗 鱼苗 杂色鲍 海藻苗	1 125 56 40 4
2012	东海岛	虾苗 鱼苗 牡蛎苗 中国鲎	1 200 20 100 15
2013	全市	虾苗 中国鲎	7 164 17.5
2014	全市	海水鱼苗 淡水鱼苗 对虾 贝苗 梭子蟹苗 中国鲎	207.850 7 93 5 514 1 200 155 32.5
2015	全市	鱼虾苗 中国鲎 海马	9 245 30 5
2016	湛江港及北部湾等附近海域	黑鲷 黄鳍棘鲷 紫红笛鲷 方斑东风螺 华贵栉孔扇贝 施氏獭蛤	7.3 7.1 201.4 487.6 2 711.9 46

二、增殖技术策略建议

（一）增殖放流适宜水域

雷州湾海域适宜的增殖放流海域，包括雷州湾的东南码头-南屏岛-硇洲岛海域以及湛江湾内的特呈岛海域。该海域人类活动影响较小，水质较好，且适合多种经济鱼虾类的生长、繁殖。硇洲岛以南、以西海域的潮沟是多种鱼虾的避难所，也是中华白海豚最重要的捕食场所。该海域的增殖放流，对濒危中华白海豚种群的保护、渔业资源的养护具有重要意义。湛江湾自 2012 年实施"港湾清障"行动以来，累计拆除了养殖网箱 61 944 口，养殖浮筏式贝排 3 753 排，捕捞网具 1 023 张，浮球式贝排、蚝桩约 1 170 hm^2，湛江港湾海洋生态环境得到了有效改善。其次湛江港海底地形复杂，湛江港为大型船舶航道，禁止渔船拖网捕鱼，鱼排、网箱养殖从湛江港湾移出及该海域渔业资源捕捞的合理管控，使得整个湛江港湾在充分发挥交通航运功能的同时，为港湾天然渔业资源、增殖放流的开展等提供了理想的自然生境与栖息地。

（二）增殖放流适宜种类

结合雷州湾附近海域的自然渔业资源种类组成与时空分布，该海域适宜增殖的种类以鲷科、大黄鱼等杂食或肉食性高经济价值鱼类为宜；其次为海马、鲍鱼、鲎等珍稀物种；再次为虾蟹类和贝类。

该海域的渔业资源调查结果表明，鱼类种类组成丰富，但鱼类的栖息密度较低，优势种以蛇鲻、叫姑鱼等经济价值中下的鱼类为多，但鱼类体长、体重规格呈减小趋势，缺乏高经济价值的鱼类。雷州湾海域的生态系统食物链偏短，处于高营养层次的鱼类偏少。增殖高经济价值的鱼类，有利于促进该海域生态系统服务功能的提升，有助于为中华白海豚提供优质的食物来源，促进该海域多个保护区的功能连通与提升。此外，该海域是海马、鲍鱼、鲎、龙虾等多种珍稀动物的栖息地，捕捞强度的加大及人类活动的影响使得这些资源衰退严重，加强此类珍稀物种的保护，对于渔民增产增收、提升海洋牧场功能具有重要的生态和经济意义。本海域至今虾蟹类等甲壳动物自然资源丰富，沿海有菲律宾蛤仔、东风螺、杂色蛤等多种贝类的养殖，考虑到虾蟹类的短生活史、高繁殖率，著者认为该海域的甲壳类、贝类的增殖放流的重要性低于鱼类和濒危珍稀物种。

（三）增殖放流生态容量及放流策略

雷州湾海域水体交换条件好，有多个海洋保护区，且是国家海洋公园和海洋牧场的建设区。该海域的增殖放流生态容量、放流策略等方面尚未开展系统深入研究，增殖种类的存活率、放流群体与野生群体的识别、移动及放流的时间、地点、规模等放流策略关键点，对资源养护效果的影响缺乏系统深入地研究。

放流规格建议以提高放流苗种成活率、实现增殖放流效果为目标，避免单纯追求放流数量，而忽视增殖效果的片面宣传。

在放流季节方面，雷州湾海域以秋末、春初为宜，其次是伏季休渔期间。据渔民经验及开展的资源调查分析结果，该海域多种经济水生生物的产卵期较长，但皆面临高强度捕捞与环境胁迫，在休渔期间或秋末、春初的繁殖盛期放流可最大限度保障放流群体的生存空间与时限，有利于提高放流群体的资源增殖效果。

三、增殖养护管理对策建议

（一）海洋保护区的管理与海洋牧场、海洋公园建设相整合

雷州湾及其附近海域的多个保护区在管理方面缺乏系统性整合，保护区划设后的管理方面亟待与海洋牧场和海洋公园的建设有机衔接，有利于发挥保护区的功能和海洋牧场的资源养护作用。渔政管理部门应积极促进渔民转产转业，降低捕捞强度，加大白海豚的保护力度，减轻人与海豚争食的现象。该海域自然资源种类丰富，但经济种类个体小，在整个渔获物中比例偏低。笼壶类渔具发展规模太大，加之拖网和流刺网两种渔具的高强度捕捞，是该海域渔业资源密度低的重要原因。

（二）增殖放流后资源跟踪监测与效果评估亟待加强

湛江市近几十年来持续投入大量的资金进行增殖放流，增殖放流的品种从最初的某一种类，发展到鱼、虾、贝、藻苗全面投放。但是增殖放流活动中均以粗标放流为主，缺乏连续性的跟踪监测和后期的效果评估。因此，建议选择湛江港和雷州湾两地开展增殖放流效果评估。

湛江港和雷州湾均为半封闭型海湾，海底地形复杂，水域面积宽阔，适合多种鱼类生存。在湛江港和雷州湾多年开展渔业资源与生态环境调查，积累了丰富的渔业资源历史信息，为增殖放流效果评估提供了重要的本底数据。因此，建议今后的增殖放流中加大科技支撑，明确增殖放流目标，基于放流苗种的栖息活动范围、自然海域游泳生物群落的结构与稳定性，筛选适宜种类，采用分子生物学与传统标志相结合的办法对增殖放流品种进行标志。同时，开展多点位的渔业资源与生态环境监测，从生态、经济和社会效益三方面量化评估增殖放流的效果。

第十八章 流沙湾示范区

第一节 气候地理特征

　　流沙湾位于广东省雷州半岛的西南部，沿岸海区分属徐闻县迈陈镇、西连镇及雷州市英利镇、覃斗镇等4个乡镇所管辖（20.36°N—20.50°N，109.80°E—110.02°E），是一个西北向葫芦形半封闭型海湾，面积约69 km²。流沙湾属热带季风性气候，7月气温最高，1月气温最低，旱雨季明显，降水集中在夏秋两季（雨季），且降水量大。流沙湾海域无较大的河流流入。降水是流沙湾海域的主要淡水输入源。如彩图48所示，整个流沙湾除中央的狭窄航道之外大部分区域水深都不足12 m。外湾大部分水深在7～12 m，底质多为淤泥，水交换充足。流沙湾腰部南北向的沙嘴将港湾分成外湾与内湾，湾口宽约750 m。中央为深12～20 m、长8 km的溺谷状深槽，底质多为砾石和沙，是内外湾之间的航道和港口区域，也是内外湾之间水流交换的通道。内湾是个潟湖，北侧树枝状港汊呈长尖形，最远深入陆地16 km，内湾周边存在大片水深3 m以内的浅滩。

　　基于Delft3D水动力建模分析，流沙湾涨落潮的流场如彩图49所示。流场直接反映海湾的水动力特性和水交换潜力。涨潮时流沙湾80％以上水域流速低于0.3 m/s，内湾大部区域流速接近0，只有内、外湾交界的航道处流速达到0.5 m/s；退潮时流沙湾内水流流速比涨潮时更低，除湾口外，只有中央航道狭窄区域流速超过0.3 m/s，海湾大部区域水流近乎静止，内湾北部及东部退潮后有大片滩地裸露。总体而言，流沙湾涨落潮期间湾内水流缓慢。

　　流沙湾自然地理条件优越，海产资源丰富，适合水产养殖，是我国重要的海水珍珠产地，更是我国"南珠"的主产区。除合浦珠母贝外，2003年以来，养殖户先后引入网箱鱼类养殖和墨西哥湾扇贝养殖，使得流沙湾出现了网箱养殖、扇贝吊养和珍珠贝养殖并存的格局。2012年，流沙湾养殖种类主要有合浦珠母贝、华贵栉孔扇贝、海湾扇贝、卵形鲳鲹、红鳍笛鲷、石斑鱼等。彩图50显示了2012年流沙湾养殖结构分布，可见流沙湾内湾和外湾的养殖品种和方式迥异，养殖规模也不同。流沙湾外湾水域开阔，主要为大规模扇贝浮筏吊养，无须人工投饵，面积1 132.46 hm²。此外，还有少量抗风浪网箱，主养卵形鲳鲹（1.5

hm²），饵料以杂鱼、颗粒饲料为主。内湾的主要养殖方式为传统鱼排（小网箱）养殖和插桩吊养珍珠贝。其中，鱼排养殖区位于内、外湾交界处的流沙港航道附近，因为此处水深且受风浪影响小，鱼排的分布面积达 67.5 hm²，约 4.22×10⁴ 口小网箱，饵料与深水网箱相同；合浦珠母贝养殖区主要位于内湾的东部浅水区域，主要为桩式吊养，面积 264.35 hm²；另有零星马氏珠母贝筏式吊养装置，位于内湾中央航道北侧（7.2 hm²）。

此外，在流沙湾覃斗镇内的流沙港水域宽广，避风条件好，是粤西地区仅次于湛江港的深水良港。该港陆路距徐闻县 73 km，水路距海南临高 28 n mile、海口 53 n mile，距广西北海 84 n mile，具有开发潜力，但是陆路交通条件较差。

第二节　海水水质

2008 年的调查显示，流沙湾海域水质清洁，氮（N）营养盐过剩而磷（P）贫乏，属 P 限制的中等富营养化海域，除港口航道处的少数站点为三类水质外，流沙湾海区水质为一类或二类。随着养殖结构和养殖模式的变动，2012 年流沙湾养殖格局已发生明显变化。以珍珠贝为例，合浦珠母贝养殖面积由 2009 年的 1 250 hm² 降为 2012 年的 272 hm²；扇贝养殖面积则增至 1 132 hm²，在新的格局下，我们进行了新的调查，对流沙湾海水养殖区域水环境质量展开研究，并对水体富营养化状况和有机污染状况进行分析评价。本文将在水质参数和水质评价两方面，对 2012—2013 年流沙湾海水水质进行阐述和分析。

分别于 2012 年 5 月（春季）、2012 年 8 月（夏季）、11 月（秋季）及 2013 年 1 月（冬季）对流沙湾内湾、外湾进行季度性采样调查。采样站位点之中，1～7 号站位为外湾采样点，包括邻近扇贝养殖区（2、3、6、7 号）、对照区（4、5 号）以及外湾最邻近湾口的 1 号站位。其中，3 号站位于扇贝主养区；8～10 号站位属于内湾采样区，其中 8 号站位于湾口航道内狭长的网箱（鱼排）养殖区；10 号站位于内湾深处的珍珠贝养殖区。采用溶氧仪（YSI-556 型）实时监测海水中溶氧（DO）、水温、盐度和 pH。营养盐水样经−20℃暂存后，迅速带回实验室参照《海洋监测规范》（GB 17378.4—2007）指定方法分析。叶绿素 a（Chl a）及颗粒有机物（POM）的含量测定分别采用丙酮萃取法和灼烧称重法。

流沙湾海区主要水质参数如表 18-1 所示。

表 18-1　2012—2013 年 4 个航次流沙湾主要水质参数

指标	春（5 月）	夏（8 月）	秋（11 月）	冬（1 月）
溶解氧（mg/L）	6.19	6.65	6.81	7.23

（续）

指标	春（5月）	夏（8月）	秋（11月）	冬（1月）
透明度（m）	1.82	1.55	1.18	1.41
可溶性磷酸盐（mg/L）	0.009	0.013	0.014	0.015
铵盐（mg/L）	1.47	0.025	0.098	0.027
亚硝酸盐（mg/L）	0.010	0.012	0.002	0.009
硝酸盐（mg/L）	0.040	0.656	0.220	0.424
总磷（mg/L）	0.016	0.039	0.085	0.100
总氮（mg/L）	5.69	2.25	2.72	2.06
叶绿素 a（μg/L）	1.75	7.33	3.96	0.78
颗粒有机物（mg/L）	2.22	2.64	6.18	4.48
水温（℃）	28.84	30.73	26.26	19.84
盐度	31.77	30.76	30.9	32.13
pH	8.32	8.38	8.50	8.44

一、水温

由于周边无大河注入，降水是流沙湾海域的主要淡水输入源，夏、秋两季（雨季）降水量大，极易冲淡表层海水盐度。因此，调查区域的海水盐度在春、冬两季（分别为 31.77±0.27、32.13±0.48）显著高于夏、秋两季（分别为 30.76±0.82、30.90±0.84）。盐度约 30、水温 25～30℃，为合浦珠母贝生长的最适温盐条件。

二、溶解氧

流沙湾 4 个季度的溶解氧（DO）浓度均高于 5 mg/L，整体呈冬季＞秋季＞夏季＞春季的趋势。春季外湾靠近港口的 1、2 号站位及内湾的 8、9 号站位明显低于对照区。春季溶氧分布为由外湾向内湾逐渐递减。总体而言，内湾各站位溶氧浓度要低于外湾。

三、盐度

流沙湾海水四季温度依次为夏季 [（30.73±0.21）℃]＞春季 [（28.84±0.67）℃]＞秋季 [（26.26±0.98）℃]＞冬季 [（19.84±0.62）℃]，各季水温差异显著。因此，除冬季水温低于 20℃外，春、夏、秋季的温盐条件均较适宜合浦珠母贝的生长。

四、pH

流沙湾海域内海水 pH 为 8.10～8.55，春、夏、秋、冬季的均值分别为 8.32、8.38、8.50、8.44。

五、营养盐

流沙湾往年的溶解态无机氮（DIN）和溶解态无机磷（DIP）浓度均较低。在本次调查中，流沙湾水域 DIP 浓度依然较低，在秋、冬两季稍高于春、夏两季，而 DIN 的浓度明显上升，除秋季外各季的 DIN 浓度均较高，其季节变化趋势为春季（0.692～3.067 mg/L）＞夏季（0.521～0.979 mg/L）＞冬季（0.286～0.571 mg/L）＞秋季（0.087～0.057 mg/L），春季内湾的 9、10 号站位及扇贝主养区的 3 号站位 DIN 含量（大于 2.0 mg/L）较高。春季 DIN 营养盐为各季最高值，夏季以后 DIN 含量明显降低。整体而言，流沙湾海水春季的总氮浓度为 3.48～8.94 mg/L，明显高于其他季节，最高值出现在珍珠贝养殖区的 10 号站位；总磷浓度普遍表现为秋、冬两季高于春夏两季，且浓度较低，与总氮相比其浓度平均相差百倍以上。

六、叶绿素

2012 年流沙湾海水中叶绿素 a 浓度为 0.47～6.35 $\mu g/L$，平均 2.65 $\mu g/L$。夏季最高，秋季叶绿素 a 浓度也明显高于春季和冬季。与其他区域相比，对照区（4、5 号站位）的季节性差异较小，常低于 4 $\mu g/L$。其中，夏、秋两季内湾叶绿素 a 较高（4～10 $\mu g/L$），夏季外湾的 1 号及 3 号站位叶绿素 a 浓度最高，大于 10 $\mu g/L$。POM 浓度则表现为秋季（4.3～8.5 mg/L）＞冬季（3.5～5.3 mg/L）＞夏季（2.0～3.2 mg/L）＞春季（0.8～5.2 mg/L）。其中，夏、冬两季站位间的差异较小，秋季内湾 8、9 号站位的 POM 浓度明显高于对照区。

七、水质评价

分别采用营养状态指数（E）和海水营养状态质量指数（NQI）、有机污染评价指数（A）3 种评价方法，对调查区域的水体状况进行评价。其中，营养状态指数的评价公式为：

$$E = C \times N_I \times P_I \times 10^6 / 4\,500$$

式中，C、N_I 和 P_I 分别代表化学需氧量、可溶性无机氮、溶解态无机磷在水体中的实测浓度（mg/L）。

当 $E \geqslant 1$ 时，水体呈富营养化状态。NQI 的评价公式为：

$$NQI = C/C_0 + N_T/N_{T0} + P_T/P_{T0} + C_a/C_{a0}$$

式中，C、N_T、P_T 和 C_a 分别代表化学需氧量、总氮、总磷和叶绿素 a 在水体中的实测浓度；C_0、N_{T0}、P_{T0} 和 C_{a0} 的值分别为 3.0 mg/L、0.6 mg/L、0.03 mg/L 和 5.0 μg/L。

若 NQI 值大于 3，则为富营养水平；若 NQI 值在 2~3，则为中等营养水平；若 NQI 值小于 2，则为贫营养水平。有机污染评价指数（A）法公式为：

$$A = C/C_0' + N_I/N_{I0} + P_I/P_{I0} - D/D_0$$

式中，C、N_I、P_I、D 分别为 COD、DIN、DIP 和 DO 的实测浓度；C_0'、N_{I0}、P_{I0}、D_0 分别为上述评价指数的一类海水水质标准，其值分别为 2.0、0.2、0.015、6.0 mg/L。

评价标准为：$A < 0$，水质良好；$0 \leqslant A < 1$，水质较好；$1 \leqslant A < 2$，水质受到污染；$2 \leqslant A < 3$，水质属轻污染；$3 \leqslant A < 4$，水质属中污染；$A \geqslant 4$，水质属重污染。

流沙湾 4 个季度各站位的营养状态指数（E）如表 18-2 所示。因为，春季 7 号站位各站点溶解态无机磷浓度均接近于 0，因此，春季各站位指数多数为 0。夏季至冬季的 E 指数普遍 >1，呈明显的富营养化状态。整体而言，扇贝主养殖区（3 号站位）的 E 指数较小，富营养化程度较低。采用总氮、总磷为参数的 NQI 指数显示，流沙湾全年各站位 NQI 指数均大于 3，表明各季各站位富营养化程度非常高。

表 18-2　流沙湾水域的营养状态指数（E）和海水营养状态质量指数（NQI）

站位	E				NQI			
	春季	夏季	秋季	冬季	春季	夏季	秋季	冬季
1	0.00	19.75	6.87	32.17	10.64	8.37	11.22	5.84
2	0.00	14.91	11.45	6.75	7.70	7.19	10.82	7.12
3	0.00	0.00	8.16	0.00	9.49	6.84	7.61	7.83
4	0.00	174.42	26.12	42.29	11.75	7.56	4.79	6.40
5	0.00	5.85	6.31	76.01	10.51	5.17	8.67	7.74
6	0.00	40.94	32.68	8.50	13.97	5.95	6.33	8.87
7	716.48	4.53	3.59	28.70	13.00	7.18	6.21	6.58
8	0.00	309.25	14.37	0.00	15.12	11.99	11.11	7.24
9	0.00	64.83	9.92	5.40	9.70	6.26	10.20	9.99
10	0.00	73.01	33.77	16.68	18.71	9.65	9.59	5.94

根据 COD、DIN、DIP 和 DO 计算的有机污染评价指数（A）如表 18-3 所示。春、夏两季多数站位 A 值大于 4，仅外港扇贝养殖区的 2、3、7 号站位介于 3～4。秋、冬两季的有机污染状况有所改善，除 5 号站位外，均恢复至中度污染以下，3、8、9 号站位尤其明显。根据国家海水水质标准（GB 3097—1997）中对 COD 和 DIN 的规定，春、夏两季流沙湾养殖区的 COD 浓度明显上升，夏季水中 COD 含量属二类至三类水质，春季为三类或四类水质。依据 2012—2013 年的 DIN 浓度评价，春、夏两季的水质仅为四类水质（>0.5 mg/L），冬季为二类以下水质（>0.2 mg/L），春季为一类水质（<0.2 mg/L）。

表 18-3　流沙湾水域有机污染评价指数（A）

站位	春季	夏季	秋季	冬季
1	7.60	4.23	1.50	3.45
2	6.72	3.36	2.26	2.49
3	12.50	3.62	2.06	1.78
4	10.56	6.21	2.93	3.74
5	5.38	4.68	1.22	5.08
6	7.92	4.46	3.56	2.00
7	10.90	3.58	0.80	3.27
8	5.68	8.04	2.06	1.63
9	13.06	5.94	1.74	1.34
10	16.63	4.71	3.37	2.74

2012—2013 年的调查结果显示：①流沙湾海水养殖区 DIN 浓度比往年明显升高，而 DIP 浓度偏低，N/P 比增大，海水呈明显的 P 限制；②根据 E 指数、NQI 指数和 A 指数的评价结果，2012—2013 年各季流沙湾海水养殖区已处于普遍的富营养化状态，总体上秋、冬季水质状况稍优于春、夏季；③与其他站位相比，扇贝主养区（3 号站位）的富营养化程度和有机污染程度相对较低。

第三节　初级生产力

浮游植物是海洋主要的初级生产者，也是养殖贝类的重要饵料之一。叶绿素 a 是浮游植物光合作用的主要色素，其含量和变动趋势可表征海域浮游植物的现存量和分布规律，被认为是估算浮游植物现存量以及初级生产力的良好指标。对流沙湾海区的初级生产力进行估算，将有助于对该海域贝类养殖环境的评价，并为该区域的贝类养殖布局提供一定的参考。当前流沙湾海域初级生产力的评估，仅见于叶宁等在 2008 年对流沙湾内湾区初级生产力状况的研究。研究结果显示，流沙湾内湾初级生产力不同月份存在着明显的差异。其中，11月最高，8月和翌年1月次之，3—5月初级生产力处于最低水平。流沙湾内湾初级生产力有明显的水平分布，最高值出现在湾中央处，最低值出现在湾口西部和湾底南部。

2012年，在流沙湾新的养殖结构和养殖模式下，以4个季度对流沙湾调查获得的叶绿素a浓度为基础数据，利用叶绿素测定法对流沙湾海域的初级生产力进行估算。

初级生产力计算公式为：

$$P = C_a \cdot Q \cdot L \cdot t/2$$

式中　P——初级生产力 [mg/（m²·d）]（以C计，下同）；

　　　C_a——表层叶绿素a含量（mg/m³）；

　　　Q——同化系数 [mg/（mg·h）]（以C计，下同）；

　　　L——真光层的深度（m）；

　　　t——白昼时间（h）。

白昼时间t和同化系数Q，采用国家"126-2专项"南方片区海上调查报告中的数据。真光层深度L为采样点透明度的3倍，当透明度3倍的值大于采样点深度时，L取该点深度的值。P小于200为低初级生产力，200～300为较低初级生产力，300～400为中等初级生产力，400～500为丰富，500以上为很丰富。

流沙湾海区各站叶绿素a含量如表18-4所示。夏季最高，平均值（7.33 μg/L）；其次为秋季（3.96 μg/L）、春季（1.75 μg/L）和冬季（0.78 μg/L）叶绿素浓度低于夏、秋两季。除夏季外，流沙湾内湾站点叶绿素浓度高于外湾各站点。内湾水流不畅，无机盐等营养物质容易积累，可能较外湾更适宜浮游植物的生长和聚集，进而使得内湾叶绿素a浓度高于外湾。而夏季内湾水温较高，可能对浮游植物的生长有一定的抑制作用，导致内湾叶绿素a浓度要低于1～3号站位。

表18-4　2012—2013年流沙湾叶绿素a与初级生产力的变化情况

站点	叶绿素 a（μg/L）				初级生产力 [mg/（m²·d）]			
	春季	夏季	秋季	冬季	春季	夏季	秋季	冬季
1	1.93	18.34	2.09	0.78	133.63	1 673.71	187.45	39.12
2	1.37	9.21	3.22	0.88	199.50	1 176.71	225.20	70.63
3	1.24	11.97	2.54	0.85	140.51	1 310.86	150.32	85.27
4	1.94	2.66	3.49	0.66	148.94	291.30	178.49	46.35
5	1.65	2.77	2.16	0.54	180.35	252.79	104.52	43.34
6	1.54	2.55	2.47	0.52	109.34	186.17	133.10	36.52
7	2.10	4.43	3.04	0.48	172.88	404.28	273.01	19.26
8	1.14	6.77	4.85	0.86	124.50	411.89	248.39	43.14
9	2.11	6.25	8.79	1.21	173.55	684.45	473.20	84.97
10	2.51	8.30	6.96	0.97	233.76	656.46	300.01	53.52

流沙湾海区各站初级生产力如表 18-4 所示。调查期间，流沙湾初级生产力水平的变化范围为 19.26～1 673.71 mg/（m^2·d），平均值为 286.53 mg/（m^2·d）。其季节变化趋势为夏季 [704.86 mg/（m^2·d）] ＞秋季 [227.36 mg/（m^2·d）] ＞春季 [161.70 mg/（m^2·d）] ＞冬季 [52.2 mg/（m^2·d）]。其中，夏季生产力等级多为丰富及以上；秋季多为较低或中等生产力；冬、春两季初级生产力多为低生产力，且各站点差距不大。在夏、秋两季，初级生产力分布状况与叶绿素 a 的分布情况类似；而冬、春两季，初级生产力与叶绿素 a 的分布状况有所差异。

初级生产力除与叶绿素 a 含量表征的浮游植物数量相关外，其一般受物理、化学和生物等环境因子的影响。本调查中，物理因子中光照对初级生产力的影响最大，平流输送和水体扰动对生物量的分布也具有一定的影响。同时，养殖贝类对水中颗粒物和浮游植物的滤食，对水体透明度和浮游植物生物量都有较大的影响。在春、冬两季，贝类养殖区的高透明度提高了计算公式中真光层的深度，使冬、春两季初级生产力与叶绿素 a 的分布状况有所差异。综合分析显示，除夏季外调查海域的初级生产力则处于低或较低水平。主养区与对照区在区域站位间有一定的差别。

第四节 浮游植物

浮游植物对养殖水域中有机物同化和营养物质的移除起着关键作用，是浮游动物、贝类等生物的重要饵料来源。浮游植物的群落组成、丰度变化、空间分布等间接反映水体环境的动态变化，是养殖水体健康程度的指标之一。2009 年之前，针对流沙湾海域展开的浮游植物调查较为密集，此后则鲜见相关报道。2012 年，流沙湾扇贝养殖数量已远超珍珠贝养殖，网箱养殖侵占并阻塞湾口。在这种新的养殖格局下，于 2012 年 8 月至 2013 年 1 月在流沙湾海区进行了 3 个季度的浮游植物调查。本次调查的结果，可为流沙湾扇贝养殖业的可持续发展和南珠产业的振兴提供一定的参考依据。

本次调查中，1～7 号站位为外港采样点，包括邻近扇贝（即墨西哥湾扇贝）养殖区（2、3、6 号和 7 号）、对照区（4 和 5 号），以及外港最邻近湾口的 1 号站位，其中 3 号站位于扇贝主养区。8～10 号站位属于内港采样区，其中 8 号站位于湾口航道内狭长的网箱（鱼排）养殖区，10 号站位于内港深处的珍珠贝（即合浦珠母贝）养殖区。浮游植物样品的采集与定量参照《海洋调查规范》（GB 17378.7—2007）。定性样品采用浅水 III 型浮游生物网自海底向海面垂直拖曳，定量样品则用有机玻璃采水器收集表层及底层的水样（各 1L）进行混合，现场经质量分数为 5％的甲醛溶液固定后，带回实验室后用浮游生物计数框镜检及计数。

采用多样性指数 H'、优势度 Y 和均匀度 J 进行浮游植物多样性分析：

$$H' = -\sum_{i=1}^{s} P_i \log_2 P_i$$

$$J = \frac{H'}{\log_2 S}$$

$$Y = \left(\frac{n_i}{N}\right) f_i$$

式中 s——物种类数；

      P_i——第 i 物种在全部采样中的比例；

      n_i——第 i 种的个体数；

      N——所有种的个体总数；

      S——样品种类总数；

      f_i——第 i 种在各站点的监测频率。

$Y \geq 0.02$ 视为优势种。采用 SPSS 18.0 软件进行数据统计与方差分析，以 $P < 0.05$ 作为差异显著性水平。图表采用 Origin8.5 绘制，环境因子与浮游植物群落结构多样性的关系的冗余分析（RDA）采用 CANOCO5 软件，相关数据经过 $\lg(x+1)$ 转换。3 个航次共鉴定出浮游植物 3 门 41 属，共 80 种。其中，硅藻为优势种群（34 属 69 种），占总数的 86.25%；甲藻 5 属 9 种；蓝藻 2 属 2 种。从季节变化来看，冬季最多（56 种），夏、秋两季种类均为 45 种。统计各季出现频次 ≥ 3，且至少在某一个站位的相对丰度 $> 5\%$ 的浮游植物物种用 CANOCO 软件筛选，符合条件的浮游植物共计 22 种，均属硅藻门，随机编号为 Bac01～Bac22。调查期间的浮游植物优势种共计 14 属 22 种（均为硅藻），且冬季优势种类数稍高于夏、秋季。整体而言，各站 Y 呈现随季节推移逐渐下降，且呈内港普遍高于外港的规律。中肋骨条藻、菱形海线藻、奇异棍形藻和中心圆筛藻在 3 个季节中均为优势种。其中，中肋骨条藻的 Y 明显高于其他优势种，夏、秋、冬季的平均 Y 分别为 0.460（0.190～0.698）、0.345（0.070～0.684）和 0.125（0.012～0.314），夏、冬两季在 10 个站位出现的频次均超过 8。菱形海线藻夏、秋和冬季的平均 Y 依次为 0.050（0.005～0.300）、0.082（0.017～0.230）和 0.009（0.014～0.230），仅在外港的个别站位成为优势种。营养盐的可获得性对浮游植物丰度产生关键性影响，尤其是 N/P 对浮游植物生长有一定的限制作用。N/P > 16 时，浮游植物表现为 P 限制；小于 16 则表现为 N限制。营养加富试验表明，N 元素限制的形成是由优势硅藻对 N 元素的较高需求和 N 限制外海水对湾口区产生的显著影响共同决定的。中肋骨条藻的生长主要为氮限制，在 N/P 大于 16 时的生长速度优于小于 16 的情况。2012—2013 年夏、秋和冬季的 N/P 分别为 79.9、21.65 和 32.2，均表现为明显的 P 限制。因此，N/P 的明显升高可能会制约某些种类浮游植物的生长，导致浮游植物种类减少、丰度降低，同时，增强中肋骨条藻等硅藻的竞争优势。

　　先对物种类数据进行去趋势对应分析（detrended correspondence analysis，DCA）。在 DCA 分析的基础上，应用主成分分析（principal components analysis，PCA）分析浮游植物的分布特征（图 18-1）。排序结果显示，整体而言，内港的 8～10 号站位在浮游植物物种分布上特征相似，且与外港区分明显（秋季最为显著）。具体表现为夏季浮游植物物种全部分布于第二、第三象限，以 10 号站位居多，号站位次之，而在外港的对照区（4号和 5 号站位）及非扇贝主养区（6 号和 7 号站位）分布较少；秋季浮游植物物种也主要分布于第二、三象限，且 6 号站位分布最多，内港的 8～10 站位则分布较少；与夏季和秋季相比，冬季的浮游植物物种在各站点的分布更为均匀，在各个象限内均有分布，但在 9号和 10 号两站所在的第一象限内分布较少。

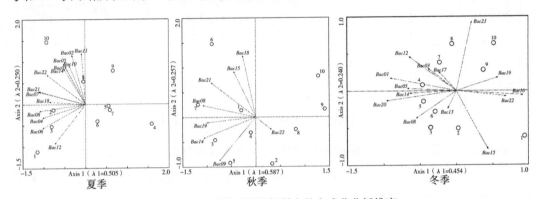

图 18-1　流沙湾浮游植物样方的主成分分析排序

　　在冗余分析（redundancy analysis，RDA）（图 18-2）中，利用向前引入法（forward selection）对所有站位的各环境因子进行逐步筛选，Monte Carlo 置换检验结果显示，夏季叶绿素 a（$F=4.834$，$P=0.008$），秋季盐度（$F=7.977$，$P=0.002$）、叶绿素 a（$F=6.997$，$P=0.002$）、溶解性 PO_4-P（$F=4.637$，$P=0.01$）和 $NO_2\text{-}N$（$F=4.027$，$P=0.012$），冬季 pH（$F=2.960$，$P=0.014$）和水温（$F=2.657$，$P=0.03$），对流沙湾浮游植物分布的影响达到显著水平，而其他环境因子的影响达不到显著水平（$P>0.05$）。以上数据表明，叶绿素 a 为夏季影响流沙湾浮游植物分布的关键因子，对浮游植物物种变化的解释程度高达 37.7%，夏季盐度和叶绿素 a 对浮游植物物种变化的解释程度分别为 49.9% 和 46.6%，除此两者外，$NO_2^-\text{-}N$ 和溶解性 $PO_4^{3-}\text{-}P$ 同为夏季的关键环境因子，冬季则以物理指标 pH 和水温为主要影响因子，但对物种变化的解释程度较低（依次为 27.0% 和 24.9%）。盐度是影响藻类体内渗透压调节能力的重要因素，对盐度调节能力的限制了藻类的生长分布。RDA 分析显示，盐度是影响秋季浮游植物群落的最主要环境因子（正相关）。流沙湾海域平均盐度依次为冬季（32.28）＞秋季（31.05）＞夏季（30.76）。秋季（11 月）采样前的第 23 号强台风"山神"（2012 年 10 月底）登陆造成粤西海域的大风，降水量超过 100 mm，极易造成流沙湾海水表面的盐度骤降。研究表明，中肋骨条藻、菱形海线藻和小环藻等广盐性的浮游植物，在低盐环境下有更好的生长表现。因此，由于浮游植物对水环境改变的响应的滞后性，暴雨引起的盐度骤降，对浮游植物的影响可能延后至秋季采样中体现。与夏、秋两季相比，冬季影响浮游植物丰度的环境因子较多，除 pH 外，叶绿素 a、颗粒有机物与浮游植物丰度的相关系数也相对较高。与夏季相比，冬季微型浮游动物的摄食压力（$<200~\mu m$）对浮游植物生长的控制效应尤为明显，可能是冬季主要影响因子对物种变化的解释程度较低的原因（图 18-2）。

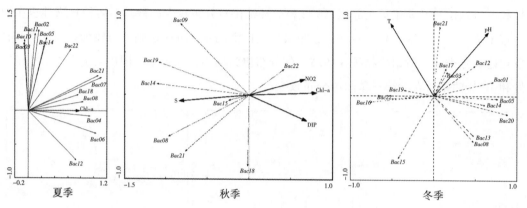

图 18-2　流沙湾浮游植物与环境因子冗余分析排序

　　调查显示，流沙湾海区的浮游植物丰度随季节推移而降低，10 个采样站位的浮游植物丰度范围分别为夏季 $0.001 \times 10^4 \sim 1.495 \times 10^4$ 个/L（均值 0.419×10^4 个/L），秋季 $0.010 \times 10^4 \sim 0.576 \times 10^4$ 个/L（均值 0.143×10^4 个/L），冬季 $0.012 \times 10^4 \sim 0.111 \times 10^4$ 个/L（均值 0.065×10^4 个/L）。图 18-3 比较了对照区（站位 4）、扇贝主养区（站位 3）、网箱鱼类养殖区（站位 8）和珍珠贝养殖区（站位 10）的浮游植物丰度。

　　结果显示，夏季所有养殖区的浮游植物丰度均高于对照区，扇贝主养区、珍珠贝养殖区高于网箱鱼类养殖区；秋、冬两季浮游植物丰度整体较低，但秋季扇贝主养区浮游植物丰度明显高于其他典型区域（图 18-3）。

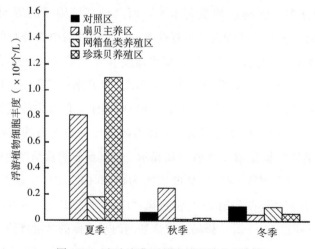

图 18-3　流沙湾典型养殖区浮游植物丰度

10 个采样站位的浮游植物 H' 分别为夏季 1.704～3.740、秋季 0.364～2.691、冬季 2.167～3.309；而 J 分别为夏季 0.447～0.876、秋季 0.091～0.784、冬季 0.486～0.827。H' 平均值冬季（2.734）＞夏季（2.407）＞秋季（2.022）；J 平均值冬季（0.631）＞秋季（0.623）＞夏季（0.508）。图 18-4 显示，各典型养殖区的浮游植物 H' 高于对照区，且网箱鱼类养殖区的指数值最高。J 的组间变化规律与 H' 变化规律相近，夏季对照区的 J 高于典型养殖区，秋、冬两季则反之。

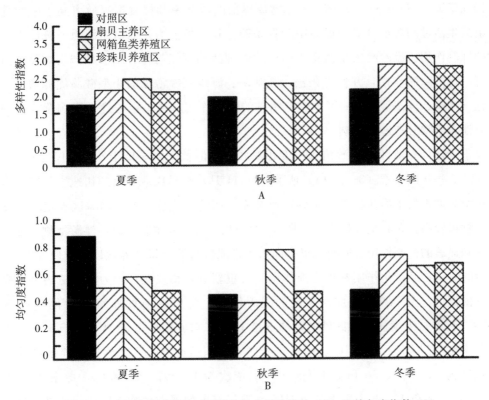

图 18-4 流沙湾典型养殖区浮游植物多样性指数（A）和均匀度指数（B）

沙湾浮游植物群落的季节性变化较为明显，细胞丰度夏季较高，秋、冬两季较低，其均值从夏季的 0.0419×10^4 个/L 降至冬季的 0.065×10^4 个/L；冬季的多样性指数和均匀度指数，则整体表现为冬季高于夏、秋两季。PCA 分析显示，内港、外港的浮游植物种类具有明显的空间分布差异，尤其在秋季。流沙湾硅藻在海区浮游植物种类中占绝对优势。相比其他全年性的优势种（菱形海线藻、奇异棍形藻、中心圆筛藻），中肋骨条藻显示出更高的出现频次及细胞丰度，此结果与邻近海区的调查结果相一致。2010 年夏季的浮游植物调查显示，雷州半岛西南部海域中肋骨条藻的 Y 高达 0.152，丰度达 10.78×10^4 个/L。与以往调查数据相比，浮游植物丰度（0.001×10^4～1.495×10^4 个/L）降低了 1～2 个数量级。根据贾晓平等对饵料生物水平等级的划分，流沙湾浮游植物处于低水平（$<20\times10^4$ 个/L）。

流沙湾浮游植物丰度较低，但多样性指数相对较高（均值 2.44）群落结构尚为稳定。与对照区相比，鱼贝养殖区的多样性指数、均匀度指数通常较高，且网箱鱼类养殖区的多样性指数一直为各区最高。3 个季度的调查共检出 9 种甲藻，夏季（叉角藻、具尾鳍藻、鳍藻等）主要分布在 6 号站位；秋、冬两季（叉角藻、大角角藻、纺锤梭角藻、三角角藻等）则主要分布于对照区（4 和 5 号站位）和扇贝非主养区（2、6 和 7 号站位），少量分布于内港（9、10 号站）。扇贝主养区和网箱鱼类养殖区甲藻均未检出。张莉红等报道，栉孔扇贝（*Chlamys farreri*）对东海原甲藻的摄食率和摄食选择效率高于中肋骨条藻；扇贝生活过的海水可显著提高中肋骨条藻生长竞争能力，而对东海原甲藻产生一定程度的抑制作用。流沙湾扇墨西哥湾扇贝的生理活动可能与栉孔扇贝相似，对浮游植物种类有一定的限制作用，并使骨条藻、圆筛藻、海线藻等常见的小型硅藻优势增强。养殖设施（网箱、筏架等）对海区水流有明显的阻碍作用，在一定程度上影响营养盐的分布并对浮游生物分布造成影响。

夏季珍珠贝养殖区的浮游植物丰度相对较好，但秋季明显低于外港（仅为 0.021×10^4 个/L）。每年的春季（3—5 月）、秋季（9—11 月）是马氏珠母贝的快速生长期，珍珠贝生长所需的饵料生物在秋季得不到快速补充会制约其充分生长。当海区养殖的滤食性贝类生物量较高，尤其是养殖中、后期（8 月以后）接近养殖容量时，浮游植物丰度及生物量受到显著的控制作用。同时，贝类向水体排泄铵盐等无机营养盐以及粪便等有机物，沉降后的有机物经矿化作用和再悬浮作用又可重新进入物质循环，为浮游植物生长提供营养。据报道，由于养殖筏体对水流的阻碍作用，胶州湾扇贝养殖区的化学耗氧量（COD）、营养盐浓度梯度向区外的延伸不足 1 km，对养殖区 N 贡献率大于 60%，对 P 的贡献率则超过 80%。对照区、扇贝主养区、网箱鱼类养殖区和珍珠贝养殖区的夏季 N/P 依次为 52、425、56 和 146，秋季 N/P 依次为 18、97、50 和 80，冬季 N/P 依次为 73、38、32 和 45。3 个季度各典型区 N/P 最高区的浮游植物丰度往往最高。夏、秋两季扇贝主养区 N/P 最高，丰度也为各组最高；冬季对照区的 N/P 较高，丰度也相对较高。扇贝主养区的养殖设施分布最为密集，水体交换能力较差，养殖污染物得不到充分扩散，N/P 偏高，因此，该区中肋骨条藻等硅藻的细胞丰度相应较高。鱼类网箱养殖增加了水体生态系统中营养物质的输入，对浮游植物的种类组成和丰度变化会产生重要影响。

第五节　浮游动物

浮游动物通常具有生活史短、代谢活动强、分布广泛等特点，对海洋环境的扰动非常敏感，是海洋生态系统长期变化的重要指示生物。研究表明，水产养殖活动会对浮游动物群落产生重要影响。对流沙湾开展的环境调查时间主要集中于 2005—2009 年，且主要侧重于营养盐、浮游植物等，对浮游动物群落特征的研究，则仅见于王彦等（2013）和张才学等（2013）的报道。在流沙湾养殖格局发生剧烈变化的背景下，对浮游动物群落结构展开研究，将有助于揭示流沙湾鱼贝养殖区浮游动物群落的生态学基本规律，并为该区域的水产养殖规划提供一定的参考依据。

本次分别于 2012 年 5 月（春季）、8 月（夏季）、11 月（秋季）及 2013 年 1 月（冬季），对流沙湾内港、外港进行季度性采样调查，采样站点同第四节，浮游动物样品的采集与定量均按照《海洋调查规范》（GB 17763.7—2007）。样品采用浅水 Ⅲ 型浮游生物网自海底向海面垂直拖曳，现场经 5% 浓度的福尔马林固定后，于倒置显微镜下进行定量及定性分析。物种采用多样性指数 H' 和均匀度 J 进行浮游植物多样性分析，图表采用 Origin8.5 绘制。环境因子与浮游动物群落结构多样性的关系采用 CANOCO4.5 软件进行分析。各季所有站点的环境因子数据及浮游动物丰度值除 pH 外均进行 $\lg(x+1)$ 转换。用于分析的浮游动物种类满足在各位点出现的频度>3，且在至少一个站位的相对丰度>1%。满足上述筛选条件的物种按照拼音顺序编号，并进行除趋势对应分析（DCA）。在此基础上，对群落进行主成分分析（PCA）并绘制物种样方双序图。采用 SPSS 20.0，对全年的浮游动物丰度、生物量及所有环境因子进行相关性分析。依照 Pearson 相关系数两两比较，以 $P<0.05$ 作为差异显著性水平。

本次浮游动物调查结果显示，2012—2013 年流沙湾浮游动物共计 7 类 41 种，各种幼体（包括鱼卵和仔鱼）17 类。浮游动物以桡足类最多（29 种），尤以哲水蚤科为主，其种类超过 10 属。十足类、毛颚类、枝角类分别为 4、3、2 种，介形类、端足类、水母类各 1 种。

流沙湾浮游动物丰度整体水平较低，且具有明显的季节特征，春、夏两季平均水平相对较高（除对照区外，丰度<80 尾/m³），秋、冬两季较低（丰度<60 尾/m³）。整体而言，外港浮游动物丰度高于内港。对照区（4、5 号站位）的浮游动物丰度普遍高于其他采样区域，尤其在春、夏两季；春、夏两季，扇贝主养区（3 号站位）的浮游动物丰度低于对照区和其他养殖区（图 18-5）。浮游动物生物量呈现明显的季节分化，冬、春两季相对较高（分别为 8.58～31 mg/m³、12.58～68.02 mg/m³），夏、秋两季则非常低（夏季 0.5～5 mg/m³、秋季 0.00～40.05 mg/m³）。与丰度特征相似，外港浮游动物生物量也普遍高于内港。春、秋两季对照区的浮游动物生物量高于其他站位。

如表 18-5 所示，流沙湾各季优势种变化差异明显，且以桡足类种类最多（12 种）。亚强次真哲水蚤（*Subeucalanus subcrassus*）、短尾类幼虫（*Brachyuran larva*）、长尾幼体（*Macruran larva*）在各个季节均有出现。

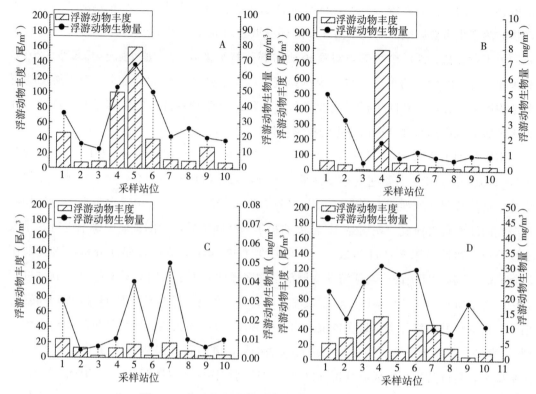

图 18-5　流沙湾各采样站位浮游动物丰度及生物量
A. 春季　B. 夏季　C. 秋季　D. 冬季

表 18-5　流沙湾浮游动物优势种优势度的季节变化

种类	春季	夏季	秋季	冬季
红眼纺锤水蚤 A. erythraea			+	·
刺尾纺锤水蚤 A. spinicauda	·	+		·
驼背隆哲水蚤 A. gibber				+ +
微驼隆哲水蚤 A. gracilis	·		·	+
长角隆哲水蚤 A. longicornis		·	+	
简长腹剑水蚤 Oithona simplex		+		
针刺拟哲水蚤 Paracalanus aculeatus		·		+ +
小拟哲水蚤 Paracalanus parvus		+	·	
强额孔雀水蚤 P. cressirotris		+	·	
亚强次真哲水蚤 S. subcrassus	+	·	+	+
钳形歪水蚤 T. forcipatus	·	+	·	
瘦尾胸刺水蚤 C. tenuiremis				+
蜾蠃蜚 Corophium sp.	+ +	·	+	
针刺真浮萤 Euconchoecia aculeata				+ +
肥胖软箭虫 Flaccisagitta enflata	·	+		
鱼卵 Fish eggs	+			+ +
仔鱼 Fish larva	+ +			
长尾幼体 Macruran larva	+	+	+ +	·
短尾类幼虫 Brachyuran larva	+	+	·	·

注：* 为 $Y<0.02$；+ 为 $0.02 \leqslant Y<0.1$；+ + 为 $Y \geqslant 0.1$。

　　春、夏两季位于内港的珍珠贝养殖区的多样性指数普遍高于外港平均水平；而与夏季相比，秋季多样性指数有所下降，且表现为从外港向内港方向递减的趋势，珍珠贝养殖区多样性指数仅为 0.72；冬季除珍珠贝养殖区（0.85）外的各区多样性指数均值恢复至 2.5～3.0，且数值较为接近（图 18-6）。春、夏两季对照区（4、5 号站位）的浮游动物均匀度指数均值低于其他养殖区，其中，春季表现为外港向内港方向递增；进入秋季，内港各区的均匀度指数低于外港；冬季内港珍珠贝养殖区的均匀度指数有一定程度的升高。

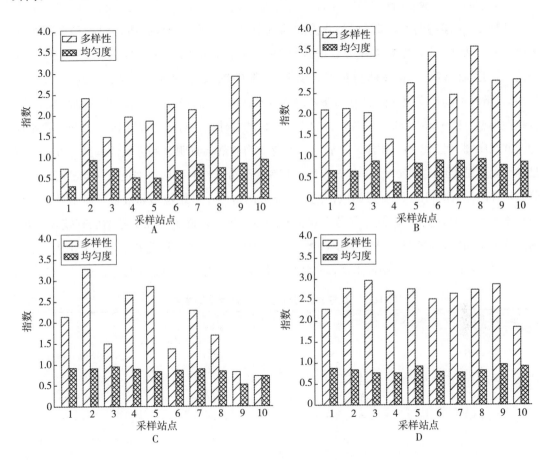

图 18-6　不同采样站位浮游动物多样性与均匀度指数
A. 春季　B. 夏季　C. 秋季　D. 冬季

　　采用 SPSS 软件对全年的浮游动物丰度、生物量及所有环境因子进行相关性分析，依照 Pearson 相关系数两两比较（表 18-6）。浮游动物丰度与亚硝酸盐呈显著正相关（$P <$ 0.05），与其他环境因子相关性不显著。与之相比，浮游动物生物量与环境因子的相关性较好；与亚硝酸盐呈显著正相关（$P < 0.05$），与总氮、氨氮、氮磷比、盐度呈极显著正相关（$P < 0.01$）；与硝酸盐、叶绿素 a、颗粒有机物呈极显著负相关（$P < 0.01$），且与 pH 呈显著负相关（$P < 0.05$）。

表 18-6　浮游动物丰度、生物量与环境因子的相关性（$N=10$）

项目	NH_4^+	NO_2^-	NO_3^-	TN	Chl a	POM	S
丰度	−0.064	0.398*	0.196	−0.097	−0.036	−0.238	0.079
生物量	0.442**	0.384*	−0.438**	0.479**	−0.410**	−0.464**	0.496**
项目	pH	T	DO	SD	DIP	TP	N/P
丰度	−0.043	0.166	−0.023	0.134	0.114	0.007	−0.014
生物量	−0.319*	−0.204	−0.073	0.187	−0.164	−0.241	0.464**

*　显著相关；**　极显著相关。

　　共计 28 种浮游动物满足 DCA 分析的筛选条件，可进入梯度分析，对物种按照拼音顺序编号（表 18-7）。先对物种类数据进行 DCA 分析，结果显示，春、夏、秋、冬四季的前四排序轴以第一排序轴为最长，其第一排序轴长分别为 1.988、2.025、2.463、2.545，解释的物种变化率分别为 35.8%、43.6%、38.5%、47.5%。第一排序轴均<3，适合线性模型（Estrada et al.，2012）。在 DCA 分析的基础上，对群落进行 PCA 分析并绘制物种样方双序图（图 18-7）。排序结果显示，浮游动物群落具有明显的区域性差异。春季，桡足类（尤其是亚强次真哲水蚤）以及鱼卵、仔鱼主要分布在对照区，端足类（螺蠃蜚）主要分布于外港靠近湾口的 1、6 号站位；夏季，靠近湾口的 1 号站位鱼卵最多，而 4 号站位简长腹剑水蚤分布最多，5 号站位仔鱼和螺蠃蜚最多；秋季，桡足类在 1 号站位有较多分布，内港的长尾幼体分布多于外港；冬季，桡足类、鱼卵主要分布于外港采样区（尤其是 3 号站位），仔鱼仅在 3、4、6 号站位出现，针刺真浮萤在 3、4 号站位有较多分布。

表 18-7　参与 DCA 分析的流沙湾浮游动物名录

编码	种类	编码	种类
Cop01	*A. erythraea*	Lar01	Brachyuran larva
Cop02	*A. spinicauda*	Lar02	Copepod larva
Cop03	*A. gibber*	Lar03	Fish egg
Cop04	*A. longicornis*	Lar04	Fish larva
Cop05	*C. sinicus*	Lar05	Zoea larva (Macruran)
Cop06	*C. tenuiremis*	Lar06	*Lucifer* larva
Cop07	*E. concinna*	Lar07	Macruran larva
Cop08	*L. euchaeta*	Lar08	Porcellana larva
Cop09	*O. simplex*	Lar09	Ophiopluteus larva
Cop10	*P. aculeatus*	Lar10	Stomatophora larva
Cop11	*S. subcrassus*	Ost01	*E. aculeata*
Cop12	*T. forcipatus*	Cha01	*F. enflata*
Cop13	*P. parvus*	Cha02	*Z.* sp.
Cop14	*A. gracilis*	Amp01	*C.* sp.

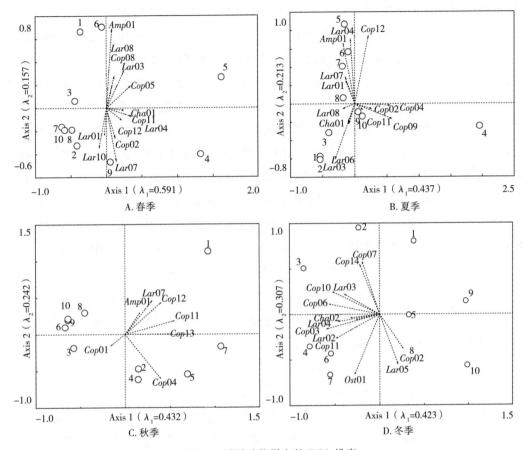

图 18-7 浮游动物样方的 PCA 排序

本次调查显示，流沙湾浮游动物共计 7 类 41 种，其中，桡足类最多（29 种，占 70.73％）。作为半封闭型海湾，流沙湾的浮游动物种类数远少于其西南侧的北部湾 （370 种）以及湛江港湾（217 种）。本次调查浮游动物种类数略低于张才学等于 2008— 2009 年的统计数据（49 种），哲水蚤仍为流沙湾的优势种，但主要的优势种已由针刺 拟哲水蚤、小拟哲水蚤转变为亚强次真哲水蚤。阶段性的浮游动物频繁出现，长尾、 短尾幼体多次成为优势种。

整体而言，浮游动物丰度、生物量和多样性指数均显示出秋季低于春、夏两季的趋 势。在空间分布上，浮游动物丰度和生物量普遍表现为外港高于内港，秋季的浮游动物 多样性指数及均匀度指数变化特征也与之相似。依据饵料生物水平分级评价标准，浮游 动物生物量<10 mg/m³ 为低水平，10～30 mg/m³ 为中低水平，30～50 mg/m³ 为中等水 平，50～70 mg/m³ 为中高水平。因此，春季外港的 1、4、5、6 号站位为中等水平，其余 各站位均为中低水平；夏季和秋季所有站位均处于低水平状态；冬季绝大多数站位的饵 料生物处于中低水平。浮游动物丰度明显低于 2008—2009 年张才学等的调查数据，多样 性指数与 2008—2009 年相当，但最高值与最低值间的差值加大。

温度和盐度是影响中国近海浮游动物群落结构最重要的环境因子。尽管温度与浮游动物丰度和生物量之间的相关系数不高，浮游动物种类的变化却与之密切相关：偏暖温带近岸种类中华哲水蚤、小拟哲水蚤分别出现在温度适中的春（28.84℃）、秋（25.89℃）两季，且后者在秋季为优势种；偏低温种类瘦尾胸刺水蚤在温度较低的冬季（19.51℃）成为优势种；亚热带外海种类亚强次真哲水蚤在各季均有出现；浮游动物幼体主要出现在水温相对较高的春季和夏季（30.73℃），并有较多种类在春季成为优势种。相关性分析显示，盐度与浮游动物生物量呈极显著正相关（$P<0.01$）。因此，流沙湾海域冬季盐度最高（32.13）、温度最低（19.51℃），亚热带外海种类如驼背隆哲水蚤、针刺拟哲水蚤、针刺真浮萤等均成为绝对优势种。相关性分析显示，浮游动物生物量与N元素的相关性较强（主要表现为正相关），而与P元素的相关性较弱。这种相关性的差异，可能是由于2008—2009年流沙湾海区主要呈N限制（N/P比值为3.94～11.95）转变为2012—2013年的P限制（N/P比值为21.65～1287）所引起。由于桡足类为主的浮游动物对浮游植物的摄食，Chl a浓度与浮游动物生物量呈极显著负相关（$P<0.01$）。这种负相关性同样见于黄凤鹏等对胶州湾海域的报道。与表征浮游植物现存量的Chl a指标相比，表征悬浮物的POM与浮游动物的生物量呈更高的负相关性，POM与浮游动物生物量的相关系数0.464（$P<0.01$），这可能是由于浮游动物的食物来源除浮游植物外，还包括细菌等，尤其是冬季（对细菌的摄食率达71%）。

根据位置分布，4号、3号、8号、10号站位分别典型代表着对照区、扇贝主养区、鱼类网箱养殖区和珍珠贝养殖区。在4个季度的调查中，上述鱼、贝养殖区的浮游动物丰度及生物量均低于对照区，其差异在春、夏两季尤为明显。PCA分析结果显示，鱼、贝养殖区与对照区之间的浮游动物种类和丰度差异显著，表明水产养殖活动会对浮游动物群落结构产生明显影响。研究表明，滤食杂食性鱼类对大型桡足类的滤食可显著影响浮游动物群落，贝类则主要通过食物竞争使桡足类生物量降低。4个典型区的群落结构以中小型桡足类为主，大中型浮游动物种类较少。春季，中华哲水蚤、亚强真哲水蚤、肥胖软箭虫、锥形宽水蚤等大中型浮游动物仅在对照区出现。其中，亚强真哲水蚤在浮游动物群落中占绝对优势（66.04%），仔鱼在对照区为优势种而在鱼、贝养殖区极少分布；夏季，亚强真哲水蚤和肥胖软箭虫丰度最高值出现在对照区（分别占总量的0.3%、0.8%），最低值出现在扇贝主养区（分别占0、0.2%），中小型桡足类（强额孔雀水蚤、简长腹剑水蚤）在对照区大量出现（分别占56.63%、27.08%），其他典型区则极少出现；秋季，鱼类网箱养殖区和对照区检出少量的红眼纺锤水蚤，而扇贝主养区则没有发现；冬季，对照区的大中型桡足类（针刺拟哲水蚤、亚强真哲水蚤、驼背隆哲水蚤、微驼隆哲水蚤）丰度最高，扇贝主养区次之，鱼类网箱养殖区和珍珠贝养殖区较小。水体富营养化的加重和营养盐结构的变化，使近岸海域浮游植物群落构成趋于小型化，并通过食物链的传递进一步引起主要摄食者浮游动物的小型化。因此，鱼、贝养殖活动（尤其是扇贝养殖）加剧了近岸海域浮游动物的小型化。由于游泳行为的不同，哲水蚤逃避捕食的能力要优于剑水蚤等其他桡足类，在相对较大的捕食压力和较低的食物竞争压力下，容易成为优势种。亚强次真哲水蚤是代表性的藻滤食种，其摄食率可达 19.76 ng/（尾·d），高于哲水蚤科、纺锤水蚤科等其他桡足类，但强额孔雀水蚤对浮游植物现存量的摄食压力更强，几乎是亚强次真哲水蚤形成摄食压力的 3 倍。春季亚强次真哲水蚤在对照区占绝对优势，夏季强额孔雀水蚤在对照区出现高值而未在鱼、贝养殖区检出，均表明对照区浮游植物资源较为丰富，而鱼、贝养殖区则相对匮乏。

小型桡足类主要分布于水体表层，春季小型桡足类在对照区出现高峰，其不同的形态（卵、无节幼体）和丰富的种类可为仔鱼的存活与生长提供广谱性的饵食，因此，春季仔鱼在对照区也呈优势分布。秋季正值网箱养鱼收获期，养殖区内浮游动物受到的捕食压力减小，因此，红眼纺锤水蚤最多出现于鱼类网箱养殖区。从春季至秋季，受食物竞争的影响，扇贝主养区浮游动物丰度及生物量一直较低，随着扇贝的养成，冬季扇贝主养区浮游动物的食物竞争压力骤减，浮游动物的生物量、丰度迅速回升，高于鱼类网箱养殖区和珍珠贝养殖区，浮游动物多样性指数接近 3.0，高于其他站位。浮游动物缺乏发达的游泳器官，只能随波逐流，径流、海流等水文因素均会影响其分布，因此除源自鱼、贝的摄食活动影响外，水交换能力的好坏对浮游动物群落结构和时空分布的影响也不可低估。流沙湾内港和外港间的水交换能力较弱，延绳、筏架、网箱等养殖设施可明显降低水流速度及交换速率，并造成向下传输的营养物质显著减少，因此，内港的鱼类网箱养殖区及珍珠贝养殖区的浮游生物丰度和生物量均低于外港靠近港口的 1 号站位。

第六节　底栖动物

2012 年 8 月，开展了流沙湾外港及其北方海域的底栖生物调查，共布设了调查站位 12 个（图 18-8）。底栖生物调查方法按照《海洋监测规范》（GB 17378.1—2007）和《海洋调查规范》（GB 12763.1—2007）中有关底栖生物的规定执行，样品用酒精固定后带回室内分析鉴定，生物量称量以 g/m² 为计算单位。以 Shannon-Weaner 多样性指数 H' 和 Pielou 提出的均匀度指数来衡量底栖生物的多样性水平。J 值范围在 0～1 之间，一般 J 值大时体现种间个体分布均匀，J 值小时反映个体分布不均。

本次调查海域底栖生物的总平均生物量为 45.47 g/m²，平均栖息密度为 147.16 尾/m²。生物量的组成以软体动物占优势，其次为多毛类动物。软体动物的生物量为 26.18 g/m²，占总生物量的 57.58%；多毛类动物的生物量为 7.26 g/m²，占总生物量 15.97%；居第三的为甲壳类动物，其生物量为 6.62 g/m²，占总生物量 14.56%；以其他

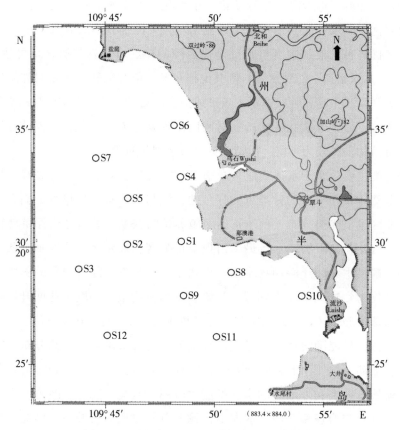

图 18-8 雷州乌石流沙海域底栖生物调查站位

动物（主要为脊索动物和螠虫动物）的生物量为最低。栖息密度方面，其组成以多毛类动物为主，栖息密度为 63.17 尾/m²，占总栖息密度的 42.93%；其次则为软体动物，占总栖息密度 24.06%；占比例最小的也为其他类动物（表 18-8）。

表 18-8 流沙湾附近海域底栖生物的平均生物量及栖息密度

项　目	合计	多毛类	软体动物	甲壳类	棘皮动物	其他
生物量（g/m²）	45.47	7.26	26.18	6.62	3.32	2.09
栖息密度（尾/m²）	147.16	63.17	35.40	26.38	18.05	4.16

　　本调查评价海域内各站位底栖生物的生物量有一定的差异。最高生物量出现在 S6 号站，其生物量达 82.71 g/m²；其次为 S2 号站，其生物量为 61.64 g/m²；最低生物量则出现在 S1 号站，其生物量为 19.83 g/m²；最高生物量是最低生物量的 4.2 倍（表 18-9）。栖息密度方面，各站位密度差别不大，最高出现在 S8 和 S9 号站，其栖息密度均达 183.26 尾/m²；最低密度出现在 S6 号站海域，其密度为 91.63 尾/m²，最高密度是最低密度的 2.0 倍。湾内的 8 和 10 号站在生物量和栖息密度上都要高于湾外的 11 号站位，但与湾外的 9 号站差距不大。

表 18-9　流沙湾附近海域底栖生物生物量及栖息密度的分布

站位	项目	合计	多毛类	软体动物	甲壳类	棘皮动物	其他
S1	生物量（g/m²）	19.83	2.42	3.83	13.58	—	—
	栖息密度（尾/m²）	141.61	41.65	33.32	66.64	—	—
S2	生物量（g/m²）	61.64	5.00	40.90	—	2.25	13.49
	栖息密度（尾/m²）	158.27	66.64	58.31	—	24.99	8.33
S3	生物量（g/m²）	26.32	6.66	—	18.16	—	1.50
	栖息密度（尾/m²）	149.94	83.30	—	58.31	—	8.33
S4	生物量（g/m²）	21.75	7.50	6.50	—	3.42	4.33
	栖息密度（尾/m²）	116.62	66.64	16.66	—	24.99	8.33
S5	生物量（g/m²）	55.98	1.58	44.98	8.50	0.92	—
	栖息密度（尾/m²）	133.28	33.32	41.65	49.98	8.33	
S6	生物量（g/m²）	82.71	4.41	78.30			
	栖息密度（尾/m²）	91.63	41.65	49.98			
S7	生物量（g/m²）	54.31	8.66	22.41	13.16	6.08	4.00
	栖息密度（尾/m²）	149.94	74.97	24.99	16.66	24.99	8.33
S8	生物量（g/m²）	44.24	15.83	23.24	4.25	0.92	—
	栖息密度（尾/m²）	183.26	91.63	66.64	16.66	8.33	
S9	生物量（g/m²）	49.98	2.75	35.65	5.83	5.75	
	栖息密度（尾/m²）	183.26	83.30	24.99	24.99	49.98	—
S10	生物量（g/m²）	54.32	9.00	35.99	3.83	3.75	1.75
	栖息密度（尾/m²）	174.93	66.64	41.65	33.32	16.66	16.66
S11	生物量（g/m²）	42.81	18.24	7.83	6.33	10.41	—
	栖息密度（尾/m²）	133.28	66.64	8.33	24.99	33.32	
S12	生物量（g/m²）	31.73	5.08	14.49	5.83	6.33	—
	栖息密度（尾/m²）	149.94	41.65	58.31	24.99	24.99	

　　本次调查海域位于雷州半岛西部海域。底质较为复杂，以沙、沙泥和泥沙为主，近岸有红树林分布。底栖生物种类组成呈现明显的热带-亚热带沿岸群落区系特征。本次调

查共出现了包括软体动物、甲壳类动物、多毛类动物、棘皮动物、脊索动物和螠虫动物在内等六大门类在内的底栖生物 38 科 57 种。以软体动物出现的种类最多，有 21 种，占总种类数的 36.84%；其次为多毛类动物，有 14 种，占总种类数的 24.56%；甲壳类动物有 13 种，占总种类数的 22.81%；其余门类种类数较少（表 18-10）。

表 18-10 流沙湾附近海域底栖生物各站位的主要种类

门类	科数（科）	种类数（种）	占总种类数的比例（%）
多毛类环节动物	12	14	24.56
螠虫动物	1	1	1.75
软体动物	13	21	36.84
甲壳类动物	7	13	22.81
棘皮动物	3	5	8.77
脊索动物	2	3	5.27
合计	38	57	100.00

多毛类出现的主要代表种包括纳加索沙蚕（*Lumbrineris nagaee*）、背毛背蚓虫（*Notomastus cf. aberans*）、异蚓虫（*Heteromastus filiformis*）、梳鳃虫（*Terebellides stroemii*）、菱内卷齿蚕（*Aglaophamus vietnamensis*）、斑角吻沙蚕（*Goniada maculata*）、球小卷吻沙蚕（*Micronephtys sphaerocirrata*）和杂色巢沙蚕（*Diopatra variabilis*）等，多呈埋栖性和管栖性分布，各站位普遍出现。

软体动物的主要代表种有鳞片帝纹蛤（*Timoclea imbricata*）、美女白樱蛤［*Macoma*（*Psammacoma*）*candida*］、中国小铃螺（*Minolia chinensis*）、散纹樱蛤（*Tellina virgata*）、维提织纹螺［*Nassarius*（*Zeuxis*）*vitiensis*］、棒锥螺（*Turritella bacillum*）、西格织纹螺［*Nassarius*（*Zeuxis*）*siquijorensis*］和假奈拟塔螺（*Turricula nelliae*）等，埋栖性生活，分布广。

甲壳类动物出现主要代表种有模糊新短眼蟹（*Neoxenophthalmus obscurus*）、宽突赤虾（*Metapenaeopsis palmensis*）、双凹鼓虾（*Alpheus bisincisus*）、威迪梭子蟹（*Portunus tweediei*）、毛盲蟹（*Typhlocarcinus villosus*）、太阳强蟹（*Eucrate solaris*）和口虾蛄（*Oratosquilla oratoria*）等，营底层匍匐和游泳生活，群居现象明显。

其他尚有棘皮动物的长腕双鳞蛇尾（*Amphipholis loripes*）、光滑倍棘蛇尾（*Amphioplus laevis*），以及脊索动物的小头栉孔虾虎鱼（*Ctenotrypauchen microcephalus*）等。其中，优势较为明显的种类是背毛背蚓虫、杂色巢沙蚕、纳加索沙蚕、斑角吻沙蚕、鳞片帝纹蛤、棒锥螺、中国小铃螺、模糊新短眼蟹、光滑倍棘蛇尾和长腕双鳞蛇尾等。各站位出现的主要种类见表 18-11。

表 18-11　底栖生物各站位的主要种类

采样站位	主要种类
S1	模糊新短眼蟹（*Neoxenophthalmus obscurus*）、鳞片帝纹蛤（*Timoclea*）
S2	维提织纹螺［*Nassarius*（*Zeuxis*）*vitiensis*］、异蚓虫（*Heteromastus filiformis*）、光滑倍棘蛇尾（*Amphioplus laevis*）
S3	模糊新短眼蟹（*N. obscurus*）、背毛背蚓虫（*Notomastus* sf. *aberans*）
S4	斑角吻沙蚕（*Goniada maculata*）、背毛背蚓虫（*N. sf aberans*）
S5	模糊新短眼蟹（*N. obscurus*）、散纹樱蛤（*Tellina virgata*）、球小卷吻沙蚕（*Micronephtys sphaerocirrata*）
S6	萎内卷齿蚕（*Aglaophamus vietnamensis*）、彩虹明樱蛤（*Moerella iridescens*）
S7	纳加索沙蚕（*Lumbrineris nagaee*）、萎内卷齿蚕（*Aglaophamus vietnamensis*）、美女白樱蛤［*Macoma*（*Psammacoma*）*candida*］
S8	梳鳃虫（*Terebellides stroemii*）、斑角吻沙蚕（*Goniada maculata*）、中国小铃螺（*Minolia chinensis*）
S9	背毛背蚓虫（*N. cf. aberans*）、光滑倍棘蛇尾（*Amphioplus laevis*）、模糊新短眼蟹（*N. obscurus*）
S10	杂色巢沙蚕（*Diopatra variabilis*）、双凹鼓虾（*Alpheus bisincisus*）、长腕双鳞蛇尾（*Amphipholis loripes*）
S11	长腕双鳞蛇尾（*A. loripes*）、斑角吻沙蚕（*G. maculata*）
S12	铲形胡桃蛤［*Nucula*（*Leionucula*）*cumingii*］、纳加索沙蚕（*L. nagaee*）、长腕双鳞蛇尾（*A. loripes*）

　　通过对本次调查的原始数据进行统计分析，结果显示（表 18-12），本海域底栖生物多样性指数分布范围为 1.81~3.23，平均为 2.59。多样性指数最高出现在 S10 号站，其次为 S11 号站，最低则出现在 S1 号站；均匀度的分布范围为 0.86~0.96，平均为 0.91。总的来说，流沙湾海域多样性指数和均匀度均属较高水平，优于附近海域。

表 18-12　流沙湾附近海域底栖生物多样性指数及均匀度

站号	多样性指数（H'）	均匀度（J）
S1	1.81	0.91
S2	2.78	0.93
S3	1.99	0.86
S4	2.61	0.92
S5	2.48	0.88
S6	2.23	0.96
S7	2.86	0.95
S8	2.78	0.93

（续）

站号	多样性指数（H'）	均匀度（J）
S9	2.70	0.90
S10	3.23	0.93
S11	2.95	0.93
S12	2.71	0.90
平均	2.59	0.91

第七节　贝类资源

2012 年 8 月，开展了流沙湾外港及其北方海域的贝类调查，共布设了调查站位 12 个和 2 个潮间带采样点。潮间带采样点位于 S1 和 S4 附近。调查方法按照《海洋监测规范》（GB 17378.1—2007）和《海洋调查规范》（GB 12763.1—2007）中有关规定执行。

本次调查海域位于雷州半岛西部海域。底质较为复杂，以沙、沙泥和泥沙为主，近岸有红树林分布。2 个调查断面沉积物均为软相底质的泥沙和沙泥，并有砾石散布相间。本次调查共出现了包括软体动物 30 科有 59 种，其中，潮间带有 14 科 36 种。种类组成呈现明显的沿岸热带-亚热带群落区系特征。

第八节　珍珠贝增殖策略

一、马氏珠母贝个体生长模型

基于 AquaShell 贝类生长模型框架，根据南海水产研究所 2011 年 5 月至 2014 年 7 月马氏珠母贝测定数据和 2012 年 5 月至 2013 年 2 月对流沙湾的季度性海上调查数据，建立了马氏珠母贝个体生长的动态模型。其中，模型校准基于 2013 年 7 月 16 日至 2014 年 7 月 14 日的观测数据。模型验证基于 2011 年 9 月 5 日至 2012 年 12 月 20 日的观测数据。模型中涉及的主要生长方程有：①软组织生长方程；②贝壳生长方程；③生殖腺生长方程；④壳长回归方程；⑤体重异速生长对滤除率的效应方程；⑥水温对滤除率的效应方程；⑦盐度对滤除率的效应方程；⑧浮游植物的假粪沉降率方程；⑨

有机碎屑假粪沉降率方程；⑩摄食代谢方程；⑪水温对同化作用的效应方程；⑫生殖腺占能比方程等。

最终模型输出的马氏珠母贝生长曲线如图 18-9 所示。

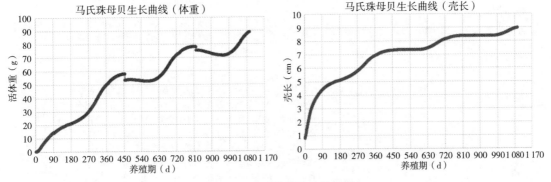

图 18-9　马氏珠母贝生长曲线

二、马氏珠母贝 FARM 模型

将马氏珠母贝个体生长模型嵌入 FARM 贝类养殖管理平台，耦合海湾水动力和水质参数，计算不同养殖区域、密度和规模预案下的珍珠贝生长情况及产量，用于评估珍珠贝的可持续养殖容量。根据流沙湾的地形、水文条件，将流沙湾分为 7 个 Box 模型分区，如彩图 51、表 18-13 所示。利用 GIS 分析得到流沙湾的养殖现状（彩图 52），最终两者相结合得到流沙湾 Box 分区及养殖布局现状情况（表 18-13）。

表 18-13　流沙湾 Box 分区及养殖布局现状

Box 分区	总面积（hm²）	主要设施及养殖类型	养殖面积（hm²）	覆盖率（%）	站位编号
1	4 592.8	珍珠贝插桩挂笼养殖	264.4	5.8	9、10
2	1 504.2	航道；卵形鲳鲹鱼排养殖	26.5	1.8*	8
3	1 216.9	航道、流沙港码头；大规模密集鱼排；少量抗风浪网箱	40.6	3.3	1
4	3 049.9	大规模扇贝筏式养殖	980.9	32.2	2、3
5	1 378.6	扇贝筏式养殖	96.3	7.0	7
6	574.9	扇贝筏式养殖	55.2	9.6	6
7	9 491.2	外海界面	—		4、5

*　Box 2 内有大量浅滩在退潮时完全露出水面，实际水面养殖覆盖率远高于此计算值。

利用 FARM 计算，确定各 Box 分区的可持续养殖容量，结果如表 18-14 所示。

表 18-14 流沙湾各 Box 分区的可持续容量

量化指标	分区					
	1	2	3	4	5	6
最大适宜密度（只/m²）	95	330	210	90	180	270
总数量（只）	2.51×10⁸	8.71×10⁷	8.51×10⁷	8.83×10⁸	1.95×10⁸	1.49E×10⁸
总产量（t）	7 800	2 850	2 700	25 500	5 800	2 000
备注	1 区为流沙湾珍珠贝主要养殖区，现实养殖密度超过 200 只/m²，严重超过养殖容量，必须降低养殖密度	2 区位于航道附近，水深，水质好，可以较高密度进行筏式挂笼养殖，但势必与鱼排争夺养殖空间，涉及养殖户意愿，因此只能作为潜在养殖区	3 区为密集网箱养殖区，且位于航道和流沙港码头附近，中部水流急，溶氧丰富，近岸水浅，适宜珍珠贝生长。但为了航道安全，以及内、外湾水交换畅通，便于养殖废物扩散输送，尽量避免养殖占用	4 区大规模扇贝筏式养殖区，尽管湾口水交换充分，水质好，但扇贝滤食导致饵料资源比较有限，可以中密度养殖珍珠贝，但要处理好与扇贝养殖的关系	5 区有小规模扇贝养殖，水流、水深合适，饵料丰富，适宜珍珠贝生长，可在较高密度养殖但要处理好与扇贝养殖的关系	6 区有小规模扇贝养殖，水流、水深合适，饵料丰富，适宜珍珠贝生长，可在较高密度养殖但要处理好与扇贝养殖的关系

流沙湾马氏珠母贝养殖容量数据汇总见表 18-15。就模型评估与流沙湾养殖现状综合而言，内湾 Box1 区为珍珠贝传统养殖区，目前的养殖量已超过养殖容量 1 倍以上，在养殖面积难于缩减的条件下，需将养殖密度减少 1 半以上，至多允许 95 只/m²，如此才能实现可持续养殖。Box2 区位于航道附近，水较深，是卵形鲳鲹网箱养殖的主要区域，同时，水质也很适宜珍珠贝养殖，但是必须解决与网箱养殖的空间竞争矛盾，另外还有经济效益的差异，因此，只能作为潜在适宜养殖区。Box3 区位于流沙湾内外湾交界处，目前的大规模鱼排养殖已严重影响了内外湾水交换，导致内湾的贝类饵料资源不足，以及养殖废物难于迅速扩散；而且此处有流沙港码头，水道狭窄，渔船和货轮频繁出入，因此，此处水面不宜占用。Box4 区是流沙湾主要的扇贝养殖区，规模巨大，密度高，自然条件适宜进行珍珠贝筏式吊养，适宜密度可达到 90 只/m²，但是得协调处理好与扇贝养殖之间的关系。Box5 和 Box6 区都在外湾，水交换条件好，饵料充足，水质适宜，可开展较高密度的珍珠贝筏式养殖，但是规模都不宜过大，以免影响航运。

综上所述，目前仅能确定流沙湾内湾传统珍珠贝养殖区的可持续养殖容量，即 2.5×10⁸只，或年产量 7 800 t。如果将流沙湾内全部适宜养殖区域都开展珍珠贝养殖，则总容量可达 15.6×10⁸只，或年产量 4.4 万 t。朱春华等通过静态模型法估算流沙湾内湾珍珠贝养殖容量为 19 881.95t，远远高于本研究的数值。原因在于其计算方法未考虑流沙湾内不同区域的养殖环境特征及养殖场地可适性，未考虑水动力作用，也未将网箱养殖、航道等其他因素考虑在内，因而其评估结果与本方法相差甚远。

表 18-15　流沙湾马氏珠母贝养殖容量与管理对策综合统计

| Box 分区 | 相对位置 | 养殖现状 | | | | 养殖容量 | | | 珍珠贝管理策略 |
		总面积 (hm²)	养殖面积 (hm²)	覆盖率 (%)	设施及养殖现状	密度 (m²)	放养量 (×10⁴只)	年产量 (t)	
1	内湾	4 592.8	264.4	5.8	大规模珍珠贝甬桩养殖	95	25 080	7 800	降低珍珠贝养殖密度
2	内湾	1 504.2	26.5	1.8	航道附近；卵形鲳鲹鱼排养殖	330	8 712	2 850	潜在珍珠贝筏式养殖区
3	内、外湾交界	1 216.9	40.6	3.3	航道、流沙港码头附近；大规模密集鱼排；少量抗风浪网箱	210	—	—	鉴于此处为航道安全和内、外湾水交换通道，需避免占用
4	外湾北侧	3 049.9	980.9	32.2	大规模扇贝集筏式养殖	90	88 290	25 500	宜中密度珍珠贝筏式养殖与扇贝关系
5	外湾南侧	1 378.6	96.3	7	小规模扇贝筏式养殖	180	19 494	5 800	宜较高密度珍珠贝筏式养殖、严控规模、处理好与扇贝关系
6	外湾中部	574.9	55.2	9.6	小规模扇贝筏式养殖	270	14 904	2 000	宜较高密度珍珠贝筏式养殖、严控规模、处理好与扇贝关系
合计		12 317.3	1 463.9	11.9			156 480	43 950	

第十九章　陵水湾示范区

第一节　气候地理特征

新村湾位于海南省陵水县东南部,其东面与黎安港腹背相依,口门北起新村角(18°24′42″N、109°57′58″E),南至石头村沙嘴(18°24′34″N、109°57′42″E),是一个完全为潮汐所控制的近封闭状天然潟湖湾。海湾周围为海积阶地、残丘和沙堤所环绕,仅海湾西部有一窄口与陵水湾相通。全湾总面积22.6 km²,其中,0 m等深线以深水域面积12.5 km²;海滩面积10.1 km²。从整体来看,海湾东西长5.5 km、南北宽4.5 km,全湾海岸线总长28.5 km。湾口朝向西南,口门宽约250 m,南部有南湾半岛做天然屏障。

新村湾海底地貌类型单调,为一较平坦的浅海潟湖盆地。湾内水域面积较大,水深条件良好,水深分布状况大致具有边浅中深、南深北浅的特点。湾内有珊瑚礁零星分布,5~10 m水深的水域占一半左右,大于10 m水深水域占4%左右。尤其是潟湖口门附近的港区,水深条件更优,5 m等深线距离港区岸线仅50 m。口门平均水深5.7 m,最大水深11.2 m。仅口外堆积的拦门沙较浅,拦门沙距口门约1 000 m。沿航道水深不足3 m者宽300 m,最浅水深1~1.2 m。

港湾周围主要为海积阶地、残丘和沙堤所环绕,南部为南湾半岛,地势较高,最高海拔为南湾岭(247.7 m),东、西、北三面地势低平。湾内无大河注入,仅在北面和西北面有2条小溪注入,沙源有限,致使整个湾内水深稳定,无明显的泥沙堆积。

第二节　海水水质

结合陵水湾的地理形状、养殖区的现状,综合考虑湾内养殖布局、水流等因素,2014—2015年对陵水湾海域开展了4次综合调查。调查一共设置17个调查站位(S1~12位于内湾、S13~14位于湾口水道、S15~17位于外湾),均设置水质调查项目;选取12个站位调查海洋生态环境现状(S1、S2、S3、S4、S6、S8、S9、S10、S11、S13、S15、

S17）；选取 9 个站位调查沉积物环境现状（S1、S3、S5、S6、S7、S9、S13、S15、S16）。具体站位经纬度如表 19-1 所示。

表 19-1　海域生态环境调查监测站位

站号	经度（E）	纬度（N）	调查内容
S1	110°00′38.14″	18°25′01.48″	水环境、海洋生态、沉积环境
S2	110°00′17.74″	18°25′34.50″	水环境、海洋生态
S3	110°00′17.74″	18°25′01.48″	水环境、海洋生态、沉积环境
S4	110°00′17.74″	18°24′22.98″	水环境、海洋生态
S5	109°59′40.11″	18°25′28.17″	水环境、沉积环境
S6	109°59′40.11″	18°25′01.48″	水环境、海洋生态、沉积环境
S7	109°59′40.11″	18°24′22.98″	水环境、沉积环境
S8	109°59′16.66″	18°25′20.60″	水环境、海洋生态
S9	109°59′16.66″	18°25′01.48″	水环境、海洋生态、沉积环境
S10	109°59′16.66″	18°24′22.98″	水环境、海洋生态
S11	109°58′44.79″	18°25′17.79″	水环境、海洋生态
S12	109°58′44.79″	18°24′53.94″	水环境
S13	109°58′23.71″	18°24′59.21″	水环境、海洋生态、沉积环境
S14	109°58′08.57″	18°24′42.11″	水环境
S15	109°57′34.71″	18°24′25.62″	水环境、海洋生态、沉积环境
S16	109°57′15.78″	18°24′08.69″	水环境、沉积环境
S17	109°57′49.48″	18°24′08.69″	水环境、海洋生态

一、透明度

陵水湾春季海水透明度变化范围为 1.0～4.9 m，平均为 2.2 m；夏季海水透明度变化范围为 1.5～4.8 m，平均为 2.9 m；秋季海水透明度变化范围为 1.5～4.5 m，平均为 3.2 m；冬季海水透明度变化范围为 2.0～6.2 m，平均为 4.2 m。

各航次海水透明度温度空间分布呈现湾中部海域略高于湾口海域；从时间变化规律看，各航次调查海域透明度呈现冬季（4.2 m）＞秋季（3.2 m）＞夏季（2.9 m）＞春季（2.2 m）的变化特征。

二、水温

陵水湾春季海水温度变化范围为 27.2～32.7℃，平均为 31.08℃；夏季海水温度变化范围为 27.4～31.2℃，平均为 29.61℃；秋季海水温度变化范围为 26.2～28.2℃，平均为 26.64℃；冬季海水温度变化范围为 24.12～25.5℃，平均为 24.87℃。

各航次海水温度空间分布变化差异不明显。从时间变化规律看，各航次调查海域海水温度呈现春季（31.08℃）＞夏季（29.61℃）＞秋季（26.64℃）＞冬季（24.87℃）的变化特征。

三、溶解氧

陵水湾春季海水溶解氧浓度变化范围为 4.760～10.41 mg/L，平均为 7.08 mg/L；夏季海水溶解氧浓度变化范围为 2.87～6.68 mg/L，平均为 4.64 mg/L；秋季海水溶解氧浓度变化范围为 2.89～6.11 mg/L，平均为 4.55 mg/L；冬季海水溶解氧浓度变化范围为 2.45～6.99 mg/L，平均为 4.80 mg/L。

调查各站海水溶解氧浓度的空间分布变化湾口和湾外海域溶解氧明显高于湾内，海水溶解氧浓度变化呈表层＞底层；从时间变化规律看，各航次调查海域海水溶解氧浓度呈现春季（7.08 mg/L）＞冬季（4.80 mg/L）＞夏季（4.64 mg/L）＞秋季（4.55 mg/L）的变化特征。

四、盐度

陵水湾春季海水盐度变化范围为 31.90～33.95，平均为 32.76；夏季海水盐度变化范围为 31.55～32.79，平均为 32.37；秋季海水盐度变化范围为 32.05～34，平均为 33.39；冬季海水盐度变化范围为 32.63～35.60，平均为 34.50。

调查水域海水盐度的空间分布呈现湾口高于湾内的变化趋势，表、底层盐度变化不大；从时间变化规律看，各航次调查海域海水盐度呈现冬季（34.50）＞秋季（33.39）＞春季（32.76）＞夏季（32.37）的变化特征。

五、pH

陵水湾春季海水 pH 变化范围为 7.99～8.65，平均为 8.36；夏季海水 pH 变化范围为 7.68～9.31，平均为 8.19；秋季海水 pH 变化范围为 6.15～6.66，平均为 6.49；冬季海水 pH 变化范围为 8.12～8.54，平均为 8.34。

调查水域海水 pH 的空间分布变化差异不明显，表、底层 pH 变化不大；从时间变化规律看，各航次调查海域海水 pH 呈现春季（8.36）＞冬季（8.34）＞夏季（8.19）＞秋季（6.49）的变化特征，春、夏和冬季明显高于秋季。

六、悬浮物（SS）

陵水湾春季海水悬浮物浓度变化范围为 2.0～18.0 mg/L，平均为 9.00 mg/L；夏季海水悬浮物浓度变化范围为 2～24 mg/L，平均为 11.99 mg/L；秋季海水悬浮物浓度变化范围为 4.4～16.4 mg/L，平均为 10.20 mg/L；冬季海水悬浮物浓度变化范围为 4.0～9.4 mg/L，平均为 6.15 mg/L。

各航次调查海水 SS 浓度的空间分布呈现海湾中部明显高于湾内和湾外；夏季变化最明显，春季和秋季的变化呈现湾中＞湾内＞湾外的特征，大部分站位表、底层 SS 浓度无明显变化规律；从时间变化规律看，各航次调查海域海水 SS 浓度呈现夏季（11.99 mg/L）＞秋季（10.20 mg/L）＞春季（9.00 mg/L）＞冬季（6.15 mg/L）的变化特征。

七、亚硝态氮（$NO_2^- $-N）

陵水湾春季海水亚硝态氮浓度变化范围为 0.000 4～0.002 6 mg/L，平均为 0.001 3 mg/L；夏季海水亚硝态氮浓度变化范围为 0.001～0.006 mg/L，平均为 0.001 mg/L；秋季海水亚硝态氮浓度变化范围为 0.000 3～0.009 8 mg/L，平均为 0.002 2 mg/L；冬季海水亚硝态氮浓度变化范围为 0.000 6～0.012 7 mg/L，平均为 0.004 4 mg/L。

各航次调查海水亚硝态氮浓度的空间分布变化湾内有高于湾中和湾外的趋势，但变化规律不明显，海水表、底层亚硝态氮浓度无明显变化规律；从时间变化规律看，各航次调查海域海水亚硝态氮浓度呈现冬季（0.004 4 mg/L）＞秋季（0.002 2 mg/L）＞春季（0.001 3 mg/L）＞夏季（0.001 mg/L）的变化特征。

八、硝态氮（NO_3^--N）

陵水湾春季海水硝态氮浓度变化范围为 0.002～0.056 mg/L，平均为 0.01 mg/L；夏季海水硝态氮浓度变化范围为 0.031～0.251 mg/L，平均为 0.106 mg/L；秋季海水硝态氮浓度变化范围为 0.000 7～0.045 mg/L，平均为 0.017 5 mg/L；冬季海水硝态氮浓度变化范围为 0.012～0.220 mg/L，平均为 0.048 mg/L。

各航次调查海水硝态氮浓度的空间分布变化春季湾口区域较高、秋季湾外区域较高、冬季空间分布变化规律不明显；从时间变化规律看，各航次调查海域海水硝态氮浓度呈现夏季（0.106 mg/L）＞冬季（0.048 mg/L）＞秋季（0.017 5 mg/L）＞春季（0.01 mg/L）的变化特征。

九、氨氮（NH_4^+-N）

陵水湾春季海水氨氮浓度变化范围为 0.004～0.044 mg/L，平均为 0.016 mg/L；夏季海水氨氮浓度变化范围为 0.001～0.099 mg/L，平均为 0.052 mg/L；秋季海水氨氮浓度变化范围为 0.001～0.101 mg/L，平均为 0.041 mg/L；冬季海水氨氮浓度变化范围为 0.001～0.14 mg/L，平均为 0.047 mg/L；

各航次调查海水氨氮浓度的空间分布变化呈现湾内和湾中区域较高于湾外；从时间变化规律看，各航次调查海域海水氨氮浓度呈现夏季（0.052 mg/L）＞冬季（0.047 mg/L）＞秋季（0.041 mg/L）＞春季（0.016 mg/L）的变化特征。

十、无机氮（DIN）

陵水湾春季海水无机氮浓度变化范围为 0.008～0.073 mg/L，平均为 0.026 mg/L；夏季海水无机氮浓度变化范围为 0.035～0.347 mg/L，平均为 0.16 mg/L；秋季海水无机氮浓度变化范围为 0.013～0.143 mg/L，平均为 0.061 mg/L；冬季海水无机氮浓度变化范围为 0.035～0.277 mg/L，平均为 0.099 mg/L。

各航次调查海水硝态氮浓度的空间分布变化湾内区域明显高于湾外区域、冬季空间分布变化规律不明显；从时间变化规律看，各航次调查海域海水无机氮浓度呈现夏季（0.16 mg/L）＞冬季（0.099 mg/L）＞秋季（0.061 mg/L）＞春季（0.026 mg/L）的变化特征。

十一、活性磷酸盐

陵水湾春季海水活性磷酸盐浓度变化范围为 0.003～0.022 mg/L，平均为 0.013 mg/L；夏季海水活性磷酸盐浓度变化范围为 0.0074～0.0253 mg/L，平均为 0.0162 mg/L；秋季海水活性磷酸盐浓度变化范围为 0.002～0.032 mg/L，平均为 0.013 mg/L；冬季海水活性磷酸盐浓度变化范围为 0.001～0.059 mg/L，平均为 0.03 mg/L。

各航次调查海水活性磷酸盐浓度的空间分布变化夏季和冬季湾中区和湾内区域较高，春季和秋季各区域差别不大；从时间变化规律看，各航次调查海域海水活性磷酸盐浓度呈现冬季（0.03 mg/L）＞夏季（0.0162 mg/L）＞秋季（0.013 mg/L）＞春季（0.013 mg/L）的变化特征。

第三节　初级生产力

一、叶绿素 a

陵水湾春季海水叶绿素 a 浓度变化范围为 $0.39 \sim 10.07 \mu g/L$，平均为 $3.49 \mu g/L$；夏季海水叶绿素 a 浓度变化范围为 $0.83 \sim 22.93 \mu g/L$，平均为 $10.90 \mu g/L$；秋季海水叶绿素 a 浓度变化范围为 $1.77 \sim 12.86 \mu g/L$，平均为 $5.42 \mu g/L$；冬季海水叶绿素 a 浓度变化范围为 $0.82 \sim 7.66 \mu g/L$，平均为 $2.48 \mu g/L$。

各航次调查海水叶绿素浓度的空间分布变化夏季和秋季湾中部区域明显高于其他区域，冬季空间变化不明显；从时间变化规律看，各航次调查海域海水叶绿素 a 浓度呈现夏季（$10.90 \mu g/L$）＞秋季（$5.42 \mu g/L$）＞春季（$3.49 \mu g/L$）＞冬季（$2.48 \mu g/L$）的变化特征。

二、初级生产力

陵水湾春季海域初级生产力变化范围为 $57.51 \sim 685.27$ mg/（$m^2 \cdot d$），平均为 328.09 mg/（$m^2 \cdot d$）；夏季海域初级生产力变化范围为 $166.84 \sim 2966.97$ mg/（$m^2 \cdot d$），平均为 $1\,397.76$ mg/（$m^2 \cdot d$）；秋季海域初级生产力变化范围为 $182.74 \sim 2\,515.33$ mg/（$m^2 \cdot d$），平均为 881.35 mg/（$m^2 \cdot d$）；冬季海域初级生产力变化范围为 $169.84 \sim 1\,707.52$ mg/（$m^2 \cdot d$），平均为 475.98 mg/（$m^2 \cdot d$）。

从时间变化规律看，各航次调查海域海水叶绿素 a 浓度呈现夏季 ［$1\,397.76$ mg/（$m^2 \cdot d$）］＞秋季 ［881.35 mg/（$m^2 \cdot d$）］＞冬季 ［475.98 mg/（$m^2 \cdot d$）］＞春季 ［328.09 mg/（$m^2 \cdot d$）］ 的变化特征。

第四节　浮游植物

一、春季浮游植物

（一）种类组成和优势种

2015 年 5 月调查，共鉴定浮游植物 3 门 40 属 80 种（类）。硅藻门种类最多，共 32

属 68 种，占总种类数的 85.0%；甲藻门出现 7 属 9 种，占总种类数的 11.25%；蓝藻门出现 1 属 3 种，占总种类数的 3.75%。种类较多的属为角毛藻属（17 种）、根管藻属（8 种）和齿状藻属（5 种）。

浮游植物优势种为尖刺伪菱形藻（*Pseudonitzschia pungens*）、中肋骨条藻（*Skeletonema costatum*）、细弱海链藻（*Thalassiosira subtilis*）和丹麦细柱藻（*Leptocylindrus danicus*）。各优势种的优势度为 $0.056 \sim 0.183$，平均丰度变化范围为 $2.75 \times 10^4 \sim 6.54 \times 10^4$ 个/m³，平均百分比为 $9.2\% \sim 56.8\%$，合计占海域总丰度的 92.7%。

（二）丰度

浮游植物丰度变化范围为 $24.26 \times 10^4 \sim 41.34 \times 10^4$ 个/m³，丰度平均值为 29.64×10^4 个/m³，丰度变幅较小。其中，S4 站浮游植物丰度最高，S3 站浮游植物丰度最低，其他站位丰度范围为 $24.79 \times 10^4 \sim 36.18 \times 10^4$ 个/m³。

硅藻门丰度所占比例最高，各个站位硅藻门丰度占比为 $91.67\% \sim 100.0\%$，占海域平均丰度的 96.64%；各个站位甲藻门丰度占比为 $0.0 \sim 10.1\%$，占海域平均丰度的 4.46%；其他类浮游植物的丰度都较低。

（三）多样性指数与均匀度

各个站位浮游植物种类数范围为 $17 \sim 43$ 种，种类相对较少。以 S4 站位种类最高；S17 和 S15 站位种类次之，分别为 35 种和 31 种；S2 站位种类最少；其他站位种类数为 $19 \sim 30$ 种。多样性指数范围为 $2.52 \sim 4.26$，平均为 3.44。均匀度指数范围为 $0.63 \sim 0.98$，平均为 0.77。S4、S12 和 S6 站位多样性指数和均匀度指数较高，S11 站位多样性指数和均匀度指数最低。总体而言，大部分调查站位浮游植物种类丰富度不太高，多样性水平一般。

二、夏季浮游植物

（一）种类组成和优势种

2015 年 8 月调查，共鉴定浮游植物 4 门 9 科 16 属 39 种（类，含变种和变形）。硅藻门种类最多，共 10 属 29 种，占总种类数的 74.36%；甲藻门出现 4 属 7 种，占总种类数的 17.95%；蓝藻门出现 1 属 2 种，占总种类数的 5.13%；金藻门出现 1 属 1 种，占总种类数的 2.56%。种类出现较多的属为硅藻门的角毛藻属（13 种）、根管藻属（9 种）和角藻属（5 种）。各站位间浮游植物种类数相差不大，相对来说，S3、S6 和 S10 站位的浮游植物种类数较为丰富。

浮游植物优势种为洛氏角毛藻（*Chaetoceros lauderi*）、中肋骨条藻（*Skeletonema costatum*）和布氏双尾藻（*Ditylum brightwellii*）。各优势种的优势度为 0.774～0.905，平均丰度变化范围为 $16.83×10^4～18.41×10^4$ 个/m³，平均百分比为 26.4%～40.5%，合计平均占海域总丰度的 30.7%。

（二）丰度

浮游植物丰度变化范围为 $328.37×10^4～939.80×10^4$ 个/m³，丰度平均值为 $748.84×10^4$ 个/m³，丰度变幅较大。其中，S4 站点浮游植物丰度最高，S13 站点浮游植物丰度最低，其他站位丰度范围为 $337.94×10^4～906.52×10^4$ 个/m³。

硅藻门丰度所占比例最高，各个站位硅藻门丰度占比为 92.50%～100.0%，占海域平均丰度的 96.75%；各个站点甲藻门丰度占比为 0.00～7.29%，占海域平均丰度的 3.10%；各个站点蓝藻门丰度占比为 0.00～0.30%，占海域平均丰度的 0.12%；各个站金藻门丰度占比为 0.00～0.04%，占海域平均丰度的 0.02%。

（三）多样性指数与均匀度

各个站位浮游植物种类数范围为 14～23 种，种类相对较少。以 S10 站位种类最高，为 23 种；S3 和 S6 站位种类次之，分别为 22 种和 20 种；S8 站位种类最少，为 14 种；其他站位种类数为 15～19 种。多样性指数范围为 1.34～1.93，平均为 1.65。均匀度指数范围为 0.42～0.58，平均为 0.51。A3、A5 和 A8 站位多样性指数和均匀度指数较高，A6 站位多样性指数和均匀度指数最低。总体而言，调查结果表明，各站位浮游植物种类较少，多样性水平较低。

三、秋季浮游植物

（一）种类组成和优势种

2014 年 11 月调查，共鉴定样品浮游植物 5 门 10 科 21 属 62 种（类，含变种和变形）。硅藻门种类最多，共 13 属 47 种，占总种类数的 75.80%；甲藻门出现 5 属 10 种，占总种类数的 16.13%；绿藻门出现 1 属 2 种，占总种类数的 3.23%；蓝藻门出现 1 属 2 种，占总种类数的 3.23%；金藻门出现 1 属 1 种，占总种类数的 1.61%。种类出现较多的属为硅藻门的角毛藻属（20 种）、根管藻属（12 种）和圆筛藻属（8 种）。各站位间浮游植物种类数相差较大，相对来说，S2 和 S4 站位的浮游植物种类数较为丰富。

浮游植物优势种为洛氏角毛藻（*Chaetoceros lorenzianus*）、距端根管藻

（*Rhizosolenia calcaravis*）、中肋骨条藻（*Skeletonema costatum*）、窄隙角毛藻（*Chaetoceros affinis*）、丹麦细柱藻（*Leptocylindrus danicus*）、萎软几内亚藻（*Guinardia flaccida*）和尖刺拟菱形藻（*Pseudonitzschia pungens*）。各优势种的优势度为 0.065～0.275，平均丰度变化范围为 4.37×10⁴～7.53×10⁴个/m³，平均百分比为 6.8%～28.4%，合计平均占海域总丰度的 17.91%。

（二）丰度

浮游植物丰度变化范围为 39.10×10⁴～50.38×10⁴个/m³，丰度平均值为 44.38×10⁴个/m³，丰度变幅较小。其中，A4 站点浮游植物丰度最高，A2 站点浮游植物丰度最低，其他站位丰度范围为 40.20×10⁴～47.62×10⁴个/m³。

硅藻门丰度所占比例最高，各站位的硅藻门丰度占比为 92.61%～100.0%，占海域平均丰度的 96.18%；各站位的甲藻门丰度占比为 0.00～6.01%，占海域平均丰度的 3.09%；各站位的蓝藻门丰度占比为 0.00～0.89%，占海域平均丰度的 0.49%；各站位的绿藻门丰度占比为 0.00～0.59%，占海域平均丰度的 0.30%；各站位的金藻门丰度占比为 0.00～0.32%，占海域平均丰度的 0.18%。

（三）多样性指数与均匀度

各个站位浮游植物种类数范围为 39～62 种，种类相对较多。以 S4 站位种类最高，为 62 种；S2 站位种类次之，为 60 种；S3 站位种类最少，为 39 种；其他站位种类数为 43～54。多样性指数范围为 3.42～4.76，平均为 4.27。均匀度指数范围为 0.62～0.88，平均为 0.77。S2 和 S4 站位多样性指数和均匀度指数较高，S3 站位多样性指数和均匀度指数最低。总体而言，调查结果表明，各站位浮游植物种类丰富，多样性水平丰富。

四、冬季浮游植物

（一）种类组成和优势种

2016 年 1 月调查，共鉴定浮游植物 5 门 14 科 24 属 57 种（类，含变种和变形）。硅藻门种类最多，共 14 属 39 种，占总种类数的 68.42%；甲藻门出现 5 属 9 种，占总种类数的 15.79%；绿藻门出现 2 属 6 种，占总种类数的 10.53%；蓝藻门出现 2 属 2 种，占总种类数的 3.51%；隐藻门出现 1 属 1 种，占总种类数的 1.75%。种类出现较多的属为硅藻门的角毛藻属（21 种）、根管藻属（12 种）和角藻属（9 种）。各站位间浮游植物种类数相差较大，相对来说，S6、S9 和 S15 站位的浮游植物种类数较为丰富。

浮游植物优势种为中肋骨条藻（*Skeletonema costatum*）、旋链角毛藻（*Chaetoceros curvisetus*）、拟弯角毛藻（*Chaetoceros pseudocurvisetus*）、丹麦细柱藻（*Leptocylindrus danicus*）、刚毛根管藻（*Rhizosolenia setigera*）和三叉角藻（*Ceratium trichoceors*）。各优势种的优势度为 0.056～0.215，平均丰度变化范围为 $27.58 \times 10^4 \sim 45.21 \times 10^4$ 个/m³，平均百分比为 38.5%～56.2%，合计平均占海域总丰度的 22.93%。

（二）丰度

浮游植物丰度变化范围为 $371.94 \times 10^4 \sim 482.11 \times 10^4$ 个/m³，丰度平均值为 415.35×10^4 个/m³，丰度变幅不大。其中，S13 站点浮游植物丰度最高，S9 站点浮游植物丰度最低，其他站位丰度范围为 $377.78 \times 10^4 \sim 442.63 \times 10^4$ 个/m³。

硅藻门丰度所占比例最高，各个站位硅藻门丰度占比为 86.43%～94.18%，占海域平均丰度的 90.20%；各个站点甲藻门丰度占比为 5.82%～13.57%，占海域平均丰度的 9.80%。

（三）多样性指数与均匀度

各个站位浮游植物种类数范围为 27～45 种，种类相对较多。以 S15 站位种类最高，为 36 种；S6 和 S13 站位种类次之，分别为 35 种和 34 种，S10 站位种类最少，为 27 种；其他站位种类数为 28～33 种。多样性指数范围为 1.34～1.68，平均为 1.51。均匀度指数范围为 0.51～0.63，平均为 0.57。S3 和 S9 站位多样性指数和均匀度指数较高，S11 站位多样性指数和均匀度指数最低。总体而言，调查结果表明，各站位浮游植物种类一般，多样性水平一般。

第五节　浮游动物

一、春季浮游动物

（一）种类组成

2015 年 5 月调查，共鉴定浮游动物 35 种（类）。其中，桡足类 9 种，占总种类数的 25.71%；水母类 4 种，占总种类数的 11.43%；被囊类 3 种，占总种类数的 8.57%；原生动物、枝角类和端足类各 2 种，分别占总种类数 5.71%；莹虾类、磷虾类和毛颚类各 1 种，分别占总种类数的 2.86%；浮游幼虫 10 类，占总种类数的 28.57%。该海域浮游动物种类较少，主要为沿岸种。

（二）优势种

以优势度 $Y \geqslant 0.02$ 为判断标准，该调查海域优势种较多，共 9 种（类）。其中，原生动物、水母类、枝角类和被囊类各 1 种，桡足类 2 种；浮游幼体 3（类）。各种类优势度均不突出，较高的长尾类幼体优势度也仅为 0.14，栖息密度为 6.29 尾/m³；其他优势种的优势度均低于 0.10。

（三）栖息密度与生物量

调查期间，该海域浮游动物栖息密度变化范围为 10.50～80.00 尾/m³，平均为 37.95 尾/m³。不同站位间的浮游动物栖息密度不同，以 S6 最高，S9 最低。

由于该海域 S8、S9 和 S11 站位浮游动物的栖息密度及种类个体较小，无法称取其湿重生物量。其他站位浮游动物的生物量为 1.50～5.50 mg/m³，平均为 2.91 mg/m³，其中，以 S4 最高。浮游动物生物量与栖息密度的平面分布存在一定差异。

（四）生物多样性

各站位浮游动物种类数范围为 8～19 种，平均为 14 种。种类最多的出现在 S10，最少的出现在 S11；多样性指数变化范围为 2.75～4.01，平均为 3.53，以 S10 最高，S11 最低；均匀度变化范围 0.88～0.97，均值为 0.92，以 S9 最高，S1 最低。

根据陈清潮等提出的生物多样性阈值评价标准，即 $Dv>3.5$ 为非常丰富，2.6～3.5 为丰富，1.6～2.5 为较好，0.6～1.5 为一般，<0.6 为差，来衡量该海域浮游动物群落结构状况。本次调查，海域多样性阈值变化范围为 2.52～3.79，均值为 3.26，多样性丰富。其中，S6、S9、S10、S15 和 S17 属Ⅰ类水平，多样性非常丰富；其他站位均属于Ⅱ类水平，多样性丰富。

二、夏季浮游动物

（一）种类组成

2015 年 8 月，调查共鉴定浮游动物 72 种（类）。其中，桡足类 20 种，占总种类数的 27.78%；水母类 14 种，占总种类数的 19.44%；毛颚类 8 种，占总种类数的 11.11%；端足类 5 种，占总种类数的 6.94%；异足类 4 种，占总种类数 5.56%；磷虾类 3 种，占总种类数的 4.17%；原生动物、枝角类和被囊类各 2 种，分别占总种类数 2.78%；莹虾类仅 1 种，分别占总种类数的 1.39%；浮游幼虫 11 类，占总种类数的 15.28%。该海域浮游动物种类一般，主要为沿岸种。

（二）优势种

以优势度 $Y \geqslant 0.02$ 为判断标准,该调查海域优势种较多,共 11 种(类)。其中,桡足类 1 种;枝角类 2 种;毛颚类 1 种;被囊类 2 种;浮游幼体 5(类)。各种类优势度均不突出,较高的长尾类幼体优势度也仅为 0.10,栖息密度为 7.59 尾/m³;其他优势种的优势度均低于 0.10。

（三）栖息密度与生物量

调查期间,该海域浮游动物栖息密度变化范围为 20.07～286.41 尾/m³,平均为 77.09 尾/m³。不同站位间的浮游动物栖息密度不同,以 S15 最高,S4 最低。

由于该海域 S3 站位浮游动物的栖息密度及种类个体较小,无法称取其湿重生物量。其他站位浮游动物的生物量为 2.00～17.24 mg/m³,平均为 5.15 mg/m³,其中,以 S15 最高。浮游动物生物量与栖息密度的平面分布存在一定差异。

（四）生物多样性

各站位浮游动物种类数范围为 11～53 种,平均为 24 种。种类最多的出现在 S15,最少的出现在 S3;多样性指数变化范围为 3.27～4.76,平均为 3.91,以 S17 最高,S3 最低;均匀度变化范围 0.72～0.95,均值为 0.89,以 S3 最高,S15 最低。

根据陈清潮等提出的生物多样性阈值评价标准,即 $Dv > 3.5$ 为非常丰富,2.6～3.5 为丰富,1.6～2.5 为较好,0.6～1.5 为一般,<0.6 为差,来衡量该海域浮游动物群落结构状况。本次调查,海域多样性阈值变化范围为 2.98～4.14,均值为 3.48,多样性丰富。其中,S1、S2、S4、S8、S10 和 S17 属 I 类水平,多样性非常丰富;其他站位均属于 II 类水平,多样性丰富。

三、秋季浮游动物

（一）种类组成

2014 年 11 月调查,共鉴定浮游动物 6 种优势种。其中,桡足类 1 种,枝角类 1 种,被囊类 2 种,浮游幼虫 2 类。以暖水性种类红住囊虫(*Olkopleura rufescens*)的优势度最高,为 0.43,其丰度为 144.63 尾/m³;其次是广温性种类的异体住囊虫(*Oikopleura dioica*),优势度为 0.10,丰度为 32.11 尾/m³,在调查海区均有出现;其他优势种的优势度相对较低,均不超过 0.05。

（二）优势种

以优势度 $Y \geqslant 0.02$ 为判断标准,调查期间共出现 6 种优势种。其中,桡足类 1 种,枝角类 1 种，被囊类 2 种，浮游幼虫 2 类。以暖水性种类红住囊虫（*Olkopleura rufescens*）的优势度最高，为 0.43，其丰度为 144.63 尾/m³，其次是广温性种类的异体住囊虫（*Oikopleura dioica*），优势度为 0.10，丰度为 32.11 尾/m³，在调查海区均有出现；其他优势种的优势度相对较低，均不超过 0.05。

（三）栖息密度与生物量

调查期间，陵水湾浮游动物丰度变化范围为 26.15～1 223.33 尾/m³，平均为 335.01 尾/m³。不同站位间的浮游动物丰度不同，以 S9 最高，S17 次之（1091.67 尾/m³），S11 最低。

浮游动物生物量为 11.80～296.83 mg/m³，平均为 76.04 mg/m³。其中，以 S15 最高，S17 次之（224.33 mg/m³），S5 最低。浮游动物种类不同，个体大小不同。S15 主要以大个体的水母类居多，即使丰度不是很高，但其生物量达到最大；而丰度最高的 S9，主要以小个体的住囊虫为绝对优势种，生物量仅为 15.00 mg/m³。

（四）生物多样性

陵水湾水域各站位浮游动物种类数范围为 11～31 种，平均为 18 种，种类最多的出现在 S15，最少的出现在 S1 和 S3；各测站浮游动物多样性指数变化范围在 0.71～4.35，平均为 2.86，以 S15 最高，S9 最低；均匀度变化范围在 0.18～0.93，平均为 0.70，以 S8 最高，S9 最低。

四、冬季浮游动物

（一）种类组成

2016 年 1 月调查，共鉴定浮游动物 39 种（类）。其中，桡足类 8 种，占总种类数的 20.51％；莹虾类和端足类各 1 种，分别占总种类数的 2.56％；枝角类、磷虾类和糠虾类各 2 种，分别占总种类数的 5.13％；原生动物、毛颚类和被囊类各 3 种，分别占总种类数的 7.69％；水母类 4 种，占总种类数的 10.26％；浮游幼虫 10 类，占总种类数的 25.64％。该海湾浮游动物种类较少，主要为沿岸种。

（二）优势种

以优势度 Y≥0.02 为判断标准，调查期间共出现 9 种优势种。其中，桡足类、原生动物和被囊类各 1 种，枝角类 2 种，浮游幼虫 4 类。以桡足类的瘦红纺锤水蚤（*Acartia erythraea*）优势度最高，为 0.12，栖息密度为 13.09 尾/m³；其次为长尾类幼体

（Macrura larvae），优势度为 0.09，栖息密度为 10.66 尾/m³；其他优势种的优势度均较低。

（三）栖息密度与生物量

调查期间，该海湾浮游动物栖息密度变化范围为 31.50～141.00 尾/m³，平均为 79.33 尾/m³。不同站位间的浮游动物栖息密度不同，以 S17 最高，S11 最低。

浮游动物生物量为 4.12～23.00mg/m³，平均为 8.18 mg/m³。其中，以 S17 最高，S9 最低。浮游动物生物量与栖息密度的平面分布存在一定差异。

（四）生物多样性

各站位浮游动物种类数范围为 14～28 种，平均为 20 种。种类最多的出现在 S10，最少的出现在 S13；多样性指数变化范围在 2.79～4.07，平均为 3.40，以 S15 最高，S13 最低；均匀度变化范围 0.59～0.88，均值为 0.79，以 S15 最高，S10 最低。

根据陈清潮等提出的生物多样性阈值评价标准，即 $Dv>3.5$ 为非常丰富，2.6～3.5 为丰富，1.6～2.5 为较好，0.6～1.5 为一般，<0.6 为差，来衡量该海湾浮游动物群落结构状况。本次调查，海湾多样性阈值变化范围为 1.67～3.57，均值为 2.72，多样性丰富。其中，S15 属Ⅰ类水平，多样性非常丰富；S1、S4、S10 和 S13 属Ⅲ类水平，多样性较好；其他站位均属Ⅱ类水平，多样性丰富。

第六节　底栖动物

一、春季大型底栖生物

（一）种类组成及水平分布

春季大型底栖生物定量调查共获到 3 种生物（见附录秋季大型底栖生物名录），种类组成情况见图 19-1。棘皮动物、脊索动物和软体动物各 1 种，各占总种类数的 33.3%。

春季季定量调查各站种类数变化范围为 0～1 种，且仅在 S1、S3、S5 和 S9 站位采获生物，均为 1 种，其他站位均未采获任何生物。

图 19-1　春季陵水湾大型底栖生物种类组成

（二）优势种、主要种及水平分布

棘皮动物、脊索动物和软体动物均各采获 1 种，分别为辐蛇尾（*Ophiactis* sp.）、拟矛尾虾虎鱼（*Parachaeturichthys polynema*）和特氏楯桑椹螺（*Clypeomorus traillii*）。

（三）栖息密度及其水平分布

调查海区春季栖息密度统计结果见表 19-2，本次定量调查平均栖息密度为 4 尾/m²。栖息密度组成以软体动物为主，平均栖息密度为 2 尾/m²，占总栖息密度的 50.0%；脊索动物和棘皮动物次之，其平均栖息密度为 1 尾/m²，各占总栖息密度的 25.0%。

表 19-2　春季大型底栖生物栖息密度及生物量组成

项　目	软体动物	脊索动物	棘皮动物	合计
栖息密度（尾/m²）	2	2	1	4
占比（%）	50.0	25.0	25.0	100.0
生物量（g/m²）	0.70	0.05	0.002	0.752
占比（%）	93.6	7.1	0.3	100.0

春季总栖息密度平面分布状况见彩图 53。栖息密度呈陵水湾内中部区域和东部高于其他区域的趋势，最高栖息密度在 20 尾/m²以上。

春季软体动物栖息密度平面分布情况与总栖息密度分布相似，由彩图 54 可见，栖息密度呈陵水湾东部海域高于其他海域的趋势。

春季脊索动物栖息密度的平面分布见彩图 55。由该图可见，高栖息密度区位于陵水湾东中部区域，其他海域密度均较低。

春季棘皮动物的栖息密度平面分布呈高值区位于湾内中部海域的趋势，其他区域密度均较低（彩图 56）。

（四）生物量及其水平分布

调查海区春季生物量统计结果见表 19-2，海区平均生物量为 0.752 g/m²。生物量组成以软体动物占较大优势，平均生物量为 0.70 g/m²，占总生物量的 93.6%；其次为脊索动物，其平均生物量为 0.05 g/m²，占总生物量的 7.1%；棘皮动物最低，为 0.002 g/m²，占总生物量的 0.3%。

春季总生物量平面分布状况见彩图 57，湾内北部和东部区域生物量呈高于其他海域的趋势。最高值区位于湾北中部区域，其他海域生物量均较低。

春季软体动物生物量平面分布状况同总生物量分布趋势相似，呈湾内北部和东部区域高于其他海域的趋势。最高值区位于湾北中部区域，其他海域生物量均较低（彩

图 58)。

春季脊索动物生物量平面分布状况同栖息密度相似，高栖息密度区位于陵水湾东中部区域，其他海域密度均较低（彩图 59）。

春季棘皮动物生物量平面分布与栖息密度分布相似，呈湾内中部区域高于其他海域的趋势（彩图 60）。

二、夏季大型底栖生物

（一）种类组成及水平分布

夏季大型底栖生物定量调查共获到 9 种生物（附录夏季大型底栖生物名录），种类组成情况见图 19-2。棘皮动物、刺胞动物、节肢动物和软体动物各 2 种，各占总种类数的 22.2%；环节动物最少，仅出现 1 种，占 11.1%。

夏季季定量调查各站种类数变化范围为 0～6 种。种类数平面分布以 S1 种类数最高，S9 站位次之，其他站位均仅 1 种或未采获任何生物。

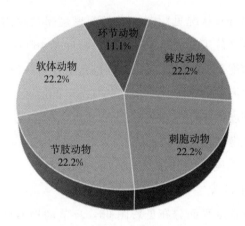

图 19-2　夏季陵水湾大型底栖生物种类组成

（二）优势种、主要种及水平分布

（1）棘皮动物　本次所获样品出现 2 种棘皮动物，为辐蛇尾（*Ophiactis* sp.）和飞白枫海星（*Archaster typicus*）。

（2）刺胞动物　所采获种类有 2 种，为海葵（*Actiniaria* sp.）和珊瑚（*Anthozoa* sp.）。

（3）节肢动物　同样所获 2 种，为水虱（*Isopoda* sp.）和贪食鼓虾（*Alpheus avarus*）。

（4）软体动物　本季软体动物的种类同样仅出现 2 种，为刻缘短齿蛤（*Brachidontes*

emarginatus）和扁平蛤（*Davila plana*）。

（5）环节动物　本季环节动物仅出现 1 种，为扁犹帝虫（*Eurythoe complanata*）。

（三）栖息密度及其水平分布

调查海区夏季栖息密度统计结果见表 19-3。本次定量调查平均栖息密度为 49 尾/m²。栖息密度组成以刺胞动物为主，平均栖息密度为 29 尾/m²，占总栖息密度的 59.7%；软体动物和棘皮动物次之，其平均栖息密度为 8 尾/m²，各占总栖息密度的 15.7%；环节动物列第三，为 3 尾/m²，占总栖息密度的 6.3%。

表 19-3　夏季大型底栖生物栖息密度及生物量组成

项目	刺胞动物	软体动物	棘皮动物	环节动物	节肢动物	合计
栖息密度（尾/m²）	29	8	8	3	2	49
占比（%）	59.7	15.7	15.7	6.3	3.1	100.0
生物量（g/m²）	7.6	0.2	51.7	0.2	0.3	59.9
占比（%）	12.6	0.3	86.3	0.3	0.4	100.0

夏季总栖息密度平面分布状况见彩图 61，栖息密度呈陵水湾内东部区域高于其他区域的趋势。最高栖息密度区位于湾内东中部海域，密度在 480 尾/m² 以上。

夏季刺胞动物栖息密度平面分布情况与总栖息密度分布一致（彩图 62），栖息密度呈陵水湾东部海域高于其他海域的趋势。

夏季软体动物栖息密度的平面分布见彩图 63。由该图可见，高栖息密度区位于陵水湾东部和中部区域，其他海域密度均较低。

夏季棘皮动物的栖息密度平面分布同软体动物分布趋势一致，呈湾内东部和中部高于其他海域的趋势（彩图 64）。

夏季环节动物的栖息密度平面分布见彩图 65，环节动物栖息密度呈湾西北部海域高于其他海域的趋势。低密度区域位于湾中部和南部海域。

夏季节肢动物的栖息密度平面分布同棘皮动物和软体动物分布趋势一致，呈湾内东部和中部高于其他海域的趋势（彩图 66）。

（四）生物量及其水平分布

调查海区夏季生物量统计结果见表 19-3。海区平均生物量为 59.9 g/m²。生物量组成以棘皮动物占较大优势，平均生物量为 51.7 g/m²，占总生物量的 86.3%；其次为刺胞动物，平均生物量为 7.6 g/m²，占总生物量的 12.6%；节肢动物列第三，为 0.3 g/m²，占 0.4%；软体动物和环节动物最低，为 0.2 g/m²，各占总生物量的 0.2%。

夏季总生物量平面分布状况见彩图 67。同总栖息密度分布趋势差异较大，呈湾内中部和东部高于其他海域的趋势。最高值区位于陵水湾中部区域；西部、北部和南部海域为低值区。

夏季棘皮动物生物量平面分布与总生物量分布一致，同样呈湾内中部和东部高于邻近海域的趋势。最高值区位于湾内中部区域，详见彩图 68。

夏季刺胞动物生物量平面分布与总生物量分布差异较大，呈湾内东部和西部高于邻近海域的趋势。最高生物量同样位于湾东中部海域；湾中部区域为低值区，详见彩图 69。

夏季节肢动物生物量平面分布与总生物量分布较为相似，呈湾中部海域高于其他的趋势，见彩图 70。其生物量高值区位于湾中部海域；低值区为湾内南部海域。

夏季软体动物生物量平面分布趋势与总生物量分布状况同样差异较大，呈湾中部和东部高于其他海域的趋势。最高生物量区位于湾东中部区域；湾内低值区为西北部区域（彩图 71）。

夏季环节动物生物量平面分布趋势与总生物量分布状况同样差异较大，呈湾西北部高于其他海域的趋势。低值区位于湾中部和南部海域（彩图 72）。

三、秋季大型底栖生物

（一）种类组成及水平分布

秋季大型底栖生物定量调查共获到 9 种生物，种类组成情况见图 19-3。环节动物种类数最多，为 3 种，占种类数的 33.3%；棘皮动物、脊索动物、节肢动物、纽形动物、软体动物和蠕虫动物各 1 种，各占总种类数的 11.1%。

秋季定量调查各站种类数变化范围为 0～4 种。种类数平面分布以 S5 种类数最高，S7 和 S9 站位次之，其他站位均仅 1 种或未采获任何生物。

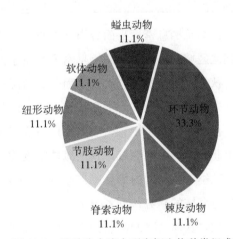

图 19-3　秋季陵水湾大型底栖生物种类组成

（二）优势种、主要种及水平分布

（1）**环节动物**　本季环节动物种类数最多，出现 3 种，为不倒翁虫（*Sternaspis scutata*）、背毛背蚓虫（*Notomastus aberans*）和伪豆维虫（*Dorvillea pseudorubrovittata*）。

（2）**棘皮动物**　本次所获样品仅出现 1 种棘皮动物，为辐蛇尾（*Ophiactis* sp.）。

（3）**脊索动物**　所采获种类同样仅有 1 种，为文昌鱼（*Branchiostoma belcheri*）。

（4）节肢动物　同样所获 1 种，为拟盲蟹（*Typhlocarcinops* sp.）。

（5）纽形动物　仅采获 1 种，为脑纽虫（*Cerebratulina* sp.）。

（6）软体动物　本季软体动物的种类同样仅出现 1 种，为半褶织纹螺（*Nassarius semiplicatus*）。

（7）螠虫动物　仅采获 1 种，为短吻铲荚螠（*Listriolobus brevirostris*）。

（三）栖息密度及其水平分布

调查海区秋季栖息密度统计结果见表 19-4。本次定量调查平均栖息密度为 47 尾/m²。栖息密度组成以脊索动物为主，平均栖息密度为 21 尾/m²，占总栖息密度的 44.2%；螠虫动物次之，平均栖息密度为 15 尾/m²，各占总栖息密度的 31.1%；节肢动物和软体动物列第三，为 3 尾/m²，占总栖息密度的 6.5%。

表 19-4　秋季大型底栖生物栖息密度及生物量组成

项目	脊索动物	螠虫动物	节肢动物	软体动物	环节动物	棘皮动物	纽形动物	合计
栖息密度（尾/m²）	21	15	3	3	2	2	1	47
占比（%）	44.2	31.1	6.5	6.5	4.9	4.9	1.6	100.0
生物量（g/m²）	2.09	8.48	0.15	0.16	0.01	0.16	0.01	11.06
占比（%）	18.9	76.7	1.3	1.4	0.1	1.4	0.1	100.0

秋季总栖息密度平面分布状况见彩图 73，栖息密度呈陵水湾内东北部和中部区域高于其他区域的趋势。最高栖息密度区位于湾内东北部海域，密度在 260 尾/m² 以上。

秋季脊索动物栖息密度平面分布情况与总栖息密度分布一致，由彩图 74 可见，栖息密度呈陵水湾东北部海域高于其他海域的趋势。

秋季螠虫动物栖息密度的平面分布见彩图 75。由该图可见，高栖息密度区位于陵水湾由北向南的中部区域，其他海域密度均较低。

秋季节肢动物的栖息密度平面分布同总栖息密度分布趋势差异较大，呈湾内中部高于其他海域的趋势，见彩图 76。

秋季软体动物的栖息密度平面分布见彩图 77。由该图可见，软体动物栖息密度呈湾东南部海域高于其他海域的趋势，低密度区域位于湾西部和北部海域。

秋季环节动物的栖息密度平面分布呈湾内中部和南部高于其他海域的趋势。低值区位于湾东部、北部和西部区域，见彩图 78。

秋季棘皮动物的栖息密度平面分布呈湾内北部和西部区域高于其他海域的趋势。最高值位于北中部区域；低值区位于湾东部、中部和南部区域，见彩图 79。

秋季纽形动物的栖息密度平面分布呈湾内由北至南的中部区域高于其他海域的趋势。最高值位于南中部区域；低值区位于湾东部和西部区域，见彩图 80。

（四）生物量及其水平分布

调查海区秋季生物量统计结果见表 19-4。海区平均生物量为 11.06 g/m²。生物量组成以蝛虫动物占较大优势，平均生物量为 8.48 g/m²，占总生物量的 76.7%；其次为脊索动物，平均生物量为 2.09 g/m²，占总生物量的 18.9%；棘皮动物和软体动物列第三，为 0.16 g/m²，占 1.4%；纽形动物和环节动物最低，为 0.1 g/m²，各占总生物量的 0.1%。

秋季总生物量平面分布状况见彩图 81。同总栖息密度分布趋势差异较大，呈湾内由北至南的中部区域高于其他海域的趋势。最高值区位于陵水湾北中部区域；西部和东部海域为低值区。

秋季脊索动物生物量平面分布状况同总生物量分布趋势相似，呈湾内由北至南的中部区域高于其他海域的趋势。最高值区位于陵水湾北中部区域；西部和东部海域为低值区（彩图 82）。

秋季棘皮动物生物量平面分布与总生物量分布趋势相似，呈湾内由北至南的中部区域高于其他海域的趋势。最高值区位于陵水湾中南部区域；西部和东部海域为低值区（彩图 83）。

秋季软体动物生物量平面分布与总生物量分布不同，呈湾内东南部区域高于其他海域的趋势（彩图 84）。

秋季节肢动物生物量平面分布与以上各类群动物生物量分布均不同，呈湾内中部区域高于其他海域的趋势（彩图 85）。

秋季环节动物生物量平面分布与软体动物生物量分布相似，呈湾内中部区域高于其他海域（彩图 86）。

秋季纽形动物生物量平面分布呈湾内北部区域高于其他海域的区域，最高值位于湾北中部区域，低值区位于南部区域（彩图 87）。

四、冬季大型底栖生物

（一）种类组成及水平分布

冬季大型底栖生物定量调查共获到 5 种生物（附录秋季大型底栖生物名录），种类组成情况见图 19-4。环节动物种类数最多，为 2 种，占总种类数的 40.0%；棘皮动物、节肢动物和棘皮动物各 1 种，各占总种类数的 20.0%。

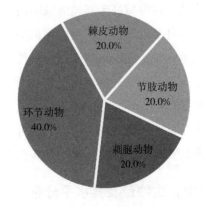

图 19-4　冬季陵水湾大型底栖生物种类组成

冬季季定量调查各站种类数变化范围为 0～2 种，且仅在 S3、S9 和 S13 站采获生物，均为 2 种，其他站位未采获任何生物。

（二）优势种、主要种及水平分布

本季环节动物种类数最多，出现 2 种，为背毛背蚓虫（*Notomastus aberans*）和细丝鳃虫（*Cirratulus filiformis*）。

刺胞动物、棘皮动物和节肢动物均各采获 1 种，分别为珊瑚（*Anthozoa* sp.）、飞白枫海星（*Archaster typicus*）和巨藤壶（*Megabalanus* sp.）。

（三）栖息密度及其水平分布

调查海区冬季栖息密度统计结果见表 19-5。本次定量调查平均栖息密度为 29 尾/m²。栖息密度组成以刺胞动物为主，平均栖息密度为 24 尾/m²，占总栖息密度的 82.2%；环节动物次之，平均栖息密度为 3 尾/m²，占总栖息密度的 10.6%；节肢动物和棘皮动物列第三，为 1 尾/m²，各占总栖息密度的 2.7%。

表 19-5　冬季大型底栖生物栖息密度及生物量组成

项目	刺胞动物	环节动物	节肢动物	棘皮动物	合计
栖息密度（尾/m²）	24	3	1	1	29
占比（%）	82.2	10.6	2.7	2.7	100.0
生物量（g/m²）	1.06	0.02	0.58	6.13	7.79
占比（%）	13.7	0.3	7.5	78.7	100.0

冬季总栖息密度平面分布状况见彩图 88。栖息密度呈陵水湾内中部区域高于其他区域的趋势，最高栖息密度为 300 尾/m² 以上。

冬季刺胞动物栖息密度平面分布情况与总栖息密度分布一致，见彩图 89。栖息密度呈陵水湾中部海域高于其他海域的趋势。

冬季环节动物栖息密度的平面分布见彩图 90。由该图可见，高栖息密度区位于陵水湾西北部区域；其他海域密度均较低。

冬季节肢动物的栖息密度平面分布同总栖息密度分布趋势相似，呈湾内中部高于其他海域的趋势，见彩图 91。

冬季棘皮动物的栖息密度平面分布见彩图 92。棘皮动物栖息密度高值区由中部区域向东部转移，其他区域密度均较低。

（四）生物量及其水平分布

调查海区冬季生物量统计结果见表 19-5。海区平均生物量为 7.79 g/m²。生物量组成以棘皮动物占较大优势，平均生物量为 6.13 g/m²，占总生物量的 78.7%；其次为刺胞动物，平均生物量为 1.06 g/m²，占总生物量的 13.7%；节肢动物列第三，为 0.58 g/m²，占 7.5%；环节动物最低，为 0.02 g/m²，占总生物量的 0.3%。

冬季总生物量平面分布状况见彩图 93。同总栖息密度分布趋势较相似，呈湾内中部区域高于其他海域的趋势。高值区略向东部区域移动，其他海域生物量均较低。

冬季棘皮动物生物量平面分布状况同总生物量分布趋势相似，见彩图 94，呈湾内中部区域高于其他海域的趋势。高值区略向东部区域移动，其他海域生物量均较低。

冬季刺胞动物生物量平面分布状况同总栖息密度相似，呈湾内中部区域高于其他海域的趋势，见彩图 95。

冬季节肢动物生物量平面分布与刺胞动物生物量分布相似，呈湾内中部区域高于其他海域的趋势，见彩图 96。

冬季环节动物生物量平面分布与以上各类群动物生物量分布差异较大，呈湾内西北部区域高于其他海域，见彩图 97。

第七节 渔业资源

2014—2016 年，主要开展了陵水湾渔业资源调查和鱼类声频-无线电追踪标记研究两部分内容。渔业资源调查采用拖网取样和声学探测联合作业方式，主要分析各调查海域游泳生物群落结构特征和资源量密度。具体实施情况如表 19-6 所示。

表 19-6 渔业资源调查基本情况

调查日期	调查海域	声学评估	样点数（个）
2015 年 05 月 25 日	陵水湾-春季	是	3
2015 年 08 月 31 日	陵水湾-夏季	是	6
2014 年 11 月 27 日	陵水湾-秋季	是	5
2016 年 01 月 06 日	陵水湾-冬季	是	6

一、陵水湾渔业资源现状

（一）渔获组成特点

1. 渔获种类组成 2014—2016 年，海南陵水 4 个航次共捕获游游泳生物 248 种。其中，鱼类、蟹类、头足类、虾类、虾蛄类分别为 193 种、24 种、13 种、10 种、8 种（表 19-7）。渔获种类组成主要以鱼类和蟹类为主，所占比重分别为 78% 和 10%；其他渔

获种类所占比重仅 12%。调查水域渔获种类
百分比组成如图 19-5 所示。

调查海域，春、夏、秋、冬各季渔获种
类组成如表 19-7 和彩图 98 所示。春季渔获物
种类数明显少于其他各季，夏、秋和冬季渔
获物种类数差异相对较小。各季渔获种类组
成中，鱼类物种类数所占比重最高；其次为
蟹类和头足类、虾类和虾蛄类，所占比重相
对较小。具体情况如下：

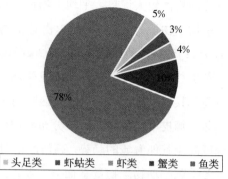

图 19-5　陵水湾海域渔获种类百分比组成

春季共有游泳生物 57 种。其中，鱼类占 74%，蟹类占 12%，虾类、头足类、虾蛄类
累积百分比仅 14%。夏季共有游泳生物 115 种，其中，鱼类所占比重高达 71%，蟹类占
16%，虾类、头足类、虾蛄类累积百分比约 13%。秋季共有游泳生物 100 种，其中，鱼
类占 79%，其他种类仅占 21%。冬季共有游泳生物 106 种，其中，鱼类占 76%，蟹类占
11%，虾类、头足类和虾蛄类累积占 13%。

表 19-7　陵水湾海域各季度渔获物种类数（种）

类型	春季	夏季	秋季	冬季	总计
头足类	3	7	4	5	13
虾蛄类	2	4	4	3	8
虾类	3	4	5	4	10
蟹类	7	18	8	12	24
鱼类	42	82	79	81	193

此外，调查海域春、夏、秋、冬四季渔获种类相似性分析结果如彩图 99 所示。研究
发现，调查海域渔获种类组成季节差异明显，季节相似度均在 40% 以下。除冬季外，各
季不同位点间种类相似度基本处于 50%～60%，说明调查海域游泳生物种类组成地域差
异较小。冬季，各取样位点渔获种类相似度相对较低，基本在 40% 以下（14 号和 15 号位
点除外），说明该季调查海域游泳生物空间差异较大。因此，在冬季应适当增大取样位点
的覆盖面积和取样强度，以提高该季抽样调查渔获种类组成的代表性。

2. 渔获丰度　2014—2016 年，海南陵水 4 个航次共捕获游泳生物 11 693 尾。其中，
鱼类 8 092 尾，蟹类 2 154 尾，头足类 784 尾，虾类 573 尾，虾蛄类 126 尾。总体上，鱼
类在渔获丰度组成中所占比重最高；其次为蟹类；其他种类所占比重相对较低。调查海
域，各季度渔获率（尾/h）分析结果如图 19-6 所示。

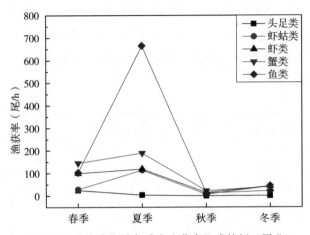

图 19-6 陵水湾海域各季度渔获率组成特征（尾/h）

春季平均渔获率最高为 1 766 尾/h；其次为冬季和秋季，分别为 1 344 尾/h 和 1 135 尾/h；夏季渔获率最低为 906 尾/h。春季，鱼类渔获率最高（1 306 尾/h），其次为头足类（241 尾/h）、蟹类（141 尾/h）和虾类（75 尾/h），虾蛄类渔获率仅 3 尾/h；夏季，鱼类渔获率最高（598 尾/h），其次为蟹类（173 尾/h）、头足类（85 尾/h）和虾类（47 尾/h），虾蛄类渔获率最低（3 尾/h）；秋季，头足类、虾蛄类、虾类、蟹类、鱼类渔获率分别为 32 尾/h、34 尾/h、70 尾/h、214 尾/h、785 尾/h；冬季，渔获中鱼类和蟹类渔获率较高，分别为 958 尾/h、313 尾/h，虾类、头足类、和虾蛄类渔获率分别为 48 尾/h、14 尾/h、10 尾/h。

据海南陵水海域渔获种类季节分布特征分析发现，鱼类在各季度渔获丰度中均占优势地位，其中，春季鱼类渔获率相对较高，夏季最低；头足类渔获率从春季到冬季依次降低；蟹类渔获率从春季到冬季依次升高；虾类和虾蛄类各季度渔获率均较低，无明显的季节变化趋势。

3. 渔获生物量 2014—2016 年，海南陵水海域 4 个航次共捕获游泳生物 168 216.7 g。其中，鱼类 111 208.9 g，蟹类 26 262.3 g，头足类 25 450 g，虾类 4 169.9 g，虾蛄类 1 125.6 g。总体上，渔获生物量组成中鱼类所占比重最高；其次为蟹类和头足类；虾类和虾蛄类所占比重相对较低。

调查海域，春、夏、秋、冬四季渔获率（g/h）结果如图 19-7 所示。春季和冬季渔获率相对较高，分别为 26 560.5 g/h 和 21 900.1 g/h；夏季和秋季相对较低，分别为 14 438 g/h 和 10 249.4 g/h。春季，鱼类渔获率最高（18 622.9 g/h），其次为头足类（756.9 g/h），蟹类（1 102.6 g/h）和虾类（573.9 g/h），虾蛄类渔获率最低（78.5 g/h）；夏季，鱼类和头足类渔获率较春季明显下降，分别为 9 504.6 g/h 和 3 427.7 g/h，蟹类和虾蛄类渔获率变化较小，分别为 1 280.7 g/h 和 53 g/h，虾类渔获率为 172.1 g/h；秋季，鱼类和头足类渔获率呈持续下降的趋势，分别为 6 531.4 g/h 和 1 201.6 g/h，蟹类渔获率（1901.2 g/h）

较春季和夏季有所增加，虾类和虾蛄类渔获率相对较低，分别为 431.2 g/h 和 184 g/h；冬季，鱼类渔获率急剧增加至 14 785.1 g/h，蟹类渔获率持续上升为 5 475.5 g/h，其他种类渔获率变化较小，头足类、虾类、虾蛄类渔获率分别为 935.9 g/h、553.9 g/h、149.8 g/h。

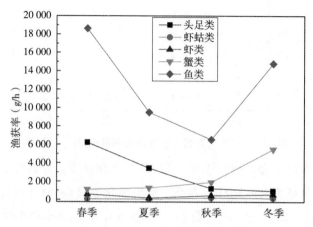

图 19-7　陵水湾海域各季度渔获率组成特征（g/h）

　　此外，据海南陵水海域渔获种类季节分布特征的分析结果显示，鱼类渔获率从春季至冬季呈先下降、后上升的变化趋势。在秋季渔获率最低，春季最高；头足类渔获率从春季至冬季逐渐下降；蟹类渔获率呈相反的变化趋势；虾类和虾蛄类各季度渔获率相对较低，且季节变化较小。

　　4. 优势度分析　海南陵水海域各季优势物种和常见物种组成情况见表 19-8。春季，海南陵水海域渔获中优势种类主要包括多齿蛇鲻、杜氏枪乌贼、条鲾、四线天竺鲷、二长棘鲷、弓背鳄齿鱼和须赤虾 7 种（鱼类 5 种、头足类 1 种、虾类 1 种），其中，多齿蛇鲻、杜氏枪乌贼和条鲾优势度明显高于其他种类；夏季，渔获中优势种类主要有中线天竺鲷、银光梭子蟹、多齿蛇鲻、杜氏枪乌贼、二长棘鲷、黄斑鲾、沙带鱼、细纹鲾、日本无针乌贼、黄鳍马面鲀和宽突赤虾 11 种，其中，鱼类 7 种、头足类 2 种、虾类 1 种、蟹类 1 种；秋季，渔获中优势种类共 10 种，包括鹿斑鲾、六指马鲅、乳香鱼、变态蟳、看守长眼蟹、宽突赤虾、带鱼、发光鲷、杜氏枪乌贼和中线天竺鲷，其中，包括鱼类 6 种、蟹类 2 种、头足类 1 种、虾类 1 种；冬季，渔获中优势种主要有香港蟳、条鲾、中线天竺鲷、怀氏兔头鲀共 4 种，其中，鱼类 3 种、蟹类 1 种。综上可知，海南陵水海域各季渔获中优势种类存在较大差异，且春季和冬季优势集中程度较高。其中，多齿蛇鲻、杜氏枪乌贼和二长棘鲷为春季和夏季共同优势群体；条鲾为春季和冬季共同优势种；中线天竺鲷和宽突赤虾为夏季和秋季共同优势种。研究表明，水生生物的繁殖、索饵及周期性迁移，受自然水域水文水质及气候条件等因素的共同调节。因此，渔业资源的评估与监管应结合目标水域理化生境与气候特征因时因地开展。

表 19-8　陵水湾海域各季度优势种和常见种

季节	种名	数量百分比（%）	重量百分比（%）	出现频率（%）	优势度
春季	多齿蛇鲻	10.2	28.5	100.0	3 871
	杜氏枪乌贼	13.6	22.2	100.0	3 576
	条鲾	27.9	5.0	100.0	3 285
	四线天竺鲷	13.5	3.1	100.0	1 667
	二长棘鲷	3.4	5.4	100.0	876
	弓背鳄齿鱼	5.8	1.1	100.0	689
	须赤虾	4.0	1.5	100.0	546
	黑边天竺鱼	2.0	1.9	100.0	389
	长体蛇鲻	2.5	7.2	33.3	325
	变态蟳	3.2	0.9	66.7	273
	长鲾	0.7	3.4	66.7	272
	刺鲳	0.6	2.9	66.7	237
	带鱼	0.4	1.7	100.0	210
	拥剑梭子蟹	2.8	0.3	66.7	202
	日本无针乌贼	0.7	1.2	100.0	190
	看守长眼蟹	0.2	1.3	100.0	157
夏季	中线天竺鲷	14.1	5.7	100.0	1 977
	银光梭子蟹	10.0	1.6	100.0	1 157
	多齿蛇鲻	2.0	6.9	100.0	892
	杜氏枪乌贼	3.8	7.3	80.0	882
	二长棘鲷	2.3	7.7	80.0	799
	黄斑鲾	8.9	1.0	80.0	796
	沙带鱼	0.9	6.1	100.0	696
	细纹鲾	6.2	2.4	80.0	689
	日本无针乌贼	0.2	10.7	60.0	656
	黄鳍马面鲀	4.4	1.6	100.0	603
	宽突赤虾	4.6	0.8	100.0	542
	竹䇲鱼	1.6	4.5	80.0	488
	条尾绯鲤	1.7	3.0	100.0	467
	安达曼钩腕乌贼	3.8	3.1	60.0	415
	花斑蛇鲻	3.2	0.7	100.0	394
	纤羊舌鲆	3.3	0.4	100.0	367
	日本鳗鲡	0.2	3.4	60.0	216
	锈斑蟳	0.4	2.0	80.0	191
	看守长眼蟹	0.9	1.5	80.0	190

（续）

季节	种名	数量百分比（%）	重量百分比（%）	出现频率（%）	优势度
夏季	真蛸	0.5	1.4	100.0	188
	巴布亚沟虾虎鱼	1.8	0.4	80.0	170
	变态蟳	1.8	0.9	60.0	166
	针乌贼	0.7	1.3	80.0	163
	大鳞鳞鲬	1.3	0.6	80.0	151
	美人蟳	2.7	1.0	40.0	151
	黑边天竺鱼	1.2	0.6	80.0	149
	矛形梭子蟹	2.2	0.2	60.0	144
	金线鱼	1.0	1.4	60.0	143
	蓝圆鲹	0.4	1.3	80.0	138
	少鳞膛	0.4	1.1	80.0	120
	短尾大眼鲷	0.8	0.7	80.0	120
秋季	鹿斑鲾	14.2	2.4	100.0	1 657
	六指马鲅	8.9	6.8	100.0	1 576
	乳香鱼	6.4	7.6	100.0	1 410
	变态蟳	11.6	5.7	80.0	1 385
	看守长眼蟹	2.7	7.1	100.0	986
	宽突赤虾	5.6	2.7	100.0	830
	带鱼	1.6	6.7	100.0	829
	发光鲷	10.3	3.2	60.0	809
	杜氏枪乌贼	2.5	5.0	100.0	744
	中线天竺鲷	4.7	2.4	80.0	562
	纤羊舌鲆	3.6	0.5	100.0	408
	细纹鲾	2.7	2.1	80.0	391
	鳓	1.0	2.4	100.0	341
	二长棘鲷	0.4	2.6	100.0	307
	红星梭子蟹	0.5	3.1	80.0	289
	东方蟳	2.9	1.8	60.0	286
	棘突猛虾蛄	1.6	1.2	100.0	284
	少鳞膛	0.5	1.6	100.0	210
	油魣	0.3	4.3	40.0	183
	目乌贼	0.1	4.4	40.0	182
	棕腹刺鲀	0.4	1.3	100.0	166
	口虾蛄	1.0	0.5	100.0	140
	墨吉对虾	0.4	1.5	60.0	115
	细纹天竺鱼	1.5	0.3	60.0	110

（续）

季节	种名	数量百分比（%）	重量百分比（%）	出现频率（%）	优势度
冬季	香港蝾	20.2	11.3	80.0	2 525
	条鲾	16.4	10.1	60.0	1 587
	中线天竺鲷	8.7	2.6	60.0	676
	怀氏兔头鲀	1.2	6.4	80.0	608
	卷折馒头蟹	0.8	6.8	60.0	453
	纤羊舌鲆	4.1	0.9	80.0	402
	细条天竺鱼	5.3	1.1	60.0	386
	大甲鲹	1.7	3.9	60.0	340
	看守长眼蟹	1.1	2.9	80.0	321
	沙带鱼	0.5	3.3	80.0	306
	长吻大眼鲬	3.9	2.8	40.0	267
	红星梭子蟹	0.5	2.5	80.0	239
	花斑蛇鲻	1.3	1.6	80.0	229
	条尾绯鲤	2.9	2.5	40.0	219
	针乌贼	0.2	3.0	60.0	193
	乳香鱼	0.9	1.5	60.0	145
	乌鲳	0.1	3.3	40.0	138
	亨氏仿对虾	1.6	0.3	60.0	113
	墨吉对虾	0.7	2.1	40.0	109
	逍遥馒头蟹	0.4	2.1	40.0	100

5. 资源密度估算 研究表明，海南陵水海域冬季游泳生物资源量密度最高（5 597.1 kg/km²），其次为春季（4 604kg/km²）；夏季和秋季相对较低，分别为 2 619.4kg/km² 和 2 459.7kg/km²。调查海域各季度鱼类资源密度最高，其次为头足类和蟹类，虾类和虾蛄类资源密度相对较低。调查海域各季度各类游泳生物的资源量密度见表 19-9。

表 19-9 陵水湾海域渔业资源密度（kg/km²）

季节	头足类	虾蛄类	虾类	蟹类	鱼类	合计
春季	1 041.5	8.8	102.4	191.0	3 260.3	4 604.0
夏季	601.0	9.4	32.1	224.8	1 752.1	2 619.4
秋季	288.4	44.2	103.5	456.3	1 567.4	2 459.7
冬季	223.2	34.4	118.5	1 301.9	3 919.1	5 597.1

（二）群落结构特征

1. 生物多样性指数　研究发现，海南陵水海域各季生物多样性状况及其空间结构特征如图 19-8 所示。各季生物多样性差异明显，秋季和夏季 Shannon-Wiener 多样性指数相对较高，且空间差异较小，分别为 3.02 和 3；冬季和春季 Shannon-Wiener 多样性指数相对较低，且空间差异显著，分别为 2.7 和 2.3。说明调查海域夏季和秋季游泳生物群落结构相对稳定。

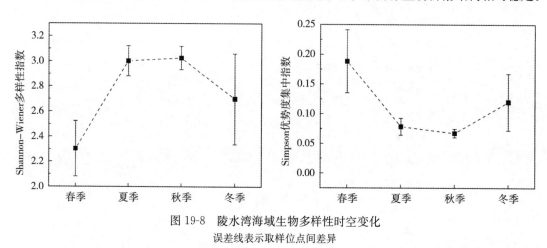

图 19-8　陵水湾海域生物多样性时空变化
误差线表示取样位点间差异

海南陵水海域游泳生物优势集中度研究结果显示，该海域各季游泳生物优势集中度指数差异较大。春季优势集中程度最高（0.19），其次为冬季（0.12），夏季和秋季相对较低，分别为 0.08 和 0.07。春季游泳生物优势集中程度相对较高，说明群落稳定性相对较差，应适当给予保护。

2. ABC 曲线　海南陵水海域各季度 ABC 曲线分析结果显示（彩图 100）。春季和夏季渔获丰度和生物量累积优势度曲线基本处于交错状态（$W \approx 0$），说明春、夏两季调查海域游泳生物个体相对较大，生物群落受外界干扰相对较小。秋季和冬季渔获丰度曲线在渔获生物量曲线之上，W 值分别为 −0.088 和 −0.069，说明调查海域游泳生物主要以小型个体为主，且生物群落受外界干扰强度相对较大。综上所述，春季，调查海域生物群落受外界干扰相对较小，而群落稳定性较差（生物多样性指数较低），因此，在春季应采取适当的措施加强对该水域游泳生物资源的保护。秋季，海南陵水海域游泳生物群落受外界干扰较大，而群落稳定性相对较高（生物多样性指数较高），说明该季节适合生物资源的开发与利用。

二、渔业资源声学评估

（一）调查设置

研究区域选择海南陵水湾海域（18°20′N—18°28′N、109°52′E—110°2′E）。调查时间

选择 2014 年 11 月 27 日（秋季）、2015 年 5 月 25 日（春季）、8 月 31 日（夏季）和 2016 年 1 月 6 日（冬季）。声学走航调查使用便携式分裂波束科学鱼探仪（Simrad EY60，挪威）进行，其中，2014 年 11 月调查使用 70、120 kHz 2 个频率换能器，2015 年 5 月调查使用 200 kHz 1 个频率换能器，2015 年 8 月及 2016 年 1 月使用 70、200 kHz 2 个频率换能器。2014 年 11 月、2015 年 8 月和 2016 年 1 月均使用 70 kHz 数据进行资源数量密度和资源量密度的计算统计，另一频率数据辅助回波映像分析。声学数据的采集与收录使用 Simrad EY60 系统自带的专用软件 ER60 进行，动态经纬度位置信息由 GPS（Gamin GPSCSx，美国）获得，各次调查科学鱼探仪的主要技术参数见表 19-10。由于 Simrad EY60 声学系统硬件缺乏长期的稳定性，故在走航调查前按照国际通用的标准球法，对科学鱼探仪系统的收发增益系数进行现场校正。不同频率的换能器置于导流罩内，导流罩通过螺杆固定于船体右舷外侧，吃水 1 m，走航航速 5~7 kn。

表 19-10 EY60 科学鱼探仪主要技术参数设定

技术参数	2014-11	2015-05	2015-08	2016-01
	70 kHz 换能器	200 kHz 换能器	70 kHz 换能器	70 kHz 换能器
发射功率（W）	200	300	300	500
脉冲宽度（μs）	512	256	512	512
等效波束角（dB）	−21.00	−20.70	−21.00	−21.00
换能器增益（dB）	27.00	27.00	25.69	25.69
横向波束宽度（°）	6.54	7.00	6.53	6.53
纵向波束宽度（°）	6.44	7.00	6.43	6.43
吸收系数（dB/km）	19.00	76.10	15.90	20.30

（二）数据处理与分析

1. 声学数据处理 见第十四章第七节相关内容。

2. 生物样本采集与分析 见第十四章第七节相关内容。渔业资源声学评估要求在走航调查的同时配套专用调查网具（包括底层拖网和变水层拖网），对应声学回波在预设站位和映像密集区进行生物学采样用以进行积分值分配并辅助声学回波映像判读。该研究的生物学采样采用底拖网捕捞采样，结合其他同步调查内容，共设置 5 个拖网站位，站位位置根据声学回波映像结合项目其他调查内容的进行情况现场确定。拖网采样租用海南渔民渔船进行，各个站位约拖 20 min。

3. 鱼类资源密度评估方法

见第十四章第七节。

（三）调查结果

1. 声学航迹 传统的声学调查航线会结合调查区域具体的地理地貌情况，设计为"之"

字形或平行断面型两种。而该研究因与其他调查项目同步进行，故未进行单独的声学走航调查。声学数据采集为随机采样，航线不规则。且 2015 年 5 月调查因 GPS（Gamin GPSCSx，美国）损坏无对应的经纬度位置信息，历次调查具体航迹线如图 19-9 所示。

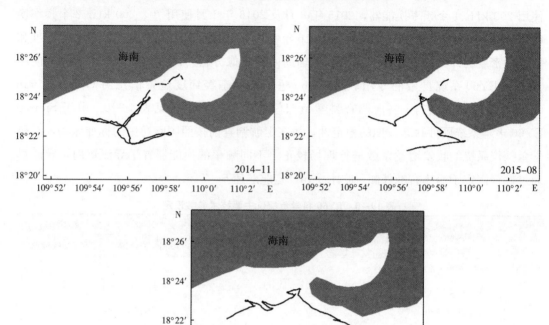

图 19-9　海南陵水湾历次渔业声学调查航线

2. 拖网渔获组成信息　2014 年秋季，共捕获游泳生物和底栖无脊椎动物共 100 种。其中，鱼类 79 种，头足类 4 种，虾类 5 种，蟹类 8 种，虾蛄类 4 种，总渔获量为 25.6 kg。2015 年春季，共捕获游泳生物及底栖无脊椎动物共 57 种，其中，鱼类 42 种，头足类 3 种，虾类 3 种，虾蛄类 2 种，蟹类 7 种，总渔获量为 42.4 kg。2015 年夏季，共捕获游泳生物和底栖无脊椎动物共 115 种，其中，鱼类 82 种，头足类 7 种，虾类 4 种，虾蛄类 4 种，蟹类 18 种，总渔获量为 39.0 kg。2016 年冬季，共捕获游泳生物及底栖无脊椎动物共 106 种，其中，鱼类 81 种，头足类 5 种，虾类 5 种，虾蛄类 3 种，蟹类 12 种，总渔获量为 61.2 kg。

为排除海底回波信号干扰，历次调查海底之上 0.5 m 范围内均被视为声学探测的盲区，故底栖的鲆鲽类、虾虎鱼类、蛸类、虾蟹类等非常贴底的生物均不参与声学评估。2014 年秋季至 2016 年冬季 4 次调查中，评估的生物种类组成存在较大差异，各次调查的优势种虽有不同，但以鲾类（*Leiognathidae*）和天竺鲷类（*Apogonidae*）占据主要部分。2014 年 11 月、2015 年 5 月和 8 月及 2016 年 1 月声学评估种类依次为 55、34、63 和

55 种。根据拖网生物学采样结果，获得各次调查渔获数量百分比前 5 位评估种类组成及其生物学信息（表 19-11）。

表 19-11　各次调查渔获数量百分比前 5 位评估种类生物学信息

时间	物种	数量（尾）	百分比（%）	体长（mm）		体重（g）	
				范围	均值	范围	均值
2014 年秋季	鹿斑鲾	403	21.55	22～51	35	0.4～44.0	1.9
	发光鲷	293	15.67	38～83	51	1.4～14.0	4.1
	六指马鲅	253	13.53	48～97	61	2.4～25.0	5.8
	乳香鱼	183	9.79	47～135	70	2.8～61.0	9.3
	中线天竺鲷	132	7.06	32～84	58	0.8～19.0	7.9
2015 年春季	条鲾	767	32.62	30～96	64	1.0～24.0	10.2
	四线天竺鲷	379	16.12	31～147	66	1.0～20.0	10.0
	杜氏枪乌贼	373	15.87	30～179*	90*	3.0～118.0	42.7
	多齿蛇鲻	281	11.95	125～215	170	14.0～150.0	53.9
	弓背鳄齿鱼	160	6.81	52～78	63	2.0～5.0	3.2
2015 年夏季	中线天竺鲷	344	22.38	43～89	61	2.0～18.0	7.3
	黄斑鲾	218	14.18	30～54	42	0.5～3.0	1.8
	细纹鲾	152	9.89	45～92	62	2.0～21.0	5.9
	黄鳍马面鲀	108	7.03	41～65	49	2.0～9.0	3.7
	安达曼钩腕乌贼	93	6.05	26～198*	65*	3.0～251.0	48.3
2016 年冬季	条鲾	601	30.59	75～93	77	11.0～22.0	13.2
	中线天竺鲷	318	16.18	20～98	62	1.0～24.0	9.7
	细条天竺鱼	194	9.87	47～52	49	3.0～7.0	4.0
	条尾绯鲤	108	5.50	63～123	93	5.0～44.0	21.0
	白姑鱼	65	3.31	45～70	57	2.0～10.0	5.3

* 胴长。

3. 资源密度与时空分布特征　2014 年 11 月（秋季）、2015 年 8 月（夏季）及 2016 年 1 月（冬季）3 次调查，该海域内鱼类资源平均数量密度依次为 9.34×10^5 尾/km、1.12×10^5 尾/km² 和 0.16×10^5 尾/km²，平均资源量密度依次为 5.08t/km²、0.93t/km² 和 0.32 t/km²。图 19-10、图 19-11 分别为 3 次调查鱼类资源数量密度和资源量密度的空间分布。结果表明，鱼类资源数量密度和资源量密度空间分布特征的季节变化较大，但两者并不完全一致。3 次调查湾口海域的数量密度和资源量密度均较低，且随离岸距离的增加资源数量密度和资源量密度均有增大的趋势。

2014 年 11 月（秋季）资源数量密度和资源量密度的空间分布基本一致，在离岸较远

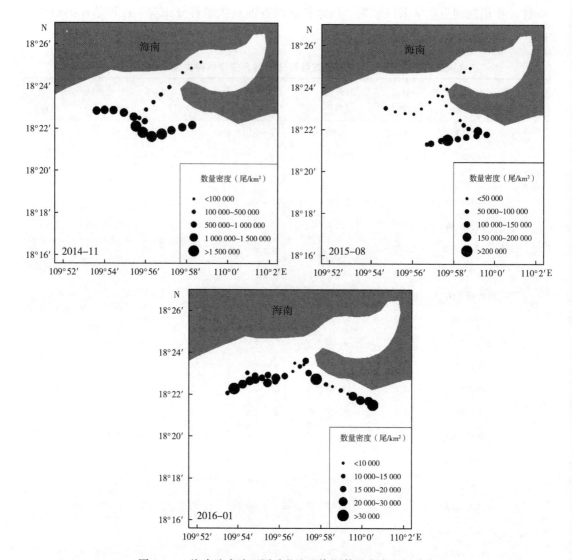

图 19-10　海南陵水湾不同季节渔业资源数量密度空间分布

位置处形成密度高值密集区，且均显著高于其余 2 次调查的结果；相比而言，2015 年 8 月（夏季）资源数量密度和资源量密度均有较大下降，且高值区向东南方向移动；2016 年 1 月（冬季）资源数量密度和资源量密度则均为最低，两者的空间分布存在一定差异，且较前 2 次而言无明显的高值区形成。

4. 目标强度组成与分布　利用 Echoview 软件对采集的声学数据进行单体目标检测和单体目标轨迹追踪后，输出不同 TS 阶层的单体目标数量，获得历次调查该海域内单体鱼类现场 TS 测量的频度分布（图 19-12）。

2014 年 11 月至 2016 年 1 月，4 次调查该海域内单体鱼类目标强度分布的差异较大，但均以单体目标强度小于－58 dB 的小个体鱼类分布为主。2014 年 11 月调查单体目标强

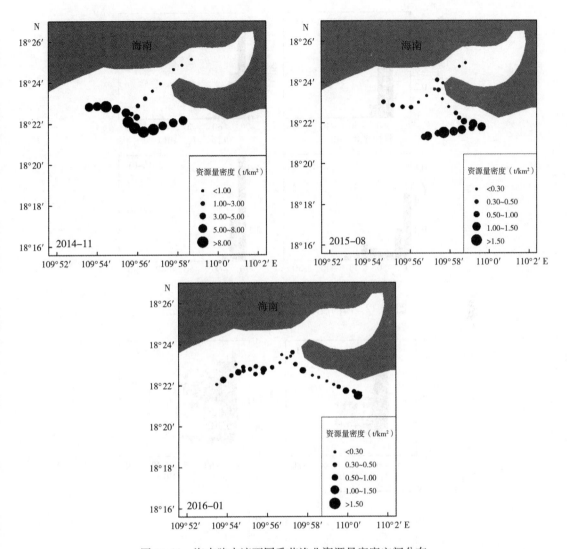

图 19-11　海南陵水湾不同季节渔业资源量密度空间分布

度分布于 -64～-37 dB，其中，以 -64～-58 dB 之间单体数量占据主要部分，约占全部单体的 89.0%。2015 年 5 月单体目标强度则分布于 -70～-31 dB，其中，以 -70～-64 dB 间的单体数量占据主要部分，约占全部单体数量的 85.0%。2015 年 8 月单体目标强度分布于 -70～-43 dB，其中，以 -70～-64 dB 的单体数量占据主要部分，约占全部单体的 64.1%。2016 年 1 月调查单体目标强度则分布于 -70～-61 dB，其中，以 -70～-64 dB 的单体数量占据主要部分，约占全部单体数量的 96.9%。

　　鱼类单体目标强度的空间和时间分布特性，对研究鱼类行为和鱼种的声学识别具有很好的支持作用。故结合 4 次调查鱼类的回波特征分布，对单体鱼类目标强度在深度方向上的空间分布进行统计分析（图 19-13）。

　　根据图 19-13 可知，2014 年 11 月检测出的单体鱼类集中分布于 3～36 m 水深，随着

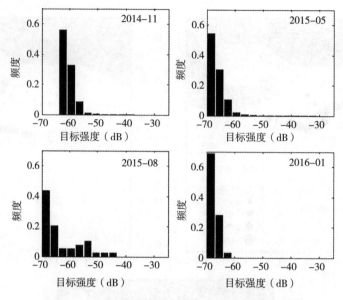

图 19-12　海南陵水湾历次调查目标强度频度分布

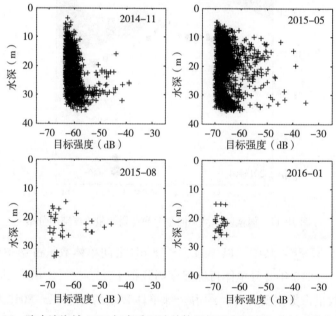

图 19-13　陵水湾海域 2015 年春季回波单体目标强度频率组成与垂直空间分布

水深的增加单体鱼类目标强度有增大的趋势，且目标强度大于－50 dB 的单体均分布于 15 m 以深水层。2015 年 5 月检测出的单体鱼类则主要分布于 4～36 m 水深，且目标强度大于－50 dB 的单体均分布于 10 m 以深水层。2015 年 8 月检测出的单体鱼类分布于 14～34 m 水深，检测出的单体数量较少，且 14 m 以浅水层未检测出有效的单体信号。2016 年 1 月检测出的单体鱼类分布于 15～30 m 水深，检测出的单体数量极少，且均为目标强度小于－65 dB 的小个体鱼类。

（四）评估效果

为对比分析依照目标强度现场测量结果和拖网采样数据，进行声学积分值分配估算鱼类资源数量密度之间的差异，对两者的估算结果进行比较。由于 2015 年 5 月调查 GPS 损坏无走航对应的经纬度位置信息，且 2016 年 1 月调查较少有鱼类回波出现，检测出的有效单体数量极少，无法统计上述 2 次调查依目标强度现场测量估算的鱼类资源数量密度，故仅对其余 2 次调查依目标强度现场测量结果和拖网采样数据估算资源数量密度间的差异进行对比分析。2014 年 11 月和 2015 年 8 月依目标强度现场测量结果，进行声学积分值分配估算鱼类资源数量密度依次为 9.03×10^5 尾/km² 和 1.11×10^5 尾/km²，而依拖网采样数据进行声学积分值分配估算鱼类资源数量密度分别为 9.34×10^5 尾/km² 和 1.12×10^5 尾/km²，相对误差则依次为 3.23% 和 0.36%。

传统的声学调查结合调查区域具体的地理地貌情况，将调查航线设计为"之"字形或平行断面型两种。该研究因与其他调查项目同步进行，同时考虑经费及其他限制因素，未进行单独的声学走航调查，航迹线不规则，增加了产生误差的可能性，故在后期的数据处理过程中并未对调查海域内渔业资源的资源量进行估算，而采用分区域计算资源数量密度和资源量密度的方法对渔业资源的时空分布进行统计分析，以降低航线偏差产生的空间采样密度不均匀的影响。与此同时，在历次调查过程中科学鱼探仪均安装在船体右舷外侧，同时为规避声学近场效应和排除海表航行噪声干扰，积分起始水层设置为 1.8 m，而且为排除海底反射信号干扰，积分终止水层设置为海底之上 0.5 m 水深，故积分水层之外水深视为声学探测的盲区，盲区之内的鱼类信号视为噪声被屏蔽，故临近表层和贴底鱼类回波不在积分范围之内。因此，资源评估结果与资源现状存在一定的偏差。此外，在历次调查中均有鱼群出现，2014 年 11 月调查中鱼类集群现象更为显著，而当评估存在集群现象鱼类资源现状时，遮蔽效应往往使资源数量密度和资源量密度偏低。在 2014 年 11 月和 2015 年 8 月 2 次调查中，依目标强度现场测量和拖网采样数据，进行积分值分配估算鱼类资源数量密度相对误差分别为 3.23% 和 0.36%，两种方法估算的资源数量密度结果差别不大。故在如河流、湖泊及水库等内陆淡水水域无法对应声学回波进行生物学采样的情况下，使用声学方法对鱼类资源数量密度的空间分布进行统计分析，不失为一种有效的技术手段。

此外，该研究利用回波积分方法结合拖网采样数据，对目标海域进行不同季节的渔业资源评估。根据不同基本积分航程单元和不同水层内声学积分值的变化，反映出各季调查海域内渔业资源的变化状况。由于 2015 年 5 月调查 GPS 损坏缺少对应的经纬度位置信息，无法对该航次调查渔业资源的空间分布进行统计，故该研究尚无法完全地反映季节变化对调查海域内渔业资源的影响，需在后续的研究中进行补充调查。对于其余 3 次调查，资源数量密度和资源量密度的空间分布并不完全一致，这应与不同季节不同鱼种平均体重的变化趋势不同相关。2016 年 1 月资源数量密度和资源量密度均为最低,这可能与冬季近岸海表温度较低,饵料生物生长变缓,鱼类向深水区索饵所致。温度、溶解氧等海洋环境因子及其变化,是影响鱼类分布、洄游迁徙及种群产量重要因素。故在今后的研究工作中,应对环境因子的季节变化规律进行研究,分析其与鱼类资源变化特征的相关性,以便更为真实地了解两者的相关关系。

第八节 海马增殖策略

海马属鱼类,是一类主要生存于浅海海域的珍稀海洋动物,野生资源衰退严重,被列为世界自然保护联盟红色保护名录,也被列为我国的国家级野生动物保护名录。陵水湾是我国海马重要的栖息生长海域,近年来,由于海草床生态系统不断丧失,该湾的海马种群数量不断下降。为了保护海马这类珍稀濒危的保护动物,应加强陵水湾海马的增殖保护。目前,我国已经开展了针对一系列海洋生物种类的增殖放流工作,并取得了很好的效果。然而,由于苗种和技术的限制,世界范围内都还没有关于海马增殖放流的相关研究和应用报道。

一、野生海马驯化与养殖

海马养殖是目前国际海水养殖热点,其海马养殖初期种源主要为野生捕捞的海马。野生海马作为亲本,主要问题是由于栖息环境的改变、体表寄生虫和肠道病菌等原因而大量死亡。调查结果显示,野生海马如果未经合理驯化,在养殖过程中其死亡率高达85%,其野生海马的配对成功率和交配频率非常低,同时,因为野生海马亲本间相互干扰而显著影响了妊娠周期,从而影响了后代幼体海马成活率。然而,到目前为止,国际范围内还没有关于野生海马驯化养殖研究的专门报道。为了填补国际范围内野生海马驯化研究的空白,基于对海马基础生物学和病理学研究,对野生海马进行必要的饵料管理、病害处理及养殖设施改造,构建了野生海马高效驯化的养殖模式。具体步骤包括:

(1)准备野生海马驯化养殖池。驯化养殖池中水深为 80~100 cm,温度为(25±2)℃,盐度为(33±2.0),溶解氧为(6.5±0.5)mg/L。在驯化养殖池中添加 EM 菌,以保持池内的水质良好,还可在池的上方添加防晒网,控制温度在 1 000~1 500 lx,并在驯化养殖池中添加相应数量的海马附着物,以供海马缠绕休息。

(2)选取身体未损伤的野生海马;对野生海马进行预处理,在呋喃西林(3~5 mg/L)下浸浴 12~16 h,其间猛烈充气,不投喂饵料。

（3）将野生海马放入驯化养殖池中，第 1～2d 每天投喂 2 次成体丰年虫，池内大量充气，不换水，光照强度为 300～700 lx；第 3～7d 每天投喂 3 次少量成体丰年虫（投喂前进行高不饱和脂肪酸强化）和足量冰冻糠虾，每隔 2d 投放 EM 菌 1 次，光照强度为 1 000～1 500 lx；第 8～13d 每天投喂 3 次冰冻糠虾，池内使用循环水，每天更换量为池水体的 1/3，光照强度为 3 000 lx 以上。在投喂糠虾时，由于糠虾会产生不少垃圾，所以在投喂 3 h 后虹吸处理，以保持池内水质干净。待野生海马摄食稳定后的 3～6 d，即完成驯化养殖。

二、海马人工繁育

（一）海马性腺与育儿袋

海马为雌雄异体鱼类。性腺发育前期，肉眼观察无法分辨雌雄。性成熟阶段雄性海马腹部后端产生皮质育儿袋，解剖观察雌海马腹腔后侧形成 2 条卵巢，雄海马在对应位置形成 2 条精巢。

成熟雄海马有 2 条精巢，长条形，位于腹部后侧，末端与泄殖孔相连。组织学切片观察，雄海马泄殖腔末端有交接器状结构，该交接器中部有输精管道，外围有平滑肌环绕。细长的精子形态，有利于精子在高黏性的育儿袋内环境中运动。

雌海马有 2 条卵巢，位于鱼体腹部两侧，中间被肠道系统间隔贴近，后侧贴近肾脏，前端延伸至肝脏背侧，占躯干长度的 1/3。未成熟卵巢为细长条状，半透明，成熟过程中，卵巢逐渐膨胀，颜色变为黄色，毛细血管分布于卵巢表明，其中的生殖细胞分化逐渐明显，肉眼即可看到卵巢内的颗粒状卵细胞，完全成熟的卵细胞呈橘红色或橘黄色（图 19-14）。雌海马左右两只卵巢同步发育，同一海马左右卵巢的重量与长度都无差异。

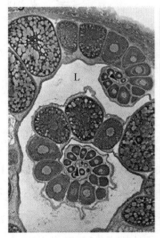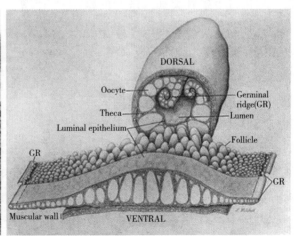

图 19-14　海马卵巢结构示意
(Selman et al.，1991)

海马属鱼类的"雄性卵胎生"过程，与哺乳动物的胎生过程具有非常高的相似性。育儿袋是海龙科雄鱼特有的孵化器官，结构发育复杂，功能和完善，不仅为胚胎提供物理保护，而且能够在渗透压、溶氧、营养等方面提供支持（图 19-15）。

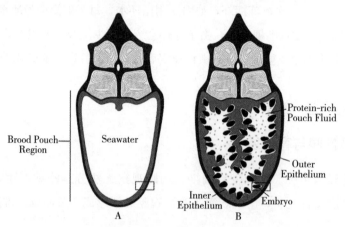

图 19-15　怀孕过程中海马属鱼类育儿袋结构比较
A. 未妊娠海马　B. 妊娠海马
(Stolting and Wilson，2007)

（二）海马繁殖行为

海马具有独特的求偶方式，雄海马通过改变体色、婚舞、膨胀育儿袋等方式，吸引雌海马与之交配（Vincent，1994）。交配时，雄海马与雌海马并行游泳，腹部互相贴近，雌鱼将生殖乳突插入敞开的雄鱼育儿袋口，释放卵细胞，同时雄海马释放精子，受精过程在育儿袋内完成（图 19-16）。交配完成后雄鱼进入妊娠阶段，海马妊娠周期一般为 10～30 d，妊娠周期受海马种类和环境温度等因素影响。大多数热

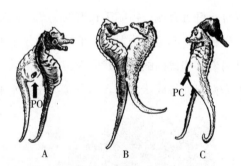

图 19-16　海马交配过程示意
A. 育儿袋口张开　B. 配子转移　C. 育儿袋闭合
(Van Look et al.，2007)

带海域的海马可全年繁殖，如 *H. comes*、*H. bargibanti* 等；温带的海马种类则一般表现为季节性繁殖，如 *H. hippocampus*、*H. whitei* 等（Foster & Vincent，2004）。同一个海马种类的繁殖季节存在地域差异，主要受光照、温度或饵料等因素的影响。海马单胎产卵量一般为 50～2 000 尾，产卵量主要受亲本个体大小影响。在妊娠阶段，部分海马种类会通过婚舞行为保持稳定的配偶关系。妊娠结束后，海马雄鱼打开育儿袋口，通过身体前后摆动，挤压排出海马仔鱼，完成产幼过程。雄海马在产幼后，一般在 24 h 内再次交配。部分海龙科鱼类在求偶和交配过程中发生性角色逆转（sex role reversal），雌鱼为

争夺交配权主动追求雄鱼。然而，海马属中绝大多数种类都仍然保持传统的性角色关系，即雄鱼竞争配偶权。此外，野生条件下，在同一个繁殖季节中，海马大多表现为稳定的一夫一妻配偶关系。

三、海马生长特征

海马通过雄性育儿方式直接分娩产生幼鱼，幼鱼体长存在种间差异。例如，线纹海马初生仔鱼体长显著大于大海马初生仔鱼体长和三斑海马初生仔鱼体长。线纹海马比三斑海马和大海马具有更高的生长速率，100 日龄时线纹海马、大海马和三斑海马的体长分别为（76.71±4.31）mm、（62.12±10.16）mm 和（69.71±5.95）mm。相同养殖条件下，三种海马在 100 日龄时的存活率差异显著。线纹海马存活率显著高于大海马和三斑海马的存活率（图 19-17）。

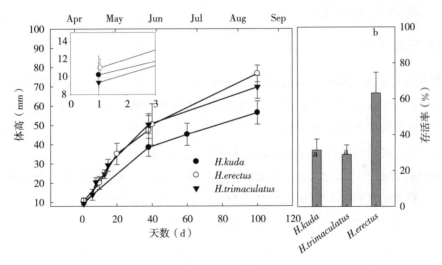

图 19-17　线纹海马与大海马、三斑海马的生长和死亡率比较

四、海马游泳行为及影响因素

海马具有独特的形态学结构，头部与躯干呈直角，尾部可弯曲，无尾鳍，直立游泳。这种独特形态学特征与游泳姿势，有利于海马在海草床或珊瑚礁环境中伪装和移动，却导致海马属鱼类的游泳能力普遍较弱。海马的尾巴能够缠绕周围物体，这种缠绕行为非常利于其在珊瑚礁或海草床中捕食。同时，可以帮助海马通过缠绕在漂浮物上进行长距离漂流迁移，实现个体或群体扩散。

海马初生幼鱼能够立即利用尾巴缠绕物体进而固定身体，这种缠绕行为有利于海马快速定居，而不需要经历长时间的浮游生活。野外调查显示，海马种群密度低，普遍呈斑块状分布特征。这种快速的定居能力，是对海马弱游泳能力的补充，有助于幼鱼在发现适宜定居点后快速定居。

水流条件是影响鱼类游泳行为的最主要因素之一，我们研究了海马在不同水流条件下的游泳、呼吸和摄食等行为特征。海马幼鱼的游泳能力很弱，线纹海马初生幼鱼（3 日龄）的正常游泳速度为 4~6 cm/s，这一数据远低于其他常见珊瑚礁浮游期仔、稚鱼类的平均巡航游泳速度（20.6 cm/s）。海马幼鱼普遍会采用缠绕行为应对水流冲击作用。不同水流条件下海马呼吸频率变化差异很大，相同环境条件下小个体海马呼吸频率更高。同时，处于缠绕状态的海马呼吸频率低于游泳状态下的海马，意味着缠绕行为可能有利于海马降低代谢能量消耗。游泳状态的海马比缠绕状态的海马摄食频率更高，暗示了海马的摄食过程不仅仅是缠绕在物体进行守株待兔式的捕食，同时也会在条件允许时主动游泳寻觅食物。过高的水流速度，甚至会导致海马幼鱼全部死亡。

五、海马增殖放流

（一）鱼苗准备

1. 野生海马捕捞与驯养　通过潜水、拖网、地笼等不同方式抓取健康野生海马亲鱼，对野生海马进行驯化养殖，使其适应养殖环境。为降低放流海马对自然种群的影响，应尽可能在拟放流海区及周边海域抓捕亲鱼。若放流海马亲鱼来自其他海域，应进行群体遗传结构分析，确保放流群体与本地群体无显著遗传分化。

2. 规模化育苗　应用海马人工繁育和规模化养殖技术，获取野生海马亲鱼的 $F_1 \sim F_3$ 代鱼苗。全程养殖过程应尽可能保持鱼苗野生习性，以投喂活体饵料为主，减少使用化学药物，添置海草、珊瑚礁石等，最大化模拟自然生境。育苗季节应尽量选择海马自然繁殖的季节。

3. 本地适应性驯化　为提高放流海马的成活率，放流前，将所有海马转移到毗邻放流水域的养殖场区，利用附近自然海水进行暂养驯化，减少现场放流过程中水质突变引起的海马应激反应。

（二）现场放流

海马放流应选择适宜海马生存的海草床、珊瑚礁等海域，应避开养殖海区、航道水域和其他人类活动干扰严重的水域。

现场放流应选择天气晴朗、海况好的时间开展。应避免捕食者活跃的清晨和傍晚，尽量选择中午时段。应选择潮水最小的平潮期放流，便于海马迅速迁移至安全的生境。

现场放流时应按照轻拿轻放、缓慢过渡的原则，尽可能减少海马的应激反应。若在放流前需要打包运输，应提前一天停止投喂饵料。

（三）追踪调查

海马放流后，应进行定期调查，观测海马分布、数量和健康情况，评价增殖放流效果。鉴于海马是一类典型的底栖定居性鱼类，最适宜采用潜水调查方式进行观测。另外，可采用荧光标记、颈环标记等方式对放流海马进行标记追踪，以便于评价增殖放流效果。

（四）小结

增殖放流开展海马资源保护一项有效手段，海马增养殖技术和行为生态学的相关研究为增殖放流的顺利开展提供了基础，但围绕海马增殖放流的技术流程、标准规范和效果评价等方面，仍然亟待开展更加深入系统的研究。

第二十章 三亚湾示范区

第一节 气候地理特征

三亚湾位于三亚市区南面，东起鹿回头角，西至肖旗港，海岸线全长约 20 km，其中市区约 5 km，总面积约 72.8 km²，是三亚市的第一大海湾。三亚湾海湾呈微曲线形，朝向西南，沿岸沙滩延绵，沙滩宽 50 m 左右，坡度小，沙质细腻。沿岸为海坡旅游度假区，中档旅游度假宾馆密集，部分岸段沙滩已开辟为海水浴场。三亚湾沙滩绵长，海域宽阔，紧依城市。由于地理位置独特，地处热带，区域内珊瑚礁资源、海草资源、渔业资源、海洋浮游生物资源、海洋底栖生物资源等极其丰富。

三亚市位于北回归线以南的低纬度区，受东北季风和西南季风的交替影响，属热带海洋性季风气候。其特征为气候湿热、常年无冬、干湿季分明、雨量充沛、降雨集中、日照时间长。根据相关调查报告数据、三亚气象站建站至 2008 年的气象资料以及三亚湾海域研究文献报道统计，分析了其主要气候地理特征。

一、气温

三亚市地处低纬度，属热带海洋性季风气候，日照时间长，平均气温较高，全年温差小，四季不分明。年平均气温为 25.50℃，各月平均气温都在 20℃以上。气温在 4—9 月较高，平均为 27.7℃；而 12 月至翌年的 2 月较低，平均为 21.4℃。历年极端最高气温 35.70℃（1961 年 6 月 12 日），历年极端最低气温 5.1℃（1970 年 1 月 16 日）。各月平均气温详见表 20-1。

表 20-1 各月平均气温

月份	1	2	3	4	5	6	7	8	9	10	11	12
平均气温（℃）	20.0	21.9	24.0	26.3	28.1	28.4	23.4	28.0	27.2	25.9	24.3	22.2

二、降水

三亚地区有旱季和雨季之分，5—10月为雨季，降水量占全年的90.00％以上；11月至翌年4月为旱季，降水量较少。三亚降雨中由热带气旋引发的降水约占32.00％，最多年份高达全年降水量的84.00％。年平均降水量1 254.70 mm，历年最大降水量为1 693.90 mm（1960年），历年最小降水量为746.00 mm（1969年）；月平均最大水量281.90 mm，月平均最小水量7.20 mm，日最大降水量为224.20 mm（1962年），日降水量大于25.00 mm，平均每年出现15.80d；日降水量大于50.00 mm，平均每年出现5.30 d；日降水量大于80.00 mm，平均每年出现1.60 d；平均年降水量日数为112.40 d，9月平均降水量最多为18.50 d，3月最少仅为3.30 d，最长连续降水日数为18.00 d。各月平均降水量详见表20-2。

表 20-2　各月平均降水量

月份	1	2	3	4	5	6	7	8	9	10	11	12
平均降水量（mm）	5.7	13.0	26.3	30.3	107.4	168.4	127.4	217.9	272.4	181.5	31.7	8.3

三、风况

三亚大风天气主要来源于冷空气和热带气旋，其中，热带气旋引起的大风强度更大。据三亚气象站数据统计，三亚市以E、NE和ENE风向为最多，一年内几乎有8个月的时间被上述风向控制；其余4个月（7—10月）风向较乱，但以W、WSW风向为主。常风向为E，频率为14.00％；次常风向为NE，频率为13.00％。风向的季节变化，一般冬季常风向为NE，频率为22.00％；春季常风向为E，频率为19.00％；夏季常风向为W，频率为10.00％；秋季常风向为ENE，频率为19.00％。强风向为NNE，次强风向为NE、SW和W。累年平均风速为2.80 m/s，10月至翌年3月平均风速较大，达3.00 m/s。6—8月平均而言，大风日数为7.1 d，出现最多的年份18 d。台风引起的大风强度更大，三亚大于或等于20 m/s的风速出现在6—10月，都是台风所致，大风风向分别以NNE～E和SSW～W为主，前者最大风速可达24 m/s，后者为20 m/s。台风季节最大风速瞬间达40 m/s（SW），全年平均风速2.7 m/s（表20-3）。

表 20-3　各向平均风速、最大风速及频率

（1961—1999年）

方位	最大风速（m/s）	平均风速（m/s）
N	12.0	1.7

（续）

方位	最大风速（m/s）	平均风速（m/s）
NNE	24.0	2.2
NE	20.0	3.1
ENE	18.0	3.4
E	23.0	3.0
ESE	17.0	3.1
SE	17.0	2.8
SSE	16.0	3.2
S	14.0	3.3
SSW	19.0	2.9
SW	20.0	3.2
WSW	18.0	3.5
W	20.0	3.4
WNW	12.0	3.0
NW	30.0	2.0
NNW	11.0	1.5

四、热带气旋

影响本地区的热带气旋主要来自西北太平洋和南海。根据 1949—2005 年的资料（热带气旋年鉴）统计，经过（包括路过和登录）17°N—19°N、107°E—112°E 范围，影响项目附近海域的热带气旋共有 169 个，平均每年 3.0 个。影响三亚市的热带气旋集中在 7—10 月，5 月和 10 月登陆次数最多，7 月和 8 月为其次，7 月、10 月和 11 月西太平洋台风约占 70.30%，5 月、6 月、8 月和 9 月南海台风略多，为 62.50%，12 月至翌年 4 月没有热带气旋影响三亚。

五、潮汐

三亚湾的潮汐主要受南海水域潮汐系统的影响。海湾中超波主要表现为前进波性质，潮波从南海传至湾口东南水域，继续向西传播，部分潮波向西北偏西传向北部湾、部分向北进入三亚湾和三亚港水域。三亚湾的主要日潮与半日潮潮位振幅比为 2.88，潮汐性质为不正规全日潮。多年平均潮差 0.79 m，属弱潮海区。根据国家海洋局三海洋环境监测站 1996 年 1 月至 2005 年 12 月累计 10 年潮汐观测资料统计，三亚湾的潮位特征值（国家 85 高程基准面）如下：最高潮位 199 cm，最低潮位−43 cm，平均潮位 71 cm，平均高潮位 164 cm，平均低潮位 7.0 cm，平均潮位 79 cm，最大潮差 203 cm，最小潮差 11 cm，平均涨潮历时 10.47 h，平均落潮历时 7.63 h。

六、风暴潮

风暴潮是由于强烈的大气扰动引起的海平面异常升降现象。根据历史资料统计，1970—2005 年，三亚沿岸发生 30 cm 以上增水的风暴潮 15 次。其中，30～49 cm 的增水 2 次，50～99 cm 的增水 11 次，100 cm 以上增水 2 次。增水最明显的 2 次分明是 9016 号和 0016 号台风引起的风暴潮，在三亚沿岸造成 102 cm 和 100 cm 的增水。三亚湾的风暴多发生于 7—10 月，占总数的 80% 以上，这与台风活跃季节相吻合。

第二节　海水水质

通过对三亚湾海域布设 22 个水质站位进行采样分析（图 20-1），水质调查项目包括水温、pH、盐度、SS、DO、COD、硝酸盐、亚硝酸盐、氨盐、活性磷酸盐、Hg、Cr、Cu、Pb、Zn、Cd 和油类共 17 项。

样品的采集、保存、运输和分析，均按《海洋监测规范》（GB 17378—2007）和《海洋调查规范》（GB 12763—2007）的要求进行。根据海洋功能区划中的管理要求和海水水质标准中各类水质适宜的功能，根据《海南省海洋功能区划》（2011—2020）和《海水水质标准》（GB 3097—1997）的要求，对位于珊瑚礁保护区内的调查站位执行一类水质评价标准；位于旅游区内的站位执行二类水质评价标准；位于锚地区的站位执行二类水质评价标准；位于港口区的站位执行三类水质评价标准；其余站位按一类水质评价标准执行。监测结果按照《环境影响评价导则》（HJ/T 2.3—93）所推荐的单项水质参数法进行评价。经分析，三亚湾水质处于良好状态。监测评价海区内各监测点透明度、悬浮物浓度均较好，溶解氧含量较高，符合一类海水水质标准《海水水质标准》（GB 3097—1997）；化学需氧量、无机磷较低，化学需氧量最大值为 0.91 mg/L，无机磷最大值为 0.007 2 mg/L，所有测值均符合一类海水水质标准；表层油类最大值为 0.019 mg/L，均低于 0.05 mg/L，符合一类海水水质标准；无机氮最大值出现在 19 号站位，为 0.266 mg/L，仅在 18 号站位的表层和 19 号站位的表层测值大于 0.2 mg/L（一类海水水质标准），满足二类海水水质标准，其他测值均符合一类海水水质标准；个别站位的叶绿素 a 含量较高，19 号和 21 站位表层测值较大，为 25.33 μg/L 和 17.66 μg/L，平均值为 2.95 μg/L；各测站表底测值有一定的差异，但是大都变化不大。重金属铜、铅、锌、镉、汞测值很低，均符合一类海水水质标准，其中部分站位镉未检出；砷的测值也较低，部分站位未检出，均符合一类海水水质标准。

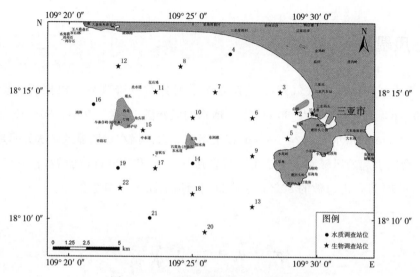

图 20-1　三亚湾环境要素调查站位分布

一、盐度

三亚湾的盐度一般为 30～33，本次监测的盐度范围为 32.015～33.598，各站位之间的盐度变化幅度很小，各测站表底盐度变化幅度也很小。

二、pH

监测海区的 pH 范围为 8.01～8.18，平均值为 8.10。各测站之间 pH 变化幅度较小，同一站位表、底层 pH 变化幅度较小。

三、溶解氧

监测海区的溶解氧含量范围为 6.35～8.80 mg/L，各测站的溶解氧含量均较高，各站位表底 DO 含量均大于 6.00 mg/L。其中，最大值出现在 21 号站位，另外 19 号站位的值也较高，达到了 8.48 mg/L。19 号站位和 21 号站位位于三亚港航道区，来往的船只较多，这也可能是这 2 个站位溶解氧含量较高。

四、化学需氧量

监测海区的 COD 范围为 0.03～0.91 mg/L，平均值为 0.27 mg/L，均低于一类海水水质标准要求的≤2 mg/L。化学需氧量较低，化学需氧量最大值为 0.91 mg/L。

五、悬浮物

三亚湾的悬浮物含量一般在 10 mg/L 左右，在三亚河口、近海人类活动频繁区域受陆源物的影响较高。本次监测的各测值悬浮物含量不高，最大值出现在 19 号站位底层，测值为 19.2 mg/L；其余各站表层悬浮物大都小于底层悬浮物含量，各站位之间的悬浮物含量有一定差异，但是差别不是很大。

六、石油类

监测海区的石油类含量范围为 0.008～0.019 mg/L，监测海区整体的石油类含量不高，在三亚港内监测点第 21 号站位和帆船港内的监测站点第 22 号站位表层油类测值均较低。其中，21 号站位油类含量为 0.019 mg/L，为本次监测的油类最大值；22 号站位测值为 0.009 mg/L，相对其他站位而言，22 号站位测值较低（图 20-2）。所有测值的油类均优于一类海水水质标准 0.05 mg/L。

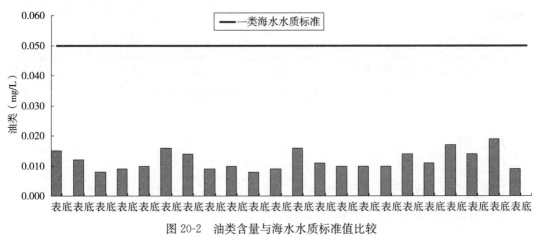

图 20-2　油类含量与海水水质标准值比较

七、营养盐

监测海区的营养盐含量范围处于较低水平，无机氮最高值为 0.266 mg/L，仅在 18 号站位的表层和 19 号站位的表层测值大于 0.2 mg/L，超出一类海水水质标准，其他站位均符合一类海水水质标准；无机磷最高值为 0.007 2 mg/L，低于一类海水水质标准 0.015 mg/L。另外，在帆船港内的站位（22 号站位），无机氮表层为 0.053 mg/L，底层为 0.085 mg/L，低于一类海水水质标准 0.2 mg/L；无机磷表层为 0.001 9 mg/L，底层为

0.002 6 mg/L，低于一类海水水质标准 0.015 mg/L（图 20-3、图 20-4）。

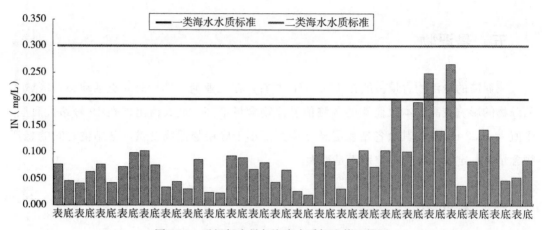

图 20-3　无机氮含量与海水水质标准值比较图

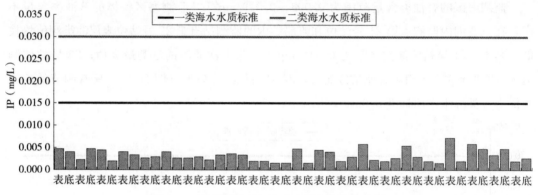

图 20-4　无机磷含量与海水水质标准值比较图

八、砷

监测海区砷含量较低，且部分站位未检出，检出范围为 0.51～0.82μg/L，远小于一类海水水质标准值 20μg/L，且各站位变化幅度不大（图 20-5）。

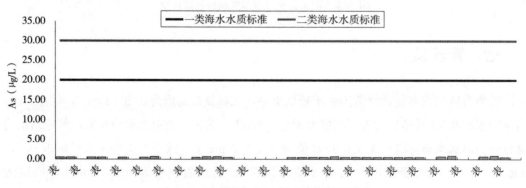

图 20-5　砷含量与海水水质标准值比较图

九、重金属

监测海域的铜、铅、锌、镉、汞含量均较低，且变化幅度都不大，其中部分站位未检出镉，汞含量见图 20-6。另外，所有站位均符合一类海水水质标准。

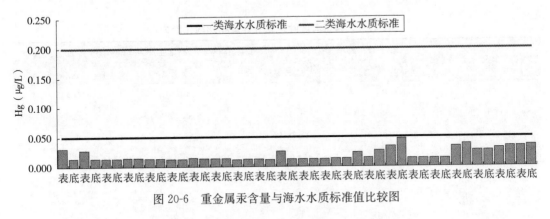

图 20-6　重金属汞含量与海水水质标准值比较图

第三节　初级生产力

使用 Alec Electronics 的 AAQ1183 型 CTD 来测定叶绿素 a 含量 Chl-Flu.（ppb），其叶绿素探头通过测量由 400～480 nm 激发光所产生的大于 667 nm 波长的光来换算成叶绿素含量。

初级生产力采用叶绿素 a 法，按照 Cadee 和 Hegeman（1974）提出的简化公式估算：

$$P = C_a Q L t / 2$$

式中　P——初级生产力 [mg/（m^2·d）（以 C 计，下同）]；

　　　C_a——表层叶绿素 a 含量（mg/m^3）；

　　　Q——同化系数 [mg/（mg·h）（以 C 计，下同）]，根据中国科学院南海海洋研究所以往调查结果，这里取 3.12；

　　　L——真光层的深度（m）；

　　　t——白昼时间（h），根据南海海洋研究所以往调查结果，这里取 11。

调查海区叶绿素 a 含量范围为 0.28～1.05 mg/m^3，平均值为 0.45 mg/m^3；根据生物学参考标准（叶绿素 a 含量低于 5 mg/m^3 为贫营养，10～20 mg/m^3 为中营养，超过 30 mg/m^3 为富营养），则海区水质属贫营养化。调查海区初级生产力变化范围为 57.66～140.54 mg/（m^2·d）。其中，表层初级生产力平均为 80.44 mg/（m^2·d），底层初级生产力平均为 83.03 mg/（m² · d）（表 20-4）。

调查海区叶绿素 a 含量范围为 0.28～1.05 mg/m³，平均值为 0.45 mg/m³，海区水质属贫营养化。初级生产力变化范围为 57.66～140.54 mg/（m² · d）。其中，表层初级生产力平均为 80.44 mg/（m² · d），底层初级生产力平均为 83.03 mg/（m² · d）（表 20-4）。

表 20-4　调查海区叶绿素 a 含量和初级生产力

站号	叶绿素 a（mg/m³）		初级生产力［mg/（m² · d）］	
	表层	底层	表层	底层
1	1.05	0.87	140.54	116.45
3	0.65	0.60	100.39	92.66
7	0.45	0.42	88.03	82.16
9	0.37	0.44	76.19	90.60
10	0.57	0.40	117.37	82.37
12	0.40	0.43	82.37	88.55
13	0.28	0.40	57.66	82.37
15	0.45	0.43	92.66	88.55
15	0.36	0.37	74.13	76.19
17	0.37	0.36	68.57	66.72
18	0.28	0.29	57.66	59.72
20	0.28	0.34	57.66	70.01
范围	0.28～1.05	0.29～0.87	57.66～140.54	59.72～116.45
平均值	0.46	0.45	80.44	83.03

第四节　浮游植物

一、种类组成

调查海区共调查到浮游植物 34 属 83 种。其中，硅藻 29 属 75 种，占总种类数的 91%；甲藻 4 属 7 种，占总种类数的 8%；蓝藻门有 1 属 1 种，占总种类数的 1%。硅藻门的角毛藻属（*Chaetoceros*）种类最多，有 18 种；其次为根管藻属（*Rhizosolenia*），有 17 种；另外，圆筛藻属（*Coscinodiscus*）和角藻属（*Ceratium*）种类数也较高，达到 4 种（表 20-5，图 20-7、图 20-8）。

表 20-5　各站位浮游植物种类组成（种）

站位	1	3	5	7	9	10	12	13	15	17	18	20
硅藻门	30	31	33	36	33	40	34	35	35	33	40	35
甲藻门	3	5	5	5	2	3	4	4	6	5	7	6
蓝藻门	0	0	1	0	0	0	0	1	1	1	0	0
总计	33	36	39	41	35	43	38	40	42	39	47	41

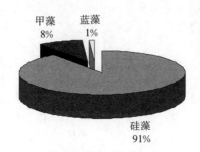

图 20-7　浮游植物各门类种类百分比组成

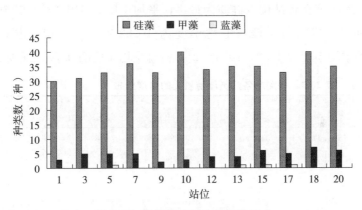

图 20-8　各站位底栖生物种类组成

二、细胞丰度

浮游植物的细胞丰度范围为（341.86～1 601.27）$\times 10^4$ 个/m³，平均为 635.40$\times 10^4$ 个/m³。其中，最高值出现 1 号站位；其次 9 号站位也相当高，为 884.85$\times 10^4$ 个/m³；最低值出现在 13 号站位（表 20-6，图 20-9）。

表 20-6　各测站浮游植物总丰度

站位	1	3	5	7	9	10	12
细胞丰度（$\times 10^4$ 个/m³）	1 604.27	535.98	501.57	589.46	884.85	781.35	671.44

（续）

站位	13	15	17	18	20	平均
细胞丰度（×10⁴个/m³）	270.27	415.10	618.42	410.16	341.86	635.40

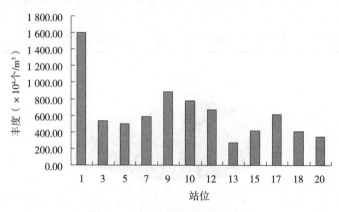

图 20-9　各测站浮游植物总丰度

浮游植物细胞丰度在各站位以硅藻为最主，平均丰度为 $619.88×10^4$ 个/m³，占总平均丰度的 97.56%；其次为甲藻，平均丰度为 $10.53×10^4$ 个/m³，占总平均丰度的 1.66%；蓝藻的平均丰度为 $4.98×10^4$ 个/m³，占总平均丰度的 0.78%（表 20-7）。

表 20-7　各测站各门类浮游植物的丰度分布（×10⁴ 个/m³）

站位	1	2	3	5	6	7
硅藻	1591.47	518.60	478.20	574.67	875.76	774.80
甲藻	12.80	17.38	12.58	14.79	9.09	6.55
蓝藻	0	0	10.79	0	0	0
合计	1 604.27	535.98	501.57	589.46	884.85	781.35

站位	9	10	12	17	18	19
硅藻	658.38	252.66	371.95	606.58	399.60	335.90
甲藻	13.06	5.18	11.91	6.58	10.56	5.96
蓝藻	0	12.43	31.24	5.26	0	0
合计	671.44	270.27	415.10	618.42	410.16	341.86

三、优势种

该水域浮游植物优势种比较明显，主要优势种为透明辐杆藻（*Bacteriastrum hyalinum*），每站位的平均丰度为 $124.32×10^4$ 个/m³，占总平均丰度的 19.57%；拟旋链角毛藻（*Chaetocerospse pseudocurvisetus*）的平均丰度为 $105.25×10^4$ 个/m³，占总平均丰度的 16.57%；中华半管藻（*Hemiaulus sinensis*）的平均丰度为 67.06×10⁴个/m³，占总平均丰度的 10.55%；中华盒形藻（*Bidduiphia sinensis*）的平均丰度为 19.97×10⁴个/m³，占总平均丰度的 3.14%；笔尖根管藻（*Rhizosolenia styliformis*）的平均丰度为 19.21×10⁴个/m³，占总平均丰度的 3.02%；覆瓦根管藻粗径变种（*Rhizosolenia imbricata var. schrubsolei*）的平均丰度为 18.89×10⁴个/m³，占总平均丰度的 2.97%；尖刺拟菱形藻（*Pseudonitzschia pungens*）的平均丰度为 19.08×10⁴个/m³，占总平均丰度的 3.00%；并基角毛藻（*Chaetoceros decipiens*）的平均丰度为 14.62×10⁴个/m³，占总平均丰度的 2.30%。另外，中华根管藻（*Rhizosolenia Sinensis*）、优美辐杆藻（*Bacteriastrum delicatulum*）和优美旭氏藻（*Schroderella delicatula*）等浮游植物细胞丰度也有一定比例（表 20-8）。

表 20-8　浮游植物的优势种和优势度

优势种	平均丰度（×10⁴个/m³）	占总丰度的比例（%）	出现频率（%）	优势度
透明辐杆藻	124.32	19.57	100	19.57
拟旋链角毛藻	105.25	16.57	91.67	15.18
中华半管藻	67.06	10.55	100	10.55
中华盒形藻	19.97	3.14	100	3.14
笔尖根管藻	19.21	3.02	91.67	2.77
覆瓦根管藻粗径变种	18.89	2.97	91.67	2.73
尖刺拟菱形藻	19.08	3.00	83.33	2.50
并基角毛藻	14.62	2.30	100	2.30
中华根管藻	14.08	2.22	83.33	1.85
优美辐杆藻	21.22	3.34	50.00	1.67
优美旭氏藻	12.19	1.92	83.33	1.60

四、多样性指数和均匀度

浮游植物多样性反映其种类的多寡和各个种类数量分配的函数关系；均匀度则反映其种类数量的分配情况。它们都可以作为水质监测的参数。

多样性指数和均匀度计算结果表明，调查期间该水域浮游植物多样性指数很高，平均值为 4.06；均匀度指数相对较高，平均值为 0.77。各测站差异不是很大，结合多样性指数和均匀度来看，多样性指数高的站位，均匀度指数也相应高，多样性指数最高出现

在 13 号站位（$H'=4.66$），最低出现在 5 号站位（$H'=3.33$）；均匀度指数最高出现 13
号站位（$J=0.84$），最低出现在 17 号站位（$J=0.63$）。多样性指数高的站位，相应的均
匀度指数也高（表 20-9，图 20-10）。

表 20-9　各测站浮游植物多样性指数（H'）和均匀度（J）

站位	1	3	5	7	9	10	12	13	15	17	18	20	平均值
多样性指数（H'）	3.86	4.19	4.22	4.18	3.35	4.23	4.15	4.42	4.29	3.33	4.32	4.24	4.06
均匀度（J）	0.77	0.82	0.80	0.78	0.66	0.78	0.80	0.84	0.80	0.63	0.78	0.80	0.77

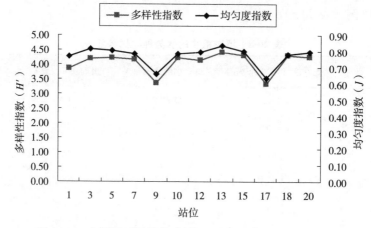

图 20-10　各测站浮游植物多样性指数（H'）和均匀度（J）

五、现状评价

调查海区共鉴定到浮游植物 34 属 83 种。其中，硅藻 29 属 75 种，甲藻 4 属 7 种，蓝
藻门有 1 属 1 种。该水域浮游植物的细胞丰度范围为（341.86～1601.27）×10^4 个/m^3，
平均为 635.40×10^4 个/m^3。浮游植物丰度在各站位以硅藻为最主，平均丰度为 619.88×
10^4 个/m^3；其次为甲藻，平均丰度为 10.54×10^4 个/m^3，甲藻的平均丰度为 4.98×
10^4 个/m^3。

该水域浮游植物优势种比较明显，主要优势种为透明辐杆藻、拟旋链角毛藻、中华
半管藻、中华盒形藻、笔尖根管藻、覆瓦根管藻粗径变种、尖刺拟菱形藻、并基角毛藻。
另外，中华根管藻、优美辐杆藻和优美旭氏藻等浮游植物细胞丰度也有一定比例。

该水域浮游植物多样性指数很高，平均值为 4.06；均匀度指数相对较高，平均值为
0.77。各测站差异不是很大，结合多样性指数和均匀度来看，多样性指数高的站位，均
匀度指数也相应高，表现出较高的水域生产力。

<h1 style="text-align:center">第五节　浮游动物</h1>

一、种类组成

三亚湾海域浮游动物共有 12 类 50 属 68 种，不包括浮游幼体及鱼卵与仔鱼。其中，桡足类最多，有 26 属 41 种，占浮游动物总种类数的 61.20%；水母类有 6 属 6 种，占浮游动物总种类数的 9.00%；多毛类有 5 属 5 种，占浮游动物总种类数的 7.50%；毛颚类有 1 属 3 种，占浮游动物总种类数的 4.50%；软体动物、被囊类、端足类、枝角类、介形类有 2 属 2 种，占浮游动物总种类数的 3.00%；樱虾类、原生动物有 1 属 1 种，占浮游动物总种类数的 1.50%；另有 6 个类别浮游幼体和若干鱼卵与仔鱼。

二、浮游动物生物量和丰度

本次调查浮游动物丰度范围为（0.25～14.62）×10³尾/m³，平均丰度为 3.51×10³ 尾/m³。其中，最高丰度出现在 3 号站位，最低为 9 号站位；生物量范围为 20.19～218.36mg/m³，平均生物量为 73.36 mg/m³，其中，最高生物量出现在 1 号站位，最低为 5 号站位。由于各站中浮游动物种类与个体大小不一，导致个别站位丰度与生物量的含量存在一定差异（表 20-10）。

表 20-10　各测站浮游动物丰度和生物量

站位	1	3	5	7	9	10	12
丰度（×10³尾/m³）	11.78	14.62	0.40	1.54	0.25	4.73	2.24
生物量（mg/m³）	218.4	72.99	20.19	44.41	36.74	101.10	69.67

站位	13	15	17	18	20	平均值
丰度（×10³尾/m³）	1.17	2.53	0.99	1.09	0.76	3.51
生物量（mg/m³）	65.31	87.14	45.60	59.64	59.27	73.36

三、浮游动物优势种

优势种的确定由优势度决定，计算公式为：$Y = P_i \times f_i$，f_i 为第 i 种在各个站位出现的频率。根据实际调查情况，本次调查将浮游动物的优势度排列在前 8 位的种类作为该海域的优势种类。

调查期间，该水域浮游动物的主要优势种类为桡足类的瘦长毛猛水蚤（*Setella gracilis*），优势度为 0.270，出现频率为 0.833，平均丰度为 1.14×10^3 尾/m³，占总平均丰度的 32.40%；太平洋纺锤水蚤（*Acartia pacifica*），优势度为 0.119，出现频率为 0.917，平均丰度为 0.46×10^3 尾/m³，占总平均丰度的 13.00%；美丽大眼剑水蚤（*Corycaeus speciosus*），优势度为 0.054，出现频率为 0.917，平均丰度为 0.21×10^3 尾/m³，占总平均丰度的 5.90%；小拟哲水蚤（*Nannocalanus minor*），优势度为 0.030，出现频率为 0.833，平均丰度为 0.13×10^3 尾/m³，占总平均丰度的 3.60%；介形类的针刺真浮萤（*Euconchoecia aculeata*），优势度为 0.07，出现频率为 1.00，平均丰度为 0.25×10^3 尾/m³，占总平均丰度的 7.10%；毛颚类的百陶箭虫（*Sagitta bedoti*），优势度为 0.05，出现频率为 0.92，平均丰度为 0.20×10^3 尾/m³，占总平均丰度的 5.60%；被囊类的异体住囊虫（*Oikopleura dloica*），优势度为 0.04，出现频率为 0.75，平均丰度为 0.19×10^3 尾/m³，占总平均丰度的 5.40%；樱虾类的正型莹虾（*Lucifer typus*），优势度为 0.04，出现频率为 0.92，平均丰度为 0.13×10^3 尾/m³，占总平均丰度的 3.80%。

四、多样性指数和均匀度

调查期间，该水域浮游动物多样性指数较高，范围为 2.16~4.22，平均为 3.60，最高值出现在 13 号站位，最低在 3 号站位。均匀度指数范围为 0.45~0.85，平均为 0.75，最高出现在 10 号站位，最低在 3 号站位（表 20-11）。

表 20-11 各测站浮游动物多样性指数和均匀度

站位	1	3	5	7	9	10	12	13	15	17	18	20	平均值
多样性指数（H'）	3.24	2.16	3.51	4.04	3.10	4.11	3.33	4.22	3.68	3.98	3.84	4.04	3.60
均匀度（J）	0.71	0.45	0.79	0.77	0.79	0.85	0.78	0.82	0.76	0.76	0.75	0.77	0.75

五、现状评价

本次调查该海域浮游动物种类数为 68 种，桡足类占有主导地位，其次为水母类，优势种比较明显。三亚湾海域浮游动物丰度和生物量均比较高，特别是三亚河河口附近的 1、3 号站位，根据地理位置把三亚湾海域 12 个站位划分成 A（1、3、5）、B（7、10、

12)、C（15、17）、D（7、13、18、20）4个区域来比较。可以看出，位于三亚河河口的A区浮游动物平均丰度和平均生物量最高，这主要与三亚河河水冲淡所带大量营养盐的分布有关；位于东瑁洲岛和西瑁洲岛内侧的B区平均丰度和平均生物量也很高，仅次于A区；位于东瑁洲岛和西瑁洲岛外侧的C区平均丰度和平均生物量小于B区，大于东边外侧D区。说明三亚湾内湾浮游动物丰度和生物量大于外湾，内侧分布由东到西呈递减状态，外侧则相反。

调查期间，该水域浮游动物多样性指数较高，均为2～5，仅有3号站位多样性指数为2～3，有4个站位多样性指数为4～5，有7个站位多样性指数为3～4。从多样性指数和均匀度来看，三亚湾浮游动物生物群落较好，个别种类在数量上存在绝对优势。

第六节　底栖动物

一、种类密度

底栖生物的定量采样用张口面积为 0.10 m² 的采泥器进行，每个站采样1次。标本处理和分析均按《海洋调查规范》进行。调查结果表明，除5号站位没有采到底栖生物外，该海域其他站位底栖生物量的幅度为 0.19～72.61 g/m²，平均生物量为 20.69 g/m²；底栖生物栖息密度的幅度为 32.00～478.00 尾/m²，平均密度为 237.41 尾/m²。底栖生物量以9号站位的为最低，10号站位的为最高；栖息密度以9号站位和17号站位的为最低，15号站位和7号站位的为最高（表 20-12）。

表 20-12　底栖生物生物量和栖息密度

站位	1	3	5	7	9	10	12	13	15	17	18	20	平均
生物量（g/m²）	36.37	26.66	—	18.63	0.19	72.61	22.45	2.13	20.41	11.94	11.75	4.43	20.69
栖息密度（尾/m²）	127	414	—	287	32	350	350	159	478	32	255	127	237.41

二、类别生物量及栖息密度

调查结果表明，除5号站位没有采到底栖生物外，该海域其他站位的底栖生物主要由八类生物组成。不同生物类别在调查站的出现率，以软体动物出现率最高，为 75.00%；

其次为多毛类，出现率为 67.00%；甲壳类的出现率为 42.00%；棘皮动物出现率 33.00%；星虫、腕足、头索和鱼类的出现率最低，都只有 8.00%。

生物类别的生物量高低分布状况为：软体动物（生物量为 8.93 g/m²）＞棘皮动物（生物量 6.09 g/m²）＞多毛类（生物量 2.15 g/m²）＞甲壳类（生物量 1.59 g/m²）＞头索动物（生物量 1.07 g/m²）＞鱼类（生物量 0.67g/m²）＞腕足类（生物量 0.15 g/m²）＞星虫类（生物量 0.04 g/m²）（表 20-13）。

生物类别的栖息密度分布状况为：软体动物（密度 86.86 尾/m²）＞多毛类（密度 75.28 尾/m²）＞头索动物（密度 26.06 尾/m²）＞甲壳类（密度 23.16 尾/m²）＞棘皮动物（密度 17.37 尾/m²）＞星虫类、腕足类和鱼类（密度 2.90 尾/m²）（表 20-13）。

表 20-13　各站位生物类别的生物量和栖息密度

项目	类别	1	3	5	7	9	10	12	13	15	17	18	20	平均
生物量（g/m²）	多毛	0.45	4.36	—	10.99	0.19	0.00	0.00	1.50	2.77	0.00	2.42	0.92	2.15
	软体	35.92	18.18	—	7.64	0.00	15.76	3.89	0.64	13.41	0.00	1.50	1.27	8.93
	星虫	0.00	0.00	—	0.00	0.00	0.41	0.00	0.00	0.00	0.00	0.00	0.00	0.04
	甲壳	0.00	1.69	—	0.00	0.00	0.00	0.00	0.00	1.18	11.94	0.48	2.23	1.59
	棘皮	0.00	2.42	—	0.00	0.00	54.75	6.75	0.00	3.06	0.00	0.00	0.00	6.09
	腕足	0.00	0.00	—	0.00	0.00	1.69	0.00	0.00	0.00	0.00	0.00	0.00	0.15
	头索	0.00	0.00	—	0.00	0.00	0.00	11.82	0.00	0.00	0.00	0.00	0.00	1.07
	鱼类	0.00	0.00	—	0.00	0.00	0.00	0.00	0.00	0.00	0.00	7.36	0.00	0.67
	总量	36.37	26.66	—	18.63	0.19	72.61	22.45	2.13	20.41	11.94	11.75	4.43	20.69
栖息密度（尾/m²）	多毛	64	191	—	223	32	0	0	127	64	0	96	32	75.28
	软体	64	127	—	64	0	223	32	32	287	0	96	32	86.86
	星虫	0	0	—	0	0	32	0	0	0	0	0	0	2.90
	甲壳	0	64	—	0	0	0	0	0	64	32	32	64	23.16
	棘皮	0	32	—	0	0	64	32	0	64	0	0	0	17.37
	腕足	0	0	—	0	0	32	0	0	0	0	0	0	2.90
	头索	0	0	—	0	0	0	287	0	0	0	0	0	26.06
	鱼类	0	0	—	0	0	0	0	0	0	0	32	0	2.90
	总量	127.39	414.01	—	286.62	31.85	350.32	350.32	159.24	477.71	31.85	254.78	127.39	237.41

三、生物量和栖息密度的平面分布

调查海域除 5 号站位没有采到底栖生物外，其他各站位底栖生物生物量变化幅度为 1.88～82.29 g/m²，呈现北部和西北部高于南部和东南部的平面分布。即以西北部海域

10 号站位的生物量最高，为 72.61 g/m²；其次为东北部 1 号站位（36.37 g/m²）；东南部海域 9 号站位最低，为 0.19 g/m²。

调查海域除 5 号站位没有采到底栖生物外，其他各站位底栖生物栖息密度幅度为 32.00～478.00 尾/m²，呈现西北部和东北部高于西南部和东南部的平面分布。其中，西部海域的 15 号站位和东北部海域的 3 号站位的栖息密度最高，量值为 400.00～500.00 尾/m²；西北部海域 12 号站位、10 号站位以及东北部海域的 7 号站位和西南部海域的 18 号站位的栖息密度在整个海域居中，量值为 200.00～400.00 尾/m²；西南部海域 17 号站位、东南部海域的 13 号站位和 9 号站位以及东部海域的 1 号站位的栖息密度均较低，量值为 ≤150.00 尾/m²，其中，17 号站和 9 号站栖息密度最低，为 32.00 尾/m²。

四、优势种、多样性指数和均匀度

调查结果表明，除 5 号站位没有采到底栖生物外，该海域其他站位共采获 8 个生物类别中的 38 种底栖生物。其中，以多毛类和软体动物出现的种类最多，都有 12 种；甲壳类 7 种、棘皮动物 3 种、星虫类、腕足类、头索动物和鱼类都只有 1 种。在各调查站中，除 5 号站位没有采到底栖生物外，出现的生物种类数最多的是 3 号站位，种类数是 12 种；最少的是 9 号站位和 17 号站位，分别只采到了 1 种生物。

通过种类优势度的计算，采获的 38 种底栖生物中优势种有 5 种，分别为欧文虫（*Owenia fusiformis*）、缩头竹节虫（*Maldane sarai*）、蛇尾（*Ophiura ophiura*）、象牙光角贝（*Laevidentalium eburneum*）和白氏文昌鱼（*Branchiostoma belcheri*）。

调查海域除 5 号站位没采到底栖生物外，其他各站位底栖生物多样性指数的幅度为 0.00～3.55，海域的平均值为 1.82。其中，9 号站位和 17 号站位只采到了 1 种生物，多样性指数值为 0.00；其余各站位的多样性指数值都 ≥0.85，因此该海域底栖生物的多样性指数处于中等水平。各站位底栖生物均匀度的幅度为 0.55～1.00，平均值为 0.90；各站生物的均匀度处于比较高的水平。综上所述，调查期间该海域底栖生物种类较丰富，生物量和栖息密度较小，生物量和密度各站点差别比较大，多样性指数处于中等水平，均匀度处于比较高的水平（表 20-14）。

表 20-14　生物的多样性指数和均匀度

站位	1	3	5	7	9	10	12	13	15	17	18	20	平均
多样性指数（H'）	2.00	3.55	—	2.06	0.00	3.10	0.87	2.32	2.46	0.00	2.16	1.50	1.82
均匀度指数（J）	1.00	0.99	—	0.89	—	0.98	0.55	1.00	0.82	—	0.93	0.95	0.90

第七节　渔业资源

一、调查方法

　　游泳动物调查方法采用底拖网方法进行采样，按照《海洋调查规范—海洋生物调查》（GB 12763.6—2007）、《海洋游泳动物调查规范》（SC/T 9404—2012）及《建设项目对海洋生物资源影响评价技术规程》规范操作，采用底拖网在选定调查站位进行拖网作业，收集站点坐标、作业时间、记录全部渔获物总质量，并对渔获物样品进行种类鉴定和定量分析，记录各种类的名称、质量、尾数、样品最小、最大体长（mm）和最小、最大体重（g）。根据网口宽度（作业时）、拖时和拖速等参数计算扫海面积，以各站次、各种类的渔获数据为基础，计算各站次、各种类的渔获组成、渔获率和游泳动物密度等相关参数。调查渔船的船号为"琼临高 W12022"，是桁杆拖网渔船，马力型号为 375F20C，船长 26.00 m，船宽 6.00 m，吨位为 90 t。本次调查作业时拖速为 5.20～6.80 km/h，扫海面积范围为 0.032 4～0.038 4 km²，平均扫海面积为 0.034 58 km²（表 20-15）。

表 20-15　游泳动物调查作业情况

调查方法	站位	作业时间（h）	扫海面积（km²）
刺网	1	0.92	—
	6	0.93	—
	11	1.02	—
	17	1.05	—
	20	0.87	—
底拖网	2	0.92	0.066 2
	8	2.30	0.193 2
	12	2.00	0.192 0
	13	1.02	0.110 2
	15	0.90	0.108 0
	18	0.92	0.121 4
	22	1.03	0.148 3
平均		1.18	0.134 2

二、渔获概况

游泳动物调查的渔获量为 72.18 kg，捕获种类经鉴定共有 72 种，各站位渔获量见表 20-16 及图 20-11。各站位的渔获量及种类数差异较大，渔获量为 0.45～53.01 kg，种类为 8～32 种。站位 1、站位 6、站位 11、站位 17 及站位 20 为刺网方式调查，其余站位为双网底拖方式调查。由图 20-11 可见，渔获量最少出现在刺网方式调查的站位 20，渔获量最高出现在单网底拖的站位 2、站位 12，站位 18 及站位 22 也较高。出现特征为靠近海岸线渔获量较少，如站位 1、站位 6、站位 11 及站位 17 及站位 20；远离海岸线渔获量较多，如站位 2、站位 8、站位 12、站位 13、站位 18 及站位 22 等。本次调查各站位的渔获种类数差异较小，种类数最低在站位 20，为 8 种；种类数最高在站位 15，为 32 种（图 20-12）。

表 20-16　调查站点渔获情况

站位	渔获量（kg）	种类数（种）
1	0.96	9
2	53.01	28
6	0.63	9
8	14.66	21
11	1.19	11
12	50.84	23
13	17.13	19
15	4.06	32
17	0.69	10
18	52.81	22
20	0.45	8
22	41.27	28
共计	72.18	71

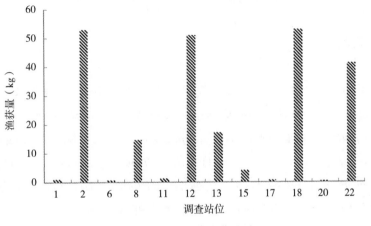

图 20-11　各站位渔获重量

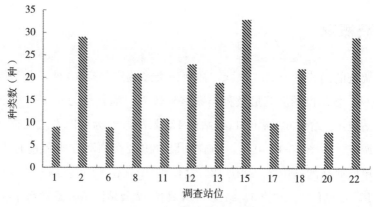

图 20-12　各站位渔获种类数

三、种类组成与分布

游泳动物 48 科 71 种。其中，鱼类为 38 科 53 种，占捕获种类的 74.65%；甲壳类为 7 科 14 种，占捕获种类的 19.72%；头足类为 3 科 4 种，占捕获种类的 5.63%。各类渔获物在总渔获物所占比例见图 20-13。

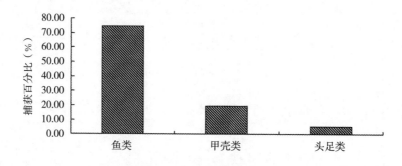

图 20-13　各类渔获物在总渔获物所占百分比

四、优势种

游泳动物平均生物密度优势种（$Y \geqslant 0.02$）共 14 种，分别为斑鳍白姑鱼（*Pennahia pawak*）、粗纹鲾（*Leiognathus lineolatus*）、大海鲢（*Megalops cyprinoides*）、短棘鲾（*Leiognathus equula*）、峨眉条鳎（*Zebrias quagga*）、二长棘鲷（*Parargyrops edita*）、凡纳滨对虾（*Litopenaeus vannamei*）、日本䲢（*Uranoscopus japonicus* Houttuyn）、四带鲱鲤（*Upeneus quadrilineatus*）、线鳗鲇（*Plotosus lineatus*）、银鲳（*Pampus argenteus*）、鲬（*Platycephalus indicus*）、中国毛虾（*Acetes chinensis*）及鲻（*Mugil cephalus*）。其中，鲻优势度最高为 0.33，平均生物密度为 150 尾/网；其次为中国毛虾优

势度均为 0.16，平均生物密度分别为 23 尾/网；二长棘鲷优势度为 0.07，平均生物密度为 1.00 尾/网；其他平均生物密度优势种见表 20-17。

表 20-17　渔获物生物密度优势种

种　名	生物密度平均值 （尾/网）	优势度	体长范围 （cm）	体重范围 （g）
斑鳍白姑鱼	9.00	0.06	7.8～14.2	18～83
粗纹鲾	1.00	0.06	6.2～8.5	7～16
大海鲢	2.00	0.04	8～13	7～29
短棘鲾	3.00	0.02	8.7～12.1	13.74～35.11
峨眉条鳎	1.00	0.02	4.9～5.8	4.0～6.0
二长棘鲷	1.00	0.07	7.1～15.8	1.07～13
凡纳滨对虾	8.00	0.04	7.5～11.2	3～14
日本鰧	2.00	0.02	2.1～4.2	19～81
四带鲱鲤	2.00	0.03	4.3～9.6	3～9
线鳗鲇	6.00	0.06	9.6～22.6	10～112
银鲳	9.00	0.06	6.1～7.0	3.8～6.76
鲻	1.00	0.03	3.8～21.4	0.12～92.31
中国毛虾	23.00	0.16	1.8～2.4	0.78～2.42
鲻	150.00	0.33	9.0～17.4	5.87～48.85

游泳动物平均生物重量优势种（$Y \geqslant 0.02$）共 17 种，分别为斑鳍白姑鱼（*Pennahia pawak*）、波纹裸胸鳝（*Gymnothorax undulatus*）、粗纹鲾（*Leiognathus lineolatus*）、大弹涂鱼（*Boleophthalmus pectinirostris*）、大海鲢（*Megalops cyprinoides*）、大鳞鳞鲬（*Onigocia macrolepis*）、短棘鲾（*Leiognathus equula*）、二长棘鲷（*Parargyrops edita*）、蓝圆鲹（*Decapterus maruadsi*）、龙头鱼（*Bombay duck*）、拟目乌贼（*Acanthosepion lycidas*）、四带鲱鲤（*Upeneus quadrilineatus*）、线鳗鲇（*Plotosus lineatus*）、逍遥馒头蟹（*Calappa philargius*）、银鲳（*Pampus argenteus*）、中国毛虾（*Acetes chinensis*）及鲻（*Mugil cephalus*）。其中，鲻优势度最高为 0.35，平均生物重量为 6 017.83 g/网；其次为斑鳍白姑鱼，优势度均为 0.24，平均生物重量为 1 062.50 g/网；二长棘鲷优势度为 0.21，平均生物重量为 420.00 g/网；其他平均生物重量优势种见表 20-18。

表 20-18　渔获游泳动物平均生物重量优势种

种　名	生物质量平均值 （g/网）	优势度	体长范围 （cm）	体重范围 （g）
斑鳍白姑鱼	1 062.50	0.24	7.8～14.2	18～83
波纹裸胸鳝	23.46	0.02	17.5～39.1	4～46

(续)

种　名	生物质量平均值 （g/网）	优势度	体长范围 （cm）	体重范围 （g）
粗纹鲳	8.75	0.03	6.2～8.5	7～16
大弹涂鱼	8.96	0.02	7.1～8.9	5～24
大海鲢	1.88	0.09	8～13	7～29
大鳞鳞鲬	27.79	0.02	5.5～8.9	2.85～10.89
短棘鲾	114.58	0.02	8.7～12.1	13.74～35.11
二长棘鲷	420.00	0.21	7.1～15.8	1.07～13
蓝圆鲹	88.00	0.04	18.2～18.8	63.66～64.33
龙头鱼	104.17	0.02	11.7～17.3	18.46～80.2
拟目乌贼	172.67	0.04	10.6～13.5	14.31～24.38
四带牙鲕	33.29	0.02	4.3～9.6	3～9
线鳗鲇	235.13	0.07	9.6～22.6	10～112
逍遥馒头蟹	32.25	0.02	—	—
银鲳	187.50	0.04	6.1～7.0	3.8～6.76
中国毛虾	104.17	0.02	1.8～2.4	0.78～2.42
鲾	6017.83	0.35	9.0～17.4	5.87～48.85

注：—表示该种未测量。

五、多样性指数和均匀度

　　游泳动物的平均多样性指数为 2.13，游泳动物的平均均匀度为 0.15。其中，多样性指数最高为站位 2，均值为 3.21；最低为站位 18，均值为 1.30；均匀度最高位站位 1 及站位 20，均值均为 0.26；最低为站位 12、站位 18 及站位 22，均值为 0.06。其余站位多样性指数及均匀度见表 20-19。

表 20-19　游泳动物多样性指数与均匀度分布

站位	1	2	6	8	11	12	13	15	17	18	20	22	均值
多样性指数 （H'）	2.35	3.21	2.29	2.19	2.72	1.35	1.63	2.19	2.48	1.30	2.04	1.84	2.13
均匀度 （J）	0.26	0.11	0.25	0.10	0.25	0.06	0.09	0.10	0.25	0.06	0.26	0.06	0.15

六、渔获率分布

　　各站位捕捞时间为 0.87～2.30h，捕获游泳动物质量为 0.45～53.01kg，捕获游泳动物尾数为 42～1 736 尾。计算结果表明，各站位游泳动物质量渔获率为 0.24～29.34kg/（网·h）、尾数渔获率为 21～933 尾/（网·h）。平均质量渔获率为 6.12 kg/（网·h）。其中，最高值出现在站位 18，为 29.34 kg/（网·h）；最低值出现在站位 20，为 0.24 kg/（网·h）。平均尾数渔获率为 248.00 尾/（网·h）。其中，最高值出现在站位 2，为 933.00 尾/（网·h）；最低值出现在站位 6，为 21.00 尾/（网·h）（表 20-20）。

表 20-20　游泳动物渔获率分布

调查站位	重量（kg）	尾数（尾）	时间（h）	渔获率	
				质量渔获率[kg/（网·h）]	尾数渔获率[尾/（网·h）]
1	0.96	60	0.92	0.52	33
2	53.01	1 736	0.93	28.50	933
6	0.63	42	1.02	0.31	21
8	14.66	387	1.05	6.98	184
11	1.19	69	0.87	0.68	40
12	50.84	1 348	0.92	27.63	733
13	17.13	479	2.30	3.72	104
15	4.06	236	2.00	1.02	59
17	0.69	60	1.02	0.34	29
18	52.81	1 416	0.90	29.34	787
20	0.45	51	0.92	0.24	28
22	41.27	1 146	1.03	20.03	556
平均值	14.44	586	1.18	6.12	248

各站位现存尾数资源密度为 2 003～26 224 尾/km²。最高值在站位 2，为 26 224 尾/km²；最低值出现在站位 8，为 2 003 尾/km²。平均现存尾数资源密度为 4 367 尾/km²，现存质量资源密度为 37.59～800.76kg/km²。最高值在站位 2，为 800.76 kg/km²；最低值出现在站位 15，为 37.59 kg/km²。平均现存质量资源密度为 107.60 kg/km²，详见表 20-21。

表 20-21　游泳动物相对资源密度分布

站位	扫海面积（km²）	尾数资源密度（尾/km²）	质量资源密度（kg/km²）
1	—	—	—
2	0.066 2	26 224	800.76
6	—	—	—
8	0.193 2	2 003	75.88
11	—	—	—
12	0.192 0	7 021	264.79
13	0.110 2	4 347	155.44

（续）

站位	扫海面积（km²）	尾数资源密度（尾/km²）	质量资源密度（kg/km²）
15	0.108 0	2 185	37.59
17	—	—	—
18	0.121 4	11 664	435.01
20	—	—	—
22	0.148 3	7 728	278.29
平均值	0.134 2	4 367	107.60

注：一表示该值未计。

第八节　渔业资源增殖策略

一、增殖及养护现状

（一）保护区分布

三亚湾海域有三亚珊瑚礁国家级自然保护区。该保护区成立于 1989 年 1 月 19 日，有三亚市批准建立大东海珊瑚礁保护区和鹿回头湾珊瑚礁保护区 2 个市级珊瑚礁保护区。1990 年 9 月 30 日，国务院批准建立三亚珊瑚礁国家级自然保护区（国函〔1990〕83 号）。1992 年 2 月 26 日，国家海洋局批准设立"海南三亚国家级珊瑚礁自然保护区管理处"，负责本保护区的保护、建设与管理工作。保护对象主要是各种造礁珊瑚、软珊瑚及其他珊瑚、珊瑚礁和其他海洋生物构成的生态系统及相关的海洋生态环境，是海洋生态类型的自然保护区。受保护的面积 85 km²，由 3 个片区组成，东西瑁洲片区 31.08 km²、鹿回头半岛-榆林角片区 30.15 km²、亚龙湾片区 23.76 km²；其中，东西瑁洲片区与鹿回头半岛-榆林角片区位于三亚湾附近海域。

（二）增殖放流历史

海南省增殖放流历史由来已久，自 2000 年后，年增殖放流经费为 500 万～1 000 万元。近海主要放流区域为三亚、陵水、琼海、文昌、海口、临高及昌江等附近海域。近年来，三亚海域增殖放流情况大体如下：2001 年，三亚南山鲍鱼自然保护区增殖放流鲍鱼苗 10 万粒；2002 年，三亚市近海投放人工鱼礁 20 个，增殖放流黑鲷鱼苗 5 万尾；2004 年，三亚湾海域投放红鳍笛鲷和紫红笛鲷 10 万尾；2005 年，三亚港沿岸水域放流紫红笛鲷苗与红鳍笛鲷苗各约 70 尾；2009 年，三亚港沿岸水域放流红鳍笛鲷、紫红笛鲷、斑节对虾、珍珠贝及扇贝苗约 700 万尾（粒），放生海龟 19 只、鲸鲨幼鱼 3 只、中国鲎 32 只；2011 年，在三亚海域放流石斑鱼苗及斑节对虾约 1 000 万尾（王红勇，2016）。2012 年以后，三亚市在大东海、凤凰岛、三亚湾、亚龙湾等附近海域均有小规模增殖放流活动，但是对于放流效果调查方面未有开展。

（三）主要养护措施

三亚市注重渔业资源的增殖养护，实行网具整治、海洋牧场建设、增殖放流等相关措施，以海洋牧场建设和增殖放流为主。

1. 海洋牧场的建设　2010 年，三亚市在红塘湾海域建设海洋牧场，共投放人工鱼礁 1 210 空方。随后，三亚市蜈支洲岛为保护珊瑚礁生态系统及渔业资源，开展海洋牧场的建设工作。2017 年，海南省利用海域使用金投资 2 000 万元，建设三亚市崖洲湾海洋牧场，海洋牧场的建设，促进了三亚市渔业资源的增殖养护和休闲渔业的发展。三亚市于 2018 年底编制完成了《三亚市海洋牧场建设规划 2019—2025 年》，明确提出在三亚市重点建设 3 个以上海洋牧场区。《海南省海洋牧场布局规划 2019—2025 年》在三亚湾海域探索建设热带深海休闲型海洋牧场，将三亚湾的渔业资源修复、生态环境修复与休闲渔业发展紧密结合，促进三亚市海洋经济的发展。

2. 做好增殖放流工作　通过加强增殖放流苗种来源及品质，来保障增殖放流的质量。充分利用海南岛的原良种体系的资源和技术优势，发挥其在增殖放流供苗体系中的示范带动作用，科学规划原良种体系建设，引导建立布局合理、物种齐全、规模配套的增殖放流苗种供应体系；强化基础设施和生产能力建设，提高育苗能力和质量，主动承担增殖放流苗种供应任务；围绕资源养护工作开展，强化增殖放流物种的人工繁育技术和规模化生产技术攻关，丰富增殖放流种类、扩大苗种来源。

3. 自然保护区的建设与管理　通过对海南岛周边渔业资源的详细调查，根据不同鱼类的生长及繁殖特性，以及珍稀濒危物种的分布情况，设定自然保护区建设。

三亚市是海南省珊瑚礁生态系统保护最好的区域。通过国家级珊瑚礁自然保护区的建立，保护了有代表性的珊瑚礁生态系统，使珊瑚礁的覆盖率长期保持在较高的水平，也使三亚市周边渔业资源产卵场、索饵场、越冬场、洄游通道以及珍稀濒危物种得到保护和恢复。

4. 水生野生动物救护　水生野生动物救护主要为救护非正常来源的野生动物，如海南岛周边非法猎捕的玳瑁、海龟、鹦鹉螺以及珊瑚等，通过结合司法部门执法罚没，对罚没的野生资源进行重新投放，以及身体机能检测及维护等，从而达到水生野生动物的救护；开展珍稀濒危和经济资源野生动物驯养繁育技术的研究并建立人工种群，通过对珍稀濒危和经济物种的人工驯养繁育，增加其苗种来源等；开展野生动物科普宣传和教育工作，通过普及野生动物保护方面的宣传达到水生野生动物的救助及保护。近年来，农业农村部多次在三亚市开展了海龟的增殖放流活动，也在海南省成立了"海龟保护联盟"，加强科技力量对海龟的救护与保护。

5. 严格休渔制度，保护渔业资源　为了保护中国的渔业资源，依据《中华人民共和国渔业法》规定及农业农村部调整南海伏季休渔的通知，将原来的 3 个月的休渔时间增加 1 个月。渔政部门联合省渔业监察总队多次在海上执法检查，保障渔业生产，打击非法捕捞，清理禁用渔具，取得了较好成效。

（四）取得的成效

海南岛周边渔业资源退化趋势有所减缓。根据海南岛重要码头港口今年来的鱼类捕获情况来看，主要港口鱼类经济物种类数量逐渐增加，且产量也在增加。

海南岛周边的海洋牧场在逐步建立。近年来，海南岛周边不断建设海洋牧场，主要有文昌、琼海、万宁、陵水及三亚等地。通过对已建设的海洋牧场来看，区域内鱼类种类明显增加。栖息密度也大大增加，且由于鱼礁的保护，过度捕捞活动受到抑制，区域内鱼类个体大小有所增加。

海南岛周边种质资源保护区及自然保护区在逐步建设，各地开始重视保护区的管理及建设，加强了保护区的管理。

通过对珍稀濒危物种的偷猎行为的罚没及放流，在一定程度上对野生生物进行了保护。目前，在浅海海藻及海草生长较好区域能够看到海龟游动，由此可见，保护卓有成效。

（五）存在的问题

（1）增殖放流的战略地位和法律地位依然不高　开展增殖放流是国内外公认的养护水生生物资源最直接、最有效的手段之一，是现代渔业五大产业——增殖业的重要组成部分。作为一项充满生机和活力的新兴事物，却未得到足够的重视和支持，《中华人民共和国渔业法》中有关增殖放流的条款和规定也很少，增殖放流的战略地位和法律地位依然不高，这在很大程度上制约了增殖放流事业的持续、健康、快速发展。

（2）增殖放流的管理体制尚不健全　增殖放流管理技术性很强，涉及生态、渔业资源、渔场环境、水产养殖等多专业学科，具体组织落实必须有专门机构和足够的专业人员，不断总结经验，方能取得实效。目前，多数增殖放流活动由各级渔政机构兼管，仅靠相关处室、单位一两个人抓，难以见效。且部分地区增殖放流工作简单粗放，重形式、轻效果，影响了我国增殖放流管理工作的质量和增殖效益。

（3）增殖放流规模依然不大，多元化资金投入长效机制尚未建立　目前，我国增殖放流发展水平和质量与现代渔业建设、海洋生态文明建设、美丽中国建设的任务要求还不相适应，增殖放流的投入规模与我国渔业资源持续衰退的现状相比，与广大渔民群众致富的殷切期盼相比依然不够。

（4）社会放流亟须科学规范和引导　近年来，随着人民物质文化生活水平的提高，我国以企业集团、宗教组织及其他各类民间社会团体、个人自发组织的社会放流（放生）风生水起、蔚然成风，社会力量已成为保护水域生态环境、养护渔业资源的一支重要力量。但多数民众因不了解增殖放流的基本知识，无序盲目放流（放生）乱象丛生，存在海陆种互放、外来物种、杂交种乱放现象，导致很大的生态安全隐患。

（5）增殖放流苗种供应机制需进一步完善　对增殖放流而言，稳定的苗种供应是活水源头和前提保障。目前，多数省份是通过政府采购苗种进行放流。此法存在一定弊端，增殖放流苗种供应机制亟须改革创新。

（6）增殖放流的科技支撑力度依然不够　增殖放流是水产养殖、渔业资源、渔业捕捞、环境保护、生物技术、渔业管理及新兴技术等学科领域的综合应用，是一项复杂的系统性生物工程，更是一项新兴事物。为确保生态安全并取得效益，宏观上需制定总体规划、开展资源本底调查、建立生态安全保障机制、建立综合效果评价机制来引导推动；微观上需要研究生态放流量、适宜放流种类、最佳放流规格及时间、科学计数运输投放方法等，为主管部门提供决策依据。这些都需要通过大量的基础研究来支撑，但目前我国增殖放流相关工作还缺乏科学、系统、长期的研究，目前，我国部分地区放流工作还是凭经验开展，存在较大盲目性，亟须进一步提高增殖放流的科技含量。

（7）增殖放流资源管护力度需加强，渔业环境依然严峻　多数地方重放流、轻管理，有的地方还存在"一放了事"的思想，影响了增殖放流实际效果。增殖放流资源管护仅靠短期的海洋伏季休渔和江河湖泊禁渔远远不够，还需要通过延长保护期、建立增殖保护区、改革现行渔具渔法、建设保护型海洋牧场等方式，继续加大增殖放流资源管护力度，增殖放流效果才能逐步凸显。

二、增殖技术策略建议

（一）增殖放流适宜水域

海南岛周边海域旅游人次较多，据不完全统计，2017 年海南旅游全年接待游客6 745.01万人次，实现旅游总收入 811.99 亿元。其中，来潜水、半潜以及浅海水上运动人数在 75.00％以上，对国民经济的直接和综合贡献度分别达到 12.00％和 28.00％。仅2004 年参加三亚国家级珊瑚礁保护区旅游的人数为 17.00 万人，营业额3 515.00万元；2005 年为 25.00 万人，营业额为 1 740.00 万元。三亚湾主要的旅游活动有水上游艇、水下潜水、香蕉船、近岸游泳等。因三亚湾存在海上旅游活动，为了减少人为影响，可选择三亚湾中西部内湾游客人数较少的海域进行增殖放流。

（二）增殖放流适宜种类

通过对三亚湾海域各项水质及沉积物方面的数据调查，三亚湾的盐度一般为 30～33，站位之间的盐度变化幅度很小，各测站表底盐度变化幅度也很小；监测海区的 pH 范围为 8.01～8.18，平均值为 8.10，各测站之间 pH 变化幅度较小，同一站位表底层 pH 变化幅度较小；海区的溶解氧含量范围为 6.35～8.80 mg/L，海区的 COD 范围为 0.03～0.91 mg/L，平均值为 0.27 mg/L，悬浮物含量一般在 10 mg/L 左右，石油类含量范围为 0.008～0.019 mg/L，无机氮最高值为 0.266 mg/L。

通过对鲷类鲷科鱼类增殖放流海域条件分析《水生物增殖放流技术规范　鲷科鱼类》SC/T 9418—2015），鲷类主要适合放流水深在 3 m 以上，水深 15～32℃，盐度 3～32，底质岩礁、沙砾或沙泥，生物环境饵料生物丰富，敌害生物少。水质符合 GB 11607 的规定（表 20-22）。

表 20-22　常见鲷科鱼类增殖放流海域条件

鱼种	真鲷	平鲷	黑鲷	黄鳍棘鲷
水深（m）	3 以上	3 以上	3 以上	3 以上
水温（℃）	17～32	15～30	15～32	15～30
盐度	17～31	3～30	10～32	3～30
底质	岩礁、沙砾	岩礁、沙砾或沙泥	岩礁、沙砾或沙泥	岩礁、沙砾或沙泥
生物环境	饵料生物丰富、敌害生物少	饵料生物丰富、敌害生物少	饵料生物丰富、敌害生物少	饵料生物丰富、敌害生物少
水质	符合 GB 11607 的规定	符合 GB 11607 的规定	符合 GB 11607 的规定	符合 GB 11607 的规定

由此可见，该海域生态环境良好、水流畅通，水深、水温、盐度等符合鲷科鱼类的生活习性；水质符合国标 GB 11607 的规定；底质适宜，底质表层为非还原层污泥；鲷科鱼类的饵料生物丰富、敌害生物少。可见，该海域满足鲷科类鱼类的生长条件。

石斑鱼多栖息于热带及温带海洋，喜栖息在沿岸岛屿附近的岩礁、沙砾、珊瑚礁底质的海区，一般不成群。栖息水层随水温变化而升降。春、夏季分布于水深 10～30 m 处，盛夏季节也会在水深 2～3 m 处出现；秋、冬季当水温下降时，则游向 40～80 m 的较深水域。适温范围为 15～34℃，最适水温为 22～28℃。适盐范围广，可在盐度 10 以上的海水缸中生存。为肉食性凶猛鱼类，以突袭方式捕食底栖甲壳类、各种小型鱼类和头足类。

卵形鲳鲹属暖水性中上层洄游鱼类。2 月可见幼鱼在河口海湾栖息，群聚性较强，成鱼时向外海深水移动。生活水温范围 14～32℃，最适水温 24～28℃；盐度 5～32 均可养殖，15 以下生长更快。

综上所述，基于三亚湾渔业资源现状和渔业捕捞情况、建议放流品种应选择喜欢珊瑚礁底质、沙质底质的鱼类，如石斑鱼类和鲷科鱼类。因放流需要大量的苗种，增殖放流品种需在海南岛苗种繁育的主要品种范围内，从该角度考虑，青石斑鱼、紫红笛鲷、红鳍笛鲷、卵形鲳鲹是较为理想的放流品种。

（三）增殖放流生态容量

增殖放流必须考虑放流水域的生态容量和合理放流数量。增殖放流前应对放流水域的生态系统开展调查，以摸清包括初级生产力及其动态变化、食物链与营养动力状况，从而确定放流物种的数量、时间和地点。同时，要加强放流后的跟踪监测和效果评估，以调整放流数量、时间和地点，保证最佳增殖放流资源的效果。不合理的增殖会导致水域生态系统遭到破坏，渔业资源逐渐衰退。如果仅简单地将鱼类放流到拟增殖水域中，可能将引起相当严重的后果。

种苗放流数量与种苗成活率、生长、饵料基础、饵料竞争种和敌害生物等多种因素密切相关。因此，确定最佳放流数量是很困难的。为了最大限度发掘水域生产潜力，如要确定某一增殖种类的合理放流数量，通常可参照放流海区历年该种类最大的世代产量，并根据不同补充量水平与回捕率，来确定相应年份种苗的放流数量。目前，三亚湾相关数据缺乏，难以提出具体增殖容量的建议，需要今后开展相关研究。

（四）增殖放流规格及季节

三亚湾外海水流较急，且处于成活率角度考虑，应选择放流苗种规格稍大，如青石斑鱼苗种建议全长在 10.00 cm 以上、紫红笛鲷苗种建议全长在 7.00 cm 以上；三亚湾与外海水流交换频繁，苗种可自由出入湾内外，故放流数量可远大于常规放流数量。

三亚市地处低纬度，属热带海洋性季风气候，日照时间长，平均气温较高，全年温差小，四季不分明。只有旱季和雨季之分，5—10 月为雨季，降水量占全年的 90.00% 以上；11 月至翌年 4 月为旱季，降水量较少。影响三亚市的热带气旋集中在 7—10 月，5 月和 10 月登陆次数最多，7 月和 8 月为其次，7 月、10 月和 11 月西太平洋台风约占 70.30%，5 月、6 月、8 月和 9 月南海台风略多，为 62.50%，12 月至翌年 4 月没有热带气旋影响三亚。三亚湾的风暴多发生与 7—10 月，占总数的 80% 以上，这与台风活跃季节相吻合。由此可见，在三亚湾放流季节选择 12 月至翌年 4 月能够尽量避免台风与风暴。

三、增殖养护管理对策建议

（1）进一步提高增殖放流的战略地位和法律地位 增殖放流是现代渔业的重要组成部分和重要一环，是保障国家粮食安全和水域生态文明建设的重要举措，意义重大。充实增殖放流有关条款，进一步提升增殖放流的战略地位和法律地位。

（2）设立增殖放流专家咨询委员会和增殖放流专管机构　成立由水产养殖、渔业资源、渔业捕捞、增殖养殖工程、渔业环境与生态、生物技术、渔业疾病防控、渔业标准化、渔业管理等多学科专家组成的全国增殖放流专家咨询委员会。根据国内外增殖放流发展趋势，开展超前性、预警性研究，提出增殖放流科学化发展方向与对策，确保增殖放流科学可持续发展。

（3）建立资金多元化投入机制，持续壮大增殖放流规模　建议尽快建立以政府投入为主，海域使用金、海洋生态损害补偿费和损失赔偿费、水生生物资源生态补偿费、渔业资源损失赔偿费、燃油补贴调整资金、社会捐助、放流基金、公益众筹、国际援助等为重要补充的增殖放流资金多元化投入长效机制。

（4）加强对社会放流（放生）的科学规范和引导，确保放流生态安全和效果　强化渔业生态安全管理，规范社会放流（放生）行为，防止外来水生生物入侵，是建设水域生态文明的重要前提和保障。为顺应社会放流（放生）需求，科学规范、引导社会放流（放生），确保放流（放生）生态安全，创新增殖放流供苗方式，打造专业化增殖放流苗种供应队伍。通过设立渔业增殖站或增殖放流示范基地的方式采购放流苗种，稳定苗种供应来源，强化苗种生产监管，提高苗种供应质量，确保放流生态安全，推动我国增殖放流向规模化、集约化、标准化、精细化水平发展。

（5）加强增殖放流科研攻关，全面提升增殖放流的科技含量　增殖放流事业必须紧紧依靠科技。重点开展大规格、低成本、健康放流苗种技术开发，放流苗种种质快速检测研究，放流苗种的遗传、生理、生态特性研究，最小亲体数量研究，监测评估放流群体对野生群体的生态学、遗传多样性及对生态系统结构和功能的影响，增殖放流效果评价指标体系构建等。

（6）加大渔业环境综合治理和渔业资源管护力度　转变重放流轻管理的观念，一是建立区域性的地方政府间渔业环境综合治理和渔业资源管护协调机制，采取统一行动，共同促进渔业环境和渔业资源管护工作；二是研究完善现行休渔制度，逐步延长休渔时间，扩大休渔类型，限制并最终禁止对渔业资源破坏严重的作业方式。按照渔业法确定的禁渔期制度，在重要渔业资源的产卵场、索饵育肥场、洄游通道设立常年禁渔区或划定不同时段的禁渔期，最终建立起常年休渔，根据不同物种选择性限额捕捞的现行渔业资源管理制度。加强渔政机构对增殖放流前中后的无缝隙监管，将增殖放流与各类保护区建设、人工鱼礁建设、海洋牧场建设、休闲海钓等工作有机结合起来，强化综合立体养护效果，提升增殖放流工作的成效。

第二十一章 大型海藻生态修复示范区

第一节 气候地理特征

南澳县位于广东省东南部，是广东省唯一的海岛县。位于 116°53′E—117°19′E、23°11′N—23°32′N，陆地面积 109.12 km²，海岸线长 99.2 km。全县由南澳岛、南澎列岛、勒门列岛、凤屿、案屿、猎屿、塔屿、园屿、官屿、狮仔屿等 23 个大、小岛屿组成，主岛南澳岛面积 106.85 km²。南澳岛海域广阔，渔场、气候条件优良；岛上群峦起伏，山地多，耕地少，丘陵、山地面积占总面积的 93.6%。海岸线 77 km，海滩涂面积 266.67 hm²，浅海面积 1.66 万 hm²（南澳县地方志编纂委员会，2000）。

南澳县属亚热带季风气候，北回归线贯穿主岛，海洋性气候明显，盛行东北风。常年气温温和，光照充足，雨量相对华南地区偏少，热量丰富、霜冻很少。据南澳县气象站（1971—2000 年）30 年的气象资料统计，平均气温 21.6℃，平均气温最高月份 7 月、8 月 27.5℃，最低月份 1 月 14.2℃。极端最高气温 35.6℃，极端最低气温 2.5℃，一般年份最高气温为 32～34℃，最低为 4～6℃；南澳县各年平均降水量为 1 200～1 400 mm，平均降水量为 1 448.2 mm，雨季始于 3 月下旬，终于 10 月上旬；年平均日照时数 2 135.7 h（表 21-1）（南澳县地方志编纂委员会，2000）。

表 21-1 1971—2000 年南澳县平均各季气候

（南澳县地方志编纂委员会，2000）

指标		春季	夏季	秋季	冬季
气温	平均（℃）	17.2	26.0	26.1	16.9
	最高（℃）	31.9	35.6	35.4	30.6
	最低（℃）	4.5	14.3	12.9	2.5
日照	时数（h）	368.6	570.5	67.09	545.1
	占全年（%）	17.1	26.5	31.1	25.3
降水量	总量（mm）	286.6	625.6	432.5	103.5
	占全年（%）	20	43	30	7

第二节　水质环境

一、水体环境特征

自 2014 年 12 月至 2015 年 6 月采集汕头市南澳岛深澳湾龙须菜栽培区、鱼类养殖区和对照区样品。共设置 9 个站点，分别为龙须菜栽培区（G1、G2、G3），鱼类养殖区（F1、F2、F3）和对照区（C1、C2、C3）（图 21-1）。南澳岛深澳湾月降水量为 5.6～371.1 mm，平均值 98.3 mm。深澳湾夏季盛行南风，冬季以偏东北风、北风为主（Zhang et al.，2018）。调查发现，深澳湾海域鱼类养殖区表层水温变化范围为 13.63～28.23℃，底层水温变化范围为 14.07～27.43℃；龙须菜栽培区表层水温变化范围为 14.40～28.23℃，底层水温变化范围为 14.23～25.17℃；对照区表层水温变化范围为 14.53～27.50℃，底层水温变化范围为 14.67～24.60℃。各站位表层和底层水温差异不显著，表层略高于底层。

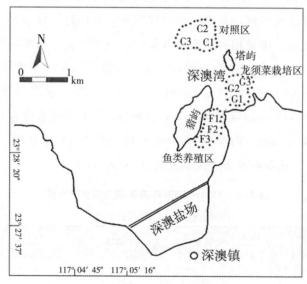

图 21-1　南澳深澳湾采样站位设置
G1、G2、G3：龙须菜栽培区；F1、F2、F3：鱼类养殖区；C1、C2、C3：对照区

深澳湾海域鱼类养殖区表层盐度变化范围为 29.07～34.20，底层盐度变化范围为 30.32～34.15；龙须菜栽培区表层盐度变化范围为 29.66～34.14，底层盐度变化范围为 30.06～34.15；对照区表层盐度变化范围为 30.34～34.24，底层盐度变化范围为 30.35～34.40。由于深澳湾湾口朝北，正前方为陆地，海流只能从东西两侧进入湾内，而且受到

对岸黄冈河和韩江汇入柘林湾影响，深澳湾水体盐度略低于 35（Zhang et al.，2018）。南澳海域鱼类养殖区表层溶解氧变化范围为 3.34～12.31 mg/L，底层溶解氧变化范围为 3.20～8.64 mg/L；龙须菜栽培区表层溶解氧变化范围为 6.13～11.50 mg/L，底层溶解氧变化范围为 5.74～9.35 mg/L；对照区表层溶解氧变化范围为 5.90～11.57 mg/L，底层溶解氧变化范围为 5.50～8.43 mg/L。各站点均表现为表层高于底层，其中，龙须菜栽培区由于表层大面积栽培龙须菜进行光合作用释放氧气，因此，增加了水体溶解氧浓度。

　　南澳海域鱼类养殖区表层水体总氮、总磷浓度分别为 17.24～43.97 μmol/L 和 0.66～7.14 μmol/L，底层水体总氮、总磷浓度分别为 17.24～43.97 μmol/L 和 0.89～5.26 μmol/L；对照海区表层水体总氮、总磷浓度分别为 14.78～43.52 μmol/L 和 0.70～6.51 μmol/L，底层水体总氮、总磷浓度分别为 16.26～39.75 μmol/L 和 1.09～8.43 μmol/L；龙须菜栽培区总氮、总磷含量较低，表层为 16.77～41.28 μmol/L 和 0.79～4.64 μmol/L，底层为 13.88～44.38 μmol/L 和 0.84～5.00 μmol/L（表 21-2、表 21-3）。王善等（2015）发现，2014 年 4—6 月南澳海域总氮浓度 2.35～30.48 μmol/L，总磷浓度 0.26～1.80 μmol/L。武宇辉等（2017）发现，2016 年 5—6 月龙须菜收获前后总氮平均浓度分别为（28.00±12.23）μmol/L 和（141.20±15.69）μmol/L；总磷平均浓度分别为（1.03±0.29）μmol/L 和（6.34±0.87）μmol/L，且龙须菜收获后总氮、氨氮和叶绿素平均浓度显著高于收获前。黄银爽等（2017）研究发现，南澳海域海水中无机态N/P比值随着 DIP 浓度降低而逐渐上升，且龙须菜栽培区 DIP 浓度显著低于鲍鱼养殖区。因 4—5 月为龙须菜生长最快时期，其快速生长的同时将水体中大量氮、磷同化至体内，随着每年大面积收获龙须菜，大量氮、磷营养盐也被转移出养殖水体（武宇辉等，2017；杨宇峰等，2003；Yang et al.，2006）。因此，龙须菜规模栽培能去除水体中氮和磷，对养殖海域水体氮和磷污染具有修复作用（Yang et al.，2006；Zertuche-Gonzalez et al.，2009；Crab et al.，2007；Lu and Pang，2003）。

表 21-2　深澳湾海水中总氮浓度（μmol/L）

采样时间	鱼类养殖区（F）				龙须菜栽培区（G）				对照区（C）			
	表层		底层		表层		底层		表层		底层	
2014.12	38.91	6.15	40.12	4.36	41.28	5.14	44.38	2.90	43.52	4.13	39.75	6.94
2015.01	26.64	5.75	22.52	6.37	23.71	4.86	19.80	4.20	26.86	3.38	25.12	2.89
2015.02	35.93	3.50	40.20	1.30	37.06	2.97	39.50	0.50	39.97	4.21	37.39	3.25
2015.03	17.24	0.71	17.46	0.16	16.77	2.01	17.56	0.76	14.78	0.92	16.26	1.21
2015.04	19.82	5.98	19.75	5.29	21.36	3.80	13.88	2.49	17.98	6.27	19.04	5.87
2015.05	43.97	6.56	31.95	8.28	24.58	0.33	35.04	2.11	32.19	3.67	28.78	5.16
2015.06	30.83	4.86	25.23	4.60	29.79	3.50	30.00	4.29	27.64	4.70	21.81	3.12
2015.07	23.74	18.94	21.34	3.94	27.79	7.99	29.90	5.53	24.21	1.35	23.32	2.85

表 21-3 深澳湾海水中总磷浓度（µmol/L）

采样时间	鱼类养殖区（F）				龙须菜栽培区（G）				对照区（C）			
	表层		底层		表层		底层		表层		底层	
2014.12	4.71	0.26	5.11	0.99	3.30	0.38	3.90	1.24	6.51	1.65	8.43	6.52
2015.01	2.94	0.34	2.87	0.45	2.28	0.17	2.04	0.52	2.21	0.17	2.61	1.00
2015.02	5.27	0.89	5.26	1.13	4.64	0.44	5.00	0.78	3.73	0.47	3.79	0.41
2015.03	0.98	0.18	1.74	0.88	2.87	0.45	4.55	1.34	1.41	0.15	1.53	0.42
2015.04	0.66	0.33	0.89	0.40	0.79	0.39	0.84	0.12	0.70	0.31	1.09	0.57
2015.05	4.77	0.52	4.21	0.95	3.83	0.43	3.63	0.29	4.32	0.05	4.50	0.60
2015.06	7.14	8.39	2.33	0.07	2.41	0.27	3.10	1.69	1.89	0.19	2.03	0.09
2015.07	1.29	0.29	1.62	0.86	0.92	0.25	1.62	0.70	1.28	0.09	1.49	0.40

深澳湾海域鱼类养殖区表层水体 POM 质量浓度变化范围为 23.08～41.09 mg/L，底层水体 POM 质量浓度变化范围为 25.02～39.07 mg/L；龙须菜栽培区表层水体 POM 质量浓度变化范围为 26.49～44.44 mg/L，底层水体 POM 质量浓度变化范围为 22.27～47.44 mg/L；对照区表层水体 POM 质量浓度变化范围为 24.63～39.25 mg/L，底层水体 POM 质量浓度变化范围为 22.1～57.59 mg/L（表 21-4）。各区表底层水体 POM 质量浓度差异不显著，但龙须菜栽培区 POM 质量浓度最低，且深澳湾海域龙须菜大面积栽培的季节，POM 质量浓度（13.1 mg/L）显著低于未栽培龙须菜的季节（29.1 mg/L）（Zhang et al.，2018）。

表 21-4 深澳湾海水 POM 含量（mg/L）

（Zhang et al.，2018）

采样时间	鱼类养殖区（F）		龙须菜栽培区（G）		对照区（C）	
	表层	底层	表层	底层	表层	底层
2014.12	30.62	28.19	29.52	29.72	25.96	27.62
2015.01	38.09	30.16	26.49	34.12	28.6	45.39
2015.02	41.09	39.07	44.44	47.44	39.25	57.59
2015.03	31.1	29.94	26.89	29.33	24.63	28.55
2015.04	32.91	28.69	28.15	22.27	25.72	22.1
2015.05	29.65	28.56	29.07	30.14	30.21	31.6
2015.06	23.08	25.02	33.27	30.99	34.41	31.07
2015.07	27.62	29.69	28.47	29.37	27.38	36.35

南澳深澳湾鱼类养殖区海水重金属 Zn 含量为 35.05～382.5 µg/L，Pb 含量为 2.52～7.61 µg/L，Cr 含量为 8.77～29.84 µg/L，Cd 含量为 0.36～2.18 µg/L；龙须菜栽培区海水重金属 Zn 含量为 26.17～475.24 µg/L，Pb 含量为 1.8～6.13 µg/L，Cr 含量为 7.21～29.57 µg/L，Cd 含量为 0.45～3.98 µg/L；对照区海水重金属 Zn 含量为 38.61～483.33 µg/L，Pb 含量为 2.26～6.29 µg/L，Cr 含量为 6.88～35.22 µg/L，Cd 含量为

0.25～1.56 $\mu g/L$（表 21-5）。Zhou 等（2011）发现，南澳海域表层水体 Fe 含量为 23.0～268.0 $\mu g/L$、Zn 含量为 11.0～82.2 $\mu g/L$、Mn 含量为 1.5～11.0 $\mu g/L$、Pb 含量为 6.0～40.5 $\mu g/L$；底层水体 Fe 含量为 27.5～286.5 $\mu g/L$、Zn 含量为 13.5～89.0 $\mu g/L$、Mn含量为 3.0～12.0 $\mu g/L$、Pb 含量为 7.0～46.0 $\mu g/L$。南澳深澳湾海水重金属含量 Cd 均未超过海水水质二类标准；Pb 则在 2014 年 12 月鱼类养殖区超过二类水质标准，2015 年 4 月除鱼类养殖区外其余功能区均超过二类水质标准，而 2015 年 5 月除 G 区外其余功能区超过二类水质标准，最高值出现于 5 月；Cr 除 2015 年 5 月和 6 月，其余月份均超过二类水质标准，最高值出现于 2015 年 1 月；Zn 在 2014 年 12 月和 2015 年 4 月、6 月均超二类标准，而 5 月除龙须菜栽培区外其余月份均超过二类水质标准，最高值出现于 4 月（罗洪添等，2018）。深澳湾海水综合污染指数 WQI 均值为 1.43±0.03，其中，2015 年 2 月和 3 月 WQI 均小于 1 为清洁无污染海域；2014 年 12 月和 2015 年 1 月 WQI 在 1～2 之间为轻度污染海域；2015 年 4 月除鱼类养殖区中度污染外，其余功能区均为严重污染；2015 年 5 月龙须菜栽培区为清洁海域，其他功能区为轻度污染海域；2015 年 6 月为轻度污染海域。因此，深澳湾大部分表层水域属清洁无污染海域或重金属轻度污染海域，其中，龙须菜栽培能富集水体重金属 Cu、Pb、Cd 和 Zn 离子等，对海区水质重金属污染具有修复作用（罗洪添等，2018）。

表 21-5　深澳湾海水微量元素含量（mg/L）

（罗洪添等，2018）

区域	采样时间	Zn	Pb	Cr	Cd
对照区（C）	2014.12	66.50	2.90	20.13	0.65
	2015.01	49.96	2.26	35.22	0.96
	2015.02	51.34	3.01	11.09	0.45
	2015.03	38.61	4.64	11.26	0.50
	2015.04	483.33	6.29	14.66	0.94
	2015.05	122.57	5.46	7.57	1.56
	2015.06	309.08	4.29	6.88	0.25
	2015.07	66.50	2.90	20.13	0.65
龙须菜栽培区（G）	2014.12	60.62	5.16	20.84	0.65
	2015.01	45.94	2.41	29.57	0.89
	2015.02	41.96	2.64	12.13	0.45
	2015.03	42.42	4.42	11.28	0.50
	2015.04	475.24	6.13	15.26	1.61
	2015.05	26.17	1.8	7.21	3.98
	2015.06	263.78	3.37	8.57	0.74
	2015.07	60.62	5.16	20.84	0.65

（续）

区域	采样时间	Zn	Pb	Cr	Cd
	2014.12	58.4	7.61	20.08	0.68
	2015.01	45.33	2.92	29.84	0.85
	2015.02	35.05	2.52	12.29	0.44
鱼类养殖区（F）	2015.03	42.6	3.88	11.1	0.42
	2015.04	382.50	4.61	17.26	0.50
	2015.05	176.29	6.49	9.53	2.18
	2015.06	261.02	2.54	8.77	0.36
	2015.07	58.4	7.61	20.08	0.68

二、沉积物环境状况

调查期间，深澳湾海域鱼类养殖区沉降颗粒物（POM）总氮含量范围为 1 529.8～4 103 mg/kg；龙须菜栽培区 POM 总氮含量范围为 1 567.5～2 605.4 mg/kg；对照区 POM 总氮含量范围为 1 413.4～2 396.2 mg/kg。深澳湾海域鱼类养殖区 POM 总磷含量范围为 287.4～2 082.5 mg/kg；龙须菜栽培区 POM 总磷含量范围为 276.8～523.2 mg/kg；对照区 POM 总磷含量范围为 233.8～427.3 mg/kg（表 21-6）。深澳湾海区沉积物 POM 主要由 SiO_2、CaO、Al_2O_3、Fe_2O_3、K_2O、MgO、Ti 等组成（表 21-7），这 7 种组分约占沉积物总量 67%；其中，SiO_2 占 37.3%、CaO 占 8.8%、Al_2O_3 占 10.9%、Fe_2O_3 占 4.7%、K_2O 占 2.9%、MgO 占 2.1%（Zhang et al.，2018）。

表 21-6 深澳湾沉降颗粒物中总氮和总磷浓度（mg/kg）

（Zhang et al.，2018）

站位	总氮			总磷		
	最大值	最小值	平均值	最大值	最小值	平均值
对照区（C）	2 396.2	1 413.4	1 706.7	427.3	233.8	305.6
龙须菜栽培区（G）	2 605.4	1 567.5	1 994.0	523.2	276.8	376.9
鱼类养殖区（F）	4 103.0	1 529.8	2 495.4	2 082.5	287.4	661.1

表 21-7 深澳湾沉降颗粒物中常量元素的含量（%）

（Zhang et al.，2018）

站位	SiO_2	CaO	Al_2O_3	Fe_2O_3	K_2O	MgO	Ti
对照区（C）平均值	34.6	8.2	8.6	4.3	2.5	2.0	0.3

（续）

站位	SiO₂	CaO	Al₂O₃	Fe₂O₃	K₂O	MgO	Ti
龙须菜栽培区（G）平均值	37.7	8.4	11.1	4.8	3.0	2.1	0.3
鱼类养殖区（F）平均值	37.8	9.3	11.3	4.8	3.0	2.1	0.3

深澳湾海域 POM 微量元素平均含量，分别为 Mn 761.8 mg/kg、Zn 202.8 mg/kg、Zr 138.0 mg/kg、Rb 124.6 mg/kg、Sr 126.1 mg/kg、Cu 103.9 mg/kg、Pb 17.2 mg/kg（表 21-8）。其中，Zn 和 Cu 含量高于国家海洋沉积物Ⅰ类质量标准（GB 18668-2002，标准值 150.0 mg/kg、35.0 mg/kg）；而 Pb 含量低于国家海洋沉积物Ⅰ类质量标准（标准值 60.0 mg/kg）。Zn、Rb、Sr、Cu、Cr、Ni、Pb 在鱼类养殖区含量最高、龙须菜栽培区和对照区较低；Mn 和 Zr 在对照区含量最高、龙须菜栽培区和鱼类养殖区较低；Co 含量在龙须菜栽培区最高、鱼类养殖区和对照区较低（Zhang et al.，2018）。调查期间，鱼类养殖区表层沉积物重金属 Zn 含量为 36.8～184.64 mg/kg，Pb 含量为 36.8～184.64 mg/kg，Cu 含量为 36.8～184.64 mg/kg；对照区表层沉积物重金属 Zn 含量为 49.48～175.96 mg/kg，Pb 含量为 8.45～74.44 mg/kg，Cu 含量为 6.19～24.57 mg/kg；龙须菜栽培区表层沉积物重金属 Zn 含量为 41.56～150.8 mg/kg，Pb 含量为 27.06～46.42 mg/kg，Cu 含量为 4.09～21.58 mg/kg（表 21-9）。乔永民等（2010）调查发现，南澳海域沉积物重金属平均含量为 Cd 0.19 mg/kg、Cr 26.86 mg/kg、Cu 20.71 mg/kg、Ni 22.78 mg/kg、Pb 35.67 mg/kg、Zn 79.48 mg/kg。谷阳光等（2013）发现，南澳海域养殖区表层和柱状沉积物重金属总量平均值均低于海洋沉积物质量Ⅰ标准，其中，Pb、Cu 和 Zn 含量显著高于南海背景值，Ni 略高于南海背景值。汕头南澳深澳湾表层沉积物 Pb、Cu 和 Zn 含量低于海洋沉积物自然海区规范标准，为低风险金属。龙须菜栽培期间（1—5 月），龙须菜栽培区沉积物中重金属平均浓度低于鱼类养殖区和对照区，龙须菜栽培能吸收水体中重金属离子，减少重金属离子与水体颗粒物结合，从而降低沉积物中重金属含量，对沉积物重金属污染有修复作用。

表 21-8　深澳湾沉降颗粒物中微量元素的含量（mg/kg）

（Zhang et al.，2018）

站位	Mn	Zn	Zr	Rb	Sr	Cu	Cr	Ni	Mo	Pb
对照区（C）平均值	779.3	199.1	142.6	109.6	103.6	100.0	51.9	36.6	10.9	9.7
龙须菜栽培区（G）平均值	777.1	201.1	138.7	126.9	1	102.3	68.9	39.2	13.2	17.3
鱼类养殖区（F）平均值	742.9	205.4	136.1	126.7	133.9	106.4	71.7	41.3	13.2	19.2

表 21-9　深澳湾沉积物重金属含量（mg/kg）

站位	采样时间	Zn	Pb	Cu
对照区（C）平均值	2014.12	100.97	18.07	18.07
	2015.01	89.59	47.17	47.17
	2015.02	139.56	49.19	49.19
	2015.03	130.73	39.67	39.67
	2015.04	103.95	39.04	39.04
	2015.05	79.92	43.27	43.27
	2015.06	81.84	40.19	40.18
	2015.07	84.65	39.94	39.93
龙须菜栽培区（G）平均值	2014.12	101.47	30.44	30.44
	2015.01	56.99	41.56	41.56
	2015.02	102.19	35.12	35.12
	2015.03	126.67	35.33	35.34
	2015.04	85.84	38.08	38.08
	2015.05	62.37	36.44	36.45
	2015.06	67.45	39.03	39.03
	2015.07	117.59	40.30	40.31
鱼类养殖区（F）平均值	2014.12	61.00	32.56	32.56
	2015.01	47.33	51.13	51.13
	2015.02	103.15	25.25	25.25
	2015.03	114.71	38.15	38.15
	2015.04	133.45	49.40	49.40
	2015.05	124.57	46.51	46.51
	2015.06	112.00	47.47	47.47
	2015.07	177.44	40.30	40.30

第三节　浮游植物

南澳深澳湾海域浮游植物种类丰富，2016 年 3—6 月调查发现，浮游植物 4 门 48 属 90 种（表 21-10）。其中，硅藻门 36 属 74 种，是该区浮游植物的主要门类，占总种类数的 82.22%；其次为甲藻门 8 属 12 种，占总种类数的 13.33%；蓝藻门和绿藻门均 2 属 2 种，各占总种类数的 2.22%。

表 21-10 调查期间南澳深澳湾海域浮游植物种类

门	属	中文名	拉丁名
蓝藻门	颤藻属	颤藻	*Oscillatoria* sp.
	色球藻属	色球藻	*Chroococcus* sp.
硅藻门	骨条藻属	中肋骨条藻	*Skeletonema costatum*
	冠盖藻属	冠盖藻	*Stephanopyxis* sp.
	海线藻属	佛氏海线藻	*Thalassionema frauenfeldii*
		菱形海线藻	*Thalassionema nitzschioides*
	海链藻属	海链藻	*Thalassiosira* sp.
		诺氏海链藻	*Aphanocapsa delicatissima*
	帕拉藻属	具槽帕拉藻	*Paralia sulcata*
	角毛藻属	海洋角毛藻	*Chaetoceros pelagicus* Cleve
		丹麦角毛藻	*Rhabdogloea smithii*
		秘鲁角毛藻	*Chaetoceros peruvianus*
		盐生角毛藻	*Chaetoceros salsugineus*
		异角毛藻	*Chaetoceros diversus*
		密连角毛藻	*Chaetoceros densus*
		旋链角毛藻	*Chaetoceros curvisetus*
		冕孢角毛藻	*Chaetoceros subsecundus*
		角毛藻	*Chaetoceros* sp.
	弯角藻属	短角弯角藻	*Eucampia zoodiacus*
		长角弯角藻	*Pseudanabaena limnetica* Lauterborn
	娄氏藻属	环纹娄氏藻	*Lauderia annulata*
	小环藻属	小环藻	*Cyclotella* sp.
		梅尼小环藻	*Cyclotella meneghiniana*
		链形小环藻	*Cyclotella catenata*
		条纹小环藻	*Cyclotella striata*
	圆筛藻属	细弱圆筛藻	*Coscinodiscus subtilis*
		具边线形圆筛藻	*Coscinodiscus marginato-lineatus*
		减小圆筛藻	*Coscinodiscus decrescens*
		汕头圆筛藻	*Coscinodiscus shantouensis*
		圆筛藻	*Coscinodiscus* sp.
	直链藻属	直链藻	*Melosira* sp.
		变异直链藻	*Melosira varians* Ag.
		颗粒直链藻	*Melosira granulata*
	楔形藻属	短纹楔形藻	*Licmophora abbrevia*
	双壁藻属	蜂腰双壁藻	*Diploneis bombus*

（续）

门	属	中文名	拉丁名
		黄蜂双壁藻	*Diploneis crabrovarsuspecta*
	双菱藻属	双菱藻	*Synedra amphicephala*
	曲舟藻属	端尖曲舟藻	*Pleurosigma acutum*
		海洋曲舟藻	*Pieurosigma pelagicum*
		曲舟藻	*Pleurosigma* sp.
	菱形藻属	菱形藻	*Nitzschia* sp.
		洛氏菱形藻	*Nitzschia lorenziana*
		谷皮菱形藻	*Nitzchia palea*
		琴氏菱形藻	*Nitzchia panduriformis*
		长菱形藻	*Nitzschia longissima*
		新月菱形藻	*Nitzschia closterium*
	舟形藻属	舟形藻	*Navicula* sp.
		双球舟形藻	*Navicula amphibola*
		系带舟形藻	*Navicula cincta*
	桥湾藻属	桥湾藻	*Cymbella* sp.
	异极藻属	异极藻	*Gomphonema* sp.
	曲壳藻属	曲壳藻	*Achnanthes* sp.
硅藻门	针杆藻属	尖针杆藻	*Synedra acus*
		肘状针杆藻	*Synedra ulna*
		针杆藻	*Synedra* sp.
	脆杆藻属	脆杆藻	*Fragilaria* sp.
	卵形藻属	卵形藻	*Navicula* sp.
		扁圆卵形藻	*Navicula vanheurckii*
		簇状卵圆藻	*Cocconeis flexella*
		中肋卵形藻	*Navicula capitata*
	辐杆藻属	透明辐杆藻	*Navicula gastrum*
	羽纹藻属	羽纹藻	*Pinnularia* sp.
	双壁藻属	双壁藻	*Diploneis* sp.
	双眉藻属	双眉藻	*Amphora* sp.
	井字藻属	柔弱井字藻	*Eunotogramma debile*
	伪菱形藻	尖刺伪菱形藻	*Pseudo-nitzschia pungens*
		柔弱拟菱形藻	*Pseudo-nitzschia delicatissima*
	根管藻	根管藻	*Rhizosolenia* sp.
		刚毛根管藻	*Rhizosolenia setigera*
		中华根管藻	*Rhizosolenia sinensis*

（续）

门	属	中文名	拉丁名
硅藻门	海毛藻	海毛藻	*Thalassiothrix* sp.
	明盘藻属	明盘藻	*Hyalodiscus* sp.
	唐氏藻属	唐氏藻	*Gomphonema parvulum*
	几内亚藻属	斯氏几内亚藻	*Gomphonema augur*
	矮棘藻属	短小矮棘藻	*Detonula pumila*
	旭氏藻属	优美旭氏藻	*Schroderella delicatula*
甲藻门	卡盾藻属	海洋卡盾藻	*Chattonella marina*
		卡盾藻	*Chattonella* sp.
	硅鞭藻属	小等刺硅鞭藻	*Dictyocha fibula*
	原甲藻属	微小原甲藻	*Prorocentrum minimum*
		海洋原甲藻	*Prorocentrum micans*
		原甲藻	*Prorocentrum* sp.
	溪沟藻属	多边膝沟藻	*Gonyaulax polyedra*
	多甲藻属	多甲藻	*Peridinium perardiforme*
	角甲藻属	角甲藻	*Ceratium cornutum*
	角藻属	大角角藻	*Ceratium macroceros*
		梭形角藻	*Ceratium fusus*
	鳍藻属	具尾鳍藻	*Dinophysis caudata*
绿藻门	栅藻属	四尾栅藻	*Scenedesmus quadricauda*
	十字藻属	十字藻	*Crucigenia* sp.

硅藻占据深澳湾海域浮游植物群落结构的绝对优势，丰度比例常在60%以上。在调查期间，优势种主要为具槽帕拉藻（3月）、中肋骨条藻（4月）、角毛藻（5月）、海链藻（6月）；第二优势类群为甲藻，微小原甲藻、海洋原甲藻和海洋卡盾藻是出现频率较高的种类；蓝藻门和绿藻的种类较少，丰度也较低。

调查期间，叶绿素含量和浮游植物丰度在不同的月份变化较大，叶绿素的变化范围为 $1.47\sim37.02\ \mu g/L$，浮游植物丰度为（$0.80\sim42.10$）$\times10^4$ 个/L。其中，5月叶绿素含量和浮游植物密度最小；6月最高（表 21-11、表 21-12）。这可能是因为5月以前，深澳湾海域龙须菜的大规模栽培吸收了大量的营养物质，导致营养盐不足，抑制了浮游植物的生长；而在6月，龙须菜已经收获完毕，不再与浮游植物存在营养盐竞争，同时水温上升，促进浮游植物的繁殖。而在龙须菜栽培季节（3—5月），栽培区 Chl a 含量和浮游植物细胞密度显著低于其余水域（$P<0.05$）；在龙须菜收获以后，栽培区和对照区的叶绿素含量和浮游植物密度无显著性差异，并低于鱼类养殖区（$P<0.05$）。

表 21-11　2016 年南澳深澳湾海域浮游植物密度（×10⁴ 个/L）

调查时间	龙须菜栽培区	对照区	鱼类养殖区
3 月	3.79±0.18ᵃ	4.53±0.11ᵇ	4.64±0.21ᵇ
4 月	2.70±0.25ᵃ	3.67±0.09ᵇ	4.00±0.09ᵇ
5 月	0.92±0.09ᵃ	1.24±0.07ᵇ	1.35±0.07ᶜ
6 月	31.90±2.03ᵃ	34.62±2.60ᵃ	38.77±2.45ᵇ

表 21-12　2016 年南澳深澳湾海域叶绿素含量（μg/L）

调查时间	龙须菜栽培区	对照区	鱼类养殖区
3 月	1.55±0.08	1.96±0.12	2.05±0.11
4 月	3.76±0.22	4.52±0.13	6.52±0.92
5 月	4.81±0.41	4.79±0.36	4.61±0.24
6 月	26.94±1.14	33.22±2.81	32.18±4.64

第四节　浮游动物

2016 年 4—6 月，对南澳深澳湾养殖海区表层 0.5 m 和 1.5 m 层水体浮游动物群落进行了调查。调查期间共检出浮游动物 45 种，其中，桡足类 27 种，枝角类 2 种，轮虫 1 种，原生动物 6 种，浮游幼虫等（表 21-13）。主要优势种为小拟哲水蚤、拟长腹剑水蚤、小毛猛水蚤和钟状网纹虫等。

表 21-13　南澳深澳湾养殖海区浮游动物种类

中文名	拉丁名	中文名	拉丁名
中华哲水蚤	*Calanus sinicus*	硬鳞暴猛水蚤	*Clytemnestra scutellata*
达氏筛哲水蚤	*Cosmocalanus darwinii*	一种猛水蚤	Harpacticoida sp.
普通真镖水蚤	*Eudiaptomus vulgaris*	棘尾刺剑水蚤	*Diacyclops bicuspidatus*
驼背隆哲水蚤	*Acrocalanus gibber*	小长腹剑水蚤	*Oithona nana*
长纺锤水蚤	*Acartia longiremis*	坚长腹剑水蚤	*Oithona rigida*
腹针胸刺水蚤	Centropagesabdominalis	拟长腹剑水蚤	*Oithona similis*
锥形宽水蚤	*Temora turbinata*	简长腹剑水蚤	*Oithona simplex*
针刺拟哲水蚤	*Paracalanus aculeatus*	丽隆剑水蚤	*Oncaea venusta*
瘦拟哲水蚤	*Paracalanus gracilis*	等刺隆水蚤	*Oncaea mediterranea*
小拟哲水蚤	*Paracalanus parvus*	短大眼剑水蚤	*Corycaeus giesbrechti*
强额孔雀水蚤	*Parvocalanus crassirostris*	平大眼剑水蚤	*Corycaeus dahli*
双刺平头水蚤	*Candacia bipinnata*	一种底栖桡足类	
尖额谐猛水蚤	*Euterpina acutifrons*	蔓足类六肢幼体	Nauplius larva (Cirripedia)
小毛猛水蚤	*Microsetella norvegica*	多毛类浮游幼虫	Polychaeta larva
虎斑猛水蚤	*Tigriopus fulvus*	水母	Medusa

（续）

中文名	拉丁名	中文名	拉丁名
端足类	Amphipoda sp.	管状拟铃虫	*Tintinnopsis tubulosa*
磷虾幼体	krill larva	大拟铃虫	*Tintinnopsis ampla*
箭虫	*Sagitta* sp.	妥肯丁拟铃虫	*Tintinnopsis tocantininsis*
钩虾幼体	Gammarid larva	钟状网纹虫	*Favella campanula*
住囊虫	*Oikopleura* sp.	鸟喙尖头溞	*Penilia avirostris*
夜光虫	*Noctiluca scintillous*	肥胖三角溞	*Evadne tergestina*
根状拟铃虫	*Tintinnopsis radix*	疣毛轮虫	*Synchaeta* sp.

龙须菜收获后，龙须菜栽培区和贝藻混养区浮游动物种类数有下降的趋势；鲍鱼养殖区没有明显变化，且种类在多数情况下最多。

调查期间，南澳深澳湾养殖海区浮游动物丰度范围为 4～392 个/L，最高值出现在 2016年 5 月 8 日鲍鱼养殖区，最低值出现在 2016 年 6 月 15 日鱼类养殖区。调查期间，鲍鱼养殖区浮游动物丰度处于较高水平，龙须菜收获前，龙须菜栽培区浮游动物丰度较低，但高于对照海区。方差分析表明，龙须菜收获前后各功能区浮游动物丰度无显著差异（图 21-2）。

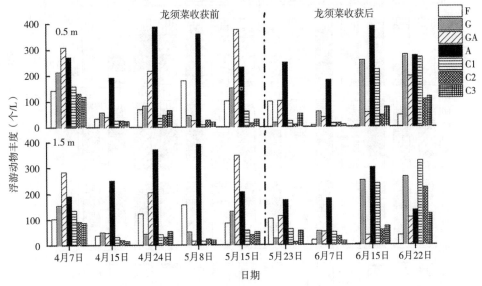

图 21-2　深澳湾 0.5 m 层和 1.5 m 层浮游动物丰度变化

F. 鱼类养殖区　G. 龙须菜栽培区　GA. 贝藻混养区　A. 鲍鱼养殖区　C1、C2、C3. 对照海区

调查期间，浮游动物组成季节差异明显（图 21-3）。龙须菜收获前（2016 年 4 月 7 日至 5 月 15 日），龙须菜栽培区是桡足类无节幼体占主要优势，蔓足类六肢幼体在鱼类养殖区多次成为优势种类，而原生动物和桡足类无节幼体成为鲍鱼养殖区的主要优势种类，且鲍鱼养殖区浮游动物丰度相较于其他区较高；龙须菜收获后（2016 年 5 月 23 日至 6 月22 日），龙须菜栽培区和对照海区种类和丰度都表现出相同的趋势，鲍鱼养殖区仍为桡足类无节幼体和原生动物占主要优势。

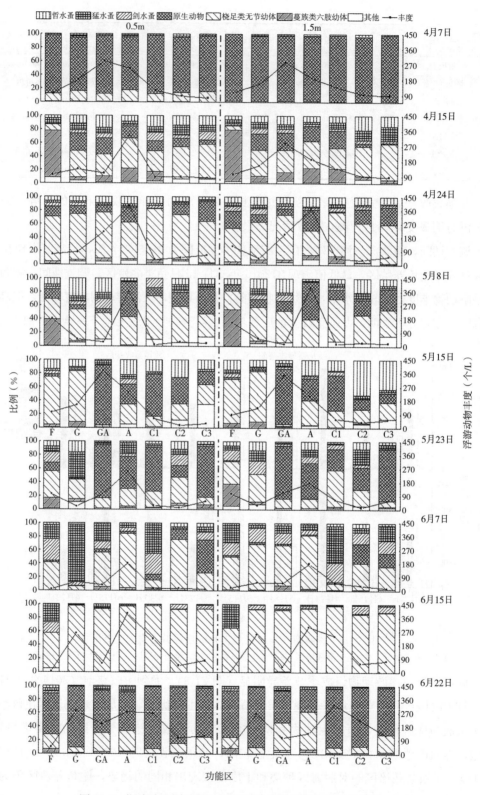

图 21-3　深澳湾不同功能区浮游动物优势类群百分比的比较

调查期间，0.5 m 层 Shannon 物种多样性指数，龙须菜收获前范围为 0.63～2.19，均值为 1.43，龙须菜栽培区和贝藻混养区较其他区处于较高的水平，但无显著差异；龙须菜收获后范围为 0.13～2.16，均值为 1.22，各功能区无显著差异。方差分析显示，龙须菜收获前后无显著差异。1.5 m 层 Shannon 物种多样性指数，龙须菜收获前范围为 0.29～2.07，均值 1.36，龙须菜栽培区较其他区处于较高的水平，但无显著差异；龙须菜收获后范围为 0.17～2.3，均值为 1.33，各功能区无显著差异。方差分析显示，龙须菜收获前后无显著差异，但龙须菜收获后调查区域 Shannon 物种多样性指数波动范围较大。各功能区 0.5 m 和 1.5 m 层水体浮游动物 Shannon 物种多样性指数无显著差异。

0.5 m 层 Margalef 物种丰富度指数，龙须菜收获前范围为 1.36～7.14，均值为 4.15，鱼类养殖区物种丰富度指数较低；龙须菜收获后范围为 0.93～10.62，均值为 4.13，方差分析显示，各功能区无显著差异。1.5 m 层，龙须菜收获前范围为 1.13～7.55，均值为 3.78，鱼类养殖区物种丰富度指数较低；龙须菜收获后范围为 1.58～11.43，均值为 4.35，方差分析显示，各功能区无显著差异。各功能区 0.5 m 和 1.5 m 层水体浮游动物 Margalef 物种丰富度指数无显著差异。

0.5 m 层 Simpson 物种均匀度指数，龙须菜收获前范围为 0.27～0.83，均值为 0.56，各功能区无显著差异；龙须菜收获后范围为 0.06～0.88，均值为 0.50，各功能区无显著差异，1.5 m 层，龙须菜收获前范围为 0.18～0.78，均值为 0.55，方差分析显示，各功能区无显著性差异。各功能区 0.5 m 和 1.5 m 层水体浮游动物 Simpson 物种均匀度指数无显著差异。

调查期间，南澳养殖海区浮游动物体长范围为 0.06～2.18 mm，随时间波动较大，体长为 1 mm 以下的浮游动物达到 98.74%。体长 0.6～1.0 mm 的浮游动物主要贡献者为瘦拟哲水蚤和拟长腹剑水蚤，瘦拟哲水蚤体长均值为 (0.85±0.13) mm，但丰度较低，拟长腹剑水蚤体长均值为 (0.67±0.24) mm；体长 0～0.2 mm 的浮游动物主要贡献者为原生动物和桡足类无节幼体，原生动物体长范围为 0.05～0.22 mm，均值 (0.11±0.14) mm；体长 0.2～0.4 mm 的浮游动物主要贡献者为桡足类无节幼体和蔓足类六肢幼体，桡足类无节幼体体长范围为 0.06～0.29 mm，均值为 (0.22±0.08) mm。

龙须菜收获前，龙须菜栽培区浮游动物体长频度组成与 3 个对照海区、鲍鱼养殖区和鱼类养殖区有显著差异 ($P<0.05$)，贝藻混养区浮游动物体长频度组成与 3 个对照海区和鱼类养殖区有显著差异 ($P<0.05$)；龙须菜收获后，龙须菜栽培区浮游动物体长频度组成与对照海无显著差异，与贝藻混养区有显著差异 ($P<0.05$)。调查期间，鲍鱼养殖区和鱼类养殖区浮游动物体长频度组成与 3 个对照海区浮游动物体长频度有显著差异 ($P<0.05$)；0.5 m 层和 1.5 m 层浮游动物体长频度无显著差异。

以水温、总氮、透明度、溶解氧、叶绿素 a、pH、总磷、盐度、活性硅酸盐等 13 个环境因子，对南澳深澳湾养殖海区浮游动物主要优势种和常见种进行去趋势分析 (DCA)。0.5 m 层和 1.5 m 层排序结果显示，4 个轴最大长度分别为 1.650 和 1.823，表明数据进一步分析应该采用基于线性模型的冗余分析（RDA）。0.5 m 层，使用蒙特卡罗自动检验从 13 个环境因子中选取 6 个最关键因子进行分析，解释量为 0.456（总解释量为 0.54），RDA 排序第一轴和第二轴特征值分别为 0.310 和 0.086，种类和环境相关性为 0.893 和 0.682；1.5 m 层，使用蒙特卡罗自动检验从 13 个环境因子中选取 6 个最关键因子进行分析，解释量为 0.493（总解释量为 0.56），RDA 排序第一轴和第二轴特征值分别为 0.329 和 0.082，种类和环境相关性为 0.678 和 0.867。表明排序轴可较好地反映浮游动物优势种和环境因子之间的关系。环境因子与 RDA 分析轴之间的相关性表明，0.5 m 层和 1.5 m 层都显示活性磷酸盐、溶解氧、总磷和盐度显著影响物种变量分布（图 21-4、图 21-5）。

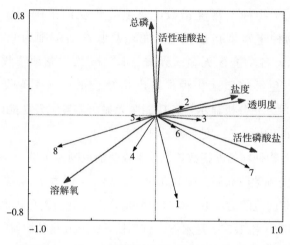

图 21-4　0.5 m 层浮游动物与环境因子 RDA 分析

1. 小拟哲水蚤（*Paracalanus parvus*）　2. 小毛猛水蚤（*Microsetella norvegica*）　3. 尖额谐猛水蚤（*Euterpina acutifrons*）　4. 长腹剑水蚤属（*Oithona* sp.）　5. 桡足类无节幼体［Nauplius larva (Copepod)］　6. 蔓足类六肢幼体（Cirripedia larva）　7. 夜光虫（*Noctiluca scintillous*）　8. 拟铃虫属（*Tintinnopsis* sp.）

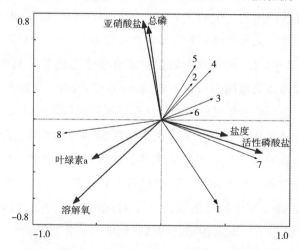

图 21-5　1.5 m 层浮游动物与环境因子 RDA 分析

1. 小拟哲水蚤（*Paracalanus parvus*）　2. 小毛猛水蚤（*Microsetella norvegica*）　3. 尖额谐猛水蚤（*Euterpina acutifrons*）　4. 长腹剑水蚤属（*Oithona* sp.）　5. 桡足类无节幼体［Nauplius larva (Copepod)］　6. 蔓足类六肢幼体（Cirripedia larva）　7. 夜光虫（*Noctiluca scintillous*）　8. 拟铃虫属（*Tintinnopsis* sp.）

第五节 大型海藻生态修复策略

一、龙须菜生态修复策略

有害藻华（HABs）主要是由水体富营养化导致藻类大量繁殖引起，对海洋环境、公共健康和经济发展都造成了巨大威胁（Anderson et al.，2012）。自20世纪60年代开始，人们使用物理、化学、生物等方法对藻华进行防治、控制和缓解（Tilney et al.，2014），其中，部分方法能取得明显的短期效果，但最终可能给环境带来长期的负面影响。近年来的研究表明，一些大型海藻对浮游植物特别是部分有害藻华种类，具有较强的生长抑制作用。大型海藻的规模栽培，被认为是一种防治有害藻华生态、环保和经济的途径（Yang et al.，2015a）。50年代，随着海带育苗技术的解决，海带大规模栽培在北方沿海开展起来。21世纪初，大型海藻龙须菜作为重要的工业和食品原料在我国沿海大规模养殖，龙须菜的栽培在我国广东、福建、山东和其他省份沿海水域迅速发展起来。2012年，以龙须菜为主的江蓠属大型海藻的年产量近20万t（鲜重）（Yang et al.，2015a）。近年来，大量研究表明，大型海藻龙须菜对海洋浮游植物（包括常见的有害藻华种）的生长具有显著的抑制效应（Yang et al.，2015a，2015b）。Yang等（2015b）使用传统显微镜形态学方法，研究了实验系统中和野外自然条件下，龙须菜对浮游植物的抑制效应。研究结果表明，龙须菜栽培海区的浮游植物细胞密度显著低于对照海区（龙须菜非栽培海区），且龙须菜栽培区浮游植物种类多样性高于对照海区。

龙须菜的规模栽培能抑制浮游植物的生长，已经在诸多报道中得到证实（He et al，2008；Huo et al，2012；Yang et al，2015a；刘媛媛等，2015）。营养盐是浮游植物生长的物质基础，龙须菜对营养盐的竞争优势将降低其物质条件。张善东等（2005）指出，龙须菜（*Gracilaria lemaneiformis*）与锥状斯氏藻（*Scrippsiella trochoidea*）共培养时，对硝态氮的吸收利用更有优势；在与东海原甲藻（*Prorocentrum donghaiense*）共培养时，对硝态氮和磷酸盐的吸收利用均具有优势（张善东等，2004）。表明龙须菜对营养盐的快速吸收，是抑制2种赤潮藻类生长的主要原因。徐永健等（2005）向已发生骨条藻赤潮的系统中加入龙须菜，发现龙须菜大量吸收营养盐，抑制了骨条藻的繁殖，使得骨条藻丰度下降而其他种类的藻类丰度增加，提高了浮游植物的物种多样性。黄银爽等（2017）指出，龙须菜养殖区的亮氨酸氨肽酶（leucine amino peptide，LAP）和碱性磷酸酶（alkaline phosphatase，AP）活性显著高于对照区，认为该区的浮游植物在营养竞争中处于劣势，受到营养胁迫，在 DIP 供应不足的情况下，增强对 DOP 的水解利用能力。

此外，龙须菜等大型海藻还对部分浮游植物特别是某些赤潮藻类具有化感抑制作用，其分泌的不饱和脂肪酸对赤潮微藻具有显著化感效应（Nakai et al.，2005；Zhu et al.，2010）。龙须菜乙醇浸出组分对中肋骨条藻具有化感抑制作用，半效应浓度为 42 mg/L（Lu et al.，2008）。龙须菜干粉抑制了锥状斯氏藻的生长，并降低藻类的光合作用（Ye et al.，2014）。卢慧明等（2011）指出，从龙须菜分离出的 12 种化合物中，亚油酸的化感抑制作用最强，能对藻的细胞膜、叶绿体、线粒体、细胞核等亚显微结构造成不同程度的破坏。亚油酸对东海原甲藻具有化感胁迫作用，200 μg/L 以上的亚油酸显著降低藻类的光合色素，抑制光合系统，并对藻类造成氧化伤害，从而抑制藻类的生长（丁宁等，2018）。

二、龙须菜对重金属的生物修复

龙须菜对重金属具有富集能力，对不同的金属离子富集能力不同。2015 年 5 月调查了南澳深澳湾海域龙须菜的重金属富集能力，各离子富集能力为 Cr（$2.45×10^5$）、Zn（$1.67×10^5$）、Pb（$1.14×10^5$）和 Cd（$0.16×10^5$）（表 21-14），表明龙须菜能大量富集水中的重金属离子，对水体重金属离子有修复作用。龙须菜藻体内重金属 Cr（125.15±0.25）μg/g、Cd（4.58 ± 0.05）μg/g 和 Pb（8.85±0.02）μg/g（图 21-6），均超过了食品中污染物限量标准，其食用安全应该引起关注（表 21-15）（罗洪添等，2018）。随着重金属浓度的升高，海藻对重金属的去除能力呈现下降趋势；在低浓度重金属海水中，海藻能大量富集海水中重

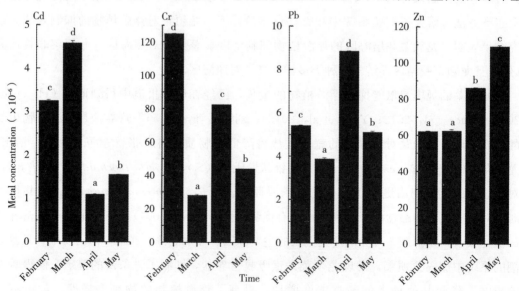

图 21-6　深澳湾栽培龙须菜重金属含量比较（μg/g）
数据中上标字母不同者，表示显著差异（$P < 0.05$）

金属。研究发现，龙须菜对 Cr 和 Zn 的去除率分别为 52.5%～83.4% 和 36.5%～91.7%
（Kang et al.，2010），龙须菜对 Cr 和 Zn 的 BCF 高于其他金属，可能是因其去除率高；而龙
须菜对 Cd 有较强的富集能力，龙须菜的富集能力会随着水体中 Cd 浓度的升高而降低（王
增焕等，2011）；且龙须菜对营养元素的富集大于对毒性元素的富集（刘加飞等，2012）。

表 21-14　深澳湾栽培龙须菜对海水重金属的富集指数

（罗洪添等，2018）

元素	2 月	3 月	4 月	5 月
Cd	9 773.3±965.3	13 207.9±772.2	679.2±290.8	15 634.7±5 610
Cr	11 322.6±802.8	2 615.9±895.7	5 412.8±148	245 020.4±22 416.4
Pb	1 054.1±17.9	1 414.7±523.3	1 443.6±77.3	113 960±9 834
Zn	1 387.8±180.1	1 932.9±758	181.8±18.4	166 807.2±63 993.6

表 21-15　深澳湾栽培龙须菜重金属含量

（罗洪添等，2018）

元素	龙须菜含量（μg/g）				限量标准*（μg/g）
	2 月	3 月	4 月	5 月	
Cd	3.26±0.25	4.58±0.44	1.10±0.10	1.56±0.10	0.05[a]
Cr	125.15±0.01	28.25±0.05	82.64±0.02	44.19±0.01	0.5[b]
Pb	5.43±0.02	3.89±0.05	8.85±0.02	5.13±0.05	1[c]

注：《食品中污染物限量标准》（Maximum Levels of Contaminants in Foods），国家标准委员会，GB 2762—2005。
* 　暂未有 Zn 限量标准。
a　Cd 采用《食品中污染物限量标准》中新鲜蔬菜限量标准；
b　Cr 采用《食品中污染物限量标准》中新鲜蔬菜限量标准；
c　Pb 采用《食品中污染物限量标准》中藻类限量标准。

三、龙须菜栽培对颗粒有机物和沉降颗粒物分布的影响

2014 年 4 月至 2015 年 12 月，对深澳湾不同养殖功能区水体颗粒有机物（POM）和
沉降颗粒物（SPM）进行定期实地监测，分析研究其在水体中的浓度及元素含量的时空
变化。根据深澳湾龙须菜栽培时段和季节变化，将该海域 POM 质量浓度变化过程归纳为
三个时期：①春季（龙须菜栽培期），POM 质量浓度推测主要由微藻生物量决定，龙须
菜大面积栽培使该海域营养盐水平下降，同时，由于龙须菜对微藻存在竞争抑制作用，
限制了微藻的生长繁殖，表现为 POM 质量浓度较低，且波动幅度小；②夏季，随着龙须
菜成熟收获，对微藻竞争抑制作用解除，且水温、营养盐水平升高，使微藻生物量上升，
POM 质量浓度增加，波动趋于明显；③秋、冬季，风浪较大，水体细颗粒物增多，营养
盐水平升高，为微藻繁殖提供了物质基础，POM 主要由微藻和细颗粒物组成，质量浓度
波动幅度大；④各站位沉降颗粒物有机质 C/N、δ13C、δ15N 值大多落在海源浮游植物范围

内，表明其组成主要来源于海洋浮游植物自生产（张安弘，2016）。站位间比较发现，龙须菜栽培区和鱼排养殖区比无养殖的湾外区域受海洋自生的影响更大（张安弘，2016）。

深澳湾海域沉降颗粒物总氮（TN）、总磷（TP）含量平均值分别为 2 185.4 mg/kg、497.3 mg/kg。龙须菜栽培时段，该海域总氮、总磷含量较低，说明大规模栽培龙须菜，能有效降低沉降颗粒物的营养盐含量（张安弘，2016）。与国内其他相似海湾相比，深澳湾总氮含量显著高于大鹏湾、胶州湾、罗源湾，而总磷含量多小于以上这些海湾。空间位置靠近栽培区的鱼排区，其总氮、总磷含量明显高于龙须菜栽培区，且2个区域的沉降颗粒物总氮、总磷含量均表现为龙须菜栽培期低于非栽培期（杜小琴，2018）。表明龙须菜的规模化栽培不仅可以降低栽培区的营养盐浓度，也可以改善周围海区的水质。

四、龙须菜栽培对硅藻群落的生态影响

对深澳湾养殖海域进行长期逐月的野外监测，在沉降颗粒物的硅藻群落中，共发现硅藻 2 纲 6 目 14 科 54 属 230 种（包括变种），主要的优势种有 *Thalassionema nitzschioides*、*Thalassiosira binata*、*Cocconeis scutellum* var. *parva*、*Paralia sulcata* 等（杜小琴，2018）。硅藻群落结构的多指标分析表明，鱼排区硅藻群落对龙须菜栽培活动无明显响应，而龙须菜区的硅藻群落则响应明显；在鱼排网箱养殖海域，硅藻多样性低于龙须菜区，但绝对丰度则相反，对比龙须菜栽培期与非栽培期，各群落参数无明显差异；在龙须菜栽培海域，栽培期硅藻多样性明显高于非栽培期，而代表'高'营养水平的一些指标，如硅藻绝对丰度、浮游/（底栖＋附生）比值和优势种 *Thalassionema nitzschioides* 的相对丰度等，其响应行为则相反，表明龙须菜的规模化栽培可降低栽培区营养盐水平，抑制海洋微藻的生长（杜小琴，2018）。

五、龙须菜规模栽培对真核浮游生物群落结构的影响

为了研究大型海藻龙须菜规模栽培对真核浮游生物群落结构的影响，于 2014 年 12 月至 2015 年 6 月采集龙须菜栽培区及对照区浮游生物样品，并利用高通量测序技术研究龙须菜栽培前以及龙须菜栽培过程中，栽培区与对照区之间真核浮游生物群落结构之间的差异。龙须菜生物量在 2015 年 5 月达到最大值：1 m 苗绳上龙须菜的平均重量达（4.50±1.41）kg，平均长度达（85±5）cm。2015 年 5 月，龙须菜栽培区 Chl a（$P<0.01$）、NO_3^--N（$P<0.05$）和 TN（$P<0.05$）的浓度显著低于对照区。

从 51 份浮游生物样品中共获得有效序列 1 041 424 条，2 221 个 OTUs。通过 NCBI 数据库的 BLASTn 比对，2 221 个 OTUs 共分为五大类：浮游植物（包括甲藻）、原生生物（不包括甲藻）、其他浮游动物（不包括原生生物）、真菌和未能分类（那些无法划分

至任何分类的 OTUs）。五类中 OTU 数目分别为 821、494、273、351 和 282（Chai et al.，2018）。浮游植物、原生生物、其他浮游动物的最高物种多样性均出现在 2015 年 5 月的样品中（图 21-7）。2014 年 12 月，龙须菜栽培前，龙须菜栽培区（G 区）、过渡区（Cg 区）和对照区（Co 区）之间真核浮游生物物种多样性无显著差异，随着龙须菜的生长，2015 年 5 月龙须菜生物量达到最大时，G 区和 Cg 区的真核浮游生物物种多样性较 Co 区高出 0.5～1 倍（$P<0.01$），G 区与 Cg 区无显著差别（$P>0.05$）（图 21-7）。浮游植物、原生生物、其他浮游动物和真菌的物种多样性，均表现出与所有真核浮游生物同样的变化趋势。2014 年 12 月，龙须菜栽培前，G 区、Cg 区和 Co 区之间表层和底层共有的 OTUs 数量（表层 361、底层 173），均高于 2015 年 5 月龙须菜生物量达到最大值时的 OTUs 数量（表层 338、底层 118）。2015 年 5 月，Co 区表层样品独有 OTUs 与共有 OTUs 比例（10.36％）显著低于 2014 年 12 月（24.65％）（$P<0.05$）；而 G 区和 Cg 区则相反，G 区和 Cg 区 2015 年 5 月表层层样品独有 OTUs 与共有 OTUs 比例（92.90％和 46.45％），均显著高于 2014 年 12 月（63.43％和 33.80％）（$P<0.05$）。

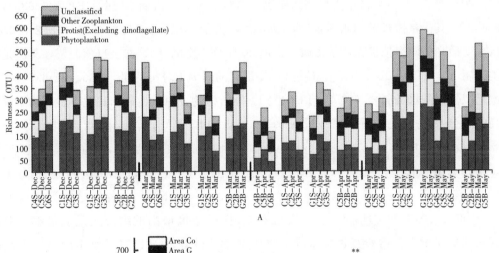

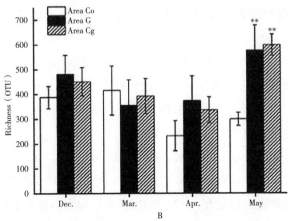

图 21-7　各样品中主要类群的物种多样性（A）以及各功能区之间物种多样性的比较（B）

＊＊表示 $P<0.01$

2015 年 5 月，G 区、Cg 区和 Co 区之间的浮游植物、原生生物、其他浮游动物、真菌以及未分类的 OTUs 丰度均存在显著差异。在 Co 区，其他浮游动物的丰度占有绝对优势，占据该区域所有真核浮游生物的 95%，是 G 区和 Cg 区的浮游植物、原生生物、其他浮游动物和未分类的 OTUs 丰度总和（图 21-8）。2014 年 12 月，G 区、Cg 区和 Co 区之间共有的真核浮游生物门类为 29 个，各功能区独有的门类分别为 4、1 和 3。2015 年 5 月，Co 区无独有的真核浮游生物门类，G 区和 Cg 区独有的门类数分别是 4 和 2，G 区、Cg 区和 Co 区之间共有的真核浮游生物门类则为 26 个。在所有样品中，节足动物门（Arthropoda）丰度最高，节足动物门与所有真核浮游生物的丰度比例最高为 94.87%，平均为 54.81%；原生动物中纤毛亚门（Ciliophora）丰度次于节足动物门，属第二大丰度，纤毛亚门丰度占所有真核浮游生物平均丰度比例为 12.70%。2015 年 5 月，Co 区节足动物门序列数占该区总序列数的（93.82±1.19）%，远高于 G 区 [（63.77±18.27）%，$P<0.05$] 和 Co 区 [（36.10±14.61）%，$P<0.01$]。2014 年 12 月，G 区、Cg 区和 Co 区丰度最高的属均为拟哲水蚤属（Paracalanus），该属丰度占前 20 属总丰度的 44%～70%。2015 年 5 月，Co 区丰度最高的属仍为拟哲水蚤属 [占前 20 属总丰度的（68.47±3.99）%]，其次是拟长腹剑水蚤属（Oithona），占前 20 属总丰度的（23.40±2.80）%；G 区丰度最高的属为拟长腹剑水蚤属，占前 20 属总丰度的（31.20±11.40）%，其次是未分类的属 [（19.60±10.00）%]；Cg 区丰度最高的属为未分类的属 [（36.10±6.50）%]，其次是拟长腹剑水蚤属 [（20.2±13.0）%]。浮游植物、原生生物和其他浮游动物中丰度最高的属分别是角毛藻属（Chaetoceros）、等棘虫属（Acanthometra）和拟哲水蚤属（Paracalanus）。2014 年 12 月，G 区、Cg 区和 Co 区的丰度最高的纲均是颚足纲（Maxillopoda），其中，G 区、Cg 区和 Co 区颚足纲丰度占所有真核浮游生物比例分别为（52.48±28.20）%、（65.65±19.44）% 和（75.20±10.52）%，各区之间无显著差异（$P>0.05$）；2015 年 5 月，G 区、Cg 区和 Co 区的丰度最高的纲依然是颚足纲，但是各区之间颚足纲丰度占所有真核浮游生物比例差异显著，Co 区颚足纲丰度占总丰度的 93.68±1.70%，显著高于 Cg（36.00±17.83%，$P<0.01$）和 G 区（63.50±18.43%，$P<0.05$），G 区与 Cg 区之间无显著差异（$P>0.05$）（图 21-9）。

此外，在调查中还发现了一些新种和新纪录种以及细胞直径极其微小的微微型真核浮游生物，包括目前已知的最小的真核生物绿色鞭毛藻（Ostreococcus lucimarinus，直径约为 0.8 μm），此藻在该地区被首次发现（Chai et al.，2018）。

2014 年 12 月，龙须菜栽培前，G 区、Cg 区和 Co 区表层样品之间的香农威纳指数（Shannon-Wiener Index）和辛普森指数（Simpson Index）均无显著差异（$P>0.05$）。2015 年 5 月，龙须菜生物量达到最大，G 区和 Cg 区表层样品的香农威纳指数分别为 3.90±0.41 和 4.34±0.17，均显著高于 Co 区（2.26±0.13，$P<0.01$）；G 区和 Cg 区表层样品的辛普森指数（0.07±0.03 和 0.04±0.01）均显著低于 Co 区（0.28±0.03，$P<0.01$）。

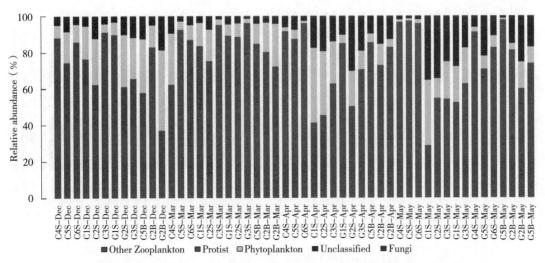

图 21-8　各样品中浮游植物、原生生物、其他浮游动物、真菌和未分类 OTUs 的相对丰度

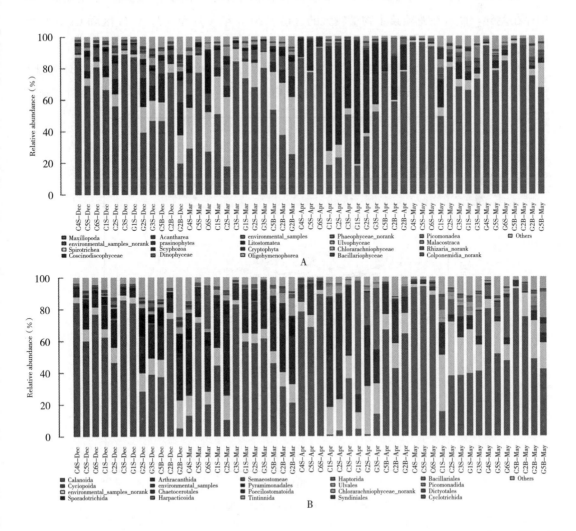

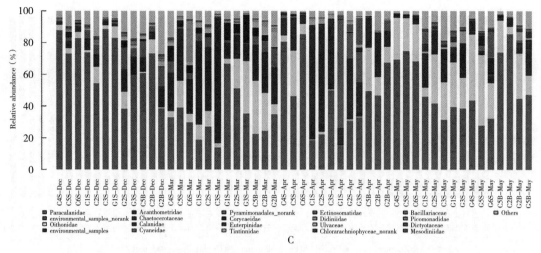

图 21-9　各样品中相对丰度排在前 20 的纲（A）、目（B）和属（C）

PCoA、PCA、树状聚类分析和 Heatmap 分析结果均表明，不同月份之间浮游生物群落结构存在差异，而且在龙须菜生物量较大的月份（2015 年 4 月和 5 月），G 区和 Cg 区之间群落结构组成相似，Co 区与 G 区和 Cg 区有显著差异。

冗余分析显示，浮游生物群落结构受多种环境因子的影响（图 21-10）。与其他环境因子相比，龙须菜生物量、总磷（TP）和叶绿素 a（Chl a）是影响浮游生物群落结构的主要环境

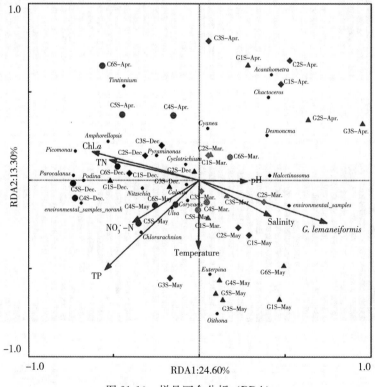

图 21-10　样品冗余分析（RDA）

因子（Chai et al.，2018）。2015 年 4 月和 5 月，Co 区样品 Chl a 值高于 G 区和 Co 区。龙须菜生物量与叶绿素 a（Chl a）、总氮（TN）、总磷（TP）和硝态氮（NO_3^--N）呈显著负相关关系。

物种类数量以及多样性指数的结果均表明，龙须菜规模栽培能够增加海区真核浮游生物物种类数，增加浮游生物群落多样性，进而增强浮游生物群落结构的稳定性。

六、龙须菜栽培对纤毛虫的影响

2014 年 4—6 月，对汕头南澳海域的自然水体（对照海区）、鱼类养殖区、贝类养殖区和龙须菜栽培区纤毛虫原生动物的种类组成及丰度开展了每 3～4 d 一次的高频调查。4 个采样点共发现纤毛虫 17 种，丰度范围为 37～247 个/L，盾纤目、游仆目和丁丁目纤毛虫为主要优势类群；种类丰富度和多样性指数显示，龙须菜栽培区纤毛虫群落结构更加丰富与多样化，龙须菜栽培区纤毛虫的群落结构更趋稳定（表 21-18）。

表 21-18 南澳岛水体中纤毛虫原生动物组成

种类组成	功能类群	站点			
		CA	GA	FA	SA
游仆目（Euplotida）					
扇形游仆虫（*Euplotes vannus*）	A	√	√	√	√
小游仆虫（*Euplotes minuta*）	A		√		√
针毛双眉虫（*Diophys hystrix*）	A	√		√	
斯坦楯纤虫（*Aspidisca steini*）	B	√	√	√	√
腹毛目（Hypotrichida）					
条形尖颈虫（*Trachelostyla pediculiformis*）	A、B	√		√	
中华后尾柱虫（*Metaurostylopsis sinica*）	A、B		√		√
侧口目（Pleurostomatids）					
伯拉特漫游虫（*Litonotus blattereri*）	A、R	√	√		√
缘毛目（Peritrichida）					
袋形钟虫（*Vorticella utriculus*）	B	√		√	
盾纤目（Scuticociliatida）					
海洋尾丝虫（*Uronema mainum*）	B	√	√	√	√
阔口虫属一种（*Eurystoma* sp.）	B	√		√	√
寡毛目（Oligotrichida）					
锥形急游虫（*Strombidium conicum*）	N	√		√	√
丁丁目（Tintinnina）					
百系拟铃虫（*Tintinnopsis beroidea*）	N		√	√	

（续）

种类组成	功能类群	站点			
		CA	GA	FA	SA
长形拟铃虫（*Tintinnopsis elongata*）	N		√	√	√
弯叶拟铃虫（*Tintinnopsis lobiancoi*）	N		√		√
卡拉直克拟铃虫（*Tintinnopsis karajacensis*）	N			√	√
波特薄铃虫（*Leprotintinnus bottnicus*）	N		√		√
开孔真丁丁虫（*Eutintinnus apertus*）	N	√	√		

注：CA. 对照海区，GA. 龙须菜栽培区，SA. 贝类养殖区，FA. 鱼类养殖区。
A. 食藻者，B. 食菌-碎屑者，R. 食肉者，N. 杂食者。

七、龙须菜规模栽培对附着浮游动物的影响

2016 年 5 月，对龙须菜附着浮游动物进行了调查。调查期间，共检出浮游动物 8 种，*Tisbe* sp. 1、*Tisbe* sp. 2、尖额谐猛水蚤（*Euterpina acutifrons*）、小毛猛水蚤（*Microsetella norvegica*）、钩虾（*Gammarus* sp.）、麦秆虫（*Caprella acanthogaster*）、弯片蜮（*Vibilia gibbosa*）、细长脚蜮（*Themisto gracilipes* Norman）。其中，*Tisbe* sp. 1、*Tisbe* sp. 2 和尖额谐猛水蚤为优势种。*Tisbe* sp. 1、*Tisbe* sp. 2 水体中极少出现，其余种均在水体中出现。

龙须菜体表附着浮游动物丰度范围为 $1.33 \times 10^4 \sim 11.81 \times 10^4$ 尾/L（13～114 尾/g），而周围水体浮游动物丰度范围为 18～158 尾/L，比值范围为 600～2 560，方差分析显示，附着浮游动物丰度显著高于周围水体浮游动物丰度（$P < 0.01$）。相关性分析表明，附着浮游动物丰度与周围水体浮游动物丰度呈现显著正相关（$r = 0.689$，$P < 0.05$）。自然生长脆江蓠体表附着浮游动物丰度范围为 $3.7 \times 10^4 \sim 11.07 \times 10^4$ 尾/L（43～106 尾/g），周围水体浮游动物丰度范围为 28～377 尾/L，比值范围为 140～3 953，方差分析显示，附着浮游动物丰度显著高于周围水体浮游动物丰度（$P < 0.01$）。

放置经过滤海水清洗的龙须菜和脆江蓠于海区的实验显示，放置后第 3 d，龙须菜和脆江蓠体表附着浮游动物达到海域自然生长龙须菜和脆江蓠的一半以上；到第 6 d，已基本相同，方差分析显示，无显著差异。

龙须菜体表附着浮游动物最优势类群为桡足无节幼体和桡足幼体，比重范围为 51.6%～82.2%，*Tisbe* sp. 在不同时间所占比重有所不同，比重范围为 6.9%～36%；脆江蓠体表附着浮游动物最优势类群也为桡足无节幼体和桡足幼体，比重范围为 68.8%～79%，*Tisbe* sp. 的比重范围为 9.4%～17.9%。方差分析表明，龙须菜体表附着浮游动物优势类群组成无显著时间差异，相关性显著（$P < 0.05$），脆江蓠表现同样的结果。龙须菜和脆江蓠体表附着浮游动物丰度和优势类群组成的变化趋势相同，呈现显

著正相关。

　　调查期间，龙须菜体表附着浮游动物体长范围为 $0.05 \sim 0.82$ mm，$0 \sim 0.2$ mm 的附着浮游动物占优势，主要为无节幼体和桡足幼体；脆江蓠体表附着浮游动物体长范围为 $0.05 \sim 0.8$ mm，$0 \sim 0.4$ mm 的附着浮游动物占优势，主要为无节幼体和桡足幼体。

　　江蓠属大型海藻调查结果显示，共检出大型海藻附着浮游动物 8 种，桡足类无节幼体占优势，猛水蚤是优势种类；大型海藻附着浮游动物丰度显著高于周围水体浮游动物丰度，附着浮游动物机动性高，能很快占据江蓠属体表；大型海藻能为附着浮游动物提供栖息地，底栖猛水蚤在江蓠属体表附着量大。

参 考 文 献

班璇，李大美，李丹，2009. 葛洲坝下游中华鲟产卵栖息地适宜度标准研究 ［J］. 武汉大学学报（工学版），42（2）：172-177.

蔡立哲，郑天凌，1994. 东山岛潮下带大型底栖生物群落及其环境影响评价 ［J］. 厦门大学学报（自然科学版），37-42.

陈俊豪，黄晓凤，鲁长虎，等，2011. 官山保护区白颈长尾雉栖息地适宜性评价 ［J］. 生态学报，31（10）：2776-2787.

陈睿毅，2013. 微卫星标记在牙鲆（Paralichthys olivaceus）增殖放流中的应用研究 ［D］. 上海：上海海洋大学.

陈水华，王玉军，2004. 岛屿群落组成的嵌套格局及其应用 ［J］. 生态学杂志，23（3）：81-87.

陈丕茂.2009. 南海北部放流物种选择和主要种类最适放流数量估算 ［J］. 中国渔业经济，27：39-50.

陈伟洲，曹会彬，杜虹，等，2012. 深澳湾太平洋牡蛎养殖容量研究 ［J］. 生态科学，31（5）：558-562.

陈新军，冯波，许柳雄，2008. 印度洋大眼金枪鱼栖息地指数研究及其比较 ［J］. 中国水产科学，15（2）：269-278.

成为为，汪登强，危起伟，等，2014. 基于微卫星标记对长江中上游胭脂鱼增殖放流效果的评估 ［J］. 中国水产科学，21（3）：574-580.

戴明，李纯厚，贾晓平，等.2004. 珠江口近海浮游植物生态特征研究 ［J］. 应用生态学报，8（15）：1389-1394.

丁宁，王仁君，高配科，等，2018. 大型海藻分泌物亚麻酸对东海原甲藻的化感效应 ［J］. 生态学杂志（5）：1410-1416.

杜飞雁，李纯厚，廖秀丽，等，2006. 大亚湾海域浮游动物生物量变化特征 ［J］. 海洋环境科学，25（1）：37-43.

杜小琴，2018. 广东南澳岛深澳湾硅藻群落对龙须菜栽培的生态响应 ［D］. 广东：暨南大学.

冯波，田思泉，陈新军，2010. 基于分位数回归的西南太平洋阿根廷滑柔鱼栖息地模型研究 ［J］. 海洋湖沼通报，1：15-22.

付亚男：2017. 放流个体遗传质量监测与分子判别 ［D］. 上海：上海海洋大学.

傅仰大，1981. 海洋生物水声遥测介绍 ［J］. 海洋技术学报，1：49-57.

甘华阳，梁开，郑志昌，2010. 珠江口沉积物的重金属背景值及污染评价分区 ［J］. 地球与环境，3：344-350.

龚彩霞，2012. 基于栖息地指数的西北太平洋柔鱼渔获量估算 ［D］. 上海：上海海洋大学.

龚彩霞，陈新军，高峰，等，2011. 栖息地适宜性指数在渔业科学中的应用进展 ［J］. 上海海洋大学学报，20（2）：260-269.

顾嗣明，1985. 生物遥测技术在渔业研究中的应用 [J]. 国外水产，1：1-4.

谷阳光，杨宇峰，林钦，2013. 汕头南澳白沙湾养殖区沉积物重金属形态及潜在生态风险 [J]. 海洋环境科学，32 (3)：333-337.

郭爱，陈新军，2008. 基于表温的中西太平洋鲣栖息地适应指数的研究 [J]. 大连海洋大学学报，23 (6)：455-461.

郭爱，陈新军，2009. 利用水温垂直结构研究中西太平洋鲣鱼栖息地指数 [J]. 海洋渔业，31 (1)：1-9.

郭笑宇，黄长江，2006. 粤西湛江港海底沉积物重金属的分布特征与来源 [J]. 热带海洋学报，25 (5)：91-96.

何明海，1990. 东山湾潮下带多毛类的分布 [J]. 台湾海峡，206-211.

黄长江，董巧香，吴常文，等，2005. 大规模增养殖区柘林湾叶绿素 a 的时空分布 [J]. 海洋学报，27 (2)：127-134.

黄小平，黄良民，2002. 珠江口海域无机氮和活性磷酸盐含量的时空变化特征 [J]. 台湾海峡，21 (4)：416-421.

黄银爽，欧林坚，杨宇峰，2017. 广东南澳岛大型海藻龙须菜与浮游植物对营养盐的竞争利用 [J]. 海洋与湖沼，48 (4)：806-813.

贾晓平，李纯厚，甘居利，等，2005. 南海北部海域渔业生态环境健康状况诊断与质量评价 [J]. 中国水产科学，6：91-99.

姜哲，2016. 湖北神农架林区川金丝猴栖息地适宜性变化研究 [D]. 北京：北京林业大学.

金龙如，孙克萍，贺红士，等，2008. 生境适宜度指数模型研究进展 [J]. 生态学杂志，27 (5)：841-846.

经志友，齐义泉，华祖林，2008. 南海北部陆架区夏季上升流 [J]. 热带海洋学报，27 (3)：1-8.

Kynard B，危起伟，柯福恩，1995. 应用超声波遥测技术定位中华鲟产卵区 [J]. 科学通报，40 (2)：172-174.

李纯厚，贾晓平，蔡文贵，2004. 南海北部浮游动物多样性研究 [J]. 中国水产科学，11 (2)：139-146.

李荣冠，江锦祥，1993. 东山湾潮下带前鳃类软体动物的生态 [J]. 台湾海峡，171-179.

李开枝，2006. 珠江口浮游动物的生态学研究 [D]. 北京：中国科学院.

李涛，刘胜，黄良民，等，2007. 广东沿岸不同海洋功能区秋季浮游植物群落结构比较研究 [J]. 海洋通报，2 (26)：50-59.

李亚文，王斌，张锁平，2015. 海洋动物遥测技术进展研究 [J]. 海洋技术学报，34 (6)：120-126.

李永振，2001. 广东沿岸海域发生赤潮的硅藻种类 [J]. 台湾海峡，20 (2)：274-278.

李娜娜，董丽娜，李永振，等，2011. 大亚湾海域鱼类分类多样性研究 [J]. 水产学报，35 (6)：863-870.

梁君，2013. 海洋渔业资源增殖放流效果的主要影响因素及对策研究 [J]. 中国渔业经济，31：122-134.

林洪瑛，韩舞鹰，2001. 珠江口伶仃洋枯水期十年前后的水质状况与评价 [J]. 海洋环境科学，20 (2)：28-31.

林俊辉，王建军，林和山，等，2015. 福建古雷半岛周边海域春季大型底栖生物多样性现状 [J]. 渔业科学进展，36：23-29.

刘灿然，马克平，陈灵芝，2002. 嵌套性：研究方法、形成机制及其对生物保护的意义 [J]. 植物生态学报，26（zl）：68-72.

刘加飞，谢恩义，孙省利，等，2012. 湛江近岸马尾藻中重金属元素含量及富集分析 [J]. 海洋开发与管理，29（11）：71-75.

刘媛媛，张建伟，韩军军，等，2015. 枸杞岛瓦氏马尾藻养殖及其对水环境因子的影响 [J]. 生态学杂志，34（11）：3214-3220.

刘华健，黄良民，谭烨辉，等，2017. 珠江口浮游植物叶绿素 a 和初级生产力的季节变化及其影响因素 [J]. 热带海洋学报，36（1）：81-91.

刘解答，郭亮，柯志新，2017. 珠江口表层沉积物中重金属污染及生态风险评价 [J]. 水生态学杂志，38（1）：46-53.

刘红玉，李兆富，白云芳，2006. 挠力河流域东方白鹳生境质量变化景观模拟 [J]. 生态学报，26（12）：4007-4013.

刘晓南，王为，吴志峰，2004. 广东沿海赤潮发生频率差异与城市发展的关系 [J]. 地理学报，59（6）：911-917.

刘爱霞，2017. 休渔期前后大亚湾渔业资源变动初步研究 [J]. 海洋与渔业，2：60-61.

卢慧明，2011. 大型海藻龙须菜化学成分及其对中肋骨条藻化感作用研究 [D]. 广东：暨南大学.

卢振彬，戴泉水，颜尤民，2002. 台湾海峡及其邻近海域渔业资源生产力和最大持续产量 [J]. 中国水产科学，9（1）：28-32.

罗宏伟，段辛斌，刘绍平，等，2013. 手术植入发射器对鱼类影响研究进展 [J]. 应用生态学报，24（4）：1160-1168.

罗洪添，王庆，沈卓，等，2018. 南澳海域龙须菜和篮子鱼重金属含量及食用安全分析 [J]. 海洋环境科学，37（3）：362-368.

罗艳，林丽华，张翠萍，等，2017. 珠海横琴岛海域大型底栖生物的生态特征 [J]. 海洋湖沼通报，5：69-79.

马媛，魏巍，夏永华，等，2009. 珠江口伶仃洋海域营养盐的历史变化及影响因素研究 [J]. 海洋学报，31（2）：69-77.

莫宝霖，秦传新，陈丕茂，等，2017. 基于 Ecopath 模型的大亚湾海域生态系统结构与功能初步分析 [J]. 南方水产科学，13（3）：9-19.

庞勇，2010. 珠江口海区环境特征及双胞旋沟藻赤潮发生过程的研究 [D]. 广东：暨南大学.

乔永民，顾继光，杨扬，等，2010. 南澳岛海域表层沉积物重金属分布、富集与污染评价 [J]. 热带海洋学报，29（1）：77-84.

单秀娟，金显仕，李忠义，等，2012. 渤海鱼类群落结构及其主要增殖放流鱼类的资源量变化 [J]. 渔业科学进展，33：1-9.

宋星宇，王生福，李开枝，等，2012. 大亚湾基础生物生产力及潜在渔业生产量评估 [J]. 生态科学，31（1）：12-17.

舒黎明，陈丕茂，秦传新，等，2016. 柘林湾-南澳岛潮间带冬夏两季大型底栖动物种类组成及优势种 [J]. 生态学杂志，35（2）：423-430.

孙翠慈，王友绍，孙松，等，2006. 大亚湾浮游植物群落特征［J］. 生态学报，26（12）：3948-3958.

孙璐，2013. 许氏平鲉与刺参生物遥测技术的构建与应用［D］. 北京：中国科学院大学.

宋凯，2015. 褐马鸡东部种群栖息地适宜性及其保护对策研究［D］. 北京：北京林业大学.

谭卫广，彭云辉，王肇鼎，等. 1993. 珠江口富营养化评估分析［J］. 南海研究与开发，2：17-21.

童爱萍，司飞，刘海金，等，2015. mtDNA 和微卫星标记在放流牙鲆和非放流牙鲆鉴定中的应用［J］. 中国水产科学，22（4）：630-637.

王本耀，王小明，王天厚，等，2012. 上海闵行区园林鸟类群落嵌套结构［J］. 生态学报，32（9）：2788-2795.

王云龙，沈新强，李纯厚，等，2005. 中国大陆架及邻近海域浮游生物［M］. 上海：上海科学技术出版社.

王雪辉，杜飞雁，邱永松，等. 2005. 大亚湾海域生态系统模型研究 I：能量流动模型初探［J］. 南方水产，3：1-8.

王成友，危起伟，杜浩，等，2010. 超声波遥测在水生动物生态学研究中的应用［J］. 生态学杂志，29（11）：2286-2292.

王启尧，都晓岩，2010. 渤海经济比目鱼类资源增殖的必要性与可行性分析［J］. 中国渔业经济，28：106-111.

王雪辉，杜飞雁，邱永松，等，2010. 1980—2007 年大亚湾鱼类物种多样性、区系特征和数量变化［J］. 应用生态学报，21（9）：2403-2410.

王伟定，俞国平，梁君，2009. 东海区适宜增殖放流种类的筛选与应用［J］. 浙江海洋学院学报（自然科学版），28：379-383.

王亮根，杜飞雁，陈丕茂，等，2016. 南澳岛北部海域浮游动物生态学特征及水团影响［J］. 南方水产科学，12（5）：23-33.

王善，沈卓，王庆，等，2015. 汕头南澳海域不同养殖区浮游纤毛虫群落结构的比较［J］. 生态学杂志，34（8）：2215-2221.

王增焕，王许诺，林钦，等，2011. 龙须菜对铜镉的富集特征［J］. 水产学报，35（8）：1233-1239.

王增焕，李纯厚，贾晓平，2005. 应用初级生产力估算南海北部的渔业资源量［J］. 海洋水产研究，26（3）：9-15.

王学锋，李纯厚，廖秀丽，等，2010. 北部湾浮游幼虫群落结构及其环境适应性分析［J］. 上海海洋大学学报，19（4）：529-534.

王家樵，2006. 基于分位数回归的印度洋大眼金枪鱼栖息地适应性指数模型研究［D］. 上海：上海水产大学.

韦桂秋，王华，蔡伟叙，等，2012. 近 10 年珠江口海域赤潮发生特征及原因初探［J］. 海洋通报，31（4）：466-474.

危起伟，杨德国，杨福恩，1998. 长江中华鲟超声波遥测技术［J］. 水产学报，22（3）：211-217.

武宇辉，王庆，魏南，等，2017. 不同鲍养殖模式下浮游植物群落结构与水质特征的比较［J］. 南方水产科学，13（6）：73-81.

吴日升，李立，2003. 南海上升流研究概况［J］. 台湾海峡，22（2）：269-277.

吴专，郝利霞，何欢，等，2016. 华南虎繁育及野化训练基地栖息地适宜性评价［J］. 绿色科技，16：193-194.

辛苗苗，2015. 基于 SSR 的中华鲟亲子鉴定和遗传特性研究［D］. 重庆：西南大学.

徐永健，钱鲁闽，焦念志，2005. 添加大型海藻龙须菜对中肋骨条藻赤潮的影响［J］. 台湾海峡，4：533-539.

徐兆礼，崔雪森，黄洪亮，2004. 北太平洋柔鱼渔场浮游动物数量分布及与渔场的关系［J］. 水产学报，28（5）：515-521.

严少红，李涛，2018. 利用水质综合污染指数评价珠江口近岸海域环境质量［J］. 中国资源综合利用，36（7）：173-175.

杨宇峰，费修绠，2003. 大型海藻对富营养化海水养殖区生物修复的研究与展望［J］. 青岛海洋大学学报（自然科学版），1：53-57.

杨兵，林琳，李纯厚，等，2015. 基于高通量测序的二长棘鲷微卫星标记开发与评价［J］. 南方水产科学，11（4）：116-120.

杨文波，李继龙，张彬，等，2009. 水生生物资源增殖的服务功能分析和品种选择［J］. 中国渔业经济，29：88-96.

易雨君，王兆印，陆永军，2007. 长江中华鲟栖息地适合度模型研究［J］. 水科学进展，18（4）：538-543.

易雨君，王兆印，姚仕明，2008. 栖息地适合度模型在中华鲟产卵场适合度中的应用［J］. 清华大学学报（自然科学版），48（3）：340-343.

余为，陈新军，易倩，2016. 西北太平洋海洋净初级生产力与柔鱼资源量变动关系的研究［J］. 海洋学报，38（2）：64-72.

曾娅杰，2011. 贵州麻阳河国家级自然保护区黑叶猴栖息地适宜性和保护区最小面积研究［D］. 北京：北京林业大学.

曾旭，章守宇，汪振华，等，2015. 马鞍列岛褐菖鲉（*Sebasticus marmoratus*）栖息地适宜性评价［C］. 2015 年中国水产学会学术年会.

张安弘，2016. 广东深澳湾养殖区颗粒有机物和沉降颗粒物分布特征研究［D］. 广东：暨南大学.

张春雷，佟广香，匡友谊，等，2010. 哲罗鱼微卫星亲子鉴定的应用［J］. 动物学研究，31（4）：395-400.

张善东，宋秀贤，王悠，等，2005. 大型海藻龙须菜与锥状斯氏藻间的营养竞争研究［J］. 海洋与湖沼，36（6）：556-561.

张善东，俞志明，宋秀贤，等，2004. 大型海藻龙须菜与东海原甲藻间的营养竞争［J］. 生态学报，25（10）：2676-2680.

张洪峰，车利锋，苏丽娜，等，2014. 青海三江源自然保护区马麝栖息地适宜性评价［C］. 中国西部动物学学术研讨会.

张静，陈永俊，张然，等，2013. 2008 年夏季东山湾游泳动物种类的组成和多样性［J］. 应用海洋学学报，32（2）：222-230.

张文广，唐中海，齐敦武，等，2007. 大相岭北坡大熊猫生境适宜性评价［J］. 兽类学报，27（2）：

146-152.

张竞成，2008. 千岛湖岛屿脊椎动物群落结构嵌套分析［D］. 浙江：浙江大学.

张雪梅，韩徐芳，刘立伟，等，2016. 舟山群岛蝶类群落嵌套分布格局及其影响因素［J］. 生物多样性，24（3）：321-331.

张雅芝，胡家财，钟幼平，等，1997. 东山湾底栖生物生态研究［J］. 台湾海峡，441-448.

张敬怀，周俊杰，白洁，等，2009. 珠江口东南部海域大型底栖生物群落特征研究［J］. 海洋通报，28（6）：26-33.

张景平，黄小平，江志坚，等.2009.2006—2007 年珠江口富营养化水平的季节性变化及其与环境因子的关系［J］. 海洋学报，31（3）：113-120.

张霞，黄小平，施震，等.2013. 珠江口超微型浮游植物时空分布及其与环境因子的关系［J］. 生态学报，33（7）：2200-2211.

郑重，李少菁，许振祖，1984. 海洋浮游生物学［M］. 北京：海洋出版社.

周凯，黄长江，姜胜，等，2002.2000—2001 年柘林湾浮游植物群落结构及数量变动的周年调查［J］. 生态学报，22（5）：688-698.

周家自，2015. 四川省五台山猕猴栖息地适宜性评价［J］. 安徽农业科学，27（27）：138-140.

周永东，2004. 浙江沿海渔业资源放流增殖的回顾与展望［J］. 海洋渔业，26：131-139.

郑祥，2005. 黑麂种群密度、栖息地利用及其栖息地适宜性评价［D］. 浙江：浙江师范大学.

广东省海洋与渔业局.2011.2010 年广东省海洋环境质量公报［EB］. http：//ofa. agri-info. com. cn/index. php/Catagories/view/id/167361

Abecasis D，Costa B H，Afonso P A，et al.，2015. Early reserve effects linked to small home ranges of a commercial fish，*Diplodus sargus*，Sparidae［J］. Marine Ecology Progress Series，518：255-266.

Acolas M L，Anras M L，Veron V，et al.，2004. An assessment of the upstream migration and reproductive behaviour of allis shad（*Alosa alosa* L.）using acoustic tracking［J］. Ices Journal of Marine Science，61（8）：1291-1304.

Acolas M L，Anras M，Veron V，et al.，2004. An assessment of the upstream migration and reproductive behaviour of allis shad（*Alosa alosa* L.）using acoustic tracking［J］. Ices Journal of Marine Science，61（8）：1291-1304.

Akçakaya H R，Radeloff V C，Mladenoff D J，et al.，2004. Integrating Landscape and Metapopulation Modeling Approaches：Viability of the Sharp-Tailed Grouse in a Dynamic Landscape［J］. Conservation Biology，18（2）：526-537.

Alvarez D，Nicieza A G，2003. Predator avoidance behaviour in wild and hatchery-reared brown trout：The role of experience and domestication［J］. Journal of Fish Biology，63（6）：1565-1577.

Ambuel B，Temple S A，1983. Area-Dependent Changes in the Bird Communities and Vegetation of Southern Wisconsin Forests［J］. Ecology，64（5）：1057-1068.

Ammann AJ，Michal C J，Macfarlance R B，2013. The effects of surgically implanted acoustic transmitters on laboratory growth，survival and tag retention in hatchery yearling Chinook salmon［J］. Environmental Biology of Fishes，96：135-143.

Anderson D J, 1982. The Home Range: A New Nonparametric Estimation Technique [J] . Ecology, 63 (1): 103-112.

Atmar W, 1993. Patterson B D The measure of order and disorder in the distribution of species in fragmented habitat [J] . Oecologia, 96 (3): 373-382.

Anderson D M, Cembella A D, Hallegraeff G M, 2012. Progress in Understanding Harmful Algal Blooms: Paradigm Shifts and New Technologies for Research, Monitoring, and Management. Annual review of marine science, 4: 143-176.

Akcakaya H R, 2004. Linking gis with models of ecological risk assessment for endangered species.

Baras E, Lagardere J P, 1995. Fish telemetry in aquaculture: review and perspectives [J] . Aquaculture International, 3 (2): 77-102.

Bell, J D, Rothlisberg, P C, Munro, J L, et al. , 2005. Restocking and stock enhancement of marine invertebrate fisheries. Advances in Ecological Research, 49: 374.

Blake J G, Karr J R, 1987. Breeding Birds of Isolated Woodlots: Area and Habitat Relationships [J]. Ecology, 68 (6): 1724-1734.

Blake J G, 1991. Nested Subsets and the Distribution of Birds on Isolated Woodlots [J] . Conservation Biology, 5 (1): 58-66.

Bloch C, Higgins C, Willig M, 2007. Effects of large-scale disturbance on metacommunity structure of terrestrial gastropods: temporal trends in nestedness [J] . Oikos, 116 (3): 395-406.

Boecklen W J, 1997. Nestedness, biogeographic theory, and the design of nature reserves [J] . Oecologia, 112 (1): 123-142.

Bovee K D, 1982. A guide to stream habitat analysis using the Instream Flow Incremental Methodology [J]. Scientific Research & Essays, 6 (30): 6270-6284.

Brawn V M, 1982. Behavior of atlantic salmon salmo salar during suspended migration in an estuary sheet harbour nova scotia Canada observed visually and by ultrasonic tracking [J] . Canadian Journal of Fisheries & Aquatic Sciences, 39 (2): 248-256.

Brown R S, Deters K A, Cook K V, et al. , 2013. A comparison of single-suture and double-suture incision closures in seaward-migrating juvenile Chinook salmon implanted with acoustic transmitters: implications for research in river basins containing hydropower structures [J] . Animal Biotelemetry, 1 (10): 1-9.

Brown R S, Oldenburg E W, Seaburg A G, et al. , 2013. Survival of seaward-migrating PIT and acoustic-tagged juvenile Chinook salmon in the Snake and Columbia Rivers: an evaluation of length-specific tagging effects [J] . Animal Biotelemetry, 1 (8): 1-13.

Brown S K, Buja K R, Jury S H, et al. , 2000. Habitat Suitability Index Models for Eight Fish and Invertebrate Species in Casco and Sheepscot Bays, Maine [J] . North American Journal of Fisheries Management, 20 (2): 408-435.

Brooks R P, 1997. Improving Habitat Suitability Index models [J] . Wildlife Society Bulletin, 25 (1): 163-167.

Chai Z Y, He Z L, Deng Y Y, et al. , 2018. Cultivation of seaweed Gracilaria lemaneiformis enhanced biodiversity in a eukaryotic plankton community as revealed via metagenomic analyses [J] . Molecular Ecology, 27 (4): 1081-1093.

Cheung W W L, Pitcher T L, 2008. Evaluating the status of exploited taxa in the northern South China Sea using intrinsic vulnerability and spatially explicit catch-per-unit-effort data [J] . Fisheries Research, 92: 28-40.

Chen X, Li G, Feng B, et al. , 2009. Habitat suitability index of Chub mackerel (*Scomber japonicus*) from July to September in the East China Sea [J] . Journal of Oceanography, 65 (1): 93-102.

Cooke S J, Hinch S G, Wikelski M, et al. , 2004. Biotelemetry: a mechanistic approach to ecology [J]. Trends in Ecology & Evolution, 19 (6): 334-343.

Coutant C, Carroll D, 1980. Temperatures Occupied by Ten Ultrasonic-Tagged Striped Bass in Freshwater Lakes [J] . Transactions of the American Fisheries Society, 109 (2): 195-202.

Conway C J, Martin T E, 1993. Habitat Suitability for Williamson's Sapsuckers in Mixed-Conifer Forests [J] . Journal of Wildlife Management, 57 (2): 322-328.

Crab R, Avnimelech Y, Defoirdt T, et al. , 2007. Nitrogen removal techniques in aquaculture for a sustainable production [J] . Aquaculture, 270 (1-4): 1-14.

Cutler A, 1991. Nested Faunas and Extinction in Fragmented Habitats [J] . Conservation Biology, 5 (4): 496-504.

Currey L M, Heupel M R, Simpfendorfer C A, et al. , 2014. Sedentary or mobile? Variability in space and depth use of an exploited coral reef fish [J] . Marine Biology, 161 (9): 2155-2166.

Dai M, Guo X, Zhai W, et al. , 2006. Oxygen depletion in the upper reach of the Pearl River estuary during a winter drought [J] . Mar. Chem, 102: 159-169.

Dance M A, Moulton D L, Furey N B, et al. , 2016. Does transmitter placement or species affect detection efficiency of tagged animals in biotelemetry research? [J] . Fisheries Research, 183: 80-85.

Daniel A J, Hicks B J, Ling N, et al. , 2009. Acoustic and radio transmitter retention in common carp (*Cyprinus carpio*) in New Zealand [J] . Marine and Freshwater Research, 60: 328-333.

Darlington P J, 1958. Biology and Medicine: Zoogeography: The Geographical Distribution of Animals [J]. Science, 127.

Dijak W D, Rittenhouse C D, Larson M. A, et al. , 2007. Landscape Habitat Suitability Index Software [J] . Journal of Wildlife Management, 71 (2): 668-670.

Dobson A P, Pacala S W, 1992. The parasites of Anolis lizards the northern Lesser Antilles [J]. Oecologia, 91 (1): 110.

Donnelly R, Marzluff J M, 2004. Importance of Reserve Size and Landscape Context to Urban Bird Conservation [J] . Conservation Biology, 18 (3): 733-745.

Dong S, Kong J, Zhang, T, et al. , 2006. Parentage determination of Chinese shrimp (*Fenneropenaeus chinensis*) based on microsatellite DNA markers [J] . Aquaculture, 258 (1-4): 283-288.

Dussault C, Courtois R, Ouellet J P, 2006. A habitat suitability index model to assess moose habitat selection at multiple spatial scales [J] . Canadian Journal of Forest Research, 36 (5): 1097-1107.

Duncan B W, Breininger D R, Schmalzer P A, et al., 1995. Validating a Florida Scrub Jay habitat suitability model, using demography data on Kennedy Space Center [J]. Photogrammetric Engineering & Remote Sensing, 61 (11): 1361-1370.

Duel H, Specken B P M, Denneman W D, et al., 1995. The habitat evaluation procedure as a tool for ecological rehabilitation of wetlands in The Netherlands [J]. Water Science & Technology, 31 (8): 387-391.

Excoffier L, Laval G, Schneider S, 2005. Arlequin ver. 3. 0: An integrated software package for population genetics data analysis [J]. Evolutionary Bioinformatics Online, 1: 47-50.

Feeley K, 2003. Analysis of avian communities in Lake Guri, Venezuela, using multiple assembly rule models [J]. Oecologia, 137 (1): 104.

Gallaway B J, Szedlmayer S T, Gazey W J, 2009. A life history review for red snapper in the Gulf of Mexico with an evaluation of the importance of offshore petroleum platforms and other artificial reefs [J]. Reviews Fisheries Science, 17 (1): 48-67.

Gomez S E, Menni R C, Naya J G, et al., 2007. The physical-chemical habitat of the Buenos Aires pejerrey, *Odontesthes bonariensis* (Teleostei, Atherinopsidae), with a proposal of a water quality index [J]. Environmental Biology of Fishes, 78 (2): 161-171.

Gore J A, Bryant R M, 1990. Temporal shifts in physical habitat of the crayfish, *Orconectes neglectus* (Faxon) [J]. Hydrobiologia, 199 (2): 131-142.

Gee J H R, Giller P S, 1987. Organization of communities, past and present: preface [J]. Symposium - British Ecological Society, 27 (1): 185-209.

Gibson L, Lynam A J, Bradshaw C J, et al., 2013. Near-complete extinction of native small mammal fauna 25 years after forest fragmentation [J]. Science, 341 (6153): 1508-1510.

Gillenwater D, Granata T, Zika U, 2006. GIS-based modeling of spawning habitat suitability for walleye in the Sandusky River, Ohio, and implications for dam removal and river restoration [J]. Ecological Engineering, 28 (3): 311-323.

Girard C, Dagorn L, Taquet M, et al., 2007. Homing abilities of dolphinfish (*Coryphaena hippurus*) displaced from fish aggregating devices (FADs) determined using ultrasonic telemetry [J]. Aquatic Living Resources, 20 (4): 313-321.

Granado-Lorencio C, Hernandez-Serna A, 2012. Fish assemblages in floodplain lakes in a Neotropical river during the wet season (Magdalena River, Colombia) [J]. Journal of Tropical Ecology, 28 (3): 271-279.

Gjelland K Ø, Hedger R D, 2013. Environmental influence on transmitter detection probability in biotelemetry: developing a general model of acoustic transmission [J]. Methods in Ecology and Evolution, 4 (7): 665-674.

Goudet J F, 1995. A computer program to calculate F-statistics (version 2. 9. 3) [J]. Journal of Heredity, 86: 485-486.

Govinden R, Jauhary R, Filmalter J, et al., 2013. Movement behaviour of skipjack (*Katsuwonus pelamis*) and yellowfin (*Thunnus albacares*) tuna at anchored fish aggregating devices (FADs) in the

Maldives, investigated by acoustic telemetry [J]. Aquatic Living Resources, 26 (1): 69-77.

Habel J C, Ulrich W, Assmann T, 2013. Allele elimination recalculated: nested subset analyses for molecular biogeographical data [J]. Journal of Biogeography, 40 (4): 769-777.

He B, Dai M, Zhai M, et al., 2014. Hypoxia in the upper reachers of the Pearl River Estuary and its maintenance mechanisms: A synthesis based on multiple year observations during 2000-2008 [J]. Mar. Chem, 167: 13-24.

He P, Xu S, Zhang H, 2008. Bioremediation efficiency in the removal of dissolved inorganic nutrients by the red seaweed, Porphyra yezoensis, cultivated in the open sea [J]. Water Research, 42 (4-5): 1281-1289.

Hill J K, Gray M A, Khen C V, et al., 2011. Ecological impacts of tropical forest fragmentation: how consistent are patterns in species richness and nestedness? [J]. Philosophical Transactions of the Royal Society of London, 366 (1582): 3265.

Hobson E, 1972. Activity of Hawaiian reef fishes during the evening and morning transitions between daylight and darkness [J]. Fish Bull, 70 (3): 715-740.

Honnay O, Hermy M, Coppin P, 1999. Nested Plant Communities in Deciduous Forest Fragments: Species Relaxation or Nested Habitats? [J]. Oikos, 84 (1): 119-129.

Horne B V, 1983. Density as a Misleading Indicator of Habitat Quality [J]. Journal of Wildlife Management, 47 (4): 893-901.

Houston B R, Clark T W, Minta S C, 1986. Habitat suitability index model for the black - footed ferret: A method to locate transplant sites [J]. Great Basin Naturalist Memoirs, 8: 99-114.

Hu G, Feeley K J, Wu J, et al., 2011. Determinants of plant species richness and patterns of nestedness in fragmented landscapes: evidence from land-bridge islands [J]. Landscape Ecology, 26 (10): 1405-1417.

Huo Y, Wu H, Chai Z, 2012. Bioremediation efficiency of *Gracilaria verrucosa* for an integrated multi-trophic aquaculture system with *Pseudosciaena crocea* in Xiangshan harbor, China [J]. Aquaculture, 326-329: 99-105.

Huang Y, Benesty J, Elko G W, et al., 2011. Real-time passive source localization: a practical linear-correction least-squares approach [J]. IEEE Trans Speech Audio Process, 9 (8): 943-956.

Huveneers C, Simpfendorfer CA, Kim S, et al., 2016. The influence of environmental parameters on the performance and detection range of acoustic receivers [J]. Methods in Ecology and Evolution, 7 (7): 825-835.

Hylander K, Nilsson C, Gunnar Jonsson B, et al., 2005. Differences in habitat quality explain nestedness in a land snail meta-community [J]. Oikos, 108 (2): 351-361.

Iafrate JD, Watwood SL, Reyier EA, et al., 2016. Effects of pile driving on the residency and movement of tagged reef fish [J]. PLos One, 11 (11): e0163638.

Ichii T, Mahapatra K, Sakai M, et al., 2011. Changes in abundance of the neon flying squid *Ommastrephes bartramii* in relation to climate change in the central North Pacific Ocean [J]. Marine

Ecology Progress Series, 441: 151-164.

Iigo M, Tabata M, 1996. Circadian rhythms of locomotor activity in the goldfish *Carassius auratus* [J]. Physiology Behavior, 60 (3): 775-781.

Imam E, Kushwaha S P S, Singh A, 2009. Evaluation of suitable tiger habitat in Chandoli National Park, India, using spatial modelling of environmental variables [J]. Ecological Modelling, 220 (24): 3621-3629.

Ito Y, Miura H, Nakamura K, et al., 2009. Behavior properties of Jack mackerel *Trachurus japonicus* using ultrasonic biotelemetry in artificial reef off the coast of Hamochi, Sado Island, the Sea of Japan [J]. Nippon Suisan Gakkaishi, 75 (6): 1019-1026.

Kang K H, Sui Z H, 2010. Removal of eutrophication factors and heavy metal from a closed cultivation system using the macroalgae, *Gracilaria* sp. [J]. Chinese Journal of Oceanology and Limnology, 6: 1127-1130.

Kalinowski S T, Taper M L, Marshall T C, 2007. Revising how the computer program CERVUS accommodates genotyping error increases success in paternity assignment [J]. Molecular Ecology, 16 (5): 1099-1106.

Kang H, Im D, Hur J W, et al., 2011. Estimation of Habitat Suitability Index of Fish Species in the Geum River Watershed [J]. 大韓土木學會論文集, 31 (2B).

Kitterman C L, Bettoli P, 2011. Survival of Angled Saugers in the Lower Tennessee River [J]. North American Journal of Fisheries Management, 31 (3): 567-573.

Larson M A, Iii F R T, Millspaugh J J, et al., 2004. Linking population viability, habitat suitability, and landscape simulation models for conservation planning [J]. Ecological Modelling, 180 (1): 103-118.

Lee G E M V D, Molen D T V D, Boogaard H F P V D, et al., 2006. Uncertainty analysis of a spatial habitat suitability model and implications for ecological management of water bodies [J]. Landscape Ecology, 21 (7): 1019-1032.

Li G, Liu J X, Diao Z H, et al., 2018. Subsurface low dissolved oxygen occurred at fresh- and saline-water intersection of the Pearl River estuary during the summer period [J]. Marine Pollution Bulletin, 126: 585-591.

Li X D, Shen Z G, Onyx W H, et al., 2001. Chemical forms of Pb, Zn and Cu in the sediment profiles of the Pearl River Estuary [J]. Marine Pollution Bulletin, 42 (3): 214-223.

Loftus K H, 2011. Science for Canada's fisheries rehabilitation needs [J]. Journal of the fisheries research board of Canada, 33 (8): 1822-1857.

Lomolino M V, 1996. Investigating Causality of Nestedness of Insular Communities: Selective Immigrations or Extinctions [J]. Journal of Biogeography, 23 (5): 699-703.

Loneragan N R, Jenkins G I, Taylor M D, 2013. Marine Stock Enhancement, Restocking, and Sea Ranching in Australia: Future Directions and a Synthesis of Two Decades of Research and Development [J]. Reviews in Fisheries Science, 21 (3-4): 222-236.

Lohrenzl S E, Fahnenstiel G L, Redalje D G, et al., 1997. Variations in primary production of northern

Gulf of Mexico continental shelf waters linked to nutrient inputs from the Mississippi River [J]. Marine Ecology Progress Series, 155: 45-54.

Luo J G, Serfy J E, Sponaugle S, et al., 2009. Movement of gray snapper *Lutjanus griseus* among subtropical seagrass, mangrove, and coral reef habitats [J]. Marine Ecology Progress Series, 380: 255-269.

Lu H, Liao X, Yang Y, 2008. Effects of Extracts from Gracilaria lemaneiform on Microalgae [J]. Ecologic Science, 27 (5): 424-426.

Luning K, Pang S J, 2003. Mass cultivation of seaweeds: current aspects and approaches [J]. Journal of Applied Phycology, 15 (2-3): 115-119.

Matthews T J, Cottee-Jones H E W, Whittaker R J, 2015. Quantifying and interpreting nestedness in habitat islands: a synthetic analysis of multiple datasets [J]. Diversity & Distributions, 21 (4): 392-404.

Mattia B, Fabio C, Valentina B, et al., 2009. GIS-models work well, but are not enough: Habitat preferences of Lanius collurio at multiple levels and conservation implications [J]. Biological Conservation, 142 (10): 2033-2042.

Mclain D K, Pratt A E, 1999. Nestedness of Coral Reef Fish across a Set of Fringing Reefs [J]. Oikos, 85 (1): 53-67.

McQuaid C F, Britton N F, 2013. Host-parasite nestedness: A result of co-evolving trait-values [J]. Ecological Complexity, 13 (13): 53-59.

Mcpherson E G, Nilon C, 1987. A Habitat Suitability Index Model for Gray Squirrel in an Urban Cemetery [J]. Landscape Journal, 6 (1): 21-30.

Menezes J F, Fernandez F A, 2013. Nestedness in forest mammals is dependent on area but not on matrix type and sample size: an analysis on different fragmented landscapes [J]. Brazilian Journal of Biology, 73 (3): 465-470.

Meckley T D, Holbrook C M, Wagner C M, et al., 2014. An approach for filtering hyperbolically positioned underwater acoustic telemetry data with position precision estimates [J]. Animal Biotelemetry, 2 (1): 7.

Miller R I, Harris L D, 1977. Isolation and extirpation in wildlife reserves [J]. Biological Conservation, 12 (4): 311-315.

Mitamura H, Uchida K, Miyamoto Y, et al., 2012. Short-range homing in a site-specific fish: search and directed movements [J]. Journal Experimental Biology, 215 (16): 2751-2759.

Miyamoto Y, Uchida K, Orii R, et al., 2006. Three-dimensional underwater shape measurement of tuna long line using ultrasonic positioning system and ORBCOMM buoy [J]. Fisheries Science, 72: 63-68.

Morrisscorey J, Greenjohn M, Snelgrovepaul V R, et al., 2014. Temporal and spatial migration of Atlantic cod (*Gadus morhua*) inside and outside a marine protected area and evidence for the role of prior experience in homing [J]. Canadian Journal of Fisheries & Aquatic Sciences, 71 (11): 1704-1712.

Nakai S, Yamada S, Hosomi M, 2005. Anti-cyanobacterial fatty acids released from Myriophyllum spicatum [J] . Hydrobiologia, 543 (1): 71-78.

Ning X, Chai F, Xue H, et al. , 2004. Physical-biological oceanographic coupling influencing phytoplankton and primary production in the South China Sea [J] . Journal of Geophysical Research, 109, C10005.

Nukazawa K, Shiraiwa J I, Kazama S, 2011. Evaluations of seasonal habitat variations of freshwater fishes, fireflies, and frogs using a habitat suitability index model that includes river water temperature [J] . Ecological Modelling, 222 (20): 3718-3726.

Patterson B D, Atmar W, 1986. Nested subsets and the structure of insular mammalian faunas and archipelagos [J] . Biological Journal of the Linnean Society, 28 (1-2): 65-82.

Pauly D, Christensen V, Guénette S, et al. , 2002. Towards sustainability in world fisheries [J] . Nature, 418: 689-695.

Parker T S, 1956. Sonic equipment for tracking individual fish [R] . Special Science Report Fisheries, 179: 11.

Partridge G J, Ginbey B M, Woolley L D, et al. , 2017. Development of techniques for the collection and culture of wild-caught fertilised snapper (*Chrysophrys auratus*) eggs for stock enhancement purposes [J]. Fisheries Research, 186 (2): 524-530.

Patterson B D, Brown J H, 1991. Regionally Nested Patterns of Species Composition in Granivorous Rodent Assemblages [J] . Journal of Biogeography, 18 (4): 395-402.

Patterson B D, 1987. The Principle of Nested Subsets and Its Implications for Biological Conservation [J]. Conservation Biology, 1 (4): 323-334.

Perez-Enriquez R, Takagi M, Taniguchi N, et al. , 1999. Genetic variability and pedigree tracing of a hatchery-reared stock of red sea bream (*Pagrus major*) used for stock enhancement, based on microsatellite DNA markers [J] . Aquaculture, 173 (1-4): 413-423.

Pereira J M C, Itami R M, 1991. GIS-based habitat modeling using logistic multiple regression- A study of the Mt. Graham red squirrel [J] . Photogrammetric Engineering & Remote Sensing, 57 (11): 1475.

Powell M R, 2012. Mechanistic approaches to understanding and predicting mammalian space use: recent advances, future directions [J] . Journal of Mammalogy, 93 (4): 903-916.

Pritchard J K, Stephens M, Donnelly P J, 2000. Inference of population structure using multilocus genotype data [J] . Genetics, 155: 945-959.

Qiu D J, Huang L M, Zhang J L, et al. , 2010. Phytoplankton dynamics in and near the highly eutrophic Pearl River Estuary, South China Sea [J] . Continental Shelf Research, 30 (2): 177-186.

Quinn J F, Alan H, 2010. Extinction in Subdivided Habitats: Reply to Gilpin [J] . Conservation Biology, 2 (3): 293-296.

Reubens J T, Pasotti F, Degraer S, et al. , 2013. Residency, site fidelity and habitat use of Atlantic cod (*Gadus morhua*) at an offshore wind farm using acoustic telemetry [J] . Marine Environmental Research, 90 (3): 128-135.

Rice W R, 1989. Analyzing tables of statistical tests [J] . Evol Int J Org Evol, 43: 223-225.

Rüger N, Schluter M, Matthies M, 2005. A fuzzy habitat suitability index for Populus euphratica in the Northern Amudarya delta (Uzbekistan) [J]. Ecological Modelling, 184 (2-4): 313-328.

Rodriguez D, Ojeda R A, 2013. Scaling coexistence and assemblage patterns of desert small mammals [J]. Mammalian Biology - Zeitschrift für Säugetierkunde, 78 (5): 313-321.

Rlh D, Hardy P B, Dapporto L, 2012. Nestedness in island faunas: novel insights into island biogeography through butterfly community profiles of colonization ability and migration capacity [J]. Journal of Biogeography, 39 (8): 1412-1426.

Rose K A, 2005. Stock Enhancement and Sea Ranching: Developments, Pitfalls and Opportunities [J]. Fish and Fisheries, 6: 279.

Sánchez-Fernández D, Calosi P, Atfield A, et al., 2010. Reduced salinities compromise the thermal tolerance of hypersaline specialist diving beetles [J]. Physiological Entomology, 35 (3): 265-273.

Sambrook J, Russell D W, 2001. Molecular Cloning: A Laboratory Manual [M]. New York: CSHL Press.

Schoener T W, Schoener A, 1983. Distribution of Vertebrates on Some Very Small Islands. I. Occurrence Sequences of Individual Species [J]. Journal of Animal Ecology, 52 (1): 209-235.

Simberloff D, Levin B, 1985. Predictable sequences of species loss with decreasing island area—land birds in two archipelagoes [J]. New Zealand Journal of Ecology, 8: 11-20.

Schaeffer B A, Morrison J M, Kamykowski D, et al., 2008. Phytoplankton biomass distribution and identification of productive habitats within the Galapagos Marine Reserve by MODIS, a surface acquisition system, and in-situ measurements [J]. Remote Sensing of Environment, 112 (6): 3044-3054.

Shifley S R, Iii F R T, Dijak W D, et al., 2006. Simulated effects of forest management alternatives on landscape structure and habitat suitability in the Miestern United States [J]. Forest Ecology & Management, 229 (1-3): 361-377.

Simberloff D, Gotelli N, 1984. Effects of insularisation on plant species richness in the prairie-forest ecotone [J]. Biological Conservation, 29 (1): 27-46.

Soga M, Koike S, 2012. Life-History Traits Affect Vulnerability of Butterflies to Habitat Fragmentation in Urban Remnant Forests [J]. Ecoscience, 19 (1): 11-20.

Strona G, Stefani F, Galli P, et al., 2013. A protocol to compare nestedness among submatrices [J]. Population Ecology, 55 (1): 227-239.

Steel A E, Coates J H, Hearn A R, et al., 2014. Performance of an ultrasonic telemetry positioning system under varied environmental conditions [J]. Animal Biotelemetry, 2 (1): 1-17.

Stewert B S, Leatherwood, Yochem P K, et al., 2006. Harbor seal tracking and telemetry by satellite [J]. Marine Mammal Science, 5 (4): 361-375.

Simberloff D, Martin J L, 1991. Nestedness of insular avifaunas: simple summary statistics masking complex species patterns [J]. Ornis Fennica, 68 (4): 178-192.

Taylor M D, Laffan S W, Fairfax A V, et al., 2017. Finding their way in the world: Using acoustic telemetry to evaluate relative movement patterns of hatchery-reared fish in the period following release

［J］. Fisheries Research，186：538-543.

Tilney C L，Pokrzywinski K L，Coyne K J，2014. Growth，death，and photobiology of dinoflagellates （Dinophyceae）under bacterial-algicide control ［J］. Journal of Applied Phycology，26（5）：2117-2127.

Thomasma L E，1981. Standards for the development of habitat suitability index models ［J］. Wildlife Society Bulletin，19：1-171.

Thomasma L E，Drummer T D，Peterson R O，1991. Testing the Habitat Suitability Index Model for the Fisher ［J］. Wildlife Society Bulletin，19（3）：291-297.

Uhmann T V，2001. The development of a habitat suitability index model for burrowing owls in southwestern Manitoba and southeastern Saskatchewan ［D］. Canada：University of Manitoba.

Ulrich W，Almeida-Neto M，2012. On the meanings of nestedness：back to the basics ［J］. Ecography，35（10）：865-871.

Vinagre C，Fonseca V，Cabral H，et al. ，2006. Habitat suitability index models for the juvenile soles，Solea solea and Solea senegalensis ，in the Tagus estuary：Defining variables for species management ［J］. Fisheries Research，82（1-3）：140-149.

Vincenzi S，Caramori G，Rossi R，et al. ，2006. A GIS-based habitat suitability model for commercial yield estimation of Tapes philippinarum in a Mediterranean coastal lagoon（Sacca di Goro，Italy）［J］. Ecological Modelling，193（1）：90-104.

Voegeli F A，Smale M J，Webber D M，et al. ，2001. Ultrasonic telemetry，tracking and automated monitoring technology for sharks ［J］. Environmental Biology of Fishes，60：267-281.

Wagner G N，Cooke S J，Brown R S，et al. ，2011. Surgical implantation techniques for electronic tags in fish ［J］. Reviews in Fish Biology and Fisheries，21：71-81.

Wang W，Zhang K，Luo K，et al. ，2014. Assessment of recapture rates after hatchery release of Chinese shrimp Fenneropenaeus chinensis in Jiaozhou Bay and Bohai Bay in 2012 using pedigree tracing based on SSR markers ［J］. Fisheries Science，80（4）：749-755.

Wang X F，Wang L F，Lv S L，et al. ，2018. Stock discrimination and connectivity assessment of yellowfin seabream（Acanthopagrus latus）in northern South China Sea using otolith elemental fingerprints ［J］. Saudi Journal of Biological Research，25：1163-1169.

Wang Y，Bao Y，Yu M，et al. ，2010. Biodiversity Research：Nestedness for different reasons：the distributions of birds，lizards and small mammals on islands of an inundated lake ［J］. Diversity & Distributions，16（5）：862-873.

Wang Y，Ding P，Chen S，et al. ，2013. Nestedness of bird assemblages on urban woodlots：implications for conservation ［J］. Landscape & Urban Planning，111（1）：59-67.

Wang Y，Wang X，Ding P，2012. Nestedness of snake assemblages on islands of an inundated lake ［J］. Current Zoology，58（6）：828-836.

Watkins W A，Schevill W E，1972. Sound source location by arrival-times on a non-rigid three-dimensional hydrophone array ［J］. Deep-Sea Research and Oceanographic Abstracts，19（10）：691-706.

Weiland M A，Deng Z D，Seim T A，et al. ，2011. A cabled acoustic telemetry system for detecting and tracking juvenile salmon: part 1. Engineering design and instrumentation [J] . Sensors, 11 (6): 5645-5660.

Williams-Grove L J, Szedlmayer S T, 2017. Depth preferences and three-dimensional movements of red snapper, Lutjanus campechanus, on an artificial reef in the northern Gulf of Mexico [J] . Fisheries Research, 190: 61-70.

Wright D H, Reeves J H, 1992. On the Meaning and Measurement of Nestedness of Species Assemblages [J] . Oecologia, 92 (3): 416.

Wright D H, Patterson B D, Mikkelson G M, et al. , 1997. A comparative analysis of nested subset patterns of species composition [J] . Oecologia, 113 (1): 1-20.

Xydes A, Moline M, Lowe C G, et al. , 2013. Behavioral characterization and Particle Filter localization to improve temporal resolution and accuracy while tracking acoustically tagged fishes [J] . Ocean Engineering, 61 (15): 1-11.

Yokota T, Machida M, Takeuchi H, et al. , 2011. Anti-predatory performance in hatchery-reared red tilefish (Branchiostegus japonicus) and behavioral characteristics of two predators: Acoustic telemetry, video observation and predation trials [J] . Aquaculture, 319 (1): 290-297.

Yokota T, Masuda R, Arai N, et al. , 2007. Hatchery-reared fish have less consistent behavioral pattern compared to wild individuals, exemplified by red tilefish studied using video observation and acoustic telemetry tracking [J] . Hydrobiologia, 582 (1): 109-120.

Yokota T, Mitamura H, Arai N, et al. , 2006. Comparison of behavioral characteristics of hatchery-reared and wild red tilefish Branchiostegus japonicus released in Maizuru Bay by using acoustic biotelemetry [J]. Fisheries Science, 72 (3): 520-529.

Yin K, Qian P Y, Chen J C, et al. , 2000. Dynamics of nutrients and phytoplankton biomass in the Pearl River estuary and adjacent waters of Hong Kong during summer: preliminary evidence for phosphorus and silicon limitation [J] . Marine Ecology Progress Series, 194: 295-305.

Yang Y F, Fei X G, Song J M, et al. , 2006. Growth of Gracilaria lemaneiformis under different cultivation conditions and its effects on nutrient removal in Chinese coastal waters [J] . Aquaculture, 254 (1-4), 248-255.

Yang Y F, Chai Z Y, Wang Q, et al. , 2015a. Cultivation of seaweed Gracilaria in Chinese coastal waters and its contribution to environmental improvements [J] . Algal Research, 9: 236-244.

Yang Y, Liu Q, Chai Z, 2015b. Inhibition of marine coastal bloom-forming phytoplankton by commercially cultivated Gracilaria lemaneiformis (Rhodophyta) [J] . Journal of Applied Phycology, 27 (6): 2341-2352.

Ye C, Liao H, Yang Y, 2014. Allelopathic inhibition of photosynthesis in the red tide-causing marine alga, Scrippsiella trochoidea (Pyrrophyta), by the dried macroalga, Gracilaria lemaneiformis (Rhodophyta) [J]. Journal of Sea Research, 90: 10-15.

Zagars M, Ikejima K, Arai N, et al. , 2012. Migration patterns of juvenile Lutjanus argentimaculatus in a mangrove estuary in Trang province, Thailand, as revealed by ultrasonic telemetry [J] . Environmental

Biology Fishes, 94 (2): 377-388.

Zertuche-Gonzalez J A, Camacho-Ibar V F, Pacheco-Ruiz I., et al., 2009. The role of *Ulva* spp. as a temporary nutrient sink in a coastal lagoon with oyster cultivation and upwelling influence [J]. Journal of Applied Phycology, 21 (6): 729-736.

Zhang A H, Wen X, Yan HY, et al., 2018. Response of microalgae to large-seaweed cultivation as revealed by particulate organic matter from an integrated aquaculture off Nan'ao Island, South China. Marine Pollution Bulletin, 133: 137-143.

Zhaotian L I, Zhou L U, Shu X, et al., 2013. Nestedness of bird assemblagesin the karst forest fragments of southwestern Guangxi, China [J]. 中国鸟类（英文版），4 (2): 170-183.

Zhu J, Liu B, Wang J, 2010. Study on the mechanism of allelopathic influence on cyanobacteria and chlorophytes by submerged macrophyte (*Myriophyllum spicatum*) and its secretion [J]. Aquatic Toxicology, 98 (2): 196-203.

Zhou Y H, Bai Y, Li L S, et al., 2011. Heavy metal distribution patterns and environmental quality assessment of the mariculture areas in Nanao, Shantou [J]. Marine Science Bulletin, 13 (1): 71-79.

附　表

附表 1 南海北部近海渔业资源种类名录

目名	科名	种名	拉丁名
鱼类			
鲭鲨目	鲭鲨科	灰鲭鲨	*Isurus glaucus*
须鲨目	须鲨科	斑纹须鲨	*Orectolobus maculatus*
须鲨目	须鲨科	长鳍斑竹鲨	*Chiloscyllium colax*
须鲨目	橙黄鲨科	橙黄鲨	*Cirrchoscylliu expolitum*
真鲨目	猫鲨科	日本锯尾鲨	*Galeus nipponensis*
真鲨目	猫鲨科	阴影绒毛鲨	*Cephaloscyllium umbratile*
真鲨目	猫鲨科	梅花鲨	*Trachypenaeus malaiana*
真鲨目	猫鲨科	大吻光尾鲨	*Apristurus macrorhynchus*
		阴影绒毛鲨	*Cephaloscyllium umbratile*
真鲨目	皱唇鲨科	斑点皱唇鲨	*Triakis venustum*
真鲨目	皱唇鲨科	白斑星鲨	*Mustelus manazo*
真鲨目	皱唇鲨科	灰星鲨	*Mustelus griseus*
真鲨目	皱唇鲨科	前鳍星鲨	*Mustelus kanekonis*
真鲨目	真鲨科	尖头斜齿鲨	*Scoliodon sorrakowah*
真鲨目	双髻鲨科	路氏双髻鲨	*Sphyrna lewini*
锯鲨目	锯鲨科	日本锯鲨	*Pristiophorus japonicus*
锯鲨目	锯鲨科	小齿锯鳐	*Pristis microdon*
鳐形目	团扇鳐科	中国团扇鳐	*Platyrhina sinensis*
鳐形目	团扇鳐科	林氏团扇鳐	*Platyrhina limboonkenkengi*
鳐形目	鳐科	斑鳐	*Raja kanojei*
鳐形目	鳐科	何氏鳐	*Raja hollandi*
鳐形目	鳐科	美鳐	*Raja pulchra*
鳐形目	鳐科	华鳐	*Raja chinensis*
鳐形目	鳐科	孔鳐	*Raja porosa*
鳐形目	鳐科	短鳐	*Breviraja tobitukai*
鲼形目	扁魟科	褐黄扁魟	*Urolophus aurantiacus*
鲼形目	扁魟科	斑纹扁魟	*Urolophus marmoratus*
鲼形目	魟科	齐氏魟	*Dasyatis gerrardi*
鲼形目	魟科	古氏魟	*Dasyatis kuhli*

（续）

目名	科名	种名	拉丁名
鲼形目	燕魟科	花尾燕魟	*Gymnura poecilura*
鲼形目		魟	
鲼形目	鲼科	鸢鲼	*Myliobatis tobijei*
电鳐目	电鳐科	黑斑双鳍电鳐	*Narcine maculata*
银鲛目	银鲛科	黑线银鲛	*Chimaera phantasma*
银鲛目	银鲛科	曾氏兔银鲛	*Hydrolagus isengi*
鼠鱚目	鼠鱚科	鼠鱚	*Gonorhynchus abbreviatus*
鲱形目	鲱科	金色小沙丁鱼	*Sardinella aurita*
鲱形目	鲱科	白腹小沙丁鱼	*Sardinella clupeoides*
鲱形目	鲱科	裘氏小沙丁鱼	*Sardinella jussieu*
鲱形目	鲱科	青鳞小沙丁鱼	*Sardinella zunasi*
鲱形目	鲱科	中华青鳞鱼	*Harengula nymphaea*
鲱形目	鲱科	斑鰶	*Clupanodon punctatus*
鲱形目	鲱科	印度鳓	*Ilisha indica*
鲱形目	鲱科	鳓鱼	*Ilisha elongata*
鲱形目	鳀科	尖吻小公鱼	*Stolephorus heteroloba*
鲱形目	鳀科	青带小公鱼	*Stolephorus zollingeri*
鲱形目	鳀科	康氏小公鱼	*Stolephorus commersoni*
鲱形目	鳀科	中华小公鱼	*Stolephorus chinensis*
鲱形目	鳀科	印度小公鱼	*Stolephorus indicus*
鲱形目	鳀科	赤鼻棱鳀	*Thrissa kammalensis*
鲱形目	鳀科	中颌棱鳀	*Thrissa mystax*
鲱形目	鳀科	黄吻棱鳀	*Thrissa vitirostris*
鲱形目	鳀科	杜氏棱鳀	*Thrissa dussumieri*
鲱形目	鳀科	长颌棱鳀	*Thrissa setirostris*
鲱形目	鳀科	黄鲫	*Setipinna taty*
鲱形目	鳀科	凤鲚	*Coilia mystus*
鲱形目	鳀科	小公鱼	*Stolephorus* sp.
灯笼鱼目	狗母鱼科	方斑狗母鱼	*Synodus kaianus*
灯笼鱼目	狗母鱼科	叉斑狗母鱼	*Synodus macrops*
灯笼鱼目	狗母鱼科	肩斑狗母鱼	*Synodus hoshinonis*
灯笼鱼目	狗母鱼科	印度狗母鱼	*Synodus indicus*
灯笼鱼目	狗母鱼科	杂斑狗母鱼	*Synodus variegatus*
灯笼鱼目	狗母鱼科	大头狗母鱼	*Trachinocephalus myops*
灯笼鱼目	狗母鱼科	花斑蛇鲻	*Saurida undosquamis*

（续）

目名	科名	种名	拉丁名
灯笼鱼目	狗母鱼科	多齿蛇鲻	*Saurida tumbil*
灯笼鱼目	狗母鱼科	长蛇鲻	*Saurida elongata*
灯笼鱼目	龙头鱼科	龙头鱼	*Harpodon nehereus*
灯笼鱼目	青眼鱼科	黑缘青眼鱼	*Chlorophthalmus nigromarginatus*
灯笼鱼目	灯笼鱼科	钝吻灯笼鱼	*Myctophum obtusirostris*
鳗鲡目	康吉鳗科	灰康吉鳗	*Conger cinereus*
鳗鲡目	康吉鳗科	锉吻海康吉鳗	*Bathymyrus simus*
鳗鲡目	康吉鳗科	拟穴奇鳗	*Alloconger anagoides*
鳗鲡目	康吉鳗科	银色突吻鳗	*Rhynchocymba nystromi*
鳗鲡目	康吉鳗科	短吻突吻鳗	*Rhynchocymba sivicola*
鳗鲡目	康吉鳗科	黑尾吻鳗	*Rhynchoconger ectenurus*
鳗鲡目	康吉鳗科	短吻吻鳗	*Rhynchoconger brevirostris*
鳗鲡目	康吉鳗科	黑边康吉鳗	*Congrina retrotincta*
鳗鲡目	康吉鳗科	尖尾鳗	*Uroconger lepturus*
鳗鲡目	海鳗科	海鳗	*Muraenesox cinereus*
鳗鲡目	海鳗科	鹤海鳗	*Muraenesox talabonoides*
鳗鲡目	海鳗科	细颌鳗	*Oxyconger leptognatus*
鳗鲡目	鸭嘴鳗科	丝尾草鳗	*Chlopsis fierasfer*
鳗鲡目	海鳝科	多带蛇鳝	*Echidna polyzona*
鳗鲡目	海鳝科	长海鳝	*Strophidon ui*
鳗鲡目	海鳝科	花斑裸胸鳝	*Gymnomuraena marmorata*
鳗鲡目	海鳝科	网纹裸胸鳝	*Gymnothorax reticularis*
鳗鲡目	海鳝科	白斑裸胸鳝	*Gymnothorax leucostingmus*
鳗鲡目	海鳝科	蠕纹裸胸鳝	*Gymnothorax kidako*
鳗鲡目	海鳝科	黑点裸胸鳝	*Gymnothorax melanospilus*
鳗鲡目	海鳝科	匀斑裸胸鳝	*Gymnothorax reevesi*
鳗鲡目	海鳝科	波纹裸胸鳝	*Gymnothorax undulatus*
鳗鲡目	海鳝科	密网裸胸鳝	*Gymnothorax pseudothyrsoideue*
鳗鲡目	前肛鳗科	前肛鳗	*Dysomma anguillaris*
鳗鲡目	蠕鳗科	裸鳍虫鳗	*Muraenichthys gymnpterus*
鳗鲡目	蠕鳗科	马拉邦虫鳗	*Muraenichthys malabonensis*
鳗鲡目	蛇鳗科	黑斑花蛇鳗	*Myrichthys maculosus*
鳗鲡目	蛇鳗科	斑竹花蛇鳗	*Myrichthys colubrinus*
鳗鲡目	蛇鳗科	食蟹豆齿鳗	*Pisoodonophis cancrivorus*
鳗鲡目	蛇鳗科	杂食豆齿鳗	*Pisoodonophis boro*

（续）

目名	科名	种名	拉丁名
鳗鲡目	蛇鳗科	光唇鳗	*Xyrias revulsus*
鳗鲡目	蛇鳗科	黄斑小齿蛇鳗	*Ophichthus intermedius*
鳗鲡目	蛇鳗科	横斑小齿蛇鳗	*Ophichthus intermedius*
鳗鲡目	蛇鳗科	艾氏蛇鳗	*Ophichthus evermanni*
鳗鲡目	蛇鳗科	尖吻蛇鳗	*Ophichthus apicalis*
鳗鲡目	蛇鳗科	短尾蛇鳗	*Ophichthus brevicaudatus*
鳗鲡目	蛇鳗科	蛇鳗	*Ophichthyidae* sp.
鳗鲡目		鳗	
鲇形目	鳗鲇科	鳗鲇	*Plotosus angillaris*
鲇形目	海鲇科	中华海鲇	*Arius sinensis*
鲇形目	海鲇科	海鲇	*Arius thalassinus*
鳕形目	犀鳕科	麦氏犀鳕	*Bregmaceros macclellandi*
鳕形目	长尾鳕科	多棘腔吻鳕	*Coelorhynchus multispinulosus*
鳕形目	长尾鳕科	带斑腔吻鳕	*Coelorhynchus cingulatus*
鳕形目	长尾鳕科	长管腔吻鳕	*Coelorhynchus longissimus*
鳕形目	鼬鳚科	仙鼬鳚	*Sirembo imberbis*
鳕形目	鼬鳚科	带纹仙鼬鳚	*Sirembo marmoratum*
鳕形目	鼬鳚科	棘鼬鳚	*Hoplobrotula armata*
鳕形目	鼬鳚科	黑斑新鼬鳚	*Neobythites nigromaculatus*
鳕形目	胎鼬鳚科	黄褐小鼬鳚	*Brotulina fusca*
金眼鲷目	金眼鲷科	线纹拟棘鲷	*Centrobery lineatus*
金眼鲷目	鳂科	少鳞骨鳂	*Ostichthys kaianus*
金眼鲷目	鳂科	日本骨鳂	*Ostichthys japonicus*
金眼鲷目	松球鱼科	松球鱼	*Monocentrus japonicus*
海鲂目	海鲂科	日本海鲂	*Zeus japonicus*
海鲂目	海鲂科	雨印亚海鲂	*Zenopsis nebulosa*
海鲂目	海鲂科	海鲂	*Zeidae* sp.
海鲂目	菱鲷科	高菱鲷	*Antigonia capros*
刺鱼目	烟管鱼科	毛烟管鱼	*Fistularia villosa*
刺鱼目	烟管鱼科	鳞烟管鱼	*Fistularia petimba*
刺鱼目	长吻鱼科	日本长吻鱼	*Macrorhamphosus japonicus*
刺鱼目	玻甲鱼科	玻甲鱼	*Centriscus scutus*
刺鱼目	海龙科	粗吻海龙	*Trachyrhamphus serratus*
刺鱼目	海龙科	刁海龙	*Solegnathus haricki*
刺鱼目	海龙科	刺海马	*Hippocampus histris*

（续）

目名	科名	种名	拉丁名
刺鱼目	海龙科	管海马	*Hippocampus kuda*
刺鱼目	海龙科	斑海马	*Hippocampus trimaculatus*
刺鱼目	海龙科	克氏海马	*Hippocampus kelloggi*
鲻形目	魣科	黄带魣	*Sphyraena helleri*
鲻形目	魣科	钝魣	*Sphyraena obtusata*
鲻形目	魣科	斑条魣	*Sphyraena jello*
鲻形目	魣科	油魣	*Sphyraena pinguis*
鲻形目	鲻科	鲻	*Mugil cephalus*
鲻形目	马鲅科	六指马鲅	*Polynemus sextarius*
鲈形目	鮨科	灰软鱼	*Malakichthys griseus*
鲈形目	鮨科	鲈	*Lateolabrax japonicus*
鲈形目	鮨科	细鳞三棱鲈	*Trisotropis dermopterus*
鲈形目	鮨科	宝石石斑鱼	*Epinephelus areolatus*
鲈形目	鮨科	宽带石斑鱼	*Epinephelus latifasciatus*
鲈形目	鮨科	云纹石斑鱼	*Epinephelus moara*
鲈形目	鮨科	六带石斑鱼	*Epinephelus sexfasciatus*
鲈形目	鮨科	青石斑鱼	*Epinephelus awoara*
鲈形目	鮨科	镶点石斑鱼	*Epinephelus amblycephalus*
鲈形目	鮨科	双棘石斑鱼	*Epinephelus diacanthus*
鲈形目	鮨科	六角石斑鱼	*Epinephelus hexagonatus*
鲈形目	鮨科	鲑点石斑鱼	*Epinephelus fario*
鲈形目	鮨科	小点石斑鱼	*Epinephelus epistictus*
鲈形目	鮨科	橙点石斑鱼	*Epinephelus bleekeri*
鲈形目	鮨科	灰石斑鱼	*Epinephelus heniochus*
鲈形目	鮨科	石斑鱼	*Epinephelus* sp.
		臀斑月花鮨	*Selenanthias analis*
鲈形目	鮨科	丽拟花鮨	*Pseudanthias cichlops*
鲈形目	鮨科	颊纹花鮨	*Anthias rubrizonatus*
鲈形目	大眼鲷科	拟大眼鲷	*Psedopriacanthus niphonius*
鲈形目	大眼鲷科	长尾大眼鲷	*Priacanthus tayenus*
鲈形目	大眼鲷科	短尾大眼鲷	*Priacanthus macracanthus*
鲈形目	大眼鲷科	布氏大眼鲷	*Priacanthus blochi*
鲈形目	发光鲷科	发光鲷	*Acropoma japonicum*
鲈形目	天竺鲷科	圆鳞发光鲷	*Acropoma hanedai*
鲈形目	天竺鲷科	鸠斑天竺鱼	*Apogonichthys perdix*

（续）

目名	科名	种名	拉丁名
鲈形目	天竺鲷科	宽条天竺鱼	*Apogonichthys striatus*
鲈形目	天竺鲷科	细条天竺鱼	*Apogonichthys lineatus*
鲈形目	天竺鲷科	黑天竺鲷	*Apogonichthys niger*
鲈形目	天竺鲷科	黑边天竺鱼	*Apogonichthys ellioti*
鲈形目	天竺鲷科	斑鳍天竺鱼	*Apogonichthys carinatus*
鲈形目	天竺鲷科	斑带天竺鲷	*Apogon orbicularis*
		弓线天竺鲷	*Apogon amboinensis*
鲈形目	天竺鲷科	中线天竺鲷	*Apogon kiensis*
鲈形目	天竺鲷科	红天竺鲷	*Apogon erythrinus*
鲈形目	天竺鲷科	半线天竺鲷	*Apogon semilineatus*
鲈形目	天竺鲷科	四线天竺鲷	*Apogon quadrifasciatus*
鲈形目	乳香鱼科	乳香鱼	*Lactarius lactarius*
鲈形目	鱚科	少鳞鱚	*Sillago japonica*
鲈形目	鱚科	多鳞鱚	*Sillago sihama*
鲈形目	方头鱼科	日本方头鱼	*Branchiostegus japonicus*
鲈形目	方头鱼科	斑鳍方头鱼	*Branchiostegus auratus*
鲈形目	方头鱼科	银方头鱼	*Branchiostegus argentatus*
鲈形目	鲹科	长吻裸胸鲹	*Caranx chrysophrys*
鲈形目	鲹科	马拉巴裸胸鲹	*Caranx malabaricus*
鲈形目	鲹科	青羽裸胸鲹	*Caranx coeruleopinnatus*
鲈形目	鲹科	白舌尾甲鲹	*Caranx helvolus*
鲈形目	鲹科	高体若鲹	*Caranx equula*
鲈形目	鲹科	丽叶鲹	*Caranx kalla*
鲈形目	鲹科	及达叶鲹	*Caranx djeddaba*
鲈形目	鲹科	金带细鲹	*Selaroides leptolepis*
鲈形目	鲹科	脂眼凹肩鲹	*Selar crumenophthalmus*
鲈形目	鲹科	牛眼凹肩鲹	*Selar boops*
鲈形目	鲹科	蓝圆鲹	*Decapterus maruadsi*
鲈形目	鲹科	无斑圆鲹	*Decapterus kurroides*
鲈形目	鲹科	红鳍圆鲹	*Decapterus russelli*
鲈形目	鲹科	颌圆鲹	*Decapterus lajang*
鲈形目	鲹科	长体圆鲹	*Decapterus macrosoma*
鲈形目	鲹科	大甲鲹	*Megalapis cordyla*
鲈形目	鲹科	竹筴鱼	*Trachurus japonicus*
鲈形目	鲹科	高体鰤	*Seriola dumerili*

（续）

目名	科名	种名	拉丁名
鲈形目	鲹科	黄条鰤	*Seriola aureovittata*
鲈形目	鲹科	黑纹条鰤	*Zonichthys nigrofasciata*
鲈形目	鲹科	海南鲹鲹	*Chorinemus hainanensis*
鲈形目	眼镜鱼科	眼镜鱼	*Mene maculata*
鲈形目	乌鲳科	乌鲳	*Formio niger*
鲈形目	军曹鱼科	军曹鱼	*Rachycentron canadum*
鲈形目	石首鱼科	皮氏叫姑鱼	*Johnius belengeri*
鲈形目	石首鱼科	小牙潘纳鱼	*Panna microdon*
鲈形目	石首鱼科	红拟石首鱼	*Sciaenops ocellatus*
鲈形目	石首鱼科	银牙鰔	*Otolithes argenteus*
鲈形目	石首鱼科	尖尾黄姑鱼	*Nibea acuta*
鲈形目	石首鱼科	截尾白姑鱼	*Argyrosomus aneus*
鲈形目	石首鱼科	大头白姑鱼	*Argyrosomus macrocephalus*
鲈形目	石首鱼科	斑鳍白姑鱼	*Argyrosomus pawak*
鲈形目	石首鱼科	白姑鱼	*Argyrosomus argentatus*
鲈形目	石首鱼科	大黄鱼	*Pseudosciaena crocea*
鲈形目	石首鱼科	棘头梅童鱼	*Collichthys lucidus*
鲈形目	石首鱼科	石首鱼科一种	Sciaenidiae sp.
鲈形目	鲾科	静鲾	*Leiognathus insidiator*
鲈形目	鲾科	鹿斑鲾	*Leiognathus ruconius*
鲈形目	鲾科	长鲾	*Leiognathus elongatus*
鲈形目	鲾科	黄斑鲾	*Leiognathus bindus*
鲈形目	鲾科	粗纹鲾	*Leiognathus lineolatus*
鲈形目	鲾科	细纹鲾	*Leiognathus berbis*
鲈形目	鲾科	短棘鲾	*Leiognathus equulus*
鲈形目	鲾科	短吻鲾	*Leiognathus brevirostris*
鲈形目	鲾科	小牙鲾	*Gazza minuta*
鲈形目	鲾科	鲾	*Leiognathus* sp.
鲈形目	银鲈科	长棘银鲈	*Gerres filamentosus*
鲈形目	笛鲷科	紫鱼	*Pristipomoides typus*
鲈形目	笛鲷科	黄线紫鱼	*Pristipomoides multidens*
鲈形目	笛鲷科	勒氏笛鲷	*Lutjanus russelli*
鲈形目	裸颊鲷科	红鳍裸颊鲷	*Lethrinus haematopterus*
鲈形目	鲷科	黄鲷	*Taius tumifrons*
鲈形目	鲷科	真鲷	*Pagrosomus major*

（续）

目名	科名	种名	拉丁名
鲈形目	鲷科	二长棘鲷	*Parargyrops edita*
鲈形目	鲷科	四长棘鲷	*Argyrops bleekeri*
鲈形目	鲷科	平鲷	*Rhabdosargus sarba*
鲈形目	鲷科	黑鲷	*Sparus macrocephalus*
鲈形目	鲷科	黄鳍棘鲷	*Sparus latus*
鲈形目	寿鱼科	寿鱼	*Banjos banjos*
鲈形目	金线鱼科	金线鱼	*Nemipterus virgatus*
鲈形目	金线鱼科	深水金线鱼	*Nemipterus bathybius*
鲈形目	金线鱼科	日本金线鱼	*Nemipterus japonicus*
鲈形目	锥齿鲷科	线尾锥齿鲷	*Pentapus setosus*
鲈形目	眶棘鲈科	弱棘眶棘鲈	*Scolopsis eriomma*
鲈形目	眶棘鲈科	伏氏眶棘鲈	*Scolopsis vosmeri*
鲈形目	眶棘鲈科	横带眶棘鲈	*Scolopsis inermis*
鲈形目	眶棘鲈科	双斑眶棘鲈	*Scolopsis bimaculatus*
鲈形目	眶棘鲈科	双带眶棘鲈	*Parascolopsis tosensis*
鲈形目	眶棘鲈科	眶棘鲈	*Scolopsis* sp.
鲈形目	石鲈科	纵带髭鲷	*Hapalogenys kishinouyei*
鲈形目	鯻科	尖吻鯻	*Therapon oxyrhynchus*
鲈形目	鯻科	鯻	*Therapon theraps*
鲈形目	鯻科	细鳞鯻	*Therapon jarbua*
鲈形目	鯻科	列牙鯻	*Pelates quadrilineatus*
鲈形目	羊鱼科	条尾绯鲤	*Upeneus bensasi*
鲈形目	羊鱼科	黑斑绯鲤	*Upeneus tragula*
鲈形目	羊鱼科	黄带绯鲤	*Upeneus sulphureus*
鲈形目	羊鱼科	摩鹿加绯鲤	*Upeneus moluccensis*
鲈形目	羊鱼科	四带绯鲤	*Upeneus quadrilineatus*
鲈形目	羊鱼科	纵带绯鲤	*Upeneus subvittatus*
鲈形目	羊鱼科	纵带副绯鲤	*Parupeneus fraterculus*
鲈形目	羊鱼科	黄带副绯鲤	*Parupeneus chrysopleuron*
鲈形目	蝲鱼科	细刺鱼	*Microcanthus strigatus*
鲈形目	蝴蝶鱼科	朴蝴蝶鱼	*Chaetodon modestus*
鲈形目	帆鳍鱼科	帆鳍鱼	*Histiopterus typus*
鲈形目	石鲷科	斑石鲷	*Oplegnathus punctatus*
鲈形目	赤刀鱼科	克氏棘赤刀鱼	*Acanthocepola krusensterni*
鲈形目	赤刀鱼科	印度棘赤刀鱼	*Acanthocepola indica*

目名	科名	种名	拉丁名
鲈形目	隆头鱼科	蓝侧海猪鱼	*Halichoeres cyanopleura*
鲈形目	隆头鱼科	细棘海猪鱼	*Halichoeres tenuispinis*
鲈形目	隆头鱼科	侧斑离鳍鱼	*Hemipteronotus verrens*
鲈形目	隆头鱼科	离鳍鱼	*Hemipteronotus* sp.
鲈形目	隆头鱼科	孔雀颈鳍鱼	*Iniistius pavo*
鲈形目	隆头鱼科	洛神颈鳍鱼	*Iniistius dea*
鲈形目	雀鲷科	乔氏台雅鱼	*Daya jordani*
鲈形目	鳎科	金鳎	*Cirrhitichthys aureus*
	鲬状鱼科	鲬状鱼	*Bembrops* sp.
鲈形目	拟鲈科	六带拟鲈	*Parapercis sexfasciata*
鲈形目	拟鲈科	多带拟鲈	*Saurida tumbil*
鲈形目	拟鲈科	斑棘拟鲈	*Parapercis striolata*
鲈形目	拟鲈科	黄纹拟鲈	*Parapercis xanthozona*
鲈形目	拟鲈科	美拟鲈	*Parapercis pulchella*
鲈形目	拟鲈科	圆拟鲈	*Parapercis cylindrica*
鲈形目	拟鲈科	斑点拟鲈	*Parapercis punctata*
鲈形目	拟鲈科	白斑拟鲈	*Parapercis alboguttata*
鲈形目	拟鲈科	拟鲈	*Parapercis* sp.
鲈形目	䲢科	日本䲢	*Uranoscopus japonicus*
鲈形目	䲢科	双斑䲢	*Uranoscopus bicinctus*
鲈形目	䲢科	少鳞䲢	*Uranoscopus oligolepis*
鲈形目	䲢科	中华䲢	*Uranoscopus chinensis*
鲈形目	鳄齿鱼科	弓背鳄齿鱼	*Champsodon atridorsalis*
鲈形目	鳚科	叉尾短带鳚	*Plagiotremus spilistius*
鲈形目	鳚科	带鳚	*Xiphasia setifer*
鲈形目	绵鳚科	长绵鳚	*Enchelyopus elongatus*
鲈形目	玉筋鱼科	台湾筋鱼	*Embolichthys mitsukurii*
鲈形目	玉筋鱼科	玉筋鱼	*Ammodytes personatus*
鲈形目	鳍科	双线鳍	*Diplogrammus goramensis*
鲈形目	鳍科	香鳍	*Callionymus olidus*
鲈形目	鳍科	海南鳍	*Callionymus hainanensis*
鲈形目	鳍科	李氏鳍	*Callionymus richardsoni*
鲈形目	鳍科	南海鳍	*Callionymus marisinensis*
鲈形目	鳍科	丝鳍鳍	*Callionymus virgis*
鲈形目	鳍科	丝棘鳍	*Callionymus flagris*

（续）

目名	科名	种名	拉丁名
鲈形目	䲗科	基岛䲗	*Callionymus kaianus*
鲈形目	䲗科	单丝䲗	*Callionymus monofilispinnus*
鲈形目	䲗科	高鳍䲗	*Callionymus altipinnis*
鲈形目	䲗科	美尾䲗	*Calliurichthys japonicus*
鲈形目	䲗科	丝鳍美尾䲗	*Callionymus dorysus*
鲈形目	篮子鱼科	黄斑篮子鱼	*Siganus oramin*
鲈形目	带鱼科	小带鱼	*Euplerogrammus muticus*
鲈形目	带鱼科	窄额带鱼	*Tentoriceps cristatus*
鲈形目	带鱼科	带鱼	*Trichiurus haumela*
鲈形目	带鱼科	南海带鱼	*Trichiurus nanhaiensis*
鲈形目	带鱼科	短带鱼	*Trichiurus brevis*
鲈形目	蛇鲭科	黑鳍蛇鲭	*Thyrsitoides marleyi*
鲈形目	蛇鲭科	短蛇鲭	*Rexes prometheoides*
鲈形目	鲭科	鲐	*Pneumatophorus japonicus*
鲈形目	鲭科	羽鳃鲐	*Rastrelliger kanagurta*
鲈形目	鲅科	康氏马鲛	*Scombermorus commersoni*
鲈形目	鲅科	蓝点马鲛	*Scombermorus niphonius*
鲈形目	鲅科	斑点马鲛	*Scomberomorus guttatus*
鲈形目	无齿鲳科	印度无齿鲳	*Ariomma indica*
鲈形目	无齿鲳科	无齿鲳	*Ariomma evermanni*
鲈形目	鲳科	中国鲳	*Pampus chinensis*
鲈形目	鲳科	灰鲳	*Pampus nozawae*
鲈形目	鲳科	银鲳	*Pampus argenteus*
鲈形目	长鲳科	刺鲳	*Psenopsis anomala*
鲈形目	塘鳢科	尾斑尖塘鳢	*Oxyeleotris urophthalmus*
鲈形目	虾虎鱼科	红丝虾虎鱼	*Cryptocentrus russus*
鲈形目	虾虎鱼科	长丝虾虎鱼	*Cryptocentrus filifer*
鲈形目	虾虎鱼科	触角沟虾虎鱼	*Oxyurichthys tentacularis*
鲈形目	虾虎鱼科	绿斑细棘虾虎鱼	*Acentrogobius chlorostigmatoides*
鲈形目	虾虎鱼科	拟矛尾虾虎鱼	*Parachaeturichthys polynema*
鲈形目	虾虎鱼科	矛尾虾虎鱼	*Chaeturichthys stigmatias*
鲈形目	鳗虾虎鱼科	红狼牙虾虎鱼	*Odontamblyopus rubicundus*
鲈形目	鳗虾虎鱼科	鳗形鳗虾虎鱼	*Taenioides anguillaris*
鲈形目	鳗虾虎鱼科	孔虾虎鱼	*Trypauchen vagina*
鲈形目	鮣科	鮣	*Echeneis naucrates*

（续）

目名	科名	种名	拉丁名
鲉形目	鲉科	铠平鲉	*Sebastes hubbsi*
鲉形目	鲉科	褐菖鲉	*Sebastiscus marmoratus*
鲉形目	鲉科	大鳞鳞头鲉	*Sebastapistes megalepis*
鲉形目	鲉科	斑鳍鲉	*Scorpaena neglecta*
鲉形目	鲉科	冠棘鲉	*Scorpaena hatizyoensis*
鲉形目	鲉科	驼背拟鲉	*Scorpaenopsis gibbosa*
鲉形目	鲉科	勒氏蓑鲉	*Pterois russelli*
鲉形目	鲉科	环纹蓑鲉	*Pterois lunulata*
鲉形目	鲉科	翱翔蓑鲉	*Pterois volitans*
鲉形目	鲉科	辐蓑鲉	*Pterois radiata*
鲉形目	鲉科	美丽短鳍蓑鲉	*Dendrochirus bellus*
鲉形目	鲉科	锯棱短蓑鲉	*Brachypterois serrulatus*
鲉形目	鲉科	盆蓑鲉	*Ebosia bleekeri*
鲉形目	鲉科	拟蓑鲉	*Parapterois heterurus*
鲉形目	鲉科	须蓑鲉	*Apistus carinatus*
鲉形目	毒鲉科	虎鲉	*Minous monodactylus*
鲉形目	毒鲉科	无备虎鲉	*Minous inermis*
鲉形目	毒鲉科	居氏鬼鲉	*Inimicus cuvieri*
鲉形目	毒鲉科	狮头鲉	*Erosa erosa*
鲉形目	鲂鮄科	绿鳍鱼	*Chelidonichthys kumu*
鲉形目	鲂鮄科	短鳍红娘鱼	*Lepidotrigla micropterus*
鲉形目	鲂鮄科	翼红娘鱼	*Lepidotrigla alata*
鲉形目	鲂鮄科	斑鳍红娘鱼	*Lepidotrigla punctipectoralis*
鲉形目	鲂鮄科	岸上红娘鱼	*Lepidotrigla kishinouyi*
鲉形目	鲂鮄科	深海红娘鱼	*Lepidotrigla abyssalis*
鲉形目	鲂鮄科	日本红娘鱼	*Lepidotrigla japonica*
鲉形目	鲂鮄科	大棘角鲂鮄	*Pterygotrigla hemsiticta*
鲉形目	鲂鮄科	琉球角鲂鮄	*Pterygotrigla ryukyuensis*
鲉形目	黄鲂鮄科	轮头鲂鮄	*Gargariscus prionocephalus*
鲉形目	黄鲂鮄科	皮氏红鲂鮄	*Satyrichthys piercei*
鲉形目	黄鲂鮄科	瑞氏红鲂鮄	*Satyrichthys rieffeli*
鲉形目	黄鲂鮄科	佛氏红鲂鮄	*Satyrichthys fowleri*
鲉形目	前鳍鲉科	虻鲉	*Erisphex potti*
鲉形目	前鳍鲉科	长棘钝顶鲉	*Amblyapistus macracanthus*
鲉形目	前鳍鲉科	钝顶鲉	*Amblyapistus* sp.

（续）

目名	科名	种名	拉丁名
鲉形目	前鳍鲉科	疣鲉	*Aploactis aspera*
鲉形目	短鲬科	短鲬	*Breviraja tobitukai*
鲉形目	红鲬科	红鲬	*Bembras japonicus*
鲉形目	鲬科	大鳞鳞鲬	*Onigocia macrolepis*
鲉形目	鲬科	粒突鳞鲬	*Onigocia tuberculatus*
鲉形目	鲬科	倒棘鲬	*Rogadius asper*
鲉形目	鲬科	大眼鲬	*Suggrundus meerdvoorti*
鲉形目	鲬科	鳞棘大眼鲬	*Suggrundus rodericensis*
鲉形目	鲬科	斑瞳鲬	*Inegocia guttatus*
鲉形目	鲬科	凹鳍鲬	*Kumococius detrusus*
鲉形目	鲬科	犬牙鲬	*Ratabulus megacephalus*
鲉形目	鲬科	丝鳍鲬	*Elates ransonneti*
鲉形目	鲬科	鲬	*Platycephalus indicus*
鲉形目	鲬科	鲬	*Platycephalus* sp.
鲉形目	棘鲬科	蓝氏棘鲬	*Hoplichthys langsdorfi*
鲉形目	棘鲬科	雷氏棘鲬	*Hoplichthys regani*
鲉形目	豹鲂鮄科	单棘豹鲂鮄	*Daicocus peterseni*
鲽形目	棘鲆科	大鳞拟棘鲆	*Citharoides macrolepidotus*
鲽形目	鲽科	短鲽	*Brachypleura novaezeelandiae*
鲽形目	牙鲆科	双瞳斑鲆	*Pseudorhombus dupliocellatus*
鲽形目	牙鲆科	少牙斑鲆	*Pseudorhombus oligodon*
鲽形目	牙鲆科	圆鳞斑鲆	*Pseudorhombus levisquamis*
鲽形目	牙鲆科	五点斑鲆	*Pseudorhombus quinquocellatus*
鲽形目	牙鲆科	大牙斑鲆	*Pseudorhombus arsius*
鲽形目	牙鲆科	五眼斑鲆	*Pseudorhombus pentophthalmus*
鲽形目	牙鲆科	高体斑鲆	*Pseudorhombus elevatus*
鲽形目	牙鲆科	高体大鳞鲆	*Tarphops oligolepis*
鲽形目	鲆科	长鳍羊舌鲆	*Arnoglossus tapeinosoma*
鲽形目	鲆科	纤羊舌鲆	*Arnoglossus tenuis*
鲽形目	鲆科	多斑羊舌鲆	*Arnoglossus polyspilus*
鲽形目	鲆科	大羊舌鲆	*Arnoglossus scapha*
鲽形目	鲆科	角羊舌鲆	*Arnoglossus japonicus*
鲽形目	鲆科	小头左鲆	*Laeops parviceps*
鲽形目	鲆科	中间角鲆	*Asterorhombus intermedius*
鲽形目	鲆科	短腹拟鲆	*Parabothus coarctatus*

（续）

目名	科名	种名	拉丁名
鲽形目	鲆科	青缨鲆	*Crossorhombus azureus*
鲽形目	鲆科	多牙缨鲆	*Crossorhombus kanekonis*
鲽形目	鲆科	宽额缨鲆	*Crossorhombus valderostratus*
鲽形目	鲆科	长臂缨鲆	*Crossorhombus kobensis*
鲽形目	鲆科	大鳞短额鲆	*Engyprosopon grandisquama*
鲽形目	鲆科	多鳞短额鲆	*Engyprosopon multisquama Amaoka*
鲽形目	鲆科	长鳍短额鲆	*Engyprosopon filipennis*
鲽形目	鲆科	长腿短额鲆	*Engyprosopon longipelvis*
鲽形目	鲆科	宽额短额鲆	*Engyprosopon latifrons*
鲽形目	鲆科	繁星鲆	*Bothus mytiaster*
鲽形目	鲆科	短额鲆	*Engyprosopon* sp.
鲽形目	鲆科	舌鲆	*Arnoglossus* sp.
鲽形目	鲆科	鲆	*Bothidae* sp.
鲽形目	鲽科	大牙拟鳙鲽	*Hippoglossoides dubius*
鲽形目	鲽科	粒鲽	*Clidoderma asperrima*
鲽形目	鲽科	黑斑瓦鲽	*Poecilopsetta colorata*
鲽形目	鲽科	长体瓦鲽	*Poecilopsetta praelonga*
鲽形目	鲽科	纳塔乐瓦鲽	*Poecilopsetta natalensis*
鲽形目	鲽科	冠鲽	*Samaris cristatus*
鲽形目	鲽科	短颌沙鲽	*Samariscus inornatus*
鲽形目	鲽科	长臂沙鲽	*Samariscus longimanus*
鲽形目	鳎科	卵鳎	*Solea ovata*
鲽形目	鳎科	眼斑豹鳎	*Pardachirus pavoninus*
鲽形目	鳎科	褐斑栉鳞鳎	*Aseraggodes kobensis*
鲽形目	鳎科	日本钩嘴鳎	*Heteromycteris japonicus*
鲽形目	鳎科	蛾眉条鳎	*Zebrias quagga*
鲽形目	鳎科	角鳎	*Aesopia cornuta*
鲽形目	舌鳎科	大鳞舌鳎	*Cynoglossus oligolepis*
鲽形目	舌鳎科	黑鳍舌鳎	*Cynoglossus roulei*
鲽形目	舌鳎科	短头舌鳎	*Cynoglossus brachycephalus*
鲽形目	舌鳎科	中华舌鳎	*Cynoglossus sinicus*
鲽形目	舌鳎科	短吻舌鳎	*Cynoglossus joyneri*
鲽形目	舌鳎科	断线舌鳎	*Cynoglossus interruptus*
鲽形目	舌鳎科	窄体舌鳎	*Cynoglossus gracilis*
鲀形目	拟三刺鲀科	拟三刺鲀	*Triacanthodes anomalus*

（续）

目名	科名	种名	拉丁名
鲀形目	拟三刺鲀科	倒刺副三刺鲀	*Paratriacanthodes retrospinis*
鲀形目	拟三刺鲀科	尖尾倒刺鲀	*Tydemania navigatoris*
鲀形目	三刺鲀科	短吻三刺鲀	*Triacanthus brevirostris*
鲀形目	三刺鲀科	尖吻假三刺鲀	*Pseudotriacanthus strigilifer*
鲀形目	革鲀科	日本副单角鲀	*Paramonacanthus nipponensis*
鲀形目	革鲀科	丝背细鳞鲀	*Stephanolepis cirrhifer*
鲀形目	革鲀科	日本细鳞鲀	*Stephanolepis nipponensis*
鲀形目	革鲀科	绒纹线鳞鲀	*Arotrolepis sulcatus*
鲀形目	革鲀科	中华单角鲀	*Monacanthus chinensis*
鲀形目	革鲀科	绿鳍马面鲀	*Navodon septentrionalis*
鲀形目	革鲀科	黄鳍马面鲀	*Navodon xanthopterus*
鲀形目	革鲀科	密斑马面鲀	*Navodon tessellatus*
鲀形目	革鲀科	单角革鲀	*Alutera monoceros*
鲀形目	六棱箱鲀科	六棱箱鲀	*Aracana rosapinto*
鲀形目	箱鲀科	双峰三棱箱鲀	*Rhinesomus concatenatus*
鲀形目	箱鲀科	蓝带箱鲀	*Ostracion solorensis*
鲀形目	鲀科	密沟鲀	*Liosaccus cutaneus*
鲀形目	鲀科	黑鳃兔头鲀	*Lagocephalus inermis*
鲀形目	鲀科	月腹刺鲀	*Gastrophysus lunaris*
鲀形目	鲀科	棕腹刺鲀	*Gastrophysus spadiceus*
鲀形目	鲀科	白点宽吻鲀	*Amblyrhynchotus honckenii*
鲀形目	鲀科	长棘宽吻鲀	*Amblyrhynchotus spinosissimus*
鲀形目	鲀科	铅点东方鲀	*Fugu alboplumbeus*
鲀形目	鲀科	横纹东方鲀	*Fugu oblongus*
鲀形目	鲀科	凹鼻鲀	*Chelonodon patoca*
鲀形目	鲀科	水纹扁背鲀	*Canthigaster rivulatus*
鲀形目	鲀科	白点叉鼻鲀	*Arothron meleagris*
鲀形目	刺鲀科	六斑刺鲀	*Diodon holacanthus*
鲀形目	刺鲀科	眶短刺鲀	*Chilomycterus orbicularis*
鲀形目	刺鲀科	鲀	*Tetraodontidae* sp.
海蛾鱼目	海蛾鱼科	龙海蛾鱼	*Pegasus draconis*
鮟鱇目	鮟鱇科	黑鮟鱇	*Lophiomus setigerus*
鮟鱇目	躄鱼科	毛躄鱼	*Antennaeius hispidus*
鮟鱇目	躄鱼科	三齿躄鱼	*Antennaeius pinniceps*
鮟鱇目	单棘躄鱼科	单棘躄鱼	*Chaunax fimbriatus*

（续）

目名	科名	种名	拉丁名
鮟鱇目	蝙蝠鱼科	蝙蝠鱼	*Malthopsis luteus*
鮟鮟鱇目	蝙蝠鱼科	棘茄鱼	*Halieutaea stellata*
鮟鱇鱇目	蝙蝠鱼科	牙棘茄鱼	*Halicmetus reticulatus*
头足类			
枪形目	柔鱼科	太平洋褶柔鱼	*Todarodes pacificus*
枪形目	枪乌贼科	中国枪乌贼	*Loligo chinensis*
枪形目	枪乌贼科	杜氏枪乌贼	*Loligo duvaucelii*
枪形目	枪乌贼科	剑尖枪乌贼	*Loligo edulis*
枪形目	枪乌贼科	田乡枪乌贼	*Loligo tagoi*
枪形目	枪乌贼科	莱氏拟乌贼	*Sepioteuthis lessoniana*
乌贼目	乌贼科	目乌贼	*Sepia aculeata*
乌贼目	乌贼科	针乌贼	*Sepia andreana*
乌贼目	乌贼科	椭乌贼	*Sepia elliptica*
乌贼目	乌贼科	金乌贼	*Sepia esculenta*
乌贼目	乌贼科	神户乌贼	*Sepia kobiensis*
乌贼目	乌贼科	白斑乌贼	*Sepia latimanus*
乌贼目	乌贼科	拟目乌贼	*Sepia lycidas*
乌贼目	乌贼科	虎斑乌贼	*Sepia pharaonis*
乌贼目	乌贼科	罗氏乌贼	*Sepia robsoni*
乌贼目	乌贼科	图氏后乌贼	*Metasepia tullbergi*
乌贼目	耳乌贼科	暗耳乌贼	*Inioteuthis japonica*
乌贼目	耳乌贼科	柏氏四盘耳乌贼	*Euprymna berryi*
乌贼目		乌贼	*Sepia* sp.
乌贼目		乌贼	*Sepia* sp. 1
乌贼目		乌贼	*Sepia* sp. 2
八腕目	蛸科	砂蛸	*Octopus aegina*
八腕目	蛸科	双斑蛸	*Octopus bimaculatus*
八腕目	蛸科	弯斑蛸	*Octopus dollfusi*
八腕目	蛸科	短蛸	*Octopus ocellatus*
八腕目	蛸科	卵蛸	*Octopus ovulum*
八腕目	蛸科	条纹蛸	*Octopus striolatus*
八腕目	蛸科	长蛸	*Octopus variabilis*
八腕目	蛸科	真蛸	*Octopus vulgaris*
八腕目	蛸科	蛸	*Octopus* sp.
甲壳类			

（续）

目名	科名	种名	拉丁名
十足目	管鞭虾科	中华管鞭虾	*Solenocera crassicornis*
十足目	管鞭虾科	凹管鞭虾	*Solenocera koelbeli*
十足目	对虾科	须赤虾	*Metapenaeopsis barbata*
十足目	对虾科	硬壳赤虾	*Metapenaeopsis dura*
十足目	对虾科	宽突赤虾	*Metapenaeopsis palmensis*
十足目	对虾科	吐露赤虾	*Metapenaeopsis toloensis*
十足目	对虾科	近缘新对虾	*Metapenaeus affinis*
十足目	对虾科	刀额仿对虾	*Parapenaeopsis cultrirostris*
十足目	对虾科	周氏新对虾	*Metapenaeus joyneri*
十足目	对虾科	沙栖新对虾	*Metapenaeus moyebi*
十足目	对虾科	哈氏仿对虾	*Parapenaeopsis harickii*
十足目	对虾科	亨氏仿对虾	*Parapenaeopsis hungerfordi*
十足目	对虾科	细巧仿对虾	*Parapenaeopsis tenella*
十足目	对虾科	假长缝拟对虾	*Parapenaeus fissuroides*
十足目	对虾科	墨吉对虾	*Penaeus merguiensis*
十足目	对虾科	长毛对虾	*Penaeus penicillatus*
十足目	对虾科	日本对虾	*Penaeus japonicus*
十足目	对虾科	斑节对虾	*Penaeus monodon*
十足目	对虾科	鹰爪虾	*Trachypenaeus curvirostris*
十足目	对虾科	长足鹰爪虾	*Trachypenaeus longipes*
十足目	对虾科	马来鹰爪虾	*Trachypenaeus malaiana*
十足目		龙虾	*Panulirus* sp.
十足目	鼓虾科	鲜明鼓虾	*Alpheus distinguendus*
十足目	鼓虾科	窄足鼓虾	*Alpheus malabaricus*
十足目	鼓虾科	贪食鼓虾	*Alpheus avarus*
十足目	长额虾科	驼背异腕虾	*Heterocarpus gibbosus*
十足目	长额虾科	东方异腕虾	*Heterocarpus sibogae*
十足目	褐虾科	泥污疣褐虾	*Pontocaris pennata*
十足目	海鳌虾科	红斑后海鳌虾	*Metanephrops thompsoni*
十足目	蝉虾科	毛缘扇虾	*Ibacus ciliatus*
十足目	蝉虾科	九齿扇虾	*Ibacus novemdentatus*
十足目	蝉虾科	刀指蝉虾	*Scyllarus cultrifer*
十足目	绵蟹科	绵蟹	*Dromia dehaani*
十足目	绵蟹科	干练平壳蟹	*Conchoecetes artificiosus*
十足目	蛙蟹科	蛙形蟹	*Ranina ranina*

目名	科名	种名	拉丁名
十足目	关公蟹科	伪装关公蟹	*Dorippe facchino*
十足目	关公蟹科	日本关公蟹	*Darippe japonica*
十足目	关公蟹科	疣面关公蟹	*Dorippe frascone*
十足目	关公蟹科	中华关公蟹	*Dorippe sinica*
十足目	玉蟹科	七刺栗壳蟹	*Arcania heptacantha*
十足目	玉蟹科	海绵精干蟹	*Iphiculus spongiosus*
十足目	玉蟹科	豆形拳蟹	*Philyra pisum*
十足目	玉蟹科	球形拳蟹	*Philyra globulosa*
十足目	馒头蟹科	肝叶馒头蟹	*Calappa hepatica*
十足目	馒头蟹科	逍遥馒头蟹	*Calappa philargius*
十足目	馒头蟹科	武装筐形蟹	*Musia armata*
十足目	馒头蟹科	红线黎明蟹	*Matuta planipes*
十足目	馒头蟹科	彭氏黎明蟹	*Matuta banksii*
十足目	蜘蛛蟹科	长足长崎蟹	*Phalangipus longipes*
十足目	蜘蛛蟹科	双角互敬蟹	*Hyastenus diacanthus*
十足目	蜘蛛蟹科	沟痕绒球蟹	*Doclea canalifera*
十足目	菱蟹科	环状隐足蟹	*Cryptopodia fronicata*
十足目	梭子蟹科	菲岛狼牙蟹	*Lupocyclus philippinensis*
十足目	梭子蟹科	远海梭子蟹	*Portunus pelagicus*
十足目	梭子蟹科	红星梭子蟹	*Portunus sanguinolentus*
十足目	梭子蟹科	三疣梭子蟹	*Portunus trituberculatus*
十足目	梭子蟹科	矛形梭子蟹	*Portunus hastatoides*
十足目	梭子蟹科	丽纹梭子蟹	*Portunus pulchricristatus*
十足目	梭子蟹科	疣状梭子蟹	*Portunus tuberculosus*
十足目	梭子蟹科	威迪梭子蟹	*Portunus tweediei*
十足目	梭子蟹科	银光梭子蟹	*Portunus argentatus*
十足目	梭子蟹科	拥剑梭子蟹	*Portunus haanii*
十足目	梭子蟹科	纤手梭子蟹	*Portunus gracilimanus*
十足目	梭子蟹科	日本蟳	*Charybdis japonica*
十足目	梭子蟹科	锐齿蟳	*Charybdis acuta*
十足目	梭子蟹科	锈斑蟳	*Charybdis feriatus*
十足目	梭子蟹科	武士蟳	*Charybdis miles*
十足目	梭子蟹科	变态蟳	*Charybdis variegata*
十足目	梭子蟹科	美人蟳	*Charybdis callianassa*
十足目	梭子蟹科	直额蟳	*Charybdis truncata*

（续）

目名	科名	种名	拉丁名
十足目	梭子蟹科	香港蝤	*Charybdis hongkongensis*
十足目	梭子蟹科	疾进蝤	*Charybdis vadorum*
十足目	梭子蟹科	看守长眼蟹	*Podophthalmus vigil*
十足目	扇蟹科	红斑斗蟹	*Liagore rubromaculata*
十足目	扇蟹科	双刺静蟹	*Galene bispinosa*
十足目	扇蟹科	细肢滑面蟹	*Etisus demani*
十足目	长脚蟹科	中华隆背蟹	*Carcinoplax sinica*
十足目	长脚蟹科	紫隆背蟹	*Carcinoplax purpurea*
十足目	长脚蟹科	隆线强蟹	*Eucrate crenata*
十足目	长脚蟹科	阿氏强蟹	*Eucrate alcocki*
十足目	长脚蟹科	刺足掘沙蟹	*Scalopidia spinosips*
口足目	虾蛄科	拉氏绿虾蛄	*Clorida latreillei*
口足目	虾蛄科	窝纹网虾蛄	*Dictyosquilla foveolata*
口足目	虾蛄科	口虾蛄	*Oratosquilla oratoria*
口足目	虾蛄科	无刺口虾蛄	*Oratosquilla inornata*
口足目	虾蛄科	黑斑口虾蛄	*Oratosquilla kempi*
口足目	虾蛄科	长叉口虾蛄	*Oratosquilla nepa*
口足目	虾蛄科	装饰口虾蛄	*Orstosquilla ornata*
口足目	虾蛄科	尖刺糙虾蛄	*Harpiosquilla raphidea*
口足目	猛虾蛄科	日本猛虾蛄	*Harpiosquilla japonica*
口足目	猛虾蛄科	棘突猛虾蛄	*Harpiosquilla raphidea*
口足目	猛虾蛄科	猛虾蛄	*Harpiosquilla harpax*
口足目	指虾蛄科	大指虾蛄	*Gonodactylus chiragra*
口足目	琴虾蛄科	斑琴虾蛄	*Lysiosquilla maculata*
口足目	琴虾蛄科	沟额琴虾蛄	*Lysiosquilla sulcirostris*
口足目		虾蛄	*Panda lopsis japonica*

附表 2 大亚湾示范区浮游动物物种名录

中文名	拉丁名	中文名	拉丁名
春季			
原生动物门	PROTOZOA	巴斯水母	*Bassia bassensis*
夜光虫	*Noctiluca scintillans*	双生水母	*Diphyes chamissonis*
刺胞动物门	CNIDARIA	九角水母	*Enneagonum hyalinum*
水螅虫总纲	HYDROZA	尖角水母	*Eudoxoides mitra*
白育水母纲	AUTOMEDUSA	螺旋尖角水母	*Eudoxoides spiralis*
筐水母亚纲	NAECOMEDUSAE	浅室水母属	*Lensia* sp.
太阳水母属	*Solmaris* sp.	拟细浅室水母	*Lensia subtiloides*
微小瓮水母	*Amphogona pusilla*	五角水母	*Muggiaea atlantica*
半口壮丽水母	*Aglaura hemistoma*	节肢动物门	ARTHROPODA
四叶小舌水母	*Liriope tetraphylla*	甲壳亚门	CRUSTACEA
水螅水母纲	HYDROIDOMEDUSA	鳃足纲	BRANCHIOPODA
花水母亚纲	ANTHOMEDUSAE	枝角目	CLADOCERA
拟棍螅水母	*Hydrocoryne* sp.	肥胖三角溞	*Evadne tergestina*
真枝螅属	*Eudendrium* sp.	鸟喙尖头溞	*Penilia avirostris*
双手水母属	*Amphinema* sp.	介形纲	OSTRACODA
软水母亚纲	LEPTOMEDUSAE	针刺真浮萤	*Euconchoecia aculeata*
单囊美螅水母	*Clytia folleata*	短棒真浮萤	*Euconchoecia chierchiae*
半球美螅水母	*Clytia hemisphaerica*	后圆真浮萤	*Euconchoecia maimai*
美螅水母属	*Clytia* sp.	桡足亚纲	COPEPODA
双唇螅水母属	*Diphasia* sp.	丹氏纺锤水蚤	*Acartia danae*
和平水母属	*Eirene* sp.	红纺锤水蚤	*Acartia erythraea*
真唇水母属	*Eucheilota* sp.	小纺锤水蚤	*Acartia negligens*
真瘤水母	*Eutima levuka*	太平洋纺锤水蚤	*Acartia pacifica*
真瘤水母属	*Eutima* sp.	纺锤水蚤属	*Acartia* sp.
卡玛拉水母	*Malagazzia carolinae*	刺尾纺锤水蚤	*Acartia spinicauda*
厚伞玛拉水母	*Malagazzia condensum*	驼背隆哲水蚤	*Acrocalanus gibber*
玛拉水母属	*Malagazzia* sp.	微驼隆哲水蚤	*Acrocalanus gracilis*
薮枝螅水母	*Obelia* sp.	长角隆哲水蚤	*Acrocalanus longicornis*
管水母亚纲	SIPHONOPHORAE	中华哲水蚤	*Calanus sinicus*

（续）

中文名	拉丁名	中文名	拉丁名
针丽哲水蚤	*Calocalanus styliremis*	汉森莹虾	*Lucifer hanseni*
微刺哲水蚤	*Canthocalanus pauper*	莹虾属	*Lucifer* sp.
背针胸刺水蚤	*Centropages dorsispinatus*	线虫动物门	NEMATODA
叉胸刺水蚤	*Centropages furcatus*	线虫	*Nematoda* sp.
细胸刺水蚤	*Centropages gracilis*	环节动物门	ANNELIDA
长角胸刺水蚤	*Centropages longicornis*	多毛纲	POLYCHAETA
奥氏胸刺水蚤	*Centropages orsinii*	游蚕属	*Pelagobia* sp.
胸刺水蚤属	*Centropages* sp.	浮蚕属	*Tomopteris* sp.
瘦尾胸刺水蚤	*Centropages tenuiremis*	盲蚕属	*Typhloscolex* sp.
大桨剑水蚤	*Copilia lata*	软体动物门	MOLLUSCA
近缘大眼剑水蚤	*Corycaeus affinis*	腹足纲	GASTROPODA
红大眼剑水蚤	*Corycaeus erythraeus*	翼足总目	PTEROPODA
大眼剑水蚤属	*Corycaeus* sp.	被壳翼足目	THECOSOMATA
平滑真刺水蚤	*Euchaeta plana*	马蹄螺螺	*Limacina trochiformis*
真刺唇角水蚤	*Labidocera euchaeta*	毛颚动物门	CHAETOGNATHA
光水蚤属	*Lucicutia* sp.	百陶箭虫	*Zonosagitta bedoti*
拟长腹剑水蚤	*Oithona similis*	多变箭虫	*Decipisagitta decipiens*
长腹剑水蚤属	*Oithona* sp.	弱箭虫	*Aidanosagitta delicata*
丽隆剑水蚤	*Oncaea venusta*	肥胖软箭虫	*Flaccisagitta enflata*
针刺拟哲水蚤	*Paracalanus aculeatus*	琴形箭虫	*Pseudosagitta lyra*
强额拟哲水蚤	*Paracalanus crassirostris*	微型箭虫	*Mesosagitta minima*
小拟哲水蚤	*Paracalanus parvus*	美丽箭虫	*Zonosagitta pulchra*
拟哲水蚤属	*Paracalanus* sp.	脊索动物门	CHORDATA
火腿伪镖水蚤	*Pseudodioptomus poplesia*	尾索动物亚门	TUNICATA
次真哲水蚤属	*Subeucalanus* sp.	尾海鞘纲	APPENDICULARIA
亚强次真哲水蚤	*Subeucalanus subcrassus*	住囊虫属	*Oikopleura* sp.
狭额次真哲水蚤	*Subeucalanus subtenuis*	樽海鞘纲	THALIACEA
异尾宽水蚤	*Temora discaudata*	软拟海樽	*Dolioletta gegenbauri*
锥形宽水蚤	*Temora turbinata*	浮游幼体	Larva
钳形歪水蚤	*Tortanus forcipatus*	和平水母幼虫	Eirene larva
软甲亚纲	MALACOSTRACA	阿利玛幼体	Alima larva（Squilla）
端足目	AMPHIPODA	环节动物门幼体	Annelida larva
钩虾	*Gammaridae* sp.	海星羽腕幼虫	Bipinnaria larva
孟加拉蛮蛾	*Lestrigonus bengalensis*	哲水蚤目幼体	Calanoida copepodite
十足目	DECAPODA	胸刺水蚤幼体	*Centropages copepodite*

中文名	拉丁名	中文名	拉丁名
刺胞动物幼虫	Ceolenterata larva	仔鱼	Fish larvae
桡足类幼体	Copepoda copepite	多毛类幼体	Polychaeta larvae
桡足类无节幼体	Copepoda nauplius	多毛类担轮幼虫	Polychaeta trochophora
蔓足类腺介幼虫	Cypris larva	箭虫幼体	Sagittidae larvae
十足类幼体	Decapod larva	次真哲水蚤幼虫	Subeucalanus copepodite
海胆长腕幼虫	Echinopluteus larva	宽水蚤幼体	Temora copepodite
鱼卵	Fish eggs		
		夏季	
原生动物门	PROTOZOA	长腹剑水蚤属	Oithona sp.
砂轮虫属	Trochemmina sp.	驼背隆哲水蚤	Acrocalanus gibber
刺胞动物门	CNIDARIA	亚强次真哲水蚤	Subeucalanus subcrassus
水螅虫总纲	HYDROZA	强次真哲水蚤	Subeucalanus crassus
白育水母纲	AUTOMEDUSA	微刺哲水蚤	Canthocalanus pauper
筐水母亚纲	NAECOMEDUSAE	微驼隆哲水蚤	Acrocalanus gracilis
半口壮丽水母	Aglaura hemistoma	短角长腹剑水蚤	Oithona brevicornis
水螅水母纲	HYDROIDOMEDUSA	纺锤水蚤属	Acartia sp.
软水母亚纲	LEPTOMEDUSAE	瘦新哲水蚤	Neocalanus gracilis
侧丝水母属	Helgicirrha sp.	中华胸刺水蚤	Centropages sinensis
管水母亚纲	SIPHONOPHORAE	短缩丽哲水蚤	Calocalanus contractus
双生水母	Diphyes chamissonis	隆剑水蚤属	Oncaea sp.
螺旋尖角水母	Eudoxoides spiralis	挪威小毛猛水蚤	Microsetella norvegica
五角水母	Muggiaea atlantica	坚细尾怪水蚤	Thaummaleus rigidus
节肢动物门	ARTHROPODA	奥氏胸刺水蚤	Centropages orsinii
甲壳亚门	CRUSTACEA	针刺拟哲水蚤	Paracalanus aculeatus
鳃足纲	BRANCHIOPODA	大桨剑水蚤	Copilia lata
枝角目	CLADOCERA	钳形歪水蚤	Tortanus forcipatus
肥胖三角溞	Evadne tergestina	帽形次真哲水蚤	Subeucalanus pileatus
鸟喙尖头溞	Penilia avirostris	背针胸刺水蚤	Centropages dorsis pinatus
多刺裸腹溞	Moina macrocopa	胃叶剑水蚤	Sapphirina gastrica
介形纲	OSTRACODA	丹氏纺锤水蚤	Acartia danae
针刺真浮萤	Euconchoecia aculeata	角突隆剑水蚤	Oncaea conifera
桡足亚纲	COPEPODA	羽丽哲水蚤	Calocalanus plumulosus
瘦歪水蚤	Tortanus gracilis	肠叶剑水蚤	Sapphirina intestinata
红纺锤水蚤	Acartia erythraea	长足怪水蚤	Monstrilla longipes
锥形宽水蚤	Temora turbinata	丽哲水蚤属	Calocalanus sp.
太平洋纺锤水蚤	Acartia pacifica	伯氏平头水蚤	Candacia bradyi

（续）

中文名	拉丁名	中文名	拉丁名
细长腹剑水蚤	*Oithona attenuata*	樽海鞘纲	THALIACEA
软甲亚纲	MALACOSTRACA	软拟海樽	*Dolioletta gegenbauri*
端足目	AMPHIPODA	小齿海樽	*Doliolum denticulatum*
真叶蛾属	*Eupronoe* sp.	海樽科	*Doliolidae* sp.
磷虾目	EUPHAUSIACEA	浮游幼体	*Larva*
磷虾属	*Euphausia* sp.	桡足亚纲幼体	Copepoda copepotide
十足目	DECAPODA	桡足亚纲无节幼体	Copepoda nauplius
汉森莹虾	*Lucifer hanseni*	莹虾幼体	*Lucifer* larva
中型莹虾	*Lucifer intermedius*	十足目幼体	Decapoda larva
环节动物门	ANNELIDA	环节动物门幼体	Annelida larva
多毛纲	POLYCHAETA	海樽类幼虫	Doliolum larva
明蚕属	*Vanadis* sp.	次真哲水蚤幼虫	Subeucalanus larva
浮蚕属	*Tomopteris* sp.	鱼卵	Fish eggs
软体动物门	MOLLUSCA	箭虫幼体	Sagittidea larva
腹足纲	GASTROPODA	糠虾幼体	Mysidacea larva
翼足总目	PTEROPODA	蔓足类腺介幼虫	Cypris larva
被壳翼足目	THECOSOMATA	海星幼体	Asteroidea larva
凸强卷螺	*Agadina* sp.	阿利玛幼体	Alima larva（Squilla）
尖笔帽螺	*Creseis acicula*	哲水蚤目幼体	Calanoida copepodite
锥笔帽螺	*Creseis virgula* v. *conica*	真刺水蚤幼体	*Euchaeta* copepodite
马蹄蠕螺	*Limacina trochiformis*	浮蚕幼体	Tomopteris larva
毛颚动物门	CHAETOGNATHA	住囊虫幼体	*Oikopleura* larva
百陶箭虫	*Zonosagitta bedoti*	腹足纲幼体	Gastropoda larva
肥胖软箭虫	*Flaccisagitta enflata*	刺胞动物门幼虫	Ceolenterata larva
脊索动物门	CHORDATA	仔鱼	Fish larva
尾索动物亚门	TUNICATA	蔓足纲幼虫	Cirripedia larva
尾海鞘纲	APPENDICULARIA	介形纲幼体	Ostracoda larva
长尾住囊虫	*Oikopleura longicauda*	长腹剑水蚤幼体	*Oithona* copepotide
		秋季	
栉水母动物门	CTENOPHORA	两手筐水母	*Solmundella bitentaculata*
球型侧腕水母	*Pleurobrachia globosa*	水螅水母纲	HYDROMEDUSAE
刺胞动物门	CNIDARIA	水螅水母类	Hydromedusae sp.
水螅虫总纲	HYDROZA	花水母亚纲	ANTHOMEDUSAE
白育水母纲	AUTOMEDUSA	拟棍螅水母	*Hydrocoryne* sp.
筐水母亚纲	NAECOMEDUSAE	崎状镰螅水母	*Zanclea costata*

（续）

中文名	拉丁名	中文名	拉丁名
软水母亚纲	LEPTOMEDUSAE	小唇角水蚤	*Labidocera minuta*
六辐和平水母	*Eirene hexanemalis*	异尾宽水蚤	*Temora discaudata*
管水母亚纲	SIPHONOPHORAE	背突隆水蚤	*Oncaea clevei*
双生水母	*Diphyes chamissonis*	椭形长足水蚤	*Calanopia elliptica*
拟细浅室水母	*Lensia subtiloides*	长刺小厚壳水蚤	*Scolecithricella longispinosa*
节肢动物门	ARTHROPODA	齿隆水蚤	*Oncaea dentipes*
甲壳亚门	CRUSTACEA	东亚大眼剑水蚤	*Corycaeus asiatius*
鳃足纲	BRANCHIOPODA	小型大眼剑水蚤	*Corycaeus pumilus*
枝角目	CLADOCERA	伯氏平头水蚤	*Candacia bradyi*
肥胖三角溞	*Evadne tergestina*	太平洋大眼剑水蚤	*Corycaeus pacificus*
鸟喙尖头溞	*Penilia avirostris*	短角长腹剑水蚤	*Oithona brevicornis*
介形纲	OSTRACODA	亮大眼剑水蚤	*Corycaeus andrewsi*
针刺真浮萤	*Euconchoecia aculeata*	红小毛猛水蚤	*Microsetella rosea*
桡足亚纲	COPEPODA	中华矮隆哲水蚤	*Bestiola sinicus*
红纺锤水蚤	*Acartia erythraea*	弓角基齿哲水蚤	*Clausocalanus arcuicornis*
锥形宽水蚤	*Temora turbinata*	黑点叶剑水蚤	*Sapphirina nigromaculata*
微刺哲水蚤	*Canthocalanus pauper*	软甲亚纲	MALACOSTRACA
瘦歪水蚤	*Tortanus gracilis*	糠虾目	MYSIDACEA
亚强次真哲水蚤	*Subeucalanus subcrassus*	纤细刺糠虾	*Acanthomysis tenella*
驼背隆哲水蚤	*Acrocalanus gibber*	环节动物门	ANNELIDA
羽长腹剑水蚤	*Oithona plumifera*	多毛纲	POLYCHAETA
奥氏胸刺水蚤	*Centropages orsinii*	多毛类	*Polychaeta* sp.
钳形歪水蚤	*Tortanus forcipatus*	软体动物门	MOLLUSCA
尖额唇角水蚤	*Labidocera acuta*	腹足纲	GASTROPODA
叉胸刺水蚤	*Centropages furcatus*	翼足总目	PTEROPODA
瘦拟哲水蚤	*Paracalanus gracilis*	被壳翼足目	THECOSOMATA
平大眼剑水蚤	*Corycaeus dahli*	棒笔帽螺	*Creseis clava*
针刺拟哲水蚤	*Paracalanus aculeatus*	毛颚动物门	CHAETOGNATHA
太平洋纺锤水蚤	*Acartia pacifica*	百陶箭虫	*Zonosagitta bedoti*
长角隆哲水蚤	*Acrocalanus longicornis*	肥胖软箭虫	*Flaccisagitta enflata*
瘦尾简角水蚤	*Pontellopsis tenuicauda*	脊索动物门	CHORDATA
普通波水蚤	*Undinula vulgaris*	尾索动物亚门	TUNICATA
红大眼剑水蚤	*Corycaeus erythraeus*	尾海鞘纲	APPENDICULARIA
背针胸刺水蚤	*Centropages dorsispinatus*	异体住囊虫	*Oikopleura dioica*

（续）

中文名	拉丁名	中文名	拉丁名
樽海鞘纲	THALIACEA	多毛类担轮幼体	Polychaeta larva
软拟海樽	*Dolioletta gegenbauri*	鱼卵	Fish eggs
小齿海樽	*Doliolum denticulatum*	箭虫幼体	Sagittidae larva
殖离海樽	*Doliolina separata*	蔓足类腺介幼虫	Cypris larva
浮游幼体	Larva	磁蟹溞状幼体	Porcellana zoea
唇角水蚤幼体	*Labidocera* copepodite	毛虾幼虫	Acetes larva
被囊类蝌蚪幼虫	Tadepole larva	耳状幼虫（海参纲）	Auricularia larva
刺胞动物幼虫	Coeleterata larva	阿利玛幼体	Alima larva (Squilla)
角水蚤幼体	*Pontella* copepodite	真刺水蚤幼体	Euchaeta copepodite
和平水母幼体	*Eirene* larva	仔鱼	Fish larva
长尾类幼体	Macrura larva	无节幼体（桡足类）	Nauplius (Copepoda)
蔓足类无节幼体	Cirripedia nauplius	海星幼体	Asteroidea larva
莹虾幼体	*Lucifer* larva	无节幼体（磷虾类）	Nauplius (Euphausiacea)
短尾类溞状幼体	Brachyura zoea	帚足类辐轮幼虫	Actinotrocha larva
长腕幼虫（蛇尾纲）	Ophiopluteus larva	舌贝幼虫（腕足类）	Lingula larva
冬季			
刺胞动物门	CNIDARIA	针刺真浮萤	*Euconchoecia aculeata*
水螅虫总纲	HYDROZA	桡足亚纲	COPEPODA
白育水母纲	AUTOMEDUSA	红纺锤水蚤	*Acartia erythraea*
筐水母亚纲	NAECOMEDUSAE	太平洋纺锤水蚤	*Acartia pacifica*
半口壮丽水母	*Aglaura hemistoma*	安氏隆哲水蚤	*Acrocalanus andersoni*
两手筐水母	*Solmundella bitentaculata*	驼背隆哲水蚤	Acrocalanus gibber
水螅水母纲	HYDROMEDUSAE	微驼隆哲水蚤	Acrocalanus gracilis
花水母亚纲	ANTHOMEDUSAE	汤氏长足水蚤	*Calanopia thompsoni*
拟棍螅水母	*Hydrocoryne* sp.	丽哲水蚤属	*Calocalanus* sp.
粗端梅尔水母	*Mayeri forbesi*	伯氏平头水蚤	*Candacia bradyi*
软水母亚纲	LEPTOMEDUSAE	微刺哲水蚤	*Canthocalanus pauper*
单囊美螅水母	*Clytia folleata*	叉胸刺水蚤	*Centropages furcatus*
四手触丝水母	*Lovenella assimilis*	奥氏胸刺水蚤	*Centropages orsinii*
细颈和平水母	*Eirene menoni*	瘦尾胸刺水蚤	*Centropages tenuiremis*
管水母亚纲	SIPHONOPHORAE	亮大眼剑水蚤	*Corycaeus andrewsi*
双生水母	*Diphyes chamissonis*	东亚大眼剑水蚤	*Corycaeus asiatius*
拟细浅室水母	*Lensia subtiloides*	平大眼剑水蚤	*Corycaeus dahli*
节肢动物门	ARTHROPODA	红大眼剑水蚤	*Corycaeus erythraeus*
甲壳亚门	CRUSTACEA	小型大眼剑水蚤	*Corycaeus pumilus*
介形纲	OSTRACODA	精致真刺水蚤	*Euchaeta concinna*

（续）

中文名	拉丁名	中文名	拉丁名
拟额大眼水蚤	*Farranula rostratus*	百陶箭虫	*Zonosagitta bedoti*
尖额唇角水蚤	*Labidocera acuta*	肥胖软箭虫	*Flaccisagitta enflata*
真刺唇角水蚤	*Labidocera euchaeta*	脊索动物门	CHORDATA
小唇角水蚤	*Labidocera minuta*	尾索动物亚门	TUNICATA
圆唇角水蚤	*Labidocera rotunda*	尾海鞘纲	APPENDICULARIA
挪威小毛猛水蚤	*Microsetella norvegica*	异体住囊虫	*Oikopleura dioica*
短角长腹剑水蚤	*Oithona brevicornis*	长尾住囊虫	*Oikopleura longicauda*
羽长腹剑水蚤	*Oithona plumifera*	浮游幼体	Larva
拟长腹剑水蚤	*Oithona similis*	唇角水蚤幼体	*Labidocera* copepodite
背突隆水蚤	*Oncaea clevei*	双壳类幼虫	Bivalve larva
齿隆水蚤	*Oncaea dentipes*	腹足类幼虫	Gastropoda larva
针刺拟哲水蚤	*Paracalanus aculeatus*	箭虫幼体	Sagittidae larva
强额拟哲水蚤	*Paracalanus crassirostris*	鱼卵	Fish eggs
瘦尾筒角水蚤	*Pontellopsis tenuicauda*	真刺水蚤幼体	*Euchaeta* copepodite
钝筒角水蚤	*Pontellopsis yamadae*	短尾类溞状幼体	Brachyura zoea
亚强次真哲水蚤	*Subeucalanus subcrassus*	长尾类幼体	Macrura larva
锥形宽水蚤	*Temora turbinata*	桡足类幼虫	Copepoda copepodite
钳形歪水蚤	*Tortanus forcipatus*	磁蟹溞状幼体	Porcellana zoea
瘦歪水蚤	*Tortanus gracilis*	长腕幼虫（蛇尾纲）	Ophiopluteus larva
普通波水蚤	*Undinula vulgaris*	阿利玛幼体	Alima larva (Squilla)
软甲亚纲	MALACOSTRACA	假磷虾幼体	Pseudeuphausia larva
糠虾目	MYSIDACEA	糠虾幼体	Mysidacea larve
刺尾狼糠虾	*Lycomysis spinicauda*	多毛类担轮幼体	Polychaeta larva
磷虾目	EUPHAUSIACEA	莹虾幼体	Lucifer larva
宽额假磷虾	*Pseudeuphausia latifrons*	蔓足类无节幼体	Cirripedia nauplius
端足目	AMPHIPODA	仔鱼	Fish larva
孟加拉蛮蛾	*Lestrigonus bengalensis*	矮水蚤属幼体	Bestiolina larva
十足目	DECAPODA	无节幼体（桡足类）	Nauplius (Copepoda)
汉森莹虾	*Lucifer hanseni*	糠虾目幼体	Mysidacea larva
软体动物门	MOLLUSCA	软水母亚纲	Leptomedusae larva
腹足纲	GASTROPODA	角水蚤幼体	*Pontellopsis* copepodite
翼足总目	PTEROPODA	棒眼糠虾属幼体	*Rhopalophthalmus* larva
被壳翼足目	THECOSOMATA		
尖笔帽螺	*Creseis acicula*		
毛颚动物门	CHAETOGNATHA		

附表3　大亚湾示范区底栖动物物种名录

中文名	拉丁名	中文名	拉丁名
	春季		
环节动物门	ANNELIDA	杓形小囊蛤	*Saccella ocuspidata*
小头虫科	MYTILIDAE	节肢动物门	ARTHROPODA
背蚓虫	*Notomastus latericeus*	鼓虾科	ALPHEIDAE
海女虫科	HESIONIDAE	短脊鼓虾	*Alpheus brevicristatus*
蛇潜虫	*Ophiodromus* sp.	玉蟹科	LEUCOSIIDAE
丝鳃虫科	CIRRATULIDAE	斜方玉蟹	*Leucosia rhomboidalis*
细丝鳃虫	*Cirratulus filiformis*	菱蟹科	PARTHENOPIDAE
齿吻沙蚕科	NEPHTYIDAE	强壮菱蟹	*Parthenope validus*
双鳃内卷齿蚕	*Aglaophamus phuketensis*	关公蟹科	DORIPPIDAE
单指虫科	COSSURIDAE	伪装关公蟹	*Dorippe facchino*
双形拟单指虫	*Cossurella dimorpha*	梭子蟹科	PORTUNIDAE
吻沙蚕科	GLYCERIDAE	直额蟳	*Charybdis truncata*
锥唇吻沙蚕	*Glycera onomichiensis*	香港蟳	*Charybdis hongkongensis*
仙女虫科	AMPHINOMIDAE	锈斑蟳	*Charybdis feriatus*
仙女虫科一种	Amphinomidae sp.	远海梭子蟹	*Portunus pelagicus*
软体动物门	MOLLUSCA	美人蟳	*Charybdis callianassa*
锥螺科	TURRITELLIDAE	拥剑梭子蟹	*Portunus gladiator*
棒锥螺	*Turritella bacillum*	晶莹蟳	*Charybdis lucifera*
帘蛤科	VENERIDAE	日本蟳	*Charybdis japonica*
粗帝汶蛤	*Timoclea scabra*	虾蛄科	SQUILLIDAE
波纹巴非蛤	*Paphia undulata*	棘突猛虾蛄	*Harpiosquilla raphidea*
乌贼科	SEPIIDAE	猛虾蛄	*Harpiosquilla harpax*
曼氏无针乌贼	*Sepiella maindroni*	口虾蛄	*Oratosquilla oratoria*
枪乌贼科	LOLIGINIDAE	断脊口虾蛄	*Oratosquillina interrupta*
杜氏枪乌贼	*Uroteuthis duvauceli*	馒头蟹科	CALAPPIDAE
章鱼科（蛸科）	OCTOPODIDAE	逍遥馒头蟹	*Calappa philargius*
短蛸	*Octopus ocellatus*	对虾科	PENAEIDAE
吻状蛤科	NUCULANIDAE	宽突赤虾	*Metapenaeopsis palmensis*

中文名	拉丁名	中文名	拉丁名
近缘新对虾	*Metapenaeus affinis*	六指马鲅	*Polydactylus sexfilis*
中华仿对虾	*Parapenaeopsis sinica*	石首鱼科	SCIAENIDAE
长毛对虾	*Penaeus penicillatus*	团头叫姑鱼	*Johnius amblycephalus*
长脚蟹科	GONEPLACIDAE	蛇鳗科	OPHICHTHYIDAE
拟盲蟹	*Typhlocarcinops* sp.	长鳍盲蛇鳗	*Scarabaeus sacer*
隆线强蟹	*Eucrate crenata*	舌鳎科	CYNOGLOSSIDAE
阿氏强蟹	*Eucrate alcoki*	斑头舌鳎	*Cynoglossus puncticeps*
脊索动物门	CHORDATTA	长体舌鳎	*Cynoglossus lingua*
鲱科	CLUPRIDAE	鲆科	BOTHIDAE
信德小沙丁鱼	*Sardinella sindensis*	小头左鲆	*Laeops parviceps*
花鰶	*Clupanodon thrissa*	鰏科	LEIOGNATHIDAE
鲂鮄科	TRIDLIDAE	鹿斑鰏	*Leiognathus ruconius*
日本红娘鱼	*Lepidotrigla japonica*	短吻鰏	*Leiognathus brevirostris*
虾虎鱼科	GOBIIDAE	鲀科	TETRAODONTIDAE
眼瓣沟虾虎鱼	*Oxyurichthysophthalmonema*	密沟鲀	*Liosaccus cutaneus*
长丝虾虎鱼	*Cryptocentrus filifer*	蓝子鱼科	SIGANIDAE
犬牙细棘虾虎鱼	*Acentrogobius caninus*	黄斑蓝子鱼	*Siganus oramin*
拟矛尾虾虎鱼	*Parachaeturichthys polynema*	笛鲷科	LUTJANIDAE
矛尾虾虎鱼	*Chaeturichthys stigmatias*	约氏笛鲷	*Lutjanus johni*
鳎科	SOLEIDAE	鲬科	PLATYCEPHALIDAE
卵鳎	*Solea ovata*	大鳞鳞鲬	*Onigocia macrolepis*
牙鲆科	PARALICHTHYIDAE	粒突鳞鲬	*Onigocia tuberculatus*
圆鳞斑鲆	*Pseudorhombus levisquamis*	长鲳科	CENTROLOPHIDAE
天竺鲷科	APOGONIDAE	刺鲳	*Psenopsis anomala*
四线天竺鲷	*Apogon quadrifasciatus*	狗母鱼科	SYNODOTIDAE
黑边天竺鱼	*Apogonichthys ellioti*	多齿蛇鲻	*Saurida tumbil*
细条天竺鱼	*Apogonichthys lineatus*	石鲈科	CORYPHAENIDAE
鲷科	SPARIDAE	斜带髭鲷	*Hapalogenys nitens*
二长棘鲷	*Paerargyrops edita*	海鳝科	MURAENIDAE
黄鳍棘鲷	*Acanthopagrus latus*	长体鳝	*Thyrsoidea macrurus*
康吉鳗科	CONGRIDAE	鳗鲇科	PLOTOSIDAE
尖尾鳗	*Uroconger lepturus*	鳗鲇	*Plotosus lineatus*
马鲅科	POLYNEMIDAE	海龙科	SYNGNATHIDAE

（续）

中文名	拉丁名	中文名	拉丁名
海龙属	*Syngnathus argyrostictus*	鮨科	CALLIONYMIDAE
拟鲈科	PARAPERCIDAE	南方鮨	*Callionymus meridionalis*
六带拟鲈	*Parapercis sexfasciata*	棘皮动物门	ECHINODERMATA
鱚科	SILLAGINIDAE	蛇尾纲	OPHIUROIDEA
少鳞鱚	*Sillago japonica*	阳遂足科	AMPHIURIDAE
鲹科	CARANGIDAE	光滑倍棘蛇尾	*Amphiopholis laevis*
竹筴鱼	*Trachurus japonicus*		
		夏季	
环节动物门	ANNELIDA	角沙蚕	*Ceratonereis* sp.
齿吻沙蚕科	NEPHTYIDAE	吻沙蚕科	GLYCERIDAE
双鳃内卷齿蚕	*Aglaophamus phuketensis*	锥唇吻沙蚕	*Glycera onomichiensis*
缨鳃虫科	SABELLIDAE	锥头虫科	ORBINIIDAE
缨鳃虫	*Sabella penicillus*	长锥虫	*Haploscoloplos elongatus*
不倒翁虫科	STERNASPIDAE	小头虫科	MYTILIDAE
不倒翁虫	*Sternaspis scutata*	小头虫	*Capitella capitata*
毛鳃虫科	TRICHOBRACHIDAE	背蚓虫	*Notomastus latericeus*
梳鳃虫	*Terebellides stroemii*	索沙蚕科	LUMBRINERIIAE
节节虫科	MALDANIDAE	索沙蚕	*Lumbrineris* sp.
钩齿短脊虫	*Asychis gangetic*	单指虫科	COSSURIDAE
角吻沙蚕科	GONIADIDAE	双形拟单指虫	*Cossurella dimorpha*
角吻沙蚕	*Goniada emerita*	软体动物门	MOLLUSCA
丝鳃虫科	CIRRATULIDAE	锥螺科	TURRITELLIDAE
细丝鳃虫	*Cirratulus filiformis*	棒锥螺	*Turritella bacillum*
海稚虫科	SPIONIDAE	帘蛤科	VENERIDAE
冠奇异稚齿虫	*Paraprionospio cristata*	粗帝汶蛤	*Timoclea scabra*
后指虫	*Laonice cirrata*	波纹巴非蛤	*Paphia undulata*
欧文虫科	OWENIIDAE	乌贼科	SEPIIDAE
欧文虫	*Owenia fusformis*	曼氏无针乌贼	*Sepiella maindroni*
锥头虫科	ORBINIIDAE	枪乌贼科	LOLIGINIDAE
微锥头虫	*Microrbinia* sp.	杜氏枪乌贼	*Uroteuthis duvauceli*
丝鳃虫科	CIRRATULIDAE	武装乌贼科	ENOPLOTEUTHIDAE
丝鳃虫	*Audouinia comosa*	安达曼钩腕乌贼	*Abralia andamanica*
沙蚕科	NEREIDAE	吻状蛤科	NUCULANIDAE

（续）

中文名	拉丁名	中文名	拉丁名
杓形小囊蛤	*Saccella ocuspidata*	关公蟹科	DORIPPIDAE
篮蛤科	CORBULIDAE	四齿关公蟹	*Dorippe quadridens*
线异篮蛤	*Anisocorbula lineata*	伪装关公蟹	*Dorippe facchino*
鸟蛤科	CARDIIDAE	虾蛄科	SQUILLIDAE
韩氏薄壳鸟蛤	*Fulvia mulica*	猛虾蛄	*Harpiosquilla harpax*
塔螺科	TURRIDAE	口虾蛄	*Oratosquilla oratoria*
爪哇拟塔螺	*Turricula javana*	断脊口虾蛄	*Oratosquilla interrupa*
衲螺科	CANCELLARIIDAE	对虾科	PENAEIDAE
白带三角口螺	*Trigonaphera bocageana*	宽突赤虾	*Metapenaeopsis palmensis*
薄壳蛤科	LATERNULIDAE	周氏新对虾	*Metapenaeus joyneri*
鸭嘴蛤	*Laternula anatina*	宽沟对虾	*Penaeus latisulcatus*
节肢动物门	ARTHROPODA	墨吉对虾	*Penaeus merguiensis*
长脚蟹科	GONEPLACIDAE	斑节对虾	*Penaeus monodon*
拟盲蟹	*Typhlocarcinops* sp.	周氏新对虾	*Metapenaeus joyneri*
梭子蟹科	PORTUNIDAE	中华仿对虾	*Parapenaeopsis sinica*
晶莹蟳	*Charybdis lucifera*	馒头蟹科	CALAPPIDAE
锐齿蟳	*Charybdis hellerii*	清白招潮蟹	*Uca lacteus*
远海梭子蟹	*Portunus pelagicus*	菱蟹科	PARTHENOPIDAE
三疣梭子蟹	*Portunus trituberculatus*	强壮菱蟹	*Parthenope validus*
锈斑蟳	*Charybdis feriatus*	脊索动物门	CHORDATTA
武士蟳	*Charybdis miles*	鲾科	LEIOGNATHIDAE
美人蟳	*Charybdis callianassa*	短吻鲾	*Leiognathus brevirostris*
直额蟳	*Charybdis truncata*	黄斑鲾	*Leiognathus bindus*
日本蟳	*Charybdis japonica*	石首鱼科	SCIAENIDAE
红星梭子蟹	*Portunus sanguinolentus*	棘头梅童鱼	*Collichthys lucidus*
变态蟳	*Charybdis variegata*	大头白姑鱼	*Argyrosomus macrocephalus*
拥剑梭子蟹	*Portunus gladiator*	斑鳍白姑鱼	*Argyrosomus pawak*
红星梭子蟹	*Portunus sanguinolentus*	皮氏叫姑鱼	*Johnius belengeri*

（续）

中文名	拉丁名	中文名	拉丁名
鲷科	SPARIDAE	鲆科	BOTHIDAE
二长棘鲷	Parargyrops edita	青缨鲆	Crossorhombus azureus
平鲷	Rhabdosargus sarba	纤羊舌鲆	Arnoglossus tenuis
灰鳍鲷	Sparus berda	牙鲆科	PARALICHTHYIDAE
鱚科	SILLAGINIDAE	圆鳞斑鲆	Pseudorhombus levisquamis
少鳞鱚	Sillago japonica	鲱科	CLUPRIDAE
虾虎鱼科	GOBIIDAE	黄泽小沙丁鱼	Sardinella lemuru
犬牙细棘虾虎鱼	Acentrogobius caninus	信德小沙丁鱼	Sardinella sindensis
矛尾虾虎鱼	Chaeturichthys stigmatias	花鰶	Clupanodon thrissa
眼瓣沟虾虎鱼	Oxyurichthys ophthalmonema	天竺鲷科	APOGONIDAE
巴布亚沟虾虎鱼	Oxyurichthys papuensis	细条天竺鱼	Apogonichthys lineatus
拟矛尾虾虎鱼	Parachaeturichthys polynema	四线天竺鲷	Apogon quadrifasciatus
长丝虾虎鱼	Cryptocentrus filifer	黑边天竺鱼	Apogonichthys ellioti
鲀科	TETRAODONTIDAE	金线鱼科	NEMIPTERIDAE
密沟鲀	Liosaccus cutaneus	金线鱼	Nemipteras virgatus
斑点东方鲀	Tetraodontidae poecilonotus	马鲅科	POLYNEMIDAE
鲹科	CARANGINAE	六指马鲅	Polynemus sextarius
大甲鲹	Megalaspis cordyla	蛸科	OCTOPODIDAE
蓝圆鲹	Decapterus maruadsi	短蛸	Octopus ocellatus
及达叶鲹	Caranx djeddaba	卵蛸	Octopus ovulum
鲬科	PLATYCEPHALIDAE	䲗科	CALLIONYMIDAE
丝鳍鲬	Elates ransommeti	南方䲗	Callionymus meridionalis
大鳞鳞鲬	Onigocia macrolepis	狗母鱼科	SYNODIDAE
大眼鲬	Suggrundus meerdvoorti	长条蛇鲻	Saurida filamentosa
革鲀科	ALUTERIDAE	多齿蛇鲻	Saurida tumbil
黄鳍马面鲀	Navodon xanthopterus	大头狗母鱼	Trachinocephalus myops
鳗虾虎鱼科	TAENIOIDIDAE	康吉鳗科	CONGRIDAE
红狼牙虾虎鱼	Odontamblyopus rubicundus	尖尾鳗	Uroconger lepturus
蝲科	THERAPONIDAE	短尾突吻鳗	Rhynchocymba sivicola
蝲	Therapon thraps	前肛鳗	Dysomma anguillaris
细鳞蝲	Therapon jarbua	舌鳎科	CYNOGLOSSIDAE
尖吻蝲	Therapon oxyrhynchus	日本须鳎	Paraplagusia japonica
列牙蝲（四带牙蝲）	Pelates quadrilineatus	斑头舌鳎	Cynoglossoides puncticeps

（续）

中文名	拉丁名	中文名	拉丁名
海鳝科	MURAENIDAE	石鲈科	POMADASYIDAE
长体鳝	*Thyrsoidea macrurus*	胡椒鲷	*Plectorhynchus pictus*
蛇鳗科	OPHICGTHYIDAE	棘皮动物门	ECHINODERMATA
长鳍盲蛇鳗	*Scarabaeus sacer*	蛇尾纲	OPHIUROIDEA
海鳗科	MURAENESOCIDAE	阳遂足科	AMPHIURIDAE
海鳗	*Muraenesox cinereus*	光滑倍棘蛇尾	*Amphiopholis laevis*
金线鱼科	NEMIPTERIDAE	芋参科	MOLPADIIDAE
金线鱼	*Nemipteras virgatus*	海棒槌	*Paracaudina chilensis*
鮨科	SERRANIDAE	螠虫动物门	ECHIURA
青石斑鱼	*Epinephelus awoara*	螠科	ECHIURIDAE
鲉科	SCORPAENOIDAE	短吻铲荚螠	*Listriolobus brevirostris*
褐菖鲉	*Sebastiscus marmoratus*	纽形动物门	NEMERTINEA
羊鱼科	MULLIDAE	脑纽科	CEREBRATULIDAE
条尾绯鲤	*Upeneus bensasi*	脑纽虫	*Cerebratulina* sp.
拟鲈科	PARAPERCIDAE	蓝子鱼科	SIGANIDAE
眼斑拟鲈	*Parapercis ommatura*	黄斑蓝子鱼	*Siganus oramin*
烟管鱼科	FISTULARIIDAE	大眼鲷科	PRIACANTHIDAE
鳞烟管鱼	*Fistularia petimba*	短尾大眼鲷	*Priacanthus macracanthus*
银鲈科	GERRIDAE	鳎科	SOLEIDAE
长棘银鲈	*Gerres filamentosus*	卵鳎	*Solea ovata*
		秋季	
环节动物门	ANNELIDA	红刺尖锥虫	*Scoloplos rubra*
白毛虫科	PILARGIIDAE	长锥虫	*Haploscoloplos elongatus*
深钩毛虫	*Sigambra bassi*	金扇虫科	CHRYSOPETALIDAE
齿吻沙蚕科	NEPHTYIDAE	金扇虫科一种	Chrysopetalidae sp.
双鳃内卷齿蚕	*Aglaophamus phuketensis*	吻沙蚕科	GLYCERIDAE
节节虫科	MALDANIDAE	锥唇吻沙蚕	*Glycera onomichiensis*
钩齿短脊虫	*Asychis gangetic*	海稚虫科	SPIONIDAE
小头虫科	MYTILIDAE	冠奇异稚齿虫	*Paraprionospio cristata*
背蚓虫	*Notomastus latericeus*	后指虫	*Laonice cirrata*
小头虫	*Capitella capitata*	软体动物门	MOLLUSCA
毛鳃虫科	TRICHOBRACHIDAE	锥螺科	TURRITELLIDAE
梳鳃虫	*Terebellides stroemii*	棒锥螺	*Turritella bacillum*
不倒翁虫科	STERNASPIDAE	帘蛤科	VENERIDAE
不倒翁虫	*Sternaspis scutata*	粗帝汶蛤	*Timoclea scabra*
锥头虫科	ORBINIIDAE	波纹巴非蛤	*Paphia undulata*

（续）

中文名	拉丁名	中文名	拉丁名
枪乌贼科	LOLIGINIDAE	宽突赤虾	*Metapenaeopsis palmensis*
杜氏枪乌贼	*Uroteuthis duvauceli*	虾蛄科	SQUILLIDAE
玉螺科	NATICIDAE	断脊口虾蛄	*Oratosquilla interrupa*
玉螺	*Natica vitellus*	口虾蛄	*Oratosquilla oratoria*
塔螺科	TURRIDAE	猛虾蛄	*Harpiosquilla harpax*
假奈拟塔螺	*Turricula nelliae*	玉蟹科	LEUCOSIIDAE
节肢动物门	ARTHROPODA	斜方玉蟹	*Leucosia rhomboidalis*
海蟑螂科	LIGIIDAE	头盖玉蟹	*Leucosia craniolaris*
海蟑螂	*Ligia oceanica*	脊索动物门	CHORDATTA
长脚蟹科	GONEPLACIDAE	鲾科	LEIOGNATHIDAE
拟盲蟹	*Typhlocarcinops* sp.	鹿斑鲾	*Leiognathus ruconius*
关公蟹科	DORIPPIDAE	短吻鲾	*Leiognathus brevirostris*
伪装关公蟹	*Dorippe facchino*	鲱科	CLUPEIDAE
梭子蟹科	PORTUNIDAE	信德小沙丁鱼	*Sardinella sindensis*
拥剑梭子蟹	*Portunus gladiator*	黑尾小沙丁鱼	*Sardinella melanura*
红星梭子蟹	*Portunus sanguinolentus*	斑鰶	*Clupanodon punctatus*
锈斑蟳	*Charybdis feriatus*	鲬科	PLATYCEPHALIDAE
香港蟳	*Charybdis hongkongensis*	大鳞鳞鲬	*Onigocia macrolepis*
日本蟳	*Charybdis japonica*	粒突鳞鲬	*Onigocia tuberculatus*
变态蟳	*Charybdis variegata*	丝鳍鲬	*Elates ransommeti*
美人蟳	*Charybdis callianassa*	天竺鲷科	APOGONIDAE
晶莹蟳	*Charybdis lucifera*	细条天竺鱼	*Apogonichthys lineatus*
锐齿蟳	*Charybdis hellerii*	中线天竺鲷	*Apogon kiensis*
武士蟳	*Charybdis miles*	虾虎鱼科	GOBIIDAE
直额蟳	*Charybdis truncata*	长丝虾虎鱼	*Cryptocentrus filifer*
对虾科	PENAEIDAE	矛尾虾虎鱼	*Chaeturichthys stigmatias*
中华管鞭虾	*Solenocera crassicornis*	眼瓣沟虾虎鱼	*Oxyurichthys ophthalmonema*
周氏新对虾	*Metapenaeus joyneri*	拟矛尾虾虎鱼	*Parachaeturichthys polynema*
中华仿对虾	*Parapenaeopsis sinica*	犬牙细棘虾虎鱼	*Acentrogobius caninus*
哈氏仿对虾	*Parapenaeopsis hardwickii*	长丝虾虎鱼	*Cryptocentrus filifer*
刀额新对虾	*Metapenaeus ensis*	巴布亚沟虾虎鱼	*Oxyurichthys papuensis*
墨吉对虾	*Penaeus merguiensis*	鳗虾虎鱼科	TAENIOIDIDAE
斑节对虾	*Penaeus monodon*	红狼牙虾虎鱼	*Odontamblyopus rubicundus*

（续）

中文名	拉丁名	中文名	拉丁名
孔虾虎鱼	*Trypauchen vagina*	鱚科	SILLAGINIDAE
鳎科	SOLEIDAE	少鳞鱚	*Sillago japonica*
卵鳎	*Solea ovata*	鳗鲇科	PLOTOSIDAE
鲆科	BOTHIDAE	线鳗鲇	*Plotosus lineatus*
纤羊舌鲆	*Arnoglossus tenuis*	鯻科	THERAPONIDAE
鳀科	ENGRAULIDAE	细鳞鯻	*Therapon jarbua*
黄鲫	*Setipinna taty*	鯻	*Therapon thraps*
马鲅科	POLYNEMIDAE	石首鱼科	SCIAENIDAE
六指马鲅	*Polynemus sextarius*	皮氏叫姑鱼	*Johnius belengeri*
金线鱼科	NEMIPTERIDAE	大头白姑鱼	*Argyrosomus macrocephalus*
金线鱼	*Nemipteras virgatus*	大黄鱼	*Pseudosciaena crocea*
革鲀科	ALUTERIDAE	勒氏短须石首鱼	*Umbrina russeli*
黄鳍马面鲀	*Navodon xanthopterus*	鲹科	CARANGINAE
鲀科	TETRAODONTIDAE	及达叶鲹	*Caranx djeddaba*
弓斑东方鲀	*Fugu ocellatus*	蓝子鱼科	SIGANIDAE
蛇鳗科	OPHICHTHYIDAE	黄斑蓝子鱼	*Siganus oramin*
食蟹豆齿鳗	*Pisoodonophis cancrivorus*	棘皮动物门	ECHINODERMATA
蛸科	OCTOPODIDAE	蛇尾纲	OPHIUROIDEA
短蛸	*Octopus ocellatus*	阳遂足科	AMPHIURIDAE
真蛸	*Octopus vulgaris*	光滑倍棘蛇尾	*Amphipholis laevis*
鮨科	CALLIONYMIDAE	纽形动物门	NEMERTINEA
南方鮨	*Callionymus meridionalis*	脑纽科	CEREBRATULIDAE
李氏鮨	*Callionymus richardsoni*	脑纽虫	*Cerebratulina* sp.
	冬季		
环节动物门	ANNELIDA	锥唇吻沙蚕	*Glycera onomichiensis*
小头虫科	MYTILIDAE	仙女虫科	AMPHINOMIDAE
背蚓虫	*Notomastus latericeus*	仙女虫科一种	Amphinomidae sp.
海女虫科	HESIONIDAE	软体动物门	MOLLUSCA
蛇潜虫	*Ophiodromus. sp*	锥螺科	TURRITELLIDAE
丝鳃虫科	CIRRATULIDAE	棒锥螺	*Turritella bacillum*
细丝鳃虫	*Cirratulus filiformis*	帘蛤科	VENERIDAE
齿吻沙蚕科	NEPHTYIDAE	粗帝汶蛤	*Timoclea scabra*
双鳃内卷齿蚕	*Aglaophamus phuketensis*	角蛤	*Goniophora* sp.
单指虫科	COSSURIDAE	美叶雪蛤	*Clausinella calophylla*
双形拟单指虫	*Cossurella dimorpha*	波纹巴非蛤	*Paphia undulata*
吻沙蚕科	GLYCERIDAE	乌贼科	SEPIIDAE

（续）

中文名	拉丁名	中文名	拉丁名
曼氏无针乌贼	*Sepiella maindroni*	香港蟳	*Charybdis hongkongensis*
枪乌贼科	LOLIGINIDAE	锈斑蟳	*Charybdis feriatus*
杜氏枪乌贼	*Uroteuthis duvauceli*	日本蟳	*Charybdis japonica*
竹蛏科	SOLENIDAE	蟳	*Charybdis* sp.
短竹蛏	*Solen dunkerianus*	东方蟳	*Charybdis orientalis*
魁蛤科	MABELLARCA	纤手梭子蟹	*Portunus gracilimanus*
联球蚶	*Mabellarca consociata*	红星梭子蟹	*Portunus sanguinolentus*
马蹄螺科	TROCHIDAE	鼓虾科	ALPHEIDAE
中国小铃螺	*Minolia chinensis*	短脊鼓虾	*Alpheus brevicristatus*
节肢动物门	ARTHROPODA	玉蟹科	LEUCOSIIDAE
虾蛄科	SQUILLIDAE	杂粒拳蟹	*Philyra heterograna*
口虾蛄	*Oratosquilla oratoria*	关公蟹科	DORIPPIDAE
断脊口虾蛄	*Oratosquilla interrupa*	伪装关公蟹	*Dorippe facchino*
猛虾蛄	*Harpiosquilla harpax*	颗粒关公蟹	*Dorippe granulata*
对虾科	PENAEIDAE	细足关公蟹	*Dorippe tenuipes*
中华管鞭虾	*Solenocera crassicornis*	关公蟹	*Dorippe* sp.
宽突赤虾	*Metapenaeopsis palmensis*	长脚蟹科	GONEPLACIDAE
门司赤虾	*Metapenaeopsis mogiensis*	阿氏强蟹	*Eucrate alcocki*
墨吉对虾	*Penaeus merguiensis*	刺足掘沙蟹	*Scalopidia spinosipes*
中华仿对虾	*Parapenaeopsis sinica*	拟盲蟹	*Typhlocarcinops* sp.
亨氏仿对虾	*Parapenaeopsis hungerfordi*	隆线强蟹	*Eucrate crenata*
中国对虾	*Penaeus chinensis*	馒头蟹科	CALAPPIDAE
周氏新对虾	*Metapenaeus joyneri*	逍遥馒头蟹	*Calappa philargius*
哈氏仿对虾	*Parapenaeopsis hardwickii*	沙蟹科	OCYPODIDAE
梭子蟹科	PORTUNIDAE	清白招潮蟹	*Uca lacteus*
矛形梭子蟹	*Portunus hastatoides*	玻璃虾科	PASIPHAEIDAE
拥剑梭子蟹	*Portunus gladiator*	细螯虾	*Leptochela* sp.
美人蟳	*Charybdis callianassa*	脊索动物门	CHORDATTA
变态蟳	*Charybdis variegata*	舌鳎科	CYNOGLOSSIDAE
晶莹蟳	*Charybdis lucifera*	长体舌鳎	*Cynoglossus lingua*

（续）

中文名	拉丁名	中文名	拉丁名
金线鱼科	NEMIPTERIDAE	蛇鳗科	OPHICHTHYIDAE
金线鱼	*Nemipterus virgatus*	杂食豆齿鳗	*Pisoodonophis boro*
鳕科	SILLAGINIDAE	鲆科	BOTHIDAE
少鳞鳕	*Sillago japonica*	纤羊舌鲆	*Arnoglossus tenuis*
虾虎鱼科	GOBIIDAE	海鳝科	MURAENIDAE
犬牙细棘虾虎鱼	*Acentrogobius caninus*	褐裸胸鳝	*Gymnothorax hepaticus*
拟矛尾虾虎鱼	*Parachaeturichthys polynema*	康吉鳗科	CONGRIDAE
触角沟虾虎鱼	*Oxyurichthys tentacularis*	尖尾鳗	*Uroconger lepturus*
舌虾虎鱼	*Glossogobius giuris*	鲬科	PLATYCEPHALIDAE
巴布亚沟虾虎鱼	*Oxyurichthys papuensis*	粒突鳞鲬	*Onigocia tuberculatus*
长丝虾虎鱼	*Cryptocentrus filifer*	石鲈科	POMADASYIDAE
天竺鲷科	APOGONIDAE	横带髭鲷	*Hapalogenys mucronatus*
黑边天竺鱼	*Apogonichthys ellioti*	鲀科	TETRAODONTIDAE
双带天竺鲷	*Apogon taeniatus*	星点东方鲀	*Fugu niphobles*
细条天竺鱼	*Apogonichthys lineatus*	拟鲈科	PARAPERCIDAE
石首鱼科	SCIAENIDAE	六带拟鲈	*Parapercis sexfasciata*
白姑鱼	*Argyrosomus argentatus*	鯻科	THERAPONIDAE
皮氏叫姑鱼	*Johnius belengeri*	鯻	*Therapon thraps*
勒氏短须石首鱼	*Umbrina russelli*	鲳科	STRONMATEIDAE
杜氏叫姑鱼	*Johnius dussumieri*	中国鲳	*Pampus chinensis*
大眼白姑鱼	*Pennahia macrophthalmus*	纽形动物门	NEMERTINEA
鲷科	SPARIDAE	脑纽科	CEREBRATULIDAE
黑鲷	*Sparus macrocephalus*	脑纽虫	*Cerebratulina* sp.
带鱼科	TRIVHIURIDAE	棘皮动物门	ECHINODERMATA
沙带鱼	*Lepturacanthus savala*	蛇尾纲	OPHIUROIDEA
鲱科	CLUPRIDAE	阳遂足科	AMPHIURIDAE
斑鰶	Clupanodon punctatus	光滑倍棘蛇尾	Amphiopholis laevis
鲻科	CALLIONYMIDAE	倍棘蛇尾	*Ophiuroidea* sp.
李氏鲻	*Callionymus richardsoni*	蟋虫动物门	ECHIURA
鰏科	BOTHIDAE	蟋科	ECHIURIDAE
短吻鰏	*Leiognathus brevirostris*	短吻铲荚蟋	*Listriolobus brevirostris*
鹿斑鰏	*Leiognathus ruconius*		

附表 4 海陵湾范区浮游动物物种名录

中文名	拉丁名	中文名	拉丁名
原生动物	PROTISTA	枝角类	CLADOCERA
网纹虫	*Favella* sp.	鸟喙尖头溞	*Penilia avirostris*
拟铃虫	*Tintinnopsis* sp.	肥胖三角溞	*Evadne tergesina*
夜光虫	*Noctiluca scintillans*	磷虾类	EUPHAUSIACEA
水母类	MEDUSA	长额磷虾	*Euphausia diomedeae*
不列颠高手水母	*Bougainvillia britannica*	宽额假磷虾	*Pseudeuphausia latifrons*
多管水母	*Aequorea aequorea*	小型磷虾	*Euphausia nana*
细小多管水母	*Aequorea parva*	糠虾类	WYSIDAXEA
半球美螅水母	*Clytia hemisphaerica*	长额刺糠虾	*Acanthomysis longirostris*
双生水母	*Diphyes chamissonis*	短额刺糠虾	*Acanthomysis brevirostris*
异双生水母	*Diphyes dispar*	莹虾类	LUCIFER
短腺和平水母	*Eirene brevigona*	中型莹虾	*Lucifer intermedius*
细颈和平水母	*Eirene menoni*	汉森莹虾	*Lucifer hanseni*
东方真瘤水母	*Eutima orientalis*	东方莹虾	*Lucifer orientalis*
海笔螅水母	*Halocordyle tiarella*	端足类	AMPHIPODA
锥体浅室水母	*Lensia conoides*	长刺拟蛮蛾	*Hyperietta longipes*
微脊浅室水母	*Lensia cossack*	斯氏小泉蛾	*Hyperietta stephenseni*
拟细浅室水母	*Lensia subtiloides*	裂颊蛮蛾	*Lestrigonus schizogeneios*
四叶小舌水母	*Liriope tetraphylla*	尖头蛾	*Oxycephalus clausi*
卡玛拉水母	*Malagazzia carolinae*	拟长脚蛾	*Parathemisto gaudichaudi*
五角水母	*Muggiaea atlantica*	方齿亮钩虾	*Photis kapapa*
短体五角水母	*Muggiaea delsmani*	长尾亮钩虾	*Photis longicaudata*
气囊水母	*Physophora hydrostatica*	针简巧蛾	*Phronimopsis spinifera*
球形侧腕水母	*Pleurobachia globosa*	角突麦始虫	*Caprella scaura*
瓜水母	*Beroe cucumis*	蛮蛾	*Lestrigonus* sp.
两手筐水母	*Solmundella bitentaculata*	钩虾	*Gammaridean* sp.
嵴球镰螅水母	*Zanclea costata*	异足类	PTEROPDA
半口壮丽水母	*Aglaura hemistoma*	明螺	*Atlanta* sp.

（续）

中文名	拉丁名	中文名	拉丁名
厚伞玛拉水母	*Malagazzia condensum*	尖笔帽螺	*Creseis acicula*
无疣和平水母	*Eirene averuciformis*	棒笔帽螺	*Creseis clava*
锡兰和平水母	*Eirene ceylonensis*	蝴蝶螺	*Desmopterus papilio*
薮枝螅水母	*Obelia* sp.	角明螺	*Oxygyrus keraudreni*
介形类	OSTRACODA	十足类	DECAPODA
尖尾海萤	*Cypridina acuminata*	细螯虾	*Leptochela gracilis*
针刺真浮萤	*Euconchoecia aculeata*	毛颚类	CHAETOGNATHA
多毛拟弯喉萤	*Paravargula hirsuta*	太平洋撬虫	*Krohnitta pacifica*
桡足类	COPEPODA	飞龙翼箭虫	*Pterosagitta draco*
小纺锤水蚤	*Acartia negligens*	百陶箭虫	*Sagitta bedoti*
驼背隆哲水蚤	*Acrocalanus gibber*	肥胖箭虫	*Sagitta enflata*
中华异水蚤	*Acartiella sinensis*	凶形箭虫	*Sagitta feros*
汤氏长足水蚤	*Calanopia thompsoni*	微型箭虫	*Sagitta minima*
强额拟哲水蚤	*Paracalanus crassirostris*	小箭虫	*Sagitta neglecta*
亚强真哲水蚤	*Subeucalanus subcrassus*	太平洋箭虫	*Sagitta pacifica*
红纺锤水蚤	*Acartia erythraea*	粗壮箭虫	*Sagitta robusta*
太平洋纺锤水蚤	*Acartia pacifica*	纤细撬虫	*Krohnitta subtilis*
刺尾纺锤水蚤	*Acartia spinicauda*	被囊类	TUNICATA
近缘大眼剑水蚤	*Corycaeus affinis*	软拟海樽	*Dolioletta gegenbauri*
微驼隆哲水蚤	*Acrocalanus gracilis*	模糊海樽	*Doliolina obscura*
长角隆哲水蚤	*Acrocalanus longicornis*	小齿海樽	*Doliolum denticulatum*
中华哲水蚤	*Calanus sinicus*	中型住囊虫	*Oikopleura intermedia*
孔雀丽哲水蚤	*Calocalanus pavo*	长尾住囊虫	*Oikopleura longicauda*
幼平头水蚤	*Candacia catula*	红住囊虫	*Oikopleura rufescens*
微刺哲水蚤	*Canthocalanus pauper*	东方萨莉亚	*Thalia democratica*
叉胸刺水蚤	*Centropages furcatus*	幼体类	LARVA
奥氏胸刺水蚤	*Centropages orsinii*	短尾类幼体	Brachyura larva
瘦尾胸刺水蚤	*Centropages tenuiremis*	毛颚类幼体	Chaetognatha larva
长尾基齿哲水蚤	*Clausocalanus furcatus*	桡足类幼体	Copepoda larva
奇桨剑水蚤	*Copilia mirabilis*	磷虾类幼体	Euphausiacea larva
盎格鲁大眼剑水蚤	*Corycaeus anglicus*	莹虾类幼体	*Lucifer* larva
哲大眼剑水蚤	*Corycaeus calaninus*	多毛类幼体	Poluchaetu larva
小突大眼剑水蚤	*Corycaeus lubbocki*	长尾类幼体	Macrura larva

（续）

中文名	拉丁名	中文名	拉丁名
太平洋大眼剑水蚤	*Corycaeus pacificus*	糠虾类幼体	Mysidacea larva
美丽大眼剑水蚤	*Corycaeus speciosus*	口足目幼体	Stomatopoda larv
尖额唇角水蚤	*Labidocera acuta*	鱼卵	Fish egg
小唇角水蚤	*Labidocera minuta*	仔稚鱼	Fish larva
中隆剑水蚤	*Oncaea media*	蔓足类无节幼虫	Cirripedia nauplius
丽隆剑水蚤	*Oncaea venusta*	软体动物幼体	Mollusca larva
针刺拟哲水蚤	*Paracalanus aculeatus*		
小拟哲水蚤	*Paracalanus parvus*		
长刺小厚壳水蚤	*Scolecithricella longispinosa*		
异尾宽水蚤	*Temora discaudata*		
锥形宽水蚤	*Temora turbinata*		
达氏波水蚤	*Undinula darwinii*		
椭形长足水蚤	*Calanopia elliptica*		
小长足水蚤	*Calanopia minor*		
伯氏平头水蚤	*Candacia bradyi*		
亮大眼剑水蚤	*Corycaeus andrewsi*		
平大眼剑水蚤	*Corycaeus dahli*		
红大眼剑水蚤	*Corycaeus erythraeus*		
精致真刺水蚤	*Euchaeta concinna*		
尖额谐猛水蚤	*Euterpina acutifrons*		
真刺唇角水蚤	*Labidocera euchaeta*		
孔雀唇角水蚤	*Labidocera pavo*		
挪威小毛猛水蚤	*Microsetella norvegica*		
短角长腹剑水蚤	*Oithona brevicornis*		
羽长腹剑水蚤	*Oithona plumifera*		
简长腹剑水蚤	*Oithona simplex*		
钝简角水蚤	Pontellopsis yamadae		
叶剑水蚤	*Sapphirina* sp.		
瘦歪水蚤	*Tortanus gracilis*		
普通波水蚤	*Undinula vulgaris*		
伪长腹剑水蚤	*Oithona fallax*		

附表5　海陵湾示范区底栖动物物种名录

中文名	拉丁名	中文名	拉丁名
环节动物门	ANNELIDA	玉蟹科	LEUCOSIIDAE
海女虫科	HESIONIDAE	头盖玉蟹	*Leucosia craniolaris*
暗蛇潜虫	*Ophiodromus obscura*	杂粒拳蟹	*Philyra heterograna*
吻沙蚕科	GLYCERIDAE	扇蟹科	XANTHIDAE
白色吻沙蚕	*Glycera alba*	贪精武蟹	*Parapanope euagora*
卷旋吻沙蚕	*Glycera convoluta*	藤壶科	BALANIDAE
锥唇吻沙蚕	*Glycera onomichiensis*	藤壶	*Balanus* sp.
节节虫科	MALDANIDAE	馒头蟹科	CALAPPIDAE
节节虫一种	Maldanidae sp.	逍遥馒头蟹	*Calappa philargius*
小头虫科	CAPITELLIDAE	线黎明蟹	*Matuta planipes*
背蚓虫	*Notomastus latericeus*	卷折馒头蟹	*Calappa lophos*
小头虫	*Capitella capitata*	对虾科	PENAEIDAE
背毛背蚓虫	*Notomastus aberans*	近缘新对虾	*Metapenaeus affinis*
不倒翁虫科	STERNASPIDAE	斑节对虾	*Penaeus monodon*
不倒翁虫	*Sternaspis scutata*	周氏新对虾	*Metapenaeus joyneri*
沙蚕科	NEREIDAE	墨吉对虾	*Penaeus merguiensis*
多齿全刺沙蚕	*Nectoneanthes multignatha*	宽突赤虾	*Metapenaeopsis palmensis*
全刺沙蚕	*Nectoneanthes* sp.	细巧仿对虾	*Parapenaeopsis tenella*
羽须鳃沙蚕	*Dendronereis pinnaticirris*	中华管鞭虾	*Solenocera crassicornis*
毛鳃虫科	TRICHOBRACHIDAE	鹰爪虾	*Trachypenaeus curvirostris*
梳鳃虫	*Terebellides stroemii*	哈氏仿对虾	*Parapenaeopsis harickii*
矶沙蚕科	EUNICIDAE	豆蟹科	PINNOTHERIDAE
矶沙蚕	*Eunice aphroditois*	豆形短眼蟹	*Xenophthalmus pinnotheroides*
岩虫	*Marphysa sanguinea*	寄居蟹科	PAGURIDAE
海蛹科	OPHELIIDAE	寄居蟹	*Pagurus* sp.
角海蛹	*Ophelia acuminata*	鼓虾科	ALPHEIDAE
齿吻沙蚕科	NEPHTYIDAE	贪食鼓虾	*Alpheus rapacide*

(续)

中文名	拉丁名	中文名	拉丁名
杰氏内卷齿蚕	*Aglaophamus jeffreysii*	方蟹科	GRAPSIDAE
双鳃内卷齿蚕	*Aglaophamus phuketensis*	近方蟹	*Hemigrapsus* sp.
齿吻沙蚕	*Nephtys* sp.	沙蟹科	OCYPODIDAE
笔帽虫科	PECTINARIDAE	股窗蟹	*Scopimera* sp.
壳砂笔帽虫	*Pectinaria conchilega*	脊索动物门	CHORDATTA
膜帽虫	*Lagis* sp.	鲷科	SPARIDAE
仙女虫科	AMPHINOMIDAE	平鲷	*Rhabdosargus sarba*
拟刺虫	*Linopherus* sp.	二长棘鲷	*Parargyrops edita*
沙蚕科	NEREIDIDAE	灰鳍鲷	*Sparus berda*
缅甸角沙蚕	*Ceratonereis burmensis*	鲬科	PLATYCEPHALIDAE
海稚虫科	SPIONIDAE	粒突鳞鲬	*Onigocia tuberculatus*
耐污奇异稚齿虫	*paraprionospio patiens*	海鞘科	ASCIDIACEA
冠奇异稚齿虫	*Paraprionospio cristata*	海鞘	*Ascidiacea* sp.
后指虫	*Laonice cirrata*	篮子鱼科	SIGANIDAE
锡鳞虫科	SIGALIONIDAE	黄斑篮子鱼	*Siganus oramin*
强鳞虫	*Sthenolepis* sp.	鲀科	TETRAODONTIDAE
埃刺梳鳞虫	*Ehlersileanira* sp.	星点东方鲀	*Fugu niphobles*
多鳞虫科	POLYNOIDAE	棕斑腹刺鲀	*Gastrophysus spadiceus*
背鳞虫	*Lepidonotus* sp.	前肛鳗科	DYSOMMIDAE
丝鳃虫科	CIRRATULIDAE	前肛鳗	*Dysomma anguillaris*
丝鳃虫	*Cirratulus* sp.	鲹科	CARANGINAE
细丝鳃虫	*Cirratulus filiformis*	丽叶鲹	*Caranx kalla*
刚鳃虫	*Chaetozone setosa*	平线若鲹	*Caranx ferdau*
欧努菲虫科	ONUPHIDAE	舌鳎科	CYNOGLOSSIDAE
欧努菲虫	*Onuphis eremita*	舌鳎	*Cynoglossus* sp.
巢沙蚕	*Diopatra* sp.	斑头舌鳎	*Cynoglossoides puncticeps*
欧文虫科	OWENIIDAE	日本须鳎	*Paraplagusia japonica*
欧文虫	*Owenia fusformis*	长体舌鳎	*Cynoglossus lingua*
杂毛虫科	POECILOCHAETIDAE	短吻三线舌鳎	*Cynoglossus abbreviatus*
鲜明鼓虾	*Alpheus distinguendus*	热带杂毛虫	*Poecilochaetus tropicu*

（续）

中文名	拉丁名	中文名	拉丁名
单指虫科	COSSURIDAE	多齿蛇鲻	*Saurida tumbil*
双形拟单指虫	*Cossurella dimorpha*	大头狗母鱼	*Trachinocephalus myops*
梯额虫科	SCALIBREGMIDAE	羊鱼科	MULLIDAE
梯额虫	*Scalibregma* sp.	条尾绯鲤	*Upeneus bensasi*
锥头虫科	ORBINIIDAE	天竺鲷科	APOGONIDAE
微锥头虫	*Microrbinia* sp.	四线天竺鲷	*Apogon quadrifasciatus*
红刺尖锥虫	*Scoloplos rubra*	黑边天竺鱼	*Apogonichthys ellioti*
长锥虫	*Haploscoloplos elongatus*	中线天竺鲷	*Apogon kiensis*
小头虫科	CAPITELLIDAE	宽条天竺鱼	*Apogonichthys striatus*
小头虫	*Capitella capitata*	马鲅科	POLYNEMIDAE
双栉虫科	AMPHARETIDAE	六指马鲅	*Polynemus sextarius*
羽鳃栉虫	*Scxhistocomus hiltoni*	石首鱼科	SCIAENIDAE
扇栉虫	*Amphicteis gunneri*	大头白姑鱼	*Argyrosomus macrocephalus*
节节虫科	MALDANIDAE	皮氏叫姑鱼	*Johnius belengeri*
真节虫	*Euclymene* sp.	白姑鱼	*Argyrosomus argentatus*
海蛹科	OPHELIIDAE	棘头梅童鱼	*Collichthys lucidus*
中阿曼吉虫	*Armandia intermedia*	白鲳科	EPHIPPIDAE
叶须虫科	PHYLLODOCIDAE	白鲳	*Ephippus orbis*
中华半突虫	*Phyllodoce chinensis*	鯻科	THERAPONIDAE
软体动物门	MOLLUSCA	细鳞鯻	*Therapon jarbua*
枪乌贼科	LOLIGINIDAE	海鳝科	MURAENIDAE
杜氏枪乌贼	*Loligo duvaucelii*	长体鳝	*Thyrsoidea macrurus*
蛸科	OCTOPODIDAE	鲾科	LEIOGNATHIDAE
卵蛸	*Octopus ovulum*	短吻鲾	*Leiognathus brevirostris*
短蛸	*Octopus ocellatus*	长棘鲾	*Leiognathus fasciatus*
织纹螺科	NASSARIIDAE	鱚科	SILLAGINIDAE
半褶织纹螺	*Nassarius semiplicata*	少鳞鱚	*Sillago japonica*
节织纹螺	*Nassarius hepaticus*	鳎科	SOLEIDAE
胡桃蛤科	NUCULIDAE	卵鳎	*Solea ovata*
铲形胡桃蛤	*Nucula cumingii*	篮子鱼科	SIGANIDAE
狗母鱼科	SYNODIDAE	樱蛤科	TELLINIDAE

（续）

中文名	拉丁名	中文名	拉丁名
韩氏神角蛤	*Semelangulus hungerfordi*	鲻科	CALLIONYMIDAE
肥胖樱蛤	*Pinguitellina pinguis*	南方鲻	*Callionymus meridionalis*
江户明樱蛤	*Moerella jedoensis*	前鳍鮋科	CONGIOPODIDAE
双带蛤科	SEMELIDAE	裸绒鮋	*Ocosia vespa*
理蛤	*Theora* sp.	鳀科	ENGRAULIDAE
团结蛤	*Abra* sp.	汉氏棱鳀	*Thrissa hammalensis*
鸭嘴蛤科	LATERNULIDAE	鲱科	CLUPEIDAE
鸭嘴蛤	*Laternula anatina*	花鰶	*Clupanodon thrissa*
贻贝科	MYTILIDAE	信德小沙丁鱼	*Sardinella sindensis*
麦氏偏顶蛤	*Modiolus metcalfei*	鲂鮄科	TRIDLIDAE
蛾螺科	BUCCINIDAE	日本红娘鱼	*Lepidotrigla japonica*
亮螺	*Phos senticosus*	虾虎鱼科	GOBIIDAE
锥螺科	TURRITELLIDAE	眼瓣沟虾虎鱼	*Oxyurichthys ophthalmonema*
棒锥螺	*Turritella bacillum*	长丝虾虎鱼	*Glossogobius giuris*
蚶科	ARCIDAE	犬牙细棘虾虎鱼	*Acentrogobius caninus*
联球蚶	*Aandara consociata*	拟矛尾虾虎鱼	*Parachaeturichthys polynema*
舵毛蚶	*Scapharca gubernaculum*	矛尾虾虎鱼	*Chaeturichthys stigmatias*
蛤蜊科	MACTRIDAE	舌虾虎鱼	*Glossogobius giuris*
平蛤蜊	*Mactra mera*	鳗鲇科	PLOTOSIDAE
帘蛤科	VENERIDAE	线鳗鲇	*Plotosus lineatus*
粗帝汶蛤	*Timoclea scabra*	拟鲈科	PARAPERCIDAE
波纹巴非蛤	*Paphia undulata*	圆拟鲈	*Paarapercis cylindrica*
丝纹镜蛤	*Dosinia caerulea*	康吉鳗科	CONGRIDAE
笋螺科	TEREBRIDAE	尖尾鳗	*Uroconger lepturus*
笋螺	*Terebra* sp.	银鲈科	GERRIDAE
三叉螺科	TRICLIDAE	长棘银鲈	*Gerres filamentosus*
武藏原盒螺	*Eocylichna musashiensis*	短棘银鲈	*Gerres lucidus*
武藏原盒螺	*Eocylichna musashiensis*	文昌鱼科	AMPHIOXIDAE
马蹄螺科	TROCHIDAE	文昌鱼	*Branchiostoma* sp.
中国小铃螺	*Minolia chinensis*	棘皮动物门	ECHINODERMATA
黄斑篮子鱼	*Siganus oramin*	节肢动物门	ARTHROPODA

（续）

中文名	拉丁名	中文名	拉丁名
梭子蟹科	PORTUNIDAE	蛇尾纲	OPHIUROIDEA
红星梭子蟹	*Portunus sanguinolentus*	阳遂足科	AMPHIURIDAE
远海梭子蟹	*Portunus pelagicus*	倍棘蛇尾	*Amphiopholis* sp.
锈斑蟳	*Charybdis feriatus*	中华倍棘蛇尾	*Amphioplus sinicus*
锯缘青蟹	*Scylla serrata*	光滑倍棘蛇尾	*Amphiopholis laevis*
矛形梭子蟹	*Portunus hastatoides*	蛇尾	*Ophiuroidea* sp.
直额蟳	*Charybdis truncata*	螠虫动物门	ECHIURA
变态蟳	*Charybdis variegata*	螠科	ECHIURIDAE
晶莹蟳	*Charybdis lucifera*	短吻铲荚螠	*Listriolobus brevirostris*
日本蟳	*Charybdis japonica*	星虫动物门	SIPUNCULA
三疣梭子蟹	*Portunus trituberculatus*	革囊星虫科	PHASCOLOSOMATIDAE
拥剑梭子蟹	*Portunus gladiator*	革囊星虫	*Phascolosoma* sp.
锐齿蟳	*Charybdis hellerii*	纽形动物门	NEMERTINEA
武士蟳	*Charybdis miles*	脑纽科	CEREBRATULIDAE
东方蟳	*Charybdis orientalis*	脑纽虫	*Cerebratulina* sp.
菱蟹科	PARTHENOPIDAE	刺胞动物门	CNIDARIA
强壮菱蟹	*Parthenope validus*	刺细胞动物	*Cnidaria* sp.
猛虾蛄科	HARPIOSQUILLIDAE	腔肠动物门	COELENTERATA
日本猛虾蛄	*Harpiosquilla japonica*	海葵科	ACTINIIDAE
长脚蟹科	GONEPLACIDAE	海葵	*Anthopleura* sp.
隆线强蟹	*Eucrate crenata*		
阿氏强蟹	*Eucrate alcocki*		
虾蛄科	SQUILLIDAE		
口虾蛄	*Oratosquilla oratoria*		
猛虾蛄	*Harpiosquilla harpax*		
断脊口虾蛄	*Oratosquilla interrupa*		
黑斑口虾蛄	*Oratosquilla kempi*		
伍氏口虾蛄	*Oratosquilla woodmasoni*		

附表6 流沙湾示范区浮游植物物种名录

中文名	拉丁名	中文名	拉丁名
硅藻门	BACILLARIOPHYCEAE	短角弯角藻	*Eucampia zoodiacus*
薄壁几内亚藻	*Guinardia flaccida*	环纹劳德藻	*Lauderia annulata*
中华半管藻	*Hemiaulus sinensis*	菱形藻	*Nitzschia* sp.
半盘藻	*Hemidiscus* sp.	洛氏菱形藻	*N. lorenziana*
波罗的海布纹藻	*Gyrosigma balticum*	柔弱菱形藻	*N. debilis*
布纹藻	*Gyrosigma* sp.	新月菱形藻	*N. closterium*
尖布纹藻	*G. acuminatum*	长菱形藻	*N. longissima*
斜布纹藻	*G. obliquum*	长菱形藻	*N. longissima* var.
并基角刺藻	*Chaetoceros decipiens*	马鞍藻	*Campylodiscus* sp.
笔尖形根管藻	*Rhizosolenia styliformis*	海洋环毛藻	*Corethronpelagicum*
粗根管藻	*R. robusta*	尖刺菱形藻	*Nitzschia pungens*
刚毛根管藻	*R. setigera*	螺旋链鞘藻	*Streptotheca thamensis*
斯托根管藻	*R. stolterfothii*	太阳漂流藻	*Planktoniella sol*
中肋骨条藻	*Skeletonema costatum*	布氏双尾藻	*Ditylum brightwellii*
掌状冠盖藻	*Stephanopyxis palmeriana*	筒柱藻	*Cylindrotheca gracilis*
奇异棍形藻	*Bacillaria paradoxa*	丹麦细柱藻	*Leptocylindrus danicus*
密联海链藻	*Detonula pumila*	翼根管藻	*Proboscia alata*
佛氏海毛藻	*Thalassionema frauenfeldii*	小环藻	*Cyclotella* sp.
菱形海线藻	*T. nitzschioides*	小桩藻	*Characium* sp.
圆海链藻	*Thalassiosira rotula*	楔形藻	*Licmophora* sp.
钝角盒形藻	*Biddulphia obtuse*	海洋斜纹藻	*Pleurosigma pelagicum*
高盒形藻	*B. regia*	诺马斜纹藻	*P. normanii*
活动盒形藻	*B. mobiliensis*	日本星杆藻	*Asterionella japonica*
颗粒盒形藻	*B. granulata*	扭鞘藻	*Helicotheca tamesis*
长耳盒形藻	*B. aurita*	圆盘藻	*Pulvinularia* sp.
中华盒形藻	*B. sinensis*	圆筛藻	*Coscinodiscus* sp.
茧形藻	*Amphiprora* sp.	整齐圆筛藻	*C. concinnus*

中文名	拉丁名	中文名	拉丁名
紧密角管藻	*Cerataulina compacta*	中心圆筛藻	*C. centralis*
艾氏角毛藻	*Chaetoceros eibenii*	舟形藻	*Navicula* sp.
变异辐杆藻	*Bacteriastrum varians*	甲藻门	PYRROPHYTA
短孢角毛藻	*Chaetoceros brevis*	叉角藻	*Ceratium furca*
角毛藻	*Chaetoceros* sp.	大角角藻	*C. macroceros*
洛氏角毛藻	*C. lorenzianus*	纺锤梭角藻	*C. fusus*
冕孢角毛藻	*C. subsecundus*	三角角藻	*C. tripos*
拟旋链角毛藻	*C. pseudocurvisetus*	具尾鳍藻	*Dinophysis caudata*
扭链角毛藻	*C. tortissimus*	鳍藻	*Dinophysis* sp.
无沟角毛藻	*C. holsaticus*	具刺膝沟藻	*Gonyaulax spinifera*
细齿角毛藻	*C. denticulatus*	海洋原多甲藻	*Protoperidinium oceanicum*
发状角毛藻	*C. crinitus*	蓝藻门	CYANOPHYTA
旋链角毛藻	*C. curvisetus*	颤藻	*Oscillatoria* sp.
圆柱角毛藻	*C. teres*	巨大色球藻	*Chroococcus gigateus*
远距角毛藻	*C. distans*		

附表 7　流沙湾示范区底栖动物物种名录

中文名	拉丁名	中文名	拉丁名
脊索动物门	CHORDATA	秀丽织纹螺	*Nassarius（Reticunassa）festivus（Powys)*
虾虎鱼科	GOBIIDAE	西格织纹螺	*Nassarius（Zeuxis）siquijorensis*
矛尾虾虎鱼	*Chaeturichthys stigmatias*	榧螺科	OLIVIDAE
鳗虾虎鱼科	TAENIOIDIDAE	伶鼬榧螺	*Oliva mustellina*
孔虾虎鱼	*Trypauchen vagina*	蛸科（章鱼科）	OCTOPODIDAE
小头栉孔虾虎鱼	*Ctenotrypauchen microcephalus*	短蛸	*Octopus ocellatus*
软体动物门	MOLLUSCA	乌贼科	STPIIDAE
蚶科	ARCIDAE	白斑乌贼	*Sepia latimanus*
毛蚶	*Scapharca subcrenata*	曼氏无针乌贼	*Sepiella maindroni*
布氏蚶	*Arca boucardi*	耳乌贼科	DEPIOLIDAE
密肋粗饰蚶	*Anadara crebricostata*	柏氏四盘耳乌贼	*Euprymna berryi*
古蚶	*Anadara antiquata*	枪乌贼科	LOLIGINIDAE
胡桃蛤科	NUCULIDAE	杜氏枪乌贼	*Loligo duvaucelii*
铲形胡桃蛤	*Nucula（Leionucula）cumingii*	剑尖枪乌贼	*Loligo edulis*
贻贝科	MYTILIDAE	田乡枪乌贼	*Loligo tagoi*
翡翠贻贝	*Perna viridis*	蛾螺科	BUCCINIDAE
中带蛤科	MESODESMATIDAE	甲虫螺	*Cantharus cecillei*
锈色朽叶蛤	*Coecella turgida*	海兔科	APLYSIIDAE
樱蛤科	TELLINIDAE	蓝斑背肛海兔	*Notarchus（Bursatella）leachii cirrosus*
江户明樱蛤	*Moerella jedoensis*	江珧科	PINNIDAE
散纹樱蛤	*Tellina virgata*	栉江珧	*Atrina（Servatrina）pectinata*
彩虹明樱蛤	*Moerella iridescens*	珍珠贝科	PTERIIDAE
美女白樱蛤	*Macoma（Psammacoma）candida*	马氏珠母贝	*Pinctada fucata*
帘蛤科	VENERIDAE	红带织纹螺	*Nassarius（Zeuxis）succinctus*
菲律宾蛤仔	*Ruditapes philippinarum*	节肢动物门	ARTHROPODA
日本镜蛤	*Dosinia（Phacosoma）japonica*	对虾科	PENAEIDA
凸镜蛤	*Dosinia（Sinodia）derupta*	宽突赤虾	*Metapenaeopsis palmensis*

（续）

中文名	拉丁名	中文名	拉丁名
文蛤	*Meretrix meretrix*	细巧仿对虾	*Parapenaeopsis tenella*
等边浅蛤	*Gomphina aequilatera*	鼓虾科	ALPHEIDAE
青蛤	*Cyclina sinensis*	双凹鼓虾	*Alpheus bisincisus*
鳞片帝纹蛤	*Timoclea imbricata*	美人虾科	CALLIANASSIDAE
波纹巴非蛤	*Paphia（Paratapes）undulata*	日本美人虾	*Callianassa japonica*
绿螂科	GLAUCONOMIDAE	梭子蟹科	PORTUNIDAE
中国绿螂	*Glauconme chinensis*	日本蟳	*Charybdis japonica*
蜒螺科	NERITIDAE	威迪梭子蟹	*Portunus tweediei* Shen
条蜒螺	*Nerita（Ritena）striata*	长脚蟹科	GONEPLACIDAE
紫游螺	*Neritina（Dostia）violacea*	太阳强蟹	*Eucrate solaris*
滨螺科	LITTORINIDAE	毛盲蟹	*Typhlocarcinus villosus*
粗糙滨螺	*Littoraria（Palustorina）articulata*	刺足掘沙蟹	*Scalopidia spinosipes*
锥螺科	TURRITELLIDAE	莫氏仿短眼蟹	*Xenophthalmodes moebii*
棒锥螺	*Turritella bacillum*	豆蟹科	PINNOTHERIDAE
汇螺科	POTAMODIDAE	模糊新短眼蟹	*Neoxenophthalmus obscurus*
珠带拟蟹守螺	*Cerithidea cingulata*	虾蛄科	SQUILLIDAE
红树拟蟹守螺	*Cerithidea rhizophorarum*	口虾蛄	*Oratosquilla oratoria*
纵带滩栖螺	*Batillaria zonalis*	伍氏口虾蛄	*Oratosquilla woodnasoni*
古氏滩栖螺	*Batillaria cumingi*	环节动物门	ANNELIDA
玉螺科	NATICIDAE	蠕鳞虫科	ACOETIDAE
斑玉螺	*Natica tigrina*	黑斑蠕鳞虫	*Acoetes melanonota*
骨螺科	MURICIDAE	角吻沙蚕科	GONIADIDAE
褐棘螺	*Chicoreus brunneus*	斑角吻沙蚕	*Goniada maculata*
粗糙核果螺	*Drupa rugosa*	齿吻沙蚕科	NEPHTYIDAE
刺荔枝螺	*Thais echinata*	萎内卷齿蚕	*Aglaophamus vietnamensis*
浅缝骨螺	*Murex trapa*	双须内卷齿蚕	*Aglaophamus dicirris*
疣荔枝螺	*Thais clavigera*	球小卷吻沙蚕	*Micronephtys sphaerocirrata*
笔螺科	MITRIDAE	小头虫科	CAPITELLIDAE
杂色笔螺	*Mitra（Strigatella）litterata*	异蚓虫	*Heteromastus filiformis*
塔螺科	TURRIDAE	背蚓虫	*Notomastus latericeus*
假主棒螺	*Crassispira pseudoprinciplis*	背毛背蚓虫	*Notomastus cf. aberans*

（续）

中文名	拉丁名	中文名	拉丁名
黄短口螺	*Inquistor flavidula*	节节虫科	MALDANIDAE
假奈拟塔螺	*Turricula nelliae*	曲强真节虫	*Euclymene lonbricoides*
杓蛤科	CUSPIDARIIDAE	索沙蚕科	LUMBRINERIIDAE
日本杓蛤	*Cuspidaria japonica*	纳加索沙蚕	*Lumbrineris nagaee*
马蹄螺科	TROCHIDAE	欧努菲虫科	ONUPHIDAE
中国小铃螺	*Minolia chinensis*	杂色巢沙蚕	*Diopatra variabilis*
尖帽螺科	CAPULIDAE	不倒翁虫科	STERNASPIDAE
鸟嘴尖帽螺	*Capulus dilatatus*	不倒翁虫	*Sternaspis sculata*
锉蛤科	LIMIDAE	欧文虫科	OWENIIDAE
习见锉蛤	*Lima vulgaris*	欧文虫	*Owenia fusformis*
竹蛏科	SOLENIDAE	毛鳃虫科	TRICHOBRACHIDAE
直线竹蛏	*Solen linearis*	梳鳃虫	*Terebellides stroemii*
织纹螺科	NASSARIIDAE	蛰龙介科	TEREBLLIDAE
维提织纹螺	*Nassarius（Zeuxis）vitiensis*	扁蛰虫	*Loimia medusa*

附表8 陵水湾示范区浮游动物种类名录

中文名	拉丁名	中文名	拉丁名
春季			
原生动物	PROTISTA	磷虾类	EUPHAUSIACEA
网纹虫	*Favella* sp.	宽额假磷虾	*Pseudeuphausia latifrons*
拟铃虫	*Tintinnopsis* sp.	端足类	AMPHIPODA
水母类	MEDUSA	角突麦秆虫	*Caprella scaura*
半球美螅水母	*Clytia hemisphaerica*	细始麦秆虫	*Protella gracilis*
细颈和平水母	*Eirene menoni*	毛颚类	CHAETOGNATHA
球形侧腕水母	*Pleurobachia globosa*	肥胖箭虫	*Sagitta enflata*
银币水母	*Porpita porpita*	被囊类	TUNICATA
桡足类	COPEPODA	软拟海樽	*Dolioletta gegenbauri*
红纺锤水蚤	*Acartia erythraea*	长尾住囊虫	*Oikopleura longicauda*
驼背隆哲水蚤	*Acrocalanus gibber*	红住囊虫	*Oikopleura rufescens*
中华异水蚤	*Acartiella sinensis*	幼体类	LARVA
厦门矮隆哲水蚤	*Bestiola amoyensis*	短尾类幼体	Brachyura larva
伯氏平头水蚤	*Candacia bradyi*	毛颚类幼体	Chaetognatha larva
拟长腹剑水蚤	*Oithona similis*	桡足类幼体	Copepoda larva
羽长腹剑水蚤	*Oithona plumifera*	磷虾类幼体	Euphausiacea larva
长腹剑水蚤	*Oithona* sp.	莹虾类幼体	*Lucifer* larva
强额拟哲水蚤	*Paracalanus crassirostris*	长尾类幼体	Macrura larva
枝角类	CLADOCERA	糠虾类幼体	Mysidacea larva
肥胖三角溞	*Evadne tergesina*	多毛类幼体	Poluchaetu larva
鸟喙尖头溞	*Penilia avirostris*	鱼卵	Fish egg
莹虾类	LUCIFER	仔、稚鱼	Fish larvae
汉森莹虾	*Lucifer hanseni*		
夏季			
原生动物	PROTISTA	端足类	AMPHIPODA

（续）

中文名	拉丁名	中文名	拉丁名
网纹虫	*Favella* sp.	角突麦秆虫	*Caprella scaura*
拟铃虫	*Tintinnopsis* sp.	长足似蛮蜮	*Hyperioides longipes*
钟形网纹虫	*Favella companula*	裂颏蛮蜮	*Lestrigonus schizogeneios*
水母类	MEDUSA	细始麦秆虫	*Protella gracilis*
帽铃水母	*Tiaricodon coeruleus*	长尾亮钩虾	*Photis longicaudata*
双叉薮枝螅水母	*Obelia dichotma*	钩虾	*Gammaridea* sp.
罗氏水母	*Loverella assimilis*	异足类	PTEROPDA
四叶小舌水母	*Liriope tetraphylla*	明螺	*Atlanta* sp.
小方拟多面水母	*Abylopsis eschscholtzi*	尖笔帽螺	*Creseis acicula*
不列颠高手水母	*Bougainvillia britannica*	棒笔帽螺	*Creseis clava*
半球美螅水母	*Clytia hemisphaerica*	蝴蝶螺	*Desmopterus papilio*
双生水母	*Diphyes chamissonis*	翼足类	PTEROPODA
异双生水母	*Diphyes dispar*	胖蠉螺	*Limacina inflata*
细颈和平水母	*Eirene menoni*	马蹄虎螺	*Limacina trochiformis*
东方真瘤水母	*Eutima orientalis*	涟虫类	CUMACEA
真囊水母	*Euphysora bigelowi*	三叶针尾涟虫	*Diastylis tricincta*
拟细浅室水母	*Lensia subtiloides*	毛颚类	CHAETOGANTHA
气囊水母	*Physophora hydrostatica*	肥胖箭虫	*Sagitta enflata*
球型侧腕水母	*Pleurobachia globosa*	十足类	DECAPODA
银币水母	*Porpita porpita*	汉森莹虾	*Lucifer hanseni*
海笔螅水母	*Halocordyle tiarella*	浮游多毛类	PLANTONIC POLYCHAETA
小球泳水母	*Sphaeronectes gracilis*	游蚕	*Pelagobia* sp.
桡足类	COPEPODA	毛颚类	CHAETOGNATHA
伪长腹剑水蚤	*Oithona fallax*	太平洋撬虫	*Krohnitta pacifica*
短角长腹剑水蚤	*Oithona brovicornis*	飞龙翼箭虫	*Pterosagitta draco*
挪威小毛猛水蚤	*Microsetella norvegica*	肥胖箭虫	*Sagitta enflata*
真刺唇角水蚤	*Labidocera euchaeta*	百陶箭虫	*Sagitta bedoti*
红纺锤水蚤	*Acartia erythraea*	凶形箭虫	*Sagitta feros*
驼背隆哲水蚤	*Acrocalanus gibber*	小箭虫	*Sagitta neglecta*
中华异水蚤	*Acartiella sinensis*	太平洋箭虫	*Sagitta pacifica*

（续）

中文名	拉丁名	中文名	拉丁名
厦门矮隆哲水蚤	*Bestiola amoyensis*	被囊类	TUNICATA
伯氏平头水蚤	*Candacia bradyi*	长尾住囊虫	*Oikopleura longicauda*
叉胸刺水蚤	*Centropages furcatus*	红住囊虫	*Oikopleura rufescens*
瘦尾胸刺水蚤	*Centropages tenuiremis*	软拟海樽	*Dolioletta gegenbauri*
微胖大眼剑水蚤	*Corycaeus crassiusculus*	海樽	*Dolioletta* sp.
亚强真哲水蚤	*Eucalanus subcrassus*	异体住囊虫	*Oikopleura dioica*
狭额真哲水蚤	*Eucalanus subtenuis*	梭形住囊虫	*Oikopleura fusiformis*
尖额真猛水蚤	*Huterpina acutifrons*	幼体类	LARVA
尖额唇角水蚤	*Labidocera acuta*	短尾类幼体	Brachyura larva
小唇角水蚤	*Labidocera minuta*	毛颚类幼体	Chaetognatha larva
拟长腹剑水蚤	*Oithona similis*	桡足类幼体	Copepoda larva
羽长腹剑水蚤	*Oithona plumifera*	磷虾类幼体	Euphausiacea larva
强额拟哲水蚤	*Paracalanus crassirostris*	鱼卵	Fish egg
针刺拟哲水蚤	*Paracalanus aculeatus*	仔稚鱼	Fish larva
钳形歪水蚤	*Tortanus forcipatus*	莹虾类幼体	*Lucifer* larva
锥形宽水蚤	*Temora turbinata*	长尾类幼体	Macrura larva
普通波水蚤	*Undinula vulgaris*	糠虾类幼体	Mysidacea larva
枝角类	CLADOCERA	多毛类幼体	Poluchaetu larva
肥胖三角溞	*Evadne tergesina*	海参纲耳状幼虫	Auricularia larva
鸟喙尖头溞	*Penilia avirostris*	蔓足类腺介幼虫	Cirripedia larva
磷虾类	EUPHAUSIACEA	蔓足类无节幼虫	Nauplius larva（Cirripedia）
长额磷虾	*Euphausia diomedeae*	桡足类无节幼虫	Nauplius larva（Copepoda）
宽额假磷虾	*Pseudeuphausia latifrons*	蛇尾类长腕幼虫	Ophiopluteus larva
中华假磷虾	*Pseudeuphausia sinica*	软体动物面盘幼虫	Veliger larva
圆囊箭虫	*Pathansaliet johorensis*	口足目幼体	Stomatopoda larva
秋季			
原生动物	PROTOZOA	介形类	OSTRACODA
等棘虫	*Acanthometra* sp.	针刺真浮萤	*Euconchoecia aculeata*
水母类	MEDUSA	端足类	AMPHIPODA

中文名	拉丁名	中文名	拉丁名
半口壮丽水母	*Aglaura hemistoma*	钩虾	*Gammaridean* sp.
半球美螅水母	*Clytia hemisphaerica*	被囊类	TUNICATA
双生水母	*Diphyes chamissonis*	住筒虫	*Fritillaria* sp.
短腺和平水母	*Eirene brevigona*	异体住囊虫	*Olkopleura dioica*
四叶小舌水母	*Liriope tetraphylla*	红住囊虫	*Olkopleura rufescens*
薮枝螅水母	*Obelia* sp.	海樽纲	THALIACEA
球型侧腕水母	*Pleurobrachiaglobosa*	海樽	*Doliolum* sp.
桡足类	COPEPODA	毛颚类	CHAETOGNATHA
红纺锤水蚤	*Acartia erythraea*	百陶箭虫	*Sagitta bedoti*
太平洋纺锤水蚤	*Acartia pacifica*	肥胖箭虫	*Sagitta enflata*
驼背隆哲水蚤	*Acrocalanus gibber*	小箭虫	*Sagitta neglecta*
微驼隆哲水蚤	*Acrocalanus gracilis*	枝角类	CLADOCERA
小长足水蚤	*Calanopia minor*	肥胖三角溞	*Evadne tergesina*
中华哲水蚤	*Calanus sinicus*	浮游幼虫	LARVA
伯氏平头水蚤	*Candacia bradyi*	辐射幼虫	Actinula larva
微刺哲水蚤	*Canthocalanus pauper*	短尾类幼体	Bradyura larva
叉胸刺水蚤	*Centropages furcatus*	毛颚类幼体	Chaerognaths larva
胸刺水蚤	*Centropages* sp.	蔓足类腺介幼体	Cirripedia cypris larva
瘦尾胸刺水蚤	*Centropages tenuiremis*	蔓足类无节幼虫	Cirripedia nauplius
长尾基齿哲水蚤	*Clausocalanus furcatus*	桡足类幼体	Copepoda larva
近缘大眼剑水蚤	*Corycaeus affinis*	鱼卵	Fish egg
亚强真哲水蚤	*Eucalanus subcrassus*	仔稚鱼	Fish larva
精致真刺水蚤	*Euchaeta concinna*	莹虾幼体	*Lucifer* larva
小齿唇角水蚤	*Labidocera laevidentata*	长尾类幼体	Macruran larva
挪威小毛猛水蚤	*Microsetella norvegica*	软体动物幼体	Mollusca larva
红小毛猛水蚤	*Microsetella rosea*	水母类幼体	Medusa larva
猛水蚤	*Microsetella* sp.	糠虾幼体	Mysidacea larva
短角长腹剑水蚤	*Oithona brovicornis*	桡足类无节幼虫	Nauplius larva (Copepoda)
伪长腹剑水蚤	*Oithona fallax*	长腕幼虫	Ophiopluteus larva
强额拟哲水蚤	*Paracalanus crassirostris*	多毛类幼体	Polychaeta larva

（续）

中文名	拉丁名	中文名	拉丁名
锥形宽水蚤	*Temora turbinata*	仔虾	Decapoda larva
钳形歪水蚤	*Tortanus forcipatus*	被囊类幼体	Tunicata larva
瘦歪水蚤	*Tortanus gracilis*	未知幼体	Unknown larva
冬季			
原生动物	PROTISTA	端足类	AMPHIPODA
网纹虫	*Favella* sp.	长尾亮钩虾	*Photis longicaudata*
夜光虫	*Nocitiluca scintillans*	糠虾类	WYSIDAXEA
拟铃虫	*Tintinnopsis* sp.	短额刺糠虾	*Acanthomysis brevirostris*
水母类	MEDUSA	长额刺糠虾	*Acanthomysis longirostris*
不列颠高手水母	*Bougainvillia britannica*	毛颚类	CHAETOGNATHA
半球美螅水母	*Clytia hemisphaerica*	太平洋撬虫	*Krohnitta pacifica*
球形侧腕水母	*Pleurobachia globosa*	肥胖箭虫	*Sagitta enflata*
银币水母	*Porpita porpita*	凶形箭虫	*Sagitta feros*
桡足类	COPEPODA	被囊类	TUNICATA
红纺锤水蚤	*Acartia erythraea*	中型住囊虫	*Oikopleura intermedia*
微驼隆哲水蚤	*Acrocalanus gracilis*	长尾住囊虫	*Oikopleura longicauda*
奥氏胸刺水蚤	*Centropages orsinii*	红住囊虫	*Oikopleura rufescens*
尖额真猛水蚤	*Euterpina acutifrons*	幼体类	LARVA
羽长腹剑水蚤	*Oithona plumifera*	短尾类幼体	Brachyura larva
拟长腹剑水蚤	*Oithona similis*	毛颚类幼体	Chaetognatha larva
长腹剑水蚤	*Oithona* sp.	桡足类幼体	Copepoda larva
小拟哲水蚤	*Paracalanus parvus*	磷虾类幼体	Euphausiacea larva
枝角类	CLADOCERA	莹虾类幼体	*Lucifer* larva
肥胖三角溞	*Evadne tergesina*	长尾类幼体	Macrura larva
鸟喙尖头溞	*Penilia avirostris*	糠虾类幼体	Mysidacea larva
莹虾类	LUCIFER	多毛类幼体	Poluchaetu larva
汉森莹虾	*Lucifer hanseni*	鱼卵	Fish eggs
磷虾类	EUPHAUSIACEA	仔、稚鱼	Fish larva
宽额假磷虾	*Pseudeuphausia latifrons*		
长额磷虾	*Euphausia diomedeae*		

附表9 陵水湾示范区底栖动物种类名录

类群	种名	类群	种名
软体动物		刺胞动物	
蟹守螺科	特氏盾桑椹螺	珊瑚	珊瑚
中带蛤科	扁平蛤	海葵目	海葵
贻贝科	刻缘短齿蛤	脊索动物	
织纹螺科	半褶织纹螺	虾虎鱼科	拟矛尾虾琥鱼
节肢动物		文昌鱼科	文昌鱼
藤壶科	巨藤壶	螠虫动物	
长脚蟹科	拟盲蟹	螠科	短吻铲荚螠
甲壳纲	水虱	纽形动物	
鼓虾科	贪食鼓虾	纽虫科	脑纽虫
环节动物		棘皮动物	
龙介虫科	扁犹帝虫	辐蛇尾科	辐蛇尾
豆维虫科	伪豆维虫	飞白枫海星科	飞白枫海星
小头虫科	背毛背蚓虫		
不倒翁虫科	不倒翁虫		
丝鳃虫科	细丝鳃虫		

附表 10　三亚湾示范区浮游植物物种名录

中文名	拉丁名	中文名	拉丁名
硅藻		螺端根管藻	*Rhizosolenia cochlea*
畸形圆筛藻	*Coscinodiscus deformatus*	透明根管藻	*Rhizosolenia hyalina*
中心圆筛藻	*Coscinodiscus centralis*	伯氏根管藻	*Rhizosolenia bergonii*
高圆筛藻	*Coscinodiscus nobilis*	克氏根管藻	*Rhizosolenia clevei*
辐射圆筛藻	*Coscinodiscus radiatus*	卡氏根管藻	*Rhizosolenia castracanei*
菱形海线藻	*Thalassionema nitzschioides*	覆瓦根管藻	*Rhizosolenia imbricata*
佛氏海线藻	*Thalassionema frauenfeldii*	覆瓦根管藻粗径变种	*Rhizosolenia imbricata* var. *schrubsolei*
齿角毛藻	*Chaetoceros denticulatus*	笔尖根管藻	*Rhizosolenia styliformis*
齿角毛藻瘦胞变型	*Chaetoceros denticulatus* f. *angusta*	笔尖根管藻粗径变种	*Rhizosolenia styliformis* var. *latissima*
印度角毛藻	*Chaetoceros indicum*	网状盒形藻	*Biddulphia reticulata*
拟双刺角毛藻	*Ceratocorys pseudodichaeta*	活动盒形藻	*Biddulphia mobiliensis*
圆柱角毛藻	*Chaetoceros teres*	中华盒形藻	*Biddulphia sinensis*
罗氏角毛藻	*Chaetoceros lauderi*	塔状冠盖藻	*Stephanopyxis turris* var. *turris*
劳氏角毛藻	*Chaetoceros lorenzianus*	掌状冠盖藻	*Stephanopyxis palmeriana*
旋链角毛藻	*Chaetoceros curvisetus*	霍氏半管藻	*Hemiaulas hauckii*
拟旋链角毛藻	*Chaetoceros pseudocurvisetus*	中华半管藻	*Hemiaulus sinensis*
日本角毛藻	*Chaetoceros nipponica*	双角角管藻	*Cerataulina bicvrnis*
密联角毛藻	*Chaetoceros densus*	大洋角管藻	*Cerataulina pelagica*
后垂角毛藻	*Chaetoceros pendulus*	细柔海链藻	*Thalassiosira subtilis*
暹罗角毛藻	*Chaetoceros siamense*	筛链藻	*Coscinosira polychorda*
卡氏角毛藻	*Chaetoceros castracanei*	波罗的海布纹藻	*Gyrosigma balticum*
紧挤角毛藻	*Chaetoceros coarctatus*	丹麦细柱藻	*Leptocylindrus danicus*
扭链角毛藻	*Chaetoceros tortissimus*	薄壁几内亚藻	*Guinardia flaccida*

南海北部近海渔业资源增殖技术与实践

（续）

中文名	拉丁名	中文名	拉丁名
并基角毛藻	*Chaetoceros decipiens*	环纹娄氏藻	*Lauderia annulata*
扁面角毛藻	*Chaetoceros compressus*	优美旭氏藻	*Schröederella delicatula*
舟形藻	*Navicula* sp.	优美旭氏藻短小变型	*Schröederella delicatula* f. *Schröederi*
优美辐杆藻	*Bacteriastrum delicatulum*	奇异棍形藻	*Bacillaria paradoxa*
透明辐杆藻	*Bacteriastrum hyalinum*	长角弯角藻	*Eucampia cornuta*
尖刺拟菱形藻	*Pseudo-nitzschia pungens*	短角弯角藻	*Eucampia zoodiacus*
洛氏菱形藻	*Nitzschia lorenziana*	蜂窝三角藻	*Triceratium favus*
新月菱形藻	*Nitzschia closterium*	锤状中鼓藻	*Bellerochea malleus*
曲舟藻	*Pleurosigma* sp.	豪猪刺冠藻	*Corcethron hystrix*
针杆藻	*Synedra* sp.	膜状缪氏藻	*Meuniera membranacea*
太阳漂流藻	*planktoniella sol*	甲藻	
太阳双尾藻	*Ditylum sol*	海洋原多甲藻	*Protoperidinium oceanicum*
厚刺根管藻	*Rhizosolenia crassospina*	大角角藻	*Ceratium macroceros*
刚毛根管藻	*Rhizosolenia setigera*	三角角藻	*Ceratium tripos*
中华根管藻	*Rhizosolenia sinensis*	梭角藻	*Ceratium fusus*
粗根管藻	*Rhizosolenia robusta*	叉状角藻	*Ceratium furca*
翼根管藻纤细变型	*Rhizosolenia alata* f. *graciilima*	具尾鳍藻	*Dinophysis caudata*
翼根管藻	*Rhizosolenia alata*	夜光藻	*Noctiluca scintillans*
斯托根管藻	*Rhizosolenia stolterfothii*	蓝藻	
距端根管藻	*Rhizosolenia calaravis*	颤藻	*Oscillatoria* sp.

附表11　三亚湾示范区浮游动物物种名录

中文名	拉丁名	中文名	拉丁名
被囊类		小拟哲水蚤	*Nannocalanus minor*
模糊海樽	*Doliolina mulleri*	瘦新哲水蚤	*Neocalanus gracilis*
异体住囊虫	*Oikopleura dloica*	粗新哲水蚤	*Neocalanus robustior*
端足类		短角长腹剑水蚤	*Oithona brevicornis*
河蜾蠃蜚	*Corophium acherusicum*	隐长腹剑水蚤	*Oithona decipiens*
孟加蛮蛾	*Lestrigonus bengalensis*	羽长腹剑水蚤	*Oithona plumifera*
多毛类		背突隆剑水蚤	*Oncaea clevei*
真裂虫	*Eusyllis* sp.	角突隆剑水蚤	*Oncaea conifera*
短盘首蚕	*Lopadorhynchus brevis*	丽隆剑水蚤	*Oncaea venusta*
长须游蚕	*Pelagobia longicirrata*	针刺拟哲水蚤	*Paracalanus aculeatus*
游须蚕	*Pontodora pelagica*	海洋伪镖哲水蚤	*Pseudodiaptomus marinus*
盲蚕	*Typhloscolex mulleri*	缘齿厚壳水蚤	*Scolecithrix nicorbarica*
介形类		瘦长毛猛水蚤	*Setella gracilis*
小型海萤	*Cypridina nana*	柱形宽水蚤	*Temora stylifera*
针刺真浮萤	*Euconchoecia aculeata*	锥形宽水蚤	*Temora turbinata*
毛颚类		瘦歪水蚤	*Tortanus gracilis*
百陶箭虫	*Sagitta bedoti*	软体动物	
肥胖箭虫	*Sagitta enflata*	棒笔帽螺	*Creseis clava*
凶形箭虫	*Sagitta ferox*	胖蠵螺	*Limacina inflata*
桡足类		水母类	
扩指筒角水蚤	*Pontellopsis inflatodigitata*	双生水母	*Diphyes chamissonis*
钝筒角水蚤	*Pontellopsis yamadae*	双手外肋水母	*Ectopleura mnerva*
小纺锤水蚤	*Acartia negligens*	细颈和平水母	*Eirene menoni*
太平洋纺锤水蚤	*Acartia pacifica*	白氏真囊水母	*Euphysora bigelowi*
微驼隆哲水蚤	*Acrocalanus gracilis*	枝管怪水母	*Geryonia proboscidalis*
小长足水蚤	*Calanopia minor*	正型单手水母	*Golooca typica*

（续）

中文名	拉丁名	中文名	拉丁名
中华哲水蚤	*Calanus sinicus*	樱虾类	
羽丽哲水蚤	*Calocalanus plumulosus*	正型莹虾	*Lucifer typus*
截平头水蚤	*Candacia truncata*	原生动物	
伯氏平头水蚤	*Candacia bradyi*	等棘虫	*Acanthometra* sp.
幼平头水蚤	*Candacia catula*	枝角类	
微刺哲水蚤	*Canthocalanus pauper*	诺氏三角溞	*Evadne nordmanni*
叉胸刺水蚤	*Centropages furcatus*	多型大眼溞	*Podon polyphemoides*
瘦胸刺水蚤	*Centropages gracilis*	浮游幼体	
瘦尾胸刺水蚤	*Centropages tenuiremis*	短尾类幼体	Brachyura larva
波氏袖水蚤	*Chiridius poppei*	桡足类幼体	Copepodid larva
弓角基齿哲水蚤	*Clausocalanus arcuicornis*	蔓足类幼体	Cypris larva
长尾基齿哲水蚤	*Clausocalanus furcatus*	棘皮动物幼体	Echinodermata larva
短尾基齿哲水蚤	*Clausocalanus pergens*	长尾类幼体	Macrura larva
东亚大眼剑水蚤	*Corycaeus asiaticus*	多毛类幼体	Polychaeta larva
美丽大眼剑水蚤	*Corycaeus speciosus*	其他	
亚强真哲水蚤	*Eucalanus subcrassus*	鱼卵	Fish egg
海洋真刺水蚤	*Euchaeta rimana*	仔鱼	Fish larva
尖额谐猛水蚤	*Euterpina acutifrons*		
红小毛猛水蚤	*Microsetella rosea*		

图书在版编目（CIP）数据

南海北部近海渔业资源增殖技术与实践／李纯厚等
著．—北京：中国农业出版社，2021.10
ISBN 978-7-109-28380-0

Ⅰ．①南…　Ⅱ．①李…　Ⅲ．①南海－近海渔业－水产
资源－资源增殖－研究　Ⅳ．①S922.31

中国版本图书馆 CIP 数据核字（2021）第 111682 号

中国农业出版社出版
地址：北京市朝阳区麦子店街 18 号楼
邮编：100125
责任编辑：王金环　肖　邦
版式设计：杜　然　责任校对：吴丽婷
印刷：北京通州皇家印刷厂
版次：2021 年 10 月第 1 版
印次：2021 年 10 月北京第 1 次印刷
发行：新华书店北京发行所
开本：787mm×1092mm　1/16
印张：49　插页：14
字数：1045 千字
定价：350.00 元

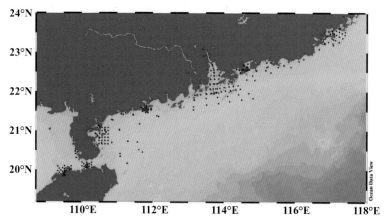

彩图1　南海北部近海调查站位分布

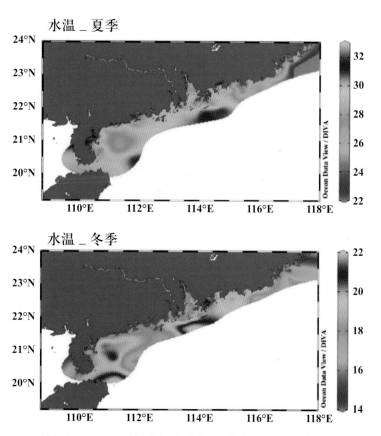

彩图2　南海北部近海夏季和冬季表层水温分布(℃)

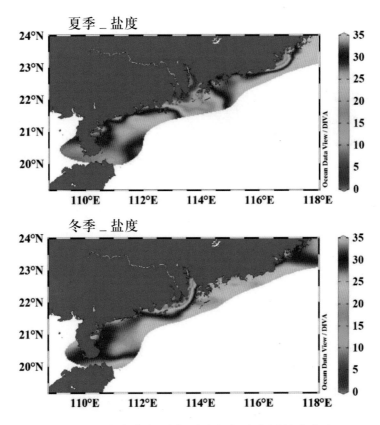

彩图3　南海北部近海夏季和冬季表层盐度分布

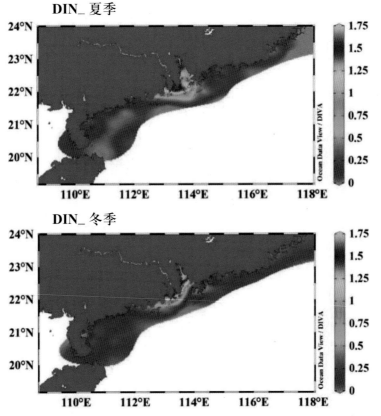

彩图4　南海北部近海夏季和冬季表层溶解无机氮浓度的分布（mg/L）

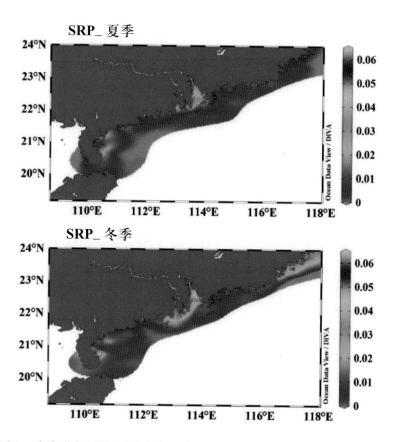

彩图 5　南海北部近海夏季和冬季表层溶解无机磷浓度的分布（mg/L）

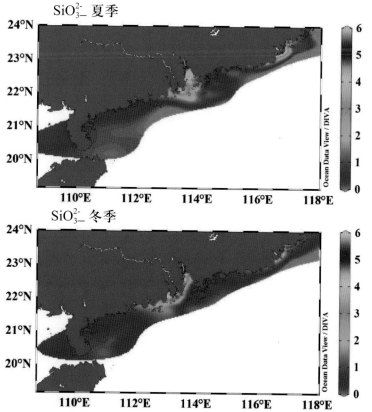

彩图 6　南海北部近海夏季和冬季表层活性硅酸盐浓度的分布（mg/L）

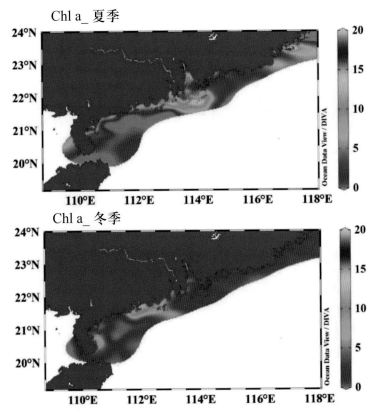

彩图7　南海北部近海夏季和冬季表层叶绿素a浓度的分布（mg/m³）

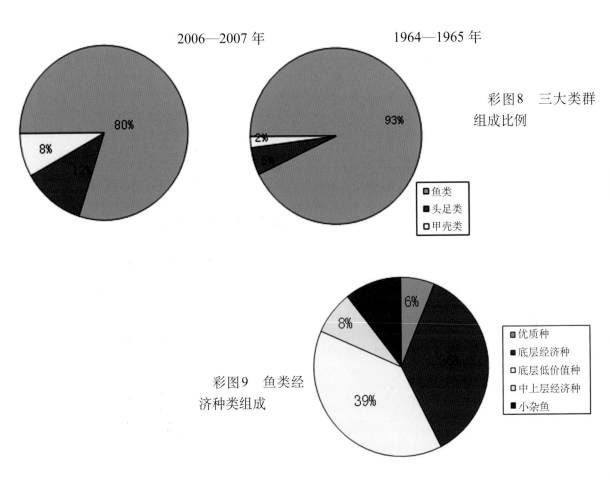

2006—2007 年　　　　　　　　　　1964—1965 年

彩图8　三大类群
组成比例

□ 鱼类
■ 头足类
□ 甲壳类

彩图9　鱼类经
济种类组成

□ 优质种
■ 底层经济种
□ 底层低价值种
□ 中上层经济种
■ 小杂鱼

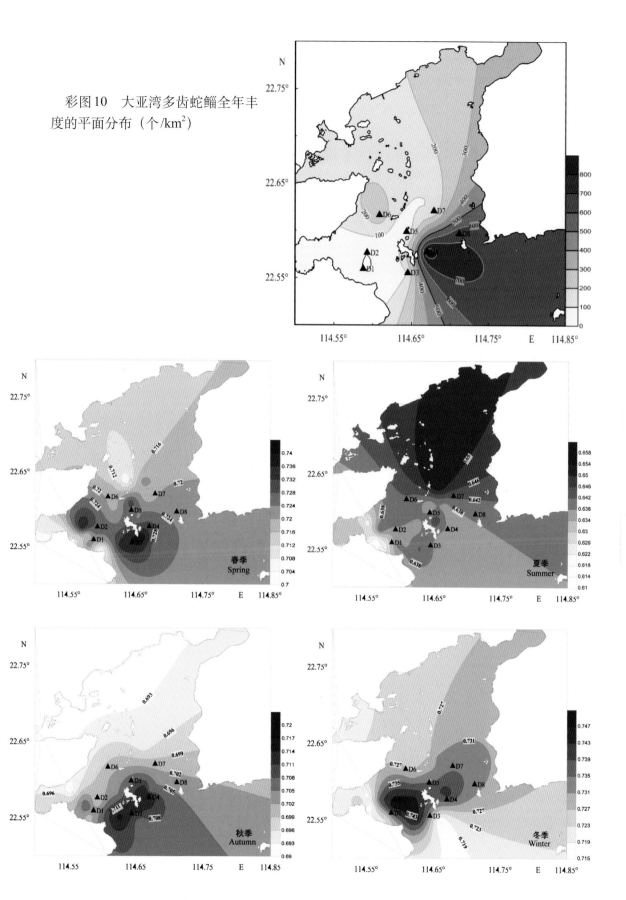

彩图10 大亚湾多齿蛇鲻全年丰度的平面分布（个/km²）

彩图11 大亚湾多齿蛇鲻栖息地适宜性指数的平面分布

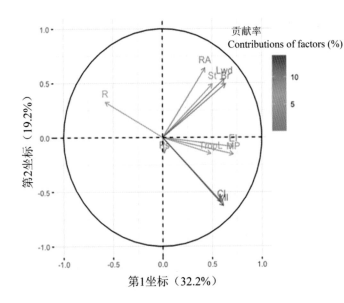

彩图12　鱼类生物学特征在中国近海增殖放流鱼类适宜性筛选中的贡献率

Ps：可放流海域（中国四大海区近岸海域）；R：种群恢复力；CL：优势体长；ML：最大体长；Lwd：栖息水层；TropL：营养级；RA：恋礁性；EI：生态重要性；MP：成鱼价格

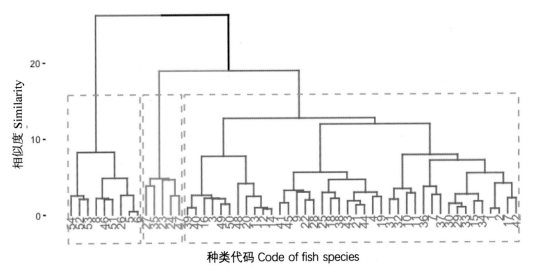

彩图13　中国近海54种潜在增殖鱼类的特征的群聚分析

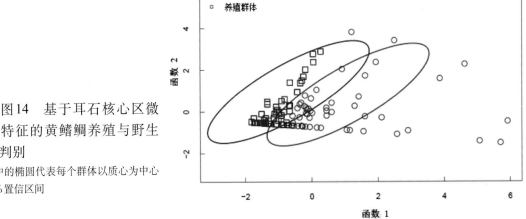

彩图14　基于耳石核心区微元素特征的黄鳍鲷养殖与野生群体判别

图中的椭圆代表每个群体以质心为中心的95%置信区间

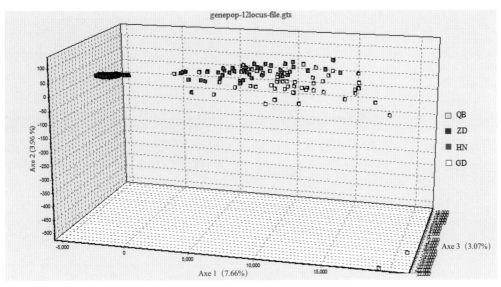

彩图15　斜带石斑鱼4个群体的FCA分析三维分布

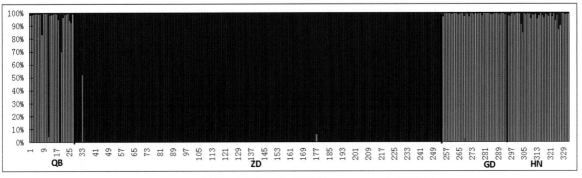

彩图16　斜带石斑鱼4个群体的Structure分析结果

每条竖线代表一个个体，个体的颜色表示分配到每个遗传簇（K=2）的后验概率分布

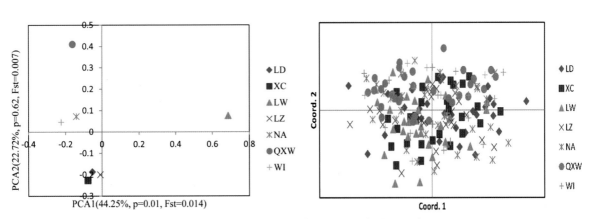

彩图17　群体和个体水平遗传分化主成分分析

左图表示群体水平，右图表示个体水平

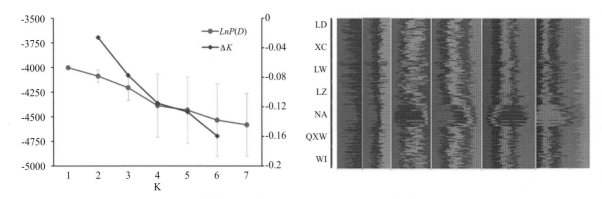

彩图18 群体结构 STRUCTURE 分析

左图表示群体结构重要参数LnP(D)和ΔK随群体数目的变化趋势并没有典型的群体分化特征，右图表示群体数目分别为2~7时各群体中个体的在个群体中的比例

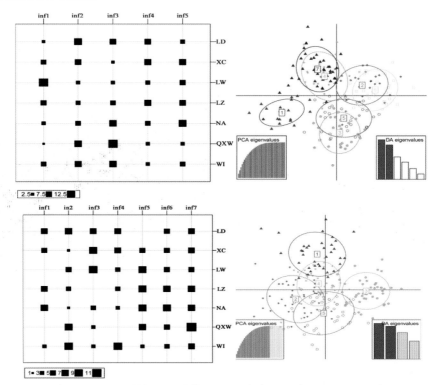

彩图19 个群体分配结构组成的多变量分析法DAPC分析

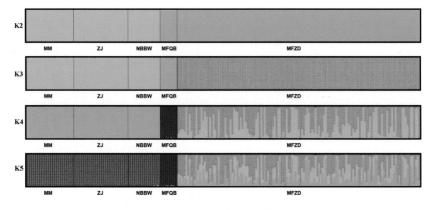

彩图20 花鲈5个群体的个体分配概率

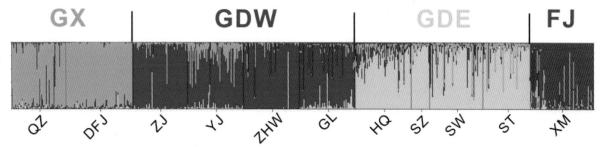

彩图21 STRUCTURE软件推断11个香港巨牡蛎种群分化为4大分支以及各个种群在这4大分支中的分布情况

GX，广西分支；GDW，广东西部分支；GDE，广东东部分支；FJ，福建分支

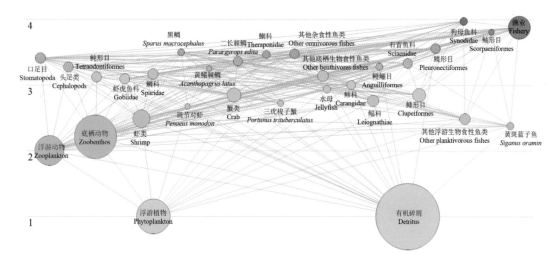

彩图22 大亚湾生态系统能量通道示意图

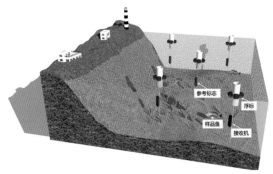

彩图23 超声波遥测设备布置模拟示意图

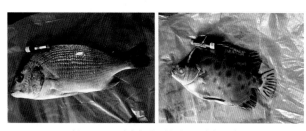

彩图24 被标记的部分样品鱼

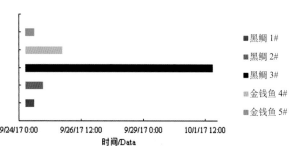

彩图25 5尾鱼的数据获取情况

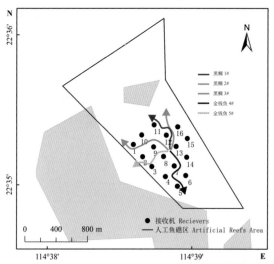

彩图26　5尾鱼的活动路线

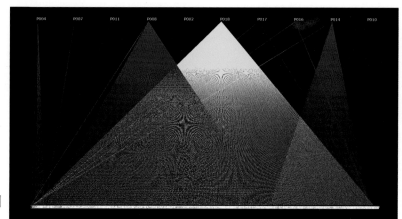

彩图27　谱系图

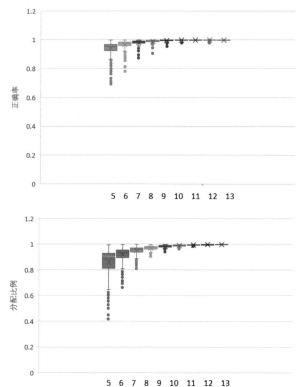

彩图28　正确率和分配率评估

横坐标为微卫星位点数

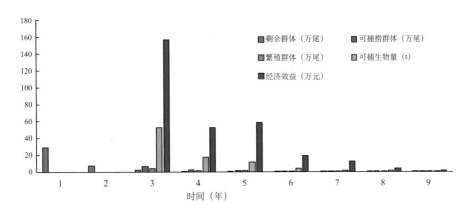

彩图29 模型预测2015年增殖黑鲷经济效益

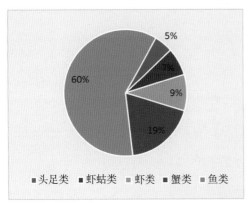

彩图30 南澳岛海域渔获种类百
分比组成

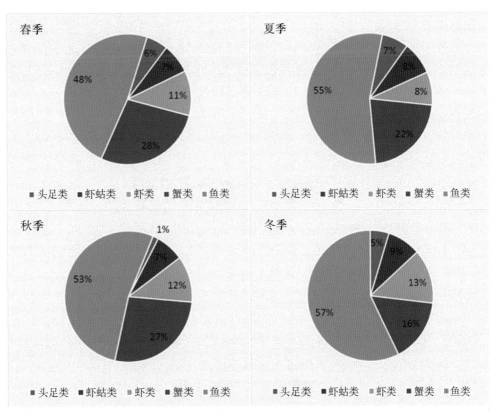

彩图31 南澳岛海域各季度渔获种类百分比组成

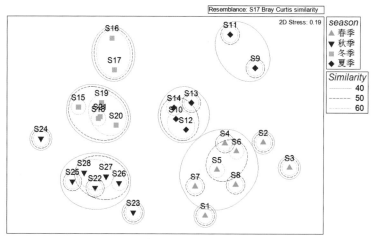

彩图 32 南澳岛海域各季度不同取样位点间渔获种类相似性

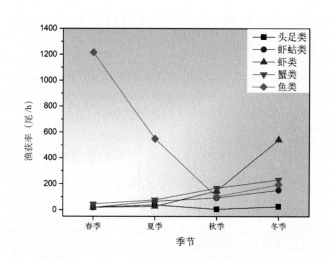

彩图 33 南澳岛海域各季节渔获率组成特征（尾/h）

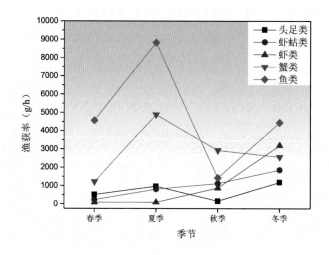

彩图 34 南澳岛海域各季节渔获率组成特征（g/h）

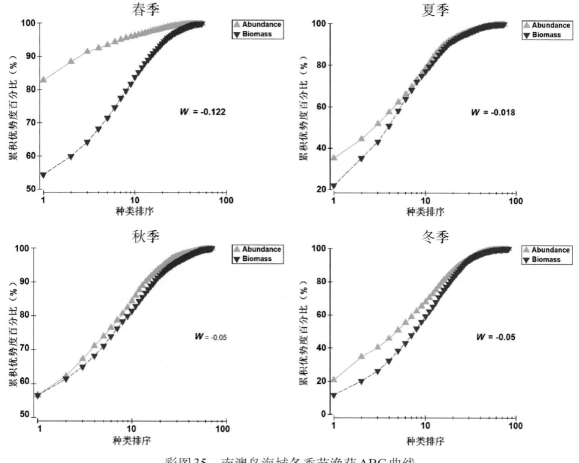

彩图35 南澳岛海域各季节渔获ABC曲线

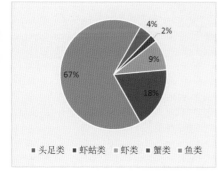

彩图36 大亚湾海域渔获
种类百分比组成

彩图37 大亚湾海域各
季节渔获种类百分比组成

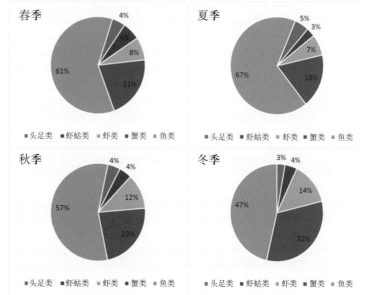

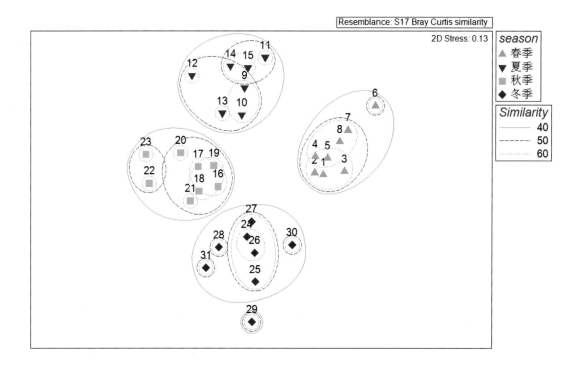

彩图38　大亚湾海域春、夏、秋、冬四季各取样位点渔获种类相似性

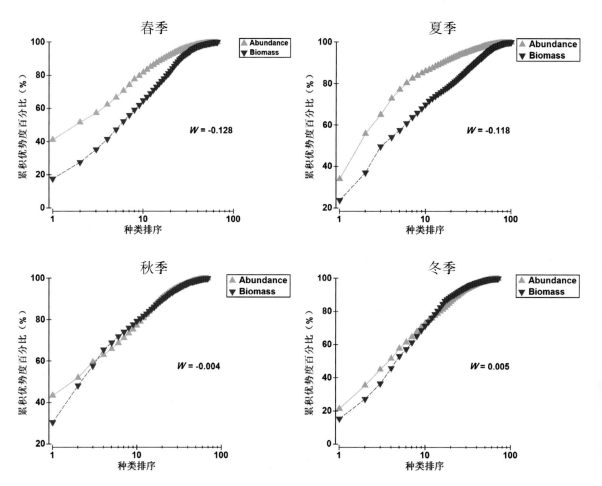

彩图39　大亚湾海域各季节渔获ABC曲线

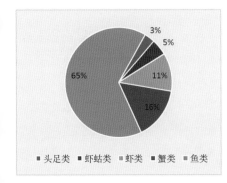

彩图40　珠江口海域渔获
种类百分比组成

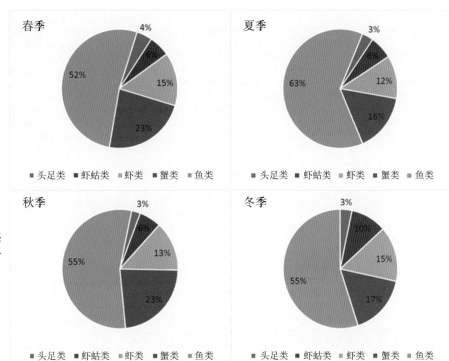

彩图41　珠江口海
域各季节渔获种类百
分比组成

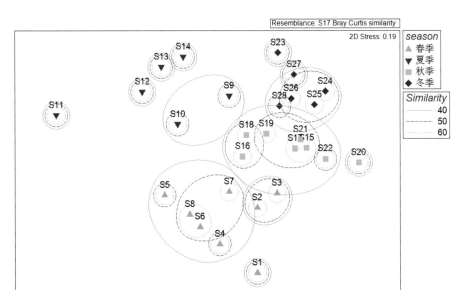

彩图42　珠江口海
域春、夏、秋、冬四季
各取样位点渔获种类相
似性

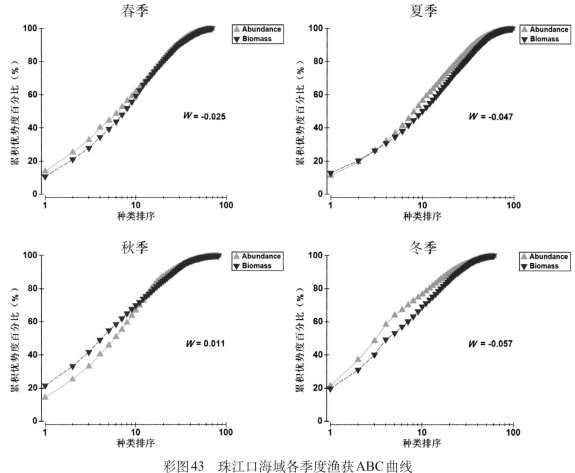

彩图43 珠江口海域各季度渔获ABC曲线

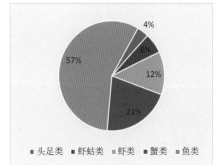

彩图44 海陵湾海域渔获
种类百分比组成

彩图45 海陵湾海域各季
节渔获种类百分比组成

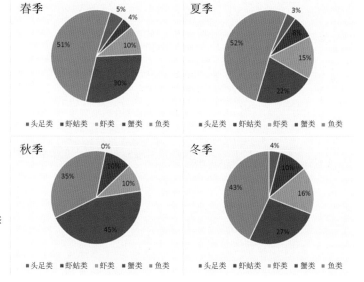

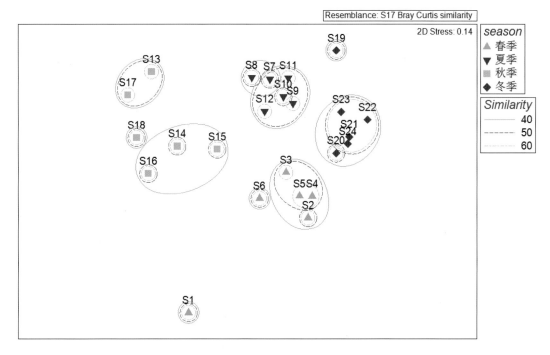

彩图46 海陵湾海域春、夏、秋、冬四季各取样位点渔获种类相似性

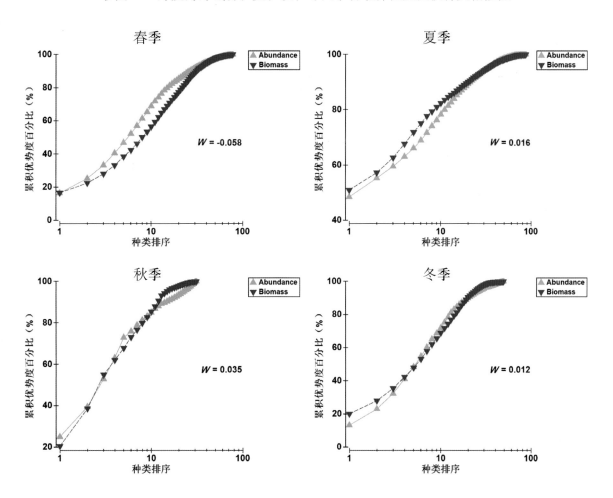

彩图47 海陵湾海域各季度渔获ABC曲线

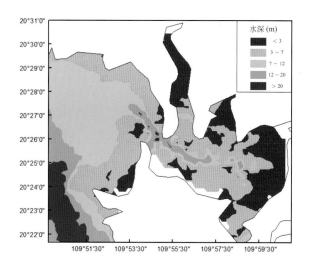

彩图48　流沙湾
水深分布

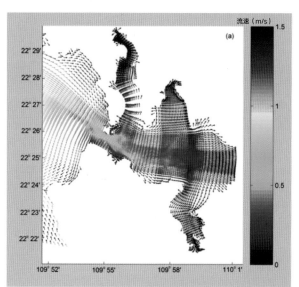
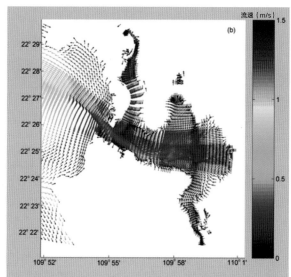

彩图49　流沙湾涨、落潮流场

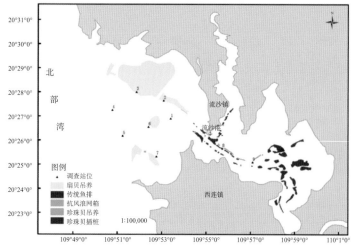

彩图50　2012年流沙湾养殖格局

彩图51　流沙湾水动力
建模及Box分区

彩图52　流沙湾养殖
布局现状

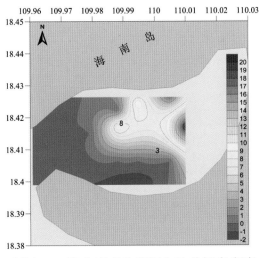

彩图53　陵水湾春季底栖生物总栖息密度
平面分布图（尾/m²）

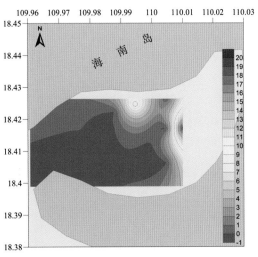

彩图54　陵水湾春季软体动物栖息密度平
面分布图（尾/m²）

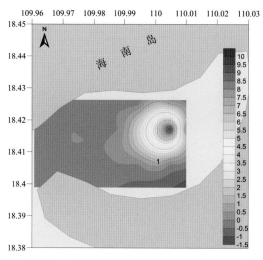

彩图55　陵水湾春季脊索动物栖息密度
平面分布图（尾/m²）

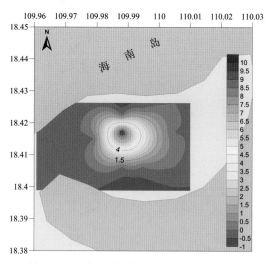

彩图56　陵水湾春季棘皮动物栖息密度
平面分布图（尾/m²）

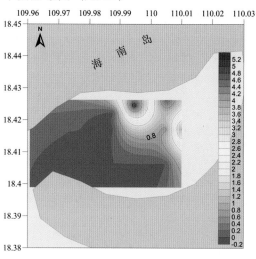

彩图57　陵水湾春季总生物量平面分布
图（g/m²）

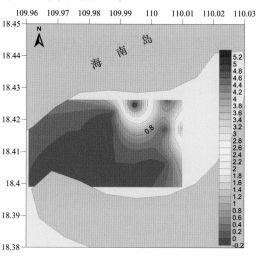

彩图58　陵水湾春季软体动物生物量平
面分布图（g/m²）

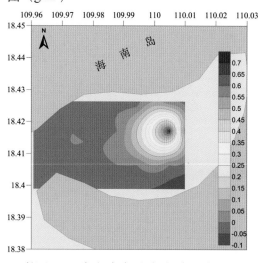

彩图59　陵水湾春季脊索动物生物量平
面分布图（g/m²）

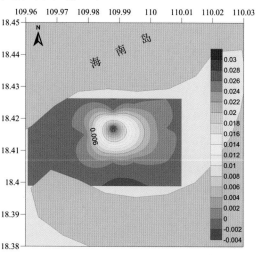

彩图60　陵水湾春季棘皮动物生物量平
面分布图（g/m²）

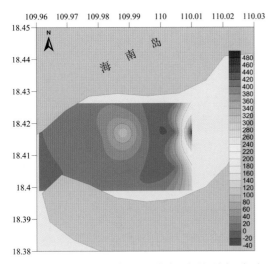

彩图61　陵水湾夏季底栖生物总栖息密度平面分布图（尾/m²）

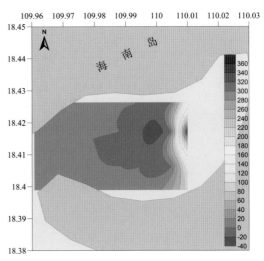

彩图62　陵水湾夏季刺胞动物栖息密度平面分布图（尾/m²）

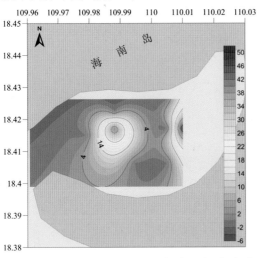

彩图63　陵水湾夏季软体动物栖息密度平面分布图（尾/m²）

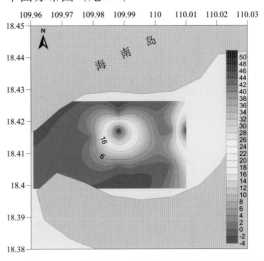

彩图64　陵水湾夏季棘皮动物栖息密度平面分布图（尾/m²）

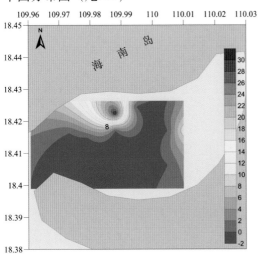

彩图65　陵水湾夏季环节动物栖息密度平面分布图（尾/m²）

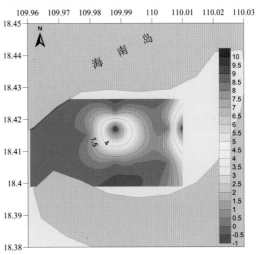

彩图66　陵水湾夏季节肢动物栖息密度平面分布图（尾/m²）

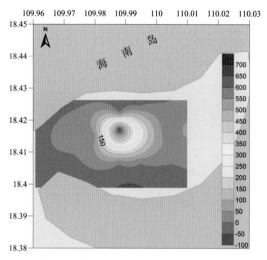

彩图67　陵水湾夏季总生物量平面分布图（g/m²）

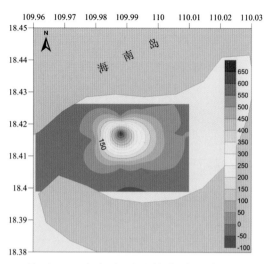

彩图68　陵水湾夏季棘皮动物生物量平面分布图（g/m²）

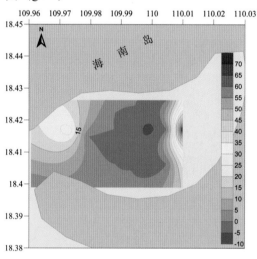

彩图69　陵水湾夏季刺胞动物生物量平面分布图（g/m²）

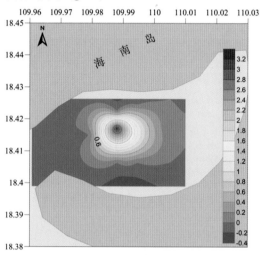

彩图70　陵水湾夏季节肢动物生物量平面分布图（g/m²）

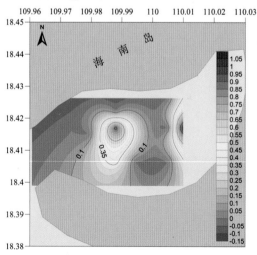

彩图71　陵水湾夏季软体动物生物量平面分布图（g/m²）

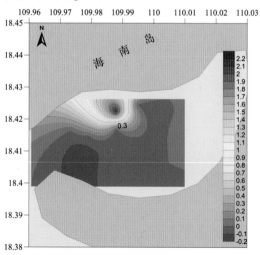

彩图72　陵水湾夏季环节动物生物量平面分布图（g/m²）

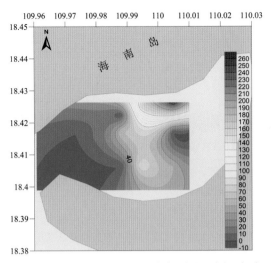

彩图73　陵水湾秋季底栖生物总栖息密度平面分布图（尾/m²）

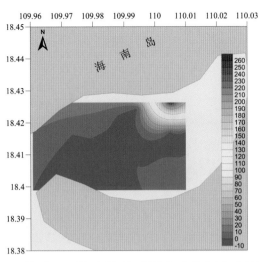

彩图74　陵水湾秋季脊索动物栖息密度平面分布图（尾/m²）

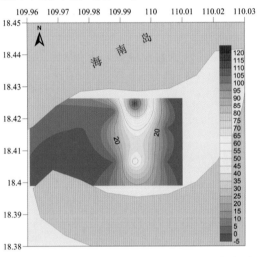

彩图75　陵水湾秋季螠虫动物栖息密度平面分布图（尾/m²）

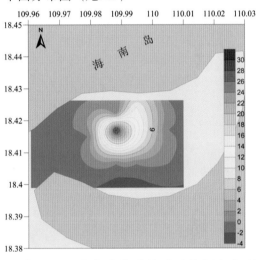

彩图76　陵水湾秋季节肢动物栖息密度平面分布图（尾/m²）

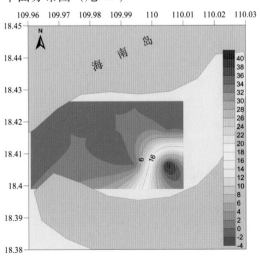

彩图77　陵水湾秋季软体动物栖息密度平面分布图（尾/m²）

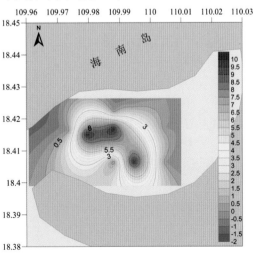

彩图78　陵水湾秋季环节动物栖息密度平面分布图（尾/m²）

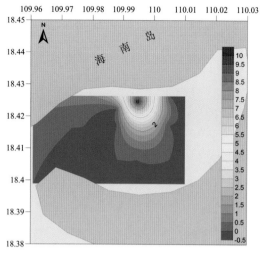

彩图79　陵水湾秋季棘皮动物栖息密度
平面分布图（尾/m²）

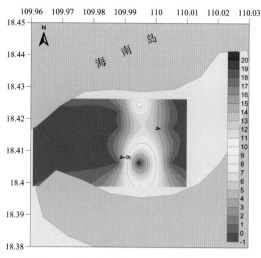

彩图80　陵水湾秋季纽形动物栖息密度
平面分布图（尾/m²）

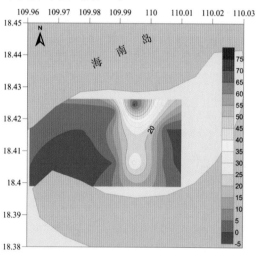

彩图81　陵水湾秋季总生物量平面分布
图（g/m²）

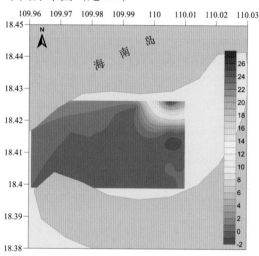

彩图82　陵水湾秋季脊索动物生物量平
面分布图（g/m²）

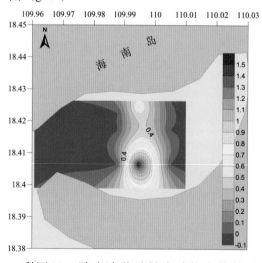

彩图83　陵水湾秋季棘皮动物生物量平
面分布图（g/m²）

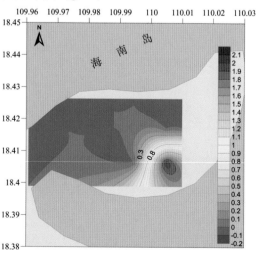

彩图84　陵水湾秋季软体动物生物量平
面分布图（g/m²）

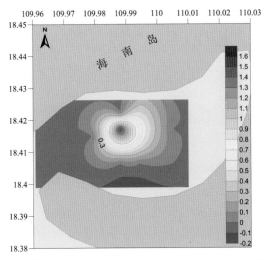

彩图85　陵水湾秋季节肢动物生物量平
面分布图（g/m²）

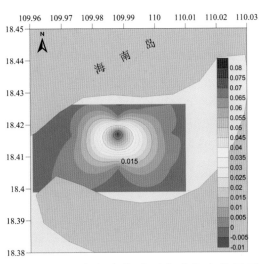

彩图86　陵水湾秋季环节动物生物量平
面分布图（g/m²）

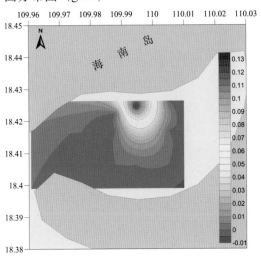

彩图87　陵水湾秋季纽形动物生物量平
面分布图（g/m²）

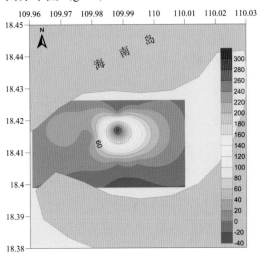

彩图88　陵水湾冬季底栖生物总栖息密
度平面分布图（尾/m²）

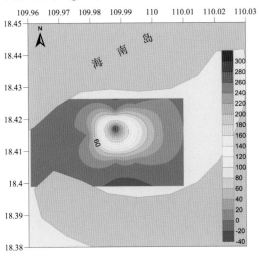

彩图89　陵水湾冬季刺胞动物栖息密度
平面分布图（尾/m²）

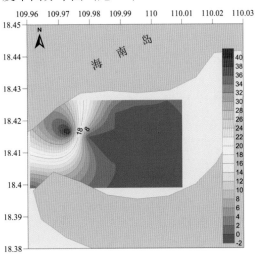

彩图90　陵水湾冬季环节动物栖息密度
平面分布图（尾/m²）

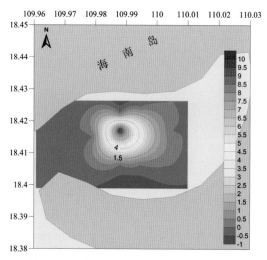

彩图91　陵水湾冬季节肢动物栖息密度
平面分布图（尾/m²）

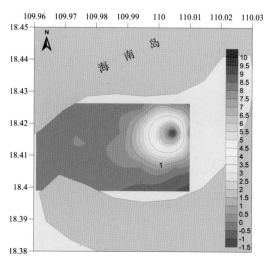

彩图92　陵水湾冬季棘皮动物栖息密度
平面分布图（尾/m²）

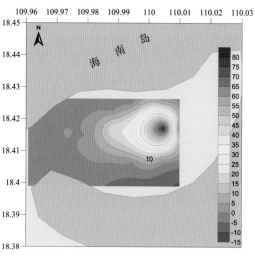

彩图93　陵水湾冬季总生物量平面分布
图（g/m²）

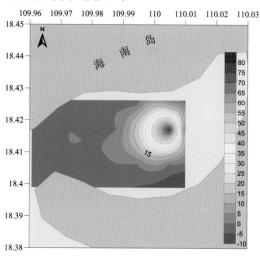

彩图94　陵水湾冬季棘皮动物生物量平
面分布图（g/m²）

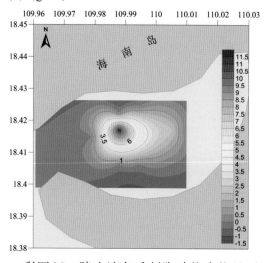

彩图95　陵水湾冬季刺胞动物生物量平
面分布图（g/m²）

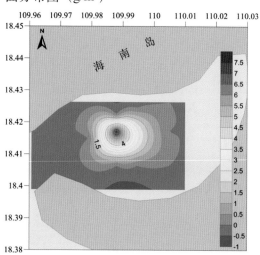

彩图96　陵水湾冬季节肢动物生物量平
面分布图（g/m²）

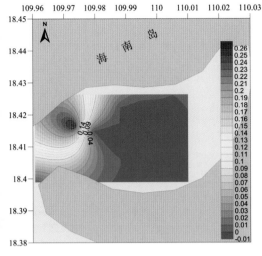

彩图97　陵水湾冬季环节动物生物量平面分布图（g/m²）

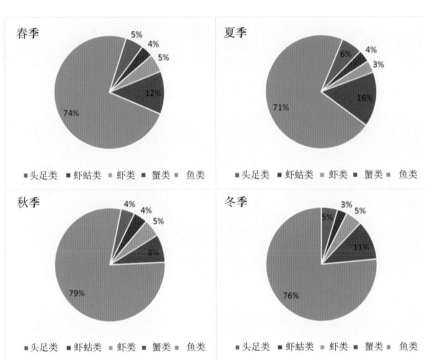

彩图98　陵水湾海域各季节渔获种类百分比组成

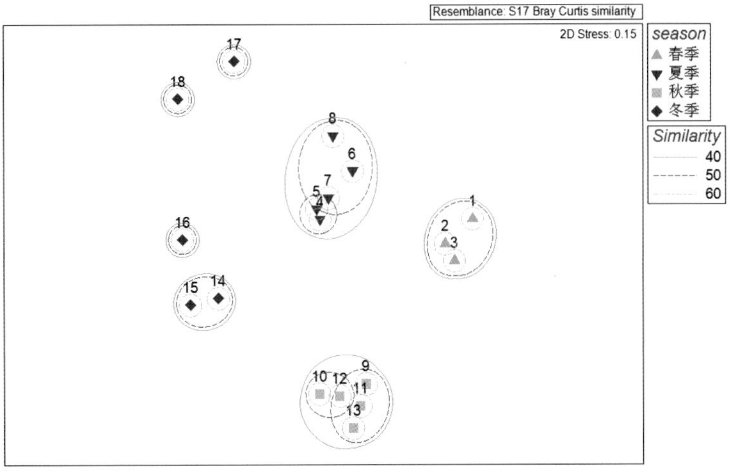

彩图99　陵水湾海域春、夏、秋、冬四季各取样位点渔获种类相似性

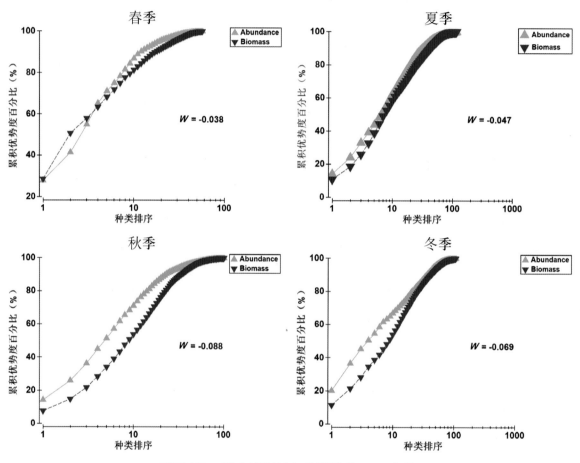

彩图100 陵水湾海域各季度渔获ABC曲线